A TÉCNICA DE EDIFICAR

CONSELHO EDITORIAL
André Costa e Silva
Cecilia Consolo
Dijon de Moraes
Jarbas Vargas Nascimento
Luis Barbosa Cortez
Marco Aurélio Cremasco
Rogerio Lerner

Blucher

Walid Yazigi

A TÉCNICA DE EDIFICAR
18ª edição

A técnica de edificar
© 2021 Walid Yazigi
Editora Edgard Blücher Ltda.

Publisher Edgard Blücher
Editor Eduardo Blücher
Coordenação editorial Jonatas Eliakim
Produção editorial Isabel Silva
Preparação de texto Maurício Katayama
Diagramação Caroline Costa e Silva
Capa Leandro Cunha
Imagem da capa iStockphoto

Editora Blucher
Rua Pedroso Alvarenga, 1245, 4º andar
CEP 04531-934 – São Paulo – SP – Brasil
Tel.: 55 11 3078-5366
contato@blucher.com.br
www.blucher.com.br

Segundo o Novo Acordo Ortográfico, conforme 5. ed. do *Vocabulário Ortográfico da Língua Portuguesa*, Academia Brasileira de Letras, março de 2009. É proibida a reprodução total ou parcial por quaisquer meios sem autorização escrita da editora. Todos os direitos reservados pela Editora Edgard Blücher Ltda.

Dados Internacionais de Catalogação na Publicação (CIP)
Angélica Ilacqua CRB-8/7057

Yazigi, Walid
 A técnica de edificar / Walid Yazigi. – 18. ed. – São Paulo : Blucher, 2021.
 864 p.
ISBN 978-65-5506-197-0 (impresso)
ISBN 978-65-5506-195-6 (eletrônico)
 1. Construção civil 2. Edifícios I. Título

21-2647 CDD 690

Índices para catálogo sistemático:
1. Construção civil

Apresentação à 18ª edição

A presente publicação tem como principal objetivo auxiliar o construtor a alcançar em suas obras a qualidade total, exigência que vem crescendo em função: (i) da competitividade do mercado imobiliário em relação ao controle de desperdícios, mascarados antigamente pela inflação; (ii) do severo Código de Defesa do Consumidor; e (iii) da Normas Técnicas, especialmente a NBR ISO 9001:2015.

Definida no *Dicionário Houaiss da Língua Portuguesa* como "a aplicação de métodos científicos ou empíricos à utilização dos recursos da natureza em benefício do ser humano", a engenharia tem a construção de edifícios também como uma de suas atividades mais importantes.

Procurou-se fornecer orientações técnicas, mantendo sempre o rigor tecnológico. O trabalho resultou de informaçõesconstantes no *Manual de normas recomendadas para o canteiro e especificação para as obras* – organizado pelo autor deste livro –, acrescidas de transcrições de trechos de publicações a respeito de temas específicos sobre a arte de edificar, em especial, as normas da Associação Brasileira de Normas Técnicas (ABNT).

Em virtude de o material ter sido coletado ao longo de mais de sete décadas da atividade profissional do autor na área de construção predial, sem o propósito de publicação futura, não houve a preocupação de anotar inúmeros nomes de autores bem como de fontes de consulta, o que fica impossível citar com precisão hoje todas as fontes de referência. O que se tem memória foi devidamente mencionado na lista de referências bibliográficas ao final do livro.

A obra também é considerada resultado de contribuição de engenheiros, arquitetos e outros técnicos especialistas citados no corpo do livro. O trabalho foi reunir em um só tomo (para facilitar o uso como livro de consulta) todo esse conhecimento. Na elaboração da coletânea, procurou-se uma forma condensada de redação e, por razões econômicas, sem a inclusão de ilustrações.

Apesar de vários trechos das normas da ABNT estarem parcialmente reproduzidos, recomenda-se ao profissional da edificação a consulta às normas na íntegra bem como o acompanhamento permanente de atualização delas.

Conteúdo

1 Serviços iniciais — 1
- 1.1 Serviços técnicos — 1
  - 1.1.1 Generalidades — 1
  - 1.1.2 Levantamento topográfico do terreno — 1
  - 1.1.3 Investigações geotécnicas e geológicas — 3
  - 1.1.4 Rochas e solos: terminologia — 12
  - 1.1.5 Consultoria técnica em edificações — 14
  - 1.1.6 Fiscalização, acompanhamento e gerenciamento de obra — 16
  - 1.1.7 Projeto arquitetônico — 17
  - 1.1.8 Projeto estrutural de edifícios de concreto armado — 26
  - 1.1.9 Projetos elétrico, telefônico e rede lógica — 26
  - 1.1.10 Projetos hidrossanitários — 32
  - 1.1.11 Projeto de ar condicionado — 43
  - 1.1.12 Projeto de prevenção contra incêndio — 43
  - 1.1.13 Outros projetos — 44
- 1.2 Cadastro nacional de obras (CNO) — 44
  - 1.2.1 Introdução — 44
  - 1.2.2 Prazo para inscrição — 45
  - 1.2.3 Situação cadastral do CNO — 45
- 1.3 Demolição — 45
  - 1.3.1 Definição — 45
  - 1.3.2 Métodos de demolição — 45
  - 1.3.3 Medidas preventivas básicas — 46
  - 1.3.4 Segurança na demolição — 47
  - 1.3.5 Responsabilidade civil — 47
  - 1.3.6 Cuidados na obra — 47
  - 1.3.7 Remoção do material — 48
- 1.4 Limpeza do terreno — 48
- 1.5 Serviços preliminares diversos — 48
- 1.6 Áreas contaminadas — 48

2 Instalações provisórias — 51
- 2.1 Instalações sanitárias e de conforto no canteiro da obra — 51
  - 2.1.1 Área de vivência — 51
  - 2.1.2 Instalação sanitária — 51
  - 2.1.3 Vestiário — 53
  - 2.1.4 Alojamento — 53
  - 2.1.5 Local para refeições no canteiro de obras — 54
  - 2.1.6 Água potável — 55

	2.1.7	Cozinha (quando houver preparo de refeições no canteiro de obras)	55
	2.1.8	Lavanderia	56
	2.1.9	Área de lazer	56
	2.1.10	Disposições gerais	56
2.2	Escada, rampa e passarela provisórias		56
2.3	Almoxarifado da obra		57
	2.3.1	Responsabilidade do almoxarife	57
	2.3.2	Divisão do almoxarifado	58
	2.3.3	Localização do almoxarifado	58
2.4	Regras de segurança patrimonial		59
2.5	Plataformas de proteção (bandejas salva-vidas)		60
2.6	Locação da obra: procedimento de execução de serviço		60
	2.6.1	Documentos de referência	60
	2.6.2	Materiais e equipamentos	60
	2.6.3	Método executivo	61
2.7	Máquinas e ferramentas		62
2.8	Equipamentos para movimentação e transporte vertical de materiais e pessoais		63
	2.8.1	Elevadores de obra: Requisitos Técnicos de Procedimentos	63
	2.8.2	Cabos de aço	68
	2.8.3	Dispositivos de segurança dos elevadores de obra	68
	2.8.4	Operação e sinalização	70
	2.8.5	Recomendações para inspeção e manutenção de elevadores de obra	70
	2.8.6	Recomendações de segurança ao operador de elevador de obra	71
	2.8.7	Caso de não movimentação da cabina ou plataforma	73
	2.8.8	*Checklist* para elevadores de obra	73
	2.8.9	Grua	73

3 Serviços gerais   79

3.1	Serviços de controle		79
	3.1.1	Controle da qualidade na construção civil	79
	3.1.2	Diário de obra	118
	3.1.3	Descrição do preenchimento de impressos	120
	3.1.4	Normas para o controle administrativo da obra	124
	3.1.5	Mão de obra	125
	3.1.6	Cálculo da área equivalente de construção	130
	3.1.7	Unidades de medida	131
	3.1.8	Instrumento de medida	136
	3.1.9	Calibração	137
	3.1.10	Medição de serviço de obra	137
	3.1.11	Código de ética da construção	138
	3.1.12	Código de ética do Instituto de Engenharia de São Paulo – diretrizes de conduta profissional	140
	3.1.13	Depreciação de edificações	141
	3.1.14	Construção enxuta (*lean construction*)	143
3.2	Administração da obra		143
3.3	Segurança e Saúde no Trabalho (SST)		144
	3.3.1	Gestão	144
	3.3.2	Comissão Interna de Prevenção de Acidentes (CIPA)	144
	3.3.3	Programa de Prevenção de Riscos Ambientais (PPRA)	146
	3.3.4	Programa de Condições e Meio Ambiente de Trabalho na Indústria da Construção (PCMAT)	147
	3.3.5	Análise Ergonômica do Trabalho (AET)	147

		3.3.6	Programa de Controle Médico de Saúde Ocupacional (PCMSO)	148
		3.3.7	Programa de Conservação Auditiva (PCA)	149
		3.3.8	Prevenção contra incêndios	150
	3.4	Medidas de proteção e segurança do trabalho		151
		3.4.1	Terminologia	151
		3.4.2	Recomendações gerais	156
		3.4.3	Breves recomendações sobre segurança do trabalho no canteiro de obras	181
	3.5	Limpeza da obra e transporte		184

4 Trabalhos em terra — 187

4.1	Escavação			187
	4.1.1	Introdução		187
	4.1.2	Generalidades		187
	4.1.3	Riscos mais frequentes		188
	4.1.4	Reconhecimento prévio		188
	4.1.5	Escoramento		189
	4.1.6	Precauções		189
4.2	Aterro e reaterro			189
	4.2.1	Generalidades		189
	4.2.2	Controle tecnológico da execução de aterros		189
4.3	Contenção de taludes			191
	4.3.1	Terminologia		191
	4.3.2	Generalidades		191
	4.3.3	Tipos de muro de arrimo		191
	4.3.4	Gabiões		191
4.4	Drenagem			192
	4.4.1	Generalidades		192
	4.4.2	Geotêxteis: terminologia		192
4.5	Segurança do trabalho em escavação e em fundações			193
4.6	Rebaixamento de lençol freático			194

5 Fundações — 195

5.1	Locação da obra		195
5.2	Definições		195
	5.2.1	Fundação	195
	5.2.2	Fundação em superfície (também chamada rasa, direta ou superficial)	195
	5.2.3	Fundação profunda	196
	5.2.4	Cota de arrasamento	197
	5.2.5	Nega	197
	5.2.6	Pressão admissível	197
	5.2.7	Viga de equilíbrio (ou viga-alavanca)	197
5.3	Contenção do solo		198
	5.3.1	Terminologia	198
	5.3.2	Tipos de muro de arrimo	198
	5.3.3	Escoramento	198
	5.3.4	Submuração	200
	5.3.5	Parede-diafragma	200
	5.3.6	Solo grampeado	200
5.4	Fundações em superfície		201
	5.4.1	Pressão admissível	201

		5.4.2	Dimensionamento 201

        5.4.2   Dimensionamento 201
        5.4.3   Disposições construtivas 201
  5.5   Fundações profundas 204
        5.5.1   Carga admissível de uma estaca ou tubulão isolado 204
        5.5.2   Efeito de grupo de estacas ou tubulões 205
        5.5.3   Peculiaridades dos diferentes tipos de fundação profunda 205
        5.5.4   Metodologia executiva 212
        5.5.5   Capacidade de carga 213
        5.5.6   Disposições construtivas 223
        5.5.7   Controle executivo 229
        5.5.8   Tolerância de estaca 230
        5.5.9   Tolerância de tubulão 231
        5.5.10 Cálculo estrutural 231
  5.6   Critérios de medição 234
        5.6.1   Brocas de concreto e estacas (exclusive estacas cravadas por reação) 234
        5.6.2   Tubulões a céu aberto 235
  5.7   Processos usuais de reforço de fundação 235
        5.7.1   Escavação por meio de "cachimbos" 235
        5.7.2   Estaca cravada por reação (tipo mega) 235
  5.8   Observação do comportamento e instrumentação de obras de fundação 235
  5.9   Prova de carga de solo e de fundação 236
  5.10 Prevenção de fissuras em edificação 236

6 Estrutura   237

  6.1   Estrutura de concreto armado 237
        6.1.1   Introdução 237
        6.1.2   Dosagem do concreto 240
        6.1.3   Inspeção e ensaios de materiais 243
        6.1.4   Inspeção antes da concretagem 254
        6.1.5   Inspeção durante a concretagem 254
        6.1.6   Inspeção depois da concretagem 255
        6.1.7   Ensaios do concreto 255
        6.1.8   Extração, preparo, ensaio e análise de testemunhos de estruturas de concreto 257
        6.1.9   Sistemas de fôrmas 260
        6.1.10 Armadura de estrutura de concreto 274
        6.1.11 Aço "pronto": ferro cortado e dobrado 280
        6.1.12 Argamassa de concreto 280
        6.1.13 Cura 300
        6.1.14 Transporte do concreto 301
        6.1.15 Modificações 301
        6.1.16 Caixa dos elevadores 301
        6.1.17 Concreto aparente 302
        6.1.18 Concretagem de lajes 303
        6.1.19 Junta de concretagem 306
        6.1.20 Acabamento do concreto 308
        6.1.21 Graute 309
        6.1.22 Adesivo estrutural à base de epóxi 310
        6.1.23 Laje nervurada 310
        6.1.24 Laje alveolar 311
        6.1.25 Fissuras do concreto 312

		6.1.26	Movimentação térmica do arcabouço estrutural	313
		6.1.27	Laje de cobertura sobre paredes autoportantes	313
		6.1.28	Concreto autoadensável	314
		6.1.29	Concreto protendido	314
		6.1.30	Estrutura pré-moldada de concreto	324
		6.1.31	Concreto projetado	326
		6.1.32	Fundamentos para o cálculo estrutural	327
		6.1.33	Desenho técnico para a obra	329
	6.2	Estrutura metálica		334
		6.2.1	Produtos de aço para uso estrutural	334

7 Instalações — 345

	7.1	Elétrica e telefônica		345
		7.1.1	Generalidades	345
		7.1.2	Potência	349
		7.1.3	Eletroduto	352
		7.1.4	Caixa de derivações	361
		7.1.5	Fiação: procedimento de execução de serviço	363
		7.1.6	Ligação aos terminais	365
		7.1.7	Manobra e proteção dos circuitos	365
		7.1.8	Tomadas	369
		7.1.9	Quadro de distribuição	369
		7.1.10	Caixas geral e de passagem	371
		7.1.11	Centro de medição de eletricidade: procedimento de execução de serviço	372
		7.1.12	Aterramento elétrico	375
		7.1.13	Linha aérea	377
		7.1.14	Normas da concessionária de eletricidade	377
		7.1.15	Telefonia fixa	402
		7.1.16	Televisão	417
		7.1.17	Sistema de proteção contra descargas atmosféricas (SPDA): para-raios	419
		7.1.18	Iluminação – Terminologia	422
		7.1.19	Luz de obstáculo	426
		7.1.20	Sistema de iluminação de emergência	426
		7.1.21	Verificação final da instalação	432
	7.2	Hidráulica, sanitária e de gás		432
		7.2.1	Diretrizes e dimensionamento para abastecimento de água e coleta de esgoto	432
		7.2.2	Instalação de água fria	447
		7.2.3	Instalação de água quente	460
		7.2.4	Água de reúso	466
		7.2.5	Instalação de gás combustível	467
		7.2.6	Prevenção e proteção contra incêndio	474
		7.2.7	Instalação de água pluvial	481
		7.2.8	Instalação de esgoto sanitário	485
		7.2.9	Instalação hidrossanitária e de gás – procedimento de execução de serviço	487
	7.3	Instalações em alvenaria estrutural		493
		7.3.1	Elétrica	493
		7.3.2	Hidráulica	493
	7.4	Instalações mecânicas		493
		7.4.1	Elevador de passageiros	493
	7.5	Instalação de ar-condicionado		499

		7.5.1 Generalidades	499
		7.5.2 Distribuição do ar pelo forro	501
		7.5.3 Distribuição do ar pelo piso	501
		7.5.4 Sistema básico de ar condicionado	501
		7.5.5 Sistemas de geração de frio	505
	7.6	Piscina	508
		7.6.1 Localização	508
		7.6.2 Elementos	508
		7.6.3 Tanque de piscina	509
		7.6.4 Sistema de recirculação e tratamento de água	510
		7.6.5 Instalações sanitárias	511
		7.6.6 Limpeza	512
		7.6.7 Sistema de aquecimento de água	512
	7.7	Sauna	512
		7.7.1 Sauna úmida	512
		7.7.2 Sauna seca	513
		7.7.3 Ducha	514

8 Alvenaria e outras divisórias — 515

	8.1	Generalidades	515
		8.1.1 Terminologia	515
		8.1.2 Cal	516
		8.1.3 Execução de alvenaria de tijolos e blocos sem função estrutural	520
		8.1.4 Demarcação das paredes de vedação	521
	8.2	Alvenaria de blocos vazados de concreto simples	521
		8.2.1 Terminologia	521
		8.2.2 Requisitos gerais	522
		8.2.3 Requisitos específicos	523
		8.2.4 Requisitos físico-mecânicos	524
		8.2.5 Materiais	524
		8.2.6 Condições específicas	524
		8.2.7 Generalidades	524
	8.3	Alvenaria de tijolos maciços cerâmicos	525
	8.4	Alvenaria de blocos cerâmicos vazados	525
		8.4.1 Terminologia	525
		8.4.2 Condições gerais	525
		8.4.3 Generalidades	526
		8.4.4 Bloco de vedação	526
		8.4.5 Bloco estrutural	527
		8.4.6 Características visuais	527
		8.4.7 Características geométricas	527
		8.4.8 Tolerâncias de fabricação	528
		8.4.9 Espessura das paredes	528
		8.4.10 Resistência à compressão	528
		8.4.11 Absorção de água	528
		8.4.12 Alvenaria de vedação – procedimento de execução de serviço	529
	8.5	Alvenaria de blocos de concreto celular	531
	8.6	Parede de placas cimentícias	531
		8.6.1 Características de placa cimentícia ou placa de fibrocimento	531
		8.6.2 Sistema construtivo	532

		8.6.3	Acabamento de paredes	532
		8.6.4	Fixação de armários e peças suspensas	532
	8.7	Construção seca	532
		8.7.1	Parede de gesso acartonado (*drywall*)	533
		8.7.2	Sistema construtivo *light steel framing*	538
		8.7.3	Sistema construtivo *wood framing*	539
		8.7.4	Ligação entre estrutura e paredes de vedação	539
	8.8	Recorte de paredes e de revestimento cerâmico	541
	8.9	Fissuras em alvenaria	541

9 Cobertura — 543

	9.1	Cobertura com estrutura de madeira	543
		9.1.1 Terminologia	543
		9.1.2 Componentes da estrutura de madeira	544
		9.1.3 Materiais	544
		9.1.4 Estrutura pontaletada	545
		9.1.5 Dimensionamento da madeira de tesoura	546
		9.1.6 Disposições construtivas de tesouras	546
		9.1.7 Estrutura de madeira de telhado – procedimento de execução de serviço . .	546
		9.1.8 Telha ondulada de crfs (cimento reforçado com fios sintéticos)	548
		9.1.9 Telha cerâmica	552
		9.1.10 Telha ondulada de poliéster	554
		9.1.11 Telha de alumínio	555
		9.1.12 Telha metálica termoisolante	556
		9.1.13 Telha zipada	557
		9.1.14 Domo	557

10 Tratamento — 559

	10.1	Impermeabilização	559
		10.1.1 Terminologia	559
		10.1.2 Condições gerais de execução	561
		10.1.3 Escolha do sistema	562
		10.1.4 Quantidade média de materiais consumidos nos principais sistemas	565
		10.1.5 Resiliência dos materiais	567
		10.1.6 Longevidade dos sistemas de impermeabilização	568
		10.1.7 Argamassa rígida impermeável	568
		10.1.8 Aditivo impermeabilizante	571
		10.1.9 Manta asfáltica	572
		10.1.10 Proteção da impermeabilização	574
		10.1.11 Junta de vedação de silicone	575
		10.1.12 Interferências estruturais no processo de impermeabilização	576
		10.1.13 Importantes fatores a considerar	577
	10.2	Falhas relacionadas com a umidade	578
		10.2.1 Generalidades	578
		10.2.2 Absorção capilar de água	578
		10.2.3 Água de infiltração ou de fluxo superficial	579
		10.2.4 Formação de água de condensação	579
		10.2.5 Absorção higroscópica de água e condensação capilar	579
		10.2.6 Mofo em edificação	580
	10.3	Proteção térmica e acústica	581

10.3.1 Isolamento térmico 581
10.3.2 Poliestireno expandido (EPS) 582

11 Esquadria 583
11.1 Generalidades 583
 11.1.1 Madeira na construção civil 583
 11.1.2 Carpintaria 586
 11.1.3 Janela 588
 11.1.4 Porta 590
 11.1.5 Porta corta-fogo 591
 11.1.6 Esquadria de madeira 594
11.2 Esquadria de ferro 596
 11.2.1 Generalidades 596
 11.2.2 Colocação de esquadria de ferro – procedimento de execução de serviço 598
11.3 Esquadria de alumínio 599
 11.3.1 Evolução dos produtos 599
 11.3.2 Generalidades 599
 11.3.3 Especificação de esquadrias de alumínio 600
 11.3.4 Qualificação de fornecedores 600
 11.3.5 Questionamentos e discussão 601
 11.3.6 Recomendações 601
 11.3.7 Tipologia e escolha da esquadria 602
 11.3.8 Proteção superficial do alumínio 603
 11.3.9 Guarnição 605
 11.3.10 Instalação de vidros 606
 11.3.11 Fixação da esquadria em parede 607
 11.3.12 Proteção e conservação de superfície do alumínio anodizado 607
 11.3.13 Procedimentos básicos para identificar uma janela de qualidade 607
 11.3.14 Instalação de esquadria de alumínio – procedimento de execução de serviço 608
 11.3.15 Painéis modulares estruturados (fachada unitizada) 610
11.4 Esquadrias de PVC 610

12 Revestimento 611
12.1 Generalidades 611
12.2 Areia para argamassa de revestimento 611
12.3 Chapisco 612
 12.3.1 Generalidades 612
 12.3.2 Aditivo adesivo para chapisco 612
12.4 Trabalhabilidade da argamassa 613
12.5 Emboço 613
12.6 Argamassa industrializada para assentamento e revestimento 614
 12.6.1 Generalidades 614
 12.6.2 Revestimento interno de argamassa única – procedimento de execução de serviço . . . 615
 12.6.3 Revestimento externo de argamassa única – procedimento de execução de serviço . . . 617
12.7 Reboco 621
 12.7.1 Generalidades 621
 12.7.2 Argamassa fina industrializada para interiores 621
 12.7.3 Argamassa fina industrializada para fachadas 622
 12.7.4 Reboco rústico 622
 12.7.5 Vesículas 623

12.7.6 Encobrimento de trinca 623
12.8 Projeção mecânica de argamassa 623
12.9 Aderência da argamassa 624
12.10 Pasta de gesso 624
    12.10.1 Generalidades 624
    12.10.2 Revestimento com pasta de gesso – procedimento de execução de serviço 625
12.11 Placas cerâmicas para revestimento 627
    12.11.1 Terminologia 627
    12.11.2 Azulejo 628
    12.11.3 Assentamento 628
12.12 Movimentação térmica e por retração em argamassa de revestimento 636
12.13 Pastilha 636
    12.13.1 Generalidades 636
    12.13.2 Argamassa industrializada para assentamento 637
12.14 Laminado decorativo de alta pressão (LDAP) 638
    12.14.1 Generalidades 638
    12.14.2 LDAP na indústria moveleira 639
    12.14.3 LDAP em construção predial 642
    12.14.4 Embalagem e armazenamento 643
    12.14.5 Manuseio 643
12.15 Painel de alumínio composto (ACM) 644
12.16 Forro 645
    12.16.1 Generalidades 645
    12.16.2 Forro suspenso de placas de gesso (não acartonado) – generalidades ... 646
    12.16.3 Forro suspenso de placas de gesso – procedimento de execução de serviço ... 647
    12.16.4 Forro de gesso acartonado (*drywall*) 648
    12.16.5 Forro suspenso de réguas metálicas 649

13 Piso e pavimentação   651
13.1 Contrapiso 651
    13.1.1 Definição 651
    13.1.2 Contrapiso de concreto impermeável – procedimento de execução de serviço 651
13.2 Piso cerâmico 652
    13.2.1 Terminologia 652
    13.2.2 Generalidades 653
    13.2.3 Assentamento de piso cerâmico – procedimento de execução de serviço 655
13.3 Ladrilho hidráulico 656
13.4 Granilite 657
13.5 Piso cimentado 658
    13.5.1 Regularização de piso em área seca – procedimento de execução de serviço ... 658
    13.5.2 Regularização impermeável de piso – procedimento de execução de serviço ... 659
    13.5.3 Piso de concreto moldado *in loco* – procedimento de execução de serviço ... 660
    13.5.4 Pavimento armado 662
13.6 Peça pré-moldada de concreto simples 662
13.7 Rochas ornamentais para revestimento 663
    13.7.1 Generalidades 663
    13.7.2 Placa de pedra natural 664
    13.7.3 Mosaico português 664
13.8 Piso de madeira 664
    13.8.1 Generalidades 664

13.8.2 Soalho de tacos 665
13.8.3 Cola (branca) de emulsão para fixação de tacos 666
13.8.4 Raspagem e calafetação com aplicação de resina 666
13.8.5 Soalho de parquete 667
13.9 Soalho de tábuas 668
13.10 Carpete (*tuft*) e forração (agulhado) 668
13.11 Placa vinílica semiflexível 672
13.12 Placa de borracha sintética 672
13.13 Piso melamínico de alta pressão (PMAP) ou piso laminado melamínico 673
13.13.1 Generalidades 673
13.13.2 Substrato indicado 673
13.13.3 Adesivo indicado 673
13.13.4 Fatores importantes para boa colagem 673
13.13.5 Aplicação sobre base de cimento e areia 674
13.13.6 Instruções de aplicação 674
13.13.7 Instruções para corte do PMAP 675
13.13.8 Características 675
13.14 Eflorescência em revestimento de piso de área impermeabilizada 675
13.15 Piso elevado 676
13.16 Piso externo 677
13.16.1 Piso intertravado de blocos de concreto 677

14 Rodapé, soleira e peitoril   679
14.1 Rodapé de madeira 679
14.2 Peitoril pré-moldado de concreto 679
14.3 Soleira 680

15 Ferragem para esquadria   681
15.1 Terminologia 681
15.2 Generalidades 682
15.3 Fecho 683
15.4 Fechadura 683
15.5 Dobradiça 683
15.6 Puxador 683

16 Vidro   685
16.1 Glossário de vidros planos 685
16.2 Generalidades 685
16.3 Tipos e aplicação 687
16.4 Vidro plano comum impresso (fantasia) 687
16.5 Vidro plano temperado 688
16.6 Vidro plano aramado 688
16.7 Vidro laminado 688
16.8 Bloco de vidro 689
16.9 Vitrocerâmica 690

17 Pintura   691
17.1 Terminologia 691
17.2 Generalidades 693
17.3 Pintura a látex (PVA) 694
17.4 Pintura a esmalte 695

    17.4.1 Generalidades 695
    17.4.2 Esmalte sobre superfície de madeira 695
    17.4.3 Esmalte sobre superfície metálica 695
 17.5 Pintura a óleo 696
 17.6 Pintura à base de cal 696
 17.7 Pintura lavável multicolorida com pigmentos 697
 17.8 Pintura com hidrofugante 697
 17.9 Pintura com verniz 698
 17.10 Pintura de madeira com verniz poliuretânico 698
 17.11 Pintura com tinta epóxi 698
 17.12 Pintura por deposição eletrostática de pó 698
 17.13 Cores da tubulação aparente 698
 17.14 Repintura 699
    17.14.1 Substratos metálicos 699
    17.14.2 Substrato à base de cimento (alvenaria revestida ou concreto) 699
    17.14.3 Substrato de madeira pintada com esmalte ou verniz 700
 17.15 Princípios gerais para a execução de pintura 700
    17.15.1 Limpeza 700
    17.15.2 Condições ambientais durante a aplicação 701
    17.15.3 Pintura interna – procedimento de execução de serviço 701
    17.15.4 Pintura externa – procedimento de execução de serviço 704
 17.16 Critérios de medição 705

18 Aparelhos 707
 18.1 Aparelhos sanitários 707
    18.1.1 Generalidades 707
    18.1.2 Conjunto de louça sanitária 707
    18.1.3 Caixa de descarga acoplada à bacia 708
    18.1.4 Válvula fluxível de descarga 708
    18.1.5 Tanque de lavar roupa 708
    18.1.6 Banheira com hidromassagem 709
    18.1.7 Tanque de pressurização de água 709
    18.1.8 Triturador de lixo 710
    18.1.9 Metais sanitários 711
    18.1.10 Banca de pia de aço inoxidável 713
    18.1.11 Colocação de bancada, louça e metal sanitário – procedimento de execução de serviço . . 714
 18.2 Aparelhos elétricos e a gás 716
    18.2.1 Aparelho de iluminação (luminária) 716
    18.2.2 Aquecedor elétrico de acumulação de água (*boiler*) 717
    18.2.3 Aquecedor elétrico de passagem de água 717
    18.2.4 Aquecedor a gás de passagem de água 717
    18.2.5 Aquecedor a gás de acumulação de água 718
    18.2.6 Aquecedor solar de acumulação de água 718
    18.2.7 Luminárias e lâmpadas 718

19 Jardim 733
 19.1 Definição 733
 19.2 Preparo da terra 733
    19.2.1 Em canteiro no solo 733
    19.2.2 Em canteiro sobre laje 733

19.3 Plantio 733
    19.3.1 Generalidades 733
    19.3.2 Rega 734
    19.3.3 Gramado 734

20 Limpeza   737
20.1 De ladrilhos cerâmicos 737
20.2 De mármore, granito e granilite 737
20.3 De ladrilhos vinílicos 737
20.4 De cimentado liso ou áspero 738
20.5 De azulejos 738
20.6 De laminado decorativo de alta pressão 738
20.7 De piso melamínico de alta pressão 738
20.8 De ferragem e metais sanitários 738
20.9 De esquadrias de alumínio anodizado 739
20.10 De esquadrias metálicas com pintura eletrostática de poliéster em pó 739
20.11 De vidro 739
20.12 De louças sanitárias 739
20.13 De pedra decorativa 739

21 Responsabilidade sobre a edificação   741
21.1 Arremates finais 741
21.2 Testes de funcionamento 741
21.3 Código de Defesa do Consumidor 741
21.4 Incorporação imobiliária – terminologia 742
21.5 Manual do proprietário/usuário e das áreas comuns 745
    21.5.1 Introdução 745
    21.5.2 Modelo de Manual 745
21.6 Prazos de garantia de edifícios habitacionais de até cinco pavimentos 818
21.7 Manutenção da edificação 821
    21.7.1 Terminologia 821
    21.7.2 Elementos necessários à administração do imóvel 821
    21.7.3 Âmbito da manutenção da edificação 822
    21.7.4 Setores de atividades dos serviços de manutenção 823
    21.7.5 Atividades não concernentes à manutenção da edificação 825
    21.7.6 Gestão da manutenção da edificação 825
    21.7.7 Reforma em edificações 825

22 Anexos   829

23 Referências bibliográficas   833

Capítulo 1
Serviços iniciais

1.1 Serviços técnicos

1.1.1 Generalidades

Na elaboração do indispensável orçamento de uma edificação, são importantes a classificação e a discriminação dos diversos serviços que devem ocorrer durante a construção. É necessário sistematizar o roteiro a ser seguido na execução da peça orçamentária, de modo que não seja omitido serviço algum que, em cada caso particular, seja necessário ao pleno funcionamento e utilização do empreendimento, em obediência ao projeto aprovado e em conformidade com o estabelecido nos memoriais descritivos e suas especificações técnicas. De acordo com as circunstâncias de cada caso, a classificação e a discriminação dos serviços que ocorrem na construção da edificação podem ser detalhados em seus pormenores, sempre que necessário.

Como modelo de discriminação de Serviços Técnicos, pode-se relacionar o que segue:
- levantamento topográfico;
- estudos geotécnicos/sondagens;
- consultorias técnicas;
- fiscalização/acompanhamento/gerenciamento;
- projeto arquitetônico;
- projeto estrutural;
- projeto elétrico/telefônico/de sinais;
- projeto hidrossanitário/de gás;
- projeto de ar condicionado/pressurização de escadas/ventilação mecânica;
- projeto de prevenção contra incêndio;
- projeto luminotécnico;
- projeto de som ambiental;
- projeto de paisagismo e urbanização;
- maquete/perspectivas;
- orçamento/cronograma;
- fotografias.

1.1.2 Levantamento topográfico do terreno

Topografia é a delineação (medidas de distância e ângulos, em geral do perímetro do terreno) exata e pormenorizada de um terreno com todos os seus acidentes naturais (relevo). *Levantamento topográfico* é a técnica que tem por fim colher no campo (terreno) distâncias e ângulos para a elaboração de uma *planta topográfica*. Ele é feito por um *topógrafo* (operador), que utiliza um aparelho denominado *teodolito* (que é um instrumento óptico de precisão que mensura ângulos horizontais e verticais) e uma *trena* (que é uma fita flexível geralmente de aço inoxidável graduada em milímetros, que mede distâncias) ou um *taqueômetro*, também chamado estação total (que é um aparelho eletrônico usado para medir ângulos e distâncias). *Taqueometria* é um levantamento de pontos de um terreno, *in loco*, de forma a obter-se com presteza plantas com curvas de nível, que permitem representar no plano horizontal (projeção) as diferenças de nível. Essas peças gráficas são conhecidas como *plantas planialtimétricas*. *Nível a laser (Light Amplification by Simulated Emission of Radiation)* é um aparelho que usa raio laser para marcações e medições de nível e alinhamento de pontos. *Referência de nível (RN)* é um marco numérico de comparação a partir de um ponto estabelecido pela obra, o qual será relacionado a outros pontos do terreno ou da construção, sejam eles mais altos ou mais baixos. A diferença de nível entre um ponto qualquer do imóvel e a RN é chamada cota. A cota pode ser negativa se o ponto do imóvel se localizar abaixo da RN. A planta do levantamento planialtimétrico do imóvel deverá conter informações referentes à topografia, aos acidentes físicos, à vizinhança e aos logradouros. A elaboração da peça gráfica precisa ser em escala conveniente, variando entre 1:100 e 1:250, e conter a data do levantamento e a assinatura do profissional que a executou. O levantamento planialtimétrico partirá em geral do alinhamento da via pública existente para o imóvel.

Com referência à topografia do imóvel, terão de ser prestadas as seguintes informações:

- indicação da linha norte-sul;
- indicação das medidas de cada segmento do perímetro que define o imóvel, mostrando a extensão levantada e a constante do título de propriedade, para verificação de eventual divergência – com tolerância de até 5% quanto às dimensões (planimetria e área) –, convencionando-se chamar de "R" a medida real de cada segmento e de "E" a medida da escritura desse segmento;
- indicação dos ângulos entre os segmentos que definem o perímetro do imóvel ou seus rumos;
- demarcação do perímetro de edificações eventualmente existentes no imóvel;
- se a comprovação de propriedade da área for constituída por mais de um título, deverão ser demarcados os vários imóveis que a compõem, relacionando-os com os títulos de propriedade, indicando suas áreas e os respectivos números de contribuinte do IPTU (Imposto Predial e Territorial Urbano);
- indicação da área real do imóvel resultante do levantamento, bem como da área constante do título de propriedade;
- apresentação de curvas de nível, de metro em metro, devidamente cotadas, ou de planos cotados (para caso de terreno que apresente desnível não superior a 2 m);
- localização de árvores existentes, de caule (tronco) com diâmetro superior a 5 cm (medido a 1,3 m acima do terreno circundante – altura do peito) – Lei n. 10.365, de 22/09/87, do Município de São Paulo;
- demarcação de córregos ou quaisquer outros cursos de água existentes no imóvel ou em sua divisa;
- demarcação de faixas *non aedificandi* (de não edificação) e galerias de águas pluviais existentes no imóvel ou em suas divisas;
- indicação das cotas de nível na guia, nas extremidades da testada do imóvel.

Com referência à vizinhança e ao(s) logradouro(s), necessitam ser prestadas as informações seguintes:

- localização de postes, árvores, bocas de lobo, fiação aérea e mobiliários urbanos existentes diante do imóvel;
- indicação da largura do(s) logradouro(s), medida no centro da testada do imóvel e em vários pontos (no mínimo três) do trecho do logradouro, se houver variação da medida, completando a indicação com a dimensão dos passeios;
- código do logradouro onde se situa o imóvel e número de contribuinte do IPTU;
- inexistindo emplacamento do imóvel, deverão ser indicadas as distâncias compreendidas entre o eixo da entrada das edificações vizinhas e as divisas do imóvel, medidas no alinhamento, bem como as respectivas numerações de emplacamento (posição do lote na quadra em que se situa);
- em caso de dúvida ou de inexistência de emplacamento dos imóveis vizinhos, deverá ser indicada a distância entre o imóvel e o início do logradouro ou a distância entre o imóvel e o eixo das vias transversais mais próximas;
- indicação do tipo de pavimentação do(s) logradouro(s) e do(s) passeio(s) e do número do imóvel (se existir);

- quando se tratar de terrenos com acentuado aclive ou declive, o levantamento terá de conter dados genéricos de implantação das eventuais edificações vizinhas, correspondendo a uma faixa de, no mínimo, 3 m de largura ao longo das divisas.

1.1.3 Investigações geotécnicas e geológicas

1.1.3.1 Generalidades

Para fins de projeto e execução, as investigações geotécnicas do terreno de fundação (solo ou rocha ou mistura de ambos) abrangem:
- investigações locais, compreendendo:
  - sondagens de reconhecimento e sondagens para retirada de amostras indeformadas;
  - ensaios de penetração, estática ou dinâmica;
  - ensaios *in situ* (no seu lugar natural) de resistência e deformação;
  - ensaios *in situ* de permeabilidade ou determinação da perda de água;
  - medições de nível de água e de pressão neutra;
  - realização de provas de carga;
  - processos geofísicos de reconhecimento.
- investigações, em laboratório, sobre amostras representativas das condições locais, compreendendo:
  - caracterização;
  - resistência;
  - deformação;
  - permeabilidade.

A realização de ensaios sobre amostras de água do subsolo ou livremente ocorrente está compreendida nessa fase de estudos geotécnicos, sempre que houver suspeita de sua agressividade aos materiais que constituirão as fundações a executar. Independentemente da extensão dos ensaios preliminares que tenham sido realizados, devem ser feitas investigações adicionais sempre que, em qualquer etapa da execução da fundação, for constatada uma diferença entre as condições reais locais e as indicações fornecidas por aqueles ensaios preliminares, de tal sorte que as divergências fiquem completamente esclarecidas. Em decorrência da interdependência que há entre as características do maciço investigado e o projeto estrutural, é recomendável que as investigações sejam acompanhadas pelos responsáveis que executarão o projeto estrutural e o de fundação.

1.1.3.2 Reconhecimento geológico

Sempre que necessário, tem de ser realizada vistoria geológica de campo, por profissional especializado, complementada ou não por investigações geológicas adicionais com consultas a mapas geológicos, fotografias aéreas comuns etc.

1.1.3.3 Reconhecimento geotécnico

São sondagens de simples reconhecimento métodos geofísicos e qualquer outro tipo de prospecção do solo para fins de fundação. As sondagens de reconhecimento à percussão devem ser executadas de acordo com as normas técnicas brasileiras, levando em conta as peculiaridades da obra em projeto. A utilização dos processos geofísicos de reconhecimento só pode ser aceita se acompanhada por sondagens de reconhecimento ou rotativas de confirmação.

1.1.3.4 Sondagem e poço de observação com retirada de amostras indeformadas

Sempre que o vulto da obra ou a natureza do terreno exigirem, precisam ser realizadas sondagens ou poços de observação com retirada de amostras indeformadas, que têm de ser submetidas aos ensaios de laboratório julgados necessários ao projeto.

1.1.3.5 Ensaio de penetração estática (*diepsondering*)

Ensaio realizado com o penetrômetro estático, compreendendo a cravação no terreno, por prensagem, de um cone padronizado, permitindo medir separadamente a resistência de ponta e total (ponta mais atrito lateral) e ainda o atrito lateral local (com a camisa de atrito) das camadas interessadas. Os ensaios estáticos, embora não obrigatórios, são de grande valia, sobretudo em se tratando de fundações profundas. Em nenhum caso, todavia, tais ensaios, por não permitirem a coleta de amostras, substituem as sondagens de reconhecimento, as quais, portanto, não podem ser dispensadas.

1.1.3.6 Outros ensaios *in situ*

Compreendem ensaios para reconhecimento das características de resistência, deformação, densidade, umidade, permeabilidade ou perda de água (em se tratando de maciço rochoso), realizados *in situ* (no seu lugar natural). A resistência ao cisalhamento pode ser determinada por meio de palheta (vane test), ou mesmo pelo cisalhamento de blocos de grandes dimensões, executado a céu aberto ou no interior de galerias. As características de deformação podem ser determinadas, conforme o caso em estudo, mediante ensaios pressiométricos ou de provas de carga (ver a Seção 5.2.7). As características de percolação dos maciços terrosos ou rochosos podem ser determinadas pelos ensaios de permeabilidade e de perda de água. Outras características, cujo conhecimento seja desejável, são determinadas por ensaios específicos.

1.1.3.7 Provas de carga

Objetiva determinar, por meios diretos, as características de deformação ou resistência do terreno ou de elementos estruturais de fundação. Para isso, as provas de carga podem ser feitas com cargas verticais ou inclinadas, à compressão ou tração, cargas horizontais ou qualquer outro tipo de solicitação destinado a reproduzir as condições de funcionamento da fundação a que se destinam.

1.1.3.8 Ensaios de laboratório

Visam à determinação de características diversas do terreno de fundação, utilizando amostras representativas do tipo deformada ou indeformada, obtidas na fase de projeto ou de andamento da obra. De acordo com o tipo da obra e das características a determinar, são executados, entre outros, os ensaios especificados a seguir utilizando a amostra e a técnica de execução mais representativas de cada caso em estudo:

- caracterização: granulometria por peneiramento com ou sem sedimentação, limites de liquidez e plasticidade;
- resistência: ensaios de compressão simples, cisalhamento direto, compressão triaxial;
- deformação: compressão confinada (adensamento), compressão triaxial, inclusive descompressão;
- permeabilidade: ensaios de permeabilidade em permeâmetros de carga constante ou variável, ou mesmo indiretamente mediante ensaio de adensamento;
- expansibilidade, colapsividade etc.: ensaios para verificação dessas características dos solos.

1.1.3.9 Observações de obra

Considera-se de especial interesse, não só para o controle da obra em si como também para o aperfeiçoamento da técnica de fundação e da melhoria dos conhecimentos da construtora obtidos sob condições reais, a observação das obras mediante instrumentação adequada no que se refere ao comportamento de suas fundações, bem como à interação estrutura-solo da fundação. Tal determinação pode ser exigida nos casos de projetos difíceis ou singulares ou nos casos em que se julgue necessária a verificação do desempenho de obras fundadas sob condições especiais.

1.1.3.10 Programação de sondagens de simples reconhecimento dos solos para fundações

1.1.3.10.1 Terminologia

Terreno é todo maciço natural caracterizado por condições geocronológicas e estratigráficas, incluindo assim, em termos práticos, solos, rochas e materiais intermediários, como solos residuais, rochas moles etc. A parte desse maciço, em extensão e profundidade, de interesse para a obra e seu projeto geotécnico é correntemente chamada de subsolo.

1.1.3.10.2 Procedimento mínimo

Um procedimento mínimo deve ser adotado na programação de sondagens de simples reconhecimento – sondagens a percussão (standard penetration test, SPT) –, na fase de estudos preliminares ou de planejamento do empreendimento. Para a fase de projeto, ou para o caso de estruturas especiais, eventualmente, poderão ser necessárias investigações complementares para determinação dos parâmetros de resistência ao cisalhamento e da compressibilidade dos solos, que terão influência sobre o comportamento da estrutura projetada. Para tanto, precisam ser realizados programas específicos de investigações complementares.

1.1.3.10.3 Número e locação das sondagens

O número de sondagens a percussão e a sua localização em planta dependem do tipo da estrutura, de suas características especiais e das condições geotécnicas do subsolo. O número de sondagens tem de ser suficiente para fornecer o melhor quadro possível da provável variação das camadas do subsolo do local em estudo. As sondagens precisam ser em número de uma para cada 200 m² de área da projeção em planta do edifício, até 1200 m² de área. Entre 1200 m² e 2400 m², é necessário fazer uma sondagem para cada 400 m² que excederem de 1200 m². Acima de 2400 m², o número de sondagens será fixado de acordo com o plano particular da construção. Em quaisquer circunstâncias, o número mínimo de sondagens deve ser:
- duas: para área da projeção em planta de edifício até 200 m²;
- três: para área entre 200 m² e 400 m².

Nos casos em que não houver ainda disposição em planta dos edifícios, como nos estudos de viabilidade ou de escolha de local, o número de sondagens será fixado de forma que a distância máxima entre elas seja de 100 m, com o mínimo de três sondagens. As sondagens têm de ser localizadas em planta e obedecer às seguintes regras gerais:
- na fase de estudos preliminares ou de planejamento do empreendimento, as sondagens precisam ser igualmente distribuídas em toda a área; na fase de projeto, pode-se locar as sondagens de acordo com critério específico que leve em conta pormenores estruturais;
- quando o número de sondagens for superior a três, elas não deverão ser distribuídas ao longo do mesmo alinhamento.

Nunca se deve economizar em sondagens, seja no número de furos, seja na sua profundidade.

1.1.3.10.4 Profundidade das sondagens

A profundidade do furo em relação a uma referência de nível (RN; ver a Seção 1.12) a ser explorada pelas sondagens de simples reconhecimento, para efeito do projeto geotécnico, é função do tipo de edifício, das características particulares de sua estrutura, de suas dimensões em planta, da forma da área carregada e das condições geotécnicas e topográficas locais. A exploração será levada a profundidades tais que incluam todas as camadas impróprias ou que sejam questionáveis, como apoio de fundações, de tal forma que não venham a prejudicar a estabilidade e o comportamento estrutural ou funcional do edifício. As sondagens têm de ser levadas até a profundidade em que o solo não seja mais significativamente solicitado pelas cargas estruturais, fixando como critério aquela profundidade em que o acréscimo da pressão no solo, em razão das cargas estruturais aplicadas, for menor do que 10% da pressão geostática efetiva.

Quando a edificação apresentar uma planta composta de vários corpos, o critério anterior se aplicará a cada corpo da edificação. No caso de corpos de fundação isolados e muito espaçados entre si, a profundidade a explorar necessita ser determinada a partir da consideração simultânea da menor dimensão dos corpos de fundação, da profundidade dos seus elementos e da pressão estimada por eles transmitida. Quando uma sondagem atingir camada de solo de compacidade ou consistência elevada, e as condições geológicas locais mostrarem não haver possibilidade de se atingir camadas menos consistentes ou compactas, poderá interromper a sondagem naquela camada. Quando a sondagem atingir rocha ou camada impenetrável à percussão, subjacente a solo adequado ao suporte da fundação, pode ser nela interrompida. Nos casos de fundações de importância, ou quando as camadas superiores de solo não forem adequadas ao suporte, aconselha-se a verificação da natureza e da continuidade da camada impenetrável. Nesses casos, a profundidade mínima a investigar é de 5 m. A contagem da profundidade, para efeito do aqui descrito, precisa ser feita a partir da superfície do terreno, não se computando para esse cálculo a espessura da camada de solo a ser eventualmente escavada. No caso de fundações profundas (estacas ou tubulões), a contagem da profundidade tem de ser feita a partir da provável posição da ponta das estacas ou base dos tubulões. Considerações especiais necessitam ser feitas na fixação da profundidade de exploração, nos casos em que processos de alteração posteriores (erosão, expansão e outros) podem afetar o solo de apoio das fundações.

1.1.3.10.5 Outras considerações

O resultado das sondagens terá de ser apresentado graficamente com a discriminação: do tipo de solo encontrado em cada camada e sua consistência; da resistência oferecida à penetração do amostrador-padrão e do nível de água na data da perfuração. A sondagem a percussão (SPT) é realizada com um amostrador cravado por meio de golpes de um martelo de 65 kg em queda livre de 75 cm. Durante o ensaio, é registrado o número de golpes necessários à penetração de cada 15 cm da camada investigada, além da observação das características do solo trazido no amostrador. O relatório final traz a planta de locação, a situação e a referência de nível (RN) dos furos, a descrição das camadas do solo, o índice de resistência à penetração, o gráfico de resistência × profundidade, a classificação macroscópica das camadas, a profundidade e o limite da sondagem a percussão por furo e, ainda, a existência ou não de lençol freático e o nível inicial depois de 24 h.

Sempre que as características da obra e/ou do terreno exigirem, será estabelecido um programa de investigação direta do subsolo, que inclua, conforme o caso, ensaios in loco do tipo SPT-T (standard penetration test com torque): possibilita informar o momento torsor entre amostrador e solo; CPT (cone penetration test): consiste na cravação estática lenta de um cone, mecânica ou elétrica, que armazena em um computador os dados a cada 20 cm; sondagem rotativa: com uso de uma coroa amostradora de aço, na qual são encrustados pequenos diamantes; pressiômetro (para estabelecer estimativas de recalque ou para a previsão de capacidade de carga-limite); cisalhamento de palheta (vane test): uma palheta de seção cruciforme é cravada em argilas saturadas, de consistência mole, e é submetida ao torque necessário para cisalhar o solo por rotação etc. Nos casos em que houver necessidade de estudos aprofundados das condições de trabalho do terreno, o programa de investigação do subsolo deverá contar com a extração de amostras indeformadas e consequentes análises laboratoriais, que determinem os limites de plasticidade e de liquidez, a granulometria, a permeabilidade, a capilaridade etc. das camadas de interesse. Nos casos de obra pequena, poderão ser admitidos processos simples de investigação do subsolo, como a sondagem com trado-cavadeira (broca), para a obtenção de amostras (então deformadas) e caracterização tátil-visual. Os serviços de sondagem necessitam ser executados por empresa especializada, com o acompanhamento de um consultor de mecânica dos solos.

1.1.3.11 Execução de sondagem a percussão (SPT)

1.1.3.11.1 Aparelhagem

A aparelhagem-padrão compõe-se dos seguintes elementos principais:
- torre (em geral tripé) com roldana;
- tubos de revestimento;
- composição de perfuração ou cravação;

Capítulo 1 – Serviços iniciais

- sapata de revestimento;
- hastes de lavagem e penetração;
- amostrador-padrão;
- martelo padronizado para cravação do amostrador;
- cabeças de bater do tubo de revestimento e da haste de penetração;
- baldinho com válvula de pé para esgotar o furo;
- trépano (ferramenta de perfuração) de lavagem;
- trado-concha ou cavadeira;
- trado helicoidal;
- medidor do nível de água;
- metro de balcão ou similar;
- trena;
- recipientes para amostras;
- bomba de água motorizada centrífuga;
- martelo de saca-tubos e ferramentas gerais necessárias à operação da aparelhagem;
- opcionalmente, o equipamento poderá ter guincho motorizado e/ou sarilho manual;
- caixa-d'água ou tambor com divisória interna para decantação.

O trado-concha deve ter (100 ± 10) mm de diâmetro. Os tubos de revestimento precisam ser de aço, com diâmetro nominal interno de 63,5 mm. O trado helicoidal terá diâmetro mínimo de 56 mm. O trépano de lavagem tem de ser constituído por peça de aço terminada em bisel e dotada de duas saídas laterais para a água. A lâmina do trépano, conforme os tubos de revestimento descritos acima, necessita ter (62 ± 5) mm de largura e comprimento mínimo de 200 mm a 300 mm. A composição de perfuração tem de ser constituída de tubos de aço com diâmetro nominal interno de (24,3 ± 2,5) mm e massa teórica de 3,23 kg por metro. As hastes precisam ser retilíneas e dotadas de roscas em bom estado. Quando acopladas por luvas apertadas, elas devem formar um conjunto retilíneo. A composição das hastes será utilizada tanto acoplada ao trépano de lavagem quanto ao trado helicoidal e ao amostrador. A cabeça de bater das hastes de penetração, destinada a receber o impacto direto do martelo, é constituída por tarugo de aço de (Ø 83 ± 5) mm e (90 ± 5) mm de altura, o qual é atarraxado ao topo das hastes.

O amostrador-padrão a ser utilizado, de diâmetro externo de (50,8 ± 2) mm e interno de (34,9 ± 2) mm, tem rigorosamente a forma e dimensões indicadas nas normas técnicas, possuindo ou não corpo bipartido. A sapata ou bico do amostrador é de aço temperado e substituída sempre que estiver gasta ou danificada. A cabeça do amostrador tem dois orifícios laterais para saída de água e do ar e contém, interiormente, uma válvula constituída por esfera de aço recoberta de material inoxidável. O martelo padronizado, para cravação das hastes de perfuração e dos tubos de revestimento, consiste de uma massa de ferro de 65 kg, de forma prismática ou cilíndrica. Encaixado na parte inferior do martelo, possui um coxim de madeira dura. O martelo padronizado, quando maciço, tem uma haste-guia de 1,2 m de comprimento, fixada à sua parte inferior, para assegurar a centralização da sua queda, e na qual há uma marca visível distando de 75 cm da base do peso. O martelo, quando vazado, possui um furo central de Ø 44 mm. Nesse caso, a cabeça de bater é dotada, na sua parte superior, de uma haste-guia de Ø 33,4 mm e 1,2 m de comprimento, e na qual há uma marca distando 75 cm do topo da cabeça de bater. As hastes-guias do martelo precisam estar perfeitamente alinhadas e ortogonais à superfície que recebe o impacto.

1.1.3.11.2 Realização do ensaio

1.1.3.11.2.1 Processos de perfuração

A sondagem é iniciada com emprego do trado-concha ou cavadeira manual até a profundidade de 1 m, seguindo a instalação até essa profundidade do primeiro segmento do tubo de revestimento dotado de sapata cortante. Nas operações subsequentes de perfuração, intercaladas às de ensaios e amostragem, é utilizado trado helicoidal até atingir o nível de água freático. Quando o avanço da perfuração, com emprego do trado helicoidal, for inferior a 50 mm depois de 10 minutos de operação, ou no caso de solos não aderentes ao trado, passa-se ao método de perfuração por circulação de água, também denominado de lavagem. Esses casos, considerados especiais, têm de ser devidamente justificados no relatório. A operação de perfuração por circulação de água é realizada utilizando o trépano de lavagem como ferramenta de escavação e a remoção do material escavado por meio de circulação de água é feita pela bomba de água motorizada, através da composição das hastes de perfuração. A operação consiste na elevação da composição de lavagem em cerca de 30 cm do fundo do furo e sua queda, que tem de ser acompanhada de movimentos de rotação vaivém, imprimidos manualmente pelo operador.

Recomenda-se que, à medida que se for aproximando da cota de ensaio e amostragem, essa altura seja progressivamente diminuída. Quando se atingir a cota de ensaio e amostragem, o conjunto de lavagem precisa ser suspenso à altura de 20 cm do fundo do furo, mantendo a circulação de água por tempo suficiente, até que todos os detritos da perfuração tenham sido removidos do interior do furo. Toda vez que for descida a composição de perfuração com o trépano ou instalado um novo segmento do tubo de revestimento, ambos serão medidos com precisão de 10 mm.

Durante as operações de perfuração, caso a parede do furo se mostre instável, será obrigatória, para ensaios e amostragens subsequentes, a descida do tubo de revestimento até onde se fizer necessário, alternadamente com a operação de perfuração. Atenção especial será dada para não descer o tubo de revestimento à profundidade além do fundo do furo aberto. O tubo de revestimento necessita ficar no mínimo a 50 cm do fundo do furo quando da operação de ensaio e amostragem. Somente em casos de fluência do solo para o interior do furo é admitido deixá-lo à mesma profundidade do fundo do furo. Em casos especiais de sondagens profundas em solos instáveis, em que a descida e/ou a posterior remoção dos tubos de revestimento for problemática, podem ser empregadas lamas de estabilização em lugar de tubo de revestimento. Esses casos serão anotados na folha de campo. Durante a operação de perfuração, devem ser registradas as profundidades das transições de camadas detectadas por exame tátil-visual e da mudança de coloração dos materiais trazidos à boca do furo pelo trado helicoidal ou pela água de lavagem. Durante todas as operações da sondagem, tem de ser mantido o nível de água no interior do furo em cota igual ou superior à do nível do lençol freático encontrado. Antes de retirar a composição de perfuração, com o trado helicoidal ou com o trépano de lavagem apoiado no fundo do furo, será feita uma marca na haste à altura da boca do revestimento, para que seja medida, com precisão de 10 mm, a profundidade em que se apoiará o amostrador na operação subsequente de ensaio e amostragem.

1.1.3.12 Amostragem

Tem de ser coletada, para exame posterior, uma parte representativa do solo colhido pelo trado-concha durante a perfuração até 1 m de profundidade. A cada metro de perfuração, a contar de 1 m de profundidade, serão colhidas amostras dos solos por meio do amostrador-padrão. As amostras colhidas serão imediatamente acondicionadas em recipientes herméticos e de dimensões tais que permitam receber pelo menos um cilindro de solo de 60 mm de altura, colhido intacto do interior do amostrador. Os recipientes podem ser de vidro ou plástico, com tampas plásticas, ou sacos plásticos. Havendo perda da amostra na operação de subida da composição das hastes, será necessário o emprego de um amostrador de janela lateral para colheita de amostra representativa do solo.

Caso haja insucesso nessa tentativa, na operação imediata de avanço do furo por lavagem, será colhida, separadamente, na bica do tubo de revestimento, uma porção de água de circulação e, por sedimentação, são colhidos os detritos do solo. Ocorrendo camadas distintas na coluna do solo amostrado, serão colhidas amostras representativas e colocadas em recipientes distintos, tal como acima descrito. Os recipientes das amostras têm de ser providos de uma etiqueta, na qual, escritos com tinta indelével, constarão:

- designação ou número do trabalho;
- local da obra;
- número de ordem da sondagem;
- número de ordem da amostra;
- profundidade da amostra;
- número de golpes do ensaio de penetração.

Os recipientes das amostras serão acondicionados em caixas ou sacos, com etiquetas em que constarão a designação da obra e o número da sondagem. As caixas ou sacos devem permanecer permanentemente protegidos do sol e da chuva. As amostras serão conservadas no laboratório, à disposição da construtora, por um período de 30 dias, a contar da data da apresentação do relatório.

1.1.3.13 Ensaio de penetração dinâmica

O amostrador-padrão, conectado às hastes de perfuração (composição de cravação), precisa descer livremente no furo de sondagem até ser apoiado suavemente no fundo. Estacionado o amostrador, confere-se a profundidade com medida feita com a haste de perfuração, conforme o item anterior "Processos de Perfuração". Caso a medida não confira, ficando o amostrador acima da cota além da diferença de 2 cm, será retirada a composição de amostragem e repetida a operação de limpeza do furo. Posicionado o amostrador e colocada a cabeça de bater no topo da haste, o martelo será apoiado suavemente sobre a cabeça de bater, anotando a eventual penetração do amostrador no solo. Utilizando o topo do tubo de revestimento como referência, marca–se na haste de perfuração, com giz, um segmento de 45 cm dividido em três trechos. Para efetuar a cravação do amostrador-padrão, o martelo tem de ser erguido até a altura de 75 cm, marcada nas hastes-guias por meio de corda flexível que se encaixa com folga no sulco da roldana.

É necessário observar que os eixos de simetria do martelo e da composição do amostrador devem ser rigorosamente coincidentes. Precauções especiais serão tomadas para evitar que, durante a queda livre do martelo, haja perda de energia de cravação por atrito, principalmente nos equipamentos mecanizados, que são dotados de dispositivo disparador que garanta a queda totalmente livre do martelo. O ensaio de penetração consiste na cravação do barrilete amostrador no solo, por meio de quedas sucessivas do martelo. Não tendo ocorrido penetração igual ou maior que 45 cm no procedimento já descrito, inicia-se a cravação do barrilete por impactos sucessivos do martelo, até a cravação de 45 cm do amostrador. Será anotado, separadamente, o número de golpes necessários à cravação de cada 15 cm do amostrador. A penetração obtida, conforme descrito, corresponderá a zero golpe. Se apenas com um golpe do martelo o amostrador penetrar mais que 15 cm, anota-se a penetração obtida. O processo de perfuração por lavagem, associado aos ensaios penetrométricos, será utilizado até onde se obtiver, nesses ensaios, uma das seguintes condições:

- quando, em 3 m sucessivos, forem obtidos 30 golpes para penetração dos 15 cm iniciais do amostrador-padrão;
- quando, em 4 m sucessivos, forem obtidos 50 golpes para penetração dos 30 cm iniciais do amostrador-padrão;
- quando, em 5 m sucessivos, forem obtidos 50 golpes para penetração dos 45 cm do amostrador-padrão.

Dependendo do tipo da obra, das cargas a serem transmitidas às fundações e da natureza do subsolo, será admitida a paralisação da sondagem à percussão em solos de menor resistência à penetração do que aquela discriminada acima, desde que haja uma justificativa geotécnica. Durante o ensaio penetrométrico, caso a penetração seja nula dentro da precisão da medida na sequência de cinco impactos do martelo, o ensaio terá de ser interrompido, não havendo necessidade de obedecer ao critério acima estabelecido. Caso ocorra a situação descrita imediatamente acima antes da profundidade de 8 m, a sondagem precisará ser deslocada até o máximo de quatro vezes em posições diametralmente opostas a 2 m da sondagem inicial.

1.1.3.13.1 Ensaios de avanço da perfuração por lavagem

Quando forem atingidas as condições acima descritas e depois da retirada da composição com o amostrador, pode ser executado a seguir um ensaio de avanço da perfuração por lavagem. Esse ensaio consiste no emprego do procedimento anteriormente descrito. O ensaio terá duração de 30 min, devendo ser anotados os avanços do trépano obtidos em cada período de 10 min. A sondagem será dada por encerrada quando, no ensaio de avanço da perfuração por lavagem, forem obtidos avanços inferiores a 5 cm em cada período de 10 min, ou quando, depois de serem feitos quatro ensaios consecutivos, não for alcançada a profundidade de execução do ensaio penetrométrico.

Ocorrendo esses casos, no relatório, constará a designação de "impenetrável ao trépano". Caso haja necessidade técnica de continuar a investigação do subsolo em profundidades superiores àquelas acima limitadas, o processo de perfuração por trépano e circulação de água terá de ser abandonado, podendo a perfuração prosseguir por método rotativo, depois de entendimentos entre a empresa responsável pela execução das sondagens e o consultor especialista em mecânica dos solos.

1.1.3.13.2 Observação do nível de água freático

Durante a perfuração com o auxílio do trado helicoidal, o operador precisa estar atento a qualquer aumento aparente da umidade do solo, indicativo da presença próxima do nível de água, bem como um indício mais forte, como: estar molhado um determinado trecho inferior do trado helicoidal, comprovando ter sido atravessado um nível de água. Nessa ocasião, interrompe-se a operação de perfuração e passa-se a observar a elevação do nível de água no furo, efetuando leituras a cada 5 min, durante 15 min no mínimo. Sempre que ocorrerem paralisações na execução das sondagens, antes do seu reinício é obrigatória a medida da posição do nível de água, bem como a profundidade do tubo de revestimento. Sendo observados níveis de água variáveis durante o dia, essa variação será anotada. No caso de ocorrer pressão de artesianismo no lençol freático ou fuga de água no furo, têm de ser anotadas as profundidades das ocorrências e do tubo de revestimento. Em seguida ao término da sondagem, será feito o esgotamento do furo até o nível de água com auxílio do baldinho, procedendo a seguir conforme descrito. Depois do encerramento da sondagem e da retirada do tubo de revestimento, decorridas no mínimo 24 horas, e estando o furo ainda aberto, será medida a posição do nível de água.

1.1.3.13.3 Resultados

Relatório de campo: nas folhas de anotação de campo, serão registrados:

- nome da empresa de sondagem e da construtora;
- número do trabalho;
- local do terreno;
- número de ordem da sondagem;
- cota de nível da boca do furo em relação a uma referência de nível (RN) fixa e bem definida;
- data e hora de início e de término da sondagem;
- métodos de perfuração empregados e profundidades respectivas (TC: trado – concha; TH: trado helicoidal; CA: circulação de água);
- avanços do tubo de revestimento;
- profundidades das mudanças das camadas de solo e do final da sondagem;
- numeração e profundidade das amostras colhidas no barrilete amostrador-padrão;
- anotação das amostras colhidas por lavagem quando não for obtida recuperação da amostra;
- descrição tátil-visual das amostras, na sequência:
    - textura (granulometria) principal e secundária;
    - origem (orgânica, turfosa, marinha ou residual);
    - cor (no caso de solo de várias cores, utilizar o termo variegado/a e indicar, entre parênteses, a cor predominante);
- número de golpes necessários à cravação de cada 15 cm do amostrador ou as penetrações obtidas conforme a Seção 1.1.3.11.2 ("Ensaio de Penetração Dinâmica");
- resultados dos ensaios de avanço de perfuração por lavagem, conforme a Seção 1.1.3.11.2 ("Ensaios de avanço da perfuração por lavagem")
- anotações sobre a posição do nível de água, com data, hora e profundidade, e respectiva posição do revestimento;
- nome do operador e vistos do fiscal;
- outras informações colhidas durante a execução da sondagem, se julgadas de interesse.

Capítulo 1 – Serviços iniciais

As anotações serão levadas às folhas de campo assim que colhidos os dados. Os relatórios de campo têm de ser conservados à disposição da construtora por um período de 30 dias, a contar da data da apresentação do relatório.

Relatório (para o cliente): os resultados das sondagens de simples reconhecimento precisam ser apresentados em relatórios, numerados, datados e assinados por responsável técnico pelo trabalho perante o Conselho Regional de Engenharia e Agronomia (CREA). O relatório será apresentado em formato A4. Constarão do relatório:

- nome da construtora/cliente;
- local e natureza da obra;
- descrição sumária do método e dos equipamentos empregados na realização das sondagens;
- total perfurado, em metros;
- declaração de que foram obedecidas as normas técnicas brasileiras relativas ao assunto;
- outras observações e comentários, se julgados importantes;
- referências aos desenhos constantes do relatório.

Anexo ao relatório, acompanhará desenho contendo:

- planta do local da obra, cotada e amarrada a referências facilmente encontradas e pouco mutáveis (logradouros públicos, acidentes geográficos, marcos topográficos etc.), de forma a não deixar dúvidas quanto à sua localização;
- nessa planta, constará a localização das sondagens cotadas e amarradas a elementos fixos e bem definidos no terreno. A planta conterá, ainda, a posição da referência de nível (RN) tomada para o nivelamento da boca dos furos de sondagens, bem como a descrição sumária do elemento físico tomado como RN.

O resultado das sondagens é apresentado em desenho(s) contendo o perfil individual de cada sondagem e/ou seções do subsolo, no qual é necessário constar, obrigatoriamente:

- o nome da empresa executora das sondagens, o nome da construtora/cliente, local da obra, indicação do número do trabalho e os vistos do desenhista e do engenheiro ou geólogo responsável pelo trabalho;
- diâmetro do tubo de revestimento e do amostrador empregados na execução das sondagens;
- número de ordem da(s) sondagem(s);
- cota de nível da boca do(s) furo(s) de sondagem, com precisão de 1 cm;
- linhas horizontais cotadas a cada 5 m em relação à referência de nível;
- posição das amostras colhidas, tendo de ser indicadas as amostras não recuperadas e os detritos colhidos por sedimentação;
- as profundidades, em relação à boca do furo, das transições das camadas e do final das sondagens;
- os índices de resistência à penetração, calculados como sendo a soma do número de golpes necessários à penetração, no solo, dos 30 cm finais do amostrador; não ocorrendo a penetração dos 45 cm do amostrador, o resultado do ensaio penetrométrico será apresentado na forma de frações ordinárias, contendo, no numerador, o número de golpes e, no denominador, as penetrações, em centímetros, obtidas na sequência do ensaio;
- identificação dos solos amostrados, utilizando as normas técnicas brasileiras;
- a posição do(s) nível(is) de água encontrado(s) e a(s) respectiva(s) data(s) de observação. Indicação se houve pressão ou perda de água durante a perfuração;
- convenção gráfica dos solos que compõem as camadas do subsolo como prescrito nas normas técnicas brasileiras;
- datas de início e término de cada sondagem;
- indicação dos processos de perfuração empregados (TH: trado helicoidal; CA: circulação de água) e respectivos trechos, bem como as posições sucessivas do tubo de revestimento.

As sondagens serão desenhadas na escala vertical de 1:100. Somente nos casos de sondagens profundas e em subsolos muito homogêneos poderá ser empregada escala mais reduzida. A Tabela 2.5 apresenta os estados de capacidade e de consistência dos solos.

Tabela 1.1: Estados de capacidade e de consistência dos solos

Solos	Índice de resistência à penetração N	Designação 1
Areias e siltes arenosos	≤ 4	Fofa(o)
	5 a 8	Pouco compacta (o)
	9 a 18	Medianamente compacta (o)
	19 a 40	Compacta (o)
	>40	Muito compacta (o)
Areias e siltes argilosos	≤ 2	Muito mole
	3 a 5	Mole
	6 a 10	Média (o)
	11 a 19	Rija (o)
	>19	Dura (o)

As expressões empregadas para a classificação da capacidade das areias (fofa, compacta etc) referem-se à deformidade e resistência destes solos, sob o ponto de vista de fundações, e não devem ser confundidas com as mesmas denominações empregadas para a designação da capacidade relativa das areias ou para a situação perante o índice de vazios críticos, definidos na Mecânica dos Solos.

1.1.4 Rochas e solos: terminologia

1.1.4.1 Rochas

Materiais constituintes essenciais da crosta terrestre provenientes da solidificação do magma ou de lavas vulcânicas ou da consolidação de depósitos sedimentares, tendo ou não sofrido transformações metamórficas. Esses materiais apresentam elevada resistência, somente modificável por contatos com ar ou água em casos especiais. As rochas são designadas pela sua nomenclatura corrente em geologia, mencionando, sempre que possível, estado de fraturamento e alteração. Tratando-se de ocorrências de rochas de dimensões limitadas, são empregados os seguintes termos:

- bloco de rocha: pedaço isolado de rocha tendo diâmetro superior a 1 m;
- matacão: pedaço de rocha tendo diâmetro médio superior a 25 cm e inferior a 1 m;
- pedra: pedaço de rocha tendo diâmetro médio compreendido entre 7,6 cm e 25 cm.

Rocha alterada é aquela que apresenta, pelo exame macroscópico ou elementos mineralógicos constituintes, geralmente diminuídas suas características originais de resistência.

1.1.4.2 Solos

Materiais constituintes essenciais da crosta terrestre provenientes da decomposição *in situ* (que está em seu lugar natural) das rochas pelos diversos agentes geológicos, ou pela sedimentação não consolidada dos grãos elementares constituintes das rochas, com adição eventual de partículas fibrosas de material carbonoso e matéria orgânica no estado coloidal. Os solos são identificados por sua textura, composição granulométrica, plasticidade, consistência ou compacidade, citando-se outras propriedades que auxiliam sua identificação, como: estrutura, forma dos grãos, cor (o termo comumente usado variegada significa que apresenta cores e tonalidades variadas), cheiro, friabilidade, presença de outros materiais (conchas, materiais vegetais, mica etc.). Consideram-se:

- **Pedregulhos**: solos cujas propriedades dominantes são em razão de sua parte constituída pelos grãos minerais de diâmetro máximo superior a 4,8 mm e inferior a 76 mm. São caracterizados pela sua textura, compacidade e forma dos grãos.
- **Areias**: solos cujas propriedades dominantes são em razão de sua parte constituída pelos minerais de diâmetro máximo superior a 0,05 mm e inferior a 4,8 mm. São caracterizados pela sua textura, compacidade e forma dos grãos. Quanto à textura, a areia pode ser:
    - grossa: quando os grãos acima referidos têm diâmetro máximo compreendido entre 2,00 mm e 4,80 mm;
    - média: quando os grãos acima referidos têm diâmetro máximo compreendido entre 0,42 mm e 2,00 mm;
    - fina: quando os grãos acima referidos têm diâmetro máximo compreendido entre 0,05 mm e 0,42 mm.

    Quanto à compacidade, a areia pode ser:
    - *fofa* (pouco compactada);
    - *medianamente compacta*;
    - *compacta*.

    Qualitativamente, a compacidade pode ser estimada pela dificuldade relativa de escavação ou de penetração de um instrumento de sondagem (como seja, a resistência à penetração de um barrilete amostrador).
- **Silte**: solo que apresenta apenas a coesão necessária para formar, quando seco, torrões facilmente desagregáveis pela pressão dos dedos. Suas propriedades dominantes são em razão da parte constituída pelos grãos de diâmetro máximo superior a 0,005 mm e inferior a 0,05 mm. Caracteriza-se pela sua textura e compacidade.
- **Argila**: solo que apresenta características marcantes de plasticidade; quando suficientemente úmido, molda-se facilmente em diferentes formas; quando seco, apresenta coesão bastante para constituir torrões dificilmente desagregáveis por pressão dos dedos; suas propriedades dominantes são em razão da parte constituída pelos grãos de diâmetro máximo inferior a 0,005 mm. Caracteriza-se pela sua plasticidade, textura e consistência em seu estado e umidade naturais. Quanto à textura, são as argilas identificadas quantitativamente pela sua distribuição granulométrica. Quanto à plasticidade, podem ser subdivididas em:
    - gordas;
    - magras.

    Quanto à consistência, podem ser subdivididas em:
    - muito moles (vazas);
    - moles;
    - médias;
    - rijas;
    - duras.

    Argilas de grande volume de vazios, cujos poros estejam parcialmente cheios de ar, recebem ainda o adjetivo *porosa*. Qualitativamente, cada um dos tipos pode ser identificado do seguinte modo:
    - *muito moles*: as argilas que escorrem com facilidade entre os dedos, quando apertadas na mão;
    - *moles*: as que são facilmente moldadas pelos dedos;
    - *médias*: as que podem ser moldadas normalmente pelos dedos;
    - *rijas*: as que requerem grande esforço para ser moldadas pelos dedos;
    - *duras*: as que não podem ser moldadas pelos dedos e, quando submetidas a grande esforço, desagregam-se ou perdem sua estrutura original.

Os solos em que não se verifiquem nitidamente as predominâncias de propriedades acima referidas são designados pelo nome do tipo de solo cujas propriedades sejam mais acentuadas, seguido dos adjetivos correspondentes aos daqueles que o completam. Por exemplo: argila arenosa, consistência média; argila silto–arenosa, rija; areia média, argilosa, compacta; areia grossa, argilosa, compacta; silte argiloso.

- **Solos com matéria orgânica**: caso um dos tipos acima apresente teor apreciável de matéria orgânica, deve ser anotada a sua presença. Por exemplo: areia grossa, fofa, com matéria orgânica; argila arenosa, consistência média, com matéria orgânica. Às argilas muito moles, com matéria orgânica, pode ser adicionado entre parênteses, e como esclarecimento, o termo *lodo*.
- **Turfas**: solos com grande porcentagem de partículas fibrosas de material carbonoso ao lado de matéria orgânica no estado coloidal. Esse tipo de solo pode ser identificado por ser fofo e não plástico e ainda combustível.
- **Alteração de rocha**: solo proveniente da desintegração de rocha, *in situ*, pelos diversos agentes geológicos. É descrito pela respectiva textura, plasticidade e consistência ou compacidade, sendo indicados ainda o grau de alteração e, se possível, a rocha de origem.
- **Solo concrecionado**: massa de solo apresentando alta resistência, cujos grãos são ligados, naturalmente entre si, por um cimento qualquer. É designado pelo respectivo tipo seguido pela palavra *concrecionado*.
- **Solos superficiais**: zona abaixo da superfície do terreno natural, geralmente constituída de mistura de areias, argilas e matéria orgânica e exposta à ação dos fatores climáticos e de agentes de origem vegetal e animal. É designada simplesmente como solo superficial.
- **Aterros**: depósitos artificiais de qualquer tipo de solo ou de entulho. É mencionado o tipo do material e, se possível, o processo de execução do aterro.

1.1.5 Consultoria técnica em edificações

1.1.5.1 Engenharia diagnóstica

As presentes diretrizes contemplam os procedimentos técnicos necessários, com conceitos, classificações e demais regramentos relativos à prática da consultoria técnica em edificações, objetivando nortear o engenheiro diagnóstico quanto à forma de desenvolvimento e apresentação técnica do laudo de consultoria técnica. Na aplicação destas diretrizes é necessário consultar e atender às normas técnicas correlatas e legislação pertinente, dando-se destaque aos seguintes preceitos legais e técnicos vigentes e contemporâneos aos trabalhos propostos:

- legislações profissionais de engenheiros e arquitetos;
- Código de Edificações;
- Constituição Federal;
- Código Civil;
- Código de Processo Civil;
- Código Penal;
- Código Comercial;
- Código de Águas;
- Código de Defesa do Consumidor;
- Código Sanitário Estadual;
- legislação ambiental;
- Código Florestal;
- normas técnicas;
- legislações federais;
- todas as normas técnicas que venham a ser consideradas pertinentes aos casos alvo da especialidade das inspeções, inclusive as internacionais.

1.1.5.2 Conceitos

Para efeito destas diretrizes, aplicam-se os conceitos e definições das normas citadas, e também os seguintes:
- *Análise Técnica* – inferência decorrente de informações e interpretações observadas pelo técnico habilitado, na inspeção da edificação.
- *Anomalia Construtiva* – aquela de origem endógena por deficiências do projeto, dos materiais ou da execução.

- *Anomalia Funcional* – aquela decorrente da degradação natural ou uso intenso.
- *Auditoria Técnica* – é o atestamento técnico, ou não, de conformidade de um fato, condição ou direito relativo a uma edificação.
- *Consultoria Técnica* – é a prescrição técnica a respeito de um fato, condição ou direito relativo a um objeto.
- *Consultoria em Edificações* – é a prescrição técnica a respeito de um fato, condição ou direito relativo a uma edificação ou uma obra.
- *Dano* – irregularidade de origem exógena, causada por vandalismos ou acidente.
- *Degradação* – redução do desempenho devido à atuação, ou não, de vários agentes de degradação.
- *Agentes de Degradação* – tudo aquilo que age sobre um sistema, contribuindo para reduzir seu desempenho.
- *Desempenho* – comportamento em uso de um edifício e de seus sistemas.
- *Engenharia Diagnóstica* – é a disciplina dos estudos e ações proativas das investigações técnicas das patologias prediais, representadas pelas anomalias construtivas, falhas de manutenção e irregularidades de uso.
- *Falhas de Manutenção* – aquelas do planejamento, gestão ou operação.
- *Graus de Qualidade Predial* – é a classificação da qualidade geral com base nos resultados das condições técnicas: construtivas, de manutenção e de uso.
- *Inspeção Predial* – é a avaliação técnica da edificação em uso, visando preservar seu desempenho original.
- *Manutenção* – é o conjunto de atividades e recursos que garanta o melhor desempenho da edificação para atender às necessidades dos usuários, com confiabilidade e disponibilidade, ao menor custo possível.
- *Manutenção* – é o conjunto de atividades a serem realizadas para conservar ou recuperar a capacidade funcional da edificação e seus sistemas constituintes, a fim de atender as necessidades e segurança dos seus usuários.
- *Manifestação Patológica* – anomalia que se manifesta no sistema, elemento ou componente em função de deficiência no projeto, na fabricação, na instalação, na execução, na montagem, no uso ou na manutenção.

1.1.5.2.1 Tipologias de consultorias técnicas

As principais tipologias de consultorias técnicas podem ser elencadas conforme segue, podendo ser abrangentes ou específicas, em função das condições ou termos da contratação.

- *Consultoria (em geral)* – é a prescrição ou parecer técnico relativos à correção, reparo ou recuperação de anomalias construtivas ou falhas de manutenção, aplicáveis aos sistemas, elementos ou ainda em componentes de uma obra ou edificação. Em caso de anomalias funcionais, podem indicar a necessidade de desmonte uma vez caracterizado o decurso da vida útil do objeto da consultoria técnica.
- *Consultoria de projetos* – é a prescrição ou parecer técnico relativos aos projetos executivos dos sistemas construtivos em edificações.
- *Consultoria de processos construtivos* – é a prescrição ou parecer técnico relativos aos procedimentos dos serviços em edificações e das execuções/reparos das obras de edificação.
- *Consultoria de planejamento de obra* – é a prescrição ou parecer técnico relativos à ordenação e direção das diversas etapas que constituem as obras de edificação.

1.1.5.2.2 Quanto ao desenvolvimento dos trabalhos

As consultorias em edificações podem ser desenvolvidas de acordo com a necessidade de contratação, sendo:
- *Consultoria sumária* – é aquela realizada preliminarmente, em caráter emergencial, com sucinto resultado da prescrição da solução de um fato, condição ou direito relativo a um estudo.
- *Consultoria detalhada* – é aquela fundamentada, ilustrada e acompanhada de memorial nas suas prescrições. Poderá incluir projeto, orçamento e também edital, em função do escopo da contratação.

1.1.5.2.3 Análise documental

1.1.5.2.4 Coleta de informações

Exceto por definição de projeto ou exigência contratual, os serviços de consultoria técnica possuem usualmente como fato motivador da contratação irregularidades/anomalias ou falhas de manutenção, caracterizadas ainda pela perda de desempenho de sistemas, elementos ou componentes. Quando não são apresentados os elementos e dados técnicos, como relatórios gerenciais, laudos, resultados de testes e ensaios laboratoriais, assim como históricos técnicos, entre outras informações essenciais, referidos elementos devem ser procurados, providenciados a critério do engenheiro diagnóstico, anteriormente ao desenvolvimento dos trabalhos, para possibilitar seu bom andamento visando à prescrição segura da(s) solução(ões) proposta(s) na consultoria em andamento.

1.1.5.2.5 Metodologia

Embora as metodologias de promoção das consultorias técnicas difiram para cada tipo de prestação de serviço, cabe destacar algumas etapas básicas usuais a serem documentadas, como:
- obtenção e verificação das informações e documentos técnicos legais, a serem disponibilizadas integralmente pelos usuários, responsáveis, proprietários, gestores e outros conhecedores do fato, condição ou direito relativo à edificação;
- preparação do roteiro do trabalho;
- realização de inspeções de campo(s), se necessárias, para apuração dos fatos, registros fotográficos;
- elaboração de ensaios tecnológicos e/ou contratação de especialista(s), se necessário;
- formulação do diagnóstico;
- anotações das considerações, conclusões e prescrição(ões) com fundamentação(ões);
- elaboração do laudo ou parecer.

O planejamento da consultoria deverá ter início mediante entrevista com o contratante, com abordagem do histórico dos fatos e demais aspectos técnicos da edificação e cotidianos do uso e da manutenção do imóvel.

1.1.5.2.6 Ensaios laboratoriais e consultoria especializada

Após a análise das informações realizadas preliminarmente, o engenheiro diagnóstico deverá providenciar, caso aplicável, a realização de ensaios laboratoriais ou contratação de consultoria especializada para confirmação do diagnóstico ou como forma de possibilitar a formulação segura da(s) proposta(s) de solução(ões) ou recomendação(ões) de intervenção(ões).

1.1.5.2.7 Fundamentações e prescrições

Deve o consultor apresentar suas prescrições com fundamentações para viabilizar a(s) solução(ões) da questão estudada.

1.1.5.2.8 Considerações finais e conclusões

Quanto às considerações finais e conclusões deve o consultor consignar outros fatos ou particulares que tenha observado na diligência e documentos, visando facilitar a solução da questão e melhor fundamentar e ilustrar a consultoria.

1.1.6 Fiscalização, acompanhamento e gerenciamento de obra

- *Fiscalização* é um conjunto de atividades técnico-administrativas e contratuais necessárias à implementação de um empreendimento, com a finalidade de garantir se a sua execução obedece às especificações, ao projeto, às normas técnicas brasileiras, aos prazos estabelecidos e demais obrigações previstas no contrato. Assim

sendo, a fiscalização garante que o empreendimento seja implementado obedecendo aos padrões preestabelecidos.
- *Acompanhamento* de obra é o serviço em que o profissional – engenheiro ou arquiteto – irá realizar visitas esporádicas para verificar se a obra está sendo executada de acordo com os projetos, se está obedecendo às normas, se as técnicas e materiais adequados estão sendo empregados ou ainda se existe alguma dúvida.
- *Gerenciamento* de uma obra é a administração simultânea do cumprimento do cronograma e da previsão financeira, realizada por profissionais que têm formações e práticas diversas. Quem assume essa função tem de dominar custos, contratos, prazos e ser alguém organizado e um bom gestor de pessoas. Assim sendo, o profissional tem de ser bastante capaz de lidar com mão de obra, com cronogramas e com planilhas de orçamento. De forma simplificada, o gerenciamento pode ser entendido como o planejamento, a direção, a coordenação, o controle e o comando centralizado das atividades necessárias à implantação de um empreendimento. O trabalho consiste em verificar se as etapas planejadas estão sendo cumpridas, se tecnicamente a obra está correta e se os recursos despendidos correspondem aos previstos em contrato.

1.1.7 Projeto arquitetônico

Projeto é a apresentação da definição qualitativa e quantitativa dos atributos técnicos, econômicos e financeiros de um serviço, obra ou empreendimento de engenharia e arquitetura, com base em dados, elementos, informações, estudos, especificações, discriminações técnicas, cálculos, desenhos gráficos, normas, projeções e disposições especiais. Projeto de arquitetura é a arte e a técnica de organizar espaços e criar ambientes para abrigar os diversos tipos de atividades humanas, visando também a determinada intenção plástica. O projeto da obra de construção ou empreendimento de engenharia é a peça fundamental na elaboração do orçamento. Dele são extraídos os dados básicos para preenchimento da planilha orçamentária, os serviços e suas respectivas quantidades.

1.1.7.1 Projeto conceitual

O projeto do empreendimento poderá nascer de uma necessidade da Administração e, portanto, inicia-se a partir de estratégias e prioridades estabelecidas pelos órgãos públicos e pela sociedade em geral ou poderá ser por interesse de investimento no âmbito de entidades privadas. Partindo de qualquer origem, o empreendimento necessitará de estudos iniciais que demonstrem a viabilidade técnica e econômica para a sua implementação. A viabilidade e caracterização inicial do empreendimento são concebidas a partir da elaboração do projeto conceitual, do qual fazem parte as seguintes etapas:
- Desenhos de arranjos gerais, com localização, acessos principais e interconexões com outros empreendimentos ou estruturas urbanas no entorno.
- Áreas e terrenos que serão utilizados, incluindo estimativa de desapropriações necessárias.
- Licença Ambiental Prévia concedida na fase preliminar do planejamento do empreendimento, aprovando sua localização e concepção, atestando a viabilidade ambiental e estabelecendo os requisitos básicos e condicionantes a serem atendidos nas próximas fases de sua implementação e/ou Ficha Técnica emitida pela prefeitura, contendo informações relativas ao uso e ocupação do solo, incidência de melhoramentos urbanísticos e demais cadastros disponíveis.
- Orçamento estimativo. Para efeito deste cálculo, considera-se que todos os custos e despesas até então relacionados já tenham sido desembolsados pela Administração ou pelo empreendedor e não fazem parte da orçamentação. Em consequência, se alguma etapa ainda não tiver sido cumprida, os respectivos custos e despesas deverão ser incluídos no orçamento final, que será composto a partir dos itens a relacionados na Seção 1.1.4.4 ("Projeto básico").
- se for obra pública, deverá estabelecer a origem e disponibilidade de recursos financeiros e o atendimento à Lei de Responsabilidade Fiscal e à Lei de Diretrizes Orçamentárias.

1.1.7.2 Anteprojeto

Anteprojeto é o conjunto de estudos preliminares, discriminações técnicas, normas e projeções gráficas e numéricas necessário ao entendimento e à interpretação iniciais de um serviço, obra ou empreendimento de engenharia.

1.1.7.3 Projeto legal

Projeto legal é a etapa destinada à representação das informações técnicas necessárias à análise e aprovação, pelas autoridades competentes, da concepção da edificação e de seus elementos e instalações, com base nas exigências legais (municipal, estadual e federal), e à obtenção do *alvará* ou das licenças e demais documentos indispensáveis para as atividades de construção. Depois da conclusão do projeto conceitual, é recomendável que a Administração ou o empreendedor providencie a aprovação dos projetos (pela prefeitura, Cetesb, Conama etc.) que comprovem a legalidade do empreendimento. O processo de análise e aprovação pela prefeitura do município chama-se *licenciamento*, que é o procedimento necessário para obter-se a autorização, também denominada alvará. Antes de levar seu pedido de licenciamento à prefeitura, deve-se fazer uma pesquisa sobre qual tipo de edificação (residencial, comercial, de serviços, industrial) pode ser executada no terreno, verificando a legislação vigente, sendo certo que as obras não licenciadas serão embargadas. Na cidade de São Paulo, a legislação de parcelamento, uso e ocupação do solo estabelece diferentes restrições em função do tipo de atividade a ser desenvolvida e a zona de uso onde está localizado o imóvel. A maior partes dessas informações está na *Ficha Técnica*, documento que precisa ser requerido à municipalidade antes de elaborar o projeto. Outras informações para a elaboração do projeto são:

- *coeficiente de aproveitamento* (potencial construtivo): é o quanto pode ser construído em relação ao tamanho do terreno;
- *taxa de ocupação*: é a projeção máxima permitida da edificação no lote;
- *gabarito*: é a altura máxima permitida para a edificação;
- *recuo*: é a distância mínima que tem de existir entre a edificação e o limite do terreno;
- *área computável*: área de construção considerada nos cálculos dos índices;
- *área não computável*: área de construção não considerada nos cálculos dos índices.

É necessário também fazer um *levantamento arbóreo* do terreno. Caso haja necessidade de qualquer corte ou manejo, um pedido de laudo de avaliação ambiental necessita ser feito. *Comunique-se* é o principal meio de comunicação entre a prefeitura e o interessado, seja para solicitar novos documentos, seja para pedir correções em documentos já entregues. *Certificado de Conclusão (Habite-se)* é o documento expedido pela prefeitura que atesta a conclusão, total ou parcial, de obra ou serviço para a qual tenha sido obrigatória a prévia obtenção de alvará de execução.

1.1.7.4 Projeto básico

Projeto básico é a etapa opcional destinada à concepção e à representação das informações técnicas da obra e de seus elementos, instalações e componentes, ainda não completas ou definitivas, mas consideradas compatíveis com os projetos básicos das atividades técnicas necessárias e suficientes à licitação (contratação) dos serviços de obra correspondentes. E ele é o conjunto de elementos que define a obra, o serviço ou o complexo de obras e serviços que compõem o empreendimento, de tal modo que suas características básicas e desempenho almejado estejam perfeitamente definidos, possibilitando a estimativa de seu custo e prazo de execução. Antes da elaboração do orçamento, é necessário verificar se o projeto está completo, conferindo todos os seus elementos: desenhos de projetos específicos, especificações, caderno de encargos etc. O projeto básico permite assim o conhecimento pleno da obra ou serviço e viabiliza a orçamentação e a tomada de preços para a sua execução. Ele, no âmbito de obras públicas, além de ser peça imprescindível para execução de obra ou prestação de serviços, é o documento que propicia à Administração Pública licitar o empreendimento, mediante regras estabelecidas pela Administração, às quais estarão sujeitas. Assim sendo, ele é o conjunto de elementos necessários e suficientes, com nível de precisão adequado, para caracterizar a obra ou serviço, elaborado com base nas indicações dos estudos técnicos preliminares. Ele deve assegurar a viabilidade técnica e o adequado tratamento do impacto ambiental do empreendimento e possibilitar a avaliação do custo da obra e a definição dos métodos e prazos de execução.

Precisa ser aprovado pela autoridade competente (gestor do órgão contratante) ou por quem tenha recebido delegação para isso pela autoridade. Dentre os elementos a detalhar no projeto básico, impõe-se a necessidade de desenvolver a solução escolhida de forma a fornecer visão global da obra e identificar todos os seus elementos constitutivos com clareza e também identificar os tipos de serviços a executar e de materiais e equipamentos a incorporar à obra, ou seja, ter as informações que possibilitem o estudo e a dedução de métodos construtivos, instalações provisórias e condições organizacionais para a obra. O projeto básico precisa desenvolver a alternativa escolhida, viável, técnica, econômica e, ambientalmente, identificar os elementos constituintes e o desempenho esperado da obra, adotar soluções técnicas de modo a minimizar reformulações ou ajustes acentuados durante a execução, especificar todos os serviços a realizar, materiais e equipamentos, e ainda definir as quantidades e custos de serviços e fornecimentos, de tal forma a ensejar a determinação do custo da obra com precisão de mais ou menos 15%. A legislação determina que o projeto básico, relativamente a obras, deve conter os seguintes elementos:

- desenvolvimento da solução escolhida;
- soluções técnicas globais e localizadas;
- identificação dos tipos de serviços a executar e de materiais e equipamentos a incorporar à obra;
- informações que possibilitem o estudo e a dedução de métodos construtivos;
- subsídios para montagem do plano de licitação e gestão da obra;
- orçamento detalhado do custo global da obra, fundamentado em quantitativos de serviços e fornecimentos propriamente avaliados.

São os seguintes os elementos técnicos constituintes dos projetos básicos:

1.1.7.4.1 Desenho

Representação gráfica do objeto a ser executado, elaborada de forma a permitir sua visualização em escala adequada, demonstrando formas, dimensões, funcionamento e especificações, definidas em plantas, cortes, elevações, esquemas e detalhes, obedecendo às normas técnicas pertinentes.

1.1.7.4.2 Memorial descritivo

Descrição detalhada do objeto projetado, na forma de texto, em que são apresentadas as soluções técnicas adotadas, bem como justificativas necessárias ao pleno conhecimento do projeto, complementando as informações contidas nos desenhos referenciais da seção anterior.

1.1.7.4.3 Especificação técnica

Texto no qual se fixam todas as regras e condições que se deve seguir para a execução da obra ou serviço de engenharia, caracterizando individualmente os materiais, equipamentos, elementos componentes, sistemas construtivos a serem aplicados e o modo como serão executados cada um dos serviços, apontando também os critérios para a sua medição quando pertinentes.

1.1.7.4.4 Quantitativos

Levantamento, com base nos desenhos, dos quantitativos dos materiais e dos serviços a serem calculados separadamente para cada elemento detalhado e valor global, de modo a permitir a elaboração do seu orçamento.

1.1.7.4.5 Orçamento

Avaliação ou cálculo aproximado do custo da obra tendo como base o preço dos insumos praticados no mercado, ou valores de referência, e levantamento de quantidades de materiais e serviços obtidos a partir do conteúdo dos elementos descritos nas seções anteriores, elaborada de acordo com as prescrições aqui descritas. O orçamento é a parte de um plano financeiro estratégico que compreende a previsão de receitas e despesas futuras para a administração de determinado exercício (período de tempo).

1.1.7.4.6 Cronograma físico: financeiro

Representação gráfica do desenvolvimento dos serviços a serem executados ao longo do tempo de duração da obra, destacando em cada período o percentual físico de cada serviço a ser executado e o respectivo valor financeiro envolvido.

1.1.7.4.7 Elementos técnicos do projeto básico

No Quadro 1.1 são apresentadas listagens exemplificativas, não limitadas a elas, dos vários trabalhos técnicos que costumam integrar os projetos básicos, para os vários tipos de obras de edificações: casas residenciais, prédios residenciais, prédios comerciais e construções industriais.

1.1.7.5 Projeto executivo

Projeto executivo é o conjunto de elementos necessários e suficientes à realização completa da obra, em um nível de detalhamento adequado à execução completa da obra, de acordo com as normas técnicas pertinentes. Deve ser considerado o detalhamento do projeto básico. O projeto completo precisa conter os desenhos de todos os projetos específicos, especificações, caderno de encargos, memoriais descritivos, metodologias e todos os detalhes necessários à execução da obra. O projeto executivo de arquitetura tem de apresentar os mesmos documentos do projeto básico, sendo que o único diferencial é o nível de detalhamento.

1.1.7.6 Execução de desenho de arquitetura

1.1.7.6.1 Formatos do papel

São empregados o formato A4 (21,0 cm × 29,7 cm) e outros consecutivos obtidos pela conjugação do A4. Os diversos formatos são indicados pelos símbolos constantes da Tabela 1.2, em que o primeiro número se refere à largura e o segundo à altura, mostrando quantas vezes a dimensão respectiva do formato básico participa do considerado.

1.1.7.6.2 Cortes e superfícies cortadas

Corte é a representação gráfica de uma seção plana do interior de uma edificação, de modo a mostrar as suas partes constituintes. O sentido de observação do corte pode ser dado, quando necessário, por duas letras: a primeira colocada no início e a segunda no término da linha de corte. Assim, os cortes AB e BA são observados em sentidos opostos. Quando o corte é determinado por um plano único, ele é indicado fora da planta. Quando ele é determinado por mais de um plano, são marcadas dentro da planta as mudanças de plano. Quando hachuradas, os traços têm a mesma inclinação, afastamento e espessura. Quando, entretanto, há várias superfícies contíguas da mesma natureza, varia a direção das hachuras, a fim de destacar cada elemento e a ligação entre eles. Nas superfícies pequenas e outras para as quais se quer chamar particularmente a atenção, as hachuras podem ser substituídas por uma cor única. Nesse caso, a separação das peças é feita por uma linha de luz. Quando uma peça é representada por suas linhas de contorno, para interrompê-la é feito o secionamento nas referidas linhas, com pequenos traços normais, sendo contínua a linha de cota.

1.1.7.6.3 Linhas

A natureza, escala e tipo de apresentação do desenho determinam a espessura das linhas utilizadas. Nos desenhos, coisas da mesma espécie são representadas por linhas do mesmo tipo, cor e espessura de traço. *Escala* é a relação entre as dimensões de um desenho e o objeto por ele representado.

Capítulo 1 – Serviços iniciais

Quadro 1.1: Tipo de projeto e natureza do trabalho técnico

N.	Tipo de projeto	Elemento	Natureza do trabalho técnico
1		Desenho	Levantamento planialtimétrico
2		Desenho	Locação dos furos de sondagem Perfil geológico do solo Descrição das características do solo
3	Implantação	Desenho	Planta geral de implantação Planta de terraplenagem Cortes de terraplenagem
4	Projeto Arquitetônico	Plantas dos pavimentos	Plantas das coberturas Cortes longitudinais e transversais Elevações frontais, posteriores e laterais Plantas, cortes e elevações de ambientes especiais Detalhes típicos (plantas, cortes, elevações e perspectivas) de elementos das edificações e de seus componentes construtivos (portas, janelas, bancadas, grades, forros beirais, parapeitos, pisos, revestimentos e seus encontros, impermeabilizações e proteções) Subsolos, garagens e rampas de acesso
		Especificação	Detalhes técnicos de materiais, equipamentos e componentes
		Memorial	Memorial descritivo das etapas de construção
		Quantitativos	Cálculo dos quantitativos de serviços
5	Projeto de terraplenagem	Desenho	Desenho de implantação mostrando as curvas de nível originais e os propostos no projeto, inclusive os locais de corte e aterro Cortes longitudinais e transversais mostrando os cortes e aterros e as cotas dos locais de implantação das edificações
		Memorial	Processo executivo de corte e aterro
		Especificação	Tipo de materiais a serem importados, se o aterro for maior do que o corte
		Quantitativos	Cálculo dos volumes de corte e aterro
6	Projeto de fundações	Desenho	Planta de locação das fundações
		Memorial	Definição do tipo de fundação adequada às características do terreno a ser implantada Dimensionamento das cargas de cada pilar
		Quantitativos	Estimativas de quantidade

1.1.7.6.4 Dimensionamento

Os desenhos normalmente são cotados em metros, com duas casas decimais. Sempre que as cotas forem inferiores ao metro, elas serão representadas simplesmente pelo número de centímetros. Assim:

12,00 = doze metros; 14,30 = quatorze metros e trinta centímetros;

25 = vinte e cinco centímetros; 10 = dez centímetros.

Quadro 1.1: Tipo de projeto e natureza do trabalho técnico (continuação)			
7	Projeto de estruturas	Desenho	Plantas baixas de fôrma de todos os andares com os cortes e elevações
			Plantas de ferragem com detalhes típicos de vigas, lajes e pilares de todos os andares e determinação das taxas de
		Especificação	Materiais, sua resistência, componentes e sistemas construtivos
		Memorial	Método construtivo, cálculo do predimensionamento das estruturas principais e relação de quantidades
		Quantitativos	Levantamento dos quantitativos de concreto, aço e formas
8	Projeto de instalações hidrossanitárias e de gás	Desenho	Planta baixa de todos os andares com a marcação da rede de tubulação de água, esgoto, águas pluviais e drenagem
			Detalhes da prumada, caixas d'água inferior e superior
			Esquema de distribuição vertical nos andares
		Especificação	Materiais e equipamentos
		Memorial	Dimensionamento das tubulações e dos reservatórios
			Levantamento das quantidades dos materiais
		Quantitativos	Levantamento das quantidades de cada peça ou material a ser utilizado
9	Projeto de instalações elétricas	Desenho	Planta baixa com marcação de pontos, circuitos e tubulações
			Quadro geral de entrada
			Diagrama unifilar
		Especificação	Materiais e equipamentos a serem utilizados
			Quantificação dos materiais
		Memorial	Definição do tipo de energia
			Cálculo do dimensionamento
		Quantitativos	Levantamento das quantidades dos materiais, equipamentos e acessórios
10	Projeto de instalações telefônicas e sinais (CFTV, banda larga, segurança, alarme, detecção etc)	Desenhos	Planta baixa com a marcação dos pontos de cada tipo de instalação

Quando necessária uma cota com aproximação de milímetros, ela é representada por algarismos menores que os da cota, colocados em nível mais elevado que os dela. Assim:

0^3 = três milímetros; $7,08^2$ = sete metros, oito centímetros e dois milímetros.

As áreas nas plantas são indicadas com erro inferior a 5 dm². Cada dimensão só é cotada uma vez. As cotas são colocadas externamente ao desenho, salvo quando, para maior clareza, for julgado conveniente cotar internamente. Os pontos de interseção das linhas de cota com as de extensão, ou as do próprio elemento cotado, são marcados por

Quadro 1.1: Tipo de projeto e natureza do trabalho técnico (continuação)

		Especificações	Materiais
			Equipamentos
		Memorial	Descritivo de cada sistema a implantar
			Levantamento das quantidades
		Quantitativos	Levantamento dos materiais e equipamentos a serem utilizados
11	Projeto de instalação de prevenção contra incêndio	Desenho	Planta baixa com a locação das caixas dos hidrantes, tubulações, prumadas, reservatório e ponto de acondicionamento de alarme
		Especificação	Materiais
			Equipamentos
		Memorial	Dimensionamento das tubulações e reservatório. Fornecer dados para o projeto estrutural
		Quantitativos	Quantificação dos materiais e equipamentos
12	Projeto de instalação de ar condicionado	Desenho	Planta baixa com a locação dos dutos, tubulações e unidades condensadoras e evaporadoras
		Especificação	Materiais
			Equipamentos
		Memorial	Cálculo do dimensionamento dos equipamentos e dutos
		Quantificação	Quantificação dos materiais e equipamentos
13	Projeto de transporte vertical	Desenho	Escolha das opções de cabina
		Especificação	Especificação do fornecedor
		Material	Cálculo do volume de tráfego e carga
		Quantificação	Do fornecedor
14	Projeto de Paisagismo	Desenho	Detalhamento de piso, muros, guias, canteiros de plantas, calçamentos e elementos paisagísticos especiais
			Pré-detalhamento dos tipos das plantas ornamentais, gramas e árvores
		Especificação	Especificação dos materiais e plantas
		Memorial	Processo de execução
		Quantificação	Levantamento dos materiais e plantas

pequenos traços a 45°, sempre que conveniente. É sempre feita referência em todo o desenho ao critério adotado para cotá-lo: se em *osso* ou acabado.

As cotas dos vãos são indicadas sob a forma de fração, colocando-se no numerador a largura seguida do sinal "X" e da altura, e no denominador a altura do parapeito. Cada pavimento tem a cota altimétrica referida a um RN geral, escrita acima de um símbolo específico (constituído por um triângulo com um vértice apoiado em um segmento de reta). O nível desse pavimento é um novo RN para todos os elementos desse andar. A cota de nível de elementos de cada pavimento é inscrita dentro de um círculo, precedida de um sinal + ou - se estiver, respectivamente, acima ou abaixo do RN do referido pavimento. As cotas que representam medidas aproximadas são escritas entre parênteses.

Tabela 1.2: Formato de papel

Símbolo		Formato (mm)
1 × 1	etc.	210 × 297
2 × 1		420 × 297
3 × 1		630 × 297
4 × 1		840 × 297
1 × 2	etc.	210 × 594
2 × 2		420 × 594
3 × 2		630 × 594
4 × 2		840 × 594
1 × 3	etc.	210 × 891
2 × 3		420 × 891
3 × 3		630 × 891
4 × 3		840 × 891

1.1.7.6.5 Letras e anotações

Nos desenhos, coisas da mesma espécie são designadas pelo mesmo tipo de letra. O nome das peças é escrito por extenso ou abreviadamente. O nome das peças e respectiva área são, sempre que possível, escritos no canto superior esquerdo.

1.1.7.6.6 Convenções, abreviações e indicações

São adotadas as seguintes convenções para a representação dos elementos de um projeto:
- *Elementos arquitetônicos:*
    - Elevadores: dentro de desenho, as iniciais indicadoras da finalidade: EP, ES, MP, MC.
    - Escadas: a seta indica sempre o sentido da subida.
    - Banheira, bacia sanitária e bidê: as linhas interrompidas apenas indicam o seu eixo.
    - *Representação de vãos:*
        * Janelas: são representadas com um traço singelo.
        * Portas: quando ligando peças do mesmo nível, são representadas sem traço, com indicação do sentido da abertura; sem ela, o vão não tem esquadria. Quando os cômodos ligados têm níveis diferentes, é colocado um traço do lado do nível mais baixo.
    - *Alvenaria de tijolo:*
        * Alvenaria atingindo o teto: é representada com traço forte.
        * Alvenaria sem atingir o teto: é representada com traço leve, sempre com indicação da altura, na forma: h = i.
        * Concreto armado ou simples: as faces do pilar que permanecerem no mesmo plano são indicadas com traço reforçado.
    - *Convenções cromáticas:*
        * *A construir*: vermelho ou em branco.
        * *Existente*: preto.
        * *A demolir*: amarelo ou em branco contorno tracejado.
    - *Abreviações:*
        * B = banheiro
        * BB = biblioteca
        * C = cozinha
        * CP = copa
        * E = entrada
        * ES = escritório
        * G = garagem
        * H = *hall*

* L = loja
* N = *nook* (escaninho, recanto)
* Q = quarto
* QC = quarto de costura
* QE = quarto de empregada
* R = rouparia
* SE = sala de estar
* SC = sala comum
* SL = sobreloja
* SJ = sala de jantar
* SS = subsolo
* SV = sala de visitas
* T = terraço
* V = varanda
* WC = *water closet* (latrina).

A indicação dos diversos tipos de esquadria é feita na ordem natural dos números inteiros, um para cada tipo de esquadria. O número indicativo de cada tipo é inscrito:

- em uma circunferência, para as esquadrias de madeira;
- em duas circunferências concêntricas, para as esquadrias metálicas.

1.1.7.7 BIM – *Building Information Modeling*

BIM, que significa Modelagem (ou Modelo) de Informação da Edificação, é um processo baseado em um modelo espacial de inteligência (serviço de informações), em três dimensões (3D), que dá aos profissionais de arquitetura, engenharia e construção o discernimento e as ferramentas para, com mais eficiência, planejar, construir e administrar edificações e infraestrutura. Trata-se de um conjunto de informações geradas e mantidas durante todo o ciclo de vida útil de uma edificação. BIM é um processo que envolve a geração e o gerenciamento da representação digital das características físicas e funcionais de construções. BINs são arquivos que podem ser extraídos, permutados ou colocados em rede, a fim de suportar a elaboração de decisões tendo em vista uma edificação ou outro bem imóvel. O software de BIM é usado por indivíduos, empresas ou agências governamentais (as quais planejam, projetam, executam e mantêm variadas infraestruturas físicas, como de água, lixo, eletricidade, gás, sinais [comunicação], estradas, pontes, portos, túneis etc.). O BIM pressupõe que, quando o arquiteto projeta virtualmente uma edificação, utilizando ferramentas tridimensionais, toda a informação necessária à representação gráfica rigorosa, à análise construtiva, à quantificação dos trabalhos e aos tempos de mão de obra, desde a fase inicial da execução da construção até a sua conclusão ou até mesmo ao processo de desmontagem no final do ciclo de vida útil, encontra-se no modelo.

A indústria da construção civil, utilizando apenas processos tradicionais de produção, já esgotou sua capacidade de aumento da produtividade. Comparando com a tecnologia predecessora, o CAD *(Computer Aided Design)*, em que o desafio era só o da representação e os processos eram apenas baseados em desenhos, o BIM oferece inúmeras vantagens e benefícios. Uma delas é a própria modelagem tridimensional. Outra vantagem é que, com o BIM, pode-se não apenas modelar a construção que se deseja executar como também o próprio processo de realização dessa obra, seja uma edificação, uma instalação ou uma infraestrutura. Mais uma vantagem do BIM é a possibilidade de se extrair automaticamente as quantidades dos objetos incorporados nos modelos. Porém, a implantação do BIM exige a definição de um projeto formal, documentado e gerenciado, incluindo todas as principais disciplinas usualmente envolvidas na gestão de qualquer projeto: definição do escopo, planejamento, controle, riscos, comunicação etc. Existem empresas que podem fornecer uma modelagem para a construtora a fim de que ela utilize o BIM. Os principais benefícios resultantes do uso do BIM são a garantia da produtividade no empreendimento e do prazo de entrega da obra e melhor visualização virtual da construção. O BIM é uma construção virtual inteligente, porque possibilita modelar uma obra e colocar as informações técnicas (quantidades, prazos e execução). Assim sendo, é possível visualizar, antes do início da obra, como será a sua execução desde o começo até o seu término.

O profissional consegue visualizar as interferências que surgirão, os prazos determinados e a logística a ser feita. Com isso, há um aumento da produtividade e diminuição das interferências de estrutura, paredes, instalações etc., uma vez que tudo pode ser feito antes mesmo do planejamento. Além do mais, é possível entregar a obra no prazo, já que ela foi previamente construída virtualmente. Os maiores beneficiários com a adoção do BIM são os contratantes (proprietários, incorporadores etc.). O contratante fica sabendo exatamente o que vai ser construído, em qual prazo, em que condições e qual a quantificação exata, sendo que com isso se evitam também possíveis desvios. Pode-se, assim, aperfeiçoar o canteiro de obras, seu planejamento, os setores de suprimentos e o de engenharia. Nota-se que a partir do momento em que é elaborada a projeção da obra em três dimensões, reduz-se bastante as não conformidades dos projetos, o que resulta num aumento da produtividade. Uma empresa que elabora o projeto em três dimensões gasta menos tempo e por um custo menor do que se projetasse em duas dimensões. Resumindo, o BIM une tecnologia, multidisciplinaridade, integração e gestão, o que traz uma série de benefícios quanto à produtividade, sustentabilidade, confiabilidade, qualidade, eficiência, precisão e rentabilidade.

1.1.8 Projeto estrutural de edifícios de concreto armado

A estrutura mais comum dos edifícios de concreto armado é constituída por um pórtico espacial ligado às lajes de piso dispostas pelos andares. Assim, a estrutura é formada por elementos lineares (vigas e pilares) e elementos bidimensionais (lajes). Faz-se a análise tridimensional do pórtico levando-se em consideração as cargas verticais e as forças horizontais causadas pelo vento (e empuxos, nos subsolos) atuando simultaneamente na estrutura. As cargas verticais são constituídas pelo peso próprio dos elementos estruturais; o peso das paredes divisórias e dos revestimentos, além de outras ações permanentes; a carga acidental variável decorrente da utilização da edificação, cujos valores vão depender da finalidade do uso; e outras cargas específicas (como o peso dos equipamentos). Para simplificar o cálculo do projeto estrutural, é comum separar a estrutura do edifício em duas subestruturas com finalidades distintas. A primeira delas resiste apenas ao carregamento vertical e a segunda é composta por elementos de maior rigidez, cuja função principal é resistir às forças horizontais (logicamente, a subestrutura de contraventamento também resiste a uma parcela do carregamento vertical). Existem partes da estrutura, como as escadas, reservatórios de água e blocos de fundação, que não fazem parte do pórtico estrutural. O projeto arquitetônico representa a base para a elaboração do projeto estrutural. Este deve prever o posicionamento dos pilares e demais elementos de forma a respeitar a distribuição dos diferentes ambientes nos diversos pavimentos. O projeto estrutural tem de estar em harmonia com os demais projetos, como os de instalações elétricas, hidráulicas, de gás, de telefonia, de ar condicionado, de segurança e outros, de modo a permitir a coexistência com qualidade de todos os sistemas. A estrutura aporticada do edifício pode ser considerada indeslocável quando, sob a ação de forças horizontais, seus nós sofrem deslocamentos tão pequenos que não chegam a introduzir esforços significativos globais secundários. Os pilares (e as paredes estruturais) recebem as reações das vigas que neles se apoiam, as quais, junto com o peso próprio desses elementos verticais, são transferidas para os andares inferiores e, finalmente, para o solo por meio dos respectivos elementos de fundação. Os principais cuidados para garantir a durabilidade da estrutura de concreto armado durante a elaboração do seu projeto é que o concreto tenha especificações técnicas claras e que ele seja dosado de forma racional (obedecendo aos parâmetros de resistência mecânica e de durabilidade).

1.1.9 Projetos elétrico, telefônico e rede lógica

1.1.9.1 Instalações elétricas

- a) Localizar os pontos de utilização de energia elétrica e determinar e quantificar os tipos;
- b) definir e dimensionar o tipo dos pontos e o caminhamento dos condutos e condutores de sua interligação;
- c) determinar o tipo e a localização assim como o dimensionamento dos dispositivos de proteção, de comando, de medição de consumo de energia elétrica e demais acessórios.

O sistema de baixa tensão fornecido pela concessionária/distribuidora tem como tensão de utilização 380V/220V ou 220V/127V (sistema trifásico) e 220V/110V (sistema monofásico). No Brasil, há cidades onde o fornecimento de energia elétrica é feito sob a tensão fase-neutro de 127V (São Paulo, Rio de Janeiro etc.) e

Capítulo 1 – Serviços iniciais 27

outras de 220V (Brasília, Nordeste etc.). O *projeto de tubulação telefônica* deve ser destinado exclusivamente ao uso da concessionária, que nela poderá instalar os serviços de telecomunicações conectados à rede pública, como telefonia, telefax, transmissão de dados ou outros serviços correlatos.

O projeto das instalações elétricas deverá ser constituído de:

- Representação gráfica.
- Memória de cálculo.
- Memorial descritivo.
- Especificação de materiais e serviços.
- Relação de materiais, serviços e equipamentos.
- Aprovação.

1.1.9.1.1   Representação gráfica

a) *Planta de situação* da edificação no terreno, em escala 1:500, em que conste o traçado da rede pública da concessionária

b) *Plantas baixas*, em escala 1:50, indicando:

- disposição da entrada de serviço;
- localização dos quadros de distribuição e de medição;
- localização dos pontos de consumo de energia elétrica, com as respectivas cargas, seus comandos e identificação dos circuitos;
- traçado da rede de eletrodutos, com as respectivas bitolas e tipos;
- representação simbólica dos condutores, nos eletrodutos, com identificação das respectivas bitolas, tipos e circuitos a que pertencem;
- localização das caixas, suas dimensões e tipos;
- localização de chaves boia;
- localização dos aterramentos com identificação e dimensão dos componentes;
- simbologia e convenções adotadas.

c) *Planta da subestação de transformação e/ou medição*, compreendendo as partes civil e elétrica, em escala 1:25, complementada por cortes e elevações.

d) *Plantas de detalhes*, em escala 1:20, contendo, no mínimo:

- entrada de serviço e quadros de medição e de distribuição;
- passagens de eletrodutos através de juntas de dilatação;
- caixas de passagem subterrâneas;
- disposição de aparelhos e equipamentos em caixas ou quadros;
- conexões de aterramento;
- soluções para passagem de eletrodutos através de elementos estruturais.

e) *Plantas de esquemas, diagramas e quadros de carga*, em conformidade com o que a seguir é estabelecido:

- terão de ser feitos esquemas para as instalações elétricas, em que constem os elementos mínimos exigidos pela concessionária;
- precisarão ser apresentados diagramas unifilares, discriminando os circuitos, cargas, seções dos condutores, tipo de equipamentos no circuito, dispositivos de manobra e proteção e fases a conectar, para cada quadro de medição e de distribuição;
- deverão apresentar esquemas elétricos para comandos de motores, circuitos acionados por minuteiras, circuitos de sinalização e outros que exijam esclarecimentos maiores para as ligações;
- para cada quadro de distribuição, é necessário ser elaborado um quadro de cargas que contenha um resumo dos elementos de cada circuito, como: número do circuito, fases em que o circuito está ligado, cargas parciais instaladas (quantidade e valor em ampères), carga total, em ampères e, queda de tensão, fator de potência etc.

1.1.9.1.2 Memória de cálculo

A memória de cálculo deverá citar, obrigatoriamente, os processos e critérios adotados, referindo-se às normas técnicas e ao estabelecido nestas instruções para elaboração de projetos. Detalhará explicitamente todos os cálculos referentes a:

- seções dos condutores;
- queda de tensão;
- consumo de equipamentos;
- demandas previstas;
- correntes nominais dos dispositivos de manobra;
- correntes nominais dos dispositivos de proteção;
- correntes de curtos-circuitos;
- iluminação;
- fator de potência;
- outros elementos julgados necessários.

1.1.9.1.3 Memorial descritivo

O memorial descritivo fará uma exposição geral do projeto, das partes que o compõem e dos princípios em que se baseou, apresentando, ainda, justificativa que evidencie o atendimento às exigências estabelecidas pelas respectivas normas técnicas para elaboração de projetos; explicará a solução apresentada, evidenciando a sua compatibilidade com o projeto arquitetônico e com os demais projetos especializados e sua exequibilidade.

1.1.9.1.4 Especificação de materiais e serviços

Todos os materiais e serviços terão de ser devidamente especificados, estipulando-se as condições mínimas aceitáveis da qualidade. Os materiais, serviços e equipamentos precisam ser especificados, indicando-se tipos e modelos (quando for necessário estabelecer padrão mínimo da qualidade), protótipos e demais características, como corrente nominal, tensão nominal, capacidade disruptiva para determinada tensão, número de polos etc., de maneira a não haver dúvida na sua identificação. Os materiais e equipamentos especificados necessitam ter suas marcas indicadas/sugeridas.

1.1.9.1.5 Relação e quantitativo de materiais, serviços e equipamentos

Os materiais, serviços e equipamentos deverão ser agrupados racional e homogeneamente, de maneira a permitir melhor apreciação e facilidade na sua aquisição. Os materiais terão de ser relacionados de maneira clara e precisa, com os correspondentes quantitativos e unidades de medição.

1.1.9.1.6 Aprovação

Concluído o projeto, ele precisará ser aprovado pelo órgão competente. A área a ser considerada para elaboração do projeto das instalações elétricas será a mesma área considerada para o projeto arquitetônico, a qual terá de ser conferida pelas respectivas ARTs.

1.1.9.1.7 Disposições complementares

Quando um projeto de arquitetura prever ampliação futura de uma unidade construtiva, o projeto das instalações elétricas da unidade a ser ampliada precisará prever todos os detalhes de ligação da unidade existente com a futura ampliação, de maneira a permitir continuidade das instalações; em tais casos, todo o sistema necessitará ser dimensionado para as condições de maior ampliação prevista, com exceção dos dispositivos de segurança. Quando houver aumento da carga instalada devido ao acréscimo de luminárias, aparelhos de ar condicionado ou outros aparelhos, terá de ser fornecido projeto conforme construído (*as built*) em escala 1:50, considerando a nova situação.

Para isto, deverá ser realizado o levantamento da carga de toda a edificação existente e fornecido o quadro de cargas contendo a carga existente e a carga a ser instalada, devidamente identificadas, e o diagrama unifilar para a nova configuração. Se, devido ao acréscimo de carga, o total da carga instalada levantada ultrapassar a carga estipulada pela concessionária de energia elétrica para entrada em baixa tensão, será preciso que se providencie a aprovação do projeto por aquele órgão e as adaptações necessárias para a nova configuração de entrada de energia. No caso de ocorrência do previsto na seção anterior, os projetos de unidade existente e de cada opção de ampliação deverão ser elaborados independentemente uns dos outros, no que concerne à representação gráfica e demais requisitos a serem cumpridos em relação ao projeto das instalações elétricas, constantes nestas páginas para elaboração de projetos. Sempre que um projeto das instalações elétricas necessite satisfazer às condições de uso de áreas especializadas, caberá ao autor do projeto a responsabilidade de fazer-se assessorar pelo(s) técnico(s) especializado(s) que melhor lhe possibilite(m) satisfazer a tais condições. Os projetos das instalações elétricas terão de ser apresentados em subconjuntos independentes sempre que:

- as normas da concessionária o exijam;
- o porte das instalações indique tal necessidade, para possibilitar melhores condições de compreensão e avaliação de preço e prazo de execução dos serviços.

Para cada subconjunto indicado na seção anterior, necessitarão ser cumpridas, por similaridade e no que couberem, as disposições normativas estabelecidas para o projeto executivo das instalações elétricas.

1.1.9.2 Instalações telefônicas

O projeto de instalação telefônica deve ser destinado exclusivamente ao uso da concessionária, que na tubulação poderá instalar os serviços de telecomunicações conectados à rede pública, como telefonia, telefax, transmissão de dados ou outros serviços correlatos. O projeto das instalações telefônicas terá de ser constituído de:

- Representação gráfica.
- Memória de cálculo, caso solicitado pela concessionária.
- Memorial descritivo.
- Especificação de materiais e serviços.
- Relação de materiais, serviços e equipamentos.
- Aprovação.

1.1.9.2.1 Representação gráfica

a) Planta de situação do imóvel, em escala 1:500, em que conste o traçado da rede pública da concessionária
  b) Plantas arquitetônicas, em escala 1:50, indicando:

- disposição da entrada;
- localização do quadro distribuidor geral;
- localização dos pontos e identificação;
- traçado da rede de eletrodutos, com as respectivas bitolas e tipos;
- representação simbólica dos cabos, nos eletrodutos, com identificação das respectivas bitolas, tipos e circuitos a que pertencem;
- localização das caixas, suas dimensões e tipos;
- localização dos aterramentos com identificação e dimensões dos componentes;
- simbologia e convenções adotadas.

  c) Plantas de detalhes, em escala até 1:20, abrangendo, no mínimo:

- entrada de serviço e quadros de distribuição;
- passagens de eletrodutos através de juntas de dilatação;
- caixas de passagem subterrâneas;
- disposição de aparelhos e equipamentos em caixas ou quadros;
- conexões de aterramento;

- soluções para passagem de eletrodutos através de elementos estruturais.

d) Plantas e esquemas, diagramas e quadros, em conformidade com o que a seguir é estabelecido:

- terão de ser feitos esquemas para as instalações gerais de telecomunicações, em que constem os elementos mínimos exigidos pela concessionária;
- precisarão ser apresentados diagramas, especificações dos cabos e tipo de equipamentos para cada quadro de distribuição.

1.1.9.2.2 Memória de cálculo

A memória de cálculo necessitará citar, obrigatoriamente, os processos e critérios adotados, referindo-se às normas técnicas.

1.1.9.2.3 Memorial descritivo

O memorial descritivo fará uma exposição geral do projeto, das partes que o compõem e dos princípios em que se baseou, apresentando, ainda, justificativa que evidencie o atendimento às exigências estabelecidas pelas respectivas normas técnicas para elaboração de projetos; explicará a solução apresentada evidenciando a sua compatibilidade com o projeto arquitetônico e com os demais projetos especializados e sua exequibilidade

1.1.9.2.4 Especificação de materiais e serviços

Todos os materiais e serviços deverão ser devidamente especificados, estipulando-se as condições mínimas aceitáveis da qualidade. Os materiais e equipamentos terão de ser especificados, indicando-se tipos e modelos (quando for necessário estabelecer padrão mínimo da qualidade), protótipos e demais características, de maneira a não haver dúvida na sua identificação. Os materiais, serviços e equipamentos especificados precisarão ter suas marcas ser indicadas/sugeridas.

1.1.9.2.5 Relação e quantitativo de materiais, serviços e equipamentos

Os materiais, serviços e equipamentos necessitarão ser agrupados racional e homogeneamente, de maneira a permitir melhor apreciação e facilidade na sua aquisição. Os materiais terão de ser relacionados de maneira clara e precisa, com os correspondentes quantitativos e unidades de medição.

1.1.9.2.6 Aprovação

Concluído o projeto, ele precisará ser aprovado pelos aos órgãos competentes. A área a ser considerada para elaboração do projeto das instalações telefônicas deverá ser a mesma área considerada para o projeto arquitetônico, a qual terá de ser conferida por meio das respectivas ARTs. O projeto só deverá ser liberado para obra após sua aprovação pelos órgãos competentes.

1.1.9.2.7 Disposições complementares

Quando um projeto de arquitetura prever ampliação futura de uma unidade construtiva, o projeto de instalações telefônicas da unidade a ser ampliada deverá prever todos os detalhes de ligação da unidade existente com a futura ampliação, de maneira a permitir continuidade das instalações; em tais casos, todo o sistema terá de ser dimensionado para as condições da maior ampliação prevista. No caso de ocorrência do mencionado na seção anterior, os projetos de unidade existente e de cada opção de ampliação precisarão ser elaborados independentemente uns dos outros, no que concerne à representação gráfica e demais requisitos a serem cumpridos em relação ao projeto de instalações telefônicas, constantes nestas instruções para elaboração de projetos. Sempre que um projeto de instalações telefônicas necessite satisfazer às condições de uso de áreas especializadas, caberá ao responsável pelo projeto a responsabilidade de fazer-se assessorar pelo(s) técnico(s) especializado(s) que melhor lhe possibilite(m) atender a tais condições. O projeto das instalações telefônicas necessitará ser apresentado em subconjuntos independentes sempre que:

- as normas da concessionária o exijam;
- o porte das instalações indique tal necessidade, para possibilitar melhores condições de compreensão e avaliação de preço e prazo de execução dos serviços.

Para cada subconjunto indicado na seção anterior, terão de ser cumpridas, por similaridade e no que couberem, as disposições normativas estabelecidas para o projeto executivo das instalações telefônicas.

1.1.9.3 Instalação de rede lógica

Rede lógica estruturada é todo um sistema de cabos, conectores, dispositivos e condutas que permitem criar, organizar e estabelecer uma infraestrutura de telecomunicações em um local. O projeto de instalação de rede lógica deverá ser constituído de:

- Representação gráfica.
- Memória de cálculo.
- Memorial descritivo.
- Especificação de materiais e serviços.
- Relação de materiais, serviços e equipamentos.
- Aprovação.

1.1.9.3.1 Representação gráfica

a) *Plantas baixas*, em escala 1:50, indicando:

- localização dos quadros;
- localização dos pontos e identificação;
- traçado da rede de eletrodutos ou canaletas com as respectivas bitolas, dimensões e tipos;
- representação simbólica dos cabos nos eletrodutos ou canaletas, com identificação das respectivas bitolas, tipos e circuitos a que pertencem;
- localização das caixas, suas dimensões e tipos;
- localização dos aterramentos com identificação e dimensões dos componentes;
- simbologia e convenções adotadas.

b) *Plantas de detalhes*, em escala até 1:20, abrangendo, no mínimo:

- passagens de eletrodutos através de juntas de dilatação;
- caixas de passagens subterrâneas;
- disposição de aparelhos e equipamentos em caixas ou quadros;
- conexões de aterramento;
- soluções para passagem de eletrodutos através de elementos estruturais;
- esquemas para instalações gerais em que constem os elementos mínimos exigidos;
- deverão ser apresentados esquemas para as instalações gerais em que constem os elementos mínimos exigidos;
- terão de ser feitos diagramas, discriminando os circuitos, dimensionamento dos cabos, tipo de equipamento para cada quadro;
- precisarão ser elaborados esquemas para circuitos que exijam esclarecimentos maiores para as ligações;
- para cada quadro, necessitará ser elaborado um resumo dos equipamentos conectados a cada circuito.

1.1.9.3.2 Memória de cálculo

A memória de cálculo deverá citar, obrigatoriamente, os processos e critérios adotados, referindo-se às normas técnicas e às instruções para elaboração de projetos. Detalhará todos os cálculos explicitamente, quando solicitado.

1.1.9.3.3 Memorial descritivo

O memorial descritivo fará uma exposição geral do projeto, das partes que o compõem e dos princípios em que se baseou, apresentando ainda justificativa que evidencie o atendimento às exigências estabelecidas pelas respectivas normas técnicas e nestas instruções para elaboração de projetos; explicará a solução apresentada evidenciando a sua compatibilidade com o projeto arquitetônico e com os demais projetos especializados e sua exequibilidade.

1.1.9.3.4 Especificação de materiais e serviços

Todos os materiais e serviços terão de ser devidamente especificados, estipulando-se as condições mínimas aceitáveis da qualidade. Os materiais, serviços e equipamentos precisarão ser especificados, indicando-se tipos e modelos (quando for necessário estabelecer padrão mínimo da qualidade), protótipos e demais características, de maneira a não haver dúvida na sua identificação.

1.1.9.3.5 Relação e quantitativo de materiais, serviços e equipamentos

Os materiais, serviços e equipamentos necessitarão ser agrupados racional e homogeneamente, de maneira a permitir melhor apreciação e facilidade na sua aquisição. Os materiais deverão ser relacionados de maneira clara e precisa, com os correspondentes quantitativos e unidades de medição.

1.1.9.3.6 Aprovação

Concluído o projeto, ele será entregue à construtora/contratante juntamente com a ART, o qual terá de ser analisado e liberado para execução. A área a ser considerada para elaboração do projeto precisará ser a mesma área considerada para o projeto arquitetônico, a qual necessitará ser conferida por meio das respectivas ARTs.

1.1.9.3.7 Disposições complementares

Quando um projeto de arquitetura prever ampliação futura de uma unidade construtiva, o projeto de instalação de rede lógica da unidade a ser ampliada precisará prever todos os detalhes de ligação da unidade existente com a futura ampliação, de maneira a permitir continuidade das instalações; em tais casos, todo o sistema terá de ser dimensionado para as condições de maior ampliação prevista. No caso de ocorrência do mencionado na seção anterior, os projetos de unidade existente e de cada opção de ampliação precisarão ser elaborados independentemente uns dos outros, no que concerne à representação gráfica e demais requisitos a serem cumpridos em relação ao projeto de instalação de rede lógica, constantes nestas instruções para elaboração de projetos. Sempre que um projeto de instalação de rede lógica necessite satisfazer às condições de uso de áreas especializadas, caberá ao responsável pelo projeto a responsabilidade de fazer-se assessorar pelo(s) técnico(s) especializado(s) que melhor lhe possibilite(m) satisfazer a tais condições. O projeto de instalação de rede lógica necessitará ser apresentado em subconjuntos independentes sempre que o porte das instalações indique tal necessidade, para possibilitar melhores condições de compressão e avaliação de preço e prazo de execução dos serviços. Para cada subconjunto indicado na seção anterior, deverão ser cumpridas, por similaridade e no que couberem, as disposições normativas estabelecidas para o projeto executivo da instalação de rede lógica.

1.1.10 Projetos hidrossanitários

1.1.10.1 Projeto de instalação predial de água fria

O projeto de instalação predial de água fria é constituído por peças gráficas, memoriais e especificações técnicas que definem a instalação do sistema de recebimento, de alimentação, de reservação e de distribuição de água fria em edificações. A instalação deverá ser projetada de modo a ser compatível com o projeto arquitetônico e demais projetos complementares, visando a máxima economia de água e energia, o menor desperdício e o maior reaproveitamento da água, tendo de garantir o fornecimento de água de forma contínua, em quantidade suficiente, com pressões e velocidades adequadas ao perfeito funcionamento das peças de utilização (lavatórios, pias, chuveiros, vasos sanitários etc.) e dos sistemas de tubulação, além de preservar rigorosamente a qualidade da água no sistema de abastecimento. O projeto precisa ser apresentado de forma legível, obedecendo às normas construtivas da ABNT, prefeitura do município, Corpo de Bombeiros, vigilância sanitária e demais órgãos competentes.

1.1.10.2 Representação gráfica

O projeto de água fria tem de incluir detalhamentos específicos de reservatórios de água, de caixas de inspeção e de passagem e, no caso de se tratar de obra de ampliação, ligações em instalações prediais já existentes. Assim, é necessário apresentar as seguintes peças gráficas:

- planta de situação, no nível da via pública, em escala conveniente, contendo as seguintes indicações: localização de todas as tubulações externas existentes, redes de concessionárias de serviço público, posicionamento do cavalete de hidrômetro e outros elementos que sejam importantes para a implantação do projeto, em especial o Norte Verdadeiro. A planta deve conter uma legenda indicativa, de forma que seja possível identificar a função de cada tubulação, ou seja, se se trata de linha de alimentação do reservatório, de linha de recalque etc.;
- planta de implantação da edificação no terreno, em escala adequada, indicando as áreas a serem ampliadas ou detalhadas;
- planta baixa de cada pavimento (subsolos, térreo, andar-tipo, cobertura, ático etc.), na escala 1:50, contendo a indicação das tubulações quanto a diâmetro, material e comprimento, com a localização dos aparelhos sanitários e pontos de consumo, mencionando as conexões (tês, curvas, joelhos etc.), posicionamento dos reservatórios, dos conjuntos motobomba, das instalações redutoras de pressão e outros equipamentos necessários ao funcionamento do sistema de abastecimento. Essa planta tem de ter uma legenda adequada mostrando a função de cada tubulação, ou seja, se se trata da alimentação do reservatório, se da linha de recalque, se da alimentação dos pontos de consumo, se da linha de extravasão etc.
- detalhamento em perspectiva isométrica, na escala 1:20, dos banheiros, cozinhas, lavanderia e demais dependências que necessitem de fornecimento de água, indicando diâmetros, cotas verticais (altura de abastecimento), cota de nível do piso acabado, conexões, válvulas, registros e outros elementos;
- definição do tipo de alimentação das bacias sanitárias: se válvula fluxível de descarga, se caixa de descarga ou se caixa acoplada à bacia;
- detalhamento da alimentação e saída de água dos reservatórios;
- quando houver sobreposição de tubulações embutidas numa parede, faz-se necessário indicar a espessura dela;
- na planta, deve ser colocado um resumo da quantidade de peças a serem utilizadas na execução, de forma a facilitar o seu manuseio e a leitura do projeto.

1.1.10.2.1 Memorial descritivo

O memorial descritivo tem de conter a relação de materiais e equipamentos (inclusive conjuntos motobomba e reservatórios), a descrição completa, a quantidade e unidade de medição, e o modelo. O memorial precisa também especificar todos os materiais e serviços a serem executados, estipulando as condições mínimas da qualidade, tipo, modelo e características técnicas, e com sugestões de marcas. São as seguintes as descrições mínimas a serem apresentadas no memorial:

- louças sanitárias: modelo e cor;
- cubas para bancadas de lavatório e pia: dimensões, material, forma e cor;
- bancadas de lavatório e pia: forma, dimensões e material;
- torneiras (se de bancada ou se de parede) e registros (se de gaveta, se de pressão ou se de globo): material, acabamento e qualidade, dando preferência para as que proporcionam maior economia de água (como as torneiras de fechamento automático);
- descarga de bacias sanitárias: tipo de acionamento;

- acessórios: porta-toalhas, cabides, papeleira, saboneteiras, barras de apoio;
- assento de vaso sanitário: material e cor;
- aparelhos sanitários: tipo de fixação;
- aparelhos sanitários para portadores de necessidades especiais: descrição e dimensões do vaso sanitário, do respectivo assento e do lavatório;
- tubulação de distribuição de água fria: material, cor e forma de execução;
- chuveiro: modelo, material e tipo do boxe;
- reservatórios superior e inferior: material e volumes.

1.1.10.2.2 Memória de cálculo

É necessário demonstrar o cálculo para determinação do consumo diário de água da edificação, levando em consideração o tipo e o número de usuários bem como a demanda dos aparelhos. Descrever o roteiro dos cálculos ou apresentar planilha específica para dimensionamento do alimentador predial, barrilete, colunas de água e ramais de distribuição, especificando vazão, perda de carga, diâmetro da tubulação e cálculo da pressão nos pontos mais desfavoráveis. É preciso também apresentar o cálculo completo do dimensionamento dos conjuntos motobomba e outros equipamentos necessários bem como o cálculo do volume dos reservatórios superior e inferior (incluindo a reserva técnica de incêndio), fornecendo as dimensões deles.

1.1.10.2.3 Condições gerais para elaboração do projeto de instalações prediais de água fria

Para a elaboração do projeto e dimensionamento das instalações prediais de água fria, é preciso observar às seguintes condições:
- verificar a existência de rede pública de abastecimento de água, sendo o seu uso obrigatório, e precisando respeitar as exigências da concessionária;
- conferir a disponibilidade de vazão e pressão na rede pública;
- comparar o volume a ser fornecido pelo consumo médio diário;
- no caso de inexistência de abastecimento público ou se esse abastecimento for insuficiente, em volume ou pressão, é necessário prever outro sistema de abastecimento ou sua complementação, com armazenamento e motobombas ou captação em poços profundos;
- a ligação à rede pública deve ser projetada de modo que seu trajeto seja o mais curto possível, respeitando-se as exigências da concessionária;
- é importante tomar todas as providências necessárias para garantir a qualidade da água fornecida pela concessionária;
- é recomendável elaborar um projeto que inclua o reaproveitamento da água de chuva (caso seja possível).

a) Reservatórios

Os reservatórios terão de ser dimensionados de forma a garantir o abastecimento contínuo e adequado (vazão e pressão) de toda a edificação assim como o armazenamento de água correspondente a um dia de consumo, no mínimo. Podem ser usadas caixas-d'água fabricadas industrialmente (de fibra de vidro, de fibrocimento etc.) ou de concreto, moldadas in loco. No caso mais comum de projeto de dois reservatórios, o superior será dimensionado para 40% do volume do consumo diário e o inferior para os 60% restantes. Se, excepcionalmente, o abastecimento for por meio de caminhões-pipa, ou no caso de ele ser deficiente, deve-se estudar a adoção de reservatórios com maior capacidade. Todos os reservatórios têm de ser fechados e cobertos, de modo a impedir a entrada de luz natural ou de elementos que possam poluir ou contaminar a água. Sempre que possível, é necessário possibilitar fácil acesso ao seu interior para inspeção, limpeza e conservação da qualidade da água. Além disso, os reservatórios devem ser divididos em duas células, de modo que seja possível a manutenção de uma delas sem interromper o abastecimento de água. Os reservatórios serão projetados e executados prevendo a instalação dos seguintes itens:
- limitadores do nível de água (nível de boia ou similar), com a finalidade de impedir a perda de água por extravasamento;

- tubulação de limpeza posicionada abaixo do nível mínimo de água;
- extravasor *(ladrão)* dimensionado de modo que possibilite a descarga da vazão máxima de água que alimenta o reservatório;
- deve ser previsto um espaço livre acima do nível máximo de água, adequado para a ventilação do reservatório e colocação dos dispositivos hidráulicos (torneiras de boia) e elétricos;
- no reservatório inferior tem de existir ramal especial com instalação elevatória para limpeza, sempre que não for possível projetar esse ramal escoando por gravidade;
- não havendo possibilidade de utilização de reservatório superior para garantir o abastecimento contínuo em condições ideais de pressão e vazão, sugere-se a utilização de instalação hidropneumática.

Na impossibilidade de instalação de qualquer dos itens acima descritos, é necessário consultar o engenheiro projetista para adotar alterações, desde que estas sejam devidamente justificadas.

b) Rede de distribuição

Toda a instalação de água fria precisa ser projetada de modo que as pressões estáticas e dinâmicas se situem dentro dos limites estabelecidos pelas normas técnicas, regulamentações, características e necessidades dos equipamentos e materiais das tubulações especificadas em projeto. Sub-ramal é a canalização que liga o ramal à peça de utilização. No dimensionamento de cada trecho (ramal, sub-ramal), deverá ser definido o diâmetro, a vazão e a perda de carga, considerando o uso simultâneo dos pontos de consumo. É necessário prever registros para bloqueio do fluxo de água nos seguintes pontos:

- nos aparelhos e dispositivos sujeitos a manutenção ou substituição, como hidrômetros, torneiras de boia, válvulas redutoras de pressão, bombas de água e outros;
- nas saídas dos reservatórios, exceto no extravasor;
- nas colunas de distribuição;
- nos ramais de grupos de aparelhos e pontos de consumo;
- antes de pontos específicos, como bebedouros, filtros, mictórios e outros;
- em casos especiais como seccionamentos, isolamentos etc.

As tubulações suspensas têm de ser fixadas com suportes específicos, posicionados e dimensionados de modo a não permitir a deformação delas. No caso de tubulações de cobre, deverão ser previstos isolamentos entre a tubulação e os suportes, para evitar a corrosão galvânica. Têm de ser previstas as seguintes condições da tubulação:

- *dilatação térmica da tubulação*: quando sujeita à exposição de raios solares ou no caso de estar embutida em parede de alvenaria exposta a raios solares de alta intensidade;
- *resistência mecânica*: quando a tubulação for enterrada ou estiver sujeita a cargas externas eventuais ou permanentes que possam danificá-la. Podem ser projetados reforços para garantir a integridade da tubulação;
- *absorção de deformações*: no caso de as tubulações estarem posicionadas em juntas estruturais.

A passagem de tubulações através de vigas e lajes só poderá ser feita após avaliação do projetista estrutural. Não será permitida em hipótese alguma a passagem de tubulações através de pilares.

c) Instalações elevatórias

Os equipamentos de instalações elevatórias devem ser dimensionados considerando a altura de sucção, altura de recalque, vazão, tempo de funcionamento e rendimento do motor. A altura estática de sucção será de preferência negativa, isto é, as bombas trabalharão afogadas. Precisa ser prevista para o diâmetro de sucção uma medida superior à da tubulação de recalque. O conjunto terá acionamento manual e automático. É necessário instalar na linha de recalque, na saída das bombas, uma válvula de retenção e um registro de bloqueio, para impedir o retorno da água para a bomba. É preciso também prever sempre pelo menos dois conjuntos motobomba para cada estação elevatória, de modo que um deles funcione como reserva. Eles têm de ser instalados em local abrigado, coberto, com ventilação e iluminação adequadas e livre de enchentes. O local deve permitir fácil acesso às bombas e ter dimensões que facilitem a inspeção, a manutenção e a limpeza, além de possuir um sistema de drenagem da água de gotejamento ou de limpeza de equipamentos. Terá de ser mencionado nas plantas e nos memoriais o modelo do conjunto motobomba com suas características elétricas.

1.1.10.3 Projeto de instalações prediais de água quente

O projeto de instalações de água quente é constituído por peças gráficas, memoriais e especificações técnicas que definem a instalação do sistema de aquecimento, reservação e distribuição de água quente na edificação. Deverão ser projetadas de forma que sejam compatíveis com o projeto arquitetônico e demais projetos complementares, visando a máxima economia de energia e o máximo reaproveitamento da água.

1.1.10.3.1 Representação gráfica

É necessário apresentar os seguintes projetos gráficos:
- planta baixa de cada pavimento (subsolos, térreo, andar-tipo, cobertura, ático etc.) na escala 1:50, contendo a indicação das tubulações quanto a diâmetro, material e comprimento, com a localização precisa dos aparelhos sanitários e pontos de consumo, equipamentos e reservatórios;
- tipo de aquecedores utilizados;
- detalhamento em perspectiva isométrica, na escala 1:20, dos banheiros, cozinhas, lavanderias e demais dependências que necessitem de abastecimento de água quente, indicando diâmetros, materiais, cotas verticais (altura de abastecimento), conexões, válvulas, registros e outros elementos;
- tipo e espessura do isolamento adotado.

1.1.10.3.2 Memorial descritivo

Junto com o memorial descritivo tem de constar a relação de materiais e equipamentos (aquecedores e reservatórios), contendo a descrição completa, quantidade, unidade de medição e modelo. O memorial precisa especificar todos os materiais e serviços a serem executados, estipulando as condições mínimas da qualidade, tipo, modelo, características técnicas e sugestões de marcas. Ele necessita informar claramente o tipo de aquecimento a ser utilizado, o tipo de isolamento térmico da tubulação, o modelo das válvulas, registros, aquecedores e reservatório, o material das tubulações e demais informações necessárias ao entendimento e execução do projeto.

1.1.10.3.3 Memória de cálculo

Deve ser demonstrado o cálculo para a determinação do consumo diário da edificação levando-se em consideração o tipo e o número de usuários e a demanda dos aparelhos, conforme as normas da ABNT. É preciso determinar a capacidade volumétrica de armazenamento de água quente em função do consumo e da capacidade de recuperação do equipamento e dados do fabricante. Sempre que necessário, deve-se considerar o consumo nas horas de pico.

1.1.10.3.4 Considerações gerais para elaboração do projeto de instalação predial de água quente

Têm de ser adotados os seguintes critérios de projeto:
- uso de fonte de energia compatível com a região;
- utilização de soluções de custos, manutenção e operação compatíveis com o gasto de instalação do sistema;
- o sistema de água quente poderá ser sem ou com recirculação, precisando levar em consideração a opção mais econômica e de maior sustentabilidade;
- preservação da qualidade da água fornecida pela concessionária;
- adequação do sistema ao desempenho dos equipamentos.

Todas as tubulações de água quente serão dimensionadas definindo-se, para cada trecho, diâmetro, vazão e perda de carga. A pressão de projeto necessita estar situada dentro dos limites estabelecidos pelas normas da ABNT e das características e necessidades dos equipamentos. No cálculo das vazões máximas para dimensionamento dos diversos trechos da rede de água quente, é preciso considerar o uso simultâneo dos pontos de consumo (chuveiros, lavatórios, equipamentos etc.), principalmente no caso de moradias destinadas a internatos. A instalação de água quente deverá ser projetada de tal forma que, nos pontos de consumo com misturador, a pressão da água quente seja constante e igual ou próxima à da água fria. No caso da utilização de válvula para controle de pressão, esta terá de ser exclusivamente do tipo globo, e nunca de gaveta. É preciso prever a instalação de registros – para bloqueio do fluxo de água em aparelhos e dispositivos sujeitos a manutenção (como é o caso de aquecedores e bombas) – na saída dos reservatórios de água quente, nas colunas de distribuição, nos ramais de grupos e pontos de consumo ou em casos especiais. Quando for adequado impedir o refluxo da água quente, é necessário prever a instalação de válvulas de retenção ou outros dispositivos adequados nas canalizações. O projeto levará em consideração as dilatações térmicas para as tubulações em trechos retilíneos longos, prevendo-se dispositivos que a absorvam. Os suportes para as tubulações suspensas serão posicionados de modo a não permitir a sua deformação física. Para as canalizações de cobre, serão programados isolamentos entre a tubulação e os suportes, para evitar a corrosão galvânica. É necessário prever sistemas de acionamento automático, a fim de obter economia no consumo de água. A tubulação de alimentação de água quente deverá ser de material resistente à temperatura máxima admissível do aquecedor. É preciso prever o isolamento térmico adequado para as canalizações e equipamentos e proteção contra infiltrações. No caso de serem previstas aberturas ou peças embutidas em qualquer elemento da estrutura, o projetista estrutural tem de ser consultado para verificação e avaliação. O aquecimento da água poderá ser feito por:

- sistema de aquecimento local, como chuveiros elétricos, torneiras elétricas, aquecedores locais e outros;
- sistema de aquecimento de passagem;
- sistema central individual (atende a uma unidade autônoma da edificação);
- sistema central coletivo (atende a todas as unidades autônomas da edificação). É usual em hotéis.

a) Aquecedores

Os aquecedores deverão ser posicionados em cota de nível que assegure a pressão mínima recomendada pelo fabricante. Os aquecedores de acumulação necessitam ser providos de isolamento térmico devidamente protegido. Todos os aquecedores têm de ser equipados com termostato de alta sensibilidade, com escala de temperatura regulável.

Aquecimento elétrico: precisam ser observadas as seguintes condições:

- a alimentação de água fria do aquecedor de acumulação será feita por canalização de material resistente à temperatura;
- o ramal de alimentação de água do aquecedor de acumulação será derivado da coluna de distribuição, devendo ser colocado registro de gaveta e válvula de segurança;
- posicionar o aquecedor de acumulação em lugar de fácil acesso, o mais próximo possível dos locais de consumo de água quente, de forma que haja espaço livre mínimo para manutenção dele;
- prever canalização de drenagem do aquecedor provida de registro próximo do aparelho, despejando a água em lugar visível;
- aquecedores individuais não poderão alimentar um número maior de pontos de consumo que o indicado pelo fabricante do aparelho.

Aquecimento a gás: devem ser observadas as indicações, normas técnicas e recomendações da concessionária de fornecimento de gás e dos fabricantes dos equipamentos. Têm de ser observadas as seguintes condições:

- a ligação da rede de gás ao aquecedor será feita por meio de um registro de modelo aprovado pela concessionária;
- a alimentação de água fria do aquecedor de acumulação será feita por canalização de material resistente à temperatura;
- o lugar previsto para o aquecedor será devidamente ventilado e terá condições para a instalação de chaminé, que conduzirá os gases da combustão para o exterior da edificação, diretamente ou por meio de poço *(shaft)* ou de coluna de ventilação;
- as chaminés e demais instalações complementares serão executadas de acordo com as normas da ABNT;
- um sifão terá de ser instalado na entrada da água fria do aquecedor de acumulação, conforme indicação do fabricante, sendo obrigatório o uso de válvula de retenção;
- prover o aquecedor de passagem de termostato de segurança, para fechamento da alimentação de gás dos queimadores principais.

Aquecimento solar: quando de faz uso de aquecimento solar, é preciso prever um sistema de aquecimento auxiliar com capacidade de suprir integralmente as necessidades normais requeridas sempre que o reservatório possuir capacidade volumétrica igual ou inferior à demanda de um dia. No caso de o reservatório possuir capacidade volumétrica superior a um dia, o sistema auxiliar de aquecimento deverá ser previsto para suprir parcialmente as necessidades normais requeridas. Para uso de aquecimento solar, têm de ser observadas as seguintes condições:

- o local de instalação dos coletores de calor disporá de acesso direto dos raios solares durante a maior parte do dia;
- situar os coletores em lugar o mais próximo possível do reservatório de água quente;
- prever, em local de fácil acesso, comando do sistema auxiliar de aquecimento, para impedir o seu funcionamento em períodos de não utilização de água quente;
- caso haja necessidade de bombeamento, instalar sensores térmicos e termostatos para o controle da bomba de circulação, a fim de evitar que esta funcione quando não houver ganho de calor previsto.

1.1.10.4 Projeto de sistema de esgoto sanitário

O projeto de esgoto sanitário é constituído por peças gráficas, memoriais e especificações técnicas, que determinam a instalação do sistema de coleta, condução e afastamento dos despejos de esgoto sanitário das edificações. Deverão ser projetadas de forma que sejam compatíveis com o projeto arquitetônico e demais projetos complementares, visando a máxima economia de energia e equipamentos.

1.1.10.4.1 Representação gráfica

Nas seguintes peças gráficas devem ser incluídos detalhamentos específicos de caixas de inspeção, caixas de passagem, caixa de gordura e caixa separadora de óleo (se for o caso), caixa coletora, eventuais ligações em instalações prediais já existentes ou a qualquer outro elemento previsto em projeto:

- Planta de situação no nível da via pública, em escala adequada, contendo as seguintes indicações: localização de todas as canalizações externas, redes existentes da concessionária e outros pontos que sejam importantes para a implantação do projeto. Ela precisa mostrar a direção do Norte Verdadeiro, constando nela uma legenda indicativa, de forma que seja possível identificar a função de cada tubulação, ou seja, se se trata de coletor externo, se de coletor predial etc., especificando o diâmetro, comprimento e inclinação da canalização bem como a localização e caracterização do sistema de tratamento, quando for o caso.
- Projeto de implantação da edificação no terreno, em escala adequada, indicando eventuais áreas a serem ampliadas e detalhadas, com a posição das caixas de tratamento, caixas de inspeção etc.
- Planta baixa de cada pavimento (subsolos, térreo, andar-tipo, cobertura, ático etc., na escala 1:50, contendo a indicação das canalizações quanto ao material, diâmetro e elevação, com o posicionamento preciso dos aparelhos sanitários, ralos e caixas sifonadas, peças e caixas de inspeção, tubos de ventilação, caixas coletoras, eventuais caixas separadoras e instalações de conjunto motobomba, quando houver.
- Desenhos das instalação de esgoto sanitário referente à rede geral, com indicação do diâmetro de tubos, ramais, coletores e subcoletores.
- Detalhamento em planta dos conjuntos sanitários (banheiros, cozinhas, lavanderias) e/ou outros ambientes com despejo de água, indicando diâmetro das tubulações, posição do ralo sifonado, posição do ramal de ventilação, da coluna de ventilação e do tubo de queda.
- É necessário indicar o tipo de descarga do vaso sanitário (válvula fluxível de descarga, caixa de descarga ou caixa acoplada.
- Esquema vertical sempre que a edificação tiver mais de um pavimento.
- No caso de haver sobreposição de tubulações embutidas em parede, tem de ser indicada a sua espessura.
- É preciso ser colocado no desenho um resumo da quantidade de peças a serem usadas na execução, de forma a facilitar o manuseio e a leitura do projeto.

1.1.10.4.2 Memorial descritivo

Junto com o memorial descritivo deve ser elaborada a relação de materiais e equipamentos (inclusive caixas específicas de tratamento), contendo a descrição completa, a quantidade, a unidade de medição e o modelo. O memorial precisa especificar todos os materiais e serviços a serem executados, estipulando as condições mínimas da qualidade, tipo, modelo, características técnicas e sugestões de marcas. As descrições mínimas a serem apresentadas no memorial descritivo são:

- peças sanitárias, como ralos, grelhas, sifões, caixas de inspeção, conexões etc., definindo modelo, tamanho, formato e qualidade;
- determinação do tipo de acionamento da descarga;
- descrição da fixação das peças sanitárias e acessórios;
- especificação do material, da cor e da forma de execução dos tubos de coleta de esgoto;
- definição do material e volume das caixas utilizadas no projeto (caixa de gordura, caixa de inspeção, caixa de ligação, caixa separadora de óleo etc.).

1.1.10.4.3 Memória de cálculo

A determinação da contribuição dos despejos e o dimensionamento da tubulação trecho por trecho terá de obedecer ao estipulado nas normas da ABNT, levando em consideração o tipo e o número de usuário, e eventuais equipamentos e necessidades de demanda. O cálculo das vazões terá de ser apresentado por meio da contabilização estatística das diversas peças, simultaneidade de utilização e seus respectivos pesos. Devem ser realizados os dimensionamentos dos sistemas de ventilação das canalizações bem como o cálculo das profundidades e declividades. Quando for necessário o uso de conjunto elevatório, é preciso ser apresentado o dimensionamento do sistema de recalque, definição do conjunto motobomba, vazão e altura manométrica. No caso de necessidade de sistema de tratamento de esgoto, é preciso ser apresentado o dimensionamento do sistema de recalque, definição do conjunto motobomba, vazão e altura manométrica. No caso de necessidade de sistema de tratamento de esgoto, precisa ser apresentado o seu dimensionamento e indicada a eficiência na remoção das cargas orgânicas e adequação às condições de lançamento em corpos receptores ou na infiltração no solo.

1.1.10.4.4 Condições gerais para elaboração do projeto de sistema de esgoto sanitário

Os sistemas prediais de esgoto sanitário devem ser elaborados em consonância com as normas da ABNT. Se houver rede pública de esgotos sanitários em condições de atendimento, as instalações de esgoto das edificações terão obrigatoriamente de ligar-se a ela, respeitando às exigências da concessionária. Em zonas desprovidas de rede pública de esgoto sanitário, os resíduos líquidos, sólidos ou em qualquer estado de agregação da matéria, provenientes de edificações, somente podem ser despejados em águas interiores ou costeiras, superficiais ou subterrâneas, após receberem tratamento que proporcione a redução dos índices poluidores a valores compatíveis com os corpos receptores, respeitada a legislação do meio ambiente. Admite-se o uso de instalações de tratamento constituída por fossa séptica e filtro biológico em zonas desprovidas de rede de esgotos sanitários, desde que estas sejam projetadas e executadas em conformidade com as normas da ABNT e atendam às exigências dos órgãos ambientais. No caso de lançamento do esgoto em sistema receptor que não seja público, por sua inexistência, prever a possibilidade da ligação do coletor ao futuro sistema público. A condução dos esgotos sanitários à rede pública ou ao sistema receptor será feita, sempre que possível, por gravidade. Sempre que puder, têm de ser adotados os seguintes critérios de projeto:

- admitir o rápido escoamento dos despejos;
- facilitar os serviços de desobstrução e limpeza sem que seja necessário danificar ou destruir parte das instalações, alvenaria e/ou estrutura;
- impedir a formação de depósito de gases no interior das canalizações;
- não interligar o sistema de esgoto sanitário com outros sistemas, em especial o de águas pluviais.

As tubulações horizontais não poderão ser embutidas em lajes. Recomenda-se que as canalizações principais sejam aparentes, empregando-se forro falso para escondê-las, de modo a facilitar os serviços de manutenção, excetuando-se as tubulações dos pavimentos em contato direto com o solo. No caso de serem usadas caixas de gordura, estas terão de ser fechadas com tampa removível e dotadas de fecho hídrico, sendo adotadas para esgoto sanitário gorduroso proveniente de pias de cozinha, copa ou refeitório. Os aparelhos sanitários e os ralos não poderão ser conectados diretamente a subcoletores que recebam despejos com detergentes, os quais possuirão ramais independentes, para evitar o retorno de espuma. Sempre que possível, evitar desvios no tubo de queda. No caso em que o desvio for obrigatório, os ramais de descarga de aparelhos não podem ser interligados diretamente a esse desvio, necessitando de uma coluna totalmente separada ou então interligada abaixo do desvio. Os ramais de descarga precisarão ser providos de sifonamento. Os ramais de descarga provenientes de máquina de lavar pratos e máquina de lavar roupa serão projetados em material resistente a altas temperaturas. É vedada a instalação de canalização de esgoto em locais que possam apresentar risco de contaminação da água potável. No caso de serem previstas aberturas em peças embutidas em qualquer elemento estrutural, o projetista da estrutura deve ser consultado para que verifique e ateste se estão conformes, tendo de emitir um aval. Os suportes para tubulações suspensas serão posicionados de modo a não permitir a deformação física delas. O autor do projeto precisará verificar as resistências das canalizações enterradas à exposição de cargas externas eventuais ou permanentes e, se necessário, projetar reforços para garantir que as tubulações não sejam danificadas.

a) Caixa coletora

As caixas coletoras serão usadas no caso de esgotos que não possam ser escoados por gravidade, devendo ser encaminhados a uma caixa coletora e dela ser bombeados, obedecendo às seguintes condições:

- a caixa coletora será independente da caixa de drenagem de águas pluviais;
- ela possuirá fechamento hermético no caso de localizar-se em ambiente confinado;
- devem ser previstos dois conjuntos motobomba para a mesma caixa coletora, sendo um deles de reserva;
- as bombas terão de ser apropriadas para esgoto, de eixo vertical, submersíveis, providas de válvula de retenção própria para cada unidade e de registros de fechamento e, de preferência, acionadas por motor elétrico;
- o comando das bombas será automático e precisará situar-se dentro do poço, em local em que a contribuição de entrada não cause turbulência no nível da água, o que acarretaria acionamentos indevidos;
- as caixas serão dimensionadas de forma a atender às vazões de contribuições e a vencer os desníveis necessários;
- as caixas coletoras precisarão estar localizadas de preferência em áreas não edificadas.

b) Peças de inspeção

É necessário prever peças adequadas de inspeção das canalizações aparentes ou embutidas, para fins de desobstrução, pelo menos nos seguintes casos:

- nos pés dos tubos de queda;
- nos ramais de esgoto e sub-ramais que estão localizados em trecho reto, com distância máxima de 15 m entre elas;
- antes das mudanças de nível ou de direção, no caso de não haver aparelho sanitário ou outra inspeção a montante com distância adequada;
- se forem utilizadas caixas de inspeção, elas terão de estar localizadas preferencialmente em áreas edificadas.

1.1.10.5 Projeto de instalações de drenagem de águas pluviais

O projeto de instalações de drenagem de águas pluviais é constituído por peças gráficas, memoriais descritivos e especificações técnicas que determinam a instalação do sistema de captação, condução, afastamento e reaproveitamento das águas pluviais de superfície e de infiltração das edificações. Tudo deve ser projetado de forma que seja compatível com o projeto arquitetônico e demais projetos complementares. O projeto obedecerá às normas construtivas da ABNT, da prefeitura do município, do Corpo de Bombeiros, da vigilância sanitária e demais órgãos competentes, quando necessário, principalmente no caso de tratar-se de projetos especiais, como hospitais, laboratórios, clínicas veterinárias etc. Constituirão o projeto de drenagem pluvial:

- águas de chuva provenientes das coberturas, terraços, marquises e outros;

- águas pluviais externas, originárias de áreas impermeáveis descobertas, como vias públicas, pátios, quintais, estacionamentos e outros;
- águas pluviais de infiltração, provenientes de superfícies receptoras permeáveis, como jardins, áreas não pavimentadas e outras.

O projeto terá os seguintes elementos:

- peças gráficas (plantas baixas, detalhamentos etc.);
- memorial descritivo;
- memória de cálculo;
- ART (Anotação de Responsabilidade Técnica) e demais documentos comprobatórios que venham a ser solicitados.

1.1.10.5.1 Representação gráfica

As peças gráficas devem incluir detalhamentos específicos da caixas de inspeção, bocas de lobo e poços de visita, bem como a eventual ligação de uma nova rede de drenagem a outra já existente. É necessário apresentar os seguintes desenhos:

- Planta de situação no nível da via pública, em escala conveniente, contendo as indicações seguintes: localização de ramais externos, redes existentes da concessionária, posicionamento de todos os elementos de coleta e características das respectivas áreas de contribuição, com dimensões, limites, cotas, inclinação, sentido de escoamento e permeabilidade. Caso haja necessidade, precisa indicar as áreas detalhadas. É necessário mostrar o Norte Verdadeiro e, no caso de reaproveitamento das águas pluviais, o lugar de armazenamento.
- Projeto de implantação da edificação no terreno, em escala adequada, mostrando as áreas a serem ampliadas e detalhadas.
- Legenda adequada, indicando a função de cada tubulação, redes externas, coletores horizontais, coletores verticais etc.
- As caixas de inspeção e coletoras, poços de visita, bocas de lobo, canaletas e outras peças têm de ser detalhadas separadamente, indicando as cotas de fundo e de tampa, cotas dos tubos afluente e efluente.
- Plantas da cobertura e demais pavimentos da edificação em que existirem áreas de contribuição (terraços e marquises), na escala 1:50, contendo a indicação das canalizações quanto a material, diâmetro e declividades, e demais características dos condutores verticais, calhas, rufos e canaletas. É necessário mostrar água furtada, beiral e platibanda.
- Plantas baixas com indicação das prumadas, usualmente na escala 1:50. Esses desenhos devem mostrar as caixas coletoras dos condutores verticais e horizontais, indicando diâmetros, caixas de passagem, cotas e conexões eventualmente necessárias.
- Cortes, na escala 1:50, apresentando o posicionamento dos condutores verticais quando for necessário para melhor elucidação.
- Desenhos, em escalas adequadas, em que constem o posicionamento, dimensões físicas e características das instalações de bombeamento, quando houver, detalhes de drenos, caixas de inspeção, de areia e coletora, canaletas, ralos, suportes, fixações, filtros e demais equipamentos para uso no sistema de captação para reaproveitamento da água e outros.
- Espessura da parede necessária para embutimento da tubulação utilizada para condutor vertical, quando sua bitola ultrapassar o limite usual.
- Detalhamento do projeto de captação para reaproveitamento da água pluvial, em escala adequada, apresentando eventuais tratamentos da água coletada.
- Desenho do esquema geral da instalação.

1.1.10.5.2 Memorial descritivo

Anexo ao memorial descritivo precisa haver a relação de materiais e equipamentos (inclusive caixas específicas de tratamento), contendo a descrição completa, quantidade, unidade de medição e modelo. O memorial tem de especificar todos os materiais e serviços a serem executados, estipulando as condições mínimas da qualidade, tipo, modelo, características técnicas e sugestões de marcas. São as seguintes as descrições mínimas a serem apresentadas no memorial:

- tipos de canalizações e conexões (coletores horizontais e verticais), especificando diâmetro, forma e cuidados de instalação;
- tipos de rufos e calhas, determinando tipo e qualidade dos materiais, forma e cuidados na instalação;
- tipos de ralos, sifonados ou não, informando cuidados de instalação, principalmente em terraços;
- no caso de o sistema de impermeabilização não ser descrito em outro memorial, é necessário que ele seja especificado em item próprio no projeto de coleta de águas pluviais;
- deve-se descrever de forma clara a execução de caixas de inspeção ou coletoras, determinando se são pré-moldadas ou moldadas *in loco;*
- apresentar sistema de reaproveitamento de águas de chuva, detalhando tratamento, formas de coleta e de distribuição.

1.1.10.5.3 Memória de cálculo

Os cálculos para o dimensionamento das instalações de drenagem de água pluvial precisam seguir parâmetros em função da área de contribuição e do regime de chuvas, considerando vazão a escoar, intensidade e duração. Têm de ser apresentados todos os cálculos referentes ao dimensionamento das calhas, condutores verticais e horizontais, ramais e suas interligações, poços de visita, caixas de inspeção e de ligação, bocas de lobo, canaletas e outros sistemas necessários para o perfeito escoamento da água das chuvas. Boca de lobo é uma abertura na guia (meio-fio) através da qual é despejada por gravidade a água que corre na sarjeta, que é escoada para a rede de águas pluviais.

1.1.10.5.4 Condições gerais para elaboração do projeto de drenagem de águas pluviais

Para elaboração do projeto de drenagem de águas pluviais devem ser realizadas consultas à concessionária, à prefeitura do município ou órgão competente do município sobre a existência de rede pública de drenagem e sua capacidade de escoamento. Sempre que possível, precisam ser adotados os seguintes critérios de projeto:

- Garantir, de forma homogênea, a coleta de águas pluviais, acumuladas ou não, de todas as áreas atingidas pelas chuvas.
- Conduzir as águas coletadas para fora dos limites do imóvel até um sistema público ou sistema de captação de água para o seu reaproveitamento, nos pontos em que não haja exigência de uso de água potável.
- Não interligar o sistema de drenagem da águas pluviais com outros sistemas, como esgoto sanitário, água potável etc.
- Permitir a limpeza e desobstrução de qualquer trecho da instalação por meio de caixas de ligação e poços de visita, sem que seja necessário danificar ou destruir parte das instalações. A partir do limite do terreno, as águas pluviais serão lançadas de acordo com os meios estabelecidos pelo órgão competente, podendo ser:
    - através da descarga no meio-fio da via pública, por tubo ou canaleta instalada sob a calçada;
    - por meio de ligação direta à boca de lobo, bueiro ou poço de visita;
    - pela captação em reservatório próprio para reaproveitamento, em locais que não exijam uso de água potável;
    - em qualquer outro lugar legalmente permitido.

Têm de ser previstos pontos de coleta em todas as partes baixas das superfícies impermeáveis que estejam sujeitas a receber água de chuva. Todas as superfícies impermeáveis horizontais (lajes de cobertura, pátios, quintais e outras) precisam ter declividade que garanta o escoamento das águas de chuva até atingir os pontos de coleta (ralos, caixas coletoras, calhas etc.), evitando o empoçamento. No caso de o projeto arquitetônico prever caimento livre das águas de chuva de coberturas horizontais ou inclinadas sem condutores verticais, deverão ser previstos elementos no piso para impedir empoçamentos e/ou erosão dos locais que circundam a edificação, como receptáculos, canaletas, drenos e outros. Deve-se analisar também se os respingos provenientes dessas coberturas podem causar problemas de umidade na alvenaria de contorno da edificação. Nesse caso, tem de ser previsto também um sistema de impermeabilização da alvenaria ou qualquer outra parte que esteja sujeita a respingos. As edificações situadas nas divisas do terreno ou no alinhamento da via pública necessitam ser providas de calhas e condutores verticais para o escoamento das águas pluviais, no caso de a inclinação da cobertura orientar as águas para essas divisas. Para drenagem de áreas permeáveis, nas quais a infiltração das águas de chuva poderia ser prejudicial à edificação, ou no caso do afastamento das águas superficiais ser acelerado, serão previstos drenos para absorção da água, de tipo e dimensões adequadas, e seu encaminhamento à rede geral ou outros pontos de lançamento possíveis. Os taludes de corte ou aterro deverão apresentar sistema de proteção à erosão. No caso de existirem áreas de drenagem abaixo do nível da ligação com a rede pública, as águas pluviais nelas acumuladas, provenientes de pátios baixos, rampas de acesso ao subsolo, poços de ventilação e outros, terão de ser encaminhadas a uma ou mais caixas coletoras de águas de chuva, que precisam ser independentes das caixas coletoras de esgoto sanitário e ser providas de instalações de bombeamento, constituídas cada uma de pelo menos duas bombas, sendo uma delas de reserva. Deverão ser especificadas bombas apropriadas para água suja, do tipo vertical ou submersível, providas de válvula de retenção e de registros de fechamento em separado para cada unidade e de preferência com acionamento automático e por motor elétrico. Admite-se o lançamento direto de águas provenientes de extravasores e canalizações de limpeza de reservatórios da água (superior e inferior) à caixa coletora de águas de chuva. A ligação entre a calha e o condutor vertical terá de ser feita por meio de funil especial ou caixa específica para essa finalidade. No caso de a ligação entre a calha e o condutor vertical ser uma peça vertical, é preciso prever a colocação de ralos hemisféricos na extremidade superior do duto vertical. Se a ligação entre a calha e o condutor vertical for do tipo horizontal, é necessário prever uma grelha plana na saída da calha. Na extremidade inferior dos condutores verticais devem ser projetadas caixas de captação visitáveis (caixas de areia). Têm de ser previstas peças de inspeção próximas e a montante das curvas de desvio, inclusive no pé dos condutores verticais, mesmo que haja caixa de captação logo após a curva de saída. Os condutores verticais serão posicionados conforme indicação do projeto arquitetônico, podendo ser aparentes (externamente) ou embutidos na alvenaria. Os condutores horizontais precisam ser projetados de forma que sua declividade mínima esteja de acordo com o estabelecido pelas normas da ABNT. As declividades máximas dos condutores horizontais não poderão ultrapassar valores que causem velocidades excessivas de escoamento, a fim de evitar erosão do tubo. A ligação entre condutores verticais e condutores horizontais aparentes será feita por meio de curva de raio longo e junção de 45°. No caso de serem previstas aberturas ou peças embutidas em qualquer elemento da estrutura, o autor do projeto estrutural deverá ser comunicado para que verifique e dê o aval. O autor do projeto de drenagem e captação de águas pluviais precisará verificar a resistência das canalizações subterrâneas quanto às cargas externas, permanentes e eventuais, a que estarão expostas e, se necessário, projetar reforços para garantir que as tubulações não sejam danificadas. Os suportes para as canalizações suspensas terão de ser posicionados de modo a não permitir sua deformação física.

1.1.11 Projeto de ar condicionado

Projeto de ar condicionado é aquele que determina um sistema mecânico de tratamento do ar interior em um ambiente fechado, que permite mantê-lo em condições controladas de temperatura (aquecimento ou arrefecimento), de umidade relativa, da qualidade (pureza por meio de filtragem) e da velocidade de circulação, de modo a obter-se conforto térmico ambiental.

1.1.12 Projeto de prevenção contra incêndio

Projeto de prevenção contra incêndio é aquele cujo objetivo é criar soluções eficazes tendo em vista a proteção da edificação contra a ocorrência de incêndios, além do combate a um incidente que já ocorre. Ele deve ser elaborado em conformidade com as normas da ABNT e as disposições do Corpo de Bombeiros. Do projeto devem constar:

abrigos de hidrantes com as respectivas mangueiras e esguichos; extintores de incêndio; acessórios da casa de bomba; sistema de sinalização e iluminação de emergência; alarme de incêndio e sirenes; sistema de detecção de incêndios; corrimãos, escadas pressurizadas, posicionamento das tubulações; pinturas indicativas em paredes e pisos; sistema de proteção contra descargas atmosféricas;

1.1.13 Outros projetos

1.1.13.1 Luminotécnica

Luminotécnica é o estudo da aplicação da iluminação artificial em ambientes interiores e em espaços exteriores. Iluminação é o ato ou efeito de espalhar luz sobre um espaço. Denomina-se lâmpada qualquer aparelho que serve para iluminar. Existem variados tipos de lâmpada, tratados na Seção 18.2.3 adiante.

1.1.13.2 Som ambiental

Som ambiental é a emissão sonora geralmente executada como música que funciona como discreto complemento a uma ambiência.

1.1.13.3 Paisagismo e urbanização

Paisagismo é a arte e a técnica de elaborar o projeto, planejamento, gestão e preservação de áreas verdes englobando tudo que interfere na paisagem externa às edificações, incluindo, além da escolha da vegetação que melhor se adapte à arquitetura e a iluminação natural, mais inúmeros elementos construtivos, como piscinas, quadras esportivas, quiosques, churrasqueiras, *playgrounds*, deques, outros pisos, muros etc. *Urbanização* é o conjunto de técnicas e de obras que permite dotar uma área de cidade de condições de infraestrutura, planejamento, organização administrativa e tratamento estético conformes aos princípios da racionalização das aglomerações urbanas que permitem criar condições adequadas de habitação às populações das cidades.

1.2 Cadastro nacional de obras (CNO)

1.2.1 Introdução

O Cadastro Nacional de Obras (CNO) é um banco de dados que contém informações cadastrais de obras de construção civil e de seus responsáveis, pessoas físicas ou jurídicas. O manual ao aplicativo (digital) CNO tem por objetivo orientar todos os seus usuários quanto ao melhor uso das ferramentas desses aplicativos, de forma prática e objetiva. As funcionalidades estão detalhadas, passo o passo, com uma visão prática e autoexplicativa das ferramentas, auxiliando o usuário a resolver eventuais dúvidas a respeito do preenchimento dos seus campos.

1.2.1.1 Obrigatoriedade de inscrição

Considera-se obra de construção civil: a construção, a demolição, a reforma, a ampliação de edificação ou qualquer outra benfeitoria agregada ao terreno. Estão obrigadas a ser inscritas no CNO todas as obras de construção civil, com exceção das reformas de pequeno valor, sendo responsáveis por seu cadastramento:

- o *proprietário* do imóvel, o dono da obra ou o incorporador imobiliário, pessoa física ou jurídica, inclusive o representante de nome coletivo;
- pessoa jurídica *construtora*, quando contratada para a execução da obra por empreitada total;
- a sociedade *líder* do consórcio, no caso de contrato para a execução da obra de construção civil mediante empreitada total celebrada em nome das empresas consorciadas;
- o *consórcio*, no caso de contrato para a execução da obra de construção civil por meio de empreitada total celebrada em seu nome.

1.2.2 Prazo para inscrição

A inscrição de obra de construção civil terá de ser efetuada no prazo de 30 dias, contados do início das suas atividades.

1.2.3 Situação cadastral do CNO

A inscrição no CNO é enquadrada, quanto à situação cadastral, como:
- *ativa*, na hipótese de obra regular em pleno desenvolvimento da atividade de construção civil;
- *paralisada*, quando informada a interrupção temporária da atividade pelo responsável;
- *suspensa*, por ato de ofício, quando houver inconsistência cadastral;
- *encerrada*, quando a obra for concluída;
- *nula*, quando:
  - houver sido atribuído mais de um número de inscrição para a mesma obra;
  - for constatada inscrição de obra inexistente;
  - for constatado vício no ato praticado no CNO;
  - for constatada inscrição contrária às disposições legais.

1.3 Demolição

1.3.1 Definição

Demolição é o ato de destruir de forma deliberada o que estava construído.

1.3.2 Métodos de demolição

Vários são os métodos empregados numa obra de demolição:
- manual;
- com martelete pneumático;
- mecanizada;
- por tração;
- com explosivos (explosão e implosão) – menos comum.

1.3.2.1 Demolição manual

A demolição manual é feita progressivamente, com o uso de ferramentas portáteis, manuais ou de ar comprimido. O trabalho na demolição manual segue a ordem inversa do processo de construção. Assim, deve-se:
- iniciar a demolição das paredes divisórias e das externas, desde que elas não tenham função estrutural;
- escorar as peças que, ao serem demolidas, possam desabar abruptamente;
- tomar todas as providências necessárias para a demolição de coberturas, escadas, vigas, pilares e muros e realizá-la de acordo com os procedimentos que garantam a segurança dos envolvidos e dos vizinhos;
- sempre que necessário, montar andaimes para trabalhar em altura;
- não trabalhar apoiado em elementos a demolir;
- ter o máximo cuidado com peças em balanço;
- pisar com cuidado, pois existem muitos elementos frágeis que podem romper-se e causar a queda do trabalhador;
- proibir a circulação de pessoas na área do pavimento em que a calha descarrega o entulho da demolição;
- evitar o acúmulo de entulho que possa exercer pressão excessiva sobre pisos e paredes;
- todos os operários têm de usar equipamento de proteção individual (EPI).

1.3.2.2 Demolição com martelete pneumático

- inicialmente, é preciso verificar se o equipamento está dimensionado adequadamente para o serviço;
- as superfícies de trabalho devem ser suficientemente resistentes ao equipamento a ser utilizado, a fim de evitar desmoronamentos causados pela vibração do martelete;
- evitar a execução de demolição apoiada em escada; é recomendado montar andaimes;
- revisar frequentemente o estado da mangueira e das uniões do equipamento de ar comprimido;
- quando realizar serviços em bordas de laje, usar cinto de segurança limitador de espaço;
- todos os operários têm de usar equipamento de proteção individual (EPI).

1.3.2.3 Demolição mecanizada

- na demolição mecanizada, a altura da estrutura (alvenaria, concreto etc.) não pode exceder a distância de projeção do material sobre a máquina (em geral, trator);
- a máquina motorizada deve apoiar-se, sempre que possível, em solo firme e nivelado;
- a cabina do operador tem de ficar o mais afastada possível da estrutura a ser demolida;
- é preciso deixar uma faixa livre de pessoas e equipamentos de no mínimo 6 m em torno da máquina em uso na demolição.

1.3.2.4 Demolição por tração

- Trata-se de demolição de parte vertical de uma construção (parede, pilar etc.) utilizando um cabo ou cordoalha de aço, que envolve essa parte da construção, e que é tracionado por uma máquina;
- devem ser utilizados somente cabos ou cordoalhas de arame de aço, de diâmetro adequado ao esforço de tração, nunca inferior a 12 mm e livres de qualquer defeito;
- o comprimento do cabo tem de ser maior que duas vezes a altura da estrutura a ser demolida;
- é preciso manter as esteiras ou os pneus do trator paralelos ao cabo de tração;
- deve-se aplicar a força de tração gradualmente;
- o operador do trator precisa estar protegido contra fragmentos projetados e eventual comprimento do cabo;
- é necessário inspecionar o cabo e suas fixações ao mínimo duas vezes ao dia;
- é indispensável proibir o trânsito de pessoas na área de trabalho especialmente onde há possibilidade de projeção do cabo em caso de ele vir a romper-se.

1.3.2.5 Demolição com explosivos

A demolição com o uso de explosivos é a menos comum e deve ser feita por empresas altamente especializadas. A demolição chamada *implosão* é uma técnica que utiliza explosivos para destruir uma construção de forma rápida e controlada, ou melhor, trata-se de uma série de explosões sucessivas provocadas de tal modo que o desmoronamento por elas causado tende a concentrar-se numa área central da edificação então destruída. Assim sendo, a implosão é uma explosão controlada, pois a quantidade de explosivos utilizada é feita dentro de estreitos procedimentos da engenharia que asseguram um caráter não catastrófico ao evento e que este seja controlado por meio de detonações sucessivas em tempos programados e ainda que os explosivos sejam localizados em pontos específicos da estrutura da edificação, a fim de enfraquecê-la de tal modo que a gravidade provoque o desabamento da construção.

1.3.3 Medidas preventivas básicas

- Verificar diariamente a estabilidade dos vizinhos;
- remover imediatamente o entulho gerado pela demolição;
- não permitir que os escombros da demolição sejam depositados em beirada de laje;
- nunca lançar em queda livre, para o exterior da edificação, qualquer material produzido pela demolição;
- umedecer sempre o material demolido para evitar o desprendimento de poeira;

- as peças de madeira apodrecidas, atacadas por insetos etc. devem ser queimadas, mas nunca no interior do canteiro de obras.

1.3.3.1 Engenharia de demolição

Boa parte das empresas demolidoras é constituída por pessoal experiente, mas sem formação técnica acadêmica. Sem deixar de valorizar a experiência que a prática traz, muitas vezes, o conhecimento técnico é fundamental para se fazer uma demolição. Assim, a construtora, mesmo contratando uma demolidora, deverá verificar:

- se a obra a demolir tem estrutura de concreto armado ou de alvenaria;
- se for de alvenaria, qual o plano de desmonte das paredes estruturais;
- se for de concreto, quais as vigas de rigidez da estrutura;
- se a estrutura a demolir fizer parte de estrutura restante de outras edificações (paredes de meação em casas geminadas etc.), quais os reforços a executar e outras obras complementares, tais como vedação etc.

1.3.4 Segurança na demolição

O enfoque de segurança nas demolições é muito importante. Trabalhando com mão de obra de características peculiares e executando atividades de difícil programação e rotina, a demolição é um serviço de forte potencial de risco. A construtora, ao contratar a demolição, terá de exigir que a demolidora atenda às normas de proteção ao trabalho, orientando assim a execução.

1.3.5 Responsabilidade civil

Independente do contrato entre a construtora e a empresa demolidora, existe a responsabilidade da construtora quanto a danos que a demolidora venha a causar a terceiros (pessoas e coisas), tais como a edificações, a transeuntes e a empregados da própria demolidora ou da construtora. Assim, a contratação de seguro de responsabilidade civil é uma medida cautelar.

1.3.6 Cuidados na obra

Antes de ser iniciada qualquer obra de demolição, as linhas de abastecimento de energia elétrica, água, gás e outros inflamáveis, substâncias tóxicas e as canalizações de esgoto e de escoamento de água pluvial deverão ser desligadas, retiradas, protegidas ou isoladas, respeitando as normas e determinações em vigor. As construções vizinhas à obra de demolição têm de ser examinadas, prévia e periodicamente, para serem preservadas a sua estabilidade e a integridade física de terceiros. Toda demolição será programada e dirigida por responsável técnico legalmente habilitado. Antes de iniciada a demolição, precisam ser removidos os vidros, ripados, estuques e outros elementos frágeis. Antes de iniciada a demolição de um pavimento, deverão ser fechadas todas as aberturas existentes no piso, salvo as que forem utilizadas para escoamento de materiais, ficando proibida a permanência de pessoas no pavimento imediatamente abaixo ou qualquer outro que possa ter sua estabilidade comprometida no processo de demolição.

As escadas terão de ser mantidas desimpedidas e livres para circulação de emergência e somente serão demolidas à medida que forem sendo retirados os materiais dos pavimentos superiores. Na demolição de edificação com mais de dois pavimentos ou de altura equivalente a 6 m e distando menos de 3 m do alinhamento do terreno, terá de ser construída uma galeria de 3 m de altura sobre o passeio. As bordas de cobertura da galeria possuirão tapume fechado com 1 m de altura, no mínimo, com inclinação em relação à horizontal de 45°. Quando a distância da demolição ao alinhamento do terreno for superior a 3 m, será feito um tapume no alinhamento do terreno. A remoção do entulho, por gravidade, terá de ser feita em calhas fechadas, de madeira, metal ou plástico rígido, com inclinação máxima de 45°, fixadas à edificação em todos os pavimentos. Na extremidade de descarga da calha, precisa existir dispositivo de fechamento. Objetos pesados ou volumosos serão removidos mediante o emprego de dispositivos mecânicos, ficando proibido o lançamento em queda livre de qualquer material. Os elementos da edificação em demolição não poderão ser abandonados em posição que torne viável o seu desabamento, provocado por ações eventuais. Os materiais da construção, durante a demolição e remoção, deverão ser previamente umedecidos. As paredes somente poderão ser demolidas antes da estrutura (quando ela for metálica ou de concreto). Durante a execução de serviços de demolição, terão de ser instaladas plataformas especiais de proteção (bandejas salva-vidas) com inclinação de aproximadamente 45° e largura mínima de 2,5 m, em todo o perímetro da obra. As plataformas especiais de proteção serão instaladas, no máximo, dois pavimentos abaixo do que será demolido.

1.3.7 Remoção do material

As escadas da edificação devem ser mantidas totalmente desimpedidas e livres para a circulação de emergência e somente poderão ser demolidas à medida que forem sendo retirados os materiais do pavimento superior. Os objetos pesados ou volumosos têm de ser removidos mediante emprego de dispositivos mecânicos, ficando terminantemente proibido o lançamento em queda livre de qualquer material. A remoção dos entulhos por gravidade precisa ser feita em calhas fechadas (dutos) de material resistente, fixadas à edificação em todos os pavimentos, tendo no seu final um trecho com inclinação máxima de 45°. Nesse ponto de descarga da calha é necessário existir dispositivo de fechamento. A calha terá pequena inclinação, porém uniforme, de modo a evitar que, na descida, o material atinja alta velocidade. No despejo do entulho na calha, os operários utilizarão ferramentas adequadas (pás, enxadas etc.). Durante a execução dos serviços de demolição, devem ser instalados no máximo a dois pavimentos abaixo daquele que será demolido, plataforma de retenção de entulhos (bandejas salva-vidas) com dimensão mínima de 2,50 m e inclinação de 45°, em todo o perímetro da obra.

1.4 Limpeza do terreno

Os serviços de roçado e destocamento serão executados de modo a não deixar raízes ou tocos de árvore que possam prejudicar os trabalhos ou a própria obra, podendo ser feitos manual ou mecanicamente. Toda a matéria vegetal resultante do roçado e destocamento bem como todo o entulho depositado no terreno terão de ser removidos do canteiro de obras. O corte de vegetação de porte arbóreo fica subordinado às exigências e às providências seguintes:

- obtenção de licença, em se tratando de árvores com diâmetro de caule (tronco) igual ou superior a 5 cm, medido à altura de 1,3 m acima do terreno circundante;
- em se tratando de vegetação de menor porte, isto é, arvoredo com diâmetro de caule inferior a 5 cm, o pedido de licença poderá ser suprido por comunicação prévia à municipalidade, que procederá à indispensável verificação e fornecerá comprovante.

1.5 Serviços preliminares diversos

Além dos serviços acima, é necessário levar em consideração gastos com:

- cópias e plotagens;
- despesas legais;
- licenças, taxas, registros;
- seguros;
- assessorias contábil e jurídica;
- laudo de vistoria dos vizinhos.

1.6 Áreas contaminadas

Trata-se da contaminação no solo ou em água subterrânea onde anteriormente foram desenvolvidas atividades potencialmente poluidoras. Para tanto, devem ser pesquisados procedimentos para reutilizar a área no âmbito da

Companhia Ambiental do Estado de São Paulo (Cetesb), a qual responderá basicamente às seguintes indagações: a área está contaminada? Há risco para o uso e a ocupação? Há necessidade de intervenção para a sua reutilização na construção de edifícios? Assim sendo:

- Como uma área se torna contaminada: os poluentes ou contaminantes presentes nessa área podem ser propagados para a água superficial ou subterrânea pelo solo superficial ou subsuperficial e pelo ar, alterando a qualidade ambiental do imóvel ou do seu entorno.
- Quando a área contaminada é um problema: quando os contaminantes estão próximos a edifícios e pessoas ou perto de corpos de água e *habitats* importantes.
- As atividades que podem causar a contaminação de uma área são: produção, armazenamento e uso de derivados do petróleo (postos de serviço etc); fabricação de equipamentos com manejo inadequado de produtos químicos perigosos; produção de gás e carvão; armazenamento, tratamento e disposição de substâncias no solo; tratamento de madeira; e agricultura e pecuária. Portanto, a presença de áreas contaminadas não se limita aos locais onde funcionaram fábricas nas grandes cidades: a maioria das áreas é de pequenas propriedades, como postos de gasolina, oficinas mecânicas e tinturarias;
- As áreas contaminadas devem ser atrativas para a construção de edifícios e também para o desenvolvimento do meio ambiente, uma vez que promovem a reutilização ambiental do terreno assim como o crescimento urbano sustentável. Os principais grupos de contaminantes constatados no estado de São Paulo são: solventes aromáticos (benzeno, tolueno, etilbenzeno e xilenos); combustíveis automotivos; hidrocarbonetos policíclicos aromáticos; metais; hidrocarbonetos totais de petróleo; e solventes halogenados.

Resumindo, um empreendimento imobiliário, além de analisar a viabilidade econômico-financeiro no lançamento de vendas do imóvel, tem de avaliar a contaminação do terreno.

Capítulo 2

Instalações provisórias

2.1 Instalações sanitárias e de conforto no canteiro da obra

Canteiro de obra é o espaço destinado ao correto armazenamento de materiais e equipamentos, bem como as instalações necessárias a escritórios e dependências para a permanência de operários durante a execução da obra, sendo que a área de vivência deve ficar fisicamente separada das áreas operacionais. Os materiais a serem utilizados necessitam permanecer na obra ou na central de dosagem, separados fisicamente desde o instante do recebimento até o momento de utilização. Cada material tem de estar perfeitamente identificado durante o armazenamento, no que diz respeito à classe, à graduação e, quando for o caso, à procedência. Os documentos que comprovam a origem, as características e a qualidade dos materiais precisam permanecer arquivados.

2.1.1 Área de vivência

Os canteiros de obras têm de dispor de: instalações sanitárias; vestiário; alojamento (*); local de refeições; cozinha (quando houver preparo de refeições); lavanderia (*); ambulatório (quando se tratar de frentes de trabalho com 50 ou mais operários). O cumprimento do disposto nos itens assinalados com (*) é obrigatório nos canteiros onde houver trabalhadores alojados. As áreas de vivência terão de ser mantidas em perfeito estado de conservação, higiene e limpeza. Serão dedetizadas preferencialmente a cada seis meses. Quando da utilização de instalações móveis de áreas de vivência, precisa ser previsto projeto alternativo que garanta os requisitos mínimos de conforto e higiene aqui estabelecidos.

2.1.2 Instalação sanitária

2.1.2.1 Generalidades

Entende-se como instalação sanitária, de que deve ser dotada toda obra, o local destinado ao asseio corporal e/ou ao atendimento das necessidades fisiológicas de excreção. É proibida a utilização da instalação sanitária para outros fins que não esses previstos. A instalação sanitária deve:
- ser mantida em perfeito estado de conservação e higiene, desprovida de odores, especialmente durante as jornadas de trabalho;
- ter portas de acesso que impeçam o devassamento e ser construída de modo a manter o resguardo conveniente;
- possuir paredes de material resistente e lavável, podendo ser de madeira;
- ter pisos impermeáveis, laváveis e de acabamento não escorregadio;
- não se ligar diretamente com os locais destinados a refeições;
- ser independente para homens e mulheres, quando for o caso;
- ter ventilação e iluminação apropriadas;

- dispor de água canalizada e esgoto ligado à rede pública ou a outro sistema que não gere risco à saúde pública e atenda à regulamentação local;
- possuir instalação elétrica adequadamente protegida;
- ter pé-direito mínimo de 2,50 m, conforme a Norma Regulamentadora NR-18, ou respeitar o que determina o Código de Edificações do município da obra;
- estar situada em local de fácil e seguro acesso, não sendo permitido o deslocamento superior a 150 m do posto de trabalho aos gabinetes sanitários, mictórios e lavatórios.

A instalação sanitária será dotada de lavatório, vaso sanitário e mictório, na proporção de um conjunto para cada grupo de 20 trabalhadores ou fração, bem como de chuveiro, na proporção de um para cada grupo de 10 operários ou fração.

2.1.2.2 Lavatório

Os lavatórios precisam:
- ser individuais ou coletivos tipo calha;
- possuir torneira(s);
- ficar à altura de 90 cm a medir do piso;
- ser ligados diretamente à rede de esgoto, quando houver;
- ter revestimento interno de material liso, impermeável e lavável;
- ser providos de material para limpeza e secagem das mãos, proibindo-se o uso de toalhas coletivas;
- possuir espaçamento mínimo entre as torneiras de 60 cm, quando coletivos;
- dispor de recipiente para coleta de papéis usados.

2.1.2.3 Vaso sanitário

O local destinado ao vaso sanitário (gabinete sanitário) necessita:
- ser individual;
- ter área mínima de 1 m²;
- ser provido de porta com trinco interno e borda inferior de no máximo 15 cm acima do piso;
- possuir divisórias com altura mínima de 1,8 m;
- ser dotado com recipiente com tampa, para depósito de papéis servidos, sendo obrigatório o fornecimento de papel higiênico.

Os vasos sanitários devem:
- ser do tipo bacia turca ou de assento, sifonados;
- possuir caixa de descarga (ou válvula fluxível automática);
- ser ligados à rede geral de esgotos ou à fossa séptica, com interposição de sifões hidráulicos.

2.1.2.4 Mictório

Os mictórios precisam:
- ser individuais ou coletivos tipo calha;
- ter revestimento interno de material liso, impermeável e lavável;
- ser providos de descarga provocada (ou automática);
- ficar à altura máxima de 50 cm do piso;
- estar ligados diretamente à rede de esgoto ou à fossa séptica, com interposição de sifões hidráulicos.

No mictório tipo calha, cada segmento de 60 cm deve corresponder a um mictório tipo cuba.

2.1.2.5 Banheiro químico

Banheiro químico é uma instalação sanitária constituída de uma cabina transportável, de base quadrada que mede 1,20 m de lado por 2,30 m de altura e pesa 80 kg. Todas as suas paredes são feitas de fibra de vidro (*fiberglass*) ou polietileno (plástico leve, higiênico e reciclável). A cabina conta com uma bacia sanitária e possui na sua base um tanque que pode armazenar até 260 L de excrementos. Nele ocorre uma reação química: um produto à base de amônia é misturado com água e uma substância desodorizante, que nele é colocada antes de pôr em uso o banheiro químico. Essa mistura faz com que as bactérias existentes na matéria fecal *adormeçam* e parem de produzir gás metano, o que causa mau cheiro. No canto da cabina passa um tubo que liga o interior do tanque de armazenamento de dejetos com o meio externo, o que permite que haja uma troca de gases entre os dois ambientes. O objetivo é oxigenar o ar do tanque, uma vez que as bactérias que causam o mau cheiro se multiplicam na ausência de oxigênio. Após o uso do vaso sanitário, a pessoa aciona com o pé uma bomba de vácuo, que suga os dejetos (à semelhança das de aviões) e os empurra para o tanque de detritos. Para ser esvaziado o tanque, é utilizada uma mangueira que se liga a uma conexão existente na bacia sanitária. Um caminhão, provido de uma bomba, aspira os dejetos por meio dessa mangueira e os despeja diretamente em uma rede coletora de esgotos para evitar contaminações. Em média, os banheiros químicos suportam até 200 vezes de uso antes de o tanque de armazenamento de excrementos ter de ser esvaziado. Em obras, os banheiros químicos podem ficar até uma semana sem manutenção (porém sendo lavados com água e sabão, considerando o uso de cada um em média por 10 trabalhadores). Por medida de segurança, o tanque de excrementos deve ser esvaziado quando armazenar no máximo 150 L. A durabilidade de um banheiro químico é de aproximadamente 10 anos.

2.1.2.6 Chuveiro

A área mínima necessária para utilização de cada chuveiro é de 0,80 m², com altura de 2,1 m em relação ao piso. O piso dos locais onde forem instalados os chuveiros terá caimento que assegure o escoamento da água para a rede de esgoto, quando houver, e ser de material não escorregadio ou provido de estrado de madeira. Os chuveiros serão individuais ou coletivos, dispondo de água quente. Haverá um suporte para sabonete e um cabide para toalha correspondente a cada chuveiro. Os chuveiros elétricos terão de ser aterrados adequadamente.

2.1.3 Vestiário

Em todo canteiro de obras, haverá vestiário para troca de roupa dos trabalhadores que não residam no local. A localização do vestiário tem de ser próxima aos alojamentos e/ou na entrada da obra, sem ligação direta com o local destinado a refeições. Eles não podem ser utilizados para fim algum diferente daquele para o qual se destinam. Os vestiários necessitam:

- ser separados por gênero, quando for o caso;
- ter paredes de alvenaria, madeira ou material equivalente;
- possuir piso cimentado, de madeira ou material equivalente;
- ter cobertura que os proteja contra intempéries;
- possuir área de ventilação correspondente a 1/10 da área do piso, no mínimo;
- ter iluminação natural e/ou artificial;
- possuir armários individuais dotados de fechadura ou dispositivo com cadeado, que devem ter dimensões suficiente para guarda das roupas e objetos de uso pessoal do trabalhador;
- ter pé-direito mínimo de 2,5 m ou respeitar o que determina o Código de Edificações do município da obra;
- ser mantido em perfeito estado de conservação, higiene e limpeza;
- possuir bancos em número suficiente para atender aos usuários, com largura mínima de 30 cm;
- dispor de área compatível com o número de trabalhadores atendidos.

2.1.4 Alojamento

Os alojamentos do canteiro de obras devem:

- ser separados por gênero, quando for o caso;
- ter paredes de alvenaria, madeira ou material equivalente;
- possuir piso cimentado, de madeira ou material equivalente;
- ter cobertura que os proteja das intempéries;
- possuir área de ventilação de no mínimo 1/10 da área do piso, sendo vedada a ventilação feita somente de modo indireto;
- ser construído de forma a preservar a privacidade dos usuários;
- ter iluminação natural e/ou artificial;
- possuir área mínima de 3 m² por módulo cama/armário, incluindo a área de circulação;
- ter área de circulação entre as camas com no mínimo 1 m de largura;
- ter pé-direito mínimo de 2,5 m para camas simples e de 3 m para camas duplas (beliches);
- não estar situados em subsolos ou porões das edificações;
- possuir instalação elétrica adequadamente protegida;
- proporcionar conforto térmico aos usuários.

É proibido o uso de beliches com três ou mais camas na mesma vertical. A altura livre permitida entre uma cama e outra e entre a última cama e o teto é de no mínimo 1,2 m acima do colchão. A cama superior do beliche precisa ter proteção lateral e escada. As dimensões mínimas das camas têm de ser de 80 cm por 1,9 m e a distância entre o ripamento do estrado de 5 cm, dispondo ainda de colchão com densidade 26 e espessura mínima de 10 cm. As camas devem dispor de lençol, fronha e travesseiro em condições adequadas de higiene, bem como cobertor quando as condições climáticas assim o exigirem. Os alojamentos terão armários duplos individuais, com as seguintes dimensões mínimas:

- 1,2 m de altura por 30 cm de largura e 40 cm de profundidade, com separação ou prateleira, de modo que um compartimento, com altura de 80 cm, se destine a abrigar a roupa de uso comum e o outro compartimento, com altura de 40 cm, a guardar a roupa de trabalho; ou
- 80 cm de altura por 50 cm de largura e 40 cm de profundidade, com divisão vertical, de forma que os compartimentos, com largura de 25 cm, estabeleçam rigorosamente o isolamento das roupas de uso comum e de trabalho.

É terminantemente proibido cozinhar e aquecer qualquer tipo de refeição dentro do alojamento. Ele deve ser mantido em permanente estado de conservação, higiene e limpeza. É obrigatório, no alojamento, o fornecimento de água potável, filtrada e fresca, para os trabalhadores, por meio de bebedouros de jato inclinado (ou equipamento similar que garanta as mesmas condições), na proporção de um para cada grupo de 25 trabalhadores ou fração. É vedada a permanência de pessoas com moléstia infectocontagiosa nos alojamentos. O empregador precisa garantir a retirada diária do lixo e sua deposição em local adequado.

2.1.5 Local para refeições no canteiro de obras

Os empregadores precisam oferecer aos seus trabalhadores condições de conforto e higiene que garantam que as refeições sejam tomadas de forma adequada por ocasião dos intervalos concedidos durante a jornada de trabalho. O local para refeições precisa:

- ter paredes que permitam o isolamento durante as refeições;
- possuir piso cimentado ou de outro material lavável;
- ter cobertura que os proteja das intempéries;
- possuir capacidade para garantir o atendimento de todos os operários no horário das refeições;
- ter ventilação e iluminação natural e/ou artificial;
- possuir lavatório instalado em suas proximidades ou no seu interior;
- ter mesas com tampo liso e lavável;
- possuir assentos em número suficiente para atender aos usuários;
- ter depósito, com tampa, para lixo;
- não estar situado em subsolos ou porões de edificação;

- não possuir comunicação direta com instalação sanitária;
- ter pé-direito mínimo de 2,80 m, conforme a Norma Regulamentadora NR-18, ou respeitar o que determina o Código de Edificações do município de obra.

Independentemente do número de trabalhadores e da existência ou não de cozinha, em todo o canteiro de obras haverá local exclusivo para o aquecimento das refeições, dotado de equipamento adequado e seguro. É proibido preparar, aquecer e tomar refeições fora dos locais estabelecidos neste item. É obrigatório o fornecimento de água potável, filtrada e fresca, para os trabalhadores por meio de bebedouro de jato inclinado (ou outro dispositivo equivalente), sendo proibido o uso de copos coletivos. Na hipótese de o trabalhador trazer a própria alimentação, a empresa tem de garantir condições de conservação e higiene adequadas em local próximo àquele destinado às refeições.

2.1.6 Água potável

- Em todos os locais de trabalho é necessário que seja fornecida aos trabalhadores água potável e fresca, em condições higiênicas;
- o fornecimento de água deve ser feito por bebedouros de jato inclinado, na proporção de um para cada grupo de 50 trabalhadores ou fração;
- em regiões do país ou em estações do ano de clima quente, é preciso ser garantido fornecimento de água refrigerada;
- os locais de armazenamento de água e as fontes de água potável têm de ser protegidos contra contaminação;
- os locais de armazenamento de água necessitam ser submetidos a processo de higienização periódica de forma a proporcionar a manutenção das condições de potabilidade da água;
- a água não potável para uso no local de trabalho deve ser armazenado em local separado, com aviso de advertência da sua não potabilidade em todos os lugares de sua utilização.

2.1.7 Cozinha (quando houver preparo de refeições no canteiro de obras)

Quando houver cozinha no canteiro de obras, ela necessita:

- possuir ventilação natural e/ou artificial que permita boa exaustão dos vapores;
- ter pé-direito mínimo de 2,80 m, conforme a Norma Regulamentadora NR-18, ou respeitar o Código de Edificações do município da obra;
- possuir paredes de alvenaria, madeira ou material equivalente;
- ter piso cimentado ou de outro material de fácil limpeza;
- possuir cobertura de material resistente ao fogo;
- ter iluminação natural e/ou artificial;
- possuir pia para lavar os alimentos e utensílios;
- ter instalação sanitária que não se comunique com a cozinha, de uso exclusivo dos encarregados de manipular gêneros alimentícios, refeições e utensílios, não podendo ser ligada a caixas de gordura;
- dispor de recipiente com tampa para coleta de lixo;
- possuir equipamento de refrigeração para preservação dos alimentos;
- ficar adjacente ao local para refeições;
- ter instalação elétrica adequadamente protegida;
- quando utilizado gás liquefeito de petróleo (GLP), os bujões têm que ser instalados fora do ambiente de utilização, em área perfeitamente ventilada e coberta.

É obrigatório o uso de aventais e gorros para os que trabalhem na cozinha.

Tabela 2.1

Nº de trabalhadores	Largura mínima (m)
até 45	0,80
entre 46 e 90	1,20
de 91 a 135	1,50

2.1.8 Lavanderia

As áreas de vivência devem possuir local próprio, coberto, ventilado e iluminado para que o trabalhador alojado possa lavar, secar e passar as roupas de uso pessoal. Esse local tem de ser dotado de tanques individuais ou coletivos em número adequado.

2.1.9 Área de lazer

Nas áreas de vivência, precisam ser previstos locais para recreação dos operários alojados, podendo ser utilizado o abrigo de refeições para esse fim.

2.1.10 Disposições gerais

- Os locais de trabalho têm de ser mantidos em estado de higiene compatível com a atividade, devendo o serviço de limpeza ser realizado, sempre que possível, fora do horário de trabalho e por processo que reduza ao mínimo o levantamento de poeira.
- A construtora que contratar terceiro para a prestação de serviço em sua obra necessita estender aos trabalhadores da contratada as mesmas condições de higiene e conforto oferecidas aos seus próprios empregados.

2.2 Escada, rampa e passarela provisórias

Recomendações:
- a transposição de pisos com diferença de nível superior a 40 cm deve ser feita por meio de escadas ou rampas;
- é obrigatória a instalação de rampa ou escada provisórias de uso coletivo para a transposição de níveis como meio de circulação de trabalhadores;
- as escadas provisórias de uso coletivo têm de ser dimensionadas em função do fluxo de trabalhadores, respeitando-se a largura mínima de 80 cm, necessitando ter no mínimo, a cada 2,90 m de altura, um patamar intermediário;
- o patamar intermediário deve ter largura e comprimento no mínimo iguais à largura da escada;
- nas escadas de uso coletivo, a profundidade da pisada de cada degrau tem de situar-se entre 25 cm e 30 cm e a altura do espelho entre 15 cm e 18 cm;
- no dimensionamento das escadas provisórias de uso coletivo, precisa ser considerado o fluxo de trabalhadores conforme a Tabela 2.1.
- a altura livre para a passagem das pessoas em todos os pontos da escada (espaço livre) não pode ser inferior a 2,25 m;
- escadas que tenham quatro ou mais degraus têm de ser protegidas de cada lado com guarda-corpos com 1,20 m de altura e rodapés de 20 cm;
- escadas cuja largura seja igual ou superior a 2 m necessitam ter corrimão intermediário;
- os corrimãos devem ser lisos, sem farpas, lascas, rachaduras e pregos;
- a escada de mão deve ter seu uso restrito para acessos provisórios e serviços de pequeno porte;
- é importante evitar o uso inapropriado da escada de mão por parte do operário, como:
    - subir ou descer dando as costas para os degraus;
    - levar objetos nas mãos ao subir ou descer;

Tabela 2.2

Elementos	Dimensões (cm)
espaçamento entre os montantes	entre 45 e 55
espaçamento entre as travessas (constante).- ideal 28 cm	de 25 a 30
espessura do montante	3,5 × 10
espessura da travessa	2,5 × 7

- as escadas de mão poderão ter até 7 m de extensão e o espaçamento entre os degraus tem de ser uniforme, variando entre 25 cm a 30 cm;
- para uma escada de mão de até 5 m de extensão, recomendam-se as medidas da Tabela 2.2
- o ângulo formado pela escada de mão com a horizontal deve situar-se entre 65° e 80°;
- a escada de abrir é formada por duas escadas de mão ligadas entre si pela parte superior por dobradiças resistentes;
- a escada de abrir tem de dispor um ou mais tirantes de segurança presos nos montantes de cada lanço feitos de corrente ou corda (quando a escada estiver aberta, os tirantes ficarão esticados);
- as rampas provisórias precisam dispor de guarda-corpos com 1,20 m de altura e rodapés de 20 cm;
- as rampas provisórias necessitam ser fixadas nos pisos inferior e superior, não podendo ultrapassar a inclinação de 30° em relação ao piso (atente-se que por elas passarão gericas carregadas);
- nas rampas provisórias com inclinação superior a 18°, é necessário que sejam fixados sarrafos transversais espaçados em 40 cm, no máximo, para apoio dos pés do operário;
- as rampas provisórias necessitam ser dimensionadas de acordo com o fluxo de trabalhadores, conforme a Tabela 2.3.

Tabela 2.3

Número de operários	Largura mínima (m)
até 45	0,80
entre 46 e 90	1,20
de 91 a 135	1,50

- a passarela é uma plataforma horizontal usada para transposição de vão (vala etc.) entre dois pisos situados no mesmo nível;
- a construção das passarelas seguirá os mesmos requisitos da construção de rampas;
- não pode haver ressaltos entre o piso da passarela e o do terreno, a fim de evitar tropeços;
- os apoios das extremidades da passarela devem ter no mínimo um quarto do comprimento dela.

2.3 Almoxarifado da obra

2.3.1 Responsabilidade do almoxarife

O almoxarife tem a responsabilidade de:
- controlar a entrada e a saída de material;
- controlar a contagem do material entregue;
- controlar a saída do material requisitado pelo pessoal da obra;

- guardar equipamentos de terceiros (ferramentas de empregados, por exemplo);
- guardar, sob cuidados de segurança, produtos tóxicos, inflamáveis ou perigosos;
- alertar quando o estoque de alguns materiais chega ao limite crítico (areia, cal, cimento etc.);
- armazenar de forma organizada o que lhe for entregue.

2.3.2 Divisão do almoxarifado

O almoxarifado será dividido em seções:

- geral;
- de material elétrico;
- de material hidráulico;
- de esquadrias de madeira (ferragens e ferramentas);
- de pintura.

Na seção geral, estocam-se:

- material de segurança do trabalho;
- material de uso geral (cal, cimento etc.);
- ferramentas de uso geral;
- material administrativo (cartões de ponto, impressos etc.).

2.3.3 Localização do almoxarifado

A localização deverá:

- permitir fácil acesso do caminhão de entrega;
- ter área para descarregamento de material;
- localizar-se estrategicamente junto à obra, de tal modo que o avanço da obra não impeça o abastecimento de materiais;
- ser afastado dos limites do terreno em pelo menos 2 m, mantidos como faixa livre, para evitar saídas não controladas de material.
- As escadas provisórias de uso coletivo têm de ser dimensionadas em função do fluxo de trabalhadores, respeitando-se a largura mínima de 80 cm, necessitando ter no mínimo, a cada 2,90 m de altura, um patamar intermediário.
- O patamar intermediário deve ter largura e comprimento no mínimo iguais à largura da escada.
- Nas escadas de uso coletivo, a profundidade da pisada de cada degrau tem de situar-se entre 25 cm e 30 cm e a altura do espelho entre 15 cm e 18 cm.
- No dimensionamento das escadas provisórias de uso coletivo, precisa ser considerado o fluxo de trabalhadores conforme a Tabela 2.4.

Tabela 2.4

Número de tra-balhadores	Largura mínima (m)
até 45	0,80
entre 46 e 90	1,20
de 91 a 135	1,50

- A altura livre para a passagem das pessoas em todos os pontos da escada (espaço livre) não pode ser inferior a 2,25 m.
- Escadas que tenham quatro ou mais degraus têm de ser protegidas de cada lado com guarda-corpos com 1,20 m de altura e rodapés de 20 cm.
- Escadas cuja largura seja igual ou superior a 2 m necessitam ter corrimão intermediário
- Os corrimãos devem ser lisos, sem farpas, lascas, rachaduras e pregos.

- A escada de mão deve ter seu uso restrito para acessos provisórios e serviços de pequeno porte.
- É importante evitar o uso inapropriado da escada de mão por parte do operário, como:
    1. subir ou descer dando as costas para os degraus;
    2. levar objetos nas mãos ao subir ou descer.
- As escadas de mão poderão ter até 7 m de extensão e o espaçamento entre os degraus tem de ser uniforme, variando entre 25 cm e 30 cm.
- Para uma escada de mão de até 5 m de extensão, recomendam-se as medidas da Tabela 2.5.

Tabela 2.5

Elementos	Dimensões (cm)
espaçamento entre os montantes	entre 45 e 55
espaçamento entre as travessas (constante) - ideal 28cm	de 25 a 30
espessura do montante	3,5 x 10
espessura da travessa	2,5 x 7

- O ângulo formado pela escada de mão com a horizontal deve situar-se entre 65° e 80°.
- A escada de abrir é formada por duas escadas de mão ligadas entre si pela parte superior por dobradiças resistentes.
- A escada de abrir tem de dispor um ou mais tirantes de segurança presos nos montantes de cada lanço feitos de corrente ou corda (quando a escada estiver aberta, os tirantes ficarão esticados).
- As rampas provisórias precisam dispor de guarda-corpos com 1,20 m de altura e rodapés de 20 cm.
- As rampas provisórias necessitam ser fixadas nos pisos inferior e superior, não podendo ultrapassar a inclinação de 30° em relação ao piso (atente-se que por elas passarão gericas carregadas).
- Nas rampas provisórias com inclinação superior a 18°, é necessário fixar sarrafos transversais espaçados em 40 cm, no máximo, para apoio dos pés do operário.
- As rampas provisórias necessitam ser dimensionadas de acordo com o fluxo de trabalhadores, conforme a Tabela 2.6.

Tabela 2.6

Nº de operários	Largura mínima (m)
Até 45	0,80
entre 46 e 90	1,20
de 91 a 135	1,50

2.4 Regras de segurança patrimonial

As tarefas de um processo de segurança patrimonial mais comuns são:
- controle de acessos (pessoas, materiais e veículos);
- controle de materiais e estoque;
- prevenção de furtos e roubos;
- vigilância ostensiva.

São recomendados os seguintes cuidados:

- toda obra precisa ser fechada com tapumes; os tapumes serão construídos de forma a resistir a impactos e observar a altura mínima de 2,5 m em relação ao nível do passeio;
- deve haver uma única entrada e saída de caminhões;
- não se recomenda descarregar material misturando-o com material já existente na obra;
- ninguém poderá entrar ou sair no início ou no fim de expediente pela saída de caminhões;
- qualquer funcionário terá de sair por porta específica e com revista incerta;
- o vigia da porta de caminhões necessita ser trocado periodicamente;
- em todas as chegadas de caminhão será anotada, no impresso próprio, a hora e o número da chapa do veículo; a desproporção entre o número de viagens e a distância do fornecedor até a obra será indicativa de problema;
- os extintores serão mantidos carregados e em condições de ser utilizados.

2.5 Plataformas de proteção (bandejas salva-vidas)

As tarefas de um processo de segurança patrimonial mais comuns são:
- controle de acessos (pedestres, mercadorias e veículos);
- controle de materiais e estoque;
- prevenção de furtos e roubos;
- vigilância ostensiva.

É obrigatório:
- instalar plataforma principal de proteção em todo o perímetro, a partir da primeira laje, em edificações com mais de quatro pavimentos;
- montar plataformas intermediárias a cada três pavimentos, retirando-as somente depois do fechamento da periferia dos pavimentos;
- colocar tela entre as extremidades de duas plataformas de proteção consecutivas, retirando-a somente depois de concluído o fechamento da periferia até a plataforma imediatamente superior;
- retirar periodicamente o entulho das plataformas;
- restringir o comprimento do talabarte do cinturão de segurança tipo paraquedista ao ponto de ancoragem, para não ultrapassar o limite da edificação (periferia);
- instalar (conforme projeto) dispositivos, destinados à ancoragem e sustentação dos andaimes suspensos e dos cabos de segurança para uso de proteção individual em edificações com altura superior a 12 m, a partir do térreo.

2.6 Locação da obra: procedimento de execução de serviço

2.6.1 Documentos de referência

Projeto de prefeitura, levantamento planialtimétrico e projetos de fundação e arquitetônico executivo de implantação.

2.6.2 Materiais e equipamentos

Além daqueles existentes obrigatoriamente no canteiro de obras, quais sejam (entre outros):
- EPCs e EPIs (capacete, botas de couro e luvas de borracha);
- água limpa;
- nível de bolha com 35 cm;
- cimento portland CP-II;
- prumo de centro;
- areia média lavada;

Capítulo 2 – Instalações provisórias

- esquadro de alumínio;
- brita 1;
- marreta de 5 kg;
- colher de pedreiro;
- martelo;
- linha de náilon;
- serrote;
- lápis de carpinteiro;
- enxada;
- trena de aço de 30 m;
- pá;
- nível de mangueira ou aparelho de nível a laser;
- cavadeira.

Mais os seguintes:
- sarrafos de 1"× 4"de 1ª qualidade;
- tábuas de 1"× 12"de 1ª qualidade;
- pontaletes de 3"× 3"aparelhados;
- piquetes (estacas de posição);
- esquadro metálico de carpinteiro;
- arame recozido nº 18;
- pregos 18 × 27;
- tintas de várias cores, em especial vermelha, preta e branca;
- teodolito.

2.6.3 Método executivo

2.6.3.1 Condições para o início dos serviços

O terreno necessita estar limpo e terraplenado até proximamente às cotas de nível definidas para execução das fundações. A locação tem de ser realizada somente por profissional habilitado (utilizando instrumentos e métodos adequados), que deve partir da *referência de nível* (RN) para demarcação dos eixos. A locação tem de ser global, sobre um ou mais quadros de madeira (gabaritos), que envolvam o perímetro da obra. As tábuas que compõem esses quadros precisam ser niveladas, bem fixadas e travadas, para resistirem à tensão dos fios de demarcação, sem oscilar nem fugir da posição correta.

2.6.3.2 Execução dos serviços

Além da referência de nível (RN) da obra, é necessário definir a referência pela qual será feita a locação da construção e conferir os eixos e divisas da obra, verificando as distâncias entre si (eixos e divisas). A partir da referência escolhida no terreno, deve-se marcar uma das faces do gabarito com uma trena metálica e uma linha de náilon, obedecendo ao afastamento de pelo menos 1 m da face da edificação. As demais faces do gabarito podem ser marcadas a partir dessa face e do projeto de locação. O gabarito tem de ser construído por meio de enérgica cravação dos pontaletes no terreno ou, havendo necessidade, estes devem ser chumbados ao solo com concreto. Eles precisam estar aprumados e alinhados, faceando sempre o mesmo lado da linha de náilon, procurando-se manter a distância de aproximadamente 2 m um do outro. Depois da colocação dos pontaletes, seus topos necessitam ser arrematados de maneira que formem uma linha horizontal perfeitamente nivelada, a uma altura média do solo de cerca de 1 m a 1,5 m. Na face interna dos pontaletes, deve-se pregar tábuas, também niveladas, formando a chamada *tabeira*. Caso seja necessário, pode-se pregar sarrafos no topo dos pontaletes. É preciso travar o gabarito com mãos-francesas para resistir à tensão dos arames de demarcação. Recomenda-se pintar o gabarito na cor branca. Deve-se marcar inicialmente a lápis os eixos de locação no gabarito, por meio de aparelho topográfico, utilizando um ponto de referência (RN) fixo identificado no terreno e, a partir desses eixos, demarcar todos os pilares, estacas etc. de acordo com as definições do projeto, utilizando trena metálica, esquadro, lápis de carpinteiro e pregos. É importante identificar na tabeira o número dos eixos com tinta. Para cada ponto do gabarito, recomenda-se usar três pregos para a marcação do eixo: o prego principal, que deve ser cravado quase na sua totalidade, e dois laterais auxiliares, nos quais será amarrada a linha de marcação do eixo, sendo que esta contorna o prego principal central. As linhas de marcação dos eixos são estendidas entre pregos cravados em lados opostos do gabarito. É necessário esticar um arame pelos dois eixos do elemento estrutural a ser locado (pilar, sapata, tubulão, estaca etc.).

O cruzamento dos arames de cada eixo definirá a posição do elemento estrutural no terreno, por meio de um prumo de centro. No caso de estacas, devem ser implantados *marcos (piquetes* ou *estacas de posição)* no terreno com cotas de nível perfeitamente definidas. Neles serão cravados pregos a ser posicionados pelo prumo de centro. Posteriormente, é recomendável fazer a verificação da locação desses pregos por meio da medida de diagonais (linhas traçadas para permitir a conferência, tendo o propósito de constituir-se a hipotenusa de triângulos retângulos, cujos catetos se situam nos eixos da locação), devendo estar a precisão da locação dentro dos limites aceitáveis pelas normas usuais da construção. Para elementos com seção circular, é preciso descer um prumo pelo centro do elemento. Para elementos com seção não circular (triangulares, retangulares ou poligonais em geral), descer um prumo em cada lateral, para definição da posição das faces. Para tanto, pontos das faces devem ser marcados no gabarito. É necessário cravar um piquete nos pontos definidos pelo prumo e em seguida locar as fôrmas e, quando for o caso, os engastalhos. Não é permitido, na locação de piquetes, o uso de esquadros. O gabarito somente poderá ser desmontado depois da concretagem das fundações.

2.7 Máquinas e ferramentas

Cada oficial especializado deverá trabalhar com algumas ferramentas de sua propriedade, a seguir relacionadas:
- pedreiro: colher de pedreiro de 8", martelo de pedreiro, desempenadeira de madeira, desempenadeira feltrada (ou espuma densa), desempenadeira dentada de aço, trena de aço de 5 m, prumo de centro com cordel, esquadro metálico e nível de bolha de madeira com 35 cm;
- carpinteiro de fôrmas: serrote de 26", martelo tipo unha, trena de aço de 5 m, esquadro metálico e prumo de centro com cordel;
- armador: torquês;
- azulejista: além das ferramentas de pedreiro, desempenadeira metálica dentada, martelo pequeno, torquês, riscador e máquina de cortar azulejo;
- carpinteiro de esquadrias: além das ferramentas de carpinteiro de formas, furadeira, jogo de chaves de fenda, arco de serra, serrote de ponta, formão, verruma e plaina;
- encanador (também chamado de bombeiro): alicate, alicate bomba de água, chave-tubo (gripo) de 14", gripo papagaio, chave inglesa nº 12 ou jogo de chaves de boca, jogo de chaves de fenda, trena de aço de 5 m, nível de bolha de madeira com 35 cm, arco de serra, marreta de 1 kg e, se possível, maçarico;
- eletricista: alicate universal de 8"com cabos isolados, alicate de bico fino, jogo de chaves de fenda, verruma, trena de aço de 5 m, nível de bolha de madeira, colher de pedreiro pequena e canivete;
- pintor: espátula e desempenadeira lisa de aço.

As demais ferramentas, de uso geral, são fornecidas pela obra, como trena de aço de 30 m, desempenadeiras de canto e de quina, régua de alumínio de 1"× 2", esquadros de alumínio de 1"× 2"e 1 ½"× 3", cunha metálica graduada, paquímetro régua metálica graduada, prumo de face com cordel, arco de serra, jogo de chaves de dobrar ferro, tesoura para aço, linha de náilon, roldana com corda Ø ½", tarraxa e torno (para encanador e para eletricista), morsa, testador de rede elétrica e outras, assim como todas as ferramentas de servente, como talhadeira de 12", ponteiro, marreta de 1 kg marreta de 2 kg, pá, picareta, enxada, enxadão, cavadeira de dois cabos, alavanca Ø 1 ¼ "× 1,8 m, pé de cabra de 60 cm, peneira de malha 10 (grossa), peneira de malha 6 (fina), trado para broca (Ø 20 cm) de fundação, baldes, tambores e outras. Além das ferramentas manuais, são utilizados no canteiro de obras, entre outros:
- carrinhos (de uma roda e giricas);

- máquinas elétricas portáteis (furadeiras simples e de impacto, lixadeiras, makitas etc.);
- aparelhos a laser de nível e de medição de distância;
- serras circulares de bancada para madeira e para aço;
- vibradores de concreto (motores e mangotes);
- betoneiras e argamassadeiras móveis;
- elevadores de obra (guincho, torres e cabinas), gruas e talhas elétricas;
- andaimes suspenso mecânico (balancim) e fachadeiro e cadeiras suspensas;
- bombas de água e equipamentos de água pressurizada.

2.8 Equipamentos para movimentação e transporte vertical de materiais e pessoais

2.8.1 Elevadores de obra: Requisitos Técnicos de Procedimentos

2.8.1.1 Localização

Ao se determinar a localização da torre de elevador de obra, é necessário tomar os seguintes cuidados:
- afastá-la o máximo possível das redes elétricas energizadas ou isolar os cabos elétricos conforme normas específicas da concessionária;
- afastá-la o mínimo possível da fachada da edificação, considerando as peculiaridades do projeto arquitetônico, como varandas, sacadas e outras.

2.8.1.2 Base

O terreno para base da torre, do suporte da roldana livre *(louca)* e do guincho deve estar em nível, não ser alagadiço e ter resistência suficiente para absorver os esforços solicitados ou então tem de ser preparado para tal fim. A base precisa ser peça única, de concreto nivelado e rígido. O meio do tambor-carretel necessita estar alinhado com a roldana livre *(louca)* no centro do eixo. Ela deve estar alinhada com o tubo central dos painéis, o que proporcionará maior vida útil às bronzinas e o funcionamento seguro e suave do elevador. A base de concreto tem de estar no mínimo 15 cm acima do nível do terreno e ser dotada de drenos, a fim de possibilitar o escoamento da água eventualmente acumulada no seu interior. Sobre a base, é preciso colocar algum material para amortecer impactos imprevistos da cabina (por exemplo, pneu).

2.8.1.3 Torre

Torres de elevador são estruturas metálicas verticais destinadas a sustentar a cabina ou a plataforma, o cabo de tração do elevador de obras e servir de guia para seu deslocamento vertical. Os elementos estruturais componentes da torre (laterais e contraventamento), quando oxidados, amassados, empenados e deteriorados em sua forma original, não podem ser utilizados na sua montagem, pois podem comprometer a resistência e a estabilidade da torre. As torres somente devem ser montadas ou desmontadas por trabalhadores qualificados com treinamento específico. Para montagem do conjunto, torre e suporte da roldana livre *(louca)*, têm de ser atendidas as seguintes instruções:

- colocar a base da torre sobre uma fundação própria, fazer o seu nivelamento e instalar o sistema de fixação por meio de chumbadores ou parafusos;
- colocar o suporte da roldana livre *(louca)* sobre a base estabelecida, fazer o nivelamento e fixá-lo com chumbadores ou parafusos;
- colocar o guincho sobre a base, precisando estar nivelado, alinhado e fixado com chumbadores ou parafusos.

As torres não podem ultrapassar a altura de 6,00 m medida a partir da última laje. O trecho da torre acima da última laje tem de estar estaiado pelos montantes posteriores. Na última parada, a distância máxima entre viga da cabina e a viga superior é de 4,00 m. Nas torres montadas externamente à construção, têm de ser tomadas as seguintes precauções:

- estroncá-las e amarrá-las nos montantes anteriores, em todos os pavimentos da estrutura, mantendo-se sempre o prumo da torre;
- estaiar os montantes posteriores à estrutura, a cada 6,00 m (dois pavimentos), usando para isso cabo de aço de diâmetro mínimo de 9,5 mm, com esticador.

As torres precisam estar devidamente ancoradas e estaiadas a espaços regulares, de modo que fiquem asseguradas a rigidez, retinilidade, verticalidade e estabilidade exigidas e especificadas pelo fabricante. No estaiamento dos montantes posteriores, o ângulo do cabo de aço em relação à edificação necessita ser de 45º. A fixação da torre à estrutura da edificação poderá ser feita por meio de estrutura metálica especificada pelo fabricante. Os parafusos de ajuste dos painéis devem ser ajustados, quando necessário, de modo a garantir a perfeita justaposição do tubo-guia, e os contraventos serem contrapinados. A torre tem de ser revestida com tela de arame galvanizado ou material de resistência e durabilidade equivalentes nas faces laterais e posterior, para proteção contra queda de materiais quando a cabina não for fechada. É necessário haver dispositivos de segurança tipo cancela ou barreira, e sinalização de forma a impedir a circulação de trabalhadores por ela. Nas torres montadas internamente à construção, normalmente entre os pavimentos térreo e de pilotis elevado, deve-se tomar os seguintes cuidados:

- proteger o cabo de tração (externo à torre) contra o contato acidental de pessoas e materiais;
- evitar que o cabo de tração sofra atrito com a estrutura da edificação.

É obrigatório colocar em todos os acessos das entradas da torre uma barreira (cancela) para bloquear o acesso acidental dos trabalhadores. A referida cancela deve ter dispositivo de segurança que impeça sua abertura quando a cabina ou plataforma do elevador não estiver no pavimento. Nos pavimentos em que a laje ocupa todo o terreno (garagens e pilotis), têm de ser instaladas proteções que impeçam a aproximação dos trabalhadores da torre. No elevador de materiais em que a cabina for fechada por painéis fixos de no mínimo 2,00 m de altura, e dotado de um único acesso, o entelamento da torre é dispensável. Entretanto, quando houver trabalhos em execução próximos à torre, a seção precisa ser protegida.

- após a montagem da torre, verificar se todos os contraventamentos estão com as quatro extremidades contrapinadas; verificar também se os parafusos-borboleta na união dos dois painéis estão apertados;
- havendo necessidade de modificação do contraventamento para facilitar a entrada para a cabina ou plataforma, pode-se deslocá-la para baixo ou para cima ou, ainda, inverter a sua posição de montagem utilizando-se de sua curvatura; nunca modificar os dois lados, pois isso enfraquecerá a torre;
- a torre precisa ser amarrada ao longo de sua altura em cada pavimento, junto a cada laje, com cabo de aço; colocar calço de madeira entre a torre e a laje;
- no lado oposto à torre, deverão ser puxados tirantes a 45º com a estrutura, a cada 6,00 m, para assegurar o esquadramento; utilizar cabo de aço com esticador;
- as guias do painel lateral em que sobe o elevador têm de estar engraxadas;
- a distância entre a viga superior da cabina e a viga superior da torre, após a última parada, precisa ser no mínimo de 4,00 m.

2.8.1.4 Guincho

Guinchos são equipamentos de tração destinados à movimentação em obra de cargas (materiais e pessoas). Os principais tipos de guincho são: a) por transmissão de engrenagens, com o uso de corrente; e b) automático, com comando eletromecânico. No elevador a cabo, só é permitido o transporte de materiais. Nele, em qualquer posição de parada do elevador, o cabo de tração do guincho deve ter no mínimo seis voltas enroladas no tambor e sua extremidade fixada por um clipe tipo pesado. A capacidade de tração (carga máxima) de um guincho tem de constar de uma plaqueta mantida permanentemente fixada na cabina ou plataforma do elevador. Quando o guincho não for instalado sob laje e junto à edificação, é preciso construir uma cobertura resistente, para a proteção do operador contra a queda de materiais.

O posto de trabalho do operador do guincho necessita ser isolado, sinalizado e dispondo de extintor de incêndio de pó químico, sendo que o acesso de pessoas não autorizadas deve ser proibido. Não é permitido usar o posto de trabalho do guincheiro como depósito de materiais. O guincho tem de ter chave de partida em dispositivo de bloqueio, localizado junto ao operador do guincho, impossibilitando o seu acionamento por pessoas não autorizadas. O tambor do guincho, o suporte de roldana livre *(louca)* e a torre precisam estar nivelados, alinhados e centralizados. A distância entre a roldana livre e o tambor do guincho do elevador deve estar compreendida entre 2,50 m e 3,00 m, de eixo a eixo. Entre o tambor do guincho e a roldana livre *(louca)*, tem de ser colocada uma cobertura de proteção para isolar o cabo, protegendo-o de queda de materiais e evitando riscos de contato acidental com trabalhadores. Os guinchos somente podem ser operados por trabalhador qualificado e ter sua função anotada na sua carteira de trabalho.

2.8.1.4.1 Guincho de coluna

A capacidade de carga e a velocidade de transporte são as características mais importantes na escolha dos guinchos de coluna (conhecidos como guinchos *velox*), equipamento utilizado para elevação de pequenas quantidades de materiais. Erros na definição do equipamento podem tornar o transporte mais lento do que o esperado ou até mesmo insuficiente para lidar com os materiais e peças presentes nas diversas etapas da construção. Esses guinchos são normalmente destinados ao içamento de areia, cimento, argamassa, tijolos e ferramentas, entre outros itens. Os modelos mais comuns são os que possuem capacidade de elevação de 200 kg e 350 kg a aproximadamente 30 m de altura. Portanto, são recomendados principalmente para obras de porte pequeno, em edificações de até cinco pavimentos ou para apoio em serviços específicos, como transporte de revestimentos para a fachada de construções mais altas.

É importante atentar para a velocidade de elevação, que normalmente é de 25 m/min para os de 200 kg e 12,5 m/min para os de 350 kg, pois isso influencia muito a produtividade. A relação entre a capacidade de carga e sua velocidade é um dos fatores de maior atenção. São dois elementos básicos a serem considerados no momento da locação ou aquisição do equipamento. Basicamente, existem dois tipos de guincho de coluna: aqueles para uso contínuo e aqueles para uso intermitente. Os guinchos de coluna mais apropriados para a construção civil são os que suportam uso contínuo. Visualmente mais robustos, são fáceis de serem identificados. As especificações técnicas de cada equipamento podem variar de acordo com os fabricantes, porém, de uma forma geral, são acionados por motorredutor com capacidade de 1,25 cv. Salvo em condições de uso esporádico, a compra do guincho é bastante comum, pois ele é relativamente barato e não requer muito espaço para seu armazenamento (para uma utilização de longo prazo, recomenda-se comprar). É necessário prever o deslocamento do guincho da obra atual para a seguinte, além de fazer a manutenção preventiva no equipamento sempre que necessário. A vida útil do guincho depende do tipo de aplicação, das instalações da obra e também das manutenções preventivas, que devem ser realizadas conforme orientações do manual do equipamento.

Algumas manutenções, como troca do cabo de aço, podem ser realizadas pelo usuário. Mas para a troca de componentes elétricos ou mecânicos é necessário levar a uma assistência autorizada pelo fabricante. O armazenamento correto também interfere na vida útil do equipamento, de modo que é importante guardar o guincho em local seco e coberto. A limpeza depois do uso também é necessária e faz toda a diferença na conservação do equipamento. Os guinchos de coluna não possuem normas ou certificações específicas, portanto, é importante ter atenção às normas regulamentadoras de segurança do trabalho. O maior risco está relacionado a choques elétricos. É importante instalar o equipamento adequadamente, de acordo com o manual, verificando as instalações elétricas da obra e confirmando se o guincho possui redução de tensão para a botoeira de acionamento. Apesar de o manuseio do equipamento ser considerado simples, somente o operador que recebeu treinamento pode assumir seu comando. O tipo ou tempo de treinamento sofre variação de região para região. Habitualmente, técnicos de segurança, assistentes técnicos e locadores oferecem essa capacitação.

2.8.1.4.2 Guincho de torre a cabo de aço

O elevador de obra a cabo, também chamado de *plataforma*, é um elevador de carga constituído por uma torre, uma cabina ou uma plataforma e um guincho. A cabina ou a plataforma é movimentada por meio de um cabo de aço que se vai enrolando ou desenrolando à medida que a cabina ou a plataforma sobe ou desce.

2.8.1.4.3 Guincho por transmissão de engrenagens com o uso de corrente

O guincho por transmissão de engrenagens com o uso de corrente é utilizado para equipar os elevadores de materiais. A operação desse tipo de guincho é executada por operador que trabalha sentado acionando os comandos.

2.8.1.4.4 Guincho automático

O guincho automático é utilizado para equipar os elevadores de obra para passageiros, podendo também ser usado para equipar elevadores de materiais. A operação do guincho automático é controlada manualmente por um operador, por meio de uma botoeira com comandos de subida, descida e parada, a qual se localiza no interior da cabina ou externamente.

2.8.1.5 Rampas e passarelas de acesso

Complementando a Seção 2.2, as rampas e passarelas de acesso à torre do elevador de obra têm de possuir guarda-corpo, travessão intermediário e rodapé, e ter piso de material resistente. A fixação da estrutura de rampas e passarelas precisa ser feita por meio de braçadeiras, com especificações do fabricante. Quando da utilização das rampas, é muito importante ser observada sua inclinação ascendente em relação à torre. Deve-se atentar para o que segue:

- instalar barreira (cancela) em todos os acessos à torre do elevador de obra, com no mínimo 1,80 m de altura;
- instalar dispositivo de segurança que impeça a abertura da barreira (cancela) quando a cabina do elevador não estiver no nível do pavimento;
- quando a cancela estiver aberta, não é permitido movimentar a cabina do elevador;
- as rampas têm de possuir guarda-corpo e rodapé e ter piso de material resistente e sem aberturas (frestas);
- a fixação da rampa à estrutura da edificação e à torre do elevador precisa ser feita com material adequado e resistente, sendo muito importante sua inclinação ascendente em relação à torre;
- é necessário haver uma altura livre de 2,00 m sobre a rampa;
- os acessos devem ser sinalizados quanto aos riscos existentes e medidas de prevenção contra acidentes.

2.8.1.6 Cabina

O local do elevador precisa estar protegido contra a queda de materiais e ser isolado, não se permitindo o acesso de pessoas não autorizadas. É necessário verificar se a chave de reversão esteja funcionando, de forma a impedir que a cabina desça em queda livre (*banguela*).

2.8.1.6.1 Cabina semifechada

As cabinas semifechadas devem ser usadas exclusivamente para o transporte da carga (materiais). Elas precisam ter uma cobertura, basculável ou de encaixe, de maneira a permitir o transporte de peças compridas. Essa cobertura tem por finalidade proteger os trabalhadores que estejam carregando e descarregando a plataforma de qualquer material que possa cair sobre eles. Peças com mais de 2,00 m de comprimento têm de ser firmemente fixadas na estrutura da cabina. As cabinas do elevador de materiais necessitam ser providas, nas laterais, de painéis fixos de contenção, com altura mínima de 1,00 m, e, nas demais faces, de portas ou painéis removíveis. O soalho da cabina deve ser de material que resista às cargas a serem transportadas. Os elevadores de materiais têm de dispor de:

- trava de segurança, para mantê-lo parado em altura, além de freio de motor;
- interruptor de corrente, para que só se movimente com portas ou painéis fechados;
- sistema de frenagem automática;
- sistema de comunicação eficiente e seguro;
- dispositivo de tração na subida e na descida de modo a impedir a descida da cabina em queda livre (*banguela*).

2.8.1.6.2 Cabina fechada

A cabina fechada se presta para o transporte de pessoas e materiais; a de passageiros deve ser provida de:
- cobertura resistente;
- proteções laterais do piso ao teto da cabina;
- porta frontal, pantográfica ou de correr;
- placa de advertência (peso / quantidade de pessoas);
- sinalização luminosa de indicação dos pavimentos.

O elevador de passageiros tem de dispor de:
- freio mecânico (manual) situado no interior da cabina e conjugado com o interruptor de corrente;
- interruptor nos fins de curso superior e inferior conjugados com freio eletromagnético;
- sistema de frenagem automática, a ser acionada no caso de ruptura do cabo de tração;
- sistema de segurança eletromecânico no limite superior a 2,00 m abaixo da viga superior da torre;
- interruptor de corrente para que a cabina se movimente apenas com a porta fechada;
- cabina metálica provida de porta pantográfica ou de correr;
- sistema de comunicação eficiente e seguro;
- sistema de segurança contra excesso de curso da cabina, no sentido ascendente da torre, utilizando cabo de aço ligado à chave geral.

O guincho automático precisa estar protegido, em local coberto e ventilado.

2.8.1.7 Elevador tipo caçamba

O elevador de caçamba basculante é utilizado apenas para o transporte de material a granel, particularmente areia, concreto e argamassa. A caçamba basculante substitui a plataforma de um elevador, que entra em funcionamento automaticamente, em altura predeterminada, ao chocar-se contra a viga de esbarro, em torno da qual bascula a caçamba. Esta para na posição de descarga e, em seguida, quando o elevador desce, ela bascula ao redor da viga de esbarro, no sentido oposto, voltando automaticamente à sua posição de equilíbrio. A caçamba basculante é composta de:
- caçamba;
- seu quadro-suporte;
- dispositivo de descarga;
- viga de esbarro.

Na montagem da caçamba basculante, é importante verificar se a viga de esbarro foi montada na torre na altura certa em que a caçamba deve bascular. O ajuste do braço de acionamento é feito após a montagem da viga de esbarro, de acordo com as instruções do fabricante. Sempre que for modificada a posição da viga de esbarro, tem de ser feito o ajuste do braço.

2.8.1.8 Elevador de obra pelo sistema cremalheira

O elevador de obra com sistema pinhão e cremalheira é um equipamento seguro de transporte vertical de pessoas e materiais em compartilhamentos separados, desde que o limite máximo de peso especificado pelo fabricante seja rigorosamente obedecido. Ele deve ser instalado em local favorável à logística interna de distribuição dos materiais no canteiro (o mais próximo possível das áreas de descarga e armazenamento dos insumos). Além disso, ele tem de estar estrategicamente localizado em prumada em que a estrutura da edificação não interfira no acesso à cabina. Os serviços de instalação, montagem, operação, manutenção e desmontagem precisam obedecer às especificações do fabricante e à NR-18 e só podem ser executados por profissionais qualificados sob a supervisão de um engenheiro mecânico enviado pela locadora, a qual deve fornecer o manual técnico de instrução do equipamento, que tem de estar à disposição no canteiro de obras.

A manutenção preventiva terá de ser realizada de acordo com um plano que contemple algumas verificações diárias feitas pelo próprio operador e outros procedimentos mais técnicos realizados quinzenalmente pela locadora.

Essas informações têm de ser registradas em livro próprio de registro e inspeção do equipamento. Uma regra básica do uso é não transportar pessoas e carga na mesma viagem. O elevador de cremalheira é instalado na fase inicial da construção e só desmontado depois do funcionamento de um elevador definitivo da edificação. Seu uso é obrigatório em obras com oito ou mais pavimentos, situação em que não é mais permitida a utilização de elevador a cabo de aço. Uma vantagem do elevador de cremalheira é a possibilidade de usar duas cabinas em uma única torre. Esta é constituída de módulos de cerca de 1,5 m que são montados de acordo com o desenvolvimento da altura da obra. A capacidade de carga é geralmente de 1.000 kg a 1.500 kg ou 14 a 20 passageiros, sendo especificada pelo fabricante. O freio de trabalho é eletromagnético e o de emergência, centrífugo.

2.8.2 Cabos de aço

Nos elevadores de obra, os cabos utilizados têm de ser de aço com alma de fibra. Os cabos precisam ser flexíveis, com diâmetro mínimo de 15,8 mm (5/8"). Eles necessitam possuir uma resistência mínima à ruptura de 15.100 kgf e trabalhar com um coeficiente de segurança de no mínimo 10 vezes a carga de ruptura. Na fixação do cabo de aço, deverão ser utilizados no mínimo três grampos (clipes). Observações:

- não é permitido o uso de cabos com emendas;
- o diâmetro mínimo da polia terá de ser de 400 mm e o diâmetro do canal ser igual ao diâmetro do cabo de aço;
- não se pode lubrificar os cabos de aço com óleo queimado;
- os cabos de aço que tiverem seis fios partidos em um passo têm de ser substituídos.

Os cabos de aço em uso em elevadores de obra precisam sofrer inspeção, manutenção, manuseio e armazenamento conforme instrução do fabricante.

2.8.3 Dispositivos de segurança dos elevadores de obra

Além do freio do guincho, a estrutura da cabina tem de ser dotada de freio de segurança acionado do interior da cabina. É necessário existir limitadores de curso elétricos, colocados nos limites extremos do trajeto da cabina, para que eventual contato com ela provoque parada do seu movimento. Deverá ser instalado, acima do limitador de curso superior, um dispositivo eletromecânico que será acionado caso ocorra falha no limitador de curso superior provocando a interrupção do fornecimento de energia elétrica e resultando na parada do equipamento. Observações:

- o cabo de aço do dispositivo eletromecânico terá de ser instalado na face anterior da torre junto à periferia da edificação;
- recomenda-se manter a chave de distribuição elétrica afastada da torre no mínimo 20 cm.

2.8.3.1 Freio na cabina

2.8.3.1.1 Freio tipo excêntrico: automático e manual

- as caixas de freio, fixadas nos montantes da cabina, devem estar corretamente instaladas, e os excêntricos dos sistemas de freio automático e manual têm de estar ajustados, em boas condições, mantendo-se o sistema internamente limpo e isento de graxa;
- a viga flutuante precisa estar com as molas acionadoras em condições de uso e conectada aos excêntricos da caixas de freio por meio da barra de ligação;
- o eixo do freio manual que une as caixas de freio necessita estar montado corretamente, devidamente ajustado e fixado;
- o puxador do eixo do freio manual deve estar instalado do mesmo lado da botoeira;
- têm de ser instalados, na torre, dois cabos de aço de Ø 5/8" com alma de fibra 6x25, fixados na viga superior em uma mola amortecedora, que faz parte do sistema de freio automático e manual;
- esses cabos não podem estar esticados nem lubrificados, para não impedir o funcionamento do sistema;

Capítulo 2 – Instalações provisórias

- o sistema de freio automático é acionado caso haja ruptura do cabo de aço de tração: a viga flutuante que suporta a roldana da cabina é impulsionada para baixo, sob ação de molas, efetuando um movimento de rotação dos excêntricos do freio automático, por meio de alavancas articuladas, até o estrangulamento dos cabos;
- o sistema de freio manual segue o mesmo princípio do freio automático localizado dentro da cabina; um eixo interliga as duas caixas de freio fixadas nos montantes laterais, localizado dentro da cabina;
- acionado a qualquer instante, o freio provoca a parada imediata da cabina.

2.8.3.1.2 Freio tipo cunha: automático e manual

- O cabo de aço (ϕ 3/16") do limitador de velocidade, o qual passa pelo sistema de roldanas que aciona o freio, deve ser verificado regularmente quanto às suas condições e esticamento. Ele precisa estar isento de graxa;
- o tensionador do cabo de aço, instalado sobre a viga superior da torre, tem de ser bem fixado e com a proteção instalada;
- o dispositivo limitador de velocidade necessita estar bem fixado na viga superior da cabina e com a proteção instalada;
- a roldana principal do limitador de velocidade deve apresentar rotação quando a cabina estiver em movimento;
- os roletes de freio têm de estar posicionados na extremidade inferior das caixas de freio quando o sistema não estiver acionado;
- as molas dos roletes precisam estar em boas condições e bem fixadas.

2.8.3.2 Freio do guincho

2.8.3.2.1 Freio tipo cinta (freio de estacionamento)

- Verificar o desgaste da cunha de freio causado pela movimentação da alavanca de acionamento;
- o sistema necessita estar bem fixado e ser sempre utilizado nas operações de descarga de material com a cabina estacionada nos pavimentos de obra.

2.8.3.2.2 Motofreio

- É o freio conjugado ao motor, com acionamento por meio da botoeira *pare* localizada dentro da cabina do elevador;
- é também acionado automaticamente caso falte energia elétrica.

2.8.3.2.3 Freio eletromagnético

- É o freio conjugado ao motor, com acionamento por intermédio da botoeira pare, localizada dentro da cabina do elevador;
- é também acionado automaticamente caso falte energia elétrica;
- devem ser feitas inspeção e regulagem periódicas das lonas de freio;
- quando o desgaste da lona atingir 70% da espessura, tem de ser realizada a sua troca;
- a eficiência do sistema precisa ser testada periodicamente.

2.8.3.3 Sistema mecânico dos elevadores de obra

- A distância entre a roldana livre (*louca*) e o tambor do guincho do elevador tem de estar compreendida entre 2,50 m e 3,00 m;
- é preciso verificar se o cabo de aço está sendo enrolado no tambor de forma correta, evitando assim seu comprometimento;
- o setor do cabo de aço situado entre o tambor de enrolamento e a roldana livre necessita ser isolado por barreira segura, de forma a ser evitada a circulação e o contato acidental de trabalhadores com esse sistema;

- é preciso verificar, quando a cabina ou plataforma estiver apoiada na base da torre, se existe no mínimo seis voltas de cabo enroladas no carretel (tambor) e se a sua ponta se encontra fixada com um clipe no carretel;
- os cabos de aço de tração (com diâmetro de 5/8") devem estar fixados corretamente na viga superior com clipes do tipo pesado; os cabos têm de ser mantidos devidamente lubrificados;
- os cabos de segurança (com diâmetro de 5/8") necessitam estar fixados corretamente nas molas amortecedoras da viga superior com a utilização de três clipes (tipo pesado) em cada cabo e na base da torre com um clipe (tipo pesado), devendo estar em perfeitas condições e isentos de graxa ou lubrificantes;
- os cabos de aço não podem ser emendados para a utilização em elevadores, tanto para tração como para freio.

2.8.3.4 Sistema automático de segurança

- Nesse sistema, quando o guincho está em funcionamento normal, o carretel fixado no eixo funciona a uma velocidade constante, predeterminada para o funcionamento suave e seguro;
- quando houver um aumento da velocidade de giro no carretel maior que o normal, entra em funcionamento um sistema automático de segurança;
- nesse caso, são acionadas duas travas por meio da força centrífuga movimentando um tambor fixado no eixo do carretel, que, preso a uma cinta de freio, irá parar a cabina imediatamente;
- deve ser instalado na torre próximo ao ponto máximo superior da trajetória da cabina um *interruptor fim de curso* que ative imediatamente o freio eletromagnético ou motofreio quando o limite de subida da cabina for ultrapassado;
- deve ser instalado em um ponto inferior da torre (aproximadamente a 2 m na altura) um *interruptor fim de curso* que ative imediatamente o freio eletromagnético ou o motofreio;
- tem de ser instalado um *interruptor de corrente* que impeça o acionamento do sistema e a liberação dos freios enquanto as portas estiverem abertas;
- precisa ser instalado um sistema eletromagnético de segurança que impeça o choque da cabina com a viga superior (exemplo: cabo de aço transversal da parte interna da torre ligado à chave geral);
- a torre e o guincho do elevador necessitam ser eletricamente aterrados.

2.8.4 Operação e sinalização

Os operadores de elevador de obra (de material e de pessoas) serão obrigatoriamente qualificados para a função. Recomenda-se que os guincheiros desempenhem unicamente suas funções de operador do equipamento. O comando do movimento da cabina, sempre que transportar trabalhadores, somente poderá ser exercido do seu interior. O operador deverá posicionar sempre uma de suas mãos segurando a alavanca de acionamento do freio de segurança, de modo a poder acioná-la imediatamente no caso de necessidade. Tem de ser afixada na cabina plaqueta indicando a carga máxima permitida. No transporte de materiais, é preciso ser respeitado o limite de carga estabelecido pelo fabricante do equipamento. As gericas necessitam estar sempre amarradas para não tombarem ou se deslocarem durante o percurso. Não é permitido carregar a plataforma além da altura de seus painéis de encaixe. É proibido o transporte de materiais a granel (exemplos: areia, concreto, argamassa etc.). A movimentação do elevador de carga somente poderá ser realizada após o fechamento da cancela.

2.8.5 Recomendações para inspeção e manutenção de elevadores de obra

- Generalidades:
    - as inspeções devem ser realizadas periodicamente por profissional qualificado (mecânico) sob supervisão de profissional legalmente habilitado (engenheiro mecânico);
    - os elevadores precisam ser submetidos a inspeção e manutenção de acordo com as normas técnicas brasileiras vigentes e normas do fabricante, dispensando-se especial atenção a freios, mecanismos de direção, cabos de tração e de suspensão, sistema elétrico e outros dispositivos de segurança;

- as inspeções têm de ser registradas em documentos específicos (livro de anotações ou em papel timbrado da prestadora de serviço), constando as datas e falhas observadas, as medidas corretivas adotadas e a indicação de pessoas, técnicos ou empresa habilitada que as realizou;
- o equipamento necessita ter liberação, por escrito, do profissional legalmente habilitado;
- sempre que for detectada alguma falha, após a correção o engenheiro mecânico deve retornar ao local e registrar a liberação do equipamento;
- qualquer adaptação ou modificação posterior à aquisição dos elevadores tem de ser executada sob a responsabilidade de um engenheiro mecânico habilitado.
- Revisar periodicamente:
  - desgaste de embreagem;
  - desgaste de lona e tambor de freio;
  - desgaste de bronzinas;
  - desgaste de rolamentos;
  - desgaste de roldanas;
  - desgaste de cabo de aço;
  - sistema elétrico.
- A inspeção do cabo de aço de tração deve ser feita diariamente. Sua segurança depende de fatores como:
  - utilizar cabo de aço especificado pelo fabricante do elevador;
  - observar seu enrolamento adequado ao tambor;
  - não solicitá-lo a trações bruscas;
  - lubrificar adequadamente sua superfície com graxa indicada pelo fabricante.
- Verificar diariamente os limites de curso superior e inferior e o sistema de segurança superior eletromecânico, para o caso de falha dos limitadores.
- É preciso lubrificar todos os mancais semanalmente e fazer a verificação dos parafusos, não os deixando frouxos.
- A graxeira situada no eixo da roldana da gaiola necessita ser abastecida diariamente.
- O eixo da roldana *louca* tem que ser mantido constantemente engraxado.
- Substituir os cabos de aço sempre que:
  - mediante inspeções visuais, forem detectados rompimentos em seis fios em um passo ou três fios rompidos em uma única perna;
  - forem detectados fios gastos por abrasão ou por corrosão;
  - os arames externos se desgastarem mais que 1/3 de seu diâmetro original;
  - o diâmetro de cabo diminuir mais que 5% em relação ao seu diâmetro nominal;
  - aparecer qualquer distorção do cabo como dobras, amassamento ou *gaiola de passarinho*;
  - estes são os primeiros sinais de uma forte redução da seção dos fios externos e, consequentemente, do diâmetro do cabo, causados principalmente pela decomposição da alma de fibra, que seca e se deteriora. O cuidado com os cabos deve ser rigoroso, mesmo sendo cabos de aquisição recente. É necessário serem inspecionados diariamente;
  - a lubrificação tem de ser feita somente no cabo de tração; nunca lubrifique os cabos do freio;
  - importante: sempre que os freios de emergência do tipo excêntrico tiverem sido utilizados, os excêntricos precisam ser substituídos.

Quando a cabina parar acima da base da torre, para qualquer serviço de manutenção, é necessário calçá-la com pranchões, barrotes ou vigas apoiadas nos elementos da torre. Não é permitido usar a torre como escada, mesmo que o vão seja de apenas um pavimento, exceto pela equipe de montagem e manutenção, quando necessário.

2.8.6 Recomendações de segurança ao operador de elevador de obra

- O operador é um profissional devidamente qualificado, com registro em carteira profissional.
- a qualificação do operador é dada por engenheiro mecânico ou profissional habilitado.
- o operador deve ser conhecedor de todos os sistemas de segurança do elevador.

- No transporte de pessoas, com elevadores equipados com freio excêntrico, o operador tem de estar com a mão na alavanca do freio de emergência manual; em elevadores equipados com freio de cunha, o operador precisa permanecer próximo ao acionador do freio manual, de maneira a poder acioná-la imediatamente em situação de emergência.
- O operador anotará diariamente, em livro de inspeção, as condições de funcionamento, manutenção e qualquer outra ocorrência, sendo que esse livro necessita ser visto e assinado semanalmente pelo responsável da obra.
- Verificar se o vão interno da torre está livre, sem a presença de madeira, ferragem ou outros objetos que impeçam o livre deslocamento da cabina ou plataforma.
- Não operar o equipamento quando perceber vibrações ou ruídos anormais.
- Verificar o correto enrolamento do cabo de aço no tambor.
- Manter as guias da torre lubrificadas.
- Verificar se o cabo, no trecho vertical externamente à torre, não entra em atrito com estaiamentos, plataformas de proteção ou a própria laje.
- Evitar o uso de frenagens bruscas.
- Somente se afastar do posto de trabalho quando a cabina estiver na base da torre e seu comando de acionamento bloqueado (quando o trabalho do dia terminar, cortar a energia).
- Manter a ordem e a limpeza do ambiente no posto de trabalho.
- Observar as recomendações do manual do fabricante.
- Fazer relatório de ocorrência durante o seu turno de trabalho, mantendo informada a sua chefia sobre irregularidades do equipamento.
- Ser treinado de modo que esteja familiarizado com a operação do elevador e a função de todas as peças.
- Não operar o elevador quando a velocidade do vento no topo da sua torre superar 20 m/s (brisa forte) e sob condições climáticas desfavoráveis.
- Não deixar água acumulada na fundação.
- Manter a cabina limpa.
- Certificar-se de que a carga é inferior à capacidade de carga do elevador.
- Não deixar objeto algum para fora da cabina ou plataforma durante a operação.
- Somente uma pessoa capacitada pode fazer inspeção se ocorreu falha.
- Não trabalhar após ter ingerido bebidas alcoólicas.
- Certificar-se de que a inspeção, manutenção e o teste de queda sejam feitos periodicamente.
- Atentar, antes que seja iniciado o uso do elevador, aos seguintes cuidados:
    - não iniciar a operação se a cabina não parar imediatamente após apertar o botão de parar;
    - se ocorrer alguma anormalidade, pressionar o botão de parar e operar somente quando o problema for resolvido;
    - se o elevador parar de modo anormal, desligá-lo e chamar a assistência técnica;
    - o operador é um profissional devidamente qualificado, com registro em carteira profissional;
    - a qualificação do operador é dada por engenheiro mecânico ou profissional habilitado;
    - o operador deve ser conhecedor de todos os sistemas de segurança do elevador;
    - no transporte de pessoas, com elevadores equipados com freio excêntrico, o operador tem de estar com a mão na alavanca do freio de emergência manual; em elevadores equipados com freio de cunha, o operador precisa permanecer próximo ao acionador do freio manual, de maneira a poder acioná-lo imediatamente em situação de emergência;
    - o operador anotará diariamente, em livro de inspeção, as condições de funcionamento, manutenção e qualquer outra ocorrência, sendo que esse livro necessita ser visto e assinado semanalmente pelo responsável da obra.
- Antes de operar o elevador, verificar:
    - lubrificação do eixo da roldana louca;
    - irregularidades na embreagem e no freio de segurança do elevador de passageiros, mediante teste;
    - estado de conservação das buchas de bronze (bronzinas) e se há desgastes;

- limites de curso superior e inferior;
- sistema de segurança eletromecânico, manual e automático;
- condições do cabo de aço, verificando a existência de ruptura de fios;
- se o cabo de aço está enrolado corretamente no tambor;
- se os cabos do freio de emergência estão sob tensão adequada e sem graxa;
- sistema de comunicação entre o guincho e os pavimentos eficientes;
- mensalmente, o desgaste das buchas de bronze (bronzinas) situadas nos mancais. Quando apresentarem folga, elas precisam ser substituídas imediatamente;
- lubrificar quinzenalmente o apoio do carretel, prolongando a vida útil da bucha de bronze localizada no mancal;
- recomenda-se efetuar testes no freio automático do guincho a cada 60 dias;
- observar as condições dos rolamentos das roldanas da viga superior e da viga da cabina, bem como o desgaste de todas as roldanas e bronzinas;
- as rampas de acesso necessitam ser periodicamente inspecionadas, em especial no que se refere à sua fixação e a possível fadiga dos materiais utilizados;
- quanto ao redutor, deve ser trocado o óleo a cada 3 mil horas de funcionamento. Havendo qualquer barulho anormal, interditar o equipamento e chamar a assistência técnica. Não funcionar o equipamento caso haja vazamento de óleo no redutor.

2.8.7 Caso de não movimentação da cabina ou plataforma

- Verificar se a chave geral da rede do quadro de força está ligada e se há energia elétrica para o elevador;
- verificar se a porta da cabina está fechada;
- verificar se o disjuntor não está desconectado;
- verificar se os limites de curso dos dispositivos de segurança estão desarmados;
- caso o elevador não funcione após as verificações acima, solicitar a visita da assistência técnica do fornecedor.

2.8.8 *Checklist* para elevadores de obra

Ver o Quadro 2.1 com as informações sobre este tema.

2.8.9 Grua

Grua ou guindaste de torre é um equipamento pesado e desmontável de grandes obras usado para o manejo horizontal e vertical de materiais, como aço e concreto, cujas partes se compõem de:

- *Base*: presta-se para o apoio do guindaste: fica fixada em uma enorme base de concreto, na qual grandes chumbadores são embutidos profundamente no concreto, dispensando cabos de sustentação. A base mede em torno de 10 m × 10 m com 1,3 m de profundidade e pesa cerca de 182.000 kg. Quando não for viável a execução da base fixa, a grua (chamada de ascensional) será apoiada ao longo da estrutura da edificação, sendo nesse caso aprovada pelo calculista de concreto (a grua fica apoiada nos pavimentos com dimensionamento apropriado e será transferida de um pavimento para o pavimento superior por meio de telescopagem)
- *Mastro*: é uma torre modular, geralmente treliçada. É a parte que dá altura ao guindaste.
- *Lança*: é dotada de um carro com roldanas que corre ao longo do comprimento da lança; é o componente do guindaste que suporta a carga.
- *Braço horizontal menor*: é a parte responsável pelos contrapesos (moldados de concreto) e na qual está instalado um possante motor elétrico e o sistema eletrônico da grua.
- *Unidade giratória e cabina do operador*: para guindastes comuns, a altura máxima sem carga é de 80 m; a altura pode ser maior caso a grua seja escorada na edificação à medida que ela sobe ao redor do guindaste. O alcance máximo é de 70 m e a carga máxima de levantamento é de cerca de 19,8 ton, tendo o contrapeso em torno de 20 ton. Lembre-se que, quanto mais perto a carga estiver do mastro, mais peso a grua pode

Quadro 2.1: *Checklist* para elevadores de obra

Empresa:	
Obra:	Fabricante:
Inspeção feita por:	Data:
ITEM A VERIFICAR	CONDIÇÃO OBS. B S N

Base e máquina de tração

1 base de concreto rígida, única e nivelada
2 fixação dos chumbadores
3 distância tambor / roldana louca (2,5 m a 3 m)
4 isolamento do trecho tambor / roldana louca
5 alinhamento / nivelamento: tambor – cavalete – torre
6 cavalete / roldana louca
7 funcionamento do motor (ruído e vibrações)
8 proteção das correias do motor
9 trava de segurança
10 tambor / eixo
11 cobertura do posto do guincheiro
12 cadeira do guincheiro (aspecto ergonômico)
13 contrapinos na base das sapatas de freio
14 óleo do redutor (troca após 3.000 h de trabalho)
15 cobertura do motor / tambor contra queda de materiais

Cabo de tração

16 especificação (Ø 5/8", 6 × 19 Filler + AF, TR, polido, IPS)
17 desgaste por abrasão / deformações / fios partidos
18 lubrificação
19 enrolamento no tambor
20 sentido de transposição (tambor / roldana louca)
21 fixação dos três clipes no topo da torre (4º freio)

Sistema de freios

22 embreagem
23 cabos laterais (estado geral, fixação, especificação)
24 caixas de freio (estado geral, excêntricos)
25 freio de cinta
26 freio automático (molas, viga flutuante, articulações)
27 freio manual (puxador, eixo, curso)
28 freio eletromagnético
29 freio de embreagem centrífuga (4º freio)

Sistema elétrico

30 chave geral de alimentação
31 chave individual
32 sistema eletromecânico a 2 m topo da torre (chave + cabo Ø 1/8")
33 aterramento motor/ torre / chaves
34 fiação elétrica em geral
35 sistema de comunicação em cada pavimento

Quadro 2.1: *Checklist* para elevadores de obra (continuação)

36	quadro de comando
37	chave interruptora do freio manual
38	chaves interruptoras das portas pantográficas
39	fim de curso superior
40	fim de curso inferior
41	botoeira da cabina
42	botoeira de alimentação da cabina
Torre	
43	revestimento com tela de arame
44	verticalidade / estabilidade
45	painéis
46	contraventos
47	borboletas (parafusos)
48	fixação dos contrapinos
49	amarração montantes anteriores a cada 3 m (cabo aço Ø 5/16")
50	ancoragem montantes anteriores a cada 3 m (estronca)
51	estaiamento montantes posteriores a cada 6 m (cabo aço Ø 5/16")
52	estaiamento montantes posteriores última laje (cabo aço Ø 5/16")
53	placa de fechamento no topo da torre
54	distanciamento da rede elétrica
55	proximidade da edificação
56	impedimento circulação de pessoal através da torre (térreo)
57	roldanas na viga superior
58	lubrificação das guias
Cabina	
59	estrutura / soalho / portas
60	fechamento das quatro faces
61	cobertura
62	viga superior
63	roldana
64	bronzinas
65	deslocamento vertical (ruído, solavancos)
66	distância viga superior / topo da torre (4 m)
67	placa indicativa carga máxima/ proibição transporte de pessoas
68	dispositivo para descida tracionada
69	iluminação interna (trabalho noturno)
70	aspecto construtivo
71	mesma largura da torre
72	inclinação ascendente em relação à torre
73	nivelamento com o piso
74	guarda-corpo + rodapé + tela
75	cancela em todos os pavimentos
76	dispositivo de travamento das cancelas
77	altura livre (2 m)
78	responsável técnico pela montagem e manutenção
79	livro de inspeção

Quadro 2.1: *Checklist* para elevadores de obra (continuação)
Rampas de acesso
Aspectos administrativos
80 qualificação do guincheiro (curso)
81 registro da função em carteira
Outras situações
CONDIÇÃO B: BOM / S: SOFRÍVEL / N: NÃO EXISTE

suportar com segurança. Para assegurar que a carga máxima está sendo obedecida, o guindaste utiliza dois limitadores de carga, sendo eles:
- o controle de carga máxima monitora a tração no cabo e não deixa a carga ultrapassar 18 ton;
- um dispositivo controla o momento fletor da carga e não deixa o operador exercer a relação tonelada-metro do guindaste conforme a carga se mova na lança.

Para ser montada, a grua chega ao canteiro de obras em partes. Utiliza-se um guindaste móvel para montar a lança e o braço menor em um mastro de 12 m de altura. Após a montagem, são colocados os contrapesos. A partir dessa base montada, o guindaste-torre chega à sua altura máxima, da seguinte forma: ele vai erguendo sua própria estrutura, correspondente a uma seção do mastro por vez. Segue abaixo o procedimento:
- a equipe responsável pela estrutura ergue um peso na lança e equilibra com contrapeso;
- a unidade giratória do topo do mastro é solta da estrutura; pistões hidráulicos erguem a estrutura giratória 6 m para cima;
- o operador usa o guindaste para levantar outra seção do mastro de 6 m e colocá-la dentro do vão criado pela estrutura; depois de parafusada a seção, o guindaste fica 6 m mais alto.

A grua só pode ser montada, desmontada e mantida por profissional qualificado, cujas operações devem ser supervisionadas por profissional legalmente habilitado. Somente pode ser operada por trabalhador treinado e em boas condições de saúde. É obrigatório:
- ter estrutura eletricamente aterrada, para-raio 2 m acima da parte mais elevada da torre e lâmpada piloto para sinalizar o topo;
- dispor de anemômetro com alarme sonoro. Quando a velocidade do vento for superior a 42 km/h, recomenda-se permitir a operação assistida da grua e, quando superior a 72 km/h, proibir a sua operação;
- proibir a operação de grua sob intempérie;
- elaborar e implementar procedimento para resgate do operador, em caso de um mal-estar;
- disponibilizar ao operador assento com encosto dorsolombar, garrafa térmica com líquidos resfriados para o consumo e pausas para as necessidades fisiológicas;
- providenciar sistema de comunicação via rádio, com frequência exclusiva, entre operador e sinaleiro amarrador;
- isolar áreas de carga e descarga no raio de ação da grua;
- verificar diariamente o funcionamento do sistema de fim de curso;
- seguir o plano de cargas conforme determinação da NR-18 (Norma Regulamentadora).

2.8.9.1 Grua ascensional

Diferentemente das gruas fixas, que são instaladas no terreno e externamente à torre dos edifícios, as gruas ascensionais são fixadas em caixa de elevador ou em aberturas feitas nas lajes da edificação, acompanhando o avanço vertical da obra. São indicadas para projetos com alturas muito elevadas ou quando não há espaço suficiente no canteiro para a instalação de uma grua fixa. O que também caracteriza a escolha da montagem ascensional é o entorno da obra. Em ambientes urbanos, por exemplo, pode haver fiação elétrica ou até mesmo outras construções que interfiram na rotação da lança. As gruas podem variar de acordo com a altura, a largura, a capacidade de carga do equipamento e o alcance da lança. A altura das torres costuma ter de 25 m a 50 m, o comprimento das lanças, de 20 m a 60 m, e a capacidade de carga, de 1,2 t a 6 t. Os modelos devem ser configurados de acordo com a necessidade da construção.

As gruas ascensionais costumam pesar até 200 t. Acima disso, o projeto estrutural precisa de reforços. O equipamento tem de ser escolhido durante a execução do projeto estrutural. Nessa etapa, as características da grua e apoios necessários precisam ser comunicados ao projetista, que verifica se a estrutura suporta o modelo escolhido e, quando necessário, já prevê reforços em pontos predefinidos (como aumentar a densidade da ferragem ou a resistência do concreto, alterar a configuração das vigas ou implantar sistemas de escoreamentos provisórios). A contratação de equipamento deve ocorrer por volta de três meses antes do início da obra. Durante a montagem, é necessário seguir as recomendações das normas de segurança do trabalho. A seguir, os principais cuidados antes e durante essa etapa:

- *Isolamento de segurança*: antes da montagem, é imprescindível isolar as áreas onde o equipamento vai passar quando for içado pelo guindaste para ser montado. Para isso, é elaborado um plano de carga que define, além da área de isolamento, o trajeto necessário para montagem final.
- *Sequência de montagem*: geralmente, os componentes verticais da grua são montados in loco e os horizontais (como mesa de giro, contralança, lança e contrapesos) são pré-montados no terreno e içados já prontos para serem encaixados na torre. Só após os testes de carga serem feitos é que o equipamento pode começar a operar.
- *Aberturas*: a caixa do elevador é muito usada para a montagem da grua por sua resistência estrutural (nesse caso, só é possível instalar os elevadores quando ela é retirada do edifício, o que pode levar até 30 dias). O equipamento também pode ser montado em outro ponto do prédio, desde que as aberturas nas lajes sejam suficientemente largas e os pontos de apoio tenham a necessária resistência.
- *Apoio na base*: é possível instalar as gruas desde o terreno. Nesse caso, os chumbadores que fazem a fixação do equipamento são instalados nos blocos de apoio aproximadamente 15 dias antes da montagem. Quando a grua é instalada, as barras metálicas já estão montadas e o concreto curado no tempo adequado, bastando parafusar a estrutura vertical.
- *Apoio na laje*: a grua fica sempre apoiada em duas lajes: a laje inferior suporta o peso do equipamento, e a superior, o movimento dele. Entre a laje inferior e superior é preciso ter, no mínimo, 9 m de distância. O apoio é feito por meio de vigamentos metálicos parafusados em ambas as lajes.
- *Elevação*: à medida que a estrutura do edifício sobe, é necessário elevar a grua. Nesse momento, é instalado um terceiro vigamento, respeitando a distância entre um ponto de apoio e outro. A subida da torre é feita por um pistão hidráulico e só quando ela já está fixada no vigamento superior é que o inferior pode ser retirado.

Capítulo 3
Serviços gerais

3.1 Serviços de controle

Os métodos de trabalho e normas relativas aos controles técnico e administrativo da obra são a seguir resumidos.

3.1.1 Controle da qualidade na construção civil

3.1.1.1 Introdução

Qualidade pode ser definida como a totalidade das características de uma entidade (atividade ou processo, produto, organização ou uma combinação destes), que lhe confere a capacidade de satisfazer às necessidades explícitas ou implícitas dos clientes e demais partes interessadas. A construção civil difere muito da indústria de transformação, a partir da qual nasceram e se desenvolveram os conceitos e metodologias relativos à qualidade. Nos últimos anos, vêm sendo realizados grandes esforços para introduzir na construção a Qualidade Total, que já predomina em outros setores. Ocorre, porém, que a construção possui características singulares que dificultam a utilização na prática das teorias modernas da qualidade.

Em outras palavras, a construção requer uma adaptação específica de tais teorias, em razão da complexidade do processo, no qual intervêm muitos fatores. Algumas peculiaridades da construção, que dificultam a transposição de conceitos e ferramentas da qualidade aplicados na indústria, são as seguintes:

- a construção é uma indústria de caráter *nômade*;
- ela cria produtos únicos e quase nunca produtos seriados;
- não é possível aplicar a produção em linha (produtos passando por operários fixos), e sim a produção centralizada (operários móveis em torno de um produto fixo);
- a construção é uma indústria muito conservadora (com preconceitos por parte dos usuários), com grande inércia a alterações;
- ela utiliza mão de obra intensiva e pouco qualificada, sendo certo que o emprego desses trabalhadores tem caráter eventual e suas possibilidades de promoção são pequenas, o que gera baixa motivação no trabalho;
- a construção, de maneira geral, realiza grande parte dos seus trabalhos sob intempéries;
- o produto é geralmente único na vida do usuário;
- são empregadas especificações complexas, muitas vezes, conflitantes e confusas;
- as responsabilidades são dispersas e pouco definidas;
- o grau de precisão com que se trabalha na construção é, em geral, muito menor do que em outras indústrias, qualquer que seja o parâmetro que se contemple: medidas, orçamento, prazo, resistência mecânica etc.

Além desses aspectos, é importante ressaltar que a cadeia produtiva que forma o setor da construção civil é bastante complexa e heterogênea. Ela conta com grande diversidade de agentes intervenientes e de produtos parciais criados ao longo do processo de produção, produtos esses que incorporam diferentes padrões da qualidade e que irão afetar a qualidade do produto final. Observa-se que são diversos os agentes intervenientes em tal processo ao longo de suas várias etapas:

- os usuários (que variam de acordo com o poder aquisitivo), as regiões do país e a especificidade das obras (habitações, escolas, hospitais, edifícios comerciais, industriais e de lazer etc.);
- os agentes responsáveis pelo planejamento do empreendimento, que podem ser agentes financeiros e promotores, órgãos públicos, clientes privados e incorporadores, além dos órgãos legais e normativos envolvidos, dependendo do tipo de obra a ser executada;
- os agentes responsáveis pela etapa de projeto: empresas responsáveis por estudos preliminares (sondagem, topografia etc.), projetistas de arquitetura, calculistas estruturais, projetistas de instalações, além dos órgãos públicos ou privados responsáveis pela aprovação e coordenação do projeto;
- os fabricantes de materiais de construção, constituídos pelos segmentos industriais produtores de insumos envolvendo a extração e o beneficiamento de minerais, a indústria de produtos minerais não metálicos (cerâmica, vidro, cimento, cal etc.), de aço para construção e de metais não ferrosos, de madeira, de produtos químicos e de plásticos para a construção;
- os agentes envolvidos na etapa de execução das obras: empresas construtoras, subempreiteiros, profissionais autônomos, autoconstrutores, laboratórios, empresas gerenciadoras e órgãos públicos ou privados responsáveis pelo controle e fiscalização das obras;
- os agentes responsáveis pela operação e manutenção das edificações ao longo da sua fase de uso: proprietários, usuários e empresas especializadas em operação e manutenção.

Elevar os padrões da qualidade do setor de edificações significa articular esses diversos agentes do processo e comprometê-los com a qualidade de seus processos e produtos parciais e com a qualidade do produto final, cujo objetivo é satisfazer às necessidades do usuário.

3.1.1.2 Sistemas de gestão da qualidade

3.1.1.2.1 Abordagem sistêmica da qualidade

Define-se sistema como um conjunto de elementos dinamicamente relacionados entre si, formando uma atividade que opera sobre entradas e, depois do processamento, as transforma em saídas, visando sempre atingir um objetivo. O propósito do Sistema de Gestão da Qualidade de uma construtora é assegurar que seus produtos e seus diversos processos satisfaçam às necessidades dos usuários e às expectativas dos clientes externos e internos. Desse conceito, surgem algumas características importantes:

- *Sinergia*: quando as partes de um sistema mantêm entre si um estado sólido, forte inter-relação, integração e comunicação, elas se ajudam mutuamente e o resultado do sistema passa a ser maior do que a soma dos resultados de suas partes tomadas isoladamente. Sendo assim, a sinergia constitui o efeito multiplicador das partes de um sistema que alavancam o seu resultado global.
- *Objetivo ou propósito*: as unidades ou elementos dos sistemas e seu relacionamento definem um arranjo que visa sempre a uma finalidade comum a alcançar.
- *Globalização*: todo sistema tem uma natureza orgânica, pela qual uma ação que produza mudança em uma de suas unidades deverá, muito provavelmente, produzir modificações em todas as outras, ou seja, o sistema sempre reagirá globalmente a todo o estímulo produzido em qualquer uma de suas partes ou unidades.
- *Retroalimentação*: os sistemas abertos mantêm relações de intercâmbio com o ambiente por meio de suas entradas e saídas. A saída do sistema proporciona, à entrada, um retorno da comunicação, de forma a corrigir os desvios do sistema em relação aos seus objetivos ou propósitos. Desse modo, a retroalimentação permite o controle e a adaptabilidade do sistema, evitando grandes desvios ou deformações e a sua consequente autodestruição.

Segundo o enfoque sistêmico, as normas internacionais definem o Sistema da Qualidade como *estrutura organizacional, responsabilidades, procedimentos, processos e recursos para implementação da gestão da qualidade*, ressaltando que o sistema precisa ser tão abrangente quanto necessário para atingir os objetivos da qualidade. Obtêm-se, assim, as vantagens decorrentes dessa abordagem, como:

- *Visão de conjunto*: possibilita um planejamento estratégico, voltado para a otimização do todo, e não de partes do processo.
- *Objetivos comuns*: facilita a compreensão de cada funcionário e departamento do seu papel no conjunto, tornando mais fácil o trabalho em equipe.
- *Integração de áreas*: propicia a combinação de esforços, antes isolados, dos diversos departamentos, alcançando a sinergia.

3.1.1.2.2 Normas ISO 9000

A *International Organization for Standardization* (ISO), entidade internacional de normalização, criou, na década de 1980, uma comissão técnica para elaborar as normas voltadas para os Sistemas da Qualidade, procurando uniformizar conceitos, padronizar modelos para garantia da qualidade e fornecer diretrizes para implantação de gestão da qualidade nas organizações. Resultou desse trabalho a série de normas ISO 9000, lançada em 1987. A ISO 9000 reúne as normas mais completas e atualizadas sobre o assunto, hoje adotadas por mais de 50 países, entre os quais os da Comunidade Europeia. Não se trata de especificações de produtos, e sim de normas sistêmicas, que estabelecem os elementos do Sistema de Gestão e Garantia da Qualidade a serem considerados pelas empresas. No Brasil, a ABNT adotou a mesma numeração da série ISO 9000, chamando-a de série NBR 09000. O Instituto Nacional de Metrologia, Qualidade e Tecnologia (Inmetro) também registrou a série com uma numeração semelhante: NBR 9000.

3.1.1.2.3 NBR ISO 9001 – Sistemas de gestão da qualidade – Requisitos

I) APRESENTAÇÃO

No ano 2000, a ABNT publicou uma versão de norma da qualidade, NBR ISO 9001:2000, que substituiu a norma NBR ISO 9001:1994 e cancelou e substituiu a NBR ISO 9002:1994 e a NBR ISO 9003:1994. No ano de 2008, a ABNT publicou nova versão da norma NBR ISO 9001, a qual não introduz novos requisitos significativos. As alterações ocorridas apenas consolidam e esclarecem os requisitos existentes com base nos últimos anos de experiência. Todas as modificações introduzidas suportam as interpretações já consagradas. As principais alterações são:

0.1 Generalidades – o novo texto diz: "O projeto e a implementação do SGQ (Sistema de Gestão da Qualidade) são influenciados pelo ambiente de negócios, mudanças neste ou riscos associados a ele".

6.3 Infraestrutura – seção "c" – agora inclui "os sistemas de informações" que suportam serviços.

7.2.1 Determinação de requisitos relacionados ao produto – uma nova nota foi adicionada, indicando que atividades de pós-entrega em algumas instâncias incluam "ações sob garantias contratuais, como serviços de manutenção, e serviços adicionais, como reciclagem ou disposições finais".

7.5.4 Propriedade do cliente – a nota agora estabelece que a "propriedade do cliente pode incluir propriedade intelectual e dados pessoais".

7.6 Controle de equipamentos de medição e monitoramento – uma nova nota foi adicionada, declarando "Confirmação da habilidade de *software* (sistema informatizado) em satisfazer à aplicação pretendida, tipicamente incluiria sua verificação, e o gerenciamento de sua configuração para assegurar sua adequação ao uso".

II) SISTEMA DE GESTÃO DA QUALIDADE

A) *Requisitos Gerais*

A organização deve estabelecer, documentar, implementar e manter um sistema de gestão da qualidade e melhorar continuamente a sua eficácia, em conformidade com os requisitos desta Norma. A empresa precisa:

- identificar os processos necessários para o sistema de gestão da qualidade e sua aplicação por toda a organização;
- determinar a sequência e interação desses processos;
- definir critérios e métodos necessários para assegurar que a operação e o controle desses processos sejam eficazes;

- assegurar a disponibilidade de recursos e informações necessárias para apoiar a operação e o monitoramento desses processos;
- monitorar, medir e analisar esses processos;
- implementar ações necessárias para atingir os resultados planejados e a melhoria contínua desses processos.

B) *Requisitos de Documentação*

A documentação do sistema de gestão da qualidade tem de incluir:

- declarações documentadas da política da qualidade e dos objetivos da qualidade;
- um manual da qualidade;
- procedimentos documentados e registros requeridos por esta Norma;
- documentos, incluindo registros, determinados pela organização como necessários para assegurar o planejamento, a operação e o controle eficazes de seus processos.

A construtora precisa estabelecer e manter um manual da qualidade que inclua:

- o escopo do sistema de gestão da qualidade, incluindo detalhes e justificativas para quaisquer exclusões;
- os procedimentos documentados estabelecidos para o sistema de gestão da qualidade, ou referência a eles;
- uma descrição da interação entre os processos do sistema de gestão da qualidade.

Os documentos requeridos pelo sistema de gestão da qualidade necessitam ser controlados. Registros são um tipo especial de documento e devem ser controlados em conformidade com os requisitos acima apresentados. Um procedimento documentado precisa ser estabelecido para definir os controles necessários para:

- aprovar documentos quanto à sua adequação, antes da sua emissão;
- analisar criticamente e atualizar, quando necessário, e reaprovar documentos;
- assegurar que alterações e a situação da revisão atual dos documentos sejam identificadas;
- garantir que as versões pertinentes de documentos aplicáveis estejam disponíveis nos locais de uso;
- assegurar que os documentos permaneçam legíveis e prontamente identificáveis;
- garantir que documentos de origem externa determinados pela construtora como necessários para o planejamento e operação do sistema de gestão da qualidade sejam identificados e que sua distribuição seja controlada;
- evitar o uso não pretendido de documentos obsoletos e aplicar identificação adequada nos casos em que forem retidos por qualquer propósito.

Registros estabelecidos para prover evidência de conformidade com requisitos e da operação eficaz do sistema de gestão da qualidade devem ser controlados. A organização precisa estabelecer um procedimento documentado para definir os controles necessários para a identificação, armazenamento, proteção, recuperação, retenção e disposição dos registros. Registros têm de ser mantidos legíveis, prontamente identificáveis e recuperáveis.

III) RESPONSABILIDADE DA DIREÇÃO

A) *Comprometimento da Direção*

A alta direção da empresa precisa fornecer evidência de seu comprometimento com o desenvolvimento e com a implementação do sistema de gestão da qualidade e com a melhoria contínua de sua eficácia:

- comunicando à organização da importância de atender aos requisitos dos clientes, como também aos requisitos estatuários e regulamentares;
- estabelecendo a política da qualidade;
- garantindo que os objetivos da qualidade são estabelecidos;
- conduzindo as análises críticas pela direção;
- assegurando a disponibilidade de recursos.

B) *Foco no Cliente*

A Alta Direção tem de assegurar que os requisitos do cliente sejam determinados e atendidos com o propósito de aumentar a satisfação dele.

C) *Política da Qualidade*

A Alta Direção deve garantir que a política da qualidade:

- seja apropriada ao propósito da empresa;

- inclua um comprometimento com o atendimento aos requisitos e com a melhoria contínua da eficácia do sistema de gestão da qualidade;
- proveja uma estrutura para estabelecimento e análise crítica dos objetivos da qualidade;
- seja comunicada e entendida por toda a organização;
- seja analisada criticamente para a continuidade de sua adequação.

D) *Planejamento*

A Alta Direção precisa assegurar que os objetivos da qualidade, incluindo aqueles necessários para atender aos requisitos do produto, sejam estabelecidos nas funções e nos níveis pertinentes da empresa. Os objetivos da qualidade necessitam ser mensuráveis e consistentes com a política da qualidade. A Alta Direção tem que garantir que:

- o planejamento do sistema de gestão da qualidade seja realizado de forma a satisfazer aos requisitos citados anteriormente, bem como aos objetivos da qualidade;
- a integridade do sistema de gestão da qualidade seja mantida quando mudanças nesse sistema são planejadas e implementadas.

E) *Responsabilidade, Autoridade e Comunicação*

A Alta Direção deve assegurar que as responsabilidades e autoridade sejam definidas e comunicadas em toda a organização. A Alta Direção tem de indicar um membro da construtora que, independentemente de outras responsabilidades, tem responsabilidade e autoridade para:

- assegurar que os processos necessários para o sistema de gestão da qualidade sejam estabelecidos, implementados e mantidos;
- relatar à Alta Direção o desempenho do sistema de gestão da qualidade e qualquer necessidade de melhoria;
- garantir a promoção da conscientização sobre os requisitos do cliente em toda a organização.

A Alta Direção necessita assegurar que sejam estabelecidos, na empresa, os processos de comunicação apropriados e que seja realizada comunicação relativa à eficácia do sistema de gestão da qualidade.

F) *Análise Crítica pela Direção*

A Alta Direção deve analisar criticamente o sistema de gestão da qualidade da organização, em intervalos planejados, a fim de assegurar sua contínua adequação, suficiência e eficácia. Essa análise crítica tem de incluir a avaliação de oportunidades para melhoria e necessidade de mudanças no sistema de gestão da qualidade, incluindo a política da qualidade e os objetivos da qualidade. Precisam ser mantidos registros das análises críticas pela direção. As entradas para a análise crítica pela direção necessitam incluir informações sobre:

- resultados de auditorias;
- realimentação do cliente;
- desempenho de processo e conformidade de produto;
- situação das ações preventivas e corretivas;
- ações de acompanhamento sobre as análises críticas anteriores pela direção;
- mudanças que possam afetar o sistema de gestão da qualidade;
- recomendações para melhoria.

As saídas da análise crítica pela direção devem incluir quaisquer decisões e ações relacionadas:

- ao aperfeiçoamento da eficácia do sistema de gestão da qualidade e de seus processos;
- à melhoria do produto em relação aos requisitos do cliente;
- à necessidade de recursos.

IV) GESTÃO DE RECURSOS

A) *Provisão de Recursos*

A organização tem de determinar e prover recursos necessários para:

- implementar e manter o sistema de gestão da qualidade e melhorar continuamente sua eficácia;
- aumentar a satisfação de clientes, mediante o atendimento aos seus requisitos.

B) *Recursos Humanos*

As pessoas que executam atividades que afetem a conformidade com os requisitos do produto precisam ser competentes, com base em educação, treinamento, habilidade e experiências apropriados. A construtora deve:

- determinar a competência necessária para as pessoas que executam trabalhos que afetem a conformidade com os requisitos do produto;
- quando aplicáveis, prover treinamento ou tomar outras ações para atingir a competência necessária;
- avaliar a eficácia das ações executadas;
- assegurar que o seu pessoal esteja consciente da pertinência e importância de suas atividades e de como elas contribuem para atingir os objetivos da qualidade;
- manter registros apropriados de educação, treinamento, habilidade e experiência.

C) *Infraestrutura*

A organização tem de determinar, prover e manter a infraestrutura necessária para alcançar a conformidade com os requisitos do produto. A infraestrutura inclui, quando aplicável:

- edifícios, espaço de trabalho e instalações associadas;
- equipamentos de processo (tanto materiais e equipamentos quanto programas de computador);
- serviços de apoio (como transporte, comunicação ou informação).

D) *Ambiente de Trabalho*

A empresa precisa determinar e gerenciar o ambiente de trabalho necessário para alcançar a conformidade com os requisitos do produto.

V) REALIZAÇÃO DO PRODUTO

A) *Planejamento da Realização do Produto*

A construtora deve planejar e desenvolver os processos necessários para a realização do produto. O planejamento da realização do produto tem de ser consistente com os requisitos de outros processos do sistema de gestão da qualidade. Ao planejar a realização do produto, a organização precisa determinar, quando apropriado:

- os objetivos da qualidade e requisitos para o produto;
- a necessidade de estabelecer processos e documentos e prover recursos específicos para o produto;
- a verificação, validação, monitoramento, medição, inspeção e atividades de ensaio requeridos, específicos para o produto, bem como os critérios para a aceitação dele;
- os registros necessários para fornecer evidência de que os processos de realização e o produto resultante atendem aos requisitos.

B) *Processos Relacionados a Clientes*

A organização deve determinar:

- os requisitos especificados pelo cliente, incluindo aqueles para entrega e para atividades de pós-entrega;
- os requisitos não declarados pelo cliente, mas necessários para o uso especificado ou pretendido, quando conhecido;
- requisitos estatuários e regulamentares aplicáveis ao produto;
- quaisquer requisitos adicionais considerados necessários pela organização.

A empresa tem de analisar criticamente os requisitos relacionados ao produto. Essa análise crítica precisa ser realizada antes de a construtora assumir o compromisso de fornecer um produto para o cliente (por exemplo, apresentação de propostas, aceitação de contratos ou pedidos, aprovação de alterações em contratos ou pedidos) e necessita assegurar que:

- os requisitos do produto estejam definidos;
- os requisitos de contrato ou de pedido que difiram daqueles previamente manifestados estejam resolvidos;
- a organização tenha a capacidade para atender aos requisitos definidos.

Devem ser mantidos registros dos resultados da análise crítica e das ações desta resultantes. Quando o cliente não fornecer uma declaração documentada dos requisitos, a empresa tem que confirmar os requisitos do cliente antes da aceitação. Quando os requisitos de produto forem alterados, a construtora precisa assegurar que os documentos pertinentes sejam revisados e que o pessoal pertinente seja conscientizado sobre os requisitos modificados. A organização necessita determinar e implementar providências eficazes para se comunicar com os clientes em relação a:

- informações sobre o produto;
- tratamento de consultas, contratos ou pedidos, incluindo emendas;
- realimentação do cliente, incluindo suas reclamações.

C) *Projeto e Desenvolvimento*

A empresa deve planejar e controlar o projeto e desenvolvimento de produto. Durante o planejamento do projeto e desenvolvimento, a construtora tem de determinar:

- os estágios do projeto e desenvolvimento;
- a análise crítica, verificação e validação que sejam apropriadas para cada estágio do projeto e desenvolvimento;
- as responsabilidades e a autoridade para projeto e desenvolvimento.

A organização precisa gerenciar as interfaces entre os diferentes grupos envolvidos no projeto e desenvolvimento, para assegurar a comunicação eficaz e a designação clara de responsabilidades. As saídas do planejamento necessitam ser atualizadas apropriadamente, na medida em que o projeto e o desenvolvimento progredirem. Entradas relativas a requisitos de produto devem ser determinadas e registros têm de ser mantidos. Essas entradas precisam incluir:

- requisitos de funcionamento e de desempenho;
- requisitos estatuários e regulamentares aplicáveis;
- onde aplicável, informações originadas de projetos anteriores semelhantes;
- outros requisitos essenciais para projeto e desenvolvimento.

As entradas necessitam ser analisadas criticamente quanto à suficiência. Requisitos devem ser completos, sem ambiguidades e não conflitantes entre si. As saídas de projeto e desenvolvimento devem ser apresentadas de uma forma adequada para a verificação em relação às entradas de projeto e desenvolvimento e têm de ser aprovadas antes de serem liberadas. As saídas de projeto e desenvolvimento precisam:

- atender aos requisitos de entrada para projeto e desenvolvimento;
- fornecer informações apropriadas para aquisição, produção e prestação de serviço;
- conter ou referenciar critérios de aceitação do produto;
- especificar as características do produto que são essenciais para seu uso seguro e adequado.

Análises críticas sistemáticas de projeto e desenvolvimento devem ser realizadas, em fases apropriadas, em conformidade com disposições planejadas para:

- avaliar a capacidade dos resultados do projeto e desenvolvimento em atender aos requisitos;
- identificar qualquer problema e propor as ações necessárias.

Entre os participantes dessas análises críticas precisam estar incluídos representantes de funções envolvidas com o(s) estágio(s) do projeto e desenvolvimento que está(ão) sendo analisado(s) criticamente. Têm de ser mantidos registros dos resultados das análises críticas e de quaisquer ações necessárias. A verificação deve ser executada conforme disposições planejadas para assegurar que as saídas do projeto e desenvolvimento estejam atendendo aos requisitos de entrada de ambos. É preciso manter registros dos resultados da conferência e de quaisquer ações necessárias. A validação do projeto e desenvolvimento deve ser executada conforme disposições planejadas, para assegurar que o produto resultante seja capaz de atender aos requisitos para aplicação especificada ou uso pretendido, quando conhecido. Nas situações em que for praticável, a validação tem de ser concluída antes da entrega ou implementação do produto. Precisam ser mantidos registros dos resultados de validação e de quaisquer ações necessárias. As alterações de projeto e desenvolvimento devem ser identificadas e os registros têm de ser mantidos. As alterações precisam ser analisadas criticamente, verificadas e validadas, como apropriado, e aprovadas antes da sua implementação. A análise crítica das modificações de projeto e desenvolvimento tem de incluir a avaliação do efeito das alterações em partes componentes e no produto já entregue. Devem ser mantidos registros dos resultados da análise crítica de alterações e de quaisquer ações necessárias.

D) *Aquisição*

A organização tem de assegurar que o produto adquirido está conforme com os requisitos especificados de compra. O tipo e extensão do controle aplicados ao fornecedor e ao produto adquirido devem depender do efeito do produto comprado na realização subsequente do produto ou no produto final. A empresa necessita avaliar e selecionar fornecedores com base na sua capacidade de fornecer um produto em conformidade com os requisitos da construtora. Critérios para seleção, avaliação e reavaliação devem ser estabelecidos. Têm que ser mantidos registros dos resultados das avaliações e de quaisquer ações necessárias, oriundas da avaliação. As informações de compra precisam descrever o produto a ser adquirido e incluir, onde apropriado, requisitos para:

- aprovação de produto, procedimentos, processos e equipamento;
- qualificação de pessoal;
- sistema de gestão da qualidade.

A organização necessita assegurar a adequação dos requisitos de compra especificadas antes da sua comunicação ao fornecedor. A empresa deve estabelecer e implementar inspeção ou outras atividades necessárias para assegurar que o produto adquirido atenda aos requisitos de compra especificados. Quando a construtora ou seu cliente pretender fazer a verificação nas instalações do fornecedor, a organização tem de declarar, nas informações de aquisição, as providências de verificação pretendidas e o método de liberação de produto.

E) *Produção e Fornecimento de Serviço*

A organização precisa planejar e realizar a produção e a prestação de serviço sob condições controladas. Estas devem incluir, quando aplicáveis:

- a disponibilidade de informações que descrevam as características do produto;
- a disponibilidade de instruções de trabalho, quando necessárias;
- o uso de equipamento adequado;
- a disponibilidade e uso de dispositivos para monitoramento e medição;
- a implementação de monitoramento e medição;
- a implementação de atividade de liberação, entrega e pós-entrega do produto.

A empresa tem de validar quaisquer processos de produção e prestação de serviço em que a saída resultante não possa ser verificada por monitoramento ou medição subsequente e, como consequência, deficiências tornam-se aparentes somente depois que o produto estiver em uso ou o serviço tiver sido entregue. A validação precisa demonstrar a capacidade desses processos de alcançar os resultados planejados. A construtora deve estabelecer providências para esses processos, incluindo, quando aplicável:

- critérios definidos para análise crítica e aprovação dos processos;
- aprovação de equipamento e qualificação de pessoal;
- uso de métodos e procedimentos específicos;
- requisitos para registros;
- revalidação.

Quando apropriado, a organização tem de identificar o produto por meios adequados ao longo da realização dele. A empresa precisa identificar a situação do produto no que se refere aos requisitos de monitoramento e de medição ao longo da realização do produto. Quando a rastreabilidade for um requisito, a construtora necessita controlar e registrar a identificação unívoca do produto e manter registros. A organização deve ter cuidado com a propriedade do cliente enquanto estiver sob o controle da empresa ou sendo por ela usada. A construtora tem que identificar, verificar, proteger e salvaguardar a propriedade do cliente fornecida para uso ou incorporação no produto. Se qualquer propriedade do cliente for perdida, danificada ou considerada inadequada para uso, a organização deverá informar ao cliente esse fato e manter registros. A organização necessita preservar o produto durante processo interno e entrega no destino pretendido, a fim de manter a conformidade com os requisitos. Quando aplicável, a preservação deve incluir identificação, manuseio, embalagem, armazenamento e proteção. A preservação também tem de ser aplicada às partes constituintes de um produto.

F) *Controle de Equipamento de Monitoramento e Medição*

A empresa precisa determinar o monitoramento e a medição a serem realizados e o equipamento de monitoramento e medição necessário para fornecer evidências de conformidade do produto com os requisitos determinados.

A construtora deve estabelecer processos para assegurar que o monitoramento e a medição possam ser feitos e sejam executados de maneira consistente com os requisitos de monitoramento e medição. Quando necessário para assegurar resultados válidos, o equipamento de medição tem de ser:

- calibrado ou verificado, ou ambos, a intervalos especificados ou antes do uso, contra padrões de medição rastreáveis a padrões de medição internacionais ou nacionais; quando esse padrão não existir, a base usada para calibração ou verificação precisará ser registrada;
- ajustado ou reajustado, quando necessário;
- identificado para determinar sua situação da calibração;
- protegido contra ajustes que invalidariam o resultado da medição;
- protegido contra dano e deterioração durante o manuseio, manutenção e armazenamento.

Adicionalmente, a organização deve avaliar e registrar a validade dos resultados de medições anteriores quando constatar que o equipamento não está conforme com os requisitos. A empresa tem de tomar ação apropriada no equipamento e em qualquer produto afetado. Registros dos resultados de calibração e verificação precisam ser mantidos. Quando programa de computador for usado no monitoramento e medição de requisitos especificados, será necessário confirmar a sua capacidade para atender à aplicação pretendida. Isso deve ser feito antes do uso inicial e reconfirmado, se necessário.

VI) MEDIÇÃO, ANÁLISE E MELHORIA

A) *Generalidades*

A organização tem de planejar e implementar os processos necessários de monitoramento, medição, análise e melhoria para:

- demonstrar a conformidade aos requisitos do produto;
- assegurar a conformidade do sistema de gestão da qualidade;
- melhorar continuamente a eficácia do sistema de gestão da qualidade.

Isso precisa incluir a determinação dos métodos aplicáveis, abrangendo técnicas estatísticas e a extensão de seu uso.

B) *Monitoramento e Medição*

Como uma das medições do desempenho do sistema de gestão da qualidade, a empresa deve monitorar informações relativas à percepção do cliente sobre se a organização atendeu aos requisitos dele. Os métodos para obtenção e uso dessas informações têm de ser determinados. A construtora precisa executar auditorias a intervalos planejados, para determinar se o sistema de gestão da qualidade:

- está conforme com as disposições planejadas, com os requisitos da competente norma e com os requisitos do sistema de gestão da qualidade estabelecidos pela organização;
- está mantido e implementado eficazmente.

Um programa de auditoria necessita ser planejado, levando em consideração a situação e a importância dos processos e áreas a serem auditadas, bem como os resultados de auditorias anteriores. Os critérios da auditoria, escopo, frequência e métodos devem ser definidos. A seleção dos auditores e a execução das auditorias têm de assegurar objetividade e imparcialidade do processo de auditoria. Os auditores não podem auditar o seu próprio trabalho. Um procedimento documentado deve ser estabelecido para definir as responsabilidades e os requisitos para planejamento e execução de auditorias, estabelecimento de registros e relato de resultados. Registros das auditorias e seus resultados devem ser mantidos. A administração responsável pela área que está sendo auditada deve assegurar que quaisquer correções e ações corretivas sejam executadas, em tempo hábil, para eliminar não conformidades detectadas e suas causas. As atividades de acompanhamento têm de incluir a verificação das ações executadas e o relato dos resultados de verificação. A organização precisa aplicar métodos adequados para monitoramento e, onde aplicável, para medição dos processos do sistema de gestão da qualidade. Esses métodos necessitam demonstrar a capacidade dos processos em alcançar os resultados planejados. Quando os resultados planejados não forem alcançados, correções e ações corretivas devem ser executadas, da forma apropriada. A empresa precisa monitorar e medir as características do produto para verificar se os requisitos dele foram atendidos. Isso necessita ser feito em estágios apropriados do processo de realização do produto, em conformidade com as providências planejadas.

Evidência de conformidade com os critérios de aceitação deve ser mantida. Registros têm de indicar a(s) pessoa(s) autorizadas a liberar o produto para entrega ao cliente. A liberação deste e a entrega do serviço não podem prosseguir até que todas as providências planejadas tenham sido satisfatoriamente concluídas, a menos que aprovado de outra maneira por uma autoridade pertinente e, quando aplicável, pelo cliente.

C) *Controle de Produto Não Conforme*

A construtora precisa assegurar que produtos que não estejam conformes com os requisitos deles sejam identificados e controlados para evitar seu uso ou entrega não pretendidos. Um procedimento documentado deve ser estabelecido para definir os controles e as responsabilidades e as autoridades relacionadas para lidar com produto não conforme. Quando aplicável, a organização deve tratar os produtos não conformes por uma ou mais das seguintes formas:

- execução de ações medidas para eliminar a não conformidade detectada;
- autorização do seu uso, liberação ou aceitação sob concessão por uma autoridade pertinente e, se aplicável, pelo cliente;
- execução de ação para impedir o seu uso pretendido ou aplicação originais;
- execução de ação apropriada aos efeitos, ou efeitos potenciais, da não conformidade quando o produto não conforme for identificado depois da entrega ou início de uso do produto.

Quando o produto não conforme for corrigido, ele precisará ser submetido à reverificação para demonstrar a conformidade com os requisitos. Devem ser mantidos registros sobre a natureza das não conformidades e quaisquer ações subsequentes executadas, incluindo concessões obtidas.

D) *Análise de Dados*

A construtora deve determinar, coletar e analisar dados apropriados para demonstrar a adequação e eficácia do sistema de gestão da qualidade e para avaliar onde melhorias contínuas de eficácia do sistema de gestão da qualidade podem ser realizadas. Isso tem de incluir dados gerados como resultado do monitoramento e da medição e de outras fontes pertinentes. A análise de dados precisa fornecer informações relativas a:

- satisfação de clientes;
- conformidade com os requisitos do produto;
- características e tendências dos processos e produtos, incluindo oportunidades para ação preventiva;
- fornecedores.

E) *Melhoria Contínua*

A organização necessita continuamente melhorar a eficácia do sistema de gestão da qualidade por meio do uso da política da qualidade, objetivos da qualidade, resultados de auditorias, análise de dados, ações corretivas e preventivas e análise crítica pela direção. A empresa deve executar ações para eliminar as causas de não conformidades, de forma a evitar sua repetição. As ações corretivas têm de ser apropriadas aos efeitos das não conformidades detectadas. Um procedimento documentado precisa ser estabelecido para definir os requisitos para:

- análise crítica de não conformidades (incluindo reclamações de clientes);
- determinação das causas de não conformidades;
- avaliação da necessidade de ações para assegurar que não conformidades não ocorrerão novamente;
- determinação e implementação de ações necessárias;
- registro dos resultados de ações executadas;
- análise crítica da eficácia da ação corretiva executada.

A construtora necessita definir ações para eliminar as causas de não conformidades potenciais, de forma a evitar sua ocorrência. As ações preventivas devem ser apropriadas aos efeitos dos problemas potenciais. Um procedimento documentado tem de ser estabelecido definindo os requisitos para:

- determinação de não conformidades potenciais e de suas causas;
- avaliação da necessidade de ações para evitar a ocorrência de não conformidades;
- definição e implementação de medidas necessárias;
- registros de resultados de ações executadas;
- análise crítica da eficácia da ação preventiva executada.

VII) CORRELAÇÃO ENTRE OS CAPÍTULOS DA NBR ISO 9001:2008 E O SiAC (2005)
Ver o Quadro 3.1.

3.1.1.2.4 Sistema de Avaliação da Conformidade de Serviços e Obras (SiAC)

O governo federal criou no ano 2000 o Programa Brasileiro da Qualidade e Produtividade da Construção Habitacional, chamado PBQP-H, normalizado pelo **Sistema de Qualificação de Empresas de Serviços e Obras – Construtoras, denominado SiQ – Construtoras**, válido para empresas que atuam no subsetor de edificações. Em 2002, foi publicada a nova versão do SiQ (denominada SiQ – Construtoras: 2002) e, em março de 2005, o SiC – Construtoras foi substituído pelo Sistema de Avaliação da Conformidade de Empresas de Serviços e Obras da Construção Civil (SiAC), tornando-se similar à norma NBR ISO 9001: 2008, diferenciando-se apenas quanto aos itens tratados, que estão adaptados especificamente à construção civil. O SiAC possui caráter evolutivo, estabelecendo níveis de qualificação progressivos, segundo os quais os sistemas de gestão da qualidade das empresas construtoras são avaliados e classificados. Cabe aos contratantes, públicos e privados, individual ou preferencialmente mediante acordos setoriais firmados entre contratantes e entidades representativas de contratados, estabelecerem prazos para começarem a vigorar as exigências de cada nível. A diferença básica entre o sistema ISO 9001 e o PBQP-H é que o Sistema de Gestão da Qualidade ISO 9000 é uma norma internacional aplicável a todo tipo de empresa (incluídas as de construção civil) e o PBQP-H é um sistema da qualidade que faz parte do Programa Brasileiro da Qualidade e Produtividade no Habitat, o qual foi constituído com base na norma NBR-ISO 9001 e aplicável somente a empresas de construção civil. Os requisitos do PBQP-H são os mesmos da NBR-ISO 9001:2000, contudo, contém alguns controles específicos no setor (que a construtora deve possuir). O PBQP-H não possui normas, e sim níveis de atendimento dos Requisitos do Sistema de Gestão. Assim, o SiAC (versão 2005) tem como objetivo estabelecer o referencial técnico básico do sistema de qualificação evolutiva adequado às características específicas das construtoras atuantes no subsetor de edifícios, e se baseia nos seguintes princípios:

- referencial da norma ISO 9001, em sua versão de 2008: os itens e requisitos baseiam-se naqueles da norma internacional;
- caráter evolutivo: o referencial estabelece níveis de qualificação progressivos, segundo os quais os sistemas de gestão da qualidade das empresas são avaliados e classificados; isso visa induzir e dar às organizações o tempo necessário para a implantação evolutiva de seu sistema de qualidade;
- caráter proativo, visando à criação de um ambiente de suporte que oriente o melhor possível as empresas, no sentido que estas obtenham o nível de qualificação almejado;
- caráter nacional: o sistema é único e se aplica a todos os tipos de contratantes (públicos municipais, estaduais, federais ou privados) e a totalidade das obras de edifícios, em todo o Brasil; o que varia são os prazos de exigência dos contratantes;
- flexibilidade: o sistema baseia-se em requisitos que possibilitam a adequação ao sistema de organizações de diferentes regiões, que utilizem diferentes tecnologias e que atuem na construção de edifícios;
- sigilo: quanto às informações de caráter confidencial das empresas;
- transparência: quanto aos critérios e decisões tomadas;
- independência: dos envolvidos nas decisões;
- caráter público: o Sistema de Qualificação de Empresas de Serviços e Obras não tem fins lucrativos, e a relação de empresas qualificadas é pública e divulgada a todos os interessados;
- harmonia com o Sinmetro (Sistema Nacional de Metrologia, Normalização e Qualidade Industrial): toda a qualificação atribuída pelo sistema será executada por organismo credenciado pelo Inmetro (Instituto Nacional de Metrologia, Qualidade e Tecnologia) e o processo evolutivo visa ampliar o número de empresas do setor que venham a ter certificação de conformidade na área de sistemas da qualidade por ele reconhecido (com base na norma ISO 9001).

Em 2012, o então Ministério das Cidades publicou uma portaria que promoveu a revisão do regime do SiAC, trazendo como principais pontos a simplificação do processo de Declaração de Adesão ao SiAC – Execução de Obras:

- a junção dos níveis B e C, passando a existir apenas dois níveis de certificação B e A;
- a adequação dos referenciais técnicos à atual ISO 9001:2008;
- a integração do SiAC com os outros sistemas do PBQP-H;
- a inclusão de indicadores da qualidade voltados à sustentabilidade no canteiro de obras da empresa: geração de resíduos, consumos de água e energia.

Os Atestados de Qualificação para os diversos níveis só terão validade se emitidos por Organismo de Certificação Credenciado (OCC), autorizado pela Comissão Nacional (CN) do SiAC para atuarem no sistema. Portanto, as construtoras que desejarem se qualificar, conforme o presente referencial técnico, devem consultar, na Secretaria Executiva Nacional (SEN) do SiAC, a lista de OCCs autorizados. A seguir, é transcrita a versão 2012 do SiAC, tendo sido excluídos no Anexo IV os itens relativos a Requisitos Complementares SiAC – Execução de Obras de Saneamento Básico e a Requisitos Complementares SiAC – Execução de Obras Viárias e de Obras de Arte Especiais.

3.1.1.3 Referencial normativo nível "B" do SiAC

a) OBJETIVO
a.1) INTRODUÇÃO

Este Referencial Normativo do Sistema de Avaliação da Conformidade de Empresas de Serviços e Obras da Construção Civil (SiAC) do Programa Brasileiro da Qualidade e Produtividade do Habitat (PBQP-H) estabelece os requisitos do nível "B" aplicáveis às empresas da especialidade técnica Execução de Obras. Ele deve ser utilizado conjuntamente com o Regimento Geral do SiAC, Regimento Específico da Especialidade Técnica Execução de Obras e Requisitos Complementares – Execução de Obras, para os diferentes subsetores e escopos de certificação. Outro Referencial Normativo estabelece, complementarmente, os requisitos para o nível "A". Este referencial é aplicável a toda empresa construtora que pretenda melhorar sua eficiência técnica e econômica e eficácia pela implementação de um Sistema de Gestão da Qualidade, independentemente do subsetor onde atue. Este documento é único e aplicável em qualquer subsetor em que a empresa atue, respeitadas as especificidades definidas no documento de Requisitos Complementares aplicável ao subsetor em questão. Os subsetores que podem ser cobertos são os previstos no Regimento Específico da Especialidade Técnica Execução de Obras.

a.2) ABORDAGEM DE PROCESSO. OS OUTROS SISTEMAS DE GESTÃO

A presente versão do SiAC – Execução de Obras adota a abordagem de processo para o desenvolvimento, implementação e melhoria da eficácia do Sistema de Gestão da Qualidade da empresa construtora. Esta visa, antes de tudo, aumentar a satisfação dos clientes no que diz respeito ao atendimento de suas exigências. Um dos pontos marcantes da abordagem de processo é o da implementação do ciclo de Deming ou da metodologia conhecida como PDCA (do inglês *Plan, Do, Check e Act*):

- planejar: prever as atividades (processos) imprescindíveis para o atendimento das necessidades dos clientes, que "transformam" elementos "de entrada" em elementos" de saída";
- executar: executar as atividades (processos) planejadas;
- controlar: medir e controlar os processos e seus resultados quanto ao atendimento às exigências feitas pelos clientes e analisar os resultados;
- agir: levar adiante ações que permitam uma melhoria permanente do desempenho dos processos.

Para que uma empresa atuante na construção de obras trabalhe de maneira eficaz, ela deve desempenhar diferentes atividades. A abordagem de processo procura assim identificar, organizar e gerenciar tais atividades, levando em conta suas condições iniciais e os recursos necessários para levá-las adiante (tudo aquilo que é necessário para realizar a atividade), os elementos que dela resultam (tudo o que é "produzido" pela atividade) e as interações entre atividades. Tal abordagem leva em conta o fato de que o resultado de um processo é quase sempre a "entrada" do processo subsequente; as interações ocorrem nas interfaces entre dois processos.

a.3) GENERALIDADES

O SiAC – Execução de Obras possui caráter evolutivo, estabelecendo níveis de avaliação da conformidade progressivos, segundo os quais os sistemas de gestão da qualidade das empresas construtoras são avaliados e classificados. Cabe aos contratantes, públicos e privados, individualmente, ou preferencialmente por meio de Acordos Setoriais firmados entre contratantes e entidades representativas de contratados, estabelecerem prazos para começarem a vigorar as exigências de cada nível. Ele se baseia nos princípios que constam do Regimento Geral do Sistema de Avaliação da Conformidade de Empresas de Serviços e Obras da Construção Civil (SiAC). Os Certificados de Conformidade emitidos com base nos diversos Referenciais Normativos do SiAC só têm validade se emitidos por Organismo de Avaliação da Conformidade (OAC) autorizado pela Comissão Nacional. Portanto, as empresas construtoras que desejam se certificar conforme o presente Referencial Normativo devem consultar a Secretaria Executiva Nacional (SEN) do SiAC ou na página de internet do PBQP-H (http://www.cidades.gov.br/pbqp-h) a lista de Organismos de Certificação Credenciados (OCC) autorizados. Estes e outros aspectos regimentais estão previstos no Regimento Geral do Sistema de Avaliação da Conformidade de Empresas de Serviços e Obras (SiAC) e no Regimento Específico do Sistema de Avaliação da Conformidade de Empresas de Serviços e Obras da Construção Civil (SiAC) da Especialidade Técnica Execução de Obras.

a.4) REQUISITOS APLICÁVEIS DO SISTEMA DE GESTÃO

No Quadro 3.1 são apresentados os requisitos do Sistema de Gestão aplicáveis neste Referencial Normativo.

a.5) ESCOPO DE APLICAÇÃO

Todos os requisitos deste referencial são válidos para as empresas construtoras. No entanto, ele, além destes requisitos, é composto por uma série de Requisitos Complementares, cada qual válido para um subsetor. Os requisitos são genéricos e aplicáveis para todas as empresas construtoras, sem levar em consideração o seu tipo e tamanho. Quando algum requisito deste referencial não puder ser aplicado em virtude da natureza de uma empresa construtora e seus produtos e serviços, isso poderá ser considerado para exclusão. Quando são efetuadas exclusões, reivindicação de conformidade com este referencial não são aceitáveis a não ser que as exclusões fiquem limitadas aos requisitos contidos na Seção g (Execução da Obra) e que tais exclusões não afetem a capacidade ou responsabilidade da empresa construtora para fornecer produtos que atendam aos requisitos dos clientes e requisitos regulamentares aplicáveis.

b) REFERÊNCIA NORMATIVA

Como já dito, a aplicação do presente referencial de certificação não impede a empresa construtora de implementar e de se certificar pelo referencial da edição vigente da norma NBR ISO 9001, nem tampouco a exime de respeitar toda a legislação a ela aplicável.

c) TERMOS E DEFINIÇÕES

Aplicam-se os termos e definições do Regimento Geral do SiAC e da edição vigente da norma NBR ISO 9000.

d) SISTEMA DE GESTÃO DA QUALIDADE
d.1) REQUISITOS GERAIS

Para implementar o Sistema de Gestão da Qualidade, a empresa construtora deve atender em seu planejamento de implantação do SGQ os requisitos abaixo descritos. Os títulos de requisitos aplicáveis no nível superior são indicados. A empresa necessita:

Quadro 3.1: Correlação entre os capítulos da NBR ISO 9001:2008 e o SiAC (2005)

CAPÍTULO DO MANUAL DA QUALIDADE DA CONSTRUTORA	NBR ISO 9001:2008	SiAC (2005)
1. APRESENTAÇÃO		
2. RESPONSABILIDADE DA DIRETORIA		
2.1 Comprometimento da diretoria	Comprometimento da direção Foco no cliente	Comprometimento da direção da empresa Foco no cliente
2.2 Política da qualidade	5.3 Política da qualidade	5.3 Política da qualidade
2.3 Objetivos, metas e indicadores	5.4.1 Objetivos da qualidade 8.2.3 Medição e monitoramento de processos	5.4.1 Objetivos da qualidade 8.2.3 Medição e monitoramento de processos
2.4 Satisfação do cliente	5.2 Foco no cliente 8.2.1 Satisfação dos clientes 8.2.3 Medição e Monitoramento de Processos	5.2 Foco no cliente 8.2.1 Satisfação do cliente 8.2.3 Medição e Monitoramento de Processos
2.5 Conscientização	5.3 Política da qualidade 5.5.3 Comunicação interna 6.2.2 Competência, conscientização	5.3 Política da qualidade 5.5.3 Comunicação interna 6.2.2 Treinamento, conscientização e competência
2.6 Planejamento do sistema	4.2.2 Manual da qualidade 5.4.2 Planejamento do sistema de gestão da qualidade 7.1 Planejamento da realização do	4.2.2 Manual da qualidade 5.4.2 Planejamento do sistema de gestão da qualidade Plano da qualidade da obra Planejamento da execução da obra
2.7 Estrutura organizacional	Responsabilidade e Autoridade Representante da Direção	Responsabilidade e Autoridade Representante da Direção da Empresa
2.8 Escopo e abrangência do sistema	4.1 Requisitos gerais Generalidades Manual da qualidade	4.1 Requisitos gerais Generalidades Manual da qualidade
2.9 Exclusões	4.2.2 Manual da qualidade 7.5.2 Validação dos processos de produção e fornecimento de serv	4.2.2 Manual da qualidade 7.5.2 Validação dos processos
2.10 Comunicação com o cliente	7.2.3 Comunicação com o cliente	7.2.3 Comunicação com o cliente
2.11 Comunicação interna	5.5.3 Comunicação interna	5.5.3 Comunicação interna
2.12 Provisão de recursos	5.1 Comprometimento da direção Provisão de recursos Recursos Humanos Infraestrutura Ambiente de trabalho	5.1 Comprometimento da direção da empresa Provisão de recursos Recursos Humanos Infraestrutura Ambiente de trabalho
2.13 Análise crítica pela direção	5.6 Análise crítica pela direção 8.5.1 Melhoria contínua	5.6 Análise crítica pela direção 8.5.1 Melhoria contínua
3. SISTEMA DE GESTÃO DA QUALIDADE		
3.1 Controle de documentos, dados e registros	Generalidades Manual da qualidade Controle de documentos Controle de Registros	Generalidades Manual da qualidade Controle de documentos Controle de Registros

Quadro 3.1: Correlação entre os capítulos da NBR ISO 9001:2008 e o SiAC (2005) (continuação)

3.2 Auditoria interna	8.5.1 Melhoria contínua Auditoria interna Monitoramento e medição de processos	Auditoria Interna Medição e monitoramento de processos 8.5.1 Melhoria Contínua
3.3 Tratamento de produto não conforme	8.3 Controle de produto não conforme	8.3 Controle de materiais e de serviços de execução controlados e da obra não conformes
3.4 Melhoria contínua	Melhoria contínua Ação corretiva Ação preventiva	Melhoria contínua Ação corretiva Ação preventiva
3.5 Análise de dados	8.4 Análise de dados	8.4 Análise de dados
3.6 Controle de dispositivos de monitoramento e medição	7.6 Controle de dispositivos de monitoramento e medição	7.6 Controle de dispositivos de monitoramento e medição
4. PROCESSOS PRINCIPAIS		
4.1 Incorporação	5.2 Foco no cliente Determinação de requisitos relacionados ao produto Análise Crítica dos Requisitos Relacionados ao Produto 8.2.3 Monitoramento e medição de processos	5.2 Foco no cliente Determinação de requisitos relacionados à obra Análise Crítica dos Requisitos relacionados à Obra 8.2.3 Medição e Monitoramento de Processos
4.2 Comercialização	5.2 Foco no cliente Determinação de requisitos relacionados ao produto Análise Crítica dos Requisitos Relacionados ao Produto Comunicação com o Cliente 8.2.3 Monitoramento e Medição de Processos	5.2 Foco no cliente Determinação de requisitos relacionados à obra Análise Crítica dos Requisitos Relacionados à Obra Comunicação com o Cliente 8.2.3 Medição e Monitoramento de Processos
4.3 Planejamento da obra	7.1 Planejamento da realização do produto 8.2.3 Monitoramento e medição de processos	7.1 Planejamento da obra 8.2.3 Medição e monitoramento de processos
4.4 Projeto	7.2.1 Determinação de requisitos relacionados ao produto 7.3 Projeto e desenvolvimento 8.2.3 Monitoramento e Medição de Processos	7.2.1 Identificação de requisitos relacionados à obra 7.3 Projeto 8.2.3 Medição e Monitoramento de Processos
4.5 Aquisição	Processo de aquisição Informações de aquisição 8.2.3 Monitoramento e medição de processos	Processo de aquisição Informações para aquisição 8.2.3 Medição e monitoramento de processos
4.6 Execução da obra		
4.6.1 Execução de serviços	Infraestrutura Ambiente de trabalho 7.5.1 Controle de produção e fornecimento de serviços 8.2.3 Monitoramento e medição de processos	Infraestrutura Ambiente de trabalho 7.5.1 Controle de operações 8.2.3 Medição e monitoramento de processos

Quadro 3.1: Correlação entre os capítulos da NBR ISO 9001:2008 e o SiAC (2005) (continuação)

4.6.2 Inspeção de serviços	7.4.3 Verificação do produto adquirido 7.5.3 Identificação e rastreabilidade Monitoramento e medição de processos Monitoramento e medição de produto 8.3 Controle de produto não conforme	7.4.3 Verificação do produto adquirido 7.5.3 Identificação e rastreabilidade 8.2.4 Inspeção e monitoramento de materiais e serviços de execução controlados e da obra 8.2.3 Medição e monitoramento de processos 8.3 Controle de materiais e de serviços de execução controlados e da obra não conformes
4.6.3 Controle de equipamentos de produção	7.5.1 Controle de produção e fornecimento de serviços	7.5.1 Controle de operações
4.6.4 Preservação de serviços acabados	7.5.5 Preservação do produto	7.5.5 Preservação do produto
4.7 Controle de materiais		
4.7.1 Inspeção de materiais no recebimento	7.4.3 Verificação do produto adquirido 7.5.3 Identificação e Rastreabilidade 8.2.3 Monitoramento e medição de processos 8.2.4 Monitoramento e medição de produto 8.3 Controle de produto não conforme	7.4.3 Verificação do produto adquirido 7.5.3 Identificação e rastreabilidade 8.2.3 Medição e monitoramento de processos
4.7.2 Manuseio e armazenamento de materiais	7.5.3 Identificação e rastreabilidade 7.5.5 Preservação do produto	7.5.3 Identificação e rastreabilidade 7.5.5 Preservação do produto
4.7.3 Controle da propriedade do cliente	7.5.3 Identificação e rastreabilidade 7.5.4 Propriedade do cliente	7.5.3 Identificação e rastreabilidade 7.5.4 Propriedade do cliente
4.7.4 Identificação e rastreabilidade	7.5.3 Identificação e rastreabilidade	7.5.3 Identificação e rastreabilidade
4.8 Entrega da Obra 7.2.3 Comunicação com o cliente	7.5.1 Controle de produção e fornecimento de serviço 7.5.3 Identificação e rastreabilidade 8.2.3 Monitoramento e medição de processos 8.2.4 Monitoramento e medição de produto 8.3 Controle de produto não conforme	7.2.3 Comunicação com o Cliente 7.5.1 Controle de Operações 7.5.3 Identificação e rastreabilidade 8.3 Controle de produto não conforme 8.2.4 Medição e monitoramento de produto 8.2.3 Medição e monitoramento de processos 8.3 Controle de materiais e serviços de Execução controlados e da obra não conformes

Quadro 3.1: Correlação entre os capítulos da NBR ISO 9001:2008 e o SiAC (2005) (continuação)

4.9 Assistência técnica	7.2.3 Comunicação com o cliente 7.5.1 Controle de produção e fornecimento de serviço 7.5.3 Identificação e rastreabilidade 8.2.3 Monitoramento e medição de processos 8.2.4 Monitoramento e medição de produto 8.3 Controle de produto não conforme	7.2.3 Comunicação com o cliente 7.5.1 Controle de operações 7.5.3 Identificação e rastreabilidade 8.2.3 Medição e monitoramento de processos 8.2.4 Inspeção e monitoramento de materiais e serviços de execução controlados e da obra 8.3 Controle de materiais e serviços de execução controlados e da obra não conformes
5. PROCESSOS DE APOIO		
5.1 Recursos Humanos	6.2.1 Generalidades 6.2.2 Competência, conscientização e treinamento 8.2.3 Monitoramento e Medição de Processos	6.2.1 Designação de pessoal 6.2.2 Treinamento, conscientização e competência 8.2.3 Medição e Monitoramento de processos
5.2 Serviço de Atendimento ao Cliente – SAC	7.2.3 Comunicação com o cliente 8.2.3 Monitoramento e medição de processos	7.2.3 Comunicação com o cliente 8.2.3 Medição e monitoramento de processos

- realizar um diagnóstico da situação da empresa, em relação aos presentes requisitos, no início do desenvolvimento do Sistema de Gestão da Qualidade;
- definir claramente o(s) subsetor(es) e tipo(s) de obra abrangido(s) pelo Sistema de Gestão da Qualidade;
- estabelecer lista de serviços de execução controlados e lista de materiais controlados, respeitando-se as exigências específicas dos Requisitos Complementares para os subsetores da especialidade técnica Execução de Obras do Sistema de Avaliação da Conformidade de Empresas de Serviços e Obras da Construção Civil (SiAC) em que atua;
- identificar e gerenciar os processos necessários para o Sistema de Gestão da Qualidade e sua aplicação por toda a empresa construtora (ver a.2);
- determinar a sequência e interação desses processos;
- elaborar um planejamento para desenvolvimento e implementação do Sistema de Gestão da Qualidade, estabelecendo responsáveis e prazos para atendimento de cada requisito e obtenção dos diferentes níveis de certificação;
- determinar critérios e métodos necessários para assegurar que a operação e o controle desses processos sejam eficazes;
- assegurar a disponibilidade de recursos e informações necessárias para apoiar a operação e monitoramento desses processos;
- monitorar, medir e analisar esses processos;
- implementar ações necessárias para atingir os resultados planejados e a melhoria contínua desses processos.

A empresa construtora tem de gerenciar esses processos de acordo com os requisitos deste referencial. Quando a empresa construtora optar por adquirir externamente algum processo que afete a conformidade do produto em relação aos requisitos, ela precisará assegurar o controle desse processo. O controle de tais processos necessita ser

Quadro 3.2: Sistemas de gestão aplicáveis no referencial normativo

SiAC – Execução de Obras			Nível B
SEÇÃO	**REQUISITO**		
4. Sistema de Gestão da Qualidade	4.1 Requisitos gerais		X
	4.2 Requisitos da documentação	4.2.1. Generalidades	X
		4.2.2. Manual da qualidade	X
		4.2.3. Controle de documentos	X
		4.2.4. Controle de registros	X
5. Responsabilidade da direção da empresa	5.1. Comprometimento da direção da empresa		X
	5.2. Foco no cliente		X
	5.3. Política da qualidade		X
	5.4. Planejamento	5.4.1. Objetivos da qualidade	X
		5.4.2. Planejamento do Sistema de Gestão da Qualidade	X
	5.5. Responsabilidade, autoridade e comunicação	5.5.1. Responsabilidade e autoridade	
		5.5.2. Respresentante da direção da empresa	X
		5.5.3. Comunicação interna	
	5.6. Análise crítica pela direção	5.6.1. Generalidades	X
		5.6.2. Entradas para a análise crítica	X
		5.6.3. Saídas da análise crítica	X
6. Gestão de recursos	6.1. Provisão de recursos		X
	6.2. Recursos humanos	6.2.1. Designação de pessoal	X
		6.2.2. Treinamento, conscientização e competência	X
	6.3. Infraestrutura		X
	6.4. Ambiente de trabalho		X
7. Execução da obra	7.1. Planejamento da obra	7.1.1. Plano de qualidade da obra	X
		7.1.2. Planejamento da execução da obra	X
	7.2. Processos relacionados ao cliente	7.2.1. Identificação de requisitos relacionados à obra	X
		7.2.2 Análise crítica dos requisitos relacionados à obra	X
		7.2.3. Comunicação com o cliente	
	7.3. Projeto	7.3.1. Planejamento da elaboração do projeto	
		7.3.2. Entradas de projeto	
		7.3.3. Saídas de projeto	
		7.3.4. Análise crítica de projeto	
		7.3.5. Verificação de projeto	
		7.3.6. Validação de projeto	
		7.3.7. Controle de alteração de projeto	
		7.3.8. Análise crítica de projetos fornecidos pelo cliente	X
	7.4. Aquisição	7.4.1. Processo de aquisição	X
		7.4.2. Informação para aquisição	X
		7.4.3. Verificação do produto adquirido	X

Quadro 3.2: Sistemas de gestão aplicáveis no referencial normativo (continuação)

	7.5. Operação de produção e fornecimento de serviço	7.5.1. Controle de operações	X
		7.5.2. Validação de processos	X
		7.5.3. Identificação e rastreabilidade	
		7.5.4. Propriedade do cliente	
		7.5.5. Preservação de produto	X
	7.6. Controle de dispositivos de medição e monitoramento		X
8. Medição, análise e melhoria	8.1. Generalidades		X
	8.2. Medição e monitoramento	8.2.1. Satisfação do cliente	X
		8.2.2. Auditoria interna	X
		8.2.3. Medição e monitoramento de processos	X
		8.2.4. Inspeção e monitoramento de materiais, serviços de execução controlados e de obra	X
	8.3. Controle de materiais e de serviços de execução controlados e da obra não conformes		X
	8.4. Análise de dados		X
	8.5. Melhoria	8.5.1. Melhoria contínua	X
		8.5.2. Ação corretiva	X
		8.5.3. Ação preventiva	

Nota: A letra "X" da coluna "nível" indica os requisitos exigíveis no presente nível de certificação.

identificado no Sistema de Gestão da Qualidade.

d.2) REQUISITOS DE DOCUMENTAÇÃO
d.2.1) GENERALIDADES

A documentação do Sistema de Gestão da Qualidade deve ser constituída de modo evolutivo, de acordo com os níveis de certificação obtidos, precisando incluir:

- declarações documentadas da política da qualidade e dos objetivos da qualidade;
- Manual da Qualidade (ver d.2.2) e Planos da Qualidade de Obras (ver g.1.1);
- procedimentos documentados requeridos pelo presente referencial;
- documentos identificados como necessários pela empresa construtora para assegurar a efetiva operação e controle de seus processos;
- registros da qualidade requeridos por este referencial (ver d.2.4).

Nota 1: Em todos os requisitos, sempre que constar que a empresa construtora necessita "estabelecer procedimento documentado", significa que ela tem de: "elaborar, documentar, implementar e manter" estes procedimentos.
Nota 2: A abrangência da documentação do Sistema de Gestão da Qualidade de uma empresa construtora pode diferir do de uma outra por causa:

- do tamanho e subsetor de atuação;
- da complexidade dos processos e suas interações;
- da competência do pessoal.

Nota 3: A documentação do Sistema de Gestão da Qualidade pode estar em qualquer forma ou tipo de meio de comunicação.

d.2.2) MANUAL DA QUALIDADE

A empresa construtora deve elaborar, documentar, implementar e manter um Manual da Qualidade que inclua:

- subsetor(es) e tipo(s) de obras abrangido(s) pelo seu Sistema de Gestão da Qualidade;
- detalhes e justificativas para quaisquer exclusões de requisitos deste referencial (ver a.5);
- procedimentos documentados instituídos de modo evolutivo para o Sistema de Gestão da Qualidade, ou referência a eles;
- descrição da sequência e interação entre os processos do Sistema de Gestão da Qualidade.

d.2.3) CONTROLE DE DOCUMENTOS

Os documentos requeridos pelo Sistema de Gestão da Qualidade têm de ser controlados, conforme o nível de certificação da empresa construtora. Um procedimento documentado precisa ser instituído para definir os controles necessários para:

- aprovar documentos quanto à sua adequação, antes da sua emissão;
- analisar criticamente e atualizar, quando necessário, e reaprovar documentos;
- assegurar que alterações e a situação da revisão atual dos documentos sejam identificadas, a fim de evitar o uso indevido de documentos não válidos ou obsoletos;
- assegurar que as versões pertinentes de documentos aplicáveis estejam disponíveis em todos os locais onde são executadas as operações essenciais para o funcionamento efetivo do Sistema de Gestão da Qualidade;
- assegurar que os documentos permaneçam legíveis e prontamente identificáveis;
- prevenir o uso não intencional de documentos obsoletos e aplicar uma identificação adequada nos casos em que forem retidos por qualquer propósito;
- assegurar que documentos de origem externa, tais como normas técnicas, projetos, memoriais e especificações do cliente, sejam identificados, tenham distribuição controlada e estejam disponíveis em todos os locais onde são aplicáveis.

Nota: As empresas não estão obrigadas a disponibilizar as normas técnicas que porventura sejam citadas nos seus documentos, tais como especificação de materiais e procedimentos para execução de serviços.

d.2.4) CONTROLE DE REGISTROS

Registros da qualidade devem ser instituídos e mantidos para prover evidências da conformidade com requisitos e da operação eficaz do Sistema de Gestão da Qualidade. Registros da qualidade precisam ser mantidos legíveis, prontamente identificáveis e recuperáveis. Um procedimento documentado tem de ser instituído para definir os controles necessários para identificação, armazenamento, proteção, recuperação, tempo de retenção e descarte dos registros da qualidade. Necessitam também ser considerados registros oriundos de fornecedores de materiais e serviços controlados.

e) RESPONSABILIDADE DA DIREÇÃO DA EMPRESA
e.1) COMPROMETIMENTO DA DIREÇÃO DA EMPRESA

A direção da empresa construtora deve fornecer evidência do seu comprometimento com o desenvolvimento e implementação do Sistema de Gestão da Qualidade e com a melhoria contínua de sua eficácia mediante:

- a comunicação aos profissionais da empresa e àqueles de empresas subcontratadas para a execução de serviços controlados da importância de atender aos requisitos do cliente, assim como aos regulamentares e estatutários;
- o estabelecimento da política da qualidade;
- a garantia da disponibilidade de recursos necessários;
- a garantia de que são estabelecidos os objetivos da qualidade (ver e.4.1).

e.2) FOCO NO CLIENTE

A direção da empresa construtora deve assegurar que os requisitos do cliente são determinados com o propósito de aumentar a satisfação do cliente (ver g.2.1 e h.2.1). A direção da empresa precisa assegurar que os requisitos do cliente sejam atendidos com o propósito de aumentar a satisfação do cliente (ver g.2.1 e h.2.1).

Capítulo 3 – Serviços gerais

e.3) POLÍTICA DA QUALIDADE

A direção da empresa tem de assegurar que a política da qualidade:

- seja apropriada aos propósitos da empresa construtora;
- inclua o comprometimento com o atendimento aos requisitos e com a melhoria contínua da eficácia do Sistema de Gestão da Qualidade;
- proporciona uma estrutura para estabelecimento e análise crítica dos objetivos da qualidade;
- seja comunicada nos níveis apropriados da empresa construtora e de seus subcontratados com responsabilidades definidas no Sistema de Gestão da Qualidade da empresa, segundo um plano de sensibilização previamente definido;
- seja entendida, no grau de entendimento apropriado, pelos profissionais da empresa construtora e de seus subempreiteiros com responsabilidade no Sistema de Gestão da Qualidade da empresa, conforme o seu nível evolutivo;
- seja analisada criticamente para manutenção de sua adequação.

e.4) PLANEJAMENTO
e.4.1) OBJETIVOS DA QUALIDADE

A direção da empresa precisa assegurar que:

- sejam definidos objetivos da qualidade mensuráveis para as funções e níveis pertinentes da empresa construtora e de modo consistente com a política da qualidade;
- sejam definidos indicadores para permitir o acompanhamento dos objetivos da qualidade;
- os objetivos da qualidade incluam aqueles necessários para atender aos requisitos aplicados à execução das obras da empresa (ver g.1.1);
- seja implementado um sistema de medição dos indicadores definidos;
- haja acompanhamento da evolução dos indicadores definidos, para verificar o atendimento dos objetivos da qualidade.

e.4.1.1) OBJETIVOS DA QUALIDADE VOLTADOS À SUSTENTABILIDADE DOS CANTEIROS DE OBRAS

São considerados indicadores da qualidade obrigatórios os voltados à sustentabilidade dos canteiros de obras da empresa, devendo minimamente ser os seguintes:

- indicador de geração de resíduos ao longo da obra: volume total de resíduos descartados (excluído o solo) por trabalhador por mês – medido mensalmente e de modo acumulado ao longo da obra em m3 de resíduos descartados/trabalhador;
- indicador de geração de resíduos ao final da obra: volume total de resíduos descartados (excluído o solo) por m2 de área construída – medido de modo acumulado ao final da obra em m3 de resíduos descartados/m2 de área construída;
- indicador de consumo de água ao longo da obra: consumo de água potável no canteiro de obras por trabalhador por mês – medido mensalmente e de modo acumulado ao longo da obra em m3 de água/trabalhador;
- indicador de consumo de água ao final da obra: consumo de água potável no canteiro de obras por m2 de área construída – medido de modo acumulado ao final da obra em m3 de água/m2 de área construída;
- indicador de consumo de energia ao longo da obra: consumo de energia elétrica no canteiro de obras por trabalhador por mês – medido mensalmente e de modo acumulado ao longo da obra em kWh de energia elétrica/trabalhador;
- indicador de consumo de energia ao final da obra: consumo de energia no canteiro de obras por m2 de área construída – medido de modo acumulado ao final da obra em 2 kWh de energia elétrica/m de área construída.

Nota: Os indicadores acima são obrigatórios apenas para as empresas construtoras que atuam no subsetor obras de edificações. Para as que atuam nos demais subsetores – obras lineares de saneamento básico, obras localizadas de saneamento básico, obras viárias e obras de arte especiais – seu uso é facultativo, podendo ainda a empresa substituí-los por outros voltados à sustentabilidade dos canteiros de obras dos empreendimentos em questão.

e.4.2) PLANEJAMENTO DO SISTEMA DE GESTÃO DA QUALIDADE
A direção da empresa deve assegurar que:
- o planejamento do Sistema de Gestão da Qualidade é realizado de forma a satisfazer aos requisitos citados em d.1, bem como aos objetivos da qualidade;
- a integridade do Sistema de Gestão da Qualidade é mantida quando mudanças no Sistema de Gestão da Qualidade são planejadas e implementadas.

e.5) RESPONSABILIDADE, AUTORIDADE E COMUNICAÇÃO
e.5.1) RESPONSABILIDADE E AUTORIDADE
A direção da empresa tem de assegurar que as responsabilidades e autoridades são definidas ao longo da documentação do sistema e comunicadas na empresa construtora.

e.5.2) REPRESENTANTE DA DIREÇÃO DA EMPRESA
A direção da empresa precisa indicar um membro da empresa construtora que, independentemente de outras responsabilidades, tem responsabilidade e autoridade para:
- assegurar que os processos necessários para o Sistema de Gestão da Qualidade sejam estabelecidos de maneira evolutiva, implementados e mantidos;
- assegurar a promoção da conscientização sobre os requisitos do cliente em toda a empresa;
- relatar à direção da organização o desempenho do Sistema de Gestão da Qualidade e qualquer necessidade de melhoria.

e.5.3) COMUNICAÇÃO INTERNA
A direção da empresa tem de assegurar que são estabelecidos internamente os processos de comunicação apropriados e que seja realizada a comunicação relativa à eficácia do Sistema de Gestão da Qualidade.

e.6) ANÁLISE CRÍTICA PELA DIREÇÃO
e.6.1) GENERALIDADES
A direção da empresa deve analisar criticamente o Sistema de Gestão da Qualidade, a intervalos planejados, para assegurar sua contínua pertinência, adequação e eficácia. A análise crítica tem de incluir a avaliação de oportunidades para melhoria e necessidades de mudanças no Sistema de Gestão da Qualidade, incluindo a política da qualidade e os objetivos da qualidade. Precisam ser mantidos registros das análises críticas pela direção da empresa (ver d.2.4).

e.6.2) ENTRADAS PARA A ANÁLISE CRÍTICA
As entradas para a análise crítica pela direção necessitam incluir informações sobre:
- os resultados de auditorias;
- a situação das ações corretivas;
- acompanhamento de ações oriundas de análises críticas anteriores;
- mudanças que possam afetar o sistema de gestão da qualidade;
- recomendações para melhoria;
- as retroalimentações do cliente;
- o desempenho dos processos e da análise da conformidade do produto;
- a situação das ações preventivas.

e.6.3) SAÍDAS DA ANÁLISE CRÍTICA
Os resultados da análise crítica pela direção devem incluir quaisquer decisões e ações relacionadas à:
- melhoria do produto com relação aos requisitos do cliente;

Capítulo 3 – Serviços gerais 101

- necessidade de recursos;
- melhoria da eficácia do Sistema de Gestão da Qualidade e de seus processos.

f) GESTÃO DE RECURSOS
f.1) PROVISÃO DE RECURSOS
A empresa construtora tem de determinar e prover recursos, de acordo com os requisitos do nível evolutivo em que se encontra, necessários para:

- implementar de maneira evolutiva e manter seus Sistema de Gestão da Qualidade;
- melhorar continuamente a eficácia do Sistema de Gestão da Qualidade;
- aumentar a satisfação dos clientes mediante o atendimento aos seus requisitos.

f.2) RECURSOS HUMANOS
f.2.1) DESIGNAÇÃO DE PESSOAL
O pessoal que executa atividades que afetam a qualidade do produto precisa ser competente, com base em escolaridade, qualificação profissional, treinamento, habilidade e experiência apropriados.

f.2.2) COMPETÊNCIA, CONSCIENTIZAÇÃO E TREINAMENTO
A empresa construtora necessita, em função da evolução de seu Sistema de Gestão da Qualidade:

- determinar as competências necessárias para o pessoal que executa trabalhos que afetam a qualidade do produto;
- fornecer treinamento ou tomar outras ações para satisfazer essas necessidades de competência;
- avaliar a eficácia das ações executadas;
- assegurar que seu pessoal está consciente da pertinência e importância de suas atividades e de como elas contribuem para atingir os objetivos da qualidade;
- manter registros apropriados de escolaridade, qualificação profissional, treinamento, experiência e habilidade (ver d.2.4).

f.3) INFRAESTRUTURA
A empresa construtora deve identificar, prover e manter a infraestrutura necessária para a obtenção da conformidade do produto, incluindo:

- canteiros de obras, escritórios da empresa, demais locais de trabalho e instalações associadas;
- ferramentas e equipamentos relacionados ao processo de produção;
- serviço de apoio (tais como abastecimentos em geral, áreas de vivência, transporte e meios de comunicação).

f.4) AMBIENTE DE TRABALHO
A empresa construtora deve determinar e gerenciar as condições do ambiente de trabalho necessárias para a obtenção da conformidade com os requisitos do produto.

g) EXECUÇÃO DA OBRA
Execução da obra é a sequência de processos requeridos para a obtenção parcial ou total do produto almejado pelo cliente, em função da empresa construtora ter sido contratada para atuar apenas em etapa(s) específica(s) de sua produção ou para sua produção integral.

g.1) PLANEJAMENTO DA OBRA
g.1.1) PLANO DA QUALIDADE DA OBRA
A empresa construtora deve, para cada uma de suas obras, elaborar e documentar o respectivo Plano da Qualidade da Obra, consistente com os outros requisitos do Sistema de Gestão da Qualidade (ver d.1), contendo os seguintes elementos, quando apropriado:

- estrutura organizacional da obra, incluindo definição de responsabilidades específicas;
- relação de materiais e serviços de execução controlados e respectivos procedimentos de execução e inspeção;
- projeto do canteiro;
- identificação das especificidades da execução da obra e determinação das respectivas formas de controle; precisam ser mantidos registros dos controles realizados (ver d.2.4);
- identificação dos processos considerados críticos para a qualidade da obra e atendimento das exigências dos clientes, bem como de suas formas de controle; têm de ser mantidos registros dos controles realizados (ver d.2.4)
- identificação das especificidades no que se refere à manutenção de equipamentos considerados críticos para a qualidade da obra e atendimento das exigências dos clientes;
- programa de treinamento específico da obra;
- objetivos da qualidade específicos para a execução da obra e atendimento das exigências dos clientes, associados a indicadores;
- definição do destino adequado dado aos resíduos sólidos e líquidos produzidos pela obra (entulhos, esgotos, águas servidas), respeitando o meio ambiente e estando em consonância com a Política Nacional de Resíduos Sólidos (Lei 12.305/2010) e com as legislações estaduais e municipais aplicáveis.

g.1.2) PLANEJAMENTO DA EXECUÇÃO DA OBRA

A empresa construtora necessita realizar o planejamento, programação e controle do andamento da execução da obra, visando ao seu bom desenvolvimento, contemplando os respectivos recursos. Devem ser mantidos registros dos controles de andamento realizados (ver d.2.4).

g.2) PROCESSOS RELACIONADOS AO CLIENTE
g.2.1) DETERMINAÇÃO DOS REQUISITOS RELACIONADOS À OBRA

A empresa construtora tem de determinar:

- requisitos da obra especificados pelo cliente, incluindo os requisitos de entrega da obra e assistência técnica;
- requisitos da obra não especificados pelo cliente, mas necessários para o uso especificado ou intencional;
- obrigações relativas à obra, incluindo requisitos regulamentares e legais;
- qualquer requisito adicional determinado pela empresa construtora.

g.2.2) ANÁLISE CRÍTICA DOS REQUISITOS RELACIONADOS À OBRA

A empresa construtora deve analisar criticamente os requisitos da obra, determinados em g.2.1. A análise crítica precisa ser conduzida antes que seja assumido o compromisso de executar a obra para o cliente (por exemplo, submissão de uma proposta, lançamento de um empreendimento ou assinatura de um contrato) e deve assegurar que:

- os requisitos da obra estão definidos;
- quaisquer divergências entre a proposta e o contrato estão resolvidas;
- a empresa construtora tem capacidade para atender aos requisitos determinados.

Precisam ser mantidos registros dos resultados das análises críticas e das ações resultantes dessa análise (ver d.2.4). Quando o cliente não apresenta seus requisitos documentados, estes têm de ser confirmados antes da aceitação. Quando os requisitos da obra forem alterados, a empresa construtora necessitará assegurar que os documentos pertinentes serão complementados e que o pessoal pertinente será notificado sobre as alterações feitas.

g.2.3) COMUNICAÇÃO COM O CLIENTE

A empresa construtora necessita determinar e implementar meios de comunicação com os clientes relacionados a:

a) tratamento de propostas e contratos, inclusive emendas; b) informações sobre a obra; c) retroalimentação do cliente, incluindo suas reclamações.

g.3) PROJETO

Para empresas construtoras que executam seus projetos internamente ou os subcontratam, o requisito g.3 deve ser aplicado dos requisitos g.3.1 ao g.3.7. Para as que recebem projetos de seus clientes aplica-se apenas o requisito g.3.8, precisando isso ser explicitado na definição do escopo do Sistema de Gestão da Qualidade, previsto no requisito a.5.

g.3.1 PLANEJAMENTO DA ELABORAÇÃO DO PROJETO

A empresa construtora tem de planejar e controlar o processo de elaboração do projeto da obra destinada ao seu cliente. Durante este planejamento, a empresa construtora necessita determinar:

- as etapas do processo de elaboração do projeto, considerando as suas diferentes especialidades técnicas;
- a análise crítica e verificação que sejam apropriadas para cada etapa do processo de elaboração do projeto, para suas diferentes especialidades técnicas;
- as responsabilidades e autoridades para o projeto.

A empresa construtora deve gerenciar as interfaces entre as diferentes especialidades técnicas (internas ou externas envolvidas no projeto para assegurar a comunicação eficaz e designação clara de responsabilidades. As saídas do planejamento da elaboração do projeto têm de ser atualizadas, conforme apropriado, de acordo com a evolução do projeto.

g.3.2) ENTRADAS DE PROJETO

As entradas do processo de projeto relativas aos requisitos da obra precisam ser definidas e os respectivos registros necessitam ser mantidos (ver d.2.4). Estas devem incluir:

- requisitos funcionais e de desempenho;
- requisitos regulamentares e legais aplicáveis;
- quando pertinente, informações provenientes de projetos similares anteriores;
- quaisquer outros requisitos essenciais para o projeto.

Estas entradas têm de ser analisadas criticamente quanto a sua adequação. Requisitos precisam ser completos, sem ambiguidades e não conflitantes entre si.

g.3.3 SAÍDAS DE PROJETO

As saídas do processo de projeto necessitam ser documentadas de uma maneira que possibilite sua verificação em relação aos requisitos de entrada e devem ser aprovadas antes da sua liberação. São consideradas saídas de projeto os memoriais de cálculo, descritivos ou justificativos, da mesma forma que as especificações técnicas e os desenhos e demais elementos gráficos. As saídas de projeto têm de:

- atender aos requisitos de entrada do processo de projeto;
- fornecer informações apropriadas para aquisição de materiais e serviços e para a execução da obra, incluindo indicações dos dispositivos regulamentadores e legais aplicáveis;
- onde pertinente, informações provenientes de projetos similares anteriores;
- onde pertinente, conter ou referenciar os critérios de aceitação para a obra;
- definir as características da obra que são essenciais para seu uso seguro e apropriado.

g.3.4) ANÁLISE CRÍTICA DE PROJETO

Precisam ser realizadas, em estágios apropriados e planejados (ver g.3.1), que podem ou não corresponder às etapas do processo de projeto, análises críticas sistemáticas do projeto para:

- avaliar a capacidade dos resultados do projeto de atender plenamente aos requisites de entrada do processo de projeto;
- garantir a compatibilização do projeto;
- identificar todo tipo de problema e propor ações necessárias.

As análises críticas de projeto devem envolver representantes das especialidades técnicas concernentes ao estágio do projeto que está sendo analisado. Precisam ser mantidos registros das análises críticas e das subsequentes ações necessárias (verde 2.4).

g.3.5) VERIFICAÇÃO DE PROJETO
A verificação de projeto tem de ser executada conforme disposições planejadas (ver g.3.1), para assegurar que as saídas atendam aos requisitos de entrada. Devem ser mantidos registros dos resultados da verificação e das ações necessárias subsequentes (ver d.2.4).

g.3.6) VALIDAÇÃO DE PROJETO
A validação do projeto necessita ser realizada, quando for praticável, para a obra toda ou para suas partes. Apresenta-se como conclusão do processo de análise crítica, conforme planejado (ver g.3.1), e procura assegurar que o produto resultante é capaz de atender aos requisitos para o uso ou aplicação especificados ou pretendidos, se conhecidos. Os resultados da validação e as ações de acompanhamento subsequentes devem ser registrados (ver d.2.4). O registro do processo de validação tem de incluir as hipóteses e avaliações aplicáveis consideradas para garantir que o desempenho pretendido será atingido, particularmente quando incluídas no projeto soluções inovadoras. Nota: tal validação pode se dar com o uso de medidas como: realização de simulações por computador, confecção de maquetes, físicas ou eletrônicas; avaliação de desempenho; ensaios em partes do produto projetado (físicos os simulados); reuniões com possíveis usuários; construção de unidades-tipo; comparação com projetos semelhantes já construídos etc.

g.3.7) CONTROLE DE ALTERAÇÕES DE PROJETO
As alterações de projeto devem ser identificadas e registros têm de ser mantidos. As alterações precisam ser analisadas criticamente, verificadas e validadas, de modo apropriado, e aprovadas antes da sua implementação. A análise crítica das alterações de projeto necessita incluir a avaliação do efeito das alterações no produto como um todo ou em suas partes (por exemplo, interfaces entre subsistemas). Devem ser mantidos registros da análise crítica de alterações e de quaisquer ações necessárias (ver d.2.4).

g.3.8) ANÁLISE CRÍTICA DE PROJETOS FORNECIDOS PELO CLIENTE
A empresa construtora deve realizar análise crítica dos projetos do produto como um todo ou de suas partes que receba como decorrência de um contrato, possibilitando a correta execução da obra ou etapas dela. A empresa construtora tem de prever a forma segundo a qual procede à análise crítica de toda a documentação técnica afeita ao contrato (desenhos, memoriais, especificações técnicas). Caso tal análise aponte a necessidade de quaisquer ações, a empresa construtora precisará informar tal fato e comunicar ao cliente propostas de modificações e adaptações necessárias de qualquer natureza. Precisam ser mantidos registros dos resultados da análise crítica (ver d.2.4).

g.4) AQUISIÇÃO
g.4.1) PROCESSO DE AQUISIÇÃO
A empresa construtora tem de assegurar que a compra de materiais e a contratação de serviços estejam conformes com os requisitos especificados de aquisição. Este requisito abrange a compra de materiais controlados e a contratação de serviços de execução controlados, serviços laboratoriais, serviços de projeto, serviços especializados de engenharia e a locação de equipamentos que a empresa construtora considere críticos para o atendimento das exigências dos clientes. O tipo e extensão do controle aplicado ao fornecedor e ao produto adquirido dependerão do efeito do produto adquirido durante a execução da obra ou do produto final. Para a definição dos materiais e serviços de execução controlados, ver Requisitos Complementares, em função do subsetor da certificação almejada.

g.4.1.1) PROCESSO DE QUALIFICAÇÃO DE FORNECEDORES
A empresa construtora deve estabelecer critérios para qualificar (pré-avaliar e selecionar), de maneira evolutiva, seus fornecedores. Tem de ser tomado como base a capacidade do fornecedor em atender aos requisitos especificados nos documentos de aquisição. No caso de fornecedores de materiais, precisa ainda considerar a sua formalidade

e legalidade, em atendimento à legislação vigente. Poderá ser dispensada do processo de qualificação a empresa considerada qualificada pelo Programa Setorial da Qualidade (PSQ) do Sistema de Qualificação de Materiais, Componentes e Sistemas Construtivos (SiMaC) do PBQP-H, para o produto-alvo do PSQ a ser adquirido. No caso de o produto não ser produto-alvo de PSQ, poderá ser dispensada do processo de qualificação a empresa que apresente certificação no âmbito do Sistema Brasileiro de Avaliação da Conformidade (SBAC), emitida por Organismo de Certificação de Produto (OCP) acreditado pela Coordenação-Geral de Acreditação (CGCRE) do produto a ser adquirido. É vedada à empresa construtora a aquisição de produtos de fornecedores de materiais e componentes considerados não conformes nos PSQ. Poderá ser dispensada do processo de qualificação a empresa detentora de um Documento de Avaliação Técnica (DATec) do Sistema Nacional de Avaliações Técnicas (SINAT) de produtos inovadores do PBQP-H, do produto a ser adquirido. A empresa construtora necessita ainda manter atualizados os registros de qualificação de seus fornecedores e de quaisquer ações necessárias, oriundas da qualificação (ver d.2.4).

g.4.1.2) PROCESSO DE AVALIAÇÃO DE FORNECEDORES

A empresa construtora tem de estabelecer, de maneira evolutiva, critérios para avaliar o desempenho de seus fornecedores em seus fornecimentos. Precisa ser tomada como base a capacidade do fornecedor em atender aos requisitos especificados nos documentos de aquisição. No caso de fornecedores de materiais, necessita ainda considerar a sua formalidade e legalidade, em atendimento à legislação vigente. A empresa construtora deve ainda manter atualizados os registros de avaliação de seus fornecedores e de quaisquer ações necessárias oriundas da avaliação (ver d.2.4).

g.4.2) INFORMAÇÕES PARA AQUISIÇÃO

A empresa construtora deve assegurar, de maneira evolutiva, a adequação dos requisitos de aquisição especificados antes da sua comunicação ao fornecedor.

g.4.2.1) MATERIAIS CONTROLADOS

A empresa construtora tem de garantir que os documentos de compra de materiais controlados descrevam claramente o que está sendo comprado, contendo especificações técnicas (ver requisitos complementares aplicáveis ao subsetor pertinente).

g.4.2.2) SERVIÇOS CONTROLADOS

A empresa construtora precisa assegurar que os documentos de contratação de serviços de execução controlados descrevam claramente o que está sendo contratado, contendo especificações técnicas (ver requisitos complementares aplicáveis ao subsetor pertinente).

g.4.2.3) SERVIÇOS LABORATORIAIS

A empresa construtora necessita garantir que os documentos de contratação de serviços laboratoriais descrevam claramente, incluindo especificações técnicas, o que está sendo contratado.

g.4.2.4) SERVIÇOS DE PROJETO E SERVIÇOS ESPECIALIZADOS DE ENGENHARIA

A construtora tem de assegurar que os documentos de contratação de serviços de projeto e serviços especializados de engenharia descrevam claramente, incluindo especificações técnicas, o que está sendo contratado.

g.4.3) VERIFICAÇÃO DO PRODUTO ADQUIRIDO

A empresa construtora deve instituir e implementar, de maneira evolutiva, inspeção ou outras atividades necessárias para assegurar que o produto adquirido atende aos requisitos de aquisição especificados. A empresa construtora tem de estabelecer, de maneira evolutiva, procedimentos documentados de inspeção de recebimento (ver h.2.4) para todos os materiais e serviços de execução controlados. Quando a empresa construtora ou seu cliente pretender executar a verificação nas instalações do fornecedor, a empresa construtora precisa declarar nas informações para aquisição as providências de verificação pretendidas e o método de liberação de produto.

g.5) OPERAÇÕES DE PRODUÇÃO E FORNECIMENTO DE SERVIÇO
g.5.1) CONTROLE DE OPERAÇÕES

A empresa construtora necessita planejar e realizar a produção e o fornecimento de serviço sob condições controladas. Condições controladas devem incluir, de modo evolutivo e quando aplicável:

1. a disponibilidade de informações que descrevam as características do produto;

2. a disponibilidade de procedimentos de execução documentados, quando necessário;

3. uso de equipamentos adequados;

4. a disponibilidade e uso de dispositivos para monitoramento e medição;

5. a implementação de monitoramento e medição;

6. a implementação da liberação, entrega e atividades pós-entrega;

7. a manutenção de equipamentos considerados críticos para o atendimento das exigências dos clientes.

g.5.1.1) CONTROLE DOS SERVIÇOS DE EXECUÇÃO CONTROLADOS

A empresa construtora precisa, de maneira evolutiva, garantir que os procedimentos documentados afeitos aos serviços de execução controlados incluam requisitos para (ver Requisitos Complementares aplicáveis ao subsetor):

- I) Realização e aprovação do serviço, sendo que, quando a empresa construtora optar por adquirir externamente algum serviço controlado, ela necessitará:
    - I.1) definir o procedimento documentado de realização do processo, garantir que o fornecedor o implemente e assegurar o controle de inspeção desse processo; ou
    - I.2) analisar criticamente e aprovar o procedimento documentado de realização do serviço definido pela empresa externa subcontratada e assegurar o seu controle de inspeção.

Nota: Caso o serviço seja considerado um serviço especializado de execução de obras e tenha sido terceirizado, não haverá necessidade de demonstração do procedimento de realização, ficando a empresa construtora dispensada de analisá-lo criticamente e de aprová-lo. A existência do procedimento documentado de inspeção, conforme previsto nos Requisitos Complementares aplicáveis ao subsetor, continua, no entanto, sendo obrigatória.

- II) Qualificação do pessoal que realiza o serviço ou da empresa subcontratada, quando apropriado.

g.5.2) VALIDAÇÃO DE PROCESSOS

A empresa construtora tem de validar todos os processos de produção e de fornecimento de serviço em que a saída resultante não possa ser verificada por monitoramento ou medição subsequente. Isso inclui os processos em que as deficiências só fiquem aparentes depois que o produto esteja em uso ou o serviço tenha sido entregue. A validação precisa demonstrar a capacidade desses processos de alcançar os resultados planejados. A empresa construtora deve tomar as providências necessárias para esses processos, incluindo, quando aplicável:

- critérios definidos para análise crítica e aprovação dos processos;
- aprovação de equipamento e qualificação de pessoal;
- uso de métodos e procedimentos específicos;
- requisitos para registro (ver d.2.4); e
- revalidação.

g.5.3) IDENTIFICAÇÃO E RASTREABILIDADE
g.5.3.1) IDENTIFICAÇÃO

Quando apropriado, a empresa construtora deve identificar o produto ao longo da produção, a partir do recebimento e durante os estágios de execução e entrega. Esta identificação tem por objetivo garantir a correspondência inequívoca entre projetos, produtos, serviços e registros gerados, evitando erros. No caso dos materiais estruturais, a identificação tem também por objetivo a rastreabilidade. A situação dos produtos, com relação aos requisitos de monitoramento e de medição, tem de ser assinalada de modo apropriado de tal forma a indicarem a conformidade ou não deles com relação às inspeções e aos ensaios feitos. Para todos os materiais controlados, a empresa construtora precisa garantir que tais materiais não sejam empregados, por ela ou por empresa subcontratada, enquanto não tenham sido controlados ou enquanto suas exigências específicas não tenham sido verificadas. No caso de situações nas quais um desses materiais tenha que ser aplicado antes de ter sido controlado, ele necessita ser formalmente identificado, permitindo sua posterior localização e a realização das correções que se fizerem necessárias, no caso do não atendimento às exigências feitas. Para todos os serviços de execução controlados, a empresa construtora deve garantir que as etapas subsequentes a eles não sejam iniciadas, por ela ou por empresa subcontratada, enquanto eles não tenham sido controlados ou enquanto suas exigências específicas não tenham sido verificadas.

g.5.3.2) RASTREABILIDADE

A empresa construtora tem de garantir a rastreabilidade, ou identificação única dos locais de utilização de cada lote, para os materiais controlados cuja qualidade não possa ser assegurada por meio de medição e monitoramento realizados antes da sua aplicação. Precisam ser mantidos registros de tal identificação (ver d.2.4).

g.5.4) PROPRIEDADE DO CLIENTE

A empresa construtora necessita ter cuidado com a propriedade do cliente enquanto estiver sob seu controle ou por ela sendo utilizada. A empresa construtora tem de identificar, verificar, proteger e salvaguardar a propriedade do cliente fornecida para uso ou incorporação do produto. Caso a propriedade do cliente seja perdida, danificada ou considerada inadequada para uso, tal fato deve ser informado ao cliente e precisam ser mantidos registros (ver d.2.4). Nota: a propriedade do cliente pode incluir propriedade intelectual.

g.5.5) PRESERVAÇÃO DE PRODUTO

A empresa construtora necessita, de maneira evolutiva, garantir para os materiais controlados a correta identificação, manuseio, estocagem e condicionamento, preservando a conformidade deles em todas as etapas do processo de produção. A empresa construtora deve preservar a conformidade dos serviços de execução controlados, em todas as etapas do processo de produção, até a entrega da obra. Essas medidas têm de ser aplicadas, não importando se tais materiais e serviços estão sob responsabilidade da empresa construtora ou de empresas subcontratadas.

g.6) CONTROLE DE DISPOSITIVOS DE MEDIÇÃO E MONITORAMENTO

A empresa construtora deve determinar as medições e monitoramentos a serem realizados e os dispositivos de medição e monitoramento necessários para evidenciar a conformidade do produto com os requisitos determinados (ver g.2.1). A empresa construtora precisa estabelecer processos para assegurar que a medição e o monitoramento possam ser realizados e que sejam realizados de uma maneira coerente com os requisitos de medição e monitoramento. Quando for necessário assegurar resultados válidos, o dispositivo de medição necessita ser:

- calibrado ou verificado a intervalos especificados ou antes do uso, contra padrões de medição rastreáveis a padrões de medição internacionais ou nacionais; quando esse padrão não existir, a base usada para calibração ou verificação deve ser registrada;
- ajustado ou reajustado, conforme necessário;
- identificado para possibilitar que a situação da calibração seja determinada;
- protegido contra ajustes que possam invalidar o resultado da medição;
- protegido de dano e deterioração durante o manuseio, manutenção e armazenamento.

Adicionalmente, a empresa construtora tem de avaliar e registrar a validade dos resultados de medições anteriores quando constatar que o dispositivo não está conforme com os requisitos. A empresa precisa tomar ação apropriada no dispositivo e em qualquer produto afetado. Registros dos resultados de calibração e verificação necessitam ser mantidos (ver d.2.4).

Nota: Ver Normas Técnicas Brasileiras ISO 10012 para orientação.

h) MEDIÇÃO, ANÁLISE E MELHORIA
h.1) GENERALIDADES

A empresa construtora necessita, de maneira evolutiva, planejar e implementar os processos necessários de monitoramento, medição, análise e melhoria para:

- demonstrar a conformidade do produto;
- assegurar a conformidade do Sistema de Gestão da Qualidade; e
- melhorar continuamente a eficácia do Sistema de Gestão da Qualidade.

Isso deve incluir a determinação dos métodos aplicáveis, incluindo técnicas estatísticas e a abrangência de seu uso.

h.2) MEDIÇÃO E MONITORAMENTO
h.2.1) SATISFAÇÃO DO CLIENTE

Como uma das medições do desempenho do Sistema de Gestão da Qualidade, a empresa construtora tem de monitorar informações relativas à percepção do cliente sobre se a organização atendeu aos seus requisitos. Os métodos para obtenção e uso dessas informações precisam ser determinados.

h.2.2) AUDITORIA INTERNA

A empresa construtora necessita executar auditorias internas a intervalos planejados para determinar se o seu Sistema de Gestão da Qualidade:

- está conforme com as disposições planejadas (ver g.1), com os requisitos deste Referencial e com os requisitos do Sistema de Gestão da Qualidade por ela instituídos; e
- está mantido e implementado eficazmente.

Um programa de auditoria deve ser planejado, levando em consideração a situação e a importância dos processos e áreas a serem auditadas, bem como os resultados de auditorias anteriores. Os critérios da auditoria, escopo, frequência e métodos precisam ser definidos. Todos os processos definidos pelo Sistema de Gestão da Qualidade da empresa construtora aplicáveis no nível em questão têm de ser auditados pelo menos uma vez por ano. A seleção dos auditores e a execução das auditorias necessitam assegurar objetividade e imparcialidade do processo de auditoria. Os auditores não podem auditar o seu próprio trabalho. As responsabilidades e os requisitos para planejamento e para execução de auditorias e para relato dos resultados e manutenção dos registros (ver d.2.4) devem ser definidos em um procedimento documentado. O responsável pela área a ser auditada tem de assegurar que as ações para eliminar não conformidades e suas causas sejam tomadas sem demora indevida. As atividades de acompanhamento precisam incluir a verificação das ações tomadas e o relato dos resultados de verificação (ver h.5.2).

Nota: Ver Normas Técnicas Brasileiras para orientação.

h.2.3) MEDIÇÃO E MONITORAMENTO DE PROCESSOS

A empresa construtora deve aplicar métodos adequados para monitoramento e, quando aplicável, para medição dos processos do Sistema de Gestão da Qualidade. Esses métodos têm de demonstrar a capacidade dos processos em alcançar os resultados planejados. Quando os resultados planejados não são alcançados, precisam ser efetuadas as correções e as ações corretivas, como apropriado, para assegurar a conformidade do produto.

h.2.4) INSPEÇÃO E MONITORAMENTO DE MATERIAIS E SERVIÇOS DE EXECUÇÃO CONTROLADOS E DA OBRA

A empresa construtora deve estabelecer procedimentos documentados de inspeção e monitoramento das características dos materiais controlados (ver Requisitos Complementares aplicáveis ao subsetor) e dos produtos resultantes dos serviços de execução controlados (ver Requisitos Complementares aplicáveis ao subsetor), a fim de verificar o atendimento aos requisitos especificados. Isto precisa assegurar a inspeção de recebimento, em ambos os casos, e tem de ser conduzido nos estágios apropriados dos processos de execução da obra (ver g.1). A empresa construtora necessita estabelecer procedimentos documentados de inspeção e monitoramento das características dos materiais controlados (ver Requisitos Complementares aplicáveis ao subsetor) e dos Produtos resultantes dos serviços de execução controlados (ver Requisitos Complementares aplicáveis ao subsetor), a fim de verificar o atendimento aos requisitos especificados. Isso deve assegurar a inspeção de recebimento em ambos os casos, e tem de ser conduzido nos estágios apropriados dos processos de execução da obra (ver g.1). A empresa construtora precisa estabelecer procedimento documentado para inspeção das características finais da obra antes da sua entrega, de modo a confirmar a sua conformidade às especificações e necessidades do cliente quanto ao produto acabado. Em ambos os casos, as evidências de conformidade com os critérios de aceitação devem ser mantidos. Os registros têm de indicar a(s) pessoa(s) autorizada(s) a liberar o produto (ver d.2.4). A liberação dos materiais e a liberação e entrega dos serviços de execução controlados e da obra não pode prosseguir até que todas as providências planejadas (ver g.1) tenham sido satisfatoriamente concluídas, a menos que aprovado de outra maneira por uma autoridade pertinente e, quando aplicável, pelo cliente. Em ambos os casos, as evidências de conformidade com os critérios de aceitação necessitam ser mantidas. Os registros devem indicar a(s) pessoa(s) autorizada(s) a liberar o produto (ver d.2.4). A liberação dos materiais e a liberação e entrega dos serviços de execução controlados e da obra não pode prosseguir até que todas as providências planejadas (ver g.1) tenham sido satisfatoriamente concluídas, a menos que aprovado de outra maneira por uma autoridade pertinente e, quando aplicável, pelo cliente.

h.3) CONTROLE DE MATERIAIS E DE SERVIÇOS DE EXECUÇÃO CONTROLADOS E DA OBRA NÃO CONFORMES

A empresa construtora precisa assegurar, de maneira evolutiva, que os materiais controlados, os produtos resultantes dos serviços de execução controlados e a obra a ser entregue ao cliente que não estejam de acordo com os requisitos definidos sejam identificados e controlados para evitar seu uso, liberação ou entrega não intencional. Essas atividades têm de ser definidas em um procedimento documentado. A empresa construtora precisa tratar os materiais controlados, os serviços de execução controlados ou as obras não conformes segundo uma ou mais das seguintes formas:

- execução de ações para eliminar a não conformidade detectada;
- autorização do seu uso, liberação ou aceitação sob concessão por uma autoridade pertinente e, se aplicável, pelo cliente;
- execução de ação para impedir a intenção original de seu uso ou aplicação originais, sendo possível a sua reclassificação para aplicações alternativas.

Devem ser mantidos registros sobre a natureza das não conformidades e qualquer ação subsequente tomada, incluindo concessões obtidas (ver d.2.4). Quando o material, o serviço de execução ou a obra não conforme for corrigido, tem de ser reverificado para demonstrar a conformidade com os requisitos. Quando a não conformidade do material, do serviço de execução ou da obra for detectada depois da entrega ou início de seu uso, a empresa construtora precisará tomar as ações apropriadas em relação aos efeitos, ou potenciais efeitos, da não conformidade.

h.4) ANÁLISE DE DADOS

A empresa construtora necessita determinar, coletar e analisar dados apropriados para demonstrar a adequação e eficácia do Sistema de Gestão da Qualidade e para avaliar onde melhorias contínuas podem ser realizadas. Isto deve incluir dados gerados como resultado do monitoramento e das medições e de outras fontes pertinentes. A análise de dados tem de fornecer informações relativas a:

- satisfação do cliente (ver h.2.1);
- conformidade com os requisitos do produto (ver g.2.1);
- características da obra entregue, dos processos de execução de serviços controlados e dos materiais controlados, e suas tendências de desempenho, incluindo desempenho operacional dos processos e oportunidades para ações preventivas;
- fornecedores.

h.5) MELHORIA
h.5.1) MELHORIA CONTÍNUA

A empresa construtora precisa continuamente melhorar a eficácia do Sistema de Gestão da Qualidade por meio do uso da política da qualidade, objetivos da qualidade, resultados de auditorias, análise de dados, ações corretivas e preventivas e análise crítica pela direção.

h.5.2) AÇÃO CORRETIVA

A empresa construtora deve executar ações corretivas para eliminar as causas de não conformidades, de forma a evitar sua repetição. As ações corretivas têm de ser proporcionais aos efeitos das não conformidades encontradas. Um procedimento documentado precisa ser estabelecido para definir os requisitos para:

- análise crítica de não conformidades, incluindo reclamações de cliente;
- determinação das causas de não conformidades;
- avaliação da necessidade de ações para assegurar que aquelas não conformidades não ocorrerão novamente;
- determinação e implementação de ações necessárias;
- registro dos resultados de ações executadas (ver d.2.4);
- análise crítica de ações corretivas executadas.

h.5.3) AÇÃO PREVENTIVA

A empresa construtora deve definir ações para eliminar as causas de não conformidades potenciais, de forma a evitar sua ocorrência. As ações preventivas têm de ser proporcionais aos efeitos dos problemas potenciais. Um procedimento documentado precisa ser estabelecido para definir os requisitos para:

- identificação de não conformidades potenciais e suas causas;
- avaliação da necessidade de ações para evitar a ocorrência de não conformidades;
- definição e implementação de ações necessárias;
- registros de resultados de ações executadas (ver d.2.4);
- análise crítica de ações preventivas executadas.

3.1.1.4 Requisitos complementares (SiAC): Execução de obras de edificações

Este texto estabelece as particularidades do fornecimento de materiais e serviços de execução controlados, para o caso do subsetor de obras de edificações da especialidade técnica Execução de Obras do Sistema de Avaliação da Conformidade de Empresas de Serviços e Obras da Construção Civil (SiAC) do Programa Brasileiro da Qualidade e Produtividade do Habitat (PBQP-H), que apresenta um único escopo de certificação:

- subsetor obras de edificações;
- execução de obras de edificações.

Ele objetiva estabelecer os critérios a serem atendidos pelos sistemas de gestão da qualidade das empresas construtoras atuantes no subsetor Obras de Edificações para obtenção da certificação no seu único escopo. Deve ser utilizado conjuntamente com o Regimento Geral e com o Regimento Específico da especialidade técnica Execução de Obras, com o Referencial Normativo de Empresas de Execução de Obras – SiAC – Execução de Obras, e demais documentos normativos cabíveis.

I) SERVIÇOS DE EXECUÇÃO E MATERIAIS CONTROLADOS

A empresa construtora tem de preparar uma lista própria de serviços de execução controlados que utilize e que afete a qualidade do produto exigido pelo cliente, abrangendo no mínimo os serviços listados no item 1. Essa lista precisa ser representativa dos sistemas construtivos por ela empregados em suas obras. Caso a empresa utilize serviços específicos que substituam serviços constantes da lista mínima, eles necessitarão ser controlados. A empresa deve, para o estabelecimento do planejamento da implementação do sistema de gestão da qualidade (requisito d.1 do Referencial Normativo de Empresas de Execução de Obras – SiAC – Execução de Obras), respeitar as porcentagens mínimas de evolução do número de serviços de execução controlados estabelecido em sua lista, de acordo com o nível de certificação, conforme item b. Caso os sistemas construtivos empregados pela empresa nos tipos de obras cobertos pelo sistema de gestão da qualidade não empreguem serviços de execução controlados que constem da lista mínima, ela será dispensada de estabelecer o(s) respectivo(s) procedimento(s) documentado(s), desde que seja obedecida, para cada nível, a quantidade mínima de serviços de execução controlados, conforme item 2. A partir dessa lista de serviços de execução controlados, a empresa construtora deve preparar uma lista de materiais que sejam neles empregados, que afetem tanto a qualidade dos serviços quanto a do produto exigido pelo cliente. A empresa tem de, para o estabelecimento do planejamento da implementação do sistema de gestão da qualidade (requisito d.1 do Referencial Normativo – SiAC – Execução de Obras), respeitar as porcentagens mínimas de evolução do número de materiais controlados estabelecido em sua lista, de acordo com o nível de certificação, conforme item d.

II) DEFINIÇÃO DOS SERVIÇOS DE EXECUÇÃO CONTROLADOS

São os seguintes os serviços de execução obrigatoriamente controlados do subsetor obras de edificações, segundo a etapa da obra, a partir dos quais a empresa precisa elaborar sua lista de serviços controlados:

Serviços preliminares
- 1. compactação de aterro
- 2. locação de obra

Fundações
- 1. execução de fundação

Estrutura
- 1. execução de fôrma
- 2. montagem de armadura
- 3. concretagem de peça estrutural
- 4. execução de alvenaria estrutural

Vedações verticais
- 1. execução de alvenaria não estrutural e de divisória leve
- 2. execução de revestimento interno de área seca, incluindo produção de argamassa em obra, quando aplicável
- 3. execução de revestimento interno de área úmida
- 4. execução de revestimento externo

Vedações horizontais
- 1. execução de contrapiso
- 2. execução de revestimento de piso interno de área seca
- 3. execução de revestimento de piso interno de área úmida
- 4. execução de revestimento de piso externo
- 5. execução de forro
- 6. execução de impermeabilização
- 7. execução de cobertura em telhado (estrutura e telhamento)

Esquadrias
- 1. colocação de batente e porta
- 2. colocação de janela

Pintura
- 1. execução de pintura interna
- 2. execução de pintura externa

Sistemas prediais
- 1. execução de instalação elétrica
- 2. execução de instalação hidrossanitária
- 3. colocação de bancada, louça e metal sanitário.

Note-se que, em qualquer nível, a empresa deve garantir que sejam também controlados todos os serviços de execução que tenham a inspeção exigida pelo cliente. A partir destes, ela terá de ampliar a lista de materiais controlados, considerando aqueles já relacionados como críticos para o atendimento das exigências do cliente, e que sejam empregados em tais serviços.

Notas:
- Quando aplicável, precisa ser incluída na lista de serviços de execução obrigatoriamente controlados a produção de materiais e componentes em obra, como: concreto, graute, blocos, elementos pré-moldados, argamassas, esquadrias etc.
- Observar o previsto no requisito g.5.1.1 do Referencial Normativo – SiAC – Execução de Obras, quando a empresa construtora optar por adquirir externamente algum serviço de execução controlado.
- Caso a obra contenha serviços não listados acima, mas que sejam relacionados em outro documento de Requisitos Complementares de subsetor da especialidade técnica Execução de Obras, estes necessitam ser controlados.

III) EVOLUÇÃO DO NÚMERO DE SERVIÇOS DE EXECUÇÃO CONTROLADOS, CONFORME NÍVEL DE CERTIFICAÇÃO

Devem ser controlados no mínimo as seguintes porcentagens de serviços da lista de serviços de execução controlados da empresa, conforme o nível de certificação:
- Nível "B": 40%;
- Nível "A": 100%.

Para obtenção da certificação em determinado nível, a empresa construtora deve cumprir estes requisitos:
- Ter desenvolvido os procedimentos documentados para as porcentagens mínimas de serviços de execução controlados determinados acima, e aplicá-los efetivamente em obra do escopo visado, tendo treinado pessoal e gerado registros de sua aplicação, no mínimo para a metade das porcentagens estabelecidas.
- Dispor de obra do escopo visado, de modo que a cada nível de certificação possa nela ser observada a efetiva aplicação dos procedimentos, incluindo o treinamento de pessoal e geração de registros, no mínimo para um quarto das porcentagens estabelecidas. As quantidades restantes de serviços de execução controlados poderão ser auditadas sob a forma de registros, incluindo os relativos aos treinamentos efetuados
- O número de serviços controlados a cada nível, resultante da aplicação das respectivas porcentagens e fatores de redução da metade ou um quarto, conforme alíneas acima, tem de ser arredondado obrigatoriamente para cima.

IV) DEFINIÇÃO DOS MATERIAIS CONTROLADOS

A empresa construtora precisa preparar uma lista mínima de materiais que afetem tanto a qualidade dos seus serviços de execução controlados quanto a da obra, e que necessitam ser controlados. Esta lista deve ser representativa dos sistemas construtivos por ela utilizados e dela terão de constar, no mínimo, 20 materiais. Note-se que, em qualquer nível, a empresa precisa garantir que sejam também controlados todos os materiais que tenham a inspeção exigida pelo cliente, como também todos aqueles que considerou críticos em função de exigências feitas pelo cliente quanto ao controle de outros serviços de execução (ver item 2).

V) EVOLUÇÃO DO NÚMERO DE MATERIAIS CONTROLADOS, CONFORME NÍVEL DE CERTIFICAÇÃO

Devem ser controladas no mínimo as seguintes porcentagens de materiais da lista de materiais controlados da empresa, conforme o nível de certificação:
- Nível "B": 50%;
- Nível "A": 100%.

Para obtenção da certificação em determinado nível, a empresa construtora deve cumprir estes requisitos:
- Ter desenvolvido os procedimentos documentados para as porcentagens mínimas de materiais controlados determinados acima, e aplicá-los efetivamente em obra do escopo visado, tendo treinado pessoal e gerado registros de sua aplicação, no mínimo para a metade das porcentagens estabelecidas

- Dispor de obra do escopo visado, de modo que a cada nível de certificação possa nela ser observada a efetiva aplicação dos procedimentos, incluindo o treinamento de pessoal e geração de registros, no mínimo para um quarto das porcentagens estabelecidas. As quantidades restantes de materiais controlados poderão ser auditadas sob a forma de registros.
- O número de materiais controlados a cada nível, resultante da aplicação das respectivas porcentagens e fatores de redução da metade ou um quarto, conforme alíneas acima, tem de ser arredondado obrigatoriamente para cima.

VI) DISPOSIÇÕES FINAIS VÁLIDAS PARA SERVIÇOS E MATERIAIS CONTROLADOS

- O número de serviços controlados poderá ser diferente de 25 (20 para o caso dos materiais controlados) desde que justificado pelo sistema construtivo utilizado pela empresa. Os porcentuais aplicam-se a este número de serviços apresentado pela empresa.
- A quantidade de procedimentos elaborados é igual ou maior do que a quantidade de serviços (materiais), pois um mesmo serviço (material) pode gerar mais de um procedimento. Precisam ser verificados todos os procedimentos relacionados à quantidade exigida de serviços (materiais), independentemente de seu número.
- Só deve ser verificada a evidência de treinamento no procedimento na fase imediatamente anterior à execução do respectivo serviço.
- Os registros somente são gerados quando os respectivos serviços são executados (materiais são controlados). Portanto, em uma auditoria, a soma do número de registros e do número de serviços em execução (materiais sob controle) tem de atender à qualidade de serviços (materiais controlados). Como se trata de certificação de uma empresa e não controlados de uma obra, podem ser utilizados registros e serviços (controles) de várias obras.

3.1.1.5 Desperdício

Desperdício pode ser conceituado como qualquer atividade que consome recursos e não agrega valor ao cliente. *Perda* pode ser considerada como qualquer ineficiência que reflita no uso de mão de obra, materiais e equipamentos em quantidades superiores àquelas necessárias à produção da edificação. O desperdício em obras tem as mais variadas origens, como:

3.1.1.5.1 Falhas na empresa construtora

- Falhas de gestão e organização (projetos não otimizados, inadequação entre o projeto e o empreendimento);
- falhas de suprimento de materiais e mão de obra e outras;
- falhas humanas;
- deficiência nos controles.

3.1.1.5.2 Falhas no processo de produção

- Perda de materiais (excesso de argamassa de assentamento e revestimento; desequilíbrio nas dosagens de argamassa e de concreto; roubos e danos; inadequação de estocagem e outras);
- problemas da qualidade (com consequentes reparos e retrabalho);
- baixo índice de produtividade (mão de obra de baixa qualificação e com alta rotatividade; elevado número de acidentes de trabalho; tempo ocioso de pessoal – frequentes *paradas* e *esperas* – e de equipamentos);
- falta de racionalização da produção (equipamentos, métodos e processos produtivos inadequados);
- falta de gerenciamento da produção.

3.1.1.5.3 Falhas depois da entrega da obra

- Patologia e recuperação;
- custo elevado de operação e manutenção.

3.1.1.5.4 Generalidades

Constata-se grande variação no índice de perdas de um mesmo insumo nos diferentes canteiros de obras, evidenciando que grande parte das perdas é evitável mesmo sem a alteração substancial no processo construtivo. Entre os materiais básicos, a incidência global de perda de blocos cerâmicos vazados está acima de 8%, e pode ser atribuída à fragilidade do material, ao excesso de corte nas peças e à execução de alvenaria com espessuras superiores às especificadas no projeto, por exemplo, por falta de estabilidade dimensional (desbitolamento). Ainda, parte da perda dos tijolos pode ser atribuída à falta de controle quantitativo (em média, somente 97% dos tijolos adquiridos são efetivamente entregues na obra). Como exemplo, será feita, a seguir, uma análise na construção de um prédio residencial, com elevador e acabamento fino, para uma estimativa singela de qual é a possibilidade de desperdício, em porcentagem, do custo da construção. A metodologia a ser seguida é:

- estabelecimento das etapas construtivas e seus percentuais;
- análise das etapas construtivas quanto à possibilidade de haver ou não desperdício;
- análise das etapas sujeitas a desperdício;
- avaliação do percentual de desperdício provável sobre o custo da construção.

– Etapas Construtivas e seus Percentuais:
Consultando-se a tabela de Custos Unitários Pini de Edificações (publicada na revista Construção São Paulo em janeiro de 1993), obtém-se o percentual correspondente a cada etapa construtiva, quais sejam: Serviços Preliminares: 0,59%; Infraestrutura: 1,60%; Superestrutura: 29,56% etc.

– Etapas Construtivas Quanto à Possibilidade de Ocorrer ou Não Desperdício:
Agrupando-se algumas das etapas construtivas, podem-se afirmar os dados do Quadro 3.2
Pelo demonstrado anteriormente, obtém-se o resultado a seguir:

- 11,09% envolvem etapas em que não há possibilidade de desperdício;
- 39,32% envolvem etapas em que é pequena a possibilidade de desperdício
- 49,59% envolvem etapas em que há possibilidade de desperdício.

– Análise das Etapas Sujeitas a Desperdício:
- Etapas classificadas como de pequena possibilidade:
  A experiência tem demonstrado que, nesses casos, os desperdícios possíveis atingem cerca de 5%, o que resulta, sobre o custo da obra, em 5% × 39,32% = 1,97%.
- Etapas classificadas como passíveis de desperdício:
  Neste item, tenta-se determinar as origens dos desperdícios possíveis, bem como o percentual de desperdício sobre cada etapa construtiva, em uma obra com controle de qualidade ruim, bom ou rigoroso, em conformidade com o Quadro 3.3.

Com os dados obtidos nos quadros anteriores, calculam-se os percentuais de desperdício sobre o custo da construção, conforme a Tabela 3.1

Determinação do percentual de desperdício provável sobre o custo da construção:
Os totais obtidos na Tabela 3.1, somados aos 1,97% das etapas classificadas como de pequena possibilidade, levam ao resultado da Tabela 3.2 sobre o custo total da obra, em função do controle da qualidade.

3.1.1.5.5 Pesquisa nacional sobre perdas de material

A tabela a seguir resume as perdas de materiais constatadas em pesquisa nacional, realizada em quase uma centena de canteiros de obras em todo o país. A pesquisa teve a coordenação do Departamento de Engenharia de Construção Civil da Escola Politécnica da Universidade de São Paulo (PCC-USP), a indução do Finep (Programa Habitare) e do Senai (Projeto Estratégico Setorial da Construção) e a participação de mais quinze universidades e dezenas de construtoras brasileiras. Para que tais resultados sejam corretamente interpretados e possam contribuir para a amenização de controvérsias, cabe aqui indicar os conceitos neles embutidos. Em primeiro lugar, é computado como *perda* todo material utilizado que exceda a quantidade teoricamente necessária para um determinado serviço, sendo esta quantidade definida prioritariamente a partir do projeto.

Quadro 3.3 Desperdícios

Etapa construtiva	% Custo	Possibilidade de desperdício	Justificativa das etapas de desperdícios pequenos ou inexistentes
1 Serviços preliminares	0,59	Pequena	Trata-se de serviços de instalação de canteiro e ligações provisórias. Obedecem ao projeto de canteiro
2 Infra e superestrutura	31,16	Sim	
3 Vedação	3,10	Sim	
4 Esquadrias de madeira	13,36	Pequena	Adquire-se exatamente o que será aplicado
5 Instalações elétricas e Hidráulicas	17,25	Pequena	Adquirem-se e aplicam-se de acordo com o projeto
6 Forros	0,16	Sim	
7 Impermeabilização	1,21	Pequena	Aplica-se de acordo com o projeto
8 Revestimentos de tetos	10,69	Sim	
9 Pisos internos	4,48	Sim	
10 Vidros	3,34	Pequena	Aplicam-se de acordo com os vãos
11 Pintura	3,57	Pequena	Aplica-se de acordo com a especificação, nas paredes e tetos acabados
12 Serviços complementares	3,83	Não há	Trata-se de serviços de arremate, limpeza etc. (como o próprio nome diz, são complementos)
13 Elevadores	7,26	Não há	Adquirem-se exatamente de acordo com o especificado no projeto
Soma	100,00		

Dentro desse enfoque, percebe-se que os termos *perda* e *desperdício* não são sinônimos, sendo o último uma fração do primeiro (trata-se da parcela economicamente redutível da perda). As perdas citadas ocorrem dentro do canteiro de obras, não se incluindo, portanto, outras perdas que podem estar acontecendo em outras etapas do empreendimento. Os valores abaixo são percentagens obtidas a partir da comparação entre quantidades de materiais e não dos valores (em reais) dessas quantidades.

3.1.1.6 Sustentabilidade

Sustentabilidade é uma característica ou condição de um processo ou sistema que proporciona a sua permanência por um determinado tempo em certo nível. Ela também pode ser definida como um princípio segundo o qual o uso dos recursos naturais para a satisfação das necessidades presentes não pode comprometer a situação das necessidades das gerações futuras. Assim, o conceito de sustentabilidade é o da capacidade de o homem interagir com o mundo, preservando o meio ambiente para não prejudicar os recursos naturais das gerações futuras. Pode-se definir também como sustentabilidade o conceito que, relacionando os aspectos, sociais, culturais e ambientais, busca suprir as necessidades presentes sem afetar as das gerações futuras. A sustentabilidade se presta como alternativa para

Etapa construtiva	Quadro 3.4 Desperdícios Desperdícios possíveis	% de desperdícios sobre cada etapa, com controle		
		ruim	bom	rigoroso
Infra/superestrutura	Por motivo de má execução (abertura de formas, desnivelamento, corte de aço etc.)	8	5	3
Vedação	Por motivo de má qualidade, tanto do material como da execução	30	20	10
Forros	Por motivo das diferenças entre os vãos e módulos dos materiais	20	10	5
Revestimento de tetos/paredes	Essa etapa, tendo de absorver a má execução do item 03 (vedação), é constituída de: • preparação: de superfícies, que representam 42% da etapa; • aplicação: dos revestimentos, que representam 58% da etapa. No item preparação, dependendo do controle da qualidade, os desperdícios podem atingir 75%, 50% e 25%, calculados sobre o custo total da etapa	31,50	21,00	10,50
Pisos internos	Essa etapa segue o descrito no item acima, sendo certo que a preparação representa 35% do custo da etapa	26,25	17,50	8,75

Tabela 3.1: Desperdícios

Etapa construtiva	% do custo total	Possibilidade de desperdício, com controle		
		ruim	bom	rigoroso
Infra/superestrutura	31,16	2,49	1,55	0,93
Vedação	3,10	0,93	0,62	0,03
Forros	0,16	0,03	0,01	0
Revestimento de paredes/tetos	10,69	3,36	2,24	1,12
Pisos internos	4,48	1,17	0,78	0,39
Total	49,59	7,98	5,20	2,47

Tabela 3.2: Desperdícios

Controle	Percentagem Provável de Desperdício
Rigoroso	4,44%, ou seja, cerca de 5%
Bom	7,17%, ou seja, cerca de 8%
Ruim	9,95%, ou seja, cerca de 10%

a preservação dos recursos naturais do planeta, ao mesmo tempo que permite ao homem e às sociedades soluções ecológicas de desenvolvimento. São exemplos de medidas de sustentabilidade:
- utilização de madeira cortada das matas plantadas, com garantia do seu replantio;
- uso de fontes de energia limpa e naturalmente renováveis (eólica, geotérmica e hidráulica) em substituição da queima de combustíveis minerais (petróleo e carvão);

Tabela 3.3: Mediana das perdas detectadas pela pesquisa FINEP/SENAI/ITQC/PCC

Materiais	Perda(%)
Concreto Usinado	9
Aço	11
Blocos e Tijolos	13
Eletrodutos	15
Condutores	27
Tubos PVC	15
Placas Cerâmicas	14
Gesso	30
Cimento	56
Areia	44

- tomada de atitudes das pessoas, empresas e autoridades voltadas para a reciclagem de resíduos sólidos (como a gestão de entulho em obras);
- preservação da biodiversidade e dos ecossistemas;
- desenvolvimento de tecnologias que possibilitem o uso de fontes energéticas renováveis;
- recuperação dos resíduos recicláveis (adoção de lixeiras para papel/papelão, plásticos, latas, pilhas elétricas etc.).

Os requisitos do usuário de uma edificação relativos à sustentabilidade, pelas normas técnicas brasileiras, são expressos pelos seguintes fatores: durabilidade, manutenibilidade e impacto ambiental.

3.1.1.7 Recomendações

Fundamentalmente, são as seguintes:

- comprometer a alta administração com os programas;
- identificar o nível de satisfação dos clientes;
- diagnosticar a empresa para descobrir os *gargalos*;
- elaborar plano de ação, definindo prioridades;
- trabalhar de forma participativa, montando equipes da qualidade;
- promover treinamento para implantação das propostas;
- medir resultados alcançados;
- implantar na empresa a mentalidade de melhoria contínua.

Dentre elas, pode-se exemplificar:

- implantação de rotinas padronizadas de serviço;
- adoção de manual de procedimentos internos (por exemplo, quadro de traço de argamassas, em um painel no canteiro, para orientação dos trabalhadores);
- elaboração de diretrizes de padronização de projetos (por exemplo, especificação dos materiais de tubulação);
- manutenção contínua de verificação rigorosa da qualidade e quantidade dos materiais entregues na obra;
- requisição clara, pela obra, dos materiais e serviços adequados;
- compra, preferencialmente, de materiais certificados ou com referência técnica;
- utilização de ferramentas, máquinas e equipamentos em bom estado e adequados ao serviço.

3.1.1.8 Plano de controle tecnológico da qualidade de materiais

Para o controle da qualidade de materiais utilizados na obra, a construtora deve elaborar um plano de amostragem para ensaios tecnológicos de corpos de prova, em conformidade com a Associação Brasileira de Normas Técnicas (ABNT) ou o *Instituto Nacional de Metrologia, Qualidade e Tecnologia* (Inmetro) e, na falta destes, qualquer outro órgão normativo, nacional ou não, reconhecido nos meios técnico e científico. Os ensaios dos corpos de prova têm de ser feitos por empresas especializadas, cujos resultados precisam ser rigorosamente analisados e controlados pela construtora. Como exemplo simples, é transcrito no Quadro 3.5 um plano de amostragem de materiais de uma obra de alvenaria estrutural autoportante em edificação com lajes moldadas *in loco*, utilizando concreto usinado:

Quadro 3.5: Amostragem

Material	Amostragem e frequência	Norma
Concreto usinado (abatimento e resistência à compressão)	Para cada caminhão-betoneira, será realizado o ensaio de abatimento e moldada uma série de dois corpos de prova que serão rompidos aos 28 dias, intercalando a cada 30 m³ de concreto uma série de quatro corpos de prova que serão rompidos, dois aos 7 dias e dois aos 28 dias	NBR-7223 NBR-12655

3.1.2 Diário de obra

Diário da obra é um instrumento em meio físico ou eletrônico destinado ao registro de fatos normais do andamento dos serviços, como: entrada e saída de equipamentos, serviços em andamento, efetivo do pessoal, condições climáticas, visitas ao canteiro de obras, inclusive para as atividades de suas subcontratadas. O Diário de Obra é um documento que deve ser preenchido com o registro das principais atividades diárias de um canteiro de obras. Seu preenchimento pode ser uma fonte valiosa de informações para auxiliar as construtoras na gestão do canteiro. No Diário, são anotados os detalhes e a descrição dos serviços executados, o uso e a disponibilidade de recursos – como mão de obra e máquinas – e os avanços em cada atividade ou frente de trabalho. Geralmente costumam ser registrados também os problemas que impedem a execução dos serviços em alguma situação especial. O documento costuma ser um instrumento formal para registrar as atividades que estão ocorrendo na construção a cada dia.

O Conselho Federal de Engenharia, Arquitetura e Agronomia (Confea) tornou obrigatório um documento similar ao Diário de Obra – chamado de Livro de Ordem – que obriga o seu uso em todas as obras e serviços executados por profissionais do sistema Crea/Confea. No Livro de Ordem, devem necessariamente constar itens típicos dos Diários de Obra, como: datas de início e de previsão de término da construção ou serviço; datas de início e de conclusão de cada etapa; nome de empreiteiras ou subempreiteiras com suas respectivas atividades e encargos; períodos de interrupção dos trabalhos e seus motivos; entre outras informações listadas na Resolução do Confea. É no Diário de Obra que se registra, por exemplo, que choveu e não foi possível executar uma fundação, podendo haver, por exemplo, um prolongamento do prazo para cumprir o cronograma. O Diário também pode ser usado como instrumento para registrar aspectos da construção que podem ser incorporados a sistemas de gestão da qualidade. Nele pode-se colocar informações de costume e que o contrato demanda, além de ocorrências que possam ajudar no entendimento do que aconteceu na obra, auxiliando a gestão.

A importância atribuída ao Diário, tipicamente, é a de se ter um registro das atividades realizadas diariamente em um único documento. Costumam constar a autoria dos serviços executados, o efetivo da obra, as ocorrências não previstas que causem interrupção nos trabalhos, os acidentes no canteiro, as condições climáticas, as locações de máquinas e equipamentos e a sua utilização no dia. Para que o Diário cumpra sua função, é importante incorporar no canteiro o hábito de alimentar adequadamente o documento com todos os serviços em execução e os locais. O Diário, registrado de forma rigorosa, costuma ser o principal instrumento para esclarecer dúvidas futuras sobre a construção. Ele integra o sistema da qualidade de gestão e segurança e é um documento desse sistema de gestão. Existe um procedimento de gestão das atividades administrativas da obra e o Diário é um anexo desse procedimento. A partir dele, nascem, por exemplo, pedidos de alterações nos serviços e no contrato, notificações por descumprimento de normas de segurança do trabalho, entre outros. Como no Diário de Obra se registram as anormalidades da construção, as informações podem ser usadas para complementar o acompanhamento da produtividade. Normalmente, não é nele que serão registradas a quantidade de homens-hora que trabalham e qual foi a quantidade de serviço para gerar uma informação de produtividade. Para isso deve-se usar outro instrumento.

	Quadro 3.5: Amostragem (continuação)	
Concreto preparado na obra	A cada 15 m³ aproximadamente produzidos, será realizado o ensaio de abatimento e moldada uma série de três corpos de prova que serão rompidos, um aos 7 dias e dois aos 28 dias	NBR-6118
Graute	Para cada pavimento do prédio, será moldada uma série de seis corpos de prova, que serão rompidos dois aos 3 dias, dois aos 7 dias e dois aos 28 dias	NBR-8798
Tela para concreto	Será obedecida a tabela nº 01 da norma, que determina amostragem e frequência	NBR-7480
Blocos sem função estrutural	A cada 10.000 blocos fornecidos e identificados pelo fabricante, será amostrado um lote com 10 exemplares, sendo cinco deles destinados ao ensaio de compressão simples e os cinco restantes ao ensaio de absorção de água.	NBR-7173
Blocos sem Função Estrutural	Nota: Para lotes acima de 10.000 blocos, coletar 10 blocos, mais a parte inteira da divisão 50.000 blocos: amostra = 10 + 50.000 = 15 blocos 10.000	
Bloco cerâmico para alvenaria	Teste de resistência à compressão de 1.000 a 3.000 blocos – oito amostras de 3.001 a 35.000 blocos – 13 amostras	NBR-7171
Telha cerâmica tipo francesa	Um lote corresponde a 40.000 telhas. Caso o restante da divisão resulte um número inferior a 20.000 telhas, ele deve ser repartido entre os l Caso contrário, o resto constitui outro lote. Verificações: Dimensões (NBR-8038) Absorção de água (NBR-8987) – seis amostras Carga ruptura a flexão (NBR-6462) – seis amostras	NBR-7172
Controle tecnológico de compactação de aterro	Execução de ensaios de densidade in situ, pelo método do frasco de areia (DNIT), com frequência de um ensaio a cada 250 m³ de aterro, e execução de um ensaio de compactação com energia do proctor normal para cada 5.000 m³ de aterro ou sempre que houver alteração de material	NBR-7182
Aço (resistência à tração)	Duas amostras por lote de cada bitola e categoria de aço, considerando cada lote com a seguinte massa máxima (t): <table><tr><th>Diâmetro nominal</th><th>Categoria do aço CA-50; CA-60</th></tr><tr><td>4,2</td><td>4</td></tr><tr><td>5,0</td><td>4</td></tr><tr><td>6,3</td><td>5</td></tr><tr><td>8,0</td><td>6</td></tr><tr><td>10,0</td><td>8</td></tr><tr><td>12,5</td><td>10</td></tr></table>	NBR-7480

Quadro 3.5: Amostragem (continuação)		
Argamassa estrutural de assentamento (resistência	Para cada pavimento do prédio, será moldada uma série de doze corpos de prova que serão rompidos aos 28 dias. As amostras (de dois corpos de prova) serão colhidas de massadas distintas, preferivelmente em dias alternados	NBR-8798

3.1.3 Descrição do preenchimento de impressos

3.1.3.1 Registro das Despesas da Obra (RDO)

Esse impresso (v. anexo 1), além da função principal de registro, presta-se para fornecer dados ao pro- cessamento dos sistemas de controle da construtora de *Contas a Pagar e Apropriação das Despesas da Obra*. Deverá ser preenchido por obra e por semana, conforme as instruções a seguir:

3.1.3.1.1 - *Obra*: número correspondente ao processamento de Contas a Pagar, a ser preenchido na sede, conforme exemplo a seguir:

OBRA	NOME
10	Edifício...
15	Condomínio...
16	Edifício...
17	Residencial...
22	Edifício...
23	Prédio...
88	Sede...

3.1.3.1.2 - *Nome*: nome da obra ou do cliente.
3.1.3.1.3 - *Mês* – Ano: mês e ano dos lançamentos.
3.1.3.1.4 - *Folha*: número sequencial das folhas que estão sendo preenchidas durante o mês.
3.1.3.1.5 - *(Valores) Planilha*: número sequencial no mês correspondente a valores dos lançamentos, a ser preenchido na sede.
3.1.3.1.6 - *Obra*: Número (somente para processamento da apropriação): a ser preenchido na sede, conforme exemplo a seguir:

1001 -	Edifício...	1005 -	Condomínio...
1006 -	Edifício...	1007 -	Residencial...
1012 -	Edifício...	1013 -	Prédio...

3.1.3.1.7 - *(Quantidade) Planilha*: número sequencial no mês, dando continuidade ao número sequencial de valores, correspondente a quantidades dos materiais entregues; a ser preenchido na sede, para efeito de processamento
3.1.3.1.8 - *Dia*: dia da chegada do material na obra ou liberação da Folha de Medição de Serviços (ocasião em que deverão ser feitos os lançamentos).
3.1.3.1.8 - *Número do Comprovante*: número da Nota Fiscal de Material ou de Serviços ou Folha de Medição de Serviços. Observar que as Medições, para cada um dos fornecedores, precisam ser numeradas sequencialmente, de modo que toda a Medição tenha um número diferente quando se tratar do mesmo fornecedor. Quando o comprovante corresponder a materiais referentes a mais de um serviço, desdobrar o valor da nota fiscal em tantas parcelas quantas forem os serviços a que se destinam, lançando nesse caso na coluna C (controle), letras A, B, C ... sequencialmente
3.1.3.1.9 - *Código do Fornecedor*: código do fornecedor de material ou de serviço, conforme relação elaborada pela construtora. Observar o máximo rigor nesse lançamento, o qual terá de ser conferido pelo engenheiro da obra

3.1.3.1.10 - *Nome do Fornecedor*: nome do fornecedor, a ser registrado de preferência conforme a relação acima referida

3.1.3.1.11 - *Discriminação*: descrever o material, sem necessidade de colocar a quantidade.

3.1.3.1.12 - *Baixa*: registrar, conforme indica a Nota 2 no rodapé do impresso, a letra P se se tratar de valor pago, a letra D se for valor desdobrado e a letra U se for valor unificado.

3.1.3.1.13 - *Valor – Código do Serviço*: codificar cada lançamento de acordo com o uso ou a finalidade do material ou do serviço que está sendo executado. As dúvidas quanto ao código a ser usado serão resolvidas pelo engenheiro da obra.

3.1.3.1.14 - *Valor – Em R$*: valor do documento que está sendo lançado. Em caso de estorno ou desconto, o valor será lançado com sinal (-) e no lugar da letra D (débito) deverá ser colocada a letra C (crédito), com destaque em outra cor, conforme indica a Nota 1 no rodapé do impresso.

3.1.3.1.15 - *Data do Vencimento*: a nota fiscal, mesmo tendo mais de um vencimento, será lançada pelo apontador com cada um dos valores dos seus diversos vencimentos.

3.1.3.1.16 - *Quantidade – Código do Serviço*: codificar somente os lançamentos da quantidade de materiais e serviços constantes na relação de controle de quantidades (código de inicial 5). Observar que, quando não se tratar de material ou serviço controlado pelo CPC ou RMO, apenas o primeiro dígito dos códigos de serviço é diferente (para serviço, inicia-se com 5 e, para valor, com 3).

3.1.3.1.7 - *Quantidade – Medições*: lançar a quantidade constante na nota fiscal de material ou de serviço, na unidade expressa na relação de controle de quantidades (código de inicial 5). Por exemplo, a quantidade de tábuas terá de ser transformada em metros de bitola 1"× 12"e depois transformada em dúzias. A unidade de cada lançamento precisa ser respeitada rigorosamente, cabendo ao engenheiro a sua fiscalização. Observar que cada lançamento necessita ser efetuado com duas casas decimais. Assim, 200 sacos de cimento serão lançados 20000, sem necessidade de colocação da vírgula.

3.1.3.1.18 - *Total do Valor*: deverá constar o valor da soma algébrica dos lançamentos em cada folha. Quando, excepcionalmente, a soma dos lançamentos do RDO der resultado negativo, no lugar onde consta a letra C, precisará constar a letra D (de modo destacado).

3.1.3.1.19 - *Total da Quantidade*: terá de constar a soma algébrica dos lançamentos em cada folha. O engenheiro da obra precisa, quando da conferência da nota fiscal, observar a exatidão dos lançamentos efetuados, apurando com máximo rigor as codificações usadas.

3.1.3.2 Cartão de ponto

Esse impresso (v. anexo 2), além da função principal de registro, presta-se para fornecer dados ao processamento do sistema de controle da construtora de *Folha de Pagamento*. Deverá ser emitido por funcionário, por obra e por semana (para as obras) ou por mês (para a sede), conforme instruções abaixo:

3.1.3.2.1 - *Cabeçalho (Identificação do Funcionário)*: a sede da construtora fornecerá, semanalmente, etiquetas para serem coladas na parte superior do cartão de ponto. No caso de não haver etiqueta para algum empregado, o cabeçalho precisa ser preenchido à mão, da seguinte maneira: - *Registro*: número (*chapa*) do empregado e respectivo dígito de controle (DC) - *Firma*: corresponde à situação do funcionário na construtora: 0001 – empregado mensalista (da sede) 0002 – empregado horista definitivo (de obra) 0003 – empregado horista em experiência (de obra) - *CAT*: corresponde à categoria a que o empregado pertence, conforme códigos: 01 – direção e vigilância 02 – oficiais 03 – serventes - *Nome*: nome do funcionário - *Cargo*: função que exerce (servente, ajudante, pedreiro, apontador, encarregado, mestre etc.)

3.1.3.2.2 - *Rodapé (Identificação da Semana e da Obra)*: - *Semana*: o apontador terá de colocar o número da semana a que corresponde o cartão, numeração essa que obedecerá ao plano de divisão dos meses elaborado na sede. - *Mês/Ano*: corresponde ao da semana relativa ao cartão. - *Apropriação*: código da obra, composto de três letras, em conformidade com o exemplo a seguir: SUM – Edifício... ASP – Condomínio... APE – Edifício... GUI – Residencial... JMW – Edifício... SET – Prédio... DIV – Obras Diversas... ESC – Sede - *Fiscal*: visto do fiscal contratado pelo proprietário da obra. - *Eng.*: visto do engenheiro da construtora.

3.1.3.2.3 - *Ponto:* o cartão necessita ser marcado no relógio de ponto (*batido*) somente pelo próprio funcionário e quatro vezes ao dia. Qualquer que seja o horário de saída à tarde, o ponto será *batido* na 4ª coluna. O cartão nunca poderá ser marcado com antecedência maior que 10 minutos do início do período de trabalho e nunca com atraso maior que 10 minutos no final do período

3.1.3.2.4 - *Número de Horas:* diariamente, o apontador anotará, à caneta, o número de horas do dia anterior a serem pagas, preenchendo as três colunas à direita do ponto batido (normais/extras/não trabalhadas). As horas não trabalhadas somente poderão ser apontadas mediante anexação de documento justificativo: para auxílio-doença – atestado do INSS; para auxílio-enfermidade (máximo 15 d) – atestado de INAMPS; registro de nascimento de filho (1 d) – certidão de nascimento; nojo (por morte em família – 2 d) – certidão de óbito etc.

3.1.3.2.5 - *Resumo das Horas:* esse quadro presta-se como planilha de lançamento de dados diretamente ao computador, para processamento do sistema de controle da construtora de *Folha de Pagamento*. O apontador deverá distribuir todas as horas da semana a serem pagas pelas linhas superiores, conforme os códigos dos proventos: Cód. 03 – Salário (Horas Normais Trabalhadas - máximo de 8 por dia útil) Cód. 04 – Descanso Semanal Remunerado (DSR)

- No caso de o empregado trabalhar todos os 5 d (úteis) da semana na mesma obra, sendo compensadas as horas do sábado livre, precisam ser apontadas 7,4 h de DSR (totalizando 220 h remuneradas no mês, além das horas extras e horas-prêmio).

- No caso de o empregado trabalhar em duas obras diferentes na mesma semana, sem feriados, e não ter faltas, o DSR terá de ser rateado da seguinte maneira:
  - pelo período da manhã trabalhado, serão apontadas 0,7 h de DSR;
  - pelo período da tarde trabalhado, de 2ª-feira a 5ª-feira, serão apontadas 0,8 h de DSR;
  - pelo período da tarde de 6ª-feira trabalhado, serão apontadas 0,7 h de DSR;
  - para cada dia trabalhado de 2ª-feira a 5ª-feira, serão apontadas 1,5 h de DSR por dia;
  - pela 6ª-feira trabalhada, serão apontadas 1,4 h de DSR.

- No caso de o empregado trabalhar em duas obras diferentes e haver um feriado na semana (totalizando 16,4 h de DSR), o rateio precisa ser feito como segue:
  - pelo período da manhã trabalhado, serão apontadas 1,9 h de DSR;
  - pelo período da tarde trabalhado, de 2ª-feira a 5ª-feira, serão apontadas 2,3 h de DSR;
  - pelo período trabalhado da tarde de 6ª-feira, serão apontadas 1,9 h de DSR;
  - para cada dia trabalhado de 2ª-feira a 5ª-feira, serão apontadas 4,2 h de DSR por dia;
  - pela 6ª-feira trabalhada, serão apontadas 3,8 h de DSR.

- No caso de o empregado trabalhar em duas obras diferentes e ser feriado a 6ª feira, o rateio de 15,4 h terá de ser feito assim:
  - pelo período da manhã trabalhado, serão apontadas 1,9 h de DSR;
  - pelo período trabalhado da tarde de 2ª-feira a 4ª-feira, serão apontadas 2,0 h de DSR;
  - pelo período trabalhado da tarde de 5ª-feira, serão apontadas 1,8 h de DSR;
  - para cada dia trabalhado de 2ª-feira a 4ª-feira, serão apontadas 3,9 h de DSR por dia;
  - pela 5ª-feira trabalhada, serão apontadas 3,7 h de DSR.

- No caso de o empregado trabalhar em mais de duas obras diferentes na semana e a soma do rateio das horas relativas ao DSR não corresponder às 7,4 h legais, necessitará ser apontada a diferença, então apurada, na obra em que ele trabalhou o maior número de horas;

Cód. 20 – *Auxílio-enfermidade*. Cód. 31 – *Adicional Noturno* (apontar somente o número de horas trabalhadas, pois o cálculo do acréscimo de 20% será feito automaticamente, na sede, pelo computador). Cód. 40 – *Faltas Legais* (Nojo, por morte em família; Gala, por casamento; Auxílio-natalidade, para registro de nascimento de filho). Cód. 45 – *Horas Extras* (número de horas extras trabalhadas, inclusive nos sábados compensados – de 2ª-feira a 6ª-feira, apontar somente 1 h por dia, caso ocorra – o cálculo do acréscimo de 50% será automaticamente feito, na sede, pelo computador). Cód. 46 – *Horas Extras com 100% de Acréscimo* (apontar somente o número dessas horas trabalhadas, pois o cálculo do acréscimo de 100% será automaticamente feito, na sede, pelo computador). Cód. 47 – *Outros Proventos* (prêmio, bonificação etc.).

3.1.3.3 Boletim diário

Esse impresso (v. anexo 3) presta-se para o registro diário, entre outros, do número de trabalhadores na obra, das respectivas horas e dos serviços executados. Deverá ser assim preenchido:

3.1.3.3.1 - *Fichados Ontem:* número de operários da obra no dia anterior.
3.1.3.3.2 - *Obra:* nome da obra ou do cliente.
3.1.3.3.3 - *Dia/Mês/Ano:* data a que se referem os lançamentos.
3.1.3.3.4- *Entradas:* número de trabalhadores admitidos no dia ou transferidos de outras obras.
3.1.3.3.5 - *Saídas:* número de operários desligados no dia ou transferidos para outras obras.
3.1.3.3.6 - *Fichados Hoje:* número de trabalhadores da obra no dia.
3.1.3.3.7 - *Teórico:* número total calculado de horas normais no dia.
3.1.3.3.8 - *Ausentes:* número total de horas normais dos ausentes no dia.
3.1.3.3.9 - *Normais:* número total de horas normais trabalhadas no dia.
3.1.3.3.10 - *Extras:* número total de horas extras trabalhadas no dia.
3.1.3.3.11 - *Excedentes:* número total de horas-prêmio e outras no dia.
3.1.3.3.12 - *Do Dia:* número total de horas no dia.
3.1.3.3.13 - *Até Ontem:* número total acumulado na semana de horas até o dia anterior.
3.1.3.3.14 - *Até Hoje:* número total acumulado na semana de horas até o dia do lançamento.
3.1.3.3.15 - *Feira:* dia da semana a que se refere o lançamento (2ª-feira, 3ª-feira etc.).
3.1.3.3.16 - *Semana:* número de ordem da semana a que se refere o lançamento (1ª, 2ª etc.).
3.1.3.3.17 - *Tempo:* condição do tempo no dia (bom, chuva etc.).
3.1.3.3.18 - *Faltas Just./Homens:* número de trabalhadores com faltas justificadas no dia.
3.1.3.3.19 - *Faltas Just./Horas:* número total de horas de faltas justificadas.
3.1.3.3.20 - *Faltas Injust./Homens:* número de operários com faltas não justificadas no dia.
3.1.3.3.21 - *Faltas Injust./Horas:* número total de horas de faltas não justificadas no dia.
3.1.3.3.22 - *Entr. Atras./Homens:* número de trabalhadores com atraso na entrada no dia.
3.1.3.3.23 - *Entr. Atras./Horas:* número total de horas perdidas no dia por atraso na entrada.
3.1.3.3.24 - *Saída Adiant./Homens:* número de operários com saída antecipada no dia.
3.1.3.3.25 - *Saída Adiant./Horas:* número total de horas perdidas no dia por saída antecipada.
3.1.3.3.26 - *Férias/Homens:* número de trabalhadores da obra em férias no dia do lançamento.
3.1.3.3.27 - *Férias/Horas:* número total de horas de operários da obra em férias, no dia.
3.1.3.3.28 - *Seguro/Homens:* número de trabalhadores ausentes por acidente de trabalho, nos primeiros 15 d.
3.1.3.3.29 - *Seguro/Horas:* número total de horas perdidas no dia por acidente de trabalho, nos primeiros 15 d.
3.1.3.3.30 - *INSS/Homens:* número de operários ausentes por acidente de trabalho, após 15 d.
3.1.3.3.31 - *INSS/Horas:* número total de horas perdidas no dia por acidente de trabalho, após 15 d.
3.1.3.3.32 - *Total Horas:* número total de horas de trabalhadores ausentes no dia.
3.1.3.3.33 - *Total do Dia:* número total de horas trabalhadas no dia.
3.1.3.3.34 - *Código:* código do serviço executado.
3.1.3.3.35 - *Chapa:* número de registro do oficial ou do servente.
3.1.3.3.36 - *Horas/Normais:* número de horas trabalhadas no dia pelo oficial, no serviço em referência.
3.1.3.3.37 - *Horas/Extras:* número de horas extras trabalhadas no dia pelo oficial, no serviço em referência.
3.1.3.3.38 - *Subtotal do Dia/Oficiais:* número total de horas trabalhadas no dia pelos oficiais.
3.1.3.3.39 - *Total/Horas/Normais:* número total de horas normais trabalhadas pelos oficiais no serviço em referência.
3.1.3.3.40 - *Total/Horas/Extras:* número total de horas extras trabalhadas pelos oficiais no serviço em referência.
3.1.3.3.41 - *Subtotal do Dia/Serventes:* número total de horas trabalhadas no dia pelos serventes.
3.1.3.3.42 - *Oficiais: número de oficiais que trabalharam no serviço ao lado discriminado.*
3.1.3.3.43 - *Serv.: número de serventes que trabalharam no serviço ao lado discriminado.*
3.1.3.3.44 - *Discriminação dos Serviços e Locais:* resumo abreviado de cada serviço executado no dia e dos locais onde foram feitos.

3.1.3.3.45 - *Apontador*: visto do apontador da obra.
3.1.3.3.46 - *Engenheiro:* visto do engenheiro da construtora.

3.1.4 Normas para o controle administrativo da obra

3.1.4.1 Recebimento dos materiais

Feito pelo apontador, assistido pelo mestre de obras e mesmo até pelo engenheiro fiscal. Consiste em:
3.1.4.1.1 - *Medição* (ou contagem) e verificação da qualidade (antes da descarga, se possível) com as quantidades e discriminações constantes da nota fiscal.
3.1.4.1.2 - *Confrontação* das quantidades, qualidades e discriminações (inclusive o nome da obra), prazo de entrega, preços unitários e condições de pagamento com as do Pedido de Fornecimento.
Nota: Serão responsabilizados o apontador e o mestre de obras por qualquer divergência que houver entre as notas fiscais e os materiais entregues.
3.1.4.1.3 - *Verificação* dos cálculos da nota fiscal.
3.1.4.1.4 - *Lançamentos*, com caneta, no RDO (Registro de Despesas da Obra), diária e diretamente, dos materiais recebidos até o último dia do mês, o qual é preenchido em duas vias com carbono.

3.1.4.2 Serviços contratados

3.1.4.1.1 - Orientado pelo contrato com o fornecedor ou pelo pedido de fornecimento da construtora, o engenheiro da obra deverá emitir as Folhas de Medição dos Serviços (com ou sem fornecimento de materiais) contratados.
3.1.4.1.2 - Lançamentos no RDO das Folhas de Medição emitidas até a 4ª-feira da 1ª semana do mês seguinte (e relativas a serviços prestados até a última semana do mês).

3.1.4.3 Despesas diversas

3.1.4.2.1 - Lançamento no RDO do valor da Caixa de Obra, cada vez que ela for fechada.
3.1.4.2.2 - Lançamentos em folha extra mensal do RDO, feitos na sede, das despesas administrativas diversas, como: gastos com cópias, impostos, despesas indiretas em geral etc. inclusive dos honorários de projetos, construção e administração do empreendimento, despesas financeiras e despesas de comercialização.

3.1.4.4 Generalidades

3.1.4.4.1 - O RDO precisa ser fechado no mínimo semanalmente e a 1ª e a 2ª via, acompanhadas de todos os documentos comprovantes (as quais servirão também como protocolo), enviadas à sede (no máximo até a 3ª-feira da semana imediatamente seguinte). No caso de ser completado o preenchimento de uma folha de RDO antes do final da semana, essa folha terá de ser encaminhada imediatamente à sede (em duas vias, acompanhadas das notas fiscais e demais comprovantes das despesas).
3.1.4.4.2 - Todas as notas fiscais e demais documentos a serem lançados no RDO, por ocasião de sua conferência diária, necessitam ser carimbados na frente, com o preenchimento de:
- data completa do recebimento do material (ou do serviço) na obra;
- folha e linha do lançamento no RDO;
- número do pedido de fornecimento da construtora, devendo ser visados pelo apontador (ou conferente), pelo fiscal de obra (se houver) e pelo engenheiro

3.1.4.4.3 - O apontador não poderá confiar na memória, e sim consultar as relações de códigos para colher as codificações correspondentes a cada lançamento.
3.1.4.4.4 - O engenheiro da obra precisa conferir, diariamente, as notas fiscais e todos os lançamentos efetuados no RDO.

3.1.5 Mão de obra

3.1.5.1 Acordo de compensação de horas

Conforme negociação entre a construtora e seus empregados, as jornadas de trabalho são de 5 d semanais, totalizando 44 h normais, tendo as seguintes características:

3.1.5.1.1 - Pessoal de produção da obra que trabalha apenas de 2ª-feira a 6ª-feira, compensando o sábado:
- total de horas a trabalhar diariamente, de 2ª-feira a 5ª-feira:
  - 8 h normais
  - 1 h compensação do sábado (considerada também como normal)
  - 9 h total diário
- horário básico de trabalho:
  - período da manhã: das 7 h às 12 h
  - período de almoço: das 12 h às 13 h
  - período da tarde: das 13 h às 17 h
  - total de horas trabalhadas na 6ª-feira: 8 h normais;
- horário básico de trabalho:
  - período da manhã: das 7 h às 12 h
  - período de almoço: das 12 h às 13 h
  - período da tarde: das 13 h às 16 h

3.1.5.1.2 - Pessoal de administração da obra (apontador, almoxarife, operadores de guincho e outros) que trabalha apenas de 2ª-feira a 6ª-feira, compensando o sábado:
- total de horas a trabalhar diariamente, de 2ª-feira a 5ª-feira
  - 8 h normais
  - 1 h compensação da tarde do sábado (considerada também como normal)
  - 1 h extra (com adicional de 60%)
  - 10 h total diário
- horário básico de trabalho:
  - período da manhã: das 6 h 30 min às 12 h
  - período de almoço: das 12 h às 13 h
  - período da tarde: das 13 h às 17 h 30 min
  - total de horas trabalhadas na 6ª-feira: 8 h normais.
  - 1 h extra (com adicional de 60%) 9 h total diário;
- horário básico de trabalho:
  - período da manhã: das 6 h 30 min às 12 h
  - período de almoço: das 12 h às 13 h
  - período da tarde: das 13 h às 16 h 30 min.

3.1.5.1.3 - Pessoal de vigilância noturna da obra que trabalha apenas de 2ª-feira a 6ª-feira, compensando o sábado (adicional noturno entre 22 h e 5 h do dia seguinte):
- total de horas a trabalhar diariamente, de 2ª-feira a 5ª-feira: 7 h noturnas (com adicional de 20%)
  - 2 h normais;
  - 1 h extra (com adicional de 60%)
  - 10 h total diário
- horário básico de trabalho:
  - das 20 h às 6 h
- total de horas a trabalhar na 6ª-feira:
  - 7 h noturnas (com adicional de 20%); 1 h normal
  - 2 h extras (com adicional de 60%)
  - 10 h total diário

- horário básico de trabalho:
  - das 20 h às 6 h

3.1.5.2 Cálculo dos dias gastos no ano(no município de São Paulo)

de Trabalho Efetivo	220 d
de Repouso Remunerado	94 d (*)
de Faltas Justificadas (índice estatístico)	6 d (**)
de Férias	30 d
de aviso-prévio (índice estatístico)	15 d (***)
soma	365 d

(*) Descanso Semanal Remunerado: 365 d/ano – 44 h/semana × 52 semana/ano = 79 d 8 h/d mais 15 Feriados e Dispensas de Trabalho (índice estatístico):

- Sete Feriados Nacionais:
  - 1º de janeiro (Lei nº 662 de 06.04.1949)
  - 21 de abril (Lei nº 1.266 de 08.12.1950)
  - 1 de maio (Lei nº 662 de 06.04.1949)
  - 7 de setembro (Lei nº 662 de 06.04.1949)
  - 12 de outubro (Lei nº 6.802 de 30.06.1980)
  - 15 de novembro (Lei nº 662 de 06.04.1949)
  - 25 de dezembro (Lei nº 662 de 06.04.1949)
- Um Feriado Estadual (São Paulo):
  - 9 de julho (Lei nº 9.497 de 05.03.1997)
- Cinco Feriados Municipais (São Paulo):
  - 25 de janeiro (Lei nº 7.008 de 06.04.1967)
  - Sexta-Feira Santa (Lei nº 7.008 de 06.04.1967)
  - Corpus Christi (Lei nº 7.008 de 06.04.1967)
  - 2 de novembro (Lei nº 7.008 de 06.04.1967)
  - 20 de novembro (Lei nº 13.707 de 07.01.2004)
- Duas Dispensas de Trabalho (São Paulo):
  - 24 de dezembro (Acordo Intersindical nº 1989/90-cláusula 46); 31 de dezembro (Acordo Intersindical nº 1989/90-cláusula 46).

O Governo, principalmente o Municipal, excede seus limites decretando outras paralisações (entre outras, a 3ª-feira de carnaval) que, estatisticamente, compensam os feriados que coincidem com domingos.

(**) Faltas Legais: Auxílio-enfermidade e Acidentes de Trabalho (os primeiros 15 d de falta por enfermidade ou por acidente de trabalho, não pagos pelo IAPAS), Gala, Nojo, Licença-paternidade (art. 473 da CLT, Lei nº 1060/1959 e Constituição da República). Um estudo comparativo entre os dados publicados no Anuário Estatístico da Previdência Social de 1994, que revela o número de trabalhadores que obtiveram o Auxílio-Enfermidade (incapacitados de exercer seu trabalho por mais de 15 d consecutivos por causa da enfermidade: Previdenciários; ou em razão de acidente de trabalho: Acidentários) e os dados estatísticos levantados na construtora deste autor (de empregados que recorreram ao Auxílio-enfermidade por menos de 16 d consecutivos), conclui que as consequentes faltas são suportadas pela empregadora na base de 2,25 d/ano por operário. Este e os demais índices estatísticos levantados na construtora levam a concluir que as faltas legais totalizam cerca de 6 d/ano por empregado.

(***) É política da empresa do autor (e usual entre as construtoras) indenizar o empregado demitido e nunca fazê-lo cumprir o período de Aviso-prévio na obra, pelas implicações óbvias decorrentes de sua insatisfação. Foi considerado o tempo médio de permanência do operário no emprego de dois anos, o que resulta no aviso-prévio de 30 d/2 = 15 d, em média.

Capítulo 3 – Serviços gerais 127

3.1.5.3 Cálculo dos encargos sociais (no município de São Paulo)

(Incidentes sobre as folhas de Pagamento de salários nas quais estão incluídos repouso semanal remunerado, feriados, dias de chuva e faltas justificadas):

- Contribuição da Empresa à Previdência Social (INSS)	20%	
- Seguro de acidente de trabalho	3%	
- Contribuição da empresa a terceiros	5,8%	(*)
- Fundo de Garantia por Tempo de Serviço (FGTS)	8%	
- Fundo de Garantia por Tempo de Serviço (FGTS)	1%	
- 13° Salário (30/320)	9,4%	(**)
- Férias (1,333 x 30/320)	12,5%	(**)
- Aviso-prévio (15/320)	4,7%	(**)
- Incidência de (20,0 + 3,0 + 5,8)% sobre Férias, 13° Salário e Aviso-prévio: 28,8% x (12,5 + 9,4 + 4,7)	7,7%	
- Incidência do FGTS sobre Férias e 13° Salário: 8,0% x (12,5 + 9,4)	1,8%	
- Incidência do SECONCI sobre 13° Salário e Férias: 1,0% x (12,5+ 9,4)	0,2%	
- Depósito por Dispensa e Lei Complementar n° 110/01: 50% x (8,0 + {12,5 + 9,4}% x 8,0)	4,9%	
- Quota-parte dos Vales-Transporte	12%	(***)
- Quota-parte do Café da Manhã, Almoço Completo e Lanche da Tarde subsidiados (Convenção Coletiva de Trabalho de 25/05/18): 95% x (a + b + c) = 0,95 x (7,9 + 19,8 + 7,9)	33,8%	(****)
- Cesta Básica (Convenção Coletiva de Trabalho de 22/05/18)	17,1%	(****)
- PCMSO (Programa de Controle Médico de Saúde Ocupacional) e PPRA (Programa de Prevenção de Riscos Ambientais)	0,4%	(****)
- Seguro de Vida e Acidentes, em Grupo	0,5%	(****)
- Equipamentos de Proteção Individual (EPI) – NR 18	0,5%	(****)
TOTAL	**143,3%**	

(*) Cálculo da Contribuição da Empresa a Terceiros

- Salário: 2,5%
- INCRA: 0,2%
- SENAI: 1,0%
- SESI: 1,5%
- SEBRAE: 0,6%
- Total: 5,8%

(**) Cálculo dos dias não incluídos nas Folhas de Pagamento de Salários:

- de Férias: 30 d
- de Aviso-Prévio (índice estatístico com base na média de dois anos de emprego): 15 d
  (a rotatividade de pessoal na construção civil é alta)
- Total: 45 d

Cálculo dos dias incluídos nas Folhas de Pagamento:
- de Trabalho Efetivo, de Repouso Semanal Remunerado e de Faltas Justificadas: 365 – (94 + 6) = 265 d
  (em Faltas Justificadas estão incluídas aquelas de Acidentes de Trabalho, Auxílio-enfermidade, Licença-paternidade, Greves e outras Faltas Legais)

(***) Cálculo das incidências:

- sobre FGTS: 8,0%
- sobre Férias: 12,5%
- sobre 13° salário: 9,4%

(****) Cálculo de Encargos Sociais utilizando valores do mês de novembro de 2018. Essas percentagens são bastante variáveis, dependendo do mês em que são calculadas, pois são em função dos valores dos salários, das conduções, do café da manhã, do almoço completo, da cesta básica, do lanche da tarde, do PCMSO, do PPRA e do seguro de vida:

- *Vale-transporte* (considerando-se dedução de 6% sobre o salário mensal):

$$\frac{C \cdot N - 0,06 \cdot S}{S} \times 100 \tag{3.1}$$

em que:
C = custo médio da condução diária = R$ 17,20;
em que bilhetes de ônibus + bilhetes de metrô: 2 x (4,30 + 4,30)
Nota: ônibus intermunicipal: R$ 4,80
N = custo médio de dias de trabalho efetivo no mês:
220 d anuais/12 meses = R$ 18,3 d/mês
S = salário normativo mensal de trabalhador qualificado = R$ 1.752,80

o que resulta na parcela:

$$\frac{17,20 \times 18,30 - 0,06 \times 1752,80}{1752,80} \times 100 = 12,0\% \tag{3.2}$$

a – *Refeição Matinal Subsidiada* (considerando-se dedução de 1% sobre o salário-base por dia de trabalho efetivo):

$$\frac{C \cdot N - 0,01 \times (18,3 \cdot S/30)}{S} \times 100 \tag{3.3}$$

em que:

C = custo do café da manhã = R$ 10,00
N = número médio de refeições matinais no mês = 18,3
(18,3 = número médio de dias de trabalho efetivo no mês)
S = salário normativo mensal = R$ 1.752,80
(Convenção Coletiva de Trabalho)

o que resulta na parcela de:

$$\frac{10,00 \times 18,3 - 0,01 \times 18,3 \times 1.752,80/30}{1.752,80} \times 100 = 7,9\% \tag{3.4}$$

b – *Almoço Completo Subsidiado:*

$$\frac{0,95 \cdot CN}{S} \times 100 \tag{3.5}$$

Capítulo 3 – Serviços gerais

em que:
C = custo do almoço (comercial ou prato-feito) = R$ 20,00
N = número médio de almoços no mês = 18,3
S = salário normativo mensal = R$ 1.752,80

o que resulta na parcela de:

$$\frac{0,95 \times 20,00 \times 18,3}{1.752,80} \times 100 = 19,8\% \tag{3.6}$$

b1 – *Cesta Básica:*
Alternativamente ao Almoço Subsidiado, a construtora pode dar ao trabalhador uma cesta básica de 26 kg cada mês (antecipadamente), o que resulta no custo percentual de:

$$\frac{C}{S} \times 100 \tag{3.7}$$

em que:
C = custo da cesta básica de 26 kg (para pagamento em 30 d) = R$ 300,00

o que resulta na parcela alternativa de:

$$\frac{300,00}{1.752,80} \times 100 = 17,1\% \tag{3.8}$$

c – *Lanche da tarde:*

$$\frac{0,95 \cdot CN}{S} \times 100 \tag{3.9}$$

em que:
C = custo do lanche = R$ 8,00
N = número médio de lanches por mês = 18,3
S = salário normativo mensal = R$ 1.752,80

o que resulta na parcela de:

$$\frac{0,95 \times 8,00 \times 18,3}{1.752,80} \times 100 = 7,9\% \tag{3.10}$$

- *Programa de Controle Médico de Saúde Ocupacional e Programa de Prevenção de Riscos Ambientais*

$$\frac{C_1 + C_2}{S} \times 100 \tag{3.11}$$

em que:

C1 = custo mensal por trabalhador do PCMSO: R$ 5,70
C2 = custo mensal por trabalhador do PPRA: R$ 1,99

o que resulta na parcela de:

$$\frac{5,70 + 1,99}{1.752,80} \times 100 = 0,4\% \tag{3.12}$$

- *Seguro de Vida e de Acidentes, em Grupo:*

$$\frac{C}{S} \times 100 \tag{3.13}$$

em que:
C = custo mensal do seguro, por trabalhador = R$ 8,95

o que resulta na parcela de:

$$\frac{8,95}{1.752,80} \times 100 = 0,5\% \tag{3.14}$$

(*****) *Equipamentos de Proteção Individual (EPI)*

$$\frac{C}{S} \times 100 \tag{3.15}$$

em que:
C = custo mensal do EPI, por trabalhador = R$ 9,00

o que resulta na parcela de:

$$\frac{9,00}{1.752,80} \times 100 = 0,5\% \tag{3.16}$$

3.1.6 Cálculo da área equivalente de construção

Os pesos usualmente utilizados no cálculo da equivalência de áreas de construção de diversos padrões, para aferição do orçamento da obra, estão relacionados com o custo unitário das áreas de construção, a seguir discriminadas:

- Garagem:
    - coberta, no térreo ou pavimento acima do terreno natural: 0,50
    - coberta, abaixo do terreno natural:
        * com um subsolo: até 0,75
        * com dois subsolos: até 0,85
        * com mais de dois subsolos: até 1,00
    - descoberta:
        * pavimentação sobre laje: 0,30 a 0,60
        * pavimentação sobre terra: 0,05 a 0,10
- Térreo:
    - fechado: 1,00 a 1,50
    - sob pilotis: 0,50 a 1,00
    - ajardinamento e pavimentação:
        * sobre laje: 0,30
        * sobre terra: 0,10 a 0,30
- Pavimentos:
    - tipo (padrão): 1,00
    - terraço coberto: 0,75 a 1,00
- Ático:
    - terraço descoberto: 0,30 a 0,60
    - casa de máquinas, barrilete e reservatório de água: 0,50 a 0,75
- Piscina: 0,50 a 0,75

3.1.7 Unidades de medida

3.1.7.1 Generalidades

O Conselho Nacional de Metrologia, Normalização e Qualidade Industrial (Conmetro) considera que as unidades de medida legais no país são aquelas do Sistema Internacional de Unidades (SI), adotado pela Conferência Geral de Pesos e Medidas, porém, admite o emprego de certas unidades fora do (SI), de grandezas e coeficientes sem dimensões físicas que sejam julgados indispensáveis para determinadas medições.

3.1.7.2 Sistema Internacional de Unidades (SI)

O Sistema Internacional de Unidades compreende:
- sete unidades de base:
- duas unidades suplementares:
- unidades derivadas, deduzidas direta ou indiretamente das unidades de base e suplementares;
- os múltiplos e submúltiplos decimais das unidades acima, cujos nomes são formados pelo emprego dos prefixos SI do Quadro 3.6.

Quadro 3.6: Prefixos SI

Nome	Origem	Símbolo	Fator pelo qual a unidade é
iota	*letra "j"		1024 = 1 000 000 000 000 000 000 000 000
zeta	*letra "z"		1021 = 1 000 000 000 000 000 000 000
exa	*seis		1018 = 1 000 000 000 000 000 000
peta	*cinco	P	1015 = 1 000 000 000 000 000
tera	*monstro	T	1012 = 1 000 000 000 000
giga	*gigante	G	1 = 1 000 000 000
mega	*grande	M	1 = 1 000 000
quilo	*mil	k	1 = 1 000
hecto	*sexto	h	1 = 100
deca	*dezena	d	1
deci	**decième = décima parte	d	10-1 = 0,1
centi	**centième = centésima parte	c	10-2 = 0,01
mili	**millième = milésima parte	m	10-3 = 0,001
micro	*pequeno		10-6 = 0,000 001
nano	*anão	n	10-9 = 0,000 000 001
pico	*** picolo = pequeno	p	10-12 = 0,000 000 000 001

* Do grego.
** Do francês.
*** Do italiano.

3.1.7.3 Outras unidades

As unidades fora do SI são de duas espécies:
- unidades aceitas para uso com o SI, isoladamente ou combinadas entre si e/ou com unidades SI, sem restrição de prazo (ver Quadro 3.8 adiante);
- unidades admitidas temporariamente (ver Quadro 3.9).

3.1.7.4 Grandezas expressas por valores relativos

É aceitável exprimir, quando conveniente, os valores de certas grandezas em relação a um valor determinado da mesma grandeza tomado como referência, na forma de fração ou percentagem. Tais são, entre outras, a massa específica, a massa atômica, a condutividade etc.

3.1.7.5 Quadro geral de unidades de medida de uso mais comum

3.1.7.5.1 Prescrições gerais

Quadro 3.7: Unidades do Sistema Internacional de Unidades

	Grandeza	Nome	Símbolo
Unidades geométricas e mecânicas	Comprimento	metro	m
	Área	metro quadrado	m^2
	Volume	metro cúbico	m
	Ângulo plano	radiano	rad
	Tempo	segundo	s
	Frequência	hertz	Hz
	Velocidade	metro por segundo	m/s
	Aceleração	metro por segundo, por segundo	m/s^2
	Massa	quilograma	kg
	Massa específica	quilograma por metro cúbico	kg/m
	Vazão	metro cúbico por segundo	m/s
	Momento de inércia	quilograma-metro quadrado	$kg .m^2$
	Força	newton	N
	Momento de uma força, torque	newton-metro	N.m
	Pressão	pascal	Pa
	Trabalho, energia, quantidade de calor	joule	J
	Potência, fluxo de energia	watt	W
Unidades elétricas	Corrente elétrica	ampère	A
	Tensão elétrica, diferença de potencial	volt	V
	Resistência elétrica	ohm	
	Potência aparente	volt-ampère	VA
Unidades térmicas	Temperatura	grau Celsius	ºC
Unidades ópticas	Intensidade luminosa	candela	cd
	Fluxo luminoso	lúmen	Lm
	Iluminamento	lux	Lx

3.1.7.6 Grafia do nome de unidades

- Quando escritos por extenso, os nomes de unidades começam por letra minúscula, mesmo quando têm o nome de um cientista (por exemplo, ampère, newton etc.), exceto o grau Celsius.
- Na expressão do valor numérico de uma grandeza, a respectiva unidade pode ser escrita por extenso ou representada pelo seu símbolo (por exemplo, quilovolts por milímetro ou kV/mm), não sendo admitidas combinações de partes escritas por extenso com partes expressas por símbolo.

3.1.7.7 Plural do nome de unidades

Quando os nomes de unidades são escritos ou pronunciados por extenso, a formação do plural obedece às seguintes regras básicas:

    a) os prefixos SI são invariáveis;
    b) os nomes de unidades recebem a letra "s" no final de cada palavra, exceto nos casos da alínea c, quando:
- são palavras simples – por exemplo, ampères, candelas, quilogramas, volts etc.;

Quadro 3.8		
Grandeza	Unidade	
	Nome	Símbolo
Volume	litro	l ou L
Ângulo plano (*)	grau	º
	minuto	'
	segundo	"
Massa	tonelada	t
Tempo	minuto	min
	hora	h
	dia	d
Velocidade angular	rotação por minuto	rpm
Nível de potência	decibel	dB
(*) 1 rad = 57o 17' 44,8"		

Quadro 3.9: Outras unidades fora do SI admitidas temporariamente

Nome da unidade	Símbolo	Valor em unidades SI
Atmosfera (*)	atm	101325 Pa = 1,033 kgf/cm²
Caloria (*)	cal	4,1868 J
Cavalo-vapor (*)	cv	735,5 W
Hectare	ha	10000 m²
Quilograma-força (*)	kgf	9,80665 N
Milímetro de mercúrio (*)	mm Hg	133,322 Pa
Milha marítima		1852 m
Nó	(**)	(1852/3600) m/s
Quilate	(***)	0,2 g

(*) A evitar, e a substituir pela unidade SI correspondente.
(**) Velocidade igual a 1 milha marítima por hora.
(***) Não confundir esta unidade com o quilate da escala numérica convencional do teor em ouro das ligas de ouro.

- são palavras compostas em que o elemento complementar de um nome de unidade não é ligado a ele por hífen – por exemplo, metros quadrados, milhas marítimas etc.;
- são termos compostos por multiplicação, em que os componentes podem variar independentemente um do outro – por exemplo, ampères-horas, newtons-metros, ohms-metros, pascals-segundos, watts-horas etc.

Nota: segundo esta regra, e a menos que o nome da unidade entre no uso vulgar, o plural não desfigura o nome que a unidade tem no singular (por exemplo, decibels, pascals etc.), não se aplicando, ao nome de unidades, certas regras usuais de formação do plural de palavras;

c) o nome ou parte do nome de unidades não recebem a letra "s" no final:

- quando terminam pelas letras "s", "x" ou "z". Por exemplo, siemens, lux, hertz etc.;
- quando correspondem ao denominador de unidades compostas por divisão – por exemplo, quilômetros por hora, lumens por watt etc.;
- quando, em palavras compostas, são elementos complementares de nomes de unidades e ligados a eles por hífen ou preposição – por exemplo, anos-luz, quilogramas-força etc.

3.1.7.8 Grafia do símbolo de unidades

- A grafia do símbolo de unidades obedece às seguintes regras básicas:

Quadro 3.10: Conversão de medidas inglesas e americanas em unidades do SI

Símbolo	Unidade	multiplicar por	para obter
in. ou "	inch (polegada)	2,5400	cm
ft. ou '	foot (pé)	0,30480	m
yd.	yard (jarda)	0,91440	m
ml.	statute mile (milha terrestre)	1,6093	km
naut. ml.	sea mile (milha marítima)	1,85315	km
sq. in.	square inch (polegada quadrada)	6,451	cm²
sq. ft.	square foot (pé quadrado)	0,0929	m²
acre	acre	0,40468	ha
cu. in.	cubic inch (polegada cúbica)	16,383	cm
cu. ft.	cubic foot (pé cúbico)	0,028315	m
gal.	Imperial gallon (galão)	4,5435	L
gal.	American gallon	3,785	L
gal.	pint	0,5679	L
gal.	pint (americano)	0,4732	L
oz.	ounce (onça)	28,350	g
lb.	pound (libra)	0,4536	kg
ton.	long ton. (tonelada inglesa)	1,01605	t
ton.	short ton. (tonelada americana)	0,90718	t
psi.	pounds per square inch	0,07031	kg/cm²
HP	horse power	1,014	CV
BTU	British thermal unit	252	cal
F	Fahrenheit	(*)	ºC

(*) $°C = \frac{5}{9} (°F - 32)$

- Os símbolos são invariáveis, não sendo admitido colocar depois do símbolo seja ponto de abreviatura, seja "s" de plural, sejam sinais, letras ou índices. Por exemplo, o símbolo do watt é sempre W, qualquer que sejam o tipo de potência a que se refira: mecânica, elétrica, térmica, acústica etc.
- Os prefixos SI nunca são justapostos no mesmo símbolo. Por exemplo, unidades como GWh, nm, pF etc. não devem ser substituídas por expressões em que se justaponham, respectivamente, os prefixos mega e quilo, mili e micro, micro e micro etc.
- Os prefixos SI podem coexistir em um símbolo composto por multiplicação ou divisão. Por exemplo, kN.cm, kV/mm etc.
- Os símbolos de uma mesma unidade podem coexistir em um símbolo composto por divisão. Por exemplo, kWh/h etc.
- O símbolo é escrito no mesmo alinhamento do número a que se refere, e não como expoente ou índice. São exceções os símbolos das unidades não SI de ângulo plano (°) (') ("), os expoentes dos símbolos que têm expoente, o sinal (°) do símbolo do grau Celsius e os símbolos que têm divisão indicada por traço de fração horizontal.
- O símbolo de uma unidade composta por multiplicação pode ser formado pela justaposição dos símbolos componentes e que não cause ambiguidade (VA, kWh etc.), ou mediante a colocação de um ponto entre os símbolos componentes, na base da linha ou à meia altura (N.m ou N•m etc.).
- Quando um símbolo com prefixo tem expoente, entende-se que esse expoente afeta o conjunto prefixo-unidade, como se esse conjunto estivesse entre parênteses. Por exemplo: dm³ = 0,001 m³ mm³ = 0,000 000 001 m³.

3.1.7.9 Grafia dos números

As prescrições desta seção não se aplicam aos números que não representam quantidades (por exemplo, numeração de elementos em sequência, códigos de identificação, datas, números de telefone etc.).

- Para separar a parte inteira da parte decimal de um número é empregada sempre uma vírgula; quando o valor absoluto do número é menor que 1, coloca-se 0 à esquerda da vírgula. -
- Os números que representam quantias em dinheiro, ou quantidades de mercadorias, bens ou serviços em documentos para efeitos fiscais, jurídicos e/ou comerciais, precisam ser escritos com os algarismos separados em grupos de três, a contar da vírgula para a esquerda e para direita, com pontos separando esses grupos entre si. Nos demais casos, é recomendado que os algarismos da parte inteira e os da parte decimal dos números sejam separados em grupos de três a contar da vírgula para a esquerda e para a direita, com pequenos espaços entre esses grupos (por exemplo, em trabalhos de caráter técnico), mas é também admitido que os algarismos da parte inteira e os da parte decimal sejam escritos seguidamente (isto é, sem separação em grupos).
- Para exprimir números sem escrever ou pronunciar todos os seus algarismos
    - para os números que representam quantias em dinheiro, ou quantidades de mercadorias, bens ou serviços, são empregadas de uma maneira geral as palavras:

$$\begin{aligned} \text{Mil} &= 10^3 = 1.000 \\ \text{Milhão} &= 10^6 = 1.000.000 \\ \text{Bilhão} &= 10^9 = 1.000.000.000 \\ \text{Trilhão} &= 10^{12} = 1.000.000.000.000 \end{aligned}$$

podendo, opcionalmente, ser empregados os prefixos SI ou os fatores decimais do Quadro 3.6, em casos especiais (por exemplo, em cabeçalho de tabelas);
    - para trabalhos de caráter técnico, é recomendado o emprego dos prefixos SI ou fatores decimais do Quadro 3.6.

3.1.7.10 Espaçamento entre número e símbolo

O espaçamento entre um número e o símbolo da unidade correspondente tem de atender à conveniência de cada caso; assim, por exemplo:
- em frases de textos correntes, é dado normalmente o espaçamento correspondente a uma ou a meia letra, mas não se deve dar espaçamento quando há possibilidade de fraude;
- em colunas de tabelas, é facultado utilizar espaçamentos diversos entre os números e os símbolos das unidades correspondentes.

3.1.7.11 Pronúncia dos múltiplos e submúltiplos decimais das unidades

Na forma oral, os nomes dos múltiplos e submúltiplos decimais das unidades são pronunciados por extenso, prevalecendo a sílaba tônica da unidade. As palavras quilômetro, decímetro, centímetro e milímetro, consagradas pelo uso com o acento tônico deslocado para o prefixo, são as únicas exceções a esta regra; assim sendo, os outros múltiplos e submúltiplos decimais do metro devem ser pronunciados com acento tônico na penúltima sílaba (mé), por exemplo, micrometro (distinto de micrômetro, instrumento de medição), nanômetro etc.

3.1.7.12 Grandezas expressas por valores relativos

É aceitável exprimir, quando conveniente, os valores de certas grandezas em relação a um valor determinado da mesma grandeza tomado como referência, na forma de fração ou percentagem. Tais são, entre outras, a massa específica, a condutividade etc.

Observações:
- por motivos históricos, o nome da unidade SI de massa contém um prefixo; excepcionalmente e por convenção, os múltiplos e submúltiplos dessa unidade são formados pela adjunção de outros prefixos SI à palavra grama e ao símbolo "g";
- os prefixos do Quadro 3.6 podem ser também empregados com unidades que não pertencem ao SI.

3.1.8 Instrumento de medida

Instrumento de medição é um dispositivo para determinar experimentalmente um valor numérico de magnitude numérica comparativamente a um padrão de dimensões ou o valor de uma grandeza da mesma espécie (unidades de medida). *Metrologia* é a ciência que estuda as unidades de medida e de processos de medição. Dentre os instrumentos de medição mais comuns, pode-se citar:

- *Micrômetro:* instrumento de alta precisão (que permite medidas de até 0,001 mm) constituído de um arco, uma garra fixa, uma garra móvel, uma presilha, um tambor graduado e uma catraca. O componente básico do micrômetro é o *parafuso micrométrico*, que consiste de uma rosca de alta precisão da qual uma volta completa (ou passo) equivale ao avanço ou recuo de 0,5 mm. Serve para medir distâncias, espessuras e ângulos diminutos.
- *Paquímetro:* instrumento de precisão composto de um cursor móvel (que desliza sobre uma haste) na qual se encontram duas garras opostas, um encosto móvel e a escala principal. O cursor é dotado de outras duas garras, também opostas, uma escala denominada *nônio* e uma trava. É usado para medir pequenas distâncias, espessuras etc.
- *Voltímetro:* instrumento para realizar a medida em volts da diferença de potencial (tensão) entre dois pontos de um circuito elétrico e ligado a ela em paralelo.
- *Amperímetro:* aparelho para executar a medida da intensidade de corrente elétrica em ampères e montado em série ao circuito.
- *Trena:* fita métrica confeccionada preferivelmente de aço flexível com marcações lineares geralmente em milímetros, que se retrai em uma bobina de armazenamento por meio de mola (as mais curtas) ou por uma manivela manual (as mais longas) e que permanece reta e dura quando estendida, tendo o comprimento de 10 m, 15 m, 20 m, 30 m até 150 m e que se emprega na medição de comprimentos/distâncias.
- *Trena a laser:* aparelho eletrônico que serve para medir a distância entre ele e um objeto. O aparelho emite um raio laser *(Light Amplification by Stimulated Electronic Radiation)* e capta o reflexo desse raio no objeto. O tempo que o pulso do raio laser demora para ser refletido no objeto é usado para calcular a distância entre eles eletronicamente por meio de um processador embutido no aparelho.
- *Balança:* instrumento que serve para medir a *massa* (e não o peso) de um corpo, substância etc., sendo sua unidade do SI (Sistema Internacional de Unidades) o quilograma (kg). Atente-se para que o peso é uma grandeza de força física, cuja unidade de medida é o newton (N).
- *Balança digital:* também chamada eletrônica, é um aparelho consistente de prato ou bandeja sob o qual há um equipamento (célula de carga) que sofre compressão quando sobre ele é colocado um corpo. A célula de carga capta então a intensidade da compressão, transformando essa energia mecânica em pulso elétrico, o qual é enviado a um processador existente na balança, que converte a intensidade de corrente em massa, que é mostrada num visor.
- *Densímetro:* instrumento usado para medir *massa específica* (também chamada densidade) de líquidos que consiste em um tubo longo de vidro fechado em ambas as extremidades, sendo mais largo na sua parte inferior e possuindo uma gradação na parte cima (a mais estreita). O instrumento é imerso num recipiente cheio do líquido do qual se vai medir a massa específica até que o tubo flutue livremente. A leitura é então realizada observando em que marca da gradação fica posicionada a superfície do líquido. Atente-se para que o densímetro faz o uso do *princípio de empuxo de Arquimedes*.
- *Hidrômetro:* também chamado *contador de água*, é um instrumento que realiza a medição volumétrica da água que circula numa tubulação de abastecimento, o qual contém um mecanismo que é acionado pelo líquido em movimento com uma determinada velocidade. Ao entrar no hidrômetro, o fluido é direcionado em um ou mais jatos que acionam uma turbina, gerando nela um movimento de rotação. Um totalizador é assim acionado fazendo registros proporcionais à velocidade de rotação da turbina, indicando e acumulando o volume de água (em metros cúbicos ou em litros).
- *Manômetro:* instrumento com que se mede a pressão dos fluidos contidos em recipientes fechados, sendo o modelo mais comum constituído de um tubo, no formato de "U", no qual se coloca uma certa quantidade de um fluido (líquido, gás ou ar). A pressão a medir é aplicada a uma das aberturas do tubo, enquanto uma

pressão de referência (geralmente a atmosférica) e aplicada a outra abertura. A diferença entre as pressões é proporcional à diferença do nível do líquido em cada lado do "U", sendo que a constante de proporcionalidade é a massa volumétrica do fluido.
- *Pressóstato:* também chamado *monóstato*, que pode ser considerado um instrumento de medição, é utilizado como componente do sistema de proteção de equipamentos, cuja função é garantir a integridade deles contra a sobrepressão atuante sobre eles durante seu funcionamento. O pressóstato é um mecanismo tipo manométrico invertido e com o fluido no seu interior usado para manter constante a pressão dentro de um equipamento.

3.1.9 Calibração

A calibração consiste no levantamento da curva de resposta de um equipamento de medição, mostrando seu desvio em relação a um padrão, o qual deve ser vinculado a normas reconhecidas internacionalmente. Para manter-se a qualidade de um serviço é necessário que os equipamentos de medição sejam calibrados periodicamente, ou seja, a fidelidade das medições realizadas depende essencialmente da calibração dos equipamentos. Exemplificando, a falta de segurança de uma máquina pode ser causada pela não calibração dos seus instrumentos de medida.

3.1.10 Medição de serviço de obra

No caso de não haver critérios estabelecidos em contrato com o prestador de serviço, recomenda-se que as medições de serviços executados em obra obedeçam às seguintes diretrizes:

a) escavação
- unidade de medida: metro cúbico
- é necessário que as medições sejam feitas por um topógrafo
- o terreno pode ser subdividido em trechos, para facilitar a inspeção

b) estrutura de concreto
- unidade de medida: metro cúbico
- é importante que as medições sejam realizadas em subdivisões por pavimento (ou trecho dele)
- é usual que ela seja executada na planta de fôrmas (ou, excepcionalmente, na própria estrutura)
- os serviços refeitos não podem ser medidos em duplicidade

c) alvenaria
- unidade de medida: metro quadrado
- é usual somente descontar os vãos maiores que 2 m²
- é comum que ela seja feita na planta de execução de arquitetura (mas pode ser realizada na obra)

d) instalações elétrica e hidráulica
- unidade de medida: porcentagem
- é usual contratar as instalações por empreitada global (material e mão de obra)
- no contrato, devem ser detalhados os diversos serviços e neles estabelecer o seu percentual do valor total contratado (pesos), para possibilitar a medição
- cada etapa de medição é feita considerando o percentual do peso; exemplificando, o peso 10% do ramal de água fria é multiplicado pelo percentual executado (se for um andar de um total de 20 pavimentos, será 5%)

e) impermeabilização
- unidade de medida: metro quadrado
- a medição é feita para cada tipo de impermeabilização executada na obra (como manta asfáltica, argamassa rígida etc.)
- é importante ter um projeto de impermeabilização que determine detalhes como ralos, boxe de chuveiro, jardineiras etc., bem como rodapés
- as especificações precisam ser claras e indicar, por exemplo, sobreposições de mantas, mantas duplas etc.

f) revestimento de pasta de gesso
- unidade de medida: metro quadrado

- as espessuras mínima e máxima necessitam ser estabelecidas no contrato com a empreiteira (de material e mão de obra)
- se a espessura máxima for excedida por problemas no substrato (alvenaria, concreto etc.), a em- preiteira será por isso remunerada (seu critério deve ser previsto na contratação)
- é recomendável medir locais com o serviço executado, por exemplo, um andar, uma unidade etc.), evitando-se medição fragmentada de paredes, de ambientes etc.

g) outros revestimentos (argamassa, azulejos, pisos cerâmicos, pastilhas etc.)
- unidade de medida: metro quadrado
- no caso de argamassa, é usual descontar os vãos maiores que 2 m²
- no caso de azulejos, é computada à parte a colocação de cantoneiras (cujo custo tem de ser previsto na contratação)
- os rodapés precisam ser medidos conforme preço unitário (que constará da contratação)
- o custo do rejunte necessita ser contratualmente incluído no preço do assentamento do azulejo, da cerâmica, das pastilhas etc.

3.1.11 Código de ética da construção

O presente Código de Ética representa as Normas de Atitude e Comportamento da atividade da construção, devendo ser seguido por todas as associações, entidades de classe e empresas do setor a ela vinculadas, as quais, agindo por intermédio de seus profissionais, independentemente do cargo ou função, atuam direta ou indiretamente na indústria da construção nas fases de planificação, de produção, de comercialização e em todas as atividades conexas ou correlatas ao setor.

3.1.11.1 Princípios fundamentais

Art. 1º A atividade construtiva é exercida com objetivo de promover o bem-estar das pessoas e da coletividade.
Art. 2º As construções devem, obrigatoriamente, permitir aos usuários condições satisfatórias de saúde física e mental, higiene, segurança, proteção e conforto. Art. 3º A atividade construtiva não pode ser objeto de lucros desproporcionais aos riscos inerentes à atividade e ao capital investido nem decorrer de procedimentos aéticos, ilegais ou imorais. Art. 4º A atividade construtiva tem de ser exercida sem discriminação por questões de religião, raça, sexo, nacionalidade, cor, idade, condição social, opinião política ou de qualquer outra natureza.

3.1.11.2 Direitos e deveres

São direitos e/ou deveres dos construtores e de todos os demais intervenientes na atividade construtiva:
Art. 5º Propiciar condições de trabalho que permitam segurança, higiene, saúde, proteção, bem como salário e estímulo profissional compatíveis com a produtividade, com o aprimoramento laboral e com a racionalização de tempo e de recursos materiais.
Art. 6º Pesquisar novos procedimentos e técnicas que visem progressivamente a melhoria da qualidade, o aumento da produtividade, a racionalização de tempo e de recursos financeiros e materiais com vistas à redução do custo e do preço final de venda.
Art. 7º Recusar o exercício da atividade em condições inadequadas à segurança e à estabilidade da construção.
Art. 8º Não delegar a terceiros, não qualificados, serviços e partes da obra que coloquem em risco a qualidade final da construção.
Art. 9º Buscar, de todas as formas, o aprimoramento e a adequação das condições de trabalho ao ser humano.
Art. 10 Exercer as atividades com absoluta autonomia, não havendo obrigação, de forma alguma, de acatar quaisquer determinações, mesmo contratuais, que possam comprometer a segurança, a estabilidade e a qualidade final das construções.
Art. 11 Preservar, em qualquer circunstância, a liberdade profissional, não aceitando nem impondo quaisquer restrições a esta autonomia que venham contrariar a ética, a moral e a dignidade das pessoas.

Art. 12 Seguir os projetos, ater-se às especificações sem atrelar-se a marcas exclusivistas e indevidamente seletivas, cumprir as Normas Técnicas editadas pela ABNT e, na falta destas, normas compatíveis. Cumprir as determinações da fiscalização, as posturas municipais, estaduais e federais de forma a obter resultado final de qualidade e padrão compatíveis com o contratado.

Art. 13 Indicar a solução adequada ao cliente, observadas as práticas reconhecidamente aceitas, respeitando as normas legais e técnicas vigentes no país.

Art. 14 Não praticar atos profissionais danosos ao cliente, mesmo que previstos em edital, projeto ou especificação, que possam ser caracterizados como conivência, omissão, imperícia, imprudência ou negligência.

Art. 15 Aplicar, quando possível, materiais e técnicas regionais e, não havendo restrições à técnica, absorver a mão de obra disponível na região.

Art. 16 Zelar pela consolidação e pelo desenvolvimento ético da atividade construtiva, em todas as fases.

Art. 17 Zelar pela imagem do setor perante a sociedade.

Art. 18 Ser solidário com os movimentos de defesa da dignidade profissional, seja por remuneração condigna, seja por condições de trabalho compatíveis com a ética profissional.

Art. 19 Ter para com seus colegas respeito, consideração e solidariedade, sem, todavia, eximir-se de denunciar, fundamentadamente, à Comissão de Ética atos que contrariem os presentes postulados.

Art. 20 Requerer, na Comissão de Ética, desagravo quando atingido indevidamente no exercício da atividade.

Art. 21 Adotar procedimentos que preservem, por todos os meios e em todas as situações, a imagem do empreendimento, da empresa e, em decorrência, de todo o setor construtivo.

Art. 22 Estar ciente de que, nas obras cujas atividades sejam por mais de um interveniente compartilhadas, deverá especificamente, quando da contratação, ficar definida a responsabilidade de cada um dos participantes. Nos casos de subcontratação, o contratante principal não poderá se eximir da responsabilidade a ele atinente, a não ser quando expressamente indicado e quando legalmente possível.

Art. 23 Como agentes de progresso e de desenvolvimento socioeconômico-cultural, os construtores e demais intervenientes precisam por si e mediante entidades representativas exercer a cidadania, como direito e dever inalienáveis à própria condição. Da mesma forma, têm de alertar as autoridades sobre desmandos, uso indevido da coisa pública e do poder, propagandas falsas, intromissões na iniciativa privada, incúria, legislações falhas e todas as demais ações que direta ou indiretamente afetam o setor construtivo.

Art. 24 Não se utilizar das entidades representativas do setor com vistas a benefícios meramente pessoais, a menos que esses benefícios individualizados sejam de real interesse, por isonomia, dos demais associados.

Art. 25 Manter sigilo quanto a informações confidenciais, a processos e técnicas de propriedade exclusiva de outrem e em assuntos que o requeiram. Ficam ressalvados os casos em que o silêncio e a omissão, por uma ou outra forma, permitam a adoção de iniciativas e atividades que coloquem em risco a integridade de patrimônios e pessoas.

Art. 26 Assegurar ao cliente produto final que lhe dê satisfação como resultado de informes publicitários precisos, de contratos completos e de informações de tal forma claras e corretas que lhe permita certificar-se, em quaisquer das fases, da compatibilidade do objeto contratado com o bem construído.

Art. 27 Na publicidade, informar com precisão, dispensar afirmações de sentido dúbio ou pouco claras ao público-alvo, não traçar paralelos a obras, processos e empresas de terceiros, enfim, oferecer informes absolutamente condizentes com o objeto promovido.

Art. 28 No exercício da atividade construtiva, assegurar aos operários o cumprimento da legislação trabalhista e das disposições contidas nas convenções coletivas firmadas para o setor.

Art. 29 Oferecer condições de trabalho que preservem a saúde, a segurança, a integridade e a dignidade de todas as pessoas intervenientes no processo construtivo.

Art. 30 Propiciar condições de salários e ganhos compatíveis com a produtividade e qualificação profissional dos operários.

Art. 31 Promover cursos de aperfeiçoamento e aprimoramento profissional aos trabalhadores.

Art. 32 Aprimorar continuamente os conhecimentos e usar o progresso científico e técnico em benefício da melhoria das condições de trabalho dos operários e do resultado final das construções.

Art. 33 Buscar o desenvolvimento tecnológico, levando em conta não somente a substituição de pessoas por equipamentos e processos construtivos mas, preferencialmente, a melhoria da condição de trabalho e produtividade dos operários e demais intervenientes. Estimular, prioritariamente, a adoção de equipamentos naquelas atividades que, pelo grau de risco, sejam estatisticamente as que oferecem maiores danos à saúde e à integridade dos trabalhadores.

Art. 34 Adotar os princípios da qualidade e da produtividade, de forma que seus benefícios sejam usufruídos equanimemente por todos os intervenientes.

Art. 35 Buscar obstinadamente a redução dos desperdícios de recursos materiais e de tempo.

Art. 36 Ao participar de licitações, cadastrar-se em órgãos públicos, sujeitando-se a comprovar, perante essas instituições, estar qualificado técnica, jurídica e legalmente a participar dos certames licitatórios.

Art. 37 Denunciar falhas nos editais de concorrência, nas especificações, nos projetos, nas normas técnicas, nos contratos leoninos ou de adesão e na condução das obras quando as julgar indignas ou incompatíveis com a ética, com a moral ou com a boa técnica.

Art. 38 Denunciar editais de licitação viciados, incorretos, dirigidos e com exigências tais que permitam, de qualquer modo, fraudar a competição.

Art. 39 Não participar de ações que tenham, por quaisquer meios, a finalidade de intentar contra os objetivos do embate licitatório.

Art. 40 Denunciar quaisquer pressões de contratantes, intermediários, fiscais e outros que visem a obter favores, benesses e outras vantagens indevidas em decorrência de ações imorais, ilegais e aéticas.

Art. 41 Diante dos sistemas usuais de formação dos preços de custo das construções, é obrigação do construtor e de todos os demais intervenientes do processo interagir – em seu benefício e no da sociedade – no sentido de buscar, por ações políticas e administrativas, a redução da elevada carga tributária e fiscal incidente sobre as construções, maneira mais eficaz de compatibilizar o preço de venda ao poder aquisitivo dos adquirentes e, em muitos casos, do próprio Estado.

Art. 42 Não aceitar a imposição de preços que resultem de critérios de composição que não contemplem com exatidão a remuneração dos insumos, dos salários, dos encargos legais, da reposição dos equipamentos, da aplicação do capital investido e do lucro proporcional aos riscos do empreendimento.

Art. 43 Denunciar quaisquer ações de fornecedores que se configurem como práticas cartelizadas, reservas de mercado e concessões indevidas, oposição à livre concorrência e outras ações predatórias ao livre mercado.

Art. 44 Preservar o meio ambiente, buscando minimizar o impacto ambiental decorrente da implantação das obras.

Art. 45 Estimular, na empresa, o esforço por tecnologia própria, sem deixar de acompanhar o progresso da ciência.

Art. 46 Preservar a consciência de que a empresa não tem somente finalidade em si mesma, mas que é também um instrumento de desenvolvimento social.

Art. 47 Manter a liberdade nas decisões inerentes à vida empresarial e à independência da tutela indevida do poder público.

3.1.12 Código de ética do Instituto de Engenharia de São Paulo – diretrizes de conduta profissional

Art. 1º Considerar a profissão como alto título de honra, utilizando ciência, experiência e consciência a fim de promover o bem-estar da sociedade.

Art. 2º O profissional deve sempre compatibilizar os custos e a qualidade de projetos, obras e serviços sob sua responsabilidade.

Art. 3º O profissional precisa adotar providências contra a utilização fraudulenta do resultado do seu trabalho e não colaborar na fabricação, venda ou difusão de projeto algum e ou produto que venha causar prejuízos para a comunidade.

Art. 4º Nas soluções técnicas que propuser ou adotar, o profissional tem sempre de respeitar as normas e exigências de segurança dos trabalhadores, dos usuários e do público em geral e respeitar as normas legais e regulamentos pertinentes para proteção do meio ambiente e dos recursos naturais.

Art. 5º Quando no exercício da função pública ou privada, o profissional não poderá participar, ou elaborar para terceiros, trabalhos técnicos remunerados que estejam sujeitos à aprovação pela entidade em que estiver prestando seus serviços.

Art. 6º O profissional, nas relações de trabalho com outros profissionais, precisa atuar sempre com boa-fé e lealdade.

Art. 7º O profissional não poderá prejudicar, direta ou indiretamente, a reputação profissional e as atividades profissionais de seus congêneres.

Art. 8º O profissional deve empenhar-se para que não sejam menosprezados os trabalhos técnicos de outros, necessitando apreciá-los e criticá-los com espírito elevado e linguagem adequada, restrita aos seus aspectos técnicos.

Art. 9º O profissional tem de concorrer com lealdade com os demais na obtenção de trabalhos ou emprego.

Art. 10 O profissional deve recusar substituir outro colega quando as razões dessa substituição não forem plenamente justificáveis, precisando fazê-lo sempre com o conhecimento da pessoa substituída.

Art. 11 O profissional deve recusar proceder à revisão, alteração ou complementação dos trabalhos de outro colega sem o prévio conhecimento deste, exceto quando haja recusa do antecessor em complementá-lo.

Art. 12 O profissional tem de manter conduta pública que não venha a afetar o bom nome do Instituto de Engenharia.

Art. 13 Sem prejuízo da aplicação individual de item anterior deste Código, quando em grupo, na elaboração de concepções, projetos, construções e ações de qualquer natureza, o engenheiro fará uso do alcance da melhor solução aplicável.

3.1.13 Depreciação de edificações

3.1.13.1 Terminologia

- *Depreciação de um bem:* perda da plena aptidão de servir ao fim a que se destina. No caso de imóvel, a depreciação da edificação ocasiona perda de interesse, de comodidade, de procura e, portanto, de valor. As causas podem ser de ordem física e de ordem funcional.
- *Vida útil de um bem (VU):* período decorrido entre a data em que sua construção foi concluída e o momento em que deixa de ser utilizada em razão da necessidade de manutenção de grande monta.
- *Idade Real (IR):* período decorrido entre a data em que foi concluída a construção e a data da vistoria.
- *Vida remanescente de um bem (VR):* período decorrido entre a vistoria e o final de sua vida útil. Tem-se: VR = VU - IR.
- *Valor residual:* valor de demolição ou de reaproveitamento de parte dos materiais no final da vida útil.

3.1.13.2 Depreciação de ordem física

É a decorrente do desgaste das várias partes que constituem a edificação e que pode ser por causa do uso normal, falta de manutenção ou baixa qualidade dos materiais empregados.

3.1.13.3 Vida útil e residual

A Tabela 3.4 sugere a vida útil e a parcela residual para vários tipos de edificação.

Observações:
- O percentual referente ao valor residual não é válido no caso de a edificação encontrar-se em péssimo estado, sem possibilidade de aproveitamento nem de alguns materiais em demolição. Nesses casos, o coeficiente de depreciação não ficará limitado, podendo chegar a 0%.
- Para benfeitorias não constantes da relação, devem ser estudadas a vida útil e residual coerentes, por profissional especializado em Engenharia de Avaliações.

Tabela 3.4: Vida útil

Tipo	Vida útil (anos)		Valor residual (%)
	Até padrão médio inf.	A partir de padrão médio com.	
Residência	40	60	20
Apartamento	50	70	20
Escritório	50	70	20
Loja	40	60	10
Armazém/Galpão	80		20

3.1.13.4 Cálculo da depreciação

Entre os métodos existentes, há o que considera a idade e o estado da edificação. A vantagem da utilização desse método é que depende do conhecimento de itens de fácil verificação, e que são:

- *Vida útil:* encontrada na Tabela 3.4 ou oriunda de estudos e análises.
- *Idade real:* encontrada em documentos, plantas ou consultas à prefeitura, aos proprietários ou aos usuários.
- *Estado da edificação:* obtido em vistoria pormenorizada interna e externa, além de indagações ao usuário sobre a existência de problemas com a utilização.

Para uso corrente em avaliações, propõe-se a adoção de cinco estados da edificação:

- em estado de novo/ótimo estado;
- em estado bom a regular;
- necessitando só reparos simples/regular a mau;
- necessitando reparos de simples a importantes/mau a péssimo;
- necessitando reparos importantes/péssimo.

No caso de a edificação ter sido objeto de reforma geral, sua idade pode ser considerada menor do que a real, devendo em tal caso ser fixada pelo Engenheiro Avaliador.

3.1.13.5 Apuração mais detalhada e conjunto de edificações

Em casos especiais ou de conjunto de imóveis construídos com mesmo projeto e acabamento, eles terão de ser objeto de apuração mais detalhada de seu estado para a fixação da depreciação de cada unidade. Para o caso especial ou para cada conjunto homogêneo em termos de projeto, área e acabamento, é necessário ser elaborado orçamento com totalização percentual (*peso*) para cada uma das etapas/serviços que constituem a edificação, como:

No trabalho de campo, é preciso ser verificado o estado de cada serviço da edificação, classificando-os segundo os cinco níveis estabelecidos anteriormente. Caso seja desejada uma precisão ainda maior, pode-se calcular a depreciação considerando da mesma forma a idade real e o estado de conservação, porém, partindo de idades em percentual de vida para cada etapa, cada uma com sua vida útil própria.

3.1.13.6 Depreciação de ordem funcional

Pode ser decorrente de três fatores:

- Inadequação: por causa de falha de projeto ou na execução, que resultam em inadequação à finalidade para a qual foi concebido. Exemplo: residência padrão luxo construída em zona periférica ou então de padrão popular em região central de grandes cidades; projeto mal concebido para o fim a que se destina a edificação.
- Superação: em virtude do aparecimento de novas técnicas construtivas ou materiais. Exemplos: construção antiga em local hoje definido como zona de alto padrão; casa com pisos em ladrilhos hidráulicos, hoje substituídos por cerâmica vitrificada, mármore, granito etc.
- Anulação: inadaptação a fins diferentes para os quais foi concebido. Exemplo: impossibilidade de uso de determinada edificação para o fim que foi concebida, em razão da alterações na legislação do uso e ocupação

do solo ou porque foi construída para uma finalidade específica, hoje sem possibilidade de aproveitamento para outro fim.

O cálculo da depreciação de ordem funcional não tem formulação matemática e só pode ser feito com levantamento estatístico adequado ou mediante considerações de profissional altamente especializado em Engenharia de Avaliações.

3.1.14 Construção enxuta (*lean construction*)

Construção enxuta (lean construction) é uma expressão usada para um princípio de trabalho que determina mais *transparência* nas rotinas do andamento da obra e a eliminação de etapas do processo de construção que não agreguem valor ao produto acabado, sendo que transparência neste caso pode ser definida como a qualidade que um processo produtivo tem em transmitir informações úteis às pessoas. Assim, a aplicação dessa filosofia busca transformar processos tradicionalmente *silenciosos* em processos que se comunicam entre si de forma ativa. Dentre os pontos positivos da aplicação do princípio de transparência no âmbito organizacional de uma indústria da construção, pode-se citar:

- maior simplificação e mais coerência na tomada de decisões;
- fácil introdução de políticas de descentralização;
- maior efetividade de planejamento da produção;
- aumento da consciência dos operários quanto aos problemas e aos custos;
- prontas compreensão e resposta a problemas;
- incremento da participação e da independência dos trabalhadores;
- incentivo a contatos informais fora da hierarquia.

Dentre as abordagens para incremento da transparência, pode-se mencionar:

- redução da interdependência das unidades produtivas;
- uso de controles visuais permitindo a identificação de ordens de produção, posições e desvios;
- tornar o processo produtivo observável diretamente pelo leiaute, sinais, iluminação ou planejamento do fluxo executivo;
- agregação de informações do processo em áreas de trabalho e circulação, ferramentas, contêineres, materiais e sistemas de informação;
- manutenção da arrumação, limpeza e organização do posto de trabalho;
- tornar visíveis atributos invisíveis do processo, mediante medições.

Resumindo, na indústria da construção, sempre que há ingresso de um novo trabalhador ou sempre que o leiaute das máquinas ou a função dos operários muda, todos eles têm de ser capazes de identificar com presteza posições, ordens de produção e desvios relativamente a padrões.

3.2 Administração da obra

A administração da obra é exercida por: engenheiro fiscal, mestre de obras, encarregados de serviço, técnico de segurança, apontador, almoxarife, vigias e guincheiros. É necessário levar em consideração as despesas com consumo de água, de energia elétrica e de combustíveis, telefonemas, internet, material de escritório, medicamentos de emergência e outros. Também deve-se considerar a instalação de extintores de incêndio, bebedouros, marmiteiros, computadores com impressoras e *scanner*.

3.3 Segurança e Saúde no Trabalho (SST)

3.3.1 Gestão

Os programas e ações em segurança e saúde no trabalho devem ser amplos, voltados à responsabilidade social, à redução de perdas e danos e ao aumento de produtividade da construtora. Os requisitos legais são o ponto de partida para metas mais avançadas e devem contemplar:

- política de segurança da empresa;
- implantação dos programas legais;
- treinamentos;
- inspeções planejadas;
- análise de riscos;
- procedimentos operacionais;
- regras para trabalho seguro;
- investigação de acidentes e incidentes;
- controle dos custos e perdas dos acidentes;
- gerenciamento de equipamentos de proteção coletiva e individual;
- campanhas de conscientização e de motivação;
- planos de emergências;
- critérios para tomada de decisões sobre riscos e metas para plano de ação.

O gerenciamento dos programas e ações em SST implica melhor aproveitamento dos meios e recursos necessários – que a empresa tem de fornecer – para a manutenção de condições de segurança e de conforto no ambiente laboral, além de outros benefícios, como a motivação dos trabalhadores pela melhoria das condições gerais, redução do absenteísmo, redução de desperdícios de materiais e de horas trabalhadas, aumento de produtividade e reforço da imagem institucional da empresa.

3.3.2 Comissão Interna de Prevenção de Acidentes (CIPA)

A CIPA tem por finalidade a participação do trabalhador na prevenção de acidentes e doenças ocupacionais mediante a identificação dos riscos, sugestões de medidas de controle e o acompanhamento das medidas adotadas, de modo a obter permanente integração entre trabalho, segurança e promoção da saúde.

Constituição:
- A constituição da CIPA deverá seguir as determinações contidas na NR-18, item 18.33 e seus subitens.

Atribuições:
- identificar os riscos do processo de trabalho e elaborar o mapa de riscos, com participação do maior número de trabalhadores, com assessoria do SESMT (Serviços Especializados em Engenharia de Segurança e em Medicina do Trabalho – NR-4), onde houver;
- elaborar plano de trabalho que possibilite a ação preventiva na solução de problemas de segurança e saúde no trabalho;
- participar da implementação e do controle da qualidade das medidas de prevenção e da avaliação das prioridades de ação nos locais de trabalho;
- verificar periodicamente ambientes e condições de trabalho para identificar situações de riscos à segurança e à saúde dos trabalhadores;
- divulgar as informações relativas à segurança e à saúde no trabalho;
- colaborar no desenvolvimento e implementação do PCMSO (item 3.2.6), PPRA (item 3.2.3), PCMAT (item 3.2.4) e de outros programas relacionados à segurança e à saúde no trabalho;
- divulgar e promover o cumprimento das Normas Regulamentadoras (NR), bem como cláusulas de acordos e convenções coletivas de trabalho, relativas à segurança e à saúde no trabalho;
- participar da análise das causas das doenças e acidentes do trabalho e propor medidas de solução dos problemas identificados;

- promover a Semana Interna de Prevenção de Acidentes do Trabalho (SIPAT) e outras campanhas de promoção da saúde e de prevenção de doenças, em conjunto com o SESMT da construtora.

Cabe aos trabalhadores:
- cooperar com a gestão da CIPA;
- indicar situações de riscos e sugerir melhorias para as condições de trabalho à CIPA, ao SESMT e ao empregador;
- verificar e aplicar no ambiente laboral as recomendações para a prevenção de acidentes e doenças decorrentes do trabalho.

Cabe ao empregador:
- disponibilizar os meios necessários para o desenvolvimento das atribuições da CIPA.

Funcionamento:
- realizar reuniões ordinárias mensais, durante o expediente normal da empresa, em local apropriado, de acordo com calendário preestabelecido;
- disponibilizar atas assinadas pelos presentes com cópia para todos os membros e para os Agentes de Inspeção do Trabalho (AIT);
- realizar reuniões extraordinárias quando houver denúncia de risco grave e iminente, ocorrer acidente de trabalho grave ou fatal e quando houver solicitação expressa de uma das representações.

Treinamento:
- deverá ocorrer até 30 dias depois da posse da primeira Comissão e, no caso de renovação da Comissão, antes do término da gestão em vigor. Caso a empresa não seja obrigada a constituir CIPA, o designado do empregador terá de receber o treinamento;
- é necessário ter no mínimo 20 horas, distribuídas conforme a disponibilidade da empresa no horário normal de trabalho.

Nota: todos os documentos relativos à eleição devem ser guardados por um período mínimo de cinco anos.

3.3.2.1 Mapa de riscos

É a representação gráfica da avaliação qualitativa dos riscos nos locais de trabalho e de suas intensidades, representadas por círculos de diferentes cores e tamanhos, como ilustrados na figura a seguir:

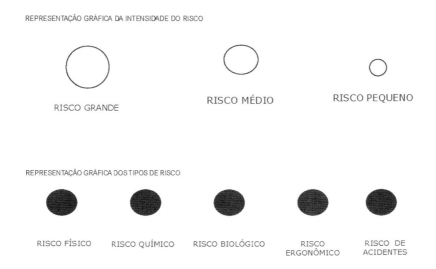

O risco deve ser representado na área em que foi identificado, incluindo, em seu interior, o número de trabalhadores expostos, exemplificado na figura a seguir.

Levantamento e	SETOR	
transporte manual	N	Repetividade
de carga	Esforço físico intenso	de movimentos

Diferentes tipos de risco (como ruído, poeira, queda, bactéria, levantamento e transporte manual de carga) de mesma intensidade, identificados em um mesmo local de trabalho, devem ser representados em um único círculo, dividido em setores iguais, com as respectivas cores. A CIPA deve encaminhar ao responsável administrativo da empresa um relatório contendo riscos, localização e sugestões de medidas aplicáveis. O mapa de riscos deve ser afixado em local visível e de fácil acesso aos trabalhadores. Na indústria da construção civil, em edificações, a elaboração e a manutenção atualizada do mapa de riscos são dificultadas pela constante alteração dos ambientes, das atividades e dos próprios trabalhadores. Uma alternativa para superar essas dificuldades é a elaboração por etapas, a partir da Análise Preliminar de Risco, das condições do canteiro de obras e da experiência dos *cipeiros*.

3.3.3 Programa de Prevenção de Riscos Ambientais (PPRA)

O PPRA, descrito na NR-9, estabelece a avaliação dos riscos ambientais nos locais de trabalho, implantação de ações para a melhoria das situações encontradas em um plano e cronograma anual. O PPRA subsidia o Programa de Controle Médico de Saúde Ocupacional (PCMSO), o programa de Condições e Meio Ambiente de Trabalho na Indústria da Construção (PCMAT) e o Laudo Técnico das Condições Ambientais do Trabalho (LTCAT). O PPRA tem como objetivos a antecipação, o reconhecimento, a avaliação e o controle dos agentes físicos, químicos e biológicos, nos ambientes de trabalho, considerando também a proteção do meio ambiente de trabalho e dos recursos naturais. É aplicado em todas as empresas com trabalhadores contratados pela CLT, independentemente do tipo de atividade, risco ou número de operários, sendo seu cumprimento de responsabilidade do empregador. O programa precisa conter, no mínimo, identificação da empresa com informações do CNPJ, grau de risco de acordo com o Quadro I da NR-4, número de trabalhadores e a sua distribuição por sexo, número de menores, horários de trabalhos e turnos; planejamento anual com estabelecimento de metas, prioridades e cronograma; estratégia e metodologia de ação; forma de registro, manutenção e divulgação dos dados e periodicidade e forma de avaliação do desenvolvimento do PPRA. Serão feitas considerações sobre os locais de trabalho (escritório administrativo, almoxarifado, canteiro de obras etc.). A elaboração, implementação, acompanhamento e avaliação do PPRA poderão ser realizados por um SESMT, por pessoa, ou equipe de pessoas que, a critério do empregador, sejam capazes de desenvolver o disposto na NR-9. O desenvolvimento deste programa foi dividido em etapas:

- Antecipação e reconhecimento dos riscos ambientais (Análise Preliminar de Riscos para Higiene Ocupacional – APR-HO):
    controle de rotina (irrelevante); controle preferencial/monitoramento de atenção; controle prioritário (crítica); controle de urgência (emergencial).
- Estabelecimento de prioridades e metas de avaliação e controle:
    – categoria risco IV – emergencial;
    – riscos físicos;
    – queda;
    – eletrocussão;
    – incêndio e/ou explosão;
    – ferramentas de fixação à pólvora categoria risco III – crítica;
    – risco físico;
    – ruído;
    – riscos químicos;
    – solventes contendo hidrocarbonetos aromáticos álcalis cáusticos;
    – óleos de origem mineral (eventual); risco biológico;
    – categoria risco II – de atenção;
    – riscos físicos;

- radiações não ionizantes (eventual) radiações não ionizantes: oxigás;
- risco químico;
- fumos metálicos (eventual);
- Avaliação da exposição dos trabalhadores aos riscos ambientais e caracterização de exposição:
    - agentes físicos;
    - ruído contínuo ou intermitente ruído de impacto;
    - calor;
    - radiações não ionizantes;
    - umidade;
    - agentes químicos;
    - solventes contendo hidrocarbonetos aromáticos;
    - fumos metálicos (eventual);
    - álcalis cáusticos;
    - óleos e graxas (eventual);
    - agentes biológicos demais agentes.
- Implantação de medidas de controle e avaliação de sua eficácia.
- Monitoramento de exposição aos riscos por meio de cronograma de atividades a serem executadas (procedimentos de longo prazo e acompanhamento de medidas de controle).
- Registro e divulgação dos dados.

Cabe ao empregador informar aos operários sobre os agentes de riscos ambientais existentes no local de trabalho e as medidas de controle necessárias. Os benefícios na implantação deste programa podem ser observados na análise geral, atentando para o bem-estar dos trabalhadores, a produtividade e a qualidade em função da redução dos riscos ambientais, além de considerar a identificação e correção dos problemas internos e a conscientização dos trabalhadores quanto à importância de sua participação.

3.3.4 Programa de Condições e Meio Ambiente de Trabalho na Indústria da Construção (PCMAT)

O PCMAT tem por objetivo a implementação de medidas de controle e sistemas preventivos de segurança nos processos, nas condições e no meio ambiente de trabalho na indústria da construção em estabelecimentos com 20 ou mais operários. Este programa deve contemplar as exigências do PPRA, do memorial sobre condições e meio ambiente de trabalho nas atividades e operações, levando-se em consideração riscos de acidentes e de doenças do trabalho e suas respectivas medidas preventivas; projeto de instalação das proteções coletivas em conformidade com as etapas de andamento da obra; especificação técnica das proteções coletivas e individuais a serem utilizadas; cronograma de implantação das medidas preventivas definidas no PCMAT; leiaute inicial do canteiro de obras, abrangendo inclusive previsão de dimensionamento das áreas de vivência; e programa educativo contemplando a temática de prevenção de acidentes e doenças do trabalho, com sua carga horária.

3.3.5 Análise Ergonômica do Trabalho (AET)

O objetivo da AET é fornecer soluções, mediante a identificação dos riscos, para a adaptação das condições de trabalho às características psicofisiológicas do operário. A efetiva aplicação das medidas recomendadas, para adequação do posto de trabalho, em conformidade com a Portaria nº 3.751 de 23.11.1990 do então Ministério do Trabalho e Emprego, referente à NR-17, gera benefícios como a melhoria das condições de saúde, segurança, conforto e eficiência do trabalhador, bem como aumento da produtividade da empresa. A Análise Ergonômica do Trabalho pode ser classificada em:

- *Ergonomia de concepção:* ocorre na fase inicial do projeto do produto, da máquina ou do ambiente, a partir de conhecimento prévio dos riscos de cada etapa da obra, criando condições de trabalho adequadas, visando a eficácia, segurança e conforto.

- *Ergonomia de correção:* aplicada para corrigir eventuais problemas que interfiram na segurança e no conforto dos operários, na qualidade ou quantidade da produção. Na indústria da construção civil, por causa das constantes alterações de atividades, dos ambientes e dos trabalhadores, as ações corretivas precisam ser tomadas de maneira rápida e prática.
- *Ergonomia de conscientização:* é aplicada nos treinamentos e reciclagens do trabalhador para conscientizá-lo, orientá-lo e motivá-lo para o trabalho seguro, capacitá-lo para o reconhecimento dos fatores de risco ocupacional e para a proposição de medidas de controle, visando a melhoria das condições de trabalho no canteiro de obras. É importante instrumento para envolver os operários nas questões de segurança e saúde no trabalho.

No desenvolvimento da AET, as seguintes etapas devem ser seguidas:

- *Análise da demanda:* é a definição do problema que a situação do trabalho apresenta. O ideal é que a análise seja feita pela ergonomia de concepção.
- *Análise da tarefa prescrita e da tarefa real:* é a verificação de como a tarefa tem de ser feita e como de fato é realizada, incluindo as condições em que o trabalhador realiza ou realizará as tarefas.

Necessitam ser analisados os seguintes parâmetros:

- *Posturais:* adequação de posturas, inclusive durante levantamento e transporte manual de carga, trabalho por períodos prolongados em uma mesma posição (em pé, sentado, agachado etc.) e sobrecargas de peso (impacto sobre as articulações).
- *Postos de trabalho:* ferramentas, equipamentos e máquinas utilizadas pelo operário (desgaste, regulagem, manutenção preventiva).
- *Ambiente físico:* arranjo físico, conforto acústico, térmico, de iluminação, vibração, exposição a agentes químicos (poeiras, vapores etc.).
- *Organização do trabalho:* turno de trabalho, horas extras, revezamentos, sazonalidade, comunicação entre os operários, instruções, planejamento e distribuição das tarefas, treinamento, movimentação, armazenagem e acesso aos materiais, deslocamento dos trabalhadores.
- *Análise das atividades:* modos operatórios (ciclos de trabalho, gestos, movimentos repetitivos, ritmo de trabalho), aspectos psicossociais (trabalho monótono, pressão temporal e sobrecarga cognitiva).

Depois da compilação dos dados, a AET precisa ser apresentada à direção da empresa com um plano de ação correspondente a cada situação avaliada. A construtora deverá planejar a execução do plano de ação por meio de medidas necessárias para tornar as condições de trabalho confortáveis e seguras, visando a proteção do trabalhador, a eficiência no desempenho de suas tarefas e a melhoria da qualidade de vida. Cabe lembrar a importância do Diálogo Diário de Segurança (DDS) para a participação dos operários na AET. Desta forma, além de se sentirem motivados pela gestão participativa, poderão propor mudanças relevantes na tarefa, por serem os maiores conhecedores das atividades.

3.3.6 Programa de Controle Médico de Saúde Ocupacional (PCMSO)

A indústria da construção civil caracteriza-se pelo dinamismo em determinado espaço de tempo, diversidade de especialização nas etapas do processo, fragmentação do trabalho, exigência de habilidades diversas, contínuo remanejamento e alta rotatividade dos trabalhadores. Por todas essas variáveis, identifica-se dificuldade no gerenciamento das medidas para o monitoramento da saúde do operário. Todos os trabalhadores necessitam ter o controle de sua saúde de acordo com o risco a que estão expostos. Além de ser uma exigência legal, prevista no artigo 168 da CLT, está respaldada na Convenção nº 161 da Organização Internacional do Trabalho, respeitando princípios éticos, morais e técnicos. Para a Organização Mundial da Saúde, os objetivos da Saúde no Trabalho incluem:

- prolongamento da expectativa de vida e minimização da incidência de incapacidade, doença, dor e desconforto;
- preservação das capacidades e dos mecanismos de adaptação, para melhoria das habilidades conforme o sexo e a idade;

- realização pessoal e desenvolvimento da criatividade: melhoria das capacidades mental e física, adaptabilidade a novas situações e a mudanças no trabalho e na vida.

O PCMSO tem como objetivo a promoção e preservação da saúde dos trabalhadores e deve orientá-los nessas questões. De acordo com a NR-7, o PCMSO precisa:

- ser planejado e implantado com base nos riscos identificados nas avaliações previstas pelas normas regulamentadoras;
- possuir diretrizes mínimas que possam balizar as ações desenvolvidas de acordo com conhecimentos científicos atualizados e a boa prática médica;
- considerar as questões incidentes sobre o indivíduo e a coletividade de trabalhadores, privilegiando o instrumental clínico-epidemiológico na abordagem da relação entre sua saúde e o trabalho;
- ter caráter de prevenção, rastreamento e diagnóstico precoce dos agravos à saúde relacionados ao trabalho, inclusive de natureza subclínica, além da constatação de casos de doenças profissionais ou danos à saúde dos trabalhadores.

Alguns desses procedimentos podem ser padronizados, enquanto outros devem ser específicos para cada empresa, englobando sistema de registro de informações e referências que possam assegurar sua execução de forma coerente e eficaz. A boa qualidade na elaboração e gestão do PCMSO agrega valor ao produto ou serviço da construtora, enquanto o mau desempenho acarreta desvalorização da empresa perante o mercado, implicações na sua sustentabilidade e o comprometimento do maior patrimônio, que é a saúde do operário. O PCMSO terá de contemplar:

- Implementação dos exames médicos ocupacionais com:
  - elaboração do documento-base do PCMSO;
  - programação do atendimento adequado do trabalhador, permitindo boa relação médico-paciente;
  - indicação dos exames complementares e dos locais em que serão realizados com o comprometimento da qualidade e confiabilidade dos resultados aplicação de protocolo de avaliação clínica com registro dos resultados; realização de atendimentos não programados (acidentes, emergências e urgências);
  - análise de estatísticas de atendimento e absenteísmo;
  - elaboração do relatório anual contendo informações do acompanhamento dos operários sem identificá-los e ações propostas para melhoria das condições de saúde.
- Prevenção em saúde englobando todos os programas pertinentes ao perfil da população avaliada: treinamentos, palestras, campanhas e atividades desenvolvidas para a promoção e proteção da saúde dos trabalhadores.

Para garantir o funcionamento do PCMSO, é necessário manter infraestruturas físicas, ambientais e de informática. As empresas precisam se adequar a um mercado que exige eficiência, qualidade, tecnologia e maior competitividade. Para que isso ocorra, devem controlar os meios e focar seus recursos nos resultados, sob o risco de perderem clientes ou mesmo estes deixarem de existir. Na indústria da construção civil, em que há rotatividade, os trabalhadores precisam ser orientados para guardar seus exames e atestados, apresentando-os ao médico responsável pelo programa nas ocasiões oportunas. O médico do trabalho tem a responsabilidade de zelar pela saúde de determinada população de operários, obrigações em relação a eles e o dever de cuidar para que os níveis de atenção sejam abordados (ocupacionais e de promoção à saúde). O Decreto nº 3.048 do Ministério da Previdência Social e a Portaria nº 1.339 do Ministério da Saúde, que instituíram a lista de doenças relacionadas ao trabalho, contribuíram para a identificação, registro e divulgação dessas doenças. Este programa, quando bem elaborado e desenvolvido, além de preservar a saúde do operário, dará subsídios para a empresa em relação ao Nexo Técnico Epidemiológico (NTEP) e ao Fator Acidentário Previdenciário (FAP).

3.3.7 Programa de Conservação Auditiva (PCA)

O PCA é um requisito legal previsto na Ordem de Serviço nº 608 do INSS, de 05/08/1998. É um conjunto de ações coordenadas com o PPRA e o PCMSO, com o objetivo principal de desenvolver ações para preservar e monitorar a audição dos trabalhadores. Na indústria da construção civil, a implantação deste programa deve considerar a etapa da obra e as funções envolvidas em cada etapa. Sua implantação precisa ser de responsabilidade dos profissionais envolvidos com a área de Segurança e Saúde no Trabalho, que atuam diretamente na construtora ou nas empreiteiras. Pode também ser de responsabilidade de profissionais terceirizados. É de fundamental importância a participação dos operários e dos administradores da obra. Construtoras e empreiteiras necessitam adotar cuidados à saúde auditiva dos trabalhadores, em decorrência das características apresentadas no perfil, como a presença de ruído acima do nível de ação e o alto índice de operários com perda auditiva sugestiva de estar relacionada ao trabalho. O PCA tem de ser elaborado por etapas, descritas resumidamente a seguir:

- Avaliação dos processos e das condições de trabalho:
  - verificação das medidas de controle existentes no ambiente de trabalho; determinação da natureza dos riscos e quais os trabalhadores a eles expostos.
- Avaliação da audição dos operários envolvidos e definição da situação auditiva da população:
  - realização de avaliações auditivas; levantamento de alterações preexistentes e do histórico clínico-ocupacional dos trabalhadores.
- Medidas de controle ambientais e organizacionais:
  - as medidas ambientais devem ser priorizadas com o objetivo de neutralizar ou amenizar os riscos à audição;
  - as medidas organizacionais (ou administrativas) têm de proporcionar alterações nos esquemas de trabalho ou nas operações para reduzir a exposição do operário aos agentes prejudiciais à audição.
- Medidas de controle individuais:
  - as medidas de controle individuais precisam ser indicadas quando as medidas ambientais, organizacionais e coletivas forem inviáveis, insuficientes ou estiverem em fase de implantação;
  - o protetor auditivo é de uso individual, não podendo ser compartilhado pelos trabalhadores, com o risco de prejuízos à saúde.
- Educação e treinamento:
  - orientações em grupo e individual, palestras e acompanhamento no local de trabalho;
  - temas a serem abordados: audição, utilidade dos protetores auditivos, higienização e manutenção.
- Organização e conservação dos registros:
  - as audiometrias, os relatórios e todos os documentos pertinentes ao programa precisam ser mantidos pela empresa por pelo menos 20 anos.
- Avaliação de eficácia do programa:
  - os dados obtidos necessitam ser analisados pelos coordenadores do programa para verificar sua consistência e compatibilidade, indicando os problemas a serem revistos e corrigidos.

A implantação deste programa deve seguir um cronograma de ações elaborado em conjunto com o cronograma de ações PPRA. Na impossibilidade de se implantar um PCA, como o descrito, em decorrência da rotatividade de empreiteiras e de seus trabalhadores, os administradores de obra terão de atender aos seguintes requisitos mínimos descritos nas Normas Regulamentadoras, atingindo todos os operários (da construtora e das empreiteiras):

- realização de exames audiométricos conforme o previsto na Portaria nº 19 (admissional, periódico e demissional);
- seleção e indicação de protetores auditivos para trabalhadores que permanecem no canteiro da obra durante a execução de atividades com níveis de pressão sonora acima de 80 dB;
- orientação e treinamento dos operários quanto à utilização correta dos protetores auditivos, por profissionais capacitados como fonoaudiólogos, médicos do trabalho e engenheiros de segurança;
- os treinamentos fornecidos aos trabalhadores necessitam considerar os aspectos sociais envolvidos, estimulando uma cultura de segurança em que o próprio operário tenha consciência da necessidade de proteção de sua audição e melhoria das condições ambientais.

3.3.8 Prevenção contra incêndios

A prevenção contra incêndio é um dos temas de grande importância dentro da gestão de segurança de uma empresa. É realizada mediante treinamentos teóricos e práticos dos trabalhadores, com o objetivo de proteger a vida, proporcionando meios de controle e extinção do incêndio, reduzindo dano ao meio ambiente e ao patrimônio, mediante o combate ao princípio do incêndio, permitindo ao Corpo de Bombeiros a continuidade da ação. Em um canteiro de obras, existem vários materiais e atividades que representam risco de incêndio, como a madeira utilizada nos processos construtivos e nas edificações de escritórios, áreas de vivência e depósitos de materiais; produtos diversos como tintas, solventes e plásticos; máquinas e veículos com combustíveis líquidos inflamáveis; serviços com solda; e ligações elétricas inadequadas de máquinas e equipamentos. Mesmo com as diferentes características existentes nos canteiros conforme a etapa da obra, é necessário que haja um planejamento e gerenciamento de um programa de prevenção contra incêndios, visando:

- à organização do armazenamento e controle dos materiais combustíveis utilizados para a realização dos serviços;
- à formação e treinamento de uma brigada de incêndio constituída pelos funcionários da obra;
- ao dimensionamento das edificações utilizadas para os trabalhos e armazenagens, considerando a resistência ao fogo de seus elementos e o distanciamento entre outros imóveis;
- ao desenvolvimento do projeto das instalações elétricas compatíveis com as necessidades de uso do canteiro;
- à instalação de equipamentos de combate a incêndio em local de fácil visualização e acesso;
- ao estabelecimento de rotas de fuga e áreas de escape;
- ao acesso operacional de viaturas de socorro público com tempo hábil para exercer as atividades de salvamento de pessoas e combate ao incêndio;
- à minimização dos danos ao próprio prédio, à infraestrutura pública, a edificações adjacentes e ao meio ambiente;
- ao controle das fontes de ignição e riscos de incêndio.

O gerenciamento e manutenção do sistema de proteção do sistema contra incêndio, além de proporcionar segurança e tranquilidade aos trabalhadores da obra e a moradores do entorno, protege também o produto, evitando prejuízos com a destruição e indenizações a terceiros e, consequentemente, valorização da construtora perante a opinião pública e o mercado consumidor.

3.4 Medidas de proteção e segurança do trabalho

3.4.1 Terminologia

- *Acidente fatal:* aquele que provoca a morte do trabalhador.
- *Acidente grave:* aquele que provoca lesões incapacitantes no operário.
- *Alta-tensão:* distribuição primária em que a tensão é igual ou superior a 2300 V.
- *Amarras:* cordas, correntes e cabos de aço que se destinam a amarrar ou prender equipamentos à estrutura.
- *Ancorar:* ato de fixar por meio de cordas, cabos de aço e vergalhões, propiciando segurança e estabilidade.
- *Andaime:*
  - *geral:* plataforma, para trabalho em alturas elevadas, por estrutura provisória ou dispositivo de sustentação;
  - *simplesmente apoiado:* aquele cujo estrado está simplesmente apoiado, podendo ser fixo ou deslocar-se em direção horizontal;
  - *em balanço:* andaime fixo, suportado por vigamento em balanço;
  - *suspenso mecânico:* aquele cujo estrado de trabalho é sustentado por travessas suspensas por cabos de aço e movimentado por meio de guinchos;
  - *suspenso mecânico leve:* andaime cuja estrutura e dimensões permitem suportar carga total de trabalho de até 300 kgf, respeitando os fatores de segurança de cada um de seus componentes;
  - *suspenso mecânico pesado:* andaime cuja estrutura e dimensões permitem suportar carga de trabalho de até 400 kgf/m², respeitando os fatores de segurança de cada um de seus componentes;
  - *cadeira suspensa:* equipamento cuja estrutura e dimensões permitem a utilização por apenas uma pessoa sentada e o material necessário para realizar o serviço;
  - *fachadeiro:* andaime metálico simplesmente apoiado, fixado à estrutura na extensão da fachada.

- *Anteparo:* designação genérica das peças (tabiques, biombos, guarda-corpos, para-lamas etc.) que servem para proteger ou resguardar alguém ou alguma coisa.
- *Aprumo:* colocação de peças na direção vertical (da linha de prumo).
- *Arco elétrico ou voltaico:* descarga elétrica produzida pela condução de corrente elétrica por meio do ar ou outro gás, entre dois condutores separados.
- *Área de controle das máquinas:* posto de trabalho do operador.
- *Área de vivência:* área destinada a suprir as necessidades básicas humanas de alimentação, higiene, descanso, lazer, convivência e ambulatória, devendo ficar fisicamente separada das áreas laborais.
- *Armação de aço:* conjunto de barras de aço, moldadas conforme sua utilização e parte integrante da estrutura de concreto armado.
- *Aterramento elétrico:* ligação à terra que assegura a fuga das correntes elétricas indesejáveis.
- *Atmosfera perigosa:* presença de gases tóxicos, inflamáveis e explosivos no ambiente de trabalho.
- *Autopropelida:* máquina ou equipamento que possui a capacidade de movimento próprio.
- *Bancada:* mesa de trabalho.
- *Banguela:* queda livre da cabina ou plataforma do elevador da obra, pela liberação proposital do freio do tambor.
- *Bate-estacas:* equipamento de cravação de estacas por percussão.
- *Blaster:* profissional habilitado para a atividade e operação com explosivos (cabo de fogo).
- *Borboleta de pressão:* parafuso de fixação com porca em forma de asas de borboleta.
- *Botoeira:* dispositivo elétrico de partida e parada de máquinas.
- *Braçadeira:* correia, faixa ou peça metálica utilizada para reforçar ou prender.
- *Cabo-guia ou de segurança:* cabo ancorado à estrutura, onde são fixadas as ligações dos cintos de segurança.
- *Cabo de suspensão:* cabo de aço destinado à elevação (içamento) de materiais e equipamentos.
- *Cabos de ancoragem:* cabos de aço destinados à fixação de equipamentos, torres e outros à estrutura.
- *Cabos de tração:* cabos de aço destinados à movimentação de pesos.
- *Caçamba:* recipiente metálico para conter ou transportar materiais.
- *Calço:* acessório de apoio utilizado para nivelamento de equipamentos e máquinas em superfície irregular.
- *Calha fechada:* duto destinado a transportar materiais por gravidade.
- *Canteiro de obras:* área de trabalho fixa e temporária, onde se desenvolvem operações de apoio e execução de uma obra.
- *Caracteres indeléveis:* qualquer dígito numérico, letra do alfabeto ou símbolo especial que não se dissipa, indestrutível.
- *Chave blindada:* chave elétrica protegida por uma caixa metálica, isolando as partes condutoras de contatos elétricos.
- *Chave elétrica de bloqueio:* é a chave interruptora de corrente.
- *Chave magnética:* dispositivo com dois circuitos básicos, de comando e de força, destinado a ligar e desligar quaisquer circuitos elétricos, com comando local ou a distância (controle remoto).
- *Cimbramento:* escoramento e fixação das formas para concreto armado.
- *Cinto de segurança abdominal:* cinto de segurança com fixação apenas na cintura, utilizado para limitar a movimentação do trabalhador.
- *Cinto de segurança tipo paraquedista:* é o que possui cintas de tórax e pernas, com ajuste e presilhas; nas costas, possui uma argola para fixação da corda de sustentação.
- *Circuito de derivação:* circuito secundário de distribuição.
- *Coifa (de serra):* dispositivo destinado a confinar o disco de serra circular.
- *Coletor de serragem:* dispositivo destinado a recolher e lançar em local adequado a serragem proveniente do corte de madeira.
- *Condutor habilitado:* condutor de veículos portador de carteira de habilitação expedida pelo órgão competente.
- *Conexão de autofixação:* conexão que se adapta firmemente à válvula dos pneus de equipamento para a insuflação de ar.

- *Contrapino:* pequena cavilha de ferro, de duas pernas, que atravessa a ponta de um eixo ou um parafuso, para manter no lugar porcas e arruelas.
- *Contraventamento:* sistema de ligação entre elementos principais de uma estrutura, para aumentar a rigidez do conjunto.
- *Contravento:* elemento que interliga peças estruturais de torres (dos elevadores, por exemplo).
- *Cutelo divisor:* lâmina de aço que compõe o conjunto de serra circular e que mantém separadas as partes serradas da madeira.
- *Desmonte de rocha a fogo:* retirada de rochas com explosivos:
    - *fogo:* detonação de explosivos para efetuar o desmonte;
    - *fogacho:* detonação complementar ao fogo principal.
- *Desmonte de rocha a frio:* retirada manual de rocha dos locais com auxílio de equipamento mecânico.
- *Dispositivo limitador de curso:* dispositivo destinado a permitir uma sobreposição segura dos montantes de escada extensível.
- *Doenças ocupacionais:* aquelas decorrentes de exposição a substâncias ou condições perigosas inerentes a processos e atividades profissionais ou ocupacionais.
- *Dutos transportadores de concreto:* tubulação destinada ao transporte de concreto sob pressão.
- *Elementos estruturais:* elementos componentes de uma estrutura (pilares, vigas, lajes etc.).
- *Elevador de materiais:* conjunto de guincho, torre e cabina para transporte vertical de materiais.
- *Elevador de passageiros:* conjunto de guincho, torre e cabina fechada para transporte vertical de pessoas, com sistema de comando automático.
- *Elevador de caçamba:* caixa metálica utilizada no transporte vertical de material a granel.
- *Em balanço:* engastado (sem apoio em uma das extremidades).
- *Empurrador:* dispositivo de madeira utilizado pelo trabalhador na operação de corte de pequenos pedaços de madeira na serra circular.
- *Engastamento:* fixação rígida de uma peça à estrutura.
- *EPI:* Equipamento de Proteção Individual – todo dispositivo de uso individual destinado a proteger a saúde e a integridade física do trabalhador.
- *Equipamento de guindar:* equipamento utilizado no transporte vertical de materiais (grua, guincho, guindaste).
- *Escada de abrir:* escada de mão constituída de duas peças articuladas na parte superior.
- *Escada de mão:* escada com dois montantes interligados por peças transversais (degraus).
- *Escada extensível:* escada portátil que pode ser estendida com segurança em mais de um lance.
- *Escada tipo marinheiro:* escada de mão fixada em uma estrutura.
- *Escora:* peça de madeira ou metálica empregada no escoramento.
- *Estabilidade garantida:* característica relativa a estruturas, taludes, valas e escoramentos ou outros elementos que não ofereçam risco de colapso ou desabamento, seja por estarem garantidos por meio de estruturas dimensionadas para tal fim, seja porque apresentem rigidez decorrente da própria formação (rochas). A estabilidade garantida de uma estrutura será sempre objeto de responsabilidade técnica de profissional legalmente habilitado.
- *Estaiamento:* utilização de tirantes com determinado ângulo, para fixar os montantes de uma torre.
- *Estanque:* propriedade do sistema de vedação que não permite a entrada ou saída de líquido.
- *Estrado:* estrutura plana, em nível, em geral de madeira, colocada sobre o andaime.
- *Estribo de apoio:* peça metálica, componente básico de andaime suspenso leve, que serve de apoio para seu estrado.
- *Estronca:* peça de esbarro ou escoramento com encosto destinada a impedir deslocamento.
- *Estudo geotécnico:* estudos necessários à definição de parâmetros do solo ou rocha, como sondagem, ensaios de campo ou ensaios de laboratório.
- *Etapas de execução da obra:* sequência física, cronológica, que compreende uma série de modificações na evolução da obra.

- *Explosivo:* produto que, sob certas condições de temperatura, choque mecânico ou ação química, se decompõe rapidamente para libertar grandes volumes de gases ou calor intenso.
- *Ferramenta:* utensílio empregado pelo trabalhador para realização das tarefas.
- *Ferramenta de fixação à pólvora:* ferramenta (pistola) utilizada como meio de fixação de pinos acionada à pólvora (tiros).
- *Ferramenta pneumática:* ferramenta acionada por ar comprimido.
- *Freio automático:* dispositivo mecânico que realiza por si só o acionamento de parada brusca do equipamento.
- *Frente de trabalho:* área de trabalho móvel e temporária, em que desenvolvem operações de apoio e execução de uma obra.
- *Fumos:* vapores provenientes da combustão incompleta de metais.
- *Gaiola protetora:* estrutura de proteção usada em torno de escadas fixas para evitar queda de pessoas.
- *Galeria:* corredor coberto que permite o trânsito de pedestres com segurança.
- *Gancho de moitão:* acessório para equipamentos de guindar e transportar, utilizado para içar cargas.
- *Gases confinados:* gases retidos em ambiente com pouca ventilação.
- *Guia de alinhamento:* dispositivo fixado na bancada da serra circular, destinado a orientar a direção e a largura do corte na madeira.
- *Guincheiro:* operador de guincho.
- *Guincho:* equipamento utilizado no transporte vertical de cargas ou pessoas, mediante o enrolamento do cabo de tração no tambor.
- *Guincho de coluna:* guincho fixado em poste ou coluna, destinado ao içamento de pequenas cargas.
- *Guindaste:* veículo provido de uma lança metálica de dimensão variada e motor com potência capaz de levantar e transportar cargas pesadas.
- *Grua:* equipamento pesado de guindar, utilizado no transporte horizontal e vertical de materiais.
- *Incombustível:* material que não se inflama.
- *Instalações móveis:* contêineres utilizados como alojamento, instalações sanitárias e escritórios.
- *Insuflação de ar:* transferência de ar pelo tubo de um meio para outro, por diferença de pressão.
- *Intempéries:* os rigores das variações atmosféricas (temperatura, chuva, ventos e umidade).
- *Isolamento do local/acidente:* delimitação física do local onde ocorreu o acidente, para evitar a sua descaracterização.
- *Isolantes:* materiais que não conduzem corrente elétrica, ou seja, oferecem alta resistência elétrica.
- *Lançamento de concreto:* despejo do concreto fresco nas formas, manualmente ou sob pressão.
- *Legalmente habilitado:* profissional que possui habilitação exigida pela lei.
- *Lençol freático:* depósito natural de água no subsolo, podendo estar ou não sob pressão.
- *Local confinado:* qualquer espaço com a abertura limitada para entrada e saída de ventilação natural.
- *Máquina:* aparelho próprio para transmitir movimento ou para utilizar e colocar em ação uma fonte natural de energia.
- *Material combustível:* aquele que possui ponto de fulgor maior ou igual a 70 °C e menor ou igual a 93,3 °C.
- *Material inflamável:* aquele que possui ponto de fulgor menor ou igual a 70 °C.
- *Montante:* peça estrutural vertical de andaime, torre e escada.
- *Parafuso esticador:* dispositivo de roscar utilizado no tensionamento do cabo de aço para o estaiamento de torre de elevador.
- *Para-raios:* conjunto composto por um terminal aéreo, um sistema de descida e um terminal de aterramento, com a finalidade de captar descargas elétricas atmosféricas e dissipá-las com segurança.
- *Passarela:* ligação entre dois ambientes de trabalho no mesmo nível, para movimentação de trabalhadores e materiais, construída solidamente, com piso completo, rodapé e guarda-corpo.
- *Patamar:* plataforma em nível entre dois lances de uma escada.
- *Perímetro da obra:* linha que delimita o contorno da obra.
- *Pilão:* peça utilizada em bate-estacas para imprimir golpes verticais, por gravidade, força hidráulica, pneumática ou explosão.

- *Piso resistente:* piso capaz de resistir sem deformação ou ruptura aos esforços a ele submetidos.
- *Plataforma de proteção (bandeja salva-vidas):* plataforma instalada no perímetro da edificação e destinada a aparar materiais em queda livre.
- *Plataforma de retenção de entulho:* plataforma de proteção com inclinação de 45° e com caimento para o interior da obra, utilizada no processo de demolição.
- *Plataforma de trabalho:* plataforma onde ficam os trabalhadores e materiais necessários à execução dos serviços.
- *Plataforma principal de proteção:* plataforma de proteção instalada na 1ª laje.
- *Plataforma secundária de proteção:* plataforma de proteção instalada de três em três lajes, a partir da plataforma principal e acima dela.
- *Plataforma terciária de proteção:* plataforma de proteção instalada de duas em duas lajes, a partir da plataforma principal e abaixo dela.
- *Prancha:*
    - peça de madeira com largura maior que 20 cm e espessura entre 4 cm e 7 cm; ou
    - plataforma móvel do elevador de materiais, na qual são transportadas as cargas.
- *Pranchão:* peça de madeira com largura e espessura superiores às de uma prancha.
- *Prisma (poço) de iluminação e ventilação:* espaço livre dentro de uma edificação em toda a sua altura e que se destina a garantir a iluminação e a ventilação dos compartimentos.
- *Protensão de cabos:* operação de aplicar tensão nos cabos ou fios de aço usados no concreto protendido.
- *Protetor removível:* dispositivo destinado à proteção das partes móveis e de transmissão de força mecânica de máquinas e equipamentos.
- *Rampa:* ligação entre dois ambientes com diferença de nível, para movimentação de trabalhadores e materiais, construída solidamente, com piso completo, rodapé e guarda-corpo.
- *Rampa de acesso:* plano inclinado que interliga dois ambientes com diferença de nível.
- *Rede de proteção:* rede de material resistente e elástico com a finalidade de amortecer o choque de eventual queda de trabalhador.
- *Roldana:* disco com sulco na borda, que gira em torno de um eixo central.
- *Rosca de protensão:* dispositivo de ancoragem dos cabos de protensão.
- *Sapatilha:* peça metálica utilizada para a proteção do olhal de cabos de aço.
- *Sinaleiro:* pessoa responsável pela sinalização, emitindo ordens por meio de sinais visuais e/ou sonoros.
- *Sobrecarga:* excesso de carga (peso) considerada ou não no cálculo estrutural.
- *Soldagem:* operações de unir ou remendar peças metálicas com solda.
- *Talude:* inclinação ou declive nas paredes de uma escavação.
- *Tambor de guincho:* dispositivo cilíndrico utilizado para enrolar e desenrolar o cabo de aço de sustentação da plataforma do elevador.
- *Tapume:* divisória de isolamento.
- *Tinta:* produto de mistura de pigmento inorgânico com thinner, terebintina e outros diluentes. É inflamável e geralmente tóxica.
- *Tirante:* cabo de aço tracionado.
- *Torre de elevador:* treliça modular, de madeira ou metálica desmontável, responsável pela sustentação do elevador.
- *Transporte semimecanizado:* aquele que utiliza, em conjunto, meios mecânicos e esforços físicos do trabalhador.
- *Trava de segurança:* sistema de segurança de travamento de máquinas e elevadores.
- *Trava-queda:* dispositivo automático de travamento, destinado à ligação do cinto de segurança ao cabo de segurança.
- *Válvula de retenção:* aquela que possui em seu interior um dispositivo de vedação que sirva para determinar o único sentido do fluxo.
- *Veículo precário:* veículo automotor que apresente as condições mínimas de segurança.

- *Vergalhões de aço:* barras de aço de diferentes diâmetros e resistências, utilizadas como parte integrante do concreto armado.
- *Verniz:* revestimento translúcido, que se aplica sobre uma superfície; solução resinosa em álcool ou em óleos voláteis.
- *Vestimenta:* roupa adequada para a atividade desenvolvida pelo trabalhador.
- *Vias de circulação:* locais destinados à movimentação de veículos, equipamentos e/ou pedestres.
- *Vigas de sustentação:* vigas metálicas onde são presos os cabos de sustentO O eação dos andaimes móveis.

3.4.2 Recomendações gerais

3.4.2.1 Norma Regulamentadora Nº 18 (NR-18)

A NR-18 do Ministério da Economia – Secretária da Previdência e Trabalho estabelece diretrizes de ordem administrativa, de planejamento e de organização, que objetivam a implementação de medidas de controle e sistemas preventivos de segurança nos processos, nas condições e no meio ambiente de trabalho na indústria da construção. Em qualquer construção, a segurança no trabalho constitui a base para a obtenção de maiores índices da qualidade e produtividade, fatores que influenciam fortemente o sucesso empresarial. A Norma Regulamentadora estabelece diretrizes de ordem administrativa, de planejamento e de organização, que objetivam a implementação de medidas de controle e sistemas preventivos de segurança nos processos, nas condições e no meio ambiente de trabalho na indústria da construção. É obrigatória a comunicação à Delegacia Regional do Trabalho, antes do início das atividades, das seguintes informações:

- endereço da obra;
- endereço e qualificação (CEI e CNPJ) da construtora;
- tipo de obra;
- datas previstas do início e conclusão da construção;
- número máximo previsto de trabalhadores na obra.

A NR-18 determina a elaboração do Programa de Condições e Meio Ambiente de Trabalho na Indústria da Construção (PCMAT) em todas as obras com vinte ou mais trabalhadores. O PCMAT deve ser elaborado e executado por profissional legalmente habilitado na área de segurança do trabalho. A NR-18 determina que o grau de risco é 4 na construção de edifícios (residenciais, industriais, comerciais e de serviços), inclusive ampliações e reformas completas.

3.4.2.2 Equipamento de Proteção Individual (EPI)

É todo dispositivo de uso individual destinado a proteger contra possíveis riscos ameaçadores à saúde e à integridade física do operário durante o trabalho. A construtora é obrigada a fornecer aos empregados, gratuitamente, EPI adequado ao risco e em perfeito estado de conservação e funcionamento, nas seguintes circunstâncias:

- sempre que as medidas de proteção coletiva forem tecnicamente inviáveis ou não oferecerem completa proteção contra os riscos de acidente do trabalho e/ou de doenças profissionais e do trabalho;
- enquanto as medidas de proteção coletiva estiverem sendo implantadas;
- para atender às situações de emergência

O EPI só poderá ser utilizado se tiver Certificado de Aprovação expedido pelo órgão competente do Ministério da Economia. Os principais EPIs são os seguintes (em termos da zona corporal a proteger):

Proteção para a cabeça:
- protetores faciais destinados ao resguardo dos olhos e da face contra lesões ocasionadas por partículas, respingos, vapores de produtos químicos e radiações luminosas intensas;
- óculos de segurança com proteção lateral para trabalhos que possam causar ferimentos nos olhos, provenientes de impacto de partículas;
- óculos de segurança contra respingos, para trabalhos que possam causar irritação nos olhos e outras lesões decorrentes da ação de líquidos agressivos e metais em fusão;

- óculos de segurança para trabalhos que possam causar irritação nos olhos, provenientes de poeiras;
- óculos de segurança para trabalhos que possam causar irritação nos olhos e outras lesões decorrentes da ação de radiações perigosas;
- máscaras para operários nos trabalhos de soldagem e corte ao arco elétrico;
- capacetes de segurança com carneira para proteção do crânio nos trabalhos sujeitos a: agentes meteorológicos (trabalhos a céu aberto); impactos provenientes de quedas, projeção de objetos ou outros; queimaduras ou choque elétrico.

Proteção para os membros superiores: luvas de raspa, de borracha, de lona crua macia, de PVC forrada, de lona plástica, de eletricista etc. e/ou mangas de raspa com fivela e alça de proteção devem ser usadas em trabalhos que haja perigo de lesões provocadas por:
- materiais ou objetos escoriantes, abrasivos, cortantes ou perfurantes;
- produtos químicos corrosivos, cáusticos, tóxicos, alergênicos, oleosos, graxos, solventes orgânicos e derivados de petróleo;
- materiais ou objetos aquecidos;
- choque elétrico;
- radiações perigosas;
- frio;
- agentes biológicos.

Proteção para os membros inferiores (botinas de vaqueta ou de raspa, com ou sem bico e botas de borracha de cano curto, médio ou longo):
- calçados com palmilha de aço de proteção contra riscos de origem mecânica (furos na sola causados por prego, ponta de aço etc.);
- calçados impermeáveis, para trabalhos realizados em lugares úmidos, lamacentos ou encharcados;
- calçados impermeáveis e resistentes a agentes químicos agressivos;
- calçados de proteção contra riscos de origem térmica;
- calçados de proteção contra radiações perigosas;
- calçados de proteção contra agentes biológicos agressivos;
- calçados de proteção contra riscos de origem elétrica;
- perneiras de proteção contra riscos de origem mecânica;
- perneiras de proteção contra riscos de origem térmica;
- perneiras de proteção contra radiações perigosas.

Proteção contra quedas com diferença de nível:
- cinto de segurança tipo alpinista, com talabarte, para trabalhos em altura superior a 2 m e que haja risco de queda;
- cadeira suspensa para trabalho em alturas em que haja necessidade de deslocamento vertical, quando a natureza do trabalho assim o indicar;
- trava-queda de segurança ligado a um cabo de segurança independente, para trabalhos realizados com movimentação vertical em andaimes suspensos de qualquer tipo.

Proteção auditiva:
- protetores auriculares (abafadores de ruídos), para trabalhos realizados em locais em que o nível de ruído seja superior ao estabelecido nas Normas Regulamentadoras (NR) de Medicina e Segurança do Trabalho.

Proteção respiratória:
- para exposições a agentes ambientais em concentrações prejudiciais à saúde do trabalhador, de acordo com os limites estabelecidos nas Normas Regulamentadoras (NR) de Medicina e Segurança do Trabalho;
- respiradores faciais contra poeiras, para trabalhos que impliquem produção de poeiras;
- máscaras para trabalhos de limpeza por abrasão por meio de jateamento de areia;
- respiradores e máscaras de filtro químico, para exposição a agentes químicos prejudiciais à saúde;
- aparelhos de isolamento (autônomos ou de adução de ar), para locais de trabalho onde o teor de oxigênio seja inferior a 18% em volume.

Proteção do tronco:
- aventais de raspa, jaquetas, capas de chuva com capuz, calças de PVC forradas e outras vestimentas especiais de proteção para trabalhos em que haja perigo de lesões provocadas por: riscos de origem térmica; riscos de origem radioativa; riscos de origem mecânica; agentes químicos; agentes meteorológicos; umidade proveniente de operações de lixamento à água ou outras operações de lavagem.

Proteção do corpo inteiro:
- aparelhos de isolamento (autônomos ou de adução de ar) para locais de trabalho onde haja exposição a agentes químicos, absorvíveis pela pele, pelas vias respiratória e digestiva, prejudiciais à saúde.

Proteção da pele contra radiações solares etc.
- cremes protetores: água-resistentes óleo-resistentes especiais

Notas: O empregado deve trabalhar calçado, ficando proibido o uso de tamancos, tênis, sandálias e chinelos. A construtora está obrigada a fornecer uniforme profissional ao trabalhador.

3.4.2.3 Equipamento de Proteção Coletiva (EPC)

É todo dispositivo de proteção coletiva utilizado no ambiente de trabalho contra riscos inerentes aos processos construtivos, como sistema de proteção coletiva contra queda de altura:

- *Sistema guarda-corpo/rodapé:* destina-se a promover a proteção contra riscos de queda de pessoas, materiais e ferramentas.
- *Sistema de barreira com rede:* constituído por dois elementos horizontais, rigidamente fixados em suas extremidades à estrutura da construção, sendo o vão entre os elementos superior e inferior fechado unicamente por rede.
- *Proteção de aberturas no piso por cercados, barreiras com cancelas ou similares:* para aberturas no piso utilizadas para transporte de materiais e equipamentos.
- *Dispositivos protetores de plano horizontal:* todas as aberturas nas lajes ou pisos, não utilizadas para transporte vertical, como *shafts*, devem ser dotadas de proteção sólida, na forma de fechamento provisório fixo.
- *Dispositivos de proteção para limitação de quedas:* em todo o perímetro de construção com mais de quatro pavimentos ou altura equivalente, é obrigatória a instalação de plataforma(s) de proteção.

3.4.2.4 Carpintaria

As operações em máquinas e equipamentos necessários à realização da atividade de carpintaria somente podem ser efetuadas por trabalhador qualificado. A serra circular de bancada deve atender às disposições a seguir:

- ser dotada de mesa estável, com fechamento de suas faces inferiores, anterior e posterior, construída em madeira resistente e de primeira qualidade, material metálico ou similar de resistência equivalente, sem irregularidades, com dimensionamento adequado para a execução das tarefas;
- ter a carcaça do motor aterrada eletricamente;
- o disco de serra precisa ser mantido afiado e travado, tendo de ser substituído quando apresentar trinca, dente quebrado ou empenamento;
- as transmissões de força mecânica necessitam estar protegidas obrigatoriamente por anteparos fixos e resistentes, não podendo ser removidos, em hipótese alguma, durante a execução dos trabalhos;
- ser provida de coifa protetora do disco e cutelo divisor, com identificação do fabricante, e ainda coletor de serragem (o cutelo tem de ser confeccionado com aço duro com espessura igual à do disco, com borda em bisel polido, não pintado).

Nas operações de corte de madeira, precisam ser utilizados dispositivo empurrador (para o final do corte) e guia de alinhamento. As lâmpadas de iluminação da carpintaria devem estar protegidas contra impactos provenientes da projeção de partículas. A carpintaria terá piso resistente, nivelado e não escorregadio, com cobertura capaz de proteger os operários contra a queda de materiais e intempéries. A carpintaria deve ser coberta por extintores de incêndio classes A e C. Para manuseio da serra circular, o operador precisa utilizar protetor facial resistente ao impacto de partículas. Abafadores de ruídos são indispensáveis. Luvas somente na manobra de madeiras longas, nunca junto ao disco.

3.4.2.5 Armação de aço

O dobramento e o corte de vergalhões de aço em obra têm de ser feitos sobre bancadas ou plataformas apropriadas e estáveis, apoiadas sobre superfícies resistentes, niveladas e não escorregadias, afastadas da área de circulação de trabalhadores. As armações de pilar e outras estruturas verticais devem ser apoiadas e escoradas para evitar tombamento e desmoronamento. A área de trabalho onde está situada a bancada de armação precisa ter cobertura resistente para proteção dos operários contra a queda de materiais e intempéries. As lâmpadas de iluminação da área de trabalho de armação de aço estarão protegidas contra impactos provenientes de projeção de partículas ou de vergalhões. É obrigatória a colocação de pranchas de madeira sobre a armação, firmemente apoiadas na forma de lajes, para a circulação de operários. É proibido deixar pontas verticais desprotegidas de vergalhões de aço. Durante a descarga de vergalhões, a área deve ser isolada.

3.4.2.6 Estrutura de concreto armado

As fôrmas necessitam ser projetadas e construídas de modo que resistam às cargas máximas de serviço. O uso de fôrmas deslizantes precisa ser supervisionado por profissional legalmente habilitado. Os suportes e escoras de fôrmas têm de ser inspecionados antes e durante a concretagem por trabalhador qualificado. Durante a desforma, serão viabilizados meios que impeçam a queda livre de seções de fôrma e escoramento, sendo obrigatória a amarração das peças e o isolamento e sinalização no nível do terreno. Todo operário em serviço de montagem ou desmontagem de fôrmas na periferia (bordas de laje), a mais de 2 m de altura, deverá usar cinto de segurança ligado a cabo de segurança ou, quando possível, à estrutura. A armação de pilares tem de ser estaiada ou escorada antes do cimbramento. Durante as operações de protensão de cabos de aço, é proibida a permanência de trabalhadores atrás dos macacos ou sobre eles, ou outros dispositivos de protensão, precisando a área ser isolada e sinalizada. Os dispositivos e equipamentos usados em protensão necessitam ser inspecionados por profissional legalmente habilitado antes de serem iniciados os trabalhos e durante o seu andamento. As conexões dos dutos transportadores de concreto possuirão dispositivos de segurança para impedir a separação das partes (segregação), quando o sistema estiver sob pressão. As peças e máquinas do sistema transportador de concreto devem ser inspecionadas por operário qualificado, antes do início dos trabalhos. No local em que se executa a concretagem, somente pode permanecer a equipe indispensável para a execução dessa tarefa. Os vibradores de imersão e de placas necessitam ter dupla isolação e os cabos de ligação ser protegidos contra choques mecânicos e cortes acidentais pela ferragem, tendo de ser inspecionados antes e durante a utilização. As caçambas transportadoras de concreto precisam ter dispositivo de segurança que impeçam o seu descarregamento acidental.

3.4.2.7 Estrutura metálica

As peças devem estar previamente fixadas antes de serem soldadas, rebitadas ou parafusadas. Na edificação de estrutura metálica, abaixo dos serviços de rebitagem, parafusagem ou soldagem, tem de ser mantido piso provisório, abrangendo toda a área de trabalho situada no piso imediatamente inferior. O piso provisório será montado sem frestas, a fim de evitar queda de materiais ou equipamentos. Quando necessária a complementação do piso provisório, precisam ser instaladas redes de proteção presas às colunas. Deve ficar à disposição do operário, em seu posto de trabalho, recipiente adequado para depositar pinos, rebites, parafusos e ferramentas. As peças estruturais pré-fabricadas precisam ter peso e dimensões compatíveis com os equipamentos de transportar e guindar. Os elementos componentes da estrutura metálica não podem ter rebarbas. Quando for necessária a montagem, próximo das linhas elétricas energizadas, é necessário proceder ao desligamento da rede, afastamento dos locais energizados, proteção das linhas, além do aterramento da estrutura e equipamentos que estão sendo utilizados. A colocação de pilares e vigas deve ser feita de maneira que, ainda suspensos pelo equipamento de guindar, se façam o aprumo, a marcação e a fixação das peças.

3.4.2.8 Operações de soldagem e corte a quente

As operações de soldagem e corte a quente somente podem ser realizadas por trabalhadores qualificados. O dispositivo usado para manusear eletrodos necessita ter isolamento adequado à corrente usada, a fim de evitar a formação de arco elétrico ou choque no operador. Nas operações de soldagem e corte a quente, é obrigatória a utilização de anteparo eficaz para a proteção dos trabalhadores circunvizinhos. O material utilizado nessa proteção será do tipo incombustível. As mangueiras têm de possuir mecanismos contra o retrocesso das chamas na saída do cilindro e chegada do maçarico. É proibida a presença de substâncias inflamáveis e/ou explosivas próximo às garrafas de oxigênio. Os equipamentos de soldagem elétrica precisam ser aterrados. Os fios condutores dos equipamentos, as pinças ou os alicates de soldagem devem ser mantidos longe de locais com óleo, graxa ou umidade e, quando em repouso, têm de ser deixados sobre superfícies isolantes.

3.4.2.9 Escada, rampa e passarela

A madeira a ser utilizada para construção de escadas, rampas e passarelas será de boa qualidade, sem apresentar nós e rachaduras que comprometam sua resistência, e estar seca, sendo proibido o uso de pintura que encubra imperfeições. As escadas de uso coletivo, rampas e passarelas para a circulação de pessoas e materiais precisam ser de construção sólida e dotada de corrimão e rodapé. A transposição de pisos com diferença de nível superior a 40 cm necessita ser feita por meio de escadas ou rampas. É obrigatória a instalação de rampa ou escada provisória de uso coletivo para transposição de níveis como meio de circulação de operários.

3.4.2.9.1 Escada

As escadas provisórias de uso coletivo têm de ser dimensionadas em função do fluxo de trabalhadores, respeitando a largura mínima de 80 cm, devendo ter pelo menos a cada 2,9 m de altura um patamar intermediário. Os patamares intermediários necessitam ter largura e comprimento, no mínimo, iguais à largura da escada. A escada de mão terá seu uso restrito para acessos provisórios e serviços de pequeno porte. As escadas de mão poderão ter até 7 m de extensão e o espaçamento entre os degraus tem de ser uniforme, variando entre 25 cm e 30 cm. É vedado o uso de escadas de mão com montante único central. É proibido colocar escadas de mão:

- nas proximidades de portas ou áreas de circulação;
- onde houver risco de queda de objetos ou materiais;
- nas proximidades de aberturas e vãos;
- com inclinação inadequada.

A escada de mão deve:

- ultrapassar em 1 m o piso superior;
- ser fixada nos pisos inferior e superior ou ser dotada de dispositivo que impeça o seu deslizamento;
- ser dotada de degraus não escorregadios;
- ser apoiada em piso resistente;
- ter distância mínima de 35 cm entre os montantes, na sua base, quando seu comprimento não ultrapassar 3 m.

É proibido o uso de escadas de mão junto de redes e equipamentos elétricos desprotegidos. A escada de abrir tem de ser rígida, estável e provida de dispositivo que a mantenha com abertura constante, necessitando ter comprimento máximo de 6 m, quando fechada. A escada extensível será dotada de dispositivo limitador de curso, colocado no 4º vão, a contar da catraca. Caso não haja o limitador, quando estendida, precisa permitir sobreposição de no mínimo 1 m. A escada fixa, tipo marinheiro, com 6 m ou mais de altura, deve ser provida de gaiola protetora a partir de 2 m acima da base até 1 m acima da última superfície de trabalho. Para cada lance de 9 m, tem de existir um patamar intermediário de descanso, protegido por guarda-corpo e rodapé.

Não poderão ser emendadas escadas de mão que não tenham sido confeccionadas para ser conjugáveis. Não se poderá subir em escadas de mão carregando ferramentas ou materiais, os quais deverão ser içados em separado. Não poderão ser executados trabalhos pisando sobre um dos dois últimos degraus de escadas de mão portáteis. Quando a escada de mão portátil for utilizada para acesso a um piso mais elevado, os montantes terão de ultrapassar de 90 cm o nível desse piso. A altura máxima de uma escada de abrir é de 6 m. As escadas de abrir necessitam ser providas de dispositivo que as mantenha corretamente abertas. Os poços de elevador serão mantidos soalhados nas lajes imediatamente abaixo daquelas em que se processar a desforma ou a colocação das fôrmas. Esses poços terão de ser soalhados de três em três lajes, a partir da sua base, com intervalo máximo de 10 m. A alvenaria das escadas permanentes do edifício em construção será executada logo depois da concretagem do lance da escada imediatamente superior. Caso não seja iniciada essa alvenaria, as escadas deverão ser protegidas por guarda-corpo provisório. Não poderão ser depositados materiais em degraus de escada.

3.4.2.9.2 Rampa e passarela

As rampas e passarelas provisórias precisam ser construídas e mantidas em perfeitas condições de uso e segurança. As rampas provisórias têm de ser fixadas no piso inferior e superior, não ultrapassando 30° de inclinação em relação ao piso. Nas rampas provisórias, com inclinação superior a 18°, necessitam ser fixadas peças transversais, espaçadas em 40 cm, no máximo, para apoio dos pés. As rampas provisórias usadas para trânsito de caminhões precisam ter largura de 4 m e ser fixadas em suas extremidades. Não podem existir ressaltos entre o piso da passarela e o piso do terreno. Os apoios das extremidades das passarelas devem ser dimensionados em função do comprimento total delas e das cargas a que estarão submetidas. Quando as rampas e passarelas ultrapassarem lateralmente os seus apoios, o balanço não poderá ser superior a 20 cm.

3.4.2.10 Medidas de proteção contra quedas de altura

É obrigatória a instalação de proteção coletiva onde houver risco de queda de trabalhadores ou de projeção de materiais. As aberturas no piso precisam ter fechamento provisório bem fixado e resistente até a execução da alvenaria. As aberturas, em caso de serem utilizadas para o transporte vertical de materiais e equipamentos, têm de ser protegidas por guarda-corpo fixo, sendo certo que no vão de entrada e saída de material deve ser usado um sistema de fechamento do tipo cancela ou similar. Os vãos de acesso às caixas (poços) dos elevadores necessitam de fechamento provisório de, no mínimo, 1,2 m de altura, constituído de material resistente e seguramente fixado à estrutura, até a colocação das portas definitivas. É obrigatória, na periferia da edificação, a instalação de proteção contra a queda de operários e projeção de materiais, a partir do início dos serviços necessários à concretagem da 1ª laje. A proteção contra quedas, quando constituída de anteparos rígidos, em sistema de guarda-corpo e rodapé, atenderá aos seguintes requisitos:

- ser construída com altura de 1,2 m para o travessão superior e 70 cm para o travessão intermediário;
- ter rodapé com altura de 20 cm;
- ter os vãos entre travessas preenchidos com tela ou outro dispositivo que garanta o fechamento seguro da abertura.

Em todo o perímetro da construção de edifícios com mais de quatro pavimentos, ou altura equivalente, é obrigatória a instalação de uma plataforma principal de proteção em balanço (*bandeja salva-vidas principal*) na altura da 1ª laje que esteja, no mínimo, um pé-direito acima do nível do terreno, e repetida a cada 12 lajes. Essa plataforma deve ter, no mínimo, 3 m de projeção horizontal da face externa da construção e um complemento de 80 cm de extensão, com inclinação de 45°, a partir de sua extremidade. A plataforma tem de ser instalada logo depois da contagem da laje a que se refere e retirada somente quando o revestimento externo do prédio acima dessa plataforma estiver concluído. Acima e a partir da plataforma principal de proteção, precisam ser instaladas também plataformas secundárias de proteção (*bandejas salva-vidas secundárias*), em balanço, de três em três lajes (a partir da 4ª laje). Essas plataformas terão, no mínimo, 1,4 m de balanço e um complemento de 80 cm de extensão, com inclinação de 45°, a partir de sua extremidade. Cada plataforma tem de ser instalada logo em seguida à concretagem da laje a que se refere e retirada somente quando a vedação da periferia, até a plataforma imediatamente superior, estiver concluída. Na construção de edifícios com pavimentos no subsolo, serão instaladas ainda plataformas terciárias de proteção de duas em duas lajes, contadas no sentido do subsolo e a partir da laje referente à instalação da plataforma principal de proteção. Essas plataformas devem ter, no mínimo, 2,2 m de projeção horizontal da face externa da construção e um complemento de 80 cm de extensão, com inclinação de 45°, a partir de sua extremidade, tendo de ser instalada logo depois da laje a que se refere. O perímetro da construção de edifícios será fechado com tela a partir da plataforma principal de proteção. A tela precisa constituir-se de uma barreira protetora contra projeção de materiais e ferramentas. A tela tem de ser instalada entre as extremidades de duas plataformas de proteção consecutivas, só podendo ser retirada quando a vedação da periferia, até a plataforma imediatamente superior, estiver concluída. Em construções em que os pavimentos mais altos forem recuados, será considerada a 1ª laje do corpo recuado para a instalação da plataforma principal de proteção. As plataformas de proteção necessitam ser construídas de maneira resistente e mantidas sem sobrecarga que prejudique a estabilidade de sua estrutura.

3.4.2.11 Movimentação e transporte de materiais e trabalhadores

Os equipamentos de transporte vertical de materiais e de pessoas necessitam ser dimensionados por profissional legalmente habilitado. A montagem e a desmontagem serão realizadas por trabalhador qualificado. A manutenção tem de ser executada por trabalhador qualificado, sob supervisão de profissional legalmente habilitado. Todos os equipamentos de movimentação e transporte de materiais e pessoas só podem ser operados por operário qualificado. No transporte vertical e horizontal de concreto, argamassa ou outros materiais, é proibida a circulação ou permanência de pessoas sob a área de movimentação da carga, devendo ser ela isolada e sinalizada. Quando o local de lançamento de concreto não for visível pelo operador do equipamento de transporte ou bomba de concreto, será utilizado um sistema de sinalização, sonoro ou visual, e, quando isso não for possível, precisa haver comunicação por telefone ou rádio para determinar o início e o fim do transporte. As peças com mais de 2 m de comprimento terão de ser amarradas à plataforma móvel, dispostas quase na vertical, para evitar qualquer impacto ou contato com a estrutura da torre durante o trajeto. No transporte e descarga de perfis de aço, vigas e outros elementos estruturais, serão adotadas medidas preventivas quanto à sinalização e isolamento da área. Os acessos da obra necessitam ser desimpedidos, possibilitando a movimentação dos equipamentos de guindar e transportar. Antes do início dos serviços, os equipamentos de guindar e transportar têm de ser vistoriados por trabalhador qualificado, com relação à capacidade de carga, altura de elevação e estado de conservação do equipamento. Estruturas ou perfis de grande superfície somente podem ser içados com total precaução contra rajadas de vento. Todas as manobras de movimentação têm de ser executadas por operário qualificado e por meio de código de sinais convencionados. Devem ser tomadas precauções especiais quando da movimentação de máquinas e equipamentos próximos a redes elétricas. O levantamento manual ou semimecanizado de cargas tem de ser executado de forma que o esforço físico feito pelo trabalhador seja compatível com sua capacidade de força. Os guinchos de coluna ou similares serão providos de dispositivos próprios para sua fixação. O tambor de guincho de coluna necessita estar nivelado para garantir o enrolamento adequado do cabo. A distância entre a roldana livre e o tambor do guincho do elevador tem de estar compreendida entre 2,5 m e 3 m, de eixo a eixo. O cabo de aço situado entre o tambor de enrolamento e a roldana livre deve ser isolado por barreira segura, de forma que se evitem a circulação e o contato acidental de operários com ele. O guincho do elevador será dotado de chave de partida e bloqueio que impeça o seu acionamento por pessoa não autorizada. Em qualquer posição da plataforma (prancha) do guincho do elevador, o cabo de tração disporá, no mínimo, de seis voltas enroladas no tambor. Os elevadores de caçamba têm de ser utilizados apenas para o transporte de material a granel. É terminantemente proibido o transporte de pessoas em equipamentos de guindar. Os equipamentos de transporte de materiais necessitam possuir dispositivos que impeçam a descarga acidental do material transportado. Antes de acionar o motor do guincho, o operador deverá dar um sinal preestabelecido que possa ser visto ou ouvido por todas as pessoas nas proximidades. Os cabos de aço usados para guincho terão de apresentar carga de ruptura oito vezes superior à carga de trabalho, com resistência mínima à tração de 18000 kgf/cm². Esses cabos serão inspecionados regularmente e substituídos quando necessário.

3.4.2.11.1 Torre de elevador

As torres de elevador devem ser dimensionadas em função das cargas a que estarão sujeitas. As torres têm de ser montadas e desmontadas por trabalhadores qualificados. Essas torres necessitam estar afastadas das redes elétricas ou estar isoladas em conformidade com normas específicas da concessionária local. As torres devem ser montadas o mais próximo possível da edificação. A base onde se instala a torre e o guincho (inclusive suporte da roldana) terá de ser única, de concreto, nivelada e rígida. Sobre o bloco, serão colocados um ou mais pneus para funcionar como amortecedores para possíveis impactos da plataforma móvel. O guincho deverá ser dotado de proteção nas polias, correias e engrenagens. Os elementos estruturais (laterais e contraventos) componentes da torre precisam estar em perfeito estado de conservação, sem deformações que possam comprometer sua estabilidade.

As torres para elevador de caçamba têm de ser dotadas de dispositivos que mantenham a caçamba em equilíbrio. Os parafusos de pressão dos painéis necessitam ser apertados e os contraventos contrapinados. As torres terão os montantes anteriores amarrados com cabos de aço e ancorados *(estroncados)* à estrutura da edificação a cada 3 m. A distância entre a viga superior da prancha (plataforma móvel) ou gaiola e o topo da torre, depois da última parada, tem de estar compreendida entre 4 m e 6 m. As torres necessitam ter montantes posteriores estaiados a cada 6 m por meio de cabos de aço.

O trecho da torre acima da última laje será mantido estaiado pelos montantes posteriores, para evitar o tombamento da torre no sentido oposto ao da edificação. As torres montadas externamente às construções devem ser estaiadas por meio dos montantes posteriores, aproximadamente a cada 6 m, com barras de aço de Ø 6 mm a Ø 9 mm (1/4"a 3/8"), providos de dispositivo de tração. O trecho da torre acima da última laje concretada terá de ser provido de tirantes fixados nos elementos extremos, para evitar tombamento no sentido oposto à edificação. A torre e o guincho do elevador necessitam ser aterrados eletricamente. As torres de elevador de materiais terão suas faces revestidas com tela de náilon reforçada ou material de resistência e durabilidade equivalentes. A torre do elevador deve ser dotada de proteção e sinalização, de forma a proibir a circulação de operários por ela. Em todos os acessos (entradas) à torre do elevador, será instalada uma barreira *(cancela)*, dela recuada no mínimo de 1 m, para bloquear o acesso acidental dos trabalhadores à torre. As torres do elevador de material e do elevador de passageiros necessitam ser equipadas com dispositivo de segurança que impeça a abertura da barreira de sarrafo ou tubo (cancela), quando a prancha (plataforma móvel) do elevador não estiver no nível do pavimento. As rampas de acesso à torre de elevador devem:

- ser providas de sistema de guarda-corpo e rodapé;
- ter pisos de material resistente, sem apresentar aberturas;
- ser fixadas à estrutura do prédio e da torre;
- não ter inclinação descendente no sentido da torre.

É necessário haver altura livre de, no mínimo, 2 m sobre a rampa.

3.4.2.11.2 Elevador de transporte de materiais

É terminantemente proibido o transporte de pessoas em elevador de materiais. Tem de ser fixada uma placa no interior do elevador de material contendo a indicação da carga máxima e a proibição de transporte de pessoas. O posto de trabalho do guincheiro terá de ser isolado, dispor de proteção segura contra queda de materiais e o assento com encosto utilizado atender ao disposto nas Normas Regulamentadoras (NR) do Ministério da Economia. Os elevadores de materiais necessitam dispor de:

- freio mecânico (manual) situado no elevador;
- sistema de segurança eletromecânica no limite superior, instalado a 2 m abaixo da viga superior da torre;
- trava de segurança para manter a prancha (plataforma móvel) parada em certa altura, além do freio do motor;
- interruptor de corrente para que só se movimente com portas ou painéis fechados.

Quando houver irregularidades no elevador de materiais quanto ao seu funcionamento e manutenção, elas serão anotadas pelo operador em livro próprio e comunicadas, por escrito, ao responsável da obra. É proibido operar o elevador na descida em queda livre *(banguela)*. Os elevadores de materiais devem ser dotados de botão, em cada pavimento, para acionar lâmpada ou campainha próximo ao guincheiro, a fim de garantir comunicação única. As plataformas móveis de elevador de materiais têm de ser providas, nas laterais, de painéis fixos de contenção com altura em torno de 1 m e, nas demais faces, de portas ou painéis removíveis. Os elevadores de materiais necessitam ser dotados de cobertura fixa, basculável ou removível.

3.4.2.11.3 Elevador de transporte de trabalhadores

Nos edifícios em construção com 12 ou mais pavimentos, ou altura equivalente, é obrigatória a instalação de pelo menos um elevador de passageiros, sendo necessário que seu percurso alcance toda a extensão vertical da obra. O elevador de passageiros tem de ser instalado, ainda, a partir da execução da 7ª laje dos edifícios em construção com oito ou mais pavimentos, ou altura equivalente, cujo canteiro tenha 30 trabalhadores ou mais. É proibido o transporte de carga no elevador de passageiros. O elevador de passageiros deve dispor de:

- interruptor nos fins de curso superior e inferior, conjugado com freio automático;
- sistema de freada automática, a ser acionado em caso de ruptura do cabo de tração ou de interrupção da corrente elétrica;
- sistema de segurança eletromecânico no limite superior, 2 m abaixo da viga superior da torre;
- interruptor de corrente, para que se movimente apenas com a porta da cabina fechada;
- cabina metálica, com porta pantográfica.

A cabina do elevador automático de passageiros necessita ser mantida iluminada natural ou artificialmente durante o uso e ter indicação do número máximo de passageiros.

3.4.2.11.4 Equipamento de guindar

Não é permitido o transporte de operários por guindastes, gruas e equipamentos correlatos. Os equipamentos de guindar, quando em operação, deverão estar sempre seguramente apoiados e contraventados. Não será permitido a qualquer pessoa andar ou permanecer embaixo de cargas suspensas. Quando forem usados cabos de contraventamento, o ângulo com a horizontal terá de ser no máximo de 60°. Os ganchos de equipamento de guindar terão fechos de segurança para evitar que as cargas içadas possam se desprender. Os equipamentos de guindar que apresentarem nas divisas do imóvel altura superior a 9 m medida a partir do perfil original do terreno ficarão condicionados, a partir dessa altura, ao afastamento mínimo de 3 m no trecho em que ocorrer tal situação. A ponta da lança e o cabo de aço de sustentação de gruas e guindastes devem ficar no mínimo a 3 m de qualquer obstáculo e ter afastamento da rede elétrica que atenda à orientação da concessionária local.

É proibida a montagem de estrutura com defeitos que possam comprometer seu funcionamento. O 1º estaiamento da torre fixa ao solo deve se dar necessariamente no 8º elemento e a, partir daí, de cinco em cinco elementos. Quando o equipamento de guindar não estiver em operação, a lança tem de ser colocada em posição de repouso. A operação da grua será em conformidade com as recomendações do fabricante. É proibido qualquer trabalho sob intempéries ou outras condições desfavoráveis que exponham a risco os trabalhadores da área. A grua precisa estar devidamente aterrada e, quando necessário, dispor de para-raio situado 2 m acima da ponta mais elevada da torre. É obrigatório existir trava de segurança no gancho do moitão.

É proibida a utilização da grua para arrastar peças bem como a utilização de travas de segurança para bloqueio de movimentação da lança quando a grua não estiver em funcionamento. É obrigatória a instalação de dispositivos de segurança ou ns de curso automáticos como limitadores de carga ou movimento, ao longo da lança. As áreas de carga/descarga têm de ser delimitadas, permitindo o acesso a elas somente ao pessoal envolvido na operação. A grua deve ter alarme sonoro que será acionado pelo operador sempre que houver movimentação de carga.

3.4.2.12 Andaime

O dimensionamento dos andaimes, sua estrutura de sustentação e fixação serão feitos por profissional legalmente habilitado. Os andaimes têm de ser dimensionados e construídos de modo a suportar, com segurança, as cargas de trabalho a que estarão sujeitos. O piso de trabalho dos andaimes precisa ter forração completa, não escorregadia, ser nivelado e fixado de modo seguro e resistente. Serão tomadas precauções especiais quando da montagem, desmontagem e movimentação de andaimes próximos às redes elétricas. A madeira para confecção de andaimes tem de ser de primeira qualidade, seca, sem apresentar nós e rachaduras que comprometam a sua resistência e mantida em perfeitas condições de uso e segurança. É proibida a utilização de aparas de madeira na confecção de andaimes. Os andaimes necessitam dispor de sistema de guarda-corpo (de 90 cm a 1,2 m) e rodapé (de 20 cm), inclusive nas cabeceiras, em todo o perímetro, com exceção do lado da face de trabalho. É proibido retirar qualquer dispositivo de segurança dos andaimes ou anular sua ação. Não é permitido, sobre o piso de trabalho de andaimes, o apoio de escadas e outros elementos para se atingir lugares mais altos. O acesso aos andaimes só pode ser feito de maneira segura. As plataformas de trabalho terão, no mínimo, 1,2 m de largura. Nunca se poderá deixar que pregos ou parafusos fiquem salientes em andaimes de madeira. Não será permitido, sobre as plataformas de andaime, o acúmulo de restos, fragmentos, ferramentas ou outros materiais que possam oferecer algum perigo ou incômodo aos operários.

3.4.2.12.1 Andaime simplesmente apoiado

Os montantes dos andaimes devem ser apoiados em sapatas sobre base sólida capaz de resistir aos esforços solicitantes e às cargas transmitidas. É proibido o trabalho em andaimes apoiados sobre cavaletes com altura superior a 2 m e largura inferior a 90 cm. Não é permitido o trabalho em andaimes na periferia da edificação sem que haja proteção adequada fixada à estrutura dela. É proibido o deslocamento da estrutura dos andaimes com trabalhadores sobre eles. Os andaimes cujo piso de trabalho esteja situado a mais de 1,5 m de altura têm de ser providos de escadas ou rampas.

O ponto de instalação de qualquer aparelho de içar materiais será escolhido de modo a não comprometer a estabilidade e segurança do andaime. Os andaimes fachadeiros de madeira não podem ser utilizados em obras acima de três pavimentos ou altura equivalente, podendo ter o lado interno apoiado na própria edificação. A estrutura dos andaimes deve ser fixada à construção por meio de amarração e estroncamento, de modo a resistir aos esforços a que estará sujeita. As torres de andaime não podem exceder, em altura, quatro vezes a menor dimensão da base de apoio, quando não estaiadas.

3.4.2.12.2 Andaime fachadeiro

Os andaimes fachadeiros não podem receber cargas superiores às especificadas pelo fabricante. Sua carga deve ser distribuída de modo uniforme, sem obstruir a circulação de pessoas e ser limitada pela resistência da forração da plataforma de trabalho. Os acessos verticais ao andaime fachadeiro têm de ser feitos em escada incorporada à sua própria estrutura ou pela de acesso. A movimentação vertical de componentes e acessórios para montagem e/ou desmontagem de andaime fachadeiro deve ser feita por meio de cordas ou por sistema próprio de içamento. Os montantes do andaime fachadeiro terão seus encaixes travados com parafusos, contrapinos, braçadeiras ou similares.

Os painéis dos andaimes fachadeiros destinados a suportar os pisos e/ou funcionar como travamento, depois de encaixados nos montantes, têm de ser contrapinados ou travados com parafusos, braçadeiras ou similares. As peças de contraventamento necessitam ser fixadas nos montantes por meio de parafusos, braçadeiras ou por encaixe em pinos, devidamente travados ou contrapinados, de modo que assegurem a estabilidade e a rigidez necessária ao andaime. Os andaimes fachadeiros devem dispor de proteção com tela de náilon reforçada ou material de resistência e durabilidade equivalente, desde a 1ª plataforma de trabalho até pelo menos 2 m acima da última plataforma de trabalho.

3.4.2.12.3 Andaime móvel

Os rodízios dos andaimes necessitam ser providos de travas, de modo a evitar deslocamentos acidentais. Os andaimes móveis somente poderão ser utilizados em superfícies horizontais.

3.4.2.12.4 Andaime em balanço

Os andaimes em balanço devem ter sistema de fixação à estrutura da edificação capaz de suportar três vezes os esforços solicitantes. A estrutura do andaime terá de ser convenientemente contraventada e ancorada de forma a eliminar quaisquer oscilações.

3.4.2.12.5 Andaime suspenso mecânico (balancim)

A sustentação de andaimes suspensos mecânicos será feita por meio de vigas de aço de resistência equivalente a, no mínimo, três vezes o maior esforço solicitante. É proibida a fixação de vigas de sustentação dos andaimes por meio de lastro de sacos com areia, latas com concreto ou outras improvisações similares. Não é permitido o uso de cordas de fibras naturais ou artificiais para sustentação de andaimes suspensos mecânicos. Os cabos de suspensão têm de trabalhar sempre na vertical e o estrado, na posição horizontal. Os dispositivos de suspensão necessitam ser diariamente verificados, pelos usuários e pelo responsável pela obra, antes de iniciados os trabalhos. Os cabos utilizados nos andaimes suspensos terão comprimento tal que, para a posição mais baixa do estrado, restem pelo menos seis voltas sobre cada tambor do guincho *(trec-trec)*, onde a extremidade do cabo deverá ser firmemente fixada.

A roldana do cabo de suspensão tem de girar livremente e o respectivo sulco ser mantido em bom estado de limpeza e conservação. Os andaimes suspensos necessitam ser convenientemente fixados à construção na posição de trabalho. Os quadros dos guinchos de elevação precisam ser providos de dispositivos para fixação de sistema guarda-corpo e rodapé. É proibido acrescentar trechos em balanço ao estrado de andaimes suspensos mecânicos. O estrado do andaime deve estar fixado aos estribos de apoio, e o guarda-corpo ao seu suporte. O vão entre o guarda-corpo e o rodapé terá de ser vedado, inclusive nas cabeceiras, com tela de náilon reforçada ou outro material de resistência equivalente. Sobre os andaimes, só é permitido depositar material para uso imediato. Os guinchos de elevação necessitam satisfazer aos seguintes requisitos:

- ter dispositivo que impeça o retrocesso do tambor;
- ser acionado por meio de alavancas ou manivelas ou automaticamente na subida e descida do andaime;
- possuir segunda trava de segurança;
- ser dotado de capa de proteção da catraca.

As pessoas que trabalham em andaimes suspensos, a mais de 3 m do solo, precisam estar com o cinto de segurança ligado a um cabo de segurança, cuja extremidade superior deverá estar fixada na construção, obrigatoriamente independente da estrutura do andaime. O cabo de segurança terá de ser equipado, a intervalos de 2 m, com anéis apropriados, aos quais os operários possam prender o seu cinto de segurança. Os cabos de segurança precisam estar ancorados de tal maneira que limitem a queda livre do trabalhador a 2,5 m. Na posição de trabalho, a fim de se evitar movimentos oscilatórios, os andaimes suspensos necessitarão ser convenientemente ancorados na construção. Não se poderá permitir que pessoas trabalhem sobre andaimes suspensos durante chuva forte ou ventania.

3.4.2.12.6 Andaime suspenso mecânico pesado

A largura mínima dos andaimes suspensos mecânicos pesados é de 1,5 m. Os estrados dos andaimes suspensos mecânicos pesados podem ser interligados até o comprimento máximo de 8 m. A fixação dos guinchos aos estrados será executada por meio de armações de aço, havendo em cada armação dois guinchos. As vigas de sustentação dos cabos terão de ser de aço em perfil "I" de 15 cm na 1ª alma, no mínimo, instaladas perpendicularmente às fachadas (de execução dos serviços) e espaçadas no máximo 2 m entre si. Poderão ser usados outros perfis metálicos de resistência equivalente. O comprimento do balanço para vigas das dimensões acima especificadas deverá ser, no máximo, igual a 1,5 m, possibilitando ao estrado de operação situar-se à distância de 10 cm da superfície de trabalho.

A parte das vigas que se estende para dentro da construção, medida do ponto de apoio mais externo ao ponto de fixação, não poderá ser menor do que 1½ vez aquela em balanço para fora da construção. As vigas de sustentação necessitarão apoiar-se sobre calços apropriados de madeira e estar com alma a prumo e seguramente escoradas contra tombamento. As extremidades internas de vigas de sustentação terão de ser seguramente fixadas à estrutura da construção, por meio de peças estruturais de tração (ganchos concretados na laje) e/ou compressão adequadas. O ajuste dos cabos de aço de suspensão às vigas de suporte deverá processar-se por braçadeiras dotadas de anel de sustentação, respeitadas as seguintes condições:

- as braçadeiras serão dispostas de forma que os anéis de sustentação dos cabos permaneçam centralizados com os guinchos e situados perpendicularmente a eles;

- para evitar o deslizamento das braçadeiras, terão de ser colocados parafusos de esbarro nas extremidades de cada viga.

No estrado desses andaimes, só será permitido depositar material para uso imediato. Os estrados precisam ser apoiados em travessas ou cantoneiras de aço, fixadas aos quadros dos guinchos de elevação. Os quadros dos guinchos de elevação serão providos de dispositivos para fixação de guarda-corpo e rodapé. Os guinchos de elevação deverão satisfazer aos seguintes requisitos:

- ter dispositivos que impeçam o retrocesso do tambor;
- ser acionados por meio de alavancas ou manivelas, na subida do andaime e na sua descida;
- possuir segunda trava de segurança.

3.4.2.12.7 Andaime suspenso mecânico leve

Os andaimes suspensos mecânicos leves somente poderão ser utilizados em serviço de reparo, pintura, limpeza e manutenção, com a permanência de, no máximo, dois trabalhadores. Os guinchos desses andaimes têm de ser fixados nas extremidades das plataformas de trabalho, por meio de armações de aço, podendo haver em cada armação um ou dois guinchos. É proibida a interligação de andaimes suspensos leves. Eles poderão ser suportados por vigas em balanço, ganchos ou dispositivos especiais de aço. Os ganchos ou dispositivos especiais de aço deverão ser fixados em platibandas de concreto armado. A extremidade do gancho voltada para o interior da construção terá de ser amarrada a um ponto resistente ao esforço de tração a que estiver sujeito. O estrado necessita estar fixado aos estribos de apoio, e o guarda-corpo ao seu suporte, a fim de evitar qualquer deslocamento. Os andaimes suspensos mecânicos leves, quando montados com apenas um guincho em cada uma das extremidades da plataforma de trabalho, necessitam ser dotados de cabo de segurança adicional de aço, ligado a dispositivo de bloqueio mecânico/automático.

3.4.2.12.8 Andaime suspenso elétrico

O andaime suspenso leve motorizado ou simplesmente balancim elétrico é uma plataforma de trabalho movida por dois guinchos acionados por motores elétricos, que garantem rápida movimentação vertical em fachadas de edifícios. Proporciona produtividade, maior mobilidade e segurança para a obra, sem exigir esforço físico.

O balancim é sustentado por vigas de aço em balanço e cabos de aço fixados em uma laje ou presos em um pilar. Em geral, os balancins elétricos possuem plataformas de alumínio moduláveis de 1,5 m a 8 m de comprimento e largura de 80 cm, sendo que suportam até 500 kg de carga e apresentam velocidade vertical de até 10 m/min. Normalmente, a altura do guarda-corpo frontal é de 60 cm e o das partes de trás e laterais de 1,20 m. Possui obrigatoriamente rodapé. O balancim elétrico trabalha com cabos secos e galvanizados, Ø 8,5 mm, o que tornam sua utilização mais limpa. Ele é dotado de trava automática nos cabos de segurança. Além do mais, a montagem dos pontos de fixação e das plataformas é mais prática, pois as chapas de alumínio que a compõem diminuem a carga do contrapeso. Ainda, as vigas são retráteis e facilitam o acesso à edificação pelos elevadores convencionais. A fixação é feita por meio de ganchos, vigas, afastadores e contrapesos. As etapas para a montagem de balancim elétrico são:

- instalação do suporte que sustenta o peso próprio do balancim e o dos seus operadores; isso pode ser feito por meio de furações na laje e fixação de cavalete de apoio;
- os quatro cabos de aço (dois de tração e dois de segurança) saem da base de sustentação e passam por dois espaçadores rumo à gaiola do balancim;
- as quatro partes que constituem o esqueleto do equipamento são unidas entre si por intermédio de encaixes;
- as furações de ligação devem ser cuidadosamente alinhadas e os parafusos têm de ser inseridos com as cabeças voltadas para o lado interno da estrutura; são ao todo oito parafusos sextavados a serem apertados com chave de boca de 19 mm;
- uma vez montado o esqueleto, o piso é encaixado pela parte de cima, sem necessidade de outros parafusos;
- em seguida, instala-se o quadro de energia elétrica; o painel é encaixado no centro da lateral alta e os cabos de alimentação elétrica são enrolados à grade, para não enroscarem durante o trabalho;

- finalizada a montagem da gaiola, é ocasião de passar os cabos de aço por dentro das caixas de tração com a ajuda de pequenas roldanas;
- com os cabos fixados à gaiola, correndo pelos dois passadores e bem ancorados na laje ou no pilar, chega-se à etapa final de nivelamento da plataforma, o que é feito por um comando no painel de energia elétrica; após esse ajuste, o balancim está em condições de uso.

3.4.2.12.9 Cadeira suspensa

Em quaisquer atividades em que não seja possível a instalação de andaimes, é permitida a utilização de cadeira suspensa (balancim individual). A sustentação da cadeira deve ser feita por meio de cabo de aço. A cadeira suspensa precisa dispor de:

- sistema dotado com dispositivo de subida e descida com dupla trava de segurança;
- requisitos mínimos de conforto;
- sistema de fixação do operário por meio de cinto de segurança.

O trabalhador precisa utilizar cinto de segurança tipo paraquedista, ligado ao trava-queda em cabo-guia independente. A cadeira suspensa tem de apresentar na sua estrutura, em caracteres indeléveis e bem visíveis, o nome do fabricante e o seu número de CNPJ. É proibida a improvisação de cadeira suspensa. O sistema de fixação da cadeira suspensa necessita ser independente do cabo-guia do trava-queda.

3.4.2.13 Cabo de aço

É obrigatória a observância das condições de utilização, dimensionamento e conservação dos cabos de aço utilizados em obras, em conformidade com o disposto nas normas técnicas. Os cabos de aço (de tração) não podem ter emendas nem pernas quebradas que possam vir a comprometer sua segurança. Necessitam ter carga de ruptura equivalente a, no mínimo, cinco vezes a carga máxima de trabalho a que estiverem sujeitos e resistência à tração de seus fios de, no mínimo, 160 kgf/mm². Os cabos de aço têm de ser fixados por meio de dispositivos que impeçam o seu deslizamento e desgaste. Os cabos de aço precisam ser substituídos quando apresentarem condições que comprometam a sua integridade, em face da utilização a que estiverem submetidos.

3.4.2.14 Alvenaria, revestimento e acabamento

Devem ser utilizadas técnicas que garantam a estabilidade das paredes de alvenaria da periferia, sendo certo que elas necessitam ter travamento provisório até o seu encunhamento. Os quadros fixos de tomadas energizadas serão protegidos sempre que no local forem executados serviços de revestimento e acabamento. Os locais abaixo das áreas de colocação de vidro têm de ser interditados ou protegidos contra queda de material. Depois da colocação, os vidros precisam ser marcados de maneira bem visível.

3.4.2.15 Serviços em telhado

Para trabalhos em telhados, têm de ser usados dispositivos que permitam a movimentação segura dos trabalhadores, sendo obrigatória a instalação de cabo-guia de aço para fixação do cinto de segurança tipo paraquedista. Os cabos-guia necessitam ter suas extremidades fixadas à estrutura definitiva da edificação por meio de suporte de aço inoxidável ou outro material de resistência e durabilidade equivalente. Nos locais onde se desenvolvem trabalhos em telhados, é preciso haver sinalização e isolamento, de forma a evitar que os operários no piso inferior sejam atingidos por eventual queda de material ou equipamento. É proibido o trabalho em telhado sob chuva ou vento, bem como concentrar cargas em um local.

3.4.2.16 Local confinado

Nas atividades que exponham os trabalhadores a riscos de asfixia, explosão, intoxicação e doenças do trabalho, precisam ser adotadas medidas especiais de proteção, a saber:

- treinamento e orientação para os operários quanto aos riscos a que estão submetidos, de forma a preveni-los e informar o procedimento a ser adotado em situação de risco;
- nos serviços em que se utilizem produtos químicos, os trabalhadores não poderão realizar suas atividades sem a utilização de EPI (Equipamento de Proteção Individual) adequado;
- a execução de trabalho em recintos confinados (tubulões, reservatórios de água, subsolos etc.) tem de ser precedida de inspeção prévia e de elaboração de ordem de serviço com os procedimentos a serem adotados;
- monitoramento permanente de substância que cause asfixia, explosão e intoxicação no interior de locais confinados, realizado por trabalhador qualificado sob supervisão de responsável técnico;
- proibição de uso de oxigênio puro para ventilação de local confinado;
- ventilação local exaustora eficaz que faça a retirada dos contaminantes, e ventilação geral que faça a insuflação de ar para o interior do ambiente, garantindo de forma permanente a renovação contínua do ar;
- sinalização com informação clara e permanente durante a realização de trabalhos no interior de espaços confinados;
- uso de cordas ou cabos de segurança e armaduras para amarração que possibilitem meios seguros de resgate;
- acondicionamento adequado de substâncias tóxicas ou inflamáveis utilizadas na aplicação de laminados, pisos, papéis de parede ou similares;
- a cada grupo de 20 operários, dois deles devem ser treinados para resgate;
- manter, ao alcance dos trabalhadores, ar mandado e/ou equipamento autônomo para resgate;
- no caso de manutenção de tanque, providenciar desgaseificação prévia antes da execução do serviço.

3.4.2.17 Instalação elétrica no canteiro

A instalação elétrica no canteiro de obras é executada para ligar as máquinas e iluminar o local da construção, sendo desfeita quando a obra termina. Antes do começo das obras será necessário ser conhecido: o tipo de fio ou cabo que será usado; onde ficarão os quadros de força; quantas máquinas serão utilizadas e, ainda, quais as ampliações que serão feitas na instalação elétrica. Os quadros de distribuição terão de ser de preferência metálicos, a fim de proteger os componentes elétricos contra umidade, poeira e batidas. Deverão ficar fechados para que os trabalhadores não encostem nas partes energizadas *(vivas)* e não guardem roupas, garrafas, marmitas ou outros objetos dentro deles. Os quadros de distribuição precisam ficar em locais bem visíveis, sinalizados e de fácil acesso e ainda longe da passagem de pessoas, materiais e equipamentos, como: caminhões, escavadeiras, tratores e guindastes. Os quadros elétricos serão instalados sobre superfícies que não transmitam eletricidade. Se isso não for possível, eles terão de estar aterrados. As chaves elétricas do tipo faca precisam ser blindadas para impedir que os operários encostem nas partes energizadas *(vivas)*. Deverão fechar para cima e de tal forma que não ocorra acidentalmente sua ligação por ação da gravidade. A execução e manutenção da instalação elétrica será realizada por trabalhador qualificado e a supervisão por profissional legalmente habilitado. Somente podem ser realizados serviços na instalação quando o circuito elétrico não estiver energizado. Quando não for possível desligar o circuito elétrico, o trabalho somente poderá ser executado depois de terem sido adotadas as medidas de proteção complementares, sendo obrigatório o uso de ferramentas apropriadas e equipamentos de proteção individual. É proibida a tolerância de partes vivas expostas de circuitos e equipamentos elétricos. As emendas e derivações dos condutores têm de ser executadas de modo que assegurem a resistência mecânica e o contato elétrico adequado. O isolamento de emendas e derivações deve ter características equivalentes à dos condutores utilizados. Eles terão isolamento adequado, não sendo permitido obstruir a circulação de materiais e pessoas. Os circuitos elétricos têm de ser protegidos contra impactos mecânicos, umidade e agentes corrosivos.

Sempre que a fiação de um circuito provisório se tornar inoperante ou dispensável, ela precisa ser retirada pelo eletricista responsável. As chaves blindadas necessitam ser convenientemente protegidas de intempéries e instaladas em posição que impeça o fechamento acidental do circuito. Os porta-fusíveis não podem ficar sob tensão quando as chaves blindadas estiverem na posição aberta. As chaves blindadas somente serão utilizadas para circuitos de distribuição, sendo proibido o seu uso como dispositivo de partida e parada de máquinas. A instalação elétrica provisória de um canteiro de obras deve ser constituída de:

- chave geral do tipo blindada, de acordo com a aprovação da concessionária local, localizada no quadro principal de distribuição;
- chave individual, para cada circuito de derivação;
- chave-faca blindada, em quadro de tomadas;
- chaves magnéticas e disjuntores, para os equipamentos.

Os fusíveis das chaves blindadas terão capacidade compatível com o circuito a proteger, não sendo permitida sua substituição por dispositivos improvisados ou por outros fusíveis de capacidade superior, sem a correspondente troca da fiação. Em todos os ramais destinados à ligação de equipamentos elétricos, têm de ser instalados disjuntores ou chaves magnéticas, independentes, que possam ser acionados com facilidade e segurança. As redes de alta-tensão precisam ser instaladas de modo a evitar contatos acidentais com veículos, equipamentos e trabalhadores em circulação, só podendo ser instaladas pela concessionária. Os transformadores e estações rebaixadoras de tensão devem ser instalados em local isolado, sendo permitido somente acesso do profissional legalmente habilitado ou operário qualificado. As estruturas e carcaças dos equipamentos elétricos têm de ser eletricamente aterradas. Nos casos em que haja possibilidade de contato acidental com qualquer parte viva energizada, é necessário adotar isolamento adequado.

Os quadros gerais de distribuição devem ser mantidos trancados e seus circuitos identificados. Ao ligar ou desligar chaves blindadas no quadro geral de distribuição, todos os equipamentos têm de estar desligados. Máquinas ou equipamentos elétricos móveis só podem ser ligados pelo conjunto plugue e tomada. Os fios e cabos serão estendidos em lugares que não prejudiquem a passagem de pessoas, máquinas e materiais. Se os fios e cabos tiverem de ser estendidos em locais de passagem, precisam estar protegidos por calhas de madeira, canaletas ou eletrodutos. Poderão também ser colocados à certa altura, para não possibilitar que as pessoas e máquinas toquem neles. Se forem enterrados, será necessário protegê-los por calhas de madeira, placas de concreto ou eletrodutos. O caminho das redes elétricas enterradas terá de ser demarcado por placas indicativas. Os fios e cabos deverão ser fixados em isoladores, argolas, braçadeiras e nunca em materiais que não sejam isolantes, como: arames, canos metálicos, para-raios e vergalhões. As emendas que forem feitas nos fios e cabos precisam ficar firmes e bem isoladas, não deixando partes descobertas. Os fios e cabos com muitas emendas, mau isolamento ou fora de uso serão recolhidos e substituídos por novos.

Quando os fios e cabos forem estendidos para tomadas e interruptores, ou quando atravessarem paredes, eles terão de ser protegidos, por exemplo, com calhas ou eletrodutos. Nunca se poderá ligar mais de um equipamento na mesma tomada, se ela for feita para uma única ligação. Os equipamentos elétricos precisam estar desligados da tomada quando não estiverem sendo usados. Os equipamentos elétricos necessitam ter o dispositivo liga-desliga, sendo proibido fazer ligação direta. Nunca se poderá pendurar ou puxar os equipamentos elétricos pelo fio, para não danificar as ligações. Os circuitos de iluminação terão de estar ligados à rede elétrica por chaves blindadas. Quando estiverem ligados a quadros elétricos, deverá ser usado o conjunto plugue-tomada. Nos locais de movimentação de material, as lâmpadas precisam estar protegidas contra batidas, para não se quebrarem. Nunca poderão ser usadas lâmpadas portáteis se elas não tiverem proteção do tipo gaiola de arame. Existem três maneiras de evitar que os trabalhadores sofram acidentes por contato direto com partes energizadas (vivas):

- pelo distanciamento ou afastamento dos operários da rede elétrica: é recomendável deixar a distância mínima de 5 m entre a rede elétrica e o local de trabalho;
- pelo uso de barreiras: barreiras são tapumes colocados para não possibilitar que os trabalhadores entrem em contato com a eletricidade;
- pela isolação bem-feita.

O contato indireto acontece quando uma pessoa toca em peças metálicas que, por erro na instalação elétrica ou defeitos de isolação, ficam energizadas (vivas). Canalização metálica e carcaças de equipamentos elétricos são armadilhas para o operário, se a rede elétrica ou os equipamentos não estiverem aterrados. O aterramento deverá ser feito por eletricista que conheça perfeitamente a importância de as conexões serem bem executadas e com condições de medir a resistência elétrica do solo, que terá de ser a menor possível (2 , no máximo). Para fazer o aterramento de um equipamento manual, será preciso que o cabo de alimentação tenha o fio de proteção *terra* (verde ou verde-amarelo) e que ele seja ligado ao equipamento, e ainda verificar se próximo da instalação existe a ligação elétrica entre a tomada e a haste de aterramento.

Todos os equipamentos elétricos precisam estar aterrados, com exceção dos que tenham dupla isolação ou dos que funcionem com menos de 50 V. Antes de começar o trabalho em lugares molhados ou úmidos, será preciso examinar os fios e cabos, os equipamentos e as ligações elétricas. Nessas condições, qualquer defeito que for encontrado deverá ser logo consertado. O perigo aumenta porque a umidade facilita a passagem da corrente elétrica pelo corpo do trabalhador. A instalação elétrica terá de ser verificada constantemente por eletricista, que precisa mantê-la em boas condições de uso. É necessário ser colocado um aviso na chave geral, proibindo que ela seja ligada quando a instalação elétrica estiver em manutenção. É recomendável o uso de cadeado na chave geral, para que ela não seja ligada por acaso. O eletricista precisa usar capacete, luvas de borracha, botinas de couro com solado de borracha sem partes metálicas e óculos de segurança.

Ele deverá ter os aparelhos necessários para saber se a instalação está energizada *(viva)* ou não, e ferramentas com cabos cobertos com material isolante. Na manutenção de equipamentos elétricos, o eletricista necessita ter certeza de não trocar o fio-terra (verde, verde-amarelo) com o fio energizado *(vivo)* em relação aos terminais do equipamento, porque, se isso acontecer, a carcaça do equipamento ficará energizada. A troca de fusíveis ou qualquer serviço em caixas de ligação é perigosa. Por isso, para fazer esse trabalho, o eletricista precisa ficar em cima de um tapete de borracha ou de uma tábua, principalmente em lugares úmidos, e usar um alicate com cabos de material isolante. Um fusível queimado terá de ser trocado por outro do mesmo tipo e igual capacidade. Nunca será colocado fusível no condutor neutro (azul-claro) que passa pela chave-faca, pois a fase neutra nunca poderá ser interrompida (pela queima do fusível). Para ligar ou desligar as chaves elétricas, o trabalhador não deverá ficar na sua frente. Em caso de choque elétrico, a gravidade do acidente que a eletricidade poderá causar depende:

- da intensidade da corrente elétrica;
- do caminho que a corrente elétrica percorre pelo corpo do operário;
- do tempo que o trabalhador fica em contato com a eletricidade.

No caso de acidente, será preciso agir rápido, porque, quanto mais tempo uma pessoa ficar sofrendo o choque elétrico, menos chance ela terá de sobreviver. Em primeiro lugar, necessita ser desligada a chave geral. Se esta puder ser desligada, terá de ser feito o seguinte:

- usar luvas de borracha para soltar o operário da rede elétrica;
- se não houver luvas de borracha, ficar em cima de um tapete de borracha ou de madeira seca.

3.4.2.18 Instalações sanitárias e de conforto nos canteiros de obra

3.4.2.18.1 Instalações sanitárias

- Toda obra deve ser dotada de instalações sanitárias, constituídas por vasos sanitários, mictórios, lavatórios e chuveiros, na proporção mínima de um conjunto para cada grupo de 20 trabalhadores ou fração.
- As instalações sanitárias precisam:
    - ser separadas por gênero, quando houver homens e mulheres no local de trabalho;
    - ser construídas com portas de modo a manter o resguardo conveniente;
    - dispor de água canalizada e esgoto ligado à rede geral ou a outro sistema que não gere risco à saúde pública e que atenda à regulamentação local;
    - estar localizadas de maneira a não se comunicar diretamente com os locais destinados às refeições;
    - estar situadas em locais de fácil e seguro acesso, não sendo permitido um deslocamento superior a 150 m do posto de trabalho.
    - O lavatório deve ser provido de material para a limpeza e secagem das mãos, proibindo-se o uso de toalhas coletivas.
- Os compartimentos dos gabinetes sanitários precisam ser:
    - individuais;
    - dotados de portas independentes com sistema de fechamento que impeça o devassamento;

- dotados de recipiente com tampa para descarte de papéis servidos, quando não ligados diretamente à rede de esgoto ou quando sejam destinados às mulheres.
- O empregador tem de disponibilizar papel higiênico.
• Os compartimentos destinados aos chuveiros necessitam ser dotados de:
    - portas de acesso que impeçam o devassamento ou construídos de modo a manter a privacidade necessária;
    - ralos com sistema de escoamento que impeça a comunicação das águas servidas entre os compartimentos;
    - um suporte para sabonete e cabide para toalha;
    - Têm de ser disponibilizados chuveiros com água quente.

3.4.2.18.2 Vestiários

• Todas as obras em que a atividade exija troca de roupa ou seja imposto o uso de uniforme ou vestimentas precisam ser dotados de vestiários.
• Os vestiários têm de:
    - ser separados por gênero;
    - dispor de área compatível com o número de trabalhadores atendidos;
    - ter bancos em número suficiente para atender aos usuários.
• É necessário que sejam disponibilizados armários individuais nos vestiários para todos os trabalhadores.
• Os armários devem ter dimensões suficientes para a guarda das roupas e objetos de uso pessoal dos trabalhadores.
• Os vestiários não podem ser utilizados para qualquer fim diferente daquele para o qual se destinam.

3.4.2.18.3 Higiene e conforto por ocasião das refeições

• Os empregadores precisam oferecer aos seus trabalhadores condições de conforto e higiene que garantam que as refeições sejam tomadas de forma adequada por ocasião dos intervalos concedidos durante a jornada de trabalho.
• Os refeitórios têm de dispor de:
    - área compatível com o número de trabalhadores atendidos;
    - mesas com tampos lisos e bancos, em número compatível com o número de trabalhadores atendidos.
• É necessário que sejam disponibilizados lavatórios nas proximidades dos refeitórios ou no seu interior.
• Deve ser disponibilizada água potável nos refeitórios, por meio de bebedouro de jato inclinado.
• Nos estabelecimentos em que laborem entre 30 e 300 trabalhadores, precisam ser asseguradas condições suficientes de conforto para a ocasião das refeições, com os seguintes requisitos mínimos:
    - equipamento seguro, para aquecimento das refeições;
    - em local adequado fora da área de trabalho.
• Na hipótese de o trabalhador trazer a própria alimentação, a empresa tem de garantir condições de conservação e higiene adequadas em local próximo ao destinado às refeições.
• Os recipientes ou marmitas utilizados pelos trabalhadores necessitam:
    - ser fornecidos pelas empresas;
    - atender às exigências de conservação;
    - ser adequado aos equipamentos de aquecimento disponíveis.
• Nas obras com menos de 30 trabalhadores, devem ser asseguradas condições suficientes de conforto para a ocasião das refeições, em local que atenda aos requisitos de limpeza, arejamento, iluminação e fornecimento de água potável.
• Nas obras com menos de 30 trabalhadores, as refeições podem ser efetuadas nos locais de trabalho, desde que atendidos os seguintes requisitos:
    - condições adequadas de higiene e asseio corporal;
    - paralisação das atividades nos períodos destinados às refeições

Capítulo 3 – Serviços gerais 173

- ambientes de trabalho isento de agentes nocivos químicos, físicos e biológicos;
- previsão em acordo ou convenção coletiva de trabalho;
- possuir mesas e bancos em número suficiente;
- cobertura para proteção contra o sol e intempéries.

3.4.2.18.4 Alojamentos

- Os alojamentos precisam:
  - possuir área compatível com o número de trabalhadores usuários;
  - ser dotados de camas e colchão em número suficiente, com área de circulação entre as camas de no mínimo 1 m;
  - as camas podem ser dispostas como beliches, limitados a duas camas na mesma vertical, com espaço livre mínimo de 1,20 m acima do colchão bem como entre a última cama e o teto;
  - ter roupas de cama adequadas às condições climáticas locais;
  - ser dotados de armários para uso dos trabalhadores alojados, em número suficiente
  - possuir ventilação adequada, sendo vedada a ventilação feita somente de modo indireto;
  - proporcionar conforto térmico aos seus usuários;
  - oferecer boas condições de segurança;
  - ser construídos de forma a preservar a privacidade dos usuários;
  - ser separados por gênero.
- Tem de ser disponibilizada água potável nos alojamentos por meio de bebedouro de jato inclinado;
- As instalações sanitárias necessitam ser parte integrante do alojamento ou estar localizadas a uma distância máxima de 50 m dele.
- O empregador deve garantir o cumprimento das seguintes regras de uso dos alojamentos:
  - I) retirada diária do lixo e deposição em local adequado;
  - II) vedação da permanência de pessoas com doenças infectocontagiosas;
  - III) proibição da instalação e uso de fogões, fogareiros e similares nos dormitórios.
- Os alojamentos precisam dispor de instalações sanitárias próprias.
- Tem de ser efetuado o controle de vetores de doenças em conformidade com as normas da vigilância sanitária.

3.4.2.18.5 Água potável

- Em todos os locais de trabalho é necessário que seja fornecida aos trabalhadores água potável e fresca, em condições higiênicas.
- O fornecimento de água deve ser feito por meio de bebedouros de jato inclinado, na proporção de um para cada grupo de 50 trabalhadores ou fração.
- Em regiões do país ou estações do ano de clima quente precisa ser garantido o fornecimento de água refrigerada.
- Os locais de armazenamento de água e as fontes de água potável têm de ser protegidos contra a contaminação.
- Os locais de armazenamento de água necessitam ser submetidos a processo de higienização periódica, de forma a proporcionar a manutenção das condições de potabilidade da água.
- A água não potável para uso no local de trabalho deve ser armazenada em local separado da potável, com aviso de advertência da sua não potabilidade em todos os locais de sua utilização.

3.4.2.18.6 Disposições gerais

- As instalações sanitárias, vestiários, locais para refeições e alojamentos precisam:
  - ter cobertura adequada;
  - ser mantidas em perfeito estado de conservação e higiene;
  - ser construídas com paredes de material resistente e revestidas com material lavável;
  - dispor de piso lavável ou facilmente higienizável e de acabamento antiderrapante;

- dispor de iluminação e ventilação adequada;
- ser construídas com instalações elétricas adequadamente protegidas.

- Os locais de trabalho têm de ser mantidos em estado de higiene compatível com a atividade, devendo o serviço de limpeza ser realizado, sempre que possível, fora do horário de trabalho e por processo que reduza ao mínimo o levantamento de poeira.
- A construtora que contratar terceiro para a prestação de serviço em suas obras necessita estender aos trabalhadores da contratada as mesmas condições de higiene e conforto oferecidas aos seus próprios empregados.

3.4.2.19 Máquinas, equipamentos e ferramentas diversas

Os equipamentos deverão ser testados antes de postos em ação pela primeira vez. Os motores e equipamentos sensíveis à ação do tempo e à projeção de fragmentos precisam ser protegidos. As serras circulares necessitam ter coifa para proteção do disco e cutelo divisor. Quando o trabalho com máquinas ou equipamentos for tal que o operador tenha a visão dificultada pela posição da máquina ou por obstáculo, haverá um trabalhador *sinaleiro* para orientação do operador. A comunicação sinaleiro-operador ou vice-versa poderá ser visual ou auditiva, mediante sinais previamente combinados. Os cabos de aço terão de ser fixados por meio de dispositivos que impeçam o seu deslizamento e o seu desgaste. Esses cabos, quando em serviço, deverão ser inspecionados semanalmente e substituídos quando apresentarem condições que comprometam a sua integridade. Todo cabo de aço precisa ser substituído quando, pela inspeção, se verificar:

- rompimento de fios;
- redução do diâmetro do cabo em qualquer extensão por decomposição de sua alma ou por abrasão dos fios;
- sinais de corrosão.

A operação de máquinas e equipamentos que exponham o operador ou terceiros a riscos só pode ser feita por trabalhador qualificado e identificado (por crachá). Têm de ser protegidas todas as partes móveis dos motores, transmissões e partes perigosas das máquinas ao alcance dos operários. As máquinas e os equipamentos que ofereçam risco de ruptura de suas partes móveis, projeção de peças ou de partículas de materiais necessitam ser providos de proteção adequada. As máquinas e equipamentos de grande porte devem proteger adequadamente o operador contra a incidência de raios solares e intempéries. O abastecimento de máquinas e equipamentos com motor à explosão precisa ser realizado por trabalhador qualificado, em local apropriado, utilizando-se de técnicas e equipamentos que garantam a segurança da operação. Na operação de máquinas e equipamentos com tecnologia diferente da que o operador estava habituado a usar, tem de ser feito novo treinamento, de modo a qualificá-lo para a sua utilização. As máquinas e os equipamentos necessitam ter dispositivo de acionamento (partida) e parada localizado de modo que:

- seja acionado ou desligado pelo operador na sua posição de trabalho;
- não se localize na zona perigosa da máquina ou do equipamento;
- possa ser desligado em caso de emergência por outra pessoa que não seja o operador;
- não possa ser acionado ou desligado, involuntariamente, pelo operador ou por qualquer outra forma acidental;
- não acarrete riscos adicionais.

Toda máquina deve possuir dispositivo de bloqueio para impedir seu acionamento por pessoa não autorizada. As máquinas, equipamentos e ferramentas têm de ser submetidos à inspeção e manutenção frequentes de acordo com as normas técnicas e instruções do fabricante, dispensando especial atenção a freios, mecanismo de direção, cabos de tração e suspensão, sistema elétrico e outros dispositivos de segurança. Toda máquina ou equipamento precisa estar localizada em ambiente com iluminação natural e/ou artificial adequada à atividade. As inspeções de máquinas e equipamentos necessitam ser registradas em documento específico, constando as datas e falhas observadas, as medidas corretivas adotadas e a indicação da pessoa, técnico ou empresa habilitada que as realizou. Nas operações com equipamentos pesados, serão observadas as seguintes medidas de segurança:

- antes de iniciar a movimentação ou dar partida no motor, é necessário certificar-se de que não há ninguém trabalhando sobre, debaixo ou próximo ao equipamento;
- os equipamentos que operam em marcha à ré têm de possuir espelhos retrovisores em bom estado;

- o transporte de acessórios e materiais por içamento precisa ser feito o mais próximo possível do piso, tomando as devidas precauções de isolamento da área de circulação, transporte de materiais e de pessoas;
- as máquinas não podem ser operadas em posição que comprometa sua estabilidade;
- é proibido manter sustentação de equipamentos e máquinas somente pelos cilindros hidráulicos, quando em manutenção;
- devem ser tomadas precauções especiais quando da movimentação de máquinas e equipamentos próximos a redes elétricas.

As ferramentas têm de ser apropriadas ao uso a que se destinam, sendo proibido o emprego das defeituosas, danificadas ou improvisadas, que serão substituídas pelo responsável pela obra. Os trabalhadores precisam ser treinados e instruídos para a utilização segura das ferramentas, especialmente os que irão manusear as ferramentas de fixação à pólvora *(pistolas)*. É proibido o porte de ferramentas manuais em bolsos ou locais inapropriados. Elas só poderão ser portadas em caixas, sacolas, bolsas ou cintos apropriados. As ferramentas manuais que possuam gume ou ponta precisam ser protegidas com bainha de couro ou outro material de resistência e durabilidade equivalentes, quando não estiverem sendo utilizadas. As ferramentas não poderão ser depositadas sobre passagens, escadas, andaimes e outros locais de circulação ou de trabalho.

As ferramentas pneumáticas portáteis devem possuir dispositivo de partida instalado, de modo a reduzir ao mínimo a possibilidade de funcionamento acidental. Sua válvula de ar tem de fechar-se automaticamente quando cessar a pressão da mão do operador sobre os dispositivos de partida. As mangueiras e conexões de alimentação das ferramentas pneumáticas precisam resistir às pressões de serviço, permanecendo firmemente presas aos tubos de saída e afastadas das vias de circulação. O suprimento de ar para as mangueiras deve ser desligado e aliviada a pressão, quando a ferramenta pneumática não estiver em uso. As ferramentas de equipamentos pneumáticos portáteis têm de ser retiradas manualmente e nunca pela pressão do ar comprimido.

As ferramentas de fixação à pólvora precisam ser obrigatoriamente operadas por trabalhadores qualificados e devidamente autorizados. É proibido o uso de ferramenta de fixação à pólvora por operário menor de 18 anos, bem como em ambientes contendo substâncias inflamáveis ou explosivas. Não é permitida a presença de pessoas nas proximidades do local do disparo, inclusive o ajudante. As ferramentas de fixação à pólvora devem estar descarregadas (sem o pino e o finca-pino) sempre que forem guardadas ou transportadas. O operador nunca poderá apontar a ferramenta à pólvora para si ou para terceiros. Os condutores de alimentação das ferramentas portáteis necessitam ser manuseados de forma que não sofram torção, ruptura ou abrasão, nem obstruam o trânsito de trabalhadores e equipamentos. É proibida a utilização de ferramentas elétricas manuais sem duplo isolamento. Têm de ser tomadas medidas adicionais de proteção quando da movimentação de superestruturas por meio de ferragens hidráulicas, prevenindo riscos relacionados com o rompimento dos macacos hidráulicos. Nunca poderá ser segurada, com a mão, qualquer peça a ser perfurada com máquina elétrica portátil, devendo ser usada morsa ou gabarito para a fixação da peça.

3.4.2.20 Armazenagem e estocagem de materiais

Os materiais serão armazenados e estocados de modo a não prejudicar o trânsito de pessoas e de trabalhadores, a circulação de outros materiais, o acesso aos equipamentos de combate a incêndio e também não obstruir portas ou saídas de emergência e não provocar empuxos ou sobrecargas nas paredes, lajes ou estruturas de sustentação, além do previsto em seu dimensionamento. As pilhas de materiais, a granel ou embalados, devem ter forma e altura que garantam a sua estabilidade e facilitem o seu manuseio. Quando a altura for superior a 1,5 m, terá de ser colocado escoramento para evitar desmoronamento. Em pisos elevados, os materiais não podem ser empilhados a distância, de suas bordas, menor que a equivalente à altura da pilha, exceção feita quando da existência de elementos protetores dimensionados para tal fim. Tubos, vergalhões, perfis, barras, pranchas e outros materiais de grande comprimento ou dimensão precisam ser arrumados em camadas, com espaçadores e peças de retenção (para impedir rolamento), separados de acordo com o tipo de material e a bitola das peças e também com as pontas alinhadas.

O armazenamento será feito de modo a permitir que os materiais sejam retirados obedecendo à sequência de utilização planejada, de forma a não prejudicar a estabilidade das pilhas. Os materiais nunca podem ser empilhados diretamente sobre piso instável, úmido ou desnivelado. A cal virgem deve ser armazenada em local seco e arejado. Os materiais tóxicos, corrosivos, inflamáveis ou explosivos têm de ser armazenados em locais isolados, apropriados, sinalizados e de acesso permitido somente a pessoas devidamente autorizadas. Elas necessitam ter conhecimento prévio do procedimento a ser adotado em caso de eventual acidente. A madeira retirada de andaimes, tapumes, formas e escoramentos precisa ser empilhada, depois de retirados ou rebatidos os pregos, arames e fitas de amarração. Os recipientes de gases para solda devem ser transportados e armazenados adequadamente, obedecendo às prescrições quanto ao transporte e armazenamento de produtos inflamáveis.

Os materiais serão estocados em pilhas homogêneas, separados de acordo com o tipo de material, diâmetro e comprimento. Ao remover tubos de uma pilha formada por elementos colocados em uma só direção, o operário terá de se aproximar da pilha pelas extremidades, e não pelos lados. Exceto onde houver suportes especiais, as pilhas de blocos nunca poderão ter mais de 1,5 m de altura. Quando a pilha tiver mais de 1 m, cada lote precisará ter um bloco a menos de altura, de fora para dentro da pilha, a partir de 1 m. Os perfis em "I" deverão ser armazenados com a alma na posição horizontal e apoiados nas abas. É de 60 kg o peso máximo para transporte e descarga individual, realizados manualmente, e de 40 kg o peso máximo para levantamento individual.

3.4.2.21 Proteção contra incêndio

É obrigatória a adoção de medidas que atendam, de forma eficaz, às necessidades de prevenção e combate a incêndio para os diversos setores, atividades, máquinas e equipamentos do canteiro de obras. Deve haver um sistema de alarme capaz de dar sinais perceptíveis em todos os locais da construção. É proibida a execução de serviços de soldagem e corte a quente nos locais onde estejam depositadas, ainda que temporariamente, substâncias combustíveis, inflamáveis e explosivas. Nos locais confinados e onde são executadas pinturas, aplicação de laminados, pisos, papéis de parede e similares, com emprego de cola, bem como nos locais de manipulação e emprego de tintas, solventes e outras substâncias combustíveis, inflamáveis ou explosivas, têm de ser tomadas as seguintes medidas de segurança:

- proibir fumar ou portar cigarros ou similares acesos, ou qualquer outro material que possa produzir faísca ou chama;
- evitar, nas proximidades, a execução de operação com risco de centelhamento, inclusive por impacto entre peças;
- utilizar obrigatoriamente lâmpadas e luminárias à prova de explosão;
- instalar sistema de ventilação adequado para a exaustão de mistura de gases, vapores inflamáveis ou explosivos do ambiente;
- colocar, nos locais de acesso, placas com a inscrição *Risco de Incêndio ou Risco de Explosão*;
- manter cola e solventes em recipientes fechados e seguros;
- quaisquer chamas, faíscas ou dispositivos de aquecimento precisam ser mantidos afastados de fôrmas, restos de madeira, tintas, vernizes ou outras substâncias combustíveis, inflamáveis ou explosivas.

Os canteiros de obras necessitam ter equipes de operários organizadas e especialmente treinadas no correto manejo do material disponível para o primeiro combate ao fogo.

3.4.2.22 Sinalização de segurança

O canteiro de obras deve ser sinalizado com o objetivo de:

- identificar os locais de apoio que compõem o canteiro de obras;
- indicar as saídas por meio de dizeres ou setas;
- manter comunicação mediante avisos, cartazes ou similares;
- alertar contra perigo de contato ou acionamento acidental com partes móveis das máquinas e equipamentos;
- advertir quanto a riscos de queda;
- alertar quanto à obrigatoriedade do uso de EPI, específico para a atividade executada, com a devida sinalização e advertência próximas ao posto de trabalho;
- alertar quanto ao isolamento das áreas de transporte e circulação de materiais por grua, guincho e guindaste;
- identificar acessos, circulação de veículos e equipamentos na obra;

- advertir contra risco de passagem de operários onde o pé-direito for inferior a 1,8 m;
- identificar locais com substâncias tóxicas, corrosivas, inflamáveis, explosivas e radioativas.

É obrigatório o uso de colete ou tiras refletivas, na região do tórax e costas, quando o trabalhador estiver a serviço em vias públicas, sinalizando acessos ao canteiro de obras e frentes de trabalho ou em movimentação e transporte vertical de materiais.

3.4.2.23 Treinamento

Todos os trabalhadores têm de receber treinamento, admissional e periódico, visando garantir a execução de suas atividades com segurança. O treinamento admissional precisa ter carga horária mínima de 6 horas, ser ministrado dentro do horário de trabalho, antes de o operário iniciar suas atividades, constando de:

- informações sobre as condições e meio ambiente de trabalho;
- riscos inerentes à sua função;
- uso adequado dos Equipamentos de Proteção Individual (EPI);
- informações sobre os Equipamentos de Proteção Coletiva (EPC) existentes no canteiro da obras.

O treinamento periódico necessita ser ministrado:

- sempre que se tornar necessário;
- ao início de cada fase da obra.

Nos treinamentos, os trabalhadores precisam receber cópia dos procedimentos e operações a serem realizadas com segurança.

3.4.2.24 Arrumação e limpeza

O canteiro de obras tem de se apresentar organizado, limpo e desimpedido, notadamente nas vias de circulação, passagens e escadas. O entulho e quaisquer sobras de material devem ser regularmente coletados e removidos. Por ocasião de sua remoção, necessitam ser tomados cuidados especiais, de forma a evitar poeira excessiva e eventuais riscos. Quando houver diferença de nível, a remoção de entulho ou sobras de material será realizada por meio de equipamentos mecânicos ou calhas fechadas. É proibida a queima de lixo, lenha ou qualquer outro material no interior do canteiro de obras. Não é permitido manter lixo ou entulho acumulado ou exposto em locais inadequados do canteiro de obras.

3.4.2.25 Tapume e galeria de proteção

É obrigatória a colocação de tapume ou barreiras sempre que se executarem atividades de construção, de forma a impedir o acesso de pessoas estranhas aos serviços. O tapume deve ser construído e fixado de forma resistente, e ter altura mínima de 2,2 m em relação ao nível do terreno. Nas atividades em construção com mais de dois pavimentos a partir do nível do meio-fio, executadas no alinhamento do logradouro, é obrigatória a construção de galeria sobre o passeio, com altura interna livre de no mínimo 3 m. Em caso de necessidade de realização de serviços sobre o passeio, a galeria tem de ser executada na via pública, devendo nesse caso ser sinalizada em toda sua extensão, por meio de sinais de alerta aos motoristas nos dois extremos e iluminação durante a noite. As bordas da cobertura da galeria precisam ter tapumes fechados com altura mínima de 1 m, com inclinação de aproximadamente 45°.

As galerias necessitam ser mantidas sem sobrecargas que prejudiquem a estabilidade de sua estrutura. Existindo risco de queda de materiais nas edificações vizinhas, elas devem ser protegidas. Em se tratando de prédio construído no alinhamento do terreno, a fachada da obra tem de ser protegida, em toda a sua extensão, com fechamento de tela. Quando a distância da demolição ao alinhamento do terreno com a via pública for inferior a 3 m, é necessário ser executado um tapume no alinhamento do terreno.

3.4.2.26 Disposições gerais

- *Quanto às máquinas, equipamentos e ferramentas diversas:*

- os protetores removíveis só podem ser retirados para limpeza, lubrificação, reparo e ajuste e, em seguida, têm de ser obrigatoriamente recolocados;
- os operadores não devem se afastar da área de controle das máquinas ou equipamentos sob sua responsabilidade, quando em funcionamento;
- nas paradas temporárias ou prolongadas, os operadores de máquinas e equipamentos precisam colocar os controles em posição neutra, acionar os freios e adotar outras medidas com o objetivo de eliminar riscos provenientes de funcionamento acidental;
- inspeção, limpeza, ajuste e reparo somente necessitam ser executados com a máquina ou o equipamento desligado, salvo se o movimento for indispensável à realização da inspeção ou ajuste;
- quando o operador de máquina ou equipamento tiver a visão dificultada por obstáculos, será exigida a presença de um sinaleiro para orientação do operador;
- as ferramentas manuais não podem ser deixadas sobre passagens, escadas, andaimes e outras superfícies de trabalho ou de circulação, devendo ser guardadas em locais apropriados, quando não estiverem em uso;
- antes da fixação de pinos por ferramenta à pólvora (pistola), terão de ser verificados o tipo e a espessura da parede ou laje, o tipo de pino e finca-pino mais adequado, e a região oposta à superfície de aplicação deve ser previamente inspecionada;
- o operador não pode apontar a ferramenta de fixação a pólvora para si ou para terceiros.

- *Quanto à escavação, fundação e desmonte de rochas:*
  - antes de ser iniciada uma obra de escavação ou de fundação, o responsável precisa procurar informar-se a respeito da existência de galerias, canalização e cabos elétricos, na área onde serão realizados os trabalhos, bem como estudar o risco de impregnação do subsolo por emanações ou produtos nocivos;
  - os escoramentos necessitam ser inspecionados diariamente;
  - quando for necessário rebaixar o lençol de água (freático), os serviços serão executados por pessoas ou empresas qualificadas;
  - cargas e sobrecargas ocasionais, bem como possíveis vibrações, têm de ser levadas em consideração para determinar a inclinação das paredes do talude, a execução do escoramento e o cálculo dos elementos necessários;
  - a localização de tubulação precisa ter sinalização adequada;
  - a escavação será realizada por pessoal qualificado, que orientará os operários, quando se aproximar das tubulações até a distância mínima de 1,5 m;
  - o tráfego próximo às escavações necessita ser desviado e, na sua impossibilidade, reduzida a velocidade dos veículos;
  - devem ser construídas passarelas de largura mínima de 60 cm, protegidas por guarda-corpos, quando for necessário o trânsito de trabalhadores sobre a escavação;
  - quando o bate-estacas não estiver em operação, o pilão tem de permanecer em repouso sobre o solo ou no fim da guia de seu curso;
  - para pilões a vapor, precisam ser dispensados cuidados especiais às mangueiras e conexões, devendo o controle de manobra das válvulas estar sempre ao alcance do operador;
  - para trabalhar nas proximidades da rede elétrica, a altura e/ou distância dos bate-estacas deve atender à distância mínima exigida pela concessionária;
  - na área entre minas carregadas, para a proteção contra a projeção de pedras, tem de ser coberto todo o setor com malha de ferro de Ø 1/4"a Ø 3/16", de 15 cm, e pontiada de solda, precisando ser colocados sobre a malha pneus para formar uma camada amortecedora.

- *Quanto a estruturas de concreto:*
  - antes do início dos trabalhos, deve ser designado um encarregado experiente para acompanhar o serviço e orientar a equipe de retirada de fôrmas quanto às técnicas de segurança a serem observadas;
  - durante a descarga de vergalhões de aço, a área será isolada para evitar a circulação de pessoas estranhas ao serviço;

- os feixes de vergalhões de aço, que forem transportados por guinchos, guindastes ou gruas, devem ser amarrados de modo a evitar escorregamento;
- durante os trabalhos de lançamento e vibração de concreto, o escoramento e a resistência das formas têm de ser inspecionados por profissionais qualificados.
- *Quanto a escadas:*
  - as escadas de mão portáteis e corrimãos de madeira não podem apresentar farpas, saliências ou emendas;
  - as escadas fixas, tipo marinheiro, precisam ser fixadas no topo e na base;
  - as escadas fixas, tipo marinheiro, de altura superior a 5 m, têm de ser fixadas a cada 3 m.
- *Quanto à movimentação e transporte de materiais e de pessoas:* deve haver um código de sinais afixado em local visível, para comandar as operações dos equipamentos de guindar:
  - *elevar a carga:* antebraço na posição vertical; dedo indicador para cima; mover a mão em pequeno círculo horizontal;
  - *abaixar a carga:* braço estendido na horizontal; palma da mão para baixo; mover a mão para cima e para baixo;
  - *parar:* braço estendido; palma da mão para baixo; manter braço e mão rígidos na posição;
  - *parada de emergência:* braço estendido; palma da mão para baixo; mover a mão para a direita e a esquerda rapidamente;
  - *suspender a lança:* braço estendido; mão fechada; polegar apontado para cima; mover a mão para cima e para baixo;
  - *abaixar a lança:* braço estendido; mão fechada; polegar apontado para baixo; erguer a mão para cima e para baixo;
  - *girar a lança:* braço estendido; apontar com o indicador no sentido do movimento;
  - *mover devagar:* o mesmo movimento que em elevar a carga ou abaixar carga, porém com a outra mão colocada atrás ou abaixo da mão de sinal;
  - *elevar a lança e abaixar a carga:* usar os sinais de parar e parada de emergência com as duas mãos, simultaneamente;
  - *abaixar a lança e elevar a carga:* usar o movimento de elevar a carga e abaixar a lança, com as duas mãos, simultaneamente. Os diâmetros mínimos para roldanas e eixos, em função dos cabos utilizados, são indicados na Tabela 3.5.

Tabela 3.5

Diâmetro do cabo (mm)	Diâmetro da roldana (cm)	Diâmetro do eixo (mm)
12,7	30	30
15,8	35	40
19,0	40	43
22,2	46	49
25,4	51	55

Peças com mais de 2 m de comprimento têm de ser amarradas na estrutura da plataforma móvel do elevador. As caçambas precisam ser construídas de chapas de aço e providas de corrente de segurança ou outro dispositivo que limite sua inclinação por ocasião da descarga.

- *Quanto a estruturas metálicas:*
  - os andaimes utilizados na montagem de estruturas metálicas serão suportados por meio de vergalhões de ferro, fixados à estrutura, com diâmetro mínimo de 18 mm;
  - em locais de estrutura onde, por razões técnicas, não se puder empregar os andaimes citados na alínea anterior, devem ser usadas plataformas com tirantes de aço ou vergalhões de ferro, com diâmetro mínimo de 12 mm, devidamente fixados a suportes resistentes;
  - os andaimes referidos acima precisam ter largura mínima de 90 cm e proteção contra quedas;
  - as escadas de mão somente podem ser usadas quando apoiadas no solo.

3.4.2.27 Disposições finais

Devem ser colocados, em lugar visível para os trabalhadores, cartazes alusivos à prevenção de acidentes e doenças de trabalho. É obrigatório o fornecimento de água potável, filtrada e fresca para os operários por meio de bebedouros de jato inclinado ou equipamento similar que garanta as mesmas condições, na proporção de 1 para cada grupo de 25 trabalhadores ou fração. O aqui disposto tem de ser garantido de forma que, do posto de trabalho ao bebedouro, não haja deslocamento superior a 100 m no plano horizontal e 15 m na direção vertical.

Na impossibilidade de instalação de bebedouro dentro dos limites referidos, a construtora precisa garantir, nos postos de trabalho, suprimento de água potável, filtrada e fresca fornecida em recipientes portáteis hermeticamente fechados, confeccionados em material apropriado, sendo proibido o uso de copos coletivos. Em estações do ano de clima quente, será garantido o fornecimento de água refrigerada. A área do canteiro de obras deve ser dotada de iluminação adequada. No canteiro de obras, inclusive nas áreas de vivência, tem de ser previsto escoamento de água pluvial. Nas áreas de vivência dotadas de alojamento, precisa ser solicitado à concessionária local a instalação de um telefone comunitário ou público. É obrigatório o fornecimento gratuito pela construtora de vestimenta de trabalho e sua reposição quando danificada. São considerados trabalhadores *habilitados* aqueles que comprovem, perante a construtora e a Inspeção do Trabalho, uma das seguintes condições:

- capacitação, mediante curso específico do sistema oficial de ensino;
- capacitação, mediante curso especializado ministrado por centros de treinamento e reconhecido pelo sistema oficial de ensino.

São considerados trabalhadores *qualificados* aqueles que comprovem, perante a construtora e a Inspeção do Trabalho, uma das seguintes condições:

- capacitação mediante treinamento na construtora;
- capacitação mediante curso ministrado por instituições privadas ou públicas, desde que conduzido por profissional habilitado;
- ter experiência comprovada em Carteira de Trabalho de pelo menos seis meses na função.

3.4.2.28 Generalidades

Será obrigatório o uso, no canteiro de obras, de calçado adequado ao risco ambiental (botinas com solado resistente, botas de borracha de cano longo etc.), bem como o uso de proteção ocular adequada ao tipo de serviço, especialmente nos casos de:

- soldagem;
- corte de materiais que produzam estilhaços;
- operação com esmeril e furadeira;
- utilização de produtos que possam oferecer perigo aos olhos;
- utilização de ponteiros, marretas ou qualquer outra ferramenta que possa desprender fragmentos.

Os trabalhadores, ao executarem trabalhos que exijam proteção das mãos por luvas de segurança, deverão usar as do tipo adequado à natureza da tarefa exercida (luvas de raspa de couro, luvas de borracha etc.). Também, ao executar tarefas que provoquem a liberação de poeiras, terão de utilizar proteção respiratória adequada (máscaras etc.). É recomendado o uso de roupas próprias, botas e luvas para trabalhadores que manuseiem cal, cimento e argamassa de concreto. Não será permitido ao pessoal da obra:

- correr dentro da obra nem subir ou descer escadas saltando degraus;
- usar ferramentas ou equipamentos defeituosos ou inadequados;
- depositar entulho ou material de construção na calçada da via pública;
- atirar ferramentas aos companheiros, ainda que se vise maior rapidez do trabalho;
- executar trabalhos em estado de intoxicação alcoólica ou por drogas;
- fumar ou acender fogo em locais onde haja risco de incêndio;
- ingressar na obra portando arma, munição ou explosivo, a não ser que explicitamente autorizado;
- fazer refeições em locais não apropriados.

Todos os locais de trabalho precisam ser mantidos adequadamente iluminados e ventilados, natural ou artificialmente. Materiais, ferramentas e entulho devem ser mantidos a distância de aberturas em pisos e bordas de lajes. Têm de ser mantidos equipamentos adequados de extinção de incêndio, prontos para uso imediato, nas proximidades de locais onde estejam sendo confeccionadas formas de madeira. Deverão ser afixados cartazes ilustrados de advertência e aconselhamento, em especial, com estas recomendações:

- Habitue-se a trabalhar protegido contra acidentes; use equipamentos adequados a seu serviço, como capacete, botas, luvas, óculos protetores e cinto de segurança.
- Anéis, pulseiras, mangas muito folgadas, tênis e sandálias não fazem parte do seu uniforme de trabalho; nunca use sandálias durante o serviço.
- Não deixe tábuas com pregos espalhadas pela obra, porque podem ser causa de sérios acidentes.
- Mantenha sempre a coifa protetora das serras circulares no devido lugar.
- Não improvise ferramentas; procure uma que seja adequada para seu serviço.
- Utilize em seus trabalhos ferramentas em bom estado de conservação para prevenir possíveis acidentes.
- Conheça o manejo dos extintores.
- As suas mãos levam para casa o alimento para sua família; evite colocá-las em lugares perigosos.
- Distração é um dos maiores fatores de acidente; trabalhe com atenção e dificilmente você se acidentará.
- A obra é lugar de trabalho; as brincadeiras devem ser reservadas para horas de folga.
- Conversa e discussão no trabalho predispõem a acidentes por causa da desatenção.
- Leia e reflita sempre os ensinamentos contidos nos cartazes e avisos sobre prevenção de acidentes.
- Não jogue lixo no chão; coloque-o nos cestos apropriados.

3.4.3 Breves recomendações sobre segurança do trabalho no canteiro de obras

3.4.3.1 Equipamento de Proteção Individual

Cabe à empresa:

- adquirir os EPI adequados a cada tarefa, com Certificado de Aprovação (CA), expedido pelo Ministério da Economia, e fornecê-los gratuitamente aos trabalhadores;
- orientar e treinar periodicamente os trabalhadores para o uso, guarda e conservação dos EPI;
- substituir imediatamente aqueles que estiverem desgastados, danificados ou extraviados.

Cabe ao trabalhador:

- utilizar os EPI necessários de acordo com a tarefa a ser realizada;
- zelar pela guarda, limpeza e conservação deles;
- solicitar a sua substituição quando necessário;
- atentar ao fato de que o EPI é de seu uso exclusivo.

3.4.3.2 Organização e limpeza

O canteiro organizado propicia:

- otimização dos trabalhos;
- redução das distâncias entre estocagem e emprego do material;
- redução dos fatores de risco de acidentes.

Para o bom aproveitamento das áreas do canteiro, é importante:

- manter os materiais armazenados em locais preestabelecidos, demarcados e cobertos (estes, quando necessário);
- desobstruir as vias de circulação, passagens e escadas;
- coletar e remover regularmente entulho e sobras de material, inclusive das plataformas de proteção;
- utilizar equipamentos mecânicos ou calhas fechadas, para remoção de entulho em diferentes níveis;

- usar capacete, luvas, máscaras descartáveis e calçados de segurança para a remoção de entulho, sobras de material e limpeza do canteiro;
- evitar poeira excessiva e riscos de acidente durante a remoção do entulho.

3.4.3.3 Almoxarifado

- Deve ser instalado em local que facilite o recebimento dos materiais e sua distribuição pelo canteiro.
- Necessário mantê-lo limpo, organizado e identificado, de modo a não prejudicar o trânsito de pessoas, a circulação de materiais e o acesso aos equipamentos de combate a incêndio.
- É preciso manter os materiais com facilidade de acesso e manuseio.
- Os materiais tóxicos, corrosivos, inflamáveis e explosivos têm de ser identificados e separados por compatibilidade química e ser armazenados em local isolado e sinalizados.

3.4.3.4 Instalações elétricas

- O trabalho deve ser realizado por profissional qualificado e supervisionado por profissional legalmente habilitado.
- O quadro de força principal, os de distribuição, as tomadas e os comandos precisam ter proteção contra intempéries.
- A fiação elétrica enterrada tem de ser protegida por placas de concreto ou eletrodutos, possuir sinalização de advertência e ser mantida a uma distância mínima de 1,50 m das escavações.
- O fusível, a chave e o disjuntor necessitam ser compatíveis com o circuito. Não podem ser substituídos por dispositivo improvisado ou por fusível de capacidade superior, sem a correspondente troca de fiação.
- É obrigatório o uso de conjunto plugue e tomada para ligar máquinas e equipamentos elétricos móveis.
- Deve-se aterrar estruturas e carcaças de equipamentos elétricos.

3.4.3.5 Serra circular

- É obrigatório instalar coifa protetora com alavanca de regulagem, cutelo divisor e proteções no sistema de transmissão de força e no dispositivo de acionamento.
- É necessário disponibilizar caixa coletora de serragem e sistema de coleta de poeira de madeira.
- O trabalhador deve utilizar dispositivo empurrador para serrar peças de tamanho reduzido, de modo a afastar as mãos do ponto de corte.
- É preciso afixar na carpintaria a relação dos trabalhadores autorizados a operar a serra circular.
- O operador tem de utilizar capacete, protetor facial, protetor auditivo, luvas de raspa, respirador descartável, avental e calçados de segurança.

3.4.3.6 Bate-estaca

- É necessário manter o pilão no solo quando ele não estiver em operação.
- Usar cinturão de segurança, tipo paraquedista, preso ao trava-queda em cabo independente, ao posicionar a estaca no capacete do pilão.
- Isolar a área de operação, durante o posicionamento da estaca no capacete.
- Utilizar protetor auditivo, luvas de raspa, botas de borracha ou de couro, vestimenta e, na operação de soldagem dos anéis, máscara de solda, avental, luvas e mangote de raspa.

3.4.3.7 Escavações de valas e poços

É obrigatório:
- identificar previamente a existência de galerias, canalização e cabos elétricos, bem como os eventuais riscos com emanação de gases;

- inspecionar diariamente o escoramento do talude;
- delimitar as áreas de escavação com fitas zebradas e cavaletes, proibindo o tráfego de veículos;
- quando houver trânsito sobre a escavação, instalar passarelas de largura mínima de 0,60 m, protegidas por guarda-corpos;
- na execução de tubulões, depositar os materiais retirados das escavações a uma distância superior à metade da profundidade medida a partir da sua borda;
- na abertura de tubulões, viabilizar ventilação mecânica, com ar filtrado, no local da escavação;
- na interrupção do serviço, manter cobertos os tubulões com material resistente;
- na escavação de tubulões, o uso de cinturão de segurança, dupla trava de segurança no sarilho e disponibilizar cabo de fibra sintética para içamento do trabalhador, em caso de emergência;
- instalar escadas ou rampas para abandono rápido do local escavado;
- promover revezamento de atividades entre os poceiros a cada hora trabalhada;
- elaborar procedimento para resgate, disponibilizar equipamentos e ministrar treinamento para todos os envolvidos, com simulação de emergência.

3.4.3.8 Concretagem

Deve-se:

- verificar previamente, na operação do vibrador, a existência da dupla isolação, instalações elétricas adequadas à potência do equipamento e cabos protegidos contra choques mecânicos e cortes acidentais;
- inspecionar o escoramento e a resistência das fôrmas, por profissional habilitado, antes de iniciar as atividades de lançamento e vibração do concreto;
- promover frequentes revezamentos de atividades entre os trabalhadores que transportam o mangote de lançamento e os operários envolvidos na tarefa de concretagem;
- inspecionar as conexões dos dutos transportadores da argamassa de concreto previamente à utilização.

3.4.3.9 Levantamento e transporte de cargas

- No levantamento manual, o trabalhador deve se agachar próximo à carga, mantendo a coluna o mais ereta possível, os pés afastados e a carga próxima ao tronco, para que o esforço maior seja realizado pelas pernas.
- Recomenda-se utilizar dois ou mais trabalhadores para transportar cargas com peso superior a 23 kg.

3.4.3.10 Andaime tubular

Recomenda-se:

- instalar andaimes sobre montantes apoiados em sapatas assentadas sobre solo resistente, com guarda-corpo (a 1,20 m) e rodapé (com 0,20 m), com toda a superfície de trabalho isenta de saliência ou depressões e com travamento que não permita seu deslocamento ou desencaixe;
- providenciar a fixação e sustentação dos andaimes somente por profissional legalmente habilitado;
- montar andaimes com material antiderrapante, forração completa e nivelada e fixá-los de forma segura e resistente;
- usar o andaime móvel somente em superfície em nível, com travas nos rodízios, e somente deslocá-lo livre de pessoas ou materiais na plataforma;
- utilizar o cinturão de segurança, tipo paraquedista, quando em altura superior a 2 m, preso ao trava-queda com cabo de fibra sintética independente.

3.4.3.11 Transporte de carga com carrinhos manuais

- Recomenda-se utilizar uma rampa portátil que permita o acesso do carrinho à carroceria do caminhão, evitando o transporte manual da carga.

- Os carrinhos para transporte de materiais devem ter rodas adequadas ao piso e sistema de travas a ser utilizado em piso desnivelado. Eles precisam ser mantidos, preventivamente, com engraxe das roldanas e calibração dos pneus.

3.4.3.12 Transporte mecanizado de materiais

Deve-se:
- permitir a operação de guincho ou grua somente por profissional qualificado;
- manter a cabina do elevador em boas condições de conservação e com placa indicativa da carga máxima permitida;
- instalar torres dimensionadas para as cargas previstas, afastadas de redes elétricas ou isoladas, conforme normas da concessionária local;
- montar torre e guincho em uma única base de concreto, rígida e nivelada;
- garantir a distância de 4 m entre a viga superior da cabina e o topo da torre, depois da última parada;
- providenciar aterramento elétrico da torre de elevador e motor do guincho;
- revestir a torre de elevador com tela de arame galvanizado ou material similar;
- proteger as partes móveis do sistema de transmissão;
- providenciar sistema de comunicação, via rádio, em frequência diferente da das outras operações;
- fornecer ao operador do guincho assento com encosto dorsolombar.

3.5 Limpeza da obra e transporte

Além do transporte interno e externo ao canteiro, deve-se levar em consideração a limpeza permanente da obra e a destinação dos resíduos sólidos e líquidos produzidos pela construção. Assim sendo, é necessário identificar os principais resíduos gerados e definidas a destinação e ações a serem tomadas. A classificação dos resíduos sólidos e sua destinação são detalhadas no Quadro 3.11.

Dispondo de outra maneira a destinação dos Resíduos da Construção Civil (RCC), chega-se ao Quadro 3.12.

Capítulo 3 – Serviços gerais

Quadro 3.11: Resíduos

Resíduos sólidos	Destinação e ações
Classe A (solo) Terra e rochas	Os materiais provenientes da escavação do terreno com vegetação ou com entulho de demolição serão eventualmente removidos e transportados até áreas estabelecidas para bota-fora a critério da empresa contratada para os serviços de terraplanagem, que deverá ser cadastrada no órgão ambiental estadual (Cetesb, no estado de São Paulo) e na prefeitura do município onde se localiza o bota-fora.
Classe A (entulho) Concreto, argamassa, material de acabamento, tijolos, placas cimentícias, areia, brita, resíduos de pavimentação, lama bentonítica, lodo de dragagem (não perigosos)	O entulho não poderá ser disposto como resíduo urbano, ou seja, em sacos de lixo para retirada pelo serviço público de coleta de lixo. Todo entulho será coletado, armazenado e retirado em caçambas fornecidas por empresa especializada que deverá ser obrigatoriamente cadastrada na prefeitura do município. A disposição das caçambas no canteiro bem como os métodos utilizados para a retirada do entulho terão de evitar transportes excessivos e manter o canteiro organizado, limpo e desimpedido, notadamente nas vias de circulação e passagem. Serão disponibilizados pelo almoxarife os equipamentos de limpeza necessários à remoção do entulho (vassouras, enxadas, carrinhos de mão etc). Material como restos de concreto, pedaços de blocos de concreto etc. que são segregados devem ter uma parte reciclada dentro da própria obra e compactada por meio de um britador leve. A parte restante tem de ser destinada a uma empresa de reciclagem de resíduos classe A.
Classe B Material proveniente das áreas de vivência no canteiro: papel, recipientes, plásticos, trapos, restos de alimento	Os resíduos gerados nas áreas de vivência deverão ser colocados em recipientes (cestos de lixo) e recolhidos e armazenados em sacos plásticos e dispostos em local adequado para o recolhimento pelo serviço público de coleta de lixo. Serão disponibilizados cestos de lixo no escritório da obra, nos sanitários e refeitórios. As latas de tinta precisam ter seu conteúdo esgotado e raspados os restos de tinta, para não ficar excesso do produto nas paredes da lata. Assim, estas serão destinadas para reciclagem de resíduos classe B.
Classe B Plásticos, papel/papelão, metais, vidro, madeira, tecidos, asfalto, lã mineral, borracha, outros resíduos recicláveis da construção civil	Esse tipo de resíduo de obra não poderá ser disposto como resíduos urbanos, ou seja, em saco de lixo para retirada pelo serviço público de coleta de lixo. É proibida a queima de plásticos, papel, papelão, madeira ou qualquer outro material no interior do canteiro de obras. Todo o material será coletado e armazenado em recipientes, preferencialmente separados por tipo. O material assim classificado será retirado por empresa especializada, que precisa ser obrigatoriamente cadastrada na Prefeitura. A disposição dos recipientes no canteiro bem como métodos utilizados para a sua coleta na obra terão de evitar mistura dos materiais e manter o canteiro organizado, limpo e desimpedido. Os compostos de papel e plástico precisam ser acondicionados na obra em big bags (grandes sacos plásticos de lixo) e destinados a empresas de reciclagem de resíduos classe B.
Classe C Produtos oriundos do gesso e outros resíduos não recicláveis e não perigosos	Esse tipo de resíduo será coletado, armazenado e retirado por caçambas fornecidas por empresas especializadas, que necessitam ser obrigatoriamente cadastradas na Prefeitura. Por se tratar de resíduos, como os produtos oriundos do gesso, para os quais não foram desenvolvidas tecnologias ou aplicações economicamente viáveis que permitam a sua reciclagem/recuperação, terá de ser aguardada legislação municipal que atenda à Resolução 307 do Conama (Conselho Nacional do Meio Ambiente) publicada em 05/07/02.
Classe D Tintas, vernizes, colas e vedantes contendo substâncias perigosas, resíduos diversos contaminados por substâncias perigosas, soluções asfálticas e misturas betuminosas, solos contaminados, amianto, outros resíduos perigosos	Esse tipo de resíduo deve ser armazenado na obra em baia específica. O descarte final é feito quando o aterro for licenciado para o recebimento de resíduo classe I (perigoso)

Quadro 3.11: Resíduos (continuação)	
Poeira e resíduos leves de construção: respingos de argamassa, pó de gesso, pó de terra	Serão disponibilizados pelo almoxarife os equipamentos de limpeza necessários à remoção de poeira e resíduos leves (vassouras, enxadas, carrinhos de mão etc.) nas frentes de serviço e nas áreas de vivência. Durante a remoção de entulho, descarregamento e transporte de materiais, será preciso tomar cuidado para evitar o levantamento excessivo de poeira e os seus consequentes riscos. As poeiras e resíduos leves terão de ser removidos e armazenados em sacos plásticos e posteriormente dispostos na caçamba contratada.
Observação: é recomendável consultar os órgãos responsáveis pela limpeza urbana e pelo meio ambiente do município e o órgão ambiental estadual, para verificação das áreas de destinação e reciclagem licenciadas e os transportadores cadastrados.	

Quadro 3.12: Resíduos				
Destinação	**Classe A**	**Classe B**	**Classe C**	**Classe D**
Reutilização próprio canteiro				
Reciclagem no próprio canteiro				
Pontos de entrega	Apenas pequenos volumes			
Áreas de transbordo e triagem (ATT)				Pequeno volume e estocado em caráter transitório
Áreas de reciclagem				
Aterros de resíduos classe A				
Aterros para resíduos industriais		Quando não houver alternativa local	Descarte final	Descarte final quando o aterro for licenciado para o recebimento do resíduo classe I (perigoso)
Outros fornecedores		Resíduos de embalagens reaproveitáveis		
Sucateiros/ cooperativas/ grupos de coleta seletiva		Resíduos recicláveis		
Responsabilidade compartilhada		Logística reversa	Logística reversa	Captação de resíduo perigoso que possa ser tratado
Nota: Logística reversa é o retorno à obra de origem (por exemplo, de parte do entulho).				

Capítulo 4
Trabalhos em terra

4.1 Escavação

4.1.1 Introdução

Preliminarmente, a área de trabalho deve ser limpa, precisando ser retirados ou escorados solidamente árvores, rochas, equipamentos, materiais e objetos de qualquer natureza, no caso de haver risco de comprometimento da estabilidade do terreno durante a execução dos serviços. Antes de iniciar uma obra de escavação, é imperativo analisar a natureza geológica e a resistência do solo que vai ser escavado. Além do mais, é de importância, quando se trabalha em área urbana, fazer o reconhecimento cuidadoso do terreno para localizar as interferências da infraestrutura de serviços públicos e para definir quais os procedimentos de segurança necessários. Assim, é preciso pesquisar a existência de redes elétricas, telefônicas, de água, esgoto, gás, águas pluviais etc., no local e nas vizinhanças da obra. Na execução das escavações e nos trabalhos no seu interior, o mais importante e mais evidente perigo são os movimentos acidentais do terreno que provocam desmoronamentos e consequente soterramento de trabalhadores. Assim, o risco de acidentes em escavações é diretamente proporcional ao conhecimento insuficiente das características do solo a ser escavado, ao otimismo com relação à sua estabilidade e à desatenção quanto a possíveis influências e perturbações de causas externas. Neste tipo de serviço, a maior parte dos acidentes graves e até fatais ocorre em escavações de pequena e média profundidade.

4.1.2 Generalidades

Na escavação manual ou mecânica efetuada nas proximidades de prédios ou vias públicas, serão empregados métodos de trabalho que evitem ocorrências de qualquer perturbação oriundas dos fenômenos de deslocamento, como:

- escoamento ou ruptura do terreno das fundações;
- descompressão do terreno da fundação;
- descompressão do terreno pela água.

Para efeito de escavação, os materiais são classificados em três categorias, como segue:

- *Material de 1ª categoria:* em teor, na unidade de escavação em que se apresenta, compreende a terra em geral, piçarra ou argila, rochas em adiantado estado de decomposição e seixos, rolados ou não, com diâmetro máximo de 15 cm.
- *Material de 2ª categoria:* compreende a rocha com resistência à penetração mecânica inferior à do granito.
- *Material de 3ª categoria:* compreende a rocha com resistência à penetração mecânica igual ou superior à do granito.

O desmonte de rocha deve ser efetuado por empresa especializada, pois, no caso de se tratar do material de 3ª categoria, o processo oferece muito perigo por ser necessária a utilização de explosivos.

Para a realização da escavação do terreno, é preciso obter das autoridades municipais a competente autorização (Alvará de Escavação), sendo que o despejo do material terroso retirado (resíduo inerte) só pode ser feito em terreno *(bota-fora)* com a Licença de Operação expedida por autoridades estadual e municipal do meio ambiente. Durante a descarga, deve-se manter um sistema de triagem de materiais não aterráveis (madeiras, ferros, latas, plásticos, papel, papelão, resíduos orgânicos etc.), que terão de ser destinados a bota-foras especiais.

4.1.3 Riscos mais frequentes

Os desabamentos de terra e/ou rochas nas escavações a *céu aberto* (cortes) são frequentes em decorrência de:
- utilização de máquinas;
- sobrecarga nas bordas da escavação;
- inclinação inadequada do talude deixado;
- variação da umidade do terreno;
- infiltração de água;
- vibrações nas proximidades, provocadas por veículos, marteletes, vibradores etc.;
- alterações do solo causados por grandes variações de temperatura;
- cargas próximas à borda de escavação (árvores, postes etc.);
- escoramento insuficiente;
- execução de escavação abaixo do lençol freático.

Podem ocorrer também:
- deslizamento de terra e/ou rochas;
- capotamentos, colisões e manobras errôneas da máquina;
- queda de pessoas ou materiais da borda;
- riscos decorrentes de trabalho em andamento sob condições meteorológicas adversas (chuvas, ventos fortes etc.);
- contato com tubulações enterradas;
- riscos para terceiros por falta de controle de sua entrada, no canteiro de obras;

Os riscos mais comuns na escavação de valas são:
- desabamentos de terra;
- queda de pessoas e/ou objetos;
- interferência de tubulações enterradas;
- inundação.

4.1.4 Reconhecimento prévio

Preliminarmente, os muros divisórios, edificações vizinhas e estruturas que possam ser afetadas pela escavação têm de ser escorados. É importante, ainda, fazer uma avaliação do tráfego nas proximidades da obra. Talvez seja necessário também retirar ou escorar árvores, matacões e materiais de todo tipo, quando a estabilidade dos taludes estiver ameaçada pela execução dos serviços. As propriedades vizinhas à obra precisam ser vistoriadas, assim como os muros divisórios e edificações adjacentes (estas quanto à necessidade de escoramentos). Os taludes instáveis das escavações com profundidade superior a 1,25 m devem ter sua estabilidade garantida por meio de estruturas de escoramento adequadamente dimensionadas. As escavações com mais de 1,25 m de profundidade devem dispor de escadas ou rampas, a fim de possibilitar a saída rápida dos operários em caso de emergência. Quando existir cabo subterrâneo de energia elétrica nas proximidades das escavações, ele tem de ser desligado antes de serem iniciados os serviços.

4.1.5 Escoramento

O material retirado da escavação deve ser depositado a uma distância – medida a partir da borda do talude – superior à metade da profundidade. Os taludes com altura superior a 1,75 m precisam ter estabilidade cuidadosamente garantida. Isso requer inclinação adequada ao talude ou colocação de escoramento construído com pranchas. A necessidade de escoramentos poderia ser dispensada se os taludes fossem deixados com ângulo de inclinação inferior ao do talude natural do terreno. Para os diferentes tipos de solo e situações pode-se indicar os dados da Tabela 4.1.

Tabela 4.1: Natureza do terreno e relação com o ângulo de talude

Natureza do terreno	Ângulo do talude (graus)	
	Solo seco	Solo úmido
Fragmento de rocha	45	40
Solo vegetal	45	30
Areia com argila	45	30
Argila	40	20
Areia fina	30	20

4.1.6 Precauções

As escavações devem ter sinalização de advertência, inclusive noturna, e barreira de isolamento em todo o seu perímetro. Os acessos de trabalhadores, veículos e equipamentos às áreas de escavação precisam ter sinalização de advertência permanente. Têm de ser construídas valetas para o escoamento das águas pluviais para evitar a erosão e enfraquecimento dos escoramentos causados pelas chuvas e enxurradas. Depois de um temporal, os trabalhos de escavação somente poderão continuar após uma inspeção geral que abranja os elementos de proteção. Como os caminhões são carregados diretamente por escavadeira, é necessário que o motorista saia da cabina. Quando se tratar de locais em declive, as rodas dos caminhões necessitam ser bloqueadas com calços adequados.

4.2 Aterro e reaterro

4.2.1 Generalidades

As superfícies a serem aterradas deverão ser previamente limpas, cuidando-se para que nelas não haja nenhuma espécie de vegetação (cortada ou não) nem qualquer tipo de entulho quando do início dos serviços. Os trabalhos de aterro e reaterro das cavas de fundação terão de ser executados com material escolhido, de preferência areia ou terra (nunca turfa nem argila orgânica), sem detritos vegetais, pedras ou entulho, em camadas sucessivas de 30 cm (material solto), devidamente molhadas e apiloadas, manual ou mecanicamente, a fim de serem evitadas ulteriores fendas, trincas e desníveis em virtude de recalque nas camadas aterradas. Na eventualidade de ser encontrado na área algum poço ou fossa sanitária em desuso, precisa ser providenciado o seu preenchimento com terra limpa. No caso de fossa séptica, deverão ser removidos todos os despejos orgânicos eventualmente existentes, antes do lançamento da terra. Todo movimento de terra que ultrapasse 50 m³ terá de ser executado por processo mecânico. Depois da execução dos elementos de fundação ou o assentamento de canalização, é necessário processar o preenchimento das valas em sucessivas camadas de terra com altura máxima de 20 cm (material solto), devidamente umedecidas e apiloadas.

4.2.2 Controle tecnológico da execução de aterros

4.2.2.1 Condições gerais

O controle tecnológico é obrigatório na execução de aterros em qualquer dos seguintes casos:

- aterros com responsabilidade de suporte de fundações, pavimentos ou estruturas de contenção;
- aterros com altura superior a 1 m;
- aterros com volume superior a 1000 m³. Nesses casos, a execução dos aterros deverá ter a orientação e fiscalização de um consultor especialista em mecânica dos solos.
- Para os aterros acima referidos, precisam ser previamente elaborados projetos geotécnicos, inclusive com a realização das investigações geotécnicas necessárias, em cada caso, para verificação da estabilidade e previsão de seus recalques.
- Ensaios especiais de laboratório ou *in situ* e sondagem complementar, sempre que necessário, têm de ser também efetuados quando da execução dos aterros, em complementação aos procedimentos mínimos de controle aqui recomendados.
- O controle tecnológico da execução dos aterros levará em conta, atendidas as condições mínimas aqui estabelecidas, as exigências do projeto e das especificações particulares de cada obra, em especial quanto a:
    - características e qualidade do material a ser utilizado;
    - controle de umidade do material;
    - espessura e homogeneidade das camadas;
    - equipamento adequado para a compactação;
    - grau de compactação mínimo a ser atingido.

4.2.2.2 Controle dos materiais e sua compactação

- O número de ensaios é o necessário e suficiente para permitir o controle estatístico das características geotécnicas do material compactado. São realizados no mínimo os seguintes ensaios geotécnicos no material dos aterros:
    - nove ensaios de compactação, segundo as Normas Técnicas Brasileiras, para cada 1000 m³ do mesmo material; além de 9000 m³, deve ser acrescido um ensaio;
    - nove ensaios para determinação da massa específica aparente seca in situ, para cada 500 m³ de material compactado, correspondente ao ensaio de compactação acima referido; além de 4500 m³, tem de ser acrescido um ensaio;
    - durante a execução de aterro, por dia, pelo menos duas determinações por camada;
    - nove ensaios de granulometria por peneiramento, de limite de liquidez e de limite de plasticidade, segundo as Normas Técnicas Brasileiras, para cada grupo de quatro amostras submetidas ao ensaio de compactação da alínea acima; além de 9.000 m³, precisa ser acrescido um ensaio.
- Além da realização dos ensaios geotécnicos referidos no item acima, é necessário controlar no local, no mínimo, os seguintes aspectos:
    - reparação adequada do terreno para receber o aterro, especialmente quanto à retirada da vegetação ou restos de demolição eventualmente existentes;
    - emprego de materiais selecionados para os aterros, não podendo ser utilizados turfas, argilas orgânicas, nem solos com matéria orgânica micácea ou diatomácea, devendo ainda ser evitado o emprego de solos expansivos;
    - as operações de lançamento, homogeneização, umedecimento ou aeração e compactação do material de forma que a espessura da camada compactada seja no máximo de 30 cm;
    - as camadas precisam ser compactadas se o material estiver na umidade ótima do correspondente ensaio de compactação, admitindo-se a variação dessa umidade de no máximo 3%, para mais ou para menos, ou menor faixa de variação conforme especificações especialmente elaboradas para a obra;
    - o grau de compactação a ser atingido é de no mínimo 95% ou mais elevado, conforme especificações especialmente elaboradas para a obra;
    - as camadas que não tenham atingido as condições mínimas de compactação, ou estejam com espessura maior que a máxima especificada, têm de ser escarificadas, homogeneizadas, levadas à umidade adequada e novamente compactadas, antes do lançamento da camada sobrejacente.

4.3 Contenção de taludes

4.3.1 Terminologia

- **Talude** é um plano inclinado que limita uma superfície do terreno e que se caracteriza pela inclinação em relação ao nível do solo.
- **Contenção** é todo elemento ou estrutura destinado a contrapor-se a empuxos causados em um maciço cuja condição de equilíbrio foi alterada por algum tipo de escavação, corte ou aterro.
- **Muro de arrimo** é uma estrutura corrida de contenção constituída de parede vertical ou ligeiramente inclinada apoiada numa fundação rasa ou profunda. Ele pode ser construído de alvenaria (de tijolos ou pedra) ou de concreto (simples ou armado).
- **Cortina** é uma contenção ancorada ou apoiada em outra estrutura, caracterizada pela pequena deslocabilidade.
- **Escoramento** é uma estrutura provisória executada para possibilitar a construção de outras obras. É utilizada em geral para permitir a realização de obras enterradas ou o assentamento de tubulação enterrada.

4.3.2 Generalidades

A maior preocupação na contenção de um talude é a drenagem de água. É sempre de grande importância a execução de uma rede de drenagem superficial. As formas básicas para tal contenção são a utilização de plantação de grama ou de vegetação com raízes profundas, de solo ensacado (que age por gravidade), de pintura betuminosa (que atua como impermeabilizante), de lona plástica (de uso provisório) etc. Há outras formas de maior segurança, porém com custo mais elevado, como o solo grampeado (que utiliza tirantes), muro de arrimo com placas pré-moldadas de concreto, muro de arrimo de concreto armado etc.

4.3.3 Tipos de muro de arrimo

- **Muro de gravidade** é uma estrutura corrida, pesada, que se opõe, pelo peso próprio aos empuxos horizontais. Em geral, é empregado para conter desníveis inferiores a 5 m. Pode ser construído de concretos simples ou ciclópico ou então de pedras argamassadas ou não.
- **Muro atirantado** é uma estrutura mista de concreto e alvenaria (de blocos de concreto ou tijolos), com barras quase horizontais contidas em planos verticais perpendiculares ao paramento do muro, as quais funcionam como tirantes, amarrando o paramento do muro a outros elementos embutidos no maciço (como blocos de fundação, vigas longitudinais ou estacas). É uma construção de baixo custo e utilizada para altura até 3 m.
- **Muro de flexão** é uma estrutura mais esbelta, com seção transversal em forma de "L", que resiste aos empuxos por flexão, utilizando parte do peso próprio do maciço de terra arrimado, o qual se apoia sobre a base do "L", para manter-se em equilíbrio. Em geral, é construído de concreto armado e usado para alturas até 7 cm.
- **Muro de gabiões** é um muro de gravidade construído pela sobreposição de gaviões (grandes gaiolas de malha de arame galvanizado preenchidas com pedras de mão ou brita maiores que a abertura da malha da gaiola). É empregado para conter desníveis inferiores a 5 m.
- **Muro de contrafortes** é aquele que possui elementos verticais de maior porte (chamados contrafortes), espaçados de alguns metros e destinados a suportar os esforços de flexão pelo seu engastamento na fundação.
- **Muro de placas de concreto pré-moldado** é aquele que é constituído de um paramento de grandes placas pré-moldadas de concreto com pinos e encaixes de uma nas outras, as quais são ancoradas por tiras metálicas enterradas no maciço compactado.

4.3.4 Gabiões

Gabião é um elemento de defesa hidráulica constituído por uma rede de arame ou alambrado preenchida com pedras, usado para proteger da erosão canais de terra, taludes, estradas etc. Assim, gabião é um tipo de estrutura armada, flexível, drenante e de grande durabilidade e resistência. O gabião é confeccionado com uma malha hexagonal de fios de aço (com baixo teor de carbono), recozido e galvanizado, com dupla torção, amarrada nas extremidades e vértices por fios de bitola maior. A gaiola assim moldada é preenchida com pedras de mão ou seixos ou brita, com diâmetro de 10 cm a 20 cm. Pedra de mão é a pedra bruta partida com marrão, em pedaços que podem ser manuseados. Seu uso é em estabilização de taludes, obras hidráulicas e outras. O sistema de gabiões dispensa equipamentos especiais para montagem, sendo suficientes ferramentas manuais como alicates, torqueses e pés de cabra. A mão de obra deve ser especializada. Os gabiões são utilizados como estrutura de gravidade para contenções com altura máxima de 7 m. O paramento pode ser aprumado, escalonado ou inclinado. O gabião pode ter os seguintes formatos, adequados para diferentes casos:

- **Caixa:** em forma de prisma retangular, com 1 m de largura, 50 cm ou 1 m de altura e 1,5 m; 2 m; 3 m e 4 m de comprimento. Possui diafragmas interiores a cada metro.
- **Colchão:** também em forma de prisma retangular, porém com grande área e reduzida altura, tem 2 m de largura, 4,5 m e 6 m de comprimento e altura (espessura) de 17 cm, 23 cm e 30 cm. Possui também diafragmas interiores a cada metro, o que proporciona robustez ao sistema e minimiza a movimentação das pedras.
- **Saco:** no formado cilíndrico, tem 65 cm de diâmetro e 2 m; 3 m e 4 m de comprimento.

4.4 Drenagem

4.4.1 Generalidades

As canaletas a céu aberto para drenagem superficial deverão ter declividade mínima de 1% e seção preferencialmente retangular. Os ângulos de encontro das canaletas necessitam ser no mínimo de 60° no sentido do curso da água drenada. A drenagem subterrânea poderá ser feita por valetas, com preenchimento parcial de brita, formando vazios, com ou sem condutos perfurados. A largura da valeta, na base, precisa ser igual à do diâmetro externo do conduto, acrescida de 30 cm. Essa largura, porém, não poderá ser inferior a 45 cm. O diâmetro mínimo admissível do conduto perfurado será de 10 cm (4") e o comprimento-limite será de 200 m entre as caixas de inspeção. Os condutos terão de ficar inteiramente envolvidos pela brita, com uma camada inferior de 5 cm e outra, superior, de 10 cm. Os condutos serão assentados com as perfurações voltadas para baixo.

4.4.2 Geotêxteis: terminologia

- *Agulhado:* material obtido pelo entrelaçamento mecânico das fibras ou filamentos por meio de agulhas dentadas.
- *Função drenagem:* coleta e condução de um fluido pelo corpo de um geotêxtil ou produto correlato.
- *Função filtração:* retenção do solo ou de outras partículas, permitindo a passagem do fluido em movimento.
- *Função proteção:* limitação ou prevenção de danos a elementos de obras geotécnicas.
- *Função reforço:* utilização das propriedades mecânicas dos geotêxteis ou produtos correlatos para a melhoria do comportamento mecânico de uma estrutura geotécnica.
- *Função separação:* ação de impedir a mistura de dois solos e/ou materiais adjacentes de natureza diferente.
- *Geocomposto:* produto formado pela associação de geotêxteis e/ou correlatos.
- *Geogrelha:* estrutura plana em forma de grelha constituída por elementos com função predominante de resistência à tração.
- *Geomalha (geonet):* estrutura plana, constituída de forma a apresentar grande volume de vazios, utilizada predominantemente como meio drenante.
- *Geomembrana:* manta ou membrana impermeável.
- *Geossintético:* denominação genérica de geotêxteis e produtos correlatos sintéticos.
- *Geotêxtil:* produto têxtil permeável, utilizado predominantemente na engenharia geotécnica. Componentes, segundo direções preferenciais, denominadas trama e urdume.

- *Geotêxtil não tecido:* material composto por fibras ou filamentos, orientados ou distribuídos aleatoriamente, os quais são interligados por processos mecânicos, térmicos e/ou químicos.
- *Geotêxtil reforçado:* geotêxtil no qual são introduzidos elementos (costuras, fios de aço, fios sintéticos etc.) com a finalidade de melhorar suas propriedades mecânicas, cuja denominação deve indicar o processo de fabricação e o tipo de reforço.
- *Geotêxtil tecido:* material resultante do entrelaçamento de fios, filamentos, laminetes (fitas) ou outros
- *Resinado:* material obtido pela ligação das fibras ou filamentos por meio de produtos químicos.
- *Termo fixado:* material submetido a processo térmico de estabilização da posição das fibras, à temperatura inferior à de fusão.
- *Termoligado:* material obtido pela ligação das fibras ou filamentos, mediante fusão parcial por aquecimento.
- *Trama:* fios dispostos transversalmente à direção de fabricação do geotêxtil.
- *Urdume:* fios dispostos longitudinalmente à direção de fabricação do geotêxtil.

Nota: O prefixo *geo* vem sendo acrescentado aos nomes de alguns produtos correlatos, geralmente sintéticos, utilizados predominantemente na engenharia geotécnica.

4.5 Segurança do trabalho em escavação e em fundações

A área de trabalho deve ser previamente limpa, precisando ser retirados ou solidamente escorados árvores, rochas, equipamentos, materiais e objetos de qualquer natureza, quando houver risco de comprometimento de sua estabilidade durante a execução dos serviços. Muros, edificações vizinhas e todas as estruturas que possam ser afetadas pela escavação têm de ser escoradas. Os serviços de escavação, fundação e desmonte de rocha terão responsável técnico legalmente habilitado. Quando existir cabo subterrâneo de energia elétrica nas proximidades das escavações, elas só poderão ser iniciadas quando o cabo estiver desligado. Na impossibilidade de desligar o cabo, precisam ser tomadas medidas especiais na concessionária.

Os taludes instáveis ou com presença de água, das escavações com profundidade superior a 1,25 m, devem ter sua estabilidade garantida por meio de escoramento com estrutura dimensionada para esse fim. Para elaboração do projeto e execução das escavações a céu aberto, serão observadas as condições exigidas nas normas técnicas. As escavações com mais de 1,25 m de profundidade têm de dispor de escadas ou rampas, colocadas próximas aos postos de trabalho, a fim de permitir, em caso de emergência, a saída rápida dos trabalhadores, independentemente do acima previsto. Os montantes das escadas deverão ser apoiados no fundo da escavação e ultrapassar a borda em pelo menos 1 m. Os materiais retirados da escavação serão depositados a distância superior à metade da profundidade, medida a partir da borda do talude. Os taludes com altura superior a 1,75 m necessitam ter estabilidade garantida. Quando houver possibilidade de infiltração ou vazamento de gás, o local precisa ser devidamente ventilado e monitorado. O monitoramento tem de ser feito enquanto o trabalho estiver sendo realizado para, em caso de vazamento, ser acionado o sistema de alarme sonoro e visual. As escavações executadas em canteiros de obras terão sinalização de advertência, inclusive noturna, e barreira de isolamento em todo o seu perímetro.

Os acessos de operários, veículos e equipamentos às áreas de escavação devem ter sinalização de advertência permanente. É proibido o acesso de pessoas não autorizadas às áreas de escavação e cravação de estacas. O operador de bate-estacas precisa ser qualificado e ter sua equipe treinada. Os cabos de sustentação do pilão do bate-estacas necessitam ter comprimento suficiente para que haja, em qualquer posição de trabalho, o mínimo de seis voltas sobre o tambor. Na execução de escavações e fundações sob ar comprimido, será seguido o disposto nas Normas Regulamentadoras do então Ministério da Economia (NR). Na operação de desmonte de rocha a fogo, fogacho ou mista, deve haver um *blaster*, responsável pelo armazenamento, preparação de cargas, carregamento das minas, ordem de fogo, detonação e retiradas das que eventualmente não explodiram, destinação adequada das sobras de explosivos e pelos dispositivos elétricos necessários às detonações. A área de fogo precisa ser protegida contra projeção de partículas, quando expuser a risco trabalhadores e terceiros. Nas detonações, é obrigatória a existência de alarme sonoro.

Na execução de tubulões a céu aberto, aplicam-se as disposições constantes nas NR. Nessa execução, a exigência de escoramento (encamisamento) fica a critério do engenheiro especializado em fundações ou mecânica dos solos, considerados os requisitos de segurança. O equipamento de descida e içamento de operários e materiais, utilizado na execução de tubulões a céu aberto, será dotado de sistema de segurança com travamento. A escavação de tubulões a céu aberto, alargamento ou abertura manual de base e execução de taludes terá de ser precedida de sondagem ou de estudo técnico local. Em caso específico de tubulões a céu aberto e abertura de base, o estudo geotécnico será obrigatório para profundidade superior a 3 m. Todas as obras de caráter preventivo, como escoramento, reforços, plantação de grama em taludes, pinturas impermeabilizantes e coberturas plásticas protetoras, precisam ser inspecionadas frequentemente por pessoa habilitada. Deverá ser feita nova inspeção de escavações depois da ocorrência de chuvas, ventania ou quaisquer fenômenos que possam aumentar os riscos.

4.6 Rebaixamento de lençol freático

Lençol freático é o lençol de água subterrâneo situado em nível pouco profundo que pode ser explorado por poços. Há duas maneiras distintas de controlar a água subterrânea para atender à construção de estruturas enterradas sob o nível de água:

- por meio de interceptação e remoção da água de subsuperfície (rebaixamento), mediante bombeamento apropriado;
- pela separação entre o fluxo de água e a escavação *(cut-off)*, mediante a execução de uma barreira física que por ela impeça a passagem da água.

A diferença básica entre ambas as maneiras é que a primeira tem por objetivo alterar o nível da água subterrânea, enquanto a segunda tem como consequência a manutenção das condições hidrológicas do terreno. É sempre possível adotar uma combinação das duas maneiras. São utilizados no processo de *cut-off*: estacas-pranchas (de aço ou de concreto), diafragmas plásticos (de lama) ou rígidos (de concreto – paredes-diafragmas) e outros. Na escolha do sistema de rebaixamento do lençol de água, é essencial a avaliação do dano que o fluxo de água possa acarretar no próprio terreno e nos vizinhos. O rebaixamento temporário do lençol de água é muito mais comum que o permanente. No primeiro caso, é usual adotar-se o sistema de ponteiras filtrantes, que utiliza drenos constituídos de tubos Ø 5 cm a Ø 15 cm, perfurados na sua parte inferior (ponta) ao longo de cerca de 2 m de comprimento.

Recobrindo a parte perfurada do tubo, coloca-se uma tela de arame que tem de ser perfeitamente adaptada à sua parede, para evitar a penetração nele de material de granulação fina. Esses tubos são cravados no solo saturado, sendo espaçados de 1 m a 3 m entre si e unidos por um tubo coletor, que é ligado a uma bomba de vácuo. Os poços (furos no terreno) são geralmente executados com perfuratrizes. Para superar as limitações do sistema de ponteiras, executam-se poços profundos com o emprego de injetores ou de bombas de eixo vertical, que podem atingir profundidades de até 30 m. Pode-se também utilizar um sistema simples e artesanal de drenagem superficial. Trata-se da captação de água por meio de drenos subsuperficiais assentados em valetas dotadas de tubos de PVC quase horizontais (com caimento mínimo de 0,5%), perfurados na sua metade inferior. Pode-se adotar uma disposição dos drenos tipo espinha de peixe, devendo ser as valetas preenchidas com brita, e os tubos, conectados a bombeamento para fora da escavação.

Capítulo 5

Fundações

5.1 Locação da obra

Obra ou construção é a execução de todas as etapas de um projeto previamente elaborado de uma edificação, desde as fundações até o acabamento, obedecendo às técnicas construtivas e às normas técnicas vigentes. Locação ou demarcação (ou simplesmente marcação) de uma obra é o serviço de posicionamento da construção no terreno (já terraplanado) em conformidade com o projeto, ou seja, é o processo de transferência da planta do projeto das fundações para o campo (terreno). A locação é feita por meio de um gabarito (também chamado tabeira) que consiste de um cercado de estacas (pontaletes verticais de madeira, em geral de 3" x 3") cravadas no terreno e espaçados entre si de 1,50 m a 1,80 m, interligados por régua (tábuas corridas niveladas – atente-se que pode haver mais de um nível no gabarito – de madeira, de 1" x 6" ou 1"x 8") e nos cantos, rigorosamente em esquadro (formando ângulo de 90°). O cercado que contorna a futura edificação é dela afastado de cerca de 1,20 m e fica a aproximadamente 1,00 m de altura do terreno. Seu nivelamento é feito comumente com o uso de mangueira de nível e os esquadros, tirados a partir de um triângulo auxiliar medindo 0,60 m x 0,80 m x 1,00 m ou 0,90 m x 1,20 m x 1,50 m (conforme o Teorema de Pitágoras). A marcação dos eixos ortogonais da planta das fundações da obra (previamente traçados na peça gráfica) é executada com o auxílio de aparelho topográfico, que possibilita o posicionamento do encontro desses eixos com a face superior das réguas do gabarito, na qual são cravados pregos para marcação. Neles, são presos arames de aço recozido esticados, que materializam tais eixos. Os pontos de cruzamento desses eixos ortogonais são transferidos para o terreno por meio de prumo de centro, pontos esses que são marcados por meio de pregos fixados em piquetes de madeira cravados no terreno. A exatidão da demarcação é uma das etapas mais importantes da obra e é essencial para a qualidade da construção. É possível também fazer a locação direta dos piquetes com o auxílio de topografia. A retirada do gabarito deve ser feita somente após a transferência da marcação dos eixos para a estrutura da edificação.

5.2 Definições

5.2.1 Fundação

Fundação é a parte de uma estrutura predial que transmite ao terreno em que se apoia, e neste se distribui a carga da edificação.

5.2.2 Fundação em superfície (também chamada rasa, direta ou superficial)

Fundação em que a carga é transmitida ao terreno, predominantemente pela pressão distribuída sob a base da fundação e em que a profundidade de assentamento em relação ao terreno adjacente é inferior a duas vezes a menor dimensão da fundação; compreende as sapatas, os blocos, as sapatas associadas, os radiers e as vigas de fundação. Define-se, então:

- Sapata: elemento de fundação superficial de concreto armado, dimensionado de modo que as tensões de tração nele produzidas não podem ser resistidas apenas pelo concreto, de que resulta o emprego de armadura. Pode ter espessura constante ou variável e sua base em planta é normalmente quadrada, retangular ou trapezoidal.
- Bloco: elemento de fundação superficial de concreto, geralmente dimensionado de modo que as tensões de tração nele produzidas possam ser resistidas pelo concreto, sem necessidade de armadura. Pode ter as faces verticais, inclinadas ou escalonadas e apresentar planta de seção quadrada, retangular, triangular ou mesmo poligonal.
- Sapata associada: sapata comum a vários pilares, cujos centros, em planta, não estejam situados em um mesmo alinhamento.
- Radier: sapata associada que abrange todos os pilares da obra ou carregamentos distribuídos (tanques, depósitos, silos etc.).
- Viga de fundação: fundação comum a vários pilares, cujos centros, em planta, estejam situados no mesmo alinhamento ou para carga linear; as vigas de fundação são frequentemente chamadas de baldrames.

5.2.3 Fundação profunda

Aquela em que o elemento de fundação transmite a carga ao terreno pela base (resistência de ponta), por sua superfície lateral (resistência de atrito do fuste – parte vertical entre a base e o topo) ou por combinação das duas, e está assentada em profundidade, em relação ao terreno adjacente, superior no mínimo ao dobro de sua menor dimensão em planta. Seus diversos tipos são:

- Estaca: elemento estrutural esbelto que, introduzido ou moldado no solo, por cravação (a percussão, vibração ou prensagem) ou perfuração, tem a finalidade de transmitir cargas ao solo, seja pela resistência sob sua extremidade inferior (resistência de ponta ou de base), seja pela resistência ao longo de sua superfície lateral (resistência de fuste) ou por combinação das duas.
- Tubulão: elemento de fundação profunda, cilíndrico, em que, pelo menos na sua etapa final de escavação, há descida de trabalhador. Pode ser feito a céu aberto ou sob ar comprimido (pneumático), e ter ou não base alargada; pode ser executado sem revestimento ou com revestimento de aço ou de concreto; no caso de revestimento de aço (camisa de aço), esta pode ser perdida ou recuperável.
- Caixão: elemento de fundação profunda de forma prismática, concretado na superfície e instalado por escavação interna, usando ou não ar comprimido, e pode ter ou não alargamento de base.

5.2.3.1 Estaca cravada

Pode ser executada de madeira, aço, concreto pré-moldado, concreto moldado in situ (no lugar) ou mista:

- Estaca cravada por percussão: aquela em que a própria estaca ou um molde é introduzido no terreno por golpes de martelo – ou pilão (de gravidade, de explosão, de vapor ou de ar comprimido).
- Estaca tipo Franki: estaca cravada por percussão, caracterizada por ter a base alargada, obtida introduzindo pelo molde certa quantidade de material granular ou concreto, mediante golpes de um pilão. Quanto ao fuste, ele pode ser moldado no terreno com revestimento perdido ou não, ou ser constituído por elemento pré-moldado.
- Estaca cravada por vibração: aquela em que a própria estaca, ou um molde, é introduzida no terreno por equipamento vibratório.
- Estaca cravada por prensagem (também chamada estaca de reação ou mega): aquela em que a própria estaca ou um molde é introduzida no terreno por meio de um macaco hidráulico.
- Estaca mista: estaca constituída pela combinação de dois ou mais elementos de materiais diferentes (madeira, aço, concreto pré-moldado e concreto moldado in loco).

5.2.3.2 Estaca perfurada

- Estaca-broca: estaca executada por perfuração do terreno com trado e posteriormente concretada.
- Estaca tipo Strauss: estaca executada por perfuração mediante balde-sonda (piteira), com uso parcial ou total de revestimento recuperável, e posterior concretagem.
- Estaca escavada: estaca executada por escavação mecânica, com uso ou não de lama bentonítica (adiante descrita), de revestimento total ou parcial, e posterior concretagem; sua forma mais comum é a circular.
- Estaca injetada: estaca na qual, por meio de injeção sob pressão de produto aglutinante, normalmente calda de cimento, procura-se aumentar a resistência de atrito lateral, de ponta ou ambas; não é cravada nem totalmente escavada.

5.2.4 Cota de arrasamento

Cota em que deve ser deixado o topo de uma estaca ou tubulão, demolindo ou cortando o excesso acima dessa cota. Precisa ser definida de modo a deixar a estaca penetrar, no bloco de coroamento, um comprimento que satisfaça a transferência de esforços do bloco à(s) estaca(s) ou tubulão(ões).

5.2.5 Nega

Penetração da estaca em milímetros, corresponde a 1/10 da penetração para os últimos dez golpes. Ao ser fixada ou fornecida, a nega tem de ser sempre acompanhada do peso do pilão e da altura de queda ou da energia de cravação (no caso de martelos automáticos).

5.2.6 Pressão admissível

- Pressão admissível de uma fundação superficial: pressão aplicada por uma fundação superficial ao terreno, que provoca apenas recalques que a construção pode suportar sem inconvenientes e que oferece, simultaneamente, um coeficiente de segurança satisfatório contra a ruptura ou o escoamento do solo ou do elemento estrutural de fundação (perda de capacidade de carga).
- Carga admissível sobre uma estaca ou tubulão isolado: aquela que, sobre ela(e) aplicada, nas condições de trabalho no conjunto das fundações, provoca apenas recalques que a construção pode suportar sem inconvenientes e, simultaneamente, oferece um coeficiente de segurança satisfatório contra a ruptura ou o escoamento do solo ou do elemento de fundação; a determinação da carga admissível necessita ser feita para as condições finais de trabalho da estaca ou tubulão (é importante no caso de fundações próximas a escavações, entre outras).
- Efeito de grupo de estacas ou tubulões: processo de interação das diversas estacas que constituem uma fundação, ao transmitirem ao solo as cargas que lhes são aplicadas.
- Recalque diferencial específico: diferença entre os recalques absolutos de dois apoios, dividida pela distância entre os apoios.

5.2.7 Viga de equilíbrio (ou viga-alavanca)

Elemento estrutural que recebe as cargas de dois pilares (ou pontos de carga) e é dimensionado de modo a transmiti-las centradas às suas fundações. Permite-se, no dimensionamento da fundação do pilar interno, levar em conta um alívio de até 50% do valor calculado. Em nenhum caso será levado em conta um alívio total (soma dos alívios devidos a várias vigas de equilíbrio chegando em um mesmo pilar) superior a 50% da carga mínima do pilar.

5.3 Contenção do solo

5.3.1 Terminologia

5.3.1.1 Contenção

É todo o elemento ou estrutura destinado a contrapor-se a empuxos ou tensões geradas em maciço de terra cuja condição de equilíbrio foi alterada por algum tipo de escavação (corte) ou aterro. No empuxo da terra, deve ser considerada a pressão (força horizontal) de água.

5.3.1.2 Muro de arrimo

Estrutura corrida de contenção constituída de paramento (parede vertical ou quase vertical) apoiado em uma fundação (rasa ou profunda). Pode ser construído de alvenaria (armada ou não) ou pedra (assentada ou não com argamassa) ou de concreto (simples ou armado). Comumente, tem elementos drenantes.

5.3.1.3 Escoramento

Estrutura provisória executada para possibilitar a construção de outras obras (enterradas ou vala para assentamento de tubulação).

5.3.1.4 Cortina

Contenção ancorada (por meio de tirantes introduzidos no maciço de terra) ou apoiada em outra estrutura, sendo caracterizada pela pequena deslocabilidade.

5.3.2 Tipos de muro de arrimo

Os tipos mais comuns são:

- **Muro de gravidade** é uma estrutura que se opõe aos empuxos horizontais pelo peso próprio. É empregado para conter desníveis inferiores a 5 m. Pode ser construído com concreto simples (ciclópico) ou com pedras (assentadas ou não com argamassa). Sua seção transversal na base tem largura de cerca de 40% da altura.
- **Muro de flexão** é uma estrutura de concreto armado mais esbelta, com seção transversal em forma de "L", possuindo ou não contrafortes, e que resiste ao empuxo por flexão, utilizando o peso próprio do maciço de terra arrimado, que se apoia sobre a base do "L" (sapata corrida) para manter-se em equilíbrio. Torna-se antieconômico para alturas acima de 5 m a 7 m. A largura da sapata é da ordem de 40% da altura.
- **Muro de gabiões** é um muro de gravidade construído pela superposição de gaiolões (em italiano, *gabbioni*) constituídos de malhas de arame galvanizado (caixas prismáticas retangulares) preenchidas com pedras de mão de diâmetros maiores do que a abertura da malha das gaiolas. Suas medidas-padrão são, quando cheias, 1 m de largura, por 1,5 m; 2 m; 3 m ou 4 m de comprimento e por 0,50 m ou 1 m de altura.
A contenção por gabiões permite uma elevada permeabilidade e grande flexibilidade, constituindo estrutura monolítica drenante e capaz de aceitar deformações sem se romper.

5.3.3 Escoramento

Os escoramentos compõem-se dos seguintes elementos:

- **Parede** é o paramento em contato direto com o solo a ser contido, sendo constituído comumente de peças verticais de madeira, aço ou concreto. Quando formada por pranchas de madeira, pode ser contínua ou descontínua.
- **Longarina** é um elemento linear longitudinal, no qual a parede se apoia, sendo comumente constituído de vigas horizontais de madeira, de aço ou de concreto.

- **Estroncas** ou escoras são barras de apoio das longarinas, sendo comumente de madeira ou aço.

5.3.3.1 Escoramento com pranchada horizontal

Para sustentar um talude vertical, cuja altura esteja acima da admissível sem escoramento, usam-se comumente longarinas (pranchas horizontais) escoradas por estroncas inclinadas. Quando se trata de escavação em trincheira, as estroncas escoram as pranchas de uma das faces contra as da face oposta. Nas trincheiras rasas ou naquelas em que o solo é extremamente fissurado, onde há perigo de se desprenderem blocos de terra dos taludes, é conveniente o escoramento do bordo superior da escavação por meio de pranchas de madeira, colocadas horizontalmente no bordo e escoradas por meio de estroncas de madeira, espaçadas entre si de 2 m a 3 m. Quando a escavação é profunda, então serão necessárias longarinas semelhantes às descritas anteriormente, colocadas a partir de certa altura, a contar do fundo. Essa altura deve ser sempre inferior à metade daquela admissível sem escoramento.

O intervalo em altura entre os eixos das pranchas tem de ser de 1 m a 2 m. Finalmente, quando a tendência a desmoronamento é acentuada, utilizam-se várias pranchas justapostas e mantidas por meio de traves verticais, sustentadas por escoras. Para certos tipos de solo não coesivos ou quando for necessário evitar, de qualquer maneira, a perda de terra ou desmoronamento, é necessário reduzir a distância entre os grupos de pranchas horizontais. Em muitos casos, é necessário ser reduzida essa distância a praticamente zero e, então, o escoramento torna-se contínuo de alto a baixo da escavação. O uso do primeiro tipo de escoramento é restrito à escavação rasa (profundidade inferior à altura crítica de escavação vertical) em terreno argiloso. Os dois tipos seguintes são para escavação profunda em terreno argiloso e o último tipo é para ser empregado em terrenos arenosos ou argilosos moles ou em escavações abaixo do nível de água. Até 5 m de profundidade, a escavação é feita economicamente por meio de pá, sendo a terra transportada até a superfície por estágios de 1,5 m a 2 m de altura; a mais de 5 m, já é conveniente a escavação mecânica por meio de guindaste munido de balde, caçamba ou *clam-shell*.

5.3.3.2 Escoramento com pranchas verticais

Outro sistema de escoramento utilizável, nos casos de escavação em areia sem coesão ou terrenos argilosos muito moles, é o método das pranchas aprumadas. Cravam-se pranchas verticalmente, escoradas posteriormente por estroncas e vigas horizontais cada 2 m, no máximo. Esse sistema de escoramento é muito usado quando se deseja impermeabilidade à água ou se quer evitar, ao máximo, escoamento do solo para dentro da cava. Assim, na maioria dos casos, as pranchas são providas de encaixes *macho-fêmea*.

5.3.3.3 Estaca-prancha

Estacas-pranchas são perfis de aço laminado, com seção em forma de "U" ou "Z" com encaixes longitudinais ou de concreto com encaixes *macho-fêmea*, que possibilitam construir paredes contínuas pela justaposição das peças, que vão sendo encaixadas e cravadas sucessivamente. Por causa da permeabilidade das juntas, as paredes têm estanqueidade limitada.

5.3.3.4 Tirante

É um elemento linear constituído por uma cordoalha ou barra de aço que funciona à tração e que é introduzido no maciço de terra contido por uma cortina, sendo ancorado em profundidade na sua extremidade por meio de um trecho alargado, denominado bulbo. O comprimento do bulbo é usualmente superior a 5 m. O tirante é composto basicamente por *cabeça de ancoragem, trecho livre e trecho ancorado* (bulbo), sendo executado mediante perfuração prévia do solo e posterior injeção de calda de cimento, a qual solidariza o trecho ancorado ao terreno. O trecho livre une a cabeça de ancoragem ao bulbo e pode ser distendido livremente, possibilitando que o tirante seja protendido. No trecho livre, o aço tem de estar livre de cimento, ou seja, nele não pode haver aderência do aço à calda. Para tanto, é prática usual revestir o aço com uma mangueira de plástico ou blindagem de material flexível. O comprimento do trecho livre não pode ser inferior a 3 m. A cabeça de ancoragem apoia-se na cortina a ser contida e permite a protensão do tirante. A cabeça é em geral constituída por peças de aço, que possuem detalhes especiais para prender o elemento tracionado, como placa de apoio, cunha de grau e bloco de ancoragem. A ancoragem é feita pela injeção sob pressão de aglutinante (calda de cimento) no trecho do bulbo. A calda adere ao aço (envolvendo-o) e ao solo. Depois do tempo necessário para a solidificação da calda de cimento, é aplicada uma força para protensão de todo o conjunto. É necessário levar em consideração que o atirantamento pode interferir com as fundações (rasas ou profundas) das edificações vizinhas. Assim, para se atirantar os paramentos de contenção, é preciso ter a permissão de vizinhos, uma vez que os tirantes, mesmo se forem provisórios, invadirão seus terrenos. Todo tirante, depois de executado, deve ser ensaiado, individualmente, com carga entre 120% e 175% da de projeto.

5.3.4 Submuração

Submuração é o calçamento, feito com concreto ou alvenaria, da base de uma parede cujo solo sob ela está sendo escavado. A escavação somente pode ser realizada em forma de trincheiras *(cachimbos)* com cerca de 1 m de largura e espaçadas entre si de cerca de 1 m. Somente depois da execução da submuração desses trechos é que os vãos remanescentes poderão ser submurados, dando continuidade ao calçamento da parede. O espaço vazio entre a submuração, quando feita de alvenaria, e o solo por trás dela deve ser preenchido com a própria argamassa de assentamento.

5.3.5 Parede-diafragma

Parede-diafragma é uma contenção executada em painéis *(lamelas)* de concreto armado moldado *in loco*, sucessivos ou alternados (conforme características da obra ou do solo), em trincheiras escavadas por um *clam shell* hidráulico, com 2,50 m ou 3,20 m de comprimento, espessura variando de 0,30 m a 1,20 m e profundidade requerida no projeto. Na medida em que o solo vai sendo retirado, é introduzido simultaneamente uma suspensão de bentonita em água. Essa suspensão (chamada *lama bentonítica*), estabilizante das paredes da trincheira, tem a função de se contrapor ao empuxo causado pelo lençol freático no terreno e permite a introdução da armadura *(gaiola)* e o preenchimento da região escavada com concreto, que vai expulsando a lama. O processo de concretagem usado na execução das paredes-diafragmas é o submerso, ou seja, é executado de baixo para cima, de maneira contínua e uniforme. Para tanto, mergulha-se um tubo de concretagem *(tremonha)* até o fundo da escavação com um êmbolo que expulsa a lama pelo próprio peso da coluna de concreto. Na armação da gaiola, deve ser previsto um espaço Ø 30 cm a Ø 60 cm para permitir a descida do tubo de concretagem. Uma vantagem da utilização de parede-diafragma é a possibilidade de ela poder suportar simultaneamente pressões laterais (empuxo) e cargas verticais, trabalhando, portanto, como contenção e fundação (ver na Seção 5.5.3.3.2 o item "Estaca escavada e parede-diafragma – Procedimento de execução de serviço").

5.3.6 Solo grampeado

Solo grampeado constitui-se em estabilização, temporária ou permanente, de taludes naturais ou escavações (contenções), pela introdução de reforços *(chumbadores)* no maciço de terra seguido de revestimento do talude com concreto projetado, que é armado com tela de aço. Inicialmente, deve ser feito o corte do solo na geometria de projeto (ou não, se for reforço de talude existente), seguido de execução da primeira linha de chumbadores e, depois, a realização do revestimento do talude. Simultaneamente ao avanço dos serviços, têm de ser executados os drenos (profundos, de paramento, e as canaletas ou descidas de água). Os chumbadores são moldados *in loco*, mediante perfuração do solo e fixação da armação com injeção de calda de cimento. O revestimento do talude com concreto projetado é a aplicação de uma camada de concreto armado em toda a superfície.

Esse concreto é composto de areia média, pedrisco e cimento e é pressurizado com equipamento especial, sendo aplicado a cerca de 1 m do paramento. Como armadura desse concreto, utiliza-se tela soldada de aço (ressalte-se que é necessário garantir o seu cobrimento e a aderência do aço ao concreto). Recomenda-se a execução dos serviços convencionais de drenagem profunda e de superfície. Como drenagem profunda são instalados tubos plásticos drenantes Ø 1 ½" a Ø 2", que constituem drenos lineares embutidos no maciço, com profundidade de 6 m a 19 m. Nos drenos de superfície, por trás e adjacentes ao revestimento de concreto, são colocados tubos de PVC (buzinotes), denominados barbacãs. Os drenos de paramento são constituídos de calha plástica ondulada revestida com manta geotêxtil na direção vertical, desde a crista até o pé do talude.

5.4 Fundações em superfície

5.4.1 Pressão admissível

Devem ser considerados os seguintes fatores na determinação da pressão admissível:
- profundidade da fundação;
- dimensões e forma dos elementos de fundação;
- características das camadas de terreno abaixo do nível da fundação;
- lençol de água;
- modificação das características do terreno por efeito de alívio de pressões, alteração do teor de umidade ou ambos;
- características da obra, em especial a rigidez da estrutura.

No caso de não haver dúvida sobre as características do solo, conhecidas com segurança, como resultado da experiência ou fruto de sondagens, podem-se considerar como pressões admissíveis sobre o solo as indicadas na Tabela 5.1.

5.4.2 Dimensionamento

As fundações em superfície precisam ser definidas por dimensionamento geométrico e cálculo estrutural. No dimensionamento geométrico, deve-se considerar as seguintes solicitações:
- cargas centradas;
- cargas excêntricas;
- cargas horizontais.

5.4.3 Disposições construtivas

5.4.3.1 Profundidade mínima

A base de uma fundação tem de ser assentada a uma profundidade tal que garanta que o solo de apoio não seja influenciado pelos agentes atmosféricos e fluxos de água. Nas divisas de terrenos vizinhos, salvo quando a fundação for assentada sobre rocha, tal profundidade não pode ser menor que 1,5 m.

5.4.3.2 Implantação de fundações em terrenos acidentados

Nos terrenos com topografia acidentada, a implantação de qualquer obra e de suas fundações precisa ser feita de maneira a não impedir a utilização satisfatória dos terrenos vizinhos.

5.4.3.3 Fundações em cotas diferentes

No caso de fundações contíguas assentadas em cotas diferentes, uma reta passando pelo seus bordos deve fazer, com a vertical, um ângulo A, que dependerá das características geotécnicas do terreno, observando-se que:
- para solos pouco resistentes: $A \geq 60°$;
- para rochas: $A = 30°$. A fundação situada em cota mais baixa precisa ser executada em primeiro lugar, a não ser que se tomem cuidados especiais.

Tabela 5.1: Classes de solo e pressões admissíveis

Classe	Solo	Valores básicos (MPa)
1	rocha sã, maciça, sem laminações ou sinal de decomposição	5
2	rocha laminada, com pequenas fissuras, estratificada	3,5
3	solos concrecionados	1,5
4	pedregulhos e solos pedregulhosos, mal graduados, compactos	0,8
5	pedregulhos e solos pedregulhosos, mal graduados, fofos	0,5
6	areias grossas e areias pedregulhosas, bem graduadas, compactas	0,8
7	areias grossas e areias pedregulhosas, bem graduadas, fofas	0,4
	areias finas e médias:	
	muito compactas	0,6
	compactas	0,4
	medianamente compactas	0,2
9	*argila e solos argilosos:*	
	consistência dura	0,4
	consistência rija	0,2
	consistência média	0,1
10	*silte e solos siltosos:*	
	muito compactos	0,4
	compactos	0,2
	medianamente compactos	0,1

5.4.3.4 Cava de fundação sem escoramento

Como a escavação para fundação é temporária, seus taludes são, em geral, o mais próximo possível da vertical e seu escoramento é somente suficiente para evitar riscos de ruptura. Até cerca de 5 m de profundidade, a escavação pode ser considerada rasa e os problemas envolvidos não são sérios. Na prática, as profundidades de escavação admissíveis em argila, sem perigo nítido de ruptura, são: para as argilas moles – inferior a 1 m; para as médias – 1 m a 2 m; para as rijas – 2 m a 3,5 m. Nas areias, as profundidades admissíveis de escavação são muito incertas por causa dos valores esporádicos da coesão que a areia pode apresentar. Os chamados solos porosos, muitas vezes, são quase que inteiramente arenosos e, no entanto, suportam escavações temporárias até 5 m de profundidade sem perigo de desmoronamento. Como regra geral, só se pode afirmar que, em areias cujas características não sejam anômalas (como as dos solos porosos), a profundidade admissível de escavação sem escoramento não ultrapassa 2 m. Entretanto, a areia seca ou, pelo contrário, completamente submersa, perde inteiramente qualquer possibilidade de se sustentar em taludes verticais. Assim sendo, na escavação para fundação em areia, quando não se pretende usar escoramento, é conveniente a abertura de cavas com taludes cuja inclinação seja de, no mínimo, dois (vertical) para três (horizontal).

Capítulo 5 – Fundações

5.4.3.5 Fundação por sapatas

5.4.3.5.1 Sapata corrida de alvenaria de tijolos

Quando as cargas não são muito grandes e o solo é regularmente resistente, podem ser utilizadas, como fundação, sapatas de alvenaria de tijolos que resultarão ao mesmo tempo seguras e econômicas. As escavações para execução desse tipo de fundação rasa têm de ser feitas de modo a atingir a camada de solo com resistência compatível com a carga a ser suportada. A profundidade de assentamento dessas fundações será entre 50 cm e 1 m; a maiores profundidades, esse tipo torna-se já muito pesado e, talvez, mais caro que as sapatas de concreto. Necessitam ser seguidas as disposições construtivas abaixo discriminadas:

- a largura da base da sapata ser, no mínimo, o dobro da largura da parede que sobre ela repousa;
- a altura, desde a base da sapata até a base da parede, ser pelo menos igual a 2/3 da espessura da parede na sua base;
- abaixo da base da sapata de alvenaria, ser executada uma placa de concreto armado, em trechos em nível, moldada *in loco*, de no mínimo 10 cm de espessura, sobressaindo pelo menos 10 cm de cada lado da sapata de alvenaria. Antes da execução da placa de concreto armado, o fundo da vala será cuidadosamente nivelado e energicamente apiloado, e revestido com uma camada de 5 cm de concreto simples, de consumo de 150 kg cimento/m³.

5.4.3.5.2 Sapata isolada de concreto armado: procedimento de execução de serviço

A) DOCUMENTOS DE REFERÊNCIA

Sondagens do solo, projetos executivo de arquitetura e estrutural de fundações com a passagem de tubulação das instalações.

B) MATERIAIS E EQUIPAMENTOS

Além daqueles existentes obrigatoriamente no canteiro de obras, quais sejam, entre outros:

- água limpa;
- EPCs e EPIs (capacete, botas de couro e de borracha e luvas de borracha);
- colher de pedreiro ;
- linha de náilon;
- lápis de carpinteiro;
- desempenadeira de madeira;
- trena metálica de 30 m;
- esquadro metálico de carpinteiro;
- nível de mangueira ou aparelho de nível a *laser*;
- martelo;
- serrote;
- pá;
- enxada;
- carrinho de mão com uma roda de pneu;
- guincho,

mais os seguintes (os que forem necessários para a obra):

- concreto pré-misturado;
- armadura de aço do concreto;
- estacas de madeira;
- pregos 18 × 27;
- espaçadores plásticos em "+";
- sarrafos de madeira de 1" × 2", 1" × 4" e 1" × 6";

- tábuas de madeira de 1" × 9" e 1" × 12";
- pontaletes de madeira de 3" × 3";
- soquete de 5 kg ou compactador mecânico tipo sapo.

C) MÉTODO EXECUTIVO
- **Condições para o início dos serviços**
    - As sondagens e o projeto de fundação devem estar disponíveis e as peças da fundação locadas.
- **Execução dos serviços**

    Inicialmente, deve-se providenciar a abertura da cava com largura, aproximadamente, 20 cm maior do que a dimensão da sapata. É necessário escavar até a cota de apoio da fundação, que se recomenda não ser inferior a 70 cm, medidos a partir do nível do terreno. É preciso iniciar a execução das sapatas apoiadas nas cotas mais profundas. Durante a escavação da cava, deve-se atentar para o correto nivelamento do fundo desta. Esse nivelamento pode ser garantido por meio de nível a *laser* ou de mangueira, a partir do nível de referência (RN). Depois da conclusão da escavação (até atingir a resistência do solo compatível com a carga que irá suportar), é necessário proceder à regularização e compactação do fundo dessa cava, até 5 cm abaixo da cota de apoio, com um soquete de 5 kg ou por meio de um compactador mecânico tipo sapo. Em seguida à compactação, caso a cota não atinja 5 cm abaixo da cota de apoio, é necessário regularizar a superfície, atentando para que não fique nenhum material solto. Deve ser lançado um lastro de concreto simples, com resistência compatível com a pressão de trabalho, com pelo menos 5 cm de espessura, que também é utilizado para regularizar a superfície de apoio. Esse lastro tem de preencher toda superfície do fundo da cava. Antes do lançamento do concreto desse lastro, o fundo das valas precisa ser abundantemente molhado, para que possam ser detectados, pela percolação de água, eventuais elementos indesejáveis localizados sob ele (formigueiros, raízes de planta e outros). Quando a sapata estiver apoiada diretamente sobre rocha, esta tem de ser limpa de maneira a garantir a perfeita aderência da sapata à rocha. É necessário preparar as formas de borda da base da sapata, atentando para o correto nivela- mento do topo das formas laterais. As formas são executadas com sarrafos e tábuas de madeira, escoradas em estacas cravadas externamente no fundo e nas laterais da cava. Também é preciso verificar o alinhamento e o esquadro das peças de madeira para manter constantes a largura e comprimento da sapata. Uma vez montadas as formas de borda, deve-se determinar, em função do projeto, a altura do toco do pilar, atentando para o correto ângulo de inclinação das laterais da sapata. Para concluir os serviços, tem de se proceder à armação e à concretagem da peça. A maior tensão do concreto se dará nos ângulos de junção das arestas da sapata (quadrada, retangular ou circular) com o pilar. Por essa razão, é de extrema importância a cuidadosa concretagem da base do pilar onde há sobreposição dos ferros de arranque com as barras do pilar, o que pode causar a formação de ninhos no concreto. A aderência entre ferro e concreto nas sapatas é extremamente importante, pois é comum observarem-se rupturas produzidas por falta de aderência entre eles. Como regra prática, todas as barras devem ter o comprimento de mais que 38 diâmetros embutidos no concreto.

5.5 Fundações profundas

5.5.1 Carga admissível de uma estaca ou tubulão isolado

É aquela que provoca apenas recalques admissíveis para a estrutura e que apresenta segurança à ruptura do solo e do elemento de fundação. Na definição dos recalques admissíveis, tem de ser examinada a sensibilidade da estrutura projetada a recalques, especialmente a recalques diferenciais, os quais, de ordinário, são os que prejudicam sua estabilidade. Os dois primeiros aspectos (recalques e segurança à ruptura do solo) definem a carga admissível do ponto de vista geotécnico. O último aspecto (segurança à ruptura do elemento de fundação) define a carga admissível do ponto de vista estrutural (ver a Seção 5.5.7). A partir do valor calculado (ou determinado experimentalmente) para a capacidade de carga na ruptura, a carga admissível é obtida mediante aplicação de coeficiente de segurança adequado, não inferior a dois.

O atrito lateral é considerado positivo no trecho de fuste da estaca ou tubulão ao longo do qual o elemento de fundação tende a recalcar mais que o terreno circundante. O atrito lateral é considerado negativo no trecho em que o recalque do solo tender a ser maior que o da estaca ou tubulão. Esse fenômeno ocorre no caso de solo em processo de adensamento provocado pelo peso próprio (caso de aterros) ou por causa da sobrecargas lançadas na superfície, rebaixamento de lençol de água ou amolgamento decorrente de execução de estaqueamento. Os seguintes métodos são usados na determinação da capacidade de carga do solo (capacidade de carga de fundações profundas):

- Métodos estáticos: podem ser teóricos, quando o cálculo é feito com teoria desenvolvida dentro da Mecânica dos Solos, ou semiempírico, quando são usadas correlações com ensaios *in situ*; na análise das parcelas de resistência de ponta e de atrito lateral, é necessário levar em conta a técnica executiva e as peculiaridades de cada tipo de estaca ou tubulão; quando o elemento de fundação tiver base alargada, o atrito lateral tem de ser desprezado ao longo de um trecho inferior do fuste (acima do início do alargamento da base) igual ao diâmetro da base.
- Provas de carga: a capacidade de carga pode ser determinada por provas de carga; nesse caso, na determinação da carga admissível, o fator de segurança contra a ruptura precisa ser igual a dois.
- Métodos dinâmicos: são métodos de estimativa da capacidade de carga de estacas cravadas à percussão, baseados na observação do seu comportamento durante a cravação. A capacidade de carga de uma estaca cravada a percussão é função da resistência que o solo oferece à sua cravação nos últimos golpes. Denominando essa resistência por R e a penetração (por golpes) por s, o produto $R.s$ deverá ser igual ao trabalho do golpe do martelo multiplicado pelo rendimento do golpe:

$R . s = q . P . h$

em que q é o rendimento do golpe, P o peso do martelo e h sua altura de queda.

5.5.2 Efeito de grupo de estacas ou tubulões

O processo de interação das diversas estacas ou tubulões que constituem uma fundação, ao transmitirem ao solo as cargas que lhes são aplicadas, acarreta uma superposição de tensões, de tal sorte que o recalque do grupo de estacas ou tubulões para a mesma carga por estaca é, em geral, diferente do recalque da estaca ou tubulão isolado. A carga admissível de um grupo de estacas ou tubulões não pode ser maior que a de uma hipotética sapata de mesmo contorno que o do grupo, e assentada a uma profundidade acima da ponta das estacas ou tubulões igual a 1/3 do comprimento de penetração na camada-suporte, sendo a distribuição de pressões calculada por um dos métodos consagrados na Mecânica dos Solos.

No caso particular de conjunto de tubulões de base alargada, a verificação deve ser feita em relação a uma sapata que envolva as bases alargadas e repouse na mesma cota de apoio dos tubulões. As estacas de um grupo têm de estar espaçadas de forma tal que o trecho de terreno entre elas continue a atuar como elemento de resistência. Quando elas se encontram muito próximas entre si, pode ocorrer que o prisma de solo entre elas se solidarize às estacas, funcionando o grupo mais o solo intermediário como um só bloco. Assim, a capacidade de carga de um grupo de estacas pode ser diminuída pela cravação de estacas adicionais. O espaçamento mínimo aconselhado pela prática é de 2,5 diâmetros do círculo de área equivalente à seção das estacas, contado eixo a eixo, mas essa distância nunca deve ser inferior a 60 cm.

5.5.3 Peculiaridades dos diferentes tipos de fundação profunda

5.5.3.1 Estaca de madeira

As estacas de madeira precisam atender às seguintes condições:

- a ponta e o topo ter diâmetros maiores que 15 cm e 25 cm, respectivamente;
- a reta que une os centros das seções de ponta e topo estar integralmente dentro da estaca;
- o topo das estacas ser convenientemente protegido para não sofrer danos durante a cravação; quando, entretanto, durante a cravação ocorrer algum dano na cabeça da estaca, a parte afetada tem de ser cortada as estacas

de madeira ter seu topo (cota de arrasamento) abaixo do nível de água permanente; em obras provisórias ou quando as estacas recebem tratamento de eficácia comprovada, essa exigência pode ser dispensada;
- em terrenos com matacões, evitar as estacas de madeira;
- quando tiver de penetrar ou atravessar camadas resistentes, a ponta ser protegida por ponteira de aço;
- em águas livres, as estacas de madeira devem ser protegidas contra o ataque de organismos.

5.5.3.2 Estaca de aço

As estacas de aço devem ser praticamente retilíneas e resistir à corrosão, pela própria natureza do aço ou por tratamento adequado. Quando inteiramente enterradas em solo natural, independentemente do nível do lençol de água, as estacas metálicas dispensam tratamento especial. Havendo, porém, trecho desenterrado ou sujeito a efeitos de aeração diferencial ou, ainda, imerso em aterro com materiais agressivos ao aço, é obrigatória a proteção desse trecho com um encamisamento de concreto ou outro recurso adequado (pintura à base de resina epóxi, proteção catódica etc.). As estacas de aço podem ser constituídas por perfis laminados, mais comuns com seção "I" (podendo ser usados os perfis fabricados não só para pilares como os para vigas, pois a questão de flambagem em estacas é de pequena importância), ou soldados, simples ou múltiplos, tubos de chapa dobrada (seção circular, quadrada ou retangular), tubos sem costura e trilhos.

As estacas metálicas podem ser emendadas por solda, talas parafusadas ou luvas. Consideram-se retilíneas as estacas cujo raio de curvatura for maior que 400 m. Como essas estacas poderão ser emendadas, elas permitirão ser cravadas até profundidades muito grandes, com a finalidade de transferir a carga para um substrato profundo, firme, que é muitas vezes constituído por rocha. Toda a soldagem executada na obra será precedida de criteriosa remoção de óxido de ferro formado na superfície de trabalho. Na utilização de estaca constituída por perfis metálicos agrupados, a soldagem deverá ser feita de modo a evitar que as tensões de cisalhamento possam provocar a separação dos perfis.

5.5.3.3 Estaca de concreto

5.5.3.3.1 Estaca pré-moldada ou pré-fabricada

As estacas pré-moldadas podem ser de concreto armado ou protendido, concretadas em formas horizontais ou verticais, ou por sistema de centrifugação. Precisam ter armadura e receber cura adequada, de modo a terem resistência compatível com os esforços decorrentes de manuseio, transporte, cravação e utilização. A seção de uma estaca pré-moldada de concreto poderá ser de qualquer formato, desde que sua simetria seja radial. As seções mais comuns são a quadrada (mais fácil de ser moldada e armada), a octogonal e a circular (esta última moldada por processo centrífugo). A resistência de atrito lateral, por unidade de volume, é menor nas estacas circulares e maior nas de seção quadrada.

A maior vantagem das estacas pré-moldadas de concreto é que elas podem ser confeccionadas em qualquer dimensão para se adaptarem ao bate-estacas disponível e a qualquer carga de trabalho: sejam de pequena seção e comprimento (suportando pequenas cargas), para serem cravadas com bate-estacas leves, sejam suportando cargas pesadas, compridas e de grande seção, para serem cravadas com bate-estacas especiais. As estacas de concreto são sempre armadas, porém, a função da armadura é essencialmente para resistir às tensões que aparecem no seu transporte, manuseio e cravação. A armação consiste em barras longitudinais, solidarizadas por estribos colocados em quadrados ou em círculos isolados ou hélices contínuas. Para a proteção da armadura, deverá haver em torno dela uma camada de recobrimento de concreto de pelo menos 3 cm. A cabeça da estaca será feita e armada de forma a não ser danificada pelos golpes do martelo (pilão) durante a cravação.

A superfície do topo terá de ser perfeitamente plana e em ângulo reto com o eixo da estaca, e a armadura de estribos necessita ser ali duplicada. As barras longitudinais deverão ficar pelo menos 15 cm abaixo daquela superfície. A ponta da estaca precisa ter seção semelhante à do restante da estaca: a relação entre os lados das duas seções será igual a 1/4. A armadura necessita ser duplicada da ponta até a altura igual ao dobro da distância entre dois lados opostos da seção da estaca. Sempre que possível, deverá ser evitado o uso de estacas pré-moldadas de concreto em terrenos com grande variação de características (que possa provocar grande variação no comprimento das diversas estacas) e em terrenos onde for constatada a presença constante de matacões. Terá de ser observado cuidado no manuseio e transporte das estacas, a fim de que não ocorram trincas causadas por choque. Uma vantagem da estaca pré-moldada em relação às moldadas *in loco* (Seção 5.5.3.3.2) é a possibilidade de utilizar a própria estaca como elemento de verificação da capacidade de carga do solo durante a cravação. A capacidade de carga das estacas pré-moldadas pode atingir 300 ton ou mais.

CRAVAÇÃO DE ESTACA PRÉ-MOLDADA – PROCEDIMENTO DE EXECUÇÃO DE SERVIÇO
a) Documentos de Referência
Sondagens, projetos executivo de arquitetura e estrutural de fundações.
b) Materiais e Equipamentos
Fornecidos pela executora das fundações:
- EPs e EPIs (capacete, botas de couro e luvas de raspa);
- estacas pré-moldadas de concreto;
- bate-estacas.

c) Método Executivo
Condições para o início dos serviços:
- As sondagens do solo e o projeto de fundações devem estar disponíveis.
- O terreno tem de estar nivelado ou em patamares, e as estacas locadas com piquetes (estacas de posição ou marcos).

Execução dos serviços:

Generalidades: a seção de uma estaca pré-moldada de concreto é de qualquer formato, desde que sua simetria seja radial. As seções mais comuns são a quadrada (mais fácil de ser moldada e armada), a octogonal e a circular (esta última moldada por processo centrífugo). A resistência de atrito lateral, por unidade de volume, é menor nas estacas circulares e maior nas de seção quadrada. As estacas de concreto são sempre armadas, porém a função da armadura é essencialmente resistir às tensões que aparecem no seu transporte, manuseio e cravação. A armação consiste em barras longitudinais, solidarizadas por estribos colocados em quadrados ou em círculos isolados ou hélices contínuas. Para a proteção da armadura, deve haver em torno dela uma camada de cobrimento de concreto de pelo menos 3 cm. A cabeça da estaca é feita e armada de forma a não ser danificada pelos golpes do *martelo (pilão)* durante a cravação. A superfície do topo tem de ser perfeitamente plana e em ângulo reto com o eixo da estaca, e a armadura de estribos necessita ser ali duplicada. As barras longitudinais devem ficar pelo menos 15 cm abaixo daquela superfície. Sempre que possível, precisa ser evitado o uso de estacas pré-moldadas de concreto em terrenos com grande variação de características (que possa provocar grande diversificação no comprimento das várias estacas) e em solos em que for constatada a presença constante de matacões. A cravação é feita pelo pilão em queda livre ou automático, sendo este último mais eficiente pois o avanço da estaca se dá sempre com a mesma força aplicada.

Fiscalização dos serviços: tem de ser observado cuidado no manuseio e transporte das estacas, a fim de que não ocorram trincas causadas por choque acidental. É obrigatória a presença do engenheiro da obra, assistido pelo consultor de fundações, durante a cravação das estacas de prova para determinação da nega e dos comprimentos necessários das demais estacas. Deve ser rejeitada toda estaca que não seja rigorosamente retilínea e isenta de trincas ou falhas de concretagem. O levantamento e posicionamento das estacas tem de ser feito pelos seus ganchos, tomando-se os cuidados necessários para que sejam minimizados os efeitos das vibrações originadas pelos golpes do pilão. Durante os serviços de cravação, sempre que houver a possibilidade de se causar danos a edificações vizinhas, têm de ser tomados todos os cuidados necessários para que sejam reduzidos os efeitos das vibrações originadas pelos golpes do martelo.

O processo de cravação de cada estaca deve ser sempre ininterrupto e acompanhado pelo engenheiro ou mestre de obras, para controle de sua locação, verticalidade, penetração e nega, sendo obrigatório o registro destas duas últimas de forma documentada e clara, no diário de obra específico do consultor de fundações. Durante o preparo das cabeças, a demolição do concreto excedente tem de ser executada de modo a não produzir esforços laterais que, por vibração, possam ocasionar fissuras ao longo das estacas, fazendo-se uso de ponteiro e marreta, sendo vedados golpes diretos de marreta na estaca. Deve ser preenchido um boletim de cravação de estacas pré-moldadas.

5.5.3.3.2 Estaca moldada *in loco*

a) Generalidades As estacas moldadas no solo podem ser armadas ou não, com revestimento perdido ou recuperável, ou sem revestimento:

- Nas estacas executadas com revestimento recuperável, a necessidade de armar a estaca pode decorrer das solicitações a que ela é submetida ou de razões de ordem executiva; em qualquer caso, o dimensionamento da armação, seja longitudinal, seja transversal, precisa levar em conta as condições de concretagem da estaca. Para efeito de cálculo, a resistência característica F ck do concreto não pode ser tomada maior que 16 MPa.
- Nas estacas executadas com revestimento perdido, este pode ser considerado como cintamento ou como armação longitudinal, levada em conta a perda de espessura por corrosão, no trecho em que a estaca trabalha permanentemente enterrada; no trecho livre (dentro ou fora da água), o revestimento tem de ser considerado perdido e substituído por ferragem adequada, a menos que seja tomada alguma medida especial de proteção.
- Nas estacas executadas sem revestimento, com concreto lançado da superfície (concretagem a seco), a resistência característica do concreto (f_{ck}) para efeito de cálculo, é limitada em 14 MPa.
- Quando a concretagem for submersa ou a seco, com concretagem por meio de tremonha ou caçamba, a resistência característica do concreto (f_{ck}) será limitada a 16 MPa.
- No caso de estacas Strauss, em razão de suas condições de execução, a resistência característica (F) do concreto não pode ser tomada maior que 12 MPa; recomenda-se que as estacas Strauss tenham o seu diâmetro limitado a 50 cm.

As estacas moldadas *in loco* são executadas preenchendo de concreto perfurações previamente executadas no terreno, mediante escavações ou cravações de tubo. As estacas podem ou não ter base alargada. Essas perfurações podem ter suas paredes suportadas ou não e o suporte ser provido por um revestimento, recuperável ou perdido, ou por lama tixotrópica (adiante descrita). Só é admitida a perfuração não suportada em terrenos coesivos, acima do lençol de água, natural ou rebaixado. Quanto à concretagem, admitem-se as seguintes variantes:

- *Perfuração não suportada (isenta de água):* o concreto é simplesmente lançado do topo da perfuração, por meio de tromba (funil) de comprimento adequado; usualmente, é suficiente que o comprimento do tubo do funil seja de 5 vezes o seu diâmetro.
- *Perfuração suportada com revestimento perdido, isenta de água:* o concreto é simplesmente lançado do topo da perfuração.
- *Perfuração suportada com revestimento perdido ou a ser recuperado, cheio de água:* é adotado um processo de concretagem submersa, de preferência com emprego de tremonha (adiante descrita).
- *Perfuração suportada com revestimento a ser recuperado, isenta de água:* nesse caso, a concretagem pode ser feita em duas modalidades:
    - o concreto é lançado em pequenas quantidades, que são compactadas sucessivamente, à medida que se retira o tubo de revestimento; emprega-se concreto com fator água-cimento baixo (0,40 a 0,45);
    - o tubo é inteiramente cheio de concreto plástico e, em seguida, é retirado de uma só vez com auxílio de equipamento adequado. Em cada caso, o concreto deve ter plasticidade adaptada à modalidade de execução;
- *perfuração suportada por lama:* é adotado um processo de concretagem submersa, utilizando-se tremonha; no caso de uso de bomba de concreto, ela tem de despejar o concreto no topo da tremonha, sendo vedado bombear diretamente para o fundo da estaca.

Nos casos em que, apesar dos cuidados mencionados, não se possa garantir a integridade da estaca, esses processos precisam ser revistos. A execução de estacas moldadas in loco, sem revestimento ou com tubo de revestimento recuperado, onde houver espessas camadas de argilas moles, exigirá cuidados especiais, como dosagem e plasticidade adequadas do concreto, armadura especial etc. No caso de estaca Strauss, para garantia da sua qualidade, necessitam ser considerados os aspectos a seguir:

- *Centralização da estaca:* o tripé ou torre será posicionado de maneira que o soquete preso ao cabo de aço fique centralizado no piquete de locação.

- *Início da perfuração:* a perfuração é iniciada com o soquete até 1 m a 2 m de profundidade. O furo servirá de guia para introdução do primeiro tubo de revestimento, dentado na extremidade inferior e chamado de coroa.
- *Perfuração:* depois da introdução da coroa, o soquete é substituído pela sonda (piteira), a qual, por gol- pes sucessivos, vai retirando o solo do interior e abaixo da coroa, que vai se aprofundando no terreno. Quando a coroa estiver toda cravada, é roscado o tubo seguinte, e assim sucessivamente, até que se atinja a profundidade prevista para a estaca e as condições previstas para o terreno. Imediatamente antes da concretagem, deve ser feita a limpeza completa do fundo da estaca, com total remoção da lama e da água eventualmente acumuladas durante a perfuração.
- *Concretagem:*
  - com o furo completamente seco, é lançado o concreto no tubo em quantidade suficiente para se ter uma coluna de, aproximadamente, 1 m. Sem puxar a tubulação de revestimento, apiloa-se o concreto, para formar uma espécie de bulbo;
  - para execução do fuste, o concreto é lançado dentro da tubulação e, à medida que é apiloado, ela vai sendo retirada com o emprego do guincho manual. Para garantia de continuidade do fuste, precisa ser mantida dentro da tubulação, durante o apiloamento, uma coluna de concreto suficiente para que ele ocupe todo o espaço perfurado e eventuais vazios e deformações, no subsolo. O pilão não pode ter condições de entrar em contato com o solo da parede ou da base da estaca, para não provocar desabamento ou mistura de solo com o concreto;
  - a concretagem é feita até pouco acima da cota de arrasamento da estaca, deixando um excesso para o corte manual da cabeça da estaca;
  - o concreto utilizado tem de apresentar, no mínimo, f_{ck} = 12 MPa e consumo de cimento superior a 300 kg/m³, e deve ter consistência plástica. Nesse caso, recomenda-se fator água-cimento não superior a 0,55.

b) "Broca" de concreto

Dentre as anteriormente descritas estacas moldadas *in loco*, a broca de concreto é a mais singela. Consiste simplesmente na perfuração do terreno por meio de uma broca ou trado-cavadeira até encontrar o subsolo firme. Em seguida, o furo é preenchido com concreto bastante seco e lançado por um funil apropriado, de modo a impedir que, por arqueamento, ele fique preso às paredes do furo. O adensamento do concreto precisa ser feito pelo socamento com vara. Todas as brocas necessitam ser executadas com concreto de consumo mínimo de cimento de 300 kg/m³, com comprimento máximo de 4 m, diâmetro mínimo de 25 cm e espaçadas de, no máximo, 2,5 m quando se tratar de pequenas edificações e 3 m quando se tratar de muros de fecho, gradis, etc. Como armadura de espera na cabeça da broca, para a futura ligação com o bloco de coroamento ou a viga-baldrame, utilizam-se, no mínimo, quatro barras de aço de 3/8"(convenientemente afastadas entre si) e 1,5 m de comprimento, dos quais, pelo menos, a extensão exposta seja igual a 40 vezes o diâmetro utilizado.

O uso de brocas de concreto só é permitido quando se tratar de execução da fundação de pequenas edificações, muros de fecho, gradis, muretas etc., que propiciem a distribuição de cargas não superiores a 5 t por unidade, em solos suficientemente coesivos (para evitar o estrangulamento do furo) e na ausência de lençol freático. A execução de brocas na presença do lençol freático só é admitida quando se tratar de solos com baixa permeabilidade, que possibilitem a concretagem do fuste antes do acúmulo de água no furo e sempre depois da aprovação do engenheiro da construtora.

c) Estaca Strauss

Outro tipo de estaca moldada *in situ* é a Strauss, de custo bastante baixo. Um tubo de aço é cravado no terreno, tendo um mandril no seu interior, até ser atingida a resistência do solo necessária. O mandril é retirado e, em seguida, lançado concreto seco no interior do tubo, ao mesmo tempo que este é removido. Como alternativa, à medida que se lança o concreto, ele pode ir sendo apiloado pelo próprio mandril que serviu para a cravação. Em geral, força-se esse apiloamento nas primeiras camadas (mais profundas), para formar uma base alargada e aumentar, assim, a resistência de ponta. Não será permitida a execução de estacas Strauss em solos que apresentem camadas submersas de areia (que possam impedir a limpeza do furo para a concretagem) e/ou camadas de argila mole (que possam produzir o estrangulamento do fuste quando da retirada da camisa metálica, estando o concreto ainda plástico).

O concreto a ser utilizado, na execução desse tipo de estaca, precisa ser de consumo mínimo de cimento de 300 kg/m³ e suficientemente plástico para não aderir à camisa metálica durante sua retirada (impedindo assim a formação de vazios e o consequente seccionamento ou estrangulamento do fuste). Na execução de estacas Strauss, será exigido rigoroso controle volumétrico da concretagem, ou seja, adequada equivalência entre o volume do fuste mais o do bulbo alargado e o volume de concreto lançado e adensado. Assim, durante a retirada da camisa metálica, têm de ser tomados os cuidados necessários para que seja sempre mantida, no seu interior, uma coluna de concreto que impeça a invasão de terra no furo de fuste (por desmoronamento) e seu consequente seccionamento ou estrangulamento, medindo o comprimento alcançado, correlacionando-o com o volume de concreto lançado em cada uma das sucessivas operações de concretagem.

d) Estaca Franki

Crava-se no solo por meio de golpes de um pilão de um bate-estacas, até a resistência do solo necessária, um tubo de aço cuja ponta é obturada por meio de uma bucha de concreto seco. Ao atingir a cota desejada, firma-se o tubo de revestimento, expulsa-se a bucha e cria-se um bulbo. Procede-se depois à concretagem do fuste (parte vertical da estaca), vertendo concreto seco no tubo, que é arrancado à medida que vai sendo lançado o concreto, o qual é sempre apiloado pelo pistão do próprio bate-estacas. Na maioria das vezes, por razões construtivas, introduz-se no fuste uma armação composta de quatro barras de ferro solidarizadas por estribos. As estacas Franki têm diâmetros de tubo variando desde 30 cm até 60 cm. São projetadas para suportar cargas geralmente elevadas, até 100 t.

Sempre que a execução de estacas Franki compreender a travessia de camadas espessas de argila rija e isso representar perigo de levantamento ou trincas para estacas vizinhas, deverão ser utilizados processos de pré-furação ou escavação interna à camisa, que aliviam a excessiva compressão do solo continente. O concreto a ser utilizado na execução desse tipo de estaca tem de ser de consumo mínimo de cimento de 350 kg/m³ e com densidade tal que possibilite boa compactação, diminuindo assim os riscos de estrangulamento do fuste. Os últimos 150 L de concreto do bulbo precisam ser vigorosamente apiloados, com o número de golpes necessários para desenvolver energia (E) mínima de 250 tm (para estacas de até Ø 45 cm) ou 500 tm (para estacas de diâmetros superiores a 45 cm), assim determinada:

$$E = N.P.H$$

em que N é o número de golpes requerido, P é o peso do martelo (ou pilão) utilizado e H sua altura de queda.

Nos casos em que a solução tecnicamente mais indicada for a utilização de estacas Franki e houver a necessidade de se atravessar camadas muito espessas de argila mole (da ordem de 10 m ou mais), ou for detectada a presença de elementos agressivos ao concreto ou à sua armadura, é necessário adotar, desde que economicamente viável, o processo de estaca Franki tubada (com camisa metálica perdida). Na execução de estacas Franki tubadas, deverão ser observadas as mesmas recomendações estabelecidas para a moldagem de estacas Strauss, no que diz respeito ao rigoroso controle volumétrico do concreto lançado e seu correlacionamento com o comprimento alçado da camisa metálica. A estaca Franki pode atingir camadas profundas do solo e pode ser executada abaixo do nível de água.

e) Estaca escavada com uso de lama bentonítica

Generalidades: É a estaca moldada *in loco* cujo processo de execução é o mais complexo. As estacas escavadas com uso de lama, sejam circulares, sejam alongadas (estacas-barrete ou paredes-diafragma), pela sua técnica executiva, têm sua resistência, em grande parte, dependendo do atrito ao longo do fuste, enquanto a resistência de ponta é considerada apenas depois de recalques mais elevados.

- *Carga admissível:* nessas condições, a carga admissível de uma estaca escavada precisa atender simultaneamente às seguintes condições:
    - ser obtida pela aplicação do coeficiente de segurança igual a dois à soma da resistência de atrito e resistência de ponta, de modo que a resistência de atrito não seja inferior a 80% da carga de trabalho a ser adotada; e

– quando a estaca tiver sua ponta em rocha e possa garantir o contato entre o concreto e a rocha, toda carga pode ser absorvida por resistência de ponta, valendo nesse caso o coeficiente de segurança não inferior a três;
- *concretagem*: deve ser feita por meio de tremonha, usando concreto que satisfaça as seguintes exigências:
  – resistência característica = 150 kg/cm2
  – fator água-cimento máximo = 0,5
  – teor de cimento não inferior a 400 kg/m³;
  – abatimento *(slump-test)* = (20 ± 2) cm;
  – diâmetro máximo do agregado não superior a 10% do diâmetro do tubo de concretagem, em geral brita nº 1;
  – o embutimento da tremonha no concreto durante toda a concretagem não pode ser inferior a 1,5 m, a fim de evitar mistura da lama com o concreto.
- *Lama bentonítica* (adiante descrita): a fim de garantir o bom funcionamento da lama bentonítica na estabilização das paredes, exige-se que o nível da lama na escavação seja mantido 1,5 m acima do nível do lençol freático;
- *Aditivos*: o uso de aditivos plastificantes é normalmente necessário e, de qualquer modo, eles só são aceitáveis se seu tempo de eficácia não for inferior ao tempo total de concretagem da estaca.

As estacas escavadas de grande diâmetro, de concreto armado, escavadas diretamente no terreno, são dotadas de grande capacidade portante, tendo como função a transmissão da carga da superestrutura a um estrato profundo e resistente do subsolo ou de difundir o peso da construção a substratos de terreno capazes de oferecer suficiente resistência à carga. Os mesmos equipamento e tecnologia permitem ainda a execução de diafragmas contínuos de concreto armado moldados no terreno, com a função de construir no subsolo um muro vertical de profundidade e largura variáveis.

f) Estaca escavada de grande diâmetro ("estacão")

São chamadas estacas de grande diâmetro as que se apresentam com diâmetro igual ou superior a 70 cm; os diâmetros normalmente utilizados variam de 120 cm a 160 cm, embora possam ser executadas estacas de diâmetro superior a 200 cm, chegando a atingir até 300 cm. Não sendo possível utilizar, para o revestimento de tais estacas, tubos-forma de grandes dimensões, é a elas aplicada a mesma técnica desenvolvida para a execução de diafragmas contínuos, qual seja, com o emprego de lama bentonítica.

As estacas de grande diâmetro executadas por perfuração à rotação podem ser feitas próximo a construções existentes, dada a quase total ausência de vibração, substituindo com sensível vantagem técnica as estacas cravadas por percussão e, com vantagem econômica, os tubulões a ar comprimido, além de grande rapidez de execução. Existem, ainda, estacas de grande diâmetro com *célula de pré-carga*, que correspondem à fundação por estacas flutuantes, à qual se recorre quando, pela inexistência de camadas resistentes no subsolo, não se consegue ter contribuição suficiente e adequada da resistência de ponta, devendo toda a carga ser transmitida ao solo por atrito lateral. As vantagens que as estacas perfuradas mecanicamente apresentam em relação aos outros tipos são:

- conhecimento imediato e real de todas as camadas atravessadas e possibilidade de segura avaliação da capacidade de carga da estaca mediante a coleta de amostras e seu eventual exame em laboratório;
- ausência de vibração (evitando qualquer percussão), pois a escavação se faz por rotação;
- gradual adaptação da estaca às condições físicas do terreno, com sensível aumento do atrito lateral e possibilidade de obter estaca mais adequada à desejada distribuição das cargas sobre o terreno;
- possibilidade de atingir grande profundidade (50 m a 70 m);
- possibilidade de executar a estaca em quase qualquer tipo de terreno, com água ou não, e atravessar matacões de pequenas dimensões (com a aplicação de uma ferramenta especial: *trepano* – espécie de furadeira que permite a abertura de um orifício).

g) Estaca-barrete

As estacas-barrete são elementos de fundação de seção retangular dotados de alta capacidade de carga que, em diversas condições, podem ser utilizadas com vantagem em substituição às estacas de grande diâmetro (estacões).

Essas estacas são moldadas com a técnica e o equipamento de execução dos diafragmas contínuos de concreto armado. As estacas-barrete são derivadas de um ou mais painéis de parede-diafragma, orientados ou associados de diversos modos e utilizados como elementos portantes de fundação, em substituição às estacas de grande diâmetro. Podem ser distribuídas em várias posições, das quais algumas na forma de "L", "T", "H", "X", "I" e outras. A capacidade de carga típica de uma estaca-barrete varia aproximadamente de 155 tf (com seção de 30 cm × 150 cm e concreto trabalhando a 35 kg/cm²) até 1500 tf (com seção de 1,2 m × 3,2 m e concreto a 50 kg/cm²).

5.5.4 Metodologia executiva

A execução de elementos de fundação e de paredes-diafragma por perfuração em presença ou não da lama bentonítica deve prever as seguintes condições:

- a perfuração pode ser executada a seco, no caso particular de terreno fortemente impermeável (ou na ausência de lençol freático) e coesivo; ou
- pela contenção das paredes do furo. Essa contenção pode ser realizada de duas maneiras:
  - mediante a cravação de revestimento metálico temporário ou perdido;
  - por meio de utilização de lama bentonítica.

5.5.4.1 Perfuração

O sistema de perfuração pode ser por rotação ou por mandíbulas (*clam-shell* – máquina composta por duas mandíbulas de acionamento mecânico ou hidráulico acoplada a um guindaste), conforme se trate de estacas cilíndricas ou paredes-diafragma e estacas-barrete. Para o sistema de perfuração à rotação, com eventual emprego de lama bentonítica, o equipamento consta essencialmente de uma plataforma rotativa, que aciona uma haste telescópica (com comprimento necessário para atingir as cotas de fundação), que desliza pela mesa e tem na sua extremidade inferior uma ferramenta de escavação. As características da ferramenta utilizada nessa escavação variam em conformidade com a natureza do terreno, sendo certo que seus tipos principais (trado, caçamba e coroa) deverão ter diâmetro necessário para atender às exigências do projeto.

Podem ser utilizados também alargadores acima do diâmetro nominal da caçamba. Quando a máquina estiver locada com a ferramenta precisamente centrada na posição da estaca, a ferramenta será girada e pressionada contra o solo. À medida que penetra no solo, a ferramenta é preenchida gradualmente. Quando cheia, a haste é levantada e a ferramenta esvaziada automaticamente, por força centrífuga (no caso de trado) ou por abertura do fundo (no caso de caçamba – *clam-shell*). Essa operação se repete até que tenha sido alcançada a profundidade de projeto. Desde o início da perfuração, adiciona-se lama bentonítica no furo, mantendo-a sempre em nível acima da boca do furo.

5.5.4.2 Colocação da armadura

Terminada a perfuração, procede-se à colocação da armadura em gaiolas pré-montadas, por meio de guindaste, devendo ser a armadura dotada de estribos espirais, anéis de rigidez e espaçadores que possam garantir recobrimento conveniente da ferragem principal.

5.5.4.3 Concretagem

O lançamento do concreto em perfuração preenchida com lama bentonítica é submersa, ou seja, de baixo para cima, com o emprego de um tubo de concretagem: tubo tremonha (*tremie*). O concreto, sendo mais denso que a lama, expulsa esta, que é bombeada de volta para o depósito da lama. É uma operação simples, mas que requer habilidade e atenção. Um elemento de fundação perfeito somente se obtém com o completo deslocamento da lama. A substituição incompleta da lama na extremidade inferior do elemento de fundação pode prejudicar a resistência de ponta. A indesejável mistura de concreto com lama pode formar inclusões e reduzir a resistência do concreto. Além disso, bentonita não deslocada da armadura reduz a aderência entre o aço e o concreto.

5.5.5 Capacidade de carga

O cálculo da capacidade de carga de um elemento de fundação é função das características do subsolo. Para as estacas concretadas *in loco*, há fórmulas estáticas compostas de duas partes: uma que exprime a capacidade de carga por causa da resistência por atrito lateral e a outra pela resistência de ponta. Admite-se que a capacidade-limite de uma estaca seja a soma das capacidades de resistência de ponta e de aderência lateral. No entanto, em casos particulares, a capacidade-limite da estaca será igual somente à resistência de ponta ou somente à de atrito lateral. A capacidade de carga típica de um estacão varia de aproximadamente 99 tf (com diâmetro de 60 cm e solicitação à compressão simples do concreto de 35 kg/cm²) até 1571 tf (com diâmetro 200 cm e concreto a 50 kg/cm²).

5.5.5.1 Equipamentos

Os equipamentos utilizados em estacas escavadas são:
- plataforma de perfuração;
- hastes telescópicas;

e em paredes-diafragma e estacas-barrete:
- sistema de perfuração (constituído de uma haste vertical telescópica que desliza sobre guia robusta, que mantém constante a verticalidade e a orientação da escavação, tendo na extremidade um *clam-shell* de comando hidráulico por intermédio de pistões).

5.5.5.2 Composição e propriedades da bentonita

A *bentonita* é uma mistura argilosa constituída prevalentemente de montmorilonita (silicato hidratado de alumínio), que absorve água até seis a sete vezes o próprio peso, aumentando de 15 a 20 vezes o próprio volume, formando uma suspensão coloidal, cuja propriedade fundamental é a *tixotropia*, ou seja, a característica de sofrer transformação isotérmica e reversível, apresentando-se como gel, quando em repouso, e como solução, quando em movimento. Por causa dessa propriedade, ao lado das paredes de uma perfuração e em suas reentrâncias, forma-se uma película *(cake)* de partículas de bentonita hidratada, que se constitui em barreira à passagem de água. Assim, uma fraca suspensão, com pequena percentagem de sólidos, apresenta:

- viscosidade superior à da água;
- tixotropia;
- capacidade de formação de película *(cake)*,

propriedades essas essenciais, que tornam possível o emprego da bentonita na estabilização de escavações, mantendo-as inalteráveis até que se processe a concretagem. Em resumo, pode-se afirmar que a suspensão bentonítica atua sobre a parede da escavação exercendo pressão hidrostática correspondente à profundidade da suspensão naquele ponto. Essa suspensão atua por meio da película *(cake)* que forma um diafragma suficientemente impermeável, impedindo inclusive a penetração de água do lençol das vizinhanças da escavação. A estabilidade da escavação é assegurada pela pressão hidrostática da bentonita, superior à pressão do solo e da água do lençol. Na prática, a estabilidade da escavação é obtida desde que a suspensão de bentonita seja mantida no nível de cerca de 1,5 m acima do nível do lençol freático. Assim, a possibilidade de executar a perfuração sem tubos de revestimento elimina os limites de diâmetro e de profundidade que por eles seriam impostos e ainda permite a execução de estacas de seção não circular.

5.5.5.3 Especificações técnicas dos materiais empregados

- *Lama bentonítica:* é formada de uma mistura de água doce e bentonita, na dosagem de 1 m³ de água e 30 kg a 100 kg de bentonita, em função da viscosidade e da densidade que se pretende obter, podendo essa última variar entre 1,02 g/cm³ e 1,10 g/cm³.

- *Armadura:* deverá ser pré-montada, em seções de comprimentos adequados, e as diversas seções ligadas por solda ou *clips*. Serão previstos ganchos para elevação, anéis de rigidez e distanciadores rotativos para garantir a centralização da armadura. O cobrimento mínimo em relação à parede do furo não pode ser inferior a 5 cm e o intervalo mínimo entre as barras de ferro principais tem de ser de 10 cm. A armadura será colocada no furo antes da concretagem e mantida suspensa, evitando que se apoie no fundo.
- *Concreto e modalidade de concretagem:* o concreto empregado será o pré-misturado com agregado graúdo de diâmetro máximo de 20 mm. O limite de abatimento *(slump)* será de (20 ± 2) cm. O teor de cimento geralmente empregado é de 400 kg/m³ de concreto. O sistema de lançamento consiste em despejar o concreto por gravidade por um tubo, central ao furo, munido de um funil de alimentação e com a extremidade imersa no concreto.

5.5.5.4 Estaca escavada e parede-diafragma: procedimento de execução de serviço

a) Documentos de Referência

Sondagens, projetos de arquitetura e estrutural de fundações com passagem das instalações.

b) Materiais e Equipamentos fornecidos pela construtora:
- concreto pré-misturado: consumo de cimento 400 kg/m3, *slump* (20 ± 2) cm; brita 1; $f_{ck} \geq 20$ MPa;
- vergalhões e arames de aço para concreto armado (barras e fios);
- eletrodos, grampos e *clips*.

Fornecidos pela executora das fundações:
- bentonita em sacos;
- equipamento especializado;
- laboratório de controle tecnológico.

c) Método Executivo

Condições para o início dos serviços:
- as sondagens e o projeto de fundações devem estar disponíveis;
- a terraplanagem para execução dos patamares de trabalho do equipamento tem de ser feita;
- a execução das paredes-guias precisa estar concluída, nas devidas cotas.

Condições para o início dos serviços
- **Escavação:**
    - a ferramenta de perfuração ou escavação deve ser guiada por duas paredes-guias laterais de concreto com 1 m a 1,5 m de profundidade;
    - a escavação tem de ser estabilizada com lama bentonítica, cujas características devem ser aquelas já descritas;
    - a composição e a homogeneização da suspensão de bentonita necessitam ser garantidas em todas as etapas da execução;
    - os materiais escavados ou excessos de bentonita não podem ser descarregados em galeria de águas pluviais ou rede de esgoto;
    - a cota de assentamento da parede-diafragma é estabelecida no projeto, porém, a da estaca deve ser aprovada e liberada pela firma fiscalizadora de fundações;
    - terminada a escavação, precisa ser assegurada a limpeza do fundo;
    - as estacas levam uma armadura previamente montada no topo, com 6 m de comprimento. A armadura em forma de gaiola tem de ser enrijecida com estribos ou barras helicoidais, de maneira a evitar a deformação da gaiola durante o levantamento e colocação no furo. A armadura é centralizada no furo por meio de roletes espaçadores;
    - a armadura necessita ser protegida contra o levantamento causado pela subida do concreto.
- **Concretagem:**

- a concretagem da estaca será submersa, ou seja, de baixo para cima, com o emprego de tubo-tremonha (o concreto sendo mais denso que a lama, expulsa esta, que é bombeada de volta para o depósito de lama);
- antes da concretagem, deve ser garantida a limpeza do fundo da escavação. A limpeza tem de ser feita com o emprego de *air-lift* ou bomba submersa. Depois da limpeza do fundo, é necessário ser verificada a homogeneidade da suspensão de bentonita, decidindo-se pela necessidade ou não de troca da suspensão;
- depois da verificação da homogeneidade da suspensão, o tempo para início da concretagem da estaca não pode ser superior a 5 h;
- iniciada a concretagem da estaca ou do trecho de parede-diafragma, não são permitidas interrupções;
- a velocidade de subida do concreto é de 3 m/h, no mínimo;
- o concreto utilizado precisa ter as seguintes características:
    * resistência característica = f_{ck} > 20 MPa;
    * teor mínimo de cimento = 400 kg/m³;
    * fator água-cimento máximo = 0,5;
    * slump (20 ± 2) cm;
    * brita nº 1.

- **Lama bentonítica:**
    - a lama bentonítica é obtida misturando-se bentonita em pó com água, em misturadores de alta turbulência, com uma concentração variando normalmente de 4% a 8%;
    - a lama bentonítica tem três características muito importantes:
        * estabilidade, que se traduz pela não decantação das partículas de bentonita, mesmo por um longo período de tempo;
        * capacidade de formar rapidamente, sobre uma superfície porosa (solos, no caso), uma película impermeável *(cake)*;
        * tixotropia: capacidade reversível de tornar-se líquida quando agitada ou bombeada e de tornar-se gel (estrutura castelo de cartas) quando cessado o movimento;
    - as propriedades da lama bentonítica variam com o tipo de misturador utilizado, o tempo de mistura e o período de descanso da lama depois da mistura. Para se obter máxima hidratação, dependendo da energia da mistura, é necessário um período de descanso de até 24 h;
    - para atuar como fluido estabilizante, a lama bentonítica tem de:
        * conter as paredes da escavação, exercendo uma pressão hidrostática sobre elas;
        * manter os resíduos da escavação em suspensão, evitando sua deposição no fundo da escavação ou nas tubulações;
        * ser facilmente deslocada pelo concreto, bem como ser bombeável;
    - para exercer pressão hidrostática sobre as paredes da escavação, é necessário que o *cake* forme-se rapidamente e que seja impermeável;
    - sob ação do fluxo de lama do interior da escavação para fora, as partículas de bentonita hidratada vão rapidamente colmatar os vazios do solo, formando uma película impermeável. Para isso, é necessário que o nível da lama esteja sempre acima (mínimo de 1,5 m) do nível do lençol freático;
    - o desempenho da lama bentonítica pode ser avaliado por algumas de suas características:
        * espessura e permeabilidade do cake;
        * peso específico (densidade);
        * viscosidade;
        * teor de areia;
        * pH (potencial hidrogeniônico: índice que indica a acidez, neutralidade ou alcalinidade);
    - a norma brasileira fixa limites (indicados a seguir) para as propriedades da lama bentonítica, conforme a Tabela 5.2;
    - a empresa executora deve manter na obra laboratório com os seguintes equipamentos:
        * cone de Marsh;

Tabela 5.2: Lama bentonítica

Propriedade	Valores	Meio de determinação
Densidade (g/m3)	1,025 a 1,10	Balança de lama
Viscosidade (seg)	30 a 90	Funil de Marsh
pH	9 a 12	Papel de tornassol
Teor de areia (%)	<3	Proveta de Baroid
Espessura do *cake* (mm)	1 a 2	Filtragem à pressão

* dispersor;
* peneira 200 – série normal;
* proveta de 100 ml graduada de 10 ml em 10 ml;
* balança de lama com precisão aferida até 2 kg;
* amostrador com 1.300 cm³;
* papel de *tornassol* e escala de cores;

– as características da lama bentonítica são:
   * o peso específico superior a 1,03 t/m³;
   * a viscosidade Marsh, durante a escavação, não pode ficar abaixo de 30 seg. A medida da viscosidade da lama indica eventual contaminação da suspensão;
   * o teor máximo de areia antes da concretagem, medido a partir de amostra de lama bentonítica tirada da última camada escavada, não pode ser superior a 3% em peso;
   * a alcalinidade da lama tem de ficar entre pH mínimo de 7,5 e máximo de 11,7.

f) Estaca Injetada de Pequeno Diâmetro

São consideradas estacas injetadas de pequeno diâmetro aquelas até cerca de 20 cm, escavadas de forma circular, com perfuratriz. Podem ser verticais ou inclinadas. Basicamente, são executadas com o seguinte procedimento:

* escavação por meio de perfuração com equipamento mecânico apropriado, até a cota especificada no projeto, com uso ou não de lama bentonítica, e de revestimento total ou parcial, e com diâmetro da perfuração no mínimo igual ao do fuste considerado no dimensionamento;
* limpeza do furo e introdução da armadura (tubo, barras ou fios de aço) e, quando for o caso, dispositivo para injeção (tubo de válvulas múltiplas);
* injeção de produto aglutinante, sob pressão, para a moldagem do fuste e ligação da estaca ao terreno, executada em uma ou mais etapas; nessa fase, pode ser introduzida armadura adicional.

A resistência estrutural do fuste deve ter fator de segurança à ruptura mínimo de dois, calculada em relação às resistências características dos materiais. O consumo de cimento da calda ou argamassa injetada tem de ser no mínimo de 350 kg/m³ de material introduzido. A injeção precisa ser feita usando nata de cimento ou argamassa, dosadas de maneira adequada ao método executivo e injetadas de maneira a garantir que a estaca tenha a carga admissível prevista no projeto e a ser confirmada experimentalmente. A capacidade de carga necessita ser verificada por meio de provas de carga. No caso de estacas injetadas de pequeno diâmetro atravessando espessas camadas de argila mole, deve ser considerado o efeito da flambagem. A injeção sob pressão pode ser aplicada em um ou mais estágios, junta ou separada da execução do fuste, pelo topo da escada ou em válvulas distribuídas ao longo do fuste. Toda a obra tem de ser acompanhada da apresentação de boletins de execução, constando no mínimo dos seguintes dados para cada estaca:

* descrição do método executivo com apresentação de esquema;
* diâmetro da perfuração;
* diâmetro, espessura e profundidade do revestimento recuperável ou permanente;

- uso ou não de lama bentonítica;
- armação;
- profundidade total;
- pressão máxima de injeção;
- pressão final de injeção;
- volume de calda ou argamassa injetada em cada estágio ou válvula;
- características da calda ou argamassa:
    - traço;
    - fator água-cimento;
    - número de sacos de cimento injetados, marca e tipo;
    - aditivos.

g) Estaca-Hélice Contínua Monitorada

O método consiste na perfuração mecânica por uma hélice espiral com avanço decrescente à medida que mudam as características do solo. O furo da espiral da hélice incorpora a bomba de injeção de concreto. A retirada da hélice é simultânea à concretagem, mas necessita ser puxada por um guindaste na ponta do equipamento, uma vez que a pressão do concreto não é suficiente para a remoção. Essas estacas são indicadas para áreas urbanas, por não ocasionar vibrações e ruídos exagerados. São utilizadas também em pré-escavações para introdução de perfis metálicos, caso não se deseje uma estaca moldada *in loco*. Os equipamentos existentes apresentam uma limitação de profundidade de 24 m, podendo chegar a 30 m com máquinas importadas. O que mais caracteriza o sistema é alta produtividade e o número reduzido de pessoas para a execução das estacas. Pode, ainda, ser executada estaca com inclinação de até 14°.

5.5.5.4.1 Execução

A estaca-hélice contínua *(continuous flight auger – CFA)* é uma estaca de concreto moldada in loco, executada pela a introdução no terreno, por rotação, de uma haste tubular (com diâmetro interno de 100 mm a 127 mm) dotada externamente de uma hélice contínua (trado) e injeção de concreto pela própria haste tubular, simultaneamente com sua retirada, sem rotação. Imediatamente após a concretagem, é introduzida a armadura. A estaca pode atingir até 30 m de profundidade. Essas fases executivas são a seguir detalhadas:

- *Introdução da Hélice* A primeira etapa da execução de uma estaca-hélice contínua consiste na penetração no solo, até a profundidade estabelecida em projeto, do trado contínuo que é introduzido no terreno por aplicação de torque. Para evitar que durante essa penetração haja entrada de solo ou água na haste tubular, existe, em sua face inferior, uma tampa metálica provisória, que será expulsa na fase da concretagem. Para obter-se adequada capacidade de carga da estaca, procura-se retirar o menor volume de terra durante a introdução da hélice, a fim de minimizar o desconfinamento na interface trado-solo. Isso é conseguido, na maioria dos casos, tomando-se o cuidado para que o trecho penetrado, a cada volta da hélice, seja próximo mas ligeiramente inferior ao passo, visto que maior velocidade de avanço tende a *prender* a hélice no solo e uma velocidade de avanço muito baixa (no jargão de obra denominada *alívio*), provoca a subida do solo, pois a hélice passa a funcionar como transportador vertical tipo parafuso. No caso de solos não coesivos, essa característica de transporte do trado, decorrente da baixa velocidade de penetração, tem sido a causa de vários acidentes. Pelas razões acima expostas, é importante saber selecionar o trado (tipo de ponta cortante, passo da hélice nas proximidades da ponta e no corpo do trado, e inclinação das lâminas da hélice), em função das características do terreno a ser atravessado. Com respeito ao tipo da ponta cortante, há dois casos mais frequentemente utilizados. No caso de solos ditos *normais*, a ponta do trado é dotada de dentes de aço e, em casos de terrenos *muito resistentes*, esses dentes são substituídos, ou complementados, por pontas de vídia.
- *Concretagem* Alcançada a profundidade desejada, inicia-se a fase de concretagem da estaca por bombeamento de concreto pelo interior da haste tubular. Sob a pressão do concreto, a tampa provisória é expulsa e a hélice passa a ser retirada, sem rotação, mantendo-se o concreto injetado sempre sob pressão positiva, da ordem de 50 kPa a 100 kPa (0,5 kgf/cm² a 1 kgf/cm²). Essa pressão positiva visa dar garantia da continuidade

do fuste da estaca e é obtida quando se observam dois aspectos executivos: o primeiro é certificar-se de que a ponta do trado, na fase de introdução, tenha atingido um solo que permita a formação da *bucha* para garantir que o concreto injetado se mantenha abaixo da ponta do trado e não suba pela interface solo-trado. O segundo é controlar a velocidade de extração do trado de modo a sempre ter um sobreconsumo de concreto (volume injetado maior que o teórico).

A causa de alguns acidentes nesse tipo de estaca decorre do fato de o operador pouco experiente julgar que o sobreconsumo está elevado sem levar em conta o tipo de solo onde está se processando a concretagem (e, o que pode ser pior, sem se certificar se houve a formação de bucha) e aumentar a velocidade de subida para diminuir esse sobreconsumo. Isso pode comprometer a integridade da estaca. As fases de introdução do trado e concretagem ocorrem de maneira contínua e ininterrupta de tal sorte que as paredes em que se formará a estaca estão sempre suportadas: acima da ponta do trado, pelo solo que se encontra entre as pás da hélice e, abaixo dessa cota, pelo concreto que está sendo bombeado. Durante a retirada do trado, um limpador mecânico remove o solo confinado entre as pás da hélice, que é retirado para fora da área do estaqueamento utilizando-se pá carregadeira de pequeno porte. Essas duas primeiras fases da execução (analogamente às demais) são monitoradas por instrumento eletrônico acoplado a sensores, conforme exposto no item "Controle do Processo", mais adiante.

O concreto utilizado é do tipo bombeável com resistência característica f_{ck} = 20 MPa, consumo mínimo de cimento de 400 kg por metro cúbico de concreto, abatimento (22 ± 2) cm e tendo como agregados areia e pedrisco. O uso de aditivos precisa ser evitado ao máximo, pois esse procedimento sem o devido controle e conhecimento tem sido a causa de alguns problemas. Por isso, recomenda-se que, antes de sua utilização, se faça uma avaliação conjunta e cuidadosa dos fornecedores do concreto e do aditivo, controlando-se, logo no início do estaqueamento, a sua adequabilidade. Cabe, finalmente, lembrar que, por ser a concretagem feita sob pressão e tendo o concreto abatimento alto, não se pode executar uma estaca próxima a outra recentemente concluída, pois pode provocar ruptura do solo entre elas. Como regra geral orientativa, recomenda-se que só se execute uma estaca quando todas, em um raio mínimo de cinco diâmetros, já tenham sido concretadas há pelo menos 1 d. Por essa razão, antes do início de um estaqueamento com hélice contínua, há necessidade de se fazer um planejamento do caminhamento da perfuratriz.

- *Instalação da Armadura* O processo executivo acima descrito impõe que a armadura só possa ser introduzida depois da concretagem da estaca e, portanto, com as dificuldades inerentes a esse processo de colocação, em particular quando a cota de arrasamento é profunda e abaixo do nível da água. Nesse caso, a boa técnica impõe que a concretagem seja levada até próximo do nível do terreno, para evitar que despreenda terra para dentro da cava antes da introdução da armadura. Esse excesso de concreto deverá ser cortado quando do preparo da cabeça da estaca (ver adiante item "Preparo da Cabeça da Estaca"). Por essa razão, quando só existem forças de compressão que aplicam a tensão máxima na estaca de 5 MPa, costuma-se dispensar a armadura, eliminando-se o inconveniente da sua instalação nessas estacas com arrasamento profundo (em alguns casos, mesmo com arrasamento profundo, é possível cravar barras isoladas no concreto fresco da estaca, que melhoram sua ligação com o bloco de coroamento, sem os riscos inerentes à introdução de armadura com estribos, que podem carregar junto consigo uma *bucha* de solo, criando um vazio no corpo da estaca).

Para facilidade de colocação, a armadura longitudinal tem de ser convenientemente projetada de modo a ter peso e rigidez compatíveis com seu comprimento. Atendidos esses itens, a introdução pode ser feita manualmente, lembrando que nesse caso, além dos requisitos mencionados, é de fundamental importância utilizar concreto com abatimento mínimo de 22 cm e diminuir ao máximo de 5 minutos o tempo entre o final da concretagem e o início da colocação da armadura. Caso esses pré-requisitos sejam atendidos, é possível introduzir, com esse procedimento, armaduras de até 12 m de comprimento. Para comprimentos maiores, o processo de introdução manual não é mais eficiente. Nesse caso, pode-se recorrer ao uso de um pilão, que se tem mostrado mais eficiente do que os vibradores, apesar de estes serem mais recomendados. Uma sugestão das bitolas mínimas da armadura das estacas é apresentada na Tabela 5.3, precisando ser o cobrimento mínimo de 7 cm em toda a extensão da estaca e de 15 cm no pé (para ø 30 cm e ø 35 cm, adotar cobrimento de 10 cm no pé).

Capítulo 5 – Fundações

Para garantir esse cobrimento, a armadura necessita ser dotada de espaçadores fixos. A utilização de roletes de argamassa, analogamente ao que se usa em estacas escavadas, não apresenta bons resultados, pois eles não giram quando da introdução da armadura no concreto, criando pontos de reação. Para estacas trabalhando apenas à tração, é preferível, do ponto de vista executivo, armá-las com uma ou mais barras longitudinais (normalmente, utilizadas em tirantes de barra), emendadas com luvas roscadas ou prensadas. Como nesse tipo de armadura não existem estribos, que são os elementos que dificultam o lançamento manual no concreto, pode-se armar a estaca com o comprimento máximo, introduzindo-se a armadura manualmente tirando partido do seu peso próprio.

Tabela 5.3: Bitolas do aço

Diâmetro da estaca (cm)	Diâmetro mínimo da ferragem (mm)	
	Longitudinal	Transversal (espiral)
30 a 40	12,5 a 16,0	6,3 passo 15 cm
50 a 70	16,0 a 20,0	6,3 passo 20 cm
80 a 100	20,0 a 22,0	6.3 passo 20 cm

5.5.5.4.2 Controle do processo

Todas as fases de execução da estaca são monitoradas utilizando-se um microcomputador instalado na cabina e à vista do operador da perfuratriz. Esse microcomputador é alimentado pela bateria da perfuratriz e opera on-line com os diversos sensores de controle. É importante lembrar que o bom funcionamento de um sistema eletroeletrônico é afetado pelas altas temperaturas. Por isso, a cabina da perfuratriz deve ser dotada de sistema de refrigeração que mantenha, em dias mais quentes, temperaturas ambientais adequadas.

- *Profundidade*
  Um sensor instalado na cabeça de perfuração se desloca em relação a um cabo fixo instalado ao longo da torre e permite leituras com precisão de 1 cm. Constitui-se em um sensor de rotação e um conjunto de roldanas que giram sobre o cabo, permitindo obter o deslocamento da cabeça do trado e, consequentemente, conhecer a posição da ponta dele em relação ao nível do terreno. Em conjunto com o relógio interno do computador, fornece também as velocidades de avanço, na perfuração, e de subida, na concretagem, em cada profundidade em que a ponta do trado se encontra.
- *Inclinação da Torre*
  Um sensor instalado geralmente atrás da torre constitui-se de dois inclinômetros que medem a inclinação da torre em relação a dois eixos perpendiculares entre si com precisão de 0,1º.
- *Velocidade de Rotação*
  Um sensor de proximidade instalado na cabeça de perfuração e que conta o número de pinos colocados em um anel que gira solidário ao trado. Conhecido o número de pinos de cada volta do anel e o tempo gasto em cada volta, obtém-se a velocidade de giro em rotações por minuto.
- *Torque*
  Um sensor de pressão (*strain gage*) instalado diretamente na linha de óleo hidráulico do motor faz girar a cabeça de rotação, geralmente junto da caixa de conexão. Como o que se mede é a pressão do óleo, a transformação dessa pressão em momento torsor é feita com base em gráficos fornecidos pelo fabricante do equipamento. Esses gráficos devem estar afixados na cabina do operador, em lugar visível.
- *Pressão de Concreto/Volume de Concreto*
  Um sensor de pressão é inserido na linha de bombeamento do concreto, próximo ao pé da curva pela qual ele fui. A pressão do concreto é medida em função da pressão exercida sobre um tubo de borracha, que,

por sua vez, comprime um líquido (água ou óleo). O fluxo de concreto é calculado de forma indireta, em função do número de picos de pressão e das características da bomba de injeção (volume de cada pico e frequência deles). Esse volume precisa ser ajustado, em cada obra, em função do tipo de bomba, seu estado de conservação, comprimento da rede etc. Todas as medidas acima referidas, além de mostradas na tela do computador, são também arquivadas em disquete, que permite seu reprocessamento em um microcomputador comum.

- *Torque e Força de Arranque da Perfuratriz*
  Conforme mencionado, o trado funciona como um transportador de parafuso (hélice). Por essa razão, sua velocidade de avanço no solo não pode ser muito lenta, principalmente se for em areia. Como essa velocidade decorre, além do projeto da hélice (passo e inclinação), também do torque (T) da perfuratriz, recomendam-se os seguintes valores mínimos (em que D é o diâmetro):
    - Estacas com $D \leq 70$ cm : $T \geq 80$ kN.m;
    - Estacas com 70 cm $< D \leq 100$ cm : $T \leq 160$ kN.m.

  Esses valores de torque referem-se aos comprimentos máximos de estacas hoje disponíveis no mercado, que se situam na faixa de 24 m. É evidente que, associada ao torque, a perfuratriz também tem de dispor de um sistema de arranque compatível, para garantir a remoção do trado sem dificuldades e permitir sua subida durante a concretagem de forma contínua (sem choques) e sem necessidade de girar. Sugerem-se forças de arranque mínimas de 400 kN para estacas com $D \leq 70$ cm e 700 kN para as com 70 cm $< D \leq 100$ cm.

- *Bomba de Injeção de Concreto*
  É evidente que, como qualquer equipamento, a bomba de injeção de concreto deve estar em bom estado de conservação e com os pistões bem ajustados, garantindo, além de bombeamento regular, a pressão de injeção mínima de 6 MPa (as pressões elevadas são usadas no início da concretagem quando se necessita expulsar a tampa provisória do pé do trado). Além disso, a rede que liga a bomba ao trado precisa ter as juntas estanques para que o concreto, durante a injeção, não perca água, pois essa é uma das causas mais frequentes de entupimento do sistema, principalmente em dias quentes. Além disso, para garantir uma velocidade de subida do trado conveniente, a bomba necessita ter capacidade grande de bombeamento, recomendando-se o mínimo de 20 m³/h, para estacas com diâmetro máximo de 50 cm, e 40 m³/h, para diâmetros maiores.

- *Exame de Fuste*
  Esse exame, obrigatório pelas normas técnicas em todas as estacas moldadas in loco, é uma ação de baixo custo e que traz benefícios consideráveis para o controle da qualidade das estacas. No caso de estaca-hélice contínua, essa escavação é facilmente realizada, pois sempre existe um equipamento dotado de concha, que se emprega na retirada do solo proveniente da estaca. Durante o período em que ele não está executando essa operação, poderá ser utilizado, sem custos adicionais para a obra, nesse serviço. Essa escavação pode ser completada por operários, principalmente nas primeiras estacas, quando essa escavação tem de ser aprofundada ao máximo.

- *Descrição dos sensores - Preparo da Cabeça da Estaca*
  Embora esse serviço não faça parte da execução da estaca e seja realizado, na grande maioria dos casos, quando a equipe de estaqueamento já não mais se encontra na obra, é importante lembrar ao responsável por esses serviços que o preparo adequado é de fundamental importância para seu bom desempenho. Nesse preparo, deve-se remover o excesso de concreto em relação à cota de arrasamento da estaca, utilizando-se um ponteiro, trabalhando com pequena inclinação para cima. No caso de estacas com diâmetro maior ou igual a 50 cm, permite-se o uso de martelete leve (tomando-se os mesmos cuidados quanto à inclinação) até cerca de 15 cm acima da cota de arrasamento, trecho esse que será removido com o ponteiro conforme acima descrito.

5.5.5.4.3 Descrição dos Sensores

h) Estaca Raiz

Empregadas em diversas modalidades de fundações, as estacas raiz são indicadas em casos de solos contendo matacões, locais de difícil acesso aos bate-estacas convencionais e locais que não permitem vibrações, como o interior de edificações, bases de assentamento de máquinas e torres. A capacidade de carga de uma estaca raiz pode variar, conforme o diâmetro, de 100 kgf a 180 tf. A gama de valores das cargas estruturais é muito ampla, inclusive de resistência de esforços horizontais, pois o equipamento permite a execução de estacas inclinadas. A perfuração pode ser executada por processo rotativo ou rotopercussão. O revestimento do furo é feito concomitante à perfuração. A injeção de concreto é ascensional à medida que se retira o encamisamento. Pode-se ou não empregar ar comprimido nessa fase. Terminada a perfuração, deve-se fazer a lavagem interna do tubo metálico e em seguida colocar a armadura, a qual é constituída por barras de aço devidamente estribadas.

i) Estaca ômega

Estaca ômega é uma estaca moldada *in loco* com ausência total de vibração durante a sua execução bem como sem a retirada do solo da escavação, comportando-se como uma estaca de deslocamento lateral do solo (que é assim compactado, sem transporte do material escavado à superfície do terreno, o que resulta numa melhora do atrito lateral). O princípio da estaca ômega é baseado na forma do trado de perfuração, com o diâmetro e o passo da hélice (espiral) aumentados progressivamente, de forma a utilizar a mínima energia necessária (torque) para deslocar e compactar lateralmente o terreno. Os diâmetros do trado disponíveis iniciam com 270 mm até 470 mm, com incremento no diâmetro de 50 mm. Não há limitação alguma para os diâmetros, contanto que haja energia disponível (torque) suficiente para cravar o trado no terreno. Quanto à profundidade das estacas, é possível executá-las com até 28 m, dependendo do tipo de solo e do equipamento, torque e diâmetro a ser usados. São assim as seguintes etapas executivas:

- o trado é cravado por rotação, com o uso de uma mesa rotativa hidráulica, provocando o deslocamento lateral do solo e sem o transporte do material escavado à superfície do terreno;
- alcançada a profundidade prevista, o concreto é bombeado sob alta pressão pelo interior do eixo oco do trado, que é retirado do solo girando no mesmo sentido da perfuração;
- a parte superior do trado é construída de forma a empurrar de volta o solo que possa cair sobre o trado;
- a armadura pode ser introduzida antes ou imediatamente após a concretagem;
- o processo é monitorado por sensores ligados a um computador situado na cabina do operador.

São os seguintes os cuidados a serem tomados na execução da estaca ômega: locação no centro das estacas; profundidade da cravação; verticalidade da mesa; velocidade de perfuração; armação das estacas; cota de arrasamento da cabeça das estacas.

Dentre as propriedades da estacas ômegas pode-se citar:

- os diâmetros disponíveis variam entre 27 cm, 32 cm e 62 cm, com incremento no diâmetro de 5 cm;
- pode-se alcançar uma profundidade de 28 m, dependendo do equipamento, do torque e dos diâmetros a serem utilizados;
- tem menor consumo de concreto que as estacas similares, há ausência de material escavado e apresenta maior agilidade na mudança do diâmetro do trado.

5.5.5.5 Estaca mista

A estaca mista é constituída pela associação de dois (e não mais do que dois) tipos de estacas consideradas anteriormente. A estaca precisa satisfazer aos requisitos correspondentes aos dois tipos associados. A ligação entre os dois tipos de estacas tem de impedir sua separação, manter o alinhamento e suportar a carga prevista com a segurança necessária.

5.5.5.6 Tubulão

Tubulões são fundações profundas, de grande porte, com seção circular e que apresentam, em geral, a base alargada. A parte de seção constante é chamada de fuste. Reserva-se a denominação de caixões para as peças pré-moldadas. A escavação pode ser feita manualmente, com a descida de um trabalhador até a base, ou mecanicamente (mesmo nos casos de fuste de grande diâmetro). Os tubulões podem ser agrupados em dois tipos básicos: os tubulões a céu aberto e aqueles que empregam ar comprimido.

5.5.5.6.1 Tubulão não revestido

Esses elementos de fundação são executados com escavação manual ou mecânica e da seguinte maneira:
- os escavados manualmente só podem ser executados acima do nível de água, natural ou rebaixado, ou, em casos especiais em que seja possível bombear a água sem que haja risco de desmoronamento ou perturbação no terreno de fundação, abaixo desse nível, podem ser dotados de base alargada tronco-cônica;
- podem ser escavados mecanicamente com equipamento adequado; é possível, nesse caso, quando em seco, a base alargada ser aberta manual ou mecanicamente.

Quando houver risco de desmoronamento, pode-se utilizar, total ou parcialmente, escoramento de madeira, aço ou concreto. Na concretagem desses tubulões, dependendo do tipo de escavação, admitem-se as seguintes variantes:
- escavação seca:
  - o concreto é simplesmente lançado da superfície, pela tromba (funil), de comprimento adequado, para evitar que o concreto toque nas paredes da escavação;
  - usualmente, é suficiente que o comprimento do tubo do funil seja de cinco vezes seu diâmetro;
- escavação com água: o concreto é lançado por tremonha ou outro processo de eficiência comprovada. É desaconselhável o uso de vibrador em tubulões não revestidos, desde que o concreto tenha plasticidade adequada.

5.5.5.6.2 Tubulão revestido

- Tubulão com revestimento de concreto armado:
  - nesse caso, a camisa de concreto armado é concretada sobre a superfície do terreno ou em uma escavação preliminar de dimensões adequadas, por trechos de comprimento convenientemente dimensionado, e introduzida no terreno, depois que o concreto esteja com resistência adequada à operação, mediante escavação interna; depois de arriado um elemento, concreta-se sobre ele o elemento seguinte, e assim sucessivamente, até se atingir o comprimento final previsto;
  - caso, durante essas operações, seja atingido o lençol de água do terreno, é adaptado ao tubulão um equipamento pneumático que permita a execução a seco dos trabalhos, sob pressão conveniente de ar comprimido;
  - atingida a cota prevista para implantação da camisa, procede-se, se for o caso, às operações de abertura da base alargada; durante essa operação, a camisa deve ser escorada de modo a evitar sua descida por gravidade;
  - em obras dentro de água (rios, lagos etc.), a camisa pode ser concretada no próprio local, sobre estrutura provisória e descida até o terreno com auxílio de equipamento, ou concretada em terra e transportada para o local de implantação;
  - em casos especiais, principalmente em obras em que se passa diretamente da água para a rocha, as camisas podem ser já executadas com alargamento, de modo a facilitar a execução da base alargada; nesse caso, precisam ser previstos recursos que garantam a ligação de todo o perímetro da base com a superfície da rocha, para evitar fuga ou lavagem do concreto; nessa etapa, pode-se, em certos casos, se necessário, colocar uma ferragem adicional no núcleo, principalmente na ligação fuste-base;
  - terminado o alargamento, concretam-se a base e o núcleo do tubulão; dependendo do projeto, a concretagem do núcleo pode ser parcial.
- Tubulão com camisa de aço:
  - a camisa de aço é utilizada do mesmo modo que a de concreto, para manter aberto o furo e garantir a integridade do fuste do tubulão; pode ser introduzida por cravação com bate-estacas ou por meio de equipamento especial; a escavação interna, manual ou mecânica, será feita à medida da penetração do tubo ou de uma só vez, quando completada a sua cravação;
  - quando assim previsto, pode-se executar o alargamento manual da base, após o que o tubulão é concretado; esse alargamento é feito sob ar comprimido ou não;

- no caso de uso de ar comprimido, a camisa tem de ser ancorada ou receber contrapeso, de modo a evitar sua subida;
- a camisa metálica, no caso de não ter sido considerada no dimensionamento estrutural do tubulão, pode ser recuperada à medida que se desenvolve a concretagem, ou mesmo posteriormente.

- Variantes admitidas para a concretagem de tubulões revestidos:
    - tubulão seco, em que o concreto é simplesmente lançado da superfície, sem necessidade de tromba ou funil;
    - tubulão a ar comprimido, em que o concreto é lançado sob ar comprimido, no mínimo até altura justificadamente capaz de resistir à subpressão hidrostática, sem necessidade de uso de tromba ou funil.

5.5.6 Disposições construtivas

5.5.6.1 Cravação de estaca

A cravação de uma estaca é a operação pela qual uma estaca é forçada a penetrar no terreno por meio de um bate-estacas até a cota em que ela ofereça certa resistência. No bate-estacas por gravidade, um determinado peso (martelo ou pilão) é levantado com a ajuda de cabo, polia e motor até determinada altura e daí é deixado cair livremente sobre a cabeça da estaca. O peso do martelo deve variar conforme o da estaca, sendo ótimo o peso de duas vezes o da estaca. Precisa ser observado cuidado no manuseio e transporte das estacas pré-moldadas, a fim de que não ocorram trincas causadas por choques. Quando a estaca estiver sendo posicionada nas guias do bate-estacas, necessitam ser passadas correntes que envolvam a estaca, de maneira a evitar o seu tombamento em caso de eventual rompimento do cabo. Durante a operação, têm de ser mantidas pelo menos quatro voltas completas do cabo em torno do tambor do bate-estacas. O pilão, quando não em operação, precisa permanecer em repouso sobre o solo ou no fim da guia de seu curso. Serão tomados cuidados especiais quando da ajustagem da estaca e colocação do *capacete (chapéu)* na sua cabeça.

O andamento da cravação de cada estaca deverá ser sempre ininterrupto e acompanhado por profissional habilitado da construtora, para controle de sua locação, verticalidade, penetração e nega, sendo obrigatório o registro dessas duas últimas bem como o da profundidade atingida, de forma documentada e clara. Será obrigatória a cravação, na presença do engenheiro da construtora, de estacas de prova para determinação da nega e dos comprimentos necessários posteriormente. Serão rejeitadas pela construtora quaisquer estacas pré-moldadas de concreto que não sejam absolutamente retilíneas e isentas de trincas ou falhas de concretagem. O levantamento e o posicionamento dessas estacas terão de ser feitos sempre pelos seus apoios, tomando-se os cuidados necessários para evitar esforços laterais que possam ocasionar seu fissuramento. Especialmente em terrenos argilosos, é comum a necessidade de se pré-escavar o furo das estacas, para evitar um forte levantamento do terreno, tendendo a descalçar a ponta das já cravadas ou danificá-las por tração. Esse efeito é particularmente prejudicial nas estacas moldadas in loco quando o concreto ainda não teve cura suficiente. Essa escavação prévia do terreno será feita à mão por meio de trado-cavadeira (broca) ou por máquina perfuratriz.

A escolha do equipamento precisa ser feita de acordo com o tipo e a dimensão da estaca, características do solo, condições de vizinhança e peculiaridades do local. A cravação de estacas em terrenos resistentes pode ser auxiliada com jato de água ou ar *(lançagem)* ou de pré-perfuração. De qualquer maneira, quando se trata de estacas trabalhando à compressão, a cravação final deve ser feita sem o uso desses recursos, cujo emprego tem de ser devidamente levado em consideração no cálculo da capacidade de carga da estaca e também na análise do resultado da cravação. No caso de estacas pré-moldadas de concreto, metálicas ou de madeira, cuja cota de arrasamento estiver abaixo do plano de cravação, pode-se utilizar um elemento suplementar *(prolonga ou suplemento)* desligado da estaca propriamente dita, e que é arrancado depois da cravação. O emprego desse recurso, como acima, precisa ser devidamente levado em consideração no cálculo da capacidade de carga e na análise dos resultados da cravação. O uso de suplemento dificulta o direcionamento da estaca; nessas condições, seu uso necessita ser restrito a comprimento não superior a 2,5 m, se recursos especiais não forem previstos. De qualquer maneira, só se utilizará suplemento se as características da camada de apoio da estaca permitirem uma previsão segura de profundidade. Nos casos de estacas de madeira, aço e pré-moldadas de concreto, para carga admissível de até 1 MN, quando

empregado martelo de queda livre, a relação entre o peso do pilão e o peso da estaca deve ser a maior possível e, no mínimo, em torno dos seguintes valores:
- estacas pré-moldadas de concreto: 0,5;
- estacas de aço ou madeira: 1,0.

Tabela 5.4: Pilão

Diâmetro (mm)	Peso mínimo para pilão (kn)	Diâmetro mínimo do pilão (mm)
300	10	180
350	15	220
400	20	250
450	25	280
500	28	310
600	30	380

Os pesos indicados representam os mínimos aceitáveis. No caso de estacas de comprimento acima de 15 m, o peso mínimo tem de ser aumentado em função do comprimento. Para que a estaca moldada *in situ* possa ser considerada como de base alargada (tipo Franki), é necessário que os últimos 150 L de concreto dessa base sejam introduzidos com a energia mínima de 2,5 MN.m, para estacas de diâmetro inferior ou igual a 45 cm, e 5 MN.m, para as de diâmetro superior a 45 cm. No caso do uso de volume diferente, a energia necessita ser proporcional ao volume. O equipamento das estacas tipo Strauss consta de um tripé ou torre de madeira ou de aço, um guincho acoplado a motor a explosão ou elétrico, uma sonda de percussão (piteira) munida de válvula em sua extremidade inferior (para retirada de terra), um soquete com peso mínimo de 3 kN, tubulação de re- vestimento de aço, com elementos de 2 m a 3 m de comprimento, roscáveis entre si, além de roldanas, cabos e ferramentas. O diâmetro interno mínimo a ser utilizado no tubo de revestimento é de 20 cm.

No caso de estacas cravadas por prensagem (mega), a plataforma de reação ou cargueira e os demais elementos de cravação têm de ser preparados para a carga não inferior a 1,5 vez à de projeto da estaca. No caso de estacas executadas por perfuração do tipo broca ou Strauss, as ferramentas utilizadas (trado ou balde-sonda) deverão ter a capacidade de limpar perfeitamente o fundo do furo. Quando se tratar de estacas perfuradas injetadas (microestacas, estacas raiz, pressoancoragem etc.), o equipamento de perfuração e o de injeção serão escolhidos de modo a garantir que a estaca seja capaz de transmitir ao terreno, com segurança adequada, as cargas de projeto. Para execução de estacas escavadas, inclusive barrete, o equipamento de perfuração será dimensionado de modo a atingir a profundidade de projeto para a carga prevista. O afastamento mínimo de uma estaca dos limites da propriedade tem de ser, a contar do seu eixo, de 1,25 vez o diâmetro do círculo de área equivalente à sua seção transversal e nunca inferior a 30 cm.

5.5.6.2 Cravação de tubulão a céu aberto

O principal móvel da fundação das estruturas por meio de tubulões é a necessidade ou o desejo de aproveitar uma camada de solo ou substrato rochoso de alta capacidade de carga. Assim, quando existe em um subsolo uma ocorrência dessa, em muitos casos é econômica a perfuração de um poço até o nível da camada resistente e o preenchimento total da cava com concreto; formam-se, assim, pilares que transferem as cargas da estrutura ao substrato ou camada firme. A pressão transmitida ao solo em um tubulão é sempre definida como sendo a carga total aplicada ao tubulão dividida pela área da sua base. A resistência de atrito lateral, em geral, é desprezada no cálculo dos tubulões, embora ela sempre exista; a razão é que, sendo geralmente sua base assentada sobre terreno firme, os recalques são pequenos e não há possibilidade de considerar o atrito lateral. Em solos pouco coesivos, é preferível, desde que tecnicamente necessário, cravar um tubo de concreto pré-moldado à medida que sua parte inferior é escavada.

O tubulão é afundado pelo seu próprio peso ou por pesos que a ele são aplicados, à proporção que o solo no seu fundo é escavado. Se a base do tubulão está acima do nível de água do terreno ou se é possível manter o fundo do tubulão seco, então a escavação pode ser feita manualmente. Os tubulões deverão ser executados, sempre que possível, em solos com alto índice de coesão, de modo que a estabilidade da escavação seja garantida sem a necessidade de escoramentos laterais. Na execução de tubulões, na presença do lençol freático, terão de ser determinados os índices de permeabilidade do solo atravessado, de modo que seja possível avaliar a eficiência do bombeamento da água que irá se acumular no interior da escavação. Durante a escavação, precisam ser tomados os cuidados necessários para garantir a verticalidade do fuste e para que a abertura da base (alargamento) seja feita em camada de solo coesivo, com estabilidade suficiente contra desmoronamentos, de forma a evitar a execução de escoramentos no seu interior. A abertura da base será feita com o ângulo de inclinação mais adequado ao terreno e ao concreto a ser utilizado, respeitado o mínimo de 30°, e de modo a apresentar um rodapé de parede vertical, com 20 cm de altura, em todo seu perímetro. A eventual utilização de marteletes e explosivos para auxiliar a escavação de tubulões só será permitida quando absolutamente necessária, e desde que expressamente autorizada por engenheiro especialista em fundações, respeitadas, rigorosamente, todas as normas de segurança requeridas em cada caso.

5.5.6.3 Cravação de tubulão à máquina

Um dos métodos mais rápidos na execução de tubulões é o que se faz pela cravação, no solo, de tubos de aço com cerca de Ø 1 m. A cravação do tubo de aço é feita por meio de máquina perfuratriz, munida de ferramenta perfurante, semelhante à de uma sonda. Essas máquinas dispõem, por exemplo, de trados-perfuratrizes rotativos, de piteiras e mesmo de ferramentas de percussão para quebrar obstáculos encontrados, tais como matacões. A aparelhagem para cravação de camisa de revestimento, quando metálica, consiste em uma torre de aço semelhante à de bate-estacas, munida de guincho, polias e cabos, os quais não só são capazes de forçar o tubo a penetrar no furo aberto, como também de arrancá-lo. Pode ser utilizado também para cravação, equipamento de vibração ou equipamento que imprima ao tubo movimento de vaivém simultâneo a uma força de cima para baixo. Qualquer desses equipamentos deve ser dimensionado de modo a possibilitar a cravação do tubo até a profundidade prevista, sem deformá-lo longitudinal ou transversalmente. A perfuração por meio de trado-perfuratriz é feita com sucesso em terrenos argilosos. O trado, além do movimento de rotação, tem movimento vertical livre para trazer à superfície o material escavado, entre suas pás. Em condições de solo favoráveis, pode-se dispensar o uso dos tubos de aço, utilizando-se a máquina perfuratriz para apenas e tão somente escavar o furo no terreno.

5.5.6.4 Cravação de tubulão a ar comprimido

O princípio é o de que, se for mantido o interior dos tubulões cheio de ar a uma pressão igual à pressão hidrostática do terreno nos poros do solo no nível da base, a água fica impedida de invadir o tubulão. Assim, o interior do elemento de fundação permanece livre de água e é possível o trabalho de escavação manual. Além da vantagem de inspeção direta do terreno na base do tubulão, o processo pneumático, em solos arenosos, oferece a vantagem de inverter o gradiente hidráulico, na cota da superfície da base do tubulão, evitando a formação de areia movediça e possibilitando a escavação e execução de tubulões em areia solta sem relaxamento de sua estrutura. A profundidade atingida pelos tubulões pneumáticos é limitada praticamente a 40 m. Abaixo de 15 m, a contar do nível de água, o custo da instalação cresce rapidamente.

Em qualquer etapa da execução de tubulões, deve-se advertir que o equipamento tem de permitir que se observe rigorosamente aos tempos de compressão e descompressão prescritos pela boa técnica e pela legislação em vigor. Só se admitem trabalhos sob pressão superiores a 0,15 MPa quando as seguintes providências forem tomadas:

- equipe permanente de socorro médico à disposição;
- câmara de recompressão equipada, disponível na obra;
- compressores e reservatórios de ar comprimido de reserva;
- renovação de ar garantida, sendo o ar injetado em condições satisfatórias para trabalho humano.

Tratando-se de tubulão com camisa metálica, a campânula tem de ser ancorada ou lastreada para evitar sua subida por causa da pressão. Essa ancoragem ou lastreamento pode ser obtida com pesos colocados sobre a campânula, entre esta e a camisa, ou qualquer outro sistema. Tratando-se de camisa de concreto armado, ela precisa ser escorada convenientemente, interna ou externamente, durante os trabalhos de alargamento da base para evitar sua descida por gravidade. Nenhum tubulão de camisa de concreto pode ser comprimido enquanto o concreto não tiver atingido resistência satisfatória. É necessário evitar trabalho com excesso de pressão que possa ocasionar desconfinamento do tubulão e perda de sua resistência de atrito. Para isso, é desaconselhável eliminar, por meio de pressão, a água eventualmente acumulada no fundo do tubulão; deve-se retirá-la mediante o uso da campânula.

5.5.6.5 Materiais empregados

Para os materiais básicos (água, pedra, areia, aço, cimento e madeira), aplicam-se as normas técnicas. Para os demais:

- *aditivos para concreto:* é permitido o uso de aditivos, atendidas as especificações dos fabricantes, visando garantir características de trabalhabilidade, tempo de pega e resistência adequadas do elemento ao fim previsto;
- *bentonita:* são argilas comerciais produzidas a partir de jazidas naturais, sofrendo, em alguns casos, um beneficiamento, em que o mineral predominante é a montmorilonita sódica, o que explica sua tendência ao inchamento. A bentonita a ser utilizada para o preparo de lamas tixotrópicas tem de atender às especificações das normas técnicas;
- *lama bentonítica:* a lama bentonítica é preparada misturando bentonita (normalmente embalada em sacos de 50 kg) com água pura, em misturadores de alta turbulência, com concentração variando de 25 kg a 70 kg de bentonita por metro cúbico de água, em função da viscosidade e da densidade que se pretende obter. A lama bentonítica, usada especialmente na execução de estacas escavadas, possui as seguintes características importantes:
- estabilidade, produzida pelo fato de a suspensão de bentonita se manter por longo período;
- capacidade de formar, nos vazios do solo e especialmente na superfície lateral da escavação, uma película impermeável (*cake*);
- *tixotropia*, isto é, ter comportamento fluido quando agitada, porém sendo capaz de formar um gel quando em repouso.

A lama bentonítica assim obtida, em condições de ser utilizada nas escavações, precisa atender aos parâmetros indicados nas normas técnicas. Tendo em vista que, durante a escavação, a bentonita é afetada por diversos fatores, torna-se necessário que os testes definidos nas normas técnicas sejam efetuados sempre que a lama for utilizada antes da escavação, antes da concretagem e depois de cada reaproveitamento. Em casos especiais, pode ser necessário adicionar à lama produtos químicos destinados a melhorar suas condições intrínsecas, corrigindo a acidez da água, aumentando o peso específico etc.

5.5.6.6 Sequência executiva de estacas e tubulões

Quando as estacas são executadas em grupo, deve-se considerar os efeitos desse serviço sobre o solo, a saber, seu levantamento e deslocamento lateral e suas consequências sobre as estacas já executadas. Tais efeitos têm de ser reduzidos, na medida do possível, pela escolha conveniente do tipo de estaca e seu espaçamento. Alguns tipos de solo, particularmente os aterros e as areias fofas, são compactados pela cravação de estacas, e a sequência de execução dessas estacas em grupo precisa evitar a formação de um bloco de solo compactado capaz de impedir a execução das demais estacas. Havendo necessidade de atravessar camadas resistentes, pode-se recorrer à perfuração (solos argilosos ou arenosos) ou à lançagem (solos arenosos), tendo-se o cuidado de não descalçar as estacas já cravadas. Em qualquer caso, a sequência de execução tem de ser do centro do grupo para a periferia, ou de um bordo no sentido do outro. Sempre que o terreno não for conhecido para o executor, será feita a verificação dos fenômenos citados.

Para isso, por um procedimento topográfico adequado, é feito o controle (segundo a vertical e duas direções horizontais ortogonais) do deslocamento do topo de uma estaca à medida que as vizinhas são cravadas. No caso de solos coesivos saturados, esse problema assume especial importância. No caso em que for constatado o levantamento da estaca, cabe adotar uma providência capaz de anular tal efeito sobre a capacidade de carga dessa estaca e, eventualmente, sobre sua integridade. Os seguintes casos necessitam ser considerados:

- se a estaca for de madeira, metálica ou pré-moldada, ela será recravada;
- se a estaca for moldada no solo, armada, com revestimento recuperado, a execução de uma estaca requererá que todas as situadas em um círculo de raio igual a 6 vezes o diâmetro da estaca tenham sido concretadas há, pelo menos, 24 h. Essa exigência é dispensada caso se comprove que uma técnica especial de execução possa diminuir ou até mesmo eliminar o risco de levantamento (pré-furo, por exemplo). As estacas desse tipo, em que for constatado o levantamento, só devem ser aceitas depois da análise justificativa de cada caso. Se a estaca tiver base alargada, o fuste precisará ser ancorado na base pela armação. Só é possível recravar, por prensagem ou percussão, estacas que sofreram levantamento desde que devidamente estudada a operação; no caso de recravação por percussão, será obrigatória a utilização de provas de carga comprobatórias;
- se a estaca for moldada no solo, não armada, ela não poderá mais ser utilizada se constatado o levantamento da estaca ou do solo circundante.

O efeito do deslocamento lateral tem de ser analisado em cada caso. Os cuidados descritos acima são especialmente indicados quando há evidências de danos no fuste de estacas moldadas *in loco* por deformação horizontal. Quando previstas cotas variáveis de assentamento entre tubulões próximos, a execução necessita ser iniciada pelos mais profundos; posteriormente, pelos mais rasos. Deve-se evitar trabalho simultâneo em bases alargadas de tubulões adjacentes. Essa indicação é válida seja quanto à escavação, seja quanto à concretagem, e é especialmente importante quando se trata de fundações executadas sob ar comprimido; essa exigência visa a impedir o desmoronamento de bases abertas ou danos a concreto recém-lançado.

5.5.6.7 Influência do tempo de execução

5.5.6.7.1 Estacas cravadas

Quando da cravação de estacas pré-moldadas, metálicas ou de madeira, em terreno de comportamento conhecido para cravação de estacas do tipo considerado, a nega final será obtida quando do término da cravação. Em terreno cujo comportamento não é conhecido, nova nega tem de ser determinada depois de alguns dias do término da cravação. Quando a nova nega for superior à obtida no final da cravação, as estacas precisarão ser recravadas. Quando a nova nega for inferior à obtida no final da cravação, será necessário tirar no máximo duas séries de dez golpes para evitar repetição do fenômeno de perda momentânea da resistência. A realização das provas de carga sobre estacas precisa ser feita depois de algum tempo da execução da estacas. Esse intervalo dependerá do tipo de estaca e da natureza do terreno. Quanto ao solo, ele varia de poucas horas para os solos não coesivos a alguns dias para os solos argilosos. Em se tratando de estacas moldadas *in situ*, deve-se aguardar o tempo necessário para que o concreto atinja a resistência adequada.

5.5.6.7.2 Estacas escavadas

É desejável que a execução de estacas escavadas seja contínua até sua conclusão. Caso não seja possível, o efeito da interrupção terá de ser analisado e a estaca eventualmente aprofundada de modo a garantir a capacidade de carga prevista no projeto. A concretagem de uma estaca escavada precisa ser feita logo depois do término da escavação e uma vez tomadas as providências referentes à lama bentonítica e à ferragem (ver 5.5.3.3.2.e). Caso não seja possível atender a essa exigência, será preciso analisar as características do solo para verificar as eventuais interferências do tempo de execução sobre o comportamento do solo.

5.5.6.7.3 Tubulões: alargamento da base

Os tubulões têm de ser dimensionados de maneira a evitar alturas de base superiores a 2 m. Em casos excepcionais, devidamente justificados, admitem-se alturas superiores a 2 m. Quando as características do solo indicarem que o alargamento da base é problemático, será necessário prever o uso de injeções, aplicações superficiais de argamassa de cimento, ou mesmo escoramento, para evitar desmoronamento da base. Quando a base do tubulão for assentada sobre rocha inclinada, vale o exposto anteriormente. É preciso evitar que entre o término da execução do alargamento de base de um tubulão e sua concretagem decorra tempo superior a 24 horas. De qualquer modo, sempre que a concretagem não for feita imediatamente depois do término do alargamento e sua inspeção, nova inspeção terá de ser feita por ocasião da concretagem, limpando cuidadosamente o fundo da base e removendo a camada eventualmente amolecida pela exposição ao tempo ou por águas de infiltração.

5.5.6.8 Emenda de estacas

As estacas de madeira, de aço, de concreto armado ou protendido podem ser emendadas, desde que as seções unidas resistam a todas as solicitações que nelas ocorram durante o manuseio, a cravação e o trabalho da estaca. Atenção especial deve ser dada aos esforços de tração decorrentes da cravação por percussão ou vibração. No caso de estacas metálicas, o eletrodo a ser utilizado na solda tem de ser compatível com o material da estaca. O uso de talas parafusadas ou soldadas é obrigatório nas emendas, sendo necessário que seu dimensionamento satisfaça às normas técnicas.

5.5.6.9 Preparo de cabeças e ligação com o bloco de coroamento

O topo de estacas pré-moldadas danificado durante a cravação ou acima da cota de arrasamento precisa ser demolido com certo cuidado, de modo a evitar que a seção transversal da estaca seja reduzida ou apresente trincas. Nessa operação, é necessário empregar, nas estacas de seção transversal menor que 2000 cm², um ponteiro trabalhando com pequena inclinação em relação à horizontal, de modo a cortar a estaca quase perpendicularmente ao seu eixo. Nas estacas de maior seção, pode-se utilizar um martelete leve, tomando o mesmo cuidado quanto à inclinação, recompondo quando necessário o trecho de estaca até a cota de arrasamento. As estacas moldadas *in situ* apresentam, em geral, um excesso de 30 cm de altura, no mínimo, de concreto em relação à cota de arrasamento, o qual tem de ser retirado, com os mesmos cuidados indicados acima.

É indispensável que o desbastamento do excesso de concreto seja levado até atingir o concreto de boa qualidade, ainda que isso venha a ocorrer abaixo da cota de arrasamento, recompondo-se, a seguir, o trecho de estaca até essa cota. No caso de estacas de aço ou madeira, é necessário ser cortado o trecho danificado durante a cravação ou o excesso em relação à cota de arrasamento, recompondo, quando necessário, o trecho de estaca até essa cota.

Nas estacas de concreto, quando sua armadura não tiver função resistente depois da cravação, não haverá necessidade da penetração de ferros no bloco de coroamento. Caso contrário, a armadura deverá penetrar suficientemente no bloco a fim de transmitir a solicitação correspondente. Nas estacas de aço de perfis laminados ou soldados, quando se tratar de estacas de compressão, bastará a penetração de 20 cm no bloco. Pode-se, eventualmente, fazer uma fretagem, por meio de espiral, em cada estaca nesse trecho. No caso de estacas trabalhando a tração, é preciso soldar uma armadura de modo a transmitir as solicitações correspondentes. No caso de estacas de aço tubulares, ou se utiliza o disposto acima ou, se estaca for preenchida com concreto até altura tal que transmita a carga por aderência à camisa, não haverá necessidade de sua penetração no bloco de coroamento. Nas estacas vazadas de concreto ou aço, recomenda-se que, antes da concretagem do bloco, o furo central seja convenientemente tamponado. O topo dos tubulões apresenta normalmente, dependendo do tipo de concretagem, concreto não satisfatório. Este necessita ser removido até que se atinja material adequado, ainda que abaixo da cota de arrasamento prevista, reconcretando-se a seguir o trecho eventualmente cortado abaixo dessa cota. Tubulões sujeitos apenas a esforços de compressão não precisam ter ferragem de ligação com o bloco de coroamento, se ele existir. Em qualquer caso, tem de ser garantida a transferência adequada da carga do pilar para o tubulão. É obrigatório o uso de lastro de concreto magro em espessura não inferior a 10 cm para execução do bloco de coroamento de estaca ou tubulão. No caso de estacas de concreto ou madeira e tubulões, o respaldo dessa camada deve ficar 5 cm abaixo do topo acabado da estaca ou tubulão.

5.5.7 Controle executivo

5.5.7.1 De estaca cravada

A execução do estaqueamento precisa ser feita anotando os seguintes elementos, conforme o tipo de estaca:
- comprimento real da estaca abaixo do arrasamento;
- suplemento utilizado tipo e comprimento;
- desaprumo e desvio de locação;
- características do equipamento de cravação;
- negas no final de cravação e na recravação quando houver;
- qualidade dos materiais utilizados;
- consumo dos materiais por estaca;
- comportamento da armadura no caso de estacas Franki armadas;
- volume de base e diagrama de execução;
- deslocamento e levantamento de estacas por efeito de cravação de estacas vizinhas;
- anormalidades de execução.

Em cada estaqueamento, é necessário tirar o diagrama de cravação em pelo menos 10% das estacas, sendo obrigatoriamente incluídas aquelas mais próximas aos furos de sondagem. Quando se tratar de estacas moldadas *in loco*, a fiscalização terá de exigir que um certo número de estacas sejam escavadas lateralmente abaixo da cota de arrasamento (para inspeção visual) e, se possível, até o nível de água. Sempre que houver dúvida sobre uma estaca, a fiscalização poderá exigir comprovação de seu comportamento satisfatório. Se essa comprovação não for julgada suficiente, e dependendo da natureza da dúvida, a estaca precisará ser substituída ou seu comportamento comprovado por prova de carga. Além das provas de carga já referidas em 5.5.1, e nas obras normais, deve-se fazer uma prova de carga cada 500 estacas. No caso de obras especiais, precisa ser ensaiada, no mínimo, uma estaca em cada grupo de 200 ou fração. No caso de uma prova de carga ter dado resultado não satisfatório, tem de ser reestudado o programa de provas de carga, de modo a permitir o reexame das cargas admissíveis, do processo executivo e até do tipo de fundação. As provas de carga terão início juntamente com o início da cravação das primeiras estacas, de forma a permitir providências cabíveis em tempo hábil, ressalvado o disposto em 5.5.4.7.

5.5.7.2 De estaca escavada

A execução do estaqueamento deve ser feita observando os seguintes elementos, conforme o tipo de estaca:
- comprimento real da estaca abaixo do arrasamento;
- desvio de locação;
- características do equipamento de escavação;
- qualidade dos materiais utilizados;
- consumo dos materiais por estaca e comparação trecho a trecho do consumo real em relação ao previsto;
- controle de posicionamento da armadura durante a concretagem;
- anormalidade de execução;
- anotação rigorosa de horários de início e fim da escavação;
- anotação rigorosa de horários de início e fim de cada etapa de concretagem;
- no caso de uso de lama bentonítica, controle das suas características em várias etapas executivas e comparação com as prescrições feitas anteriormente em 5.5.4.5.

Sempre que houver dúvidas sobre uma estaca, a fiscalização poderá exigir comprovação de seu comportamento satisfatório. Se essa comprovação não for julgada suficiente, e dependendo da natureza da dúvida, a estaca precisará ser substituída ou seu comportamento comprovado por meio de prova de carga. Em obras com mais de 100 estacas, para cargas de trabalho acima de 300 tf, recomenda-se a execução de pelo menos uma prova de carga, de preferência em uma estaca instrumentada. No caso de uma prova de carga dar resultado não satisfatório, será preciso ser reestudado o programa de provas de carga, de modo a permitir o reexame das cargas admissíveis, do processo executivo e até do tipo de fundação. As provas de carga precisam começar juntamente com o início da execução das primeiras estacas, de forma a permitir providências cabíveis em tempo hábil, ressalvado o disposto em 5.5.4.7.

5.5.7.3 De tubulão

A execução de fundação em tubulões tem de ser feita anotando os seguintes elementos para cada um deles, conforme o tipo:

- cota de arrasamento;
- dimensões reais da base alargada;
- material do solo de apoio;
- equipamento usado nas várias etapas;
- deslocamento e desaprumo;
- consumo do material durante a concretagem; comparação com o volume previsto;
- qualidade dos materiais;
- anormalidades de execução e providências tomadas;
- a inspeção, por profissional responsável, do terreno de assentamento da fundação, bem como do solo ao longo do fuste, quando for o caso em que isso possa ser feito.

Sempre que houver dúvida sobre um tubulão, a fiscalização poderá exigir comprovação de seu com- portamento satisfatório. Se essa comprovação for julgada insuficiente, e dependendo da natureza da dúvida, o tubulão necessitará ser substituído ou seu comportamento comprovado mediante prova de carga.

5.5.8 Tolerância de estaca

5.5.8.1 Quanto à excentricidade

5.5.8.1.1 Estaca isolada não travada

Na hipótese de estacas isoladas não travadas em duas direções aproximadamente ortogonais (caso que tem de, tanto quanto possível, ser evitado), é tolerado sem nenhuma correção um desvio entre eixos de estaca e ponto de aplicação da resultante das solicitações do pilar, de 10% do diâmetro da estaca; para desvios superiores a este, a estaca precisa ser estruturalmente verificada à nova solicitação de flexão composta; caso o dimensionamento da estaca seja insuficiente para essa nova solicitação, é necessário corrigir a excentricidade total mediante recurso estrutural; na verificação de segurança à flambagem do pilar, é obrigatório levar em conta um acréscimo de comprimento de flambagem, dependente das condições de engastamento da estaca.

5.5.8.1.2 Estaca isolada travada

Nesse caso, as vigas de equilíbrio (*vigas-alavanca*) devem ser dimensionadas para a excentricidade real, quando esta ultrapassar o valor do item acima; quanto à flambagem, a verificação tem de ser feita apenas quanto ao pilar.

5.5.8.1.3 Conjunto de estacas alinhadas

Para excentricidade na direção do plano das estacas, é necessário verificar a solicitação nas estacas; aceita-se, sem correção, um acréscimo de no máximo 15% sobre a carga admissível de projeto da estaca; acréscimos superiores a este serão corrigidos, mediante aumento de estacas ou recurso estrutural; para excentricidade na direção normal ao plano das estacas, é válido o critério do item imediatamente anterior ao acima.

5.5.8.1.4 Conjunto de estacas não alinhadas

Tem de ser verificada a solicitação em todas as estacas, admitindo, na estaca mais solicitada, que seja ultrapassada em 15% a carga permitida em projeto; acréscimos superiores a este precisam ser corrigidos conforme item acima.

5.5.8.2 Quanto ao desvio de inclinação

Sempre que uma estaca apresentar desvio angular em relação à posição projetada, deverá ser feita verificação de estabilidade, tolerando-se, sem medidas corretivas, um desvio de 1:100; desvios maiores requerem detalhe especial. Em se tratando de grupo de estacas, a verificação tem de ser feita para o conjunto, levando-se em conta a contenção do solo e as ligações estruturais.

5.5.8.3 Recomendação

Recomenda-se fazer uma verificação posterior da estrutura quanto às consequências das tolerâncias acima referidas.

5.5.9 Tolerância de tubulão

5.5.9.1 Quanto à excentricidade

No caso de tubulões isolados não travados em duas direções aproximadamente ortogonais, é tolerado um desvio entre eixos de tubulão e ponto de aplicação da resultante das solicitações do pilar, de 10% do diâmetro do fuste do tubulão. No caso de tubulões isolados travados, as vigas de equilíbrio precisam ser dimensionadas para a excentricidade real quando elas ultrapassarem o valor fixado acima. No caso de conjunto de tubulões, é necessário verificar a solicitação em todos aqueles analisados como conjunto, corrigindo, mediante acréscimo de tubulões ou recurso estrutural, qualquer acréscimo de carga que exceda em 10% a carga fixada para um tubulão.

5.5.9.2 Quanto ao desaprumo

Sempre que um tubulão apresentar desaprumo maior que 1%, terá ser feita verificação de sua estabilidade. Aquele cujo desaprumo constatado for superior a 1%, se necessário, será reforçado com ferragem adequadamente calculada, levando em conta a contenção do terreno apenas no trecho em que ela possa ser garantida. Constatado o desaprumo de um tubulão durante sua execução, nenhuma medida de correção poderão ser adotada sem que seja aprovada pela fiscalização, que, para isso, deverá levar em conta os critérios adotados no projeto e a influência dos trabalhos de correção sobre o comportamento futuro do tubulão; essa verificação é particularmente importante no que diz respeito às características de contenção lateral do terreno. Em qualquer tubulão desaprumado em que esteja prevista a execução de base alargada, ela terá de ser redimensionada considerando o desaprumo. Se das operações de correção de desaprumo resultar perda de contenção, é necessário prever injeção entre o solo e a camisa, para reconstituir as condições previstas no projeto. Como alternativa, pode-se recompor o terreno ao redor do tubulão, escavando um anel circular de diâmetro externo 2 D (não inferior a D + 1,60 m) e altura de 1,5 D (sendo D o diâmetro externo do tubulão) e preenchendo-o com solo-cimento compactado ou concreto magro.

5.5.9.3 Quanto à ovalização de camisa metálica

Se constatada a ovalização de camisa metálica, deve-se verificar se a área da seção resultante é satisfatória, tendo em vista o cálculo estrutural do tubulão. Caso isso não ocorra, estuda-se o reforço de ferragem para compensar a perda de seção de concreto ou, se essa solução for inviável, a extração e/ou substituição da camisa.

5.5.10 Cálculo estrutural

5.5.10.1 Estaca cravada

No que concerne ao cálculo dos esforços resistentes, é preciso obedecer, conforme o caso, às prescrições das normas técnicas referentes ao material constituinte da estaca, desde que não contrariem as indicações que se seguem. Com exceção das estacas injetadas de pequeno diâmetro, as estacas totalmente enterradas dispensam a verificação da segurança à flambagem. No caso de estacas com emendas, estas necessitam ter por si mesmas resistência pelo menos igual à da seção da estaca para todas as solicitações que possam ocorrer no trabalho da estaca e durante sua cravação. O topo de elemento já cravado tem de ser convenientemente tratado, a fim de assegurar ligação com o elemento superior. Em qualquer caso de estaca cravada, cumpre levar em conta os esforços de tração que podem decorrer da cravação dela própria ou das vizinhas.

5.5.10.2 Estaca de madeira

As emendas podem ser feitas por sembladuras, por anel metálico, por talas de junção ou por qualquer outro processo que atenda à disposição de 5.5.7.1.1.

5.5.10.3 Estaca de aço

Quando a estaca trabalhar total e permanentemente enterrada em solo natural, será necessário descontar da sua espessura 1,5 mm por face em contato com o solo (ver também 5.5.3.2). Quando parcialmente enterrada, aplica-se o disposto em 5.5.3.2. As emendas podem ser feitas por talas soldadas ou parafusadas, ou solda de topo. Quanto à resistência da emenda, vale o disposto em 5.5.4.8. A solda tem de satisfazer às prescrições das normas técnicas.

5.5.10.4 Estaca pré-moldada ou pré-fabricada

Também chamadas estacas industrializadas, elas podem ser de concreto armado comum ou protendido, concretadas em formas horizontais ou verticais, ou por sistema de centrifugação. Devem ter armadura apropriada e receber cura adequada, de modo a terem resistência compatível com os esforços decorrentes de manuseio, transporte, cravação e utilização. A seção de uma estaca pré-moldada de concreto poderá ser qualquer formato, desde que sua simetria seja radial. As seções mais comuns são a quadrada (mais fácil de ser moldada e armada), a poligonal e a circular (esta moldada por processo de centrifugação, enquanto que as demais são concretadas com vibração). Dentre as poligonais, as mais comuns são hexagonais ou octogonais e ainda podem ter a seção em cruz (estrela de quatro pontas). Todas elas podem ser maciças ou vazadas.

A grande vantagem das estacas industrializadas é que elas podem ser confeccionadas com qualquer dimensão para se adaptarem ao bate-estaca disponível e a qualquer carga de trabalho: sejam de pequena seção e comprimento (para suportar pequenas cargas), sejam para serem cravadas com bate-estacas especiais. Além do mais, não há restrição ao seu uso abaixo do lençol freático. A cravação das estacas é normalmente feita pelo processo de percussão, com martelo (ou pilão) em queda-livre. A relação entre o peso do pilão e o da estaca deve ser a maior possível, com o valor mínimo recomendável de 0,7. Entre o martelo e a cabeça da estaca, é instalado um capacete metálico com um cepo de madeira dura. Na parte interna do capacete, tem de haver um coxim feito com uma chapa circular de madeira compensada com diâmetro igual ao da estaca a ser cravada. Na cravação em si, o bate-estaca é posicionado no piquete indicador do centro da estaca a ser cravada. A torre do equipamento é aprumada e a estaca posicionada nessa torre. Durante os golpes de cravação, é feito o controle da capacidade de carga da estaca cravada por meio de sinais do deslocamento máximo (nega e repique elástico). As estacas pré-moldadas de concreto são sempre armadas, sendo certo que a função da armadura é essencialmente para resistir às tensões que aparecem no seu transporte, manuseio e cravação. A armação consiste em barras longitudinais, solidarizadas por estribos colocados em quadrados (ou polígonos) ou em círculos isolados ou em hélices contínuas.

Para a proteção da armadura, precisa haver em torno dela uma camada de recobrimento de concreto de pelo menos 3 cm. A cabeça da estaca será feita e armada de forma a não ser danificada pelos golpes do martelo durante a cravação. A superfície do topo terá de ser perfeitamente plana e em ângulo reto com o eixo da estaca, e a armadura de estribos necessita ali ser duplicada. As barras longitudinais deverão ficar pelo menos 15 cm abaixo daquela superfície. A ponta da estaca precisa ter seção com forma semelhante à do restante da estaca: a relação entre os lados das duas seções será igual a ¼. A armadura necessita ser duplicada desde a ponta até a altura igual ao dobro da distância entre dois lados opostos da seção da estaca. Presos à armadura, são colocados dois ganchos, que se projetam parcialmente para fora, para o uso de transporte e levantamento da estaca. Sempre que possível, terá de ser evitada a utilização de estacas pré-moldadas de concreto em solos com grande variação de características (que possa provocar grande variação no comprimento das diversas estacas) e em terrenos onde for constatada a presença constante de matacões. É necessário observar o cuidado no manuseio e transporte das estacas, a fim de que não ocorram trincas causadas por choque acidental. É preciso ser cravada uma estaca-prova para avaliação do comprimento das demais, a fim de evitar perdas decorrentes da confecção (ou aquisição) de estacas com comprimento muito maior que o comprimento útil cravado. A armação longitudinal mínima das estacas deve obedecer às prescrições das normas técnicas brasileiras, com a verificação na flexão decorrente de esforços causados pelo manuseio e transporte da estaca. As estacas pré-moldadas devem ser dimensionadas para suportar não só os esforços nelas atuantes como elemento de fundação, mas também, como mencionado, aqueles que ocorrem no seu manuseio, transporte, levantamento e cravação. Em particular, os pontos de levantamento previstos no cálculo precisam ser nitidamente assinalados nas estacas. Nesse tipo de estaca, necessita ainda ser observado o seguinte:

- as emendas têm de satisfazer às mesmas condições indicadas para as estacas de aço e madeira;
- nas duas extremidades da estaca, haverá um reforço da armação transversal para levar em conta as tensões que aí surgem durante a cravação; com o mesmo objetivo, entre as pontas das barras longitudinais e o topo da estaca deve haver um trecho não armado de 3 cm a 5 cm de espessura;
- para estacas pré-moldadas, a resistência característica do concreto (f_{ck}) deve ser limitada, para efeito de cálculo, a 25 MPa. No caso de estacas pré-moldadas em usina, com controle sistemático da resistência do concreto e/ou com ensaios especiais do concreto, o limite da resistência característica do concreto (f_{ck}) pode passar a 35 MPa.

5.5.10.5 Estaca escavada

5.5.10.5.1 Estaca submetida apenas à compressão

É necessário observar o seguinte:

- se a tensão média for inferior a 5 MPa, a armação será, nesse caso, desnecessária; por motivos executivos, poderá ser adotada armadura adequada a esse fim;
- se a tensão média for superior a 5 MPa, a estaca deverá ser armada no trecho em que a tensão média for superior a 5 MPa até a profundidade na qual a transferência de carga por atrito lateral diminua a compressão no concreto para tensão média inferior a 5 MPa.

5.5.10.5.2 Estaca submetida a cargas transversais

Nesse caso, os esforços solicitantes da estaca serão calculados levando em conta a contenção do terreno, e a determinação da eventual armadura tem de ser feita de acordo com as normas técnicas.

5.5.10.6 Tubulão

No que concerne ao cálculo dos esforços resistentes, é necessário obedecer às prescrições das normas técnicas, complementadas pelas indicações abaixo, quanto aos esforços solicitantes ao longo do tubulão. O esforço normal resulta da combinação da carga vertical aplicada, do atrito lateral (positivo ou negativo) e do peso próprio. Os momentos fletores oriundos de excentricidade, de forças horizontais ou de outros fatores podem ser absorvidos ao longo de um certo trecho do tubulão, deixando de existir daí para baixo, ou chegar até a base, conforme sejam a natureza do terreno, as dimensões e o processo executivo do tubulão. Nos tubulões com revestimento de aço, devem ser observadas as seguintes prescrições:

- Quando o tubulão é total e permanentemente enterrado, a corrosão é limitada, descontando 1,5 mm de espessura da chapa em todos os cálculos de verificação de resistência. No caso de terrenos de grande agressividade, precisam ser feitos estudos especiais. Quando o tubulão apresentar parte desenterrada, ao longo desta a camisa será totalmente desprezada nos cálculos de resistência, a menos que receba algum tratamento especial anticorrosivo.
- O comportamento do tubulão na ruptura é diferente do comportamento sob a ação das cargas normais de utilização (carga de serviço). Em consequência, a verificação de resistência tem de ser feita, segundo as prescrições de segurança das normas técnicas, nos dois estados-limite: estado-limite de ruptura (segurança referida à ruptura) e estado-limite de utilização (comportamento em serviço);

- A verificação de resistência da armadura de transição fuste-base é apenas no estado-limite último, tendo de ser pelo menos igual à da camisa de aço suposta, funcionando como armadura longitudinal. O comprimento de ancoragem das barras dessa armadura é calculado de acordo com as normas técnicas. Além disso, o comprimento de justaposição das barras e da camisa de aço não pode ser menor que o calculado, considerando-se o perímetro interno da camisa e a tensão de aderência entre barras lisas e concreto.

5.5.10.6.1 Flambagem

Os tubulões totalmente enterrados dispensam a verificação da segurança à flambagem. Por outro lado, os tubulões parcialmente enterrados precisam ser verificados à flambagem.

5.5.10.6.2 Dimensionamento da base alargada

Havendo base alargada, ela terá a forma de um tronco de cone (com base circular ou de falsa elipse), sobreposto a um cilindro de no mínimo 20 cm de altura. O ângulo do tronco de cone deve ser tal que as tensões de tração que venham a ocorrer no concreto possam ser absorvidas por esse material. Quando, por alguma razão, tiver de ser adotado um ângulo menor que o indicado, será preciso armar a base do tubulão. Desde que a base esteja embutida no material idêntico ao do apoio cilíndrico (este com o mínimo de 20 cm de altura), um ângulo igual a 60° poderá ser adotado independente da taxa, sem necessidade de armadura.

5.5.10.6.3 Dimensionamento do fuste

Para efeito de dimensionamento do fuste, cabe distinguir os dois casos a seguir:
- No caso de tubulões sem revestimento, o dimensionamento estrutural é feito como o de uma peça de concreto simples ou armado, conforme o caso.
- No caso de tubulões com revestimento de concreto armado, há dois pormenores a considerar:
  - A armadura necessária pode ser colocada totalmente no revestimento ou parte no revestimento e parte no núcleo; no trabalho à compressão, o núcleo e a camisa de concreto devem ser considerados, constituindo a seção plena; no caso de flexão, entretanto, para admitir o concreto do núcleo agindo monoliticamente com a camisa, torna-se necessário assegurar a aderência entre os dois, tomando para tanto as necessárias medidas de limpeza da superfície interna da camisa e, se for o caso, de apicoamento, previamente à concretagem do núcleo.
  - Tendo em vista o trabalho sob ar comprimido, quando for o caso, a armadura transversal (estribos) será calculada imaginando o tubulão sob ar comprimido a uma pressão igual a 1,3 vez a máxima de trabalho prevista e sem pressão externa de terra e água; além disso, cuidado especial necessita ser dado à armadura de fixação da campânula à camisa.

5.5.10.6.4 Armadura do núcleo de tubulão e ferragem de ligação fuste-base

A armadura do núcleo tem de ser montada de maneira que seja suficientemente rígida, de modo a não ser deformada durante o manuseio e concretagem. A armadura de ligação fuste-base será projetada e executada de modo a garantir concretagem satisfatória da base alargada. É preciso evitar que a malha constituída pela ferragem vertical e os estribos tenha dimensões inferiores a 30 cm × 30 cm, usando, se necessário, feixes de barras em vez de barras isoladas.

5.6 Critérios de medição

5.6.1 Brocas de concreto e estacas (exclusive estacas cravadas por reação)

Medição pelos comprimentos reais obtidos na obra, separando os tipos e/ou seções. Nas estacas pré-moldadas, o comprimento será aquele das peças efetivamente cravadas, considerando também o comprimento excedente, quando houver. Nas estacas moldadas *in loco*, o comprimento será aquele determinado pela profundidade concretada, isto é, o comprimento independe da cota de arrasamento e da base alargada da estaca. Os suplementos de estaca, quando necessários, serão medidos como estacas efetivamente cravadas em metros.

5.6.2 Tubulões a céu aberto

Medição pelo volume escavado, medido na escavação, calculando separadamente o volume do fuste e o volume correspondente ao alargamento da base em metros cúbicos.

5.7 Processos usuais de reforço de fundação

5.7.1 Escavação por meio de "cachimbos"

O processo mais simples e comum de reforço de fundação é o da abertura de cachimbos. Escava-se, em intervalos regulares, por baixo da fundação existente, até a camada firme ou até a cota onde se deseja repousar a fundação nova. Constroem-se, depois, nessas escavações, colunas ou pilares de alvenaria ou concreto. Finalmente, escavam-se as partes anteriormente intatas e constrói-se o restante do reforço da fundação (ver a Seção 5.3.4 – "Submuração").

5.7.2 Estaca cravada por reação (tipo mega)

Por esse processo, inicia-se escavando por seções debaixo da fundação, cravando estacas (elementos de concreto pré-moldados ou tubos), à força de macaco hidráulico que reage contra a própria estrutura. Quando se tratar de tubos ou elementos pré-moldados ocos, depois de atingir a profundidade de cravação desejada, eles são limpos interiormente e preenchidos com concreto. Um critério de escolha dessa profundidade é o de cravar os elementos até que a força necessária para a cravação seja de meia a duas vezes a carga de trabalho de cada elemento.

5.8 Observação do comportamento e instrumentação de obras de fundação

A observação do comportamento e a instrumentação de fundações são feitas com um ou mais dos objetivos abaixo:
- acompanhar o funcionamento da fundação, durante e depois da execução da obra, para permitir que sejam tomadas, em tempo, as providências eventualmente necessárias;
- esclarecer anormalidades constatadas em obras já concluídas;
- ganhar experiência local quanto ao comportamento do solo sob determinados tipos de fundação e carregamento;
- permitir a comparação de valores medidos com valores calculados, visando ao aperfeiçoamento dos métodos de previsão de recalques e de fixação das cargas admissíveis, de empuxo etc.

Em qualquer caso, a observação de uma obra trará subsídios para o desenvolvimento e o aperfeiçoamento das técnicas, da construtora, de projeto e execução. A observação do comportamento de uma obra compreende três tipos de informação: deslocamentos (horizontais e verticais) de determinados pontos da construção; os carregamentos atuantes correspondentes e sua evolução no tempo; o registro de anormalidades (fissuras, aberturas de juntas etc.), na obra em observação, em decorrência de causas intrínsecas ou por causa de trabalhos de terceiros, bem como anormalidades provocadas pela obra sobre terceiros.

Nas obras, as medições mais importantes são:
- medição de recalques: nas obras em que as cargas mais importantes são verticais, a medição dos recalques constitui o recurso fundamental para a observação do comportamento da obra. Esta consiste na medição dos deslocamentos verticais de pontos da estrutura, normalmente localizados em pilares, em relação a um

ponto rigorosamente fixo (RN). Essa referência de nível deve ser instalada de forma a não sofrer influência da própria obra ou outras causas que possam comprometer sua indeslocabilidade.
- abertura de fissuras: o acompanhamento da abertura de fissuras constitui um recurso mais simples e mais expedito para se ter uma ideia do comportamento de uma obra, sobretudo quando ela estiver sujeita a perturbações de evolução mais ou menos rápida no tempo (por exemplo, durante a execução de obra vizinha).
- medição de esforços em escoras ou tirantes: sempre que possível, é desejável que nas obras de escavação sejam medidos os esforços nas escoras e nos tirantes, ao longo do tempo nas diferentes fases de execução da escavação. Todas as medidas precisam ser acompanhadas de informações sobre fatores que possam influenciá-las: temperatura, vento, umidade, vibrações próximas etc.

5.9 Prova de carga de solo e de fundação

A prova de carga estática é um ensaio tipo tensão x deformação realizado no solo estudado para receber carregamento ou, então, em elemento estrutural de fundação. Esta última é um ensaio em que se repercute o complexo comportamento do conjunto solo-fundação, influenciado pelas alterações no solo causadas pela infraestrutura da obra e realização das fundações e pelas incertezas decorrentes das dificuldades executivas das fundações. No ensaio estático, as cargas são aplicadas geralmente mediante o uso de macaco hidráulico calibrado. No caso de ensaio direto sobre o terreno de fundação, utiliza-se uma placa metálica rígida para transmitir as cargas ao solo natural, nivelado na cota prevista para apoio das bases de fundações diretas ou de tubulões. A área da placa deve ser de 0,50 m² ou maior.

Durante a realização da prova de carga estática, são medidas as cargas aplicadas, os deslocamentos correspondentes da placa metálica ou do elemento estrutural de fundação e o tempo decorrido. O sistema de reação geralmente é constituído por uma viga ou estrutura metálica, apta a manter o macaco hidráulico posicionado sobre a placa ou o elemento de fundação. A viga de reação é mantida na posição devido ao peso de um caixão ou uma plataforma carregada (de areia, brita, ferro, gabiões etc.) sobre ela montado. As provas de carga são realizadas também em casos em que é necessário ensaiar as fundações de uma obra já executada. Nesse caso, o sistema de reação é a própria estrutura da edificação. Um exemplo mais frequente é a cravação de estacas tipo mega quando utilizadas como reforço de fundação; ver a Seção 5.7.2 – "Estaca cravada por reação (tipo mega)".

5.10 Prevenção de fissuras em edificação

Dentre os problemas patológicos mais comuns que se manifestam nas estruturas de concreto armado, ou alvenaria estrutural ou de vedação, destacam-se as fissuras. Estas normalmente são originadas a partir de: deficiências quando da elaboração dos respectivos projetos, qualidade inadequada dos materiais utilizados nas obras e falhas de execução. Existem inúmeros fatores que causam o aparecimento de fissuras, dentre os quais se destacam os recalques diferenciais (ou diferenciados). A influência dos recalques diferenciais de fundação nas estruturas de concreto depende da interação de vários fatores entre a fundação, estrutura e o solo que as suporta. Por exemplo, as areias apresentam características de alta permeabilidade, com recalques em períodos relativamente curtos, e as argilas, que apresentam variações de volume por percolação de água de maneira lenta, provocam recalques em períodos mais longos.

Normalmente, as fissuras decorrentes dos recalques diferenciais são inclinadas no sentido do ponto onde ocorreu o maior recalque, cujas aberturas são proporcionais à intensidade. Verificada pelo projetista das fundações a possibilidade de ocorrência de recalques diferenciados perigosos, deverão ser discutidas com o calculista da estrutura e com o arquiteto medidas que possam aumentar a flexibilidade do edifício (juntas na estrutura, desvinculação de paredes etc.). Dentre os casos em que precisam ser criadas juntas na estrutura para evitar a ocorrência de danos por recalques diferenciados das fundações, podem ser citados: edifícios muito longos; edifícios com geometria irregular; sistemas de fundação diferentes; carregamentos diferentes; cotas de apoio diferentes; diferentes fases de construção.

Capítulo 6

Estrutura

6.1 Estrutura de concreto armado

6.1.1 Introdução

6.1.1.1 Terminologia de aglomerantes de origem mineral (cimento e outros)

- *Aglomerante de origem mineral:* produto com constituintes minerais que, para sua aplicação, se apresenta sob forma pulverulenta e com a presença de água forma uma pasta com propriedades aglutinantes.
- *Aglomerante hidráulico:* aglomerante cuja pasta apresenta a propriedade de endurecer apenas pela reação com a água e que, após seu endurecimento, resiste satisfatoriamente quando submetida à ação desta.
- *Aglomerante aéreo:* aglomerante cuja pasta apresenta a propriedade de endurecer por reações de hidratação ou pela ação química do anidrido carbônico (CO_2) presente na atmosfera, e que, após seu endurecimento, não resiste satisfatoriamente quando submetida à ação da água.
- *Cimento:* aglomerante hidráulico constituído em sua maior parte de silicatos e/ou aluminatos de cálcio, obtido pela moagem de clínquer portland ao qual se adiciona, durante a operação, a quantidade necessária de uma ou mais formas de sulfato de cálcio.
- *Cimento natural:* aglomerante hidráulico obtido pela calcinação e moagem de um calcário argiloso, denominado rocha de cimento ou marga.
- *Cimento aluminoso:* aglomerante hidráulico constituído em sua maior parte de aluminato de cálcio.
- *Cimento de alvenaria:* aglomerante hidráulico resultante da moagem do clínquer portland com adições minerais, tais como: calcário, determinadas argilas, pozolanas, escórias e aditivos, destinados às argamassas com características adequadas aos serviços de alvenaria.
- *Cimento portland:* aglomerante hidráulico artificial, obtido pela moagem de clíquer portland, sendo geralmente feita a adição de uma ou mais formas de sulfato de cálcio.
- *Cimento portland comum:* cimento portland obtido pela moagem de clíquer portland, ao qual se adiciona, durante a operação, quantidade adequada de uma ou mais formas de sulfato de cálcio. Durante a moagem, são permitidas adições a essa mistura de materiais pozolânicos, escórias granuladas de alto-forno e materiais carbonáticos. Em função dessas adições, o cimento portland comum é classificado como:
    - CPS – Cimento portland comum simples;
    - CPE – Cimento portland comum com escória;
    - CPZ – Cimento portland comum com pozolana.
- *Cimento portland de alta resistência inicial (ARI):* cimento portland que atende às exigências de alta resistência inicial, obtido pela moagem de clínquer portland. Durante a moagem, não é permitida a adição de outra substância a não ser uma ou mais formas de sulfato de cálcio.

- *Cimento portland de alto-forno (AF):* cimento portland obtido pela mistura homogênea de *clínquer portland* e escória granulada básica de alto-forno, moídos em conjunto ou separadamente, com adição eventual de uma ou mais formas de sulfato e carbonato de cálcio.
- *Cimento portland pozolânico (POZ):* cimento portland obtido pela mistura homogênea de *clínquer portland* e materiais pozolânicos moídos em conjunto ou separadamente. Durante a moagem, adiciona-se uma ou mais formas de sulfato de cálcio.
- *Cimento portland Branco (CPB):* cimento portland obtido pela moagem de *clínquer portland* e que apresenta teor mínimo ou ausência de óxido de ferro (Fe_2O_3) e outros óxidos corantes. Durante a moagem, adiciona-se uma ou mais formas de sulfato de cálcio.
- *Clínquer:* produto granulado resultante da queima até a fusão parcial ou completa de constituintes minerais, e que depois de sua moagem se constitui em produto com propriedades hidráulicas.
- *Clínquer portland:* clínquer constituído, em sua maior parte, por silicatos e aluminatos de cálcio hidráulicos, obtido por queima, até fusão parcial, de mistura homogênea e adequadamente proporcionada, composta basicamente de calcário e argila.
- *Clínquer aluminoso:* clínquer constituído, em sua maior parte, de aluminato de cálcio, obtido pela fusão completa de mistura homogênea e convenientemente proporcionada, constituída basicamente de calcário e bauxita.
- *Materiais pozolânicos:* materiais silicosos ou silicoaluminosos que possuem pouca ou nenhuma atividade aglomerante, mas que, quando finamente moídos e na presença de água, fixam o hidróxido de cálcio, à temperatura ambiente, formando compostos com propriedades hidráulicas.
- *Escória granulada de alto-forno:* subproduto da produção de gusa em alto-forno obtido sob forma granulada por resfriamento brusco, constituído em sua maior parte de óxidos de cálcio, silício e alumínio. Possui a característica de, quando pulverizada, apresentar propriedades hidráulicas latentes.
- *Adições:* produtos de origem mineral adicionados aos cimentos, argamassas e concretos, com a finalidade de alterar suas características.
- *Aditivo:* produto químico adicionado em pequenos teores às caldas, argamassas e concretos, com a finalidade de alterar suas características no estado fresco e/ou no endurecido.
- *Calda de cimento:* mistura conveniente de cimento e água em excesso e eventualmente aditivos, constituindo material adequado para pintura, cimentação e injeções para preenchimento de vazios ou ancoragens.
- *Endurecimento:* fase subsequente ao período de pega, na qual o aglomerante passa a oferecer resistência a esforços mecânicos.
- *Hidratação:* processo químico pelo qual um aglomerante de origem mineral reage com a água.
- *Hidraulicidade:* propriedade que caracteriza os aglomerantes hidráulicos de endurecer por hidratação, com desenvolvimento de resistência mecânica.
- *Microssílica:* subproduto da fabricação de ferrossilício, cujo componente principal é a sílica (SiO_2).
- *Nata de cimento:* mistura de cimento e água em excesso, resultante de exsudação de argamassas e concretos de cimento.
- *Pasta de cimento:* mistura de cimento e água, de consistência variável, constituinte de uma argamassa ou concreto de cimento, ou quando utilizada na realização de ensaios normais de cimento.
- *Pega:* caracterização da perda de plasticidade das pastas, caldas, argamassas e concretos de cimento.
- *Rochas carbonatadas:* variedade de rochas constituídas predominantemente por carbonatos de cálcio e magnésio, de origem ígnea, metamórfica ou sedimentar. Suas principais variedades são: calcário calcítico, calcário magnesiano, calcário dolomítico e dolomito.

6.1.1.2 Propriedades básicas do concreto

O concreto de cimento portland é um material constituído por um aglomerante, pela mistura de um ou mais agregados e água. Deverá apresentar, quando recém-misturado, propriedades de plasticidade tais que facilitem o seu transporte, lançamento e adensamento e, quando endurecido, propriedades que atendam ao especificado em projeto quanto às resistências à compressão e à tração, módulo de deformação e outras. Poderão ser empregados ainda no preparo do concreto, com o intuito de melhorar ou corrigir algumas de suas propriedades, os chamados aditivos. Esses materiais podem proporcionar ao concreto alterações de propriedades, tais como: plasticidade, permeabilidade, tempo de pega e resistência à compressão. A durabilidade de uma estrutura de concreto depende da realização correta:

- da execução da estrutura;
- do controle tecnológico – estudo de dosagem e controle do concreto e de seus materiais constituintes.

O controle da qualidade dos materiais constituintes influencia diretamente a qualidade e uniformidade do concreto, sendo esse um fator primordial na qualidade da estrutura. Assim, variações na resistência do cimento ou granulometria dos agregados, por exemplo, resultam na produção de concretos com trabalhabilidade e resistência também variáveis. No início da obra, será imperativo que seja feita uma adequada caracterização de fornecedores, dando preferência àqueles que disponham de produtos uniformes, ainda que de qualidade média. Nessa fase, terá de ser ainda verificado o comportamento do material em função do meio ao qual estará sujeita a estrutura e indicados os tipos de materiais recomendados (por exemplo: cimento de alto-forno CP III ou portland comum CP I etc.). Posteriormente, no decorrer da obra, precisa-se proceder a ensaios de controle com a finalidade de verificar a uniformidade dos materiais constituintes do concreto, com relação aos inicialmente caracterizados. As propriedades básicas do concreto são:

- Do concreto não endurecido:
  - trabalhabilidade;
  - exsudação (*transpiração*);
  - tempos de início e de fim de pega.
- Do concreto endurecido:
  - resistência aos esforços mecânicos;
  - propriedades técnicas;
  - deformações em face das ações extrínsecas e solicitações mecânicas;
  - permeabilidade;
  - durabilidade diante da ação do meio ambiente.

6.1.1.3 Canteiro de obras

6.1.1.4 Generalidades

O espaço destinado ao canteiro de obras deve estar de acordo com as características da construção a ser realizada, sendo previsto o adequado armazenamento de materiais e equipamentos, bem como as instalações necessárias para o escritório e as dependências para permanência de operários durante a execução da obra, de acordo com as normas de segurança (NR-18) e do canteiro (normas técnicas ABNT)

6.1.1.5 Recebimento de materiais

Todos os materiais empregados na execução da estrutura de concreto têm de ser recebidos conforme estabelecem as normas técnicas da ABNT. Materiais não previstos neste item precisam seguir às especificações pertinentes em cada caso.

6.1.1.6 Armazenamento dos materiais

Os materiais a serem utilizados necessitam permanecer armazenados no canteiro de obras ou na central de dosagem do concreto, separados fisicamente desde o momento do recebimento até o instante de utilização. Cada material deve estar perfeitamente identificado durante o armazenamento, no que diz respeito à classe, à graduação e, quando for ocaso, à procedência. Os documentos que comprovam a origem, as características e a qualidade dos materiais têm de permanecer arquivados, em conformidade com a legislação vigente.

6.1.1.7 Materiais componentes de concreto

No caso de o concreto ser preparado na obra, o armazenamento dos materiais que o compõem precisa estar de acordo com o que estabelecem as normas técnicas da ABNT.

6.1.1.8 Aço para as armaduras

Necessitam ser estocados de forma a manterem inalteradas suas características geométricas e suas propriedades, desde o recebimento na obra até o seu posicionamento final na estrutura. Cada tipo e classe de barra, tela soldada, fio ou cordoalha utilizado na construção necessita ser claramente identificado logo após o seu recebimento, de modo que não ocorra troca involuntária quando do seu posicionamento na estrutura. Para aços recebidos cortados e dobrados *(aço pronto)*, valem as mesmas prescrições para as diferentes posições. A estocagem deve ser feita de modo a impedir o contato do aço com qualquer tipo de contaminante (solo, óleo, graxa, entre outros).

6.1.1.9 Equipamentos e instalações

Os equipamentos necessários à execução dos serviços previstos, inclusive aqueles de segurança, têm de estar disponíveis no canteiro de obras, em perfeitas condições de trabalho, em conformidade com as especificações do fabricante e as normas vigentes. As instalações precisam obedecer às normas de segurança NR-18.

6.1.2 Dosagem do concreto

6.1.2.1 Generalidades

O concreto deverá ser dosado de modo a assegurar, depois da cura, a resistência indicada no projeto estrutural. A resistência-padrão terá de ser a de ruptura de corpos de prova de concreto simples aos 28 d de idade. O cimento precisa ser sempre indicado em peso, não sendo permitido o seu emprego em frações de saco. A relação água-cimento não poderá ser superior a 0,6.

6.1.2.2 f_{ck} do concreto

6.1.2.3 Generalidades

O projetista da estrutura de uma edificação necessita fixar a resistência característica (valor da resistência à compressão do qual se espera obter 95% de todos os resultados possíveis de ensaio de amostragem), ou seja, o f_{ck} do concreto, e colocar esse valor nos desenhos de fôrma. Esse f_{ck} poderá ser: 90 kg/cm², 120 kg/cm², 135 kg/cm², 150 kg/cm², 180 kg/cm², 210 kg/cm² etc. É necessário notar que os f_{ck} = 90 kg/cm² e 120 kg/cm² praticamente não são usados, começando a série estrutural no f_{ck} = 135 kg/cm² ou 13,5 MPa. Se for fornecido por usina, o responsável pela obra deverá contratar a entrega do concreto pelo seu f_ck. Se for decidida a mistura do concreto na obra, o técnico responsável precisa procurar sua dosagem. Assim, conhecido o f_ck que a estrutura precisa ter, o técnico responsável necessita, como primeiro passo, calcular o f_ck, que é a resistência média do concreto à compressão prevista para a idade de 28 d, e para a qual são feitos os estudos de dosagem (determinação de traços). As equações que correlacionam o f_{ck} e o f_{c28} são:

$f_{c28} = f_{ck} + 66$ (kg/cm²) para os casos de alto controle da qualidade da concretagem;

$f_{c28} = f_{ck} + 90$ (kg/cm²) para os casos de bom controle da qualidade da concretagem;

$f_{c28} = f_{ck} + 115$ (kg/cm²) para os casos de controle da qualidade apenas razoável, o que ocorre na maioria das obras.

A variação do f_{c28} (é o f c28 que orienta a dosagem) mostra as vantagens de se trabalhar com melhores controles da qualidade quando o vulto da obra permitir. Conhecido o f_{c28}, para finalmente se procurar o traço (composição do concreto com as participações de areia, pedra, água e cimento), têm-se duas alternativas. De acordo com a norma técnica, os concretos para fins estruturais são classificados nos grupos I e II quanto à resistência característica à compressão (f_{ck}), conforme apresentado na Tabela 6.1.

Capítulo 6 – Estrutura

Tabela 6.1: Classe de cimento

Grupo Característica	Classe de resistência	Resistência à compressão (MPa)
I	C20	C20
	C25	C25
	C30	C30
	C35	C35
	C40	C40
	C45	C45
	C50	C50
II	C55	C55
	C60	C60
	C70	C70
	C80	C80
	C90	C90
	C100	C100

6.1.2.4 Dosagem experimental

É feita com apoio de laboratório e precisa-se conhecer especificamente quais as pedras, qual a areia, qual o tipo e marca de cimento a se usar, além das características principais da obra (por exemplo, o espaçamento da armadura, o tipo de lançamento do concreto, dimensões da fôrma etc.). A *dosagem experimental* é a mais econômica e com menores desvios-padrão e coeficientes de variação, coeficientes esses que medem a estabilidade de resultado das amostras do concreto que são enviadas para o teste de rompimento na prensa. A técnica da dosagem experimental parte de tabelas de dosagem, ajustando-as às características específicas dos materiais a usar e, assim, tirando partido das reais características dos materiais a serem usados na obra. Tem desvantagens:

- consome tempo;
- custa o trabalho de experimentação.

A dosagem experimental é usada nas grandes e médias obras e nas centrais de concreto.

6.1.2.5 Dosagem por tabela de traço

Adota-se o traço com base nas experiências de obras anteriores, admitindo-se que o material acompanhe mais ou menos as características de outros materiais que serviram de apoio para a confecção das tabelas. Existem várias delas no meio técnico. Normalmente, o uso dessas tabelas precisa se restringir a pequenas edificações. Por esse caminho, as normas técnicas dispensam (mas não proíbem) o controle da qualidade do concreto.

6.1.2.6 Descrição do método de dosagem

Em síntese, o método consiste no seguinte:

- conforme o tipo da obra, fixa-se o abatimento do tronco de cone (ver 6.1.2.3 adiante), tendo em vista a trabalhabilidade desejada;
- define-se também o diâmetro máximo do agregado graúdo, tendo em vista as condições da obra;
- em função do diâmetro máximo do agregado e do abatimento escolhido, determina-se a quantidade aproximada de água por metro cúbico de concreto;
- a seguir, de acordo com as condições de exposição do concreto e a natureza da obra, fixa-se a relação água/cimento;
- depois, calcula-se o consumo de cimento;
- o volume aparente de agregado graúdo a ser usado, por metro cúbico de concreto, é determinado em função do módulo de finura da areia a ser empregada;
- executa-se a correção da quantidade de agregados e de água em função da umidade e absorção dos agregados;

- faz-se a correção do traço por meio de misturas experimentais.

6.1.2.7 Controle da trabalhabilidade - Slump Test

Um simples teste, denominado teste de abatimento ou *slump test*, é o suficiente para verificar se o concreto está sendo preparado com a trabalhabilidade adequada. Uma *betonada* mais úmida em relação às restantes resultará em uma camada de concreto mais fraca e menos durável. Por outro lado, uma betonada que se apresente muito seca provocará dificuldades no lançamento do concreto, bem como na obtenção do adensamento e do acabamento adequados. Logo depois do início do trabalho, o teste precisa ser feito para estabelecer o padrão e, durante o dia, particularmente quando se supuser que a mistura não estiver correta, repetir-se-á o teste. O equipamento necessário resume-se em uma forma cônica – *cone de abatimento* – e em um soquete de aço. Proceder-se-á da seguinte maneira:

- deverá ser assegurado que a fôrma cônica esteja limpa e apoiada numa superfície plana e rígida (uma placa metálica é a mais recomendável);
- o molde (fôrma cônica) e a placa-base precisam estar umedecidos;
- o moldador manterá seus pés nos estribos da fôrma, para permanecê-la estável;
- esse operador preencherá rapidamente o molde com três camadas de argamassa de concreto de igual volume, ou melhor, 1/3 da altura da fôrma cada uma, socando-as, com uma haste de aço circular com Ø 16 mm 25 vezes cada uma (as camadas devem corresponder a 6 cm, 15 cm e 30 cm do cone) e cada golpe não poderá penetrar na camada anterior, ou seja, a compactação de cada camada não pode atingir a inferior a ela;
- é necessário alisar a superfície superior do concreto no molde depois de preenchido, utilizando-se a haste de compactação como espátula;
- o moldador limpará a placa-base onde a fôrma foi assentada;
- ele deve levantar cuidadosamente o molde cônico, mantendo-o perfeitamente na direção vertical, invertendo em seguida sua posição e depositando-a na chapa ao lado do monte de argamassa de concreto. Tão logo a fôrma seja retirada (essa operação durará de 5 s a 10 s), a massa de concreto se abaterá, descendo até certa altura. Será então imediatamente medido o abatimento ocorrido;
- para tanto, a haste terá de apoiar-se na superfície superior da fôrma esvaziada, para que passe por cima do monte de concreto;
- deve-se medir a seguir, com uma régua, a distância entre o ponto médio do monte de argamassa e a haste horizontal, dando-se tolerância de 1 cm. Se a altura medida for, por exemplo, de 6 cm, isso significará abatimento de 6 cm;
- o ensaio tem de ser feito sem interrupções e não pode ultrapassar o tempo limite de 150 s desde o início do preenchimento até a retirada do molde;
- entre a coleta da amostra e a remoção da fôrma não podem transcorrer mais do que 5 min.

Há três tipos de abatimento a se considerar:

- *Verdadeiro* ou *real*: o monte de concreto simplesmente diminui de altura, mantendo aproximadamente a sua forma.
- *Cortado*: o monte de concreto tomba para o lado.
- *Colapso*: o monte de concreto cede completamente.

Tanto o abatimento verdadeiro como o cortado podem ocorrer com a mesma mistura, não se podendo, porém, compará-los entre si. O único abatimento que apresenta validade é o abatimento verdadeiro. Caso venha a ocorrer um abatimento cortado, é necessário efetuar um novo teste. Caso se repita o *corte*, provavelmente isso será em razão da composição da mistura ou à forma em que o teste foi realizado. Abatimentos cortados muito frequentemente sugerem um reestudo da dosagem na mistura. Os abatimentos cortados precisam ser medidos e marcados com observação, o mesmo ocorrendo com os abatimentos em colapso. Os abatimentos medidos no tronco de cone, recomendados para diferentes tipos de obra, constam do Quadro 6.1.

6.1.2.8 Diâmetro máximo de agregados recomendado

- quanto maior o diâmetro máximo de um agregado bem graduado, menor será seu índice de vazios;

Capítulo 6 – Estrutura

Quadro 6.1: Abatimento

Tipo de obra	Abatimento (cm)	
	Máx.	Mín.
Paredes de fundação e sapatas armadas	8	2
Sapatas planas (corridas) e paredes de infraestrutura	8	2
Lajes, vigas e paredes armadas	10	1
Pilares de edifícios	10	2
Pavimentos	8	2

- em geral, o diâmetro do agregado será o maior, economicamente disponível, e adequado às dimensões da estrutura;
- o diâmetro máximo terá de ser menor ou igual a 1/5 da menor dimensão da peça em planta;
- esse diâmetro será menor ou igual a 3/4 da menor distância entre as barras da armadura;
- ele deverá ser menor ou igual a 1/3 da espessura da laje;
- para concretos de alta resistência, obtêm-se melhores resultados reduzindo o diâmetro máximo do agregado.

6.1.2.9 Agregado miúdo

É necessário fixar a percentagem de areia em relação ao volume real de agregado total, em função do diâmetro máximo do agregado, de acordo com o Quadro 6.2.

Quadro 6.2

Diâmetro máximo (mm)	9,5	12,5	19	25	38
Percentagem de areia em relação ao volume real de agregado total	60	50	42	37	34

Denomina-se *inchamento* o aumento de volume que sofre a areia seca ao absorver água. *Coeficiente de inchamento* é a relação entre o volume da areia com certo teor de umidade e o volume desse agregado quando seco.

6.1.3 Inspeção e ensaios de materiais

6.1.3.1 Agregados

Entende-se por agregado o material granular, sem forma e volume definidos, geralmente inerte, de dimensões e propriedades adequadas para uso em obras de engenharia. Pode-se classificar os agregados quanto à origem, às dimensões (a de maior importância) e ao peso unitário:

- *Quanto à origem:* podem ser naturais e artificiais:
  - *Naturais:* são aqueles que já são encontrados na natureza sob a forma de agregado: areia de mina (também chamada de cava), areia de rio, seixos rolados (também chamados de cascalho ou pedregulho) etc.
  - *Artificiais:* são aqueles que necessitam de um trabalho para chegar à condição necessária e apropriada para seu uso: areia artificial, brita etc. O termo artificial, aqui, é usado quanto ao modo de obtenção, e não com relação ao material em si. Há quem classifique como artificiais aqueles agregados que são obtidos por processos especiais de fabricação, tais como escória de alto-forno, argila expandida etc.
- *Quanto ao tamanho:* são classificados em miúdo e graúdo. Recebem, entretanto, denominações especiais que caracterizam certos grupos, como: *filler*, areia, pedrisco, seixo rolado (cascalho ou pedregulho) e brita:
  - *agregado miúdo* é a areia natural quartzosa ou artificial (esta resultante do britamento de rochas estáveis), de diâmetro máximo igual ou inferior a 4,8 mm;

– *agregado graúdo* é o pedregulho natural ou a pedra britada (esta proveniente do britamento de rochas estáveis) de diâmetro mínimo superior a 4,8 mm.

Na designação de tamanho do agregado, diâmetro máximo é a abertura de malha, em milímetros, de peneira da série normal à qual corresponde a percentagem acumulada igual ou imediatamente inferior a 5%. Seguem as denominações:

– *filler* é o material que atravessa a peneira nº 200; é material que decanta nos tanques das instalações de lavagem de brita nas pedreiras;
– *areia* é o material encontrado em estado natural que passa na peneira de 4,8 mm;
– *pó de pedra*, também chamado areia artificial, é o material obtido por fragmentação de rocha que atravessa a peneira de 4,8 mm;
– *seixo rolado* é o material encontrado fragmentado na natureza, quer no fundo do leito dos rios, quer em jazidas, retido na peneira de 4,8 mm
– *brita* é o material obtido por trituração de rocha e retido na peneira de 4,8 mm.
Por razões comerciais, classificam-se as britas em:
– *pedrisco*: de 4,8 mm a 9,5 mm
– *brita 1*: de 9,5 mm a 19 mm
– *brita 2*: de 19 mm a 38 mm
– *brita 3*: de 38 mm a 76 mm
– *pedra de mão*: maior que 76 mm (também chamada rachão; usada em gabiões)
– quando o tamanho da brita varia desde 50 mm até 4,8 mm, ela é chamada de *brita corrida* (usada em pavimentação, bases e pavimentos).

- *quanto ao peso unitário:* pode-se classificar os agregados em: leves (menos de 1 t/m³); normais (1 t/m³ a 2 t/m³) e pesados (acima de 2 t/m³):
    – *leves:* pedra-pomes, vermiculita expandida, argila expandida etc.
    – *normais:* areia quartzosa, seixos, britas de gnaisse e de granito etc.
    – *pesados:* barita, magnetita, limonita etc.

A *vermiculita* é um dos muitos minérios da argila. A *vermiculita* expandida é obtida pelo aquecimento até cerca de 500 °C de argila de granulação lamelar porosa, de baixa densidade. Tem granulação de 0 a 4,8 e peso específico de 800 N/m³ a 1600 N/m³. *Argila expandida* é um material resultante do tratamento térmico, em forno rotativo, de pelotas, previamente confeccionadas, de argila dotada de propriedade de piroexpansão. A argila expandida é constituída de grânulos de forma esferoidal, recobertos por uma camada vítrea que reduz a absorção de água. A graduação é de 4,8 a 25 e o peso específico de 4000 N/m³. A granulometria dos agregados miúdo e graúdos destinados a determinada obra deverá ser razoavelmente uniforme; as tolerâncias admitidas serão fixadas pelo engenheiro fiscal. Agregados miúdos e graúdos e agregados de procedência diferente não serão usados indistintamente na mesma parte da construção ou na mesma betonada, sem a permissão do engenheiro fiscal. Para agregados miúdos, terão de ser evitadas:

- substâncias nocivas:
    – torrões de argila;
    – matérias carbonosas;
    – outras substâncias nocivas: gravetos; mica; grânulos tenros, friáveis ou envolvidos em películas etc.
- impurezas orgânicas.
    – para agregados graúdos, é necessário evitar:
- substâncias nocivas:
    – torrões de argila;
    – material pulverulento.

O agregado graúdo será constituído de grânulos resistentes e estáveis.

6.1.3.2 Estocagem

Os agregados também precisam ser armazenados convenientemente. Na área de depósito é necessário providenciar para que tanto a areia como a pedra britada sejam despejadas em solo firme e limpo. Caso não haja realmente superfície adequada na obra, terá de ser aplicada uma camada de 10 cm de concreto magro. O ideal é que a superfície revestida com a camada de concreto se situe em um ponto mais elevado em relação ao local de preparo das partidas, tendo inclinações no sentido da betoneira. A areia e os agregados graúdos de diferentes bitolas e agregados de procedência diferente deverão ser mantidos separados por paredes de pranchas de madeira. Os agregados precisam ser mantidos limpos: pontas de cigarro poderão retardar a pega e o endurecimento do concreto, assim como folhas de árvore, serragem, argila, papel e outros.

6.1.3.3 Testes

A areia e a pedra constituem mais de 80% da massa do concreto, precisando ser levada em conta, portanto, a sua devida importância. Cada remessa terá de ser examinada ao ser recebida:

- *Limpeza:* um dos pontos mais importantes a serem observados é a limpeza. Barro, argila ou detritos nos agregados causarão enfraquecimento do concreto. Pedaços de madeira em decomposição, folhas e vários materiais orgânicos retardarão o endurecimento e, consequentemente, a resistência do concreto. Os agregados graúdos poderão ser verificados por inspeção visual e o miúdo, por manual.
- *Teste manual para areia:* como primeira verificação da areia, esfrega-se uma porção dela entre a palma das mãos; caso estas permaneçam limpas, a areia provavelmente também se encontra limpa. Caso fiquem sujas e manchadas, ela estará sem condições de uso, sendo então necessário proceder-se a ensaios mais precisos.
- *Ensaios de argila na areia:* esse teste não serve para areia industrializada (pó de pedra, ou seja, areia produzida em pedreira). É necessário encher um frasco de vidro graduado, até 50 ml, com solução de sal (uma colher de chá de sal de cozinha para 0,5 l de água é o suficiente). Não havendo um frasco graduado na obra, poderá ser usado um vidro de boca larga (vidro de geleia) e uma régua. Inicialmente, colocam-se cerca de 10 cm de areia solta no vidro. Em seguida, adiciona-se a solução salina, de modo que fique cerca de 2,5 cm de líquido acima da areia. Em seguida, agita-se o recipiente. Deixa-se em repouso por 3 horas. Finalmente, mede-se a espessura da camada de argila e a altura da areia que se depositou logo abaixo. A medida da tolerância de argila é de 0,5 cm da camada que se depositou sobre a areia.

6.1.3.4 Aço para concreto armado: critérios para especificação, compra e aplicação

Os produtos de aço para concreto estrutural podem ser divididos nos seguintes tipos:

- vergalhões e arames para concreto armado (barras e fios);
- telas de aço soldado;
- fios e cordoalhas para concreto protendido;
- barras para concreto protendido;
- fibras de aço.

Cabe destacar que cada produto requer cuidados especiais nas etapas de especificação de projeto, compra, recebimento, armazenamento e utilização. A verificação da qualidade do aço deve ser feita por intermédio de laboratório especializado. Existem três categorias (CA-25; CA-50 e CA-60) em função da resistência característica de escoamento (respectivamente 250 MPa; 500 Mpa; e 600 MPa) e duas classes (A e B), sendo certo que a classe A abrange as barras simplesmente laminadas e a classe B, as barras encruadas (que sofreram processo de deformação a frio). A massa do material entregue na obra precisa sempre ser conferida.

É necessário pesar o caminhão em balança neutra antes e depois da descarga (a massa total de aço entregue é calculada pela diferença das pesagens). É preciso sempre anexar à nota fiscal o comprovante das pesagens do fornecedor, da balança neutra e, quando houver, o romaneio (relação que acompanha os materiais entregues, com as especificações de qualidade, quantidade e peso) do processo de contagem das barras. Para pequenas quantidades, é possível realizar a conferência do aço por contagem das barras, utilizando o *romaneio* do carregamento. Assim, deve-se medir o comprimento das barras e contar o número delas de mesma bitola. Sabendo-se a massa linear de cada diâmetro, calcula-se por multiplicação o peso total de cada diâmetro de aço entregue.

6.1.3.4.1 Vergalhão

Vergalhões de aço são barras e fios caracterizados *por categoria*, dependendo do limite de escoamento à tração, e por classe, conforme o limite de resistência mínimo à ruptura. As normas técnicas definem como *barras* os produtos de diâmetro igual ou superior a 5 mm, obtidos por laminação a quente. *Fios* são os materiais de diâmetro igual ou inferior a 12,5 mm, obtidos por trefilação de fio-máquina na categoria CA-60 ou em processo equivalente. O *arame recozido*, fornecido em rolos, é obtido por trefilação em fio-máquina com cozimento posterior, mediante tratamento térmico e controle de temperatura e tempo de cozimento. O arame recozido possui elevada ductibilidade, o que permite seu uso na amarração de outros componentes da armadura.

As barras são fornecidas com comprimentos variáveis (em geral 12 m) com diâmetro mínimo de 12,5 mm e precisam ter obrigatoriamente superfícies com saliências ou mossas, que asseguram o cumprimento de exigências de aderência. Os fios com diâmetro igual ou inferior a 10 mm também têm de apresentar esse tipo de extensão. As normas técnicas determinam ainda que as barras com diâmetro a partir de 10 mm devem necessariamente apresentar a identificação do fabricante em relevo a cada 2 m, no mínimo, de sua extensão. A prática construtiva e os métodos de dimensionamento pressupõem limites de escoamento à tração de 500 MPa a 600 MPa. Por essa razão, utilizam-se para concreto estrutural aços das categorias CA-50 e CA-60. As principais características físicas e mecânicas exigíveis das barras e fios de aço para concreto estrutural são descritas nas Tabelas 6.2 e 6.3.

Tabela 6.2: Características mecânicas

Grupo Característica	Classe de resistência	Resistência à compressão (MPa)
I	C20	C20
	C25	C25
	C30	C30
	C35	C35
	C40	C40
	C45	C45
	C50	C50
II	C55	C55
	C60	C60
	C70	C70
	C80	C80
	C90	C90
	C100	C100

O aço CA-24 enquadra-se na classe A e os demais na classe B.

Segundo a tabela, a massa real das barras tem de ser igual à sua massa nominal, com tolerância de ±6% para diâmetros iguais ou superiores a 10 mm e de ±10% para diâmetros inferiores a 10 mm. Os fios precisam ter tolerância compreendida no intervalo de ±6%. A ocorrência de desperdícios na utilização de aço para concreto estrutural decorre das variações de bitola e massa das barras ou, ainda, em virtude de incompatibilidades entre os comprimentos fornecidos e aqueles necessários ao projeto. Para reduzir desperdícios, fabricantes e a construtora atuarão conjuntamente, evitando operar nas faixas superiores, uma vez que o material empregado em quantidade ficará incorporado ao produto final – a estrutura – sem acrescentar valor a esse produto. Por outro lado, há uma tendência de fornecimento de acordo com as medidas especificadas no projeto, na forma de um serviço agregado – ver o Quadro 6.3.

As barras e fios, fornecidos em feixes ou rolos, necessitam trazer obrigatoriamente, além do nome do fabricante, informações como categoria, classe e diâmetro. A presença de uma identificação da massa contida ficará a critério da construtora. As normas técnicas estabelecem os seguintes itens a serem considerados na solicitação ao fornecedor:

Capítulo 6 – Estrutura

Tabela 6.3: Características físicas

Diâmetro (mm) e classe de aço (A ou B)	Massa linear (kg/m)
5,00 mm Fio	0,15
6,3 mm Barra	0,24
8,0 mm Barra	0,39
Fio	0,39
10,0 mm	0,62
12,5 mm	0,96
16,0 mm	1,58
20,0 mm	2,47
25,0 mm	3,85
32,0 mm	6,31
40,0 mm	9,86

Tabela 6.4: Características mecânicas de barras e fios de aço para concreto estrutural

Categoria	Valor mínimo de f_yk (MPa)	Valor mínimo de f_st (MPa)	Alongamento mínimo em comprimento de 10 diâmetros em mm (%)	Dobramento a 180°
CA 50	500	1,20 fy	tipo A = 8% tipo B = 6%	Deve resistir sem apresentar defeitos
CA 60	600	1,05 fy*	5%	Deve resistir sem apresentar defeitos

*Não pode ser inferior a 660 MPa.
fst = resistência convencional à ruptura.
fyk = resistência característica de escoamento.
fy = resistência de escoamento.

- número da norma que necessita ser cumprida pelo fornecedor;
- diâmetro, categoria e classe da barra ou do fio;
- quantidade em toneladas de acordo com a previsão de projeto, observando com o projetista de estrutura os critérios considerados para perdas, em função de cortes, e para as tolerâncias de desbitolamento;
- comprimento e sua tolerância;
- requisitos adicionais, como forma de inspeção (contratação de laboratório especializado, verificação dos laboratórios do fornecedor e de seus resultados de ensaio); condições de entrega, no que diz respeito ao comprimento das barras, retidão, limpeza etc.; e forma de inspeção, no que tange às quantidades (pesagem, contagem e medição);
- embalagem (feixe de 3 t, por exemplo).

As normas técnicas também determinam condições de inspeção, assegurando à construtora o livre acesso a locais de coleta de amostras, bem como aos laboratórios do fornecedor para a verificação dos ensaios. Os fabricantes costumam entregar certificados contendo o resultado dos ensaios realizados. Caso não ocorra contratação de laboratórios de terceira parte (sem vínculo com a construtora ou com o fabricante), os ensaios poderão ser acompanhados pela construtora e seus resultados analisados pelo projetista de estrutura. A inspeção tem de ser composta das seguintes verificações que constituem os critérios de recebimento:

- verificação visual de defeitos (fissuras, esfoliação e corrosão) e do comprimento. O comprimento normal é de 11 m, com tolerância de 9%. Aceita-se a ocorrência de até 2% de barras curtas, porém com comprimento superior a 6 m;
- verificação da marcação das barras com identificação do fabricante;

- ensaio de tração realizado de acordo com as normas técnicas (resistência de escoamento, resistência de ruptura e alongamento);
- ensaio de dobramento realizado conforme as normas técnicas.

Outros dois ensaios podem ser realizados para efeito de caracterização do material, sem a conotação de ensaio de recebimento:

- ensaio de fissuração do concreto;
- ensaio de fadiga.

Os critérios para estabelecimento dos lotes de inspeção são definidos por norma técnica. A aprovação do lote depende do atendimento às condições do comprimento observado nas barras e de resultados satisfatórios para os ensaios de tração e de dobramento de todos os exemplares da amostra ensaiada. Caso um ou mais requisitos não sejam atendidos, é necessário proceder a uma contraprova, de acordo com os critérios previstos na norma técnica, aceitando-se o lote se todos os requisitos forem então atendidos. Há no mercado produtos que permitem a soldagem de barras para Ø 10 mm a Ø 32 mm. Esses materiais são obtidos utilizando aços com menor teor de carbono e manganês. Depois da última etapa da laminação, o material é submetido a um resfriamento à água capaz de reduzir bruscamente a temperatura da superfície, fazendo com que o núcleo da barra adquira elevada tenacidade e sua superfície seja temperada, atingindo assim alta resistência mecânica final e alto grau de ductilidade. O produto soldável possibilita o uso de comprimentos menores, na medida em que a soldagem elimina as emendas. A soldagem é realizada em central ou na obra, segundo os processos e aplicações apresentados a seguir:

6.1.3.4.2 Tipo de soldagem

- De topo, por caldeamento (por pressão), para bitola $\geq$ 10 mm.
- De topo, com eletrodo, para bitola $\geq$ 20 mm.
- Por traspasse com pelo menos dois cordões longitudinais de solda, cada um deles com comprimento não inferior a 5 Ø, afastados no mínimo de 5 Ø.
- Com outras barras justapostas (cobrejuntas), com cordões longitudinais de solda, fazendo-se coincidir o eixo baricêntrico do conjunto com o eixo longitudinal das barras emendadas, devendo cada cordão ter o comprimento de pelo menos 5 Ø.

6.1.3.4.3 Observações

- As emendas podem ser realizadas na totalidade das barras em uma seção transversal da peça. Considera-se como na mesma seção as emendas que de centro a centro estejam afastadas menos de 15 Ø, medidos na direção do eixo da barra.
- A resistência de cada barra emendada será considerada sem redução; se se tratar de barra tracionada e houver preponderância de carga acidental, a resistência será reduzida de 20%.
- As emendas devem ser convenientemente espaçadas para permitir uma boa concretagem.
- As máquinas de solda precisam ter características elétricas e mecânicas apropriadas à qualidade e bitola da barra e ser de regulagem automática.
- Nas emendas por pressão (caldeamento), as extremidades têm de ser planas e normais aos eixos e, nas com eletrodos, necessitam ser chanfradas, sendo necessário limpar perfeitamente as superfícies. O corte com serra de disco ou manual normalmente é suficiente.
- A solda de barra de aço CA-50 deverá ser feita com eletrodos adequados, pré-aquecimento e resfriamento gradual.
- Realizar ensaios prévios da solda na forma, com equipamento e pessoal a serem empregados, assim como os ensaios posteriores de controle.
- Se qualquer resultado dos ensaios prévios (emendados ou não emendados) não satisfazer às especificações, terá de ser procurada a causa da deficiência (no material, processo de solda ou desempenho do operador) e, feitas as devidas correções, os ensaios precisarão de ser repetidos.

- Se a média aritmética do oitavo inferior dos resultados dos ensaios de controle for menor que o valor especificado para o aço empregado, todo o lote será considerado com essa Resistência a Ruptura, e com a Resistência ao Escoamento correspondente à Ruptura dividida por 1,2 para o aço classe A (em qualquer caso), necessitando ajuizar-se, em face do projeto e da localização da emenda na estrutura, da possibilidade ou não do emprego das barras do lote.

6.1.3.4.4 Arame e tela de aço soldado

Os arames são finos fios de aço laminado, galvanizado ou não. São vendidos em rolos, em bitolas de 0,2 mm a 10 mm, de acordo com as bitolas BWG (*Birmingham Wire Gauge*). O arame recozido, ou queimado, é o arame destemperado, usado para amarrar as barras de armadura de concreto armado. É apresentado usualmente nas bitolas 16 BWG (1,65 mm) e 18 BWG (1,24 mm). A segunda é mais fraca, porém mais fácil de trabalhar. A *tela de aço soldado* é uma armadura montada por soldagem elétrica de fios trefilados, obtida por meio de um processo no qual o aço é encruado, atingindo elevados limites de escoamento e resistência, dotando o produto final de alta precisão de dimensões e correto posicionamento de seus componentes. As telas de aço soldado podem ser fornecidas em rolos ou painéis, segundo padrões de composição de diâmetros, espaçamentos e dimensões globais (largura e comprimento). São adquiridas por medida de área a ser armada. No mercado, há telas destinadas à armação de estruturas de concreto de um modo geral (lajes, piscinas, pisos etc.), à armação de tubos de concreto e à execução de alambrados.

As telas para alambrados são galvanizadas, em função das condições de exposição a que estarão sujeitas. Segundo cálculo dos fabricantes, a utilização de armadura convencional representa um custo final do elemento estrutural superior ao custo que seria obtido com o uso de telas de aço soldado. De acordo com os fabricantes, embora o custo de aquisição das telas de aço soldado seja cerca de 25% superior ao da armadura convencional similar, seu uso, além de excluir a necessidade de arame de amarração, reduz perdas e requer menos mão de obra (cerca de 25% da exigida pelo processo convencional). A tela de aço soldado não é um produto concorrente dos vergalhões, e sim complementar, na medida em que pode substituir a armadura convencional em alguns elementos estruturais. As características a serem observadas na especificação e aquisição de telas podem ser assim resumidas:

- A área a ser armada com tela precisa ser dimensionada especificamente para esse material. Em projetos elaborados com armadura convencional, os fabricantes oferecem serviço de conversão para o uso de telas. A fim de preservar as características do projeto original, o resultado tem de ser submetido ao projetista estrutural.
- Assim como os vergalhões, as telas necessitam obedecer ao controle da qualidade dos fios componentes e da tela resultante. O fornecedor deve garantir a qualidade e acompanhar os resultados de ensaios realizados seguindo as especificações das normas técnicas, ou contratar laboratório especializado para a inspeção.
- Condições especiais de dimensões previstas no projeto podem ser atendidas pelos fabricantes a partir de consulta técnica prévia.
- O detalhamento do projeto estrutural preverá o uso da tela, assegurando as amarrações com os demais componentes. Em caso de conversão de um projeto com barras e fios convencionais para tela de aço soldado, será necessário observar que esse detalhamento seja efetivamente realizado.

As telas soldadas são caracterizadas pela bitola do arame usado e pela abertura da malha. São fabricadas em três tipos básicos:

- *Tipo Q*: tem a mesma área de aço por metro (linear) nas duas direções: área de aço longitudinal (AsL) igual à área de aço transversal (Ast).
- *Tipo L*: tem maior área de aço por metro (linear) na direção longitudinal (AsL maior que Ast).
- *Tipo T*: tem maior área de aço por metro (linear) na direção transversal (Ast maior que AsL).

As telas padronizadas apresentam as seguintes dimensões:

- Em rolos:
  - largura: 2,45 m;
  - comprimento: 60 m e 120 m.

- Em painéis:
    - largura: 2,45 m;
    - comprimento: 4,2 m e 6,0 m.

Anexa às telas, deve haver uma etiqueta que identifique o nome do fabricante, o tipo de aço, a designação da tela, a área das seções transversal e longitudinal, o diâmetro e o espaçamento entre os fios transversais e longitudinais e a massa por unidade de área em quilogramas por metro quadrado. Além disso, as telas precisam ser fabricadas com fios de aço classe B, com Ø 3 mm a Ø 12,5 mm, e designação padronizada conforme o Quadro 6.4.

Quadro 6.4

Tipo	Caracterização
Q	Seção por metro da armadura longitudinal igual à seção por metro da armadura transversal, usualmente com malha quadrada; aço CA-60
L	Seção por metro da armadura longitudinal maior que a seção por metro da armadura transversal, usualmente com malha regular; aço CA-60
T	Seção por metro da armadura longitudinal menor que a seção por metro da armadura transversal, usualmente com malha retangular; aço CA-60
QA	Seção por metro da armadura longitudinal igual à seção por metro da armadura transversal, usualmente com malha quadrada; aço CA-60
LA	Seção por metro da armadura longitudinal maior que a seção por metro da armadura transversal, usualmente com malha retangular; aço CA-50B
TA	Seção por metro da armadura longitudinal menor que a seção por metro da armadura transversal, usualmente com malha retangular; aço CA-50B

A verificação da qualidade do aço será feita por laboratório especializado. A inspeção visual e a verificação das características dimensionais têm de ser feitas antes da retirada das amostras para ensaios mecânicos. Essa verificação consiste em medir as dimensões principais da tela, como comprimento, largura, comprimento das franjas (2,5 cm), espaçamentos e diâmetro dos fios, bem como observar o aspecto geral e de conservação do material, atentando para a existência de etiquetas de identificação de cada peça. Do pedido de fornecimento precisam constar, entre outros, a quantidade (em número de rolos ou painéis), bem como suas dimensões, o tipo de aço e a designação ou descrição da tela. Os diâmetros padronizados dos fios de tela dentro da categoria CA-60 são: 2 mm; 3 mm; 3,4 mm; 4 mm; 3,8 mm; 4,2 mm; 4,5 mm; 5,0 mm; 5,6 mm; 6,0 mm; 7,1 mm; 8,0 mm; e 9,0 mm. Na categoria CA-50B, são 10 mm; 11,2 mm; e 12,5 mm. Normalmente, os espaçamentos de fio são de 10 cm, 15 cm, 20 cm e 30 cm.

As propriedades das telas são: aderência adequada em virtude da prévia soldadura nos nós dos cruzamentos; ancoragem suficiente sem ganchos pela penetração das cruzetas de malha nas vigas; ausência de fissuramento pelo grande número de fios de pequeno diâmetro soldados uns aos outros; corte com alicate ou tesoura em qualquer comprimento que se desejar; economia de tempo e mão de obra por apresentar-se em malha ou rolo utilizável em qualquer formato de estrutura desejada. Para fixação da tela soldada, a malha deverá ser desenrolada dentro da forma e a ancoragem será feita pela penetração das cruzetas das malhas nas vigas, dispensando os ganchos. A armação positiva precisa ser colocada encostada à viga, nela penetrando a dimensão necessária, eliminando por corte os fios da tela que interferirem com os estribos para encaixe e ancoragem adequados. Na armação negativa, a tela será apoiada nos ferros da viga e em banquetas (*caranguejos*), que poderão ser confeccionados com a própria tela.

6.1.3.5 Dobramento e fixação da ferragem

Se a ferragem não estiver bem posicionada, a estrutura terá diminuída sua resistência. O concreto armado só funcionará bem quando as barras de aço da armadura trabalharem conjuntamente quando solicitadas por carregamento, e devidamente protegidas pelo cobrimento do concreto. Depois da fixação, será importante verificar se as armações não se deslocaram antes ou durante a concretagem. Observem-se os seguintes itens:

- *Organização geral*: uma simples camada de ferrugem não causará dano, porém a quantidade de ferrugem que possa desprender-se deverá ser retirada; caso contrário, o concreto não aderirá adequadamente ao aço. Depois de terem sido as barras cortadas e verificadas, elas terão de ser enfeixadas e etiquetadas para que sejam empilhadas em local adequado. Os feixes precisam conter somente tipos e tamanhos idênticos, não sendo recomendável que tenham peso superior a 100 kg. É necessário usar arame recozido nº 18, colocado em intervalos de 3 m, para amarração de feixes longos, e em cada feixe serão fixadas duas etiquetas de material não oxidável. Deverão ser examinadas as barras antes de serem amarradas e certificar-se de que não contenham tinta, graxa, ferrugem solta, lama ou argamassa.
- *Curvamento*: é necessário ser seguida a convenção de medidas, isto é, de fora a fora, inclusive medidas dos estribos, para os quais as dimensões importantes são as internas por determinarem a posição das barras principais. O raio interno de uma curva ou de um gancho, a ser feito em uma barra de aço, terá de equivaler a duas vezes o seu diâmetro, desde que não se especifique diâmetro maior; o trecho reto que se estende além da dobra precisa ter comprimento não inferior a quatro vezes o diâmetro da barra. Uma curva feita em barra de aço de alta resistência terá raio igual a três vezes o seu diâmetro, a menos que se especifique diâmetro maior. Os ganchos e os estribos serão dobrados em uma cavilha com diâmetro igual ao da barra que estiver sendo curvada.
- *Marcação para corte*: é necessário usar uma trena de aço para medir o comprimento das barras. Isso reduzirá a possibilidade de erro, especialmente para aquelas de grande dimensão. É também útil ter a bancada dividida de 10 cm em 10 cm.
- *Marcação para dobramento*: as barras são geralmente fornecidas com comprimento de 11 m, com tolerância de ± 1m. Essas dimensões precisam ser bem observadas para se obter bom aproveitamento, diminuindo as perdas com pontas. A primeira barra será marcada de acordo com as dimensões dadas no desenho e a seguir medida depois do seu encurvamento. As dimensões das demais barras terão de basear-se nas da primeira, efetuando então as alterações necessárias. Recomenda-se no encurvamento:
  - sempre efetuar as curvas, em barras de alta resistência, a frio;
  - apoiar a barra enquanto ela estiver sendo dobrada; caso contrário, nem as curvas se manterão em um plano.
- *Montagem*: as armações poderão, muitas vezes, ser montadas com antecipação (caso de blocos de fundação, pilares etc.). Nesses casos, elas deverão ser guardadas e transportadas cuidadosamente a fim de que não sofram deformações. Para armação de vigas rasas e peças semelhantes, as formas poderão ser completadas antes de a armação ser colocada. Para seções profundas, tais como paredes, poderá ser montado primeiramente um lado da forma, sustentando a fixação da armação e montando, por último, o lado restante da forma. Para colunas, talvez seja necessário fixar totalmente a armação antes de um dos lados da forma ser montado. O método convencional de amarração é feito com o uso de arame n° 18 de ferro recozido, na maioria das interseções das barras em lajes, cortinas e outras superfícies planas, assim como em interseções de barras principais e de amarração ou distribuição. A soldagem em barras da armadura, no sentido de aumentar seu comprimento, somente será executada por especialista e quando determinada pelo engenheiro da construtora.
- *Manutenção do cobrimento correto*: pequenos afastadores, espaçadores ou calços com espessura igual à do cobrimento recomendado e situando-se bem próximos entre si, para evitar que a armação ceda, deverão ser fixados para manter a armadura afastada das formas. Os calços de material plástico são fabricados para atender a diversas bitolas de barras, assim como a diversas medidas de cobrimento. Se os calços para concreto forem confeccionados na própria obra, a argamassa para sua fixação consistirá em uma parte de cimento e duas de areia, tendo ainda de conter água suficiente para que se obtenha uma pasta seca. Usa-se em geral arame galvanizado para a amarração desses calços. Não poderão ser usadas pedras como calços, pois elas se deslocam facilmente de sua posição. Ao se fixarem calços em certo número de barras paralelas, eles não deverão ficar em linha reta ao longo de uma seção, pois isso poderia criar no concreto uma faixa enfraquecida. Banquetas (*caranguejos*) de aço sustentam usualmente a parte superior da armação, precisando ser elas suficientemente resistentes para suportar o tráfego dos operários. Para concreto aparente, terão de ser envolvidos os ferros de amarração (que atravessam as formas) por tubos plásticos de Ø 6 mm a Ø 8 mm, que

serão retirados logo depois do endurecimento do concreto. Dessa maneira, evita-se a formação de pontos de ferrugem na superfície do concreto.

6.1.3.6 Emenda de vergalhões

Os vergalhões de aço (barras com superfícies nervuradas obtidas por laminação a quente) são fabricados com 12 m de comprimento por razões de logística. Ocorre que no projeto da armadura de uma estrutura de concreto podem constar peças (*ferros*) com comprimento superior a 12 m. Nesse caso, os vergalhões devem ser unidos por soldagem a arco elétrico (de topo ou transpasse) ou com utilização de luvas (emendas mecânicas). As normas técnicas brasileiras consideram três tipos de emendas mecânicas: união com luva rosqueada (mais comum), união com luva prensada e união com luva preenchida.

6.1.3.7 Estocagem do aço

Os aços para armaduras têm de ser estocados de forma a manterem suas características geométricas e suas propriedades, desde o recebimento na obra até seu posicionamento final na estrutura. Cada tipo e classe de barra, tela soldada, fio ou cordoalha utilizado na construção precisa ser claramente identificado logo após seu recebimento, de modo que não ocorra troca involuntária quando do seu posicionamento na estrutura. Para aços recebidos cortados e dobrados, valem as mesmas prescrições para as diferentes posições. A estocagem deve ser feita de modo a impedir o contato com qualquer tipo de contaminante (solo, óleo, graxa, entre outros).

6.1.3.8 Cimento

Cimento portland é um pó fino com propriedades aglomerantes, aglutinantes ou ligantes, que endurece sob a ação da água. É o produto obtido pela pulverização de *clínquer* portland constituído essencialmente de silicatos de cálcio com propriedades hidráulicas, com uma certa proporção de sulfato de cálcio natural e com, eventualmente, adição de certas substâncias que modificam suas propriedades ou facilitam seu emprego. O clínquer é um produto de natureza granulosa constituído na sua maior parte de silicatos de cálcio, resultante da calcinação de uma mistura de materiais, conduzida até a temperatura de sua fusão incipiente. Os constituintes fundamentais do cimento portland são: a cal (CaO), a sílica (SiO_2), a alumina (Al_2O_3), certa proporção de magnésia (MgO) e uma pequena percentagem de anidrido sulfúrico (SO_3), que é adicionado depois da calcinação para retardar o tempo de pega do produto. Cal, sílica, alumina e óxido de ferro são os componentes essenciais do cimento portland e constituem, geralmente, 95% a 96% do total na análise de óxidos. A magnésia, que parece permanecer livre durante todo o processo de calcinação, está usualmente presente na proporção de 2% a 3%, limitada, pelas especificações, ao máximo permissível de 6,4%. A mistura de matérias-primas que contenha, em proporções convenientes, os constituintes relacionados, finamente pulverizada e homogeneizada, é submetida à ação de calor no forno produtor de cimento, até a temperatura de fusão incipiente (cerca de 1450 ºC), que resulta na obtenção de pelotas (clínquer).

As propriedades físicas do cimento portland são consideradas sob três aspectos distintos: do produto na sua condição natural, em pó; da mistura de cimento e água em proporções convenientes da pasta; e da mistura da pasta com agregado padronizado (*argamassa*). *Trabalhabilidade* é uma noção subjetiva, aproximadamente definida como o estado que oferece maior ou menor facilidade nas operações de manuseio com a argamassa e concreto fresco. A *exsudação* é um fenômeno de segregação de água (*transpiração*) que ocorre na pasta de cimento. Os grãos de cimento, sendo mais pesados que a água que os envolve, são forçados, por gravidade, a uma sedimentação, quando possível. Resulta dessa tendência de movimentação dos grãos para baixo o afloramento do excesso de água, expulso das partes inferiores. Esse fenômeno ocorre, evidentemente, antes do início da pega. A água que se acumula superficialmente é chamada exsudação e é quantitativamente expressa como percentagem do volume inicial dela, na mistura. É uma forma de segregação que prejudica a uniformidade, a resistência e a durabilidade do concreto. Os tipos de cimento portland mais comuns no mercado têm as seguintes designações:

- Cimento Portland Comum:
    - CP I: Cimento Portland Comum;
    - CP I-S: Cimento Portland Comum com Adições.

Tais adições, com teor total não superior a 5% em massa, podem ser de escória granulada de alto-forno, material pozolânico ou material carbonático (*filler* – matéria-prima obtida pela moagem fina de material carbonático).

- Cimento Portland Composto:
  - CP II-E: com adição de escória granulada de alto-forno;
  - CP II-Z: com adição de material pozolânico;
  - CP II-F: com adição de material carbonático (*filler*).
- Cimento Portland de Alto-Forno:
  - CP III: sua composição inclui a adição de escória granulada de alto-forno em teores maiores que no caso dos cimentos CP I-S e CP II-E.
- Cimento Portland Pozolânico:
  - CP IV: sua composição permite a adição de material pozolânico, o que resulta em um produto com características semelhantes ao CP III.
- Cimento Portland de Alta Resistência Inicial:
  - CP V-AR I: sua composição permite a adição de até 5% de material carbonático. Os cimentos CP I, CP II e CP III possuem três classes, segundo a resistência à compressão obtida aos 28 dias:
    * *classe 25*: resistência à compressão de 25 MPa;
    * *classe 32*: resistência à compressão de 32 MPa;
    * *classe 40*: resistência à compressão de 40 MPa.

Os tipos de cimento portland são definidos, para efeito de verificação de conformidade, pelas suas classes, conforme indicado na Tabela 6.4.

Tabela 6.5: Resistência à compressão

Sigla	Classe de resistência	Resistência mínima à compressão aos 7d de idade (MPa)	Resistência mínima à compressão aos 28 d de idade (MPa)
CP I	25	15,0	25,0
	32	20,0	32,0
	40	25,0	40,0
CP II	25	15,0	25,0
	32	20,0	32,0
	40	25,0	40,0
CP III	25	15,0	25,0
	32	20,0	32,0
	40	23,0	40,0
CP IV	25	15,0	25,0
	32	20,0	32,0
CP V-AR I	-	34,0	-
1 MPa = 10,1977 kgf/cm2\\(ou, em números redondos, 1 MPa = 10 kgf/cm2).			

São fabricados também o *Cimento Portland Resistente aos Sulfatos*: CP-RS; o *Cimento Portland de Baixo Calor de Hidratação*: CP-BC; e o Cimento Portland Branco: CP-B, sendo que todos possuem as três classes acima (segundo a resistência à compressão aos 28 d): 25, 32 e 40. A escória granulada de alto-forno possui propriedades hidráulicas, isto é, endurece na presença de água, formando compostos praticamente estáveis, muito semelhantes aos formados pelo cimento puro na presença de água. Os materiais carbonáticos são inertes, ou seja, não possuem propriedades hidráulicas. Porém, por serem bastante finos, preenchem pequenos vazios na pasta de cimento endurecida. Os materiais pozolânicos, quando pulverizados e na presença de água, reagem com o hidróxido de cálcio, formando compostos hidráulicos. *Pozolanas* são materiais que por si sós não possuem propriedades cimentantes, mas que, quando finamente divididos na presença de umidade, reagem quimicamente com a cal formando compostos que têm propriedades cimentantes. Podem ser classificadas em:

- cinzas vulcânicas soltas ou compactas, rochas ígneas;
- rochas silicosas sedimentares (terras diatomáceas e argilas);
- argilas calcinadas;
- subprodutos industriais, tais como escória de alto-forno e cinzas volantes.

O cimento pode ser entregue em sacos, contêiner ou a granel (para armazenamento em silos). Quando o cimento é entregue em sacos, estes devem ter impressos de forma bem visível, em cada extremidade, a sigla e a classe correspondentes (CP I-25, CP I-32, CP I-40 ou CP I-S-25, CP I-S-32, CP I-S-40), e, no centro, o nome e a marca do fornecedor. Os sacos devem conter 25 kg ou 50 kg líquidos de cimento e têm de estar íntegros na ocasião da inspeção e recebimento. No caso de entrega a granel ou contêiner, a documentação que acompanha a entrega precisa conter a sigla correspondente (CPI ou CPI-S), a classe (25, 32 ou 40), o nome e marca do fornecedor, e a massa líquida do cimento entregue.

6.1.3.9 Estocagem

O cimento deverá ser conservado na sua embalagem original até a ocasião do seu consumo. A pilha não poderá ser constituída de mais de dez sacos, salvo se o tempo de armazenamento for no máximo de 15 dias, caso em que poderá atingir até 15 sacos. Lotes recebidos em épocas diversas não serão misturados, mas terão de ser colocados separadamente, de maneira a facilitar sua inspeção e seu uso na ordem cronológica de recebimento. Recomenda-se o que segue:

- *Depósito em abrigos fechados*: para preservação da qualidade, é necessário ser assegurado que o abrigo não permita a penetração de água, com os sacos sendo colocados em estrado elevado do solo, firme e seco. O solo terá de ser coberto com tábuas apoiadas em tijolos ou caibros, para manter os sacos em nível elevado. Em qualquer caso, precisam ser empilhados os sacos de cimento com afastamento das paredes, para que estejam mais protegidos de umidade. Atente-se para o fato de que as correntes de ar trazem consigo umidade. Em depósitos grandes, é recomendável cobrir os sacos com um lençol plástico impermeável.
- *Armazenagem a céu aberto*: em casos especiais ou antes de iniciar uma concretagem, talvez tenham os sacos de cimento de ser armazenados em local aberto (por exemplo, junto da betoneira) com uma simples base seca ou estrado e com uma cobertura impermeável de lona plástica.
- *Ordem de uso*: quando o cimento for armazenado em depósito, os sacos serão mantidos empilhados de tal forma que os mais antigos sacos recebidos sejam utilizados na preparação das primeiras betonadas, assegurando assim que o cimento seja consumido na mesma ordem de sua chegada na obra.

6.1.4 Inspeção antes da concretagem

É fundamental que, por ocasião do preparo do concreto, os materiais empregados correspondam àqueles que foram caracterizados e aprovados. Caso contrário, as dosagens não se aplicarão. As condições de estocagem dos materiais no canteiro serão tais que não permitam a sua contaminação pelo solo. A norma técnica que regulamenta o concreto fornecido por centrais permite que seja adicionada na obra água em quantidade não superior àquela necessária para corrigir até 2,5 cm no abatimento do concreto. O tempo decorrido entre o início da mistura do concreto na usina e o fim do seu lançamento na obra deverá ser adequado, não superando $2\frac{1}{2}$ h, evitando dessa maneira que o concreto inicie sua pega antes do final do lançamento.

6.1.5 Inspeção durante a concretagem

6.1.5.1 Generalidades

O recebimento na obra de concreto usinado terá de ser feito em função dos resultados dos ensaios realizados com o concreto fresco. Nesse caso, a aceitação será feita com base no ensaio de abatimento. Na mesma ocasião será efetuada moldagem dos corpos de prova. Impõe-se ainda que as operações de lançamento, adensamento e cura do concreto sejam procedidas conforme as normas técnicas e de acordo com plano previamente fornecido ao engenheiro da obra.

6.1.5.2 Lotes

Os lotes não poderão ter mais de 100 m³, nem corresponder à área de construção de mais de 500 m², nem ao tempo de execução de mais de duas semanas. Nos edifícios, cada lote não deverá compreender mais de um andar. Nas estruturas de grande volume, o lote poderá atingir 500m³, mas o tempo de execução correspondente não superará uma semana.

6.1.5.3 Amostragem

A cada lote de concreto precisa corresponder uma amostra com n exemplares, retirados de maneira que a amostra seja representativa do lote todo. Cada testemunho tem de ser constituído por dois corpos de prova da mesma massada e moldados no mesmo ato, tomando-se como resistência do exemplar o maior dos dois valores obtidos no ensaio. Excepcionalmente, excluído o caso de índice reduzido de amostragem, quando a moldagem, o acompanhamento da cura inicial e o transporte dos corpos de prova forem realizados por pessoal especializado, de laboratório, cada exemplar poderá ser constituído por um único corpo de prova. No caso de concreto pré-misturado, a amostra deverá conter pelo menos um exemplar de cada caminhão-betoneira recebido na obra.

6.1.6 Inspeção depois da concretagem

Durante o andamento da obra, é necessário ser sempre mantido rigoroso controle dos resultados obtidos mediante ensaios de compressão dos corpos de prova moldados com os diversos concretos. Os resultados dos ensaios precisam ser apreciados individualmente e sob o ponto de vista estatístico, conforme normas técnicas.

6.1.7 Ensaios do concreto

O controle da resistência do concreto à compressão, obrigatório, tem de ser feito de acordo com os métodos adiante descritos. A idade normal para a ruptura dos corpos de prova é de 28 dias, permitindo todavia a ruptura aos 7 d, desde que se conheça a relação das resistências do concreto em estudo, para as duas idades. Cada ensaio deve ter, pelo menos, dois corpos de prova.

6.1.7.1 Molde cilíndrico

Os cilindros têm 30 cm de altura por 15 cm de diâmetro. As fôrmas são feitas de metal, preferivelmente de aço com 3 mm de espessura mínima, tendo sua parte interna devidamente usinada. A base das fôrmas constitui-se de uma placa de metal, tendo de ser presa preferivelmente por meio de parafusos. As seções serão unidas fortemente, prendendo a fôrma com firmeza na chapa-base. As superfícies internas dos moldes precisam ser lisas e sem defeitos. O ângulo formado pela base com as geratrizes do cilindro tem de ser igual a $(90 \pm 0,5)°$. Para evitar vazamentos na montagem dos moldes, a vedação necessita ser feita com mistura plástica de cera virgem e óleo mineral, a frio. Depois da montagem, os moldes serão impregnados internamente com fina camada de óleo mineral.

6.1.7.2 Amostragem

É importante que o concreto colocado nos moldes cilíndricos constitua uma amostra representativa daquele que está sendo utilizado na concretagem. O concreto para o ensaio deverá ser retirado sempre do meio da betonada. Uma amostra de concreto poderá ser colhida de uma das seguintes maneiras:
- retirando-se na saída da betoneira; ou
- retirando-se da partida que acaba de ser despejada e que se encontra pronta para o lançamento.

Caso seja retirada durante a descarga da betoneira, é necessário proceder-se à coleta em três porções aproximadamente iguais. As três amostras precisam então ser bem misturadas novamente antes da moldagem dos corpos de prova. Se a amostra estiver sendo colhida de uma betonada que já esteja depositada na obra (o que tem de ser evitado), deverá proceder-se a sua retirada em pelo menos cinco partes, com o cuidado necessário para que nenhuma delas seja da borda da pilha onde a desagregação de brita possa eventualmente ter provocado sua acumulação na parte inferior. É recomendável a utilização de um recipiente limpo e razoavelmente fundo para as amostras, tal como um carrinho de mão, tendo em vista que os agregados de maior tamanho tendem a rolar caso se utilize um recipiente raso, tornando a amostra não representativa da betonada. O local de aplicação do concreto do qual for retirada a amostra precisa ser anotado, para referência posterior. O volume da amostra a ser retirada tem de ser suficiente para a moldagem de, pelo menos, dois corpos de prova para cada idade.

6.1.7.3 Local de moldagem

Os corpos de prova deverão ser moldados em local próximo daquele em que serão armazenados nas primeiras 24 horas. A moldagem dos corpos de prova, uma vez iniciada, não poderá sofrer interrupção. Os moldes terão de ser levados cuidadosamente para o local de armazenamento, imediatamente depois da moldagem.

6.1.7.4 Processo de adensamento

O processo de adensamento a ser adotado na moldagem dos corpos de prova deverá ser compatível com a consistência do concreto, para que se tenha no corpo de prova um concreto homogêneo e compacto. A consistência do concreto será medida pelo abatimento do tronco de cone. Os processos de adensamento são: *manual* e *manual enérgico*. Nos concretos que apresentem abatimento inferior a 2 cm, o processo de adensamento terá de ser o manual enérgico. Nos concretos de 2 cm a 6 cm de abatimento, poderá ser adotado qualquer um dos processos de adensamento. Nos concretos de abatimento maior que 6 cm, o processo de adensamento adotado precisa ser o manual.

6.1.7.5 Moldagem

Os moldes cilíndricos deverão ser colocados com as geratrizes na posição vertical. O modo de adensar o concreto nos moldes é definido no processo de adensamento a ser adotado. Durante a moldagem dos corpos de prova, terão de ser retirados grãos de agregado de tamanho superior ao normal (tamanho que não seja regularmente encontrado na granulometria média do agregado), ocasionalmente encontrados no concreto. Depois do adensamento da argamassa, qualquer que seja o processo adotado, a superfície do topo dos corpos de prova será alisada com uma colher de pedreiro e, em seguida, coberta com uma placa de vidro ou de metal, que precisa permanecer até o momento da desmoldagem. Uma haste (barra) será utilizada para socar o concreto; seu peso é de aproximadamente 1 kg, tendo 6 cm de comprimento e Ø 16 mm, para imprimir o impacto. Recomenda-se o que segue:

- Precauções a serem tomadas: se, depois do adensamento do concreto, a fôrma ainda se apresentar muito cheia, o excesso não poderá ser retirado por raspagem da superfície; uma parte da argamassa, incluindo algum agregado graúdo, deverá ser retirada, recompondo-se a camada superior de maneira usual. Caso o concreto se apresente particularmente úmido, a água tenderá a subir à superfície (exsudação) e o concreto tenderá a sofrer um pequeno recalque, depois de algum tempo de permanência na fôrma. Para facilitar esse mecanismo, a argamassa terá de ser deixada com ligeiro excesso na borda superior da fôrma. É necessário adotar um número de referência e datar o corpo de prova logo depois da sua moldagem; preferivelmente, essas indicações poderão ser pintadas na parte superior dos corpos de prova, depois da desforma, no dia seguinte.
- Remoção da fôrma: a chapa-base precisa ser primeiramente retirada da fôrma; a seguir, afrouxados os parafusos e as garras; depois, aplicada levemente uma pancada na fôrma para deslocar a peça do seu interior. O concreto encontrar-se-á fraco ainda nesse estágio, devendo-se tomar todo cuidado para não danificá-lo. Arestas que se quebram ou as pequenas fraturas que ocorrem afetarão os resultados quando os corpos de prova forem ensaiados.

6.1.7.6 Adensamento manual

A argamassa de concreto tem de ser colocada no molde em quatro camadas, de alturas aproximadamente iguais, recebendo cada camada 30 golpes da haste de socamento, uniformemente distribuídos em toda a seção transversal do molde. No adensamento de cada camada, a haste de socamento não poderá penetrar na camada já adensada. Se a haste de socamento criar vazios na argamassa do concreto, será necessário bater levemente na face externa do molde até o fechamento desses vazios.

6.1.7.7 Adensamento manual enérgico

A argamassa de concreto terá de ser colocada no molde em seis camadas, de alturas aproximadamente iguais, recebendo cada camada 60 golpes da haste de socamento, uniformemente distribuídos em toda a seção transversal do molde. No adensamento de cada camada, a haste de socamento não poderá penetrar na camada já adensada. Em seguida ao socamento de cada camada, será preciso bater com a haste na face externa do molde até refluir nata de cimento.

6.1.7.8 Capeamento

As faces dos corpos de prova que ficam em contato com os pratos da máquina de ensaio, e que apresentam afastamento maior que 0,05 mm em 150 mm em relação a um plano, deverão ser capeadas ou polidas, de modo a obter uma superfície plana e perpendicular ao eixo do cilindro, com erro inferior ou no máximo igual a 0,5°. Esse capeamento precisa ter a menor espessura possível, ou seja, inferior a 5 mm. Os corpos de prova poderão ser capeados com uma fina camada de pasta de cimento, consistente, depois que o concreto tiver cessado de recalcar no interior do molde, o que geralmente ocorre de 2 a 6 horas depois da moldagem. A pasta de cimento tem de ser preparada de 2 a 4 horas antes do seu emprego. O capeamento será feito com o auxílio de uma placa de vidro plana, com pelo menos 6 mm de espessura, ou com uma placa metálica plana e lisa, com pelo menos 12 mm de espessura. A face de trabalho de ambas não poderá apresentar afastamento de um plano maior que 0,05 mm em 150 mm. A dimensão dessas placas terá de ser pelo menos 25 mm superior à dimensão transversal do molde. A pasta de cimento colocada sobre o topo do corpo de prova precisa ser trabalhada com a placa até que sua face inferior fique em contato firme com a borda superior do molde em todos os pontos. A aderência da pasta à placa de capeamento deverá ser evitada, recomendando-se, para tanto, lubrificá-la com uma fina película de óleo mineral. A placa necessitará permanecer sobre o topo do corpo de prova até a desmoldagem.

6.1.7.9 Cura

Depois da moldagem dos corpos de prova, os moldes terão de ser colocados sobre uma superfície horizontal, não sujeita a vibrações ou choques, recobertos com panos molhados, tendo os corpos de prova de permanecer nos moldes durante pelo menos 12 horas, em condições que não permitam a perda de água. Depois da desmoldagem, os corpos de prova destinados a um laboratório precisam ser transportados em caixas rígidas, contendo serragem ou areia molhadas.

6.1.8 Extração, preparo, ensaio e análise de testemunhos de estruturas de concreto

6.1.8.1 Amostragem

A estrutura a ser examinada será dividida em tantos lotes quanto os inicialmente identificados durante a concretagem ou em função da importância das peças que compõem a estrutura. Quando isso não for possível ou quando não houver interesse nesse tipo de divisão, os lotes poderão ser identificados por meio de investigações paralelas de natureza não destrutiva. O lote pode abranger um volume de concreto tão reduzido quanto se queira ou se necessite para decidir sobre a segurança da estrutura ou adequabilidade do concreto. O tamanho máximo do lote de concreto a ser analisado deve atender a:

- volume total de concreto não superior a 100 m³;
- área construída em planta não superior a 500 m²;
- volume de concreto produzido no período máximo de 15 dias;
- quando edifício, no máximo um andar;
- em grandes estruturas maciças, o lote poderá abranger um volume de até 500 m³, desde que a concretagem tenha sido executada em prazo não superior a 7 dias.

Essas imposições objetivam separar um volume de concreto de mesmas características, ou seja, mesmo tipo e categoria de cimento, mesmos agregados, mesmo traço etc., que definam um lote homogêneo de material a ser analisado. A cada lote de concreto a ser controlado, corresponderá uma amostra com n testemunhos retirados de maneira que ela seja representativa de todo o lote, em exame. Os exemplares que compõem uma amostra precisam estar, tanto quanto possível, uniformemente distribuídos no lote em exame, evitando autocorrelação dos resultados, ou seja, evitando extrair testemunhos de uma mesma porção de concreto, o que não traduz a variabilidade da resistência do concreto do lote, mas tão somente a variabilidade das operações de ensaio. Uma amostra tem de ser composta no mínimo de seis exemplares, com diâmetro igual ou superior a 10 cm, e no mínimo de dez para testemunhos com diâmetro inferior. O número mínimo de testemunhos da amostra será especificado em função da eficiência do estimador utilizado para calcular a resistência característica estimada do concreto à compressão.

Pode ser reduzido em casos especiais nos quais se deseja analisar um pequeno volume de concreto homogêneo (lote). Em colunas, pilares e paredes-cortina, passíveis de sofrer fortemente o fenômeno da exsudação, os exemplares devem ser extraídos de seções 50 cm abaixo da superfície-topo de concretagem do componente estrutural. Sempre que isso não for possível, os resultados poderão ser aumentados em até 10%, desde que declarado na apresentação dos resultados. A resistência do concreto na data de extração precisa ser, sempre que possível, superior a 5 MPa. Esse valor orientativo está fixado considerando-se que a operação da extração pode introduzir danos no testemunho. Os exemplares, assim como a amostra completa, têm de ser observados quanto à homogeneidade, comprovando-se que o concreto não está sendo fortemente alterado. Caso essa alteração seja evidente, os resultados não poderão ser analisados pelos presentes critérios.

6.1.8.2 Extração

A extração dos testemunhos, para fins de avaliação da resistência à compressão, deve ser feita, sempre que possível, na direção ortogonal à de lançamento, e distanciada das juntas de concretagem de pelo menos um diâmetro do exemplar. No sentido de preservar a segurança da estrutura, toda extração tem de ser precedida de um escoramento adequado, sempre que ele se fizer necessário. A superfície da estrutura, na região a ser broqueada, precisa ser preparada com a retirada de eventual revestimento. A distância mínima entre bordas dos furos não pode ser inferior a um diâmetro do testemunho. É preciso empregar broca rotativa ou oscilante, refrigerada a água, sem uso de percussão (martelete). O diâmetro do exemplar deve ser de 15 cm, exceto quando isso não for exequível, porém, nunca menor que três vezes a dimensão máxima característica do agregado graúdo. Quando o testemunho não puder ser extraído com 15 cm, o seu diâmetro tem de ser igual ou superior a três vezes a dimensão máxima característica do agregado graúdo que foi utilizado no concreto em questão, mas não inferior a 10 cm. Quando isso também não for possível, a amostra necessitará ser composta de, no mínimo, dez exemplares. A relação altura (h)/diâmetro(d) do testemunho capeado será igual a dois, nunca maior. Sempre que isso não for possível, poderá ser aplicado aos resultados obtidos os coeficientes da Tabela 6.5, sendo admitida a relação (h/d)<1 somente em casos especiais de exemplares de concreto retirados de pavimentação.

Esses índices de correção são aplicáveis a concretos com massa específica de 1600 kg/m³ a 3200 kg/m³, rompidos secos em equilíbrio com o ambiente, ou úmidos. Os índices correspondentes à relação h/d não indicada podem ser obtidos por interpolação linear. Esses índices correspondem a valores médios e só devem ser aplicados quando não se conhecer, mediante correlação experimental específica, obtida com um número representativo de ensaios, os valores reais de conversão do concreto em estudo. Os testemunhos têm de ser íntegros e não conter materiais estranhos ao concreto, tais como pedaços de madeira, barras de aço etc. Podem ser aceitos aqueles que contiverem barras de aço em direção ortogonal ao seu eixo e cuja área de seção não ultrapasse 4% da área de seção transversal do exemplar. Para evitar extrair pedaços de armadura, a extração precisa ser precedida de uma verificação experi-

Capítulo 6 – Estrutura259

Tabela 6.6: Correção relativa à relação h/d

Relação h/d	Fator de correção
2,00	1,00
1,75	0,97
1,50	0,93
1,25	0,89
1,00	0,83
0,75	0,70
0,50	0,50

mental do seu posicionamento, concomitantemente com o estudo do projeto estrutural. A extração, propriamente dita, objetiva:

- a verificação das condições de acesso e espaços disponíveis para a operação;
- a escolha do equipamento adequado, bem como das ferramentas de corte;
- a preparação do local com plataformas, caso seja necessário, e previsão de dispositivos de fixação do equipamento, para não causar vibrações prejudiciais à integridade do testemunho;
- a verificação da instalação de água com vazão mínima de 40 dm³/h e pressão de pelo menos 15×10^{-3} MPa;
- a marcação do componente estrutural onde será efetuada a extração, assim como dos pontos de onde serão extraídos os exemplares;
- a operação de extração atendendo às recomendações gerais de operação do equipamento, fornecidas pelo fabricante.

Depois de retirados da estrutura, é recomendável que os testemunhos sejam envolvidos em sacos plásticos e acondicionados em caixa de areia, serragem ou outro material similar, não podendo sofrer impactos nem ações danosas que comprometam sua integridade.

6.1.8.3 Correção relativa às dimensões

Aos resultados obtidos, quando a relação h/d for menor que dois, poderão ser aplicados os coeficientes da tabela acima sempre que se deseje transformar os resultados obtidos diretamente do ensaio em resultados que dariam testemunhos com relação h/d = 2 do mesmo concreto.

6.1.8.4 Correção relativa à idade

Quando se desejar a resistência característica do concreto à compressão, referida a uma determinada idade, como a especificada no projeto estrutural, poder-se-á utilizar os coeficientes médios de crescimento da resistência com a idade, apresentados na Tabela 6.6.

Essa tabela apresenta valores médios usuais. Poderá ser aplicada sempre que não se dispuser de correlação real obtida com número representativo de ensaios do cimento utilizado na confecção do concreto em estudo. É permitida a interpolação linear com aproximação até centésimo.

6.1.8.5 Cálculo da resistência característica do concreto

Com os valores obtidos de cada um dos testemunhos de uma amostra, depois de corrigidos, se necessário, conforme já descrito, o cálculo da resistência característica do concreto à compressão do lote em questão poderá ser efetuado segundo os estimadores das correspondentes normas de cálculo empregadas no projeto estrutural.

6.1.8.6 Apresentação dos resultados

A apresentação dos resultados deve conter:
- razão social da construtora;

Tabela 6.7: Coeficiente médio

Natureza do cimento	≤ 7 d	14 d	28 d	3 meses	1 ano	2 anos
Portland comum	0,68	0,88	1,00	1,11	1,18	1,20
Alta resistência inicial	0,80	0,91	1,00	1,10	1,15	1,15
Alto-forno, pozolânico, MRS e ARs	-	0,71	1,00	1,40	1,59	1,67

- nome e identificação da obra e local;
- croqui com localização dos exemplares das peças estruturais;
- data de extração dos exemplares;
- data da ruptura dos testemunhos;
- tipo de estrutura (armada, protendida, pré-moldada etc.);
- tabela de resultados individuais, contendo resistência à compressão obtida diretamente do ensaio, resistência à compressão corrigida quando necessário e observações.

6.1.9 Sistemas de fôrmas

O sistema de fôrmas, que compreende as fôrmas propriamente ditas, o escoramento, o cimbramento e os andaimes, incluindo seus apoios, bem como as uniões entre os diversos elementos, deve ser projetado e construído de modo a ter:

- Resistência às ações a que possa ser submetido durante o processo de construção:
    - ação de fatores ambientais;
    - carga da estrutura auxiliar;
    - cargas das partes da estrutura permanente a serem suportadas pela estrutura auxiliar até que o concreto atinja as características estabelecidas pelo responsável pelo projeto estrutural para a remoção do escoramento;
    - efeitos dinâmicos acidentais produzidos pelo lançamento e adensamento do concreto, em especial o efeito do adensamento sobre o empuxo do concreto nas fôrmas;
    - no caso de concreto protendido, resistência adequada à distribuição de cargas originadas durante a protensão.
- Rigidez suficiente para assegurar que as tolerâncias especificadas para a estrutura no projeto sejam satisfeitas e a integridade dos elementos estruturais não seja afetada.

O formato, a função, a aparência e a durabilidade de uma estrutura de concreto permanente não podem ser prejudicados devido a qualquer problema com as fôrmas, o escoramento ou sua remoção. No plano da obra necessita constar a descrição do método a ser seguido para construir e remover estruturas auxiliares, devendo ser especificados os requisitos para manuseio, ajuste, contraflecha intencional, desforma e remoção. A retirada de fôrmas e escoramentos tem de ser executada de modo a respeitar o comportamento da estrutura em serviço. No caso de dúvida quanto ao modo de funcionamento de uma estrutura específica, o engenheiro responsável pela execução da obra deve entrar em contato com o projetista, a fim de obter esclarecimentos sobre a sequência correta para a retirada das fôrmas e do escoramento.

6.1.9.1 Execução do sistema de fôrmas

Na execução das fôrmas, terão de ser observadas:
- a adoção de contraflechas, quando necessárias;
- a superposição nos pilares;
- o nivelamento das lajes e das vigas;
- a suficiência do escoramento adotado;
- os furos para passagem futura de tubulação;
- a limpeza das fôrmas.

As vigas de seção retangular, as nervuras das vigas de seção "T" e as paredes das vigas de seção-caixão não poderão ter largura menor que 8 cm. A menor dimensão dos pilares não cintados não será inferior a 20 cm nem a 1/25 da sua altura livre. A espessura das lajes não deverá ser menor que:
- 5 cm, em lajes de cobertura não em balanço;
- 7 cm, em lajes de piso e lajes em balanço;
- 12 cm, em lajes destinadas à passagem de veículos.

A confecção das fôrmas e do escoramento terá de ser feita de modo a haver facilidade na retirada dos seus diversos elementos, mesmo aqueles colocados entre lajes. Em juntas maiores da fôrma ou em peças de cantos irregulares, poder-se-á melhorar a vedação com a utilização de tiras de espuma plástica. Antes do lançamento do concreto, as fôrmas precisam ser molhadas até a saturação. No caso de concreto aparente, é necessário ser misturada uma pequena porção de cimento à água, para eliminar a eventual ferrugem que possa ter sido depositada na fôrma. A perfuração para passagem de canalização pelas vigas e outros elementos estruturais, quando inteiramente inevitável, será assegurada por caixas embutidas nas fôrmas. Quando se desejar o prosseguimento de uma superfície uniforme em relação à concretagem de vários elementos superpostos (por exemplo, um pilar externo com vários andares de altura), a fôrma do elemento no andar superior deverá recobrir a superfície do elemento já desformado do andar inferior, a fim de evitar a formação de saliência característica (*rebarba*), que costuma aparecer nesse tipo de emenda (*junta*) de concretagem.

6.1.9.2 Propriedade dos materiais

O material utilizado deve atender aos requisitos de 6.1.9.1 e às normas do produto. O uso adequado possibilita o reaproveitamento de fôrmas e dos demais materiais utilizados para a sua confecção. No entanto, em um processo de utilização sucessiva, têm de ser verificadas as características e, principalmente, a capacidade resistente da fôrma e do material que a constitui.

6.1.9.3 Projeto

- Sistema de fôrmas precisa ser projetado e confeccionado obedecendo a 6.1.9.1 e às prescrições das normas da ABNT quando se tratar de estruturas de madeira ou metálicas. As contraflechas estabelecidas no projeto estrutural necessitam ser obedecidas na execução. Quando da execução do sistema de fôrmas, deve-se prever a retirada de seus diversos elementos separadamente, se necessário.
- O escoramento tem de ser projetado de modo a não sofrer, sob ação do seu próprio peso, do peso da estrutura e das cargas acidentais que possam atuar durante a execução da estrutura de concreto, deformações prejudiciais ao formato da estrutura ou que possam causar esforços não previstos no concreto. No projeto de escoramento precisam ser consideradas a definição e a flambagem dos materiais e as vibrações a que o escoramento estará sujeito. Quando de sua construção, o escoramento necessita ser apoiado sobre cunhas, caixas de areia ou outros dispositivos apropriados a facilitar a remoção das fôrmas, de maneira a não submeter a estrutura a impactos, sobrecargas ou outros danos. Devem ser tomadas as precauções necessárias para evitar recalques prejudiciais provocados no solo ou na parte da estrutura que suporte o escoramento, pelas cargas por este transmitidas, prevendo-se o uso de lastro, piso de concreto ou pranchões para a correção de irregularidade e melhor distribuição de cargas, assim como cunhas para ajuste de nível. No caso do emprego de escoramento

metálico, precisam ser seguidas as instruções do fornecedor responsável pelo sistema. Os planos de desforma e escoramentos remanescentes necessitam levar em conta os materiais utilizados no ritmo do andamento da obra, tendo em vista o carregamento decorrente e a capacidade suporte das lajes anteriores, quando for o caso. A colocação de novas escoras em posições preestabelecidas e a retirada dos elementos de um primeiro plano de escoramento podem reduzir os efeitos do carregamento inicial, do carregamento subsequente e evitar deformações excessivas. Neste caso, necessitam ser considerados os seguintes aspectos:
- nenhuma carga deve ser imposta e nenhum escoramento removido de qualquer parte da estrutura enquanto não houver certeza de que os elementos estruturais e o novo sistema de escoramento têm resistência suficiente para suportar com segurança as ações que estejam sujeitos;
- nenhuma ação adicional, não prevista nas especificações de projeto ou na programação da execução da estrutura de concreto, será imposta à estrutura ou ao sistema de escoramento sem que se comprove que o conjunto tem resistência suficiente para suportar com segurança as ações a que está sujeito;
- a análise estrutural e os dados de deformabilidade e resistência do concreto usados no planejamento para a reestruturação do escoramento têm de ser fornecidos pelo responsável pelo projeto estrutural ou pelo responsável pela obra, conforme acordado entre as partes;
- a verificação de que a estrutura de concreto suporta as ações previstas, considerando a capacidade de suporte do sistema de escoramento e os dados de resistência e deformabilidade do concreto.

- As fôrmas precisam adaptar-se ao formato e dimensões das peças da estrutura projetada. A fôrma tem de ser suficientemente estanque, de modo a impedir a perda da pasta de cimento, admitindo-se como limite a surgência de agregado miúdo na superfície do concreto. Os elementos estruturais das fôrmas necessitam ser dispostos de modo a manter o formato e a posição da fôrma durante toda a sua utilização. Durante a concretagem de elementos estruturais de grande vão, deve haver monitoramento e correções de deslocamentos do sistema de fôrmas não previstos nos projetos. Têm de ser tomadas as devidas precauções para proteger o sistema de fôrmas de riscos de incêndio.
- A concentração de componentes e furos em uma determinada região da estrutura tem de ser objeto de verificação pelo projetista. Elementos estruturantes das fôrmas, barras, tubulações e similares, com as funções estabelecidas em projetos, além de insertos ou pinos de ancoragem, podem ser colocados dentro da seção, precisando:
  - ser fixados para assegurar o posicionamento durante a concretagem;
  - não alterar as características estruturais da peça;
  - não reagir de maneira nociva ou prejudicial com os componentes do concreto, em especial o cimento portland, ou com a armadura;
  - não provocar manchas na superfície de concreto aparente;
  - não prejudicar o desempenho funcional e a durabilidade do concreto estrutural;
  - permitir que as operações de lançamento e adensamento do concreto fresco sejam feitas de maneira adequada;
  - as aberturas e orifícios usados para trabalhos temporários necessitam ser preenchidos e acabados com um material de qualidade similar à do concreto da estrutura
- Recomenda-se evitar o uso de fôrmas perdidas (remanescentes dentro da estrutura). Nos casos em que, após a concretagem da estrutura ou de um determinado elemento estrutural, não for feita a retirada da fôrma ou parte dela, essa condição deve ser previamente estabelecida em projeto e têm de ser verificadas:
  - a durabilidade do material componente da fôrma (em se tratando de madeira, verificar se está imunizada contra cupins, fungos e insetos em geral);
  - a compatibilidade desse material com o concreto;
  - a estabilidade estrutural do elemento contendo a fôrma perdida;
  - a correta ancoragem da fôrma perdida.
- Quando agentes destinados a facilitar a desmontagem forem necessários, devem ser aplicados exclusivamente na fôrma antes da colocação da armadura e de maneira a não prejudicar a superfície do concreto. Agentes desmoldantes precisam ser aplicados de acordo com as especificações do fabricante e das normas da ABNT,

necessitando ser evitado o excesso ou a falta dos desmoldante. Salvo condição específica, os produtos utilizados não podem deixar resíduos na superfície do concreto ou acarretar algum efeito que cause:
- a alteração da qualidade da superfície ou, no caso de concreto aparente, resulte em alteração da cor;
- prejuízo da aderência do revestimento a ser aplicado.

6.1.9.4 Materiais

6.1.9.4.1 Madeira serrada de coníferas

As peças de madeira serrada de coníferas em forma de pontaletes, sarrafos e tábuas não podem apresentar defeitos, como desvios dimensionais (desbitolamento), arqueamento, encurvamento, encanoamento (diferença de deformação entre a face e a contraface), nós (aderidos ou soltos), rachaduras, fendas, perfuração por insetos ou podridão além dos limites tolerados para cada classe. Tais classes são: *de primeira qualidade industrial, de segunda qualidade industrial e de terceira qualidade industrial*. A máxima grandeza dos defeitos para as diversas classes da qualidade das madeiras coníferas consta da Tabela 6.7

O estoque tem de ser tabicado por bitola e tipo de madeira, em local apropriado para reduzir a ação da água. Do pedido de fornecimento, é necessário constar, entre outros: espécie da madeira, classe da qualidade, tipo e bitolas da peça, comprimento mínimo ou exato de peças avulsas.

6.1.9.4.2 Chapas de madeira compensada

As chapas de madeira compensada para fôrmas de concreto não podem apresentar defeitos sistemáticos, tais como: desvios dimensionais (*desbitolamento*) além dos limites tolerados; número de lâminas inadequado à sua espessura; desvios no esquadro; ou defeitos na superfície. Precisam ser resistentes à ação da água. As dimensões corretas das chapas são de 1,10 m × 2,20 m para chapas resinadas e 1,22 m × 1,44 m ou 1,10 m × 2,20 m para as chapas plastificadas, com espessura de 6 mm, 9 mm, 12 mm, 18 mm ou 21 mm. As chapas são classificadas nos subgrupos A, B e C em função principalmente da área de defeitos superficiais que apresentam. As verificações e limites de tolerância para chapas de compensado seguem a Tabela 6.8.

O armazenamento precisa ser feito em local fechado, coberto e apropriado para evitar ação da água. As chapas necessitam ser empilhadas na posição horizontal sobre três pontaletes posicionados no centro da chapa e a 10 cm de cada uma das bordas menores, evitando o contato com o piso. Em lajes usuais, a pilha não pode exceder 40 cm de altura para evitar sobrecarga. No pedido de fornecimento tem de constar o tipo de chapa (resinada ou plastificada) e as dimensões desejadas.

6.1.9.4.3 MDP e MDF

O MDP (*medium density particleboard*) ou painel de artículas de média densidade é uma placa industrializada de partículas de madeira aglutinadas com resinas sintéticas, produzida com o conceito de três camadas: colchão de partículas no miolo e camadas finas nas superfícies. O MDF (*medium density fiberboard*) é um painel industrializado de fibras de madeira aglutinadas com resinas sintéticas. Ambos são apropriados para a fabricação de móveis, porém não se prestam para o uso de fôrmas de estrutura de concreto. Ambos são um material uniforme, plano e denso. Na fabricação do MDF, a madeira sem nós é desfibrada seguida do cozimento no vapor e pressão, separando-se uniformemente. Posteriormente, as fibras são aglutinadas com resinas sintéticas e outros aditivos por meio de um processo de calor e prensagem, que as dá o tamanho desejado. As espessuras variam de 3 mm a 60 mm. O MDF pode basicamente ter três acabamentos:
- chapas cruas, que são fornecidas para ter acabamento de pintura, revestimento de PVC ou de estamparia;
- chapas de revestimento laminado de baixa pressão, que são produzidas por meio de pressão de um papel melamínico, nos padrões madeirado ou unicolor;
- chapas com revestimento *finish foil*, que são fabricadas pela adição de um papel de fotografia, resultando em um produto já acabado.

Tabela 6.8: Madeira serrada

Defeitos	Classes da qualidade		
	Primeira industrial	**Segunda industrial**	**Terceira industrial**
Presença de nós firmes (aderidos)	até 1 nó por peça	até 6 nós por peça	até 9 nós por peça*
Nós firmes atravessados	até 1 por peça	até 3 por peça	até 6 nós por peça
Presença de nós soltos	não são permitidos	até 1 nó por peça	até 2 nós por peça
Nós soltos atravessados (diâmetro do nó)	zero	zero	até 3 cm
Presença de bolsas de resina	zero	até 2 por peça	3 a 4 peças
Encanoamento	no máximo 0,5 cm para qualquer classe**		
Arqueamento	$\leq$ 2 cm	$\leq$ 4 cm	leq 6 cm
Encurvamento	$\leq$ 1 cm	$\leq$ 2 cm	leq 3 cm
Torcimento	até 0,5%	até 1%	até 2%
Rachaduras na soma dos comprimentos	não são permitidas	$\leq$ 30 cm	$\leq$ 60 cm
Rachaduras no comprimento individual	não são permitidas	$\leq$ 15 cm	$\leq$ 20 cm
Rachadura transversal	zero	zero	até 3 rachaduras
Trincas superficiais (quantidade)	até 10	de 11 a 15	sem limite
Presença de furos de insetos e podridão	não são permitidos em classe alguma		
Desbitolamento na espessura (de 12 mm a 25 mm)	tolerância de $\pm$ 3 mm para qualquer classe		
Desbitolamento na espessura (de 26 mm a 50 mm)	tolerância de $\pm$ 4 mm para qualquer classe		
Desbitolamento na espessura (de 51 mm a 100 mm)	tolerância de $\pm$ 6 mm para qualquer classe		
Desbitolamento na largura (de 25 mm a 50 mm)	tolerância de $\pm$ 6 mm para qualquer classe		
Desbitolamento na largura (de 51 mm a 100 mm)	tolerância de $\pm$ 8 mm para qualquer classe		
Desbitolamento na largura (de 101 mm a 200 mm)	tolerância de $\pm$ 10 mm para qualquer classe		
Desbitolamento na largura (de 201 mm a 300 mm)	tolerância de $\pm$ 13 mm para qualquer classe		
Mancha (área afetada)	zero	até 25%	sem limite
Mofo ou bolor (área afetada)	zero	até 25%	sem limite

* Se forem encontrados dois nós na mesma seção, a soma de seus diâmetros deverá ser inferior a 5 cm e não podem ser passantes.
** Verificação exclusiva para tábuas de 30 cm.

6.1.9.4.4 Prego

Os pregos são confeccionados com arame galvanizado. Há pregos de cabeça vedante (chamados *telheiros*, que servem para fixar telhas), pregos quadrados, os retorcidos (ou espirais), os com farpas e até os de duas cabeças (que permitem sua posterior retirada mais facilmente). Os pregos são ditos de carpinteiro ou de marceneiro (*sem cabeça*) conforme tenham cabeça apropriada para embutir ou não. Os pregos são bitolados por dois números

Capítulo 6 – Estrutura

Tabela 6.9: Tolerância

Característica	Tolerância
Comprimento	± 2 mm
Largura	± 2 mm
Espessura	± 1 mm
Número de lâminas*	
Chapas de 6 mm	Número mínimo de lâminas: 3
Chapas de 9 mm ou 12 mm	Número mínimo de lâminas: 5
Chapas de 18 mm	Número mínimo de lâminas: 7
Chapas de 21 mm	Número mínimo de lâminas: 9
Presença de emendas	Resinado: até 2 emendas tanto na face quanto na contraface
	Plastificado: máximo de 1 emenda por chapa
Aspecto superficial	Resinado: faces firmes, sem falhas que prejudiquem seu uso
	Plastificado: filme contínuo, liso e sem falhas ou incrustações
Aspecto das bordas	Têm de estar seladas, sem apresentar descolamento das lâminas
Resistência a água	Não podem apresentar deslocamento das lâminas depois de imersão ou fervura em água

*Para verificação do número de lâminas, deve-se tomar apenas uma chapa de amostra.

(antigas medidas francesas). O primeiro corresponde à bitola do arame e o segundo, à medida de comprimento. Pode-se tomar, para as bitolas mais comuns, as medidas constantes na Tabela 6.9.

Tabela 6.10: Peças

Bitola	Quantidade de pregos por quilograma	Diâmetro (mm)	Comprimento (cm)
12 × 12	1750	1,8	2,75
13 × 15	1150	2,0	3,44
16 × 24	400	2,7	5,50
17 × 27	266	3,0	6,20
18 × 30	205	3,4	6,90
19 × 39	120	3,9	8,95

6.1.9.4.5 Armazenamento das fôrmas

Os painéis sempre deverão ser empilhados face a face, em posição horizontal, ou também se disporão verticalmente, desde que suas unidades possam ser identificadas (sendo necessário para esse fim ser pintados números que as identifiquem facilmente). De igual modo, placas e sarrafos para reforço precisam ser numerados e empilhados com os painéis. Quando as formas não forem utilizadas imediatamente, as pilhas terão de ser cobertas com lonas plásticas para evitar deformações exageradas por secagem rápida (*empenamento*). Outros componentes, tais como gravatas, caibros e cunhas, serão guardados em estoque regular. Os componentes de maior porte, como grampos e reforços metálicos, não necessitarão ser empilhados no solo para não se cobrirem de lama e enferrujarem.

6.1.9.4.6 Desmoldante

Apresenta-se sob a forma de líquido, geralmente de cor marrom-clara. Destaca-se o que segue:
- *Propriedades*: forma uma fina camada entre o concreto e a fôrma, impedindo a aderência entre eles; torna fácil a remoção das fôrmas sem danificar as superfícies e arestas do concreto; é altamente concentrado, daí resultando em alto rendimento; diminui o trabalho de limpeza e ao mesmo tempo conserva a madeira; não mancha o concreto.
- *Campos de aplicação*: para todas as fôrmas, tanto de madeira bruta como de compensado resinado (para fôrmas metálicas, recomenda-se a utilização de desmoldante específico).
- *Preparo*: o líquido desmoldante é dissolvido em água, em proporções variadas, de acordo com o estado das fôrmas; adiciona-se o desmoldante à água, misturando lentamente até obter uma solução leitosa; uma vez preparada, pode-se usá-la por longo tempo sem maiores cuidados.
- *Proporções*:
  - para madeira bruta: uma parte de desmoldante × 10 partes de água;
  - para compensados: uma parte de desmoldante × 20 partes de água;
  - para imersão dos moldes de compensado: uma parte de desmoldante × 25 partes de água;
- *Aplicação*: misture inicialmente um volume de desmoldante com um volume de água, batendo lentamente até obter uma emulsão; então, acrescente o restante da água aos poucos, misturando lentamente; uma vez dissolvido, aplique o desmoldante uniformemente sobre as fôrmas por meio de broxa, rolo ou escovão; depois de secar durante 1 hora, inicie a concretagem; sempre limpe, se necessário, e pinte as fôrmas com desmoldante, antes de cada reaproveitamento.
- *Consumo*: 0,01 L/m² a 0,02 L/m²;
- *Embalagens*: galão, baldes de 20 L e tambores de 200 L.
- *Generalidades*: uma das falhas mais comuns costuma ser a de aplicação do desmoldante em demasia, o que provoca manchas no concreto; será suficiente uma leve camada aplicada sob forma de cobertura uniforme. Plastificantes de fabricação diferente não poderão ser misturados. A perfuração de fôrmas na obra deverá ser feita com a maior perfeição para que as vedações ou os embutimentos se apliquem mais facilmente; por esse motivo, será necessário eliminar lascas e farpas no madeiramento das formas, as quais, ao serem perfuradas, necessitam sê-lo face a face. Todos os batentes ou peças de fixação (*engastalhos*) terão de ser pregados levemente, a fim de que permaneçam presos ao concreto ao se removerem as fôrmas. Serragem, aparas, arame para a amarração, pregos etc. precisam ser removidos das fôrmas; os grampos de arame e pregos poderão manchar as fôrmas e, consequentemente, o concreto durante a concretagem. Aplicada a vibração, será necessário manter estreita vigilância em todas as amarrações, para impedi-las que se afrouxem. Antes de revestir o concreto, é recomendável a lavagem superficial com água e escova de aço para remoção da película residual do desmoldante.

6.1.9.5 Confecção de fôrma de madeira: procedimento de execução de serviço

Como documentos de referência, consultar projetos executivo de arquitetura, estrutural completo com passagem da canalização das instalações e, quando houver, de fôrmas.

6.1.9.5.1 Materiais e equipamentos

Além daqueles existentes obrigatoriamente no canteiro de obras, quais sejam, entre outros:
- EPCs e EPIs (capacete, botas de couro, protetor auditivo tipo concha, capacete acoplado a protetor facial);
- lápis de carpinteiro;
- trenas de aço de 30 m e de 5 m;
- linha de náilon;
- martelo;
- nível de mangueira ou a laser;
- serrote;

- prumo de face;
- guincho;

mais os seguintes (os que forem necessários para o obra):

- sarrafos de madeira 1"× 2", 1"× 4"e 1"× 6";
- tábuas de madeira de 1"× 9"e 1"× 12";
- pontaletes de madeira de 3"× 3";
- longarinas e escoras metálicas;
- chapas de madeira compensada (resinadas e plastificadas);
- cunhas de madeira;
- esquadro metálico de carpinteiro;
- pregos, se possível de duas cabeças;
- desmoldante;
- tintas a óleo;
- pincelote;
- bancada de carpinteiro;
- serra circular de bancada com coifa de proteção para o disco de serra videa (com 54 dentes e Ø 35 cm).

6.1.9.5.2 Método executivo

- Condições para o início dos serviços:
  - Os projetos de arquitetura e estrutura devem estar concluídos e preferivelmente existir um projeto de fôrmas (o qual precisa levar em consideração que elas devam suportar os efeitos do lançamento e adensamento do concreto). É necessária uma análise extremamente cuidadosa de compatibilização entre os projetos de arquitetura e de estrutura. O material tem de estar disponível, como chapas de compensado, pontaletes, tábuas sarrafos etc. A central de carpintaria precisa estar coberta, montada e equipada, de acordo com a NR-18. É importante que esteja definida a espessura da chapa de compensado e seu acabamento (resinada ou plastificada). As fôrmas de pilar e viga precisam estar montadas, alinhadas e niveladas. Caso a laje esteja apoiada diretamente sobre a alvenaria (estrutural), esta deverá estar concluída, com seu respaldo executado.
  - Execução dos serviços:
  - Os painéis necessitam ser executados considerando a limitação do seu tamanho e peso, de fôrma a facilitar a sua montagem, transporte e desforma (a confecção das fôrmas tem de ser feita de modo a haver facilidade na retirada dos seus diversos elementos). Todas as peças devem ser galgadas e os painéis precisam ser estruturados (excetuados os de soalho de laje). Recomenda-se que as superfícies de corte sejam planas e lisas, sem apresentar serrilhas, e que os topos de chapa sejam selados com tinta a óleo ou selante à base de borracha clorada, tão logo as peças sejam serradas na bancada. Também é conveniente na ocasião identificar os painéis com uma numeração ou código para facilitar sua montagem. Eventuais furos nos painéis têm de ser executados sempre a partir da face interna da fôrma no sentido da face externa, com broca de aço rápido para madeira. A passagem de canalização será assegurada por caixas embutidas na fôrmas. A marcação das posições do cimbramento nas formas facilita o processo de montagem. Assim, assinalam-se nas formas as posições onde serão colocados os seus elementos de sustentação, como garfos simples, garfos com mão-francesa, escoramento e reescoramento. A identificação necessita ser feita com tinta. É preciso manter a central de carpintaria constantemente limpa e organizada, removendo as sobras de material (serragem e pontas de madeira), e protegida com extintor da água pressurizada. É necessário estar sempre verificando o funcionamento e conservação das ferramentas e equipamentos. As chapas de compensado são armazenadas cobertas e empilhadas, na posição horizontal, sobre três pontaletes posicionados no centro da chapa e a 10 cm de cada uma das bordas menores, evitando o contato com o piso. Em lajes usuais, a pilha não pode exceder 40 cm de altura, para evitar sobrecarga.

6.1.9.6 Montagem de fôrma (pilar, viga e laje): procedimento de execução de serviço

Consultar como documentos de referência projetos executivo de arquitetura, estrutural completo com passagem de tubulação das instalações e, quando houver, de fôrmas.

6.1.9.6.1 Materiais e equipamentos

Além daqueles existentes obrigatoriamente no canteiro de obras, quais sejam, entre outros:
- EPCs e EPIs (capacete, botas de couro e luvas de raspa);
- lápis de carpinteiro;
- trenas de aço de 30 m e 5 m;
- martelo;
- serrote;
- água limpa;
- cimento portland CP-II;
- areia média lavada;
- brita nº 1;
- linha de náilon;
- prumo de face de cordel;
- nível de bolha de 30 cm;
- nível de mangueira ou aparelho de nível a *laser*;
- furadeira elétrica portátil com brocas;
- guincho ou grua;

mais os seguintes (os que forem necessários para a obra):
- esquadro metálico de carpinteiro;
- serra circular elétrica portátil;
- soquete de 5 kg;
- painéis estruturados de madeira;
- chapas de madeira compensada;
- desmoldante;
- pregos 18 × 30, 17 × 21 e 15 × 15;
- pregos 18 × 30 com cabeça dupla;
- sarrafos de madeira 1" × 4";
- pontaletes de madeira de 3" × 3";
- *mosquitos* (tocos de madeira com prego);
- cunhas de madeira;
- estacas de madeira;
- longarinas de perfil de aço;
- *escoras* tubulares telescópicas de aço com *garfos*;
- tubos Ø $\frac{3}{4}$" de PVC rígido;
- *cones de encosto* plásticos;
- *barras de ancoragem* roscadas com porcas próprias;
- tensores;
- *engastalhos* metálicos (gravatas);
- *esticador*;
- tinta a óleo;
- aprumador (tubular) de pilar.

6.1.9.6.2 Método executivo

- Condições para o início dos serviços:

– Os eixos principais do edifício e o nível de referência (RN) devem estar transferidos e definidos no terreno (no caso de vigas-baldrame) ou sobre a laje de trabalho. Os engastalhos têm de estar fixados na laje. No caso de laje apoiada diretamente sobre alvenaria estrutural, esta precisa estar com seu respaldo totalmente concluído (cintas de amarração niveladas e concretadas).

- Execução dos serviços
  - **Viga-baldrame**: inicialmente, deve-se providenciar a abertura de vala com largura aproximadamente 20 cm maior que a da viga, nos trechos onde esta estiver enterrada. Depois da conclusão da escavação, proceder à regularização e compactação, com um soquete, do fundo da vala, até 5 cm abaixo da cota de apoio. Os painéis estruturais das fôrmas são montados e, em seguida, escorados em estacas de madeira cravadas externamente, no fundo e nas laterais da vala. É preciso verificar a locação, o nível, o alinhamento e o esquadro das peças de madeira, atentando para o correto posicionamento das vigas, o nivelamento do topo das fôrmas e da constância da largura das vigas. O nivelamento é garantido por meio de nível a laser ou de mangueira, a partir do nível de referência marcado no gabarito pelo topógrafo. Se o apoio das vigas-baldrame ocorrer em bloco de coroamento de estaca(s) que apresente desvio em relação à locação de projeto, será preciso consultar o engenheiro de fundações e eventualmente o calculista, que criarão ou não viga de travamento para corrigir a excentricidade. Deve-se executar um lastro de concreto simples com pelo menos 5 cm de espessura, que também é utilizado para regularizar em nível a superfície de apoio.
  - **Pilar e viga do arcabouço estrutural**: é necessário apicoar o concreto da base dos pilares, removendo a nata endurecida de cimento depositada na superfície. É preciso fixar dois pontaletes no engastalho, que servirão de guia e permitirão o travamento do pé dos painéis de face do pilar, ou então confeccionar o engastalho com as medidas externas da fôrma do pilar e em todo o seu perímetro. Tem de ser passado desmoldante nas faces internas das fôrmas de pilar e, se for a primeira utilização, este procedimento é desnecessário. Deve-se definir a altura do topo do pilar para fixação dos painéis nos pontaletes-guia. É necessário montar as faces laterais menores e uma lateral maior dos pilares, pregando-as no pontalete-guia. Tem de ser conferido o encontro das faces no topo do pilar com auxílio de um esquadro metálico, de forma a garantir a perpendicularidade entre elas. É preciso nivelar às faces montadas, verificando a necessidade de colocação de "*mosquitos*" (tocos de madeira com prego) para fechar as aberturas na base do pilar, causadas por problemas de nivelamento da laje já concretada. O prumo do pilar deve ser obtido por meio de ajustes nas escoras laterais dos painéis, nas duas direções. É necessário deixar na base dos pilares (em toda a largura dela) uma janela de inspeção na fôrma para limpeza antes da concretagem. Se o pilar tiver mais de 2,5 m de altura, deve-se deixar janela de inspeção para lançamento do concreto em duas etapas. Posicionar tubos Ø 3/4" de PVC rígido atravessando o pilar (se necessário, vedados com *cones de encosto* plásticos – *chupetas* – nas extremidades) e dentro deles passar *barras de ancoragem* roscadas (também chamadas *tirantes*) ou, então, *ferros de amarração* (barras de aço para concreto). Travar, nas laterais das fôrmas, as barras de ancoragem com *porcas* próprias ou os ferros de amarração com *tensores* (neste caso, com a utilização da ferramenta esticador). Esse travamento é apoiado em perfis de aço horizontais (*engastalhos ou gravatas*), encostados na fôrma do pilar. Montadas todas as fôrmas de pilar, deve-se iniciar a colocação das fôrmas de viga. É necessário passar desmoldante nessas fôrmas; tal procedimento é dispensável quando se tratar da primeira utilização. É preciso colocar os fundos de viga a partir do topo das fôrmas de pilar, apoiando-os diretamente em alguns garfos posicionados no vão abaixo da viga. Ao menos em um dos encontros (extremidades do fundo da viga) com os pilares, é necessário prever um mosquito para facilitar a desforma. Têm de ser nivelados os fundos de viga com cunhas de madeira aplicadas na base dos garfos. Em seguida, serão posicionados os demais garfos, travando-os com um sarrafo-guia pregado à meia altura dos garfos já fixados. Com o auxílio de cunhas, deve-se levantar os demais garfos até o nível correto, encostando-os no fundo da viga. Em seguida, posicionar os painéis laterais, encostando-os na borda do painel de fundo. Todos os garfos posicionados no vão precisam estar aprumados e alinhados.
  - **Laje**: as longarinas (horizontais, de perfis metálicos ou pontaletes de madeira) precisam ser suportadas por escoras metálicas (verticais, telescópicas, com regulagem da altura a cada de 10 cm). As extre-

midades das longarinas próximas às vigas necessitam ser apoiadas em sarrafos pregados no garfo das escoras. O uso de escoras telescópicas facilita o posterior nivelamento da laje. Deve ser lançado o compensado do soalho da laje do andar superior sobre as longarinas, seguindo a identificação do projeto. Pode-se pintar a posição das paredes no soalho da laje, a fim de facilitar o trabalho e evitar erros na locação das tubulações elétricas e hidráulicas e dos gabaritos de furação e rebaixos. É necessário pregar o soalho nos sarrafos laterais dos painéis das laterais das vigas. Esse encontro de peças tem de ser sem folga. Será pregado o restante do soalho nas longarinas. É preciso nivelar os panos de laje e verificar a contraflecha, caso esta seja necessária. O nivelamento tem de ser feito ajustando-se a altura das escoras de apoio da fôrma por meio de cunhas. A conferência do nivelamento é feita com nível de bolha ou aparelho a laser e linha de náilon, colocados na parte superior ou inferior da fôrma. Deve ser verificado o esquadro da laje pelas medidas diagonais. Tem de ser passado desmoldante em toda a superfície do soalho; tal procedimento é dispensável na primeira utilização da fôrma.
- **Observações**: caso haja necessidade, as juntas da fôrma necessitam ser vedadas para evitar perda da argamassa do concreto ou de água. As caixas e os nichos (rasgos) para passagem de tubulação das instalações elétricas, hidráulicas e de ar condicionado, previstas em projeto, devem ser posicionados nas lajes, vigas e pilares antes da concretagem. Nas fôrmas para superfícies de concreto aparente, o material a ser utilizado é a madeira compensada plastificada ou fôrmas metálicas. Para as superfícies de concreto não aparentes, o material a ser usado é o compensado resinado ou tábuas de madeira. As fôrmas remontadas têm de sobrepor o concreto endurecido, executado na etapa anterior, em no mínimo 10 cm. Elas precisam ser fixadas com firmeza contra o concreto anterior, de modo que, quando a nova concretagem tiver início, as fôrmas não se abram, permitindo desvios ou perda de argamassa na junta de concretagem. Devem ser utilizadas, se necessário, vedações com poliuretano expandido, parafusos ou prendedores adicionais para manter firmes as fôrmas remontadas contra o concreto endurecido.

6.1.9.7 Fôrma pronta

Trata-se da confecção, fora do canteiro de obras, de fôrmas de madeira para estrutura de concreto. Esse processo de fabricação, por empresa especializada, de painéis de compensando de madeira (resinado ou plastificado), utilizando material fornecido pela contratada, implica a redução drástica dos procedimentos de corte de madeira no canteiro de obras, diminuindo o risco potencial de acidentes e o desperdício de material. Proporciona ainda melhoria da qualidade do processo construtivo, permitindo mais precisão nos gabaritos e maior produtividade do processo (redução da mão de obra no canteiro), evitando não conformidade das fôrmas (como deformação delas durante a concretagem) e aumentando a velocidade do andamento da construção. Aprimora a racionalização do canteiro de obras em razão de que o espaço reservado para o estoque de compensado, tábuas, sarrafos etc., instalação da bancada de serra e demais equipamentos de baixa produtividade pode ser utilizado para outras finalidades. A prática usual é o aluguel desse tipo de fôrma e sua utilização com escoramento metálico, sendo certo que o fornecedor desse equipamento possui equipe de assistência técnica e oferece treinamento aos usuários (a mão de obra de montagem das fôrmas tem de ser treinada para também tratar o equipamento com cuidado, para evitar danos e melhorar o seu reaproveitamento). As dificuldades de utilização do sistema são evidentemente maiores no início da obra, aumentando a produtividade com os trabalhadores já acostumados com o sistema. Assim sendo, as fôrmas chegam prontas ao canteiro e possibilitam considerável número de reutilizações.

6.1.9.8 Fôrma para laje nervurada: cubeta

Trata-se de cuba de polipropileno, de peso reduzido e de fáceis montagem e desforma, resultando uma superfície que dispensa acabamento. É utilizada em lajes com grandes vãos. As cubetas são padronizadas e possuem várias dimensões, tendo altura variando de 20 cm a 42,5 cm e a base em forma quadrada ou retangular, com diversas medidas. Existem meias-cubetas, para arremate de borda de laje. Elas são montadas emborcadas, apoiadas em sarrafos ou estrado. As nervuras são dimensionadas para tecnicamente alojar sem dificuldades a armadura. Apesar do formato da cubeta ser tronco-piramidal, é aconselhável a pulverização das fôrmas com material desmontante para se obter uma desforma mais fácil. A agulha do vibrador utilizado para adensar o concreto não deve exceder a

40 mm. As eventuais aberturas a serem feitas na nervura têm de ser dispostas a meia altura, com diâmetro inferior à terça parte da altura. As eventuais aberturas na mesa da laje, se menores que 200 cm², podem localizar-se em qualquer posição. As maiores exigem considerações no cálculo estrutural.

6.1.9.9 Remoção das fôrmas (desforma) e do escoramento

Escoramentos e fôrmas devem ser removidos de acordo com o plano de desforma previamente estabelecido e de modo a não comprometer a segurança e o desempenho em serviços da estrutura. Para efetuar sua remoção, têm de ser considerados os seguintes aspectos:

- peso próprio da estrutura ou da parte a ser suportada por uma determinada peça estrutural;
- cargas devidas a fôrmas ainda não removidas de outros elementos estruturais (andares);
- sobrecargas de execução, como movimentação de operários e materiais sobre a peça estrutural;
- sequência de retirada do escoramento e fôrmas e a possível permanência de escoramentos localizados;
- operações particulares e localizadas de remoção de fôrmas e as condições de cura;
- possíveis exigências relativas a tratamentos superficiais posteriores.

6.1.9.10 Tempo de permanência de escoramento e fôrmas

Em elementos de concreto protendido, é fundamental que a remoção das fôrmas e escoramentos seja efetuada de acordo com a programação prevista no projeto estrutural. Em concreto armado, escoramentos e fôrmas não podem ser retirados, em caso algum, até que o concreto tenha adquirido a resistência suficiente para:

- suportar a carga imposta à peça estrutural nesse estágio;
- evitar deformações que superem as tolerâncias especificadas;
- resistir a danos para a superfície durante a retirada.

Deve ser dada especial atenção ao tempo especificado para a remoção do escoramento e das fôrmas que possam impedir a livre movimentação das juntas de dilatação (ou retração), assim como de articulações. Se a fôrma for parte integrante do sistema de cura, como no caso de pilares e laterais de vigas, o tempo de remoção tem de considerar os requisitos de cura constantes do presente item. A remoção do escoramento e das fôrmas somente pode ser efetuada quando o concreto estiver suficientemente endurecido para resistir às ações que sobre ele atuarem e não conduzir a deformações inaceitáveis, tendo em vista o baixo valor do módulo de elasticidade do concreto e a maior probabilidade de grande deformação diferida no tempo quando o concreto for solicitado com pouca idade. Para atendimento dessas condições, o responsável pelo projeto estrutural precisa informar se é preciso obedecer concomitantemente à remoção do escoramento e das fôrmas, bem como a necessidade de um plano particular (sequências de operações) de remoção do escoramento. A retirada do escoramento e das fôrmas deve ser feita sem choques e obedecer ao plano de desforma elaborado em conformidade com o tipo de estrutura.

6.1.9.11 Remoção das fôrmas (desforma): procedimento de execução de serviço

Consultar como documento de referência o projeto estrutural completo com passagem das instalações e, quando houver, de fôrmas.

6.1.9.11.1 Materiais e equipamentos

Além daqueles existentes obrigatoriamente no canteiro de obras, quais sejam, dentre outros:

- EPCs e EPIs (capacete, botas de couro e luvas de raspa);
- corda;
- martelo;
- ponteiro pequeno;
- marreta de 1 kg;
- guincho;

mais os seguintes:
- cunhas de madeira dura;
- escova de piaçaba;
- cavalete para andaime.

6.1.9.11.2 Método executivo

- Condições para o início dos serviços:
  - O concreto dos pilares e laje deve estar curado, liberado para a desforma, segundo recomendações das normas técnicas, ou seja: 3 dias para a retirada das fôrmas laterais; 14 dias para a retirada das fôrmas inferiores, permanecendo as escoras principais convenientemente espaçadas; 21 dias para a retirada total das fôrmas e escoras. Esses prazos podem ser reduzidos quando, a critério do engenheiro da obra, forem adotados concretos com cimento de alta resistência inicial ou usados aditivos aceleradores de pega.
- Execução dos serviços:
  - A desforma começa pelos pilares, soltando-se inicialmente os tensores. Deve-se retirar os painéis, desprendendo-os, nunca usando alavancas (pés de cabra) entre o concreto endurecido e as fôrmas. Caso um painel necessite ser afrouxado, terão de ser utilizadas cunhas de madeira dura. É preciso manusear as peças com cuidado para não danificar as fôrmas. Painéis de maiores dimensões e, principalmente, pilares de canto podem ser mantidos no lugar, amarrando-os com cordas para evitar eventuais choques ou quedas. É necessário retirar os tubos passantes de PVC, utilizando um pequeno ponteiro. Deve-se manter as reescoras das vigas ou lajes, se necessário, nos locais recomendados pelo projetista. Têm de ser retirados os sarrafos-guia e removidas as cunhas laterais e da base dos garfos, para soltá-los. Em seguida, é preciso desformar as laterais das vigas. Para separar a fôrma de viga da fôrma de laje, deve-se, conforme descrito acima, usar uma cunha entre o sarrafo de pressão e o soalho da laje. Caso não seja possível a desforma da viga desse modo, por causa do excesso de garfos muito próximos, será necessário retirar as escoras do terço central do vão, manter as reescoras e, só então, proceder à retirada das escoras (mantendo o reescoramento, se for o caso) dos terços das extremidades.

  Deve estar posicionado o reescoramento nas tiras do soalho da laje, quando necessário, conforme recomendações do projetista. Têm de ser retiradas as escoras e longarinas e, em seguida, desformados os painéis da laje. Em vigas e lajes em balanço, é preciso efetuar a desforma da borda livre no sentido do apoio, segundo orientação do mestre ou engenheiro da obra. Para evitar danos às longarinas, soalhos e painéis de viga em razão de quedas, pode-se usar cordas ou cavaletes de apoio sob a laje, de maneira a amortecer os impactos. Depois da remoção de peças, como pinos, amarras e parafusos, elas devem ser colocadas em caixas, e não abandonadas sem cuidado, a pretexto de serem guardadas posteriormente. As fôrmas de madeira precisam ser limpas imediatamente após o seu uso, não deixando para fazê-lo por ocasião da utilização seguinte. A limpeza é feita com uma escova de piaçaba, para eliminar a argamassa endurecida que tenha aderido à sua superfície.

6.1.9.12 Sistema trepante de fôrmas

O sistema trepante de fôrmas é aplicável em estruturas verticais de seção constante, como paredes de concreto (caixas de elevador e de escadas, empenas cegas etc.), e tem como princípio básico a reutilização da fôrma na etapa seguinte de concretagem apoiando-a na ancoragem deixada na etapa executada anteriormente. A desforma só pode ocorrer após a cura do concreto. Esse sistema é utilizado para construções de altura elevada nas quais a montagem de andaimes para a execução da obra é inviável tecnicamente e onerosa demais. O avanço vertical ocorre gradualmente, por meio de fôrmas apoiadas em plataformas, as quais são fixadas por parafusos ou barras embutidas nos trechos anteriormente concretados. O sistema de fôrma trepante é formado basicamente por três partes: o sistema trepante propriamente dito, a fôrma e os andaimes de trabalho dos operários. O sistema propriamente dito é composto basicamente de painéis, mãos-francesas (mísulas), plataformas de trabalho (com guarda-corpos), escoras, montantes verticais, conjunto de cones, barras de ancoragem e aprumadores (com todas as regulagens necessárias para o posicionamento dos painéis) e possibilita a concretagem de camadas com 2 m de altura.

As mísulas servem de apoio para as plataformas de trabalho. Os aprumadores têm a função de ajustar o prumo dos painéis, mesmo quando o conjunto é submetido às pressões do concreto em lançamento. Os painéis são dotados na parte superior de argolas denominadas içadores, nos quais serão presos os cabos de içamento dos painéis por uma grua ou um guindaste. O painel é uma fôrma de chapa de madeira compensada plastificada de 18 mm de espessura, estruturada por vigas e montantes de perfis extrudados de alumínio (com características mecânicas semelhantes ao aço). Alguns sistemas conseguem trabalhar com concretagem em faces inclinadas.

6.1.9.12.1 Avanço do sistema trepante

Após uma etapa concretada, o sistema deverá subir para se posicionar para a camada posterior da futura concretagem. Nesse deslocamento, feito com auxílio de uma grua, devem ser obedecidos os seguintes procedimentos:

- desforma (retirada dos dispositivos de fixação dos painéis, como porcas, tirantes, aprumadores etc.);
- limpeza do compensado (com auxílio de uma espátula) e aplicação de desmoldante;
- avanço (prender os cabos da grua nos içadores e movimentar o sistema para cima com o auxílio da grua);
- posicionamento (posicionar as mísulas com o uso dos aprumadores e ajustar os painéis);
- concretagem da etapa com 2 m de altura, utilizando bomba de concretagem.

6.1.9.13 Sistema de fôrmas deslizantes

O sistema de fôrmas deslizantes é uma alternativa ao das fôrmas trepantes, com as diferenças de que é composto basicamente por fôrmas mais baixas, até 1,20 m de altura (contra painéis de 2 m de altura dos sistemas trepantes), e um sistema de içamento que inclui um macaco hidráulico e um barrão de aço que se apoia na estrutura. Além do mais, no sistema trepante a desforma só pode ocorrer após a cura do concreto, o que resulta na dinâmica de concretagem, no sistema deslizante, mais rápida e espera pelo tempo de pega menor. Assim, passado o período de cerca de três horas após a concretagem, a fôrma pode subir mais 20 cm ou 30 cm e uma nova concretagem pode ser realizada. Consequentemente, o ciclo se repete de forma muito mais veloz e em turnos ininterruptos de 24 horas. Isso faz com que as fôrmas deslizantes possibilitem realizar concretagens contínuas, sendo possível executar uma média de 2 m a 4 m de estrutura de concreto por turno de 12 horas. Uma vantagem técnica desse deslizamento contínuo, sem interrupções na concretagem é que elimina a presença de juntas frias, o que diminui a possibilidade de infiltrações de água. As fôrmas deslizantes para concreto possuem duas plataformas, uma superior, na qual trabalha a equipe de armação e concretagem, e outra inferior, que abriga os operários responsáveis pelo acabamento. Resumidamente, o sistema de fôrmas deslizantes é composto basicamente por:

- painéis que podem ser confeccionados com madeira e revestidos com chapa galvanizada ou serem totalmente metálicos;
- cavaletes metálicos, que fixam as fôrmas internas e externas, garantindo assim a geometria da peça;
- equipamento hidráulico para içamento;
- andaimes de armador e pedreiro fixados nos cavaletes metálicos, a serem elevados juntamente com as fôrmas.

Os painéis são compatíveis com as dimensões da estrutura a ser executada. A rigidez do conjunto se dá por vigas horizontais fixadas nos painéis. Já a união dos vários painéis ocorre por meio de cambotas (emendas das vigas horizontais). Após a armação da estrutura, a fôrma interna é posicionada e suas hastes são unidas. Em seguida, são fixados os cavaletes, cuja função é garantir a posição entre as fôrmas internas e externas e fixá-las nos macacos hidráulicos. Estes são então fixados nas travessas superiores dos cavaletes. Pelos macacos passam barras de ferro que, por sua vez, são apoiados na estrutura do concreto, normalmente o bloco de fundação. A fôrma externa é, finalmente, posicionada e fixada nos cavaletes.

6.1.10 Armadura de estrutura de concreto

As condições estabelecidas a seguir são válidas para armaduras cortadas e dobradas no canteiro de obra ou pré-fabricadas. Nos casos em que haja exigência de uso de aço com características especiais de resistência à fadiga, o pedido de fornecimento do aço deve ser feito diretamente ao produtor, mencionando tal exigência. Barras de aço para construções, telas soldadas e armaduras pré-fabricadas não podem ser danificadas durante as operações de transporte, estocagem, limpeza, manuseio e posicionamento no elemento estrutural. Cada material tem de ser claramente identificado no canteiro de obra, de maneira a evitar trocas involuntárias, e o aço não pode ser estocado em contato direto com o solo. A superfície da armadura precisa estar livre de ferrugem e substâncias deletérias que possam afetar de maneira adversa aço, o concreto ou aderência entre esses materiais após a concretagem. Armaduras que apresentem partes destacáveis na sua superfície em função de processo de corrosão necessitam passar por limpeza superficial antes do lançamento do concreto. Após essa limpeza, tem de ser feita uma avaliação das condições da armadura, em especial de eventuais reduções de seção. Armaduras levemente oxidadas por exposição ao tempo em ambientes de agressividade fraca a moderada, por períodos de até três meses, sem partes destacáveis e sem redução da seção, podem ser empregadas em estruturas de concreto. Caso a armadura apresente nível de oxidação que implique redução de seção, tem de ser feita uma limpeza enérgica e posterior avaliação das condições de utilização, de acordo com as normas de especificação do produto, eventualmente considerando-a como de diâmetro nominal inferior. No caso de corrosão por ação e presença de cloretos, com formação de pites ou cavidades, a armadura precisa ser lavada com jato de água sob pressão para a remoção do sal e dos cloretos dessas pequenas cavidades (a limpeza pode ser realizada por qualquer processo mecânico, por exemplo, jateamento de areia ou jato de água sob pressão).

6.1.10.1 Preparo e montagem

O desbobinamento de barras somente será feito quando for usado equipamento que limite tensões localizadas. O corte dos vergalhões da armadura necessita atender às indicações do projeto da estrutura. O dobramento das barras, inclusive ganchos, deve ser realizado respeitando os diâmetros internos da curvatura da Tabela 6.10.

Tabela 6.11

Bitola	Tipo de aço		
	CA-25	CA-50	CA-60
$\emptyset \leq 10$	3 $\emptyset$	3 $\emptyset$	3 $\emptyset$
$10 < \emptyset < 20$	4 $\emptyset$	5 $\emptyset$	-
$\emptyset \geq 20$	5 $\emptyset$	8 $\emptyset$	-

6.1.10.2 Emendas de barras

As emendas têm de ser feitas em conformidade com o previsto no projeto estrutural e obedecer às normas da ABNT, podendo ser executadas emendas por:

- traspasse;
- luvas com preenchimento metálico, prensadas ou roscadas;
- solda;
- outros dispositivos devidamente justificados.

As emendas não previstas no projeto só podem ser localizadas e executadas mediante prévia consulta do projetista. Elas podem ser:

- emendas por traspasse;
- emendas por luvas;
- emendas por solda.

As luvas precisam ter resistência maior que as barras emendadas. Todas as disposições a seguir constam nas normas da ABNT.

Somente podem ser emendadas por solda barras de aço com características de soldabilidade. Para que um aço seja considerado soldável, sua composição necessita obedecer aos limites estabelecidos nas normas da ABNT. As emendas por solda podem ser:

- *de topo, por caldeamento*, para bitola não menor que 10 mm (caldeamento é o processo de soldagem de duas peças metálicas, em geral de aço, que são aquecidas, e as partes que são soldadas devem chegar a uma temperatura próxima de seu ponto de fusão; então, são dispostas uma sobre a outra e golpeadas repetidas vezes com a marreta, até que se unam;
- *de topo, com eletrodo*, para bitola não menor que 20 mm;
- *por traspasse* com pelo menos dois cordões de solda longitudinais, cada um deles com comprimento não inferior a 5 Ø;
- *com outras barras justapostas (cobrejuntas)*, com cordões de solda longitudinais, fazendo-se coincidir o eixo baricêntrico do conjunto como eixo longitudinal das barras emendadas, precisando cada cordão ter comprimento de pelo menos 5 Ø.

As emendas por solda podem ser realizadas na totalidade das barras em uma seção transversal do elemento estrutural. Têm de ser consideradas como na mesma seção as emendas que de centro a centro estejam afastadas entre si menos que 15 Ø medidos na direção do eixo da barra. A resistência de cada barra emendada precisa ser considerada sem redução. Em caso de barra tracionada e havendo preponderância de carga acidental, a resistência necessita ser reduzida em 20%. As máquinas soldadoras devem ter características elétricas e mecânicas apropriadas à qualidade do aço e à bitola da barra, e precisam ser de regulagem automática. A solda somente pode ser executada por pessoal capacitado. A eficiência do processo de soldagem, a qualificação do soldador e a qualidade do equipamento utilizado necessitam ser comprovadas experimentalmente, para barras de qualquer categoria, antes de serem empregadas na obra. Nas emendas por pressão, as extremidades das barras devem ser planas e normais aos eixos. Nas emendas por solda com eletrodo, as extremidades precisam ser chanfradas. Em todos os casos as superfícies a serem emendadas têm de ser cuidadosamente limpas. Devem ser realizados ensaios prévios, mas nas mesmas condições em que serão executadas as operações de soldagem na obra, ou seja, empregando os mesmos processo, equipamento, material e pessoal. Precisam ainda ser feitos ensaios posteriores para controle, de acordo com o que estabelecem as normas da ABNT, e verificadas as condições de aceitação da solda. No caso de contratação de empresas fornecedoras comprovadamente especializadas, pode-se, a critério da construtora contratante, prescindir dos ensaios prévios mediante a apresentação da qualificação válida do executor do serviço. As emendas das barras feitas mecanicamente ou por solda têm de satisfazer previamente o limite de resistência convencional à ruptura das barras não emendadas, conforme normas da ABNT. No caso de qualificação, o alongamento da barra emendada necessita atender a um mínimo de 2%. Se qualquer resultado obtido nos ensaios, com os corpos de prova emendados ou não emendados, não satisfazer o limite acima fixado e as especificações, a causa da deficiência deve ser verificada e devidamente corrigida, sendo repetidos os ensaios prévios.

6.1.10.2.1 Montagem e posicionamento da armadura

A armadura tem de ser posicionada e fixada no interior das fôrmas em conformidade com as especificações do projeto, de modo que durante o lançamento do concreto se mantenha na posição estabelecida, conservando-se inalteradas as distâncias das barras entre si e com relação às faces internas das fôrmas. A montagem da armadura será feita por amarração, usando arames. No caso de aços soldáveis, a montagem pode ser feita por pontos de solda. A distância entre os pontos de amarração das barras nas lajes precisa ter afastamento máximo de 35 cm. O cobrimento especificado para a armadura no projeto tem de ser mantido por dispositivos adequados ou espaçadores e sempre se refere à armadura mais exposta. É permitido o uso de espaçadores de concreto ou de argamassas, desde que apresentem relação água/cimento menor ou igual a 05, e espaçadores plásticos ou metálicos com as partes em contato com a fôrma revestida com material plástico ou outro material similar. Não podem ser empregados calços de aço cujo cobrimento, depois de lançado o concreto, tenha espessura menor que o especificado no projeto. Podem ser usados outros tipos de espaçadores não descritos nas normas técnicas da ABNT, desde que não tenham partes metálicas expostas. O posicionamento das armaduras negativas deve ser objeto de cuidados específicos em relação à posição vertical. Para tanto, têm de ser utilizados suportes rígidos e adequadamente espaçados para garantir o seu posicionamento. É preciso ser dada atenção à armadura e ao cobrimento em que existam orifícios de pequenas dimensões.

6.1.10.2.2 Proteções

Antes e durante o lançamento do concreto, os caminhos e passarelas necessitam estar dispostos de modo a não acarretarem deslocamento da armadura. Caso a concretagem seja interrompida por mais de 90 dias, as barras de espera devem ser pintadas com pasta de cimento para proteção contra corrosão. Ao ser retomada a concretagem, as barras de espera têm de ser limpas, de modo a permitir boa aderência com o concreto.

6.1.10.2.3 Armadura Ativa

Todo o trabalho precisa ser orientado e acompanhado por pessoal especializado. Documentos definidos nas especificações do projeto necessitam ser incluídos na documentação da obra. Os sistemas de protensão a serem empregados devem estar em conformidade com o que estabelecem as normas técnicas da ABNT pertinentes em cada caso.

6.1.10.3 Corte, dobramento e montagem de armadura: procedimento de execução de serviço

Como documentos de referência, podem ser consultados projetos de armação, de fôrmas, de instalações elétricas, hidráulicas e de para-raios (quando houver).

6.1.10.3.1 Materiais e equipamentos

Além daqueles existentes obrigatoriamente no canteiro de obras, quais sejam, entre outros:

- EPCs e EPIs (capacete, botas de couro, luvas de raspa, capacete acoplado a protetor facial e protetor auditivo tipo concha);
- lápis de carpinteiro;
- giz;
- trenas de aço de 30 m e de 5 m;
- esquadro;
- carrinho de mão;
- guincho ou grua;

mais os seguintes (os que forem necessários para a obra):

- vergalhões e arames de aço para concreto armado (barras e fios);
- arame recozido no 18 BWG (Ø 1,65 mm), duplo, torcido (trançado);
- torquês;
- jogo de chaves de dobramento;
- distanciadores (ou espaçadores) plásticos tipo *cadeirinha* ou circular "S";
- etiquetas lisas claras para marcação permanente;
- telas de aço soldadas para concreto armado;
- protetores plásticos para ferros de arranque;
- tesoura manual com lâmina para corte de aço (fios);
- serra circular elétrica portátil com disco abrasivo;
- bancada para dobramento do aço, com pinos;
- máquina elétrica de serrar vergalhões de aço;
- dobradeira – cisalhadeira automática com acessórios.

Capítulo 6 – Estrutura

6.1.10.3.2 Método executivo

- Condições para o início dos serviços:
    - Os materiais e equipamentos devem estar disponíveis, bem como o projeto estrutural definido e aprovado para uso. Os vergalhões precisam ter seus ensaios de tração e dobramento já aprovados. No transporte aéreo com o auxílio de gruas, as armaduras de pilares já montadas têm de ser suspensas por dois pontos e nunca na posição vertical.
- Execução dos serviços:
    - **Organização geral**: as barras de aço deve ser armazenadas na posição horizontal, apoiadas sobre pontaletes de madeira, tendo de ser evitadas pilhas com altura superior a 1,50 m. Uma simples camada de ferrugem não causará dano, porém, a quantidade de ferrugem que possa se desprender necessita ser retirada; caso contrário, o concreto não aderirá adequadamente ao aço. Depois de terem sido as barras cortadas e verificadas, elas têm de ser enfeixadas e etiquetadas (em forma de *kits*), para que sejam empilhadas em local adequado. Os feixes devem conter somente tipos e tamanhos idênticos, não sendo recomendável que tenham peso superior a 100 kg. É necessário usar arame recozido nº 18, colocado em intervalos de 3 m, para amarração de feixes longos, e em cada feixe serão fixadas duas etiquetas de material não oxidável. Têm de ser examinadas as barras antes de serem amarradas e é preciso certificar-se de que não tenham aderidas tinta, graxa, ferrugem solta, lama ou argamassa.
    - **Corte da armadura**: precisam ser usadas ferramentas manuais (tesoura etc.) e equipamentos como máquina elétrica de serrar vergalhões de aço etc. adequados, além dos equipamentos de proteção individual (EPI). Serão cortados os fios e as barras de aço seguindo as orientações e dimensões definidas no projeto estrutural (tipos de aço, bitolas, medidas lineares e posicionamento das barras). É preciso atentar para os comprimentos nele definidos, para os traspasses e para os arranques mínimos em vigas e pilares. Na marcação para corte, é necessário usar trena de aço para medir o comprimento das barras. Isso reduzirá a possibilidade de erro, especialmente para aquelas de grande dimensão. É também útil ter a bancada marcada de 10 cm em 10 cm.
    - **Curvamento e dobramento**: devem ser utilizadas ferramentas manuais (jogo de chaves de dobramento etc). É necessário ser seguida a convenção de medidas, isto é, de fora a fora, inclusive comprimento dos estribos, para os quais as dimensões importantes são as internas, por determinarem a posição das barras principais. O raio interno de uma curva ou de um gancho, a ser feito em uma barra de aço, tem de equivaler a duas vezes o seu diâmetro, desde que não se especifique diâmetro maior. Um resumo prático segue na tabela abaixo. O trecho reto que se estende além da dobra precisa ter comprimento não inferior a quatro vezes o diâmetro da barra. Uma curva feita em barra de aço de alta resistência deve ter raio igual a três vezes o seu diâmetro, a menos que se especifique diâmetro maior. Os ganchos e os estribos serão dobrados em uma cavilha com diâmetro igual ao da barra que estiver sendo curvada. As barras são geralmente fornecidas com comprimento de 12 m, com tolerância de ± 1 m. Na marcação para dobramento, essas dimensões precisam ser bem observadas para se obter bom aproveitamento, diminuindo as perdas com pontas (sobras). A primeira barra deve ser marcada de acordo com as dimensões dadas no desenho e, a seguir, medida depois do seu encurvamento. As dimensões das demais barras têm de basear-se nas da primeira, efetuando-se então as alterações necessárias. Recomenda-se no encurvamento:
        * sempre efetuar as curvas, em barras de alta resistência, a frio;
        * apoiar a barra enquanto ela estiver sendo dobrada; caso contrário, as curvas não se manterão em um plano.
    É preciso dobrar as pontas em "L" ou em forma de gancho, sempre de acordo com as orientações e dimensões de projeto. É necessário atentar para o não dobramento das barras em curva muito acentuada, pois ela pode causar a quebra ou enfraquecimento da região da dobra. É recomendável organizar as armaduras em forma de *kits* (devidamente identificados) para cada peça a ser montada (área de laje, pilar, viga etc.). As barras tracionadas de bitola maior que 6,3 mm devem ter sempre ganchos, enquanto

as que forem somente comprimidas têm de ser ancoradas apenas com a extremidade no formato retilíneo (sem gancho).
- **Aço cortado e dobrado ("aço pronto")**: trata-se de um sistema pelo qual uma usina especializada fornece a armadura já cortada e dobrada de acordo com o projeto estrutural (plantas de formas e armação). Com isso, não existem perdas, a dobra é feita com equipamento que evita microfissuras no material e as quantidades e as medidas são controladas pela usina, dispensando a pesagem da remessa (que é conferida por um romaneio). O *aço pronto* é entregue em feixes etiquetados, devendo ser armazenado na obra em estrados de madeira ou berço de brita, recomendando-se deixar as etiquetas voltadas para o mesmo lado. O amarrado de estribos que tiver a etiqueta deve ser sempre colocado sobre a pilha, para facilitar a conferência e a seleção do material para quando for usado. Na etiqueta, presa ao amarrado, precisa haver um tíquete no qual estará impresso o código do romaneio. Cada planta de armação necessita ter seu próprio romaneio. Este servirá como guia para a montagem da armadura.
- **Montagem da armadura de pilares e vigas**: atentar para o número de barras e sua bitola definidas no projeto. Se a ferragem não estiver bem posicionada, a estrutura terá diminuída sua resistência. O concreto armado só funcionará bem se as barras de aço da armadura trabalharem conjuntamente quando solicitadas por carregamento e devidamente protegidas pelo cobrimento do concreto. Depois da fixação, é importante verificar se as armações não se deslocaram antes ou durante a concretagem. As armações podem, muitas vezes, ser montadas com antecipação (caso de blocos de fundação, pilares etc.). Nesses casos, elas devem ser armazenadas e transportadas cuidadosamente a fim de que não sofram deformações. Para armação de vigas rasas e peças semelhantes, as fôrmas podem ser completadas antes de a armação ser colocada.

Para seções profundas, tais como paredes, pode ser montado em primeiro lugar um lado da fôrma, sustentando a fixação da armação e montando, por último, o lado restante da fôrma. Para colunas, é necessário fixar totalmente a armação antes de um dos lados da forma ser montado. O método convencional de amarração é feito com o uso de arame nº 18 de ferro recozido, na maioria das interseções das barras em lajes, cortinas e outras superfícies planas, assim como em interseções de barras principais e de amarração ou distribuição. A soldagem em barras da armadura, com o propósito de aumentar seu comprimento, somente será executada por especialista e quando determinada pelo engenheiro. Para a manutenção do cobrimento correto, pequenos afastadores (espaçadores ou distanciadores) ou calços com espessura igual à do cobrimento recomendado e situando-se bem próximos entre si, para evitar que a armação ceda, devem ser fixados para manter a armadura afastada das fôrmas. Os calços de material plástico são fabricados para atender a diversas bitolas de barras, assim como a diversas medidas de cobrimentos. Os distanciadores usados em pilares e vigas são do tipo circular "S".

Se os calços forem confeccionados na própria obra, a argamassa para sua fixação consistirá em uma parte de cimento e duas de areia, tendo ainda de conter água suficiente para que se obtenha uma pasta seca. Usa-se em geral arame galvanizado para a amarração desses calços. Não podem ser usadas pedras como calços, pois elas se deslocam facilmente de sua posição. Para concreto aparente, têm de ser envolvidos os ferros de amarração (que atravessam as fôrmas) por tubos plásticos de Ø 6 mm a Ø 8 mm, que serão retirados logo depois do endurecimento do concreto. Dessa maneira, evita-se a formação de pontos de ferrugem na superfície do concreto. A sequência de montagem deve ser a seguinte: posicionar duas barras de aço; colocar todos os estribos, fixando somente os das extremidades; em seguida, posicionar as demais barras e amarrá-las aos estribos de extremidade. Depois de posicionar os demais estribos, conferir os espaçamentos e o número de barras longitudinais e de estribos. Amarrar firmemente o conjunto em todos os pontos de contato. É preciso colocar um estribo no topo dos arranques dos pilares e outro na altura da laje, garantindo a posição das barras longitudinais. É recomendável colocar protetores plásticos nas pontas dos arranques. É necessário garantir sempre o acesso do vibrador em regiões com *congestionamento* de ferragem, verificando a posição e a distância entre as barras. Deve-se observar se o cobrimento mínimo da armadura está satisfeito, principalmente no cruzamento entre pilares e vigas. Têm de ser colocados espaçadores atentando para que seja considerada a área

de todas as faces das peças, para não permitir que a armadura tenha algum ponto de contato com as fôrmas. O espaço livre entre duas barras de armadura longitudinal de uma viga não será:
* menor que 2 cm;
* menor que o diâmetro das próprias barras;
* menor que 1,2 vez a dimensão máxima do agregado, nas camadas horizontais;
* menor que $\frac{1}{2}$ vez a mesma dimensão, no plano vertical.

O espaçamento dos estribos, medido paralelamente ao eixo da viga, terá de ser no máximo igual à metade da altura da peça, não podendo ser maior que 30 cm. A emenda de barras por traspasse não será permitida para as de bitola maior que 25 mm, nem para tirantes e pendurais (peças lineares de seção inteiramente tracionada). O comprimento do trecho de traspasse das barras comprimidas será igual ao comprimento de ancoragem, com o mínimo de 15 cm ou 10 bitolas. As barras comprimidas poderão ser emendadas na mesma seção. Qualquer barra da armadura, inclusive de distribuição, de montagem e estribos, necessita ter **cobrimento** de concreto pelo menos igual ao seu diâmetro, mas não menor que:
* *para concreto a ser revestido com argamassa* (com espessura mínima de 1 cm):
  · em lajes no interior de edifícios: 0,5 cm
  · em paredes no interior de edifícios: 1,0 cm
  · em lajes e paredes ao ar livre: 1,5 cm
  · em vigas e pilares no interior de edifícios: 1,5 cm
  · em vigas e pilares ao ar livre: 2,0 cm
* *para concreto aparente*:
  · no interior de edifícios: 2,0 cm
  · ao ar livre: 2,5 cm
* *para concreto em contato com o solo*: 3,0 cm

— **Montagem da armadura de laje**: antes de iniciar a montagem da armadura de laje, é preciso posicionar e fixar os gabaritos metálicos ou de madeira para os rebaixos e as caixinhas de madeira para passagem das instalações elétricas e hidráulicas. Deve-se posicionar as barras da armadura principal. Em seguida, posicionar as barras da armadura secundária. Depois, amarrar os nós alternadamente, isto é, ferro sim, ferro não. Finalmente, posicionar as barras da armadura negativa, amarrando-as à armadura das vigas. Têm de ser utilizados espaçadores em número médio de cinco peças por metro quadrado de laje, de modo a garantir o cobrimento mínimo. Os distanciadores plásticos para lajes são do tipo *cadeirinha*. Ao se fixarem calços em certo número de barras paralelas, eles não devem ficar em linha reta ao longo de uma seção, pois isso poderia criar no concreto uma faixa enfraquecida. Banquetas (*caranguejos*) de aço sustentam usualmente a parte superior da armação, precisando ser eles suficientemente resistentes para suportar o tráfego dos operários. Havendo balanços ou pontos em que a armadura negativa é notoriamente importante, deve-se ter atenção redobrada quanto ao uso de caranguejos e calços. Também é necessário cuidar para que o contorno dos furos para passagem futura de tubulação das instalações elétricas, hidráulicas e de ar condicionado sejam reforçados, segundo orientação do projetista estrutural. Sempre que for preciso caminhar sobre a armação, têm de ser colocadas firmemente, sobre elas, pranchas de madeira com pés de apoio na fôrma (nunca na ferragem).
— **Ferragem dos para-raios**: é necessário deixar barras de aço CA-25 e Ø 8 mm (conforme projeto de para-raios) embutidas na estrutura, para funcionarem como *descidas* do sistema de para-raios (a serem ligadas inferiormente ao aterramento e superiormente à gaiola de Faraday). Assim sendo, nas sapatas ou blocos de fundação, terá de ser deixada, externamente, uma ponta do ferro de cada *descida*, com no mínimo 50 cm de comprimento, para ligação à cordoalha de aterramento. Na cobertura, é preciso deixar, também, uma ponta de aço de cada *descida*, externamente, com cerca de 50 cm, para ligação à cordoalha da gaiola de Faraday. Na montagem da armadura de cada laje, é necessário deixar, nos pilares

estabelecidos no projeto de para-raios, o ferro de *descida*, do qual deverá ser deixado um *arranque* de 50 cm; esse ferro tem de ser perfeitamente amarrado no arranque do andar inferior por meio de arame recozido ou fixado com presilhas. Na montagem da armadura das lajes determinadas no projeto de para-raios, é preciso colocar um *ferro corrido* (também CA-25 e Ø 8mm) em certas vigas para interligação elétrica das *descidas*.

— **Limpeza final**: depois do término do serviço de montagem, é necessário limpar as formas de pilar, viga e laje, retirando as pontas de arame e outras sujeiras, por meio de ímã e/ou jato de água.

— **Verificação**: não se poderá, em hipótese alguma, proceder à concretagem de qualquer parte da estrutura antes que toda a armação seja cuidadosamente verificada e aprovada pelo engenheiro da obra.

6.1.11 Aço "pronto": ferro cortado e dobrado

Também chamado *aço beneficiado*, trata de corte e dobramento, fora do canteiro de obras, de aço para armadura de estrutura de concreto, em substituição daquela produzida de maneira artesanal no canteiro de obras. Esse processo de fabricação, por empresa especializada, de peça de aço estrutural cortado e dobrado nos diversos formatos e bitolas (estribos, cavaletes, barras com ou sem gancho etc.) utilizando material fornecido pela contratada, implica a eliminação dos procedimentos de corte e dobra de aço (vergalhões, barras retas, fios, telas soldadas) no canteiro de obras, diminuindo o risco potencial de acidentes de trabalho e eliminando o desperdício de material (sobra de pontas). Proporciona ainda melhoria da qualidade do processo construtivo (precisão dimensional), permitindo maior produtividade na armação (redução da mão de obra no canteiro), aumentando assim a velocidade do andamento da construção. Além disso, o *aço pronto* possibilita a produção de elementos mais complexos. Ainda, aprimora a racionalização do canteiro de obras em razão de que o espaço reservado para serra para corte e demais equipamentos de baixa produtividade pode ser utilizado para outras finalidades. Permite também a determinação do consumo total de aço no início da obra, diminuindo a possibilidade de desvios ou roubos de material. Assegura, além do mais, a redução de estoque na obra com entrega *just-in-time*, conforme cronograma. Há também a facilitação logística. A diferença de custo entre o *aço pronto* e o produzido no canteiro de obras é inicialmente maior, porém, pelas razões acima mencionadas, o resultado final é favorável ao *aço pronto*. O fornecedor deve entregar o aço por meio de *kits* de montagem com etiquetas de identificação (para melhor armazenamento e posterior montagem), acompanhado de romaneio detalhado para facilitar a conferência no ato do recebimento do material no canteiro. É necessário conferir o material no ato do recebimento com uma trena e com o uso do romaneio. Nesse documento, estão detalhadas as quantidades, as bitolas e o tipo de aço (CA-25, CA50 ou CA-60) e as dimensões de cada peça produzida. Como as peças são longas, elas têm de ser apoiadas em cavaletes, afastando-as do contato direto com o solo para mantê-las limpas e protegidas da umidade. Esses cavaletes têm apoio, por exemplo, a cada 2 m, para reduzir a possibilidade de qualquer deformação do aço. As peças podem ser estocadas no térreo e transportadas para o local de aplicação (quando necessário, por meio de equipamento de içamento). O fornecedor tem de pôr à disposição equipe especializada de assistência técnica durante todo o período estrutural da construção. Resumindo, o aço chega na obra cortado e dobrado, nas datas de entrega previamente definidas. A eliminação da bancada de corte e dobra bem como de todo estoque de vergalhões no canteiro não é uma alternativa viável, uma vez que o recebimento de peças mais conformes não impede que alguns erros, embora raros, aconteçam, e geralmente eles só são notados quando o material está sendo aplicado.

6.1.12 Argamassa de concreto

6.1.12.1 Especificação do concreto

A especificação do concreto deve levar em consideração todas as propriedades requeridas em projeto, especialmente quanto à resistência característica, ao módulo de elasticidade do concreto e à durabilidade da estrutura, bem como às condições eventualmente necessárias em função do método de preparo escolhido e das condições de lançamento, adensamento e cura.

6.1.12.1.1 Especificação pela resistência característica do concreto à compressão

O concreto é solicitado especificando-se a resistência característica do concreto à compressão na idade de controle (conforme norma técnica da ABNT), a dimensão máxima característica do agregado graúdo e o abatimento do concreto fresco no momento da entrega (de acordo com norma técnica da ABNT).

6.1.12.1.2 Especificação pelo consumo de cimento

O concreto é pedido especificando-se o consumo de cimento portland por metro cúbico de concreto, a dimensão máxima característica do agregado graúdo e o abatimento do concreto fresco no momento da entrega.

6.1.12.1.3 Especificação pela composição da mistura (traço)

O concreto é requisitado especificando-se as quantidades por metro cúbico de cada um dos componentes, incluindo-se aditivos, se for o caso.

6.1.12.1.4 Exigências complementares

As normas técnicas da ABNT estabelecem outras exigências que podem ser solicitadas quando da especificação do concreto, definindo ainda os critérios de entrega desse material e estabelecendo condições inerentes ao processo.

6.1.12.2 Cuidados preliminares

6.1.12.2.1 Fôrmas

Antes do lançamento do concreto têm de ser devidamente conferidas as dimensões e a posição (nivelamento e prumo) das fôrmas, a fim de assegurar que a geometria dos elementos estruturais e da estrutura como um todo estejam em conformidade com o estabelecido no projeto, com as tolerâncias previstas em 6.1.12.2.4, além das previstas nas normas de projeto ou nas especificações do projeto. A superfície interna das fôrmas precisa estar limpa e é necessário verificar a condição de estanqueidade das juntas, de maneira a evitar perda de pasta ou argamassa. Nas fôrmas de paredes, pilares e vigas estreitas e altas, é necessário deixar aberturas provisórias (*janelas*) próximas ao fundo, para limpeza. Fôrmas construídas com materiais que absorvam umidade ou facilitem a evaporação devem ser molhadas até a saturação, antes da concretagem, para minimizar a perda de água do concreto, fazendo-se furos para escoamento da água em excesso, salvo especificação contrária em projeto. Se a fôrma for utilizada para concreto aparente, o tratamento das superfícies da fôrma tem de ser feito de maneira que o acabamento pretendido seja obtido. O uso de desmoldantes precisa seguir o que determina adiante.

6.1.12.2.2 Escoramentos

Antes do lançamento do concreto devem ser devidamente conferidas as posições e condições estruturais do escoramento, a fim de assegurar que as dimensões e posições das fôrmas sejam mantidas conforme o projeto e permitir tráfego de pessoal e equipamento necessários à operação de concretagem com segurança.

6.1.12.2.3 Armaduras

A montagem, o posicionamento e o cobrimento especificados para as armaduras passivas devem ser verificados e as barras de aço têm de estar previamente limpas. Os estribos de pilares no trecho da intersecção com a viga precisam ser projetados de modo a possibilitar sua montagem. Nas regiões de grande densidade de armadura, como exemplificadamente na região de traspasse de armadura de pilar, o projeto necessita prever detalhamento que garanta o espaçamento necessário entre as barras para a execução da concretagem. O posicionamento e a fixação das armaduras ativas devem ser verificados. Têm de ser tomados cuidados especiais contra problemas relacionados à corrosão.

6.1.12.2.4 Tolerâncias

A execução das estruturas de concreto precisa ser a mais cuidadosa possível, a fim de que as dimensões, a forma e a disposição das peças bem como as dimensões e o posicionamento da armadura obedeçam às indicações do projeto com a maior precisão possível. É necessário serem respeitadas as tolerâncias estabelecidas nas três tabelas a seguir, caso o plano da obra, em virtude de circunstâncias especiais, não as exija mais rigorosa.

Tabela 6.12: Tolerâncias dimensionais para as seções transversais de elementos estruturas lineares e para a espessura de elementos estruturais de superfície

Dimensão (a) cm	Tolerância (t) mm
a ≤ 60	±5
60 < a ≤ 120	±7
120 < a ≤ 250	±10
a > 250	± 0.4% da dimensão

Tabela 6.13: Tolerâncias dimensionais para o comprimento de elementos estruturais lineares

Dimensões (ℓ)	Tolerância (t) mm
$\ell \leq 3$	± 5
$3 < \ell \leq 5$	±10
$5 < \ell \leq 15$	± 15
$\ell > 15$	±20
Nota: a tolerância dimensional de elementos lineares justapostos deve ser considerada sobre a dimensão total	

Para fins de liberação dos gastalhos de pilares de um pavimento, a tolerância para a posição dos eixos de cada pilar em relação ao projeto é de ± 5 mm. A tolerância individual de desaprumo e desalinhamento de elementos estruturais lineares deve ser menor ou igual a $\ell/500$ ou 5 mm, adotando-se o maior valor.

Tabela 6.14

Dimensão (s) cm		Tolerância [1][3] (t) mm
Tipo de elemento estrutural	Posição da verificação	
Elementos de superfície	Horizontal	5
	Vertical	20 [2]
Elementos lineares	Horizontal	10
	Vertical	10
(1) Em regiões especiais (tais como: apoios, ligações, intersecções de elementos estruturais, traspasse de armadura de pilares e outras) essas tolerâncias não se aplicam, devendo ser objeto de entendimento entre o responsável pela execução da obra e o projetista estrutural.		
(2) Tolerância relativa ao alinhamento da armadura.		
(3) O cobrimento das barras e a distância mínima entre elas não podem ser inferiores aos estabelecidos na normas técnicas da ABNT.		

6.1.12.2.5 Condições operacionais na obra

Antes de proceder à mistura do concreto na obra ou pedir a entrega de concreto dosado em central, é necessário verificar as condições operacionais dos equipamentos disponíveis no local de trabalho e sua adequabilidade ao volume de concreto a ser produzido e transportado. As condições e a quantidade disponível de equipamentos necessários ao lançamento e ao adensamento do concreto também devem ser verificadas nessa etapa. A equipe de trabalhadores devidamente treinados para a operação de concretagem precisa estar dimensionada para realizar as etapas de preparo (se for o caso), lançamento e adensamento, no tempo estabelecido. No caso de concreto dosado em central, o trajeto a ser percorrido pelo caminhão betoneira desde a usina até o ponto de descarga no canteiro de obras deve estar aí desimpedido e o terreno firme, de forma a evitar dificuldades na concretagem e o consequente atraso no cronograma dessa operação. A circulação dos caminhões tem de ser facilitada, para que caminhões vazios possam deixar o local de descarga, dando espaço para entrada de outros. Após a descarga do concreto, a bica de descarga deve ser lavada no canteiro de obras. Quando o concreto for lançado por meio de bombeamento ou quando, em função das dimensões da estrutura de concreto, houver grande número de caminhões circulando, é necessário prever um local próximo ao da concretagem para que os caminhões aguardem pelo momento de descarregar. Cuidados adicionais relativos à concretagem em temperatura excessivamente altas ou baixas são estabelecidas no item a seguir.

6.1.12.3 Plano de concretagem

Antes de proceder à mistura do concreto na obra ou pedir a entrega de concreto dosado em central, é necessário verificar as condições operacionais dos equipamentos disponíveis no local de trabalho e sua adequabilidade ao volume de concreto a ser produzido e transportado. As condições e a quantidade disponível de equipamentos necessários ao lançamento e ao adensamento do concreto também devem ser verificadas nessa etapa. A equipe de trabalhadores devidamente treinados para a operação de concretagem precisa estar dimensionada para realizar as etapas de preparo (se for o caso), lançamento e adensamento, no tempo estabelecido. No caso de concreto dosado em central, o trajeto a ser percorrido pelo caminhão betoneira desde a usina até o ponto de descarga no canteiro de obras deve estar aí desimpedido e o terreno firme, de forma a evitar dificuldades na concretagem e o consequente atraso no cronograma dessa operação. A circulação dos caminhões tem de ser facilitada, para que caminhões vazios possam deixar o local de descarga, dando espaço para entrada de outros. Após a descarga do concreto, a bica de descarga deve ser lavada no canteiro de obras. Quando o concreto for lançado por meio de bombeamento ou quando, em função das dimensões da estrutura de concreto, houver grande número de caminhões circulando, é necessário prever um local próximo ao da concretagem para que os caminhões aguardem pelo momento de descarregar. Cuidados adicionais relativos à concretagem em temperatura excessivamente altas ou baixas são estabelecidas no item a seguir.

6.1.12.3.1 Generalidades

Os procedimentos de recebimento, liberação, lançamento e amostragem para controle do concreto devem atender ao que estabelece os requisitos da qualidade dos materiais da estrutura, quais sejam:
- *Requisitos da qualidade do concreto*: o concreto tem de ser preparado e atender aos critérios de controle da qualidade previstos nas normas técnicas da ABNT. Quando se tratar de concreto dosado em central, ele precisa também estar de acordo com o que estabelece as normas técnicas da ABNT. No controle da qualidade dos materiais componentes do concreto é necessário obedecer o disposto nas normas técnicas da ABNT.
- *Requisitos da qualidade do aço*: o aço utilizado na estrutura de concreto deve atender às normas técnicas da ABNT, segundo a natureza e tipo de armadura.
- *Responsabilidades*: têm de ser seguidas as atribuições de responsabilidades estabelecidas nas normas técnicas.

    A concretagem de cada elemento estrutural precisa ser realizada de acordo com um plano previamente estabelecido. Um plano de concretagem bem elaborado deve assegurar o fornecimento da quantidade adequada do concreto com as característica necessárias à estrutura. O plano de concretagem tem de observar o disposto em 6.1.9.1 com relação ao sistema de fôrmas e prever:

- a área ou volume concretados em função do tempo de trabalho;
- relação entre lançamento, adensamento e acabamento;
- as juntas de concretagem, quando necessárias, a partir de definição em comum acordado entre os responsáveis pela execução da estrutura de concreto e pelo projeto estrutural;
- acabamento final que se pretende obter.

A capacidade (pessoal e equipamentos) de lançamento precisa permitir que o concreto se mantenha plástico e livre de juntas não previstas durante a concretagem. Todos os equipamentos utilizados necessitam estar limpos e em perfeitas condições de uso e devem possibilitar que o concreto seja levado até o ponto mais distante a ser concretado na estrutura sem sofrer segregação. Esses equipamentos têm de ser dimensionados e adequados ao processo de concretagem escolhido em quantidade suficiente, de forma a permitir que o trabalho seja desenvolvido sem atrasos e a equipe de trabalho precisa ser suficiente para assegurar que as operações de lançamento, adensamento do concreto sejam realizadas a contento. Como o vibrador de concreto é um equipamento que deixa de funcionar com frequência, é aconselhável ter à mão um ou mais vibradores de reserva. Se a concretagem for realizada durante a noite, o sistema de iluminação do canteiro de obras necessita permitir condições de inspeção, acompanhamento de execução e controle dos serviços e ainda promover segurança na área de trabalho. A inspeção e liberação do sistema de fôrmas, das armaduras e de outros itens da estrutura deve ser realizado antes da concretagem. O método de documentação dessa inspeção tem de ser desenvolvido e aprovado pelas partes envolvidas, antes do início dos trabalhos. Cada um desses aspectos precisa ser cuidadosamente examinado, de maneira a assegurar que está em conformidade com o projeto, as especificações e as normas técnicas da ABNT.

6.1.12.3.2 Concretagem em temperatura muito baixa

A temperatura da massa de concreto, no momento do lançamento, não pode ser inferior a 5 °C. Salvo disposições em contrário, estabelecidas no projeto ou definidas pelo responsável técnico pela obra, a concretagem necessita ser suspensa sempre que estiver prevista queda de temperatura ambiente para baixo de 0 °C nas 48 h seguintes. O emprego de aditivos requer prévia comprovação de seu desempenho. Em caso algum devem ser usados produtos que possam atacar quimicamente as armaduras aditivas à base de cloreto de cálcio.

6.1.12.3.3 Concretagem em temperatura muito alta

Quando a concretagem for efetuada em temperatura ambiente muito quente (≥ 35 °C) e, em especial, quando a umidade relativa do ar for baixa ($\leq 50\%$) e a velocidade do vento alta (≥ 30 m/s), precisam ser adotadas as medidas necessárias para evitar a perda de consistência e reduzir a temperatura da massa de concreto. Imediatamente após as operações de lançamento e adensamento, têm de ser tomadas providências para reduzir a perda de água do concreto. Salvo disposições em contrário, estabelecidas no projeto ou determinadas pelo responsável técnico pela obra, a concretagem necessita ser suspensa se as condições ambientais forem adversas, com temperatura ambiente superior a 40 °C ou vento acima de 60 m/s.

6.1.12.4 Práticas de concretagem

A concretagem é a etapa final de um ciclo de execução da estrutura e, embora seja a de menor duração, necessita de um planejamento que leve em consideração os diversos fatores que interferem na produção, visando melhor aproveitamento de recursos. Basicamente, as etapas da concretagem podem ser resumidas em:

6.1.12.4.1 Transporte da argamassa de concreto na obra

O concreto deve ser transportado do local de amassamento ou da boca de descarga do caminhão betoneira até o local de concretagem num tempo compatível com as condições de lançamento. O meio usado para o transporte não pode causar desagregação dos componentes do concreto ou perda sensível de água, pasta ou argamassa por vazamento ou evaporação. Salvo condições específicas definidas em projeto, ou influência de condições climáticas ou de composição do concreto, recomenda-se que o intervalo de tempo transcorrido entre o instante em que a água de amassamento entra em contato com o cimento e o final da concretagem não ultrapasse 2 h 30 min. Quando a temperatura ambiente for elevada, ou sob condições que contribuam para acelerar a pega de concreto, esse intervalo de tempo de ser reduzido, a menos que sejam adotadas medidas especiais, como a utilização de aditivos retardadores, que aumentam o tempo de pega sem prejudicar a qualidade do concreto. No caso de concreto bombeado, o diâmetro interno do tubo de bombeamento precisa ser no mínimo quatro vezes o diâmetro máximo de agregado. O sistema de transporte necessita permitir, sempre que possível, o lançamento direto do concreto nas fôrmas, evitando ao máximo o uso de depósitos intermediários; quando estes forem necessários no manuseio do concreto devem ser tomadas precauções para evitar segregação. O transporte da argamassa de concreto é um item importante da concretagem, pois interfere diretamente nas definições das características do concreto (trabalhabilidade desejada, por exemplo), na produtividade do serviço e, se houver, na elaboração de um projeto para produção. O sistema de transporte deve ser tal que permita o lançamento direto do concreto nas fôrmas, evitando-se sempre depósitos intermediários ou transferência de equipamentos. O tempo de duração do transporte precisa ser o menor possível, para minimizar os efeitos relativos à redução da trabalhabilidade com o decorrer do tempo. De acordo com o grau de racionalização proporcionado pelo sistema de transporte, podemos classificá-lo conforme o Quadro 6.5.

Quadro 6.5: Transporte da argamassa

Sistema de transporte	Capacidade	Características
Carrinho de mão	menos de 80 L	Concebido para movimentação de entulho e terra, seu uso é improdutivo para argamassa, pois há a dificuldade do equilíbrio do carrinho em apenas uma roda e ocorrência de desperdício por inevitáveis entornos da argamassa
Gerica	110 L a 180 L	Evolução do carrinho de mão, pois facilita a movimentação horizontal do concreto
Bomba de concreto	35 m³/h a 45 m³/h	Permite a continuidade no fluxo do material e reduz a quantidade de mão de obra
Grua e caçamba	15 m³/h	Realiza a movimentação horizontal e vertical em um único equipamento. Apresenta um abastecimento do concreto descontinuado, porém libera o elevador de carga da obra

Para a escolha e o dimensionamento do sistema de transporte do concreto, têm de ser considerados:

- o volume a ser concretado;
- a velocidade de aplicação;
- a distância – horizontal e vertical – entre o recebimento e o lançamento;
- o arranjo físico do canteiro de obras.

As bombas de concreto podem ser estacionárias ou acopladas a lanças. A bomba-lança é um equipamento com tubulação acoplada a uma lança móvel, montado sobre um caminhão. Tem a praticidade de movimentar mecanicamente o seu mangote, além de não ter a necessidade de montar e desmontar a tubulação fixa de transporte da argamassa de concreto. Tem como desvantagem a limitação da altura, as dimensões da laje (distância ao ponto de lançamento) e os espaços disponíveis no canteiro de obras. Já a bomba estacionária é um equipamento rebocável para o lançamento do concreto. Tem pressão maior, alcançando muito maiores alturas. Tem como desvantagem a necessidade de ter uma tubulação fixa, bem como a retirada e remontagem dos tubos de transporte da argamassa no decorrer da concretagem.

6.1.12.4.2 Lançamento do concreto

Antes da aplicação do concreto, deve ser feita a remoção cuidadosa de detritos das fôrmas. O concreto tem de ser lançado e adensado de modo que toda a armadura, além dos componentes embutidos previstos no projeto, sejam adequadamente envolvidos na argamassa de concreto. Em hipótese alguma pode ser realizado o lançamento após o início da pega do concreto. Concreto contaminado com solo ou outros materiais estranhos não pode ser lançado nas fôrmas. O concreto precisa ser lançado o mais próximo possível de sua posição definitiva, evitando-se incrustação de argamassa nas paredes das fôrmas e nas armaduras. É necessário que sejam tomadas precauções para manter a homogeneidade do concreto. No lançamento convencional, os caminhos não podem ter inclinações excessiva, de maneira a evitar a segregação entre seus componentes decorrentes do transporte. O molde da fôrma deve ser preenchido de modo uniforme, evitando o lançamento em pontos concentrados que possa provocar deformações do sistema de fôrmas. O concreto tem de ser lançado com técnica que elimine ou reduza significativamente a segregação, observando-se maiores cuidados quanto maiores forem a altura de lançamento e a densidade da armadura. Esses cuidados precisam ser majorados quando a altura de queda livre do concreto ultrapassar 2 m, no caso de peças estreitas e altas, de maneira a evitar a segregação e falta de argamassa (como nos pés dos pilares e nas juntas de concretagem de paredes). Entre os cuidados que podem ser tomados, no todo ou em parte, recomenda-se o seguinte:

- emprego de concreto com teor de argamassa e consistência adequados, a exemplo do concreto com características de bombeamento.
- lançamento inicial de argamassa de areia e cimento igual à da argamassa do concreto estrutural.
- uso de dispositivo que conduza o concreto, minimizando a segregação (como funis, calhas e trombas)

É necessário tomar um cuidado especial para evitar o deslocamento de armaduras, dutos de protensão, ancoragem e fôrmas, bem como para não produzir danos nas superfícies das fôrmas, principalmente quando o lançamento do concreto for realizado em peças altas, por queda livre. As fôrmas devem ser preenchidas em camadas de altura compatível como tipo de adensamento previsto (ou seja, em camadas de altura inferior à agulha do vibrador mecânico) para se obter um adensamento adequado (ver 6.1.12.3.3). Em peças verticais e esbeltas, tipo pilares e paredes, pode ser conveniente utilizar concretos de diferentes consistências, de maneira a reduzir o risco de exsudação e segregação. Cuidados especiais têm de ser tomados mesmo nas concretagens correntes, tanto em lajes inclinadas quanto em lajes em nível, sempre conduzindo o concreto lançado contra o já adensado. O plano de concretagem precisa prever a relação entre as operações de lançamento e de adensamento, de forma que seja suficientemente elevada para evitar a formação de juntas frias e baixa o necessário para evitar sobrecarga nas fôrmas e escoramento. A operação de lançamento deve ser contínua, de modo que, uma vez iniciada, não sofra interrupção alguma, até que todo o volume previsto no plano de concretagem tenha sido completado. Esta atividade geralmente é realizada pelo próprio equipamento de transporte da argamassa de concreto. Por causa da maior probabilidade de segregação do concreto durante as operações de lançamento, sua consistência precisa ser escolhida em função do sistema a ser adotado. Os cuidados necessários durante o lançamento são:

- o concreto preparado na obra tem de ser lançado logo após o amassamento, não sendo permitido intervalo superior a 1 hora depois do seu preparo;
- no concreto bombeado, o tamanho máximo dos agregados não pode ser superior a 1/3 do diâmetro do tubo;
- em hipótese alguma, o lançamento pode ocorrer depois do início da pega;
- nos pilares, a altura de queda livre do concreto não deve ser superior a 2 m, pois irá ocorrer a segregação dos seus componentes;
- nas lajes e vigas, o concreto tem de ser lançado encostado à porção despejada anteriormente, não devendo formar montes separados de concreto para depois distribuí-lo. Esse procedimento precisa ser respeitado, pois causa a separação da argamassa que fui à frente do agregado graúdo;
- nas lajes, se o transporte do concreto for realizado com gericas, será necessário o emprego de passarelas ou caminhos apoiados sobre o soalho da fôrma, para proteger a armadura e facilitar o transporte da argamassa.

Quando o lançamento é interrompido, formam-se juntas de concretagem, que têm de ser tratadas para garantir a ligação do concreto endurecido com o novo. Para isso, os locais da parada de concretagem precisam ser estudados previamente, de modo que estejam localizados em seções pouco solicitadas, para não influir no comportamento da estrutura. Em lugares de maior solicitação, pode-se aplicar um adesivo estrutural na junta. Para a opção do tipo de bomba, é importante considerar a altura do local que será concretado, suas dimensões e condições do canteiro de obras. O concreto bombeado exerce uma pressão maior sobre o escoramento lateral da forma, se compararmos com o lançamento convencional. Assim, é importante que o travamento das formas, bem como o escoramento, sejam reforçados. Nos pilares, há construtores que realizam o lançamento de argamassa de areia e cimento no fundo da peça estrutural, para evitar o aparecimento de ninhos (*bicheiras*). Esse procedimento não é necessário e, quando utilizado, devem ser tomados cuidados especiais para que a argamassa de areia e cimento não permaneçam no fundo, sem se misturar com o restante do concreto. Nos pilares, o lançamento do concreto tem de ser executado em camadas inferiores a 50 cm, para que a vibração seja realizada de forma eficiente.

6.1.12.4.3 Adensamento

Durante e imediatamente após o lançamento, o concreto deve ser vibrado (ou apiloado) contínua e energicamente com equipamento adequado à sua consistência. O adensamento tem de ser cuidadoso para que o concreto preencha todos os recantos das fôrmas. Durante o adensamento precisam ser tomados os cuidados necessários para que não se formem ninhos ou haja segregação dos materiais. É necessário evitar a vibração da armadura para que não se formem vazios ao seu redor, com prejuízo da aderência. No adensamento manual, a altura das camadas de concreto, não pode ultrapassar 20 cm. O adensamento por meio de vibradores de imersão está estabelecido adiante. Em todos os casos, a altura da camada de concreto a ser adensada deve ser menor que 50 cm, de modo a facilitar a saída de bolhas de ar. O plano de lançamento tem de estabelecer a altura das camadas de lançamento do concreto e o processo mais adequado de adensamento. No caso de alta densidade de armaduras, cuidados especiais necessitam ser tomados para que o concreto seja distribuído em todo o volume da peça e o adensamento se processe de forma homogênea. Quando forem utilizados vibradores de imersão, a espessura de camada necessita ser aproximadamente igual a ¾ do comprimento da agulha. Ao vibrar uma camada de concreto, o vibrador deve penetrar cerca de 10 cm na camada anterior. Tanto a falta como o excesso de vibração são prejudiciais ao concreto. Têm de ser tomados os seguintes cuidados durante o adensamento com vibradores de imersão:

- preferencialmente, aplicar o vibrador na posição vertical;
- vibrar o maior número possível de pontos ao longo do elemento estrutural;
- retirar o vibrador lentamente, mantendo-o sempre ligado, a fim de evitar que a cavidade formada pela agulha do vibrador se feche novamente;
- não permitir que o vibrador entre em contato com a parede da fôrma, para evitar a formação de bolhas de ar na superfície da peça, mas promover um adensamento uniforme e adequado de toda a massa de concreto, observando cantos e arestas, de forma que não se formem vazios;
- mudar o vibrador de posição quando a superfície do concreto apresentar-se brilhante.

Adensamento é a atividade que tem como função retirar os vazios da argamassa de concreto, diminuindo a porosidade dela e, consequentemente, aumentando a resistência do elemento estrutural. Tem também a função de acomodar o concreto na fôrma, para tornar as superfícies aparentes com textura lisa, plana e estética. A energia e o tempo de adensamento dependem da trabalhabilidade do concreto, devendo crescer no sentido do emprego de concretos de consistências plásticas para secas. O adensamento pode ser realizado de forma *manual* ou *mecânica*. No – não recomendável – adensamento manual, utilizam-se barras de aço ou de madeira, que atuam como soquetes estreitos, que expulsam as bolhas de ar do concreto.

É um procedimento que exige experiência e tem baixa eficiência, de modo que deve ficar restrito a serviços de pequeno porte, utilizando-se neste caso concretos com abatimentos superiores a 8 cm, tendo as camadas de concreto uma espessura máxima de 20 cm. Geralmente, o adensamento é realizado mecanicamente e, neste caso, o equipamento mais utilizado é o vibrador de imersão. Quando se utilizar esse equipamento, a espessura das camadas não poderá ser superior a 3/4 do comprimento da agulha e a distância entre os pontos de aplicação do vibrador tem de ser de seis a dez vezes o diâmetro da agulha. Para agulhas com diâmetros de 35 mm e 45 mm, as distâncias variam de 25 cm a 35 cm. No caso de lajes, pode-se empregar também a régua vibratória, que tem a vantagem de nivelar e adensar simultaneamente o concreto lançado. O manuseio desse equipamento exige, porém, certa habilidade por parte de quem o opera, além de possuir limitações quanto às dimensões e espessura da laje.

Durante o adensamento, é preciso evitar a vibração da armadura, a fim de que não se formem vazios ao seu redor, prejudicando a aderência da ferragem ao concreto. É necessário também manter uma distância de aproximadamente 10 cm da fôrma, para não forçar excessivamente as paredes laterais. O tempo de vibração depende da frequência de vibração, abatimento da argamassa, forma dos agregados e densidade da armadura. É melhor vibrar por períodos curtos em pontos mais próximos do que por muito tempo em pontos mais distantes. O excesso de vibração causa segregação dos materiais, de modo que o adensamento tem de ser encerrado quando a superfície se tornar lisa e brilhante e quando não mais emergirem bolhas de ar na superfície.

6.1.12.4.4 Nivelamento

Nivelamento, também denominado sarrafeamento, é uma atividade executada nas lajes e vigas. A ferramenta empregada é o sarrafo, que pode ficar apoiado em faixas-mestras que, por sua vez, definem a espessura das lajes. Para essa atividade, é importante que a fôrma da laje esteja nivelada, pois isso facilita o posicionamento correto das mestras. A fim de se obter maior controle no nivelamento das lajes, pode-se empregar taliscas ou mestras metálicas. No caso dos pilares, em vez do nivelamento, é realizada uma conferência do prumo, pois durante a concretagem as formas podem sair do posicionamento inicial.

6.1.12.4.5 Acabamento da superfície

Etapa em que se procura proporcionar determinada textura à laje. De acordo com o padrão desejado, pode-se ter os seguintes tipos de laje:

- *convencional*: aquela em que não são realizados controles do nivelamento e da rugosidade superficial;
- *nivelada*: possui controle do nivelamento, para que o contrapiso seja aplicado com a espessura definida no projeto;
- *acabada mecanicamente*: também conhecida como *laje zero*, oferece um substrato com rugosidade superficial adequada, bem como controle de planeza e nivelamento, sem a camada de contrapiso.

Existem diversos equipamentos que proporcionam rugosidade diferente à superfície do concreto. É preciso utilizar o equipamento adequado para cada tipo de acabamento. Para essa operação, são utilizadas desempenadeiras metálicas ou de madeira. As primeiras são empregadas para obter um acabamento liso na superfície de concreto. Pelo fato de a desempenadeira de madeira propiciar um acabamento rugoso, é utilizada quando a especificação do projeto indicar o uso posterior de contrapiso. Ganhos de produtividade podem ser obtidos com o uso de desempenadeiras motorizadas (*helicópteros*), devendo ser aplicadas a partir do instante em que for possível caminhar sobre o concreto, sem que este esteja completamente endurecido. O momento adequado para essa operação ocorre quando o concreto suporta o peso do operário, deixando apenas uma pequena marca da bota, com cerca de 2 mm de profundidade. Para a definição da espessura das lajes, pode-se empregar taliscas de aço, de madeira ou pré-moldados de argamassa. A laje zero é aquela executada com controle de nivelamento, planeza e textura superficial coerentes com o revestimento que o piso irá receber. Para isso, o controle dos níveis é mais rígido que o convencional, empregando-se, geralmente, equipamentos acabadores de superfície e níveis a *laser*.

6.1.12.4.6 Cura

Cura é o conjunto de medidas que tem como finalidade evitar a evaporação prematura da água necessária à hidratação do cimento componente da argamassa de concreto. Consiste em realizar o controle do tempo, temperatura e condições de umidade depois do lançamento do concreto nas fôrmas. A realização da cura é fundamental para a garantia da resistência desejada na estrutura, pois evita a ocorrência de fissuração plástica do concreto durante o seu endurecimento, uma vez que impede a perda precoce da umidade. Essa proteção precisa ser feita atentando-se para os seguintes fatos:

- a cura tem de ser iniciada assim que a superfície tenha resistência à ação da água;
- no caso de lajes, recomenda-se a cura por um período mínimo de 7 dias;

- o concreto deve estar saturado com água até que os espaços por ela ocupados sejam inteirados por produtos da hidratação do cimento;
- em peças estruturais mais esbeltas ou quando empregado concreto de baixa resistência à compressão, é necessário executar a cura com bastante cuidado, pois, nessas situações, ocorre um decréscimo de resistência à compressão caso a cura não seja realizada. As temperaturas iniciais são as mais importantes para o concreto, sendo as baixas temperaturas mais prejudiciais ao crescimento da resistência, enquanto as altas o aceleram. Dessa forma, no inverno, deve-se tomar cuidado com resistências menores em idades baixas (7 ou 14 dias), enquanto no verão haverá maior crescimento, desde que a cura seja realizada adequadamente.

A cura do concreto pode ser realizada por:

- molhagem das fôrmas, no caso de pilares;
- irrigação periódica das superfícies;
- recobrimento com material que mantenha a estrutura sempre úmida, podendo ser areia, sacos de aniagem, papel impermeável ou mantas (geotêxteis, por exemplo);
- películas de cura;
- submersão;
- vapor.

O melhor agente de cura é a água. Na impossibilidade de utilizá-la, podem ser empregadas as películas, produtos obtidos por soluções ou emulsões aquosas de resinas e parafinas que se depositam durante certo tempo sobre a superfície do concreto, impedindo a secagem prematura. Depois desse período, elas são naturalmente destruídas ou carreadas pela ação das intempéries, restabelecendo a superfície natural do concreto.

6.1.12.5 Preparo de concreto na obra: procedimentos de execução de serviço

Como documentos de referência, consultar o projeto de estrutura e especificações de laboratório, quando houver.

6.1.12.5.1 Materiais e equipamentos

Além daqueles existentes obrigatoriamente no canteiro de obras, quais sejam, entre outros:

- EPCs e EPIs (capacete, botas de couro e luvas de borracha);
- água limpa;
- cimento portland CP-II;
- areia grossa lavada;
- pedra britada nos 1, 2, 3 e 4;
- pá;
- enxada;
- carrinho de mão;
- gerica;
- lata de 20 L e/ou balde;
- betoneira com ou sem carregador;

mais os seguintes (os que forem necessários para a obra):

- padiola com boca de 35 cm × 45 cm;
- forma metálica cônica com base (para *slump test*);
- régua metálica;
- forma cilíndrica com soquete para moldagem de corpos de prova.

6.1.12.5.2 Método executivo

- Condições para o início dos serviços:

- O local onde será lançado o concreto deve estar definido, bem como o traço deste (dosagem). Tem de ser usado em peças não estruturais (como pisos, canaletas, abrigos e peitoris). Excepcionalmente, em caso de emergência, pode ser utilizado em estrutura (com o complemento do que faltou no máximo 1 m³ em concretagem com concreto pré-misturado). Nesse caso, é necessário colher amostra de quatro corpos de prova de betonadas diferentes (caso ocorra mais de uma).
- Execução dos serviços:
  - Recomenda-se contratar um laboratório especializado para a dosagem racional do concreto em função da sua resistência prevista no projeto estrutural e das características dos materiais disponíveis para sua produção, tais como areia, brita, cimento etc. O traço pode ser elaborado na própria obra por profissional experiente, partindo-se de dosagens práticas como as da tabela abaixo, que apresenta diversas proporções em massa (peso) e também define traços em função de um saco de cimento, com emprego de padiolas com boca de 35 cm × 45 cm para dosagem da areia e da brita. O traço elaborado precisa ser executado e testado, conforme a aplicação, antes da produção em quantidade.

Tabela 6.15: Resistência à compressão

Altura das padiolas (em cm)			Nº de padiolas por traço de um saco de cimento			Resistência à compressão provável aos 28 dias
areia	brita 1	brita 2	areia	brita 1	brita 2	(kgf/cm2)
28,7	33,6	33,6	2	1	1	254
28,7	22,4	22,4	2	2	2	210
23,9	22,4	22,4	3	2	2	185
23,9	28,0	28,0	3	2	2	157

A existência de grande número de tipos de cimento e dos mais variados tipos de agregado miúdo (areia) faz com que o concreto produzido exclusivamente baseado nessa tabela tenha uma grande variabilidade. Normalmente, o uso dessa tabela deve restringir-se a peças estruturais de pequena responsabilidade. Para isso, faz-se uma série de exigências:

- consumo no mínimo de 300 kg de cimento por metro cúbico de concreto;
- a areia constituirá cerca de 30% a 50% do total do agregado;
- a quantidade de água tem de ser a menor possível, mas compatível com a trabalhabilidade necessária.

As normas técnicas brasileiras fixam em 1 minuto o tempo mínimo de mistura. No entanto, esse tempo dependerá do tipo e das dimensões da betoneira. O amassamento necessita ser sempre mecânico e contínuo e durar o tempo necessário para homogeneizar a mistura de todos os componentes, inclusive eventuais aditivos. A ordem de colocação dos materiais na betoneira é a seguinte:

- Para as betoneiras pequenas, de carregamento manual:
  * não se pode colocar o cimento em primeiro lugar, pois, se a betoneira estiver seca, perder-se-á parte dele; se estiver úmida, ficará muito cimento revestindo-a internamente;
  * é boa prática a colocação da água em primeiro lugar e, em seguida, dos agregados graúdos, pois a betoneira permanecerá limpa; esses dois materiais retiram toda a argamassa da betonada anterior que fica retida nas palhetas internas;
  * é necessário colocar, em seguida, o cimento, pois, havendo água e pedra, ocorrerá boa distribuição de água para cada partícula de cimento e ainda a moagem dos grãos de cimento pela ação de arraste dos agregados graúdos na água contra o cimento;
  * finalmente, será colocado o agregado miúdo, que faz um tamponamento nos materiais já colocados, não permitindo sair os agregados graúdos em primeiro lugar, como é comum, se deixar estes materiais para a última carga.
- Para as betoneiras que trabalham com a caçamba carregadora, é aconselhável colocar pela ordem sucessiva, de baixo para cima:

* agregados graúdos (50%);
* cimento;
* agregado miúdo (100%);
* agregados graúdos (50%), no final.

Nessas betoneiras com carregador, parte da água deve ser lançada no misturador e o restante adicionada depois dos demais componentes do concreto (jogados no misturador pela caçamba). O ensaio de abatimento do tronco de cone deve ser realizado nas seguintes situações:

- na primeira massada do dia;
- ao reiniciar o preparo depois de uma interrupção da jornada de concretagem de pelo menos 2 horas;
- na troca de operadores;
- cada vez que forem moldados corpos de prova.

Se o abatimento for maior que (5 ± 1) cm, é preciso acrescentar gradualmente uma pequena quantidade de areia e brita na proporção dada no traço, até se obter o abatimento desejado. Se o abatimento for menor que (5 ± 1) cm, será necessário adicionar gradualmente uma mistura de cimento e água na proporção dada no traço, até se obter o abatimento desejado. Caso esses ajustes sejam grandes e/ou frequentes, recomenda-se contratar um laboratório para o estudo de um novo traço ou reavaliar o traço inicial para adaptações. O concreto só pode ser usado dentro de 2 h 30 min, a contar da adição de água. Depois deste período, não é permitida a sua utilização.

6.1.12.6 Concreto pré-misturado

Trata-se de concreto de cimento portland, produzido para ser entregue na obra no estado plástico e de acordo com as características solicitadas, com relação ao seu emprego específico e ao equipamento de transporte, lançamento e adensamento do concreto. Existem três tipos básicos de concreto pré-misturado:

- aquele em que a mistura é feita inteiramente na usina (*central-mixed*);
- aquele em que é feita a mistura parcial na usina e completada em caminhões-betoneira (*shrink-mixed*);
- aquele em que o concreto é totalmente misturado em caminhões-betoneira (*transit-mixed*).

O concreto dosado executado em central deve atender às definições de projeto relativas: à resistência característica do concreto à compressão aos 28 dias ou outras idades consideradas críticas; ao módulo de elasticidade; à consistência expressa pelo abatimento do tronco de cone; à dimensão máxima característica do agregado graúdo; ao teor de argamassa do concreto; ao tipo e consumo mínimo de cimento; ao fator água/cimento máximo; à presença de aditivos. Para a formação de lotes de concreto para extração de corpos de prova, têm de ser observadas as disposições das normas técnicas, conforme discriminado na tabela a seguir (limites máximos para a definição do número de lotes).

Tabela 6.16: Resistência de elementos estruturais

Limites superiores	Compressão simples ou flexão e compressão*	Flexão simples**
Volume de concreto	50 m	100 m
Número de betonadas	25	50
Número de andares	1	1
Tempo de concretagem	3 d consecutivos	

* Pilares, vigas de transição, tubulões, brocas e blocos de perfuração.
** Lajes, vigas, paredes de caixa d'água, escada.

A cada lote formado é necessário corresponder uma amostra de no mínimo seis exemplares, coletados aleatoriamente durante a operação de concretagem e extraídos de caminhões diferentes. Cada exemplar é constituído por dois corpos de prova de todos os caminhões recebidos (visando a facilitar eventuais ações de rastreamento de concreto com desempenho inadequado). Para cada caminhão entregue, será verificado o abatimento do tronco de cone (a fim de controlar a trabalhabilidade e a quantidade de água do concreto). O ensaio de resistência à compressão do concreto precisa ser feito por laboratório especializado. A moldagem dos corpos de prova cilíndricos constituintes dos exemplares pode ser feita pelo laboratório ou por pessoal da obra. A aceitação do concreto pela obra está vinculada à condição de que o tempo decorrido desde o carregamento do caminhão até o lançamento e adensamento do concreto não pode ultrapassar 2 h 30 min. Não sendo possível aplicar o concreto dentro desse prazo, o material terá de ser rejeitado. A unidade de compra é o metro cúbico. As especificações necessárias à compra são:

- resistência à compressão (valor mínimo): f_ck;
- tipo e diâmetro máximo dos agregados a serem empregados;
- consistência (abatimento).

A nota fiscal deve descrever, excetuando os itens (a seguir considerados) desnecessários pela obra: a resistência característica do concreto à compressão aos 28 dias (ou outras idades consideradas críticas); o módulo de elasticidade; a consistência expressa pelo abatimento do tronco de cone; a dimensão máxima característica dos agregados graúdos; o teor de argamassa do concreto; o tipo e o consumo mínimo de cimento; o fator água/cimento máximo; a presença de aditivos; o traço fornecido; o horário de saída do caminhão-betoneira da usina (registrado por relógio de ponto); e a quantidade máxima de água permitida a ser adicionada ao concreto (caso ele não esteja com *slump* adequado). O caminhão-betoneira, durante a concretagem, deve estar seguramente freado e com as rodas travadas com calços, principalmente se ele estiver estacionado em local inclinado. Na borda das escavações ou de valas que receberão concreto, têm de ser colocados guarda-corpos de proteção. Quando o transporte do concreto for feito por caçamba e grua, a manobra de aproximação será feito por meio de sinais preestabelecidos ou por aparelho comunicador. É importante evitar que a caçamba atinja acidentalmente as fôrmas ou os escoramentos.

6.1.12.7 Altura da queda

O lançamento do concreto não poderá ser de alturas excessivas. Quando a altura da queda for superior a 2,5 m, medidas especiais terão de ser tomadas para evitar a segregação dos materiais. Dentre elas, destaca-se a abertura de janelas nas fôrmas, que permitem diminuir a altura de lançamento e facilitam o adensamento.

6.1.12.8 Plano de concretagem

O lançamento do concreto terá sempre de obedecer ao plano de concretagem. Há dois condicionantes especiais no estabelecimento desse plano: de ordem arquitetônica e de ordem estrutural. Sob o aspecto estético, caberá ao arquiteto autor do projeto determinar o plano estabelecendo as juntas de concretagem. No que diz respeito à resistência, convém lembrar que a junta de trabalho (emenda de concretagem) nunca deverá ser feita onde as tensões tangenciais sejam elevadas e onde não haja ferragem suficiente para absorvê-las. Quando se pretende programar o lançamento do concreto de uma construção, é aconselhável preencher primeiramente os pilares até o fundo das vigas e, em seguida, colocar a ferragem das lajes e vigas, para prosseguir a concretagem. O objetivo de tal prática é facilitar o lançamento do concreto nas colunas, já que a existência de ferragem na fôrma das vigas, em geral, dificultaria o perfeito preenchimento dos pilares. No caso de junta de trabalho em vigas, convirá chegar com a concretagem até a metade ou 1/3 do vão.

A junta vertical de concretagem nas vigas apresenta vantagens pela facilidade de compactação; para tanto, é possível colocar uma fôrma transversal de sarrafos verticais que permitam a passagem dos ferros de armação e impeçam a passagem do concreto, evitando a segregação de nata de cimento no caso de vibração de superfície inclinada. Nas lajes armadas em uma só direção, deverá ser adotado o seu preenchimento até 1/3 do vão, podendo-se também chegar até o meio dele. Já nas lajes armadas em duas direções, convirá concretar apenas o terço médio de cada vão. Ao se concretar vigas e lajes, nunca poderá ser preenchido o concreto das vigas apenas até o fundo da laje (e, posteriormente, a laje total), visto que, em geral, a seção resistente da viga compreende toda a sua altura e, não raro, ela funciona com parte da laje trabalhando a seção em "T". Nos pilares, precisam ser preenchidos os primeiros 5 cm com argamassa de cimento e areia no mesmo traço usado no concreto. É necessário utilizar esse procedimento em geral para todas as emendas de concretagem.

6.1.12.9 Lançamento e adensamento de concreto – procedimento de execução de serviço

6.1.12.9.1 Documentos de referência

Projetos de arquitetura, de estrutura, de fôrmas (quando houver), de armação, de instalações elétricas, hidráulicas e ar-condicionado e de impermeabilização (quando houver).

6.1.12.9.2 Materiais e equipamentos

Além daqueles existentes obrigatoriamente no canteiro de obras, quais sejam, entre outros:

- EPCs e EPIs (capacete, botas de couro, botas de borracha de cano longo, luvas de borracha, luvas de raspa e óculos protetores de ampla visão);
- água limpa;
- cimento portland CP-II;
- trena de aço com 5 m;
- pá;
- enxada;
- desempenadeira de madeira;
- nível de mangueira ou aparelho de nível a *laser*;
- régua de alumínio de 1"× 2"com 2 m ou $1\frac{1}{4}$"× 3"com 3 m;
- gerica com rodas de pneu (desnecessária para concretagem com grua ou bombeamento);
- carrinho de mão;
- guincho ou grua;

mais os seguintes (os que forem necessários para a obra):

- concreto com as características estabelecidas no projeto estrutural;
- forma cônica com base (para *slump-test*);
- forma cilíndrica com soquete para moldagem de corpos de prova;
- motor de vibrador de mangote;
- mangote vibrador de imersão pendular (com agulha de Ø 25 mm, Ø 35 mm ou Ø 37 mm, Ø 45 mm ou Ø 46 mm, Ø 60 mm ou Ø 63 mm, Ø 75 mm);
- acabadora mecânica com quatro pás, elétrica, Ø 90 cm ou Ø 120 cm (*helicóptero*);
- taliscas de madeira;
- gabarito metálico ou de madeira, para rebaixos;
- quadros de madeira para furos ou rasgos em laje ou viga.

6.1.12.9.3 Método executivo

- Condições para o início dos serviços:
  - Para estrutura de edifícios (lajes, vigas e pilares), o concreto do pavimento inferior deve estar adequado para a sobrecarga da laje a ser concretada. As fôrmas têm de estar totalmente executadas e escoradas, limpas, com desmoldante aplicado e conferidas. A armadura precisa estar limpa, posicionada e conferida e a tubulação elétrica instalada. Quando for o caso, será necessário colocar ganchos para futura fixação das bandejas salva-vidas. A concretagem obedece ao plano de lançamento específico (*planos de concretagem*). Assim, nenhuma junta de concretagem (linha de interrupção forçada) não prevista no plano poderá ser tolerada, evitando-se ao máximo juntas de concretagem, mas, quando isso não for possível, elas deverão ser preparadas de modo a garantir uma estrutura monolítica.

- Controle do recebimento de concreto usinado: no caso de utilização de concreto usinado, devem ser seguidas as seguintes recomendações para controle de recebimento do concreto:
  - O apontador na obra anota o horário da chegada do caminhão, a quantidade de água efetivamente adicionada para a realização do teste de abatimento do tronco de cone (*slump-test*) especificado e o abatimento medido por ocasião do descarregamento do concreto.
  - O moldador anota o número dos corpos de prova moldados (para o teste de resistência) e a data da moldagem. A primeira via do impresso será enviada ao laboratório juntamente com os corpos de prova, para ensaio. A segunda via fica na obra para futura referência. A amostragem precisa ser efetuada moldando-se no mínimo quatro corpos de prova (do terço-médio), por caminhão-betoneira. A numeração dos corpos de prova tem de ser correlacionada com o mapeamento de concretagem (peça concretada) a fim de rastreamento.
  - O *slump-test* (abatimento do tronco de cone) necessita obrigatoriamente ser conferido no início da descarga (para a liberação do concreto). Antes da moldagem dos corpos de prova, o *slump-test* pode ser novamente verificado.
- Execução dos serviços:
  - **Generalidades**: em cavas de fundações e estruturas enterradas, toda a água deve ser removida antes da concretagem. Terão de ser desviadas correntes de água, por meio de drenos laterais, de forma que o concreto fresco lançado não seja por elas lavado. Quando o lançamento for auxiliado por calhas ou canaletas, a inclinação mínima desses elementos condutores é de 1:3, ou seja, um na vertical para três na horizontal. Tais condutores precisam ser dotados de um anteparo na sua extremidade inferior para evitar segregação dos materiais, não sendo permitidas quedas livres maiores de 2 m. Acima dessa altura, é exigível um funil para o lançamento, consistindo de um tubo com diâmetro superior a 25 cm. A maneira de apoiá-lo deve possibilitar movimentos livres da extremidade de descarga, bem como o seu rápido abaixamento, quando necessário, para estrangular ou retardar o fluxo. O funil tem de ser utilizado seguindo um método que evite a lavagem do concreto, precisando o fluxo ser contínuo até o término do trabalho. Deve ser distribuído o posicionamento das taliscas, nivelando sua altura por meio de aparelho de nível a laser ou de mangueira de nível. Em seguida, é preciso posicionar as caixas para passagem futura de tubulação das instalações e os gabaritos para rebaixos (quando houver).
  Depois, molhar as fôrmas abundantemente e lançar o concreto, tomando o cuidado de não permitir grande acúmulo de material em uma região da fôrma. Respeitar sempre o tempo-limite de 2 h 30 min entre a saída do caminhão da usina (ou sua produção na obra) e o lançamento do concreto. Depois, iniciar o lançamento do concreto seguindo o plano de concretagem, de modo que este termine, quando o transporte for feito com gericas, próximo à saída do guincho ou, quando por bombeamento, ou com grua, junto da escada. Em seguida, executar as faixas-mestras entre as taliscas com o próprio concreto da laje. Depois, lançar o concreto nos vazios entre as mestras. Finalmente, espalhar o concreto com auxílio de pás e enxadas e adensá-lo (durante e depois do lançamento), com vibrador de imersão de mangote, em diversos pontos, com distanciamento (D) entre eles dado em função do diâmetro da agulha do vibrador (Ø25 mm-Ø35 mm: D = 15 cm, Ø35 mm-Ø50 mm: D = 40 cm, Ø50 mm-Ø75 mm: D = 60 cm). Quanto à duração da vibração, saber quando o concreto se encontra bem vibrado é, em grande parte, resultado de experiência pessoal. Há, entretanto, algumas indicações que auxiliam na determinação do término da vibração:
    * esta será exercida durante intervalos de tempo de 5 a 30 segundos, conforme consistência do concreto;
    * a textura da superfície oferece indicação de que o adensamento foi iniciado; quando começa a vibração, aparece na superfície do concreto mancha brilhante de umidade;
    * depois da mancha, é normal o desprendimento de bolhas de ar da argamassa de concreto; quando isso cessa, é sinal de que o concreto está convenientemente adensado;
    * os danos do excesso de vibração são equivalentes aos da vibração deficiente; esta produzirá redução séria na resistência e na durabilidade do concreto, além de prejudicar a sua aparência; por outro lado, a vibração excessiva provoca segregação dos materiais do concreto em camadas, com falta de

homogeneidade, ficando a inferior com muita brita (mais densa) e pouca argamassa, e a superior com muita argamassa e pouca pedra;
* desde que o concreto esteja ainda suficientemente plástico, possibilitando que o vibrador de imersão possa afundar na argamassa pelo seu peso próprio, admite-se perfeitamente que se faça uma revibração; tal prática às vezes se faz necessária quando se tenha avançado muito uma concretagem, em várias camadas: a camada inferior já tendo sido adensada, é conveniente que haja união entre elas ao se proceder à vibração da camada superior; isso assegurará boa ligação entre as camadas.

Em pilares e demais peças altas, recomenda-se que as fôrmas recebam pancadas laterais (externamente), para controlar e melhorar o seu preenchimento. Deve-se evitar o contato da agulha do vibrador com as fôrmas e não vibrar o concreto pela armadura. É preciso sarrafear o concreto para nivelá-lo com as mestras. Para cada trecho sarrafeado, é necessário dar acabamento à superfície com desempenadeira de madeira. Os gabaritos para rebaixo precisam ser removidos 1 hora depois da concretagem (para seu reaproveitamento em outra laje). Iniciada a pega do concreto (cerca de 2 a 3 horas), deve-se proceder ao acabamento final da superfície. O desempeno mecânico e, depois de iniciada a pega, o acabamento mecânico da superfície também podem ser executados com a **máquina acabadora** (popularmente chamada de **helicóptero**). Finalmente, é necessário colocar os engastalhos, se for o caso. Na hipótese de pilares, é preciso concretar em camadas com espessura compatível com o comprimento da agulha do vibrador (aproximadamente igual a três quartos do comprimento da agulha). Para os pilares de grande altura, necessitam ser abertas janelas nas fôrmas para executar a concretagem em etapas de 2,5 m.

É preciso acompanhar, no lançamento, se não ocorrem deslocamentos da ferragem e outros elementos. Em caso de chuva intensa, deve-se interromper criteriosamente a concretagem e proteger o trecho já concretado com lona plástica. Caso decida-se pela continuidade, o concreto fresco terá de ser protegido da chuva direta. No caso de junta fria de concretagem (encontro do concreto fresco com o concreto endurecido), é necessário consultar o projetista estrutural, que informará a melhor posição, a inclinação da junta e a necessidade ou não de aplicação de ponte de aderência. Deve-se evitar juntas em áreas molhadas que não receberão impermeabilização. É necessário iniciar a cura úmida tão logo a superfície permita (secagem ao tato), cobrindo a laje preferencialmente com manta geotêxtil ou com sacos de aniagem ou até mesmo com serragem, saturados de água. As peças têm de ser molhadas por um período mínimo de três dias consecutivos, em intervalos de tempo suficientes para que a superfície da laje permaneça sempre úmida, a fim de reduzir a velocidade de perda de água do concreto por evaporação.

— **Desempenho mecânico do concreto de laje**: o desempenho mecânico do concreto (*floating*) é executado com a finalidade de embeber as partículas dos agregados na pasta de cimento, remover protuberâncias e depressões e promover o adensamento superficial do concreto. Para a sua execução, a superfície deve estar suficientemente rígida e livre da água superficial de exsudação (*transpiração*). A operação mecânica pode ser executada quando o concreto, ao suportar o peso de uma pessoa, fica com uma pegada com 2 mm a 4 mm de profundidade. Os equipamentos empregados são geralmente as máquinas acabadoras, simples ou duplas, com diâmetro entre 90 cm e 120 cm, com quatro pás cada uma, com largura próxima a 25 cm, acionadas por motor elétrico ou à explosão. O desempeno precisa ser executado com planejamento, de modo a garantir a qualidade da tarefa. Ele tem de ser sempre ortogonal à direção do sarrafeamento e obedecer sempre à mesma direção. Cada passada necessita sobrepor-se em metade da anterior.

— **Alisamento mecânico superficial de laje**: o alisamento superficial ou desempeno fino (*troweling*) é executado depois do desempeno, para produzir uma superfície densa, lisa e dura. Normalmente, são necessárias duas ou mais operações para garantir o resultado final, dando tempo para que o concreto possa gradativamente enrijecer-se. O equipamento é o mesmo empregado no desempeno mecânico, com a diferença de que as lâminas são mais finas, com cerca de 15 cm de largura. O alisamento deve iniciar-se na mesma direção do desempeno, mas a segunda passada tem de ser transversal a esta, alternando-se nas operações seguintes. Na primeira passada, a lâmina precisa estar absolutamente plana e de preferência já usada (que possui os bordos arredondados); nas seguintes, é necessário aumentar gradativamente o ângulo de inclinação, de modo que aumente a pressão de contato à medida que o concreto vai ganhando resistência.

6.1.12.10 Vibrador para concreto

6.1.12.10.1 Vibrador tipo mangote (ou de imersão)

Durante e imediatamente após o lançamento, o concreto deverá ser adequadamente vibrado para que sejam preenchidos todos os cantos da fôrma, sem que se formem ninhos ou haja segregação de materiais. Ao se usar esse tipo de equipamento de imersão na argamassa de concreto, há pontos a serem observados, os quais auxiliam na obtenção de bons resultados:

- O mangote deverá ser movimentado frequentemente, porém nunca deslocado horizontalmente. Aplicações curtas, contudo frequentes, distantes uma da outra $1\frac{1}{2}$ vez o raio de ação (que determina o volume esférico de atuação da vibração), darão melhores resultados do que uma aplicação prolongada em um só local (é preciso observar se a área está totalmente coberta de concreto).
- Depois da conclusão de um período de aplicação do vibrador, e quando o mangote estiver sendo retirado, será necessário verificar se a cavidade por ele deixada no concreto fechou-se; do contrário, ficará um vazio no concreto; para evitar essa ocorrência, o mangote do vibrador terá de ser retirado lentamente, a fim de que a cavidade vá gradualmente se fechando (caso não se feche, o concreto não estará tendo a trabalhabilidade mínima necessária).
- Ao usar um vibrador tipo mangote (também chamado de vibrador de imersão), tendo sido a argamassa lançada em fôrma de madeira, não se poderá deixar que o mangote toque as partes internas da fôrma, principalmente onde o concreto ficará exposto externamente (concreto aparente), para evitar: a formação de bolhas de ar ao longo dos moldes; a sua deformação; o corrimento de calda de cimento pelas juntas da forma; e marcas nos moldes (que assinalarão o concreto). Para manter certa margem de segurança, o vibrador terá de ser sustentado com afastamento das paredes das fôrmas de, aproximadamente, 5 cm; é preciso ter particular cuidado com os cantos vivos.
- O vibrador não será utilizado em concreto que já tenha iniciado a pega e endurecimento, embora possa ainda não ter decorrido 1 dia; é preciso lembrar que, nesse caso, as vibrações poderão provocar a diminuição da aderência entre a armação e o concreto.
- Para ativar a compactação de uma camada de concreto que seja lançada sobre outra, é necessário fazer com que o mangote penetre 5 cm a 10 cm no interior da camada inferior; essa prática evitará que haja muitas diferenças no adensamento das duas camadas, além de contribuir para a boa união entre elas.
- Não se deverá fazer o adensamento de camadas de concreto que tenham mais de 50 cm de espessura com uso de vibrador, pois nesses casos o ar não chegará até a superfície, tornando a vibração ineficaz.

Há algumas observações importantes a se considerar relativamente à boa manutenção do equipamento:

- toda a extensão do mangote, quando em funcionamento, tem de ser mergulhada no concreto; isso é essencial para que os mancais sejam mantidos refrigerados;
- o vibrador não poderá permanecer funcionando quando estiver fora da argamassa; se isso ocorrer, haverá risco de os mancais se quebrarem;
- é preciso evitar que sejam feitas curvas fechadas com o flexível do mangote; se o tubo ficar dobrado em ângulo agudo, particularmente acima da cabeça do mangote, ocorrerá uma forte tensão entre o tubo externo e o cabo interno flexível.

6.1.12.10.2 Vibrador externo (ou de fôrma)

Esse equipamento externo que transmite vibrações para as fôrmas é utilizado quando, por qualquer razão, não se puder introduzir um vibrador do tipo mangote; seções estreitas ou peças em que a ferragem seja muito densa são alguns exemplos desse caso.

6.1.12.10.3 Vibrador de superfície

Esse tipo de vibrador é usado em lajes e pavimentação.

6.1.12.10.4 Manutenção do equipamento

Os cabos elétricos deverão ser protegidos de avarias e terá de ser observado se o equipamento encontra-se devidamente ligado à terra. É necessário também ser evitado o contato com água de todas as partes elétricas. Precisará ainda ser verificada a existência de graxa suficiente nos mancais do mangote; caso contrário, haverá desgaste e problemas. Poder-se-á prever quando surgirão os defeitos, pela forma com a qual o mangote passa a retorcer-se e a saltar; caso isso aconteça, serão examinados os mancais e colocada graxa, se necessária. É preciso sempre ter cuidado com o sentido de rotação do vibrador, por ocasião da ligação dos cabos elétricos trifásicos; se esse cuidado não for tomado, o cabo flexível será rompido.

6.1.12.11 Aditivos

6.1.12.11.1 Terminologia

- *Aditivos*: produtos que adicionados em pequenas quantidades a concretos de cimento portland modificam algumas de suas propriedades, no sentido de melhor adequá-las a determinadas condições.
- *Aditivo plastificante* (tipo P): produto que aumenta o índice de consistência do concreto, mantida a quantidade de água de amassamento, ou que possibilita a redução de, no mínimo, 6% da quantidade de água de amassamento para produzir concreto com determinada consistência.
- *Aditivo retardador* (tipo R): produto que aumenta os tempos de início e fim da pega do concreto.
- *Aditivo acelerador* (tipo A): produto que diminui os tempos de início e fim da pega do concreto, bem como acelera o desenvolvimento das suas resistências iniciais.
- *Aditivo plastificante-retardador (tipo PR)*: produto que combina os efeitos dos aditivos plastificante e retardador.
- *Aditivo plastificante-acelerador* (tipo PA): produto que combina os efeitos dos aditivos plastificante e acelerador.
- *Aditivo incorporador de ar* (tipo IAR): produto que incorpora pequenas bolhas de ar ao concreto.
- *Aditivo superplastificante* (tipo SP): produto que aumenta sensivelmente o índice de consistência do concreto, mantida a quantidade de água de amassamento, ou que possibilita a redução de, no mínimo, 12% da quantidade de água de amassamento, para produzir concreto com determinada consistência.
- *Aditivo superplastificante-retardador* (tipo SPR): produto que combina os efeitos dos aditivos superplastificante e retardador.
- *Aditivo superplastificante-acelerador* (tipo SPA): produto que combina os efeitos dos aditivos superplastificante e acelerador.

6.1.12.11.2 Generalidades

Aditivo é um produto dispensável à composição e à finalidade do concreto, porém, quando colocado na betoneira imediatamente antes ou durante a mistura da argamassa, em quantidades geralmente pequenas e bem homogeneizado, faz aparecer ou reforça certas características do concreto, fresco ou já endurecido. Sua classificação é baseada nos efeitos do emprego dos aditivos sobre o concreto, que são:
- modificadores de tempo de pega e endurecimento:
  - retardador;
  - acelerador;
- plastificante, destinado a melhorar a trabalhabilidade do concreto;
- impermeabilizante;
- expansor;
- adesivo.

Deverão ser observados, antes da seleção do aditivo, os seguintes pontos:

- comparação entre o custo final do concreto com as características específicas obtidas com emprego do aditivo e o custo pela modificação da dosagem inicialmente proposta para o concreto;
- conhecimento dos efeitos reais do aditivo ou da mistura de aditivos no concreto a ser preparado e empregado nas condições específicas de cada obra;
- habilitação do pessoal que irá empregar o aditivo na obra.

Os aditivos são usados em pequenas proporções, no máximo 5% em relação à massa de cimento. Um ponto importante a ser ressaltado é a confiabilidade desses aditivos que, desde que usados de acordo com as recomendações do fabricante, produzem os resultados esperados sem nenhum comprometimento de outras propriedades do concreto. Uma observação importante quanto à mistura: como os aditivos são usados em teores muito pequenos, é imprescindível que a mistura seja bem-feita, para evitar heterogeneidade que resultaria em teores muito altos e muito baixos em pontos localizados, que poderiam ter efeitos desastrosos. É preciso dispor de betoneira muito eficiente para poder utilizar aditivos. Caso contrário, pode-se obter resultado razoável dissolvendo o aditivo em parte da água de amassamento. Os aditivos trazem recomendações do fabricante quanto a teores a serem usados que, no entanto, têm de ser considerados como indicações gerais. Comumente, a variação que se admite para o teor de aditivos é de ± 5%. Não é recomendável a mistura de aditivos para a obtenção de várias características como plasticidade e retardamento.

6.1.12.11.3 Plastificante

Plastificantes são produtos constituídos por moléculas polares que são adsorvidas (incorporadas à superfície) pelas partículas de cimento, ficando expostas as extremidades com cargas elétricas iguais e provocando, consequentemente, a repulsão dessas partículas. Assim, não há aglutinação de partículas, que se mantêm em suspensão, exigindo menos água para conservar consistência. Esses aditivos têm ação físico-química, portanto, pouco ou nada influenciada pela natureza do cimento. Um plastificante pode ser usado para aumentar a trabalhabilidade do concreto ou, mantendo a trabalhabilidade, para reduzir o consumo de água e, consequentemente, o consumo de cimento. Os plastificantes são usados em proporções em torno de 0,2% e 0,5% da massa de cimento.

6.1.12.11.4 Retardador de pega

É aditivo que atua quimicamente, retardando a dissolução da cal e, consequentemente, as reações de hidratação do cimento. O efeito prático desses aditivos é o aumento do tempo que decorre do início da mistura até o início da pega do cimento, podendo também retardar o final da pega. Esses aditivos são muito úteis em temperaturas ambientais elevadas, quando o concreto inicia a pega em tempo muito curto. São usados também no caso de transporte demorado. Geralmente, são utilizados em teores compreendidos entre 0,2% e 0,5%. Comumente, do uso de retardadores, resulta resistência maior do concreto, possivelmente por causa da formação mais lenta do gel de cimento. Alguns retardadores têm de ser adicionados ao concreto alguns minutos depois de a água ser a ele acrescentada. Isso talvez seja em razão do fato de que a adição imediata do retardador faça com que haja a reação com o aluminato tricálcico, sem nenhum efeito retardador.

6.1.12.11.5 Acelerador de pega

É aditivo que, por ação catalítica, provoca o endurecimento mais rápido do cimento, tendo geralmente também efeito de redução do tempo de início de pega. Muitos aceleradores têm como elemento principal um cloreto, geralmente cloreto de cálcio, que é o acelerador mais eficiente. Esses aditivos, porém, são contraindicados no caso de concreto armado e, principalmente, protendido, por causa do ataque corrosivo à armadura. No entanto, há alguns tipos de aceleradores à base de compostos alcalinos que não apresentam esse inconveniente. São usados em teores geralmente compreendidos entre 2% e 5% da massa de cimento. O efeito do acelerador aumenta a resistência do concreto quanto mais rico em cimento for seu traço.

6.1.12.11.6 Superplastificante

É aditivo que atua como os plastificantes, mas de um modo muito mais intenso e geralmente durante um período de tempo limitado, depois do que o concreto volta à consistência normal. Em geral, os superplastificantes são utilizados para obter concretos fluidos autoadensáveis. Esses concretos são usados no caso de concretagem de peças delgadas, verticais com grande altura, ou mesmo peças de desenho muito complexo. A variação do teor de aditivo – geralmente compreendido entre 1% e 3% – influencia o efeito sobre o concreto e, conforme o aditivo, pode modificar o tempo de permanência do efeito de superplastificação.

6.1.12.11.7 Incorporador de ar

É aditivo com moléculas polares semelhantes aos plastificantes, que se localizam na superfície ar-água, formando pequenas bolhas de ar que se repelem e, portanto, se mantêm no meio do líquido. O efeito é que se forma uma grande quantidade de pequenas bolhas de ar que, no concreto fresco, melhora a trabalhabilidade, pois funcionam como se fossem partículas arredondadas de um agregado muito fino. O efeito do incorporador de ar no sentido de melhorar a trabalhabilidade é mais acentuado em concreto com baixo consumo de cimento, o que o torna indicado nesses casos. O uso de incorporador de ar resulta em redução da resistência por causa dos vazios introduzidos. No entanto, a diminuição do teor de água pode redundar em aumento de resistência maior do que a perda em virtude do ar incorporado. Os teores de aditivo geralmente utilizados estão entre 0,04% e 0,1%, variando de acordo com o teor pretendido de ar incorporado.

6.1.12.11.8 Expansor

É aditivo que provoca a expansão do concreto, mediante a formação de gases. Um expansor muito comum é o alumínio em pó muito fino, que, reagindo com o aluminato tricálcico do cimento, provoca o desprendimento de hidrogênio. Esses aditivos são usados nos casos em que se deseja uma expansão do concreto dentro de cavidades – caso de chumbamento de peças – ou de outras peças, como calço de estacas de fundação. Os teores usados se situam em geral entre 1% e 2%.

6.1.12.11.9 Impermeabilizante

É aditivo que reage com o cálcio do cimento, e o composto resultante repele a água. É utilizado em teores que podem variar de 1% a 3% ou 4%, dependendo do fabricante. Esses aditivos são usados nos casos de paredes de reservatório de água ou lajes expostas.

6.1.12.11.10 Fungicida

É aditivo que impede a formação de fungos ou mesmo de algas no concreto endurecido. O sulfato de cobre e o pentaclorofenol são dois exemplos desses aditivos. O teor adequado deve situar-se entre 1% e 2%.

6.1.12.11.11 Pigmentos

São usados para coloração do concreto. Em geral, são óxidos, como óxido de cromo (verde), óxido de cobalto (azul), óxidos de ferro (vermelho, marrom, amarelo), óxido de manganês (preto) ou substâncias como o *negro de fumo* (fuligem de chaminé). São utilizados em teores compreendidos entre 1% e 3%, e não chegam a afetar de modo sensível a resistência do concreto.

6.1.12.11.12 Condições gerais

O fabricante deve apresentar as seguintes informações sobre o aditivo, além das que julgar necessárias:
- denominação comercial;

- tipo (finalidade);
- efeitos principais;
- efeitos secundários;
- efeitos em caso de superdosagem;
- identificação do lote do fabricante;
- data de fabricação;
- descrição do produto quanto ao aspecto visual (por exemplo, estado físico e cor);
- teor de cloretos (no caso de aditivos à base desses produtos);
- teor de sólidos, pH e massa específica;
- dosagem recomendada, em volume ou massa (centímetro cúbico ou grama) por quilograma de cimento, expressa em percentagem;
- modo de adição ao concreto;
- influência da temperatura ambiente no desempenho do produto;
- condições e prazo máximo de armazenamento;
- tipo e quantidade de cada embalagem;
- cuidados no manuseio.

6.1.13 Cura

O concreto preparado com cimento portland terá de ser mantido umedecido por diversos dias depois de sua concretagem, pois a água é indispensável às reações químicas que ocorrem durante o endurecimento do concreto, principalmente durante os primeiros dias. A cura, como é denominado esse processo de endurecimento, torna-o resistente e mais durável, quando bem realizada. Caso o concreto não seja curado devidamente, torna-se enfraquecido, podendo ocorrer fissuras, com prejuízo de sua durabilidade e aparência. Sol e vento precisam ser evitados no concreto recém-lançado, por acelerarem a evaporação da água, causando secagem muito rápida, particularmente quando se tratar de laje. O endurecimento do concreto se prolonga por muito tempo, sendo mais lento em tempo frio.

- *Duração da cura:* a cura inicia-se tão logo o concreto seja lançado. No verão, para se obter boa cura, recomenda-se cobrir as lajes com sacaria de estopa ou sacos vazios de cimento, molhados, evitando a exposição direta da superfície aos raios solares, que causam, pelo aquecimento, aceleração na secagem do concreto; como alternativa, onde a areia seja barata, pode-se espalhá-la sobre o concreto em uma camada de aproximadamente 5 cm. Seja usando tecido, papel ou areia, deverão ser eles mantidos úmidos; essa cobertura terá de permanecer durante o período total de cura, o qual se recomenda ser superior a 7 dias. O período mínimo em que é necessário proteger o concreto preparado com cimento de alto-forno ou com cimento portland é de 3 dias. O tempo mínimo, se for utilizado cimento de alta resistência inicial, é de 2 dias.
- *Cura de vigas e pilares*: as fôrmas protegem o concreto, evitando que ele seque rapidamente.
- *Proteção do concreto recém-lançado*: o concreto fresco necessita ser protegido de pisadas, de chuva e da movimentação de materiais sobre ele.
- *Retirada das fôrmas (desforma)*: não poderá ocorrer a retirada das fôrmas antes dos seguintes prazos (NBR 6118):
    - 3 dias, para faces laterais;
    - 14 dias, para as faces inferiores, deixando-se pontaletes bem encunhados e convenientemente espaçados;
    - 21 dias, para as faces inferiores, sem pontaletes e somente depois da autorização do engenheiro da obra.

Entretanto, a NBR 7678 recomenda os tempos mínimos de cura convencional antes da desforma indicados no Quadro 6.6.

Quadro 6.6

Os tempos da tabela acima poderão ser reduzidos quando forem utilizados aceleradores químicos ou físicos da cura, sob supervisão de profissional habilitado e responsável pela obra.

6.1.14 Transporte do concreto

6.1.14.1 Função da água

A água desempenha na mistura duas funções:

- torna a argamassa suficientemente *trabalhável*, isto é, facilita seu transporte, lançamento e adensamento;
- reage quimicamente com o cimento.

O excesso de água permanece na argamassa até que ela se evapore durante o endurecimento do concreto, deixando então canais capilares e pequenas bolhas (vazios). Portanto, quanto mais água existir na mistura, maior será o volume de vazios e mais fraco será o concreto. Sempre haverá alguns vazios no concreto, considerando que é necessário usar mais água do que a suficiente para a reação química, a fim de tornar a argamassa adequadamente trabalhável.

6.1.14.2 Manutenção da uniformidade

A quantidade de água deverá ser indicada para cada *betonada*. Quando a areia, ou a pedra, estiver mais úmida ou mais seca em relação ao traço inicial, será preciso alterar a quantidade de água adicionada. Qualquer alteração, por ligeira que seja, na quantidade de água não poderá ser procedida até que o concreto esteja totalmente misturado, porque em geral o concreto se apresenta muito seco no início da mistura na betoneira. É necessário continuar a mistura depois da adição suplementar de água até que a argamassa se apresente uniforme.

6.1.14.3 Ocasião do descarregamento

Cada *betonada* terá de apresentar o mesmo aspecto da anterior. O concreto poderá ser considerado bom quando sua aparência for uniforme, tanto na cor como na consistência. As betonadas mais secas provavelmente exigirão tempo de mistura mais prolongado do que as mais plásticas, dependendo muito do tipo de betoneira que se esteja usando.

6.1.14.4 Cuidados com a betoneira

É necessário limpar interna e externamente o tambor (caçamba) ao término de um dia de concretagem, mantendo-o livre de pasta de cimento e passando na sua superfície externa um pano com produto oleoso. A já mencionada ordem de colocação dos materiais na betoneira é importante para reduzir o volume de argamassa que adere internamente ao tambor. É necessário também:

- verificar inicialmente se o sentido de rotação da betoneira está correto;
- engraxar todos os pontos de lubrificação, pelo menos uma vez por dia;
- limpar e inspecionar quanto ao desgaste todas as partes móveis, pelo menos uma vez ao dia;
- limpar e inspecionar os cabos de aço, pelo menos uma vez ao dia;
- verificar periodicamente as ligações elétricas;
- certificar-se com regularidade de que as lâminas não estejam tortas, quebradas ou gastas;
- nivelar periodicamente a betoneira.

6.1.15 Modificações

As modificações, furos para passagem de tubulação ou demolições parciais da estrutura deverão ser objeto de consulta e aprovação, sob responsabilidade do autor do projeto estrutural.

6.1.16 Caixa dos elevadores

É necessário:

- manter as proteções nas aberturas do *poço* (caixa) dos elevadores, mesmo durante a execução das atividades nos vãos;
- proibir atividades, próximo ao *hall* dos elevadores, que possam provocar a queda de materiais na abertura da caixa (poço) de elevador;
- instalar fechamento provisório com material resistente e firmemente fixado à estrutura, nos vãos de acesso ao poço dos elevadores.

É preciso, para remoção das ferragens da caixa (poço) dos elevadores:

- iniciar a remoção das ferragens no sentido dos pavimentos superiores para os inferiores;
- fornecer e tornar obrigatório o uso do cinturão de segurança, fixado ao trava-queda, que terá de estar preso ao cabo de fibra sintética afixado no teto da caixa do elevador;
- utilizar capacete de segurança, óculos de proteção facial, respirador contra poeira, protetor auditivo e luvas de raspa no uso de esmerilhadeira;
- instalar, nas entradas da caixa dos elevadores, cartazes para informar a existência de trabalhadores realizando atividades no local.

6.1.17 Concreto aparente

6.1.17.1 Argamassa de concreto

O maior diâmetro ou bitola do agregado graúdo precisa ser menor que 1/4 da menor dimensão da fôrma. O consumo mínimo de cimento, independentemente do fator água/cimento ou da resistência necessária, será de 380 kg/m³ de concreto. Na concretagem de peças com seção inferior a 10 cm, o abatimento (*slump test*) terá de ser maior que (10 ± 1) cm e deverá atender às condições específicas. A altura de lançamento do concreto não poderá, de maneira alguma, exceder 2,4 m. Quando da paralisação da concretagem por tempo superior ao da pega do cimento, e, portanto, quando houver necessidade de ser criada uma junta de concretagem, terão de ser tomados os seguintes cuidados:

- a superfície superior do concreto exposto precisará ser lavada por meio de jato de água e/ou escova de aço, de modo a ser removida toda a nata de cimento; o agregado graúdo deverá ficar exposto, com aspecto de cocada;
- antes do reinício da concretagem, a superfície será cuidadosamente limpa por meio de jato de água ou de ar comprimido; todos os detritos terão de ser removidos; a superfície exposta necessitará ser mantida encharcada durante pelo menos 6 horas anteriores ao reinício da concretagem;
- na primeira camada, de cerca de 2 cm de altura, a ser concretada sobre a já endurecida, precisa ser empregada argamassa de cimento e areia, preparada com o mesmo fator água/cimento indicado para o concreto; somente depois do lançamento dessa primeira camada de argamassa é que poderá ser empregado o concreto normal.

6.1.17.2 Fôrmas

As fôrmas serão executadas com chapas plastificadas de madeira compensada. As juntas deverão ser vedadas (*tomadas*) de maneira a não haver vazamento da nata. As fôrmas terão de ser pintadas prévia e internamente com desmoldante. É aconselhável empregar espaçadores de argamassa pré-moldada, com arame de amarração, de modo a garantir o afastamento constante entre as duas faces da fôrma. Esses espaçadores deverão ser confeccionados com seção de aproximadamente 3 cm × 3 cm. A amarração das fôrmas terá de ser feita por meio aço CA-24 passante em tubos de plástico removíveis, com Ø 3/8", ou por orifício deixado no espaçador de concreto já mencionado. Os furos nas fôrmas, para passagem dos ferros de amarração, precisam ser executados em nível e em alinhamento vertical. Os cantos externos (*quinas*) dos pilares necessitam ser chanfrados, por meio de colocação, no interior das fôrmas, de mata-junta triangular.

6.1.17.3 Armadura

O cobrimento deverá ser garantido por meio de espaçadores de argamassa pré-moldada ou de plástico. O cobrimento mínimo nas faces aparentes terá de ser de 2,5 cm; consequentemente, os estribos terão suas dimensões fixadas em 5 cm a menos que as medidas da fôrma.

6.1.18 Concretagem de lajes

6.1.18.1 Condições para o início do serviço

O concreto do pavimento inferior deve estar liberado a fim de assegurar que o carregamento da nova concretagem não comprometa a estrutura subjacente, atentando-se para o reescoramento dos pavimentos inferiores. As fôrmas têm de estar limpas (livres de restos de madeira, arame, aço, pontas etc.), com desmoldante aplicado e eixos verificados, e a armadura, conferida, com espaçadores instalados. As juntas entre os painéis do soalho da laje precisam estar protegidas com fita de polipropileno de 5 cm de largura, para evitar escorrimento de nata. As proteções de periferia devem estar instaladas no perímetro da área a ser concretada (segundo as normas de segurança), de modo a garantir a segurança de vizinhos e operários da obra. Todos os equipamentos e o grupo de trabalho têm de estar apropriadamente dimensionados, considerando tempos de ciclo do transporte horizontal inferior, do transporte vertical e do transporte horizontal superior. Eventuais níveis de parada do concreto e a possibilidade de criação de juntas frias precisam estar definidos. As áreas de acesso desde a descarga do concreto até o guincho serão delimitadas, desobstruídas e regularizadas. Além disso, os caminhos de acesso sobre as peças a serem concretadas devem estar planejados tendo em vista o posicionamento e o remanejamento, conforme a sequência de lançamento do concreto.

Data, horário, volume e intervalo entre caminhões precisam estar programados com o fornecedor de concreto, considerando o dimensionamento de equipes e equipamentos, o tempo de transporte interno no canteiro até o local de concretagem, os requisitos de projeto e o *slump test*. Para a definição do volume, é necessário adotar um arredondamento de 0,5 m³. O controle tecnológico será programado prevendo-se um moldador para a obra e, se possível, um tecnólogo para acompanhamento da dosagem e controle dos caminhões na usina. As instalações elétricas e os equipamentos (vibradores, guincho, grua etc.), inclusive os de reserva, devem ser testados. O acesso do vibrador tem de ser simulado, de forma a ter-se dimensionado o tamanho da agulha e do mangote. O abastecimento de água e energia no local precisa ser verificado e garantido. Os ganchos para eventual fixação posterior de bandejas de proteção e amarração de torres de guincho, grua e/ou tubulação de concreto bombeado necessitam estar colocados e os eletrodutos, conferidos e amarrados à armadura positiva da laje. Os ganchos para locação dos eixos da obra têm de estar posicionados e as fôrmas, niveladas e conferidas com o auxílio de um aparelho de nível a **laser**, posicionado em local estratégico de modo a abranger toda a área da laje. Em geral, recomenda-se que a posição do nível a *laser* seja prevista junto de áreas mais rígidas e travadas da fôrma, como é o caso da caixa de escada e do poço de elevador. As taliscas estarão posicionadas nos locais previamente definidos no projeto de detalhamento da laje.

Elas precisam obedecer a um espaçamento máximo de 2 m entre si. Essa distância deriva do comprimento da régua de alumínio. O nível das taliscas será ajustado e conferido com o aparelho de nível a laser. Na locação de taliscas, admite-se a tolerância de erro no posicionamento de até 15 cm em planta. É necessário que os gabaritos para rebaixo de lajes estejam conferidos, bem como os gabaritos para a locação de furos para as instalações. As áreas a ser concretadas devem estar protegidas de modo a impedir qualquer contaminação com barro ou outros detritos durante a concretagem. Em obras de difícil acesso, alocar um trabalhador devidamente instruído e aparelhado com colete refletor, cones e bandeirolas de sinalização, para organizar o balizamento do trânsito e a recepção dos caminhões. Nos dias de concretagem, posicionar cavaletes ou cones na entrada da obra para evitar o estacionamento de veículos, facilitando a manobra dos caminhões-betoneira. Planejar a concretagem de forma que o lançamento do concreto termine junto do acesso de saída da laje. As concretagens serão totalmente preparadas no dia anterior. Os procedimentos preliminares para a concretagem de lajes são descritos a seguir.

6.1.18.2 Transporte do concreto na obra

6.1.18.2.1 Com guincho e giricas

Posicionar os caminhos de concretagem, conforme planejado anteriormente. Adotar os seguintes cuidados com as giricas: molhá-las antes da concretagem, lavá-las ao término do serviço e mantê-las constantemente limpas, evitando deposição de concreto ou argamassa aderida. Engraxar o eixo das rodas semanalmente e não colocar peso em excesso. O guincho, por sua vez, também requer cuidados: nunca descer em queda livre; evitar freadas bruscas; engraxar as roldanas e as guias da torre e verificar o estado do freio periodicamente (em caso de problemas, acionar a manutenção do equipamento). Acompanhar semanalmente a conservação preventiva do equipamento, anotando as ocorrências em livro próprio. Atentar para o travamento adequado das giricas ou dos carrinhos de mão dentro da cabina do guincho durante o transporte vertical.

6.1.18.2.2 Com grua

Delimitar e sinalizar a área sob movimentação da carga, não permitindo a circulação ou permanência de pessoas nessa região. Tomar os seguintes cuidados com a grua: molhar a caçamba antes da concretagem, lavá-la ao término do serviço e mantê-la constantemente limpa, evitando deposição de concreto ou argamassa aderida. Acompanhar semanalmente a manutenção preventiva fornecida pelo locador do equipamento, anotando as ocorrências em livro próprio. Operar a grua sempre com dois trabalhadores – um operador e um sinalizador qualificados, providos de aparelho intercomunicador quando necessário – e verificar o travamento do fundo da caçamba no momento do seu carregamento.

6.1.18.2.3 Por bombeamento

Assegurar-se de que o diâmetro interno do tubo seja maior que o triplo do diâmetro máximo do agregado graúdo. Posicionar os caminhos para locomoção de pessoas sobre a laje. Lubrificar a tubulação com nata de cimento ou argamassa com traço igual ao do concreto, não utilizando esse material para a concretagem. Alocar de dois a quatro homens para segurar a extremidade da tubulação. Travar as curvas da canalização em razão dos problemas decorrentes do grande empuxo envolvido.

6.1.18.2.4 Por caminhão-lança

Assegurar-se de que a lança atinja todos os pontos de concretagem (acessibilidade e comprimento da tubulação), que as redes públicas de eletricidade e telefonia permitam a mobilidade segura da lança e que a tubulação do caminhão se encontre devidamente lubrificada com argamassa. Um operário é suficiente para segurar a extremidade da tubulação.

6.1.18.3 Lançamento do concreto

Molhar as fôrmas antes da concretagem. Impedir que elas sofram qualquer tipo de contaminação durante a concretagem, eliminando os principais focos, como o barro dos pés dos operários. Prever uma equipe de apoio composta por um encarregado para controle e conferência de níveis depois do desempeno; um armador para manutenção da ferragem; um eletricista para verificação da integridade dos conduítes e caixas de derivações; um carpinteiro por frente de concretagem, trabalhando sob as fôrmas, verificando a integridade e o seu completo preenchimento com o auxílio de um martelo de borracha. Lançar o concreto tendo o cuidado de não formar grande acúmulo de material em um ponto isolado da fôrma. Atentar também para o fato de que o concreto deve ser lançado logo depois do batimento, não sendo permitido um intervalo superior a 1 h entre o fim da mistura e o lançamento, respeitando sempre o limite de 2½ horas entre a saída do caminhão da usina e o lançamento.

O mesmo é válido em interrupções envolvendo o concreto já lançado e adensado e o concreto novo. Havendo necessidade de um intervalo maior, será necessário especificar um aditivo retardador de pega, tomando as devidas precauções que esse material exigir. Recomenda-se a assessoria de um tecnólogo de concreto. Espalhar o concreto com o auxílio de pás e enxadas e vibrar conforme recomendações da Seção 6.1.18.4 adiante. Sarrafear o concreto com uma régua de alumínio posicionada entre as taliscas e desempenar com madeira, formando as guias ou mestras de concretagem. Verificar o nível das mestras com o aparelho de nível a *laser*. Remover o corpo metálico das taliscas, sarrafear o concreto entre as mestras e dar acabamento com desempenadeira de madeira, formando a laje. Verificar o nivelamento e corrigir eventuais distorções. Este tem de ser verificado a cada faixa de 50 cm com o auxílio de um aparelho de nível a laser, admitindo-se uma tolerância de ± 3 mm. Depois do desempeno com madeira, aguardar cerca de 1 hora para proceder ao alisamento da superfície com o auxílio de um *rodo-float* (régua vibratória com cabo longo). Iniciada a pega do concreto (cerca de 2 a 3 horas), proceder, se for o caso, ao acabamento final das superfícies e remover os gabaritos de rebaixo para reaproveitamento em outras lajes. Nas áreas a serem revestidas com carpete ou piso laminado melamínico, o acabamento final poderá ser obtido utilizando uma desempenadeira de aço manual ou elétrica (*helicóptero*). Junto de interferências, como no arranque de pilares ou em gabaritos de rebaixo, o motorizada será dado, sempre, com uma desempenadeira manual de aço.

Em caso de chuva intensa, interromper criteriosamente o lançamento e e proteger o trecho já concretado com lona plástica. Decidindo-se por continuar o serviço, será preciso proteger o trecho já concretado, as gericas e o silo do caminhão com lona plástica. Acompanhar, no lançamento, se não ocorrem deslocamentos da ferragem e de outros elementos metálicos (*inserts*), assim como o nível de parada do concreto, a integridade das fôrmas, a vibração, o tempo de descarga (menor que 2 h 30 min a partir da saída do caminhão da usina) e o grau de acabamento desejado (desempenado rústico ou fino). Em se tratando de concretagem de lajes em balanço, é importante o acompanhamento do engenheiro, que deverá dar especial atenção à posição da armadura negativa. Mapear as regiões em que foi lançado o concreto de cada caminhão, registrando em planta específica para cada andar. No caso de junta *fria* de concretagem (concreto fresco × concreto endurecido), alertar o projetista estrutural que terá de informar a melhor posição, o grau de inclinação da junta e a necessidade ou não de aplicação de ponte de aderência. Evitar juntas em áreas molhadas que não receberão impermeabilização. Na concretagem da periferia da laje, será necessário dar especial atenção para evitar queda de materiais. A adoção de escoramento metálico, concreto com *slump* elevado e régua vibratória são alguns pré-requisitos para obter-se nivelamento e planicidade adequados, a fim de, na medida do possível, eliminar o futuro contrapiso da laje. Está é assim a chamada *laje zero*.

6.1.18.4 Adensamento do concreto

Definir o diâmetro da agulha do mangote e aplicar a vibração em distâncias iguais a $1^1/_2$ vez o raio de ação, conforme a Tabela 6.16.

Tabela 6.17: Diâmetro da agulha

Diâmetro da agulha	Raio de ação	Distância entre vibração
25 mm a 30 mm	10 cm	15 cm
35 mm a 50 mm	25 cm	38 cm
50 mm a 75 mm	40 cm	60 cm

Introduzir e retirar a agulha lentamente (o vibrador deve penetrar no concreto por si só), de modo que a cavidade formada se feche naturalmente. Em geral, 15 segundos são suficientes para adensar a área em que a agulha está imersa. Desaconselha-se vibrar além do necessário, pois a permanência excessiva do vibrador imerso poderá causar segregação dos materiais do concreto. Várias incisões, mais próximas e por menos tempo, produzem melhores resultados. Evitar o contato da agulha do vibrador com as fôrmas, utilizando-o na vertical. Não vibrar o concreto pela armadura, bem como não desligar o vibrador enquanto ele estiver imerso no concreto são outras medidas importantes. Quanto ao equipamento, recomendam-se os seguintes cuidados, dentre outros: não puxar o motor pelo mangote ou pelo cabo elétrico; não usar o vibrador como alavanca, martelo ou para transportar o concreto; não lubrificar internamente a agulha do vibrador. Dar especial atenção ao isolamento dos cabos e dos motores (duplo isolamento), à ligação dos vibradores em tomadas específicas e à previsão de apoio para que o motor dos vibradores não fique em contato com o concreto. Terminado o trabalho, limpar os materiais e equipamentos em local que não interfira na qualidade das peças concretadas.

6.1.18.5 Cura do concreto e cuidados especiais

Iniciar a cura úmida tão logo a superfície permita (secagem ao tato) ou utilizar retentores de água como sacos de estopa, areia ou serragem saturados. Em regiões com incidência de sol intenso, cobrir as lajes com uma lona a fim de minimizar a perda de água por evaporação. Manter a aspersão de água por um período mínimo de 3 dias consecutivos, em intervalos de tempo suficientemente curtos para que a superfície da peça permaneça sempre úmida. Evitar o trânsito de pessoas ou impactos fortes sobre as peças recém-concretadas, pelo menos nas primeiras 12 horas. Opcionalmente, a cura do concreto pode ser feita por meio de um aspersor de água que mantenha as peças constantemente umedecidas, ou por películas formadas pela aplicação de aditivos de cura, bem como por processos mais complexos, como cura térmica ou termoelétrica, dentre outros. Enquanto não atingir endurecimento satisfatório, o concreto deve ser curado e protegido contra agentes prejudiciais para:

- evitar a perda de água pela superfície exposta;
- assegurar uma superfície com resistência adequada;
- garantir a formação de uma capa superficial durável.

Os agentes deletérios mais comuns ao concreto no seu início de vida são:

- mudanças bruscas de temperatura;
- secagem;
- chuva forte;
- água torrencial;
- congelamento;
- agentes químicos;
- choques e vibrações de intensidade tal que possam produzir fissuras no concreto ou prejudicar a sua aderência à armadura.

O endurecimento do concreto pode ser acelerado por meio de tratamento térmico ou pelo uso de aditivos que não contenham cloreto de cálcio na sua composição e devidamente controlado, não se dispensando as medidas de proteção contra a secagem. Elementos estruturais de superfície têm de ser curados até que atinjam resistência característica à compressão ($f_c k$), de acordo com as normas técnicas da ABNT, igual ou maior que 15 MPa. No caso de utilização de água, esta deve ser potável ou satisfazer às exigências das normas técnicas da ABNT.

6.1.19 Junta de concretagem

6.1.19.1 Generalidades

Quando o lançamento do concreto for interrompido, consequentemente forma-se uma junta de concretagem não prevista no projeto, razão pela qual devem ser tomadas todas as devidas precauções para assegurar a necessária ligação do concreto já endurecido com o da nova etapa da concretagem. O concreto tem de ser perfeitamente adensado até a superfície da junta, utilizando-se de fôrmas temporárias (tipo *pente*, por exemplo), quando necessário, para assegurar adequadas condições de adensamento. Antes da aplicação do concreto, é preciso fazer a retirada cuidadosa de detritos. Antes de reiniciar o lançamento do concreto deve ser removida a nata da pasta de cimento (que fica vitrificada) e feita a limpeza da superfície da junta, mediante a remoção do material solto. Pode ser retirada a nata superficial com a aplicação de jato de água sob forte pressão logo após o fim da pega (chamada de *corte verde*). Em outras situações, para obter-se a aderência desejada entre a camada remanescente e o concreto a ser lançado, é necessário o jateamento de abrasivos (areia) ou o apicoamento da superfície da junta com posterior lavagem, de maneira a deixar aparente o agregado graúdo. Nesses casos, o concreto já endurecido deve ter resistência suficiente para não sofrer perda indesejável de material, o que geraria a formação de vazios na região da junta de concretagem. Cuidados especiais precisam ser ainda tomados no sentido de não haver acúmulo de água em cavidades formadas pelo método de limpeza da superfície. Têm de ser tomadas as precauções necessárias para garantir a resistência aos esforços que podem agir na superfície da junta. Uma medida adequada consiste normalmente em deixar ferros de arranque na armadura ou barras cravadas no concreto ainda fresco ou reentrâncias no concreto mais velho. Na retomada da concretagem, aplicar argamassa de cimento e areia, com a mesma composição da argamassa do concreto, sobre a superfície da junta, para evitar a formação de vazios. Podem, ainda, ser usados para melhorar a aderência entre as camadas de concreto em uma junta de concretagem, desde que não causem danos ao concreto e seja possível comprovar desempenho ao menos igual ao dos métodos tradicionalmente utilizados. No uso de resinas, nesse caso, deve ser levado em conta seu comportamento ao fogo. As juntas de concretagem, sempre que possível, têm de ser previstas no projeto estrutural e estas localizadas onde forem menores os esforços de cisalhamento, preferencialmente em posição normal aos esforços de compressão, salvo se demonstrado que a junta não provocará a diminuição da resistência do elemento estrutural. No caso de vigas ou lajes apoiadas em pilares, ou então paredes, o lançamento do concreto precisa ser interrompido no plano horizontal. Juntas de concretagem não previstas no projeto estrutural devem ser previamente aprovadas pelo responsável técnico pela obra. As juntas de concretagem ficam sempre visíveis, independentemente de terem sido ou não bem executadas; portanto, se forem locadas sem bom planejamento, a estrutura de concreto aparente ficará prejudicada quanto ao seu aspecto e seu acabamento. Sua disposição e localização deverão estar indicadas no projeto, de forma a coincidir com alguma característica arquitetônica. Concreto mal lançado e sem adensamento perfeito geralmente deixará a junta fraca e de mau aspecto. Isso é notado especialmente na base dos pilares onde se forma o que chamam, na obra, de *ninhos de pedra*. Antes que uma junta possa ser concretada, qualquer sujeira terá de ser removida da superfície do concreto já endurecido, pois os resíduos agirão como camada separadora. Serragem, partículas de madeira, pregos, pedaços de arame etc. que eventualmente tenham caído na fôrma precisam ser removidos com ímã, escova e jato de ar comprimido. As superfícies assim preparadas necessitam ser recobertas de pasta de cimento ou argamassa com a mesma resistência do concreto.

6.1.19.2 Argamassa de cimento e areia

A argamassa deverá compor-se dos mesmos materiais do concreto sobre o qual vai ser aplicado, com exceção da pedra. A espessura de argamassa terá de ficar entre 1 cm e 2 cm, não podendo exceder 2 cm, pois haverá tendência de formar uma camada porosa de aspecto não recomendável. A nova camada de concreto será superposta antes de decorridos 30 minutos.

6.1.19.3 Pasta de cimento

A pasta deverá ser pincelada formando uma camada fina e uniforme sobre a superfície recém-preparada de uma junta, a qual precisa ser imediatamente recoberta com a nova camada de concreto, tendo em vista que a camada sendo fina secará rapidamente, resultando em uma junta muito fraca. Esse método não será muito satisfatório quando o concreto endurecido não puder ser bem atingido na operação de limpeza.

6.1.19.4 Encharcamento do concreto

Caso não seja possível usar argamassa ou pasta, será necessário encharcar o concreto endurecido com água, deixando a sua superfície saturada para que não ocorra secagem e, consequentemente, o enfraquecimento da junta. Todo cuidado necessita ser tomado a fim de que a primeira camada do novo concreto tenha atingido seu completo adensamento. Assim sendo, é preciso limitar a espessura de cada camada sem vibração em 50 cm.

6.1.19.5 Dissimulação de junta de concretagem

Considerando-se que as juntas de concretagem estarão sujeitas a apresentar aparência pouco estética, é recomendável, sempre que possível, disfarçá-las com a criação deliberada de um sulco (*bunha*) no concreto, ao longo de toda sua extensão. Para tanto, terá de ser fixado um sarrafo (fino e aparelhado) na fôrma, junto da parte superior dela. Esse sarrafo deverá ser ligeiramente chanfrado na borda, para facilitar sua posterior remoção. O concreto será então lançado até facear o sarrafo, que, quando a forma for retirado, permanecerá preso ao concreto. A forma seguinte será então colocada, envolvendo completamente o sarrafo. Depois da remoção dessa segunda forma, o sarrafo será então retirado, criando um rebaixo na face do concreto, ficando então bem marcada a junta de concretagem. Como é óbvio, será necessário limpar o concreto antes da execução dessa junta, agindo da maneira já descrita.

6.1.20 Acabamento do concreto

Se aparecerem defeitos na superfície, o profissional responsável pela obra poderá autorizar que se façam algumas correções. Quando o concreto não está programado para ser aparente, é usual corrigir certas áreas como pequenos buracos e furos de parafuso, com preenchimento de argamassa. A menos que essas áreas sejam reparadas, a umidade pode atingir a armadura, causando sua oxidação (ferrugem) e o consequente fissuramento do concreto. No caso de:

- *Superfícies do concreto aparente*: qualquer correção, se necessária, será feita imediatamente depois da desforma. Correções grandes não são normalmente permitidas sem a vistoria do engenheiro da obra. Quando se usam formas deslizantes, geralmente, se providencia uma plataforma de trabalho, de modo que o acabamento se faz à medida que a obra se desenvolve.
- *Furos de chumbadores*: é necessário limpar o furo com estopa. Em seguida, misturar a argamassa até dar-lhe consistência seca. Umedecer o furo e introduzir nele a argamassa a partir da face exterior. Deixar a argamassa levemente saliente e, logo que ela estiver endurecida, nivelar a superfície com uma desempenadeira de borracha esponjada ou com qualquer outra ferramenta que possa dar a textura desejada. Completar então o preenchimento do lado interior da face, se puder ser alcançada. Terminar o acabamento do mesmo modo que na face exterior.
- *Saliências*: se necessário, usar uma pedra de esmeril fina ou média para remover as saliências que possam ter se formado ou para retirar as saliências produzidas pelo escorrimento de nata pela face da peça.
- *Furos de bolhas de ar*: não se costuma preencher esses furos, porquanto devem ser pequenos e pouco aparentes. No entanto, se forem grandes, quando o concreto tiver a idade de 1 ou 2 dias, é preciso aplicar na superfície, comprimindo com espátula, argamassa de uma parte de cimento portland para $1\frac{1}{2}$ parte de areia; convém utilizar a mesma qualidade de areia e marca do cimento do concreto. Isso se pode fazer com uma desempenadeira de borracha esponjada. É importante passá-la sobre a superfície toda e não somente na parte defeituosa, para não deixar o aspecto de que foi remendada.
- *Argamassa*: a argamassa usada para preencher os furos dos chumbadores terá as mesmas proporções de areia e cimento usadas no concreto. Têm ainda de ser a mesma areia utilizada no concreto e a mesma marca do cimento; é aconselhável peneirá-la para retirar as partículas mais grossas. Em geral, a argamassa seca é mais escura que o concreto original. Para contrabalançar, uma mistura de cimento portland branco com cimento comum será utilizada. Cerca de três partes de cimento branco para uma parte de cimento comum seriam as proporções usuais para essa mistura. Quando se precisa de cor perfeitamente igual à do concreto, podem-se preparar diversas amostras de argamassa, cada uma com diferente proporção de cimento branco, deixando-as secas. Elas podem ser comparadas com a cor do concreto original, antes de se decidir qual a melhor.
- *Superfícies não aparentes*: ninhos de pedra e outros remendos do concreto fraco, na superfície ou próximo dela, devem ser aprofundados de pelo menos 5 cm e sempre até encontrar o concreto sadio e a armadura de aço, a fim de obter melhor amarração. Se as falhas se estenderem além da ferragem, pode ser necessário a completa substituição do concreto. É preciso consultar um engenheiro especializado no caso de se ter dúvida se uma área defeituosa será reparada ou demolida inteiramente.
- *remendos*: a argamassa para consertos tem de ser preparada tão seca quanto possível, mas suficientemente trabalhável para sua aplicação; deve, naturalmente, ter as mesmas proporções de areia e cimento; é muito importante que a argamassa seja introduzida na área defeituosa pressionada por socagem. A seguinte metodologia é recomendável:
    - remover, cortando, todo o concreto falho, até encontrar o concreto são;
    - deixar as laterais das áreas levemente rebaixadas;
    - umedecer durante 24 horas a área, de modo que a superfície fique encharcada, porém, sem conter água livre, e então aplicar pasta de cimento cuidadosamente preparada;
    - socar a argamassa até preencher a área defeituosa completamente;
    - terminar nivelando.

O concreto se retrai ao endurecer, e, portanto, os remendos necessitam ser bem cuidados. Logo que a superfície endureça suficientemente, ela tem de ser coberta com lona plástica, pano umedecido ou sacos de papel. Toda a armadura precisa ter cobertura adequada de concreto depois de ter sido feito qualquer remendo.

- *Saliências e furos de bolhas de ar*: esses defeitos podem ser deixados no estado em que se encontrarem, contanto que não fiquem aparentes.

Para obter uma superfície durável e uniforme de concreto, processos adequados devem ser cuidadosamente seguidos. Inicialmente, a escolha do traço e, consequentemente, da consistência do concreto tem de atender aos requisitos de projeto da estrutura e às condições de trabalhabilidade necessárias. Os processos de lançamento e adensamento precisam ser realizados de forma a obter um material homogêneo e compacto, ou seja, sem apresentar vazios nas argamassas de concreto, com o mínimo manuseio possível, para obter os resultados desejados no acabamento das peças concretadas. É necessário evitar a manipulação excessiva do concreto, como processos de vibração muito demorados ou repetidos em um mesmo local, que provoca a segregação do material e a migração do material fino e da água para a superfície (exsudação), prejudicando a qualidade da superfície final, com o consequente aparecimento de efeitos indesejáveis.

6.1.21 Graute

O graute é um pó aglomerante de cor cinza, composto de cimento, agregados minerais e aditivos químicos não tóxicos, inclusive fluidificante. Deve-se preparar a argamassa em masseira limpa e estanque, protegida de sol, chuva e vento, próxima ao local de lançamento. Na consistência similar à do concreto, misturar um saco de 25 kg de graute com cerca de 2,25 L de água limpa. Em uma consistência mais fluida – utilização mais comum como graute –, misturá-lo com 2,75 L de água. A adição tem de ser feita aos poucos, até conseguir a trabalhabilidade adequada. Para quantidades maiores, pode-se utilizar mistura mecânica (betoneira). O tempo de mistura, nesse caso, é de 3 a 4 minutos. O graute pode ser utilizado interna ou externamente para:

- preenchimentos diversos;
- aplicações similares à argamassa de concreto;
- grauteamento de blocos em alvenaria estrutural;
- preenchimento de pilaretes e canaletas de alvenaria qualquer;
- cintas de amarração, vergas e contravergas;
- fixação de placas e portões;
- pequenos reparos em pisos de concreto.

O graute é recomendado também para reparação de defeitos e falhas em estruturas de concreto; sua elevada fluidez permite alcançar locais de acesso difícil ou quase inacessíveis. O rendimento é: 50 kg de graute misturados com 8,5 L de água (± 17%) produzem aproximadamente 23 L. As resistências inicial ou final bem como o momento em que se pode efetuar a liberação das cargas sobre o graute aplicado constituem fatores determinantes na sua escolha. Esses fatores dependem:

- do graute selecionado;
- da quantidade de água na mistura;
- da temperatura da superfície grauteada;
- do tempo decorrido após a mistura com água.

Recomenda-se proteger a aplicação em áreas externas durante três dias. Seguem no Quadro 6.7 dados de ensaios realizados com graute.

O graute é geralmente fornecido em sacos plásticos contendo 25 kg do produto. Sua validade é de seis meses a contar da data de fabricação impressa na embalagem. Deve ser estocado em local seco e arejado, sobre estrado, em pilhas com no máximo 1,5 m de altura, em sua embalagem original fechada.

Quadro 6.7: Resistências em MPa para consistências a 20 °C

Idade	Plástica a/g=0,178	Semifluida a/g=0,195	Fluida a/g=0,222
1 d	28,3	23,1	21,2
3 d	38,0	34,3	29,2
7 d	41,2	39,2	33,9
28 d	50,4	47,5	40,0

6.1.22 Adesivo estrutural à base de epóxi

Trata-se de pasta ou líquido obtido pela mistura de dois componentes – um catalisador e uma resina à base de epóxi – que reagem entre si, proporcionando aderência das partes que se quer colar. Tem-se o que segue:

- *Tempo de utilização após mistura*: de 30 minutos a 3 horas, conforme a temperatura ambiente.
- *Tempo de cura parcial*: 24 horas.
- Tempo de cura total: 7 dias.
- *Propriedades*: grande aderência; alta resistência à compressão, tração e flexão; estabilidade térmica; resistência química à água, soluções salinas e alcalinas, solventes, óleos e soluções ácidas de média concentração; resistência às intempéries.
- *Utilização básica*: em colagem rígida, semirrígida ou elástica; em ancoragem; preenchimento de falhas de concretagem; consolidação de concreto ou argamassa porosa; junta de concretagem; estancamento; colagem de fissuras e trincas; colagem de cerâmica, azulejo, mármore, ferro, alumínio, madeira, concreto fresco sobre concreto endurecido, fibrocimento etc.
- *Base de aplicação*: superfície firme, áspera ou quase lisa, seca, isenta de poeira, óxidos, graxa, óleo, asfalto e cera, precisando ser limpa com jato de areia, lixadeira, escova de aço, jato de água de alta pressão ou de ar comprimido; as manchas gordurosas têm de ser removidas com detergente, água e escova, o mesmo ocorrendo com a peça a ser colada.
- *Aplicação*: o preparo do adesivo é feito pela mistura dos componentes – resina e catalisador – em proporções que variam de acordo com a utilização e com o fabricante, até obter homogeneidade da mistura. É necessário ser aplicada com pincel, trincha ou espátula, em uma camada fina e uniforme sobre as superfícies a serem coladas, exercendo certa pressão sobre as peças para expulsão do ar, e assim permanecendo até o endurecimento do adesivo. Nas trincas e fissuras, a aplicação será feita por injetor pneumático ou agulha de injeção. As porções devem ser preparadas proporcionalmente ao seu emprego, para que não haja desperdício por endurecimento da mistura. Para trincas de maior espessura, adicionar meia parte de areia fina de quartzo à mistura dos dois componentes. As ferramentas precisam ser limpas imediatamente depois da aplicação, usando para isso solvente próprio ou água e sabão, para evitar que elas fiquem inutilizadas.
- *Cuidados*: aconselha-se o uso de luvas e óculos e evitar o contato com a pele e mucosas. Não se pode adicionar solventes, pois eles impedem o endurecimento.
- *Armazenamento*: até 12 meses (nas embalagens originais e intactas).
- *Consumo*: 1 kg/m² a 3 kg/m², conforme a espessura da camada (em média, 1 mm) e estado da superfície.

6.1.23 Laje nervurada

Lajes nervuradas, conforme as normas técnicas brasileiras definem, são lajes moldadas in loco ou com nervuras prémoldadas, cuja zona de tração é constituída por nervuras entre as quais pode ser colocado material inerte ou deixar os espaços vazios. Assim, a laje nervurada é mais econômica que a maciça, pois não consome concreto (desnecessário) na região tracionada da estrutura. Ainda, a laje nervurada reduz a quantidade de armadura empregada, uma vez que ela tem altura maior que a maciça com inércia semelhante. Além do mais, a laje nervurada permite vencer vãos maiores entre os pilares comparativamente à laje maciça. Sendo assim, a laje nervurada é composta por um conjunto de vigas que se cruzam, solidarizadas por uma capa (mesa) de compressão, representando uma redução do peso próprio da laje. Há vários tipos de laje nervurada:

- laje nervurada apoiada em vigas;
- laje nervurada apoiada em vigas-faixas (estas têm largura maior que a altura);
- laje cogumelo (laje nervurada apoiada diretamente nos pilares, os quais são providos de capitéis);
- laje protendida (indicada para grandes vãos, ao redor de 20 m).

Para a execução da laje com nervuras moldadas *in loco*, são utilizados moldes (cubetas) recuperáveis, que dão forma às nervuras. As cubetas são confeccionadas em geral de polipropileno e são em geral alugadas. Resume-se a seguir as etapas da execução da laje nervurada:

- *Cimbramento*: as cubetas (fôrmas plásticas) são apoiadas em escoramento adequadamente nivelado.
- *Posicionamento*: as fôrmas devem ser dispostas de acordo com o projeto, sem a utilização de pregos ou fixadores.
- *Desmoldante*: sobre a superfície limpa das fôrmas (na posição definitiva) precisa ser aplicado líquido desmoldante com auxílio de rolo ou por aspersão.
- *Armadura*: a ferragem tem de ser disposta conforme projeto, com o uso de espaçadores plásticos para garantir a distância mínima entre as barras e os limites da fôrma.
- *Concretagem*: o concreto tem de ser lançado o mais próximo da posição final para não sobrecarregar as fôrmas com montes da argamassa; o lançamento é feito a partir das extremidades da laje no sentido do seu centro.
- *Cruzamento das nervuras*: nos encontros de quatro delas é necessário, lançar o concreto e adensá-lo com vibrador de imersão com diâmetro no máximo de Ø 25 mm.
- *Desmoldagem*: as fôrmas devem ser retiradas com o auxílio de cunhas de madeira a uma distância entre 10 cm e 15 cm da quina da fôrma, sem a utilização de alavancas.

6.1.24 Laje alveolar

A laje alveolar é constituída de painéis tubulares de concreto protendido que possuem seção transversal com altura constante e alvéolos longitudinais responsáveis pela redução do seu peso próprio. Estes painéis protendidos são produzidos industrialmente (em fábrica) com concreto de elevada resistência característica à compressão ($f_ck \geq$ 45 MPa) e com aços especiais para protensão (fios e cordoalhas). Dependendo da sobrecarga, necessitam de capa de concreto armado com malha de distribuição. Concluída a montagem dos painéis alveolares pré-moldados, que são autoportantes, é possível o preenchimento simplesmente das juntas ou da execução da capa de concreto, sem necessidade de escoramento algum dos painéis. Cada seção transversal é dimensionada (altura do painel e armadura) de acordo com o vão e a sobrecarga. Assim, para a escolha da laje alveolar, devem ser levados em conta os seguintes parâmetros:

- *Vão da laje*:
  - *vãos menores que 5 m*: a laje alveolar é uma opção para obras que precisem de velocidade (pois é autoportante e por isso dispensa a utilização de escoramento mesmo requerendo capa de concreto para lajes com sobrecarga alta ou obras com pé-direito elevado (com grande custo de escoramento); porém, lajes comuns que usam escoramento costumam ser mais econômicas nessa faixa de vão;
  - *vãos de 5,5 m a 7 m*: a laje alveolar apresenta custo bastante competitivo;
  - *vãos acima de 7 m*: normalmente, a laje alveolar é uma excelente alternativa em termos econômicos.
- *Sobrecarga*: a laje alveolar é especialmente apropriada para:
  - *vãos menores que 5 m*: sobrecarga 500 kgf/m²;
  - *vãos maiores que 6 m*: sobrecarga qualquer.
  - *Velocidade de montagem*: por dispensar escoramento, a opção por laje alveolar acelera o ritmo da obra, liberando os pavimentos rapidamente para os trabalhos de acabamento.
  - *Acabamento inferior*: a laje alveolar apresenta excelente acabamento inferior, dispensando serviços adicionais para a maioria dos usos; basta massa corrida de PVA em obras de alto padrão.

6.1.25 Fissuras do concreto

Dentre os problemas patológicos mais sérios que se manifestam nas estruturas de concreto armado, destacam-se as fissuras, que são pequenas rupturas que surgem no concreto como consequência de esforços superiores à sua resistência. As tensões que atuam sobre o concreto são resultantes da distribuição das cargas que agem sobre a peça estrutural ou são provenientes dos chamados *esforços espontâneos* que provocam variações nas dimensões do elemento de concreto. É necessário o conhecimento do tipo de fissura, sua origem e desenvolvimento para aplicar o corretivo adequado na ocasião oportuna. As fissuras podem aparecer antes ou depois do endurecimento do concreto. No período anterior ao endurecimento é ainda possível remoldar o concreto, mesmo após seu lançamento. Isso pode variar de 1 a 12 horas, dependendo da temperatura ambiente, do grau de umidade do concreto e do uso de aditivos modificadores do tempo de pega (aceleradores ou retardadores). As fissuras que ocorrem antes do endurecimento do concreto são resultantes de assentamentos diferenciais dentro da argamassa de concreto (sedimentação) ou retração da superfície causada pela rápida perda de água enquanto o concreto se encontra ainda no estado plástico. Outra causa de fissura nessa fase pode ser a movimentação das fôrmas. As fissuras provocadas pela distribuição das cargas podem ser classificadas e identificadas da seguinte maneira:

- *Fissuras provocadas por esforços de compressão*: são fissuras paralelas à direção do esforço e oferecem grande perigo, pois sua aparição coincide praticamente com o estado de colapso (esgotamento da resistência) da peça estrutural.
- *Fissuras provocadas por esforços de tração*: são fissuras perpendiculares à direção do esforço.
- *Fissuras provocadas por esforços de flexão*: são mais frequentes nas vigas e, geralmente, aparecem na sua zona inferior; são de traçado vertical; contudo, elas podem surgir na parte superior da viga ou em zonas próximas ao apoio, combinadas com esforço cortante na zona inferior da viga e com traçado inclinado a 45°.
- *Fissuras provocadas por esforços cortantes*: são de traçado esconso, chegando a ter trechos quase horizontais.
- *Fissuras provocadas por esforços de torção*: são fissuras cujo traçado percorre todo o perímetro da peça, desenvolvendo-se em sentidos opostos de uma direção da peça.

As fissuras provocadas por esforços espontâneos podem ser classificadas em:

- *Fissuras provocadas por retração hidráulica*: são consequência da evaporação progressiva da água dos poros do concreto que se encontra em ambiente seco. São de dois tipos:
    - anteriores à pega:
        * em elementos de espessura uniforme e sem dimensões preferenciais: as fissuras distribuem-se aleatoriamente;
        * em elementos com uma dimensão preferencial: as fissuras distribuem-se paralelamente a essa direção;
    - posteriores à pega: são fissuras que surgem em peças estruturais cuja movimentação (dilatação/contração) está impedida e o seu traçado é perpendicular ao eixo principal da peça; são de pequena dimensão e distribuídas.
- *Fissuras provocadas por variação térmica*: são causadas por contração ou por dilatação; são fissuras em geral atípicas, requerendo um estudo para cada caso.
- *Fissuras provocadas por expansão*: são por causa do excesso de expansor adicionado ao concreto, ou à oxidação das barras de aço etc.; os tipos de fissura provocada pela oxidação da armadura constituem um problema sério para as estruturas de concreto armado e são muitas vezes causados por falta de cuidado na colocação da armadura ou por cobrimento insuficiente da ferragem pela argamassa de concreto; as fissuras que surgem nesse caso são paralelas às barras da armadura e permitem com o tempo a continuidade da corrosão do aço.

Em resumo, as fissuras mais comuns são originadas: a partir de deficiências quando da elaboração dos projetos, qualidade inadequada dos materiais utilizados e falhas de execução da obra. Dentre os inúmeros fatores que causam o aparecimento das fissuras, destacam-se os seguintes:

- *Recalques diferenciais*: a influência dos recalques diferenciais de fundação na estrutura de concreto depende da interação de vários fatores entre a fundação, estrutura e o solo que as suporta. Normalmente, as fissuras

decorrentes dos recalques diferenciais são inclinadas na direção do ponto em que ocorreu o maior recalque, cujas aberturas são proporcionais à intensidade.
- *Sobrecargas*: a atuação de sobrecargas nas edificações, mesmo que previstas em projeto, podem provocar fissuramento nas peças de concreto armado submetidas à flexão, cisalhamento, flexocompressão, torção e compressão axial. A configuração das fissuras provocadas por sobrecargas são diferenciadas em função das parcelas solicitantes.
- *Agentes agressivos*: existem várias substâncias químicas e meios agressivos que aceleram a deterioração dos materiais de construção, dentre os quais se destaca o processo de corrosão da armadura nas peças de concreto armado. Usualmente, os principais fatores que causam a corrosão de armadura são os cobrimentos insuficientes, mau adensamento e/ou alta permeabilidade do concreto, bem como sua má execução. Esse processo, preponderantemente eletroquímico, ocorre devido à presença de água e ar que desencadeia a oxidação de todas as regiões mal protegidas da armadura. Normalmente, essas fissuras apresentam-se paralelas à direção da armadura principal.
- *Retração por secagem*: a redução de volume causada pela diminuição de umidade é conhecida como *retração por secagem*. Quando o concreto perde umidade, ele se contrai (e, quando ganha umidade, se expande). O efeito da variação de volume nas estruturas de concreto não seria prejudicial se houvesse liberdade de sua movimentação; entretanto, isso não acontece por causa do engaste na fundação, a existência de armadura e outros fatores que impedem a mobilidade das peças da estrutura. Esse impedimento à movimentação induz ao aparecimento de tensões de tração que podem romper o concreto, originando o aparecimento de fissuras. Quanto maior for o consumo de cimento adicionado à mistura, relação água/ cimento e finura dos agregados, maior será a retração. Geralmente, a configuração dessas fissuras é linear com direções variadas, dependendo de diversos fatores.

Pode-se evitar o fissuramento do concreto mediante medidas que são, em geral, para todos os casos, quais sejam:
- dosar adequadamente o concreto;
- adotar o menor teor de água possível;
- usar agregado graúdo com maior tamanho e teor possível;
- produzir misturas densas;
- aspergir água sobre o concreto acabado tão logo desapareça o brilho que indica secagem superficial;
- lançar concreto sem precipitação;
- vibrar o mínimo possível por ponto e na maior quantidade de pontos possível;
- não usar o mangote do vibrador para "correr" o concreto, mas tão somente para adensá-lo e empregá-lo na posição vertical;
- utilizar o mínimo possível a desempenadeira no acabamento;
- desformar o concreto só após confirmar que sua resistência seja suficiente para suportar os esforços a que será submetido.

6.1.26 Movimentação térmica do arcabouço estrutural

O arcabouço estrutural da edificação estará sujeito à movimentação térmica, principalmente em estruturas de concreto aparente. A movimentação térmica da estrutura poderá causar destacamentos entre a alvenaria e o reticulado estrutural e mesmo até a incidência de trincas de cisalhamento nas extremidades da alvenaria. As paredes do último pavimento de um edifício estão sujeitas a condições particularmente adversas, em função principalmente da movimentação térmica da laje de cobertura. É necessário atentar também para o maior efeito da dilatação térmica dos pilares que acontecerá nesse último pavimento, já que eles só poderão expandir-se para cima.

6.1.27 Laje de cobertura sobre paredes autoportantes

As coberturas estão mais expostas às mudanças térmicas naturais do que os paramentos verticais da edificação; ocorrem, portanto, movimentos diferenciados entre os elementos horizontais e verticais. Além disso, podem ser mais intensificados pelas diferenças nos coeficientes de dilatação térmica dos materiais construtivos desses componentes (o coeficiente de dilatação térmica linear do concreto é aproximadamente duas vezes maior que o das alvenarias de uso corrente). É preciso considerar também que ocorrem diferenças significativas de movimentação entre as superfícies superior e inferior das lajes de cobertura.

Mesmo lajes sombreadas sofrem os efeitos desses fenômenos; parte da energia calorífica absorvida pelas telhas é reirradiada para a laje. A dilatação plana das lajes e o abaulamento provocado pelo gradiente de temperaturas ao longo de suas alturas introduzem tensões de tração e de cisalhamento nas paredes da edificação; conforme se constata na prática, as trincas se desenvolvem quase que exclusivamente nas paredes. Uma solução bastante razoável para reduzir efeitos de dilatação é a dessolidarização entre as paredes do último pavimento e a laje ou o vigamento da cobertura. Na alvenaria estrutural, a dessolidarização deve ser obrigatoriamente adotada. Assim sendo, entre a alvenaria e a laje de cobertura tem de ser criada uma junta deslizante, que pode ser constituída por mantas butílica, de EPDM, de neoprene, de feltro betumado etc.

6.1.28 Concreto autoadensável

Concreto autoadensável é um concreto com elevado abatimento (*slump*), superior a 250 mm e que possui como característica principal o preenchimento de todos os vazios da fôrma apenas pela ação do seu peso próprio, eliminando a necessidade do uso de vibradores, razão pela qual não segrega os seus componentes. É um concreto relativamente fluido, com alta trabalhabilidade e de fácil aplicação. No geral, são empregados neste tipo de concreto os aditivos plastificantes à base de éter policarboxilatos. Seu uso é recomendável em peças com alta concentração de armadura e em paredes-diafragma. Proporciona à construção redução da mão de obra e a eliminação dos nichos acidentais de concretagem. Assim, o concreto autoadensável apresenta as seguintes caracteríticas básicas:

- de preencher os espaços nas fôrmas sem intervenção mecânica (fluidez);
- de atravessar as restrições apresentadas pela armadura;
- de coesão suficiente para resistir à segregação dos seus elementos constituintes (estabilidade).

Os materiais utilizados no concreto autoadensável são iguais aos usados no concreto convencional: cimento, areia, brita, água e aditivos químicos. A diferença é relativa às proporções de cada componente. O diferencial desse tipo de concreto é o fato de ser ele produzido com maior quantidade de agregados finos em relação aos agregados graúdos, além de consumir maior quantidade de cimento e adição mineral quimicamente ativa (como a sílica ativa, cuja partículas são menores do que as do cimento) ou inerte. O custo do concreto autoadensável é cerca de 15% mais alto do que o do concreto convencional, porém apresenta as vantagens acima descritas.

6.1.29 Concreto protendido

6.1.29.1 Terminologia

- *Armadura de protensão*: conjunto de cabos confeccionados em conformidade com especificação do projeto destinado a geração das forças de protensão.
- *Ancoragem*: dispositivo capaz de manter o cabo em estado de tensão, transmitindo força de protensão à estrutura da edificação.
- *Ancoragem ativa*: ancoragem na qual se promove o estado de tensão no cabo por intermédio de equipamento de protensão.
- *Ancoragem passiva*: dispositivo embutido no concreto destinado a fixar a extremidade do cabo oposto à aquela da ancoragem ativa. Embora de configuração análoga àquela da ancoragem ativa, pode ou não possibilitar acesso para operação de protensão e permite verificação do grau de protensão e a eventual ocorrência de deslizamentos.
- *Ancoragem de emenda*: dispositivo destinado a dar continuidade a trechos de cabos.
- *Ancoragem morta*: dispositivo imerso no concreto destinado a fixar a extremidade do cabo oposta àquela da ancoragem ativa. Esta ancoragem não permite o acesso para operação e verificação do grau de protensão e da eventual ocorrência de deslizamento.

- *Cabeça pré-moldada*: peça de concreto que aloja uma ou mais ancoragens, executada previamente com a finalidade de possibilitar a antecipação das operações de tensionamento dos cabos e com a função de melhorar a distribuição dos espaços nas extremidades.
- *Cabo*: conjunto formado por fios, cordoalhas ou barras e seus dispositivos complementares, como ancoragem, bainhas, purgadores etc.
- *Fretagem*: armadura passiva (frouxa) destinada a resistir às tensões locais de tração no concreto, transmitidas pela ancoragem.
- *Bainha*: duto que isola o cabo do concreto.
- *Luva*: peça destinada a emendar bainhas.
- *Trombeta ou funil*: peça que faz a concordância da bainha com a ancoragem.
- *Suporte*: dispositivo usado para manter a bainha na posição do projeto.
- *Espaçador*: dispositivo utilizado em alguns tipos de cabo, destinado a manter seus elementos componentes afastados entre si.
- *Operação de protensão*: ato de aplicar força de tração no cabo de protensão, sob condições previamente especificadas.
- *Operação de cravação*: ato de fixar o cabo à ancoragem ativa, após a operação de protensão.
- *Operação de reprotensão*: compreende a execução da operação de protensão em cabo já protendido, sem a necessidade de efetuar a desprotensão.
- *Desprotensão*: ato de proceder, controladamente, a diminuição da tensão no cabo já protendido.
- *Acomodação de ancoragem*: perda de alongamento prevista e previamente determinada, para cada tipo de ancoragem, que ocorre durante a operação de cravação.
- *Deslizamento*: movimento não previsto entre a armadura de protensão e a ancoragem.
- *Zona de ancoragem*: região de uma peça de concreto na qual se situam as ancoragens, especialmente reforçada, para atender aos esforços locais que aí se manifestam.

6.1.29.2 Generalidades

A protensão do concreto é um método de ultrapassar a baixa resistência à tração do concreto. Desse modo, sua aplicação permite a construção de lajes e vigas de edifícios, assim como pontes e viadutos com vãos maiores daqueles obtidos com o uso de concreto armado, possibilitando ainda o projeto de elementos estruturais com seções transversais de menor dimensão. Ao pré-tracionar o aço dos cabos cria-se uma carga que vai comprimir o concreto. Essa compressão compensará depois parte da tração que o concreto sofrerá quando carregado, aumentando assim consideravelmente a sua resistência. O projeto deve ser elaborado por escritório de cálculo estrutural experiente e sua execução ser realizada por empresa especializada, que forneça mão de obra, materiais e equipamentos. O custo do concreto protendido é mais elevado que o do concreto convencional, mas pode ser compensado pelo uso de maior área útil desimpedida. Além disso, as peças estruturais mais leves resultam na economia em pilares e fundações. De um modo geral, as exigências referentes às disposições construtivas do concreto protendido são mais rigorosas que as do concreto com armaduras passivas. Há dois processos básicos de protensão:

6.1.29.3 Protensão não aderente de peça de concreto

Trata-se do sistema no qual não há aderência entre o aço de protensão e a estrutura de concreto. A protensão não aderente pode ser executada com o uso de equipamentos leves, facilmente aplicáveis em obra de edifícios e feitas em partes de uma estrutura de concreto. Utiliza basicamente cordoalhas (cabos) compostas de sete fios de aço CP 190 Ø 12,27 mm (Ø ½") ou Ø 15,2 mm (Ø 5/8"), recobertas com graxa lubrificante e inibidora de corrosão, as quais são industrialmente envolvidas com uma capa (bainha) plástica de poliuretano de alta densidade (PEAD), dentro da qual a cordoalha pode se movimentar por ocasião da protensão. A bainha é impermeável, durável e resistente a danos por manuseio. Os cabos são compostos basicamente por uma ancoragem em cada extremidade e a cordoalha de aço (envolta com graxa, tendo capa de polietileno).

A cordoalha é colocada sobre a fôrma (apoiada em cadeiras de suporte) onde será concretada a peça estrutural, posteriormente tensionada e finalmente ancorada (em cada extremidade da peça, com cunhas bipartidas especiais de aço), no concreto após estar curado. Neste sistema, como não existe aderência entre a armadura de protensão e o concreto, a manutenção da tensão ao longo da vida útil da estrutura se concentra nas ancoragens. Devido a isso, é fundamental que elas sejam fabricadas com elevado padrão de qualidade. As cordoalhas usadas no sistema de protensão não aderentes são as mesmas utilizadas no sistema aderente. As cordoalhas podem ser instaladas uma a uma ou em feixes, sendo, porém, tensionadas e ancoradas individualmente. As bainhas de PEAD que revestem individualmente as cordoalhas devem ter espessura mínima da parede de 1 mm e seção circular com diâmetro interno que permita o livre movimento da cordoalha no seu interior.

Precisam ser impermeáveis, duráveis e resistentes aos danos provocados por manuseio no transporte, instalação, concretagem e tensionamento. A execução de furos ou chumbamento nas peças concretadas tem de ser evitada, sob o risco de danificar ou romper a cordoalha, provocando consequente perda total da tensão do cabo. As ancoragens são feitas em uma das extremidades do cabo (passiva) e na outra (ativa). As peças de ancoragem passiva são dispositivos destinados a fixar a extremidade do cabo oposta àquela da ancoragem ativa e somente recebem o esforço advindo do tensionamento realizado na ancoragem ativa. Esta é a ancoragem na qual se promove o estado de tensão no cabo, por meio de macaco hidráulico de protensão. Na protensão sem aderência não existe etapa de injeção de nata de cimento nas bainhas e, consequentemente, não há no interior das bainhas o espaço destinado a essa nata. Isso possibilita que o centro de gravidade do cabo fique próximo às bordas inferior ou superior do elemento de concreto, permitindo melhor aproveitamento da altura útil do concreto.

6.1.29.4 Protensão aderente de peça de concreto

Trata-se do sistema de protensão no qual a injeção de cimento nas bainhas metálicas garante a aderência mecânica da cordoalha (sem graxa e sem capa) de protensão (armadura) ao concreto em todas a extensão do cabo, além de assegurar a integridade da tensão das cordoalhas contra a corrosão. As cordoalhas ficam inicialmente soltas dentro da bainha metálica (devidamente posicionada), o que permite a sua movimentação por ocasião do seu tensionamento. Após a concretagem da estrutura e a cura do concreto, os cabos são tensionados e, em seguida é injetada nata de cimento no interior da bainha. As cordoalhas têm diâmetro de 12,7 mm ou 15,2 mm, e as bainhas metálicas, comprimento de 6 m (emendáveis por luvas), as quais são resistentes para suportar o peso dos cabos no seu interior e garantir sua fixação e posicionamento. Sua parede tem ondulação helicoidal, que permite flexibilidade longitudinal e rigidez transversal.

A protensão aderente permite que a armadura de protensão e o concreto trabalhem em conjunto, de forma integrada. Isso significa que se, eventualmente, um cabo for acidentalmente cortado ou se romper, a estrutura de concreto absorverá as tensões resultantes do rompimento dessa armadura. A aderência responde por melhor distribuição das fissuras, por maior segurança à ruína e por maior segurança da estrutura (na parte e no todo), em caso de incêndio e explosões. O concreto pode ser:

- **Pré-tracionado**: a argamassa de concreto é lançada sobre cabos tensionados previamente (em pista de protensão, sendo certo que as peças são assim pré-fabricadas). Exemplificando, estacas pré-moldadas de concreto protendido.
- **Pós-tensionado**: utilizam-se bainhas metálicas galvanizadas e corrugadas dentro das quais são passados os cabos (cordoalhas) a serem tracionados e posteriormente é injetada nata de cimento.

6.1.29.5 Trabalho anterior a concretagem

6.1.29.5.1 Confecção dos cabos

Os cabos serão confeccionados de acordo com o projeto. Todo aço deve ser inspecionado antes de ser empregado. Se por qualquer razão (como a estocagem ou manuseio inadequados) houver dúvidas sobre a qualidade do aço, este precisa ser submetido a novos ensaios para a certificação de suas características mecânicas e originais. Os cabos têm de ser confeccionados em local adequado, sem contato com o solo ou agentes que possam danificá-los. Eles necessitam encontrar-se limpos, isentos de óleo e de resíduos. O aço deve ser cortado em conformidade com o comprimento indicado no projeto, tomando-se o cuidado de verificar se neste já estão computados os comprimentos necessários para a fixação dos equipamentos de protensão. O aço só pode ser cortado por meio de disco esmeril rotativo ou tesoura. É vedado efetuar no elemento tensor o corte com maçarico, bem como a retificação por meio de máquinas endireitadoras ou qualquer outro processo, pois esses procedimentos alteram substancialmente as propriedades físicas do aço. Durante ou após a confecção, os cabos não podem ser, em hipótese alguma, arrastados sobre o solo ou sobre superfícies abrasivas, não devendo também sofrer dobramentos ou torções que neles possam introduzir defeitos ou deformações permanentes. O processo de confecção dos cabos tem de prever métodos de marcação e documentação adequada, de maneira a garantir a identificação de todo o material usado. O processo de confecção precisa obedecer ao prescrito no item Aços para armadura de protensão. As armações utilizadas na confecção do cabo têm de ser retiradas, à medida que ele estiver sendo enfiado na bainha.

6.1.29.5.2 Colocação dos cabos

A colocação dos cabos deverá obedecer rigorosamente ao projeto estrutural. Portanto, as cotas, nas seções determinadas, serão pontos obrigatórios de passagem de cada cabo correspondente, posicionamento esse feito por meio de gabaritos, evitando-se curvas acidentais, fora do projeto. A fixação correta das bainhas e cabos nas fôrmas é feito com auxílio de cavaletes de aço CA-25 amarrados na armação normal das vigas. O procedimento e os detalhes para a instalação dos cabos (pré-enfiação ou enfiação posterior) têm de ser estabelecidas em função do sistema de protensão adotado, do tipo da obra e de entendimento entre a construtora e o projetista. Para a perfeita definição da posição das bombas e das ancoragens, o projetista precisa informar os seguintes dados:

- cotas (vertical e horizontal) dos eixos das bainhas em relação à peça da estrutura, espaçadas a cada metro;
- ângulo de saída dos cabos na região das ancoragens;
- cotas (vertical e horizontal) dos pontos de concordância, de mudanças de curvatura e de cruzamento das bainhas;
- raios de curvatura, quando houver trechos circulares;
- numeração dos cabos nas vistas, nos cortes longitudinais e transversais;
- desvios admissíveis nas medidas.

6.1.29.5.3 Verificação após o posicionamento dos cabos

- *Traçados dos cubos.*
- *Estanqueidade das bainhas*: vedação das bainhas nas luvas de ligação e no encontro com a trombeta da ancoragem; a vedação é feita com fita plástica adesiva.
- *Região das ancoragens*: fixação das caixas dos nichos ou rebaixos, observando-se os ângulos de saída e dimensão de acordo com o projeto, observando-se que o eixo das bainhas deverá ser coincidente com o da ancoragem.
- *Colocação dos purgadores*: colocá-los com as respectivas mangueiras plásticas flexíveis; os purgadores que são em meia-cana, plásticos, com adaptação de mangueira de injeção são previstos sempre que o comprimento dos cabos exceder 30 m, haverá um purgador obrigatoriamente no final da bainha do lado da ancoragem passiva em laço; a mangueira especificada para a injeção é do tipo cristal.

6.1.29.6 Plano de protensão

As operações de protensão devem obedecer ao plano de protensão elaborado pelo projetista, o qual precisa indicar os seguintes dados:

- designação do aço conforme normas técnicas da ABNT;
- módulo de elasticidade e seção transversal do aço considerado no projeto;
- valor da acomodação do sistema de ancoragem;
- coeficiente do atrito cabo-bainha;
- coeficiente de perdas devido às ondulações parasitas;
- resistência mínima do concreto necessária para o início das operações de protensão;
- fases de protensão (em relação à força total);

- sequência de protensão dos cabos a serem protendidos em cada fase;
- comprimento teórico de cada cabo adotado no cálculo dos alongamentos;
- força de protensão a ser aplicada em cada cabo e seu respectivo alongamento teórico.

6.1.29.7 Materiais

6.1.29.7.1 Aço

O aço para armadura de protensão será em cordas de sete fios de categoria CP-190 RB de Ø 15,20 mm e Ø 12,70 mm.

6.1.29.7.2 Ancoragem ativa e passiva

As ancoragens ativas e passivas são constituídas por peças metálicas em aço ASTM-A 36 com furos tronco-cônicos paralelos entre si para acomodação das cunhas tripartidas ou bipartidas de Ø 15,20 mm ou Ø 12,70 mm e, por vezes, com um furo central destinado ao acoplamento da mangueira para a operação de injeção da nata de cimento.

6.1.29.7.3 Bainhas

As bainhas são fabricadas em barras de 6,00 m com luvas de acoplamento do mesmo material, utilizando chapa metálica galvanizada em espessura entre 0,30 mm e 0,35 mm.

6.1.29.7.4 Nichos de protensão

Por razões construtivas ou estéticas, normalmente, é interessante que as ancoragens ativas fiquem reentrantes à superfície acabada do concreto. Para acesso a elas, durante a aplicação da protensão, torna-se então necessário que se preveja, no projeto estrutural, a execução de nichos nos elementos de concreto. É indispensável que se verifique se os nichos de projeto são compatíveis com os dos catálogos técnicos da empresa contratada para executar a protensão e se as cotas indicadas nos catálogos estão sendo obedecidas, se a vedação da trombeta está bem-feita e se a luva está centrada em relação à trombeta. Depois da protensão, os nichos são fechados, formando-se assim uma superfície plana que protege as ancoragens e as cordoalhas contra a corrosão.

6.1.29.8 Trabalho anterior à concretagem

6.1.29.8.1 Confecção dos cabos

Os cabos serão preparados de acordo com o projeto.

6.1.29.8.2 Colocação dos cabos

A colocação dos cabos deverá obedecer rigorosamente ao projeto estrutural. Portanto, as cotas, nas seções determinadas, serão os pontos obrigatórios de passagem de cada cabo correspondente, posicionamento esse feito por meio de gabaritos, evitando-se curvas parasitas. A fixação correta das bainhas e cabos nas fôrmas é feita com auxílio de cavaletes de aço CA-25 amarrados na armação normal das vigas.

6.1.29.8.3 Verificação após o posicionamento dos cabos

- traçado dos cabos;
- estanqueidade das bainhas: vedação das bainhas nas luvas de ligação e no encontro com a trombeta da ancoragem. A vedação é feita com fita plástica adesiva;
- região das ancoragens: fixação das caixas dos nichos ou rebaixos, observando-se os ângulos de saída e dimensões de acordo com o projeto, observando-se que o eixo das bainhas deverá ser coincidente com o da ancoragem;

- colocação dos purgadores: colocá-los com respectivas mangueiras plásticas flexíveis. Os purgadores, que são em meia-cana, plásticos, com adaptação para mangueira de injeção, são previstos sempre que o comprimento dos cabos exceder 30 m. Haverá um purgador obrigatoriamente no final da bainha do lado da ancoragem passiva em laço. A mangueira especificada para injeção é do tipo cristal.

6.1.29.9 Cuidados a serem adotados em relação à concretagem

6.1.29.9.1 Antes da concretagem

Os cabos nas saídas das caixas dos nichos deverão ser protegidos. É necessário vedar o terminal da bainha no lado da ancoragem passiva em laço. Barra de aço doce terá de ser enfiada nas mangueiras de injeção para manter seu correto posicionamento e proteger contra infiltração de sujeira.

6.1.29.9.2 Durante a concretagem

Não poderá ser permitido que vibradores de agulha de Ø 60 mm sejam aplicados sobre as bainhas, com risco de perfuração e deslocamento e o lançamento de concreto de grande altura (2,00 m) e volume diretamente sobre as bainhas e caixas de ancoragens. Algumas horas depois da concretagem, as barras de aço das mangueiras dos purgadores poderão ser retiradas e as pontas das mangueiras protegidas com fita plástica ou dobradas e amarradas. Se possível, deslize as cordoalhas de um lado para o outro, comprovando que não estão presas e que as mangueiras não estão entupidas.

6.1.29.9.3 Após a concretagem

Para se detectar e evitar eventuais obstruções, imediatamente após o fim da pega do concreto devem ser tomadas providências como: movimentação dos cabos, passagem de água a baixa pressão, passagem de gabarito. No caso de uso de água, esta precisa ser posteriormente expulsa por meio de ar comprimido, isento de partículas de óleo. As extremidades das bainhas, tubos de injeção e respiros têm de ser fechados para impedir a entrada de água e materiais no seu interior. No sentido de evitar sua deterioração, as extremidades dos cabos necessitam ser protegidas das intempéries, por meios adequados, não se permitindo também dobramentos com curvaturas excessivas e pontos angulares.

6.1.29.10 Protensão

6.1.29.10.1 Preliminares

Antes de se colocar os cabos em tensão, a obra precisa estar de posse dos documentos fornecidos pelo calculista, contendo:
- a força inicial de protensão para os cabos, sequência de protensão e os alongamentos teóricos calculados;
- resistência mínima do concreto e o correspondente coeficiente de elasticidade na ocasião da protensão, definida pelos corpos de prova cilíndricos;
- recomendação para o descimbramento correspondente a cada fase de protensão, se houver mais de uma;
- se forem previstas diferentes fases de protensão, definir essas fases, respectivas forças e sequência de protensão.

Ao preparar os cabos, compostos em geral por cerca de 20 cordoalhas, observar se a superfície da cordoalha não está com restos de pasta de cimento, óleo ou graxa. É preciso fazer uma limpeza com escova de aço e estopa embebida em solvente. Ao colocar as ancoragens nos cabos, procurar dar direção linear às cordoalhas a fim de não deixar que elas se trancem na saída.

6.1.29.10.2 Verificações que precedem a protensão

- Remoção dos painéis das fôrmas laterais das peças a serem protendidas bem como dos nichos das ancoragens, deixando a peça livre, para que se possa deformar durante a protensão;
- Que os equipamentos macacos e bombas de alta pressão de protensão estejam em bom estado, observando-se especialmente o nível de óleo das bombas e se os manômetros estão aferidos.
- Que o sistema de transporte horizontal e vertical dos macacos e bomba são adequados e estão completos.
- Se as chapas de aço, com furos através dos quais passam os cabos, estão colocadas (as chapas que estão posicionadas em cada uma das extremidades da viga a ser protendida, se prestam, de um lado, para a colocação de cunhas para fixação dos cabos e, do outro lado, para apoio do macaco de protensão dos cabos.
- Fiscalização avisada.

6.1.29.10.3 Execução da protensão

- Todos os componentes da ancoragem precisam estar limpos.
- Colocação das cunhas limpas no bloco da ancoragem que atua sobre a face externa da trombeta.
- Colocação das cunhas limpas no macaco. Para facilitar a ancoragem e em seguida o descunhamento, deve-se aplicar nas faces externas das cunhas parafina sólida ou grafite em pó.
- Colocação em tensão: verificar se a pressão a ser lida no manômetro da bomba de protensão está compatível com a força inicial definida para o cabo
- Medidas de segurança: durante a protensão e enquanto a bomba está funcionando é proibida a permanência de pessoas atrás ou na vizinhança imediata do macaco para evitar danos físicos ou possíveis acidentes. É necessário prever guarda-corpos para os operários que trabalham junto aos macacos, em locais altos.
- Controle de tensão dos cabos: os resultados desse controle devem ser assinalados nas cadernetas de campo de protensão.
- Princípio de método por medida do alongamento de um cabo: subir a pressão a um valor, arbitrário, de 100 kgf/cm² (valor usual) por exemplo, e marcar referência nas cordoalhas. Continuar em seguida a operação de protensão por etapas, defasada de 100 kgf/cm², anotando-se os respectivos alongamentos. O início da marcação é feita a partir dos 100 kgf/cm² em decorrência da dificuldade de se estabelecer exatamente onde começa a tensão no cabo e esta não seja confundida com simples acomodação. A correção do alongamento correspondente à pressão inicial de 0 a 100 kgf/cm² é então feita adotando-se o seguinte critério:
    - calcula-se a diferença dos alongamentos obtidos da última leitura para a marca inicial de referência;
    - o fator de correção é obtido pela fórmula: Pu/(Pu-100);
    - a multiplicação a × b dará o alongamento final corrigido.

    A pressão final ditada pela ordem de protensão será acrescida de 3%, que representa o percentual de perdas de atrito dos equipamentos de protensão (macaco-bomba)
- Controle de acomodação das cunhas: ao fim da operação de protensão com as cunhas cravadas, verificamos qual foi a acomodação dessas cunhas, leitura essa feita na pressão de 100 kgf/cm²; é suficiente, para isso, medir o deslocamento da referência e depois subtrair dessa medida o encurtamento elástico da cordoalha entre a cunha e a referência, entre 4,0 mm e 4,2 mm.
- Anomalias dos resultados dos alongamentos: qualquer desvio de ± 5% entre o alongamento calculado (teórico) e o alongamento medido deverá ser examinado particularmente. O alongamento final corrigido de uma família de cabos terá de ficar na média entre 0,95 e 1,05 do teórico, e isoladamente o cabo poderá ficar entre 0,90 e 1,10 do teórico.
- Os resultados finais obtidos na protensão de cada cabo precisam ser enviados ao engenheiro responsável pelo projeto para a devida apreciação e aprovação. Depois da aprovação da protensão, as cordoalhas serão cortadas a frio, pelo menos a 3 cm da ancoragem, e são iniciados os trabalhos que conduzem à injeção dos cabos.

6.1.29.11 Injeção dos cabos protendidos

6.1.29.11.1 Serviços preliminares:

- Corte das cordoalhas será executado a frio a uma distância mínima de 3 cm da ancoragem.
- Apicoamento das faces do concreto do nicho.
- Colocação de mangueira plástica flexível no furo da ancoragem, devidamente fixada. Caso seja necessário, o purgador deverá ser instalado antes da concretagem da viga.
- Colocação de graxa nas pontas restantes da cordoalha.
- Fechamento dos rebaixos ou nichos das ancoragens: é preciso aplicar concreto estrutural no mesmo traço utilizado na peça concretada anteriormente.

6.1.29.11.2 Pasta de injeção dos cabos protendidos

- Propriedades da pasta de injeção a serem atendidas:
    - resistência mecânica: resistência à compressão cilíndrica (cilindros 5 cm × 10 cm) aos 28 d: 350 kgf/cm²;
    - alcalinidade e ausência de elementos agressivos ao aço sob tensão;
    - retração moderada: 2.800 μ/m a 3.500 μ/m;
    - absorção capilar: moderada;
    - homogeneidade: sem elementos sedimentados;
    - expansibilidade: eventualmente admitida;
    - aspecto: pastoso, com fluidez inicial, medida do cone de Marsh entre 12 e 15 segundos, devendo o acompanhamento de variação de fluidez, por 3 horas, indicar 1 segundo cada 15 minutos;
    - exsudação: 2% em 3 horas com reabsorção total em 24 horas.
- Características dos materiais componentes da pasta de injeção:
    - cimento portland comum novo; apenas não é recomendável a utilização do CPII-E, pelo alto teor de escória;
    - água: deve ser potável, pH de preferência neutro, isenta de detergentes e materiais orgânicos, com um teor máximo de cloro livre de 0,5 g/L;
    - aditivos: caso a fiscalização ache necessário, pode-se utilizar plastificantes, densificadores que melhorem a trabalhabilidade e as demais propriedades da pasta. A dosagem vai depender das provas de fabricação da pasta, adotando-se inicialmente o fator água-cimento de 0,4. O traço final necessitará ser definido e acompanhado pela empresa tecnológica de controle da qualidade que já normalmente controla a qualidade do concreto da obra.
- Fabricação da pasta de injeção:
    - a pasta tem de ser preparada em um reservatório misturador com uma haste homogenizadora, cuja potência do motor deverá ser 1 HP por 50 kg de cimento, operando em uma rotação de 1.500 rpm;
    - a pasta precisa atender às condições de: fluidez, exsudação, tempo inicial de pega e resistência indicados no projeto.

6.1.29.11.3 Operação de injeção

Observações iniciais à operação com bomba de injeção:
- o início da operação de injeção não pode ultrapassar o prazo de 7 dias depois do final da protensão;
- a injeção de cabos deve ser efetuada pelas extremidades, evitando o aprisionamento do ar na bainha;
- a injeção de cabos com várias curvaturas é iniciada por uma das extremidades e, à medida que a pasta vai saindo pelos purgadores intermediários e com a mesma consistência, esses purgadores vão sendo bloqueados, sucessivamente, até a pasta sair na extremidade final do cabo;
- se o cabo é longo e a pressão assume valores altos (10 kgf/cm²), pode-se bloquear a extremidade do cabo por onde ela foi iniciada e prosseguir a injeção pelos purgadores intermediários;

- as mangueiras plásticas que serviram de purgadores poderão ser cortadas 48 horas depois do término da operação de injeção.

6.1.29.11.4 Liberação

Aprovada a injeção, a fiscalização expedirá a liberação da peça estrutural, autorizando o descimbramento complementar.

6.1.29.12 Laje plana protendida

6.1.29.12.1 Introdução

A protensão da armadura principal do concreto vem evidenciando vantagens técnicas e econômicas comparativamente ao concreto armado (comum). As características do concreto protendido vêm sendo aproveitadas em edifícios, particularmente em lajes. Assim, por exemplo:

- as deformações são menores do que no concreto com armadura passiva e na estrutura metálica equivalente;
- o emprego de aços de alta resistência conduz a estruturas mais econômicas;
- na laje protendida, as deformações oriundas do peso próprio podem ser completamente desprezadas;
- como a laje protendida trabalha com tensões relativamente baixas, é possível a retirada antecipada do escoramento e das fôrmas;
- há melhor comportamento da estrutura com relação às fissuras;
- a ausência de vigas oferece vantagens evidentes para a execução da obra quanto à economia, tanto de material como de tempo;
- vãos maiores e grande esbeltez diminuem o peso próprio, a carga sobre os pilares e fundações e a altura total do edifício;
- a laje plana lisa protendida oferece maior resistência ao puncionamento;
- a laje protendida permite maior liberdade no posicionamento dos pilares, proporcionando maiores áreas livres.

De modo geral, as exigências referentes às disposições construtivas do concreto protendido são mais rigorosas que as do concreto com armadura passiva. No primeiro caso, os níveis de tensão são mais elevados e as maiores tensões ocorrem na própria protensão. Por isso, seu uso requer controle mais rigoroso de todo o processo construtivo e mão de obra especializada. A proteção da armadura torna-se um fator mais crítico, o que requer controle rigoroso de fabricação, do lançamento e da vibração do concreto, bem como da garantia do cobrimento mínimo da armadura. As bainhas de protensão também devem ser devidamente protegidas e passar por vistorias periódicas.

6.1.29.12.2 Protensão com e sem aderência

- **Protensão com aderência:** a aderência resulta numa melhor distribuição das fissuras, maior segurança à ruína e maior segurança da estrutura em parte ou no todo, diante de situações como incêndios e explosões. Utilizam-se bainhas corrugadas, de preferência chatas, sendo os cabos injetados com nata de cimento.
- **Protensão sem aderência:** os cabos engraxados são envolvidos por uma proteção anticorrosiva formada por um tubo de polietileno ou polipropileno e uma protensão secundária constituída por graxa especial que envolve diretamente a cordoalha. O cabo vai assim pronto para a obra. Essa solução apresenta uma série de vantagens:
    - maior rapidez na colocação das cordoalhas;
    - maior excentricidade do material tensor;
    - menor perda por atrito;
    - ausência da operação de injeção;
    - maior economia;
    - o aço de protensão fica protegido contra corrosão desde antes de ser instalado na fôrma.

Capítulo 6 – Estrutura

É importante levar em consideração que as normas técnicas brasileiras não proíbem, mas praticamente inviabilizam a protensão sem aderência, pois exigem para ela condição de protensão completa. Assim, a protensão parcial é tão valiosa como preferida pelos calculistas, sendo certo que a protensão sem aderência é uma otimização do concreto armado (comum).

6.1.29.12.3 Generalidades

São indicadas para grandes vãos, uma vez que a laje resiste melhor à tração do que o sistema de concreto armado comum e tem execução simples, embora exija mão de obra especializada. Poder-se-ia utilizar cordoalhas engraxadas e plastificadas, que permitem a execução do sistema não aderente, ou seja, dispensando bainhas metálicas e injeção de nata de cimento. Uma evolução é o uso de bainhas plásticas individuais, mais resistentes ao manuseio em canteiro, das ancoragens fundidas e das cunhas bipartidas, sem anel de união. A protensão, no caso do sistema não aderente, é feita em uma só elevação de pressão, pois não há retificação de cordoalha e não há a possibilidade de cabos presos por pasta de cimento. Para esse tipo de laje, deve ser usado concreto com resistência mínima de 25 MPa e é indicado para vãos de 5 m a 15 m. A facilidade executiva do sistema pode levar à ilusão de que qualquer trabalhador medianamente iniciado no processo pode tocar uma obra de protensão com segurança. Porém, a mão de obra envolvida deve ser muito bem treinada. A instalação de qualquer elemento tem de ser realizada de acordo com o projeto de engenharia estrutural. Os desenhos precisam detalhar número, tamanho, comprimento, marcação de cores, alongamento, perfil e localização de todos os cabos, assim como o plano dos apoios. Assim sendo, os principais cuidados na ocasião de executar lajes protendidas necessitam ser:

- **Ancoragem**: com as fôrmas e armadura passivas posicionadas, inicia-se o processo de instalação das ancoragens. A posição dessas placas não pode ser alterada verticalmente. Desvios horizontais podem ser aceitos, desde que seja mantido o cobrimento de concreto.
- **Instalação das cordoalhas**: com as ancoragens instaladas, elas começam a ser distribuídas da extremidade morta no sentido da extremidade ativa. A extremidade do cabo com ancoragem passiva é entregue já pronta e deve ser colocada na fôrma conforme indicado em projeto. Essa ponta ficará oculta após a concretagem. O trecho descoberto da cordoalha – entre a ancoragem e o início da capa plástica – não pode ser maior que 2,5 cm.
- **Obstruções na laje**: os desvios verticais da posição do cabo aceitam uma tolerância de até 5 mm em concreto com espessura de até 20 cm; de até 10 mm, em concreto com espessura entre 20 cm e 60 cm; e de até 15 mm, em concreto com espessura acima de 60 cm. A posição horizontal dos cabos não é extremamente rigorosa, mas é importante evitar oscilações excessivas.
- **Extremidade ativa**: ao desenrolar a cordoalha, é preciso deixar uma ponta do lado de fora da fôrma de borda de cada extremidade ativa (30 cm, a menos que esteja especificado o contrário). Se mais de 30 cm forem deixados em uma das extremidades, a outra extremidade pode ter ficado curta. Em seguida, a cordoalha é fixada à placa de ancoragem, de modo a impedir que o cabo se desloque durante a concretagem.
- **Concretagem**: com as cordoalhas presas à armadura da laje, inicia-se o processo de concretagem. A laje necessita passar por inspeção antes de ser concretada. O concreto deve ser lançado de maneira a assegurar que a posição dos cabos e reforços permaneça inalterada. Caso saiam da posição designada, eles têm de ser reajustados antes de se prosseguir com a operação. A vibração apropriada do concreto na zona de ancoragem é crítica, para eliminar vazios e *bicheiras*.
- **Protensão**: a protensão não pode ser realizada antes que o concreto tenha a apropriada resistência, mas deve ser feita tão logo isso aconteça – entre 3 d e 4 d após a concretagem. Antes de iniciar esta etapa, é preciso verificar: as indicações do projeto quanto à força de protensão e alongamento para cada cabo; extremidades do cabo a serem protendidos; resistência mínima do concreto no momento da protensão; etapas de protensão; e ordem de protensão dos cabos. Se essas informações não estiverem claras, o projetista tem de ser consultado. Quando da retirada das fôrmas, é necessário remover a peça plástica que fazia o fechamento da extremidade do cabo e limpar a parte interna do furo, caso pasta de cimento tenha nela entrado. Em seguida, deve-se posicionar o macaco hidráulico para a protensão. Depois, basta cortar a cordoalha, deixando uma pequena ponta de 13 mm a 20 mm fora da cunha, e preencher os nichos de protensão com aplicação de graute.

6.1.29.13 Terminologia

- Laje plana (*flat slab*): laje plana mas não necessariamente lisa, podendo existir vigas, capitéis e nervuras.
- Laje plana lisa (*flat plate*): laje plana e realmente lisa, sem capitéis (*column heads*) nem engrossamentos da laje (*drops at column heads*).

6.1.29.14 Considerações econômicas

- A opção pela laje protendia leva em consideração que existam:
- viabilidade técnica;
- viabilidade econômica;
- conveniências arquitetônicas, funcionais e de execução.
- A viabilidade econômica é função essencialmente do parâmetro vão. Nos casos de vão grande (de 7 m a 12 m), a solução da laje plana protendida é naturalmente competitiva. Não se deve comparar os custos apenas do metro quadrado de laje, e sim o custo global, em que se consideram também o melhor reaproveitamento das fôrmas, a aparência final da estrutura e algumas vantagens adicionais que a laje lisa pode oferecer em relação à laje seccionada por vigas. Exemplificando, a ausência de vigas facilita claramente a instalação de dutos de ar condicionado.

6.1.30 Estrutura pré-moldada de concreto

6.1.30.1 Generalidades

Elemento pré-moldado de concreto é o produto de concreto moldado e curado em local que não é aquele de uso final. No processo construtivo que utiliza a pré-fabricação de estruturas de concreto, a construtora, ao contrário do que ocorre em obras convencionais, realiza serviços que facilitam enormemente a comprovação ou garantia da qualidade, sem contar com a maior facilidade de conquistar a qualidade do ponto de vista do atendimento a normas, segurança e durabilidade, além de aspectos subjetivos como plasticidade, estética, agilidade, criatividade etc. A grande dimensão e a relativa leveza dos componentes das estruturas de concreto pré-moldadas permitem a montagem de grandes obras com um número reduzido de componentes altamente controlados em sua produção. Sendo executados em fábrica, são passíveis de controle industrial centralizado, o que faz dos pré-fabricados um *produto de laboratório*, utilizando insumos com qualidade determinada, equipamentos específicos e mão de obra treinada e qualificada. Há componentes acabados para todas as partes da obra – fundações, pilares, vigas, pisos, paredes, painéis divisórios, coberturas –, permitindo a montagem completa da obra em tempo reduzido. O fator tempo é um forte aliado na operacionalização imediata de unidades industriais, comerciais ou de serviços executadas com estruturas pré-moldadas. Os sistemas de pré-fabricação classificam-se em dois tipos básicos: aberto e fechado.

A pré-fabricação aberta é constituída por peças que se encaixam de diversas maneiras, proporcionando construções de diversas formas e dimensões globais, sendo limitadas apenas pela modulação das peças. Esse sistema permite à unidade fabril possuir estoque de partes que possibilite a construção imediata de obras, concebidas com as peças disponíveis e com tempo de produção limitado à montagem e acabamentos eventuais. Na pré-moldagem fechada, há liberdade maior de criação no projeto, sendo as peças executadas conforme a concepção do arquiteto, garantindo formas exclusivas para a obra. Nesse caso, ao tempo de montagem será acrescido o tempo de produção das peças para a montagem, que será maior ou menor, dependendo da disponibilidade de fôrmas do fornecedor para as quantidades e tipos de partes solicitadas. Esse tempo de produção está muito ligado ao processo de cura do concreto, ou seja, o tempo que leva para ele adquirir resistência de desforma da peça e o tempo até adquirir resistência para transporte e manuseio de montagem. Um forte aliado desse processo tem sido a crescente resistência dos cimentos oferecidos no mercado, que vem permitindo a redução do tempo de cura. Isso vem sendo melhorado ainda mais com advento dos concretos de alto desempenho, obtidos com o auxílio de aditivos superplastificantes e microssílica, produtos que permitem, mantendo-se o consumo de cimento, elevar a resistência característica dos concretos. Um aspecto a considerar nesse assunto de resistências elevadas é que elas são indicadas para processos altamente controlados industrialmente, característica dos pré-fabricados e, portanto, recomendáveis em pré-moldagem. Outro aspecto positivo das elevadas resistências aplicadas a estruturas de concreto pré-fabricadas é a redução de dimensões, maior esbeltez, significando redução de peso por metro quadrado de estrutura por área disponível, áreas com maior disponibilidade de vãos livres, aproximando o concreto do desempenho do aço.

6.1.30.2 Montagem

A questão do planejamento prévio à montagem das peças no local definitivo é um fator preponderante que influi na qualidade e na eficiência de execução da obra, devendo os aspectos descritos a seguir ser considerados nesse planejamento:

- *Sequência de fabricação e envio das peças para o canteiro*: além da questão da programação de envio das peças, é importante que os elementos pré-fabricados sejam posicionados na carreta (de transporte da fábrica para o canteiro), buscando-se reduzir o número de movimentos necessários para o içamento e fixação em local definitivo, evitando-se quebras.
- *Localização dos equipamentos de transporte vertical* (guindaste móvel e/ou guindaste de torre – grua): nesse caso, alguns fatores, como o comprimento da lança, o ponto mais distante de carregamento ou descarregamento e a capacidade do equipamento, têm de ser analisados.
- *Métodos e sequência de montagem*: a colocação das peças na estrutura só pode ser liberada depois do cumprimento dos tempos mínimos recomendados para que certas deformações ocorram – no caso de estruturas de concreto, retração e deformação elástica nas primeiras idades. Além disso, é necessário preservar a estabilidade da estrutura, ou seja, a fixação dos elementos na estrutura deve ser homogênea, sem causar deformações em um só ponto, ou em só lado da edificação;
- *Métodos de fixação*: além das fixações definitivas, muitas vezes é necessário discutir a necessidade de fixações temporárias, como calços de apoio. Observa-se que as fixações têm de ser projetadas para que sejam acessíveis aos trabalhadores por meio de uma escada ou de uma plataforma estável, precisando ser padronizadas para permitir que a mão de obra com elas se familiarize com mais facilidade.
- *Armazenamento*: a mais interessante é a opção pela montagem *just in time* – içar as peças diretamente da carreta para o seu local definitivo, sem armazená-las no canteiro. Entretanto, quando essa opção não for viável, alguns pontos necessitam ser analisados: o local para armazenamento das peças, ou seja, se o terreno ou a laje suportam o peso próprio das peças; a posição do armazenamento (de preferência na posição em que serão montadas); a necessidade de proteger as peças do acúmulo de poeira, chuva e outros e a sequência de armazenamento dos painéis (de preferência ordená-los sempre na mesma sequência em que serão montados).

6.1.30.3 Sistema construtivo *tilt-up*

No sistema *tilt-up* (que significa "colocar em pé"), as paredes são confeccionadas no próprio canteiro de obras, sobre um piso executado com equipamentos dotados de sistema de nivelamento automático a *laser*, com concreto dosado em central, de elevadas resistências à tração na flexão, compressão e abrasão, bem como planicidade e acabamento final liso polido, com textura e aspecto vítreo. Essas paredes são autoportantes e moldadas na horizontal, permitindo que sejam introduzidas portas, janelas, acabamentos de fachada, revestimentos e texturas diferenciadas durante sua fabricação. Depois de atingirem a resistência necessária para içamento, as paredes são levantadas por guindastes e posicionadas sobre blocos de fundação previamente executados. Antes da liberação de cada parede, são colocadas escoras temporárias para sua sustentação até que ela seja solidarizada ao piso e à estrutura de lajes ou cobertura (travamento), que garantirão a estabilidade do edifício, tendo capacidade de atingir vãos livres de até 30 m. Este sistema traz economia, velocidade de construção, segurança e flexibilidade arquitetônica à edificação, e dispensa pilares periféricos e exige menos elementos de fundação. O sistema é indicado, entre outros, para galpões com pé-direito de até 15 m. O concreto usinado a ser usado deve ter f_ck maior que 25 MPa e o aço ser CA-50. A espessura mínima da parede é 12 cm.

6.1.31 Concreto projetado

6.1.31.1 Definição

Concreto projetado é aquele cuja argamassa fresca é lançada em alta velocidade a ar comprimido através de um bico próprio (denominado *canhão*) sobre qualquer superfície de concreto, alvenaria, no interior de espaços vazios etc., com o propósito de recuperar ou reforçar estruturas de concreto armado ou outro tipo de construção que precise de recuperação, conserto ou reforço. É utilizado também em concretagem de túneis, paredes de contenção, piscinas etc. Pelas suas características, dispensa o uso de fôrmas e é autocompactado.

6.1.31.2 Execução

O concreto preparado a seco na obra em betoneira é transportado pneumaticamente (sob pressão de ar comprimido) através de mangueira especial de borracha até o local de projeção, onde está instalado o bico de lançamento (canhão) e onde é adicionada água por meio de uma bomba de alta pressão mediante um dispositivo de controle que possibilita manter o fator água/cimento adequado. Um operador maneja o canhão no extremo da mangueira, projetando o concreto de modo contínuo, em aplicações sucessivas, sem limite de espessura, sobre a superfície que está recebendo o concreto. A superfície pode ser até um teto, uma vez que o concreto projetado nele adere perfeitamente em virtude do baixo fator água/cimento e da velocidade e da pressão com que a argamassa é lançada. É importante função do operador o controle da água para a obtenção adequada do fator água/cimento (0,35 a 0,55), conforme o tipo de serviço a realizar. Água em excesso, além de reduzir a resistência à compressão, dá margem ao escorrimento da argamassa. Por outro lado, água insuficiente provoca excessivo ricochete (*rebound*), causando perda de material. Note-se que, na operação de lançamento, são importantes a distância e o ângulo de incidência do jato, de maneira a assegurar a continuidade da concretagem e o perfeito recobrimento da armadura. Além disso, o material refletido (ricochete) não pode ser reempregado.

6.1.31.3 Materiais

São utilizados os seguintes materiais:

- cimento e areia: para revestimento de pequena espessura, até 3 cm;
- cimento, areia e brita (até Ø 12,5 mm);
- cimento e agregados especiais: para uso específico como isolamentos térmico e acústico, revestimentos impermeável, refratário, antiabrasivo, resistente a ácidos etc.

6.1.31.4 Acabamento

O concreto projetado dá à superfície tratada a aparência do chapiscado grosso. Entretanto, este, quando fresco, pode ser sarrafeado, alisado com desempenadeira de madeira ou de aço.

6.1.31.5 Aplicações

- Em concretagem de estrutura de pouca espessura.
- Em recuperação de estrutura atingida por incêndio ou submetida a águas agressivas ou ainda exposta à ação das intempéries por longo período de tempo.
- Em reforços estruturais, em geral.
- Em concretagem de fôrmas especiais (cúpulas, cascas, superfícies reversas, piscinas irregulares etc.).
- Em concretagem em local de difícil acesso ou então elevado: galeria, contenção de encosta etc.
- Em revestimento protetor contra a propagação de calor ou a ação do fogo.
- Em concretagem de piscinas e reservatórios internos ou elevados.
- Em proteção de taludes.

6.1.31.6 Concreto celular

Concreto celular é um material composto por agregados convencionais (areia, pó de pedra e brita), cimento portland, água e pequenas bolhas de ar distribuídas uniformemente na sua massa. Assim sendo, adquire a propriedade de material leve (com massa específica menor que a dos concretos convencionais), de fácil trabalhabilidade, rápida produção e um excelente produto para a execução de paredes estruturais ou de vedação (para casas e prédios), em substituição, com grande vantagem de desempenho térmico e acústico, com durabilidade comprovada e ainda com vantagens técnicas de realização e custo com relação aos processos com blocos cerâmicos ou de concreto, bem como de paredes de concreto comum. É utilizado para a execução de paredes e laje estruturais em empreendimentos habitacionais térreos, sobrados e prédios de múltiplos andares, sendo bastante superior ao concreto comum por proporcionar: isolamento térmico suficiente para cumprir com folga a norma técnica brasileira de desempenho de habitações; isolamento acústico; elevado grau de impermeabilidade e economia substancial de concreto na obra. O concreto celular é produzido colocando aditivo ao concreto convencional e misturando-o na própria betoneira. É então moldado em fôrmas e, após a desforma, ele ainda está macio. Finalmente, é colocado em autoclave de câmara durante 12 horas.

6.1.32 Fundamentos para o cálculo estrutural

6.1.32.1 Objetivo

De acordo com as normas técnicas, os critérios de segurança tomam por base os estados-limite, sendo evidentemente desejável que a estrutura seja a mais econômica possível, tanto na construção como na manutenção. A solicitação correspondente ao *estado-limite último* (ELU) pode estar limitada pelo escoamento do aço ou esmagamento do concreto, instabilidade da estrutura ou fadiga do material. No caso das lajes, verifica-se o ELU à flexão e ao puncionamento, servindo o estado-limite de utilização ou de serviço (ELS) para o controle de fissuras, deformações, vibrações e para verificação da resistência ao fogo e a proteção contra a corrosão.

6.1.32.2 Sequência de cálculo

Qualquer que seja o processo escolhido, o cálculo das lajes planas protendidas costuma se desenvolver na seguinte sequência:
- distribuição dos pilares e escolha da espessura da laje em função do vão, do cobrimento e da resistência ao fogo desejados;
- fixação das características dos materiais a serem empregados;
- determinação das cargas;
- cálculo dos esforços solicitantes;
- escolha da protensão, isto é, da carga a ser *balanceada*, e arranjo dos cabos;
- cálculo dos momentos secundários por causa da protensão;
- verificação do ELU para a flexão com o dimensionamento da armadura passiva necessária;
- verificação do ELU para o puncionamento;
- verificação dos estados-limite de utilização (limitação das fissuras, deformações lineares, vibração, resistência ao fogo);
- detalhamento da armadura passiva mínima.

Da espessura da laje depende o seu comportamento com relação ao ELU de flexão e puncionamento. Na escolha dessa espessura, pode-se partir dos seguintes valores práticos de esbeltez:
- $L/h \leq 48$ para lajes de cobertura;
- $L/h \leq 40$ para lajes de piso com $p < 3$ kN/m².

Pelas normas técnicas brasileiras, a espessura das lajes protendidas sem vigas não deve ser inferior a 16 cm e para $p \geq 3$ kN/m² somente é permitida esbeltez superior a 40 mediante comprovação da segurança em relação aos estados-limite de utilização, de deformação e vibrações excessivas. O cobrimento de no mínimo 3 cm deve proteger o aço contra a corrosão e garantir certa resistência ao fogo. Casos especiais requerem cobrimentos especiais. Pode-se considerar como cobrimento também a nata de injeção no cabo.

6.1.32.3 Dimensionamento à flexão

Para lajes protendidas somente em uma direção e com apoios em linha, o dimensionamento é feito para faixas de largura unitária como se fossem vigas chatas protendidas. Para lajes protendidas em duas direções, o dimensionamento à flexão pode ser feito como para as lajes em concreto armado comum. A força de protensão é calculada para faixas de 1 m de largura e, como em lajes contínuas os cabos de uma direção descarregam (nas faixas) sobre os cabos da outra direção, deve-se considerar as faixas de ambas as direções com o carregamento total. O arranjo dos cabos em planta pode ser feito de diversas maneiras. A resistência última de uma laje depende acima de tudo da quantidade total de cabos e de armadura passiva aderente em cada direção. Todavia, os cabos situados nas faixas dos pilares têm maior influência na capacidade de carga da laje do que os demais. Com base nisso, convém então que pelo menos 50% dos cabos estejam nas faixas dos pilares, sendo os demais uniformemente distribuídos nas faixas restantes. Como regra geral, o espaçamento máximo dos cabos ou de agrupamentos de cabos tem de ser de até seis vezes a altura da laje. Existindo, porém, uma armadura passiva adequada também para o controle da fissuração, os cabos podem ser colocados somente nas faixas dos pilares. Essa solução é mais econômica e simples de ser executada (protensão parcial). O cálculo dos esforços solicitantes que provêm da carga não balanceada pode ser feito considerando-se a laje e seus pilares formando pórticos nos quais se levam em conta também as forças horizontais (vento, por exemplo). No caso das forças horizontais, costuma-se tomar no pórtico a colaboração de um terço à metade da largura de laje pertinente. Obtidas as tensões respectivas, o dimensionamento pode ser feito com armadura frouxa. Outra possibilidade para a carga restante não balanceada é a verificação do ELU para a flexão e, com ele, o dimensionamento da armadura passiva necessária, eventualmente armadura passiva mínima. Nesse caso, a diretriz será dada pelo ELS de fissuração.

6.1.32.4 Puncionamento

O puncionamento apresenta grande importância no caso das lajes planas, condicionando a escolha de vãos grandes. Trata-se de ruptura sem deformações prévias, ou seja, ocorrência repentina que pode resultar de carga ou reação localizada sobre pequena área da laje, denominada *área de carga*.

6.1.32.5 Considerações econômicas

A opção pela laje protendida supõe que existam:
- viabilidade técnica;
- viabilidade econômica;
- conveniências arquitetônicas, funcionais e de execução.

A viabilidade econômica prende-se fundamentalmente ao parâmetro vão. Havendo interesse no vão grande (7 m a 12 m), a solução em laje plana será naturalmente competitiva. Importante é não comparar metro quadrado com metro quadrado, e sim o custo final, em que se consideram também o menor tempo de execução, o melhor reaproveitamento das formas, a aparência final da estrutura e algumas vantagens adicionais que a laje lisa pode oferecer em relação à laje cortada por vigas. A ausência das vigas, por exemplo, facilita sensivelmente a instalação de dutos em projetos hospitalares e de dutos de ar-condicionado em edificações convencionais.

6.1.32.6 Carga acidental

As cargas verticais que se consideram atuando nos pisos de edificações referem-se a carregamentos em razão de pessoas, móveis, utensílios e veículos, e são supostas uniformemente distribuídas, com os valores mínimos indicados na Tabela 6.17.

Tabela 6.18: Carga acidental

Local	Carga
Edifícios residenciais:	
Dormitórios, salas, copa, cozinha e banheiro	1,5 kN/m^2 ≈ 150 kgf/m^2
Despensa, área de serviço e lavanderia	2,0 kN/m^2 ≈ 200 kgf/m^2
Edifícios de escritório (salas de uso geral e banheiros)	2,0 kN/m^2 ≈ 200 kgf/m^2
Garagens (para veículos de passageiros ou semelhantes)	3,0 kN/m^2 ≈ 300 kgf/m^2
Lojas	4,0 kN/m^2 ≈ 400 kgf/m^2
Escadas sem acesso ao público	2,5 kN/m^2 ≈ 250 kgf/m^2
Balcões: mesma carga do cômodo com o qual se comunicam	
Casa de máquinas: a ser determinada em cada caso, porém, com o valor mínimo de	7,5 kN/m^2 ≈ 750 kgf/m2
Nota: nos compartimentos destinados a carregamentos especiais, como os devidos a arquivos, depósito de materiais, máquinas leves, caixas-fortes etc., não é necessária a verificação mais exata desses carregamentos, desde que se considere o acréscimo de 3 kN/$m2$ ≈ 300 kgf/m^2 no valor da carga acidental	

6.1.32.7 Carga permanente

Quando for executada uma parede divisória, cuja posição não esteja definida no projeto, pode-se admitir uma sobrecarga uniformemente distribuída por metro quadrado de piso não menor que um terço do peso por metro linear da parede acabada, observado o valor mínimo de 1 kN/m² = 100 kg/m². Pode-se adotar os pesos específicos aparentes dos materiais de construção mais frequentes conforme indicado na Tabela 6.18.

6.1.33 Desenho técnico para a obra

Os desenhos técnicos para obras de concreto simples ou armado podem ser dos tipos seguintes:
- desenhos de conjunto;
- desenhos para execução de fôrmas;
- desenhos para execução de armaduras;
- desenhos para execução de escoramentos;
- desenhos de detalhe.

6.1.33.1 Desenhos de conjunto

Os desenhos de conjunto constam de plantas, elevações, cortes, vistas e perspectivas, devendo ser elaborados na escala que seja mais conveniente à sua clareza.

Tabela 6.19: Pesos específicos

Material	Peso específico aparente
granito e rocha calcária	28 kN/m^2 ≈ 2800 kg/m
blocos silicocalcários	20 kN/m^2 ≈ 2000 kg/m
blocos vazados de concreto simples	22 kN/m^2 ≈ 2200 kg/m
tijolos maciços cerâmicos	18 kN/m^2 ≈ 1800 kg/m
blocos cerâmicos vazados	13 kN/m^2 ≈ 1300 kg/m
concreto armado	25 kN/m^2 ≈ 2500 kg/m
concreto simples	24 kN/m^2 ≈ 2400 kg/m
argamassa de cal, cimento e areia	19 kN/m^2 ≈ 1900 kg/m
argamassa de cimento e areia	21 kN/m^2 ≈ 2100 kg/m
argamassa de gesso	12,5 kN/m^2 ≈ 1250 kg/m

6.1.33.2 Desenhos para execução de fôrmas

Os desenhos para execução de fôrmas contêm plantas, cortes e elevações de todas as peças da estrutura, necessários ao perfeito conhecimento de sua forma e de suas dimensões. São elaborados na escala 1:50 ou, quando não houver prejuízo da clareza do desenho, na escala de 1:100. Segue a terminologia:

- *Planta:* projeção do teto em um plano que lhe é paralelo, situado na parte inferior. As arestas visíveis são as que ficam voltadas para o plano de projeção. Admite-se exceção, quanto à convenção de visibilidade, nos desenhos de escadas, de sapatas e blocos de fundação, bem como em casos especiais para os quais é feita a devida indicação.
- *Corte:* projeção, em plano vertical, colocado imediatamente antes da parte a representar, indicando as seções em hachurado.
- *Elevação:* projeção, em plano vertical colocado imediatamente antes do conjunto a representar, sem corte de qualquer peça.

6.1.33.3 Designação das peças

A designação das peças é feita mediante os seguintes símbolos, seguidos do respectivo número de ordem:
- Lajes: L
- Vigas: V

Capítulo 6 – Estrutura

- Pilares: P
- Tirantes: T
- Diagonais: D
- Sapatas: S
- Blocos: B
- Paredes: PAR

Toda peça, elemento ou detalhe da estrutura tem de ficar perfeitamente definido nos desenhos de fôrmas, por suas dimensões e por sua locação e posição em relação a eixos, divisas, testadas ou linhas de referência relevantes.

6.1.33.4 Lajes

Considerando o desenho posicionado em um plano vertical, a numeração das lajes é feita, tanto quanto possível, a começar do canto esquerdo superior do desenho, prosseguindo para a direita, sempre em linhas sucessivas, de modo a facilitar a localização de cada laje. A diferença de nível dos rebaixos ou superelevações da face superior das lajes em relação à face superior da laje de referência é indicada pelo valor em centímetros, precedido do sinal - ou +, estando o conjunto inscrito em um pequeno círculo. Além dessa indicação, pode ser adotada convenção que permita visualizar com facilidade as diferenças de nível. Assim, as lajes ou partes de laje rebaixada podem ser hachuradas em uma direção e as elevadas, em outra direção. A espessura das lajes é obrigatoriamente indicada em cada laje ou em nota à parte.

6.1.33.5 Vigas

Considerando o desenho na posição vertical, a numeração das vigas é feita, para aquelas dispostas horizontalmente no desenho, partindo do canto superior esquerdo e prosseguindo por alinhamentos sucessivos, até atingir o canto direito; para as vigas dispostas verticalmente, partindo do canto inferior esquerdo, para cima, por fileiras sucessivas, até atingir o canto superior direito. Convenciona-se considerar como dispostas horizontalmente no desenho as vigas cuja inclinação com a horizontal variar de 0° a 45°, inclusive. Cada vão das vigas contínuas é designado pelo número comum à viga, seguido de uma letra maiúscula. Dentro do mesmo vão, quando necessário, indica-se a variação de seção por meio de índices. Tem o projetista certa liberdade na caracterização dos elementos dentro do mesmo alinhamento, quando se tornar necessária maior clareza do desenho. É tolerada a inversão do sentido indicado para a numeração, quando isso concorrer para maior clareza do desenho, como no caso de existirem eixos de simetria. Junto com a designação de cada viga são indicadas por dimensões: b × d ou bo × do. É facultada a representação da seção da viga, na própria planta, desde que não fique prejudicada a clareza do desenho. Quando há mísulas, usa-se a seguinte convenção gráfica para representá-las em planta: traça-se uma diagonal do retângulo representativo da mísula e hachura-se um dos triângulos resultantes, assinalando a variação numérica das dimensões.

6.1.33.6 Pilares e tirantes

A numeração dos pilares e tirantes é feita, tanto quanto possível, partindo do canto superior esquerdo do desenho para a direita, em linhas sucessivas. As dimensões podem ser simplesmente inscritas ao lado de cada pilar, indicando, todavia, em planta, quando necessário para evitar confusão, pelo menos uma das dimensões. Nos desenhos de tetos-tipo, é tolerada a anexação de quadros indicando a variação de dimensões dos pilares nos diferentes tetos, sem modificação da planta comum, desde que sejam esclarecidas convenientemente as variações de seção.

6.1.33.7 Aberturas

As aberturas necessárias à passagem de tubulações principais de instalações elétricas, hidráulicas, de condicionamento de ar ou outras são convenientemente definidas nas plantas, cortes e elevações, com indicação de sua orientação e dimensões.

6.1.33.8 Desenhos para execução de armaduras

Os desenhos para execução de armaduras contêm todos os dados necessários à boa execução da *ferragem*, na escala 1:50, ou de detalhes de seção, em escala maior. Cada tipo diferente de barra (vergalhões de diâmetro diferente ou diferentemente dobrados) é desenhado fora da representação da peça, com cotas necessárias a seu dobramento correto e indicação de seu número, quantidade e diâmetro. No caso de série de estribos do mesmo diâmetro, que mantenham a mesma forma mas cujas dimensões variem, podem ser considerados como de um só tipo, bastando ser desenhado um deles e indicados em tabela ao lado os dados referentes aos demais (dimensão variável, comprimento desenvolvido e quantidade de cada um). É dispensada a representação individual de cada estribo ou cinta no desenho da peça quando o seu espaçamento é constante, bastando ser ele indicado com a letra *"c"* seguida do valor do espaçamento em centímetros. A mesma dispensa é permitida para a armadura de laje. A numeração das peças obedece àquela feita nos desenhos para execução de fôrmas. Quando são utilizadas barras corridas, é admitida a respectiva representação sem cota, mas com a notação – *corrido*. Na lista, é consignado o comprimento total, aumentado das emendas eventuais.

6.1.33.9 Representação das barras

A representação das barras da armadura é feita (salvo em casos especiais ou detalhes em que há necessidade de mostrar a espessura da barra) pelo seu eixo, com linha cheia, de acordo com a conveniência do desenho.

6.1.33.10 Numeração

Cada tipo diferente de barra de armadura é designado por um número cuja indicação é feita na representação isolada da barra e eventualmente na da peça. É usado o símbolo Ø para o diâmetro das barras de armadura. Quando há feixes de barra, é adotada a notação ... $n \times m$, em que n é o número de feixes e m a quantidade de barras de cada feixe.

6.1.33.11 Tabela da armadura

Há uma tabela em que se reúnem os dados referentes a cada tipo de barra, a saber: tipo, diâmetro, quantidade, comprimento de cada barra e comprimento total. Se a tabela não consta da mesma prancha do desenho da armadura, é representado, em desenho esquemático, cada um dos tipos de barra. Os estribos do mesmo tipo constam da tabela de armadura, ocupando uma só linha com todas as indicações, exceto a do comprimento parcial. É facultativa a indicação do peso da armadura. As tabelas são elaboradas obedecendo às disposições seguintes:

6.1.33.12 Representação de emendas

Para as emendas de barras são usadas as seguintes convenções:
- *Superposição:* é indicada simplesmente cotando o comprimento da cobertura (traspasse).
- *Luva*: é indicada com um símbolo cotando a respectiva situação. O símbolo é um retângulo cortado ao meio por um segmento de reta.
- *Solda*: indica-se com um símbolo cotando a respectiva situação. O símbolo é uma elipse cortada ao meio por um segmento de reta.

6.1.33.13 Ganchos e raios de curvatura

Os detalhes dos ganchos e raios de curvatura não precisam figurar no desenho, desde que obedeçam às prescrições mínimas das normas técnicas. Conforme a norma adotada, deve haver pelo menos uma indicação, em cada prancha, das medidas a adotar.

6.1.33.14 Barras dobradas

Nas barras dobradas a 45°, é dispensável qualquer indicação de ângulo. Para ângulos diferentes, a inclinação é dada na forma 1:n, em uma ou mais barras com o mesmo dobramento. Nesse caso, é feito no desenho um pequeno esquema de marcação, facilmente reproduzível pelo armador na bancada.

6.1.33.15 Armadura de lajes

É facultada a representação das barras dentro ou fora do desenho de cada laje, ou, ainda, a aplicação simultânea de ambos os dispositivos, conforme tenha sido mais conveniente à clareza do desenho. A distribuição da armadura é feita sempre em faixa normal à posição ocupada pelas barras, obedecendo, portanto, à marcação que o armador tenha no *taipal* (painel da fôrma). Quando a armadura superior é independente da inferior, é usual a execução de desenhos separados para cada uma delas.

6.1.33.16 Armadura de vigas

A representação da armadura de vigas é feita longitudinalmente e contém o traçado auxiliar dos pontos mais convenientes da fôrma, de sorte a indicar a perfeita posição das barras. Quando houver várias camadas, a representação longitudinal será feita reproduzindo esquematicamente a posição relativa dessas camadas. Sempre que necessário, é feita a representação adicional de seções transversais. Em cada prancha (folha de desenho) de armadura de vigas, é anexado pequeno quadro contendo índice por ordem numérica das vigas nela representadas.

6.1.33.17 Armadura de pilares

A representação da armadura de pilares é feita por seções transversais, com indicação minuciosa da posição das barras e de seus diâmetros. Ao lado de cada seção é feita a representação do respectivo estribo com as convenções anteriormente descritas. É obrigatória a representação esquemática dos diferentes tipos de armadura longitudinal dos pilares constantes da prancha. Sempre que necessário (especialmente no caso de pilares inclinados ou pilares de pórticos), é feita a representação longitudinal, obedecendo então às indicações gerais dadas para vigas.

6.1.33.18 Armadura de sapatas

São obedecidas as indicações anteriores aplicáveis às sapatas. É indicada minuciosamente a distribuição das barras, por posição, com o respectivo espaçamento, conservada a convenção adotada para lajes e vigas. Quando são utilizados anéis variáveis, basta ser dada a indicação dos limites da variação do diâmetro, bem como a do comprimento total das barras.

6.1.33.19 Desenhos para execução de escoramentos

A representação gráfica para execução de escoramentos de madeira obedece às normas relativas a desenhos para estruturas de madeira. Quando se tratar de serviços de pequena responsabilidade, a representação gráfica para escoramentos pode ser simplesmente esquemática.

6.1.33.20 Desenhos de detalhe

Nos desenhos de detalhe, o projetista tem a liberdade de escolha do melhor modo de representação, aplicando em tudo que possível as prescrições anteriores.

6.2 Estrutura metálica

6.2.1 Produtos de aço para uso estrutural

Os principais materiais utilizados como elementos ou componentes estruturais são os seguintes:

6.2.1.1 Chapa fina laminada a frio

É a chapa de ferro fundido, lisa (chamada chapa preta), laminada a frio (LF), com espessuras-padrão de 0,45 mm; 0,60 mm; 0,75 mm; 0,85 mm; 0,90 mm; 1,06 mm; 1,20 mm; 1,50 mm; 1,70 mm; 1,90 mm; 2,25 mm; e 2,65 mm, sendo fornecida nas larguras-padrão de 1,0 m; 1,1 m; 1,2 m; e 1,5 m, e nos comprimentos-padrão de 2,0 m; 2,5 m; e 3,0 m, e também sob a forma de bobinas. As espessuras-padrão também eram bitoladas pela MSG (*Manufacturer's Standard Gauge*), cujas medidas mais comuns são indicadas na Tabela 6.19.

Tabela 6.20: Bitola MSG

Bitola MSG	Espessura (mm)
16	1,50/1,52
18	1,21/1,25
19	1,06
20	0,90/0,91
22	0,75/0,76
24	0,60/0,61
26	0,45/0,46
28	0,38
30	0,30/0,31

Usos: nas edificações, como complementos, quais sejam, esquadrias, dobradiças, portas, marcos (batentes) e até em estruturas.

6.2.1.2 Chapa fina laminada a quente

É a chapa de ferro fundido, lisa (chapa preta), laminada a quente (LQ), com espessuras-padrão de 2,00 mm; 2,25 mm; 2,65 mm; 3,00 mm; 3,35 mm; 3,75 m; 4,25 mm; 4,50 mm; 4,75 mm; 5,00 mm; 6,30 mm; 8,00 mm; 9,50 mm; e 12,50 mm, sendo fornecida nas larguras-padrão de 1,0 m; 1,1 m; 1,2 m; e 1,5 m, e nos comprimentos- padrão de 2 m; 3 m; e 6 m. As bitolas mais comuns pela MSG são dadas na Tabela 6.20.

Tabela 6.21: Espessura MSG

Bitola MSG	Espessura (mm)
14	1,90
13	2,25/2,28
12	2,65/2,66
11	3,00/3,04
10	3,35/3,42
9	3,75/3,80
8	4,18/4,25
7	4,50/4,55
3/16	4,75/4,76
7/32	5,60

6.2.1.2.1 Usos

Trabalhadas, nas edificações com estrutura metálica leve e, principalmente, com terças e vigas.

6.2.1.3 Chapa grossa

É a chapa de ferro fundido, lisa (chapa preta), laminada a quente (LCG), com espessuras-padrão de 6,30 mm; 8,00 mm; 9,50 mm; 12,50 mm; 16,00 mm; 19,00 mm; 22,40 mm; 25,00 mm; 28,50 mm; 31,50 mm; 37,50 mm; 44,50 mm; 50,00 mm; 63,00 mm; 75,00 mm; 89,00 mm; e 100,00 mm, sendo fornecida nas larguras-padrão de 1,0 m; 1,2 m; 1,5 m; 1,83 m; 2,0 m; 2,2 m; 2,44 m; 2,75 m; 3,0 m; 3,5 m; e 3,8 m, e nos comprimentos-padrão de 6 m; e 12 m. As espessuras mais comuns pela MSG são dadas na Tabela 6.21.

Tabela 6.22: Bitolas e espessuras MSG

Bitola MSG	Espessura (mm)
1/4	6,35
5/16	7,94
3/8	9,52/9,53
1/2	12,70
5/8	15,87/15,88
3/4	19,05
7/8	22,22/22,23
1	25,40
1¹/₈	28,57/28,58
1¹/₄	31,75
1³/₈	34,93
1¹/₂	38,10
2	50,80

6.2.1.3.1 Usos

Trabalhadas, nas edificações com estrutura metálica, principalmente para a confecção de perfis soldados para funcionarem como vigas, colunas e estacas.

6.2.1.4 Perfil laminado estrutural

6.2.1.4.1 Ferro perfilado

É o ferro fundido, laminado, apresentado na forma de barras redondas, quadradas ou retangulares, e de perfis em "I", "L", "T", "H", "U" e outros. São normalmente classificados em finos (até 2") e grossos. Os ferros perfilados são designados por sua altura em centímetros, mas só esse detalhe não é suficiente para sua caracterização. Os perfis "I", por exemplo, podem ser de mesas estreitas ou de mesas largas. Os perfis estruturais são normalmente fabricados com resistência à tração entre 38,67 kg/mm² e 56,25 kg/mm², que são os da chamada *qualidade comercial*; ou entre 42,19 kg/mm² e 52,73 kg/mm², para edifícios e grandes estruturas. Os comprimentos-padrão são de 6,9 m e 12 m. Os perfis "I" são fabricados desde 7,5 cm (3") até 60 cm (20"); os perfis "U", de 7,62 cm (3") a 38,1 cm (15"); os perfis "H", de 10 cm (4") a 25 cm (6"); as cantoneiras, desde 1,27 cm (1/2") até 20,32 cm (8"); as barras chatas, desde 5 mm até 30,48cm (12"), e as quadradas, desde 8 mm até 15 cm; os perfis "T", desde 1,27 cm (1/2") até 8". Normalmente, são classificados em leves, médios e pesados. *Perfis leves* são os com altura (h) menor que 80 mm; *perfis médios* são aqueles com altura entre 80 mm e 200 mm; e *perfis pesados* são os com altura maior que 200 mm. A Tabela 6.22 apresenta os principais tipos disponíveis e as variações dimensionais para os perfis laminados estruturais.

6.2.1.4.2 Usos

Na fabricação de estruturas metálicas e, secundariamente, na de caixilhos e grades.

Tabela 6.23: Perfis laminados

Tipo	Dimensões (cm)
Perfil "H"	h = 15,2
Perfil "I"	h = 7,6 a 30,5
Perfil "U"	h = 7,6 a 38,1
Cantoneira de abas iguais	A = 2,5 a 20,3
Cantoneira de abas desiguais	A × B = 8,9 × 6,4 a 20,3 × 10,2
	em que A e B são as medidas externas das abas

6.2.1.5 Tubo estrutural de aço

Existe grande variedade nas dimensões dos tubos encontrados no mercado, sendo eles fornecidos no comprimento-padrão de 6 m. As Tabelas 6.23 e 6.24 mostram os tipos e dimensões externas usados para os tubos sem costura e com costura:

Tabela 6.24: Tubos estruturais sem costura

Tipo (seção)	Dimensões (cm)
Retangular	A × B de 5 × 3 a 12 × 8
Quadrada	A × A de 4 × 4 a 21,6 × 21,6
Circular	D de 2,5 a 15

Tabela 6.25: Tubos estruturais com costura

Tipo (seção)	Dimensões (cm)
Retangular	A × B de 2,5 × 1,9 a 20 × 8
Quadrada	A × A de 1,6 × 1,6 a 14 × 14
Circular	D de 0,9 a 25,4

6.2.1.5.1 Usos

Como elementos estruturais, principalmente, na confecção de treliças espaciais.

6.2.1.6 Barra redonda

Com amplo número de bitolas, as barras redondas são usadas quase que unicamente na confecção de chumbadores, parafusos e tirantes.

6.2.1.7 Galvanização

6.2.1.8 Generalidades

O ferro e o aço com o tempo se oxidam (ou seja, enferrujam), sendo que para protegê-los de tal corrosão existem vários métodos e, entre eles, o mais eficiente é a galvanização, que é um processo, chamado galvanoplastia ou eletrodeposição, em que se reveste a superfície de uma peça de ferro ou aço com uma camada protetora de zinco ou ligas de zinco. Assim, a galvanização protege o ferro e o aço de duas maneiras distintas:
- forma um revestimento resistente à corrosão do substrato;

- o zinco age de tal forma que, se a superfície da peça for acidentalmente danificada e o metal ficar exposto, ele permanece protegido pelo zinco residual que se corrói, mantendo o ferro ou o aço intactos.

Resumindo, a ferrugem se forma pela oxidação do ferro metálico (Fe) na presença do oxigênio do ar e da água, sendo que a camada de zinco impede que o ferro (Fe) entre em contato com o ar e com a água. São os seguintes os métodos de galvanização:

6.2.1.9 Galvanização por imersão a quente em zinco

É um processo de revestimento em que a peça a proteger é mergulhada num banho de zinco ou liga de zinco fundido, sendo a sequência desse método a seguinte:

- *Desengorduramento*: consiste na imersão da peça num banho desengordurante que pode ser alcalino a quente ou levemente ácido. O objetivo é a total remoção dos contaminantes superficiais, como óleos, massas consistentes, marcas em geral.
- *Decapagem ácida*: após passar por fases intermediárias de enxugamento, a peça é mergulhada num banho ácido (ácido sulfúrico a quente ou ácido clorídrico a frio), cujo propósito é a remoção total de óxidos (ferrugem e outros) presentes na superfície dela. A seguir, a peça é mergulhada em água para neutralizar o seu pH.
- *Fluxagem*: o propósito desse processo é depositar na superfície então limpa da peça uma camada de cloreto de zinco ou cloreto de amônia, cujo objetivo é remover os óxidos que se formaram na superfície após a sua decapagem e também impedir a formação de corrosão antes da imersão da peça num banho de zinco. Após essa fluxagem, a peça pode ou não ser secada.
- *Banho de zinco*: a peça é mergulhada num banho de zinco que contém pelo menos 98% de zinco com outros aditivos e que se encontra a aproximadamente a 450 °C. A peça permanece dentro do banho até que atinja a temperatura dele. Durantes esta imersão, o zinco reage com o ferro (Fe) da peça e forma uma série de camadas da liga intermediária zinco-ferro, metalurgicamente ligadas.
- *Arrefecimento*: após a retirada da peça do banho de zinco, ela é esfriada ao ar ou por imersão em água. No caso de galvanização de parafusos, porcas e outras peças muito pequenas, elas são colocadas num tambor rotativo que é passado sucessivamente pelas várias fases do processo. Após a sua imersão no banho de zinco, o tambor é removido do banho e centrifugado a alta velocidade para remover o excesso de zinco que não reagiu com o ferro (Fe).

6.2.1.10 Galvanização por imersão em banho de zinco eletrolítico

É um processo em que os íons de zinco numa solução, ligados ao polo positivo de um circuito elétrico (ânodo), são levados por meio de um campo elétrico a revestir a superfície de uma peça de ferro ou aço ligada ao polo negativo (cátodo), sendo o zinco reduzido na forma de depósito superficial sobre a peça a proteger.

6.2.1.11 Cementação pelo zinco

É um processo de galvanização de superfícies ferrosas que consiste no aquecimento a cerca de 500 °C, num tambor rotativo, de peças pequenas conjuntamente com zinco em pó e um componente inerte. Acima de 300 °C, o zinco se vaporiza e se difunde para o interior do substrato de ferro, formando camadas de liga intermediária Zn-Fe. Nota: tecnicamente tratando, não é considerada como métodos de galvanização a vulgarmente chamada *galvanização a frio*, que se trata de tinta de zinco em aerossol, destinada a pequenos retoques em peças galvanizadas. A pulverização térmica de zinco, chamada de *ção*, também não pode ser considerada como um sistema de galvanização.

6.2.1.12 Processo contínuo de galvanização

É um processo de galvanização utilizado para o revestimento de chapas de aço em bobina e, apesar de ser um processo contínuo, pode ser subdividido nas etapas seguintes:

- *Tesoura de entrada*: tem a função de cortar a parte da bobina danificada no manuseio e no transporte.
- *Máquina de soldagem elétrica*: usada para soldar chapas, o que garante a seção contínua do processo.
- *Acumulador de entrada*: acumula a chapa de modo a manter a seção contínua do processo.
- *Desengraxe*: procedimento utilizado para a remoção de óleo e finas partículas de ferro que permanecem na chapa após a laminação a frio. A remoção é feita com uma solução de soda cáustica e água desmineralizada, por meio de três etapas:
    - *alcalina*: aplicando a solução sobre a chapa;
    - *eletrolítica*: utilizando a mesma solução associada a descargas elétricas (às vezes não usada);
    - *mecânica*: aplicando-se escovas para a remoção das partículas.
- *Enxaguamento*: aspersão de água desmineralizada nas chapas.
- *Secagem*: feita com ar quente.
- *Forno de recozimento*: presta-se para recuperar as características mecânicas (resistência) do aço. O aquecimento mantém-se entre 730 °C e 830 °C e a atmosfera é formada por hidrogênio (5%) e nitrogênio (95%). O forno está dividido em quatro zonas:
    - aquecimento a gás no interior de tubos radiantes (que gera a radiação térmica que causa o aquecimento da chapa enquanto ela passa entre os tubos);
    - encharcamento ou manutenção de temperatura (o aquecimento é elétrico e a temperatura da chapa é mantida constante por um período determinado);
    - resfriamento rápido (trocadores de calor com uso de água resfriam a atmosfera e sopradores de ar ajudam a resfriar a chapa);
    - equalização (aquecedores elétricos asseguram que a temperatura da chapa seja a mesma da do zinco no momento do banho).
- *Banho de zinco*: consiste na aplicação de revestimento de zinco nas chapas com o aquecimento de cerca de 460 °C.
- *Navalha de ar/nitrogênio*: trata-se da remoção da camada excedente de zinco para garantir a espessura do revestimento adequado.
- *Torre de resfriamento*: o procedimento varia conforme o tipo de produto. A chapa passa pelo resfriamento a ar e atinge uma temperatura que pode variar de 250 °C a 320 °C, o necessário para evitar a aderência do zinco nos rolos existentes no topo da torre. A chapa passa por mais uma zona de resfriamento a ar, antes do arrefecimento final no tanque de água.
- *Medidor da espessura*: executa o controle automático da espessura do revestimento aplicado.
- *Laminador de encruamento*: tem a função de garantir as propriedades mecânicas do material e imprimir a rugosidade especificada pelo cliente e ainda melhorar a planicidade da chapa. A operação utiliza uma emulsão de água desmineralizada com óleo.
- *Cromatização*: reveste a chapa com uma fina camada de cromatos por meio de conversão química. O objetivo é otimizar ainda mais a proteção da chapa contra a corrosão.
- *Acumulador de saída*: tem função semelhante à do acumulador de entrada, porém o procedimento é inverso. O equipamento sobe, assegurando o tempo necessário para o corte da chapa e do rebobinamento.
- *oleadeira eletrostática*: confere à chapa já galvanizada uma fina e controlada camada de óleo protetivo.

6.2.1.13 Zincagem

Zincagem é um processo empregado para proteger o aço da corrosão de água e até mesmo da atmosférica. Seu índice de corrosão é 10 a 50 vezes menor que a no aço sem proteção. Quanto mais espesso for o revestimento de zinco, maior será a durabilidade do material. Em geral, as bobinas e chapas de aço são produzidas em linha de zincagem contínua por imersão a quente, podendo ter revestimentos iguais ou diferenciados por face. Há produtos específicos para cada aplicação, como:

- **Laminado zincado com revestimento de zinco puro**: chapa ou bobina fina de aço, laminada a frio, geralmente de baixo teor de carbono, revestida por uma camada de zinco.

Capítulo 6 – Estrutura

- **Laminado zincado com revestimento de liga zinco-ferro** (*galvanew*): chapa ou bobina laminada a frio que, após zincagem por imersão a quente, é submetida a um tratamento térmico, proporcionando um revestimento composto de ligas de zinco e de ferro.
- **Laminado zincado com revestimento de liga zinco-alumínio** (galvalume): chapa ou bobina laminada a frio, revestida de zinco e alumínio.

6.2.1.14 Produtos estruturais derivados de aço plano

São de dois tipos: perfis soldados e perfis em chapa dobrada. Normalmente, são fornecidos em comprimentos menores que 12 m, para facilidade de transporte.

6.2.1.15 Perfil soldado

Graças à grande versatilidade de combinações de espessuras com altura largura, os perfis soldados, compostos a partir de três chapas, são largamente empregados nas estruturas metálicas. Com esses produtos, o projetista passa a ter opções muito variadas e grande liberdade. No entanto, visando à redução de custos, são usadas as seguintes séries padronizadas:

- *série CS*, para colunas;
- *série CVS*, para colunas e vigas;
- *série VS*, para vigas.

As séries CS e VS podem ser consideradas extensão e continuação dos perfis "H" e "I" laminados, padrão americano.

6.2.1.16 Perfil em chapa dobrada

Esses produtos estão sendo aplicados de forma crescente na execução de estruturas leves e também para terças e vigas de fechamento de quaisquer tipos de estrutura.

6.2.1.17 Pré-fabricação da estrutura

6.2.1.17.1 Generalidades

Deve ser examinado o transporte dos perfis metálicos com os quais será construída a estrutura metálica, por causa das dimensões e do peso das peças. O primeiro problema surge no momento do descarregamento e do acesso à obra. As dificuldades, em síntese, são:

- manter terreno sólido, firme e adequado para a passagem de caminhões, para não impedir a descarga dos perfis e evitando condições de risco possibilitadas pela improvisação ou utilização de medidas inadequadas;
- transportar os perfis das áreas de armazenagem à obra.

Por isso, é imprescindível que os operários recebam treinamento apropriado e utilizem equipamentos e máquinas em perfeito estado, operando dentro dos limites de carga.

6.2.1.18 Procedimentos normais

Com o material estando na entrada do canteiro de obras, a sequência normal de procedimentos é a seguinte:

- descarga;
- classificação e armazenagem;
- dimensionamento e corte;
- esmerilhamento;
- empilhamento de elementos para armar.

6.2.1.19 Armazenamento

Com respeito à armazenagem na obra, os perfis devem estar o mais próximo possível dos equipamentos de elevação. Seu transporte tem de ser feito racionalmente, para evitar ao máximo que o material seja muito manuseado. É importante que cada peça tenha indicação visível de seu peso, para não submeter a máquina a esforços acima dos previstos.

6.2.1.20 Esmerilhamento

Grande número de acidentes ocorre durante as operações de esmerilhamento, provocados pela projeção de partículas contra os olhos dos trabalhadores ou por ruptura dos discos abrasivos. Para sua prevenção, é necessário considerar as seguintes medidas:

- sempre que possível, utilizar esmerilhadeiras fixas;
- usar sempre discos ou pedras abrasivas apropriadas;
- manter as máquinas e discos em perfeito estado de uso;
- comprovar a adequação do número de rotações por minuto da máquina com o disco.

Os perfis precisam sair da central de corte sem rebarbas de laminação e de corte, para evitar que as pessoas nelas se enganchem ou se cortem.

6.2.1.21 Riscos mais frequentes

- Queda de pilhas de perfis metálicos;
- queda de cargas suspensas;
- golpes em operários provocados por objetos pesados;
- golpes ou cortes nas mãos, braços, pés e pernas, provocadas por objetos ou ferramentas;
- queda de peças da estrutura;
- queimaduras;
- radiações não ionizantes provocadas por solda;
- queda de trabalhadores;
- projeção de partículas nos olhos;
- exposição à corrente elétrica;
- explosões;
- incêndios;
- intoxicações etc.

6.2.1.22 Normas de segurança na pré-fabricação da estrutura

- As peças necessitam estar previamente fixadas antes de serem soldadas, rebitadas ou parafusadas.
- Na edificação de estrutura metálica, abaixo dos serviços de rebitagem, parafusagem ou soldagem, tem de ser mantido piso provisório, abrangendo toda a área de trabalho situada no piso imediatamente inferior.
- O piso provisório deve ser montado sem frestas, a fim de evitar queda de materiais ou equipamentos.
- Quando necessária a complementação do piso provisório, têm de ser instaladas redes de proteção junto das colunas.
- Deve ficar à disposição do operário, em seu posto de trabalho, recipiente adequado para depositar pinos, rebites, parafusos e ferramentas.
- As peças estruturais pré-fabricadas terão peso e dimensões compatíveis com os equipamentos de transportar e guindar.
- Os elementos componentes da estrutura metálica não podem possuir rebarbas.
- Quando for necessária a montagem próximo das linhas elétricas energizadas, é preciso proceder ao desligamento da rede, afastamento dos locais energizados, proteção das linhas, além do aterramento da estrutura e equipamentos que estão sendo utilizados.

- A colocação de pilares e vigas será feita de maneira que, ainda suspensos pelo equipamento de guindar, se executem o aprumo, a demarcação e a fixação das peças.

6.2.1.23 Montagem da estrutura

6.2.1.23.1 Generalidades

Os métodos de montagem de estruturas metálicas podem variar. Mas é comum, no içamento e na montagem das peças, a utilização de gruas-torre e de guindastes, para aproximar o material. Como a montagem é mais rápida do que o restante da construção, é normal encontrar edifícios ainda em esqueleto metálico e os operários trabalhando em condições muito perigosas. Por isso, é fundamental programar o trabalho de tal modo que, terminada a colocação das vigas metálicas, se proceda à execução do piso permanente, para que a colocação dos pilares seguintes seja feita em base firme e segura. Antes de sua utilização, as peças metálicas devem ter sua resistência verificada. Também têm de ser examinadas quanto a defeitos, como empeno ou corrosão.

6.2.1.23.2 Içamento

Para reduzir ao mínimo o risco de queda de pessoas e objetos, é conveniente reduzir também os trabalhos de união de peças nas alturas, realizando o maior número de junções antes do içamento. Não é recomendável o deslocamento de cargas suspensas sobre locais de trabalho. A posição da máquina e do lugar de armazenagem precisa ser estudada, a fim de conseguir movimentos de carga de maneira segura. É necessária a perfeita coordenação entre os encarregados das manobras, para evitar choques e golpes. O melhor é estabelecer um código de sinais que evite confusões e perigos. Se for içado algum elemento estrutural que apresente grande superfície, há de se tomar as precauções necessárias. Em caso de vento intenso, a peça pode se movimentar de forma incontrolável, golpear os operários e até provocar o tombamento da grua.

6.2.1.23.3 Pisos provisórios

As normas técnicas limitam a oito o número de pavimentos em construção acima do último piso permanente já concluído. Em qualquer caso, porém, tem de ser construído um piso provisório, de pranchas de madeira, no máximo dois pavimentos abaixo daquele em que estiverem sendo feitas as operações de soldagem, corte, rebitagem e pintura. Daí para baixo, é preciso haver pisos provisórios de dois em dois pavimentos, até o último piso permanente existente. Os pisos provisórios devem cobrir toda a área útil da construção, salvo as aberturas necessárias para acesso, que têm de estar devidamente protegidas. As pranchas usadas para construção de pisos provisórios precisam estar livres de farpas e pontas de prego, sem defeito ou deterioração, e terão resistência conhecida. Devem ser fixadas lado a lado, sem frestas. Para vãos de até 3 m, sua espessura mínima será de 5 cm. Para vãos de mais de 3 m, a espessura das pranchas tem de ser calculada com coeficiente de segurança pelo menos igual a cinco e para o carregamento máximo de trabalho. Os pisos provisórios precisam ser inspecionados frequentemente, para garantia da segurança. Os defeitos encontrados necessitam ser imediatamente corrigidos.

6.2.1.23.4 Segurança nas alturas

As pessoas que executarem operações de montagem de estruturas metálicas a mais de 2 m do piso devem estar equipadas com cinturão de segurança preso à estrutura da edificação. É necessário que o trabalhador tenha também à sua disposição um recipiente adequado para depositar pinos, rebites e parafusos, que nunca podem ser atirados para baixo. Precisa também dispor de porta-ferramentas adequado. Se for necessário que o trabalhador transite por lugares perigosos da estrutura, é preciso prever a utilização de cabos de sustentação ou de redes de resistência conhecida, pois muitos acidentes ocorrem quando o operário perde o equilíbrio. Também é aconselhável a construção de passarelas dotadas de guarda-corpos. Se não for possível utilizar nenhum desses meios para o trânsito do pessoal, deve ser adotado o sistema de *montar a cavalo*: o operário apoia os pés na parte inferior da viga e acopla o cinturão de segurança em um cabo preso ao redor da mesma viga. O trabalhador será instruído a sempre se movimentar avançando primeiro o cabo e depois o corpo. Este é o sistema adotado nos países em que os edifícios são construídos com estrutura metálica e nas grandes obras de pontes e viadutos. Em situações nas quais é impossível o uso do cinturão de segurança, é preciso instalar uma superfície abaixo do operário, que o proteja em caso de queda. Tal superfície pode ser de dois tipos: rígida (plataformas, pisos etc.) ou flexível (redes) e deve permanecer livre de objetos e materiais. Antes de qualquer peça ser soldada, rebitada ou parafusada no lugar definitivo, precisa ser posta em posição, com o auxílio de equipamento adequado, e fixada provisoriamente.

6.2.1.23.5 Cuidados com a eletricidade

Nos trabalhos em estruturas metálicas, um dos grandes riscos é o de eletrocussão do trabalhador. Portanto, há de se tomar todas as medidas preventivas que evitem descargas elétricas, utilizando equipamentos aterrados ou com dupla isolação, e protegendo todas as partes energizadas do contato com a estrutura ou com pessoas. Nos casos em que existam linhas elétricas nas proximidades da montagem, tem de ser observada a distância de segurança. E são necessários o desligamento da rede, a proteção ou mudança das linhas e o aterramento da estrutura e dos equipamentos.

6.2.1.23.6 Recomendações importantes

- Todas as etapas do trabalho de montagem de estruturas metálicas necessitam ser planejadas antes de começar o serviço. Os operários precisam ser informados sobre os riscos de acidentes e sobre medidas preventivas.
- Os trabalhadores têm de usar, conforme o serviço, os equipamentos de proteção individual: capacete, cinturão e cinto de segurança, calçado de segurança, botas, óculos de proteção contra impactos, proteção respiratória, protetor facial, protetor auricular, escudo e óculos para soldador, viseira protetora, luvas, mangote, avental e perneiras de raspa de couro e roupas apropriadas de trabalho.
- Antes da colocação das redes de proteção, é necessário verificar seu estado de conservação e sua integridade mecânica.
- Para a movimentação de pessoas entre dois níveis imediatos, tanto de subida como de descida, devem ser instaladas escadas de mão providas de degraus antiderrapantes, presas à estrutura, de tal forma que suas extremidades mais elevadas fiquem aproximadamente 1 m acima do apoio superior.
- O solo precisa ser compactado antes da entrada, na obra, de caminhões carregados de perfis metálicos.
- Antes de serem içados, os perfis já terão de estar cortados na medida requerida. É preciso evitar o corte com maçarico oxiacetilênico em altura elevada.
- Os cabos elétricos não devem ser deixados no solo ou piso de forma desordenada, pois poderão sofrer danos que comprometam a segurança.
- Os cilindros de oxigênio e acetileno usados na obra têm de permanecer sempre em seus respectivos carrinhos portáteis.
- Não pode ser permitida a permanência de operários em locais abaixo dos pontos em que se realizam trabalhos de soldagem.

6.2.1.24 Operações de soldagem e corte a quente

Chama-se soldagem, ou solda, ao processo de produzir a fusão entre duas peças de metal, de modo que o local de junção forme com o todo uma massa homogênea. Existem três classes de processos de soldagem: por pressão, por fusão sem pressão e por solda forte. A solda elétrica, ou por meio de arco voltaico, está sujeita a riscos próprios do local de trabalho. Não se pode considerar idênticas as atividades realizadas no interior de uma oficina e as efetuadas sobre uma viga metálica a 40 m de altura. Do mesmo modo que se utilizam sistemas de proteção coletiva para a construção com estruturas metálicas, deve-se usá-los nos trabalhos de solda e corte. Como esses serviços sempre envolvem altas temperaturas, têm de ser evitadas as redes de proteção feitas de material sintético. Neste sistema, aproveita-se o calor gerado por um arco elétrico formado entre o metal a ser soldado e um eletrodo, ou entre dois eletrodos. A corrente empregada poderá ser contínua ou alternada e o arco pode ser protegido ou não, dependendo do tipo usado. Todos aqueles que estão em contato permanente com os trabalhos de solda elétrica e com seus operadores habituam-se a ouvir queixas constantes com referência aos perigos e males causados pelo arco voltaico. Os componentes que participam da execução de uma solda por meio de arco voltaico são: eletricidade, calor, luz, material a ser depositado, material básico, escória e, finalmente, os gases provenientes da escória e do arco. Os riscos envolvidos nesse trabalho podem ser classificados em cinco categorias:

- provenientes da irradiação do arco;
- de ordem respiratória;
- de ordem calorífica;
- de ordem elétrica;
- de ordem mecânica.

6.2.1.25 Irradiação do arco

O arco elétrico produz uma emissão intensa de radiação ultravioleta e infravermelha. Os raios ultravioleta são quimicamente ativos e produzem cegueira momentânea. Os infravermelhos secam completamente certas células líquidas do globo ocular e ocasionam mal permanente. Se as queimaduras provocadas pelos raios infravermelhos forem frequentes, produz-se na vista uma conjuntivite catarral aguda, que se manifesta por um ardor semelhante ao produzido por pequenas partículas de areia nos olhos. Na pele, seu efeito é idêntico ao ocasionado por queimaduras. A primeira regra de segurança nos serviços com solda a arco voltaico é nunca olhar para o trabalho com os olhos desprotegidos. Como meio de proteção, usam-se equipamentos como máscaras e escudos. Todavia, a absorção dos raios luminosos pelas lentes protetoras não deverá ser total, pois neste caso o soldador não distinguiria o metal básico do metal fundido pelo arco e da própria escória. Esses equipamentos destinam-se à proteção dos olhos, da face e do pescoço do soldador contra fagulhas incandescentes e raios ultravioleta.

6.2.1.26 Máscara e escudo

A máscara possui uma carneira regulável, para facilitar a fixação e ajuste na cabeça, deixando livres as mãos. Precisa ser leve e resistente e possuir um visor retangular para encaixe das lentes filtrantes (basculante). O escudo, parecido com a máscara, é dotado de cabo, em vez de carneira para a cabeça. É sustentado por uma das mãos, enquanto a outra fica para o trabalho da soldagem.

6.2.1.27 Lentes retangulares filtrantes

A ação nociva aos olhos produzida pela irradiação do arco precisa ser evitada por meio de lentes protetoras adaptadas à mascara ou ao escudo – o que reduz também a intensidade da luz a um ponto que não canse a vista. Todavia, a absorção de luz não deve ser total, caso contrário o soldador não consegue enxergar o trabalho que está executando. Como essas lentes são indispensáveis para os serviços de solda, podem sofrer danos por causa do trabalho executado. Por isso, é importante que, por sua vez, sejam protegidas por um vidro comum, incolor, cuja principal finalidade é interceptar as partículas de metal fundido arremessadas pelo arco voltaico.

6.2.1.28 Riscos mais frequentes

- Queda, entre níveis diferentes e no mesmo nível;
- golpes por objetos;
- prensagem de mãos por objetos pesados;
- queda da estrutura;
- radiações ultravioleta e infravermelha;
- inalação de vapores metálicos;
- queimaduras;
- exposição à energia elétrica (eletrocussão);
- projeção de partículas;
- corpos estranhos nos olhos;
- ferimentos provocados por objetos pontiagudos;

- dermatite causada por contato com concreto;
- queda de objetos;
- ruptura de formas;
- falha no cimbramento;
- acidentes causados por falta de uso de EPI;
- acidentes causados por trabalho sob condições meteorológicas adversas etc.

6.2.1.29 Normas de segurança nas operações de soldagem e corte a quente

- As operações de soldagem e corte a quente somente podem ser realizadas por trabalhadores qualificados.
- Quando forem executadas operações de soldagem e corte a quente em chumbo, zinco ou materiais revestidos de cádmio, será obrigatória a remoção, por ventilação local exaustora, dos fumos originados no processo de solda e corte, bem como na utilização de eletrodos revestidos.
- O dispositivo usado para manusear eletrodos precisa ter isolamento adequado à corrente usada, a fim de evitar a formação de arco elétrico ou choques no operador
- Nas operações de solda e corte a quente, é obrigatória a utilização de anteparo eficaz para a proteção dos trabalhadores circunvizinhos. O material utilizado nesta proteção tem de ser do tipo incombustível.
- Nas operações de soldagem ou corte a quente de vasilhame, recipiente, tanque ou similar, que envolvam geração de gases confinados ou semiconfinados, é obrigatória a adoção de medidas preventivas adicionais para eliminar riscos de explosão e intoxicação do operário.
- As mangueiras necessitam ter mecanismos contra o retrocesso das chamas na saída do cilindro e chegada do maçarico.
- É proibida a presença de substâncias inflamáveis e/ou explosivas próxima das garrafas de oxigênio.
- Os equipamentos de soldagem elétrica devem ser aterrados.
- Os fios condutores dos equipamentos, as pinças ou alicates de soldagem têm de ser mantidos longe de locais com óleo, graxa ou umidade, e precisam ser deixados em repouso sobre superfícies isolantes.

Capítulo 7
Instalações

7.1 Elétrica e telefônica

7.1.1 Generalidades

7.1.1.1 Introdução

Em todos os projetos de instalação elétrica de baixa tensão, é de fundamental importância a especificação técnica dos diversos componentes. A partir das especificações é que eles serão adquiridos para a obra, os quais deverão garantir, quando montados, o adequado funcionamento da instalação, a segurança dos seus usuários e a conservação do patrimônio. Porém, com frequência, ocorre que, nos projetos, a especificação técnica é muito falha, quando os componentes são mal descritos, as características nominais são omitidas, as competentes normas técnicas não são mencionadas e, comumente, são indicados a marca comercial e o tipo do material de um certo fabricante (em geral, um líder de mercado) seguidos da expressão "ou similar".

7.1.1.2 Terminologia

- *Bandeja:* conduto de instalação aparente, aberto superiormente em toda sua extensão, no qual os condutores são lançados. Uma bandeja pode ser de chapa perfurada ou não.
- *Barra:* condutor rígido, em forma de tubo ou de seção perfilada, fornecido em trechos retilíneos.
- *Base (de um dispositivo fusível):* parte fixa de um dispositivo fusível, com contatos e terminais.
- *Barreira:* anteparo que impede o acesso às partes vivas, a partir das direções habituais de acesso.
- *Blindagem:* envoltório condutor ou semicondutor, aplicado sobre o condutor ou sobre o condutor isolado (ou eventualmente sobre um conjunto de condutores isolados), para fins exclusivamente elétricos.
- *Bloco alveolado:* bloco de confecção com um ou mais furos que, por justaposição, formam um ou mais condutos.
- *Cabo:* conjunto de fios encordoados, isolados ou não entre si, podendo o conjunto ser isolado ou não. O termo cabo é muitas vezes utilizado para indicar, de um modo geral, cabos propriamente ditos e fios.
- *Cabo flexível:* cabo capaz de assegurar uma ligação que pode ser flexionada em serviço.
- *Cabo isolado:* cabo constituído de uma ou mais veias e, se existentes, o envoltório individual de cada veia, o envoltório do conjunto das veias e os envoltórios de proteção do cabo, podendo ter também um ou mais condutores não isolados.
- *Cabo multiplexado:* cabo formado por dois ou mais condutores isolados, ou cabos unipolares, dispostos helicoidalmente, sem cobertura.
- *Cabo multipolar:* cabo constituído por vários condutores isolados, com cobertura.
- *Cabo revestido:* cabo sem isolação ou cobertura, constituído de fios revestidos (v. "fio revestido").
- *Cabo unipolar:* cabo isolado constituído por um único condutor, com cobertura.

- *Calha:* conduto de instalação aparente, com tampas superiores desmontáveis em toda sua extensão, na qual os condutores são lançados.
- *Canaleta:* conduto com tampas no nível do solo, removíveis em toda sua extensão.
- *Capacidade de condução de corrente:* corrente máxima que um condutor ou conjunto de condutores pode conduzir em regime contínuo, sem exceder a temperatura máxima especificada.
- *Capacidade de interrupção:* um valor de corrente presumida de interrupção que um dispositivo de manobra e/ou proteção é capaz de interromper, sob uma tensão dada e em condições prescritas de emprego e funcionamento, dadas em normas individuais.
- *Choque elétrico:* efeito patofisiológico que resulta da passagem de uma corrente elétrica, através de um corpo humano ou de um animal.
- *Circuito (elétrico) (de uma instalação):* conjunto de componentes da instalação alimentado a partir de uma mesma origem e protegido contra sobrecorrentes pelos mesmos dispositivos de proteção.
- *Circuito de distribuição:* circuito que alimenta um ou mais quadros de distribuição.
- *Circuito terminal:* circuito que alimenta diretamente aparelhos de utilização ou tomadas de corrente.
- *Clites:* suportes individuais espaçados entre si, nos quais é fixado mecanicamente um cabo ou um eletroduto.
- *Cobertura:* invólucro externo não metálico, sem função de isolação.
- *Conduto (elétrico):* canalização destinada a conter exclusivamente condutores elétricos.
- *Condutor (elétrico):* elemento metálico, geralmente de forma cilíndrica, com a função específica de transportar energia elétrica.
- *Condutor de aterramento:* condutor que faz a ligação elétrica entre uma parte condutora e o eletrodo de aterramento.
- *Condutor encordoado:* condutor constituído por um conjunto de fios dispostos helicoidalmente; essa confecção confere ao condutor flexibilidade maior em relação ao condutor sólido (fio).
- *Condutor neutro (símbolo N):* condutor ligado ao neutro do sistema de alimentação e capaz de contribuir para o transporte de energia elétrica.
- *Condutor de proteção:* condutor que liga as massas e os elementos condutores estranhos à instalação entre si e/ou a um terminal de aterramento principal.
- *Condutor PEN:* condutor que tem as funções de condutor neutro e de condutor de proteção.
- *Condutor sólido:* condutor de seção transversal maciça.
- *Conector:* dispositivo eletromecânico que faz a ligação elétrica de condutores, entre si e/ou a uma parte condutora de um equipamento, transmitindo ou não força mecânica e conduzindo corrente elétrica.
- *Cordão:* cabo (flexível) com reduzido número de condutores isolados (em geral, dois ou três) de pequena seção transversal.
- *Cordoalha:* condutor formado por fios metálicos tecidos.
- *Corrente de falta:* corrente que flui de um condutor para outro e/ou para a terra, no caso de uma falta e no local dela.
- *Corrente de fuga:* corrente que, na ausência decorrente de falta, flui para a terra ou para elementos estranhos à instalação.
- *Corrente de projeto (de um circuito):* corrente máxima prevista para um circuito durante seu funcionamento normal.
- *Duto:* tubo destinado à construção de condutos subterrâneos; por extensão, esse termo designa também o conduto formado por esses tubos emendados com as partes suplementares necessárias à instalação e manutenção dos condutores.
- *Eletrocalha:* elemento de linha elétrica fechada e aparente, constituído por uma base com cobertura desmontável, destinado a envolver por completo condutores elétricos providos de isolação, permitindo também a acomodação de certos equipamentos elétricos.
- *Eletrodo de aterramento* condutor ou conjunto de condutores enterrados no solo e eletricamente ligados à terra, para fazer um aterramento.

- *Eletroduto:* tubo destinado à construção de condutos elétricos; por extensão, esse termo designa também o conduto formado por esses tubos emendados com as peças complementares necessárias à instalação e manutenção dos condutores.
- *Eletroduto flexível:* eletroduto que pode ser encurvado à mão.
- *Eletroduto rígido:* eletroduto que só deve ser encurvado por meio de ferramenta especial.
- Emenda: ligação de uma das extremidades de dois ou mais condutores.
- *Equipamento (elétrico):* conjunto unitário que se liga por terminais a um sistema elétrico, para nele exercer uma ou mais funções determinadas.
- *Espelho:* peça que serve de tampa para uma caixa de derivação e/ou de suporte e remate, para dispositivos de acesso externo instalados na caixa.
- *Fator de utilização (de um equipamento):* razão entre a potência efetivamente absorvida e a potência nominal do equipamento.
- *Fator de demanda (de uma instalação ou de uma parte de uma instalação):* razão entre a potência de alimentação, ou da parte considerada da instalação, e a respectiva potência instalada.
- *Fio:* produto metálico maciço e flexível, de seção transversal invariável e de comprimento muito maior do que a maior dimensão transversal. Na tecnologia elétrica, os fios são geralmente utilizados como condutores elétricos, por si mesmos ou como componentes de cabos; podem ser também utilizados com função mecânica ou eletromecânica.
- *Fio nu:* fio sem revestimento, isolação ou cobertura.
- *Fio revestido:* fio dotado de revestimento. Esta definição pode ser particularizada de acordo com o metal de revestimento: fio estanhado, fio cadmiado, fio cobreado, fio prateado, fio zincado etc.
- *Fio isolado:* fio com ou sem revestimento, dotado de isolação.
- *Fio de aço-cobre:* fio constituído por um núcleo central de aço com capeamento de cobre.
- *Fio de aço-alumínio:* fio constituído por um núcleo central de aço com capeamento de alumínio.
- *Haste de aterramento:* eletrodo de aterramento constituído por uma barra rígida cravada no solo.
- *Instalação aberta:* instalação elétrica em que os condutores são circundados por ar ambiente não confinado.
- *Instalação de baixa-tensão:* instalação elétrica alimentada com tensão não superior a 1000 V, em corrente alternada (CA).
- *Instalação elétrica (de edificação):* conjunto de componentes elétricos associados e com características coordenadas entre si, constituído para uma finalidade determinada.
- *Instalação de extrabaixa-tensão:* instalação elétrica em que todos os seus pontos estão dentro dos limites de extrabaixa-tensão (não superiores a 50 V em corrente alternada, ou a 120 V em corrente contínua – CC).
- *Instalação de reparos:* instalação temporária que substitui uma instalação permanente defeituosa.
- *Instalação de trabalho:* instalação temporária que permite reparações ou modificações de uma instalação já existente, sem interromper o seu funcionamento.
- *Instalação embutida:* instalação elétrica em que os condutos são encerrados nas paredes ou na estrutura do prédio, e acessível apenas em pontos determinados.
- *Instalação em parede:* instalação elétrica em que os condutores ficam sobre a superfície de uma parede ou em sua proximidade imediata, dentro ou fora de condutos.
- *Instalação enterrada:* instalação subterrânea em que os condutores são enterrados no solo, diretamente ou em condutos.
- *Instalação subterrânea:* instalação elétrica em que os condutores e/ou os equipamentos ficam abaixo do nível do solo.
- *Instalação temporária:* instalação elétrica prevista para uma duração limitada às circunstâncias que a motivam.
- *Invólucro:* elemento que impede o acesso às partes vivas a partir de todas as direções.
- *Isolação básica:* isolação aplicada a partes vivas para assegurar proteção contra choques elétricos.
- *Isolação suplementar:* isolação adicional e independente da isolação básica, destinada a assegurar proteção contra choques elétricos no caso de falha da isolação básica.
- *Isolação dupla:* isolação composta por isolação básica e isolação suplementar.

- *Junção:* ligação da extremidade de um condutor a uma parte, que não a extremidade de um outro condutor.
- *Ligação equipotencial:* ligação elétrica entre massas e/ou elementos condutores estranhos à instalação, destinada a evitar diferenças de potencial entre elas.
- *Linha aérea:* linha elétrica em que os condutores ficam elevados em relação ao solo e afastados de outras superfícies, que não os respectivos suportes.
- *Linha embutida:* linha elétrica em que os condutos ou os condutores são encerrados nas paredes ou na estrutura da edificação, e acessível apenas em pontos determinados.
- *Linha subterrânea:* linha elétrica construída com cabos isolados, enterrados diretamente no solo ou instalados em condutos enterrados no solo.
- *Malha de aterramento:* eletrodo de aterramento constituído por um conjunto de condutores nus interligados, e enterrados no solo.
- *Massa (de um equipamento ou instalação):* conjunto das partes metálicas não destinadas a conduzir corrente, eletricamente interligadas e isoladas das partes vivas.
- *Moldura:* conduto de instalação aparente destinado a ser fixado ao longo de paredes, compreendendo uma base fixa com ranhuras para colocação de condutores e uma tampa desmontável em toda sua extensão.
- *Origem da instalação:* ponto de alimentação de uma instalação de utilização de energia elétrica.
- *Quadro de distribuição:* equipamento elétrico destinado a receber energia elétrica, por uma ou mais alimentações, e a distribuí-la a um ou mais circuitos, podendo também desempenhar funções de proteção, secionamento, controle e/ou medição.
- *Parte viva:* parte condutora que, em condições normais, apresenta ou pode apresentar diferença de potencial em relação à terra. O condutor neutro, em corrente alternada, e o compensador, em corrente contínua, são considerados partes vivas, porém o condutor PEN não é considerado parte viva.
- *Plugue:* dispositivo elétrico com contatos, ligados ou destinados a serem ligados permanentemente a condutores, e que se introduz ou se retira de uma tomada de corrente, para alimentar ou desligar um aparelho de utilização, respectivamente.
- *Poço (shaft):* conduto vertical formado pela estrutura do prédio.
- *Prateleira:* suporte contínuo para condutores, constituído por uma peça engastada em uma parede por um de seus lados.
- *Proteção:* ação automática provocada por dispositivos sensíveis a determinadas condições anormais que ocorrem em um circuito, no sentido de evitar ou limitar danos a um sistema ou equipamento elétrico.
- *Quadro de distribuição:* conjunto que compreende um ou mais dispositivos de proteção e manobra, destinado a distribuir energia elétrica aos circuitos terminais e/ou outros quadros de distribuição.
- *Quadro (de distribuição) terminal:* quadro de distribuição que alimenta exclusivamente circuitos terminais.
- *Resistência de isolamento:* valor da resistência elétrica, em condições especificadas, entre duas partes condutoras separadas por materiais isolantes.
- *Tensão de serviço:* tensão na origem da instalação.
- *Tensão de contato:* tensão que pode aparecer acidentalmente entre dois pontos simultaneamente acessíveis.
- *Terminal (de condutor):* conector que se fixa na extremidade de um fio ou cabo, para fazer a ligação deste a um terminal de equipamento ou a um outro condutor.
- *Terminal de aterramento (da instalação):* terminal destinado a ligar os condutores de proteção ao condutor de proteção principal.
- *Terminal de aterramento principal:* terminal destinado à ligação de um condutor de aterramento aos condutores de proteção.
- *Terra:* massa condutora da terra cujo potencial elétrico, em qualquer ponto, é convencionalmente considerado igual a zero.
- *Tomada (de corrente):* dispositivo elétrico com contatos ligados permanentemente a uma fonte de energia elétrica e destinado a alimentar um aparelho de utilização, por meio de um plugue.

7.1.2 Potência

7.1.2.1 Generalidades

As fórmulas de uso mais comuns são:

- Tensão = Corrente × Resistência, ou seja, U (volts) = I (ampères) × R (ohms).
- Potência = Tensão × Corrente, ou seja, P (watts) = U (volts) × I (ampères).

Dentre as potências típicas de alguns aparelhos domésticos, podem ser citadas as da Tabela 7.1.

Nas instalações residenciais, os condutores vivos dos circuitos terminais deverão ter seções iguais ou superiores aos valores abaixo:

- aparelhos de iluminação: 1,5 mm²
- tomadas de corrente em quartos, salas e similares: 1,5 mm²
- tomadas de corrente em cozinhas, áreas de serviço, garagens e similares: 2,5 mm²
- aquecedores de acumulação de água: 2,5 mm²
- aparelhos de ar-condicionado: 2,5 mm²
- torneiras elétricas: 4 mm²
- aquecedores de passagem de água: 4 mm²
- fogões elétricos: 6 mm²
- chuveiros elétricos: 6 mm²

As instalações elétricas terão de ser protegidas por fio-terra, que tem por objetivo reduzir os riscos de acidentes. As descargas elétricas acontecem geralmente por sobrecarga de circuitos, principalmente por causa do uso das tomadas múltiplas ou "T"s. Os aparelhos elétricos com carcaça metálica e aqueles sensíveis a variações bruscas de tensão necessitam dispor obrigatoriamente de condutor-terra de proteção ligado ao plugue padrão. Nos circuitos polifásicos em que a seção dos condutores-fase for igual ou inferior a 16 mm² (em cobre) e nos circuitos monofásicos, seja qual for a seção do condutor-fase, o condutor neutro terá a mesma seção que os condutores-fase. Deverão ser usados, como condutores, fios até Ø 6 mm² (n° 8 AWG) inclusive. Acima dessa bitola, terão de ser utilizados cabos singelos. Para circuitos com dispositivo de proteção com a capacidade nominal adiante discriminada, os condutores de cobre tipo antichama serão os indicados na Tabela 7.2.

Considerações:

- As distâncias indicadas são máximas para circuitos com carga concentrada na extremidade com fator de potência 0,8, admitindo que:
  - os condutores estejam contidos em eletroduto magnético;
  - pelo circuito circule corrente igual à corrente máxima admissível dos condutores;
  - a queda de tensão seja de 2% para as seções 1,5 mm²; 2,5 mm²; 4 mm² e 6 mm²; e de 3% para as demais seções;
- Para correntes inferiores às indicadas, o comprimento dos circuitos poderá ser maior.

7.1.2.2 Símbolos gráficos

A planta de instalação é executada sobre um desenho em papel vegetal (transparente) que contém os detalhes de arquitetura e estrutura para compatibilização com o projeto elétrico. Basicamente, é usada uma matriz para a instalação de cada um dos seguintes sistemas:

- *luz e força:* que, dependendo da complexidade, podem ser divididos em dois sistemas distintos: teto e piso;
- *telefone:* interno e externo;
- *sinalização*, som, deteção, segurança, supervisão e sinais, e outros sistemas.

Em cada matriz são locados os aparelhos e seus dutos de distribuição, com todos os dados e dimensões para perfeito esclarecimento do projeto. Sendo necessário, são desenhados detalhes, de maneira que não fique dúvida quanto à instalação a ser executada. Eletrodutos de circuitos com importância, tensão e polaridade diferentes podem ser destacados por meio de diferentes espessuras do traço. Os diâmetros dos eletrodutos bem como todas as dimensões são dados em milímetros. Aparelhos com potência ou importância diferentes podem ser destacados por

Tabela 7.1: Condutor elétrico

Aparelho eletrodoméstico	Potências Nominais Típicas (de entrada)	
aquecedor de acumulação de água (boiler) de	50 L a 100 L	1000W
	150 L a 200 L	1250 W
	250 L	1500 W
	300 L a 350 L	2000 W
aquecedor de água de passagem		4000 W a 8000 W
aquecedor de ambiente (portátil)		500 W a 1500 W
aspirador de pó		500 w a 1000 W
batedeira		100 W a 300 W
cafeteira elétrica		600 W
churrasqueira elétrica		3000 W
chuveiro		4000 W a 6500 W
computador		300 W
condicionador de ar central		8000 W
condicionador de ar de janela de	7100 BTU/h	900 W
	8500 BTU/h	1300 W
	10000 BTU/h	1400 W
	12000 BTU/h	1600 W
	14000 BTU/h	1900 W
congelador (freezer)		350 VA a 500 VA
copiadora tipo xerox		1500 VA a 3500 VA
distribuidor de ar refrigerado (fan-coil)		250 W
enceradeira		300 W
exaustor de ar para cozinha		300 W
ferro de passar roupa		800 W a 1500 W
fogão (por boca)		2500 W
forno		4500 W
forno de micro-ondas		2000 W
freezer		500 W
geladeira duplex		500 W
geladeira simples		250 W
lavadora de pratos		1500 W
lavadora de roupas		1000 W
liquidificador		270 W
máquina de escrever		150 VA
projetor de slides		250 W
secadora de cabelos		500 W a 1200 W
secadora de roupas		2500 W a 6000 W
televisor		75 W a 300 W
televisor de 21"		90 W
torneira		2800 W a 4500 W
torradeira		500 W a 1200 W
triturador de lixo (de pia)		300 W
ventilador (circulador de ar) portátil		60 W a 100 W

símbolo de tamanhos diferentes. A construção da simbologia é baseada em figuras geométricas simples como enunciado a seguir, para permitir uma representação adequada e coerente dos dispositivos elétricos. A representação

Capítulo 7 – Instalações

Tabela 7.2: Corrente elétrica

Seção nominal (mm²)	Referência AWG ou MCM	Corrente máxima (A)
2,1	14	15
3,3	12	20
5,3	10	30
8,4	8	40
13	6	55
21	4	70
27	3	80
34	2	95
53	1/0	125
67	2/0	145
85	3/0	165
107	4/0	195
127	250	215
152	300	240
203	400	280
253	500	320
304	600	355
355	700	385
380	750	400
405	800	410
456	900	435
507	1000	455

se baseia na conceituação simbológica de quatro elementos geométricos básicos: o traço, o círculo, o triângulo equilátero e o quadrado.

- *Traço:* o segmento de reta representa o eletroduto. Os diâmetros nominais são, segundo as normas técnicas, convertidos em milímetros, usando a Tabela 7.3.

Tabela 7.3: Diâmetros nominais

Polegadas	Milímetros
1/2	15
3/4	20
1	25
1¼	32
1½	40
2	50
2½	60
3	75
4	100

- *Círculo:* representa três funções básicas: o ponto de luz, o interruptor e a indicação de qualquer dispositivo embutido no teto. O ponto de luz deve ter diâmetro maior que o do interruptor para diferenciá-los. Um elemento qualquer circundado indica que ele se localiza no teto. O ponto de luz na parede (arandela) também é representado pelo círculo.
- *Triângulo equilátero:* representa tomada em geral. Variações acrescentadas a ela indicam mudança de significado e função (tomadas de luz e telefone, por exemplo), bem como modificações em seu nível na instalação (baixa, média e alta).

- *Quadrado:* representa qualquer tipo de elemento no piso ou conversor de energia (motor elétrico). De forma semelhante ao círculo, envolvendo a figura, significa que o dispositivo se localiza no piso.

Nos desenhos, os símbolos mais utilizados são:

- Símbolo: _____
- Descrição: Condutor, Grupo de condutores, Linha, Cabo, Circuito, Linha de propagação (por exemplo, para micro-ondas)

Nota: para a representação unifilar dos condutores, quando um traço representa um grupo de condutores, seu número é indicado: seja por vários traços oblíquos, seja por um só traço oblíquo completado com um algarismo.

Exemplo: três condutores
- Forma 1: ____///____
- Forma 2: ____/³____

Informações adicionais podem ser indicadas como a seguir:
- acima do traço: a natureza da corrente, o sistema de distribuição, a frequência e a tensão;
- abaixo do traço: o número de condutores do circuito, seguido de um sinal de multiplicação e da seção de cada condutor;
- caso alguns condutores tenham seção diferente dos primeiros, seus respectivos número e seção, precedidos do sinal de adição, são marcados em sequência. A natureza do metal do condutor pode estar indicada pelo seu símbolo químico.

Exemplos:

_____ 110V

_____ Circuito de corrente contínua

_____ 110 V, dois condutores de alumínio Ø 120 mm² 2 × 120 mm² AL 3N 60Hz 400 V

_____ Circuito trifásico, 60 Hz, 400 V, três condutores Ø 120 mm², com fio neutro Ø 50 mm²

• Conexão de condutores (círculo preenchido)
° Terminal (o círculo pode estar preenchido)

7.1.3 Eletroduto

7.1.3.1 Eletroduto rígido de aço-carbono

Eletroduto é a canalização de qualquer natureza destinada a conter exclusivamente condutores elétricos. Conforme o método de instalação a que se destinam ou são apropriados, distribuem-se, de acordo com as normas técnicas, em três classes, a saber:

- Classe I: para uso geral, inclusive embutido em peças e partes estruturais das construções.
- Classe II: para uso embutido em paredes ou em outras partes da construção, quando a instalação for feita depois da execução da parte construtiva, em edificações residenciais de alvenaria com o máximo de dois pavimentos.
- Classe III: somente para uso exposto.

Os condutores da Classe II são ainda subdivididos em:

- Classe II A: satisfazendo *à prova do prego.*
- Classe II B: não satisfazendo à prova do prego.

Os condutos aprovados para uma determinada classe poderão ser aceitos para uso em outra classe, para métodos ou condições especiais compatíveis com suas qualidades. São obrigatórias marcações indeléveis ou etiquetas de difícil remoção, aplicadas nos condutos com as indicações da classe e do nome do fabricante. Os eletrodutos devem ser constituídos de material não susceptível de atacar os condutores ou prejudicar a conservação de sua isolação ou revestimento. Têm de resistir satisfatoriamente, nas condições de utilização, à ação dos agentes químicos com os quais, pela natureza do seu emprego, possam vir a estar em contato (por exemplo: cal, cimento, terra, óleo etc.). Precisam suportar, sem se deteriorar, a ação dos agentes ou condições ambientes normais a seu uso (por exemplo: luz, umidade, variações bruscas de temperatura etc.). Necessitam ser adequadamente protegidos, tanto externa como internamente, contra a corrosão consequente de umidade ou outras condições atmosféricas, devendo os constituídos de materiais ferrosos ser revestidos por esmalte apropriado, zincagem ou outros processos de proteção adequados. Condutos ferrosos, se simplesmente esmaltados, precisam ter a espessura mínima de parede (a ser fixada em normas específicas) capaz de assegurar grande durabilidade ao eletroduto. Condutos ferrosos de paredes finas têm de se apresentar protegidos por tratamento altamente eficiente, por exemplo: eletrodeposição de zinco. Não podem apresentar internamente arestas nem asperezas cortantes ou abrasivas. Suas extremidades têm de ser dotadas de acessórios capazes de encobrir tais agentes danificadores, se aí existentes. Internamente, terão superfície suficientemente lisa e contínua, para que não seja dificultada a enfiação e desenfiação dos condutores. Sua superfície interna precisa suportar, sem se danificar, os esforços e ações normais correspondentes à enfiação ou desenfiação dos condutores e de guias apropriadas. Necessitará possuir seção circular uniforme, permitindo a livre passagem de uma esfera metálica, de diâmetro padronizado para a bitola do conduto, conforme normas técnicas. Seu diâmetro externo deve ser constante e invariável, de modo a permitir a boa utilização dos acessórios correspondentes a cada espécie de conduto. É admitido o encurvamento dos condutos desde que, com a utilização de ferramentas simples e usuais, não se rachem, não se partam ou não se deformem sensivelmente nessa operação.

A redução da seção interna nas curvas pré-fabricadas, ou executadas no local de emprego, será limitada de forma a ser possível a passagem da esfera metálica padronizada de acordo com as normas técnicas. Precisam dispor de acessórios necessários às suas emendas, curvas, junções com caixas de derivações etc., de modo a poder constituir uma rede contínua, que impeça o acesso de produtos estranhos até os condutores. Os acessórios não podem diminuir de modo sensível a seção interna do conjunto, e permitir, quando instalados, a livre passagem da esfera metálica já mencionada. Não devem, por qualquer outro modo, dificultar ou opor obstáculos à enfiação ou desenfiação dos condutores, nem ser susceptíveis de lhes causar danos por ocasião dessas operações. Os acessórios necessitam satisfazer, no que lhes for aplicável, às mesmas exigências relativas aos condutos. Os condutos, inclusive as emendas, têm de ser estanques à água, dentro das condições normais de seu emprego. Os eletrodutos da Classe I, incluindo emendas, precisam suportar, sem que haja penetração de água, à pressão hidrostática de 0,05 kgf/cm². Os condutos não podem sofrer deformações sensíveis ou alterações químicas, nem desprender substância alguma ou acusar a formação de bolhas, quando submetidos, em estufas durante 1 hora, às seguintes temperaturas:

- Classe I – 150 °C.
- Classe II – 100 °C.
- Classe III – 100 °C.

Devem possuir resistência mecânica compatível com os esforços a que possam estar sujeitos durante a instalação, ou em uso, os quais têm de suportar sem se partir, rachar ou deformar. Quanto à resistência à compressão (esmagamento), precisam resistir à carga estática aplicada sobre uma geratriz, com os valores seguintes:

- Classe I – 45 kgf por centímetro de comprimento.
- Classe II – 3 kgf por centímetro de comprimento.
- Classe III – 12 kgf por centímetro de comprimento.

Em trechos embutidos ou expostos, não poderão ser empregados eletrodutos com diâmetro nominal menor que 15 mm (1/2"). Quando embutidos em lajes, somente deverão ser utilizados eletrodutos rígidos e com até Ø 25 mm (1"). Os eletrodutos flexíveis somente serão usados embutidos em paredes, sendo vedado o seu emprego com emendas. As curvas nos eletrodutos flexíveis não poderão ter raio menor que 12 vezes o seu diâmetro e suas extremidades terão de ser sempre protegidas com peças apropriadas. É necessário observar as disposições, adiante descritas, quando da colocação dos eletrodutos rígidos:

- o corte dos eletrodutos só poderá ser feito em seção plana e perpendicular, removendo as rebarbas deixadas nessa operação e na eventual abertura das roscas;
- as ligações entre eletrodutos de aço e caixas só serão feitas com buchas e arruelas;
- a ligação entre eletrodutos só poderá ser feita por meio de luvas ou quaisquer outras peças que assegurem regularidade na superfície interna, bem como, quando metálicos, a continuidade elétrica;
- na execução de lajes de concreto armado, os eletrodutos rígidos deverão ser assentados sobre a armadura e colocados de maneira a evitar a sua deformação durante os trabalhos de concretagem, quando também terão de ser convenientemente protegidas as caixas e bocas dos eletrodutos;

- os trechos verticais (prumadas) precederão à construção da alvenaria em que ficarão embutidos;
- não serão empregados eletrodutos cujo encurvamento haja ocasionado fendas ou redução da seção;
- as curvas dos eletrodutos de diâmetro nominal até 20 mm (3/4") poderão ser executadas na obra com técnica e/ou máquina apropriada;
- nos eletrodutos de diâmetro nominal igual ou superior a 25 mm (1"), as curvas serão obrigatoriamente pré-fabricadas;
- não poderão ser empregadas curvas com de flexão maior que 90°;
- nas juntas de dilatação dos prédios, a tubulação deverá ser secionada, garantindo sua continuidade elétrica, quando metálica, e vedação, com emprego de dispositivo adequado.

Antes da concretagem, todas as pontas de tubo expostas precisam ser cuidadosamente fechadas, de preferência com *caps*, que serão mantidos até os tubos serem emendados. Nas tubulações secas, terão de ser deixados arames galvanizados nº 16 internamente passados. A tubulação de aço não embutida será montada com duas arruelas (interna e externa) e uma bucha. A ocupação máxima dos eletrodutos por condutores tipo antichama é a indicada nas Tabelas 7.4 e 7.5.

Tabela 7.4: Número de condutores

Seção nominal	\multicolumn{9}{c	}{Número de condutores em eletroduto de aço}
	2	3	4	5	6	7	8	9	10
	\multicolumn{9}{c	}{Tamanho nominal do eletroduto (mm)}
1,5	16	16	16	16	16	16	20	20	20
2,5	16	16	16	20	20	20	20	25	25
4	16	16	20	20	20	25	25	25	25
6	16	20	20	25	25	25	25	31	31
10	20	20	25	25	31	31	31	31	41
16	20	25	25	31	31	41	41	41	41

Tabela 7.5

Seção nominal (mm²)	\multicolumn{9}{c	}{Número de condutores em eletroduto de PVC}
	2	3	4	5	6	7	8	9	10
	\multicolumn{9}{c	}{Tamanho nominal do eletroduto (mm)}
1,5	16	16	16	16	16	16	20	20	20
2,5	16	16	16	20	20	20	20	25	25
4	16	16	20	20	20	25	25	25	25
6	16	20	20	25	25	25	25	32	32
10	20	20	25	25	32	32	32	32	40
16	20	25	25	32	32	40	40	40	40

7.1.3.1.1 Condições gerais

- *Designação:* os eletrodutos de aço-carbono, com costura, com revestimento protetor e com rosca paralela, são designados pelo diâmetro nominal.
- *Classificação:* são classificados em eletrodutos esmaltados ou galvanizados de rosca paralela.
- *Dimensões e tolerâncias:* o diâmetro externo, a espessura de parede e a massa teórica dos eletrodutos precisam estar conforme Tabela 7.6.
- *Comprimento:* os eletrodutos devem ser fornecidos com (300 ± 2) cm de comprimento, sem considerar a luva.
- *Espessura de parede:* na espessura da parede especificada, admitem-se variações para menos, que não excedam 12,5%, ficando em aberto as variações para mais;

- *Diâmetro externo:* as tolerâncias admitidas no diâmetro externo têm de estar conforme Tabela 7.6.
- *Massa:* entre a massa real e a teórica, indicada na Tabela 7.6, são admitidas variações de 10% para menos, em remessa de massa igual ou inferior a 10 t, e de 8% para menos, em remessa de massa maior de 10 t.

Tabela 7.6: Diâmetros nominais

Diâmetro	Diâmetro externo (mm) Mínimo	Máximo	Espessura da	Massa
1	16,3	16,5	1,50	0,56
1	2	20,4	1,50	0,71
2	2	25,6	1,50	0,90
2	3	31,9	1,50	1,15
3	4	41,0	2,00	1,99
4	4	47,1	2,25	2,56
5	5	59,0	2,25	3,24
6	7	74,9	2,65	4,85
8	8	87,6	2,65	5,70
9	9	100,0	2,65	6,42
10	111,6	112,7	2,65	7,44

- *Condições de acabamento:* os eletrodutos serão fornecidos com seção circular e espessura uniforme, dentro das tolerâncias especificadas na Tabela 7.6, e uma retilineidade tal que não afete a sua utilização.
- *Superfície interna:* os eletrodutos precisam apresentar superfície interna isenta de arestas cortantes que possam danificar a capa protetora dos condutores elétricos.
- *Extremidade:* as extremidades devem ser cortadas perpendicularmente ao eixo longitudinal do eletroduto, sem apresentar rebarbas, e com bordas internas levemente chanfradas.
- *Roscas:* as roscas têm de se apresentar isentas de imperfeições e materiais estranhos. Se forem feitas depois da aplicação do revestimento, precisarão ser adequadamente protegidas contra a corrosão, e o material empregado nessa proteção não pode atacar a capa protetora dos condutores.
- *Acessórios:* as roscas das luvas, curvas e niples serão paralelas, de acordo com as normas técnicas.
- *Luvas:* os eletrodutos têm de ser fornecidos com uma luva roscada em uma das extremidades, cujo aperto final deve ser feito por ocasião de seu uso. As luvas podem ser de aço-carbono, ferro maleável ou equivalente, e suas dimensões precisam seguir as normas técnicas. As superfícies necessitam estar isentas de defeitos que afetem a sua utilização prática. A superfície externa tem de ser protegida com o mesmo tipo de recobrimento do eletroduto.
- *Curvas e niples:* devem ser feitos de aço similar ao empregado nos eletrodutos; a superfície externa, protegida com o mesmo tipo de recobrimento do eletroduto; e as curvas precisam ter o mesmo diâmetro nominal do eletroduto.
- *Embalagem:* os eletrodutos serão embalados em *amarrados*. As extremidades roscadas têm de receber proteção mecânica e contra corrosão. A proteção mecânica é colocada somente na extremidade sem luva.
- *Marcação:* na embalagem dos eletrodutos e dos amarrados, é necessário ser fixada etiqueta, em que constará, de forma legível e indelével, a seguinte marcação:
    - eletroduto rígido;
    - nome ou símbolo do fabricante;
    - número da Norma NBR 5624;
    - diâmetro nominal.
- *Requisitos de fabricação:* o aço utilizado na fabricação desses eletrodutos tem de ser de baixo teor de carbono e apropriado para soldagem por métodos convencionais. A solda longitudinal nos eletrodutos deve ser contínua, não se admitindo solda transversal.

7.1.3.1.2 Generalidades

- *Os eletrodutos pesados de aço esmaltado (classe L I)* são encontrados em tubos com 3 m de comprimento e diâmetros nominais de 10 (3/8") a 100 (4").
- *Os eletrodutos meio-pesados de aço esmaltado (classe L II)* são encontrados em tubos de 3 m e diâmetros nominais de 15 (1/2") a 50 (2").
- *Os eletrodutos leves de aço esmaltado (classe L III)* são encontrados em tubos de 3 m e diâmetros nominais: 3/8"× 1/2", 1/2"× 5/8"(10), 5/8"× 3/4"(15), 3/4"× 7/8", 7/8"× 1"(20), 7/8"× 1"curvo. Os eletrodutos de aço podem ser encontrados não só no acabamento com esmalte preto como também com zincagem eletrolítica ou galvanizado a fogo. São acompanhados das seguintes peças: luvas, curvas 45°, curvas 90°, curvas para quadro; curvas 135°, curvas 180°, buchas e arruelas de *zamak*, caixas estampadas para interruptores e tomadas: 4"× 2", 4"× 4", 3"× 3", fundo móvel 2", fundo móvel 4", 4"× 6", 5"× 5", tampas lisas: 4"× 2", 3"× 3", 4"× 4", redonda 2", redonda 4", 4"× 6", 5"× 5"; tampas de redução 4"× 4"para 4"× 2", 4"× 4"para 3"× 3", 5"× 5"para 4"× 2", 5"× 5"para 3"× 3", 5"× 5"para 4"× 4";
- *Equivalência entre o diâmetro interno e tamanho nominal:* tradicionalmente, os eletrodutos eram designados por seu diâmetro interno em polegadas. Com o advento das novas normas técnicas, a designação passou a ser feita pelo tamanho nominal, um simples número sem dimensão. É importante, na fase atual de adaptação, indicar as equivalências entre as duas designações, conforme a Tabela 7.7.

Tabela 7.7: Tamanho nominal

Eletrodutos rígidos de aço-carbono	
Tamanho nominal	**Designação da rosca (polegada)**
10	3/8
15	1/2
20	3/4
25	1
32	$1^{1}/_{4}$
40	$1^{1}/_{2}$
50	2
65	$2^{1}/_{2}$
80	3
90	$3^{1}/_{2}$
100	4

Entre os acima mencionados acessórios (de eletrodutos rígidos), os de uso mais comum são assim definidos:
- *Luva:* peça cilíndrica roscada internamente, destinada a unir dois tubos ou um tubo e uma curva.
- *Bucha:* peça de arremate das extremidades dos eletrodutos, destinada a evitar danos à isolação dos condutores por eventuais rebarbas, durante o *puxamento* dos condutores (enfiação); instalada na parte interna da caixa de derivações.
- *Arruela:* peça roscada internamente (porca), colocada na parte externa da caixa de derivações, complementando a fixação do eletroduto à caixa.

7.1.3.2 Eletroduto de PVC rígido

Os eletrodutos de PVC rígido são fabricados de cloreto de polivinila não plastificado, com adição de ingredientes, a critério do fabricante e por processo que assegura a obtenção de um produto que preencha as condições das normas técnicas. O composto termoplástico de cloreto de polivinila utilizado na fabricação dos eletrodutos precisa ser autoextinguível. Os eletrodutos rígidos (não plastificados), obtidos com o material já especificado, podem ser curvados somente quando submetidos a prévio aquecimento e obedecendo às condições indicadas pelo fabricante.

Os eletrodutos de PVC rígidos são de dois tipos: *soldáveis e roscáveis*, cujos diâmetros, classes, espessuras de parede e massa aproximada por metro estão, respectivamente, nas tabelas transcritas no final deste item. Os eletrodutos roscáveis são acompanhados das seguintes conexões: curvas de 90°, curvas de 180° e curvas de 135°. Os eletrodutos soldáveis são acompanhados de luvas e curvas de 90°. Quanto a defeitos, devem apresentar as superfícies externa e interna isentas de irregularidades, saliências, reentrâncias e não podem ter bolhas nem vazios. São permitidas estrias longitudinais, não substanciais, e pequenas variações de espessura de parede, desde que estejam dentro das tolerâncias. Tubos da mesma partida e do mesmo diâmetro terão cor uniforme, permitindo-se, entretanto, variações de nuança, em razão de naturais diferenças de coloração da matéria-prima. Os eletrodutos precisam trazer marcado, de forma bem visível e indelével:

- nome do fabricante;
- diâmetro nominal ou referência de rosca;
- classe;
- os dizeres: *eletroduto de PVC rígido*.

A unidade de compra dos eletrodutos de PVC rígido é o metro. Os eletrodutos têm de ser fabricados no comprimento de 3 m com afastamento de +1% e -0,5%. Para cada diâmetro nominal de eletroduto, é admitido o fornecimento de 5% do total com comprimento de 2,9 m, de comum acordo entre fabricante e comprador. Os corpos de prova ensaiados não podem apresentar sinais de vazamento ou exsudação de água. Os corpos de prova ensaiados não devem romper com pressões inferiores aos valores estabelecidos na Tabela 7.8.

Tabela 7.8: Tipos de eletroduto

Tipo de eletroduto	Classe A (reforçados)	Classe B (leves)
soldável	2,5	1,5
roscável	2,5	1,5
unidade: MPa		

Os corpos de prova ensaiados não podem apresentar variação de dimensão longitudinal maior que 5%, assim como fissuras, bolhas ou escamas, à simples vista.

Tabela 7.9: Eletrodutos de PVC rígido tipo soldável

Diâmetro			Classe A		Classe B	
Nominal DN (mm)	Externo de (mm)	Espessura de parede (mm)	Massa aprox. por metro M (kg/m)	Espessura de parede (mm)	Massa aprox. por metro M (kg/m)
16	16,0	1,5	0,105	1,0	0,07
20	20,0	1,5	0,133	1,0	0,09
25	25,0	1,7	0,188	1,0	0,11
32	32,0	2,1	0,295	1,0	0,14
40	40,0	2,4	0,430	1,0	0,18
50	50,0	3,0	0,660	1,1	0,25
60	60,0	3,3	0,870	1,3	0,35
75	75,0	4,2	1,370	1,5	0,50
85	85,0	4,7	1,760	1,8	0,67

7.1.3.3 Eletroduto de PVC flexível

Os eletrodutos flexíveis de PVC antichama têm estrutura anelar (corrugada), são encontrados em rolos de 25 m e 50 m, com diâmetros externos (em milímetros) de 16, 20, 25 e 32, e vêm acompanhados das seguintes peças: luvas de pressão, buchas (para fixação às caixas de derivação), braçadeiras (para serem colocadas distanciadas de no máximo 80 cm). Têm geralmente a cor amarela.

Tabela 7.10: Eletrodutos de PVC rígido tipo roscável

Diâmetro			Classe A		Classe B	
Nominal DN (mm)	Referência da rosca - (Ref.)	Externo de (mm)	Espessura de parede (mm)	Massa aprox. por metro M (kg/m)	Espessura de parede (mm)	Massa aprox. por metro M (kg/m)
16	3/8	16,7	2,0	0,14	1,8	0,12
20	1/2	21,1	2,5	0,22	1,8	0,15
25	3/4	26,2	2,6	0,28	2,3	0,24
32	1	33,2	3,2	0,45	2,7	0,40
40	1 1/4	42,2	3,6	0,65	2,9	0,54
50	1 1/2	47,8	4,0	0,82	3,0	0,66
60	2	59,4	4,6	1,17	3,1	0,86
75	2 1/2	75,1	5,5	1,75	3,8	1,20
85	3	88,0	6,2	2,30	4,0	1,50

7.1.3.4 Eletroduto de polietileno flexível

Os eletrodutos flexíveis de polietileno de baixa densidade são mangueiras lisas, têm a cor preta e são fornecidos em bobinas de 50 m e 100 m. São dotados de listras de três cores distintas para diferenciar a sua classe, sendo os com a cor vermelha resistentes à pressão de 28 mca ou 40 lbf/pol², (utilizados para o embutimento em paredes), os com a cor amarela, à pressão de 53 mca ou 75 lbf/pol², e os com a cor azul, à pressão de 75 mca ou 100 lbf/pol² (utilizados para o embutimento em lajes). São comumente chamados de ponta vermelha, de ponta amarela e de ponta azul, respectivamente.

7.1.3.5 Tubulação elétrica e telefônica: procedimento de execução de serviço

7.1.3.5.1 Documentos de referência

Projetos executivo de arquitetura, de instalações hidrossanitárias e elétricas, inclusive telefônicas (estes últimos com memorial descritivo e especificação técnica dos diversos componentes).

7.1.3.5.2 Materiais e equipamentos

Além daqueles existentes obrigatoriamente no canteiro de obras, quais sejam, entre outros:

- EPCs e EPIs (capacete, botas de couro, luvas de borracha);
- água limpa;
- colher de pedreiro;
- linha de náilon;
- lápis de carpinteiro;
- desempenadeira de madeira;
- trenas de aço de 5 m e 30 m;
- régua de alumínio de 1"× 12"com 2 m ou de 1 1/2 "× 3"com 3 m;
- mangueira de nível;
- nível de bolha de madeira com 35 cm;
- prumo de face de cordel;
- talhadeira de 12";
- ponteiro;
- alicate universal de 8";
- marreta de 1 kg;

- cimento portland CP-II;
- areia média lavada;
- caixote para argamassa;
- serrote de dentes pequenos;
- carrinho de mão;
- guincho;

mais os seguintes (os que forem necessários à obra):

- tubos e peças (luvas, curvas, buchas, arruelas etc.), caixas de derivação, caixas de passagem etc. de PVC (tubos flexíveis – amarelos, corrugados; tubos rígidos roscáveis ou soldáveis – de embutir e conduletes); de aço (pesados, médios ou leves e esmaltado, zincado eletrolítico ou galvanizado a fogo); de polietileno (preto, flexível, liso);
- cortadora de parede elétrica portátil com aspirador de pó;
- discos diamantados;
- morsa (torno) de bancada;
- tarracha manual;
- cossinetes para PVC e para aço;
- arco de serra;
- lâmina de aço de serra;
- verruma;
- grosa;
- alicate de bico fino;
- lixas d'água nº 320;
- solda (cola) de PVC.

7.1.3.5.3 Método executivo

Condições para o início dos serviços É necessária uma análise cuidadosa de compatibilização entre os projetos de arquitetura, estrutura, instalações elétricas e hidráulicas. Os materiais e equipamentos têm de estar disponíveis antes do início de cada etapa dos serviços. Quando as instalações são sobre a terra, o trecho deve estar aplainado, limpo e desimpedido. Quando sob laje, esta precisa estar desformada. Quando em paredes concluídas, elas têm de estar encunhadas e com os batentes e marcos ou contra marcos de janelas assentados, porém nunca revestidas.

Execução do serviço

- Tubulação embutida: Quando não for possível colocar a tubulação nos furos dos blocos da alvenaria durante o seu assentamento, uma vez esta encunhada, devem-se efetuar os rasgos nas paredes com *máquina elétrica portátil cortadora de parede munida de aspirador de pó*. Os cortes precisam ser feitos com o máximo cuidado, com o objetivo de causar o menor dano possível nos serviços já executados. O eletroduto tem de ter o traçado mais curto possível e com curvas nunca inferiores a 90°. Não são admitidas curvaturas de eletroduto com raio inferior a seis vezes o seu diâmetro. Tubulação (rígida) com diâmetro superior a 90° deve utilizar curvas industrializadas.As caixas de derivação nas paredes necessitam ser niveladas, aprumadas e facear o paramento, de maneira que não fiquem salientes ou muito profundas depois da execução do revestimento final. Precauções têm de ser tomadas para que a tubulação não venha a sofrer esforços não previstos, decorrentes de recalques ou deformações da estrutura e para que fique assegurada a possibilidade de suas dilatações e contrações. Para evitar perfuração acidental dos tubos por pregos, parafusos etc., os rasgos na alvenaria (para embutimento da tubulação) necessitam ser fechados com argamassa de cimento e areia, no traço 1:3. Quando embutidas em concreto, tubulação e caixas de derivação devem ser firmemente fixadas às fôrmas, antes da concretagem. As caixas de fundo móvel são preenchidas com areia, a fim de impedir sua obstrução pelo concreto fresco. As caixas de derivação nas paredes são preenchidas, antes de serem *chumbadas*, com papel amassado para evitar sua obstrução e/ou da tubulação com argamassa. Seu posicionamento deve ser conferido antes de sua fixação definitiva. Antes da concretagem, todas as pontas de tubo expostas precisam ser cuidadosamente fechadas, de preferência com *caps*, que serão mantidos até os eletrodutos serem emendados.

Quando no solo, os eletrodutos devem ser *envelopados* em concreto para sua proteção. A tubulação destinada à telefonia é deixada seca, com arame galvanizado nº 14 BWG passado no seu interior, como guia, uma vez que a cabeação e a instalação de equipamentos têm de ser executadas por empresa credenciada (que fornecerá a ART) pela Concessionária (que precisa certificar a aprovação).

- Tubulação aparente: os eletrodutos têm de ser obrigatoriamente rígidos. Quando pendurada a tubulação, o espaçamento dos suportes deve ser tal que impeça a flexão dos tubos pelo seu peso próprio. Nas garagens, recomenda-se a pintura da tubulação elétrica na cor cinza, em conformidade com as normas técnicas. Analogamente à tubulação embutida destinada à telefonia, precisa ser deixado arame-guia galvanizado nº 14 BWG passado no interior desses eletrodutos. Tubulação não embutida tem de ser montada com duas arruelas (interna e externa) e uma bucha interna.
- Eletroduto de PVC rígido: a ligação do tubo à caixa deve ser feita com bucha do lado interno e preferencialmente também com arruela de lado externo.
    - Preparo dos tubos: para cortar os tubos na medida desejada, é necessário usar serra de ferro ou serrote de dentes pequenos. No caso de emprego da serra de ferro, colocar a lâmina no sentido oposto ao do corte, o que faz melhorar o rendimento. Os tubos devem ser cortados perpendicularmente ao seu eixo longitudinal e seus bordos limpos internamente para remoção de rebarbas. Tubos cortados fora de esquadro causam problemas como:
        * má condição de soldagem, no caso de junta colada;
        * dificuldade de execução da rosca, no caso da junta roscada.
    - Junta soldada: são os seguintes os procedimentos para a colagem de eletrodutos:
        * Tire o brilho das paredes da luva e da ponta do tubo a serem soldadas, para facilitar a ação da cola. Utilize lixa de água nº 320 (lixa fina). Nunca use lixa grossa nem lixe demasiadamente. Isso forma uma folga indesejável entre as paredes do eletroduto e da luva.
        * Limpe a ponta dos tubos, utilizando solução limpadora adequada, que elimina as impurezas e as substâncias gordurosas que prejudicam a ação da solda.
        * Para aplicar a solda, empregue pincel chato ou outro aplicador adequado. Nunca use os dedos. Passe uma camada bem fina e uniforme de solda na luva, cobrindo no mínimo sua terça parte inicial, e outra camada idêntica na ponta do eletroduto.
        * Encaixe perfeitamente a ponta do tubo na luva, sem torcer, aguardando o tempo conveniente para o processamento de soldagem.
        * Remova o excesso da solda, utilizando papel absorvente, e deixe secar.
    - Junta roscada – são os seguintes os procedimentos para a roscagem de eletrodutos:
        * Ao fixar o tubo, é necessário cuidado para evitar que ele seja ovalizado pela morsa, o que resultaria uma rosca imperfeita.
        * Ao cortar o tubo no esquadro, é preciso remover as rebarbas internas, medindo em seguida o comprimento máximo da rosca a ser feita, para evitar abertura em excesso.
        * Deve-se empregar sempre tarraxas, porém, nunca com cossinetes usados para tubos de aço, e sim próprios para tubos de PVC. É necessário encaixar o tubo na tarraxa pelo lado da guia, girando uma volta para a direita e um quarto de volta para a esquerda, repetindo a operação até obter a rosca no comprimento desejado.
- Eletroduto de PVC flexível corrugado (amarelo): graças à sua excelente flexibilidade, deve ser colocado embutido simultaneamente à elevação da alvenaria de blocos de concreto estruturais, pelos furos neles existentes (dispensando assim a execução de rasgos nas paredes para o posterior embutimento dos eletrodutos). Não é recomendado o seu uso nas lajes, pois o peso do concreto fresco pode causar seu esmagamento. Não é permitida a sua utilização em prumadas, uma vez que se deformam pelo seu peso. A interligação entre dois eletrodutos corrugados é feita com um sistema de simples encaixe por pressão, por meio de luvas de pressão. Os eletrodutos são conectados às caixas de derivação por simples encaixe, bastando para isso que se retirem da caixa os discos destacáveis (nos pontos desejados).
- Eletroduto flexível de polietileno (preto, liso): o tubo de polietileno utilizado como eletroduto é comercializado como de *ponta vermelha* (para 40 Lb), quando embutido em paredes, e de *ponta azul* (para 100 LB),

quando embutido em lajes, sendo embalado em rolos. Os eletrodutos não podem sofrer emendas. São conectados às caixas de derivação ou quadros de distribuição por simples encaixe. Não devem ser utilizados aparentes nem em prumadas.
- Condulete de PVC: utilizado em instalações elétricas aparentes, é fixado por meio de braçadeiras, em que o eletroduto é encaixado sob pressão. As juntas podem ser:
  - *Roscáveis:* não utilize aperto excessivo com o uso de chaves. Obtém-se rosqueamento perfeito por meio de aperto manual.
  - *Soldáveis:* lixe as partes a serem soldadas com lixa de pano nº 100. Limpe as superfícies com solução limpadora. Aplique adesivo para PVC rígido. Junte imediatamente as partes a serem soldadas.
  - *Por simples encaixe:* todos os conduletes possuem saídas com roscas fêmeas. Peças de transição apropriadas permitem a obtenção de bolsas lisas que possibilitam um encaixe perfeito obtido sob pressão.
- Eletroduto rígido de aço-carbono – recomendações:
  - O corte dos tubos só pode ser feito em seção plana e perpendicular, removendo as rebarbas internas deixadas nessa operação e na eventual abertura das roscas.
  - As ligações entre eletrodutos e caixas só são feitas com buchas internamente e arruelas externamente.
  - A ligação entre tubos só pode ser feita por meio de luvas ou quaisquer outras peças que assegurem regularidade na superfície interna, bem como a continuidade elétrica.
  - Na execução de lajes de concreto armado, os eletrodutos rígidos devem ser assentados sobre a armadura e colocados de maneira a evitar a sua deformação durante os trabalhos de concretagem, quando também têm de ser convenientemente protegidas as caixas e bocas dos tubos.
  - Os trechos verticais (prumadas) precederão a construção da alvenaria em que ficarão embutidos.
  - Não podem ser empregados eletrodutos, cujo encurvamento haja ocasionado fendas ou redução da seção.
  - As curvas dos tubos de diâmetro nominal até 20 mm (3/4") podem ser executadas na obra com técnica e/ou máquina apropriada.
  - Nos eletrodutos de diâmetro nominal igual ou superior a 25 mm (1"), as curvas são obrigatoriamente pré-fabricadas;
  - Não podem ser empregadas curvas com deflexão maior que 90°.
  - Nas juntas de dilatação dos prédios, a tubulação precisa ser secionada, garantindo sua continuidade elétrica e vedação, com emprego de dispositivo adequado.

7.1.4 Caixa de derivações

7.1.4.1 Terminologia

- *Caixa de derivações:* caixa adequada para passagem e/ou ligação elétrica.
- *Caixa de embutir de uso geral:* caixa embutida e nivelada com a superfície onde for instalada, adequada para receber acessórios de instalação elétrica.
- *Caixa de uso aparente:* caixa adequada sobreposta à superfície de fixação, utilizada em áreas não sujeitas a intempéries, para receber acessórios de instalação elétrica.
- *Caixa de uso externo:* caixa blindada, com tampa, adequada a receber acessórios de instalação elétrica, utilizada em áreas expostas a intempéries, sendo a tampa parte integrante da caixa.

7.1.4.2 Condições gerais

As caixas de derivações devem ser bem acabadas, sem irregularidades na superfície e sem rebarbas. As caixas providas de furos obturados pela própria chapa precisam ter essas partes de fácil remoção, porém, adequadamente presas a elas. Caso o peso do aparelho elétrico (luminária, ventilador de teto etc.) a ser suportado pelo sistema de fixação seja superior a 10 kg, será necessário ser previsto um reforço adequado. As caixas têm de ser construídas de maneira a permitir um perfeito acoplamento com os eletrodutos. O número de orelhas, nunca inferior a dois, será compatível com as dimensões e tipo de caixa. As caixas têm de ser confeccionadas com materiais não inflamáveis ou autoextinguíveis. Elas necessitam ter um número de orifícios tal que não altere a sua forma e não prejudique a sua resistência mecânica. As orelhas de fixação devem possuir orifícios roscados, de maneira que permitam perfeito acoplamento da tampa ou acessórios. As caixas são construídas nas formas quadrada, retangular, hexagonal, octogonal ou circular. As caixas terão dimensões tais que permitam, depois da instalação do acessório, sobrar um espaço ou isolamento entre as partes energizáveis e as faces da caixa. Elas têm de possuir identificação do fabricante, de modo indelével, em lugar visível, mesmo depois da instalação.

7.1.4.3 Condições específicas

7.1.4.3.1 Caixa de embutir estampada em chapa de aço

As caixas estampadas em chapa de aço devem atender aos ensaios previstos nas normas técnicas. As caixas de derivação têm de ser feitas em chapa de aço de espessura mínima de 1,2 mm. As caixas precisam receber tratamento anticorrosivo, pintura com esmalte, galvanização ou pintura com tinta de base metálica. As caixas devem possuir meios para sua fixação. As orelhas das caixas executadas com a chapa de 1,2 mm têm de possuir reforço, para aumentar o número dos fios de rosca.

7.1.4.3.2 Caixa fundida em liga de metais não ferrosos

- *Caixas externas:* as caixas de derivação de uso externo precisam atender aos ensaios previstos nas normas técnicas. As caixas fundidas em liga de metais não ferrosos e respectivas tampas devem ser pintadas ou esmaltadas, e estanques quando sujeitas a intempéries. As caixas que não puderem ser fixadas no próprio eletroduto devem ser providas de meios para fixação em superfícies planas e possuir juntas de vedação resistentes a intempéries, entre tampa e caixa; no caso de acoplamento com eletrodutos de encaixe liso, têm de ser previstas também juntas de vedação. Nas caixas cujo acoplamento é efetuado sem eletrodutos, é necessário prever prensa-cabos adequado.
- *Caixas de uso aparente:* as caixas de uso aparente têm de atender aos ensaios previstos nas normas técnicas. As caixas fundidas em liga de metais não ferrosos podem ou não receber acabamento. As caixas que não puderem ser fixadas no próprio eletroduto, mediante entradas roscadas ou encaixes lisos, serão providas de meios para fixação em superfícies planas.
- *Caixas de embutir usadas em piso:* as caixas de embutir usadas em piso devem atender aos ensaios previstos nas normas técnicas. As caixas e tampas fundidas em liga de metais não ferrosos têm de ser pintadas interna e externamente, ou receber outro tratamento impermeabilizante. As caixas e tampas precisam ser estanques, quando sujeitas a intempéries. As caixas fundidas em liga de metais não ferrosos, porém, com tampa de outro material, devem atender ao especificado. Nas caixas, cujos acoplamentos são efetuados sem eletrodutos, será previsto prensa-cabos adequado.

7.1.4.3.3 Caixa de plástico

As caixas de derivação de plástico, para ligação e passagem, têm de atender aos ensaios previstos nas normas técnicas.

7.1.4.4 Generalidades

Deverão ser empregadas caixas de derivação:
- nos pontos de entrada e saída dos condutores na tubulação;
- nos pontos de instalação de aparelhos.

A distância entre caixas será determinada de modo a permitir enfiação fácil dos condutores; nos trechos retilíneos, o espaçamento precisa ser de, no máximo, 15 m e, para cada curva de 90°, de no máximo 3 m. Na rede de distribuição, o emprego das caixas será feito da seguinte forma:
- octogonais de fundo móvel, nas lajes, para centros de luz;

- octogonais estampadas, 75 mm × 75 mm (3"× 3"), entre lados paralelos nos extremos dos ramais de distribuição e nos pontos para campainha;
- retangulares estampadas, 100 mm × 50 mm (4"× 2"), para pontos de tomada e interruptor, em conjunto igual ou inferior a dois;
- quadradas estampadas, 100 mm × 100 mm (4"× 4"), para caixas de passagem ou para conjunto de tomadas e interruptores em número superior a dois.

Salvo indicação em contrário, expressa no projeto, a altura das caixas, em relação ao piso acabado, referida ao bordo inferior delas, é a seguinte:

- interruptores, botões de campainha e tomadas altas: 90 cm;
- tomadas altas, em cozinha e área de serviço: 1,3 m;
- tomadas baixas: 20 cm;
- tomadas baixas, em locais úmidos: 80 cm;
- caixas de passagem: 20 cm;
- interfones de parede: 1,3 m;
- tomadas para interfone: 20 cm;
- arandelas: 1,8 m (no centro);
- quadros de distribuição terminais: 1,5 m.

Serão observadas as seguintes prescrições em relação à colocação das caixas:

- Só poderão ser removidos os discos nos pontos destinados a receber ligação do eletroduto.
- Terão de ficar firmemente fixadas nas fôrmas, quando embutidas nas lajes.
- Deverão ficar aprumadas e facear o revestimento, quando embutidas nas paredes.
- Necessitarão ficar 10 cm afastadas dos alizares (guarnições de porta) e sempre ao lado da fechadura.
- Para a posterior colocação de interruptores e tomadas, será obedecido o seguinte critério, salvo indicação em projeto:
    - *caixa padrão 4"× 2":* até dois módulos;
    - *caixa padrão 4"× 4":* até quatro módulos.

7.1.5 Fiação: procedimento de execução de serviço

7.1.5.1 Documentos de referência

Projeto de instalações elétricas (com memorial descritivo e especificação técnica dos diversos componentes).

7.1.5.2 Materiais e equipamentos

Além daqueles existentes obrigatoriamente no canteiro de obras, quais sejam, entre outros:

- EPCs e EPIs (capacete, botas de couro, luvas de borracha);
- trena de aço de 30 m;
- carrinho de mão;
- guincho, mais os seguintes;
- condutores elétricos (fios e cabos) de cobre ou alumínio, sólidos ou encordoados, com ou sem revestimento (antiflama), os que forem necessários à obra;
- conectores;
- presilhas;
- solda de estanho;
- fita isolante;
- canivete;
- arame galvanizado nº 14, fio ou fita de aço;
- vaselina;
- alicate universal de 8"com cabos isolados;

- alicate de bico fino com cabos isolados;
- jogo de chaves de fenda com cabos isolados;
- maçarico.

7.1.5.3 Método executivo

7.1.5.3.1 Condições para o início dos serviços

A análise crítica de todos os desenhos e especificação técnica dos diversos componentes necessitam estar feitas. Os materiais (somente novos) e equipamentos têm de estar disponíveis antes do início de cada etapa dos serviços. A enfiação só pode ser executada depois de terem sido concluídos os seguintes serviços:

- obras civis em geral (mínimo de 12 horas depois);
- telhado e impermeabilização da cobertura;
- revestimento final à base de água de tetos, paredes e pisos (argamassa, gesso, azulejos, granilite, cerâmica, mármore etc.);
- colocação das portas externas, janelas e caixilhos em geral com vidros ou vedações que impeçam a penetração de chuva;
- pavimentações que sejam assentadas sobre argamassa.

Antes da enfiação, os condutos devem ser secados com estopa e limpos pela passagem de bucha embebida em vaselina.

7.1.5.3.2 Execução do serviço

Os condutores elétricos, denominados fios até Ø 6 mm² e cabos acima dessa bitola, podem, de acordo com o projeto (especificação técnica dos componentes), ser utilizados nus ou com revestimento isolante de composto termoplástico de PVC (não propagante ao fogo). Podem ser de cobre ou de alumínio. O revestimento dos fios tem as cores: azul-claro (condutor neutro), verde (condutor de proteção – terra), branca, preta, vermelha e cinza (condutores-fase), variando essas últimas cores para identificação dos circuitos. O revestimento dos cabos tem as cores preta ou azul-clara. Ainda, os fios podem ser sólidos ou encordoados. Para facilitar a enfiação, podem ser utilizados lubrificantes, tal como vaselina. Na ocasião da enfiação, têm de ser usados arames galvanizados nº 14, fios ou fitas de aço. Os cortes dos condutores são executados nas medidas necessárias à enfiação, com o objetivo de evitar emendas. Todas estas de fios com Ø 10 mm², ou menor, precisam ser preferencialmente soldadas e convenientemente isoladas.

A emenda deles deve ser feita por enrolamento, e não por torção. Todas as emendas de cabos de bitola superior a 10 mm² têm de ser feitas por meio de conectores de cobre tipo pressão (parafusadas). Elas só podem ser feitas dentro das caixas, não sendo permitida a enfiação de condutores emendados. O isolamento das emendas deve ter característica equivalente à dos condutores utilizados. Todos os condutores verticais (fiação das prumadas) são fixados por meio de braçadeiras nas caixas de passagem, para aliviar o esforço mecânico devido ao peso deles. Depois da enfiação dos condutores nos eletrodutos e lançamento dos fios e cabos nas eletrocalhas, é preciso verificar a continuidade de cada condutor bem como o isolamento entre condutores e entre condutores e terra. A ligação dos condutores aos terminais de aparelhos tem de ser feita de forma a assegurar resistência mecânica adequada, assim como contato elétrico perfeito e permanente. É necessário notar as seguintes recomendações:

- para fios de seção igual ou menor que 10 mm², a ligação deve ser feita por meio de parafusos (os interruptores e as tomadas de embutir são, por sua vez, parafusadas pelas suas travessas às orelhas das caixas embutidas nas paredes; suas placas (espelhos) são, por sua vez, parafusadas nas travessas delas ou fixadas por pressão (conforme modelo), após o término da pintura);
- para cabos e cordões flexíveis de seção igual ou menor que 6 mm², a ligação pode ser feita diretamente aos terminais, porém as pontas dos condutores têm de ser previamente enrijecidas com solda de estanho;
- para cabos de seção maior que 10 mm², a ligação é feita por meio de conectores.

As seções mínimas dos condutores fase em instalações residenciais são:

- Iluminação: 1,5 mm²
- Tomadas de corrente em quartos, salas e similares: 1,5 mm²
- Tomadas de corrente em cozinhas, áreas de serviço, garagens e similares: 2,5 mm²
- Aquecedores de acumulação de água: 2,5 mm²
- Aparelhos de ar-condicionado: 2,5 mm²
- Torneiras elétricas: 4 mm²
- Aquecedores de passagem de água: 4 mm²
- Chuveiros elétricos: 6 mm²
- Fogões elétricos: 6 mm².

7.1.6 Ligação aos terminais

A ligação dos condutores aos terminais de aparelhos terá de ser feita de forma a assegurar resistência mecânica adequada, assim como contato elétrico perfeito e permanente. É necessário notar as seguintes recomendações:

- para fios de seção igual ou menor que nº 8 AWG, a ligação deverá ser feita por meio de parafusos (os interruptores e as tomadas de embutir serão, por sua vez, parafusadas pelas suas travessas às orelhas das caixas embutidas nas paredes; suas placas (espelhos) serão, por sua vez, parafusadas nas suas travessas, depois do término da pintura);
- para cabos e cordões flexíveis de seção igual ou menor que nº 10 AWG, a ligação poderá ser feita diretamente aos terminais, porém, as pontas dos condutores terão de ser previamente enrijecidas com solda de estanho;
- para cabos de seção maior que nº 8 AWG, a ligação será feita por meio de conectores.

7.1.7 Manobra e proteção dos circuitos

7.1.7.1 Generalidades

Todo o circuito de distribuição a dois fios necessitará ser sempre protegido por um disjuntor bipolar, térmico ou magnético. Todo o motor deverá ser dotado de chave separadora individual, colocada antes do seu dispositivo de proteção. Precisam ser instalados em todos os circuitos, partindo do quadro de distribuição, disjuntores automáticos que atendam, conjuntamente, às finalidades de interruptor e limitador de corrente. Os fusíveis terão ser de alta capacidade de ruptura, devendo ser do tipo Diazed para corrente até 63 A e tipo NH para corrente acima de 63 A.

7.1.7.2 Terminologia

- *Alavanca de comando:* ver "elemento de comando".
- *Botão de comando:* ver "elemento de comando".
- *Botoeira:* chave de comando cujos contatos são acionados pela pressão manual de um ou mais botões, que acumulam energia em molas para o seu retorno, imediato ou ulterior, à posição inicial.
- *Cabina:* invólucro de um conjunto de manobra que assegura um grau de proteção especificado contra influências externas e um grau de proteção especificado contra a aproximação ou contato com partes vivas ou partes em movimento.
- *Câmara:* parte de um disjuntor que tem características de disjuntor para estabelecimento, condução e interrupção de correntes.
- *Chave:* dispositivo de manobra mecânico que, na posição aberta, assegura uma distância de isolamento, e, na posição fechada, mantém a continuidade do circuito elétrico, em condições especificadas.
- *Chave de boia:* chave de posição que opera quando uma peça flutuante atinge níveis predeterminados.
- *Chave de comando:* dispositivo auxiliar por meio do qual se atua sobre o circuito de comando de um dispositivo de manobra.
- *Chave de faca:* chave na qual, em cada polo, o contato móvel é constituído por uma lâmina articulada em uma extremidade, enquanto a outra extremidade se encaixa no contato fixo correspondente. Em certos tipos, o contato móvel é um tubo.

- *Chave fusível (de distribuição):* dispositivo fusível no qual, depois da operação, o porta-fusível é levado automaticamente a uma posição tal que assegura a distância de isolamento especificada e dá uma indicação visível de que o dispositivo operou.
- *Chave de partida:* conjunto de todos os meios necessários para dar partida e parar um motor elétrico, combinado com uma proteção adequada contra sobrecargas.
- *Chave de partida direta:* chave de partida que aplica a tensão de linha da fonte de alimentação diretamente aos terminais do motor, de uma só vez.
- *Chave de partida estrela-triângulo:* chave de partida com tensão reduzida para motor trifásico, que liga o enrolamento primário do motor inicialmente em estrela e depois em triângulo.
- *Chave de partida série-paralelo:* chave de partida com tensão reduzida, que liga as diversas partes de cada enrolamento de fase do motor, inicialmente em série para a partida e depois em paralelo para funcionamento normal.
- *Chave multipolar:* chave constituída por vários polos que são, ou podem ser, mecanicamente acoplados de modo a operarem em conjunto. Pode ser denominada *chave bipolar* ou *chave tripolar*, nos casos de dois ou três polos, respectivamente.
- *Chave seca:* chave cujos contatos principais operam no ar, sob pressão atmosférica.
- *Chave seletora:* chave que liga um condutor, ou um circuito, a qualquer um de dois ou mais condutores ou circuitos.
- *Circuito de comando:* circuito diferente do circuito principal de um dispositivo de manobra, que comanda a operação de fechamento, ou a operação de abertura, ou ambas.
- *Comutador:* dispositivo de manobra (mecânico) cuja função principal é transferir a ligação existente de um condutor ou circuito para outros condutores ou circuitos.
- *Contato:* conjunto de duas ou mais partes condutoras de um dispositivo de manobra que, em razão do movimento relativo, fecham e abrem um circuito, em condições especificadas.
- *Contator:* dispositivo de manobra (mecânico) de operação não manual, que tem uma única posição de repouso e é capaz de estabelecer, conduzir e interromper correntes em condições normais do circuito, inclusive sobrecargas de funcionamento previstas.
- *Disjuntor:* dispositivo de manobra (mecânico) e de proteção capaz de estabelecer, conduzir e interromper correntes em condições normais do circuito, assim como estabelecer, conduzir por tempo especificado e interromper correntes em condições anormais especificadas do circuito, tais como as de curto-circuito.
- *Disparador:* dispositivo associado mecanicamente a um disjuntor e que libera os órgãos de retenção dos contatos principais, provocando seu fechamento ou sua abertura.
- *Dispositivo de manobra:* dispositivo elétrico destinado a estabelecer ou interromper corrente, em um ou mais circuitos elétricos.
- *Dispositivo de proteção:* dispositivo que exerce uma ou mais funções de proteção em um sistema ou equipamento elétrico.
- *Dispositivo fusível:* dispositivo de proteção que, pela fusão de uma parte especialmente projetada, abre o circuito no qual se acha inserido e interrompe a corrente quando esta excede um valor especificado durante um tempo especificado. Um dispositivo fusível compreende a base, um ou mais fusíveis e (mas não necessariamente) o porta-fusível.
- *Elemento de comando:* parte do sistema atuador de um dispositivo de manobra mecânico, à qual é aplicada a força externa de atuação. O elemento de comando pode tomar a forma de uma alavanca, punho, botão, volante etc.
- *Fusível cartucho:* fusível de baixa tensão cujo elemento fusível é encerrado em um tubo protetor de material isolante, com contatos nas extremidades fechando o tubo. De acordo com a forma dos contatos, esse fusível é designado:
    – fusível (cartucho) tipo *virola*;
    – fusível (cartucho) tipo *faca*.
- *Fusível Rolha:* fusível de baixa tensão em que um dos contatos é uma peça roscada, que se fixa no contato roscado correspondente da base.

- *Interruptor:* chave seca de baixa tensão, de construção e características elétricas adequadas à manobra de circuitos de iluminação em instalações prediais, aparelhos eletrodomésticos, luminárias e aplicações equivalentes.
- *Interruptor de embutir:* interruptor projetado para ser encerrado em uma caixa de instalação, embutida ou não.
- *Interruptor de sobrepor:* interruptor projetado para ser fixado externamente a uma superfície.
- *Interruptor intermediário:* interruptor bipolar de quatro terminais, no qual cada um dos dois terminais de entrada fica permanentemente ligado, ora a um, ora a outro dos dois terminais de saída, sucessivamente depois de cada operação.
- *Interruptor paralelo:* interruptor unipolar de três terminais, no qual o terminal de entrada fica permanentemente ligado, ora a um, ora a outro dos dois terminais de saída, sucessivamente depois de cada operação.
- *Manobra:* mudança na configuração elétrica de um circuito, feita manual ou automaticamente por um dispositivo adequado e destinado a essa finalidade.
- *Porta-fusível:* parte móvel de um dispositivo fusível na qual se instala um fusível (mas não incluindo este).
- *Posição fechada:* posição dos contatos móveis de um dispositivo de manobra mecânico, na qual é assegurada a continuidade elétrica e mecânica do circuito principal.
- *Pressostato:* dispositivo de manobra mecânico que opera em função de pressões predeterminadas, atingidas em uma ou mais partes determinadas do equipamento controlado.
- *Secionador:* dispositivo de manobra (mecânico) que assegura, na posição aberta, uma distância de isolamento que satisfaz requisitos de segurança especificados.
- *Termostato:* dispositivo de manobra que opera em função de temperaturas predeterminadas, atingidas em uma ou mais partes do equipamento controlado.

7.1.7.3 Fusíveis Diazed e NH

7.1.7.3.1 Fusíveis Diazed

Os fusíveis limitadores de corrente Diazed devem ser usados preferencialmente na proteção dos condutores de redes de energia elétrica e circuitos de comando. São utilizados para tensões de até 500 V. O conjunto de segurança Diazed compõe-se dos seguintes elementos:

- *Tampa:* é a peça na qual o fusível é encaixado, permitindo a sua colocação e retirada da base, mesmo com a instalação sob tensão.
- *Anel de proteção:* protege a rosca metálica da base aberta, isolando-a contra a chapa do painel e evitando choques acidentais na troca dos fusíveis.
- *Fusível:* é a peça principal do conjunto e é constituída de um corpo cerâmico, dentro do qual está montado o elo fusível, e está preenchido com areia especial de quartzo, que extingue o arco voltaico em caso de fusão. Para identificação do fusível, existe um indicador que tem cores correspondentes às correntes nominais dos fusíveis. Esse indicador se desprende em caso de queima, sendo visível através da tampa.
- *Parafuso de ajuste:* construído em diversos tamanhos, de acordo com a intensidade de corrente dos fusíveis. Colocado na base, não permite a montagem de fusível de maior corrente do que o previsto. A colocação do parafuso de ajuste é feita com chave especial.
- *Base:* é a peça que reúne todos os componentes do conjunto de segurança. Pode ser fornecida em dois tipos: normal (para fixar por parafusos) e com dispositivo de fixação rápida (sobre trilho de 35 mm).

Os fusíveis são fabricados para as intensidades de corrente indicadas na Tabela 7.11.

7.1.7.3.2 Fusíveis NH

Os fusíveis limitadores de corrente NH têm a característica *tempo × corrente retardada*. São utilizados para tensões de até 500 V em corrente alternada e 440 V em corrente contínua. O conjunto de segurança NH compõe-se dos seguintes elementos:

Tabela 7.11: Corrente nominal

Corrente nominal (A)	Código de cor
2	rosa
4	marrom
6	verde
10	vermelho
16	cinza
20	azul
25	amarelo
35	preto
50	branco
63	cobre
80	prata
100	vermelho

- *Fusível:* é constituído de um corpo de esteatita com os dois contatos prateados tipo faca. Os fusíveis NH são próprios para proteger os circuitos que em serviço estão sujeitos a sobrecargas de curta duração, como acontece na partida direta de motores trifásicos com rotor em gaiola.
- *Base:* tem contatos especiais prateados que garantem contato perfeito e alta durabilidade. Uma vez retirado o fusível, a base constitui uma separação visível das fases, tornando dispensável em muitos casos a utilização de um secionador adicional.
- *Punho:* destina-se à colocação ou retirada dos fusíveis de suas respectivas bases, mesmo estando a instalação sob tensão, porém sem carga.

Os *fusíveis* são fabricados para as seguintes intensidades de corrente nominal (em ampères):

- no tamanho 00: 6; 10; 16; 20; 25; 36; 50; 53; 80; 100; 125;
- no tamanho 1: 36; 50; 63; 80; 100; 125; 160; 200; 224; 250;
- no tamanho 2: 224; 250; 315; 355; 400;
- no tamanho 3: 425; 500; 630;
- no tamanho 4: 800; 1000; 1250.

As *bases* são produzidas para as correntes indicadas na Tabela 7.12.

Tabela 7.12: Tamanho do fusível

Corrente nominal (A)	Tamanho de fusível
125	00
250	00 e 1
400	1 e 2
630	1; 2 e 3
1250	4

Os *punhos* são confeccionados para os seguintes tamanhos de fusível: um tipo para fusíveis 00, 1, 2 e 3; e outro tipo para fusíveis 4.

7.1.7.3.3 Secionadores de fusíveis Diazed

Os secionadores de fusíveis Diazed são próprios para comando de cargas isoladas ou em grupo (como chave geral) em painéis de distribuição de luz e força, em residências, indústrias e estabelecimentos comerciais. Esses secionadores aliam em um só dispositivo as características de proteção e a grande capacidade de ruptura dos fusíveis limitadores Diazed à possibilidade de secionamento manual e *visual* dos circuitos. Os secionadores estão disponíveis no tipo monofásico, mas, por meio de ressaltos laterais, é possível encaixar rigidamente uma secionadora em outra, formando chave bipolar ou tripolar. Por um furo e um eixo, os acionamentos podem ser interligados, de forma que todos os polos sejam secionados simultaneamente. Na tampa do secionador, há um visor que permite observar o indicador de fusão dos fusíveis sem abrir a chave, identificando-se rapidamente o circuito com defeito. A troca dos fusíveis é fácil e não exige ferramenta adicional. São produzidos dois tipos de secionadores: para corrente nominal de 25 A (para fusíveis de 2 A a 25 A) e para corrente nominal de 63 A (para fusíveis de 35 A a 63 A).

7.1.7.4 Interruptor diferencial residual (DR)

7.1.7.4.1 Proteção pessoal

Ao contrário dos disjuntores termomagnéticos, a função principal dos interruptores diferenciais residuais (DR) é proteger as pessoas que utilizam a energia elétrica, e não a instalação. O principal problema para o ser humano em relação à energia elétrica é o eventual choque. Este ocorre sempre que houver um contato com um condutor ou equipamento energizado. Nesse instante, a pessoa passa a desempenhar a função de meio condutor de eletricidade do sistema para a terra. Os efeitos dessa passagem de corrente elétrica pelo corpo humano variam de um simples susto a ferimentos graves, ou até mesmo a morte. A falta para a terra também pode gerar faíscas e produzir incêndio. O DR detecta toda a passagem de corrente para a terra e desliga o circuito elétrico, ou seja, é útil tanto na proteção contra choques (proteção pessoal) como também contra incêndios (proteção de patrimônio).

7.1.7.4.2 Princípio de funcionamento

O DR funciona com um sensor que mede as correntes que entram e saem no circuito. As duas são de mesmo valor, porém de sentidos opostos em relação à carga. Se chamarmos a corrente que entra na carga de +I e a que sai -I, resultará que a soma das correntes é igual a zero. A soma só não será igual a zero se houver corrente fluindo para a terra, como no caso de um choque elétrico. A sensibilidade do DR, que varia de 30 mA a 500 mA, tem de ser dimensionada com cuidado, pois existem perdas para a terra inerentes à própria qualidade da instalação.

7.1.7.4.3 Instalação

O interruptor DR deve estar instalado em associação com os disjuntores do quadro de distribuição, de forma a proporcionar uma proteção completa contra sobrecarga, curto-circuito e falta para a terra. A instalação dos interruptores DR tem de ser realizada por técnico especializado e a fixação se faz por trilho DIN (35 mm). Todos os condutores (fases mais neutro) que constituem a alimentação da instalação a proteger precisam ser ligados por meio do DR, sendo certo que o neutro, depois de sua conexão ao interruptor, não pode mais ser aterrado.

7.1.8 Tomadas

A tomada padronizada tem o formato hexagonal, sendo 8 mm rebaixada em relação ao espelho, a fim de evitar folgas e exposição dos terminais metálicos (evitando o risco de choques elétricos). Ela aceita plugues antigos de dois e três pinos redondos, porém não os de pinos chatos. A tomada tem três contatos fêmea, sendo um deles destinado ao condutor-terra, de proteção contra choques elétricos (do sistema de aterramento das instalações elétricas). A padronização das tomadas cuida da prevenção contra sobrecargas, evitando a conexão de equipamentos com potência superior àquela que a tomada pode suportar. Essa padronização prevê dois tipos de tomada: de 10 A e de 20 A. O diâmetro do orifício de entrada da tomada de 20 A é maior que o da de 10 A (bem como ocorre com a bitola dos três pinos dos plugues). Assim, a tomada de 20 A aceita a inserção de ambos os plugues, mas a de 10 A não admite, dimensionalmente, a inserção de plugue de 20 A.

7.1.9 Quadro de distribuição

- *Definição:* quadro de distribuição é definido como sendo o equipamento destinado a receber energia elétrica mediante uma ou mais alimentações, e distribuí-la a um ou mais circuitos, podendo também desempenhar funções de proteção, secionamento, controle e/ou medição. É o equipamento destinado à distribuição da energia elétrica na edificação, alojando os dispositivos de proteção dos diversos circuitos elétricos. Um quadro de distribuição inadequado pode colocar em risco toda a instalação elétrica, seja por não permitir operações apropriadas dos dispositivos de proteção, seja por condições inadequadas de manutenção/ampliação, correndo o risco de incêndio.

- *Quantidade de Circuitos:* a determinação da quantidade de circuitos que uma instalação elétrica deverá possuir é função de diversos fatores, que vão desde a potência instalada do circuito até os critérios de distribuição de pontos e ainda a flexibilidade, conforto e reserva de carga que se deseja dar.
- *Divisão de Circuitos:* os circuitos têm de ser separados conforme sua finalidade, ou seja, precisam ser previstos circuitos terminais distintos para iluminação e para tomadas de corrente, sendo certo que, no caso de tomadas de corrente, é necessário haver circuitos para tomadas de uso geral (TUG) e circuitos para tomadas de uso específico (TUE). No caso de tomadas de uso específico, observar que devem ser previstos circuitos independentes para equipamentos de corrente nominal superior a 10 A. Não se pode alimentar, em um mesmo circuito, pontos de iluminação junto com pontos de tomada, nem mesmo *pendurar*, em um circuito, mais de um equipamento com corrente nominal superior a 10 A, tal como chuveiro elétrico, torneira elétrica, forno de micro-ondas, máquina de lavar louça, máquina de secar roupa etc. Cada equipamento necessita ter o seu próprio circuito.
- *Quantidade de Pontos:* as normas técnicas apresentam valores de potência aparente (VA) que, no caso de o fator de potência ser igual a um, pode ser entendida como potência ativa (W).
    - *Iluminação:* em cada cômodo ou dependência, deve ser previsto no mínimo um ponto de luz fixo no teto, com potência mínima de 100 VA, comandado por interruptor de parede. É necessário prever, assim, uma caixa de derivação para colocação de luminária com lâmpadas cuja potência total não ultrapasse a carga calculada (no caso, o mínimo de 100 W). Para a determinação da potência elétrica do ponto de luz, será efetuado o cálculo luminotécnico adequado ou, então, utilizado o critério simplificado apresentado nas normas técnicas (válido para moradias):
        * em compartimentos com área igual ou inferior a 6 m², é necessário ser prevista a carga mínima de 100 VA;
        * em compartimentos com área superior a 6 m², tem de ser calculada a carga mínima de 100 VA para os primeiros 6 m², acrescida de 60 VA para cada aumento de 4 m² ou fração.
    - *Tomadas de Uso Geral (TUG):* a quantidade de tomadas de uso geral precisa ser fixada de acordo com o critério seguinte:
        * Em banheiros, é necessário instalar, no mínimo, uma tomada alta junto do lavatório (observadas as restrições referentes aos requisitos para instalações ou locais especiais), com potência mínima de 600 VA.
        * Em cozinhas, copas, copas-cozinhas, áreas de serviço, lavanderias e compartimentos análogos, é preciso instalar no mínimo uma tomada para cada 3,5 m ou fração de perímetro. Considera-se, como potência, 600 VA por tomada, para três delas quaisquer, e 100 VA por tomada, para as demais, em que cada ambiente citado deve ser considerado separadamente para efeito desta prescrição.
        * Em subsolos, varandas, garagens individuais e sótãos, é necessário instalar no mínimo uma tomada, com potência de 100 VA.
        * Nos demais compartimentos (dormitórios, salas etc.), é preciso instalar no mínimo uma tomada se a área for igual ou inferior a 6 m², e no mínimo uma tomada para cada 5 m ou fração de perímetro se a área for superior a 6 m², procurando espaçá-las o mais uniformemente possível. A cada tomada será atribuída a potência de 100 VA.
    - *Tomadas de Uso Específico (TUE):* as tomadas de uso específico serão determinadas conforme a quantidade de equipamentos previstos, observado o critério acima citado. Cada equipamento possuirá o seu circuito e a potência atribuída a cada um será a potência nominal do equipamento com previsão de ser ligado à correspondente tomada (ou ponto). Salienta-se que a tomada (ou ponto) deverá estar situada a, no máximo, 1,5 m do local de instalação do equipamento.

- *Generalidades:* com essas considerações sobre a determinação dos pontos de utilização e respectiva carga (potência), bem como quanto à divisão dos circuitos, chega-se à determinação do tipo de quadro de distribuição que melhor atenda às necessidades dos usuários da instalação em questão, particularmente no tocante à quantidade mínima de circuitos, de forma a oferecer o mínimo de segurança e conforto, já citados. É preciso observar que, além dos *circuitos ativos*, têm de ser previstos *circuitos-reserva* para utilização futura. Nesse caso, o critério utilizado para a quantidade de circuitos-reserva poderá ser o de considerar no mínimo um circuito reserva para cada modalidade de fornecimento (uni ou bipolar). O dispositivo de proteção geral escolhido poderá ser um *Dispositivo DR*, de forma a prover toda a instalação elétrica de proteção contra contatos indiretos (choques elétricos), proteção essa obrigatória, por seccionamento automático da alimentação. Evidentemente que, na origem do circuito de distribuição que alimenta o quadro em questão, deverá haver um dispositivo de proteção contra sobrecorrente (por exemplo, um disjuntor), devidamente coordenado. Poder-se-á também instalar um disjuntor imediatamente anterior ao dispositivo DR. Essa é uma opção de projeto.
- *Características Técnicas:* para a correta especificação dos quadros de distribuição utilizados na construção predial, basicamente para circuitos de iluminação e tomadas, de todas as características técnicas apresentadas nas normas técnicas, devem ser mencionadas no mínimo as seguintes:
    * *Tensão nominal:* valor máximo de tensão que pode ser aplicado entre as barras (fases) do barramento, sem ocorrer arco ou fuga de corrente. Pode-se aproveitar para mencionar nesse item se a alimentação será feita em duas fases (2Ø) ou em três fases (3Ø).
    * *Corrente nominal:* valor máximo de corrente que pode circular pelas barras (principais e secundárias) do barramento, sem nelas provocar aquecimento excessivo nos componentes a elas conectados e no ar interno ao quadro.
    * *Capacidade de curto-circuito:* valor máximo de corrente de curto-circuito suportável pelas barras e suas conexões, até a atuação do dispositivo de proteção correspondente;
    * *Grau de proteção:* índice que indica a característica do invólucro (quadro de distribuição) em evitar a penetração de corpos sólidos estranhos e a entrada prejudicial de água em seu interior. É importante ressaltar que o grau de proteção qualifica o equipamento (invólucro) também com relação à proteção contra os contatos diretos (choques elétricos). É preciso ainda fornecer informações adicionais, como:
        · quantidade de disjuntores (em que é necessário incluir espaços-reserva para circuitos futuros);
        · tipo de disjuntores (modelo americano ou europeu);
        · tipo de dispositivo de seccionamento e/ou proteção geral (disjuntor, dispositivo DR, chave secionadora etc.);
        · barras de neutro e de aterramento (quando aplicáveis);
        · barras em cobre eletrolítico com 99,9% de pureza;
        · outros componentes elétricos (como *timers*, relés, pulsadores etc.);
        · outras características que forem necessárias para melhor especificação.

7.1.10 Caixas geral e de passagem

As caixas gerais serão do tipo armário de embutir, construídas em chapa metálica nº 14 USG, pintadas com tinta duco, fixadas com chumbadores, de modo a resistir aos seguintes esforços: peso próprio da caixa, peso dos equipamentos, eventuais esforços externos e eventuais curtos-circuitos. Não será permitido o uso de caixas ou quadros de madeira ou outro material combustível. Precisam ficar situadas:

- em vãos com largura superior a 1 m;
- em locais secos e de fácil acesso;
- fora de compartimentos privativos;
- no mínimo, 10 cm acima do nível de piso acabado.

As caixas de passagem poderão ficar em qualquer altura entre o piso e a cota de 1,45 m e terão de ser dotadas de tampa parafusada. Os quadros de medição deverão conter basicamente:

- *caixa de distribuição*;
- *caixas de medidores*;
- *caixas de bases*.

Os quadros de distribuição precisam ter espaço para instalação de barra-terra, pintada na cor preta, à qual serão conectadas todas as partes metálicas não destinadas à condução de corrente elétrica. Todas as caixas de passagem existentes no trecho da rede anterior à medição (com corrente não medida) terão de ser providas de dispositivo para lacre.

7.1.11 Centro de medição de eletricidade: procedimento de execução de serviço

7.1.11.1 Documentos de referência

Projeto de instalações elétricas (com memorial descritivo e especificação técnica dos diversos componentes).

7.1.11.2 Materiais e equipamentos

Além daqueles existentes obrigatoriamente no canteiro de obras, quais sejam, entre outros:
- água limpa;
- EPCs e EPIs (capacete, botas de couro, luvas de borracha);
- colher de pedreiro;
- linha de náilon;
- lápis de carpinteiro;
- desempenadeira de madeira;
- trena de aço de 30 m;
- régua de alumínio de 1"x 12"com 2 m;
- nível de mangueira;
- nível de bolha de madeira com 35 cm;
- prumo de face de cordel;
- talhadeira de 12";
- ponteiro;
- alicate universal de 8";
- marreta de 1 kg;
- cimento portland CP-II;
- areia média lavada;
- caixote para argamassa;
- serrote de dentes pequenos;
- carrinho de mão;
- guincho;

mais os seguintes:
- tubos e peças (luvas, curvas, buchas, arruelas etc.), caixas de derivação etc. de PVC (tubos rígidos roscáveis ou soldáveis – de embutir e conduletes); de aço (pesados, médios ou leves e esmaltado, zincado eletrolítico ou galvanizado a fogo), os que forem necessários à obra;
- caixas de chapa de aço nº 16 (padronizadas pela concessionária e de passagem), barras de cobre, eletrocalhas, chaves secionadoras, disjuntores eletromagnéticos, fusíveis, hastes de cobre para aterramento, os que forem necessários à obra;
- condutores elétricos (fios e cabos) de cobre, sólido ou encordoado, com ou sem revestimento (antiflama);
- conectores;
- presilhas;
- anilhas verde-amarelo ou verde;

Capítulo 7 – Instalações

- cortadora de parede elétrica portátil com aspirador de pó;
- discos diamantados;
- morsa (torno) de bancada;
- tarracha manual;
- cossinetes para PVC e para aço;
- arco de serra;
- lâmina de aço de serra;
- canivete;
- verruma;
- grosa;
- alicate universal de 8"com cabos isolados;
- alicate de bico fino com cabos isolados;
- jogo de chaves de fenda com cabos isolados;
- lixas d'água nº 320;
- solda (cola) de PVC;
- solda de estanho;
- maçarico;
- fita isolante;
- voltímetro calibrado;
- amperímetro calibrado.

7.1.11.3 Método executivo

7.1.11.3.1 Condições para o início dos serviços

Os materiais e equipamentos têm de estar disponíveis antes do início de cada etapa dos serviços. A porta de acesso ao compartimento do centro de medição precisa ser metálica, com ventilação permanente e dotada de fechadura. Deve haver ponto(s) de iluminação dotado(s) de lâmpada e acionado(s) por interruptor localizado junto da porta de acesso. A análise crítica de todos os desenhos e especificação técnica dos diversos componentes necessita ser feita, confirmando cotas, detalhes de montagem e demais elementos do projeto.

7.1.11.3.2 Execução do serviço

- *Tubulação embutida:* o eletroduto precisa ter o traçado mais curto possível e com curvas nunca inferiores a 90°. Precauções têm de ser tomadas para que não venha a sofrer esforços não previstos, decorrentes de recalques ou deformações da estrutura. Os rasgos na alvenaria (para embutimento da tubulação) necessitam ser fechados com argamassa de cimento e areia no traço 1:3. Quando no solo, os eletrodutos devem ser *envelopados* em concreto para sua proteção.
- *Tubulação aparente:* os eletrodutos têm de ser obrigatoriamente rígidos. Quando pendurada a tubulação, o espaçamento dos suportes tem de ser tal que impeça a flexão dos eletrodutos pelo seu peso próprio.
- *Eletroduto de PVC rígido:*
  - *Preparo dos tubos:* para cortar os tubos nas medidas desejadas, é necessário usar serra de ferro ou serrote de dentes pequenos. No caso de emprego da serra de ferro, colocar a lâmina no sentido oposto ao do corte, o que faz melhorar o rendimento. Os tubos devem ser cortados perpendicularmente ao seu eixo longitudinal. Tubos cortados fora de esquadro causam problemas como:
    * má condição de soldagem, no caso de junta colada;
    * dificuldade de corte da rosca, no caso da junta roscada.
  - *Junta soldada:* são os seguintes os procedimento para a soldagem de tubos:
    * Tire o brilho das paredes da luva e da ponta do eletroduto a serem soldadas, para facilitar a ação da solda. Utilize lixa de água nº 320 (lixa fina). Nunca use lixa grossa nem lixe demasiadamente. Isso forma uma folga indesejável entre as paredes do tubo e da luva.

* Limpe a ponta dos tubos, utilizando solução limpadora adequada, que elimina as impurezas e as substâncias gordurosas que prejudicam a ação da solda.
* Para aplicar a solda, empregue pincel chato ou outro aplicador adequado. Nunca use os dedos. Passe uma camada bem fina e uniforme de solda na luva, cobrindo no mínimo sua terça parte inicial, e outra camada idêntica na ponta do tubo.
* Encaixe perfeitamente a ponta na luva, sem torcer, aguardando o tempo conveniente para o processamento de soldagem.
* Remova o excesso da solda, utilizando papel absorvente, e deixe secar.

— Junta roscada:
* Ao fixar o tubo, é necessário cuidado para evitar que ele seja ovalizado pela morsa, o que resultaria numa rosca imperfeita.
* Ao cortar o tubo no esquadro, é preciso remover as rebarbas, medindo em seguida o comprimento máximo da rosca a ser feita, para evitar abertura em excesso; nunca se deve empregar tarraxas com cossinetes usados para tubos de aço, mas, sim, próprios para tubos de PVC. É necessário encaixar o tubo na tarraxa pelo lado da guia, girando uma volta para a direita e ¼ de volta para a esquerda, repetindo a operação até obter a rosca no comprimento desejado.

- *Eletroduto rígido de aço-carbono:*
  - O corte dos tubos só pode ser feito em seção plana e perpendicular, removendo as rebarbas deixadas nessa operação e na eventual abertura das roscas.
  - As ligações entre eletrodutos e caixas só são feitas com buchas e arruelas.
  - A ligação entre tubos só pode ser feita por meio de luvas ou quaisquer outras peças que assegurem regularidade na superfície interna, bem como a continuidade elétrica.
  - Não podem ser empregados eletrodutos cujo encurvamento haja ocasionado fissuras ou redução da seção.
  - As curvas dos tubos de diâmetro nominal até 20 mm (3/4") podem ser executadas na obra com técnica e/ou máquina apropriada.
  - Nos eletrodutos de diâmetro nominal igual ou superior a 25 mm (1"), as curvas são obrigatoriamente pré-fabricadas.
  - Não podem ser empregadas curvas com deflexão maior que 90°. Antes da montagem dos quadros, todas as pontas de tubo expostas precisam ser cuidadosamente fechadas, de preferência com caps, que serão mantidos até os eletrodutos serem emendados. A tubulação não embutida deve ser montada com duas arruelas (interna e externa) e uma bucha.

- *Caixa:* as caixas padronizadas pela concessionária ou de passagem têm de ser confeccionadas com chapa de aço nº 16, no mínimo, e distanciadas obrigatoriamente pelo menos 60 cm do piso. Sua colocação precisa ser nivelada (lado inferior) e todos os seus visores dotados de vidro de proteção. Todas as massas necessitam ser aterradas, devendo o condutor ligado à terra ser de cobre, não ter emendas nem chaves e sua ligação ser feita por conectores ou peças equivalentes (que não dependam de solda ou estanho). O aterramento, com utilização de hastes de cobre, necessita ser dotado de inspeção.

- *Fio e cabo:* os condutores elétricos têm de ser de cobre, devendo ser usados fios sólidos até Ø 6 mm². Acima dessa bitola, serão utilizados cabos singelos. As emendas destes somente podem ser feitas com solda estanhada. Para cabos e cordões flexíveis de seção igual ou menor que 6 mm², a ligação pode ser feita diretamente aos terminais, porém as pontas dos condutores têm de ser previamente enrijecidas com solda de estanho. O revestimento do condutor de proteção (terra) terá a cor verde e a do condutor neutro a cor azul-claro. O condutor neutro, quando utilizado também com a finalidade de condutor de proteção (PEN – proteção e neutro), necessita ser identificado por anilhas verde-amarelo ou verde, em um ponto visível e acessível no interior da caixa utilizada. Deve ser deixada folga nas pontas suficiente para a instalação dos medidores pela concessionária. É preciso a ela solicitar as inspeções necessárias pelo menos seis meses antes do pedido de ligação definitiva.

- *Chave, fusível e disjuntor:* a proteção dos circuitos é feita por chaves secionadoras dotadas de fusíveis limitadores de corrente (tipo diazed ou NH) ou por disjuntores eletromagnéticos. Tanto a capacidade (de intensi-

Capítulo 7 – Instalações

dade de corrente, em amperes) dos fusíveis como a dos disjuntores nunca pode ser maior nem menor do que a especificada em projeto (por razões de segurança e funcionamento da instalação, respectivamente). As chaves secionadoras e os disjuntores da caixa de proteção precisam possuir plaquetas esmaltadas de identificação. Depois da energização, é necessário verificar a correta alimentação dos circuitos. Basicamente, é a seguinte sequência de instalação:

– *Chave:*
  * fixação da chave na caixa;
  * ligação da chave aos condutores elétricos;
  * preparação da abertura no contraespelho e montagem deste;
  * montagem da alavanca e seu indicador;
  * antes da energização, verificação do perfeito encaixe entre as partes macho da chave e fêmea da alavanca, além da perfeita movimentação do conjunto;
  * teste da chave.
– *Fusível:*
  * fixação da base dos fusíveis no painel;
  * montagem dos fusíveis na base;
  * conexão dos condutores elétricos a suas extremidades;
  * antes da energização, verificação do perfeito alinhamento, nivelamento e espaçamento recomendado pelas normas e pelo fabricante;
  * testes dos fusíveis.
– *Disjuntor:*
  * fixação do disjuntor na estrutura da caixa de disjuntores;
  * ligação do disjuntor aos condutores elétricos;
  * abertura, no contraespelho da caixa, da passagem para as alavancas do disjuntor;
  * fixação do contraespelho na caixa;
  * ajuste da porta da caixa;
  * antes da energização, verificação da livre movimentação da alavanca mediante seu acionamento;
  * teste do disjuntor.

7.1.12 Aterramento elétrico

7.1.12.1 Generalidades

Aterramento elétrico de um sistema é a ligação proposital de um condutor-fase ou do neutro à terra, que tem potencial zero (à qual todas as demais tensões elétricas são referidas). O sistema de terra deve englobar tomadas com pino-terra, equipamentos elétricos, carcaças dos equipamentos elétricos e eletrônicos, quadros de luz e/ou força e suplementar dos aparelhos elétrico-sanitários (chuveiros, aquecedores etc.) e também janelas metálicas. Um objetivo do aterramento dos sistemas elétricos é proteger as pessoas e o patrimônio contra uma falta de fase (curto-circuito) na instalação. Assim, se uma das três fases de um sistema não aterrado entrar em contato com a terra, acidental ou propositalmente, nada ocorrerá (disjuntor algum desliga o circuito e equipamento algum para de funcionar). Outro objetivo de um sistema de aterramento é oferecer um caminho seguro, controlado e de baixa impedância para a terra das correntes induzidas por descargas atmosféricas. Para aterramento dos sistemas de comunicação, terá de ser prevista a instalação de um fio-terra de Ø 10 mm² nos distribuidores gerais. A resistência dos sistemas não poderá exceder 10 , em qualquer época do ano. O condutor ligado à terra precisa atender às seguintes solicitações:

- ser de cobre;
- não ter emendas ou chaves, nem receber fusíveis que possam causar interrupção;
- a ligação do condutor à terra somente poderá ser feita por meio de braçadeiras, conectores ou peças equivalentes, não sendo permitido o emprego de dispositivos que dependam do uso de solda ou estanho;
- é dispensável a ligação à terra, dos aparelhos eletrodomésticos portáteis.

7.1.12.2 Tipos de eletrodo de aterramento

- *Eletrodos existentes (naturais):* prédios com estrutura metálica são normalmente fixados por meio de longos parafusos a suas bases nas fundações de concreto. Esses parafusos engastados no concreto servem como eletrodos, enquanto a estrutura metálica funciona como condutor de aterramento. Na utilização desse sistema, é preciso assegurar que haja uma perfeita continuidade entre todas as partes metálicas (verifica-se a resistência de aterramento). Também necessita ser realizada a ligação equipotencial (com diferença de potencial zero) entre as partes metálicas que, eventualmente, possam estar desconectadas da estrutura principal.
- *Eletrodos fabricados:* normalmente, são hastes de aterramento. Quando o solo permite, geralmente, é mais satisfatório o uso de poucas hastes profundas do que muitas hastes curtas. A haste – de aço recoberta de cobre (*copperweld*), com comprimento mínimo de 2,40 m e diâmetro mínimo 15 mm – é cravada no terreno com golpes de marreta, interpondo-se entre elas um pedaço de madeira. Para assegurar a dispersão da corrente de descarga, o solo precisa apresentar uma resistência de aterramento de aproximadamente 10 Ω. Quando o solo na região do aterramento apresentar alta resistividade, é preciso substituir a terra no local de cravação da haste por material específico industrializado, de modo a adequar a condutividade do terreno naquele ponto. É necessária a previsão de caixas de inspeção dos eletrodos de aterramento.
- *Eletrodos encapsulados em concreto:* o concreto em contato com o solo é um meio semicondutor com resistividade muito melhor do que o solo propriamente dito. Dessa forma, a utilização dos próprios ferros da armadura da edificação, colocados no interior do concreto das fundações, representa uma solução pronta e de ótimos resultados. Qualquer que seja o tipo de fundação, deve-se assegurar a interligação entre os ferros das diversas sapatas ou blocos de coroamento de estacas, formando assim um anel. Essa interligação pode ser feita com o próprio ferro da estrutura, embutido em concreto, ou por meio do uso de cabo cobre. A resistência de aterramento total, obtida com o uso da ferragem da estrutura ligada em anel, é muito baixa, geralmente menor do que 1 Ω. Observa-se que apenas os ferros da periferia da edificação são efetivos, sendo muito pequena a contribuição da estrutura interna.
- *Outros eletrodos:* quando o terreno é muito rochoso ou arenoso, o solo tende a ser muito seco e de alta resistividade. Caso não seja viável o uso das fundações como eletrodo de aterramento, fitas metálicas ou cabos enterrados são soluções adequadas técnica e economicamente. A profundidade de instalação desses eletrodos, assim como as suas dimensões, influenciam muito pouco na resistência de aterramento final.

7.1.12.3 O aterramento único das instalações elétricas

- *Terminal de Aterramento Principal (TAP):* em qualquer projeto, deve ser assegurado que todos os tipos de proteção necessários (choque, descargas atmosféricas diretas, sobretensões, equipamentos eletrônicos, descargas eletrostáticas) se juntem em um único ponto de aterramento, garantindo assim a tão desejada e fundamental equipotencialidade. Esse ponto de convergência do sistema de aterramento de uma instalação elétrica é chamado terminal de aterramento principal (TAP), que possui algumas características particulares e que deve ser:
  - constituído por uma barra retangular de cobre nu de, no mínimo, 50 mm de largura × 3 mm de espessura × 500 mm de comprimento;
  - instalado isolado da parede (por meio de isoladores de baixa tensão de epóxi, porcelana etc.) e o mais próximo possível do nível do solo. Na prática, geralmente o TAP é posicionado no interior do quadro geral de baixa tensão da instalação;
  - ligado em um único ponto ao anel de aterramento, por meio de um cabo isolado de seção mínima 16 mm². Essa ligação precisa ser a mais direta e curta possível.
- *Resistência de aterramento:* com a equipotencialidade assegurada, o valor absoluto da resistência de aterramento deixa de ser o fator mais importante. No entanto, a norma técnica brasileira recomenda um valor máximo em torno de 10 Ω. Assim, se for adotado esse valor de 10 Ω, estará assegurado um bom valor de resistência de aterramento e fácil de ser obtido, sobretudo se for utilizada a ferragem da estrutura das fundações da edificação.

7.1.12.4 Resumo

Pode-se verificar que um projeto de aterramento que satisfaça às exigências atuais de funcionalidade e atenda às normas em vigor tem de possuir as seguintes características:

- utilização da ferragem da estrutura, interligada em anel por um condutor de cobre nu, como eletrodo de aterramento;
- existência do TAP no quadro geral de baixa tensão, interligado ao anel enterrado por meio de um cabo de cobre isolado;
- ligações ao TAP, por meio de cabos de cobre nus ou isolados, de todos os elementos metálicos não energizados que entram na edificação, tais como tubulação de água, esgoto etc. Essas ligações necessitam ser radiais e o mais curtas possível;
- utilização de protetores contra sobretensões na entrada instalação, seja na linha de eletricidade, na linha de telefonia, na de sinal etc. Os terminais de terra desses protetores devem ser ligados ao TAP por meio de cabos de cobre isolados;
- ligação ao TAP de terminais de terra dos protetores de sobretensão instalados junto dos aparelhos eletrônicos no interior da edificação, por meio dos condutores de proteção dos circuitos terminais;
- ligação ao TAP de todos os terminais de terra dos equipamentos da instalação elétrica (chuveiros elétricos, torneiras elétricas, aquecedores de água, motores etc.) por meio dos condutores de proteção dos circuitos terminais.
- ligação ao TAP das malhas de aterramento dos equipamentos eletrônicos sensíveis, por meio de condutores de equipotencialidade, o mais curtos e retos possível. Caso não se utilize a malha, e sim o sistema de ponto único, deve-se ligar ao TAP os condutores de proteção de forma radial e mais curta possível;
- ligação ao TAP de todos os condutores de equipotencialidade da instalação, do modo mais curto e reto possível.

7.1.13 Linha aérea

A instalação aérea somente poderá ser destinada à iluminação de pátios e aplicações semelhantes. Em *cruzetas* ao longo de paredes, os vãos não deverão exceder 10 m. Os condutores terão de ser obrigatoriamente fixados a isoladores de material não absorvente e do tipo apropriado à finalidade a que se destinam. Os condutores, no ponto mais baixo em relação ao solo, precisam ficar a uma altura não inferior a 5,5 m quando for previsto trânsito de veículos ou 3,5 m quando for previsto apenas trânsito de pedestres. Os condutores singelos de cobre, isolados ou não, necessitarão ter a seção mínima correspondente à bitola nº 10 AWG. A distância entre condutores isolados será, no mínimo, de 20 cm. Nas linhas aéreas instaladas ao longo dos prédios, o condutor mais próximo das janelas deverá delas ficar afastado, pelo menos, 1 m. As emendas dos condutores nunca poderão ser feitas à distância maior do que 30 cm dos isoladores. A ligação de uma linha aérea à rede interna, de prédios em geral, terá de ser executada de forma a impedir a penetração de água de chuva na tubulação ou na instalação.

7.1.14 Normas da concessionária de eletricidade

7.1.14.1 Terminologia

- *Anotação de Responsabilidade Técnica (ART)*: documento emitido pelo profissional habilitado que comprova a sua responsabilidade pelo projeto e/ou execução da obra/serviço.
- *Aterramento*: ligação elétrica intencional com a terra, podendo ser com propósitos funcionais (ligação do condutor neutro à terra) e com objetivos de proteção (ligação à terra das partes metálicas não destinadas a conduzir corrente elétrica).
- *Cabina de barramento*: compartimento destinado a receber os condutores do ramal de ligação, ou do ramal de entrada, e alojar barramento de distribuição, dispositivos de proteção e manobra, e transformadores de corrente para medição.

- *Caixa de barramento*: caixa destinada a receber os condutores do ramal de distribuição principal e alojar o barramento de distribuição dos ramais de distribuição secundários.
- *Caixa de dispositivos de proteção*: caixa destinada a alojar disjuntor e/ou chave de abertura sob carga com proteção.
- *Caixa de dispositivos de proteção e manobra*: caixa destinada a alojar o(s) dispositivo(s) de proteção e manobra do ramal alimentador da caixa de distribuição, do ramal de distribuição principal, do ramal alimentador da unidade de consumo e, em zona de distribuição aérea, do ramal de entrada quando houver apenas uma caixa de medição coletiva.
- *Caixa de dispositivos de proteção individual*: caixa destinada a alojar dispositivo de proteção de um ou mais ramais alimentadores da unidade de consumo, depois da medição.
- *Caixa de Distribuição*: caixa destinada a receber os condutores do ramal de entrada, ou ramal alimentador, e alojar o barramento de distribuição e chaves secionadoras, ou secionadoras com fusíveis, ou disjuntores.
- *Caixa de inspeção de aterramento*: caixa que, além de possibilitar a inspeção e proteção mecânica da conexão do condutor de aterramento ao eletrodo de aterramento, permite também efetuar medições periódicas.
- *Caixa de Medição*: caixa destinada à instalação de equipamentos de medição, acessórios e dispositivos de proteção ou de secionamento de uma ou mais unidades de consumo.
- *Caixa de passagem*: caixa destinada a facilitar a passagem e possibilitar derivação de condutores.
- *Caixa secionadora*: caixa destinada a alojar o barramento de distribuição e chaves secionadoras com fusíveis ou disjuntores termomagnéticos, com finalidade de secionar os condutores do ramal de entrada.
- *Câmara transformadora*: compartimento destinado a alojar os equipamentos de transformação a serem instalados pela concessionária.
- *Centro de medição*: conjunto constituído, de forma geral, de caixa de distribuição, caixa de dispositivo de proteção e manobra, caixa de barramento, caixas de medição e caixa de dispositivos de proteção individual.
- *Coeficiente de simultaneidade*: fator redutor da demanda, em função do número de unidades de consumo.
- *Concessionária*: pessoa jurídica detentora de concessão federal para explorar a prestação de serviço público de fornecimento, neste caso, de energia elétrica.
- *Condutor de aterramento:* condutor que faz a ligação elétrica entre uma parte condutora e um eletrodo de aterramento.
- *Condutor de proteção:* condutor que liga as massas (conjunto das partes metálicas, de instalações e de equipamentos, não destinadas a conduzir corrente) a um terminal de aterramento principal.
- *Condutor de proteção principal:* condutor de proteção que liga os diversos condutores de proteção de uma instalação ao terminal de aterramento principal.
- *Consultor de Projetos:* profissional responsável pelo gerenciamento, análise e elaboração de projetos, orçamentos, informações técnicas e acompanhamento dos projetos, até a efetiva ligação do cliente, de ligação nova e alteração de carga, superiores a 20 kW, inclusive para os processos que independam de serviços na rede da concessionária, assim como projetos de extensão de rede de distribuição para ligações de qualquer carga.
- *Consumidor*: pessoa física ou jurídica que contratar com a concessionária o fornecimento de energia elétrica e ficar responsável por todas as obrigações regulamentares e/ou contratuais.
- *Cubículo de Medição*: compartimento construído em alvenaria, provido de sistema de ventilação permanente e iluminação artificial adequada, destinado a alojar o centro de medição de consumo de energia elétrica.
- *Demanda*: potência, em quilovolt-ампères, requisitada por determinada carga instalada, aplicados os respectivos fatores de demanda.
- *Edificação*: toda e qualquer construção reconhecida pelos poderes públicos e utilizada por um ou mais consumidores.
- *Edificação de uso coletivo*: toda edificação que possui mais de uma unidade de consumo e que dispõe de área de uso comum.
- *Edificação de uso individual*: toda e qualquer construção em imóvel reconhecido pelos poderes públicos, constituindo uma única unidade de consumo.
- *Eletroduto*: conduto destinado a alojar e proteger mecanicamente os condutores elétricos.

Capítulo 7 – Instalações

- *Eletrodo de aterramento*: haste metálica diretamente enterrada no solo para fazer aterramento.
- *Entrada coletiva*: toda entrada consumidora com a finalidade de alimentar uma edificação de uso coletivo.
- *Entrada consumidora*: conjunto de equipamentos, condutores e acessórios instalados entre o ponto de entrega de energia elétrica e a medição e proteção, inclusive.
- *Entrada de serviço*: conjunto de condutores, equipamentos e acessórios compreendidos entre o ponto de derivação da rede secundária e a medição e proteção, inclusive.
- *Entrada subterrânea*: toda entrada consumidora localizada em zona de distribuição subterrânea.
- *Entrada aérea*: toda entrada consumidora localizada em zona de distribuição aérea e de futura distribuição subterrânea.
- *Entrada individual*: toda entrada consumidora com a finalidade de alimentar uma edificação com uma única unidade de consumo.
- *Ligação provisória*: ligação em caráter temporário de uma unidade de consumo à rede de distribuição da concessionária, com ou sem instalação de equipamento de medição.
- *Limite de propriedade*: linhas que separam a propriedade do consumidor da via pública (no alinhamento determinado pelos poderes públicos) e de propriedades vizinhas.
- *Origem da instalação*: corresponde aos terminais de saída do dispositivo geral de comando e proteção quando este estiver instalado depois da medição, ou aos terminais de saída do medidor quando este estiver ligado depois do dispositivo geral de comando e proteção.
- *Ponto de entrega*: ponto até o qual a concessionária se obriga a fornecer energia elétrica, participando dos investimentos necessários, bem como se responsabilizando pela execução dos serviços, pela operação e manutenção, não sendo necessariamente o ponto de medição.
- *Poste particular*: poste situado na propriedade do consumidor, no limite com a via pública, com a finalidade de nele fixar o ramal de ligação.
- *Projeto da entrada consumidora*: desenho ilustrativo, em formato padronizado, com detalhamento da montagem da entrada consumidora.
- *Ramal alimentador da unidade de consumo*: conjunto de condutores e acessórios, com a finalidade de alimentar o medidor e o dispositivo de proteção da unidade de consumo.
- *Ramal alimentador da caixa de distribuição*: conjunto de condutores e acessórios instalados entre o barramento da caixa secionadora ou cabina de barramento e a caixa de distribuição.
- *Ramal de distribuição principal*: conjunto de condutores e acessórios entre o barramento da caixa de distribuição ou cabina de barramento e a caixa de medição coletiva.
- *Ramal de distribuição secundário*: conjunto de condutores e acessórios instalados na posição vertical, no interior da caixa de medição coletiva, derivando do ramal de distribuição principal ou da caixa de barramento, com a finalidade de possibilitar a derivação dos condutores do ramal alimentador da unidade de consumo.
- *Ramal de entrada*: trecho de condutores da entrada de serviço, compreendido entre o ponto de entrega e a proteção ou medição, com seus acessórios (eletrodutos, terminais etc.).
- *Ramal de ligação*: trecho de condutores da entrada de serviço compreendido entre o ponto de derivação da rede da concessionária e o ponto de entrega, com seus acessórios (eletrodutos, terminais etc.). Sua instalação e manutenção são de responsabilidade da concessionária.
- *SATr (Solicitação de atendimento técnico – Rede)*: sistema de registro e atendimento às solicitações de ligação de consumidores, que visa gerenciar o atendimento e detectar interferências com as redes de distribuição.
- *Terminal de aterramento principal*: terminal destinado à ligação de um condutor de aterramento aos condutores de proteção.
- *Unidade de consumo*: instalação elétrica pertencente a um único consumidor, recebendo energia em um só ponto, com sua respectiva medição e proteção.

7.1.14.2 Condições gerais para fornecimento

7.1.14.2.1 Sistemas e tensões nominais de fornecimento

- *Delta com neutro*: 115/230 v/V (1)

- *Estrela com neutro*: 120/208 v/V (2) 127/220 v/V 220/380 v/V (3) em que v é a tensão entre uma fase e o neutro e V a tensão entre duas fases. Notas:
  - no sistema delta com neutro, a fase de força (4º fio) deve ser utilizada apenas para alimentação de cargas trifásicas;
  - tensão de fornecimento em zona de distribuição subterrânea, sistema reticulado;
  - consumidores especiais: a critério da concessionária.

7.1.14.2.2 Modalidades de fornecimento

Há três modalidades de fornecimento, conforme o número de fases ou fios:
- modalidade A: *uma fase e neutro*: dois fios;
- modalidade B: *duas fases e neutro (quando existir)*: dois ou três fios;
- modalidade C: *três fases e neutro (quando existir)*: três ou quatro fios.

Nas três modalidades, a palavra *neutro* tem de ser entendida como designando o condutor de mesmo potencial que a terra (devendo as massas ser aterradas independentemente).

7.1.14.2.3 Limites de fornecimento para cada unidade consumidora

Unidades consumidoras individuais, residenciais, comerciais e industriais, com carga instalada igual ou inferior a 75 kW, serão ligadas nas redes aéreas do sistema radial em tensão secundária de distribuição. Unidades de consumo com carga instalada superior a esse valor poderão ser atendidas em tensão primária de distribuição.

Na modalidade A (FN):

- *Potência total instalada:*
  - até 5 kW no sistema delta;
  - até 12 kW no sistema estrela

- *Potência máxima individual para motores:* 1 cv

- *Potência máxima individual para equipamentos:* 1500 W.

Na modalidade B (FFN):

- *Potência total instalada:*
  - até 20 kW no sistema estrela;
  - acima de 5 kW no sistema delta.

- *Potência máxima individual para motores:*
  - 1 cv (entre fase e neutro)
  - 3 cv (entre fase e fase).

- *Potência máxima individual para equipamentos:*
  - 5 kW (entre fase e neutro).

- *Potência total para motores:* 15 cv.

Na modalidade C (FFFN):

- *Potência total instalada:*

– acima de 20 kW no sistema estrela, aéreo ou subterrâneo
– no sistema delta, somente quando houver equipamento trifásico (motores ou aparelhos).

No sistema estrela, quando a potência total instalada for inferior a 20 kW, e existir equipamento trifásico (motores ou aparelhos), o fornecimento será efetuado na modalidade C. Nas edificações com finalidades residenciais e/ou comerciais e com mais de uma unidade consumidora, o fornecimento será feito em baixa-tensão, exceto para o caso previsto no penúltimo item abaixo. Em zona de distribuição subterrânea reticulada e de futura distribuição subterrânea reticulada, não há limite para fornecimento na modalidade C. Para a partida de motor trifásico de capacidade superior a 5 cv, deve ser usado dispositivo que limite a corrente de partida a 225% de seu valor nominal de plena carga. Para unidades de consumo de edificação de uso coletivo, cuja carga instalada seja superior a 75 kW, o fornecimento poderá ser feito em tensão primária de distribuição, desde que não haja interligação entre as unidades e que haja para toda a edificação dois pontos de entrega, um de tensão primária e outro de tensão secundária de fornecimento, instalados no mesmo logradouro e de forma contígua. Acima de 2.000 kVA de demanda, a tensão de fornecimento será sempre em 220 V/380 V.

- O *neutro* deve ser entendido como designando o condutor de mesmo potencial que a terra.
- No sistema estrela, quando existir equipamento trifásico, motores ou aparelhos, o fornecimento será efetuado na modalidade "C".
- Para a partida de motor trifásico de capacidade superior a 5 CV, tem de ser usado dispositivo que limite a corrente de partida a 225% de seu valor nominal de plena carga.
- Sistema delta com neutro 115 V/230 V e sistema estrela com neutro 127 V/220 V.
- Os sistemas de distribuição interna do consumidor e, em particular, os sistemas de iluminação precisam ser compatíveis com a tensão do fornecimento.
- Para as unidades de consumo da edificação de uso coletivo, cuja carga instalada seja superior a 75 kW, o fornecimento poderá ser feito em tensão primária de distribuição, desde que não haja interligação elétrica entre as unidades e que haja para toda a edificação apenas dois pontos de entrega, um de tensão primária e outro de tensão secundária de fornecimento, instalados no mesmo logradouro e de forma contígua.

Acima de 2.000 kVA de demanda, a tensão de fornecimento será sempre em 220 V/380 V.

7.1.14.2.4 Bomba contra incêndio

Quando solicitado pelo projetista, o circuito para ligação de motor elétrico para bomba de incêndio deve ser ligado, obrigatoriamente, **derivando antes do primeiro dispositivo de proteção geral da entrada consumidora**. Para efeito de verificação quanto ao limite de fornecimento, a potência do conjunto motobomba tem de ser somada à potência total das cargas de uso normal.

7.1.14.2.5 Entrada de serviço

- *Fornecimento de Materiais para Entrada de Serviço:* os condutores do ramal de ligação, bem como os equipamentos de medição (medidores, transformadores de corrente e bloco de aferição) são fornecidos e instalados pela concessionária. Os demais materiais da entrada de serviço (caixa de medição, eletrodutos, condutores do ramal de entrada, poste particular, dispositivo de proteção, isoladores etc.) serão fornecidos e instalados pela construtora, conforme padronização aqui contida. As câmaras transformadoras, caixas de passagem e canalização subterrânea previstas no interior dos limites de propriedade do consumidor serão construídas às suas expensas. Os materiais específicos das câmaras transformadoras e caixas de passagem fornecidos pela concessionária serão cobrados do consumidor. Em zona de distribuição subterrânea e em ligação por meio de câmara transformadora, os condutores do ramal de entrada são fornecidos e instalados pela concessionária, às expensas do consumidor.
- *Execução da Entrada de Serviço:* a execução da entrada de serviço ficará a cargo da construtora, excetuando a instalação do ramal de ligação e dos equipamentos de medição.

- *Conservação da Entrada de Serviço:* as determinações de conservação da entrada consumidora estão transcritas na legislação em vigor, ficando a responsabilidade imputável ao consumidor a partir do ponto de entrega. Quando da necessidade de manutenção da entrada consumidora em locais lacrados pela concessionária, o consumidor deverá entrar previamente em contato com ela.

7.1.14.3 Condições não permitidas

- Não é permitido o paralelismo de geradores de propriedade do consumidor com o sistema da concessionária. Para evitar qualquer possibilidade desse paralelismo, o projeto da instalação elétrica deverão prever uma das soluções a seguir:
    - a instalação de uma chave reversível de acionamento manual ou elétrico, depois do dispositivo de proteção geral, com travamento mecânico, separando os circuitos alimentadores do sistema da concessionária e do gerador particular, de modo a alternar o fornecimento;
    - a construção de um circuito de emergência totalmente independente da instalação normal, alimentado unicamente pelo gerador particular;
    - o neutro do circuito alimentado pelo gerador particular tem de ser independente do neutro do sistema da concessionária.
- Sistemas de transferência automática somente poderão ser instalados depois da aprovação, pela concessionária, dos respectivos diagramas unilares e funcionais.
- Não é permitida a ligação de mais de uma entrada consumidora em uma mesma edificação, quando existir interligação elétrica.
- É proibida mais de uma medição em uma só unidade de consumo.
- É vedada medição única para mais de um consumidor.
- Não é permitida ligação no sistema distribuidor da concessionária de propriedades não identificadas por placas numéricas.
- É vedado o cruzamento de propriedades de terceiros pelos condutores do ramal de ligação.
- Não é permitida a instalação de caixas de medição coletiva e/ou individual fora dos limites de propriedade do consumidor, em ruas com largura igual ou superior a 4 m.
- É proibido alterar a potência instalada sem prévia autorização da concessionária.
- É expressamente vedada qualquer interferência de pessoas estranhas aos equipamentos da concessionária.
- Não é permitida a instalação de ramal de entrada em poste da concessionária.

7.1.14.4 Solicitação de ligação

7.1.14.4.1 Consulta preliminar

O projetista pode solicitar à concessionária informações preliminares para o desenvolvimento do projeto da entrada consumidora, tais como:

- tensão nominal de fornecimento;
- sistema de fornecimento (delta ou estrela);
- zona de distribuição (aérea, futura subterrânea ou subterrânea);
- necessidade ou não da construção de câmara transformadora;
- quantidade de condutores do ramal de entrada;
- quantidade de eletrodutos;
- quantidade de dispositivos de proteção do ramal de entrada;
- nível de curto-circuito.

Devem ser apresentadas pelo interessado, na concessionária, as seguintes informações:

- nome, endereço e telefone da empresa responsável pela instalação e/ou do consumidor;
- endereço completo da obra;
- finalidade da edificação (residencial, comercial ou mista);

- número de pavimentos da edificação;
- quantidade de unidades de consumo;
- Cadastro Nacional de Pessoa Jurídica (CNPJ), identificação do contribuinte (CIC ou RG do consumidor);
- inscrição municipal;
- contrato social;
- localização do centro de medição;
- dados complementares do centro de medição;
- área total construída, área total do andar-tipo, área privativa da(s) unidade(s) de consumo, quantidade de unidades de consumo por andar;
- relação discriminada de cargas, por quantidade de fases, por unidade de consumo, informando inclusive se há previsão de instalação de equipamentos especiais, com suas respectivas finalidades;
- demandas previstas para a edificação;
- maior potência de aparelho e de motor e suas finalidades;
- corrente de demanda a ser alimentada no ponto de entrega;
- data prevista para ligação definitiva;
- no caso de ligação provisória, informação da previsão da carga definitiva (se houver).

7.1.14.4.2 Ligação permanente

- *Execução Imediata:* a ligação de entrada consumidora com potência instalada até 12 kW, em zona de distribuição aérea, inclusive futura subterrânea, independerá de solicitação do *pedido de estudo* desde que seja utilizada apenas uma caixa de medição e quando atendidas, simultaneamente, as seguintes condições:
    - o ponto de entrega se situar, no máximo, a 30 m do poste da concessionária mais próximo e existir rede de distribuição compatível com a modalidade de fornecimento solicitada;
    - a potência total dos motores nas modalidades A, B e C não for superior a 1 cv, 3 cv e 5 cv, respectivamente;
    - não houver aparelhos de raios X, máquinas de solda, serras elétricas e fornos de padaria.

  Nos casos de caixa de medição com mais de uma unidade de consumo, deve ser fornecida a relação de cargas de cada consumidor.

- *Bomba contra Incêndio:* o conjunto de motobomba e todos os outros equipamentos para combate a incêndio (hidrantes, *sprinklers* etc.) precisa sempre possuir medição e proteção exclusivas.

7.1.14.4.3 Ligação provisória

É a ligação, em caráter temporário, de uma unidade de consumo à rede de distribuição da concessionária, com ou sem instalação de equipamento de medição.

- *Ligação Provisória com Medição:* é a ligação provisória em que o prazo de permanência é superior a 90 d. Enquadram-se como ligação provisória com medição as ligações que se destinam, de modo geral, às seguintes finalidades: exposições, canteiros de obras e parques de diversão.
- *Ligação Provisória Sem Medição:* é a ligação a título precário, durante um prazo predeterminado de até 90 dias, e para a qual devem ser informados pela construtora, previamente, o número de dias e o número de horas de utilização, propiciando dessa forma o cálculo antecipado do consumo de energia elétrica de acordo com as práticas comerciais vigentes na concessionária. Precisa ser solicitada com antecedência mínima de 5 dias da data prevista da ligação. Enquadram-se, como ligações provisórias sem medição aquelas que se destinam, de modo geral, às seguintes finalidades:
    - iluminações festivas para ornamentações natalinas e carnavalescas;
    - exposições pecuárias, agrícolas, comerciais ou industriais;
    - parques de diversão, barracas de tiro ao alvo e circos;
    - iluminação de tapumes e outros de sinalização em vias públicas;
    - comícios políticos, festividades, filmagens, *shows* artísticos etc.

- *Ligação Provisória de Emergência ou Ligação Provisória para Reforma ou Reparo da Instalação de Entrada Consumidora Ligada:* tem por finalidade a continuidade do fornecimento de energia elétrica à entrada consumidora ou à unidade de consumo, por um período não superior a 8 dias corridos e desde que haja condições técnicas locais para sua execução.

7.1.14.5 Determinação da demanda

Demanda é a potência em quilovolt-ampère requisitada por determinada carga instalada, aplicados os respectivos fatores de demanda.

a) Iluminação e Tomadas de Uso Geral:
- Edificação de Uso Residencial, Hotel ou *Flat*: a demanda referente às cargas de iluminação e tomadas de uso geral para o dimensionamento da entrada consumidora coletiva em edificações residenciais, hotéis ou *flats* deve ser calculada tomando como base somente as áreas úteis construídas da edificação e considerando 5 W/m². A demanda referente às cargas de iluminação e tomadas de uso geral, de cada uma das unidades de consumo da edificação de uso residencial ou *flat*, ou para as entradas individuais, tem de ser calculada com base na carga declarada e nos fatores de demanda indicados na Tabela 7.13, excluindo a unidade correspondente à administração, que será calculada em função da área útil, de acordo com o acima descrito.

Tabela 7.13: Demanda

Potência instalada de iluminação e tomadas de uso geral (kW)	Fator de demanda (%)
Até 1	86
Acima de 1 a 2	75
Acima de 2 a 3	66
Acima de 3 a 4	59
Acima de 4 a 5	52
Acima de 5 a 6	45
Acima de 6 a 7	40
Acima de 7 a 8	35
Acima de 8 a 9	31
Acima de 9 a 10	27
Acima de 10	24

A potência das tomadas é obtida mediante a soma das potências atribuídas, conforme segue:

- para utilização em cozinhas, copas e áreas de serviço, consideram-se no mínimo três tomadas de 600 W e 100 W por tomada excedente;
- para utilização geral, considera-se 100 W por tomada.

Para efeito da soma da carga instalada, não serão considerados os aparelhos e/ou equipamentos elétricos de pequeno porte (com potência inferior a 1000 W) excluídos os aqui constantes, uma vez que a concessionária admite, para efeito de cálculo de demanda, que esses aparelhos e/ou equipamentos tenham suas cargas consideradas na somatória das cargas de tomadas de uso geral. Para equipamentos elétricos com potências acima de 1000 W não contemplados na tabela anterior, a construtora deve fornecer as potências e quantidades, bem como os respectivos fatores de demanda utilizados.

- Edificação com Finalidade Comercial ou Industrial: a demanda das cargas de iluminação e tomadas de uso geral, para as unidades de consumo e entrada consumidora, pode ser calculada com base nas cargas declaradas e nos fatores de demanda indicados na Tabela 7.14.

b) Aparelho Elétrico:

Capítulo 7 – Instalações

Tabela 7.14: Fator de demanda

Descrição	Fator de demanda
Auditórios, salões para exposição e semelhantes	1
Bancos, lojas e semelhantes	1
Barbearias, salões de beleza e semelhantes	1
Clubes e semelhantes	1
Escolas e semelhantes	1 para os primeiros 12 kW 0,5 para o que exceder 12 kW
Escritórios	1 para os primeiros 20 kW 0,7 para o que exceder 20 kW
Garagens comerciais e semelhantes	1
Hospitais e semelhantes	0,4 para os primeiros 50 kW 0,2 para o que exceder 50 kW
Igrejas e semelhantes	1
Indústrias	1
Restaurantes e semelhantes	1

A demanda de aparelhos precisa ser determinada em função da carga declarada, utilizando a Tabela 7.15, sendo certo que as potências individuais dos aparelhos necessitam ser iguais ou superiores às potências mínimas individuais indicadas na Tabela 7.16.

Para equipamentos elétricos de potência acima de 1000 W não contemplados, a construtora precisa fornecer a potência e o número de aparelhos, bem como os respectivos fatores de demanda utilizados.

Somente para o cálculo da demanda de chuveiros, torneiras e aquecedores de passagem elétricos, utilizados em lavatórios, pias e bidês, em qualquer dependência da unidade de consumo, deve-se somar a quantidade de aparelhos e aplicar o fator de demanda correspondente à somatória de suas potências. Para os demais equipamentos, a determinação do fator de demanda tem de ser feita por tipo de equipamento. Para fornos elétricos industriais, a demanda é de 100% para qualquer número de aparelhos.

c) Motor Elétrico:

A demanda, em quilovolt-ampère, dos motores elétricos será determinada conforme segue:

- converter a potência de motores, de cavalo-vapor (CV ou *horse power* – HP) para quilovolt-ampère, utilizando as Tabelas 7.17 e 7.18;
- aplicar o fator de demanda de 100% para o motor de maior potência e 50% para os demais motores, em quilovolt-ampère.

Os valores da tabela foram obtidos pela média de dados fornecidos pelos fabricantes. As correntes de partida citadas nas tabelas anteriores podem ser utilizadas quando não se dispuser delas nas placas dos motores. Foram considerados valores médios usuais para fator de potência e rendimento. Se os maiores motores forem iguais para efeito da somatória de suas potências, deve-se considerar apenas um como o maior e os outros como segundos em potência. Existindo motores que obrigatoriamente partam ao mesmo tempo (mesmo sendo os maiores), é necessário somar suas potências e considerá-los um só motor (excluídos os motores de elevador).

d) Aparelho de Ar-Condicionado:

- Tipo Central: aplicar o fator de demanda de 100%, quando se tratar de um aparelho para toda a edificação residencial, comercial ou industrial, ou uma central por unidade consumidora de uso comercial ou industrial. Quando o sistema de refrigeração possuir *fancoil*, a demanda desses dispositivos deverá ser de 75%.
- Tipo Janela: a conversão da potência calórica em *British Thermal Unit* por hora (BTU/h) para potência elétrica em watt pode ser obtida na Tabela 7.19.

Tabela 7.15: Fator de demanda (%)

Número de aparelhos	Chuveiro, torneira aquec. indiv. de passagem	Máquina lavar aquec. central. de passagem	Aqueced. central acumulação	Fogão forno ondas	Máquina secar sauna, xerox, ferro elétr. industrial	Hidromassag.
01	100	100	100	100	100	100
02	68	72	71	60	100	56
03	56	62	64	48	100	47
04	48	57	60	40	100	39
05	43	54	57	37	80	35
06	39	52	54	35	70	25
07	36	50	53	33	62	25
08	33	49	51	32	60	25
09	31	48	50	31	54	25
10 a 11	30	46	50	30	50	25
12 a 15	29	44	50	28	46	20
16 a 20	28	42	47	26	40	20
21 a 25	27	40	46	26	36	18
26 a 35	26	38	45	25	32	18
36 a 40	26	36	45	25	26	15
41 a 45	25	35	45	24	25	15
46 a 55	25	34	45	24	25	15
56 a 65	24	33	45	24	25	15
66 a 75	24	32	45	24	25	15
76 a 80	24	31	45	23	25	15
81 a 90	23	31	45	23	25	15
91 a 100	23	30	45	23	25	15
101 a 120	22	30	45	23	25	15
121 a 150	22	29	45	23	25	15
151 a 200	21	28	45	23	25	15
201 a 250	21	27	45	23	25	15
251 a 350	20	26	45	23	25	15
351 a 450	20	25	45	23	25	15
451 a 800	20	24	45	23	25	15
801 a 1000	20	23	45	23	25	15

A determinação do fator de demanda tem de ser feita de acordo com a Tabela 7.20.

e) Equipamentos Especiais:

Consideram-se equipamentos especiais os aparelhos de raios X, máquinas de solda, fornos elétricos a arco, fornos elétricos de indução, retificadores e equipamentos de eletrólise, máquinas injetoras e extrusoras de plástico etc. A demanda, em quilovolt-ampère, desses equipamentos pode ser determinada conforme segue:

- 100% da potência, em quilovolt-ampère, do maior equipamento e 60% da potência, em quilovolt-ampère, dos demais equipamentos;
- se os maiores equipamentos forem iguais, para efeito da somatória de suas potências, pode-se considerar apenas um como o maior e os outros como segundos em potência;

Capítulo 7 – Instalações

Tabela 7.16: Potência mínima

Finalidade	Potência mínima (W)
Ferro elétrico	10
Forno de micro-ondas	15
Forno elétrico	1
Máquina de lavar louça	2
Máquina de secar roupa	2
Torneira elétrica	3
Chuveiro elétrico	40

Tabela 7.17: Motores trifásicos

Potência nominal (CV ou HP)	Potência absorvida (kW)	Potência absorvida (kVA)	Corrente a plena carga (A) 380 V	Corrente a plena carga (A) 220 V	Corrente de partida 380 V	Corrente de partida 220 V	cos médio
1	0,39	0,65	0	1	4	7,1	0,61
1	0,58	0,87	1	2	5	9,9	0,66
3	0,83	1,26	1	3	9	16,3	0,66
1	1,05	1,52	2	4	11,9	20,7	0,69
1	1,54	2,17	3	5	19,1	33,1	0,71
2	1,95	2,70	4	7	25,0	44,3	0,72
3	2,95	4,04	6	10,6	38,0	65,9	0,73
4	3,72	5,03	7	13,2	43,0	74,4	0,74
5	4,51	6,02	9	15,8	57,1	98,9	0,75
7	6,57	8,65	12,7	22,7	90,7	157,1	0,76
1	8,89	11,54	17,5	30,3	116,1	201,1	0,77
12	10,85	14,09	21,3	37,0	156,0	270,5	0,77
1	12,82	16,65	25,2	43,7	196,6	340,6	0,77
2	17,01	22,10	33,5	58,0	243,7	422,1	0,77
2	20,92	25,83	39,1	67,8	275,7	477,6	0,81
3	25,03	30,52	46,2	80,1	326,7	566,0	0,82
4	33,38	39,74	60,2	104,3	414,0	717,3	0,84
5	40,93	48,73	73,8	127,9	528,5	915,5	0,84
6	49,42	58,15	88,1	152,6	632,6	1095,7	0,85
7	61,44	72,28	109,5	189,7	743,6	1288,0	0,85
1	81,23	95,56	144,8	250,8	934,7	1619,0	0,85
1	100,67	117,05	177,3	307,2	1162,7	2014,0	0,86
1	120,09	141,29	214,0	370,8	1455,9	2521,7	0,85
20	161,65	190,18	288,1	499,1	1996,4	3458,0	0,85

- quando houver aparelhos e/ou equipamentos aqui não previstos, o responsável técnico precisará apresentar memorial de cálculo da demanda com os fatores utilizados.

f) Coeficiente de Simultaneidade:

Os coeficientes de simultaneidade somente podem ser aplicados na determinação da demanda de edifícios residenciais, hotéis e *flats*, de acordo com a quantidade de unidades consumidoras da edificação, excluindo-se a administração. Esses coeficientes precisam também ser aplicados às demandas já calculadas do ramal de entrada,

Tabela 7.18: Motores monofásicos

Potência nominal (CV ou HP)	Potência absorvida d (kW)	(kVA)	Corrente à plena carga (A) 380 V	220 V	Corrente de partida (A) 380 V	220 V	cos médio
1	0,42	0	5	3	2	1	0,63
1	0,51	0	7	3	3	1	0,66
1	0,79	1	11,6	5	4	2	0,67
3	0,90	1	1	6	6	3	0,67
1	1,14	1	1	7	6	3	0,73
1	1,67	2,35	2	10,7	96	48	0,71
2	2,17	2	2	1	1	6	0,73
3	3,22	4	3	1	2	110	0,79

Tabela 7.19: BTU

CAP (BTU/h)	7100	8500	10000	12000	140	18000	300				
CAP (kCal/h)	1775	2125	2500	3000	35	4500	75				
Tensão (V)	11	22	11	22	11	22	11	22	22	22	22	22
Corrente	1	5	14	7	15	7,	17	8,	9,	1	1	1
Potência	11	11	15	15	16	16	19	19	21	28	308	40
	900	900	1300	1300	1400	1400	1600	1600	1900	2600	2800	3600

1 BTU/h = 0,25 kCal/h

Tabela 7.20: Fator de demanda

Número de aparelhos	Fator de demanda(%)
1 a 10	100
11 a 20	90
21 a 30	82
31 a 40	80
41 a 50	77
acima de 50	75

do ramal alimentador de caixa de distribuição ou cabina de barramento, do ramal de distribuição principal e do ramal de distribuição secundário, conforme a Tabela 7.21.

7.1.14.6 Especificação e montagem de materiais e equipamentos: rede aérea e futura subterrânea

7.1.14.6.1 Ramal de ligação

É o conjunto de condutores e acessórios compreendidos entre o ponto de derivação da rede da concessionária e o ponto de entrega. O dimensionamento, a instalação e a manutenção são de responsabilidade dela.

a) Condutores Elétricos:

Os condutores do ramal de ligação são dimensionados e instalados pela concessionária. O ramal de ligação deve ser posicionado de forma que sejam asseguradas as seguintes condições:

- Entrar pela frente do terreno, ficar livre de qualquer obstáculo, ser perfeitamente visível e não cruzar terrenos de terceiros. Se o terreno for de esquina ou tiver acesso por duas ruas, será permitida a entrada do ramal por qualquer uma das frentes, dando preferência àquela em que estiver a entrada principal da edificação.

Capítulo 7 – Instalações

Tabela 7.21: Número de apartamentos

Número de apartamentos	Fator	Número de apartamentos	Fator
-	-	58 a 63	0,68
02 a 03	0,98	64 a 69	0,67
04 a 06	0,97	70 a 78	0,66
07 a 09	0,96	79 a 87	0,65
10 a 12	0,95	88 a 96	0,64
13 a 15	0,91	97 a 102	0,63
16 a 18	0,89	103 a 105	0,62
19 a 21	0,87	106 a 108	0,61
22 a 24	0,84	109 a 111	0,60
25 a 27	0,81	112 a 114	0,59
28 a 30	0,79	115 a 117	0,58
31 a 33	0,77	118 a 120	0,57
34 a 36	0,76	121 a 126	0,56
37 a 39	0,75	127 a 129	0,55
40 a 42	0,74	130 a 132	0,54
43 a 45	0,73	133 a 138	0,53
46 a 48	0,72	139 a 141	0,52
49 a 51	0,71	142 a 147	0,51
52 a 54	0,70	148 a 150	0,50
55 a 57	0,69	acima de 150	0,50

- Guardar afastamento mínimo de 60 cm em relação a fios e/ou cabos de telefonia, sinalização, telegrafia, TV a cabo etc.
- Deixar distância mínima, medida na vertical, entre o condutor inferior e o solo, conforme segue:
  - 6,0 m no cruzamento de ruas e avenidas, e entradas de garagens de veículos pesados;
  - 5,0 m nas entradas de garagens residenciais, estacionamentos ou outros locais não acessíveis a veículos pesados;
  - 4,0 m nas ruas e locais exclusivos a pedestres;
- O vão livre do ramal de ligação, entre a derivação da rede secundária de distribuição da concessionária e o ponto de entrega, poderá ser no máximo de 30 m.
- Quando a edificação estiver junto do alinhamento com a via pública, nenhum condutor pode ser acessível de janelas, sacadas, escadas, terraços etc., necessitando ser mantida, entre esses pontos e os condutores, a distância mínima de 1,2 m e a distância vertical igual ou superior a 2,5 m acima ou 50 cm abaixo do piso da sacada, terraço ou varanda.

b) Fixação dos Condutores:

A ancoragem dos condutores do ramal de ligação deve ser feita mediante isolador do tipo roldana, de porcelana ou vidro, instalado pela construtora. Para ramais de entrada de até 120 mm², será instalado um isolador tipo roldana com seu respectivo suporte, de modo a fixar o ramal de ligação multiplexado. Para ramais de entrada superiores a 120 mm², têm de ser instalados três ou quatro isoladores com seus respectivos suportes, de acordo com a modalidade de fornecimento, em vista do ramal de ligação ser constituído de condutores singelos. Para a fixação do ramal de ligação em poste particular ou fachada, o suporte de isolador precisa ser instalado em posição que permita o afastamento máximo de 50 cm da extremidade do eletroduto do ramal de entrada. Quando utilizado mais de um isolador, de acordo com a modalidade de fornecimento, eles necessitam ser instalados em posições que permitam o afastamento mínimo de 20 cm entre os condutores. A fixação do suporte de isolador em postes de ferro tubular, alumínio tubular ou concreto tipo duplo "T", tem de ser feita com parafuso ou braçadeira de aço-carbono zincada a quente. Em poste de concreto moldado no local, a fixação do suporte deve ser feita com parafuso chumbador ou passante, determinado pelo responsável técnico. O ponto de fixação e os condutores do ramal de ligação têm de ser livres e desimpedidos de quaisquer obstáculos (luminosos, painéis, grades etc.) que impeçam o livre acesso a qualquer tempo. O ponto de fixação do ramal de ligação em edificação com fachadas falsas ou promocionais avançadas precisa ficar na frente dela e ter uma estrutura de fixação que resista aos esforços mecânicos provocados pelo ramal de ligação, bem como estrutura adequada à fixação da escada da concessionária, e que sejam resistentes à corrosão. A fixação do suporte de isolador somente será permitida na fachada quando a edificação estiver no limite de propriedade com a via pública e desde que resista ao esforço mecânico provocado pelo ramal de ligação.

7.1.14.6.2 Ponto de entrega

É o ponto até o qual a concessionária se obriga a fornecer energia elétrica, participando dos investimentos necessários, bem como se responsabilizando pela execução dos serviços, pela operação e pela manutenção, não sendo necessariamente o ponto de medição. O ponto de entrega deve se situar no poste particular ou na fachada, quando a edificação estiver no limite da propriedade com a via pública.

7.1.14.6.3 Poste particular

– *Tipos de Poste:*

- *de aço tubular*, com diâmetro externo de 101,6 mm e parede com espessura mínima de 4,75 mm, necessitando ter gravada em relevo a marca comercial do fabricante e cujo protótipo tenha sido homologado na concessionária;
- *de alumínio, tubular*, com diâmetro externo de 150 mm e parede com espessura mínima de 4,67 mm, devendo estar gravada em relevo a marca comercial do fabricante e cujo protótipo tenha sido homologado pela concessionária.
- *de concreto pré-moldado, seção duplo "T"*, precisando ter gravada em relevo a marca comercial do fabricante, tensão admissível no topo em decanewton e comprimento em metros, cujo protótipo tenha sido homologado na concessionária;
- *de concreto moldado no local*, devendo ser encaminhado à concessionária um termo de responsabilidade assinado por profissional habilitado, contendo as necessárias especificações técnicas e a(s) respectiva(s) Anotação(ões) de Responsabilidade Técnica (ART) do projeto e da execução.

Em zona litorânea, não é permitida a utilização de poste particular de aço tubular.

– *Dimensionamento do Poste:*

Para o dimensionamento do poste particular, a concessionária fornecerá a intensidade do esforço mecânico no topo, quando da elaboração da Solicitação de Atendimento Técnico (SATr). O comprimento total mínimo do poste particular será conforme segue:

- poste particular de 6 m de comprimento, quando estiver localizado no mesmo lado da posteação da concessionária;
- poste particular de 7,5 m de comprimento, quando posicionado no lado oposto da posteação da concessionária.

A determinação do tipo de poste a ser utilizado deve ser de acordo com a Tabela 7.22.

Tabela 7.22: Resistência nominal (daN) em tipos de poste

Aço ou alumínio tubular	Concreto duplo "T"	Concreto moldado no local
90	90 200 300	Superior a 90

Quando necessária a instalação de poste particular com tensão mecânica no topo não indicada nessa tabela, obrigatoriamente, o poste será de concreto moldado no local.

Capítulo 7 – Instalações

– Instalação do Poste:

O poste particular precisa ser posicionado no limite de propriedade com a via pública, com engastamento de 1,35 m. Os postes metálicos têm de ser ligados à terra.

7.1.14.6.4 Ramal de entrada

É o conjunto de condutores e acessórios instalados entre o ponto de entrega e a proteção ou medição.

– Condutores do Ramal de Entrada:

São dimensionados e instalados pela construtora, salvo quando a ligação for por câmara transformadora.

- Tipos de Condutor do Ramal de Entrada: os condutores do ramal de entrada devem ser de cobre, com isolação sólida de cloreto de polivinila (PVC) para tensão de 750 V ou polietileno reticulado (XLPE) para tensão de 0,6 kV/1,0 kV ou de etileno-propileno (EPR) para tensão de 0,6 kV/1,0 kV, conforme normas técnicas. Na isolação dos condutores, têm de estar gravadas suas características de acordo com normas técnicas. Quando forem utilizados condutores flexíveis classes 4, 5 e 6, conforme normas técnicas, todos eles precisam ser da mesma classe e suas pontas ser estanhadas por imersão para ligação aos bornes dos medidores, para conexão aos terminais dos dispositivos de proteção e conexão com o ramal de ligação.

- Dimensionamento dos Condutores do Ramal de Entrada: a seção dos condutores é determinada em função da corrente de demanda obtida conforme 7.1.12.4. Não é permitido utilizar condutores em paralelo em um único dispositivo de proteção quando instalado em caixa secionadora ou caixa de distribuição. O limite máximo de queda de tensão, entre o ponto de entrega e a medição, será de 1%. A seção dos condutores da entrada consumidora tem de ser no mínimo 10 mm² e no máximo 240 mm², para atender aos critérios de coordenação de proteção, bem como ao limite máximo de 1% de queda de tensão. Em entradas individuais, a seção dos condutores do ramal de entrada precisa ser a mesma desde o ponto de entrega até o dispositivo de proteção da unidade de consumo. No sistema delta, o condutor correspondente à fase de força (quarto fio) necessita ser de mesma seção dos condutores das fases de *luz*. Na modalidade C, no sistema delta com neutro, a seção dos condutores das fases de *luz* é determinada pela soma da corrente de demanda das cargas monofásicas, ligadas nessas fases, com a corrente de demanda das cargas trifásicas. O condutor neutro, no sistema delta, deve ser considerado carregado e ter a seção igual à dos condutores das fases. O condutor neutro do ramal de entrada, no sistema estrela, a três fases e neutro, pode ter seção reduzida se a corrente máxima que percorrer esse condutor, em condições normais, for inferior à capacidade de condução de corrente correspondente à seção reduzida. No sistema delta, a fase de força (quarto fio) tem de ser utilizada apenas para a ligação das cargas trifásicas. O condutor neutro terá isolação de cor azul-claro e as fases em cor distinta, exceto a cor verde. É obrigatório o uso de cabos para todas as seções de condutor.

– Instalação do Ramal de Entrada:

Os condutores do ramal de entrada devem ser instalados em eletrodutos e ter comprimento suficiente para atingir desde o ponto de entrega até o terminal do dispositivo de proteção da entrada consumidora. É necessário deixar no mínimo 50 cm de cada condutor, na extremidade do eletroduto ou cabeçote, para possibilitar a conexão com o ramal de ligação. Não pode haver emenda de condutores no interior do eletroduto. Havendo necessidade de emenda, ela será efetuada no interior de caixa de passagem. Quando o ramal de entrada tiver trecho aéreo entre o ponto de entrega e a edificação, a instalação dos condutores precisa ser feita observando o seguinte:

- O afastamento mínimo, em relação a fios e/ou cabos de telefonia, deve ser de 60 cm.
- A distância mínima medida na vertical, entre o condutor inferior e o solo, tem de estar de acordo com as seguintes medidas:
    - 6,0 m em ruas com trânsito de veículos;
    - 5,0 m em passeios com entrada de veículos;
    - 4,0 m em passeios com circulação de pedestres.

- Não pode ser acessível de janelas, sacadas, escadas, terraços, etc., necessitando ser mantida, entre esses pontos e os condutores, a distância horizontal mínima de 1,2 m, a distância vertical igual ou superior a 2,5 m acima ou 50 cm abaixo do piso da sacada, terraço ou varanda.
- A fixação na fachada e no poste particular será feita por meio de isolador.
- A fixação do suporte do isolador tem de ser feita conforme a Seção 7.1.14.5.1.

O condutor neutro não pode ter dispositivo que permita o seu secionamento, sendo nele vedado o uso de chave, disjuntor ou fusível, exceto quando da existência de geração própria.

7.1.14.6.5 Eletroduto

É o conduto destinado a alojar e proteger mecanicamente os condutores elétricos.

– *Tipos de Eletroduto:*

Os eletrodutos padronizados para a entrada consumidora são de:
- cloreto de polivinila (PVC), rígido, roscável, classe A e B, conforme normas técnicas;
- polietileno de alta densidade, corrugado, de acordo com as normas técnicas;
- aço-carbono, tipo pesado, tipo extra, sem costura ou com costura acabada, com revestimento de zinco, interna e externamente, aplicado por imersão a quente;
- aço-carbono, tipo leve 1, com costura acabada e revestimento de zinco, interna e externamente, aplicado por imersão a quente ou zincagem em linha com cromação (eletrolítico).

– *Dimensionamento do Eletroduto:*

O dimensionamento do eletroduto se obtém mediante consulta à tabela da concessionária. O eletroduto de polietileno de alta densidade, corrugado, não pode ser utilizado para alojar os condutores do ramal alimentador da unidade de consumo, por inexistência de acessórios para sua fixação. O eletroduto destinado aos condutores isolados de proteção e de aterramento do neutro pode ser de qualquer um dos tipos indicados na Seção 7.1.3.1.2.

– *Instalação do Eletroduto:*

O eletroduto do ramal de entrada necessita ser instalado externamente ao poste particular de aço ou alumínio tubular ou de concreto pré-moldado de seção duplo "T". Em instalação externa ao poste particular ou embutida no poste de concreto moldado no local, somente é permitido o uso de eletroduto especificado na Seção 7.1.3.1.2 ou, ainda, na estrutura da edificação quando situado no limite da via pública. O eletroduto de polietileno de alta densidade, corrugado, conforme especificado na Seção 7.1.3.1.2, pode ser instalado para proteção dos condutores do ramal de entrada entre a base do poste e a caixa secionadora, ou de distribuição, ou recinto de medição, ou cabina de barramento, desde que junto do poste seja construída caixa de passagem. Na extremidade externa do eletroduto rígido, no topo do poste particular, tem de ser instalada uma curva com ângulo de 135° ou 180° ou, ainda, a critério da construtora, terminal externo ou cabeçote. O comprimento máximo permitido para eletroduto em trecho contínuo retilíneo, sem utilização de caixa de passagem, é de 15 m, sendo certo que, nos trechos com curvas, essa distância será reduzida de 3 m para cada curva de 90°. Em cada trecho de tubulação entre duas caixas, entre extremidades, ou entre extremidade e caixa, podem ser previstas, no máximo, três curvas de 90° ou seu equivalente até, no máximo, 270°. Excepcionalmente, o eletroduto do ramal de entrada pode ter como somatória de curvas o limite de 315° e, ainda, em zona de distribuição aérea, comprimento de até 25 m de percurso entre o ponto de entrega e a caixa de distribuição. Na utilização do terminal externo (cabeçote), não se pode considerar essa instalação como curva, devendo, entretanto, o trecho do eletroduto do ramal de entrada ter no máximo 270°. Em nenhuma hipótese, serão previstas curvas com deflexão superior a 90°, exceto no topo do poste particular. Em região litorânea, somente é permitida a instalação de eletrodutos de PVC rígido ou polietileno de alta densidade corrugado. O eletroduto do ramal de entrada, no trecho do recuo obrigatório, tem de ser embutido ou enterrado. Os eletrodutos indicados na Seção 7.1.3, quando enterrados, precisam ser *envelopados* em concreto. O eletroduto da entrada consumidora, quando embutido, pode ser de qualquer dos tipos padronizados na Seção 7.1.12.5.5, exceto o indicado na segunda alínea, quando se tratar de poste de concreto moldado no local. Quando enterrado, o eletroduto tem de ficar a uma profundidade entre 30 cm e 50 cm do piso acabado, exceto em locais de passagem de veículos pesados, cuja profundidade deve ser de 60 cm, no mínimo, e ser obrigatoriamente *envelopado* em concreto. Nos casos em que o eletroduto for diretamente enterrado, ele necessitará, obrigatoriamente, ser de aço-carbono, conforme indicado na Seção 7.1.3, terceira alínea, precisando as juntas de conexão das barras de eletroduto ser revestidas com concreto. Nas extremidades dos eletrodutos, têm de ser instaladas buchas para proteção da isolação dos condutores e, na junção de eletrodutos com caixas metálicas, bucha e arruela. No eletroduto cuja extremidade fique rente à parede ou cortina de concreto do cubículo destinado à instalação de centro de medição, cabina de barramento ou caixa de passagem, é necessário ser executada embocadura. O eletroduto em instalações aparentes, sob laje ou na parede, deve ser preferencialmente de aço-carbono ou de PVC rígido, conforme especificado na Seção 7.1.3, não podendo ser utilizado o especificado na segunda alínea. Os eletrodutos do ramal de entrada, em ligação pela caixa de distribuição tipo W e câmara transformadora com condutores de seção 240 mm², serão instalados conforme indicado pela concessionária.

– Fixação do Eletroduto do Ramal de Entrada:
O eletroduto do ramal de entrada, em ligação derivada da rede de distribuição aérea da concessionária, quando instalado externamente ao poste particular, tem de ser fixado com braçadeiras ou cintas, de aço-carbono zincado a quente, ou de liga de alumínio. Essa fixação do eletroduto ao poste particular deve ser feita em três pontos igualmente afastados entre si. O eletroduto em instalações aparentes sob laje ou junto da parede será fixado por braçadeiras ou cintas de aço-carbono ou perfis metálicos de acordo com as distâncias indicadas na Tabela 7.23.

Tabela 7.23: Eletroduto da entrada

ELETRODUTO DE PVC		ELETRODUTO DE AÇO-CARBONO			
Diâmetro (mm)	Distância máxima entre pontos de fixação (m)	Tamanho nominal (nº)			Distância máxima entre pontos de fixação (m)
nominal		Pesado (mm)	Extra (mm)	Leve 1 (mm)	
32	0,9	34	25	25	3,7
40/50/60	1,5	42/48	32/40	32	4,3
75/85	1,8	60/76	50/65	40/50/60	4,8
		89/102/114/140	80/90/100/125	80/90/100	6,0

Em instalação aparente de eletroduto, havendo caixa de passagem ou de derivação, a sua fixação tem de ser a 90 cm dessa(s) caixa(s), independente do tipo de eletroduto utilizado.

7.1.14.6.6 Terminal e adaptador

Os terminais e adaptadores destinam-se à conexão dos condutores do ramal de entrada com o terminal do dispositivo de proteção da entrada consumidora. Em zona de distribuição aérea, o conector terminal utilizado em caixas de distribuição e secionadora é dimensionado pela construtora, de acordo com a seção dos condutores do ramal de entrada. As conexões de barramento e dispositivos de proteção com cabos unipolares devem ser feitas por meio de conector terminal, em conformidade com as características e seção do condutor ao qual será instalado. O conector terminal para conexão dos condutores aos transformadores de corrente tem de ser dimensionado pela construtora de acordo com a seção do condutor.

7.1.14.6.7 Caixa

a) Caixa de Passagem:
Destinada a facilitar a passagem e possibilitar derivação de condutores.
- Tipos de Caixa de Passagem: as caixas de passagem podem ser de chapa de aço nº 16 USG, no mínimo, de tela metálica com malha máxima 13 mm, de concreto ou de alvenaria e ter dispositivo para selagem.

- **Dimensionamento da Caixa de Passagem**: o dimensionamento é determinado em função do número de eletrodutos do ramal de entrada e de acordo com a sua localização. Os tipo e dimensões das caixas de passagem são indicados pela concessionária.]
- **Instalação da Caixa de Passagem**: a caixa pode ser embutida em alvenaria ou ser externa, fixada firmemente por parafusos, porcas, buchas e arruelas. Em trechos contínuos de eletrodutos, mesmo que retilíneos, com comprimento superior a 15 m, devem ser instaladas caixas de passagem. Nos trechos com curvas, esse espaçamento precisa ser reduzido de 3 m para cada curva de 90°. Em cada trecho de tubulação, entre duas caixas, podem ser previstas, no máximo, três curvas de 90° ou seu equivalente até, no máximo, 270°. Quando prevista a instalação de caixa de passagem de concreto no trecho do ramal de entrada, em ligação por meio de câmara transformadora, o projeto dessa caixa será elaborado de acordo com o indicado pela concessionária. O dreno da caixa de passagem necessita ser ligado diretamente ao sistema de drenagem da edificação. A caixa de passagem de chapa de aço tem de ser instalada internamente e fixada na alvenaria da edificação por parafusos, porcas, buchas e arruelas.

b) Caixa Secionadora:

Caixa destinada a alojar o barramento de distribuição e chaves secionadoras com fusíveis ou disjuntores termomagnéticos, com a finalidade de secionar os condutores do ramal de entrada. Em zona de futura distribuição subterrânea, deve ser utilizada caixa secionadora quando não houver possibilidade de se instalar o centro de medição até a distância máxima de 15 m do limite da propriedade com a via pública. Será utilizada caixa secionadora quando a distância do percurso do ramal de entrada ultrapassar 25 m, medidos entre o ponto de entrega de energia e o centro de medição.

- **Tipos Padronizados de Caixa Secionadora ou de Distribuição**: os tipos de caixa existentes do tipo "T" são em chapa de aço nº 16, e dos tipos "W""", "X" e "Z", em chapa nº 14. Elas podem ser também em alumínio. Devem ter portas dotadas de dispositivo para selagem, dobradiças invioláveis e venezianas para ventilação. A caixa de chapa de aço tem de ser decapada e receber pintura de fundo e de acabamento resistentes ao tempo, ou zincada a quente, conforme normas técnicas.
- **Dimensionamento da Caixa Secionadora ou de Distribuição**: a determinação do tipo da caixa secionadora ou de distribuição será obtida mediante consulta à Tabela 7.24.

Tabela 7.24: Dispositivos de proteção

Tipo	Número de circuitos Entrada	Número de circuitos Saída (máx.)	Capacidade Máxima (A) Disjuntor	Capacidade Máxima (A) Fusível Cartucho	Capacidade Máxima (A) Fusível NH	Seção máxima dos condutores do ramal de entrada (mm²) PVC	Seção máxima dos condutores do ramal de entrada (mm²) XLPE	Capacidade máxima dos dispositivos de proteção (A) Disjuntor	Capacidade máxima dos dispositivos de proteção (A) Fusível Cartucho	Capacidade máxima dos dispositivos de proteção (A) Fusível NH
T	1	4	350	350	315	240	185	350	350	315
X	2	8	700	700	630	240	185	350	350	315
Z	3	12	1.050	1.050	945	240	185	350	350	315
W	4	15	1.400	1.400	1.260	240	-	350	350	315
W	4	15	1.400	1.400	1.420	-	240	350	350	355

Não é permitido utilizar condutores em paralelo em um único dispositivo de proteção quando instalado em caixa de distribuição. As correntes máximas de demanda devem ser menores ou iguais aos valores nominais da proteção escolhida de acordo com cada condutor.

- **Instalação e Montagem da Caixa Secionadora**: a caixa pode ser embutida em alvenaria ou ser fixada firmemente por parafusos, porcas, buchas e arruelas. Ela deve ser instalada junto do limite de propriedade com a via pública. Quando instalada externamente, ela tem de estar sob pingadeira e ser provida de porta suplementar com venezianas para ventilação. A porta suplementar precisa permitir abertura simultânea das portas da caixa secionadora no mínimo a 90°.

c) Caixa de Distribuição:

Caixa destinada a facilitar a execução da derivação de condutores, receber o ramal de entrada e alojar as chaves secionadoras com fusíveis ou disjuntores e os barramentos de distribuição. A caixa de distribuição pode ser de chapa de aço ou alumínio. Deve possuir portas dotadas de dispositivo para selagem, dobradiças invioláveis e veneziana para ventilação. A caixa de chapa de aço necessita ser decapada e receber pintura de fundo e de acabamento resistente ao tempo, ou zincada a quente, conforme normas técnicas.

- Dimensionamento da Caixa de Distribuição: a determinação do tipo da caixa de distribuição será obtida mediante consulta à Tabela 7.24. Quando a corrente de demanda ultrapassar os limites estabelecidos na mesma tabela para a caixa tipo "T", no sistema delta com neutro, a alimentação será feita em sistema estrela, devendo ser recalculada a corrente de demanda. Edificação de uso coletivo com finalidade comercial ou mista, com demanda superior a 300 kVA, em zona de distribuição aérea, e 180 kVA, em zona de futura distribuição subterrânea, tem de ser alimentada por câmara transformadora, cuja localização precisa ser prevista pela construtora em projeto a ser aprovado pela concessionária. Demandas até 500 kVA poderão ser atendidas com transformador em pedestal, em zonas de distribuição aérea de média tensão 13,2 kVA. Nessas hipóteses, é necessário haver uma consulta preliminar à concessionária quanto à possibilidade de atendimento. Em casos de edificação de uso coletivo residencial, com demanda de equipamento superior a 300 kVA, a determinação da montagem do transformador em pedestal ou a construção de câmara transformadora é feita pela concessionária. Quando a demanda ultrapassar os limites estabelecidos na Tabela 7.24, em edificação de uso coletivo com finalidade residencial, ou 500 kVA em edificação de uso coletivo com finalidade comercial ou mista ou, ainda, quando a quantidade de circuitos de saída for superior ao indicado na mesma tabela, deverá ser prevista a instalação de cabina de barramento. Será permitida a instalação de mais um circuito de saída das caixas de distribuição, quando este se destinar exclusivamente à ligação de bomba contra incêndio. Para atender ao limite de 1% de queda de tensão, a seção máxima dos condutores do ramal de entrada pode ser de 240 mm2. Não é permitido utilizar condutores em paralelo em um único dispositivo de proteção quando instalado em caixa de distribuição.
- Instalação e Montagem de Caixa de Distribuição: a caixa pode ser embutida em alvenaria ou ser fixada firmemente por parafusos, porcas, buchas e arruelas. A instalação de caixa de distribuição é obrigatória quando houver duas ou mais caixas de medição a partir de uma única entrada consumidora. Quando se tratar de ligação de única caixa de medição coletiva, será preciso instalar disjuntor ou chave com abertura sob carga, com proteção, colocado em caixa de dispositivo de proteção e manobra, com dispositivo para lacre, ou em caixas de distribuição ou secionadora. A caixa de dispositivo de proteção e manobra pode ser do tipo blindado, dotado de dispositivo para lacre.

d) Caixa de Dispositivos de Proteção e Manobra:

Caixa destinada a alojar disjuntor e/ou chave de abertura sob carga com proteção apenas em entradas coletivas. A caixa de dispositivos de proteção tem de ser de chapa de aço de espessura mínima nº 14 USG, aço inoxidável ou alumínio. Deve ter porta(s) com dispositivo de selagem, trinco, dobradiça inviolável e venezianas para ventilação (sem viseira), destinada a alojar dispositivo(s) de proteção e manobra. Quando a caixa for dimensionada para abrigar apenas um dispositivo de proteção e manobra, pode ser de chapa de espessura mínima nº 16 USG. A caixa de chapa de aço será decapada e receberá pintura de fundo e de acabamento resistentes ao tempo, ou zincada a quente, conforme normas técnicas. Para emprego em zona litorânea, a pintura tem de ser efetuada com tintas resistentes à atmosfera salina.

- Tipos de Caixa de Dispositivos de Proteção:
  - Caixa de dispositivo de proteção e manobra: caixa destinada a alojar o(s) dispositivo(s) do ramal alimentador da caixa de distribuição, do ramal de distribuição principal, do ramal alimentador da unidade de consumo, e do ramal de entrada quando houver apenas uma caixa de medição coletiva.
  - Caixa de dispositivo de proteção individual: caixa destinada a abrigar dispositivo de proteção de um ou mais ramais alimentadores da unidade de consumo, depois da medição. A caixa pode ser provida de porta com abertura para cima ou com duas portas de abertura lateral. No primeiro caso, a porta deve

ter trava de fixação, com ângulo maior ou igual a 90°. No caso de portas de abertura lateral, elas têm de abrir com ângulo maior ou igual a 90°.
- Dimensionamento da Caixa de Dispositivos de Proteção: as dimensões são determinadas em função de quantidade, tipo e capacidade dos dispositivos de proteção, bem como do espaço necessário à instalação dos condutores.
- Instalação da Caixa de Dispositivos de Proteção: a caixa pode ser embutida em alvenaria ou ser fixada firmemente por meio de parafusos, porcas, buchas e arruelas.
    – Caixa de dispositivo de proteção e manobra: tem de ser instalada ao lado da caixa secionadora ou ao lado ou em frente da caixa de distribuição. Os dispositivos de proteção e manobra, de abertura sob carga, podem ser instalados de maneira que suas alavancas de acionamento fiquem externas à caixa.
    – Caixa de dispositivo de proteção individual: deve ser instalada preferencialmente acima ou ao lado da caixa de medição.

e) Caixa de Medição:

Caixa destinada a alojar os equipamentos de medição, acessórios e dispositivos de secionamento ou de proteção, de uma ou mais unidades de consumo. A caixa de medição pode ser de chapa de aço ou alumínio, precisando ter viseira e dispositivo para selagem. A caixa de chapa de aço tem de ser decapada e receber pintura de fundo e de acabamento resistentes ao tempo, ou zincada a quente, conforme normas técnicas. Para emprego em zona litorânea, a pintura será feita com tintas resistentes à atmosfera salina. As caixas de medição devem possuir, gravada em relevo, a marca comercial do fabricante, cujo protótipo tenha sido homologado na concessionária.
- Tipos Padronizados de Caixa de Medição: os tipos de caixa de medição estão indicados na Tabela 7.25.

Tabela 7.25: Tipos de caixa de medição

Caixa tipo	Chapa nº (USG)	Número de medidores
II	18	01
III	18	01
IV	18	01
V	18	01
K	16	01 a 02
L	16	01 a 04
H	14	01 a 06
M	14	01 a 08
N	14	01 a 12

- Dimensionamento da Caixa de Medição: os tipos e as quantidades de caixa de medição são determinados em função do número de unidades de consumo a serem ligadas, bem como da corrente de demanda de cada unidade consumidora. Os tipos de caixa para a execução dos arranjos estão especificados na tabela anterior. Em medições indiretas de unidade de consumo, em que os transformadores de corrente e chaves secionadoras sem fusíveis são instalados separadamente em caixas padronizadas ou cabina de barramento, precisa ser prevista a instalação de caixa de medição tipo K para abrigar o medidor e o bloco de aferição. Em entradas coletivas, a alimentação da caixa de medição tem de ser feita apenas com um único ramal de distribuição principal, com seção máxima de 240 mm², de PVC 70 °C, necessitando ser convenientemente protegido com chave de abertura sob carga, com proteção ou disjuntor. Esses equipamentos têm de ser alojados em caixa de dispositivo de proteção e manobra a ser instalada junto da caixa de distribuição. Quando a demanda ultrapassar o limite de capacidade de corrente do ramal de distribuição principal, deverá ser feita a distribuição dessa demanda em outra(s) caixa(s) de medição. Caso a construtora opte pela instalação de apenas uma caixa de medição, até a corrente de demanda de 700 A, tem de ser prevista a instalação de dois ramais de distribuição principais e uma caixa com barramento montada sob a caixa de medição coletiva. A seção máxima dos condutores do ramal de distribuição secundário e do ramal alimentador da unidade de consumo deve estar de acordo com a tabela a seguir. No sistema de distribuição estrela ou em zona de distribuição futura subterrânea, os ramais de distribuição principal têm de ser feitos sempre com quatro condutores, a fim de possibilitar o balanceamento de cargas. A determinação dos componentes da entrada consumidora destinada à ligação de unidades de consumo fixas como bancas de jornal ou de frutas, posto de correio, abrigo de ônibus, relógio digital, guarita, cabina telefônica e outros tipos similares precisa ser feita conforme indicado em publicação específica da concessionária. Para entradas individuais, as caixas de medição são dimensionadas em função da categoria de atendimento, conforme tabela da concessionária.

- Instalação da Caixa de Medição: a caixa pode ser embutida em alvenaria ou ser fixada firmemente por parafusos, porcas, buchas e arruelas. Não será permitida a instalação em dormitório, cozinha, dependência sanitária, garagem, divisória de madeira, vitrina, trecho de desenvolvimento de escada ou locais sujeitos à trepidação, a gás corrosivo, a abalroamento por veículo ou a inundações. As conexões dos condutores do ramal de distribuição principal com o ramal de distribuição secundário e deste com o ramal alimentador da unidade de consumo, no interior da caixa de medição coletiva, bem como entre condutores no interior de caixa de passagem, precisam ser do tipo charrua (enrolada helicoidalmente), estanhadas e revestidas com fita isolante de PVC ou de autofusão.

- Entrada Coletiva:
  - Centro de medição: conjunto constituído, de forma geral, de caixa de distribuição, caixa de dispositivo de proteção e manobra, caixa de barramento, caixas de medição e caixas de dispositivos de proteção individual. O centro de medição tem de ser alojado em cubículo construído em alvenaria, de dimensões adequadas para que seja mantida a distância mínima de 30 cm entre a extremidade da porta, quando aberta a 90°, e a parede ou caixa oposta. Esse compartimento tem por finalidade exclusiva abrigar os componentes da entrada consumidora e precisa dispor de sistema de ventilação natural permanente e iluminação artificial adequada. Os centros de medição com medidores eletrônicos ou de pré-venda podem utilizar barramento blindado tipo *bus way*.
  - Localização do centro de medição: a concessionária fornecerá algumas alternativas para montagem de centro de medição. Quando se tratar de entrada consumidora de apenas uma caixa de medição coletiva, até doze unidades de consumo, a sua instalação pode ser externa, no alinhamento com a via pública, sob pingadeira, e provida de portas suplementares, ou ser interna, no hall de entrada da edificação, devendo também ser provida de portas suplementares (do tipo veneziana, para ventilação). Tem de ser prevista a instalação de caixa de distribuição ou caixa de dispositivo de proteção e manobra, conforme mencionado na Seção 7.1.14.5.7. No caso de rua com largura inferior a 4 m, o centro de medição será instalado junto do acesso, em parede lateral ou muro, em construção tipo externa. O local para a construção do cubículo de medição precisa ser determinado observando as seguintes condições:
    * O cubículo de medição deve ficar localizado na parte interna da edificação, no pavimento no nível da via pública, tão próximo quanto possível da porta principal, ou no pavimento imediatamente inferior ao nível da rua, em local de fácil acesso a qualquer tempo.
    * A construção desse compartimento pode ser feita externamente, quando não houver possibilidade de ser executada no interior da edificação;
    * Esse cubículo não pode ser edificado em local sujeito a efeito de trepidação ou de gás corrosivo.
    * A distância máxima do centro de medição ao limite da propriedade com a via pública tem de ser de 15 m, em zona de futura distribuição subterrânea.
    * O percurso máximo do ramal de entrada tem de ser de 25 m, medido entre o ponto de entrega e o centro de medição.
    * Quando houver necessidade de dois ou mais centros de medição e a localização de um ou mais deles resultar em distância superior a 15 m da caixa geral de distribuição, da caixa secionadora ou da cabina de barramento, eles serão considerados como centros de medição independentes, necessitando ser convenientemente protegidos com chaves de abertura sob carga com proteção ou disjuntor. Esses dispositivos têm de ser alojados em caixa de mecanismo de proteção e manobra, a ser instalada junto das caixas de distribuição ou secionadora. Nas caixas de distribuição desses centros de medição deve ser instalada chave secionadora sem dispositivo de proteção. No centro de medição independente constituído de apenas uma caixa de medição coletiva, é necessário haver

chave de abertura sob carga, sem fusíveis, a ser instalada em caixa de distribuição ou caixa de dispositivo de proteção e manobra do tipo blindada ou não.
- Entrada Individual: a caixa de medição será instalada da seguinte maneira:
  - junto do alinhamento da propriedade com a via pública, em local de fácil acesso a qualquer tempo;
  - em parede externa sob pingadeira, a fim de permitir a leitura do medidor, mesmo na ausência do consumidor;
  - caso a porta principal da edificação esteja no limite da propriedade com a via pública, a instalação da caixa deverá ser feita no lado interno, o mais próximo possível dessa porta;
  - sua instalação tem de ser obrigatoriamente externa no caso em que a distância da edificação até o alinhamento da propriedade com a via pública seja superior a 15 m;
  - preferencialmente, para os casos de medição direta, têm de ser adotadas as caixas tipos IV e V de medição, com leitura voltada para a via pública.

f) Caixa de Barramento:

Caixa destinada a receber os condutores do ramal de distribuição principal e alojar o barramento de distribuição dos ramais de distribuição secundários.

- Tipos de Caixa de Barramento: caixa de chapa de aço de espessura mínima nª 14 USG, de aço inoxidável ou alumínio, provida de portas com abertura lateral, dotada de dispositivo para selagem, dobradiças invioláveis e venezianas para ventilação. A caixa de chapa de aço precisa ser decapada e receber pintura de fundo e de acabamento resistentes ao tempo, ou zincada a quente conforme normas técnicas. Para emprego em zona litorânea, a pintura necessita ser feita com tintas resistentes à atmosfera salina.
- Dimensionamento da Caixa de Barramento: a caixa de barramento deve ter dimensões frontais de 1,2 m × 30 cm, com profundidade de 35 cm, quando da utilização das caixas de medição tipo N ou M. A caixa de barramento é obrigatória quando a corrente de demanda do ramal de distribuição principal ultrapassar os limites estabelecidos na penúltima tabela anterior. Os condutores do ramal de distribuição secundário devem ter seção máxima de 95 mm².
- Instalação da Caixa de Barramento: a caixa pode ser embutida em alvenaria ou ser fixada firmemente por parafusos, porcas, buchas e arruelas, tendo de ser instalada sempre sob uma única caixa de medição coletiva e seu lado inferior ficar, no mínimo, a 30 cm do piso acabado.

7.1.14.6.8 Equipamentos de medição

O medidor, os transformadores de corrente e o bloco de aferição são dimensionados e instalados pela concessionária.

a) Medição Direta:

A medição direta será determinada em função da corrente de demanda da unidade de consumo, de acordo com a Tabela 7.26.

Tabela 7.26: Medidores

Medidor	Valores máximos admissíveis para:	
	Alimentador da unidade de consumo	Máxima corrente
Convencional (FFFN)	35 mm²	100 A
Eletrônico (FFFN)	25 mm²	80 A
Pré-venda (FFN)	10 mm² (XLPE concêntrico)	60 A

O ramal alimentador da unidade de consumo deve ter no mínimo 30 cm de comprimento para possibilitar a conexão ao medidor. As pontas desses condutores têm de ser isoladas quando não conectadas ao medidor. A opção por medidores eletrônicos ou de pré-venda fica a critério do interessado. Os medidores serão fornecidos e instalados pela concessionária e a diferença de custo em relação ao medidor convencional correrá por conta do interessado. Os condutores do ramal alimentador da unidade de consumo precisam ter seção mínima de 10 mm². O medidor de pré-venda é utilizado exclusivamente em medição direta. As montagens dos materiais e equipamentos das instalações com medidor eletrônico ou de pré-venda estão definidas em fascículos da concessionária. Os detalhes do atendimento com medidores eletrônicos e de pré-venda estão disponíveis também em fascículos da concessionária. Quando forem utilizados condutores flexíveis classes 4, 5 ou 6, conforme normas técnicas, o limite máximo da seção do condutor será de 35 mm². É preciso utilizar medição indireta a partir de 100 A.

b) Medição Indireta:

A medição será indireta quando forem ultrapassados os limites definidos na tabela acima e será efetuada por meio de transformadores de corrente, que podem ser instalados em caixa de medição coletiva, em cabina de barramento ou em caixas padronizadas, desde que não sejam utilizadas também como distribuidoras ou secionadoras. É obrigatória a instalação de chave secionadora, sem fusíveis, antes dos transformadores de corrente. É necessário ser previsto o espaço mínimo de 80 cm × 60 cm para instalação de chave de abertura sob carga sem proteção e dos transformadores de corrente, para cada medição, quando instalados em caixas padronizadas que não sejam de medição coletiva. Nesse caso, deve ser prevista uma caixa de medição coletiva destinada a alojar o medidor com seu respectivo bloco de aferição ao lado ou no mesmo cubículo da caixa padronizada. Em caixa de medição coletiva, tem de ser previsto espaço equivalente à área destinada a seis viseiras para medição indireta. Quando em caixa de medição coletiva tipo N houver duas medições indiretas, os condutores do ramal alimentador de cada unidade de consumo terão de ter seção máxima de 95 mm² e os do ramal de distribuição principal, seção máxima de 185 mm². Quando a corrente de demanda da unidade de consumo for superior a 700 A, a medição obedecerá à montagem indicada pela concessionária. Os condutores de ligação do medidor, em medição indireta, deverão ter seção de 2,5 mm² e ser instalados, pela construtora, em eletrodutos de PVC de diâmetro nominal 32 mm, ou de aço-carbono dos tipos pesado ou série extra ou leve 1, de diâmetros nominais 34 mm, 25 mm e 25 mm, respectivamente. O número de condutores, bem como a sua identificação, são os seguintes:

- seis fios: na modalidade B no sistema delta com neutro (dois vermelhos, dois brancos, dois azuis-claros);
- oito fios: na modalidade C nos sistemas com neutro (dois vermelhos, dois brancos, dois marrons e dois azul-claros).

Todos os consumidores precisam manter o fator de potência de suas instalações o mais próximo possível da unidade. Quando utilizado banco de capacitores, ele precisará ser do tipo automático, ser instalado depois da medição em local adequado e preferencialmente fora do cubículo de medição. Para entradas individuais, os equipamentos de medição podem ser determinados em função da categoria de atendimento, conforme tabela da concessionária.

7.1.14.6.9 Dispositivo de proteção

a) Dimensionamento do Dispositivo de Proteção:

O dispositivo de proteção deve ser dimensionado para defesa contra as sobrecargas e contra os curtos-circuitos, conforme indicado nos itens a seguir:

- Proteção contra as Sobrecargas: precisa ter capacidade de corrente nominal menor ou igual à capacidade de condução da corrente do condutor e maior ou igual à da corrente de projeto do circuito, sendo certo que o valor da corrente que assegura a efetiva atuação do dispositivo de proteção não pode ser superior a 1,45 vez a capacidade de condução de corrente dos condutores, conforme normas técnicas.
- Proteção contra os Curtos-Circuitos: a capacidade de interrupção contra curtos-circuitos deve ser igual ou superior à corrente de curto-circuito presumida no ponto onde o dispositivo for instalado.
- Proteção contra Arco à Terra: quando a tensão de fornecimento for de 220 V/380 V, será necessário ser prevista a instalação de equipamentos de proteção contra corrente de fuga à terra.

b) Instalação dos Dispositivos de Proteção e Manobra:

Os dispositivos de proteção e manobra, quando instalados em caixas de medição, secionadora, de distribuição, de dispositivo de proteção e manobra, de dispositivos de proteção individual, precisam ser fixados no fundo das caixas por parafusos. Para entradas individuais, o dispositivo de proteção poderá ser dimensionado em função da categoria de atendimento, conforme tabela da concessionária.

c) *Recomendações das Normas Técnicas:*
É recomendável que para as instalações internas sejam observados os seguintes itens das normas técnicas:

- Medidas de Proteção: sobretensões por causa de faltas em outras instalações de tensão mais elevada:
  – A necessidade de utilização de dispositivos adequados de proteção contra sobretensões deve ser avaliada com base nas tensões de operação e nos níveis de tensão suportável pelos equipamentos da instalação de baixa tensão e/ou ligados às linhas elétricas de sinal:
    * no caso de instalação de tensão mais elevada, em que a corrente de uma falta para terra não seja devidamente limitada, o respectivo dispositivo de proteção tem de efetuar o desligamento instantâneo do circuito dessa alimentação;
    * é necessário garantir a segurança de pessoas e instalações contra tensões induzidas e a elevação de potencial de solo.

- Sobretensões de origem atmosférica:
  – Em instalações alimentadas por rede de distribuição em baixa tensão, situadas em zonas expostas a raios, se necessário, precisam ser instalados, na origem da instalação, dispositivos adequados de proteção contra sobretensões do tipo não curto-circuitante, tais como para-raios de resistência não linear de baixa tensão (para-raios secundários).
  – Devem ser tomadas medidas de proteção quando uma queda de tensão significativa (ou sua falta total) e o posterior restabelecimento dessa tensão forem susceptíveis de criar perigo para pessoas e bens ou de perturbar o bom funcionamento da instalação.
  – Para a proteção contra quedas e faltas de tensão, são normalmente utilizados relés de subtensão acoplados a dispositivos de secionamento ou contatores com contato de auto alimentação.
  – Os condutores que alimentam motores têm de ser protegidos contra correntes de sobrecarga por um dos seguintes meios:
    * I) dispositivo de proteção integrante do motor, sensível à temperatura dos enrolamentos;
    * II) dispositivo de proteção independente, sensível à corrente absorvida pelo motor.

7.1.14.6.10 Bomba contra incêndio

Quando solicitado pelo projetista, o circuito para ligação de motor elétrico, para o conjunto motobomba, precisa ser ligado por meio de derivação independente, com medição e proteção próprias.

a) *Entrada Individual:*
O conjunto motobomba deve ser ligado, necessariamente, derivando do ramal da unidade consumidora, antes do dispositivo de proteção geral e depois da medição. O circuito alimentador da bomba de incêndio precisa ter dispositivo de proteção independente.

b) *Entrada Coletiva:*
O conjunto motobomba tem de ser ligado por meio de derivação independente, com medição e proteção próprias. O medidor do conjunto motobomba deve ser instalado em caixa de medição tipo III, conforme segue:

- Ligação por intermédio de caixa secionadora: a caixa de medição tipo III precisa ser instalada ao lado da caixa secionadora ou no cubículo de medição. Os condutores de derivação para caixa tipo III têm de ser ligados nos terminais de entrada de uma das chaves secionadoras, instaladas na caixa secionadora. Quando esta estiver instalada em local de entrada e saída de veículos, a caixa tipo III, para instalação do medidor, será instalada no cubículo do centro de medição.
- Ligação por meio da caixa de distribuição: os condutores de derivação para caixa tipo III devem ser ligados nos terminais de entrada da chave secionadora, instalada na caixa de distribuição.
- Ligação por meio da caixa de dispositivo de proteção e manobra – tipo blindada: os condutores de derivação para caixa tipo III têm de ser ligados nos terminais de entrada da chave de abertura sob carga, quando se tratar de ligação mediante uma única caixa de medição coletiva.

- Disposições Gerais: para medição de conjunto motobomba trifásico, é necessário que o condutor neutro seja instalado até o medidor. Para identificar a proteção e/ou a medição do conjunto motobomba devem ser instaladas plaquetas metálicas, gravadas ou esmaltadas a fogo, ou material plástico gravado em relevo, com os dizeres "Bomba de Incêndio". A caixa tipo III e a caixa de dispositivo de proteção do conjunto motobomba têm de ser pintadas de vermelho. A caixa para instalação do medidor de bomba contra incêndio poderá ser embutida em alvenaria ou ser fixada firmemente por meio de parafusos, porcas, buchas e arruelas. Para medição e proteção de conjunto motobomba com corrente de demanda superior à capacidade de corrente de cabo 70 mm², ver o item "Medição Indireta", na Seção 7.1.14.5.8 ("Equipamentos de Medição") ().

7.1.14.6.11 Plaqueta de identificação

Todas as unidades de consumo e centros de medição devem ser identificados mediante plaquetas metálicas gravadas ou esmaltadas a fogo ou de material plástico gravado em relevo, devidamente fixadas em locais apropriados, conforme indicações a seguir:

- em caixa de medição coletiva: externamente, as plaquetas de cada unidade de consumo têm de ser fixadas com parafusos ou rebites sob as viseiras e, internamente, sobre o eletroduto de saída do seu respectivo ramal alimentador;
- em caixa de dispositivo de proteção individual: a fixação das plaquetas será feita internamente, com parafusos ou rebites, junto dos dispositivos de proteção das respectivas unidades de consumo;
- em caixa de dispositivo de proteção e manobra: as plaquetas para identificação dos centros de medição e/ou caixas de medição têm de ser fixadas externamente com parafusos ou rebites, sob as alavancas de manobra, caso existam, e internamente ao lado dos respectivos dispositivos de proteção;
- medição indireta: quando houver unidades de consumo com medição indireta, as plaquetas de identificação dessas unidades devem também ser fixadas com parafusos ou rebites, ao lado dos respectivos transformadores de corrente.

7.1.14.6.12 Aterramento

Ligação elétrica intencional com a terra, com objetivos funcionais – ligação do condutor neutro à terra – e com objetivos de proteção – ligação à terra das partes metálicas não destinadas a conduzir corrente elétrica. A construtora executará a instalação de sistema de aterramento conforme diretrizes das normas técnicas.

– *Aterramento da Entrada Consumidora:*

Deve ter um ponto de aterramento destinado às caixas metálicas e poste metálico, quando existir, da entrada consumidora e do condutor neutro do ramal de entrada. Quando for prevista a utilização de outro tipo de sistema de aterramento, sua instalação precisa atender às prescrições contidas nas normas técnicas.

– *Dimensionamento do Aterramento:*

O dimensionamento do aterramento é determinado conforme o que segue. A determinação da seção mínima do condutor de aterramento das caixas metálicas (massas) e do neutro, em ligações até 500 kVA de demanda, bem como dos condutores de proteção e de proteção principal, tem de ser feita de acordo com a Tabela 7.27.

Tabela 7.27: Aterramento

Seção dos condutores-fase da instalação (mm²)	Seção mínima dos condutores de aterramento e de proteção (mm²)
S ≤ 16	S
16 < S ≤ 35	16
S > 35	S/2

Os condutores do sistema de aterramento da entrada consumidora devem, obrigatoriamente, ser de cobre. Quando houver paralelismo de condutores na entrada consumidora, o dimensionamento dos condutores de aterramento, de proteção e de proteção principal tem de ser feito considerando a seção (S) de apenas um condutor-fase, exceto nos casos de cabina de barramento. O valor da resistência de terra, em qualquer época do ano, será no máximo 25 Ω, quando o sistema de aterramento for exclusivo para a entrada consumidora, ou no máximo 10 Ω, quando esse sistema atender, também, ao aterramento do sistema de proteção contra descargas atmosféricas. Em ligações pela cabina de barramento, é necessário consultar a concessionária. Para entradas individuais, o condutor e o eletroduto de aterramento podem ser dimensionados em função da categoria de atendimento, conforme tabela da concessionária.

– Instalação do Aterramento:

O aterramento das caixas metálicas (massas) e do neutro deve ser feito de acordo com uma das sugestões apresentadas pela concessionária. Todas as caixas metálicas (massas), inclusive o poste metálico particular tubular, da entrada consumidora necessitam ser ligadas a um terminal ou barra de aterramento principal e este ser ligado por condutor ao eletrodo de aterramento. Tem de ser prevista, dentro dos limites de propriedade do consumidor, a instalação de uma caixa de inspeção de aterramento para alojar o ponto de conexão entre o condutor de aterramento e o eletrodo (haste) de aterramento. Essa caixa pode ser de concreto, PVC ou manilha. O conector para conexão do condutor de aterramento ao eletrodo (haste) de aterramento será envolvido com massa de calafetar.

O condutor de aterramento deve ser tão curto e retilíneo quanto possível, não ter emendas ou dispositivos que possam causar sua interrupção, e ser protegido mecanicamente por eletroduto das mesmas características que os indicados na Seção 7.1.14.5.5. Os condutores de aterramento e de proteção precisam ter isolação para 750 V e identificação pela coloração verde-amarelo ou verde, admitindo a utilização de condutor nu, desde que instalado em eletroduto exclusivo e confeccionado de material isolante. O condutor neutro, quando utilizado também com a finalidade de condutor de proteção (PEN), será identificado por meio de anilhas verde-amarelas ou verdes, em um ponto visível ou acessível no interior da cabina de barramento e das caixas da entrada consumidora. Se, a partir de um ponto qualquer da instalação, o neutro e o condutor de proteção forem separados, não será permitido religá-los após esse ponto.

7.1.14.6.13 Câmara transformadora

Compartimento destinado a alojar os equipamentos de transformação a serem instalados pela concessionária. Os tipos de câmara, dimensionamento, instalação e outros detalhes estão descritos em fascículo específico da concessionária. A necessidade de construção de câmara transformadora, atendendo a determinação federal, é a seguinte:

- em ligação de edifício de uso coletivo, com finalidade comercial ou mista, com demanda superior a 300 kVA em zona de distribuição aérea e de 180 kVA em zona de futura distribuição subterrânea;
- em casos de edificação de uso coletivo residencial, com demanda de equipamento superior a 300 kVA, a determinação da construção de câmara transformadora é feita pela concessionária;
- em zona de distribuição subterrânea, a necessidade de construção de câmara transformadora somente será determinada depois da elaboração de estudo da rede de distribuição da concessionária.

7.1.15 Telefonia fixa

7.1.15.1 Terminologia

- *Bloco terminal*: bloco de material isolante, destinado a permitir a conexão de cabos e fios telefônicos.
- *Caixa*: designação genérica para as partes da tubulação destinadas a possibilitar a passagem, emenda ou terminação de cabos e fios telefônicos.
- *Caixa de distribuição*: caixa pertencente à tubulação primária, cuja finalidade é dar passagem aos cabos e fios telefônicos, bem como abrigar os blocos terminais.
- *Ponto terminal da rede (PTR)*: caixa na qual são terminados e interligados os cabos da rede externa da concessionária e os cabos internos do edifício.

- *Caixa de entrada do edifício*: caixa subterrânea, situada em frente ao edifício, junto ao alinhamento da via pública, a fim de que se permita a entrada do cabo subterrâneo da rede externa da concessionária.
- *Caixa de passagem*: caixa destinada a limitar o comprimento da tubulação, eliminar curvas e facilitar o puxamento de cabos e fios telefônicos.
- *Caixa subterrânea*: caixa de alvenaria ou concreto, instalada sob o solo, com dimensões suficientes para permitir a instalação e emenda de cabos e fios telefônicos subterrâneos.
- *Caixa de saída*: caixa designada a dar passagem ou permitir a saída de fios de distribuição, conectados aos aparelhos telefônicos.
- *Canaleta*: conduto metálico, rígido, de seção retangular, que substitui a tubulação convencional em sistemas de distribuição no piso.
- *Cubículo*: tipo especial de caixa de grande porte que pode servir como caixa de distribuição geral, caixa de distribuição ou caixa de passagem.
- *Malha de piso*: sistema de distribuição em que os pontos telefônicos são atendidos por um conjunto de tubulações ou canaletas interligadas a uma caixa de distribuição.
- *Poço de elevação (shaft)*: tipo especial de prumada, de seção retangular, que possibilita a instalação de cabos de grande capacidade.
- *Ponto telefônico*: previsão de demanda de um telefone principal ou qualquer serviço que utilize pares físicos de um edifício.
- *Prumada*: tubulação vertical que se constitui na espinha dorsal da tubulação telefônica do edifício e que corresponde, usualmente, à tubulação primária dele.
- *Sala do distribuidor geral*: compartimento apropriado, reservado para uso exclusivo da concessionária, que substitui a caixa de distribuição geral em alguns casos.
- *Tubulação de entrada*: parte da tubulação que permite a entrada do cabo da rede externa da concessionária e que termina na caixa de distribuição geral. Quando subterrânea, abrange também a caixa de entrada do edifício.
- *Tubulação primária*: parte da tubulação que abrange a caixa de distribuição geral, as caixas de distribuição e as tubulações que as interligam.
- *Tubulação secundária*: parte da tubulação que abrange as caixas de saída e as tubulações que as interligam às caixas de distribuição.
- *Tubulação telefônica*: termo genérico utilizado para designar o conjunto de tubulações destinadas aos serviços de telecomunicação de um edifício.

7.1.15.2 Disposições gerais

- As tubulações telefônicas aqui referidas devem ser destinadas exclusivamente ao uso da concessionária, que, a seu critério, nelas poderá instalar os serviços de telecomunicações conectados à rede pública, como telefonia, telefax, centrais privadas de comutação telefônica de propriedade da concessionária, música ambiente, transmissão de dados ou outros serviços correlatos.
- Os serviços de comunicação interna do edifício não pertencentes à concessionária – como interfones, TV a cabo, sinalizações internas, antenas coletivas ou outros sistemas de telecomunicações particulares não conectados à rede pública – requererão uma tubulação independente e exclusiva, que poderá ser dimensionada de acordo com os critérios aqui estabelecidos, mas que não necessitará ter seu projeto e sua instalação aprovados pela concessionária.
    - As tubulações telefônicas para as redes das centrais privadas de comutação telefônica dos tipos P(A)BX e *Key System* que não pertençam à concessionária precisam ser separadas e independentes da tubulação telefônica do edifício. Seus projetos, no entanto, terão de ser submetidos à aprovação da concessionária.
    - A concessionária, a seu critério, poderá exigir que as tubulações telefônicas para as redes das centrais privadas de comutação telefônica de sua propriedade sejam separadas e independentes da tubulação telefônica do edifício.

- As tubulações telefônicas para as redes das centrais privadas de comutação telefônica necessitam ser interligadas às tubulações de uso exclusivo da concessionária por meio da caixa de distribuição da prumada mais próxima, para facilitar a instalação das linhas-tronco ao equipamento do assinante.
- O construtor do edifício será responsável pelo projeto e pela execução das tubulações telefônicas da edificação. Todos os projetos de tubulações telefônicas, referentes a edificações com três ou mais pavimentos e/ou seis ou mais pontos telefônicos, deverão ser submetidos à aprovação da concessionária. Em tais casos, nenhuma tubulação telefônica poderá ser executada sem que seu projeto tenha sido aprovado.
- Todas as tubulações executadas em edifícios com três ou mais pavimentos e/ou seis ou mais pontos telefônicos terão de ser vistoriadas pela concessionária. Em tais casos, nenhum cabo ou fio telefônico poderá ser instalado se essas tubulações não tiverem sido vistoriadas e aprovadas.
- Todas as modificações que o construtor precisar introduzir em um projeto de tubulação já aprovado necessitarão ser analisadas e aprovadas previamente pela concessionária. As modificações a serem efetuadas não poderão contrariar os critérios estabelecidos pela presente instrução.
- Todos os entendimentos feitos entre a construtora e a concessionária precisarão ser confirmados por escrito.
- A concessionária orientará a construtora quanto à necessidade de que ela solicite a vistoria das tubulações tão logo estas estejam em condições de uso, e não apenas quando o edifício estiver totalmente concluído, a fim de que se permita que os cabos e fios telefônicos estejam já instalados quando o edifício for ocupado.

7.1.15.3 Esquema geral das tubulações telefônicas em edifícios

Para fins da norma da concessionária, as tubulações telefônicas em edifícios são divididas em três partes:

- *Tubulação de entrada*: parte da tubulação que dá entrada ao cabo da rede externa da concessionária, compreendida entre a caixa de distribuição geral e o ponto terminal de rede.
- *Tubulação primária*: parte da tubulação que compreende a caixa de distribuição geral, as caixas de distribuição e as tubulações que as interligam.
- *Tubulação secundária*: parte da tubulação que abrange as caixas de saída e as tubulações que as interligam às caixas de distribuição.

Em edifícios de grande porte, com elevado número de pontos telefônicos, a tubulação da prumada deve ser substituída por um poço de elevação (*shaft*) – o qual consiste em uma série de cubículos alinhados e dispostos verticalmente, interligados através de abertura na laje. Os projetos de tubulação telefônica têm por finalidade dimensionar e localizar o trajeto dentro do edifício das tubulações de entrada, primária e secundária. O critério básico utilizado para o dimensionamento dessas tubulações é o número de pontos telefônicos previstos para o edifício ou para qualquer uma de suas partes. Instalações

7.1.15.4 Critérios e tabelas adotados na elaboração de projetos de tubulação

a) CRITÉRIOS PARA A PREVISÃO DOS PONTOS TELEFÔNICOS

As tubulações telefônicas são dimensionadas em função do número de pontos telefônicos previstos para o edifício, acumulados em cada uma de suas partes. Cada ponto telefônico corresponde à demanda de um telefone principal ou qualquer outro serviço que utilize pares físicos e que deva ser conectado à rede pública, não estando incluídas nessa previsão as extensões dos telefones ou serviços principais. Os critérios para a previsão do número de pontos telefônicos são fixados em função do tipo de edificação e do uso a que se destinam, ou seja:

- Casas ou apartamentos: De até 2 quartos – 1 ponto telefônico. De 3 quartos – 2 pontos telefônicos. De 4 ou mais quartos – 3 pontos telefônicos.
- Lojas: 1 ponto telefônico a cada 50 m2.
- Escritórios: 1 ponto telefônico a cada 10 m2.
- Indústrias: Área de escritórios: 1 ponto telefônico a cada 10 m2. Área de produção: estudos especiais, a critério do proprietário.

- Cinemas, teatros, supermercados, depósitos, armazéns, hotéis e outros: Estudos especiais, podem ser feitos em conjunto com a concessionária, respeitando os limites estabelecidos nos critérios anteriores.

b) CRITÉRIOS PARA A DETERMINAÇÃO DO NÚMERO DE CAIXAS DE SAÍDA

O número de caixas de saída previsto para determinada parte de um edifício tem de corresponder ao número de pontos telefônicos mais as extensões necessárias para aquela parte do prédio. O número de caixas de saída e sua localização precisam ser determinados de acordo com os seguintes critérios, respeitando-se sempre os valores estabelecidos no item (a):

- *Casas ou apartamentos:* Prever, no mínimo, uma caixa de saída na sala, na copa ou cozinha e nos quartos. As seguintes regras gerais necessitam ser observadas na localização dessas caixas de saída:
  - *Sala*: A caixa de saída deve ficar, de preferência, no hall de entrada, se houver, e, sempre que possível, próximo à cozinha. As caixas previstas têm de ser localizadas na parede, a 30 cm do piso.
  - *Quartos*: Se for conhecida a provável posição das cabeceiras das camas, as caixas de saída precisam ser localizadas ao lado dessa posição, na parede, a 30 cm do piso.
  - *Cozinha*: A caixa de saída necessita ser localizada a 1,50 m do piso (caixa para telefone de parede) e não poderá ficar nos locais em que provavelmente serão instalados o fogão, a geladeira, a pia ou os armários.
- *Lojas*: As caixas de saída devem ser projetadas nos locais em que estiverem previstos os balcões, as caixas registradoras, empacotadeiras e mesas de trabalho, evitando-se as paredes em que estiverem previstas prateleiras ou vitrines.
- *Escritórios*:
  - Em áreas em que estiverem previstas até 10 (dez) caixas de saída, elas têm de ser distribuídas de modo equidistante ao longo das paredes, a 30 cm do piso.
  - Em áreas em que estiverem previstas mais de 10 (dez) caixas de saída, precisarão ser projetadas caixas de saída no piso, de modo a distribuir uniformemente as caixas previstas dentro da área a ser atendida. Nesse caso, é necessário projetar uma malha de piso, com tubulação convencional ou canaleta.
- *Indústrias, cinemas, teatros, supermercados, depósitos, armazéns, hotéis e outros:* Estudos especiais, de acordo com o item (a).

c) DIMENSIONAMENTO DAS TUBULAÇÕES PRIMÁRIA E SECUNDÁRIA

O diâmetro dos tubos para cada trecho das tubulações primária e secundária é determinado em função do número de pontos telefônicos acumulados em cada um desses trechos, conforme estabelece a Tabela 7.28.

Tabela 7.28: N. de pontos

Número de pontos acumulados na seção	Diâmetro interno mínimo dos tubos (mm)	Quantidade mínima de tubos
Até 5	19	1
De 6 a 21	25	1
De 22 a 35	38	1
De 36 a 140	50	2
De 141 a 280	75	2
De 281 a 420	75*	2*
Acima de 420	Poço de elevação (ver item i)	

* A critério da concessionária, deverá ser utilizado poço de elevação (*shaft*).

d) DIMENSIONAMENTO DAS CAIXAS INTERNAS

As caixas de passagem, de distribuição e distribuição geral, instaladas dentro do edifício, são dimensionadas em função do número de pontos telefônicos acumulados em cada trecho da tubulação, conforme estabelece a Tabela 7.29.

Tabela 7.29

Pontos acumulados na caixa	Caixa de distribuição geral	Caixa de distribuição	Caixa de passagem
Até 5	-	-	N° 1
De 6 a 21	N° 4	N° 3	N° 2
De 22 a 35	N° 5	N° 4	N° 3
De 36 a 70	N° 6	N° 5	N° 4
De 71 a 140	N°7	N° 6	N° 5
De 141 a 280	N° 8	N° 7	N° 6
De 281 a 420	N° 8*	N°7*	N° 6*
Acima 420	Poço de elevação (ver item i)		

* A critério da concessionária, deverá ser utilizado poço de elevação (*shaft*).

No caso de edificações com mais de um bloco, um deles precisará ter sua caixa de distribuição geral dimensionada para o somatório dos pontos de todos os blocos que constituem o conjunto (ver a Seção 7.1.15.7). As dimensões padronizadas para as caixas referidas na tabela anterior, correspondentes aos números indicados, encontram se na tabela abaixo.

e) DIMENSIONAMENTO DA TUBULAÇÃO DE ENTRADA

Se o cabo de entrada do edifício for subterrâneo, a tubulação de entrada deverá ser dimensionada de acordo com a tabela abaixo. Caso o cabo de entrada do edifício seja aéreo, a tubulação de entrada – que se estende da caixa de distribuição geral até o ponto em que o cabo da rede externa entra na fachada do edifício – terá de ser dimensionada de acordo com a Tabela 7.30.

Tabela 7.30

Número de pontos do edifício	Diâmetro interno mínimo dos dutos (mm)	Quantidade mínima de dutos
Até 70	75	1
De 70 a 420	75	2
De 421 a 1800	100	3
Acima 1800	Estudo conjunto com a concessionária	

f) DIMENSIONAMENTO DA CAIXA DE ENTRADA DO EDIFÍCIO

Se a tubulação de entrada do edifício for subterrânea, necessitará terminar em uma caixa subterrânea, que é dimensionada em função do número total de pontos do edifício, conforme a Tabela 7.31.

g) DETERMINAÇÃO DA ALTURA E DO AFASTAMENTO DO CABO DE ENTRADA AÉREO

Para cabos aéros de entrada do edifício, deverão ser obedecidas as alturas mínimas estabelecidas na Tabela 7.32. Os seguintes afastamentos mínimos precisam ser observados entre o cabo telefônico de entrada e os cabos de energia elétrica que alimentam o edifício:

- Cabos de baixa tensão: 0,60 m.
- Cabos de alta tensão: 2 m.

Tabela 7.31: Tipo de caixa subterrânea

Número total de pontos do edifício	Tipo de caixa	Comprimento (cm)	Dimensões internas Largura (cm)	Altura (cm)
Até 35	R1	60	35	50
De 36 a 140	R2	107	52	50
De 141 a 420	R3	120	120	130
Acima de 420	1	215	130	180

Tabela 7.32

Situações típicas de entradas aéreas	Altura mínima da ferragem com relação ao passeio (m)	Altura mínima do eletroduto de entrada com relação ao passeio (m)
Cabo aéreo do mesmo lado do edifício	3,50	3,00
Cabo aéreo do outro lado da rua	6,00	3,00
Edifício em nível inferior ao do passeio	Estudo conjunto com a concessionária	

h) DETERMINAÇÃO DO COMPRIMENTO DAS TUBULAÇÕES EM FUNÇÃO DO NÚMERO DE CURVAS EXISTENTES

Os comprimentos dos lances de tubulações são limitados para que se facilite a enfiação do cabo no tubo. O maior limitante para o comprimento das tubulações, porém, é o número de curvas existentes entre as caixas. As curvas admitidas nos lances de tubulações têm de obedecer aos seguintes critérios:

- As curvas não podem ser reversas.
- O número máximo de curvas que pode existir é dois.

Os comprimentos máximos admitidos para as tubulações primária e secundária, ou para a tubulação de entrada, no caso de cabos aéreos, dimensionadas conforme a Tabela 7.30, são os seguintes:

- Trechos retilíneos: até 15 m para tubulações verticais e 30 m para tubulações horizontais.
- Trechos com uma curva: até 12 m para tubulações verticais e 24 m para tubulações horizontais.
- Trechos com duas curvas: até 9 m para tubulações verticais e 18 m para tubulações horizontais.

Os comprimentos máximos admitidos para as tubulações de entrada subterrâneas, dimensionadas conforme a Tabela 7.32, são os seguintes:

- Trechos retilíneos: até 60 m para tubulações horizontais
- Trechos com uma curva: até 50 m para tubulações horizontais
- Trechos com duas curvas: até 40 m para tubulações horizontais.

i) DIMENSIONAMENTO DE POÇOS DE ELEVAÇÃO (SHAFTS)

Os poços de elevação (*shafts*) destinam-se a substituir as tubulações convencionais e são obrigatórios nos casos em que o número de pontos telefônicos acumulados na prumada exceder a 420. Os poços de elevação são constituídos por uma sucessão de cubículos dispostos verticalmente, com a altura de cada um deles correspondendo ao pé-direito dos andares e ligados entre si através de abertura nas lajes. A continuidade dos poços de elevação é estabelecida por meio de duas aberturas quadradas, de 0,30 m × 0,30 m, no mínimo, executadas nas lajes de cada andar, junto às paredes dos cubículos. Tais aberturas necessitam ser vedadas com material termoisolante removível enquanto não estiverem sendo usadas. A largura e a profundidade mínimas de um poço de elevação serão, respectivamente, 1,50 m e 0,40 m. As portas dos cubículos devem ser providas de soleiras reforçadas – de 0,10 m de altura – e ter 2,10 m de altura mínima. Sua largura precisa corresponder à largura do cubículo e pode ter uma porta com uma ou duas folhas. As folhas das portas devem abrir-se para fora e possuir fechaduras. Os cubículos têm de ser equipados com painéis de madeira, de dimensões mínimas de 1,20 m × 1,20 m e espessura de 0,025 m, centralizados nas paredes do fundo dos cubículos. A extremidade inferior desses painéis tem de estar situada a 0,50 m do piso. As tubulações secundárias de cada andar têm de sair pelo piso, encostadas à parede do fundo do cubículo. Suas extremidades precisam ser salientes e ter um comprimento livre de 0,10 m. As tubulações não podem sair pelas paredes laterais dos cubículos, pois estas receberão o cabo da rede interna, que obstruiria tais saídas, prejudicando os futuros usuários do edifício.

j) DIMENSIONAMENTO DE SALAS DO DISTRIBUIDOR GERAL

Quando o porte do edifício for tal que exigir uma caixa de distribuição geral de grandes dimensões, será necessário projetar uma sala especial para o distribuidor geral. As dimensões da sala do distribuidor geral têm de ser determinadas em conjunto entre a concessionária e a construtora, e sua altura precisa corresponder à altura do pavimento em que estiver localizada. A área necessária para a sala do distribuidor geral pode ser estabelecida pelos critérios a seguir, os quais não são rígidos, servindo apenas como orientação:

- edifícios com até 1000 pontos: 6 m2;
- edifícios com mais de 1000 pontos: 1 m2 adicional para cada 500 pontos ou fração que ultrapassar os 1000 pontos iniciais.

7.1.15.5 Sequência básica para a elaboração de projetos

Na elaboração de um projeto de tubulação, os estudos necessitam ser indicados pela tubulação secundária, passando em seguida para a tubulação primária e terminando na tubulação de entrada, qualquer que seja o tipo de edifício para o qual ela esteja sendo projetada. As etapas básicas para a elaboração de projetos, definidas a seguir, aplicam-se a qualquer tipo de edificação, independentemente do uso a que se destina.

a) ETAPAS DO PROJETO DE TUBULAÇÃO SECUNDÁRIA

- Determinar o número e os locais em que deverão ser instaladas as caixas de saída em cada parte do edifício (apartamento, loja, escritórios etc.), de acordo com os critérios estabelecidos na Seção 7.1.15.4, item (b), para os diferentes tipos de edificação, incluindo-se, caso existam, a portaria, a casa do zelador, o salão de festas e demais dependências.
- Definir, dentro de cada parte do edifício, o local em que ficará a caixa de saída principal que será interligada à caixa de distribuição que atende ao andar.
- Determinar o trajeto da tubulação dentro de cada parte do edifício, de modo a se interligarem todas as caixas de saída à caixa de saída principal, projetando caixas de passagem, se estas forem necessárias, para que se limitem o comprimento das tubulações e/ou o número de curvas, conforme os critérios estabelecidos na Seção 7.1.15.4, item (h).
- Estabelecer o diâmetro dos tubos e as dimensões das caixas pertencentes à tubulação secundária, utilizando os valores indicados nas tabelas dos itens (c) e (d) da Seção 7.1.15.4.
- Em edifícios comerciais, em que existam áreas de escritórios com mais de 10 caixas de saída, devem ser utilizados sistemas de distribuição em malha no piso para a interligação das caixas de saída à caixa de saída principal.
- Depois de elaborado o projeto da tubulação secundária, é preciso que se faça o projeto da tubulação primária.

b) ETAPAS DO PROJETO DE TUBULAÇÃO PRIMÁRIA

Determinar o número de prumadas necessárias ao edifício, o qual pode ser maior que um em função dos seguintes critérios:

- existência de obstáculos intransponíveis no trajeto da tubulação vertical;
- concepções arquitetônicas que estabeleçam blocos separados sobre a mesma base;
- edifícios que possuam várias entradas, com áreas de circulação independentes.

Calcular o número total de pontos telefônicos (não incluir as extensões) de cada andar atendidos por uma mesma prumada. Calcular o número total de pontos telefônicos atendidos por aquela prumada, somando-se os valores encontrados para cada andar. Se o número total de pontos telefônicos atendidos por uma mesma prumada for igual ou inferior a 420 (ou 280, a critério da concessionária), e se a construtora decidir executar a prumada em tubulação convencional, localizar as caixas de distribuição e a caixa de distribuição geral do edifício sempre em áreas comuns, em função dos seguintes critérios:

- Caixa de distribuição geral (ponto terminal da rede):
  - a caixa, obrigatoriamente, terá de estar localizada no andar térreo;
  - a caixa não pode ser localizada dentro de salões de festas ou em outras áreas que possam acarretar dificuldades de acesso a ela.
- Caixas de distribuição:
  - a Tabela 7.33 pode ser usada como guia para a determinação da localização das caixas. Porém, em casos especiais e de real necessidade, devido às peculiaridades do edifício para o qual a tubulação está sendo projetada, o esquema de distribuição das caixas poderá diferir dessa tabela.
  - nos edifícios em que a numeração dos andares começar pelo térreo, a tabela deve ser adaptada, para ficar de acordo com a numeração existente. Nesse caso, a designação "térreo" precisa ser substituída por "1º andar", e é necessário acrescentar um andar aos demais. Desse modo, onde está escrito "2º", deve-se entender "3º" e assim por diante.

Como regra geral, cada caixa de distribuição precisa atender a um andar abaixo e um acima daquele em que ela estiver localizada, salvo as últimas caixas das prumadas, que poderão atender a até dois andares para cima. Depois de localizadas as caixas, determinar o trajeto da tubulação entre a caixa de distribuição que atende a um andar e cada uma das caixas de saída escolhidas para essa interligação (ver item (c)), projetando caixas de passagem, se necessárias, para que se limitem os comprimentos das tubulações e/ou o número de curvas, conforme os critérios estabelecidos no item (h). Calcular tanto o número total de pontos telefônicos acumulados em cada trecho da tubulação como o número de pontos atendidos em cada caixa de distribuição que alimenta um ou mais andares.

- Esquema de localização das caixas de distribuição:
  - Calcular o número total de pontos telefônicos acumulados em cada caixa de distribuição, começando pela mais distante e terminando na caixa de distribuição geral.
  - Determinar as dimensões das caixas e a quantidade e diâmetro dos tubos que as interligam, aplicando os valores das tabelas dos itens (c) e (d) da Seção 7.1.15.4. Se o número total de pontos telefônicos atendidos por uma mesma prumada for superior a 420 (ou 280, a critério da concessionária), ou se a construtora assim o decidir, independentemente do número destes, é necessário ser projetado um poço de elevação, observando-se os critérios estabelecidos nos itens seguintes:
  - Projetar cubículos de distribuição em todos os andares. Como regra geral, cada cubículo de distribuição atenderá apenas ao andar no qual estiver localizado.
  - Determinar o trajeto da tubulação entre o cubículo de distribuição que atende ao andar e cada uma das caixas de saída escolhidas para essa interligação – ver item (c) a seguir –, projetando caixas de passagem, se estas forem necessárias, para que se limitem os comprimentos das tubulações e/ou o número de curvas, conforme os critérios estabelecidos na Seção 7.1.15.4, item (h).
  - Calcular tanto o número total de pontos telefônicos acumulados em cada trecho da tubulação como o número de pontos que cada cubículo de distribuição atende.
  - Determinar as dimensões dos cubículos de distribuição, das aberturas de continuidade, das portas e dos painéis de fundo, de acordo com o que estabelece a Seção 7.1.15.4, item (i).
  - Se o edifício possuir um elevado número de pontos telefônicos ou mais de um poço de elevação, deverá ser projetada uma sala para o seu distribuidor geral. Os seguintes critérios terão de ser seguidos, neste caso:
    * Essa sala será de uso exclusivo da concessionária, que determinará, para a construtora, as suas dimensões. As regras gerais estabelecidas na Seção 7.1.15.4, item (j), podem ser seguidas para esse dimensionamento.

Tabela 7.33

Nº de andares	Andares										
	Térreo	2º	5º	8º	11º	14º	17º	20º	23º	26º	29º	Etc.
Até 2	X										
De 3 a 4	X	X									
De 5 a 7	X	X	X								
De 8 a 10	X	X	X	X							
De 11 a 13	X	X	X	X	X						
De 14 a 16	X	X	X	X	X	X					
De 17 a 19	X	X	X	X	X	X	X				
De 20 a 22	X	X	X	X	X	X	X				
De 23 a 25	X	X	X	X	X	X	X	X			
De 26 a 28	X	X	X	X	X	X	X	X	X		
De 29 a 31	X	X	X	X	X	X	X	X	X	X	

* A sala do distribuidor geral terá de comunicar-se com as áreas de uso comum do edifício, e é necessário que ela se localize no térreo ou subsolo, desde que este não esteja sujeita a inundações e seja bem ventilada.
* A sala do distribuidor geral precisará, sempre que possível, estar localizada imediatamente abaixo do poço de elevação. Quando isso não for possível, ou quando existir mais de um poço de elevação, a sala do distribuidor geral necessitará ser interligada ao poço ou aos poços de elevação por meio de tubos de ferro de 75 mm, dimensionados em função do número de pontos telefônicos do edifício, a critério da concessionária. Os comprimentos e as curvaturas desses tubos devem obedecer aos critérios estabelecidos na Seção 7.1.15.4, item (h).

Depois de elaborado o projeto da tubulação primária, tem de ser criado o da tubulação de entrada.

c) ETAPAS DO PROJETO DA TUBULAÇÃO DE ENTRADA

O primeiro passo para a elaboração do projeto da tubulação de entrada é definir se o cabo de entrada do edifício será subterrâneo ou aéreo. Os seguintes critérios precisam ser observados nessa definição:

- A entrada será subterrânea quando:
  - o edifício possuir mais que 20 pontos telefônicos;
  - a rede da concessionária for subterrânea no local;
  - a construtora preferir a entrada subterrânea por motivos estéticos.
- A entrada será aérea quando:
  - o edifício possuir 20 pontos telefônicos ou menos;
  - as condições da rede da concessionária no local o permitirem.
- Os dados referentes à rede da concessionária no local necessitam ser obtidos dela pelo projetista ou construtor. As seguintes informações devem ser prestadas pela concessionária à construtora:
  - se a rede no local é aérea ou subterrânea;
  - de que lado da rua passam os cabos;

- se há ou não previsão de alterações da rede no local (passagem de aérea para subterrânea, mudança do lado da rua etc.);
- a melhor posição para a construção da caixa de entrada do edifício, caso esta exista;

Se o cabo de entrada do edifício for subterrâneo, os seguintes passos têm de ser seguidos na elaboração do projeto:

- Locar uma caixa subterrânea para o atendimento do edifício, de dimensões determinadas conforme a tabela 7.1.15.4 e, no limite do alinhamento da via pública. Tal caixa não pode ser localizada em pontos em que transitam veículos (como entradas de garagens, por exemplo), uma vez que o tampão especificado para ela não é dimensionado para suportar o peso de veículos.
- Determinar o trajeto da tubulação de entrada, desde a caixa de entrada do edifício até a caixa de distribuição geral, projetando-se caixas de passagem intermediárias, se necessárias, para que se limitem o comprimento da tubulação e/ou o número de curvas, conforme os critérios estabelecidos no item (h). As caixas subterrâneas intermediárias precisam ser localizadas e dimensionadas conforme os critérios definidos no item anterior.
- Dimensionar a tubulação de entrada, aplicando-se a tabela 7.1.15.4 e.

Se o cabo de entrada do edifício for aéreo, os seguintes passos necessitam ser seguidos na elaboração do projeto:

- Entrada direta pela fachada:
    - Locar a posição exata em que a tubulação de entrada sairá na fachada do edifício, em função dos elementos estabelecidos na tabela da Seção 7.1.15.4, item (f).
    - A entrada deve ser localizada de maneira que o cabo telefônico de entrada não cruze com linhas de energia elétrica e que mantenha os afastamentos mínimos com essas linhas estabelecidos no item (g). O cabo de entrada não pode, ainda, atravessar terrenos de terceiros e tem de ser colocado em posição tal que não possa ser facilmente alcançado pelos ocupantes do edifício.
    - Determinar o trajeto de tubulação de entrada, desde o ponto definido na fachada até a caixa de distribuição geral, projetando caixas de passagem, se estas forem necessárias, para que se limitem o comprimento da tubulação e/ou o número de curvas, conforme os critérios estabelecidos no item (h).
    - Dimensionar a tubulação de entrada, aplicando-se a Tabela 7.30.
- Entrada por meio de um poste de acesso:
    - Locar, no limite do alinhamento da via pública, um poste de acesso de altura suficiente para atender aos valores estabelecidos na tabela f.
    - Determinar o trajeto das tubulações de entrada, desde o poste de acesso do edifício até a caixa de distribuição geral, projetando caixas de passagem, se estas forem necessárias, para que se limitem o comprimento da tubulação e/ou o número de curvas, conforme os critérios estabelecidos no item (h).
    - Dimensionar a tubulação de entrada, aplicando-se a Tabela 7.30.

Se o edifício não possuir altura suficiente para atender aos valores estabelecidos na tabela g, a concessionária deve ser consultada para determinar, para a construtora, a melhor maneira de proceder à ligação do edifício à rede externa.

7.1.15.6 Sistemas de distribuição nos andares

a) SISTEMA EM MALHA DE PISO COM TUBULAÇÃO CONVENCIONAL

Os sistemas em malha de piso constituídos por tubulações convencionais podem ser utilizados sempre que houver necessidade de se interligar um número de caixas de saída superior a 10, distribuídas na área (ver a Seção 7.1.15.4, item (b). O espaçamento máximo entre os eletrodutos que constituem a malha deve ser de 3 m. Os eletrodutos que constituem a malha de piso têm de ser dimensionados de modo a permitirem a passagem de cabos de ligação de *Key Systems*. O diâmetro do eletroduto precisa ser mantido ao longo de seu trajeto. Como regra geral, o diâmetro interno mínimo dos eletrodutos a ser utilizado em sistemas desse tipo é de 25 mm. Os eletrodutos situados nas proximidades da caixa de distribuição devem ter diâmetros internos maiores que 25 mm, para não estrangular o tubo de alimentação da malha. É conveniente que haja mais de um ponto de alimentação da malha de piso para se proporcionar maior flexibilidade ao sistema.

b) SISTEMA PARALELO DE CANALETAS DE PISO

Os sistemas de canaletas de piso constituem-se em um modo eficiente de distribuir a alimentação dos pontos telefônicos em todo o pavimento, quando não se dispõe de estimativas precisas da necessidade futura de pontos no pavimento. Os sistemas de canaletas de piso têm ainda a vantagem de permitir mudanças na disposição do conjunto de mesas e outros equipamentos de escritórios (leiaute), sem grandes problemas de adaptação do sistema projetado. Os sistemas de canaletas de piso podem ser assentados sobre os sistemas de distribuição de energia elétrica ou alternando-se com aqueles sistemas. O espaçamento mínimo entre as canaletas paralelas para telefones deve ser de 1,50 m, e o máximo, de 3 m. As dimensões das canaletas a serem utilizadas podem ser determinadas adotando-se 1 cm2 de área no corte transversal da canaleta para cada 1,5 m2 de área a ser atendida. Essa regra é baseada na ocupação média de áreas de escritórios e nas suas necessidades médias de serviço telefônico. Uma vez estabelecidas as dimensões e as distâncias entre as canaletas a serem utilizadas, precisam ser previstas caixas de junção, cada qual correspondendo a uma caixa de saída. Como regra geral, o espaçamento entre as caixas de junção tem de ser de 1,20 m. O sistema de canaletas pode ser alimentado da caixa de distribuição do andar ou do poço de elevação (*shaft*) por meio de eletrodutos convencionais ou de canaletas. O dimensionamento dos eletrodutos ou das canaletas de alimentação necessita ser criterioso para que se evite seu congestionamento. Se forem utilizadas canaletas de alimentação, estas podem ser dimensionadas adotando-se 0,5 cm2 de área no corte transversal da canaleta para cada caixa de saída a ser por ela atendida. É conveniente lembrar, porém, que os eletrodutos ou as canaletas de alimentação devem cruzar os eletrodutos ou as canaletas do sistema de distribuição de energia elétrica, o que tende a aumentar a espessura do piso.

c) SISTEMA EM "PENTE" DE CANALETAS DE PISO

O sistema em "pente" de canaletas de piso consiste em vários condutos derivados a 90° e do mesmo lado de um conduto de alimentação. Pode ser usado, se a concessionária o admitir, quando houver necessidade de se estabelecer a distribuição de eletricidade e telefones em um pavimento, sem que se aumente demasiadamente a espessura do piso. O dimensionamento de um sistema desse tipo precisa ser extremamente criterioso, para se evitar o congestionamento das canaletas. Nos condutos derivados, têm de ser adotados, como regra geral, 2cm² de área transversal da canaleta para cada 1,5 m² de área a ser atendida. Na canaleta de alimentação, é necessário ser adotado 1 cm² de sua área da seção transversal para cada caixa de saída a ser atendida por um mesmo conduto derivado. O espaçamento entre as canaletas e a localização das caixas de junção deve seguir os critérios estabelecidos no item (b) acima.

d) SISTEMA EM "ESPINHA DE PEIXE" DE CANALETAS DE PISO

Esse sistema constitui-se em um tipo particular de sistema de distribuição em "pente", no qual os condutos derivam a 90° de ambos os lados de um conduto de alimentação central. O dimensionamento das canaletas do sistema em "espinha de peixe" deve seguir as mesmas regras estabelecidas no item (c) acima.

e) SISTEMAS DE FORRO FALSO

A critério da concessionária, poderão ser utilizados sistemas de distribuição em forro falso. Esses sistemas apresentam graves inconvenientes para a concessionária, principalmente com relação à instalação e manutenção dos fios e cabos colocados no seu interior, mas, em alguns casos críticos, é a única solução que pode ser adotada. Tais sistemas só podem ser admitidos pela concessionária em casos bastante especiais, quando todas as possibilidades de utilização de tubulação convencional ou de sistemas de canaletas de piso estiverem esgotadas. Não podem nunca ser admitidos em prédios novos, em fase de construção ou projeto. Em prédios já construídos, só devem ser autorizados depois de comprovada a total inviabilidade de uso de um sistema de piso. No sistema de forro falso, os condutos são suspensos por meio de vergalhões fixados ao forro e apoiados em suportes. Os fios de distribuição têm de descer até as caixas de saída por meio de colunas acessórias. A alimentação do sistema pode ser feita diretamente do cubículo do poço de elevação ou por um sistema convencional de eletrodutos e caixas de passagem. O sistema de forro falso precisa permitir facilidade de acesso aos condutos, pela remoção das placas que constituem o forro falso. Tais placas necessitam ser encaixadas, mas nunca aparafusadas ou soldadas. Deve-se permitir, ainda, a movimentação segura de pessoas no interior do forro falso. A concessionária poderá exigir, a seu critério, que, quando da utilização de um sistema de forro falso, toda a fiação seja instalada pelo assinante, utilizando os materiais e métodos de construção padronizados pela concessionária. De igual modo, a seu critério, pode-se exigir que toda e qualquer alteração na distribuição da fiação seja providenciada pelo assinante. À concessionária cabe, nesses casos, apenas instalar os aparelhos telefônicos nos pontos em que derivam os fios de distribuição. As caixas de saída precisam ser colocadas nas colunas acessórias a 0,30 m do piso. O assinante terá de manter à mão, no próprio andar em que tiver sido instalado o sistema de forro falso, uma escada que possibilite o acesso aos condutos do forro falso pelos funcionários da concessionária, caso haja necessidade de execução de serviços de manutenção na fiação. Esses funcionários, porém, só poderão ter acesso aos condutos do forro falso quando acompanhados pelo responsável pela manutenção do sistema, indicado pelo assinante que ocupa a área.

f) OUTROS SISTEMAS DE DISTRIBUIÇÃO

Outros sistemas de distribuição nos andares – como rodapés metálicos, canaletas suspensas, pisos falsos etc. – poderão ser utilizados, desde que previamente aprovados pela concessionária.

7.1.15.7 Edifícios constituídos por vários blocos

- Nos edifícios constituídos de vários blocos, a tubulação de entrada deve ser ligada a uma única caixa de distribuição geral ou sala de distribuidor geral localizada em um dos blocos.
- As caixas de distribuição geral ou salas de distribuidor geral dos demais blocos têm de ser interligadas à caixa ou sala que deu acesso aos cabos da rede externa.
- Essa caixa de distribuição geral ou sala de distribuidor geral – que é interligada à rede externa – necessita ser dimensionada pelo somatório de todos os pontos telefônicos previstos para os vários blocos nela acumulados. Para seu dimensionamento, deve ser utilizada a tabela da Seção 7.1.15.4, item (d).
- As tubulações de interligação das demais caixas de distribuição geral ou salas à caixa ou sala principal devem ser dimensionadas de acordo com a tabela da Seção 7.1.15.4 e projetando-se caixas de passagem, se estas forem necessárias, para que se limitem os comprimentos das tubulações e/ou eliminem curvas, conforme os critérios estabelecidos na Seção 7.1.15.4, item (h).
- O mesmo se aplica nos casos de edificações constituídas por vários prédios isolados dentro de um mesmo terreno.
- A construtora será responsável pela instalação das tubulações anteriormente referidas, conforme estabelece esta instrução.

7.1.15.8 Materiais utilizados na execução de tubulações telefônicas

Os materiais a serem utilizados na execução de tubulações telefônicas precisam ser rigorosamente adequados às finalidades a que se destinam e satisfazer às normas aplicáveis da ABNT.

ELETRODUTOS Têm de ser utilizados unicamente eletrodutos rígidos, sem costuras ou rebarbas, de ferro galvanizado, metal esmaltado a quente, PVC ou similar. As luvas, curvas, buchas e arruelas necessitam ser de material e dimensões compatíveis com eletrodutos aos quais são ligadas. Os diâmetros internos mínimos dos eletrodutos que poderão ser utilizados são os indicados na tabela da Seção 7.1.15.4, item (c). Os eletrodutos rígidos metálicos, apenas esmaltados, só poderão ser utilizados em instalações internas não sujeitas à corrosão. No caso de tubulações metálicas expostas ao tempo, deverão ser empregados eletrodutos galvanizados.

CAIXAS As caixas de saída, de passagem, de distribuição e de distribuição geral terão de ser construídas em metal, utilizando chapa de aço de, no mínimo, 1,0 mm de espessura, com toda a superfície metálica previamente decapada e pintada com tinta antiferrugem. Poderão ser utilizados outros materiais, desde que previamente aprovados pela concessionária. As dimensões internas das caixas devem estar de acordo com a tabela da Seção 7.1.15.4, item (d).

DUTOS PARA ENTRADAS SUBTERRÂNEAS Poderão ser utilizados dutos de PVC rígido ou de fibrocimento, os quais precisam estar de acordo com a concessionária. Os dutos de ferro galvanizado somente poderão ser utilizados em locais em que, a critério da concessionária, as condições existentes impedirem o uso de outros tipos de duto.

CAIXAS DE ENTRADA DOS EDIFÍCIOS As caixas subterrâneas de entrada dos edifícios poderão ser construídas de alvenaria de tijolos, revestidas de cimento e areia, ou de concreto. Devem ser construídos poços de esgotamento (drenos) nas caixas para escoamento das águas pluviais, e instaladas ferragens para suportar os cabos telefônicos no seu interior. As dimensões internas das caixas subterrâneas devem estar de acordo com a tabela da Seção 7.1.15.4, item (f). As caixas subterrâneas necessitam ser equipadas com tampões retangulares, de ferro, os quais são fornecidos pela construtora e devem estar de acordo com a concessionária.

CANALETAS DE PISO OU FORRO FALSO As canaletas precisam ser rígidas, metálicas, de seção retangular e resistência mecânica suficiente para suportar os esforços a que serão submetidas. A superfície da parte interna das canaletas tem de ser lisa e isenta de rebarbas, saliências e ressaltos. É necessário que as canaletas de forro falso possuam tampas em toda a sua extensão, não podendo o sistema de fechamento utilizar parafusos ou outros elementos de fixação permanente.

7.1.15.9 Instalação

7.1.15.9.1 Eletrodutos

Os eletrodutos rígidos devem ser emendados por meio de luvas atarraxadas em ambas as extremidades a serem ligadas, as quais serão introduzidas na luva até se tocarem, para que se assegure a continuidade interna da instalação, conforme estabelecem as normas da ABNT. Os eletrodutos de PVC poderão ser colados a frio. A junção dos eletrodutos de uma mesma linha tem de ser feita de modo a permitir e manter permanentemente o alinhamento e a estanqueidade. Os eletrodutos rígidos somente poderão ser cortados perpendicularmente a seu eixo. As rebarbas deixadas nas operações de corte ou de abertura de novas roscas precisam ser retiradas. As extremidades dos eletrodutos, quer sejam internos quer sejam externos, embutidos ou não, necessitam ser protegidas com buchas de vedação. Os eletrodutos, sempre que possível, devem ser assentados em linha reta. Não poderão ser feitas curvas nos eletrodutos rígidos, tendo de ser usadas, quando necessárias, curvas pré-fabricadas. É necessário que as curvas sejam de padrão comercial e estejam de acordo com o diâmetro do eletroduto empregado. A colocação de tubulação embutida em peças estruturais de concreto armado deverá ser feita de modo que a tubulação não fique sujeita a esforços, conforme recomendam as normas da ABNT. Os eletrodutos embutidos em vigas e lajes de concreto armado precisam ser colocados sobre os vergalhões que constituem as armaduras inferiores, necessitando ser fechadas todas as entradas e bocas dos eletrodutos, para impedir a penetração de nata de cimento durante a lançamento de concreto nas fôrmas, conforme recomendam as normas da ABNT. Nas juntas de dilatação, a tubulação deverá ser seccionada, colocando-se caixas de passagem junto dela, uma de cada lado. Em uma das caixas, um dos eletrodutos não pode ser fixado, tendo de ficar livre. Desde que aprovados pela concessionária, outros recursos poderão ser usados – por exemplo, a utilização de uma luva sem rosca do mesmo material do eletroduto, colocada na junta de dilatação para que se permita o livre deslizamento dos eletrodutos. Os eletrodutos aparentes terão de ser fixados de modo a se constituir um sistema de boa aparência e suficiente segurança para suportar o peso do cabo e os esforços de puxamento. Em todos os lances da tubulação, precisam ser passados arames-guia, de aço galvanizado de 1,65 mm de diâmetro, os quais têm de ficar dentro das tubulações, presos nas buchas de vedação, até sua utilização no puxamento dos cabos. Toda tubulação metálica necessita ter uma ligação à terra, suficiente para desvio de correntes estranhas. A resistência à terra em qualquer ponto da tubulação não pode exceder a 30 ohms.

7.1.15.9.2 Caixas de passagem, distribuição, distribuição geral e salas de distribuidor geral

Todas as caixas devem ser situadas em recintos secos, abrigados e seguros, de fácil acesso e localizados em áreas de uso comum do edifício. As portas de todas as caixas precisam ser providas de fechaduras e de dispositivos para ventilação além disso, têm de abrir-se somente para o lado de fora das caixas. As portas devem abrir-se de modo a deixar inteiramente livre a abertura da caixa. Tal exigência precisa ser observada com cuidado, para que se facilite o trabalho do pessoal encarregado de executar as emendas dos cabos e realizar serviços de instalação no interior das caixas. Nas proximidades de cada caixa de distribuição geral ou dentro de cada sala de distribuidor geral, é necessário ser instalada uma tomada de energia elétrica de 110V ou 220 V, conforme a tensão de distribuição da localidade onde o edifício estiver situado. As salas de distribuidor geral devem ser equipadas também com luminárias e interruptor. A fixação dos eletrodutos nas caixas precisa ser feita por meio de arruelas e buchas de proteção. Os eletrodutos não podem ter, nas caixas, saliências maiores do que a altura da arruela mais a bucha de proteção. As caixas de passagem, de distribuição e de distribuição geral terão ser instaladas de modo que seu centro se situe a 1,30 m do piso. As caixas de distribuição geral e as salas de distribuidor geral necessitam ser providas de, pelo menos, um ponto de terra, cuja resistência de terra não pode ser superior a 30 ohms.

7.1.15.9.3 Caixas de saída em paredes

Devem ser localizadas a aproximadamente 0,30 m do centro ao piso, para telefones de mesa ou portáteis, e a 1,30 m do centro ao piso, para telefones de parede.

7.1.15.9.4 Caixas de entrada dos edifícios

As caixas subterrâneas de entrada dos edifícios precisam obedecer aos detalhes construtivos e às especificações dos materiais determinados pela concessionária. Em cada caixa, têm de ser colocadas ferragens para sustentação dos cabos, conforme a concessionária. O acabamento interno das caixas necessita ser feito de modo que as suas paredes fiquem lisas e planas, não se admitindo sulcos, furos ou saliências. O pescoço deverá manter as dimensões da abertura da base. As caixas terão de ser limpas de toda sobra de material ou entulho. O tampão, quando instalado em calçadas, terá de ficar nivelado com elas. Se instalado em áreas verdes, precisa ficar 20 cm acima do solo. Os pisos das caixas necessitam ter uma inclinação mínima de 3% no sentido do poço de esgotamento (dreno).

7.1.15.9.5 Dutos para tubulações de entrada

A instalação dos dutos de PVC ou de polietileno – PEAD – corrugados para as tubulações de entrada deve ser feita de acordo com a concessionária. Todos os dutos, antes de serem colocados na vala, terão ser inspecionados, a fim de se verificar se os furos estão limpos e livres de quaisquer saliências ásperas que possam danificar o cabo. As junções do tipo soldável e as superfícies a serem coladas precisam estar completamente limpas e secas, para que se obtenha uma boa conexão. As junções dos dutos de fibrocimento são feitas com anéis de borracha colocados nas ranhuras próximas às extremidades das pontas. Caso os trabalhos de assentamento dos dutos sejam interrompidos, estes necessitam ter suas bocas vedadas com tampões apropriados. O mesmo deverá ser feito após o término da construção da linha de dutos.

7.1.15.9.6 Canaletas de piso e forro falso

As canaletas só podem ser cortadas perpendicularmente a seu eixo, retirando-se cuidadosamente todas as rebarbas deixadas na operação de corte. As emendas das canaletas têm de ser feitas de modo tal que se garanta perfeita continuidade elétrica, resistência mecânica equivalente à dos condutos sem emendas, vedação adequada – a fim de que se impeça a penetração de argamassa ou nata de concreto –, continuidade e regularidade da superfície interna. As canaletas, quando interligadas às caixas de distribuição, precisam ser terminadas nestas por meio de luvas, de modo a se garantir a continuidade elétrica e assegurar a integridade dos fios e cabos no processo de sua instalação. Os finais das canaletas de piso necessitam ser adequadamente tampados, para que se impeça a entrada de argamassa ou nata de concreto. Nos sistemas de forro falso, a interligação entre as canaletas e as colunas de distribuição deve ser feita com caixas de junção, mantendo-se a continuidade elétrica da tubulação. As colunas dos sistemas de forro falso devem ser do mesmo tipo e material que o das canaletas. As canaletas dos sistemas de forro falso precisam possuir tampa removível em toda a sua extensão, de modo que o trabalho de instalação da fiação se torne uma simples deposição dos fios ou cabos dentro das canaletas. Não se admite a instalação de fios de energia elétrica dentro das canaletas destinadas ao sistema telefônico.

7.1.15.10 Aprovação de projetos

Para que o projeto seja aprovado, é preciso que ele tenha sido elaborado de acordo com os critérios estabelecidos pelas normas da concessionária e encaminhado por meio de uma carta solicitando sua aprovação. O projeto tem de ser encaminhado acompanhado dos seguintes documentos:
- carta solicitando aprovação do projeto de tubulação telefônica;
- memorial descritivo do projeto de tubulação telefônica;
- plantas da tubulação secundária;
- cortes esquemáticos das tubulações primárias e de entrada;
- planta de localização do edifício.

– PEDIDO DE APROVAÇÃO DE PROJETO DE TUBULAÇÃO TELEFÔNICA

Trata-se de uma carta da construtora à concessionária, que necessita indicar o endereço do edifício, declarar que o projeto foi elaborado de acordo com a presente instrução e solicitar a aprovação do projeto. É importante que a carta indique o endereço e o telefone de contato, para o caso de ser necessária alguma informação complementar.

– PLANTA DE LOCALIZAÇÃO DO EDIFÍCIO

A planta de localização do edifício, que pode fazer parte de um dos desenhos do projeto, deverá ser desenhada em escala não inferior a 1:500 e conter as seguintes informações:
- localização do edifício ou conjunto de edifícios dentro do terreno;
- localização do terreno com relação à rua de frente e às laterais.

7.1.15.11 Aterramento de caixa de distribuição geral e sala de DG

7.1.15.11.1 Finalidades

- Proteger eletricamente usuários e operadores do sistema telefônico de correntes provenientes de descargas atmosféricas e de contatos com condutores da rede de energia elétrica.
- Possibilitar/facilitar a instalação e/ou manutenção de determinados serviços telefônicos e a realização de testes na rede telefônica interna.

7.1.15.11.2 Características básicas

O aterramento da tubulação telefônica de uma edificação consiste basicamente na interligação da caixa de distribuição geral ou sala de DG do prédio à(s) haste(s) de aterramento, por meio de condutor devidamente tubulado.

7.1.15.11.3 Sistemas de telefonia fixa comutada

Sistema de telefonia fixa comutada é o sistema público convencional de comunicação de voz, que interliga pessoas físicas e jurídicas no âmbito nacional e internacional. Assim, as chamadas telefônicas são conduzidas de um terminal para outro por meio de diversos centros de comutação.

7.1.15.11.4 Central PABX

É a sigla de *private automatic branch exchange* (PBX é a central privada de comutação telefônica manual – que exige intervenção de uma operadora –, enquanto PABX é a de operação automática). Permite o uso simultâneo das linhas, que podem servir de alguns poucos ramais até cerca de 10000. Embora ainda se fabriquem sistemas

PABX *analógicos*, especialmente na faixa de até 128 ramais (também suprida pelos sistemas KS), a grande maioria é de tecnologia digital, que permite a transmissão de dados (a esses sistemas pode-se ligar computadores que se comunicarão com bancos de dados via telefone). Esses PABX também dispõem de uma interface analógica, que permite o uso de telefones comuns. Assim, nas grandes empresas, é possível dotar a maior parte dos departamentos de telefones comuns, que só fazem ligações externas com o auxílio da telefonista, e distribuir telefones executivos apenas a quem de fato precisa deles. Quem usa um desses terminais tem a impressão de que está utilizando um KS, pois são similares aos multiteclas usados com centrais PABX.

7.1.15.11.5 Central KS

Essa sigla vem de *Key System*. Esses equipamentos tornaram possível acionar uma função disponível na central privada usando apenas uma tecla, e dispensam o trabalho da telefonista. Como normalmente são feitos para atender a uma faixa de até 128 ramais, permitem a criação de pequenos *distribuidores automáticos de chamadas* (DAC) e outras facilidades, mas não servem a empresas que têm um tráfego muito grande de chamadas. A central telefônica é assim de pequena capacidade, e o usuário seleciona diretamente pelo aparelho telefônico o tronco desejado para interligar-se com o Sistema Telefônico Fixo Comutado, podendo também interligar-se automaticamente com os demais ramais.

7.1.15.11.6 Central micro PABX

São os sistemas mais baratos para quem quer apenas uma central telefônica. Embora ofereçam a possibilidade de o usuário usar algumas facilidades disponíveis em centrais maiores, a interface homem-máquina, ou seja, a forma de solicitá-las ao telefone, costuma ser bem mais complexa, a ponto de ter de consultar um manual a cada vez. É o equipamento ideal e econômico para quem quer exigir do telefone apenas a sua função original: falar com outros telefones.

7.1.15.11.7 Central CS

Trata-se de uma central de comutação telefônica de pequeno porte que permite a programação de ramais atendedores, podendo esta ser alterada manualmente pelo usuário do ramal e/ou automaticamente. Possibilita ainda ao usuário de ramal a seleção do enlace desejado, por meio do próprio aparelho.

7.1.15.11.8 Sistema híbrido

Há dois conceitos de hibridez: uma central pode ser híbrida quanto à função, o que significa que ela aceita tanto terminais comuns como os mais sofisticados (multifunção); e pode ser híbrida quanto à tecnologia: dentro da central privada, a comutação é digital, mas a comunicação do terminal telefônico com a central é analógica. Nesse caso, o par de fios que liga o telefone à central não é capaz de transmitir dados (não é 2B + D) e, para ganhar essa capacidade, precisará ser ligado por um segundo par de fios. A tendência tem sido de, na central de comutação, a tecnologia usada ser digital simplesmente porque ela se tornou a mais barata. Já para ligar o telefone digital à central em 2B + D, o custo aumenta por porta, mas a tendência é de barateamento em poucos anos. Não se deve confundir essa ligação com os dois pares de fios usados para conectar terminais analógicos a centrais KS híbridas, quando o primeiro par é o usado para comutação e o segundo para a sinalização, não implicando capacidade para transmissão de dados. A tendência tecnológica é de todas as centrais passarem a ser fabricadas como híbridas quanto à aceitação de terminais.

7.1.16 Televisão

7.1.16.1 TV analógica e TV digital

A TV analógica é aquela na qual os sinais são enviados para o aparelho receptor por um fluxo constante de ondas de rádio (as imagens são reproduzidas na tela em uma resolução de 480 linhas horizontais). Na TV digital, os sinais chegam ao aparelho em sequências de 0 e 1, eletrônicos, que consiste na mesma linguagem utilizada nos computadores (a TV é chamada de *alta resolução*, em que as imagens são muito mais nítidas, quando reproduzidas na tela em uma resolução de 1.080 linhas).

7.1.16.2 Generalidades

Os sinais de televisão são transmitidos por:

- antena convencional;
- cabo ou antena de micro-ondas;
- antena parabólica direcionada a um satélite.

A primeira forma de transmissão é gratuita – daí o seu nome TV aberta. As demais formas são pagas. A TV aberta está presa à transmissão analógica (de 50 anos atrás), enquanto boa parte das instalações e TV a cabo está pronta para muito em breve transmitir digitalmente. A TV por satélite já é digital, porém todas as demais estão em transição para a nova tecnologia digital. Pode chegar, na TV que recebe sinais digitais, um sem-número de canais e serviços interativos.

7.1.16.3 Antena coletiva convencional

A tubulação para sistema de antena coletiva deverá ser deixada com arame galvanizado nº 14 internamente passado. A antena de televisão, instalada sobre a cobertura do prédio, poderá ser suportada por tubo de aço galvanizado com Ø 2", apoiado em tripé chumbado na laje, ou por estrutura de perfis metálicos. O projeto de antena coletiva para televisão precisa prever a instalação de amplificadores (*boosters*) e filtros, ligados por cabos especiais, a fim de reduzir ao mínimo a dispersão do sinal e impedir interferências ocasionais por parte de outros aparelhos eletrônicos, motores, linhas de alta-tensão etc. Para a instalação de amplificadores, terá de ser prevista, na cobertura do edifício, uma caixa metálica de 60 cm × 25 cm, dotada de uma tomada de 110 V. A antena convencional permite a recepção de televisão por dois sistemas. O sistema VHF (*very high frequency*) permite a transmissão de televisão em até 12 canais, com o alcance máximo de 100 km a 150 km. O sistema UHF (*ultra high frequency*) permite a transmissão de televisão em dezenas de canais, sofrendo seus sinais menos interferências. A instalação convencional para a faixa VHF compõe-se de antenas direcionais, constituídas de cinco a sete elementos paralelos, e equipamento eletrônico composto de filtro equalizador, amplificador e distribuidor, devendo haver, nas saídas (nos apartamentos), filtro com condensador. A instalação convencional para a faixa UHF compõe-se de antena de *faixa larga* (denominada *short backfire*), *cestinha* ou *borboleta* (graças ao seu formato), e o equipamento eletrônico constituído, em essência, de amplificador, conversor (para VHF) e aparelho de controle remoto do conversor.

7.1.16.4 Antena parabólica

A antena parabólica permite a recepção de televisão de longo alcance, via satélite. As destinadas ao uso de edifícios residenciais são do tipo *focal point* e são disponíveis em dois tipos de montagem:

- *azimute sobre elevação*, quando se destina à captação de sinais de um único satélite;
- *polar*, que permite fácil realinhamento, quando se destina à recepção de sinais de vários satélites (Brasilsat, Intelsat etc.).

Os diâmetros usuais são de 2,4 m/3 m/4,5 m /6 m e seus pesos correspondem a 130 kg/200 kg/500 kg/800 kg. A instalação compreende, em essência, a antena propriamente dita, amplificador e conversor.

7.1.16.5 Transmissão a cabo

Trata-se de sistema de transmissão de televisão por cabos de fibra ótica ou coaxiais, que substitui a transmissão por ondas eletromagnéticas (sujeitas a interferências que prejudicam a recepção da imagem). Esse sistema pode utilizar a tubulação prevista para antena coletiva, porém só pode ser implantado em região compreendida em área de atuação de operadora de TV a cabo.

7.1.17 Sistema de proteção contra descargas atmosféricas (SPDA): para-raios

7.1.17.1 Terminologia

- *Captor*: ponta (múltipla niquelada) ou condutor metálico que, por sua situação elevada, facilita as descargas elétricas atmosféricas.
- *Conexão de medição*: conexão desmontável destinada a permitir a medição da resistência ôhmica de terra.
- *Canalização de terra:* parte da descida entre a conexão de medição e o eletrodo de terra.
- *Descida*: condutor metálico que estabelece ligação entre o captor e o eletrodo de terra.
- *Eletrodo de terra*: material que estabelece o contato elétrico entre a instalação do para-raios e a terra.
- *Haste*: suporte de captor de ponta.
- *Massa metálica*: conjunto metálico contínuo, no interior ou exterior da edificação, como instalação de água, de ar condicionado e de aquecimento central, rede de eletrodutos, elevadores e outros semelhantes.
- *Mastro*: suporte de captor do tipo *condutor metálico*.
- *Para-raios*: conjunto de captores, descidas, conexões e eletrodos de terra, destinado a atrair as descargas elétricas da atmosfera.
- *Resistência de terra*: resistência ôhmica existente entre o eletrodo de terra e a própria terra.

7.1.17.2 Generalidades

O campo de proteção oferecido por uma haste vertical é aquele abrangido por um cone, tendo por vértice o ponto mais alto do para-raios e cuja geratriz forma o ângulo de 60° com eixo vertical. Nunca poderão ser instalados para-raios do tipo radioativo.

7.1.17.3 Execução da instalação

Na execução da instalação de para-raios, além dos pontos mais elevados da edificação, deverão ser consideradas também a distribuição das massas metálicas bem como as condições do solo e do subsolo. As edificações que possuírem consideráveis massas metálicas terão seus pontos mais baixos ligados à terra. A armadura da estrutura de concreto e a canalização embutida independerão de ligação à instalação de para-raios. Edificações com área coberta superior a 200 m², ou perímetro superior a 50 m, ou altura superior a 20 m, precisam ter pelo menos duas descidas. As descidas, considerado o perímetro e a área da edificação, terão de ser localizadas, respectivamente, o mais equidistantes e o mais afastadas entre si.

Na instalação de para-raios, é necessário levar em conta a existência de árvores nas proximidades. Para evitar descargas laterais, as descidas deverão manter-se afastadas das árvores pelo menos 2 m. As descidas, a partir do captor, nunca poderão ser dirigidas em linha montante nem formar cotovelos com ângulo interno inferior a 90°. O raio das curvas terá de ser no mínimo de 20 cm. A fixação dos captores e das descidas será executada com o auxílio de peças exteriores e visíveis. As descidas precisam ser protegidas até 2 m de altura, a partir do solo, por tubos ou moldes de materiais não condutores de eletricidade. Caso sejam empregados tubos metálicos, eles não poderão ser de material magnético. Qualquer que seja o número de descidas, cada uma necessitará ter o seu próprio eletrodo de terra e, sempre que possível, interligados entre si, no solo.

7.1.17.4 SPDA estrutural

Trata-se de um sistema interno de para-raios caracterizado por condutores elétricos embutidos na estrutura de concreto da edificação. É uma instalação de custo mais baixo do que os para-raios externos pelo fato de utilizar barras de aço e serviços da obra, dispensando os condutores de cobre e mão de obra especializada para a execução das descidas externas e também os anéis de cintamento horizontal. Além disso, o SPDA estrutural oferece melhor proteção contra raios que caiam no entorno da edificação, os quais podem provocar surtos induzidos nas instalações elétricas e equipamentos do prédio. Ainda, o SPDA estrutural não provoca problemas estéticos à edificação e não o oferece risco de furto dos elementos de cobre das descidas externas. O processo de implantação do SPDA estrutural deve ser iniciado com a contratação de um projeto específico elaborado por profissional registrado no CREA. Os principais elementos do SPDA estrutural são:

- **Aterramento pelas Fundações:** os condutores devem ser barras de aço galvanizado a fogo (com diâmetro mínimo de 10 mm) e têm de ser instalados desde o ponto mais profundo da estaca de fundação até o bloco de coroamento. Barras de aço galvanizado a fogo necessitam ser colocadas também nas vigas baldrame, interligando todos os pilares da estrutura. A instalação dos condutores desde as fundações substitui as malhas de aterramento do sistema SPDA convencional.
- **Descidas:** as barras de aço galvanizado a fogo de descida, com diâmetro de 8 mm e comprimento variando de 3 m a 4 m, precisam ser conectadas em todos os pilares da estrutura, ligando o subsistema das fundações à laje de cobertura do prédio (bem como ao ático). As barras sempre devem estar posicionadas na parte mais externa da estrutura, amarradas aos estribos com arames. Além disso, têm de ser presas com arame recozido aos vergalhões de vigas e lajes da estrutura, por meio de barras em forma de "L" com 20 cm de cada lado. A conexão entre uma barra e outra precisa ser feita com clipes galvanizados, com traspasse de 20 cm.
- **Preparação para o Sistema de Captação:** concluída a laje de cobertura, as barras de aço galvanizadas a fogo necessitam ser posicionadas em conformidade com o subsistema de captação que será adotado (Franklin, eletrogeométrico ou gaiola de Faraday). Conectores estruturais necessitam executar a ligação das barras de aço galvanizadas a fogo com os terminais (aéreos do subsistema de captação e condutores horizontais, tanto na lateral da platibanda como por cima dela). O projeto do SPDA detalha o subsistema de captação, bem como a proteção e o aterramento de massas metálicas expostas.
- **Subsistema de Equalização de Potenciais:** caixas de equalização de potencial elétrico devem ser instaladas no andar térreo e a cada 20 m de altura ou em cada pavimento, dependendo do projeto. A ligação da armadura da estrutura e de elementos metálicos especificados no projeto de SPDA é feita por conectores estruturais. Após a realização desse procedimento dentro da estrutura de concreto armado, sugere-se que sejam feitos testes de continuidade elétrica (chamada de primeira verificação) para validar se realmente a estrutura é contínua. Caso sejam detectados problemas, eles poderão ser contornados na etapa da obra. Após a instalação dos demais subsistemas de proteção de captação, equipotencialização e medidas de proteção contra surtos, terá de ser feita a verificação final, com o sistema de proteção todo instalado e funcionando. É preciso ser emitido um laudo de conformidade pelo engenheiro responsável pelos ensaios de continuidade elétrica, comprovando ou não a continuidade da estrutura de acordo com os critérios estabelecidos nas normas da ABNT.

7.1.17.5 Dimensionamento e detalhes construtivos

Entre os materiais para a confecção dos eletrodos de terra, poderão ser usados o cobre, o *copperweld* ou similar, e ligas metálicas tão resistentes à corrosão quanto o cobre. Os condutores de cobre nu possuirão as seguintes dimensões mínimas:

- descidas: poderão ser empregadas cordoalhas, desde que a seção transversal não seja inferior a 30 mm²; as cordoalhas não poderão ter mais de 19 fios elementares;
- interligações: entre captores, descidas e massas metálicas e entre eletrodos de terra, terão de ser usados condutores com seção mínima de 13 mm² (4 AWG).

– *Terminais aéreos*: os terminais aéreos poderão ser constituídos de uma só peça ou compostos de haste e captor:
- os captores de ponta deverão ser maciços, ter comprimento e diâmetro mínimos de 250 mm e 13 mm, respectivamente; serão pontiagudos e atarraxados às hastes por meio de luvas roscadas;
- as hastes, qualquer que seja o material ou a forma, precisam ter pelo menos resistência mecânica equivalente à de um tubo de aço zincado com diâmetro nominal (interno) de 20 mm (3/4") e de paredes com espessura de 2,65 mm; terão de ser perfeitamente fixadas nas partes mais elevadas da estrutura da edificação e ter altura livre mínima de 3 m a 6 m; poderão ser usados postes telefônicos de aço classe 30, com base; poderão também ser utilizados estais.

A ligação das descidas aos terminais aéreos deverá ser executada por meio de conectores de pressão ou juntas amolgáveis, que assegurem sólida ligação mecânico-elétrica.

– *Emendas e juntas:* é vedado o uso de emendas nas descidas. Excetua-se a conexão de medição, que é obrigatória.

– *Suportes em geral:* os condutores instalados acompanhando a superfície da edificação precisam ser mantidos com afastamento de pelo menos 20 cm. Os suportes serão distanciados entre si de 2 m, no mínimo.

– *Eletrodos de terra:* o número de eletrodos de terra depende da característica do solo; a resistência de terra não poderá ser superior a 10 Ω em qualquer época do ano, medida por aparelhos e métodos adequados. Os eletrodos de terra terão de estar de acordo com a Tabela 7.34.

Tabela 7.34: Chapas e tubos

Forma	Material	Dimensões mínimas	Posição	Profundidade mínima
Chapas	Cobre	2 mm × 0,25 m²	Horizontal	60 cm
Tubos	Cobre	⌀ 25 mm (int.) × 2,40 m	Vertical	V. nota
	Copperweld	⌀ 13 mm (int.) × 2,40 m		
Nota: O enterramento deverá ser total e feito por percussão.				

Os eletrodos e os condutores necessitam ficar afastados das fundações no mínimo 50 cm. Os eletrodos de terra deverão estar situados em solos úmidos, de preferência próximos a lençol freático, evitando, entretanto, locais onde possa haver substâncias corrosivas. Em solo seco, arenoso, calcário ou rochoso, onde houver dificuldade de conseguir o mínimo da resistência ôhmica estabelecida, será necessária uma compensação por meio de maior distribuição de eletrodos em disposição radial, todos interligados, por condutores que circundem a edificação, formando uma rede. Não será permitida a colocação de eletrodos de terra nas seguintes condições:

- sob revestimentos asfálticos;
- sob concreto;
- sob argamassas em geral;
- em poços de abastecimento de água;
- em fossas sépticas.

7.1.17.6 Controle e manutenção

A instalação de para-raios somente poderá ser controlada por pessoal qualificado e particularmente nas seguintes ocasiões:

- na entrega pelo profissional habilitado e recebimento da instalação;
- depois da reparação ou reforma da edificação e após reparação ou extensão da instalação;
- periodicamente, de dois em dois anos;
- depois da instalação ter recebido descargas elétricas atmosféricas.

Na ocasião dos controles periódicos, deverão ser, pelo menos, examinadas as seguintes particularidades:

- sinais de deterioração ou corrosão nos captores, descidas, canalização, conexões e suportes;
- sinais de corrosão nos eletrodos de terra, principalmente nos solos agressivos;
- existência de algas nas conexões;
- continuidade elétrica;
- a resistência ôhmica entre os eletrodos e a terra, separadamente e no seu conjunto, desde que haja mais de um eletrodo.

No local da instalação terão de ser mantidos o projeto do para-raios e o registro das resistências ôhmicas anteriormente medidas, bem como das particularidades acima relacionadas, desde que constatadas. A medição da resistência ôhmica entre os eletrodos e a terra precisa ser efetuada com corrente alternada produzida por aparelho apropriado.

7.1.18 Iluminação – Terminologia

7.1.18.1 Radiações – Grandezas e unidades

- *Radiação (eletromagnética)*: emissão ou transporte de energia sob forma de ondas eletromagnéticas, com os fótons associados. Por extensão, esse termo designa também essas ondas eletromagnéticas.
- *Radiação óptica*: radiação eletromagnética cujos comprimentos de onda ficam compreendidos entre a região de transição para os raios X e a região de transição para as ondas radioelétricas.
- *Radiação visível*: radiação óptica capaz de produzir diretamente uma sensação visual. Não existem limites precisos para a faixa espectral da radiação visível, uma vez que esses limites dependem do fluxo energético que atinge a retina e da sensibilidade do observador.
- *Radiação infravermelha*: radiação óptica cujos comprimentos de onda são maiores do que aqueles da radiação visível.
- *Radiação ultravioleta*: radiação óptica cujos comprimentos de onda são menores do que aqueles da radiação visível.
- *Estímulo luminoso*: radiação visível que penetra no olho e produz uma sensação de luz.
- *Fluxo radiante – potência radiante*: potência emitida, transmitida ou recebida sob forma de radiação. Unidade: watt.
- *Fluxo luminoso*: grandeza derivada do fluxo radiante, pela avaliação da radiação de acordo com a sua ação sobre o observador.
- *Intensidade luminosa*: de uma fonte, em uma dada direção, é a razão do fluxo luminoso que parte da fonte e se propaga no elemento de ângulo sólido cujo eixo coincide com a direção considerada, para esse elemento de ângulo sólido.
- *Iluminância*: em um ponto de uma superfície, é a razão do fluxo luminoso incidente em um elemento de superfície que contém o ponto dado, para a área desse elemento.

7.1.18.2 Visão – Reprodução das cores

- *Adaptação*: processo pelo qual o estado do sistema visual é modificado pela exposição a estímulos, prévios e presentes, com luminâncias, distribuições espectrais e extensões angulares variáveis. Os termos adaptação à luz e adaptação ao escuro são também utilizados primeiro quando as luminâncias dos estímulos são no mínimo iguais a várias candelas por metro quadrado, e o segundo quando as luminâncias são menores do que poucos centésimos de candela por metro quadrado.
- *Luz (percebida)*: atributo indispensável e comum a todas as percepções e sensações que são peculiares ao sistema visual.
- *Cor (percebida)*: atributo da percepção visual formado por uma combinação qualquer de um elemento cromático e de um elemento acromático. Esse atributo pode ser descrito pelos nomes de cores cromáticas (amarela, alaranjada, parda, vermelha, rosa, verde, azul, púrpura etc.), ou pelos nomes de cores acromáticas (branca, cinza, preta etc.), e pode ser qualificado por adjetivos como *luminoso, fosco, claro* etc., ou por uma combinação de tais nomes e adjetivos. A cor percebida depende da distribuição espectral do estímulo da cor, da dimensão, da forma, da estrutura e da circunvizinhança da superfície do estímulo, do estado de adaptação do sistema visual do observador e da experiência que ele tem da condição de observação em que se encontra e de condições similares.
- *Cor (percebida) não isolada*: cor que é percebida como pertencendo a uma superfície vista ao mesmo tempo que outras cores vizinhas.
- *Matiz*: atributo de uma sensação visual segundo a qual uma superfície parece semelhante a uma das cores percebidas, vermelha, amarela, verde e azul, ou a uma combinação dessas cores.
- *Cor (percebida) acromática*: em sentido perceptivo, cor que não tem matiz. As denominações branca, cinza e preta são comumente utilizadas, ou, no caso de objetos transparentes ou translúcidos, *incolor e neutro*.

- *Cor (percebida) cromática*: em sentido perceptivo, cor percebida que tem matiz. Na linguagem corrente, a palavra *cor* é muitas vezes utilizada nesse sentido, para distinguir de branca, cinza ou preta. O adjetivo *colorido* refere-se geralmente à cor cromática.
- *Luminosidade*: atributo da sensação visual segundo a qual uma superfície parece emitir mais ou menos luz.
- *Luminoso*: adjetivo utilizado para descrever altos níveis de luminosidade.
- *Claridade*: de uma cor não isolada, é a luminosidade de uma superfície apreciada em relação à luminosidade de uma superfície que é iluminada de maneira semelhante e que parece branca ou altamente transmissiva. Só as cores não isoladas têm claridade.
- *Acuidade visual – resolução visual*: em sentido qualitativo, é a capacidade de ver distintamente finos detalhes que têm uma separação angular muito pequena.
- *Limiar de luminância:* a mais baixa luminância de um estímulo que lhe permite ser percebido. Esse valor depende da dimensão do campo de observação, da circunvizinhança, do estado de adaptação e de outras condições da observação.
- *Contraste*: em sentido perceptivo, é a avaliação da diferença de aspecto de duas ou mais partes do campo observado, justapostos no espaço ou no tempo (de onde se pode ter o *contraste de luminância, o contraste de claridade, o contraste de cor, o contraste simultâneo, o contraste sucessivo* etc.).
- *Intermitência*: impressão de instabilidade da sensação visual, por causa de estímulo luminoso cuja luminância ou a distribuição espectral flutuam com o tempo.
- *Ofuscamento*: condição de visão na qual há desconforto ou redução da capacidade de distinguir detalhes ou objetos, em razão de uma distribuição desfavorável das luminâncias, ou a contraste excessivo.
- *Campo visual*: extensão angular do espaço no qual um objeto pode ser percebido, quando a cabeça e um ou ambos os olhos estão fixos.
- *Efeito estroboscópico*: modificação aparente do movimento ou imobilização aparente de um objeto, quando iluminado por uma luz que varia periodicamente em uma frequência apropriada.
- *Gama de cores*: área de um diagrama de cromaticidade, ou volume de um espaço cromático, que engloba todas as cores capazes de ser reproduzidas por escolha adequada dos parâmetros em um processo cromático.
- *Iluminação em extrabaixa-tensão*: iluminação por meio de lâmpadas incandescentes sob tensão que não exceda um limite prefixado, geralmente não maior do que 50 V.

7.1.18.3 Colorimetria

- *Iluminante*: radiação que tem uma distribuição de potência espectral relativa definida, na faixa dos comprimentos de onda capazes de influenciar a percepção da cor dos objetos.
- *Temperatura de cor*: temperatura do corpo negro que emite uma radiação que tem a mesma cromaticidade que a do estímulo dado.

7.1.18.4 Emissão – propriedades ópticas dos materiais

- *Emissão (de radiação)*: liberação de energia radiante.
- *Radiação térmica*: processo de emissão no qual a energia radiante se origina na agitação térmica das partículas constituintes da matéria, como átomos, moléculas e íons.
- *Luminescência catódica*: luminescência causada pelo impacto de elétrons sobre certos tipos de materiais luminescentes, como os que revestem uma tela de vídeo.
- *Radioluminescência*: luminescência causada pelos raios X ou por radiações radioativas.
- *Cintilador*: material luminescente, geralmente líquido ou sólido, que produz radioluminescência com curta pós-luminescência.
- *Laser*: fonte que emite radiação óptica coerente, produzida por emissão estimulada. Esse termo é a sigla da denominação em inglês *light amplification by stimulated emission of radiation*.
- *Reflexão*: retorno de uma radiação que incide em uma superfície ou em um meio, sem modificação da frequência dos componentes monocromáticos dessa radiação.

- *Transmissão*: passagem de uma radiação por um meio, sem modificação da frequência dos componentes monocromáticos dessa radiação.
- *Difusão*: modificação da distribuição espacial de um feixe de radiação, quando desviado em múltiplas direções por uma superfície ou por um meio, sem modificação da frequência dos componentes monocromáticos dessa radiação.
- *Visualizador de cristal líquido*: dispositivo visualizador que utiliza certos cristais líquidos cuja refletância ou transmitância pode ser modificada pela aplicação de um campo elétrico. Sigla: LCD (*liquid crystal display*).
- *Refração*: mudança na direção de propagação de uma radiação, causada por variações de sua velocidade de propagação, quer por um meio opticamente heterogêneo, quer ao atravessar a superfície de separação de dois meios diferentes.
- *Dispersão*: modificação da velocidade de propagação das radiações monocromáticas em um meio, em função de suas frequências.
- *Filtro (óptico)*: dispositivo para transmissão regular utilizado para modificar o fluxo radiante ou luminoso, ou a distribuição espectral relativa, ou ambos, da radiação que o atravessa.
- *Meio transparente*: meio no qual a transmissão é predominantemente regular, em que em geral tem alta transmitância regular na faixa espectral de interesse. Os objetos podem ser vistos distintamente por um meio que é transparente na região visível do espectro, se a forma geométrica do meio é adequada.
- *Meio translúcido*: meio que transmite a radiação visível quase inteiramente por transmissão difusa, de modo que os objetos não podem ser vistos distintamente por esse meio.
- *Meio opaco*: meio que não transmite radiação na faixa espectral de interesse.

7.1.18.5 Medições radiométricas, fotométricas e colorimétricas

- *Radiometria*: medição de grandezas relacionadas com energia radiante.
- *Fotometria*: medição de grandezas relativas às radiações, avaliadas de acordo com uma dada função de eficácia luminosa espectral.
- *Colorimetria*: medição de cores baseada em um conjunto de convenções.

7.1.18.6 Luminotécnica – iluminação diurna

- *Iluminação*: aplicação de luz a uma cena e/ou a objetos, e suas circunvizinhanças, para que possam ser vistos de maneira adequada. Esse termo é também utilizado, na linguagem corrente, com o sentido de sistema de iluminação ou instalação de iluminação.
- *Ambiente luminoso*: iluminação considerada sob o aspecto de seus efeitos fisiológicos e psicológicos.
- *Desempenho visual*: desempenho do sistema visual, tal como medido, por exemplo, pela velocidade e pela exatidão com as quais uma tarefa visual é executada.
- *Iluminação geral*: iluminação de um ambiente sem provisão para requisitos particulares em determinados locais.
- *Iluminação local*: iluminação destinada a uma tarefa visual específica, adicional e controlada separadamente da iluminação geral.
- *Iluminação localizada*: iluminação destinada a assegurar maior iluminância em certos locais específicos, por exemplo, aquele em que realiza determinado trabalho.
- *Iluminação artificial complementar permanente*: iluminação artificial destinada a complementar, de maneira permanente, a iluminação natural de ambientes, quando essa é insuficiente ou inconveniente ao ser empregada sozinha. Esse tipo de iluminação é geralmente designado pela sigla PSALI (*permanent supplementary artificial lighting*).
- *Iluminação de emergência*: iluminação destinada a ser utilizada nos casos de falha da iluminação normal.
- *Iluminação de escape*: parte da iluminação de emergência destinada a assegurar que um caminho de escape seja efetivamente identificado e utilizado.
- *Iluminação de segurança*: parte da iluminação de emergência destinada a garantir a segurança de pessoas envolvidas em processo potencialmente perigoso.

- *Iluminação de substituição*: parte da iluminação de emergência destinada a assegurar a continuidade de atividades normais, praticamente sem alteração.
- *Iluminação direta*: iluminação por meio de luminárias com distribuição da intensidade luminosa tal que 90% a 100% do fluxo luminoso emitido atinja diretamente o plano de trabalho, suposto infinito.
- *Iluminação semidireta*: iluminação por meio de luminárias com distribuição da intensidade luminosa tal que 60% a 90% do fluxo luminoso emitido atinja diretamente o plano de trabalho, suposto infinito.
- *Iluminação com distribuição uniforme*: iluminação por meio de luminárias com distribuição da intensidade luminosa tal que 40% a 60% do fluxo luminoso emitido atinja diretamente o plano de trabalho, suposto infinito.
- *Iluminação semi-indireta*: iluminação por meio de luminárias com distribuição da intensidade luminosa tal que 10% a 40% do fluxo luminoso emitido atinja diretamente o plano de trabalho, suposto infinito.
- *Iluminação indireta*: iluminação por meio de luminárias com distribuição da intensidade luminosa tal que menos de 10% do fluxo luminoso emitido atinja diretamente o plano de trabalho, suposto infinito.
- *Iluminação dirigida*: iluminação tal que a luz que incide no plano de trabalho ou em um objeto provém predominantemente de uma direção determinada.
- *Iluminação difusa*: iluminação tal que a luz que incide no plano de trabalho ou em um objeto não provém predominantemente de uma direção determinada.
- *Iluminação por projeção*: iluminação de um cenário ou de um objeto por meio de projetores, a fim de aumentar consideravelmente a sua iluminância, em relação à das circunvizinhanças.
- *Iluminação com spots*: iluminação destinada a aumentar consideravelmente a iluminância de uma área limitada ou de um objeto, em relação à das circunvizinhanças, com um mínimo de luz difusa.
- *Obstrução*: objeto, exterior a um edifício, que impede a visão direta de uma parte do céu.
- *Claraboia (domo)*: abertura para luz do dia no teto ou em uma superfície horizontal de um edifício.
- *Quebra-sol (brise-soleil)*: dispositivo destinado a obstruir, reduzir ou difundir a radiação solar.

7.1.18.7 Sinalização visual

- *Dispositivo de sinalização*: dispositivo que emite sinal visual, em virtude de sua localização, forma, cor ou disposição, e, em certos casos, pelo emprego de símbolos ou caracteres alfanuméricos, podendo ser iluminado internamente.
- *Luz de sinalização*: objeto ou equipamento que emite sinal luminoso.
- *Marca (de sinalização)*: objeto natural ou artificial que fornece informação, tanto por sua localização como por sua aparência distintiva.
- *Característica de sinal luminoso*: ritmo e cor (ou cores) distintivos de sinal luminoso, que fornece sua identificação ou uma mensagem.
- *Luz fixa*: luz de sinalização que exibe, de maneira contínua e em qualquer direção dada, intensidade luminosa e cor constantes.
- *Luz rítmica*: luz de sinalização que emite intermitentemente, em uma direção dada, com periodicidade regular.
- *Luz de lampejos*: luz rítmica na qual cada aparecimento de luz (lampejo) tem a mesma duração e, exceto possivelmente para ritmos muito rápidos, a duração total de luz em cada período é nitidamente menor do que a duração total de escuridão.
- *Luz isofástica*: luz rítmica na qual as durações de luz e escuridão são reguladas de modo a serem percebidas como iguais.
- *Luz de ocultação*: luz rítmica na qual os intervalos de escuridão (ocultação) têm a mesma duração, e a duração total de luz em cada período é nitidamente maior do que a duração total de escuridão.
- *Luz alternativa*: luz de sinalização que exibe cores diferentes em uma sequência regularmente repetida.
- *Luzes alternativas*: par de luzes isofásticas dispostas em oposição de fase.
- *Halo (de sinal luminoso)*: luz difusa que pode ser vista por fora de um feixe luminoso, por efeito da difusão de luz na atmosfera.

- *Alcance visual*: maior distância na qual um objeto pode ser reconhecido em quaisquer circunstâncias particulares, limitada apenas pela transmissividade atmosférica e pelo limiar de contraste visual.
- *Alcance luminoso*: maior distância na qual a luz de sinalização pode ser reconhecida em quaisquer circunstâncias particulares, sendo limitada apenas pela transmissividade atmosférica e pelo limiar de iluminância no olho do observador.

7.1.19 Luz de obstáculo

Luz de sinalização colocada acima do ponto mais alto de uma edificação. Sua instalação deve ser feita no topo de uma haste, onde é colocada manga de vidro na cor vermelha com lâmpada comandada por célula fotoelétrica.

7.1.20 Sistema de iluminação de emergência

7.1.20.1 Terminologia

- *Alimentação normal*: alimentação elétrica fornecida pela rede geral.
- *Autonomia do sistema*: tempo mínimo exigido para a iluminação de emergência assegurar os níveis de visibilidade.
- *Estado de flutuação*: estado que mantém a corrente de manutenção da bateria.
- *Estado de vigília do sistema*: estado no qual a(s) fonte(s) de energia está(ão) em carga, pronta(s) para intervir, no caso de interrupção da alimentação de energia da rede geral.
- *Estado de funcionamento do sistema*: estado no qual a(s) fonte(s) de energia alimenta(m), efetivamente, a iluminação de emergência.
- *Estado de repouso do sistema*: estado no qual a(s) fonte(s) de energia está(ão) em recarga, não podendo ficar em estado de vigília ou de funcionamento.
- *Fonte de energia*: dispositivo destinado a fornecer energia elétrica ao sistema de iluminação de emergência em qualquer hipótese de falha ou ausência da energia da rede geral.
- *Fluxo luminoso nominal*: fluxo luminoso depois de 5 minutos de funcionamento do sistema de iluminação de emergência.
- *Fluxo luminoso residual*: fluxo luminoso que é medido depois de 1 hora de funcionamento do sistema de iluminação de emergência.
- *Iluminação de ambiente ou de aclaramento*: iluminação necessária e suficiente para a evacuação segura do local em caso de emergência;
- *Iluminação de balizamento ou de sinalização*: iluminação com símbolos indicando a rota de saída em caso de emergência.
- *Ponto de luz*: dispositivo constituído de lâmpada(s), invólucro(s) e/ou outro(s) componente(s) que têm função de promover o aclaramento e/ou sinalização do ambiente.
- *Recarga automática*: atuação de determinados dispositivos de fornecimento de energia elétrica à(s) bateria(s), todas as vezes que o nível de carga dela(s) esteja(m) abaixo do seu valor nominal.
- *Rede de alimentação*: conjunto de condutores, dutos e demais equipamentos empregados na condução de energia do sistema, inclusive na sua proteção.
- *Rede geral*: sistema ou sistemas de fornecimento de energia elétrica à edificação quando de seu uso normal.
- *Rota de saída*: caminho percorrido pelo usuário em caso de abandono do local onde se encontra, para alcançar o ambiente externo à edificação por corredores, rampas, escadas etc.
- *Regime de carga*: estado em que os acumuladores elétricos estão sendo carregados.
- *Sistema de iluminação de emergência*: conjunto de componentes e equipamentos que, em funcionamento, proporciona a iluminação suficiente e adequada para permitir a saída fácil e segura do público para o exterior, no caso de interrupção da alimentação normal, como também proporciona a execução das manobras de interesse da segurança e intervenção de socorro, e garante a continuação do trabalho naqueles locais onde não possa haver interrupção da iluminação.

Capítulo 7 – Instalações

- *Sistema carregador*: dispositivo que efetua a recarga automática da fonte de energia.
- *Tempo de duração nominal do fornecimento*: tempo que determina a capacidade da fonte de energia.
- *Tempo de comutação*: intervalo de tempo entre a interrupção da alimentação normal e o funcionamento pleno da iluminação de emergência.
- *Tensão de corte da fonte da energia:* tensão mínima permitida da descarga, sem nela causar danos irreversíveis.

7.1.20.2 Composição

7.1.20.2.1 Localização

Para a escolha do local em que são instalados os componentes da fonte de energia, para o abastecimento do sistema de iluminação de emergência, devem ser consideradas as seguintes condições específicas para cada tipo de fonte:

- não se situe em compartimentos acessíveis ao público, nem tampouco onde haja risco de incêndio;
- que o local seja isolado de outros compartimentos por paredes resistentes ao fogo, por período mínimo de 2 horas;
- seja ventilado, de forma adequada a cada tipo de fonte de energia e dotado de dispositivos para escapamento de ar para o exterior da edificação, não podendo os gases de evaporação e/ou combustão passar por locais ou compartimentos acessíveis ao público;
- não ofereça riscos de acidente aos usuários, como:
  - ocorrência de explosão, fogo ou propagação de fumaça;
  - acidente de funcionamento produzindo obstrução à evacuação da edificação ou à organização de socorro etc.;
- tenha fácil acesso ao pessoal especializado para inspeção e manutenção.

7.1.20.2.2 Tipos de fonte de energia

a) Sistema Centralizado de Acumuladores:
O sistema centralizado de acumuladores tem de possuir os componentes a seguir descritos:
- Circuito carregador com recarga automática, de forma a permitir que a tensão da bateria permaneça de 100% a 120% da tensão nominal, com as seguintes características:
  - carga baseada em corrente limitada, com supervisão constante, evitando sempre carga rápida;
  - supervisão constante da tensão da bateria associada à corrente de carga, evitando a evaporação de eletrólito e o desgaste das placas por sulfatação ou processo similar;
  - transferência automática para o estado de flutuação quando os sensores de tensão e corrente indicarem a condição de carga completa;
  - o circuito carregador precisa ser previsto de forma a possibilitar que as baterias recuperem sua carga até 80%, em 24 horas a partir do momento da volta da energia da rede geral;
  - esse circuito estará ligado ao quadro geral e protegido por meio de disjuntores termomagnéticos;
  - no caso de fonte central, os disjuntores devem ser o único meio de corte da alimentação normal e podem ser usados para testar o funcionamento do sistema;
  - no caso de blocos autônomos, eles podem apresentar um dispositivo de teste desde que incorporado ao equipamento;
- Sensores de corrente e tensão dimensionados com referências precisas para proporcionar um estado de flutuação prolongado.
- Selecionador de proteção da fonte, para interrupção do fornecimento de energia dessa fonte, quando ela atingir o limite de descarga útil especificado pelo fabricante da bateria.
- O sistema centralizado de acumuladores, quando for utilizado somente para alimentar a iluminação de emergência, deve estar protegido contra a ocorrência de curtos-circuitos por dispositivos dentro da corrente nominal e ao menos igual a dez vezes a mais elevada das correntes.

- Quando o sistema centralizado de acumuladores for utilizado para alimentar outros equipamentos para situação de emergência, precisará também estar protegido contra sobrecargas.
- Sinalização luminosa no painel do equipamento para mostrar a situação dos circuitos de carga, controle e proteção da bateria.

O sistema centralizado de acumuladores pode ser utilizado para alimentar, além dos circuitos de iluminação de emergência, os seguintes equipamentos:

- a instalação de detecção automática de incêndio;
- os dispositivos de alarme de incêndio;
- os dispositivos de alarme permitidos para localizar os pontos principais;
- as telecomunicações e a sinalização, de interesse da segurança;
- toda ou parte da iluminação auxiliar.

Os acumuladores e o painel de controle têm de ser instalados, de preferência, em locais diferentes. Necessitam ser adotadas todas as medidas para evitar a corrosão e acumulação de misturas explosivas de gases. A(s) bateria(s) utilizada(s) para o sistema centralizado deve(m) possuir do seu fabricante certificado de garantia de pelo menos dois anos. As passagens do estado de vigília ao estado de funcionamento, e vice-versa, têm de acontecer, respectivamente, para valores de tensão da rede normal compreendidos entre 85% e 70% e entre 75% e 90%. A comutação do estado de vigília para o estado de funcionamento do sistema centralizado de acumuladores não pode ser superior a 5 s.

b) Grupo Motogerador:

A instalação do grupo motogerador precisa atender às condições prescritas a seguir:

- O grupo motogerador será composto por:
    - motor;
    - dispositivo para aquecimento do motor;
    - mecanismo de controle de fluxo;
    - dispositivo de dosagem do combustível;
    - mecanismo para acionamento de um motor de arranque, movido à bateria ou a ar comprimido;
    - dispositivo para escapamento, silenciador, duto de descarga do radiador;
    - painéis de controle dos mecanismos de proteção;
    - base para apoio e isoladores.
- Qualquer que seja a natureza do combustível empregado, a sua quantidade deve permitir que seja assegurado o funcionamento previsto para a autonomia do sistema de iluminação de emergência, como também é necessário existir uma reserva adicional de combustível para igual período de funcionamento do sistema.
- O dispositivo de medição de combustível tem também de acionar um sinal, no caso de a reserva estar insuficiente, devendo permitir que a distância o responsável possa avaliar as situações descritas.
- A(s) bateria(s) utilizada(s) para a partida precisa(m) seguir os mesmos requisitos anteriormente estabelecidos.

O grupo motogerador, quando utilizado, necessita assegurar o tempo de comutação máxima de 12 segundos.

c) Conjunto de Blocos Autônomos:

São aparelhos de iluminação de emergência, com lâmpadas incandescentes ou fluorescentes, devendo ser compostos por:

- uma fonte de energia;
- os dispositivos necessários para colocá-lo em funcionamento, no caso de interrupção da alimentação normal.

7.1.20.2.3 Luminária

As luminárias para iluminação de emergência têm de satisfazer aos requisitos abaixo:

Capítulo 7 – Instalações
429

- Resistência ao calor: os aparelhos precisam ser constituídos de forma que qualquer de suas partes resistam à temperatura de 70 °C, no mínimo por 1 hora.
- Ausência de ofuscamento: os pontos de luz não podem ser resplandecentes, seja diretamente ou por iluminação refletiva. Quando o ponto de luz for ofuscante, será previsto um anteparo translúcido, de forma a evitar tal fenômeno nas pessoas, durante seu deslocamento.

Podem ser utilizados os seguintes tipos de luminárias:

- bloco autônomo de iluminação, com fonte de energia própria;
- luminárias alimentadas por fonte centralizada;
- lâmpadas incandescentes, fluorescentes ou mistas;
- luminárias para sinalização.

A fixação das luminárias necessita ser rígida, de forma a impedir queda acidental, remoção desautorizada e que não possam ser facilmente avariadas ou postas fora de serviço. Para o projeto do sistema de iluminação de emergência, devem ser conhecidos os seguintes dados de lâmpadas e luminárias:

- tipo de lâmpada;
- potência (watt);
- tensão (volt);
- fluxo luminoso nominal (lúmen).

7.1.20.2.4 Circuito de alimentação

Os condutores para os pontos de luz têm de ser, em qualquer caso, dimensionados para que a queda de tensão no ponto mais desfavorável não exceda 6%, não podendo ter bitolas inferiores a 1,5 mm². Não são admitidas ligações em série dos pontos de luz. Os condutores e suas derivações precisam ser do tipo não propagante de chama. Os condutores e suas derivações sempre serão embutidos em eletrodutos rígidos. No caso de serem externos (instalação aparente), necessitam também ser metálicos. No caso de os eletrodutos passarem por áreas de risco, eles devem ser isolados termicamente e à prova de fogo. Os eletrodutos utilizados para condutores da iluminação de emergência não podem ser usados para outros fins, salvo instalação de detecção e alarme de incêndio.

7.1.20.2.5 Autonomia

O sistema de iluminação de emergência precisa ter autonomia mínima de 1 hora de funcionamento, garantindo durante esse período a intensidade dos pontos de luz de maneira a respeitar os níveis mínimos de iluminamento desejado. Quando o sistema centralizado alimentar, além da iluminação de emergência, outros equipamentos, a autonomia mínima do sistema não poderá sofrer redução.

7.1.20.3 Função

7.1.20.3.1 Quanto à evacuação de público

– Iluminação de Ambiente:

É obrigatória em todos os locais que proporcionam circulação, vertical ou horizontal, e saída para o exterior da edificação. Deve garantir um nível mínimo de iluminamento no piso e permitir o reconhecimento de obstáculos que possam dificultar a circulação, como: grades, portas, saídas, mudanças de direção etc. O reconhecimento de obstáculos tem de ser obtido por aclaramento do ambiente ou por iluminação de sinalização. A iluminação de ambiente não pode deixar sombras nos degraus das escadas ou dos obstáculos. É recomendável que o ponto de luz, da iluminação de ambiente, seja instalado de forma que, em cada um, haja dois circuitos de alimentação e eles sigam projetados segundo trajetos os mais seguros e mais diferentes possíveis.

– Iluminação por Sinalização:

A iluminação de sinalização tem de demarcar todas as mudanças de direção, obstáculos, saídas, escadas etc. A distância entre dois pontos de iluminação de emergência não pode ser maior de 15 m. Se dois pontos consecutivos estiverem com distância superior a 15 m, será necessário intercalar um ponto adicional. Em qualquer caso, mesmo havendo obstáculos, curva ou escada, os pontos de iluminação de sinalização precisam ser dispostos de forma que, no sentido da saída, de cada ponto seja possível visualizar o ponto seguinte. A iluminação da sinalização tem de ser contínua durante o tempo de funcionamento do sistema, quando da interrupção da alimentação normal. A função da sinalização deve ser assegurada por textos escritos, opacos reflexivos ou luminoso-transparentes, associados a símbolos gráficos que podem ser apostos à luminária ou a seu lado, de forma visível e desobstruída. O fundo precisa ser na cor branca ou transparente e os símbolos gráficos e legenda serão na cor vermelha. O material empregado para a sinalização e sua fixação tem de ser tal que não possa ser facilmente danificado. É recomendável o uso de faixa refletiva ou *olho de gato* no nível do piso ou rodapé dos corredores e nas escadas.

7.1.20.3.2 Quanto à função de continuidade de trabalho

Nos locais em que, pela natureza do trabalho, não pode haver interrupção da iluminação, o nível de iluminamento do sistema de iluminação de emergência deve ser igual a 70% do nível de iluminamento do sistema de iluminação normal, como em centros cirúrgicos, salas de primeiros socorros, laboratórios químicos, salas de controle de tráfego em ferrovias e aeroportos.

7.1.20.4 Classificação

7.1.20.4.1 Quanto à condição de permanência de iluminação dos pontos do sistema

- *Iluminação permanente*: as instalações de iluminação de emergência permanente são aquelas em que os aparelhos de iluminação de emergência são alimentados em serviço normal pela fonte normal e cuja alimentação é comutada automaticamente para a fonte de alimentação própria, em caso de falha da fonte normal, ou seja, as lâmpadas da iluminação de emergência permanecem acesas quando a iluminação normal está ligada.
- *Iluminação não permanente*: as instalações de iluminação de emergência não permanente são aquelas em que os aparelhos de iluminação de emergência não são alimentados em serviço normal, pela fonte normal, e, em caso de falha da fonte normal, são alimentados automaticamente pela fonte da alimentação própria, ou seja, as lâmpadas permanecem apagadas quando a iluminação normal está ligada.

7.1.20.4.2 Quanto ao tipo de fonte de energia e permanência de iluminação dos pontos do sistema

- *Características do tipo 1*: a iluminação de emergência desse tipo é permanente, utilizando fonte de energia central, seja por bateria de acumuladores ou por grupo motogerador. Na iluminação de emergência do tipo 1, a potência absorvida pelas lâmpadas procede inteiramente da fonte correspondente.
- *Características do tipo 2*: a iluminação de emergência nesse caso é não permanente, utilizando fonte de energia central, seja mediante bateria de acumuladores ou grupo motogerador.
- *Características do tipo 3*: a iluminação de emergência desse tipo é não permanente, utilizando fonte de energia central ou blocos autônomos.
- *Características do tipo 4*: a iluminação de emergência nesse caso se constitui na utilização de aparelhos portáteis, lanternas a pilha ou a bateria, colocadas à disposição do pessoal responsável pela segurança e dos funcionários do edifício, sendo vedado o uso de aparelhos a gás ou a outro combustível.

7.1.20.5 Projeto e instalação do sistema

Para atingir os locais de risco, deve ser selecionado o tipo de luminária que melhor responderá em eficiência, entre:
- luminárias com lâmpadas incandescentes;
- luminárias com lâmpadas fluorescentes;
- projetores ou faróis.

Capítulo 7 – Instalações

Quando se usar projetores ou faróis para iluminação de acesso ou saída, o facho luminoso do aparelho precisará estar no mesmo sentido do fluxo do público, evitando o ofuscamento. Em escadas, não podem ser utilizados projetores ou faróis. A altura de um ponto de luz de iluminação de sinalização tem de estar entre 2,2 m e 3,5 m do nível do piso. A distância máxima entre dois pontos de iluminação de ambiente deve ser equivalente a quatro vezes a altura da sua instalação em relação ao nível do piso. Quanto à fonte de energia centralizada, ela pode estar situada em um único local ou setorizada em pequenas centrais. O proprietário ou usuário, a qualquer título, da edificação, o instalador e o fabricante serão corresponsáveis pelo perfeito funcionamento do sistema.

7.1.20.6 Manutenção

7.1.20.6.1 Generalidades

O projeto de sistema de iluminação de emergência deve estar acompanhado de memorial descritivo, como também cada equipamento precisa estar acompanhado de manual de instruções e procedimentos que estabeleçam os pontos básicos de assistência técnica. Em lugar visível do aparelho, é necessário existir um resumo dos principais itens de manutenção do primeiro nível que podem ser executados pelo próprio usuário, ou seja, a verificação das lâmpadas, fusíveis ou disjuntores e do nível do eletrólito. Consiste, no *segundo nível* de manutenção, de reparos e substituição de componentes do equipamento ou instalação não compreendidos no primeiro nível. É vedado ao usuário executar o segundo nível de manutenção por envolver problemas técnicos, tendo de ser executado por profissionais. O bom estado de funcionamento do sistema de iluminação de emergência será assegurado:

- por um técnico qualificado da edificação;
- pelo fabricante ou seu representante;
- por um profissional qualificado por entidade reconhecida pelos órgãos públicos.

7.1.20.6.2 Para instalações de blocos autônomos

Mensalmente, verificar:

- passagem do estado de vigília para o de funcionamento de todas as lâmpadas;
- eficácia do comando para colocar em estado de repouso a distância, se ele existir, e da retomada automática no estado de vigília.

Semestralmente, verificar o estado da carga dos acumuladores, colocando em funcionamento o sistema por 1 hora a plena carga. Recomenda-se que esse teste seja efetuado na véspera de um dia no qual a edificação esteja com a mínima ocupação, tendo em vista o tempo de recarga da fonte (24 horas).

7.1.20.6.3 Para instalações centralizadas com acumuladores

Mensalmente, verificar o acionamento e funcionamento do sistema de iluminação de emergência, pelo dispositivo de proteção e secionamento. Semestralmente, verificar:

- funcionamento do sistema por 1 hora plena carga;
- nível do eletrólito no caso de baterias de chumbo-cálcio ou chumbo-ácida.

Anualmente, verificar o nível do eletrólito para os outros tipos de bateria de acumuladores.

7.1.20.6.4 Para instalações centralizadas com grupo motogerador

Quinzenalmente, verificar:

- acionamento e funcionamento do sistema de iluminação de emergência, mediante dispositivo de proteção e secionamento;
- inspeção visual do motor, gerador, painel de transferência automática, painel de controle e nível de combustível.

Semestralmente, verificar o funcionamento do sistema por 1 h a plena carga, avaliando as seguintes operações:

- sistema de lubrificação;
- regulador;
- sistema elétrico;
- controles de segurança;
- sistema de alimentação (combustível e ar) e escapamento;
- sistema de resfriamento;
- gerador.

7.1.20.6.5 Para aparelhos portáteis

Os aparelhos portáteis devem ser mantidos constantemente em bom estado de funcionamento e precisam estar facilmente acessíveis às pessoas encarregadas de usá-los. As verificações periódicas têm de ser da responsabilidade do proprietário, locatário ou usuário, a qualquer título, da edificação. É necessário prever a reserva de componentes primários como lâmpadas, fusíveis etc., em quantidade igual a 10% do número de peças, de cada modelo utilizado, com o mínimo de duas unidades por modelo.

7.1.21 Verificação final da instalação

Principais procedimentos:
- verificação dos calibres dos dispositivos de proteção e manobra;
- medição das resistências de aterramento;
- verificação da continuidade dos condutores de proteção;
- verificação da operação dos conjuntos de automação;
- verificação da tensão, presença e sequência de fases nos pontos de utilização.

7.2 Hidráulica, sanitária e de gás

7.2.1 Diretrizes e dimensionamento para abastecimento de água e coleta de esgoto

Dimensionamento é o estudo para determinação das características das ligações de água e/ou esgoto bem como a determinação de cavaletes, abrigos, hidrômetros, caixas etc. A avaliação é realizada com base no consumo de água. A concessionária, para realização da ligação das redes internas com as externas, deve oferecer o estudo completo composto por:
- diretrizes para abastecimento de água e coleta de esgoto;
- dimensionamento de ligações de água e de esgoto;
- estudo de profundidade da ligação de esgoto, quando necessário;
- fornecimento de projeto-padrão.

A concessionária fará as ligações de água e de esgoto. A avaliação da situação em que o empreendimento se enquadra obedecerá ao Quadro 7.1, a fim de possibilitar a sua interligação com os sistemas públicos de água e esgoto.

A solicitação de diretrizes e/ou dimensionamento de ligações de água e/ou esgoto tem de ser acompanhada dos seguintes documentos:
- Memorial descritivo (caracterização sucinta do empreendimento).
- Informações do empreendimento:
  - tipo (residencial, comercial, industrial ou misto, conjunto habitacional etc.);
  - denominação;
  - endereço;
  - número de unidades habitacionais;

Capítulo 7 – Instalações

Quadro 7.2: Consumo de água

Caracterização do empreendimento	Diretriz	Dimensionamento
Unidades residenciais unifamiliares com consumo mensal até 50 m³	Não	Não
Ligação de Água de Ø 20 mm para hidrômetros de 1,5 a 3,0 m³/h e/ou Ligação de Esgoto Ø 100 mm (residencial ou comercial)	Não	Não
Qualquer empreendimento cuja previsão de consumo seja de 50 até 500 m³/mês ou vazão de projeto de rede de água	Não	Sim
Empreendimentos cuja previsão de consumo seja igual ou superior a 500 m³/mês ou vazão de projeto de rede de água	Sim	Sim
Condomínios verticais ou horizontais que se caracterizam como: - inferior a 40 apartamentos ou de apenas um bloco - inferior a 50 dormitórios (hotel, motel ou flats) - inferior a 10 casas (condomínio horizontal)	Não	Sim
Condomínio vertical ou horizontal que se caracteriza conforme abaixo: - igual ou superior a 40 apartamentos ou mais de um bloco - igual ou superior a 50 dormitórios (hotel, motel ou flats) - igual ou superior a 10 casas (condomínio horizontal)	Sim	Sim
Empreendimento com até 60 empregados ou área do terreno até 750 m²	Não	Sim
Empreendimento com mais de 60 empregados ou área do terreno maior que 750 m²	Sim	Sim
Postos de abastecimento de combustíveis, lava-rápidos e assemelhados	Não	Sim
Indústrias (necessidade de análise de efluentes industriais)	Sim	Sim
Núcleos habitacionais que se apresentam como: - cooperativas - assentamento de famílias (interesse social) - projetos de urbanização de favelas	Sim	Sim
Loteamentos para fins habitacionais, comerciais ou industriais	Sim	Sim
Conjuntos habitacionais com abertura ou prolongamento de vias públicas existentes	Sim	Não

- área do terreno.
- Engenheiro responsável pela elaboração e implantação do projeto:
    - nome;
    - formação (engenheiro civil ou engenheiro sanitarista) e número do CREA;
    - endereço;
    - número do telefone e correio eletrônico para contato;
    - número do CPF.
- Estimativa da população que irá ocupar o empreendimento mediante a categoria de uso do imóvel.
- Estimativa de vazões (previsão aproximada da demanda de água potável e da vazão de esgoto).
- Plano preliminar de implantação do empreendimento (cronograma físico de construção das unidades).
- Dois jogos de planta em papel ou meio digital (plantas de implantação, dos subsolos, do andar térreo, dos pavimentos-tipo e cortes).

Todo material e/ou equipamento listado no projeto precisa ser previamente inspecionado pela concessionária nos fabricantes ou ter suas marcas por ela homologadas.

7.2.1.1 Materiais de encanamento e seus acessórios

7.2.1.1.1 Ferro fundido

Os tubos de ferro fundido, sem costura, laminados a quente, são usados para encanamento de esgoto, podendo ser de *ponta e bolsa* ou de duas pontas lisas. Os tubos e conexões de ferro fundido aliam a resistência mecânica e durabilidade do ferro fundido com a resistência à ação química dos efluentes agressivos, frequentemente encontrados no esgoto predial (detergentes e outros agentes). Essa resistência adicional é assegurada pelo revestimento interno especial, tipo epóxi, aplicado durante o próprio processo de fabricação. A utilização dos tubos e conexões de ferro fundido garante elevado desempenho e longa vida útil à instalação predial de esgoto sanitário e água pluvial. Apresentam assim as seguintes vantagens:

- *Alta resistência mecânica*: os tubos e conexões possuem excepcional resistência mecânica contra os choques causados por agentes externos:
    - em instalação aparente das áreas de uso comum e garagens;
    - na movimentação da estrutura, causada pela variação de temperatura e recalque das fundações;
    - no manuseio, transporte, estocagem e montagem da instalação de esgoto e água pluvial.
- *Maior resistência química*: os tubos e conexões de ferro fundido são altamente resistentes aos efluentes agressivos, usualmente encontrados no esgoto, como: detergentes não biodegradáveis, água ácida e com alta temperatura. Com revestimento interno tipo epóxi, ficam ainda mais resistentes aos agentes químicos encontrados no esgoto primário e no secundário de instalação predial.
- *Superfície interna lisa*: com a superfície interna bastante lisa, os tubos e conexões apresentam elevado coeficiente de vazão, permitindo menores declividades na tubulação horizontal, ficando menos sujeitos à formação de depósitos ou incrustação interna.
- *Isolamento acústico*: a instalação que emprega tubos e conexões de ferro fundido apresenta baixo nível de ruído na condução do esgoto e água pluvial.
- *Maior versatilidade*: a instalação predial com tubos e conexões de ferro fundido pode ser interligada com outros tipos de materiais sem problema algum.
- *Segurança*: a utilização do ferro fundido em instalação predial é fator adicional de segurança, pois:
    - é incombustível;
    - não deforma com o calor;
    - não desprende gases tóxicos em caso de incêndio.
- *Rapidez na colocação*: a junta elástica permite montagem mais fácil e muito rápida. Os tubos e conexões utilizados em instalação predial com juntas elásticas asseguram perfeita estanqueidade e flexibilidade ao sistema.
- *Maior durabilidade*: a resistência dos tubos e conexões de ferro fundido garante longa vida útil aos sistemas de esgoto sanitário e de água pluvial.

Os tubos são fabricados com as seguintes medidas:
- *tubo ponta e ponta*: conforme a Tabela 7.35.

Tabela 7.35: Tubo, ponta e bolsa

Diâmetro nominal (nº)	Diâmetro externo (mm)	Comprimento (m)
100	103	3
150	151	3
200*	222	3 e 6
250*	274	3 e 6

- *tubo ponta e bolsa*: conforme a Tabela 7.36.

As peças mais comuns são: Joelho 45°, Joelho 87° 30', Joelho com Visita 87° 30', Junção Dupla 45°, Junção 45°, Tê Sanitário 87° 30', Tê Sanitário com Duas Entradas Laterais, Tê de Inspeção Curto 87° 30', Bucha de Redução, Luva-Bolsa e Bolsa, Luva Bipartida, Placa Cega, Contraflange, Ralo Seco com Saída Vertical, Ralo Seco para Boxe com Saída Horizontal, Ralo Sifonado para Banheiro Social, Ralo Sifonado para Banheiro de

Capítulo 7 – Instalações

Tabela 7.36

Diâmetro nominal (nº)	Diâmetro externo (mm)	Comprimento (m)
50	52	2,8/3,0
75	77	2,8/3,0
100	103	2,8/3,0
150	151	2,8/3,0
200*	222	5,8
250*	274	5,8

* Os tubos de DN 200 e DN 250 são fornecidos em ferro fundido dúctil e mediante consulta

Serviço, Anel de Borracha (para as juntas) e Adaptador de Borracha. O fabricante também fornece lubrificante (para aplicação na parte interna do anel de borracha e na ponta do tubo) e massa epóxi (destinada à execução de juntas rígidas ou reparos em juntas defeituosas).

7.2.1.1.2 Aço-carbono, apto para rosca

a) Terminologia:

- *Luva*: acessório com rosca interna, reto e de uma só peça, que faz a união entre dois tubos.
- *Comprimento do tubo*: distância entre suas extremidades, sem luva.
- *Classificação*: são consideradas as seguintes classes:
    - *pesada (P)*: tubos soldados (com costura longitudinal) ou sem costura;
    - *média (M)*: tubos soldados ou sem costura;
    - *leve (L)*: tubos soldados ou sem costura.

b) Condições Gerais:

- *Fabricação*: os tubos podem ser soldados longitudinalmente ou sem costura.
- *Seção*: os tubos devem ser de seção circular e espessura uniforme, dentro das tolerâncias correspondentes.
- *Diâmetro externo*: conforme normas técnicas, o diâmetro externo dos tubos precisa estar dentro dos limites indicados na Tabela 7.37, segundo a classe do tubo.
- *Espessura de parede*: as espessuras adotadas na Tabela 7.37 foram enquadradas nas de chapas padronizadas, conforme normas técnicas. Na espessura de parede dos tubos das classes leve, média e pesada, não se admitem variações para menos que excedam 12,5%. A redução da espessura só pode afetar a superfície externa.
- *Massa*: as massas de tubo são as indicadas na Tabela 7.37.
- *Proteção superficial*: os tubos sem revestimento são protegidos adequadamente pelo fabricante para evitar a oxidação.

c) Condições Específicas e Ensaios:

- *Revestimento protetor de zinco*: os tubos de diâmetro nominal nº 6 (10 mm) não são adequados à zincagem por imersão a quente. O revestimento protetor de zinco dos demais tubos se faz mediante tal processo. O revestimento protetor precisa ser uniforme e aderente em toda sua extensão.
- *Pressão hidrostática*: a prova de pressão hidrostática se realiza submetendo os tubos à pressão de 500 N/cm², cerca de 50 kgf/cm² (50 bar). A pressão de ensaio necessita ser mantida por tempo mínimo de 5 s.

d) Aço-Carbono Galvanizado:

Os tubos de ferro galvanizado a quente (zinco) são encontrados no mercado com ou sem costura, desde Ø 1/8"até Ø 8"(essa última bitola não consta das normas técnicas), conforme o Quadro 7.3.

A pressão de trabalho varia conforme a bitola. As peças de conexão, de ferro maleável, zincadas a fogo, mais comuns são: Curva Macho-Fêmea, Curva Macho-Fêmea de Raio Curto, Curva Fêmea, Curva Fêmea de Raio Curto,

Tabela 7.37: Coluna de tubo

Classe pesada (P)

Diâmetro externo (mm)	Tamanho nominal mm(A)		Diâmetro externo (mm) máx	mín	Espessura (mm)
17,2	17 (10)		17,5	16,7	2,80
21,3	21 (15)		21,8	21,0	3,15
26,9	27 (20)	¾	27,3	26,5	3,15
33,7	34 (25)	1	34,2	33,3	4,00
42,4	42 (32)	1¼	42,9	42,0	4,00
48,3	48 (40)	1½	48,8	47,9	4,00
60,3	60 (50)	2	60,8	59,7	4,50
76,1	76 (65)	2½	76,6	75,3	4,50
88,9	89 (80)	3	89,5	88,0	5,00
114,3	114 (100)	4	115,0	113,1	5,60
139,7	140 (125)	5	140,8	138,5	5,60
165,1	165 (150)	6	166,5	163,9	5,60

Classe média (M)

Diâmetro externo (mm)	Tamanho nominal mm(A)	pol.(B)	Diâmetro externo (mm)		Espessura da parede
17,2	17 (10)	3/8	17,5	16,7	2,25
21,3	21 (15)	½	21,8	21,0	2,65
26,9	27 (20)	¾	27,3	26,5	2,65
33,7	34 (25)	1	34,2	33,3	3,35
42,4	42 (32)	1¼	42,9	42,0	3,35
48,3	48 (40)	1½	48,8	47,9	3,75
60,3	60 (50)	2	60,8	59,7	3,75
76,1	76 (65)	2½	76,6	75,3	3,55
88,9	89 (80)	3	89,5	88,0	4,00
114,3	114 (100)	4	115,0	113,1	4,50
39,7	140 (125)	5	140,8	138,5	4,75
165,1	165 (150)	6	166,5	163,9	5,00

Tabela 7.38

Classe leve (L)

Diâmetro externo (mm)	Tamanho nominal mm (A)	pol. (B)	Diâmetro externo (mm) máx.	min.	Espessura de parede (mm)
17,2	17 (10)	3/8	17,4	16,7	2
21,3	21 (15)	1/2	21,7	21,0	2,25
26,9	27 (20)	3/4	27,1	26,4	2,25
33,7	34 (25)	1	34,0	33,2	2,65
42,4	42 (32)	1¼	42,7	41,9	2,65
48,3	48 (40)	1½	48,6	47,8	3,00
60,3	60 (50)	2	60,7	59,6	3,00
76,1	76 (65)	2½	76,3	75,2	3,35
88,9	89 (80)	3	89,4	87,9	3,35
114,3	114 (100)	4	114,9	113,0	3,75
139,7	140 (125)	5			
165,1	165 (150)	6			

(A) Os valores entre parênteses são os designados pela Norma ISO.
(B) As indicações dessa coluna são transitórias e serão eliminadas futuramente

Capítulo 7 – Instalações

Quadro 7.3
Tipo de aço com costura, classe média (M)

Diâmetro		Espessura da parede
Nominal	Externo	
pol.	mm	mm
8	205 219,1	6,35
8	205 219,1	6,35

Curva Macho, Curva 45° Macho-Fêmea, Curva Fêmea 45°, Curva de Retorno, Curva de Transposição, Cotovelo, Conjunto Adaptador, Conjunto Adaptador de Redução, Cotovelo de Redução, Cotovelo Macho-fêmea, Cotovelo 45°, Cotovelo com Saída Lateral, Tê, Tê de Redução, Tê de Curva Dupla, Tê 45°, Luva de Redução, Luva, Luva com Rosca Esquerda-Direita, Luva de Redução Macho-Fêmea, Luva Macho-Fêmea, Luva Macho-Fêmea Alongada, Cruzeta, Niple Duplo de Redução, Niple Duplo, Niple Duplo com Rosca Esquerda-Direita, Contraporca, Bujão com Rebordo, Bujão, Bucha de Redução, Tampão com Sextavado, Tampão, União com Assento de Ferro Cônico Longo, União com Assento de Ferro Cônico Longo Macho-Fêmea, União com Assento Cônico de Bronze, União com Cotovelo-Assento de Ferro Cônico Longo, União com Cotovelo-Assento de Ferro Cônico Longo Macho-Fêmea, Flange com Sextavado, Flange para Caixa-d'Água. A rosca das juntas deve ser vedada com a utilização de fita teflon.

Tabela 7.39

Tipo de aço sem costura, padrão *schedule* 40				Tipo de aço sem costura, padrão *schedule* 80			
Diâmetro			Espessura	Diâmetro			Espessura
Nominal		Externo	da parede	Nominal		Externo	da parede
pol.	pol.	mm	mm	pol.	pol.	mm	mm
1/4	0,540	13,7	2,24	1/4	0,540	13,7	3,02
3/8	0,675	17,1	2,31	3/8	0,675	17,1	3,20
1/2	0,840	21,3	2,77	1/2	0,840	21,3	3,73
3/4	1,050	26,7	2,87	3/4	1,050	26,7	3,91
1	1,315	33,4	3,38	1	1,315	33,4	4,55
1¼	1,660	42,2	3,56	1¼	1,660	42,2	4,85
1½	1,900	48,3	3,68	1½	1,900	48,3	5,08
2	2,375	60,3	3,91	2	2,375	60,3	5,54
2½	2,875	73,0	5,16	2½	2,875	73,0	7,01
3	3,500	88,9	5,49	3	3,500	88,9	7,62
3½	4,000	101,6	5,74	3½	4,000	101,6	8,08
4	4,500	114,3	6,02	4	4,500	114,3	8,56
5	5,563	141,3	6,55	5	5,563	141,3	9,53
6	6,625	168,3	7,11	6	6,625	168,3	10,97
8	8,625	219,1	8,18	8	8,625	219,1	12,70
10	10,750	273,0	9,27	10	10,750	273,0	15,09
12	12,750	323,8	10,31	12	12,750	323,8	17,48

7.2.1.1.3 Cobre

Os tubos de cobre são utilizados para a condução de água e gás e fabricados sem costura, em barras retas, geralmente de 5 m (podendo ser de 3 m) e com paredes em três classes de espessura, conforme a Tabela 7.40.

As peças de conexão soldáveis mais comuns são: Luva, Bucha de Redução, Conector Fêmea, Conector Macho, Curva 45°, Cotovelo, Cotovelo com Rosca Macho Curta, Cotovelo com Rosca Macho Longa, Tê, Tê com Redução Central, Tê com Redução Lateral, Tê com Rosca Fêmea Central, Tê com Rosca Fêmea Central de Redução, Tê

Tabela 7.40

Diâmetro	Classe E Diâmetro externo × Espessura da parede (mm)	Classe A Diâmetro externo × Espessura da parede (mm)	Classe I Diâmetro externo × Espessura da parede (mm)
15	15 × 0,5	15 × 0,7	15 × 1,0
22	22 × 0,6	22 × 0,9	22 × 1,0
28	28 × 0,6	28 × 0,9	28 × 1,2
35	35 × 0,7	35 × 1,1	35 × 1,2
42	42 × 0,8	42 × 1,1	42 × 1,4
54	54 × 0,9	54 × 1,2	54 × 1,4
66	66,7 × 1,0	66,7 × 1,2	66,7 × 1,4
79	79,4 × 1,2	79,4 × 1,5	79,4 × 1,6
104	104,8 × 1,2	104,8 × 1,5	104,8 × 2,0

Dupla Curva (misturador), Tampão, União, União com Rosca Fêmea, Flange e Curva de Transposição. São fornecidos com os seguintes acessórios: solda (estanho/cobre) em bobina para aplicações normais, pasta para soldar e escova para limpeza da conexão. Quanto ao acabamento, os tubos de cobre devem ser isentos de defeitos que interfiram em suas aplicações normais e estar isentos de sujeira. A superfície interna dos tubos não pode conter resíduos carbônicos aderidos, provenientes de operações do processo de fabricação.

7.2.1.1.4 PVC (policloreto de vinila)

a) Generalidades:

Canalização embutida:

A canalização precisa ter o traçado mais curto possível, evitando colos altos e baixos. Precauções terão de ser tomadas para que não venha a sofrer esforços não previstos, decorrentes de recalques ou deformações da estrutura e para que fique assegurada a possibilidade de suas dilatações e contrações. Não poderá ser embutida em elementos estruturais de concreto (sapatas, pilares, vigas, lajes etc.), sendo permitido, entretanto, quando indispensável, ser alojada em reentrâncias (nichos) projetadas para esse fim nos referidos elementos. Não deverão, também, atravessar vigas senão em passagens de maior diâmetro. Para evitar perfuração acidental dos tubos por pregos, parafusos etc., os rasgos na alvenaria (para embutimento da tubulação) terão de ser fechados com argamassa de cimento e areia no traço 1:3.

- *Vantagens dos tubos de PVC:*

- facilidade na instalação;
- boa resistência à pressão;
- leveza que facilita manuseio e transporte;
- durabilidade quase ilimitada;
- menor perda de carga;
- baixo custo.

- Classificação dos tubos de PVC:

Existem vários tipos de tubo PVC no mercado, mas para as instalações prediais há duas linhas distintas:

- *Linha hidráulica*: para conduzir água fria.
- *Linha sanitária:* para sistema de esgoto, ventilação e captação de água pluvial.

b) Linha Hidráulica:

Pelo sistema de junta, os tubos e as conexões classificam-se em dois tipos: de junta roscada e de junta soldada. O sistema de junta roscada permite a montagem e a desmontagem das ligações sem danificar os tubos ou conexões.

Capítulo 7 – Instalações

Portanto, é possível o reaproveitamento de todos os materiais utilizados em outras instalações. O sistema junta soldada não permite o reaproveitamento das conexões já utilizadas, porém, leva as seguintes vantagens sobre o sistema anterior:

- transforma a junta em ponto de maior resistência;
- pela facilidade de execução, proporciona maior rapidez nos serviços de instalação;
- dispensa qualquer ferramenta especial, como morsa ou tarraxa.

Em ambos os sistemas de juntas, os tubos suportam pressão de serviço de até 7,5 kgf/cm² (0,75 MPa), o que corresponde a 75 mca. Os tubos com junta soldada são fabricados na cor marrom, nos diâmetros nominais de 20 (1/2"), 25 (3/4"), 32 (l"), 40 (1^1/$_4$"), 50 (1^1/$_2$"), 60 (2"), 75 (2^1/$_2$"), 85 (3") e 110 (4") e são fornecidos em barras de 6 m de comprimento com ponta e bolsa. Os tubos com junta roscada são fabricados na cor branca, nos diâmetros de 1/2", 3/4", l", 1^1/$_4$", 1^1/$_2$", 2", 3", 4"e 6"e são fabricados em barras de 6 m de comprimento com rosca nas duas pontas.

c) Linha Sanitária:

Os tubos e as conexões da linha sanitária permitem alternativa no sistema de acoplamento, como: junta elástica com anel de borracha ou junta soldada, exceto no diâmetro nominal de 40 mm (esgoto secundário), que utiliza apenas a junta soldada. A bolsa de dupla atuação, nos diâmetros nominais de 50 mm, 75 mm e 100 mm, permite escolher o sistema de junta mais adequado para cada situação da obra. Os tubos são fornecidos com ponta e bolsa ou pontas lisas, na cor branca, nos comprimentos de 3 m e 6 m. Para tubulação de diâmetro acima de 4", como no caso dos subcoletores prediais, são fabricados na cor ocre, com junta elástica, nos diâmetros nominais de 75 (3"), 100 (4"), 125 (5"), 150 (6"), 200 (8"), 250 (10") e 300 (12"), e no comprimento de 6 m. Para aplicações especiais, são fabricadas conexões de PVC rígido dotadas de revestimento externo de poliéster ou epóxi, reforçado com fios ou fibras de vidro.

d) Manuseio e Estocagem:

- *Transporte:*

O transporte dos tubos deve ser feito com todo cuidado, de forma a neles não provocar deformações e avarias. É necessário evitar particularmente:

- manuseio violento;
- grandes flechas;
- colocação dos tubos em balanço;
- contato dos tubos com peças metálicas salientes durante o transporte.

- *Descarregamento:*

O baixo peso dos tubos facilita o seu descarregamento e manuseio. Não se pode usar métodos violentos no descarregamento, como o lançamento dos tubos ao solo.

- *Manipulação:*

Para evitar avarias, os tubos têm de ser carregados, e nunca arrastados sobre o solo ou contra objetos duros.

- *Estocagem:*

Os tubos serão estocados o mais próximo possível do ponto de utilização. O local destinado ao armazenamento precisa ser plano e bem nivelado para evitar deformação permanente nos tubos. Estes e as conexões estocados deverão ficar protegidos do sol. É necessário evitar a formação de pilhas altas, as quais ocasionam a ovalação nos tubos de camada inferior.

e) Características do Tubo:

Os tubos de PVC linha hidráulica trabalham sob pressão de serviço até 7,5 kgf/cm² (75 mca), na temperatura de 20 °C. Por causa da característica do PVC, a resistência dos tubos diminui com o aumento da temperatura. Assim:

- Não se pode utilizar os tubos normais de PVC nos ramais de água quente, pois o PVC perde sua resistência nas altas temperaturas.

- Usar os tubos de PVC nos ramais de água fria até o registro de pressão do misturador e executar o restante da tubulação com outro material como o cobre, por exemplo.
- Devem ser adotadas medidas que impeçam o retorno de água quente do aquecedor para a tubulação de alimentação (é necessário observar as recomendações do fabricante do aquecedor).
- Para empregar os tubos de PVC nas colunas ou nos ramais onde há instalação de válvulas fluxíveis de descarga, é preciso tomar muito cuidado com o comportamento dela, pois certos tipos de válvulas, quando desreguladas, provocam o fenômeno chamado *golpe de aríete* que gera aumento brusco da pressão. Para evitar esse fenômeno, é recomendável utilizar a caixa de descarga no lugar da válvula fluxível, com economia no consumo de água e, também, redução no diâmetro da tubulação. Caso não seja possível eliminar a válvula de descarga, o sistema mais indicado é isolar dos demais aparelhos o barrilete e as colunas que alimentam as válvulas fluxíveis;
- os tubos de PVC, quando expostos ao sol, perdem sua coloração inicial com o decorrer do tempo. Esse fato não afeta a sua resistência.

f) Sistemas de Junta em Instalação Sanitária:

Para versatilidade de opção entre a junta soldada e a junta elástica, a bolsa dos tubos sanitários e das conexões destinados a esgoto primário (diâmetro nominal 50, 75 e 100) apresenta dois diâmetros internos. Na extremidade inicial em uma faixa de 3 cm, o diâmetro é maior e, no meio dessa área, existe um sulco para alojar o anel de vedação. No fundo da bolsa, o diâmetro é um pouco reduzido e se destina à utilização da junta soldada. A escolha do sistema de junta é feita de acordo com a preferência da construtora, porém, em certos casos, exige-se a junta elástica, como:

- derivação do tubo de queda;
- tubo de queda, entre dois pontos fixos;
- coluna de ventilação;
- coluna para condução de água pluvial.

São os locais que sofrem grandes variações de temperatura e consequente movimentação da tubulação, ou ponto de concentração dos esforços. Nunca se pode utilizar os dois sistemas de juntas em uma mesma bolsa.

g) Execução das Juntas (Generalidades):

- Preparo dos tubos:

Para cortar os tubos de grande diâmetro, utilizar uma guia confeccionada em madeira ou papel-cartolina enrolado no tubo, para obter melhor esquadro. Depois do corte dos tubos, as pontas terão de ser limpas das rebarbas (formadas durante o corte) e a parede chanfrada com uma lima. Essa operação é extremamente importante para obter melhor resultado em todos os sistemas de junta. Ao cortar os tubos, suas paredes, que estão em contato com a serra, se dilatam pelo calor gerado pelo atrito, causando as seguintes inconveniências:

- dificuldade no encaixe da ponta e da bolsa;
- arrastamento da solda para o fundo da bolsa, comprometendo o desempenho do tubo;
- deslocamento do anel de borracha que está alojado no sulco.

- Junta soldada:

A solda (adesivo) para PVC é, basicamente, um solvente com pequena quantidade de resina de PVC. A solda, quando aplicada na superfície dos tubos, dissolve uma pequena camada de PVC e, ao se encaixarem as duas partes, ocorre a fusão das duas paredes, formando um único conjunto. Portanto, a solda para PVC não serve para preencher vazios. O solvente existente na solda é um material volátil. A permanência dos gases formados pelo solvente, dentro da tubulação, pode atacar as paredes de PVC. Para evitar a ação dos gases, é importante deixar abertos todos os registros e as torneiras, a fim de facilitar a saída dos gases. Como se trata de material volátil, deve-se evitar trabalhar em ambientes muito quentes ou direto ao sol. O solvente, nas temperaturas altas, entra em ebulição e evapora antes de se efetuar a soldagem. Para guardar as soldas para PVC, escolher lugar fresco e ventilado. Para facilitar a sua aplicação, o fabricante fornece a solda para PVC em embalagem de 250 ml com pincel aplicador. As pontas dos tubos a serem soldadas têm de estar em esquadro e chanfradas. Os procedimentos de soldagem para os tubos da linha hidráulica e para os tubos da linha sanitária são semelhantes, porém, há pequenos detalhes diferentes, em razão das desigualdades de forma das bolsas entre as duas linhas.

Recomendações importantes:

- evite o excesso de solda no interior da bolsa. O excesso ataca fortemente a camada de PVC, e a bolsa nessa condição não prende mais a ponta do tubo e acaba expelindo-a para fora. Portanto, aplique corretamente a solda, sempre seguindo as instruções anteriores;
- limpe toda porção de solda que tenha caído acidentalmente sobre os tubos e, primeiramente, os excessos ocorridos na execução das juntas;
- depois da soldagem da junta, não utilize a tubulação imediatamente. É necessário aguardar a evaporação do solvente e o processo completo da soldagem. Em geral, antes de carregar a linha, aguarde 1 hora para cada 1 kgf/cm² de pressão. Caso a tubulação seja submetida a teste de pressão, aguarde no mínimo 24 horas.

Note-se de que:

- a Luva tem duas Bolsas;
- o Cotovelo Hidráulico tem duas Bolsas;
- o Cotovelo Sanitário tem uma Bolsa (exceto com diâmetro nominal 40);
- o Tê Hidráulico tem três Bolsas;
- a Junção Sanitária Simples tem duas Bolsas (exceto com DN 40);
- o Adaptador tem uma Bolsa.

- *Junta elástica:*

Recomendações importantes:

- Nunca utilize graxa ou óleo para substituir o lubrificante. Na falta deste, utilize sabão neutro (que não afeta a durabilidade do anel de borracha).
- Verifique bem o tipo, o diâmetro e a marca nos anéis. Nunca utilize anéis sem marca.
- Depois da montagem, verifique se o anel está alojado corretamente no sulco de encaixe. Se o anel estiver fora de posição, desmonte a junta imediatamente e verifique:
    - se o corte do tubo está em esquadro;
    - se o chanfro da ponta do tubo está corretamente executado;
    - se utilizou o anel certo;
    - se utilizou corretamente a pasta lubrificante.

h) Recomendações Gerais:

- Verificação dos materiais antes da instalação:

Confira os tubos, as conexões e os outros acessórios antes de começar a instalação. Nunca utilize peças que apresentem falhas, como:

- deformação ou ovalação;
- fissuras;
- folga excessiva entre a bolsa e a ponta;
- soldas velhas com muitos coágulos;
- anéis de borracha sem identificação;
- anéis de borracha sem elasticidade.

- Não improvise na obra:

- Use as conexões corretas para cada ponto. Para cada desvio ou ajuste, utilize as conexões adequadas para evitar os esforços na tubulação, e nunca abuse da relativa flexibilidade dos tubos. A tubulação em estado de tensão permanente pode provocar trincas, principalmente, na parede das bolsas.
- Não se pode confeccionar (improvisando) bolsas em tubos cortados. Utilize, nesse caso, uma luva para ligação dos tubos.

- Proteção dos tubos:

- Proteção contra carga acidental: envolva os tubos instalados em valas com reaterro cuidadosamente selecionado, isento de pedras e corpos estranhos e adensado em camadas a cada 10 cm, até atingir a cota do terreno. Esse cuidado é extremamente importante para os tubos da linha sanitária, a fim de evitar a ovalação. Em locais de passagem de veículos ou outras cargas excessivas, os tubos enterrados serão projetados de forma adequada.
- Evite a perfuração acidental: proteja os tubos contra perfuração acidental por pregos ou parafusos, fechando os rasgos abertos na alvenaria com argamassa de cimento e areia no traço 1:3.
- Proteção contra choques mecânicos: os tubos de PVC devem ser protegidos contra choques e outros esforços mecânicos. Principalmente na tubulação externa instalada até 2 m do solo, em área comum, como garagem, onde é necessário prever a proteção ou escolher a posição mais protegida. No tubo de queda ou na coluna para condução de água de chuva, nos edifícios altos, a extremidade final da tubulação (*pé* da coluna) poderá sofrer o impacto causado pelos despejos de esgoto ou algum objeto sólido em queda livre. Portanto, recomenda-se utilizar, nesses pontos, cotovelos de ferro fundido (protegidos com pintura interna à base de epóxi).

- Precaução contra movimentação dos tubos:

Por causa das características do material, os tubos de PVC apresentam coeficiente de dilatação bastante elevado (seis vezes maior que o do aço). Isso tem de ser considerado na ocasião da instalação, principalmente para a tubulação para esgoto ou para água pluvial, que sofre grande variação de temperatura. Como exemplo, em uma tubulação de 30 m de comprimento, a variação de temperatura de 20 °C provoca alteração no comprimento da ordem de 5 cm. Portanto, é preciso tomar os seguintes cuidados:

- *Junta de dilatação*: nas instalações prediais de esgoto, de água pluvial e de ventilação, a distância máxima entre dois pontos fixos é de 6 m. Entre dois pontos fixos, será prevista, sempre, uma junta elástica para absorver eventual dilatação;
- *Braçadeira*: as braçadeiras de fixação devem ter folga suficiente a fim de permitir livre movimentação da tubulação, exceto nos pontos fixos nela previstos. As braçadeiras necessitam ter certa largura para distribuir melhor o esforço. Nunca se pode utilizar arames ou barras de ferro para essa finalidade.
- *Tubo engastado*: os tubos de PVC não devem ser embutidos na estrutura de concreto, principalmente os tubos de ventilação e de condução de água pluvial, que sofrem grande variação de temperatura. Os tubos, quando for inevitável que atravessem a estrutura de concreto, terão de ser isolados de modo a permitir sua livre movimentação.

- Espaçamento máximo entre apoios:

Os tubos em instalação aparente precisam obedecer aos espaçamentos corretos dos apoios, a fim de evitar deformações excessivas dos tubos e o consequente mau escoamento dos fluidos, conforme a Tabela 7.41.

7.2.1.1.5 PEAD (polietileno de alta densidade)

- *Generalidades*

As principais características dos tubos PEAD são:

- elevada resistência ao impacto e à abrasão;
- atóxico, flexível, leve e impermeável;
- imune às corrosões química e galvânica;
- vida útil superior a 50 anos;
- baixíssimo efeito de incrustações e excelentes características hidráulicas;
- reduzido número de juntas (pode ser fornecido em bobinas);
- sistemas de união soldáveis ou por juntas mecânicas.

- *Tubo PEAD Azul*

Os tubos PEAD azuis podem ser utilizados em substituição de redes de PVC, cobre, ferro fundido e aço-carbono e aplicados em sistemas prediais de água fria, água quente (até 50 °C), esgoto, água pluvial e gás bem como em redes de combate a incêndio. Os tubos PEAD azuis são disponíveis em ampla gama de diâmetros, desde

Capítulo 7 – Instalações 443

Tabela 7.41: Tubos hidráulicos

Tubo da linha hidráulica		
Diâmetro Nominal (DN)	(Ref. pol.)	Espaçamento
20	1/2	0,8
25	3/4	0,9
3	1	1
4	$1\frac{1}{4}$	1
50	$1\frac{1}{2}$	1,5
60	2	1,6
75	$2\frac{1}{2}$	1,9
85	3	2,1
110	4	2,5

Tubo de linha sanitária	
Diâmetro nominal (DN)	Espaçamento máximo (m)
40	1,0
50	1,2
75	1,5
100	1,7

Tubo de linha coletor de esgoto	
Diâmetro nominal (DN)	Espaçamento máximo (m)
100	1,9
125	2,1
150	2,5
200	2,9

Ø 20 mm até Ø 315 mm e sob as pressões de 10 bar a 16 bar.

- *Tubo PEAD Preto ou Preto com Faixa Ocre*

Podem ser usados em redes de esgoto e água e são disponíveis em ampla gama de diâmetros e pressões, desde Ø 20 mm até Ø 1600 mm e sob as pressões de 6 bar a 16 bar.

- *Tubo PEAD Amarelo ou Laranja*

Podem ser utilizados em redes de gás e são disponíveis em ampla gama de diâmetros e pressões, desde Ø 20 mm até Ø 1600 mm e sob as pressões de 2,5 bar a 7 bar.

7.2.1.1.6 Cerâmica

As manilhas de grés cerâmico são fabricadas com argila bastante fusível, ou seja, com bastante mica ou até 15% de óxido de ferro. Isso lhes dá a cor vermelha comum, embora essa cor possa variar desde o branco acinzentado até o vermelho carregado. Como o barro apropriado é muito fusível, é marcante a vitrificação, o que as torna impermeáveis. Nos tubos de grés, o vidrado é obtido por dois processos: um deles é a imersão, depois da primeira cozedura, em um banho de água com areia silicosa fina com zarcão. No recozimento, essa mistura vitrifica-se. O outro processo, mais comum, é lançar no forno, então, a uma grande temperatura, sal de cozinha. Ele se volatizará, formando uma película vidrada de silicato de sódio. A moldagem é feita em máquinas semelhantes às usadas para os tijolos (extrusão), com fieiras apropriadas. A pasta desce por gravidade até a mesa, onde existe um molde para o bocal, ou o bocal é feito posteriormente com moldes de madeira. A outra extremidade deve ter ranhuras para aumentar a aderência do material de rejuntamento. Classificam-se em dois tipos: A, com vidrado interno e externo, e B, com vidrado só interno. Precisam ter no mínimo três estrias circulares de 3 mm de largura por 2 mm a 5 mm de profundidade na superfície interna da bolsa e na parte externa da ponta lisa. Têm, também, de trazer gravado o nome do fabricante ou a marca da indústria. Os diâmetros variam desde 75 mm (3") até 600 mm (240"), com comprimentos úteis desde 60 cm até 150 cm (usual: 60 cm). São fabricadas, além das peças retas, peças de conexão e desvio, semelhantes e com a mesma nomenclatura das peças de ferro fundido. São encontradas no mercado com as seguintes dimensões:

- com diâmetro nominal 75 e diâmetro mínimo interno de 70 mm, nos comprimentos de 60 cm/80 cm /100 cm;
- com diâmetro nominal 100 e diâmetro mínimo interno de 94 mm, nos comprimentos de 60 cm/80 cm /100 cm/125 cm/150 cm;
- com diâmetro nominal 150/200/250/300/375/400/450/500/600, nos comprimentos de 60 cm/80 cm/100 cm/125 cm/150 cm/200 cm.

7.2.1.2 Estimativa do consumo de água

Será adotada, como consumo mínimo, a Tabela 7.42.

Tabela 7.42: Consumo de água

Utilização	Unidade	L/d
Alojamentos provisórios	per capita	80
Apartamentos	per capita	150
Casas de luxo	per capita	200
Escritórios	por ocupante	50
Rega de jardins	por metro quadrado	1,5

7.2.1.3 Reservatório de fibrocimento para água

- *Capacidade:*

São fabricadas caixas-d'água com volume nominal de 250 L, 500 L e 1.000 L.

- *Manuseio:*

Armazene a caixa de boca para baixo, de modo que nela não se acumule sujeira. Mesmo tomando esse cuidado, lave totalmente o reservatório antes de instalá-lo. Para a elevação da caixa, use uma corda com gancho, enlaçando-a pelas paredes laterais. Eventuais testes terão de ser feitos antes dessa operação.

- *Assentamento:*

O fundo abaulado do reservatório é projetado para suportar melhor o peso da água, distribuir o esforço na periferia e transmitir aos apoios o peso total da caixa. Esta pode ser assentada diretamente em superfície plana e nivelada, desde que nela não haja nenhuma irregularidade. O apoio sobre duas vigas pode também ser utilizado. Estas, nesse caso, precisam ser paralelas e bem niveladas. Caso seja necessário entrar no reservatório por ocasião da instalação ou limpeza, não pise diretamente no fundo. Utilize dois caibros e uma tábua, sobre a qual se andará.

- *Perfuração:*

As perfurações na caixa devem ser feitas com broca para ferro, acionadas por furadeira elétrica ou manual. Tome o máximo cuidado na ocasião em que a broca completar o furo. O esforço excessivo, nesse momento, pode lascar internamente a parede do reservatório, dificultando a estanqueidade da junta. Para obter furos do diâmetro desejado, é necessário abrir uma série de pequenos furos na circunferência traçada e, depois de quebrada a parte central, dar acabamento com grosa. Não perfure a caixa por percussão com prego, parafuso, talhadeira, punção e outros recursos semelhantes.

- Ligação dos tubos:
A ligação dos tubos ao reservatório de água será feita por adaptadores longos com flanges, providos de massa de vedação, instalados nas superfícies planas da caixa. As flanges têm de ser sempre apertadas depois da instalação da tubulação. Os tubos instalados não podem transmitir os esforços às paredes do reservatório; portanto, é importante prever certa flexibilidade na tubulação instalada. Essa flexibilidade é particularmente importante no caso de ligação entre duas ou mais caixas em paralelo. Para obter essa flexibilidade, é recomendável o uso de mangueira de borracha em um pequeno trecho da interligação.

- Fixação e vedação da tampa:
Em reservatório instalado externamente, sem nenhuma proteção contra vento, sua tampa necessita ser fixada por dois ganchos galvanizados de Ø 5/16", com arruela lisa galvanizada e porca tipo borboleta. Esses acessórios, fornecidos em kit, são aplicados em lados opostos da tampa. No caso de haver necessidade de vedação total entre a tampa e a caixa-d'água, recomenda-se colar, com adesivo de contacto, uma borracha esponjosa de 12 mm × 8 mm, em toda a borda superior do reservatório e, posteriormente, executar a fixação da tampa. As perfurações nela executadas, necessárias à passagem dos acessórios de fixação, precisam ser vedadas com massa plástica.

7.2.1.4 Reservatório de poliéster reforçado com fibra de vidro

7.2.1.4.1 Terminologia

- *Barreira química (liner)*: conjunto das camadas interna e intermediária, que é responsável pela resistência química e impermeabilidade do reservatório.
- *Camada estrutural*: camada da parede do reservatório constituída de poliéster reforçado com fibras de vidro e que é responsável pela sua resistência mecânica.
- *Camada externa*: camada externa da parede do reservatório, em contato com o meio ambiente.
- *Camada intermediária*: camada da parede do reservatório localizada entre a camada interna e a estrutural.
- *Camada interna*: camada da parede do reservatório, em contato direto com o líquido.
- *Capacidade nominal (CN)*: número que caracteriza o reservatório e que corresponde aproximadamente ao volume útil, em litros.
- *Enrolamento de fios contínuos (filament winding)*: processo de deposição, no molde, de resina e fios contínuos de fibra de vidro enrolados mecanicamente.
- *Laminação manual (hand lay up)*: processo de deposição manual, no molde, de camadas de fibra de vidro e resina.
- *Laminação por aspersão (spray up)*: processo de deposição à pistola, no molde, de camadas de fibra de vidro.
- *Poliéster*: material plástico, termofixo, que se torna permanentemente rígido, substancialmente infusível e insolúvel quando curado por calor ou por outro meio (catalisador, luz ultravioleta etc.).
- *PRFV*: sigla da expressão *poliéster reforçado com fibra de vidro*.
- *Reservatório apoiado*: reservatório assentado sobre base no nível do solo.
- *Reservatório elevado*: reservatório suportado por estrutura, apoiado em base que garante apoio total e uniforme ao seu fundo, convenientemente nivelado, estando ele totalmente localizado acima do nível do solo.
- *Reservatório horizontal*: reservatório de corpo cilíndrico ou de seção elíptica, dimensionado para trabalhar cheio na posição horizontal.
- *Reservatório vertical*: reservatório de corpo cilíndrico, dimensionado para trabalhar cheio na posição vertical. Deve ser dimensionado também para ser movimentado e transportado na posição horizontal, quando vazio.
- *Véu da superfície:* feltro fino de fibra de vidro ou sintética.
- *Volume útil*: capacidade do reservatório em disponibilidade para a utilização. O volume útil é função do nível máximo admissível do líquido armazenado.

7.2.1.4.2 Descrição

Os reservatórios de água de PRFV têm a superfície interna lisa, obtida geralmente com aplicação de gel isoftálico, favorecendo sua limpeza e dificultando o surgimento de micro-organismos. Com a tendência existente de abolir o uso do cimento-amianto e comparados com os reservatórios feitos em chapa de aço, os reservatórios de água fabricados com PRFV são muito mais leves e econômicos, além do que facilitam seu transporte e içamento nas obras. Pode-se afirmar que são incorrosíveis, sendo, portanto, recomendados para utilização em áreas próximas ao litoral, ou em ambientes agressivos.

7.2.1.4.3 Capacidade e carga

- De 1.000 L com 1275 kg/m²;
- de 2.500 L com 1330 kg/m²;
- de 5.000 L com 1860 kg/m².

São confeccionados também reservatórios com 500 L, 7.500 L, 10.000 L e 15.000 L e outras capacidades, conforme o fabricante.

7.2.1.4.4 Instruções de montagem

- O reservatório de água de PRFV tem de ser instalado sobre base lisa, seja ela de concreto ou de madeira, seja metálica. Essa base precisa estar perfeitamente nivelada e isenta de sujeira, pedras, pregos ou qualquer outro material que possa danificar a base do reservatório.
- Os reservatórios de PRFV não podem ser instalados apoiados simplesmente sobre caibros ou vigas de madeira. É muito importante que todo o fundo do reservatório se apoie em uma superfície lisa e, no caso de concreto, desempenada.
- Mesmo se tratando de um produto extremamente leve, é necessário levar em conta as cargas acima indicadas (kg/m²) para cada tamanho de reservatório, considerando-o cheio.
- O içamento do reservatório para o local definitivo da instalação deve ser feito pelos olhais que estão posicionados na parte superior dele, evitando choques com paredes e/ou estruturas, que possam causar algum dano ao material. Esses mesmos olhais serão posteriormente utilizados para ancoragem do reservatório na laje ou estrutura de apoio, considerando que em um determinado momento ele poderá estar vazio e, consequentemente, com seu peso muito reduzido.
- As tampas dos reservatórios de PRFV têm de ser colocadas e em seguida fixadas com parafusos zincados que acompanham o material, imediatamente depois do término da instalação hidráulica, para evitar a entrada de sujeira.
- Os furos para instalação da válvula de boia, drenos e tubulação de saída serão executados com o uso de serra-copo para ferro, com diâmetro compatível com o da tubulação a ser instalada.

7.2.1.5 Ramal de alimentação

A partir do medidor, o ramal de alimentação, sem nenhuma derivação, abastecerá o reservatório de acumulação, por torneiras de boia, e precisa ser provido de registro de gaveta, no reservatório.

7.2.1.6 Extravasor de reservatório

Para o escoamento do excesso de água, terá de ser instalado nos reservatórios de acumulação um tubo extravasor (*ladrão*) com diâmetro nominal no mínimo 12 mm (1/2") maior que o da canalização de alimentação. A saída dos extravasores será protegida com uma tela de cobre de malha fina, para evitar a entrada de insetos no reservatório.

7.2.1.7 Dispositivo de limpeza de reservatório

Os reservatórios deverão ter dispositivo de limpeza que consistirá de canalização provida de registros de manobra. O diâmetro nominal mínimo da tubulação de limpeza é de 20 mm (3/4").

7.2.1.8 Elevação da água

Quando for necessário, o abastecimento dos reservatórios superiores será feito por grupos de eletrobombas, montados com uniões ou flanges para facilitar sua desmontagem. Terão de ser previstos, pelo menos, dois grupos com comando automático por meio de chaves de boia, dispondo de proteção contra sobrecarga e de chave de reversão para possibilitar o funcionamento alternado das bombas de recalque. A vazão horária será, pelo menos, 15% do consumo diário do prédio. As bombas precisam ser assentadas sobre bloco de concreto mediante amortecedores de vibração e interligadas à tubulação de recalque por meio de juntas de expansão de borracha. A não ser no caso em que o grupo eletrobomba for instalado permanentemente sob carga (*afogada*), a canalização de sucção terá sempre válvula de pé (*cebola*). A canalização de recalque necessita ter válvulas de retenção e registros de manobra. Na canalização de recalque e de sucção, não poderão ser empregados joelhos, mas apenas e tão somente curvas de raio longo.

7.2.2 Instalação de água fria

7.2.2.1 Terminologia

- *Abrigo de cavaletes*: instalação apropriada para evitar exposição do cavalete e hidrômetro ao sol, intempéries, cargas acidentais bem como aos atos de vandalismo.
- *Alimentador predial*: tubulação compreendida entre o ramal predial e a primeira derivação ou válvula de flutuador do reservatório.
- *Aparelho sanitário*: aparelho destinado ao uso de água para fins higiênicos ou para receber dejetos e/ou águas servidas.
- *Automático de boia*: dispositivo instalado no interior de um reservatório para permitir o funcionamento automático da instalação elevatória entre seus níveis operacionais extremos.
- *Barrilete*: conjunto de tubulação que se origina no reservatório e do qual se derivam as colunas de distribuição.
- *Caixa de descarga*: dispositivo colocado acima ou acoplado ou integrado às bacias sanitárias ou mictórios, destinado à reservação de água para sua limpeza.
- *Caixa de quebra-pressão*: caixa-d'água intermediária destinada a reduzir a pressão nas colunas de distribuição.
- *Cavalete*: parte da ligação de água formada pelo conjunto de segmentos de tubo, conexões, registros, tubetes, porcas e guarnições, destinados à instalação do hidrômetro, em posição afastada do piso.
- *Coluna de distribuição*: tubulação derivada do barrilete e destinada a alimentar ramais.
- *Conjunto elevatório*: sistema para elevação de água.
- *Consumo diário*: valor médio de água consumida em um período de 24 horas em decorrência de todos os usos do edifício no período.
- *Dispositivo antivibratório*: dispositivo instalado em conjuntos elevatórios para reduzir vibrações e ruídos e evitar sua transmissão.
- *Extravasor* (popularmente chamado *ladrão*): tubulação destinada a escoar os eventuais excessos de água dos reservatórios e das caixas de descarga.
- *Hidrômetro*: aparelho destinado a indicar e totalizar, continuamente, o volume de água que o atravessa.
- *Inspeção*: qualquer meio de acesso aos reservatórios, equipamentos e tubulação.
- *Instalação elevatória*: conjunto de tubulação, equipamentos e dispositivos destinado a elevar a água para o reservatório de distribuição.

- *Instalação hidropneumática*: conjunto de tubulação, equipamentos, instalação elevatória, reservatórios hidropneumáticos e dispositivos destinado a manter sob pressão a rede de distribuição predial.
- *Instalação predial de água fria*: conjunto de tubulação, equipamentos, reservatórios e dispositivos, existentes a partir do ramal predial, destinado ao abastecimento dos pontos de utilização de água da edificação, em quantidade suficiente, mantendo a qualidade da água fornecida pelo sistema de abastecimento.
- *Interconexão*: ligação, permanente ou eventual, que torna possível a comunicação entre dois sistemas de abastecimento.
- *Ligação de água*: conjunto de elementos do ramal predial de água e unidade de medição ou cavalete, que interliga a rede pública de água à instalação predial da edificação.
- *Ligação de aparelho sanitário*: tubulação compreendida entre o ponto de utilização e o dispositivo de entrada de água no aparelho sanitário.
- *Ligação de esgoto*: conjunto de elementos do ramal predial de esgoto, incluindo caixas de inspeção ou dispositivo que permita a inspeção (desde que tal dispositivo esteja previamente aprovado pela concessionária) e, se necessário, caixa de gordura, que interliga a instalação predial da edificação à rede pública de esgoto.
- *Limitador de vazão*: dispositivo utilizado para limitar a vazão em uma peça de utilização.
- *Nível operacional*: nível atingido pela água no interior da caixa de descarga, quando o dispositivo da torneira de boia se apresenta na posição fechada e em repouso.
- *Nível de transbordamento*: nível atingido pela água ao verter pela borda do aparelho sanitário, ou do extravasor no caso de caixa de descarga e reservatório.
- *Quebrador de vácuo*: dispositivo destinado a evitar o refluxo por sucção da água na tubulação.
- *Peça de utilização:* dispositivo ligado a um sub-ramal para permitir a utilização da água.
- *Ponto de utilização*: extremidade de jusante do sub-ramal.
- *Pressão de serviço*: pressão máxima a que se pode submeter um tubo, conexão, válvula, registro ou outro dispositivo, quando em uso normal.
- *Pressão total de fechamento*: valor máximo de pressão atingindo pela água na seção logo a montante de uma peça de utilização em seguida a seu fechamento, equivalendo à soma da sobrepressão de fechamento com a pressão estática na seção considerada.
- *Ramal*: tubulação derivada da coluna de distribuição e destinada a alimentar os sub-ramais.
- *Ramal predial*: tubulação compreendida entre a rede pública de abastecimento e a instalação predial. O limite entre o ramal predial e o alimentador predial deve ser definido pelo regulamento da concessionária de água local.
- *Ramal predial de água*: trecho de ligação de água compreendido entre o colar de tomada ou "T" de serviço integrado, inclusive, situado na rede pública de abastecimento de água, e o adaptador localizado na entrada da unidade de medição de água ou adaptador do cavalete.
- *Rede predial de distribuição*: conjunto de tubulação constituído de barrilete, colunas de distribuição, ramais e sub-ramais, ou de alguns desses elementos.
- *Ramal predial de esgoto*: trecho de tubulação compreendido entre a caixa de inspeção ou dispositivo que permita a inspeção (desde que tal dispositivo seja previamente aprovado pela concessionária) e o coletor público de esgoto.
- *Refluxo*: retorno eventual e não previsto de fluidos, misturas ou substâncias para o sistema de distribuição predial de água.
- *Registro de fecho*: registro instalado em uma tubulação para permitir a interrupção da passagem de água.
- *Registro de utilização*: registro instalado no sub-ramal, ou no ponto de utilização, destinado ao fechamento ou regulagem da vazão da água a ser utilizada.
- *Regulador de vazão*: aparelho intercalado em uma tubulação para manter constante sua vazão, qualquer que seja a pressão a montante.
- *Reservatório hidropneumático:* reservatório para ar e água destinado a manter sob determinada pressão a rede de distribuição predial.
- *Reservatório inferior*: caixa-d'água intercalada entre o alimentador predial e a instalação elevatória, destinada a reservar água e a funcionar como poço de sucção da instalação elevatória.

- *Reservatório superior*: caixa-d'água ligada ao alimentador predial ou à tubulação de recalque, destinada a alimentar a rede predial de distribuição.
- *Retrossifonagem*: refluxo de águas servidas, poluídas ou contaminadas, para o sistema de consumo, em decorrência de pressões negativas.
- *Separação atmosférica*: distância vertical, sem obstáculos e pela atmosfera, entre a saída de água da peça de utilização e o nível de transbordamento dos aparelhos sanitários, caixas de descarga e reservatórios.
- *Sistema de abastecimento de água*: conjunto de obras, equipamentos e serviços destinado ao abastecimento de água potável a uma comunidade para fins de consumo doméstico, industrial e outros usos. Essa água fornecida pelo sistema deverá ser em quantidade suficiente e com qualidade, do ponto de vista físico, químico e bacteriológico.
- *Sistema de esgoto sanitário*: conjunto de obras, equipamentos e instalações e serviços destinados a propiciar a coleta, afastamento, condicionamento, tratamento e disposição final do esgoto sanitário de uma comunidade, de forma contínua e sanitariamente segura.
- *Sobrepressão de fechamento*: maior acréscimo de pressão que se verifica na pressão estática durante e logo depois do fechamento de uma peça de utilização.
- *Subpressão de abertura*: maior decréscimo de pressão que se verifica na pressão estática logo depois da abertura de uma peça de utilização.
- *Sub-ramal*: tubulação que liga o ramal à peça de utilização ou à ligação do aparelho sanitário.
- *Torneira de boia*: válvula com boia destinada a interromper a entrada de água nos reservatórios e caixas de descarga quando se atinge o nível operacional máximo previsto.
- *Trecho*: comprimento de tubulação entre duas derivações ou entre uma derivação e a última conexão da coluna de distribuição.
- *Tubo de descarga*: conduto que liga a válvula ou caixa de descarga à bacia sanitária ou mictório.
- *Tubo ventilador*: tubulação destinada à entrada de ar na tubulação para evitar subpressões nesses condutos, mantendo-os sob a pressão atmosférica.
- *Tubulação de limpeza*: canalização destinada ao esvaziamento do reservatório para permitir a sua manutenção e limpeza.
- *Tubulação de recalque*: canalização compreendida entre o orifício de saída da bomba e o ponto de descarga no reservatório de distribuição.
- *Tubulação de sucção*: canalização compreendida entre o ponto de tomada no reservatório inferior e o orifício de entrada da bomba.
- *Unidade de medição*: parte da ligação de água composta de um dispositivo de medição dotado de adaptador, segmentos de tubo, conexões, registros, porcas, tubetes, guarnições, hidrômetro, garras de fixação e caixa (metálica ou plástica). A caixa tem um compartimento lacrado, com visor que permite a leitura do hidrômetro para a medição dos volumes de água consumidos pela edificação, e outro compartimento acessível à edificação, para eventual manutenção ou manobra do registro.
- *Válvula de descarga*: válvula de acionamento manual ou automático, instalada no sub-ramal de alimentação de bacias sanitárias ou de mictórios, destinada a permitir a utilização da água para sua limpeza.
- *Válvula de escoamento unidirecional*: válvula que permite o escoamento em um único sentido.
- *Válvula redutora de pressão*: válvula que mantém a jusante uma pressão estabelecida, qualquer que seja a pressão dinâmica a montante.
- *Vazão de regime*: vazão obtida em uma peça de utilização quando instalada e regulada para as condições normais de operação.
- *Volume de descarga*: volume que uma válvula ou caixa de descarga tem de fornecer para promover a perfeita limpeza de uma bacia sanitária ou mictório.

7.2.2.2 Condições gerais

As instalações de água fria precisam ser projetadas e construídas de modo a:

- garantir o fornecimento de água de forma contínua, em quantidade suficiente, com pressões e velocidades adequadas ao perfeito funcionamento das peças de utilização e do sistema de tubulação;
- preservar rigorosamente a qualidade da água do sistema de abastecimento;
- proporcionar o máximo conforto dos usuários, incluindo a redução dos níveis de ruído.

Os equipamentos e reservatórios necessitam ser adequadamente localizados tendo em vista as suas características funcionais, a saber: espaço, iluminação, ventilação, proteção sanitária, operação e manutenção. Só será permitida a localização de tubulação solidária à estrutura se aquela não for prejudicada pelos esforços ou deformações próprias dessa estrutura. As passagens através da estrutura devem ser previstas e aprovadas por seu projetista. Tais passagens têm de ser projetadas de modo a permitir a montagem e desmontagem da tubulação em qualquer ocasião. Indica-se, como a melhor solução para a localização da tubulação, a sua total independência da estrutura e da alvenaria. Nesse caso, precisam ser previstos espaços livres, verticais (*shafts*) e horizontais, para a sua passagem, com aberturas para inspeções e substituições, podendo ser empregados forros ou paredes falsas para escondê-la.

7.2.2.3 Sistemas de abastecimento

A instalação de água fria pode ser alimentada por:

- rede pública de abastecimento;
- sistema privado (quando não ocorrer o caso anterior). Exemplo: poço artesiano.

Admite-se que se utilize outro sistema de abastecimento, simultaneamente com o público, para finalidades diversas (de combate a incêndio, uso industrial, lavagem de pisos, alimentação de caixas e válvulas de descarga e outras), desde que constitua um sistema totalmente independente e seja perfeitamente caracterizado, a fim de tornar impossível o consumo humano de água não potável.

7.2.2.4 Sistemas de distribuição

- Alimentação da rede de distribuição:

É necessário ser feita diretamente da rede de abastecimento, quando as condições de vazão, pressão e continuidade o permitirem. Nos casos contrários, empregam-se outros sistemas que assegurem a regularidade do abastecimento, como reservatórios e dispositivos mecânicos; assim, as instalações prediais de água fria serão projetadas e executadas obedecendo a um dos sistemas indicados nos itens seguintes:

- Sistema de distribuição direta:

Alimentação da rede de distribuição diretamente da rede de abastecimento. Nesse sistema, é preciso tomar cuidados especiais para impedir refluxos para a rede pública.

- Sistema de distribuição indireta:

Alimentação da rede de distribuição a partir de reservatório(s). Esse sistema permite duas opções:

- por gravidade: alimentação da rede de distribuição a partir de reservatório superior;
- hidropneumático: alimentação da rede de distribuição a partir de reservatório inferior com pressão dada por uma instalação hidropneumática.

- Sistema misto:

Alimentação de parte da rede de distribuição por um dos sistemas anteriormente apresentados e parte pelo outro.

7.2.2.5 Vazões

- Vazões dos pontos de utilização:

As vazões de projeto dos pontos de utilização, a se considerar para os sub-ramais, estão indicadas na Tabela 7.43.

Capítulo 7 – Instalações

Tabela 7.43

Pontos de utilização	Vazão	Peso Atribuído
Bebedouro	0,05	0,1
Bica de banheira	0,30	1,0
Bidê	0,10	0,1
Caixa de descarga para bacia sanitária ou mictório não aspirante	0,15	0,3
Chuveiro	0,20	0,5
Máquina de lavar prato ou roupa	0,30	1,0
Torneira ou misturador (água fria) de lavatório	0,20	0,5
Torneira ou misturador (água fria) de pia de cozinha	0,25	0,7
Torneira de pia de despejo ou tanque de lavar roupa	0,30	1,0
Válvula de descarga para bacia sanitária	1,90	40,0
Válvula de descarga para mictório autoaspirante	0,50	2,8
Válvula de descarga ou registro para mictório não aspirante	0,15	0,3

- *Vazão de dimensionamento do alimentador predial:*

Nos sistemas de distribuição direta, o ramal predial, além de ser o veículo de abastecimento, faz parte também do sistema de distribuição. Nos sistemas de distribuição indireta, a vazão mínima considerada, desde que a fonte de abastecimento seja contínua, deve ser suficiente para atender ao consumo da edificação no período de 24 h.

- *Vazão de dimensionamento da instalação elevatória:*

A vazão de dimensionamento da instalação elevatória tem de ser constante. A sua determinação será feita em um estudo conjunto com o cálculo da capacidade do reservatório destinado a alimentar a rede de distribuição (reservatório superior), em função das vazões de distribuição. A vazão mínima a ser admitida para a instalação elevatória é aquela que exige no máximo o funcionamento do conjunto elevatório durante 6,66 h/d, ou seja, a *vazão horária mínima* precisa ser igual a 15% do consumo diário.

- *Vazão de dimensionamento da instalação hidropneumática:*

A vazão de dimensionamento da instalação elevatória deve ser, no mínimo, igual à vazão máxima provável empregada para o dimensionamento do barrilete e colunas. A instalação elevatória tem de operar no máximo seis vezes por hora.

- *Vazão de dimensionamento do barrilete e colunas de distribuição:*

Tendo em vista a conveniência, sob o aspecto econômico, do dimensionamento, trecho por trecho, da rede de distribuição, serão também previstas as vazões de dimensionamento, trecho por trecho. As vazões, trecho por trecho, da rede de distribuição são determinadas a partir de pesos atribuídos aos diversos pontos de utilização, conforme a Tabela 7.43.

- *Vazão de dimensionamento dos ramais e sub-ramais:*

As vazões de dimensionamento dos ramais e sub-ramais necessitam ser determinadas trecho a trecho.

- *Vazão para dimensionamento do reservatório superior:*

O reservatório superior terá capacidade adequada para atuar como regulador da distribuição. É alimentado regularmente pela instalação elevatória ou diretamente pelo alimentador predial, devendo atender às demandas variáveis da distribuição. As vazões de projeto que precisam ser consideradas no dimensionamento do reservatório superior são:

- vazão de dimensionamento da instalação elevatória;

• vazão de dimensionamento do barrilete e colunas de distribuição.

- *Vazão de dimensionamento da tubulação de limpeza dos reservatórios:*

Essas vazões são função do tempo desejado para se esvaziar o reservatório ou a câmara do reservatório a ser limpa, que, por sua vez, é função do esquema de operação das instalações.

7.2.2.6 Dimensionamento

- *Generalidades:*

Toda a tubulação da instalação predial de água fria é dimensionada e executada para funcionar como conduto forçado. Tendo em vista a conveniência sob o aspecto econômico, toda a instalação predial de água fria deve ser dimensionada trecho por trecho. Em virtude de serem condutos forçados, é necessário que fiquem perfeitamente definidos, para cada trecho, os quatro parâmetros hidráulicos do escoamento, quais sejam: vazão, velocidade, perda de carga e pressão. Esses parâmetros têm de ser apresentados nas unidades de medida da Tabela 7.44.

Tabela 7.44: Vazão e pressão

Parâmetros	Unidades	Símbolos
Vazão	litros por segundo metros cúbicos por hora	L/s m3/h
Velocidade	metros por segundo	m/s
Perda de carga unitária	metros de coluna de água por metro	mca/m
Perda de carga total	metros de coluna de água	mca
Pressão	quilopascal	kPa

Nota: 1 kgf/cm^2 = 10 mca   100 kPa

- *Pressões:*

Toda a rede de distribuição predial de água fria será projetada e executada de modo que as pressões estáticas ou dinâmicas em qualquer ponto se situem no seguinte campo de variação:

• pressão estática máxima de 400 kPa (40 mca);
• pressão dinâmica mínima de 5 kPa (0,5 mca).

A pressão dinâmica mínima de 5 kPa visa impedir que o ponto crítico da rede de distribuição, geralmente o ponto de encontro entre o barrilete e a coluna, venha operar com pressão negativa. As pressões dinâmicas e as pressões estáticas nos pontos de utilização precisam estar compreendidas entre os valores constantes da Tabela 7.45.

A abertura de qualquer peça de utilização não pode provocar queda de pressão (subpressão) tal que a pressão instantânea no ponto crítico da instalação fique inferior a 5 kPa (0,5 mca). O fechamento de qualquer peça de utilização não pode provocar sobrepressão, em qualquer ponto da instalação, que supere em mais de 200 kPa (20 mca) a pressão estática nesse mesmo ponto.

- *Velocidades:*

As velocidades mínimas na tubulação não são fixadas, permitindo que se projete a tubulação para funcionar como se fosse um reservatório. As velocidades máximas na tubulação não podem ultrapassar o valor dado pela fórmula a seguir, nem a 2,5 m/s, nos hospitais, residências, prédios de apartamentos, hotéis, escritórios e outros, onde o ruído possa perturbar o repouso ou o desenvolvimento das atividades normais previstas:

V = 14 D

na qual: V = velocidade, em metros por segundo D = diâmetro nominal, em metros.

- *Perdas de carga:*

Capítulo 7 – Instalações

Tabela 7.45: Pontos de utilização

	Pontos de utilização		Pressão dinâmica (kPa)		Pressão estática (kPa)
	mín.	máx.	mín.	máx.	
Aquecedor elétrico de alta pressão	5	400	10	400	
Aquecedor elétrico de baixa pressão	5	40	10	50	
Bebedouro	20	400	-	-	
Chuveiro de diâmetro nominal 15 mm	20	400	-	-	
Chuveiro de diâmetro nominal 20 mm	10	400	-	-	
Torneira	5	400	-	-	
Torneira de boia para caixa de descarga com diâmetro nominal 15 mm	15	400	-	-	
Torneira de boia para caixa de descarga com diâmetro nominal 20 mm	5	400	-	-	
Torneira de boia para reservatório	5	400	-	-	
Válvula de descarga de alta pressão	(A)	(A)	(B)	400	
Válvula de descarga de baixa pressão	12	-	20	(B)	
(A) O fabricante deve especificar a faixa de pressão dinâmica que garanta vazão mínima de 1,7 L/s e máxima de 2,4 L/s nas válvulas de descarga de sua fabricação. (B) O fabricante tem de definir esses valores para a válvula de descarga de sua produção, respeitando as normas técnicas.					

Para o dimensionamento das instalações prediais de água fria, precisam ser consideradas nos cálculos as perdas de carga ao longo da tubulação e também as perdas de carga localizadas. Para o cálculo das localizadas, podem ser utilizados os comprimentos equivalentes. O cálculo das perdas de carga será feito mediante o emprego de fórmulas de uso corrente, com a utilização de coeficientes adequados ao material especificado para a tubulação.

- *Diâmetros:*

Os diâmetros mínimos dos ramais ou sub-ramais não podem ser inferiores aos indicados na Tabela 7.46.

Não é permitida a redução de diâmetro de uma tubulação no sentido oposto ao do curso normal da água, ou seja, de jusante para montante.

- *Capacidade dos reservatórios nos sistemas de distribuição indireta:*

A reservação total a ser acumulada nas caixas-d'água inferiores e superiores não pode ser inferior ao consumo diário, recomendando-se que não ultrapasse três vezes esse consumo. A parte de reservação a ser feita nas caixas-d'água inferiores será obtida por diferença entre a reservação total e a necessária para as caixas superiores. Não pode ser considerado, no cálculo da reservação total, o volume do reservatório hidropneumático. Nesse caso, o reservatório inferior deverá ter capacidade mínima igual ao consumo diário. Reservas para outras finalidades, como para combate a incêndio, podem ser feitas nos mesmos reservatórios da instalação predial de água fria, porém, à capacidade para essas finalidades têm de ser acrescidas as previstas neste item. Recomenda-se, nos casos comuns, a seguinte distribuição:

- reservatório inferior com 3/5 do total;
- reservatório superior com 2/5 do total.

É necessário dispensar a existência de reservatório inferior sempre que for possível abastecer continuamente o superior diretamente pelo alimentador predial.

- *Instalação hidropneumática:*

Tabela 7.46

Ponto de utilização	Diâmetro nominal (mm)	ref.
Aquecedor de alta pressão	15	1/2
Aquecedor de baixa pressão	20	3/4
Banheira	15	1/2
Bebedouro	15	1/2
Bidê	15	1/2
Caixa descarga	15	1/2
Chuveiro	15	1/2
Filtro de pressão	15	1/2
Lavatório	15	1/2
Máquina de lavar roupa ou louça	20	3/4
Mictório auto aspirante	25	1
Mictório não aspirante	15	1/2
Pia de cozinha	15	1/2
Tanque de despejo ou de lavar roupa	20	3/4
Válvula de descarga	32(*)	1¼

(*) Quando a pressão estática de alimentação for inferior a 30 kPa (~3 mca), recomenda-se instalar a válvula de descarga em sub-ramal com diâmetro nominal de 40 mm (ref. 1½).

A tubulação de sucção e a de recalque precisa ser dimensionada para atender às vazões anteriormente estipuladas. Recomenda-se o emprego de sucção *afogada* (caso em que a bomba de recalque esteja abaixo do fundo do reservatório). O conjunto mecânico de elevação deve ter características que atendam às condições de vazão exigidas anteriormente e de modo simultâneo às condições de nível (nível mínimo de ligação e nível máximo de desligamento) impostas pelo projeto. A entrada e saída de água do reservatório tem de ser instalada no mesmo nível, dentro do volume morto, a pelo menos 2,5 vezes os seus diâmetros abaixo do nível de água correspondente à pressão mínima de partida. São acessórios indispensáveis ao reservatório hidropneumático:

- um visor de vidro que permita a observação do nível de água;
- um manômetro;
- pelo menos um pressostato;
- uma válvula de segurança;
- um dispositivo para repor as condições mínimas de ar no interior do reservatório.

O funcionamento da instalação, ou seja, a ligação e o desligamento do conjunto mecânico de elevação, precisa ser automático.

- *Alimentador predial:*

O alimentador predial tem de ser dimensionado com base nas vazões anteriormente estipuladas.

- *Instalação elevatória:*

A instalação elevatória será dimensionada com base nas vazões já estipuladas. Tal instalação deve ter comando automático e nela ser prevista pelo menos uma unidade de recalque de reserva. Medidas necessitam ser tomadas para manter os ruídos e vibrações dentro de limites admissíveis em cada caso, por meio de bases, juntas elásticas, braçadeiras etc. É preciso ser previsto, no mínimo, para o diâmetro da tubulação de sucção, um diâmetro nominal superior ao da tubulação de recalque. O conjunto elevatório terá características tais que atendam às condições previstas de vazão e altura manométrica determinada.

- *Rede de distribuição:*

O dimensionamento da rede de distribuição tem de ser feito com base nas vazões já estipuladas. Devem ser verificadas as pressões dinâmicas mínimas nos pontos mais desfavoráveis e previstos registros de passagem nas saídas do reservatório superior e nos ramais no trecho compreendido entre a respectiva derivação e o primeiro sub-ramal.

- Tubulação de limpeza e de extravasão dos reservatórios:

A tubulação de limpeza precisa ser dimensionada com base nas vazões anteriormente estipuladas. O escoamento a jusante dessa tubulação necessita ser livre e terminantemente vedada qualquer possibilidade de conexão da tubulação de limpeza e de extravasão com esgoto ou com qualquer outra fonte de possível contaminação. O diâmetro do extravasor tem de ser calculado em função do diâmetro do ramal do alimentador, devendo ser no mínimo uma bitola nominal superior a este. É necessário prever que a tubulação do extravasor possa desaguar livre, em lugar visível pelos ocupantes do prédio ou pelo seu responsável.

7.2.2.7 Materiais empregados

- Tubos:

Podem ser de aço galvanizado, cobre, ferro fundido, PVC rígido ou de outros materiais, desde que satisfaçam às condições seguintes:

- devem ser verificados, pelos projetistas, quanto à sua pressão de serviço. A pressão de serviço dos tubos tem de ser superior à pressão estática no ponto considerado, somada à sobrepressão por causa de golpes de aríete;
- precisam ser próprios para condução de água potável, não alterando sua qualidade;
- necessitam ter especificação para recebimento, relativa a cada material ou tipo de junta, inclusive métodos de ensaio.

- Conexões:

Podem ser de aço galvanizado, cobre, ferro fundido, PVC rígido, ferro maleável, latão, bronze ou outros materiais, desde que satisfaçam às condições seguintes:

- têm de ser verificadas, pelos projetistas, quanto à sua pressão de serviço. A pressão de serviço das conexões precisa ser superior à pressão estática, no ponto considerado, somada à sobrepressão devida a golpes de aríete;
- necessitam ser adequadas para o tipo de tubo que se utiliza na instalação;
- devem ser próprias para a condução de água potável, não alterando sua qualidade;
- precisam ter especificação para recebimento, relativa a cada material ou tipo de junta, inclusive métodos de ensaio.

- Juntas:

Necessitam ser verificadas, pelos projetistas, quanto à sua pressão de serviço. A pressão de serviço das juntas tem de ser superior à pressão estática no ponto considerado, somada à sobrepressão devida a golpes de aríete.

- Registro, válvulas e torneiras:

Podem ser de ferro maleável, bronze, latão, ferro fundido, plástico ou de outros materiais, desde que satisfaçam às condições que seguem:

- devem ser verificados, pelos projetistas, quanto à sua pressão de serviço. A pressão de serviço dos registros, válvulas e torneiras precisa ser superior à pressão estática, no ponto considerado, somada à sobrepressão devida a golpes de aríete;
- necessitam ter funcionamento hidráulico adequado, de tal forma que as manobras de abertura e fechamento não contrariem o anteriormente especificado em "Pressões" (7.2.2.6);
- têm de preservar os padrões de higiene e segurança anteriormente citados;
- devem ter especificação para recebimento, relativa a cada material e tipo, inclusive métodos de ensaio.

- Caixas de descarga e válvulas de descarga:

Compete ao projetista escolher o equipamento mais adequado para a alimentação das bacias sanitárias e mictórios, tendo em vista as recomendações dos itens seguintes e as condições sanitárias mínimas. As caixas de descarga podem ser de ferro fundido, fibrocimento, louça, plástico reforçado, plástico termoplástico, argamassa de termofixo ou de outros materiais, desde que satisfaçam às condições seguintes:

- precisam ser verificadas, pelo projetista, quanto à pressão de serviço na torneira de boia. A pressão de serviço desses equipamentos será superior à pressão estática, no ponto considerado, somada à sobrepressão devida a golpes de aríete;
- necessitam ter volume útil de descarga compatível com o tipo de bacia sanitária escolhida;
- devem ter capacidade de vazão e desempenho tal que provoquem descarga suficiente na bacia sanitária no que diz respeito à remoção dos detritos sólidos e reposição do fecho hídrico;
- as caixas de descarga, com torneira de boia, que possuam tubo de alimentação dotado de dispositivo silenciador, devem ser protegidas por dispositivos quebradores de vácuo ou ter uma abertura atmosférica situada no mínimo a 10 mm acima do nível operacional;
- têm de preservar os padrões de higiene e segurança aqui citados;
- precisam ter especificação para recebimento, relativa a cada material ou tipo, inclusive métodos de ensaio.

As válvulas de descarga podem ser de ferro maleável, bronze, latão, ferro fundido, plástico ou de outro material, desde que satisfaçam às condições seguintes:

- as pressões de serviço (estática e dinâmica) obedecerão à última tabela anteriormente transcrita (em 7.2.2.6);
- devem ter volume útil de descarga compatível com o tipo de bacia sanitária escolhida;
- precisam ter capacidade de vazão e desempenho tal que provoquem descarga eficiente na bacia sanitária no que diz respeito à remoção dos detritos sólidos e reposição do fecho hídrico;
- necessitam ter funcionamento hidráulico adequado de tal forma que, mesmo quando desreguladas, nas manobras de abertura e fechamento, não contrariem o anteriormente especificado em "Pressões" (em 7.2.2.6);
- têm de preservar os padrões de higiene e segurança aqui citados;
- devem ter especificação para recebimento, relativa a cada material e tipo, inclusive métodos de ensaio.

- *Reservatórios domiciliares:*

Nos reservatórios inferiores, é necessário haver um afastamento mínimo de 60 cm entre as suas paredes e qualquer obstáculo lateral, e entre o fundo e o terreno onde se apoia, para permitir a inspeção. Caso sejam construídos dentro de um poço, este tem de ser drenado mecanicamente, de forma permanente. Precisam ser construídos com materiais de qualidade comprovada e estanques. Os materiais empregados na sua construção e impermeabilização não devem transmitir à água substâncias que possam poluí-la. Têm de ser construídos ou instalados de forma tal que a tubulação de alimentação, onde é instalada a torneira de boia, fique no mínimo 50 cm acima da cota do meio-fio da via pública, onde cruza o ramal predial, ou sobre seu prolongamento. Caso o reservatório seja construído abaixo do nível do meio-fio, é necessário ser instalada uma coluna piezométrica no ramal predial, em forma de sifão, dotada de dispositivo quebra-vácuo, até 50 cm, no mínimo, acima da referida cota do meio-fio. Precisam ser construídos de tal forma que não possam servir de ponto de drenagem de águas residuárias ou estagnadas em seu entorno. A superfície superior externa (cobertura) deve ser impermeabilizada e dotada de declividade mínima de 1:100 no sentido das bordas. Têm de ser providos de abertura convenientemente localizada que permita o fácil acesso ao seu interior para inspeção e limpeza, e dotados de rebordos com altura mínima de 5 cm. A abertura precisa ser fechada com tampa que evite a entrada de insetos e outros animais e/ou de água externa. Os pequenos reservatórios domiciliares, de fabricação normalizada, necessitam satisfazer às seguintes condições:

- ser providos obrigatoriamente de tampa que impeça a entrada de animais e corpos estranhos;
- preservar os padrões de higiene e segurança aqui citados;
- ter especificação para recebimento relativa a cada tipo de material, inclusive métodos de ensaio.

A distância vertical entre os planos que passam pela borda inferior do ramal alimentador e a geratriz superior do extravasor será, no mínimo, duas vezes o diâmetro nominal do ramal. O extravasor e a tubulação de ventilação devem ser dotados de um crivo de tela fina com 0,5 mm no máximo de malha, com área total superior a seis vezes a da seção reta do extravasor.

- Aparelhos sanitários e outros:
Os aparelhos sanitários, bem como sua instalação e canais internos, têm de ser executados de tal forma que não provoquem nenhum tipo de contaminação de água da instalação predial. A separação atmosférica mínima exigida para os aparelhos sanitários é de duas vezes a área da seção de saída de água da peça de utilização, expressa em termos de diâmetro de um círculo. Caso a seção não seja circular, a área será expressa em termos do diâmetro de um círculo de área equivalente. O uso de banheiras com torneiras afogadas, duchas portáteis, máquinas de lavar roupas e louças, bidês, torneiras com possibilidade de conexão para mangueiras exige instalações, sistemas ou dispositivos antirretorno. Os aparelhos sanitários necessitam ter especificação para recebimento relativa a cada tipo de material, inclusive métodos de ensaio. Máquinas de lavar roupas, lavadoras de louças e outros aparelhos semelhantes, que são ligados à rede de distribuição de água, precisam atender às condições seguintes:

- somente podem ser conectadas a pontos previstos no projeto da instalação predial, dimensionados para tal e atendendo às condições definidas adiante em "Proteção da rede de distribuição" (em 7.2.2.9);
- as válvulas de controle de admissão de água, mesmo quando desreguladas, terão operação tal que não provoquem sub nem sobrepressão menores nem maiores que as anteriormente estipuladas em "Pressões" (em 7.2.2.6).

7.2.2.8 Detalhes construtivos

A instalação da tubulação deve ser executada de acordo com as normas técnicas, para cada tipo de material empregado. A tubulação de água fria tem de ser devidamente protegida contra eventual acesso de água poluída. A tubulação não poderá atravessar fossas, poços absorventes, poços de visita, caixas de inspeção ou outros locais passíveis de contaminação da água fria.

7.2.2.9 Condições sanitárias mínimas

- Proteção contra a contaminação e a introdução de materiais indesejáveis na água:

A instalação predial de água fria precisa ser executada e projetada de maneira a impedir a contaminação e a introdução de materiais indesejáveis na água, que possam acarretar quaisquer riscos à saúde ou efeitos psicofisiológicos nocivos.

- Proteção da rede de distribuição:

Quando forem utilizados aparelhos passíveis de provocar retrossifonagem, será necessário proteger a rede de distribuição, conforme o indicado a seguir:

- Sistema de distribuição indireta por gravidade: nesse sistema, pode ser adotada uma das alternativas indicadas a seguir:
    - os aparelhos passíveis de provocar retrossifonagem podem ser instalados em coluna, barrilete e reservatório independentes, previstos com finalidade exclusiva de abastecê-los;
    - os aparelhos passíveis de provocar retrossifonagem serão instalados em coluna, barrilete e reservatório comuns a outros aparelhos ou peças, desde que seu sub-ramal esteja protegido por dispositivo quebrador de vácuo, nas condições previstas para sua instalação;
    - os aparelhos passíveis de provocar retrossifonagem podem ser instalados em coluna, barrilete e reservatório comuns a outros aparelhos ou peças, desde que a coluna seja dotada de tubulação de ventilação, executada com as características a seguir:
        * a) ter diâmetro igual ou superior ao da coluna, de onde se deriva;
        * b) ser ligada à coluna a jusante do registro de passagem existente;
        * c) haver uma tubulação de ventilação para cada coluna que serve aparelho passível de provocar retrossifonagem;
        * d) ter sua extremidade livre acima do nível máximo admissível do reservatório superior.

- Sistema de distribuição direta ou indireta hidropneumática: os aparelhos passíveis de provocar retrossifonagem só podem ser instalados com o seu sub-ramal protegido por um quebrador de vácuo, nas condições previstas para a sua instalação.

- Alimentação dos aparelhos:

A tomada de água do sub-ramal que alimenta aparelhos passíveis de sofrer retrossifonagem, em qualquer dos casos acima previstos, deve ser feita em um ponto da coluna no mínimo 40 cm acima da borda de transbordamento do aparelho servido.

7.2.2.10 Generalidades

Todos os tubos da rede de água fria que atravessarem paredes dos reservatórios precisam ser cuidadosamente colocados antes da sua concretagem. As colunas de distribuição terão de ser derivadas do barrilete, a fim de alimentar os ramais, e serão providas de registros de gaveta para isolamento, os quais serão identificados com placa metálica. Os ramais de distribuição (dos banheiros, cozinhas, áreas de serviço etc.) também terão registros de gaveta para isolamento. As alturas (em metros, a contar do piso) para saídas de água para os aparelhos são as indicadas na Tabela 7.47.

Tabela 7.47: Aparelhos sanitários

Aparelho	Saída	Registro
Bacia com caixa acoplada	0,2	
Banheira	0,5	0,75
Lavatório	0,6	
Bidê	0,4	
Pia	1,1 a 1,2	
Aquecedor	1,35	
Tanque	1,0 a 1,1	
Filtro	1,5 a 1,8	
Chuveiro	2,1 a 2,3	1,2 a 1,3
Máquina de lavar roupa	1,1	

Deverão ser observadas as seguintes prescrições quando da colocação dos tubos:
- só poderá ser roscada a porção do tubo que ficará dentro da conexão;
- se forem enterrados, os tubos precisarão ter recobrimento mínimo de 30 cm e proteção adequada contra agentes agressivos (pintura betuminosa protetora – se tubos de aço galvanizado – seguida de capeamento de concreto).

Terá de ser prevista, para cada sistema, rede independente a partir do reservatório elevado, para alimentação dos:
- aparelhos sem válvula fluxível de descarga;
- aquecedores de água.

Durante a realização dos trabalhos de construção, até serem os aparelhos instalados em definitivo, os tubos deverão ter suas extremidades vedadas com plugues.

7.2.2.11 Diretrizes para limpeza da rede de água

Depois de fazer circular água na linha por algum tempo, será necessário interromper o fluxo, drenar e limpar os filtros, válvulas, bombas etc. Em seguida, repetir a operação até que esses elementos se apresentem limpos. Finalmente, desinfetar a rede com uma solução de, no mínimo, 50 mg/L de cloro e que atue no interior dos condutos durante 3 horas, no mínimo.

7.2.2.12 Recebimento de instalações

- Condições gerais:

A execução da instalação precisa obedecer rigorosamente ao projeto e às disposições construtivas nele previstas. Qualquer alteração no projeto terá de manter o conjunto da instalação dentro do estipulado pelas normas técnicas e necessita ser justificada pela construtora. Todas as alterações processadas serão anotadas detalhadamente durante a obra para facilitar a apresentação do cadastro completo no recebimento da instalação. São permitidas alterações de traçado de linhas quando forem necessárias em razão de modificações na alvenaria ou na estrutura da obra, desde que não interfiram sensivelmente nos cálculos já elaborados. Depois do término da instalação, deverão ser refeitos os desenhos, incluindo todas as alterações introduzidas (projeto cadastral ou conforme o construído –*as built*), de maneira que sirvam de cadastro para a operação e manutenção da instalação.

- Inspeção:

Compete ao profissional responsável pela obra verificar, antes de eventual revestimento da tubulação, se foram obedecidos o item anterior e os detalhes construtivos previstos nas normas técnicas.

- Formação da amostra:

Cabe ao responsável técnico selecionar, de forma representativa, no mínimo três de cada conjunto de 100 pontos de água ou fração, excetuando-se válvulas de descarga e caixas de descarga. Nesses pontos selecionados, que constituem a amostra da instalação, têm de ser executados os ensaios correspondentes, conforme item a seguir. Compete ainda ao engenheiro fiscal selecionar, de forma representativa, três de cada quinze válvulas de descarga ou caixas de descarga, instaladas e em funcionamento. Nessas válvulas ou caixas, precisam ser executados os ensaios correspondentes, conforme item a seguir.

- Ensaios:

- Compete ao profissional responsável pela obra, antes dos ensaios, mandar limpar toda a tubulação com descargas de água sucessivas e reenchê-la, deixando os pontos de água, selecionados na amostragem, em condições de uso. O reenchimento da instalação será lento para evitar golpes de aríete e para a eliminação completa do ar.
- Estanqueidade à pressão interna: toda a tubulação deve ser ensaiada, durante pelo menos 6 horas, à estanqueidade por pressão hidrostática 50% superior à pressão estática máxima de trabalho normal prevista, não podendo descer, em ponto algum da tubulação, a menos de 1 kgf/cm², ou seja, 10 mca.
- Determinação das condições de funcionamento dos pontos de água: os pontos de água selecionados na amostragem têm de ser postos a funcionar com a peça de utilização correspondente, determinando a subpressão na abertura rápida, as condições de vazão e a sobrepressão de fechamento brusco. Precisam também ser feitos ensaios de funcionamento das instalações elevatórias e/ou instalações hidropneumáticas de acordo com as normas técnicas.

- Condições específicas:

A tubulação ensaiada à estanqueidade por pressão interna de água, 50% superior à pressão estática máxima na instalação, e em ponto algum da tubulação com pressão menor que 1 kgf/cm², não pode apresentar vazamentos ou exsudação em 6 horas de ensaio. As peças de utilização ensaiadas conforme item anterior não devem provocar, na abertura rápida, subpressão na rede nem baixar a pressão no ponto a menos de 0,05 kgf/cm². No fechamento rápido, a sobrepressão não pode elevar a pressão mais de 2 kgf/cm² acima da pressão estática. A pressão estática em qualquer ponto não deve superar 4 kgf/cm². A vazão tem de ser apropriada para a peça de utilização em questão. Nos casos de dúvida, precisam ser efetuadas medidas de vazão, sendo certo que estas necessitam estar acima dos valores estabelecidos nas normas técnicas. Para as válvulas de descarga, além do acima estabelecido, deverá ser observado também se a pressão estática no ponto é compatível com o tipo, conforme normas técnicas, admitindo-se uma tolerância de ± 10%. A vazão máxima dessas válvulas de descarga não pode ser maior que 3 L/s. Para as caixas de descarga, além do acima especificado, terá de ser observado também se o volume de descarga é suficiente para a limpeza dos detritos sólidos da bacia sanitária.

- *Aceitação e rejeição:*
  - Na *verificação da estanqueidade à pressão interna*, caso o número de ocorrências, quer de vazamento quer de exsudação, seja maior que 10, na amostra, conforme descrito anteriormente, a instalação será rejeitada; se esse número não for superior a 10, a instalação será aceita depois de todos os reparos e com a repetição do ensaio.
  - Na *determinação das condições de funcionamento das peças de utilização em uma instalação predial de água fria*, a instalação será rejeitada caso o número de pontos de água não aprovado supere 1/3 do total ensaiado, separando peças de utilização em geral de válvulas de descarga e caixas de descarga. No caso de o número de pontos não aprovados ser menor ou igual a 1/3 do total ensaiado (separando peças de utilização em geral, válvulas de descarga e caixas de descarga), a instalação será aceita depois de ser adaptada às condições específicas do item anterior e ser novamente submetida ao ensaio, utilizando nesse segundo ensaio outra amostra, diferente da primeira. Precisam ser feitas as adaptações de todos os pontos de água que apresentarem defeitos nos ensaios.
  - As válvulas de descarga que apresentarem vazão superior a 3 L/s poderão ser reguladas por dispositivos internos próprios, sendo proibido utilizar nessa regulagem o registro de passagem, da tubulação, ou registro de isolamento acoplado à válvula de descarga.

7.2.3 Instalação de água quente

7.2.3.1 Terminologia

- *Aparelho sanitário:* aparelho ligado à instalação predial, destinado ao uso de água para fins higiênicos ou a receber dejetos e águas servidas.
- *Aquecedor de aquecimento direto*: aparelho no qual o aquecimento é obtido pelo contato imediato da fonte de calor com a água.
- *Aquecedor de aquecimento indireto*: aparelho no qual o aquecimento é obtido pela utilização de um fluido intermediário, este aquecido diretamente.
- *Aquecedor de passagem* (também chamado *rápido* ou *instantâneo*): aparelho que não exige reservatório, aquecendo a água quando de sua passagem por ele.
- *Aquecedor de acumulação*: aparelho que se compõe de um reservatório, no interior do qual a água acumulada é aquecida por um dispositivo adequado.
- *Aquecedor de saída livre*: aparelho no qual o registro de água quente está colocado antes dos elementos de aquecimento, isto é, na canalização de água fria, ficando assim assegurado o livre escoamento de água quente.
- *Aquecedor de pressão*: aparelho no qual o registro de água quente está colocado depois do elemento de aquecimento, ou seja, na canalização de água quente, ficando pois o aparelho sujeito à pressão total da rede de distribuição.
- *Aquecedor livre*: aquecedor constante de um reservatório, no qual a água contida está sujeita apenas à pressão atmosférica.
- *Aquecimento central coletivo*: sistema que alimenta conjuntos de aparelho de várias unidades (apartamentos de moradia, de hospitais, de hotéis, sanitários de escolas e outros).
- *Aquecimento central privado*: sistema que alimenta vários aparelhos de uma só unidade (apartamento e residência unifamiliar).
- *Aquecimento individual*: sistema que alimenta um só aparelho.
- *Barrilete ou colar*: conjunto de canalização situado entre o aquecedor ou o reservatório de água quente e as colunas de distribuição.
- *Canalização de alimentação do aquecedor*: tubulação que fornece água fria ao aquecedor.

- *Canalização de alimentação do reservatório de água quente*: tubulação situada entre o aquecedor e o reservatório de água quente.
- *Canalização de retorno*: tubulação à qual são ligadas as extremidades de coluna, conduzindo a água de volta ao aquecedor.
- *Coluna de distribuição*: canalização derivada do barrilete e destinada a alimentar os ramais.
- *Dispositivo quebrador de vácuo*: dispositivo destinado a evitar o refluxo de água na canalização, por sucção.
- *Extravasor (comumente chamado ladrão)*: canalização destinada a dar escoamento a eventuais excessos de água do reservatório.
- *Isolação térmica*: revestimento por meio de materiais isolantes para reduzir as perdas de calor nas instalações, como amianto, cortiça, lã de vidro, lã de rocha, magnésia e outros.
- *Junta de dilatação*: dispositivo usado para ligar trechos longos de tubulação, a fim de permitir a sua dilatação ou contração, em razão da variação da temperatura, havendo vários tipos, como: corrediça, de diafragma, compensada, articulada, em lira e outras.
- *Peça de utilização*: dispositivo ligado a um sub-ramal para permitir a utilização da água.
- *Ramal*: canalização derivada da coluna de distribuição e destinada a alimentar os sub-ramais.
- *Rede de distribuição*: conjunto de canalização constituído de barrilete, colunas de distribuição, ramais, sub-ramais e retorno, ou apenas de alguns desses elementos.
- *Reservatório de água quente*: reservatório destinado a acumular a água quente a ser distribuída.
- *Reservatório livre de água quente*: reservatório no qual a água contida não fica sujeita a qualquer pressão além da atmosférica.
- *Reservatório de pressão de água quente*: reservatório no qual a água contida fica sob pressão maior que a atmosférica.
- *Registro de passagem*: registro instalado na canalização para regular ou interromper a passagem de água.
- *Respiro*: canalização destinada a permitir a saída de ar e vapor para evitar a elevação de pressão do sistema.
- *Sub-ramal*: canalização que liga o ramal à peça de utilização.
- *Válvula de segurança*: dispositivo destinado a evitar a elevação da pressão acima de determinado limite.

7.2.3.2 Projeto e instalação

- *Sistemas de aquecimento:* a distribuição de água quente nos prédios poderá ser feita pelo sistema de aquecimento individual, central privado e central coletivo.

- *Aquecedores*: o projeto deverá mencionar obrigatoriamente o tipo de aquecedor previsto, se de aquecimento direto ou indireto, se de passagem ou de acumulação e ainda se livre, de saída livre ou de pressão, como também a fonte de calor a ser empregada, se eletricidade, gás combustível ou óleo.

- *Sistemas de alimentação de aquecedor*: o aquecedor poderá ser alimentado:
  - diretamente pela rede pública com pressão estática máxima de 4 kg/cm². Havendo aquecedor de acumulação, terá de ser prevista uma válvula de retenção, entre dois registros de gaveta, na entrada e em cota superior à do aquecedor;
  - pelo reservatório superior de distribuição de água fria;
  - diretamente pela rede pública e pelo reservatório superior de distribuição, havendo nesse caso, pelo menos, um aparelho de aquecimento para cada sistema de alimentação;
  - por dispositivo hidropneumático.

- *Estimativa de consumo predial*: na estimativa do consumo predial, não podem ser adotados valores inferiores aos indicados na Tabela 7.48.

- *Dimensionamento dos aquecedores elétricos*: adota-se o indicado na Tabela 7.49.

Tabela 7.48: Consumo

Edificação	Consumo (L/d)
Alojamento provisório	24 por pessoa
Casa popular ou rural	36 por pessoa
Residência unifamiliar	45 por pessoa
Apartamento	60 por pessoa
Hotel (sem cozinha e sem lavanderia)	36 por hóspede

Tabela 7.49: Aquecedor elétrico

Consumo diário a 70 ºC (L)	Capacidade do aquecedor (L)	Potência (kW)
60	50	0,75
95	75	0,75
130	100	1,0
200	150	1,25
260	200	1,5
330	250	2,0
430	300	2,5
570	400	3,0
700	500	4,0
850	600	4,5
1150	750	5,5
1500	1000	7,0

- *Vazão das peças de utilização*: as vazões das peças de utilização a considerar no cálculo das instalações são as da Tabela 7.50.

Tabela 7.50: Peça de utilização

Peça de utilização	Peso
Banheira	1,0
Bidê	0,1
Chuveiro	0,5
Lavatório	0,5
Pia de cozinha	0,7
Lavadora de roupa	1,0

A Tabela 7.51 apresenta, para dimensionamento da instalação, os pesos para as peças de utilização usuais.

Tabela 7.51: Peça de utilização II

Peça de utilização	Vazão (L/s)
Banheira	0,30
Bidê	0,06
Chuveiro	0,12
Lavadora de roupa	0,30
Lavatório	0,12
Pia de cozinha	0,25

- *Pressão mínima de serviço*: as pressões de serviço nas torneiras e chuveiros não podem ser inferiores a 1 mca e 0,5 mca, respectivamente, ou seja, 0,1 kg/cm² e 0,05 kg/cm².

- *Pressão estática máxima*: a pressão estática máxima nas peças de utilização, assim como nos aquecedores, não deve ser superior a 40 mca, ou seja, 4 kg/cm², sendo necessário prever meios adequados para que não seja ultrapassado esse limite.

- *Diâmetro mínimo dos sub-ramais*: os sub-ramais não poderão ter diâmetro inferior aos indicados na Tabela 7.52.

Tabela 7.52: Peça de utilização III

Peça de utilização	Diâmetro (mm)
Banheira	15 (1/2")
Bidê	15
Chuveiro	15
Lavatório	15
Pia de cozinha	15
Lavadora de roupa	20 (3/4")

- *Aquecedores*: a instalação dos aquecedores de acumulação e de pressão terá de observar as seguintes condições:
  - Os aquecedores de acumulação e de baixa pressão (até 2 mca, geralmente usados em residências unifamiliares) serão instalados de modo que a canalização de alimentação de água fria saia do reservatório em cota superior à do aquecedor, nele entrando pela parte inferior. Essa canalização precisa ser provida de registro de gaveta. A canalização de água quente terá de sair pela parte superior oposta e provida de respiro.
  - Os aquecedores de acumulação e de alta pressão (acima de 2 mca, geralmente usados em apartamentos) necessitam ser instalados de modo que a canalização de alimentação de água fria seja derivada da coluna de distribuição em cota superior à do aquecedor, entrando nos aquecedores pela parte inferior; essa canalização deverá ser provida de registro de gaveta e válvula de segurança, sendo proibida a instalação de válvula de retenção. A canalização de água quente terá de sair pela parte superior oposta, sendo desaconselhada a sua ligação a um respiro conjugado para todos os pavimentos.
  - Os aquecedores serão instalados com uniões e flanges, para facilitar sua desmontagem, e ser dotados de dreno.

- *Reservatório de água quente:*
  - O reservatório livre de água quente poderá ser metálico, de concreto, de fibrocimento ou de qualquer outro material apropriado. Necessita ter cobertura (que evite a poluição), dispositivo de controle do nível de água, extravasor com capacidade de vazão superior à da canalização de entrada e canalização para esgotamento.
  - O reservatório de pressão de água quente, em geral, é metálico (preferencialmente de cobre), de forma cilíndrica, em posição horizontal ou vertical. Deverá ser provido de canalização de esgotamento e respiro ou válvula de segurança, e instalado com união e flange.

- *Canalização:*
  - A canalização precisa ter o traçado mais curto possível, evitando colos altos e baixos.
  - Medidas têm de ser tomadas para que a canalização não venha a sofrer esforços não previstos, decorrentes de recalques ou deformações estruturais, e para que fique assegurada a possibilidade de dilatação e contração; com essa finalidade, deverão ser instaladas, onde indicado, juntas de dilatação ou dispositivos equivalentes.
  - Para a espessura de isolamento térmico da canalização, são indicados os valores da Tabela 7.53 (para diferença de temperaturas entre tubo e ar de 50 °C).

Tabela 7.53: Isolamento de tubo

Diâmetro do tubo (mm)	Espessura do isolamento (mm)
15 a 32 (1/2"a 1¹/₄ ")	20
40 a 65 (1¹/₂ " a 2¹/₂ ")	30
80 a 100 (3"a 4")	40
Paredes planas	50

- Quando abaixo do nível do solo, a canalização será instalada em canaletas inspecionáveis e provida de registros de descarga para limpeza.
- A canalização não pode ser embutida em elementos estruturais de concreto (sapatas, pilares, vigas, lajes etc.), podendo, entretanto, quando indispensável, ser alojada em reentrâncias (encaixes) ou passagens de maior diâmetro, projetadas para esse fim nos referidos elementos.
- É necessário prever instalação de registro de passagem no início de cada coluna de distribuição e em cada ramal, no trecho compreendido entre a respectiva derivação e o primeiro sub-ramal.
- Tem de ser previsto, na rede independente para alimentação dos aquecedores, que cada coluna do prédio seja dotada de respiro.

- Peças de utilização:
A abertura de descarga das torneiras ou canalização de alimentação precisa ficar acima da borda do aparelho sanitário correspondente. A distância mínima entre ambas será duas vezes o diâmetro da abertura de descarga e nunca inferior a 2,5 cm. Nos casos em que a exigência acima não possa ser satisfeita (bidês etc.), é necessário inserir, no sub-ramal, dispositivo quebrador de vácuo, sem partes móveis, com a entrada de ar a 15 cm, no mínimo, acima da borda do aparelho. As peças de utilização destinadas à limpeza de piso devem ficar a 30 cm no mínimo acima dele.

7.2.3.3 Materiais e equipamentos

- Tubos:
Os tubos podem ser de cobre (classe E), preferencialmente, latão (quando de liga específica), aço galvanizado sem costura e bronze, desde que obedeçam às especificações aprovadas para cada material. Os tubos de aço, galvanizados, embora empregados comumente, apresentam reduzida durabilidade.

- Conexões:
As conexões podem ser de cobre, latão (quando de liga específica), ferro maleável galvanizado e bronze, desde que obedeçam às especificações aprovadas para cada material. As conexões de ferro maleável galvanizadas, embora empregadas comumente, apresentam baixa durabilidade.

- Registros, válvulas e torneiras:
Os registros, válvulas e torneiras têm de:
- ser confeccionados de bronze, latão ou outros materiais adequados;
- obedecer às especificações aprovadas para cada material.

- Juntas:
Os materiais para as juntas precisam ser adequados aos tubos empregados, sendo vedado o uso de materiais nocivos à saúde.

- Aquecedores e reservatórios de água quente:
Todos os tipos de aquecedores e reservatórios serão providos de isolação térmica apropriada. Os aquecedores, quando feitos de aço, necessitam ter revestimento interno de cobre ou outra proteção adequada contra a corrosão.

7.2.3.4 Execução

- Canalização:
As seguintes precauções serão tomadas quanto à canalização:
- Deve ser considerada sua proteção sempre que houver outra canalização contígua (água fria, eletricidade, gás etc.).

- Não pode absolutamente ter ligações diretas com canalização de esgoto sanitário.
- Quando enterrada, tem de ser devidamente protegida contra eventual infiltração de água.
- Não poderá atravessar fossas, poços absorventes, poços de visita, caixas de inspeção e valas.
- A tubulação, quando embutida em alvenaria, precisa ser envolvida em argamassa de cal e amianto em pó, no traço 1:3. A espessura dessa argamassa será aproximadamente de 2 cm, em todo o contorno do tubo. Não se pode usar cimento nessa argamassa, para evitar que ela perca sua elasticidade e, consequentemente, fique aderente à tubulação, impedindo sua dilatação. Para tubulação aparente, indica-se utilizar canaletas isolantes (de lã de vidro, por exemplo), envoltas, para proteção, em alumínio corrugado.

- *Juntas:*

A execução das juntas deve obedecer à técnica própria para cada material, sendo exigida sua estanqueidade nas condições de pressão de ensaio.

- *Curvatura dos tubos:*

As curvaturas de tubo têm de ser feitas sem prejuízo de sua resistência à pressão interna e da seção de escoamento.

7.2.3.5 Ensaio de pressão interna

Toda a canalização, depois de instalada, precisa ser submetida a provas de pressão interna, antes de ser isolada ou eventualmente revestida. A canalização será lentamente preenchida de água, à temperatura normal de trabalho prevista, isto é, a 70 °C, certificando-se de que o ar foi completamente expelido e, em seguida, submetida à pressão 50% superior à pressão estática máxima na instalação, não podendo em ponto algum da canalização ser inferior a 10 mca, ou seja, 1 kg/cm². A duração do ensaio será de 5 horas, pelo menos.

7.2.3.6 Sistema de aquecimento de água por energia solar

7.2.3.6.1 Descrição do sistema

O sistema básico de aquecimento de água por energia solar é composto de coletores solares (placas de células fotovoltaicas ou fotocélulas) e reservatório térmico. As placas coletoras são responsáveis pela absorção da energia térmica da radiação solar. O calor do sol, captado pelas placas do aquecedor solar, é transferido para a água que circula no interior de sua tubulação de cobre. O reservatório térmico, também conhecido por *boiler*, é um recipiente para armazenamento da água aquecida. São cilindros de cobre, aço inox, aço-carbono ou polipropileno, isolados termicamente com poliuretano expandido ou lã de vidro. Dessa forma, a água é conservada aquecida para consumo posterior. A caixa de água fria alimenta o reservatório térmico do aquecedor solar, mantendo-o sempre cheio. Em sistemas convencionais, a água circula entre os coletores e o reservatório térmico por meio de um sistema natural chamado termossifão. Nesse sistema, a água dos coletores fica mais quente e, portanto, menos densa que a água no reservatório. Assim, a água fria propele a água quente, gerando a circulação. Esses sistemas são chamados de circulação natural ou termossifão. A circulação da água também pode ser feita por meio de motobombas em um processo chamado de circulação forçada ou fluxo bombeado e é normalmente utilizado em piscinas e sistemas de grandes volumes.

7.2.3.6.2 Coletor solar

Coletor solar é um equipamento que aproveita a energia solar para aquecimento de água. Ele é constituído por aletas ligadas a tubos em forma de serpentine, contendo água, estando apoiados em uma placa metálica e recobertos por uma placa de vidro. Quando os raios do sol atravessam o vidro da tampa do coletor solar, eles esquentam as aletas, que são confeccionadas de cobre ou de alumínio e pintadas com uma tinta especial e escura que ajuda na absorção da radiação solar. O calor passa então das aletas para os tubos (que geralmente são de cobre). Daí, a água que está dentro da serpentina esquenta e vai direto para o reservatório do aquecedor solar. Os coletores solares são fabricados com matéria-prima nobre, como o cobre e o alumínio. Devem receber um cuidadoso isolamento térmico e ainda vedação com borracha de silicone. Eles têm cobertura de vidro liso (tipo *pyrex*), incolor e transparente e são instalados sobre telhados ou lajes de cobertura das edificações, sempre o mais próximo possível do reservatório térmico. O número de coletores solares a ser usado numa instalação depende do tamanho do reservatório térmico, mas pode também variar de acordo com o nível de insolação de uma região ou até mesmo de acordo com as condições de instalação. A cobertura de vidro é transparente à radiação visível, porém opaca à infravermelha (refletida), verificando-se assim o efeito de estufa.

7.2.3.6.3 Reservatório térmico

O reservatório térmico (usualmente chamado *boiler*) é uma caixa-d'água especial que trata de manter quente a água armazenada do aquecedor solar. Os reservatórios são cilindros feitos de cobre, aço inox, aço-carbono ou polipropileno, que depois recebem um isolante térmico, em geral de poliuretano expandido rígido ou lã de vidro. A maioria dos modelos de reservatório térmico vem com sistema de aquecimento auxiliar elétrico, mas podem ser fabricados com sistema auxiliar a gás ou até mesmo sem esse recurso. Os modelos comuns de reservatório térmico variam de 100 L a 20.000 L, podendo ser verticais ou horizontais. O tamanho do reservatório térmico, ou seja, o volume de água que ele é capaz de armazenar, é calculado mediante uma série de questões. Assim, no dimensionamento do aquecedor solar é preciso saber quantas pessoas vão usar o sistema diariamente, a duração média e a quantidade de banhos diários e quantos serão os pontos de uso de água quente ou então se for o caso qual a dimensão da piscina, e assim por diante. O reservatório deve ser instalado em um nível superior ao dos coletores.

7.2.3.6.4 Sistema auxiliar de aquecimento

Para garantir que nunca haverá falta de água quente, todo aquecedor solar deve trazer um sistema auxiliar de aquecimento. E, quando o tempo fica muito nublado ou chuvoso por vários dias, ou então quando a residência recebe visitas e o número de banhos fica acima do dimensionamento inicial, o sistema auxiliar – que pode ser elétrico ou a gás – entra em ação. Ou então pode-se usar chuveiro elétrico normalmente, sem complicações. Mas a verdade é que, com o nível de insolação do país, o sistema auxiliar de aquecimento é acionado apenas poucos dias por ano.

7.2.4 Água de reúso

Água de reúso é a água residuária que, submetida ou não a um tratamento específico, apresenta características que permitem a sua reutilização para um determinado fim. Ela possui qualidade inferior à da água potável, não sendo assim usada para consumo humano e animal. Em geral, a água residuária é proveniente de chuvas, de processos industriais, de infiltrações, de moradias (banhos, lavagens de roupa, cozinha etc.). Ela se presta para:

- vaso sanitário e irrigação de jardins;
- lavagem de piso ou galeria de água pluviais;
- geração de energia e refrigeração de equipamentos em diversos processos industriais (como alimentação de caldeira);
- estabelecer umidade ótima em compactação de solos;
- sistema de ar condicionado (por exemplo, torre de refrigeração);
- desobstrução de redes de esgoto e de águas pluviais;
- assentamento de poeira em obras de terraplanagem;
- combate ao fogo.

O tratamento de água residuária é feito em estação apropriada, dimensionada de acordo com a sua vazão (exemplificando, no caso de água pluvial, adota-se 1 mm de chuva em 1 m² de telhado, o que é igual a 1 L de água). Em se tratando de água pluvial, pode-se fazer uma simples filtragem e desinfecção dela em função da sujeira, matéria orgânica (folhas em decomposição, fezes de animais etc.) e outros resíduos geralmente presentes.

7.2.5 Instalação de gás combustível

7.2.5.1 Terminologia

- *Ramal interno*: trecho da tubulação desde o registro no passeio do logradouro público até o abrigo dos reguladores ou dos medidores.
- *Bujão*: recipiente transportável, destinado a conter gás liquefeito de petróleo (GLP), com dispositivo para ligação, e capacidade de, no mínimo, 250 L.
- *Derivação*: tubulação no abrigo ou recinto interno, destinada ao abastecimento de um grupo de medidores.
- *Regulador individual*: dispositivo destinado a regular a pressão do gás em nível compatível com sua utilização e servindo a uma única unidade distinta e autônoma.
- *Regulador coletivo*: dispositivo destinado a regular a pressão do gás em nível compatível com sua utilização, servindo a mais de uma unidade distinta e autônoma.
- *Tubo-luva*: tubo rígido, em aço, concreto ou outro material resistente que envolve, para proteção, o tubo de gás.
- *Coletor de água (sifão)*: dispositivo destinado a receber a água de condensação quando a instalação utilizar gás úmido.
- *Aparelho de utilização*: aparelho de aquecimento ou de queima destinado ao uso do gás, por exemplo: fogão, aquecedor, secadora de roupa e outros.
- *Chaminé coletiva*: duto destinado a canalizar e conduzir para o ar livre os gases provenientes dos aquecedores a gás, através das respectivas chaminés primária e secundária.
- *Chaminé primária*: elemento de ligação entre o aquecedor a gás e o defletor.
- *Chaminé secundária*: duto destinado a conduzir os gases de combustão entre o defletor e a chaminé coletiva ou o ar livre.
- *Defletor*: dispositivo destinado a estabelecer o equilíbrio aerodinâmico entre a corrente de gás e a de ar do meio exterior, impedindo a influência de variação das condições atmosféricas ou qualquer obstrução das chaminés sobre a combustão.
- *Gola*: elemento de ligação entre o defletor e a chaminé secundária.

7.2.5.2 Sistemas de fornecimento

O fornecimento de gás para edificações poderá ser feito por dois sistemas:
- *Sistema local*: de *gás liquefeito de petróleo* (GLP);
- *Sistema central*: no caso de haver rede pública de distribuição.

7.2.5.3 Adequação de ambientes residenciais

7.2.5.3.1 Terminologia

- *Altura equivalente*: altura da chaminé, deduzidas todas as resistências (perdas de carga) de seus componentes.
- *Aparelho de exaustão forçada semiaberto:* aparelho que, por um sistema exaustor, absorve o ar do ambiente interno, para formar a mistura ar-gás correta e necessária ao processo de combustão, bem como forçar a saída de gás queimado para o exterior da edificação.
- *Aparelho hermeticamente isolado*: aparelho que recebe do exterior, diretamente ou através de dutos, o ar necessário à combustão e que é dotado de saída ou escape para os gases dessa combustão, pela circulação natural para o exterior da edificação.
- *Chaminé individual*: duto destinado a conduzir os gases de combustão, gerados no aparelho de utilização, entre o defletor e a chaminé coletiva ou o ar livre.
- *Conjunto de duto individual para aparelhos hermeticamente isolados*: conjunto formado por dutos que absorvem o ar externo, pela tubulação, até a câmara de combustão, e que expelem os gases da combustão por um outro duto para o ambiente externo.

- *Exaustão forçada*: retirada dos gases de combustão por meio de dispositivos eletromecânicos.
- *Potência nominal*: quantidade de calor contida no combustível consumido, na unidade de tempo, pelo aparelho de utilização.
- *Terminal de chaminé:* dispositivo instalado na extremidade da chaminé.
- *Tiragem natural*: exaustão dos gases de combustão sem dispositivos eletromecânicos.

7.2.5.3.2 Condições gerais – projeto e execução

A elaboração do projeto da instalação de aparelhos de utilização a gás deve ser de responsabilidade de profissionais legalmente habilitados. A instalação de aparelhos a gás, bem como o remanejamento dela, tem de ser de responsabilidade de profissionais legalmente habilitados. Banheiros, dormitórios e salas somente podem receber aparelhos de utilização a gás no seu interior quando eles forem hermeticamente isolados do ambiente. Qualquer aparelho de utilização de gás, para aquecimento ou queima, somente será instalado em local que ofereça condições permanentes de ventilação. Os compartimentos em que haja utilização de gás para aquecimento ou queima (em especial os sanitários) precisam dispor de **duas aberturas para ventilação** permanente, cujas áreas somem 800 cm², no mínimo, e sejam observadas as seguintes condições:

- uma abertura, superior, comunicando-se diretamente para o exterior da construção ou para um poço de ventilação, situada a altura não inferior a 1,5 m, em relação ao piso do compartimento;
- outra, inferior, situada até o máximo de 80 cm de altura em relação ao piso do compartimento. A área da abertura inferior necessita ser, no mínimo, de 200 cm² e, no máximo, de 50% da área total das aberturas.

Nos banheiros e compartimentos sanitários, é permitida abertura superior com comunicação para o exterior da construção, pelo forro falso que tenha seção livre de 1600 cm², no mínimo, e extensão de 4 m, no máximo. Compartimentos com volume inferior a 6 m³ não podem ter aparelhos de utilização instalados no seu interior. Dentro de *box* dos banheiros, não podem ser instalados aquecedores de água. As cozinhas que contenham somente fogão e forno devem ter área total útil de ventilação permanente de, no mínimo, 200 cm², constituída de duas aberturas que têm de ser executadas conforme descrição a seguir:

- uma abertura, superior, que se comunica diretamente com o exterior da edificação ou com o poço de ventilação, situada a altura não inferior a 1,5 m em relação ao piso do compartimento;
- outra, inferior, situada até o máximo de 80 cm de altura em relação ao piso do compartimento. A abertura inferior terá área entre 25% e 50% da área total das aberturas, podendo comunicar-se com o exterior da edificação.

As aberturas de ventilação, quando providas de grades, venezianas ou equivalentes, precisam oferecer a área útil de ventilação especificada para cada caso acima. As venezianas necessitam ter distância mínima de 8 mm entre palhetas. As cozinhas podem receber aquecedores de água a gás desde que atendam às seguintes condições:

- a somatória da potência nominal dos equipamentos a gás não pode exceder 28 kW (400 kcal/min);
- o volume não deve ser inferior a 16 m³;
- o aquecedor não pode ser instalado diretamente acima do fogão;
- a área total de ventilação da cozinha tem de ser, no mínimo, de 600 cm² e obedecer às condições de ventilação já mencionadas, com exceção dos aparelhos com sistema de ventilação forçada, cuja área de ventilação será, no mínimo, igual à da chaminé ou do duto de saída;
- não podem ser conjugadas com dormitório ou sala.

Nas áreas de serviço, podem ser instalados aquecedores a gás, desde que atendam às condições em volume de ar especificadas na Tabela 7.54.

O volume da cozinha pode ser somado ao da área de serviço, para efeito de cálculo de volume, somente se existir ventilação permanente mínima de 200 cm², atendendo às exigências da abertura inferior já mencionadas, na divisória desses ambientes. A área mínima total e permanente de ventilação da área de serviço necessita ser igualmente de 600 cm² e obedecer às demais condições já citadas.

Capítulo 7 – Instalações

Tabela 7.54: Capacidade de equipamento

Volume do ambiente (V) m³	Capacidade do equipamento (potência nominal) kW (kcal/min)
V ≤ 3,5	Proibida a instalação
3,5 <V ≤ 6	5,2 (75)
6 <V ≤ 8	10,5 (150)
8 <V ≤ 12	14,0 (200)
12 <V ≤ 16	21,0 (300)
V >16	28,0 (400)

7.2.5.3.3 Condições específicas para chaminés

a) Chaminé Individual com Tiragem Natural:

A exaustão de todo aquecedor deve ter um defletor que ligue a chaminé primária com a individual. Não pode ser aplicada essa exigência aos aparelhos que já possuam incorporados dispositivos para estabelecer o equilíbrio aerodinâmico entre a corrente de gases de combustão e o ar exterior. A chaminé individual tem de ser fabricada de modo a impedir o escape de gases de combustão para o ambiente. A chaminé individual terá o menor percurso possível, evitando extensões horizontais e curvas de 90°, respeitando o adiante disposto quanto à altura. Tanto quanto possível, o percurso da chaminé precisa ser interno à edificação. O trecho vertical da chaminé individual que anteceder o primeiro desvio deve ter altura mínima de 60 cm a partir da entrada de ar do defletor do aparelho, até a geratriz inferior do primeiro desvio. É necessário existir um espaço mínimo de 5 cm, quando da passagem da chaminé individual pela parede, forro ou telhado construídos de material combustível. Caso não seja possível manter esse afastamento, será preciso ser colocado material isolante. O diâmetro mínimo da chaminé individual não pode ser menor que o diâmetro de saída do defletor do aparelho. O dimensionamento da chaminé tem de ser obtido de acordo com as normas técnicas. Toda chaminé individual terá altura equivalente igual ou superior a 60 cm. Altura equivalente (hE) é a altura da chaminé, deduzidas todas as resistências dos seus componentes, obtida da seguinte forma:

hE = 2 (em metros)
2 + K1 + K2 +...+ Kn

em que:
h = altura total da chaminé, em metros;
K1 a Kn = fatores de resistência dos componentes, conforme a Tabela 7.55.

Tabela 7.55: Fator de resistência

Componentes	Fator de resistência (K)
Curva 90°	0,5
Curva 135°	0,25
Duto na vertical	0,0
Projeção horizontal da chaminé	0,3/m
Terminal	0,25

As chaminés devem ser construídas de materiais resistentes ao calor e à corrosão. Os terminais não podem ser instalados nas seguintes condições:

- abaixo das cumeeiras de telhados;
- se a edificação tiver cobertura plana e não houver obstrução no curso do vento, a base do terminal terá de ficar a, no mínimo, 25 cm acima da cobertura;
- havendo obstruções em telhado, como platibandas e caixas-d'água, a base do terminal precisa ficar, no mínimo, 25 cm acima de uma linha, ligando os pontos mais alto e mais baixo dos obstáculos;
- se a parte superior da chaminé subir pelo lado externo da edificação, a posição do terminal deve estar, no mínimo, a 25 cm acima da borda do telhado ou platibanda adjacente.

É permitida a colocação do terminal nas fachadas das edificações quando existir altura total de 80 cm entre a saída do aparelho e a base do terminal. Os terminais da chaminé não podem ser instalados nas fachadas das edificações, nas seguintes situações:

- a menos de 1 m abaixo de beirais de telhado, balcões ou sacadas;
- a menos de 1 m de qualquer tubulação, outras paredes do prédio, ou obstáculos que dificultem a circulação do ar;
- a menos de 60 cm da projeção vertical das tomadas de ar condicionado e projeção de janelas de ambientes de permanência prolongada (dormitórios e salas).

O terminal da chaminé precisa ter área livre igual a, pelo menos, duas vezes a área da seção da chaminé.

b) Chaminé Individual com Exaustão Forçada ou Aparelho de Exaustão Forçada Semiaberto:

Deve ser utilizada exaustão forçada nas chaminés individuais, quando não for possível atender ao disposto em 7.2.5.3.3. O exaustor instalado na chaminé tem de ser de modelo à prova de calor e corrosão. O exaustor precisa ter capacidade mínima de vazão e pressão para conduzir o produto da combustão e o excesso de ar para o exterior. Será instalado dispositivo que permita cortar o abastecimento de gás, durante os períodos em que estiver interrompido o funcionamento do exaustor. Para instalação de aparelho de exaustão forçada semiaberto, a área necessária para a entrada de utilização tem de ser, no mínimo, igual à área do diâmetro da chaminé, não se aplicando as exigências de 7.2.5.3.2.

c) Chaminé Coletiva com Tiragem Natural:

A chaminé coletiva deve ser executada com materiais incombustíveis, resistentes à corrosão e altas temperaturas. As chaminés coletivas têm de ser construídas com juntas estanques e arrematadas uniformemente e instaladas a partir do pavimento onde está colocado o aquecedor mais baixo. A chaminé individual que precise ser conectada à chaminé coletiva terá a altura mínima de 2 m, podendo haver, no máximo, duas chaminés individuais por pavimento. Cada chaminé coletiva deve servir, no máximo, a nove pavimentos, sendo certo que a distância do defletor do último aparelho ligado na chaminé até o terminal da chaminé coletiva precisa ter, no mínimo, 5 m.

A ligação da chaminé individual na chaminé coletiva terá um ângulo superior ou igual a 135°. Não se aplica o disposto em 7.2.8.3.3 para chaminé individual a ser conectada na chaminé coletiva. O trecho não vertical, quando existente, entre o aparelho e a chaminé coletiva necessita ter inclinação mínima de 30°. Na parte inferior da chaminé coletiva tem de existir uma abertura de, no mínimo, 100 cm2. A parte inferior da chaminé coletiva deve ser provida de uma abertura para limpeza e de uma ligação para saída da água de condensação para o esgoto, feita com tubo resistente à corrosão. O número máximo de aparelhos ligados em uma chaminé coletiva tem de atender à Tabela 7.56.

Tabela 7.56: Número de aparelhos

Altura média efetiva (m)	Potência kW (kcal/min)	Número máximo de aparelhos
até 10	146 (2100)	10
de 10 até 15	181 (2600)	11
acima de 15	202 (2900)	12

Onde a altura média efetiva é a média aritmética da altura de todas as chaminés, desde o defletor de cada aparelho até o terminal da chaminé coletiva.

O dimensionamento das chaminés coletivas precisa atender às normas técnicas. Para seções retangulares, a razão entre o lado maior e o menor será de 1,5.

d) Conjunto de Dutos para Aparelhos Hermeticamente Isolados:

A alimentação e a exaustão devem ser feitas por dutos horizontais concêntricos. Os dutos não podem ter desvios que impliquem o uso de curvas. O acoplamento do terminal do duto de saída dos gases tem de ser estanque, com material selante resistente a altas temperaturas. Os terminais não podem ser instalados nas condições de 7.2.5.3.3.

Se o duto de saída dos gases atravessar paredes com materiais combustíveis, têm de ser cumpridas as condições citadas em 7.2.5.3.3. Para alimentação e exaustão por dutos verticais em "U" para ligação individual de aparelhos, o diâmetro dos dutos de entrada de ar e saída de gases de combustão precisa ser o mesmo do aparelho, assim como:

- não podem ter curvas, estreitamentos e desvios nos trechos verticais;
- os dutos serão verticais, excetuado o trecho de entrada e saída do aparelho;
- a tubulação de entrada e saída do aparelho deve ser a mais curta possível;
- o acoplamento dos dutos de saída de gases tem de ser estanque, com material selante resistente à temperatura de até 200 °C;
- se o duto de saída dos gases atravessar paredes com material combustível, precisam ser cumpridas as condições citadas em 7.2.5.3.3.

Não se aplica o estabelecido nos três primeiros itens acima caso o duto de saída dos gases de combustão seja com exaustão forçada.

7.2.5.4 Aparelho de utilização e equipamentos

Os aparelhos de utilização deverão ser ligados ao ponto de alimentação por conexões e tubos rígidos ou flexíveis, metálicos. A ligação será feita por um registro que permita isolar ou retirar o aparelho sem necessidade de interromper o abastecimento de gás dos demais aparelhos. Aquecedores de água e fogões cujo consumo de gás ultrapasse 3,5 m³/h terão de ser providos de chaminé, que conduza os produtos de combustão para o exterior da construção, diretamente ou por meio de poço de ventilação. As chaminés e demais instalações complementares serão executadas de acordo com as normas técnicas seguintes:

- o aquecedor a gás precisa ser provido de defletor incorporado ou não ao aparelho;
- a chaminé secundária pode ser conduzida diretamente para o ar livre ou para uma chaminé coletiva;
- a chaminé secundária será executada com materiais incombustíveis, indeformáveis e termoestáveis, como tubos de fibrocimento, chapas de alumínio, chapas de cobre ou chapas de aço inoxidável;
- a chaminé secundária de fibrocimento necessita ter espessura mínima de parede de 6 mm e a de chapas a espessura mínima de parede de 0,7 mm;
- a chaminé secundária deve ser estanque à sua depressão normal;
- essa chaminé pode ter seção transversal circular, quadrada ou retangular;
- a área da seção transversal tem de permanecer constante ao longo de toda a chaminé secundária;
- nas seções transversais retangulares, o lado maior precisa ter no máximo $1^1/_2$ vez o comprimento do lado menor;
- a projeção horizontal do percurso da chaminé secundária tem de ser no máximo 2 m, sendo permissíveis até duas curvas de 90°;
- quando a chaminé secundária atravessar materiais de construção inflamáveis, ela deverá ser envolta por uma bainha de proteção adequada que assegure pelo menos 5 cm de distância desses materiais;
- não é permitida a passagem da chaminé secundária por espaços (vazios) desprovidos da adequada ventilação permanente;
- no caso de chaminé secundária conduzida diretamente para o ar livre, precisa ser previsto um terminal na saída;
- o trecho horizontal da chaminé terá de apresentar a inclinação mínima de 2% no sentido ascendente (para facilitar a saída dos gases de combustão).

Somente poderão ser instalados aquecedores que tenham válvula termostática de segurança para fechamento da alimentação de gás aos queimadores principais. Aparelhos e equipamentos necessitam ter inscrições, de forma indelével, que indiquem claramente sua marca de fabricação. Nos recipientes de gás liquefeito de petróleo (GLP), reguladores de pressão e tubos flexíveis não metálicos, deverá constar também o nome ou a sigla do fornecedor do gás combustível. O aparelho de utilização de gás deve ser dotado de dispositivo que corte o fluxo de gás no caso de falha da chama e também de um sensor que interrompa o funcionamento do aquecedor se a temperatura de saída da água exceder 80 °C ou se ocorrer *queima seca* (falta de água): dispositivo chamado fluxostato.

7.2.5.5 Utilização de bujão de GLP (gás liquefeito de petróleo)

Nas edificações constituídas de uma única unidade autônoma, a instalação conjunta (completa) somente poderá ser colocada no interior de compartimentos se observadas as seguintes condições:

- exista um único bujão (ou botijão) na instalação conjunta;
- o bujão tenha capacidade volumétrica de, no máximo, 40 L;
- o bujão não fique colocado em armário, escaninho ou canto fechado;
- o compartimento seja cozinha ou local de preparo de alimentos, com ventilação assegurada pela porta de comunicação direta com o exterior da edificação, sem prejuízo da ventilação permanente exigida anteriormente.

Em todas as demais instalações, especialmente quando se tratar de bujões com capacidade volumétrica superior a 40 L, observar-se-á o seguinte:

- os bujões deverão ficar no lado externo das edificações, em recinto próprio, desimpedido, ao ar livre e afastados, pelo menos, 1,5 m de qualquer edificação;
- os aparelhos de utilização serão abastecidos por meio de instalações permanentes. Os bujões vazios ou de reserva, com capacidade entre 10 L e 40 L, inclusive, serão armazenados em locais desimpedidos e permanentemente ventilados por uma das faces, pelo menos, aberta para o exterior da edificação.

7.2.5.6 Instalação permanente

Cada unidade autônoma de uma construção terá abrigo para medidor ou para regulador, que será instalado em local de fácil acesso, nas áreas de uso comum. Na construção constituída de uma única unidade, o abrigo terá de situar-se próximo do alinhamento do imóvel. No interior dos abrigos, não poderão existir hidrômetros nem dispositivos capazes de produzir centelha, chama ou calor. Se for necessária iluminação artificial, esta precisa ser executada de acordo com as normas técnicas para instalação elétrica à prova de explosão. A disposição da tubulação nos abrigos será adequada à instalação dos medidores, reguladores e coletores de água (*sifões*), e a base destinada ao assentamento dos medidores necessita ser regular e nivelada. Os abrigos terão de permanecer limpos e não poderão ser utilizados para depósito ou para qualquer outro fim que não seja aquele a que se destinam. Os abrigos situados na parte externa das construções serão permanentemente ventilados por furos de arejamento ou venezianas, colocadas na parte superior e inferior das portas de fechamento. As aberturas de ventilação superiores e inferiores deverão ter, cada uma, área correspondente, no mínimo, a 1/20 da área da planta baixa do respectivo abrigo. Os abrigos dos medidores e reguladores, quando no interior das construções, precisam estar situados em local ventilado permanente e diretamente para o exterior e iluminado naturalmente. O abrigo para um único medidor terá as dimensões mínimas de 60 cm de largura por 60 cm de altura e profundidade de 30 cm. Os abrigos para mais de um medidor deverão ter, no mínimo, profundidade de 30 cm, altura de 60 cm e largura total correspondente ao produto de 45 cm pelo número de medidores previsto no seu interior, devendo ser sempre bem ventilados. Os medidores e reguladores de pressão serão instalados sob a responsabilidade da fornecedora de gás e serão adequados à pressão indicada para os aparelhos de utilização.

7.2.5.7 Tubulação (materiais e acabamento)

A tubulação será executada, para ambos os sistemas de fornecimento, em tubo de aço-carbono galvanizado, com ou sem costura, das classes pesada ou média, ou tubo para solda, ou ainda material equivalente (tubo de cobre classe A, sendo tolerado o uso de classe E para tubos com diâmetro nominal inferior a 42 mm). As conexões serão de ferro maleável ou material equivalente (cobre). As ligações da tubulação poderão ser feitas por roscas, solda ou flanges. Na vedação das ligações por roscas, serão usados vedantes líquidos ou pastosos, ou juntas de fibra mineral ou *teflon* ou outro material resistente à ação do gás. É proibido o uso de vedante tipo tinta (zarcão). A ligação deverá ser isenta de rebarbas e defeitos na estrutura e nas roscas. A tubulação terá de permanecer fixada firmemente em seus suportes, não podendo apresentar curvas e abaulamentos que provoquem acúmulo de resíduos no seu interior. Todos os pontos de alimentação deverão ter rosca interna e permanecerão fechados com plugue durante a montagem, bem como em todo o período em que ficarem sem uso até a ligação do aparelho de utilização.

7.2.5.8 Ramal interno

No ramal interno ou de entrada, destinado à ligação com a rede pública de gás, a sua extremidade terá de ultrapassar o alinhamento do imóvel e estar assentada em local livre de obstáculos que dificultem ou impeçam a ligação. O ramal interno precisa ser executado com tubos de aço-carbono galvanizados. Ele sairá perpendicularmente ao alinhamento e sua extremidade será provida de uma união. A união deverá ser colocada de modo que a parte sextavada, a ser apertada, esteja no ramal interno. Este precisa ter caimento mínimo de 1%, no sentido da rua, ficar assentado 35 cm abaixo do nível do passeio e sua extremidade estender-se 35 cm além do alinhamento. A parte do ramal interno que correr sob a terra terá de ficar apoiada sobre suportes de tijolos com vão máximo de 2 m e será protegida contra ataques corrosivos pelo sistema descrito a seguir, ou outro equivalente:

- eliminar os óxidos e sujeira, deixando a superfície limpa;
- aplicar uma camada de tinta de base asfáltica, com total recobrimento da superfície externa do tubo;
- aplicar um envoltório de tecido de juta ou fibra de vidro, embebido na tinta asfáltica;
- aplicar nova camada de tinta de base asfáltica.

Se a tubulação for aparente, ela deve ser pintada na cor amarela. O critério descrito nas duas últimas alíneas acima poderá ser substituído por fita plástica, apropriada para este fim, que envolva completamente o tubo.

7.2.5.9 Canalização interna

A canalização interna, no corpo da construção, poderá ser aparente. Ela, quando embutida, terá de ser protegida com cobertura de argamassa ou concreto, com espessura mínima de 5 cm. A canalização deverá obedecer ao seguinte critério de assentamento:

- ter declividade mínima de 0,1% de forma a dirigir as águas de condensação para os respectivos coletores de água (*sifões*), que poderão ser mais de um por tubo; os sifões terão de situar-se em locais de fácil acesso e identificação, ser estanques e firmemente fixados, e observar entre si ao espaçamento mínimo igual ao seu diâmetro externo;
- ter afastamento mínimo de 20 cm de tubulação de outra natureza, em especial de eletrodutos;
- em caso de superposição de canalização, ficar acima de outra tubulação e dutos de cabos de eletricidade, observado ao mínimo da alínea anterior;
- se colocada em pisos de concreto armado, não passar por pontos sujeitos a grandes deformações;
- estar completamente desvinculada de qualquer instalação de água, eletricidade, armadura de concreto etc.

É proibida a passagem de canalização interna nos seguintes locais:

- nas chaminés, tubos de lixo, dutos de ar condicionado, reservatórios de água, tubos de água pluvial ou de esgoto sanitário e outros;
- ao longo de qualquer tipo de forro falso, salvo se for inteiramente protegida por tubo-luva, dotado de ventilação permanente para o exterior;
- em qualquer vazio formado pela estrutura ou alvenaria, mesmo que ventilado;
- em compartimentos destinados a equipamentos e aparelhos elétricos;
- em poços de elevador, ou de ventilação de compartimentos que não apresentem as já determinadas dimensões mínimas, onde o gás proveniente de eventuais vazamentos possa ficar confinado;
- em subsolos ou porões com pé-direito inferior a 2 m;
- em compartimentos destinados a dormitório;
- em compartimentos não permanentemente ventilados;
- em locais de captação de ar para sistemas de ventilação.

Na canalização interna destinada a fogões e aquecedores, não poderá ser permitido o emprego de tubos com diâmetro nominal inferior a 20 mm (3/4"). O ponto de alimentação da canalização interna, destinado à ligação de fogão, se colocado na parede, deverá apresentar a seguinte localização:

- altura acima do piso: 72 cm;
- afastamento mínimo de 15 cm, livre de qualquer limitação (paredes, pias, portas).

Na canalização ligada a bujões de gás liquefeito de petróleo (GLP), haverá, no ponto mais conveniente, conexão apropriada para possibilitar o seu prolongamento até o alinhamento do imóvel.

7.2.5.10 Testes da tubulação

A tubulação, antes de seu uso, será submetida aos testes de obstrução e estancamento, de acordo com o critério adiante descrito. Nas instalações embutidas, os testes seguintes terão de ser feitos antes da aplicação do revestimento de recobrimento:

- Teste de Obstrução:

- retirar o plugue dos pontos de alimentação;
- abrir os registros intermediários, se existirem;
- injetar na tubulação ar ou gás inerte, à pressão de 1 kgf/cm²;
- o teste será considerado positivo se o fluido escapar livremente em cada um dos pontos de alimentação.

- Teste de Estancamento:

- vedar os pontos de alimentação com plugue ou registro;
- abrir os registros intermediários, se existirem;
- injetar na tubulação ar ou gás inerte, à pressão de 1 kgf/cm²;
- a elevação da pressão deverá ser gradativa;
- utilizar um manômetro cuja escala seja de no máximo 2 kgf/cm²;
- o teste será considerado positivo se, decorridos 20 minutos, não se verificar queda de pressão.

É proibido, para realização de teste, o preenchimento da tubulação com água ou qualquer tipo de líquido. Durante o teste de estancamento, em todas as juntas, registros e pontos de alimentação, é necessário ser pincelada espuma de água e sabão para verificação de vazamentos. É terminantemente proibido o uso de chama para localização de vazamento na tubulação. Não é permitido o uso de solda fria ou solda plástica para eliminar vazamentos.

7.2.6 Prevenção e proteção contra incêndio

7.2.6.1 Projeto

O projeto será elaborado tendo em vista um conjunto de medidas com a finalidade de garantir o isolamento do prédio em relação aos edifícios vizinhos. A distância entre os edifícios, de preferência, não poderá ser inferior a 4 m, quando medida entre fachadas sem aberturas, e 6 m quando medida entre fachadas com aberturas.

7.2.6.2 Terminologia

Para efeito do Corpo de Bombeiros, adotam-se as definições a seguir:

- *Abrigo*: compartimento, embutido ou não, dotado de porta, destinado ao acondicionamento de mangueira, esguicho, carretel e outros acessórios.
- *Agente extintor*: substância química utilizada para a extinção de fogo.
- *Altura da edificação*: distância compreendida entre o ponto que caracteriza a saída situada no nível de escape do prédio, na projeção da fachada, e o ponto mais alto do piso do último pavimento, excluindo ático.
- *Antecâmara*: recinto que antecede a caixa da escada, com ventilação natural garantida por janela para o exterior, por dutos de entrada e saída de ar ou por ventilação forçada (pressurização).
- *Armazém de produtos acondicionados*: área, coberta ou não, onde são armazenados recipientes (como tambores, tonéis, latas, baldes etc.) que contenham produtos ou materiais combustíveis ou produtos inflamáveis.
- *Aspersor*: dispositivo utilizado nos chuveiros automáticos ou sob comando, para aplicação de agente extintor.
- *Bacia de contenção*: região delimitada por uma depressão do terreno ou por diques, destinada a conter os produtos provenientes de eventuais vazamentos de líquido de tanque e sua tubulação.
- *Barreira de fumaça* (smoke barrier): membrana, tanto vertical quanto horizontal, tal como uma parede, piso ou teto, que é projetada e construída para restringir o movimento da fumaça. As barreiras de fumaça podem

ter aberturas que são protegidas por dispositivos de fechamento automático ou por dutos de ar, adequados para controlar o movimento da fumaça.

- *Bomba* booster: aparelho hidráulico especial destinado a suprir deficiências de pressão em uma instalação hidráulica de proteção contra incêndio.
- *Bomba de pressurização* (jockey): aparelho hidráulico centrífugo destinado a manter o sistema pressurizado em uma faixa preestabelecida.
- *Bomba de reforço:* dispositivo hidráulico destinado a fornecer água aos hidrantes ou mangotinhos mais desfavoráveis hidraulicamente, quando estes não puderem ser abastecidos pelo reservatório elevado.
- *Brigada de incêndio*: grupo organizado de pessoas, voluntárias ou não, treinadas e capacitadas para atuar na prevenção, abandono da edificação, combate a um princípio de incêndio e prestar os primeiros socorros, dentro de uma área preestabelecida.
- *Câmara de espuma*: dispositivo dotado de selo de vapor, destinado a conduzir espuma para o interior de tanques de armazenamento do tipo teto cônico.
- *Carreta*: extintor sobre suporte com rodas, constituído de um único recipiente com agente extintor para combate ao fogo.
- *Carretel axial*: dispositivo rígido destinado ao enrolamento de mangueiras semirrígidas.
- *Compartimentação horizontal*: subdivisão de pavimento em duas ou mais unidades autônomas, executada por meio de paredes e portas resistentes ao fogo, objetivando dificultar a propagação deste, de fumaça ou de gases no plano horizontal e facilitar a retirada de pessoas e bens.
- *Compartimentação vertical*: conjunto de dispositivos de proteção contra incêndio com a finalidade de evitar a propagação de fogo, calor, fumaça ou gases de um pavimento para outro, interna ou externamente.
- *Corrimão*: barra, tubo ou peça similar, com superfície lisa, arredondada e contínua, aplicada em áreas de escada e rampa, destinado a servir de apoio para as pessoas durante o deslocamento.
- *Densidade populacional (d)*: número de pessoas em uma área determinada (n/m²).
- *Descarga*: parte da saída de emergência de uma edificação que fica entre a escada e o logradouro público ou área externa com acesso a este.
- *Deslizador de espuma*: dispositivo destinado a facilitar o espargimento suave da espuma sobre o líquido combustível armazenado em tanque.
- *Detector automático de incêndio*: dispositivo que, quando sensibilizado por fenômenos físicos e/ou químicos, detecta princípios de incêndio, podendo ser ativado, basicamente, por calor, chama ou fumaça.
- *Dispositivo de recalque*: registro para uso do Corpo de Bombeiros, que permite o recalque de água para o sistema, podendo situar-se dentro da propriedade quando o acesso do Corpo de Bombeiros estiver garantido.
- *Escada de segurança*: estrutura integrante da edificação, possuindo requisitos à prova de fogo e fumaça, para permitir o escape das pessoas em segurança, em situações de emergência.
- *Escada enclausurada*: escada protegida com paredes resistentes ao fogo e portas corta-fogo.
- *Esguicho*: peça destinada a dar forma ao jato de água.
- *Espuma mecânica*: agente extintor constituído por um aglomerado de bolhas produzidas por turbilhonamento da água com produto químico concentrado e o ar atmosférico.
- *Estação fixa de emulsionamento*: local onde se situam bombas, dosadores, válvulas e tanques de líquido gerador de espuma.
- *Estação móvel de emulsionamento*: veículo especializado para transporte de líquido gerador de espuma e o equipamento para seu emulsionamento automático com a água.
- *Estado de flutuação*: condição em que a bateria de acumuladores elétricos recebe uma corrente necessária para a manutenção de sua capacidade nominal.
- *Extintor de incêndio*: aparelho de acionamento manual, portátil ou sobre rodas, constituído de recipiente e acessórios, contendo o agente extintor, destinado a combater princípios de incêndio.
- *Fluxo (F)*: número de pessoas que passam por unidade de tempo (n/min) em um determinado meio de abandono, adotando-se para o cálculo do escoamento, fluxo igual a 88 pessoas por minuto (F = 88), contemplando duas unidades de passagem.

- *Gerador de espuma*: equipamento que se destina a proporcionar a mistura de solução com o ar para formação de espuma.
- *Hidrante*: ponto de tomada de água provido de dispositivo de manobra (registro) e união de engate rápido.
- *Lanço de escada*: sucessão ininterrupta de degraus entre dois patamares sucessivos. Um lanço de escada nunca pode ter menos de três degraus, nem altura superior a 3,70 m.
- *Largura do degrau (b)*: distância entre o bocel do degrau e a projeção do bocel do degrau imediatamente superior, medida horizontalmente sobre a linha de percurso da escada. (*Bocel* é a moldura boleada que arremata o focinho dos degraus de escada).
- *Linha de espuma*: tubulação ou linha de mangueiras destinadas a conduzir espuma.
- *Líquido combustível*: líquido que possui ponto de fulgor igual ou superior a 37,8 °C, subdividido como segue:
    - classe II: líquidos que possuem ponto de fulgor igual ou superior a 37,8 °C e inferior a 60 °C;
    - classe IIIA: líquidos que possuem ponto de fulgor igual ou superior a 60 °C e inferior a 93,4 °C;
    - classe IIIB: líquidos que possuem ponto de fulgor igual ou superior a 93,4 °C.
- *Líquido gerador de espuma (LGE)*: concentrado em forma de líquido de origem orgânica ou sintética, que, misturado com água, forma uma solução que, sofrendo um processo de batimento e aeração, produz espuma.
- *Líquido inflamável*: líquido que possui ponto de fulgor inferior a 37,8 °C, também conhecido como líquido classe I, subdividindo-se em:
    - classe IA: líquido com ponto de fulgor abaixo de 22,8 °C e ponto de ebulição abaixo de 37,8 °C;
    - classe IB: líquido com ponto de fulgor abaixo de 22,8 °C e ponto de ebulição igual ou acima de 37,8 °C;
    - classe IC: líquido com ponto de fulgor igual ou acima de 22,8 °C e ponto de ebulição abaixo de 37,8 °C.
- *Lote de armazenamento*: limite máximo de recipientes com GLP que pode ser depositado sem que seja necessário corredor de inspeção, qual seja:
    - 400 bujões de 13 kg;
    - 100 cilindros de 45 kg;
    - 50 cilindros de 90 kg;
    - 800 bujões portáteis de 5 kg;
    - 1.000 bujões portáteis de 2 kg; ou
    - 1.200 bujões portáteis de 1 kg.
- *Mangotinho*: ponto de tomada d'água onde há uma simples saída contendo válvula de abertura rápida, adaptador (se necessário), mangueira semirrígida, esguincho regulável e demais acessórios.
- *Meios de fuga*: medidas que estabelecem rotas de fuga seguras, por ocasião de uma emergência, aos ocupantes de uma edificação.
- *Parede corta-fogo*: elemento construtivo que, sob a ação do fogo, conserva suas características de resistência mecânica, é estanque à propagação da chama e proporciona um isolamento térmico tal que a temperatura medida sobre a superfície não exposta não ultrapasse 140 °C durante um tempo especificado.
- *Posto de serviço*: local onde se localizam tanques de combustível e bombas de distribuição.
- *Recipientes transportáveis*: aparelhos sob pressão, construídos de acordo com especificações de normas técnicas, que contenham gases inflamáveis e possam ser transportados de forma manual (não fixos) ou por qualquer outro meio. Os recipientes transportáveis, de acordo com o peso líquido, classificam-se em:
    - *bujão portátil*: com capacidade máxima de até 5 kg;
    - *bujão*: com capacidade máxima de até 13 kg;
    - *cilindro*: com capacidade de 45 kg ou 90 kg.
- *Registro (dumper) de sobrepressão*: dispositivo que atua como regulador em ambiente que deva ser mantido em determinado nível de pressão, evitando que a pressão atinja valores maiores por onde ocorra escape do ar.
- *Registro de paragem*: dispositivo hidráulico manual destinado a interromper o fluxo de água das instalações hidráulicas de combate a incêndio.

- *Registro de recalque:* dispositivo hidráulico destinado à ligação de fornecimento de água proveniente de fontes externas, na instalação hidráulica de combate a incêndio.
- *Reserva de incêndio*: volume de água exclusiva para combate a incêndio. - *Shaft*: abertura vertical existente na edificação, que permite a passagem e interligação de instalações elétricas, hidráulicas ou de demais outros dispositivos necessários (*shaft*, do inglês, significa poço).
- *Sinalização*: sistema instalado nas edificações, indicando aos seus ocupantes as rotas de escape e a localização dos equipamentos de combate a incêndio.
- *Sistema de alarme*: dispositivo elétrico destinado a produzir sons de alerta aos ocupantes de uma edificação, por ocasião de uma emergência qualquer.
- *Sistema automático*: equipamento que, mediante um impulso ocasionado por uma queda de pressão, fluxo de água, variação de temperatura, evolução de fumaça, presença de chama etc., entra em funcionamento sem interferência humana.
- *Sistema de chuveiros automáticos* (sprinklers): conjunto integrado de tubulações, acessórios, abastecimento de água, válvulas e dispositivos sensíveis à elevação de temperatura, de forma a processar água sobre o foco de incêndio em uma densidade adequada para extingui-lo ou controlá-lo em seu estágio inicial.
- *Sistema de chuveiro automático* (sprinklers): conjunto de equipamentos cujos componentes são dotados de dispositivos sensíveis à elevação de temperatura, que se destina a espargir água sobre a área incendiada.
- *Sistema de deteção*: dispositivo dotado de sensores, destinado a avisar a uma estação central que em determinada parte de uma edificação existe um foco de incêndio; seu funcionamento pode ser provocado pela presença de fumaça, chama ou elevação da temperatura ambiente, podendo ser instalado ou não em conjunto com o sistema de alarme manual da edificação.
- *Sistema fixo de espuma*: equipamento para proteção de tanques de armazenamento de combustível, cujos componentes são permanentemente fixos, desde a estação geradora de espuma até a câmara aplicadora.
- *Sistema semifixo de espuma*: equipamento destinado à proteção de tanque de armazenamento de combustível, cujos componentes, permanentemente fixos, são complementados por equipamentos móveis para sua operação.
- *Solução de espuma*: pré-mistura de água com líquido gerador de espuma.
- *Unidade extintora*: capacidade mínima convencionada de agente extintor.
- *Válvula (Registro)*: acessório de tubulação destinado a controlar ou bloquear o fluxo de água no interior da tubulação.
- *Válvula de retenção*: dispositivo hidráulico destinado a evitar o retorno da água (no sentido oposto ao do fluxo previsto) em uma canalização.

7.2.6.3 Classes de incêndio

Os incêndios são divididos em quatro classes:
- *Incêndios classe A*: são os que se propagam em materiais combustíveis sólidos (papel, madeira, tecidos, fibras etc.).
- *Incêndios classe B*: são os que se propagam em gases e líquidos inflamáveis (óleo, gasolina, gás de cozinha, *thinner* etc.).
- *Incêndios classe C:* são os que se propagam em equipamentos elétricos energizados (ligados à corrente elétrica).
- *Incêndios classe D*: são os que se propagam em materiais pirofóros (magnésio, potássio, alumínio em pó).

7.2.6.4 Agente extintor

Por agentes extintores entendem-se certas substâncias (sólidas, líquidas e gasosas) que são utilizadas na extinção do fogo, quer abafando-o, quer resfriando-o ou, ainda, utilizando conjuntamente esses dois processos. Os agentes extintores devem ser empregados conforme a classe de incêndio, pois, em alguns casos, sérias consequências poderão ocorrer se empregados inadequadamente. Os agentes usuais são:

- *Água*: esse agente extintor é usado, principalmente, nos incêndios classe A; porém, empregando certos dispositivos pode-se usá-la na forma de neblina para abafar e resfriar ao mesmo tempo incêndios ocorridos com líquidos inflamáveis (classe B). Emprega-se também o agente extintor água, na forma de jato pleno, chuveiros, vapores etc. Nunca se deve usar o agente extintor água em incêndio manifestado em caldeiras ou em tambores contendo materiais como betume (pixe) usado para asfaltamento, pois o choque térmico provocado pode dar origem a explosões, pondo em risco vidas humanas e o patrimônio.
- *Areia*: esse agente extintor será usado de preferência seco, dando mais atuação no abafamento.
- *espuma*: pode ser produzida de duas formas:
  - *espuma química*: é a produzida pela reação entre o bicarbonato de sódio e o sulfato de alumínio, dissolvidos em água;
  - *espuma mecânica:* é a produzida por meio de dispositivos geradores de espuma, em que a água é misturada com certas substâncias químicas, resultando grande volume de espuma.
- *Pós-químicos:* talco, sulfato de alumínio, grafite, bicarbonato de sódio.

7.2.6.5 Aparelho extintor

7.2.6.5.1 Fixo

São os constituídos pelos sistemas de hidrantes e de chuveiros de bombeamento automático (de água ou outro agente químico, tal como gás inerte).

7.2.6.5.2 Portátil

São constituídos pelos mais variados tipos, tamanhos e modelos, compreendendo desde o pequeno aparelho extintor usado nos automóveis até os maiores, providos de rodas para facilitar seu deslocamento (carretas). Dentre os extintores portáteis mais usados, pode-se destacar:

a) *Extintor de Água Pressurizada:*

- finalidade principal: combater incêndios classe A;
- efeitos principais: penetrar, molhar e resfriar;
- alcance do jato: de 10 m a 12 m;
- esse tipo de extintor é eficaz para combater incêndio em madeira, tecidos, fibras e outros materiais que deixam brasas ou cinzas como resíduos (incêndios classe A);
- nunca se deve utilizar esse extintor em eletricidade, pois a água é condutora de corrente elétrica;
- para sua utilização, é necessário retirá-lo do suporte de fixação e transportá-lo para junto do incêndio.

b) *Extintor de Espuma:*

- finalidade principal: combater incêndios classes A e B;
- efeitos principais: abafar (eliminar o oxigênio) e resfriar;
- alcance do jato: 10 m;
- utilizado para combater incêndios classe A (em materiais sólidos, como madeira, algodão, tecidos ou fibras, que deixam resíduos) ou incêndios classe B (em líquidos inflamáveis);
- nunca se pode usar esse tipo de extintor em eletricidade, pois o seu conteúdo é condutor de corrente elétrica;
- é preciso retirar o extintor do suporte e transportá-lo até junto do fogo, sempre na posição vertical, sem balançá-lo demasiadamente;
- à distância de aproximadamente 10 m, é necessário virá-lo de topo para baixo, orientando o jato para a base do fogo;
- nunca se deve tentar interromper o jato ou voltar o equipamento à posição original, pois esse tipo de extintor tem de ser usado até que se esgote todo seu conteúdo.

c) *Extintor de Gás Carbônico (CO):*

- finalidade principal: combater incêndios classes B e C;
- efeitos principais: abafar e resfriar;

- alcance do jato: 2 m a 4 m;
- esse tipo de extintor é próprio para combater incêndio em líquidos inflamáveis e produtos gordurosos (incêndios classe B), ou seja, em fogo iniciado pela queima de gasolina, álcool, benzina, óleo, solvente, cera, parafina, tinta e verniz, bem como em aparelhos elétricos, transformadores, motores elétricos, painéis de controle, redes elétricas, chaves, fusíveis etc. (classe C);
- para utilizá-lo, deve-se retirá-lo do suporte de fixação e transportá-lo para junto do incêndio, à distância de 2 m a 4 m. Retirar o pino de segurança que, por sua vez, rompe o lacre. Segurar firmemente o punho do difusor e apertar o gatilho, orientando o jato para a base do fogo, com movimentos de varredura.

d) Extintor de Pó Químico Seco (PQS):

- finalidade principal: combater incêndios classes B e C;
- efeito principal: abafante;
- alcance do jato: 3 m a 6 m;
- esse tipo de extintor serve para combater incêndio em líquidos inflamáveis e produtos gordurosos (classe B) e em aparelhos elétricos energizados (classe C);
- quando necessário, deve-se levar o extintor para junto do incêndio, à distância de 3 m a 6 m do fogo, e acionar a válvula empunhando o difusor;
- é preciso observar que o jato tem de ser orientado, conforme o sentido do vento, procurando cobrir toda a área atingida, com rápidos movimentos de mão, fazendo uma varredura na base do fogo.

7.2.6.6 Extintor manual

Capacidade mínima de cada tipo de extintor, para que se constitua em uma unidade extintora:
- de espuma: um extintor de 10 L;
- de gás carbônico: um extintor de 6 kg;
- de pó químico seco: um extintor de 4 kg;
- de água (pressão): um extintor de 10 L.

Cada unidade extintora protegerá 500 m² em área de risco classe A. Os extintores deverão estar, tanto quanto possível, equidistantes e distribuídos de tal forma que o operador não percorra mais do que 25 m (em risco de classe A). Os extintores terão de ser colocados com a sua parte superior, no máximo, a 1,8 m de altura em relação ao piso acabado, e:
- não poderão ser colocados em escadas;
- precisam permanecer desobstruídos;
- têm de ficar visíveis e sinalizados;
- não poderão ficar apoiados no piso.

Os extintores deverão possuir *selo de conformidade* da ABNT. Cada pavimento terá, no mínimo, duas unidades extintoras. Os extintores necessitam ser distribuídos de modo a facilitar a extinção dos diversos tipos de incêndio, dentro de sua área de proteção. A edificação que contiver riscos especiais, como:
- casa de força (elétrica);
- casa de bombas;
- elevador (casa de máquinas);
- quadro de comando de força e luz;

e outros, terá de ser protegida por unidade(s) extintora(s) adequada(s) ao tipo de incêndio, independente da proteção geral, quando a distância a percorrer e a adequação estejam em desacordo com as normas recomendadas.

7.2.6.7 Hidrante

Os hidrantes serão distribuídos de tal forma que qualquer ponto da área protegida possa ser alcançado, considerando no máximo 30 m de mangueira e jato de água de 10 m (em áreas não compartimentadas) e 4 m (em áreas compartimentadas). Os hidrantes precisam ser constituídos por um dispositivo de manobra e registro (de globo) de

Ø 63 mm e sua altura, em relação ao piso, estará compreendida entre 1 m e 1,5 m. Nos pavimentos elevados, os hidrantes deverão ser localizados nas proximidades das escadas de saída. O afastamento das portas, escadas ou antecâmaras não poderá ser superior a 5 m. Não será exigida a instalação de hidrantes em edículas, jiraus, escritórios de fábrica em andar superior e em zeladoria de até 200 m² de área, desde que o(s) hidrante(s) do pavimento inferior assegure(m) sua proteção, e que a interligação não seja por escada enclausurada.

7.2.6.8 Canalização

A canalização de alimentação dos hidrantes deverá ter diâmetro mínimo de 63 mm ($2^1/_2$ ”). A tubulação de alimentação dos hidrantes precisa ser independente da de consumo normal. A canalização terá de ser executada com os seguintes materiais: aço galvanizado com ou sem costura, ferro fundido ou cobre. Os tubos galvanizados não poderão ser soldados ou curvados. É necessário um registro de recalque, instalado na calçada (passeio) ou na parede externa da edificação, com a *introdução* voltada para a rua, que facilite o acesso e a identificação do dispositivo. Consiste esse registro de recalque de um prolongamento da rede de incêndio da edificação, provido de registro igual ao utilizado nos hidrantes, de Ø 63 mm, e uma introdução de igual medida, com tampão de engate rápido. Quando o registro de recalque estiver situado no passeio, ele deverá ser encerrado em caixa de alvenaria, com tampa metálica, identificado pela palavra *incêndio*, com dimensões 40 cm × 60 cm. A introdução terá de estar voltada para cima em ângulo de 45°, dotada de engate rápido e tampão, e precisa estar, no máximo, a 15 cm de profundidade em relação ao piso do passeio.

7.2.6.9 Reservatório

O abastecimento da rede de hidrantes será feito por reservatório elevado, preferencialmente, ou por reservatório subterrâneo, e sua localização terá de ser, dentro das possibilidades, acessível aos veículos do Corpo de Bombeiros. A adução será feita por gravidade, no caso de reservatórios elevados, e por bomba de recalque, no caso de reservatórios subterrâneos. Nos reservatórios elevados, será instalada válvula de retenção na saída adutora e, nos subterrâneos, na saída da bomba de recalque. Poderá ser usado o mesmo reservatório para consumo normal e para o de combate a incêndio, desde que fique assegurada a reserva prevista para cada caso. Não será permitida a utilização da reserva de incêndio pelo emprego conjugado de reservatórios subterrâneo e elevado. A capacidade mínima de reserva de combate a incêndio é de 5 m³.

7.2.6.10 Mangueira, abrigo e esguicho

O comprimento máximo da mangueira (para risco classe A) é de 30 m e seu diâmetro mínimo de 38 mm ($1^1/_2$ ”), devendo o esguicho ter diâmetro mínimo de 13 mm (1/2”). Não serão aceitáveis mangueiras sem forro interno de borracha ou confeccionadas de plástico ou outro material que não se enquadre nas normas para mangueiras do Corpo de Bombeiros, podendo ser fabricadas de fibra sintética pura. É necessário ser instalado, junto de cada hidrante e em lugar visível e de fácil acesso, um abrigo especial para mangueira e demais acessórios hidráulicos (derivação, registro, redução e esguicho). O abrigo precisa ter dimensões suficientes para comportar, com facilidade, o comprimento da mangueira e acessórios. A porta de abrigo deverá estar situada em uma de suas duas faces de maior área, não sendo aceita porta em uma de suas faces laterais. Ela tem de ser confeccionada em chapa de aço, com trinco, pintada de vermelho, provida de vidro transparente de 3 mm de espessura com o dístico *incêndio*. A mangueira e o hidrante poderão estar dentro do abrigo, desde que não impeçam a manobra ou a substituição de qualquer peça. Não serão permitidos abrigos trancados com chave. A mangueira precisa permanecer *aduchada* ou ser acondicionada em zigue-zague, no abrigo, sobre suporte metálico ou estrado de madeira.

7.2.6.11 Bomba de água

Nas bombas com acionamento elétrico, a ligação de alimentação do motor será independente, de forma a permitir o desligamento geral de energia da rede elétrica da edificação, sem prejuízo do funcionamento do conjunto motobomba; os fios, quando dentro da área protegida, serão guarnecidos contra eventuais danos mecânicos, fogo, agentes químicos e umidade. As bombas terão de ser instaladas com sua alimentação abaixo do nível mínimo de água do reservatório (*afogadas*). Em eventual substituição ao acionamento automático da bomba, deverão ser previstas botoeiras de acionamento manual, junto de cada hidrante.

7.2.6.12 Edificação de interesse social

As edificações residenciais de interesse social, isoladas entre si, com espaçamento superior a 6 m, com área total de construção não superior a 750 m², serão isentas da obrigatoriedade de proteção contra incêndio por hidrantes internos de água, sem prejuízo das demais exigências, observadas as características de construção. Nas edificações de alcance social, é necessário instalar, no mínimo, uma unidade extintora por pavimento, e será admitido o seguinte:

- os pontos de tomada para mangueira serão distribuídos de tal forma que qualquer local da edificação possa ser alcançado considerando não mais de 30 m de mangueira de Ø 38 mm, mais o alcance do jato de água;
- será aceita também solução alternativa, instalando pontos de hidrante com abrigo para mangueira, nos pavimentos pares, e somente registros (sem abrigo) com adaptadores e tampões para engate de mangueira, nos pavimentos ímpares.

Nas edificações protegidas por reservatório elevado ou subterrâneo que alimente um ou mais conjuntos de blocos de edifício, é preciso haver um registro de recalque no passeio, em local acessível à viatura do Corpo de Bombeiros. No caso de sistema hidráulico por bloco isolado, há necessidade de um registro de recalque em cada bloco.

7.2.6.13 Solicitação de vistoria

Depois da execução do sistema proposto no projeto aprovado, será feita vistoria pelo Corpo de Bombeiros, mediante solicitação da construtora. Para vistorias parciais, será exigida também a discriminação das áreas construídas a serem verificadas. Para cada projeto, serão aceitas até três vistorias parciais. Não será admitido pedido de vistoria parcial para áreas já totalmente construídas.

7.2.6.14 Sinalização

Será obrigatória a sinalização em todas as edificações, conforme o caso, com setas, círculos e faixas, bem como a sinalização de colunas, que facilitem a perfeita identificação dos componentes do sistema de proteção. A sinalização de solo será opcional nos edifícios destinados a apartamentos ou escritórios, sendo, porém, obrigatória nos subsolos destinados a garagens. A tubulação e demais acessórios da rede de hidrantes, quando expostos, deverão ser pintados conforme segue:

- válvula de retenção, registro de paragem etc.: cor amarela;
- tubulação: cor vermelha.

7.2.7 Instalação de água pluvial

7.2.7.1 Terminologia

- *Altura pluviométrica*: volume de água precipitada por unidade de área de projeção horizontal.
- *Área de contribuição*: soma da área de superfícies que, interceptando a chuva, conduzem as águas para determinado ponto da instalação.
- *Bordo livre*: prolongamento vertical da calha, cuja função é evitar transbordamento.
- *Buzinote*: pequena gárgula de forma abuzinada que se instala junto do piso de terraços, sacadas etc., por onde é despejada a água de chuva aí captada.
- *Caixa de areia*: caixa utilizada nos condutores horizontais destinada a recolher detritos por deposição.
- *Calha*: canal que recolhe a água de coberturas, terraços e similares, e a conduz a um ponto de destino.
- *Calha de água-furtada*: calha instalada na linha de rincão da cobertura.
- *Calha de beiral*: calha instalada na linha de beiral da cobertura.

- *Calha de platibanda*: calha instalada na linha de encontro da cobertura com a platibanda.
- *Condutor horizontal*: canal ou tubulação quase horizontal destinado a recolher e conduzir águas pluviais até locais permitidos pelos dispositivos legais.
- *Condutor vertical*: tubulação vertical destinada a captar água de calhas, coberturas, terraços e similares e escoá-la até uma parte inferior do edifício.
- *Diâmetro nominal (DN)*: simples número que serve para classificar, em dimensões, os elementos de tubulação (tubos, conexões, condutores, calhas de seção circular, bocais etc.), e que corresponde aproximadamente ao diâmetro interno da tubulação, em milímetros. O diâmetro nominal não pode ser objeto de medição nem ser utilizado para fins de cálculos.
- *Drenagem*: escoamento de águas de terreno excessivamente úmido por meio de tubos, valas, fossas etc. instalados na superfície ou nas camadas subterrâneas.
- *Duração de precipitação*: intervalo de tempo de referência para a determinação de intensidades pluviométricas.
- *Funil de saída*: saída, em forma de funil, de uma calha.
- *Gárgula*: ponta de cano ou bocal saliente na fachada por onde jorra livremente a água captada pela calha do telhado.
- *Intensidade pluviométrica*: quociente entre a altura pluviométrica precipitada em um intervalo de tempo e esse intervalo.
- *Perímetro molhado*: linha que limita a seção molhada junto das paredes e do fundo do condutor ou calha.
- *Período de retorno*: número médio de anos em que, para a mesma duração de precipitação, uma determinada intensidade pluviométrica é igualada ou ultrapassada apenas uma vez.
- *Pluvial*: relativo à chuva.
- *Ralo*: caixa dotada de grelha na parte superior, destinada a receber água pluvial ou de lavagem.
- *Ralo hemisférico* (também chamado ralo *semiesférico* ou ralo de *globo*): ralo cuja grelha é saliente e com a forma hemisférica.
- *Ralo plano*: ralo cuja grelha é plana.
- *Saída*: buraco aberto na calha, cobertura, terraço e similares, para onde a água pluvial converge.
- *Seção molhada*: área útil de escoamento na seção transversal de um condutor ou calha.
- *Tempo de concentração*: intervalo de tempo decorrido entre o início da chuva e o momento em que toda a área de contribuição passa a concorrer para determinada seção transversal de um condutor ou calha.
- *Vazão de projeto*: vazão de referência para o dimensionamento de condutores e calhas.

7.2.7.2 Condições gerais

7.2.7.2.1 Materiais

As calhas devem ser confeccionadas com chapas de aço galvanizado, folhas de flandres (comumente chamadas chapas galvanizadas), chapas de cobre, chapas de aço inoxidável, chapas de alumínio, fibrocimento, PVC rígido, *fiberglass*, concreto ou alvenaria. Nos condutores verticais, há necessidade do emprego de tubos e conexões de ferro fundido, fibrocimento, PVC rígido, aço galvanizado e cobre, e ainda de chapas de aço galvanizado, folhas de flandres, chapas de cobre, chapas de aço inoxidável, chapas de alumínio ou *fiberglass*. Nos condutores horizontais, precisam ser empregados tubos e conexões de ferro fundido, fibrocimento, PVC rígido, aço galvanizado, cerâmica vidrada, concreto, cobre, canaletas de concreto ou alvenaria. Para tubulação enterrada em locais sujeitos a cargas móveis na superfície do solo e do reaterro, observar as recomendações específicas relativas ao assunto. O material mais utilizado para a confecção é a folha de flandres, que é chapa fina de aço revestida com zinco por imersão em banho do metal fundido. As chapas galvanizadas lisas (existem também as onduladas, erroneamente chamadas de telhas de zinco) são vendidas com a largura-padrão de 1 m e 1,2 m e comprimento de 2 m e 3 m, e também em bobinas. São padronizadas pela bitola GSG (*Galvanized Sheet Gauge*), que varia de 11 a 30 (sendo as mais comuns: nº 12, nº 18, nº 22, nº 24), conforme a Tabela 7.57.

Capítulo 7 – Instalações 483

Tabela 7.57: Bitolas

Bitola GSG	e (mm)	kg/m²
11	3,40	26,90
12	2,70	21,60
13	2,30	18,20
14	1,95	15,60
16	1,55	12,40
18	1,30	10,40
19	1,11	8,88
20	0,95	7,60
22	0,80	6,40
24	0,65	5,20
26	0,50	4,00
28	0,43	3,44
30	0,35	2,80

As peças que compõem o sistema, fornecidas pelo mesmo fabricante da calha, são: bocal, cantoneiras externa e interna, terminal e suporte. Os acessórios necessários à instalação são: rebites, pregos de alumínio ou de aço zincado, selante de silicone etc.

7.2.7.2.2 Instalação de drenagem de água pluvial

Ela tem de ser projetada de modo a obedecer às seguintes exigências:
- recolher e conduzir a vazão de projeto até locais permitidos pelos dispositivos legais;
- ser estanques;
- permitir a limpeza e desobstrução de qualquer ponto no interior da instalação;
- absorver os esforços provocados pelas variações térmicas a que estão sujeitas;
- quando passivas de choques mecânicos, ser constituídas de materiais a eles resistentes;
- nos componentes expostos, utilizar materiais resistentes às intempéries;
- nos componentes em contato com outros materiais de construção, usar materiais compatíveis;
- não provocar ruídos excessivos;
- resistir às pressões a que podem estar sujeitas;
- ser fixadas de maneira a assegurar resistência e durabilidade.

A água pluvial não pode ser lançada em redes de esgoto usadas apenas para água residuária (despejos e líquidos domésticos ou industriais). A instalação predial de água de pluvial se destina exclusivamente ao recolhimento e condução da água de chuva, não se admitindo quaisquer interligações com outras instalações prediais. Quando houver risco de penetração de gases, deverá ser previsto dispositivo de proteção contra o acesso deles ao interior da instalação.

7.2.7.3 Cobertura horizontal de laje

As coberturas são projetadas para evitar empoçamento, exceto aquele tipo de acumulação temporária de água, durante tempestades, que pode ser permitido onde a cobertura for especialmente projetada para ser impermeável sob certas condições. As superfícies externas precisam ter declividade mínima de 0,5%, de modo que garanta o escoamento da água pluvial, até os pontos de drenagem previstos. A drenagem tem de ser feita por mais de uma saída, exceto nos casos em que não houver risco de obstrução. Quando necessário, a cobertura será subdividida em áreas menores com caimento de direções diferentes, para evitar grandes percursos de água. Os trechos da linha perimetral da cobertura e das eventuais aberturas na cobertura (escadas, claraboias etc.) que possam receber água em virtude do caimento devem ser dotados de platibanda ou calha. As marquises e as varandas têm de ser providas de ralos, permitindo, nas varandas de pequenas dimensões, o emprego de buzinotes. Os ralos hemisféricos serão usados onde os ralos planos possam causar obstruções.

7.2.7.4 Calha

As calhas de beiral e de platibanda devem, sempre que possível, ser fixadas centralmente sob a extremidade da cobertura e o mais próximo dela. As calhas de água-furtada têm inclinação resultante do projeto da cobertura. As águas-furtadas terão sempre largura superior a 15 cm. Quando a saída não estiver situada em uma das extremidades, a vazão de projeto para o dimensionamento das calhas de beiral ou platibanda tem de ser aquela correspondente à maior das áreas de contribuição. Quando não for permitido tolerar nenhum transbordamento ao longo da calha, extravasores podem ser previstos como medida adicional de segurança. Nesses casos, eles descarregarão em locais adequados. As calhas não poderão ter profundidade menor que a metade da sua largura maior. Quando metálicas, precisam satisfazer às seguintes condições básicas:

- ser providas de juntas de dilatação;
- ser protegidas devidamente com uma demão de tinta antiferruginosa.

A declividade das calhas deverá ser uniforme e nunca inferior a 0,5%, ou seja, 5 mm/m. O diâmetro da calha será sempre superior a 10 cm. *Grosso modo*, pode-se adotar para a intensidade pluviométrica de no mínimo 150 mm/h.

7.2.7.5 Condutor vertical de água pluvial

Os condutores verticais (chamados simplesmente de condutores) têm de ser projetados, sempre que possível, em uma só prumada. Quando houver necessidade de desvio, precisam ser usadas curvas de 90° de raio longo ou curvas de 45° e previstas peças de inspeção. Os condutores podem ser colocados externa ou internamente ao edifício, dependendo de considerações de projeto, do uso e da ocupação da edificação e do material deles. O diâmetro interno mínimo dos condutores verticais de seção circular é 70 mm. A distância entre condutores deverá ficar entre 5 m e 10 m, podendo, em casos excepcionais, chegar até 20 m. Não poderão ser utilizados condutores verticais com mais de 15 cm de diâmetro. Sendo exigido, pelo cálculo de dimensionamento, diâmetro maior que 15 cm, deverá ser empregado maior número de condutores de menor diâmetro.

7.2.7.6 Condutor horizontal de água pluvial

Os condutores horizontais têm de ser projetados, sempre que possível, com declividade uniforme, com valor mínimo de 0,5%. O dimensionamento dos condutores horizontais de seção circular será feito para escoamento com lâmina de altura igual a 2/3 do diâmetro interno do tubo. Na tubulação aparente, é necessário prever inspeções sempre que houver: conexões com outra tubulação, mudança de declividade, mudança de direção e ainda a cada trecho de 20 m nos percursos retilíneos. Na tubulação enterrada, devem ser previstas caixas de areia, de concreto ou alvenaria, revestidas internamente, com tampa removível, sempre que houver: conexões com outra tubulação, mudança de declividade, mudança de direção e, ainda, a cada trecho de 20 m nos percursos retilíneos. No ramal de saída, a água pluvial em nível inferior ao da via pública será recolhida em uma caixa coletora, convenientemente impermeabilizada, e recalcada ao subcoletor por eletrobomba submersível. O acionamento da bomba terá de ser automático, por meio de controladores de nível, e dotado de nível de alarme. Os ramais de saída serão instalados com caimento máximo possível, e precisam ser executados com tubos de ferro fundido. A descarga da água na sarjeta será feita pela guia por meio de gárgulas de ferro fundido. A ligação entre os condutores verticais e horizontais é sempre feita por curva de raio longo, com inspeção ou caixa de areia, estando o condutor horizontal aparente ou enterrado.

7.2.7.7 Dimensionamento

O dimensionamento das calhas e dos condutores deverá, grosseiramente, ser feito levando em consideração que cada metro quadrado de área de projeção horizontal da superfície de cobertura corresponda a 1 cm² da seção da calha ou do condutor. O diâmetro do conductor vertical será sempre superior a 7,5 cm (3").

7.2.8 Instalação de esgoto sanitário

7.2.8.1 Generalidades

A canalização de esgoto sanitário, que se estende desde a ligação ao coletor público até as caixas sifonadas, tem o nome de *esgoto primário*, que é caracterizado pela existência de gases provenientes do coletor público e resultantes da decomposição de matéria orgânica. O restante dos trechos, depois da caixa sifonada até os pontos de ligação às peças de utilização sanitárias ou aos ralos secos (sem sifonagem), tem o nome de *esgoto secundário*, onde não há presença dos gases. A função da caixa sifonada ou sifão na instalação sanitária é a de desconectar o esgoto secundário do esgoto primário, por uma camada de água, que se chama de *fecho hídrico*. Para garantir a eficiência do sistema, a lâmina de água do fecho hídrico deve ter no mínimo 5 cm. A importância do sistema de ventilação em uma canalização é a de proteger o fecho hídrico, compensando a variação de pressão interna da tubulação. Quando ocorre a descarga de um vaso sanitário, movimenta-se grande volume de água em alta velocidade. Isso pode provocar a formação de vácuo na tubulação e pode succionar a água do fecho hídrico.

Outro fenômeno é o rompimento do fecho hídrico por aumento da pressão interna da tubulação. Para evitar esses problemas desagradáveis, é necessária a existência de uma tubulação que compense essas variações de pressão interna. Essa tubulação que protege o fecho hídrico tem o nome de *tubulação de ventilação* e precisa estar conectada à tubulação entre o vaso sanitário e a caixa sifonada. A fim de prevenir ações de eventuais recalques das fundações do edifício, a tubulação que corre no solo terá de manter a distância mínima de 8 cm de qualquer baldrame, bloco de fundação ou sapata. Deverá ser deixada folga nas travessias da canalização pelos elementos estruturais, também para fazer face a recalques. A canalização de esgoto nunca será instalada imediatamente acima de reservatórios de água. A canalização de esgoto primário não poderá ter diâmetro inferior a 100 mm (4"). Serão adotados, como declividade mínima, os valores discriminados na Tabela 7.58

Tabela 7.58: Declividade

Canalização	Declividade (%)
Ramais de descarga	2
Ø 75 mm (3")	3
Ø 100 mm (4")	2
Ø 150 mm (6")	1

O coletor predial não poderá ter extensão superior a 15 m. A distância entre caixas ou entre quaisquer outros dispositivos de inspeção (poços de visita ou peças) não será superior a 25 m. Em toda mudança de direção na tubulação de esgoto deverá ser executado dispositivo de inspeção. Nenhum vaso sanitário poderá descarregar em tubo de queda com diâmetro inferior a 100 mm (4"). Nenhuma pia de copa ou de cozinha poderá descarregar em tubo de queda com diâmetro inferior a 75 mm (3"). As colunas de ventilação primárias terão de emergir 30 cm, no mínimo, da cobertura e ser encimadas com chapéu de proteção. Os pontos nas paredes para instalação de lavatório ou pia precisam estar situados na altura de 50 cm a contar de piso acabado. Os ramais horizontais serão cuidadosamente assentados de modo a evitar esforços nocivos aos tubos e às junções. Assim sendo, o assentamento deverá ser feito:

- em ramais sobre o solo: apoiados sobre lastro contínuo de concreto magro na largura condizente com a bitola da tubulação, executado com caimento apropriado;
- em ramais sobre laje: apoiados sobre muretas contínuas de tijolos assentados com argamassa de areia e cal;
- em ramais suspensos sob laje: a elas fixados por meio de fitas metálicas flexíveis de altura variável, quando individualmente. Tratando-se de mais de um tubo, o feixe terá de ser fixado por meio de perfilados pré-confeccionados.

A canalização de esgoto bem como a de drenagem só poderá cruzar a rede de água fria em cota inferior. Os ralos serão protegidos, durante a obra, por recobrimento com tijolo comum, assentado com argamassa de areia e cal. Para ligação à rede pública, a construtora precisa requerer à concessionária, com a devida antecedência, o pedido de dimensionamento, locação, profundidade e ligação do(s) coletor(es) de esgoto. Toda a canalização primária da instalação precisa ser experimentada com água ou ar comprimido, sob pressão mínima de 0,35 kg/cm² (3,5 mca), antes da colocação dos aparelhos de utilização, e submetida a uma prova de fumaça sob pressão mínima de 2,5 kg/cm2 (25 mca), depois do assentamento dos aparelhos. Em ambas as provas, a canalização necessita permanecer sob a pressão de prova durante 15 minutos, no mínimo.

7.2.8.2 Estudo de profundidade da ligação de esgoto (estudo de soleira)

Trata-se do estudo para determinação das profundidades máxima e mínima da caixa de inspeção da edificação para garantir o esgotamento por gravidade. O estudo envolve o levantamento de possíveis interferências de outros sistemas como de telefonia, galeria de águas pluviais e de gás de rua, em relação à futura ligação. É recomendável sua solicitação sempre que o ramal interno estiver a uma profundidade maior que 60 cm, contada a partir da soleira da edificação, ou quando a concessionária constatar, em vistoria, a existência de alguma das mencionadas interferências.

7.2.8.3 Tanque séptico

7.2.8.3.1 – Não havendo rede de esgoto fronteiriça a uma residência, deve-se utilizar um tanque (ou fossa) séptico, cuja instalação compreende as seguintes partes:

- uma ligação coletando os esgotos da casa, provenientes dos banheiros, da cozinha e da lavanderia que são despejados no tanque séptico;
- o tanque séptico é confeccionado de material impermeável e duradouro como concreto, alvenaria revestida, fibrocimento etc;
- um sistema de ventilação que permita a saída dos gases resultantes de fermentação do esgoto e mantenha a fossa arejada;
- um meio de realizar a infiltração no solo do líquido que sai do tanque séptico.

7.2.8.3.2 – Note que o tanque séptico isoladamente não constitui um sistema de alijamento do esgoto, e sim uma parte importante dele, sendo certo que o objetivo é a infiltração dos despejos líquidos no solo.

7.2.8.3.3 – Assim, as funções do tanque séptico são:

- a) Separação: permite a deposição dos sólidos em suspensão, que vão ficar no fundo do tanque, deixando o líquido parcialmente clorificado.
- b) Decomposição: permite que os sólidos depositados no fundo do tanque sejam decompostos (inertes), produzindo gases que são liberados por meio do sistema de ventilação.
- c) Armazenamento: causa o acúmulo dos sólidos já decompostos (inertes) no fundo do tanque, constituindo um lodo. A matéria mais leve flutua e forma uma crosta na superfície, que é chamada de escuma.
- d) Limpeza: o tanque tem de ser limpo periodicamente, devendo o material (lodo) removido e ser de preferência enterrado.

7.2.8.3.4 – O líquido que sai o tanque séptico tem as seguintes características:

- é contaminado;
- é apenas parcialmente clorificado, ou seja, ainda contém germes e matéria putrecível em grande quantidade;
- o seu destino final será a infiltração no solo.

7.2.8.3.5 – Instala-se o tanque séptico antes da infiltração do esgoto *in natura* no solo, pelas seguintes razões:

- separando-se a matéria sólida da líquida, a infiltração desta no terreno é facilitada;
- permite-se a decomposição do esgoto *in natura* dentro da fossa em ambiente ventilado, controlando-se assim o mau cheiro;
- fazendo-se a infiltração da parte líquida no solo em condições de bom arejamento e não muito profunda evita-se a contaminação do lençol freático;
- a saída do esgoto do tanque séptico (em geral tubo Ø 4") deve ser posicionada cerca de 5 cm abaixo do tubo (também Ø 4") de entrada;
- a tampa da fossa séptica é provida de ganchos para possibilitar sua remoção por ocasião da limpeza do tanque.

Capítulo 7 – Instalações

7.2.9 Instalação hidrossanitária e de gás – procedimento de execução de serviço

7.2.9.1 Documentos de referência

Projetos executivos de arquitetura (inclusive detalhamento de banheiros, cozinhas e áreas de serviço), de estrutura, de instalações hidrossanitárias, de combate a incêndio e de gás combustível (inclusive memoriais descritivos) e de instalações elétricas.

7.2.9.2 Materiais e equipamentos

Além daqueles existentes obrigatoriamente no canteiro de obras, quais sejam, dentre outros:

- EPCs e EPIs (capacete, botas de couro, luvas de borracha, máscara respiradora contra poeira, óculos protetor de ampla visão e protetor auditivo tipo concha);
- água limpa;
- cimento portland CP-II;
- areia média lavada;
- linha de náilon;
- lápis de carpinteiro;
- trenas de aço de 5 m e 30 m;
- régua de alumínio de 1"× 2"com 2 m ou de $1^{1}/_{2}$ "× 3"com 3 m;
- nível de mangueira;
- nível de bolha com 35 cm;
- prumo de face de cordel;
- talhadeira de 12";
- ponteiro;
- marreta de 1 kg;
- colher de pedreiro;
- desempenadeira de madeira;
- caixote para argamassa;
- serrote de dentes pequenos;
- carrinho de mão;
- guincho;

mais os seguintes (os que forem necessários para a obra):

- tubos e peças (conexões e outras, inclusive anéis de borracha) para água fria (e quente, quando for o caso), esgoto, ventilação, água pluvial, combate a incêndio e gás, de PVC (linhas hidráulica e sanitária), de aço-carbono galvanizado (ou não), de cobre, de ferro fundido e de cerâmica (os que forem necessários para a obra);
- disco diamantado Ø 5"de corte para alvenaria, lixa d' água nº 320, solda (cola) para PVC, solução limpadora para PVC, pasta lubrificante para anéis de borracha, lâmina de aço de serra, fitata teflon, massa epóxi, solda 50/50; (estanho/chumbo), pasta para soldar, corda alcatroada (ou similar), asfalto oxidado, tubo isolante térmico de polietileno expandido;
- giz;
- canivete;
- alicate;
- alicate bomba d'água;
- chave-tubo (gripo ou grifo) de 14";
- gripo de papagaio;
- pincel;
- chave de cinta;

- chave inglesa nº 12;
- jogo de chaves de boca;
- jogo de chaves de fenda;
- lima meia-cana;
- vazador para caixa sifonada;
- maçarico;
- máquina cortadora de parede com dois discos de espaçamento regulável e aspirador de pó;
- morsa (torno) com bancada, tarracha manual e elétrica, esmerilhadeira elétrica portátil e maçarico a gás portátil (os equipamento que forem necessários para a obra);
- compressor de ar para no mínimo 60 kgf/cm² com manômetro calibrado e aparelho de produzir fumaça (dispensável).

7.2.9.3 Método executivo

7.2.9.3.1 Condições para o início dos serviços

É necessária uma análise cuidadosa de compatibilização entre os projetos de arquitetura, estrutura, instalações elétricas e as hidráulicas. Os materiais e equipamentos têm de estar disponíveis antes do início de cada etapa dos serviços. Quando as instalações forem sobre a terra, o trecho deverá estar aplainado, limpo e desimpedido. Quando sob laje, esta precisará estar desformada. Quando em paredes, estas terão de estar concluídas e fixadas (encunhadas ou com a laje nelas apoiada já concretada), com os batentes e marcos ou contramarcos de janelas assentados, porém, não poderão estar revestidas.

7.2.9.3.2 Execução dos serviços

Generalidades

- Canalização embutida

Os rasgos na alvenaria para embutimento da tubulação devem ser executados com máquina cortadora de parede com dois discos diamantados de espaçamento regulável, munida de aspirador de pó. Pequenos trechos podem ser abertos com talhadeira. A canalização precisa ter o traçado mais curto possível, evitando colos altos e baixos. Precauções têm de ser tomadas para que ela não venha a sofrer esforços não previstos, decorrentes de recalques ou deformações da estrutura, e para que fique assegurada a possibilidade de suas dilatações e contrações. Não pode ser embutida em elementos estruturais de concreto (sapatas, pilares, vigas, lajes etc.), sendo permitido, entretanto, quando indispensável, ser alojada em reentrâncias (nichos) projetadas para esse fim nos referidos elementos. Não devem, também, atravessar vigas senão em passagens de maior diâmetro.

Para evitar perfuração acidental dos tubos por pregos, parafusos etc., os rasgos na alvenaria (para embutimento da tubulação) necessitam ser fechados com argamassa de cimento e areia no traço 1:3. Nas prumadas, onde há necessidade de chumbamento da canalização nas lajes dos andares (para sua sustentação), a junta dos tubos tem de ser feita com anel de borracha (para permitir a dilatação deles). No caso de tubulação de água quente, a canalização deve ser instalada envolvida em isolante térmico de polietileno expandido. Quando enterrada, deve ser *envelopada* em concreto e assentada em leito de concreto magro executado com o devido caimento (se a tubulação for de aço-carbono galvanizado, necessitará ainda ser pintada com tinta antioxidante e enrolada em papel *kraft* antes do envelopamento).

- Tubulação aparente

A canalização é fixada em paredes utilizando-se braçadeiras com espaçamento adequado que impeça o seu deslocamento (se de PVC, do piso até 2 m de altura tem de ser revestida, para sua proteção). Quando pendurada, a tubulação deverá ser apoiada em pendurais que garantam o seu caimento, necessitando ser seu espaçamento tal que impeça a flexão da canalização causada pelo seu peso próprio. Nas garagens, recomenda-se a pintura da tubulação de água na cor verde, a de gás na cor amarela e a de incêndio na cor vermelha, em conformidade com as normas técnicas brasileiras e exigência do Corpo de Bombeiros.

Tubulação de PVC
- Preparo dos tubos

Para cortar os tubos nas medidas desejadas, é necessário usar serra de ferro ou serrote de dentes pequenos. No caso de emprego da serra de ferro, colocar a lâmina no sentido oposto ao do corte, o que faz melhorar o rendimento. Os tubos devem ser cortados perpendicularmente ao seu eixo longitudinal. Tubos cortados fora de esquadro causam problemas como:

- vazamento, por causa da má condição de soldagem ou insuficiência da área de vedação para anel de borracha
- deslocamento do anel de borracha por ocasião do acoplamento
- dificuldade de execução da rosca, no caso da junta roscada.

- Junta soldada

São os seguintes os procedimentos para a soldagem de tubos da linha para água fria:

- Tire o brilho das paredes da bolsa e da ponta a serem soldadas, para facilitar a ação da cola. Utilize lixa d'água nº 320 (lixa fina). Nunca use lixa grossa, nem lixe demasiadamente. Isso forma uma folga indesejável entre as paredes do tubo e da bolsa.
- Limpe a ponta e a bolsa dos tubos, utilizando solução limpadora adequada, que elimine as impurezas e as substâncias gordurosas que prejudicam a ação da solda.
- Para aplicar a solda, empregue pincel chato ou outro aplicador adequado. Nunca use os dedos. Passe uma camada bem fina e uniforme de solda na bolsa, cobrindo sua terça parte inicial, e outra camada idêntica na ponta do tubo.
- Encaixe perfeitamente a ponta na bolsa até atingir o seu fundo, sem torcer, aguardando o tempo conveniente para o processamento de soldagem.
- Remova o excesso da solda, utilizando papel absorvente, e deixe secar.

O procedimento de execução das juntas para os tubos da linha para esgoto secundário, praticamente, é igual aos da linha hidráulica. No entanto, é necessário tomar os seguintes cuidados, em virtude dos grandes diâmetros de tubo e da característica especial da sua bolsa (bolsa de dupla atuação). São os seguintes os procedimentos:

- Marque, na ponta do tubo, a profundidade do encaixe da bolsa.
- Raspe a superfície da ponta e do fundo, utilizando lixa de água nº 320.
- Limpe a ponta e a bolsa com solução adequada.
- Aplique com pincel uma camada bem fina de solda no fundo da bolsa (aproximadamente 3 cm da extremidade em diante) e outra, mais grossa, na ponta do tubo. Essas operações precisam ser feitas, de preferência, simultaneamente.
- Faça a junção, sem torcer, sempre que possível com duas pessoas.
- Remova o excesso da solda e deixe secar.

Para instalar registros (de parada ou de descarga) ou conexões galvanizadas na linha de PVC, tome os seguintes cuidados:

- Coloque o adaptador ou luva com rosca metálica nas peças metálicas, utilizando a fita veda-rosca (de teflon ou similar) para garantir a estanqueidade da rosca.
- Em seguida, solde a ponta dos tubos na bolsa das conexões de PVC.
- Nunca faça a operação inversa, pois o esforço de torção pode danificar a soldagem, ainda em processo de secagem.

- Junta elástica

O procedimento é o seguinte:

- As pontas dos tubos têm de estar em esquadro e suas bordas devidamente chanfradas ou abauladas.
- Limpe com estopa a ponta e a bolsa dos tubos, especialmente o sulco de encaixe do anel de borracha (que precisam estar secos e isentos de óleo, areia, terra etc.).
- Marque na ponta do tubo a profundidade do encaixe.
- Encaixe corretamente o anel de borracha no sulco da bolsa do tubo.
- Aplique uma camada de pasta lubrificante na ponta do tubo e na parte visível do anel de borracha.

- Introduza a ponta do tubo, forçando o encaixe até o fundo da bolsa, depois recue o tubo (com movimentos circulares) aproximadamente 1 cm, para permitir eventuais dilatações.
- Nos tubos assentados em dias de muito calor ou instalados expostos ao sol (tubos aquecidos), não é necessário deixar essa folga, pois a tendência desses tubos é de contrair-se depois de sua instalação.

- Junta roscada

O procedimento é o seguinte:

- A ponta dos tubos necessita estar em esquadro e isenta de rebarbas.
- Fixe o tubo na morsa, evitando o excesso de aperto, que pode causar deformação do tubo e consequente defeito da rosca.
- Para os tubos de pequeno diâmetro, é recomendável preparar tarugos de madeira com os diâmetros correspondentes ao diâmetro interno dos tubos. Esses tarugos, introduzidos no interior dos tubos, no local em que atua a pressão da morsa, servem para evitar a deformação deles.
- Encaixe a tarraxa, pelo lado da guia, na ponta do tubo.
- Faça uma ligeira pressão na tarraxa, girando uma volta para a direita e meia-volta para a esquerda.
- Repita essa operação até atingir o comprimento da rosca desejado, sempre mantendo a tarraxa perpendicular ao tubo.
- Para garantir a vedação e também para evitar o enfraquecimento dos tubos, o comprimento da rosca do tubo tem de ser ligeiramente menor que o comprimento da rosca interna das conexões.
- Limpe a rosca e aplique a fita veda-rosca sobre os filetes da rosca macho.
- Rosque o tubo na luva de preferência com auxílio de chave de cinta, evitando chave de gripo (grifo), até a completa cobertura dos filetes da rosca.

Tubulação cerâmica

- Manuseio

Cuidados têm de ser tomados na descida dos tubos na vala, para prevenir danos no material. Nunca se pode permitir o arrastamento dos tubos sobre a superfície do terreno ou no fundo da vala.

- Junta de cimento e areia

São executadas com argamassa de cimento e areia no traço 1:3 em volume. A sequência do processo é a seguinte:

- posiciona-se o primeiro tubo perfeitamente assentado;
- coloca-se a argamassa na parte inferior da bolsa;
- encaixa-se o tubo seguinte, tomando o cuidado de deixá-lo alinhado e com a declividade prevista;
- passa-se o rodo para igualar as geratrizes internas inferiores e fazer limpeza da junta;
- introduz-se a argamassa nas partes superiores e laterais da bolsa;
- executa-se o acabamento.

- Junta de asfalto

É um tipo de junta com alguma elasticidade e completamente impermeável, quando bem executada. Apresenta a vantagem de poder ser aterrada cerca de 30 minutos depois da execução. Procede-se da seguinte maneira:

- encaixam-se os tubos, colocando uma corda alcatroada no fundo das juntas;
- molda-se um cachimbo de barro em torno da junta, com um furo na parte de cima;
- derrama-se, no furo do cachimbo, com uma caneca, asfalto derretido até o preenchimento total da junta.

- Junta elástica

- Utiliza anel de borracha, que deve ser montado na bolsa devidamente limpa e lubrificada.
- Reaterro e apiloamento.
- O preenchimento da vala, até uma altura aproximadamente 30 cm acima da geratriz superior do tubo, tem de ser efetuado cuidadosamente de maneira a não modificar o alinhamento da tubulação e a proteger o tubo durante o reaterro final da vala. O material do leito precisa ser introduzido nas laterais do tubo com a finalidade de evitar vazios nessas regiões. Esse preenchimento será efetuado quando o material de reaterro não estiver acima de um quarto de altura do tubo, para que a com- pactação seja efetiva. O material do

aterro deve estar livre de pedras ou torrões e ser compactado convenientemente a fim de evitar depressões incômodas e antiestéticas no futuro pavimento.

Tubulação de aço-carbono galvanizado
- Os tubos têm de ser visualmente retos, de maneira a não afetar a sua utilização.
- As extremidades devem ser cortadas perpendicularmente ao eixo do tubo, sem apresentar rebarbas. A rosca dos tubos precisa ser cônica (whitworth) e a das luvas, cilíndrica. Os tubos devem ser entregues com as extremidades roscadas e com uma luva enroscada em uma delas (esse enroscamento não é definitivo para o seu emprego).
- Os tubos são entregues com comprimento de 6 m, medidos sem a luva.
- Todas as roscas executadas na obra precisam ser protegidas contra corrosão.
- A rosca das juntas tem de ser vedada com a utilização de fita teflon ou similar.
- As roscas de tubo devem ser protegidas adequadamente contra golpes.
- Os tubos são de aço-carbono galvanizado (com zinco) a quente.
- As peças de conexão são de ferro maleável, zincadas a fogo.
- Os tubos são encomendados pelo diâmetro externo e espessura da parede.

Tubulação de ferro fundido
- Generalidades
São fornecidos nos diâmetros nominais 50, 75, 100 e 150, pintado interna e externamente, geralmente com 3 m de comprimento. Quando o tubo for serrado na obra, a aresta externa deve ser devidamente chanfrada, com o uso de uma lima, a fim de facilitar a operação de montagem e evitar possível dilaceramento do anel de vedação (quando for o caso).
- Instruções de montagem
- De juntas elásticas (ponta e bolsa):
    - limpar cuidadosamente o interior da bolsa, bem como a parte externa da ponta;
    - colocar o anel na bolsa da conexão (sem uso de lubrificante);
    - marcar na ponta do tubo, com um traço a giz, o comprimento da bolsa;
    - aplicar lubrificante específico na superfície interna do anel e na superfície externa da ponta do tubo;
    - introduzir manualmente a ponta do tubo na bolsa da conexão, verificando se ela atingiu o fundo, tomando-se como referência o traço a giz.
- De juntas rígidas (ponta e bolsa): Esse tipo de junta é executado com corda alcatroada, comprimida no espaço existente entre a parede externa da ponta do tubo e a parede interna da bolsa da conexão. Na parte superior, deixa-se um espaço correspondente a 10 mm de profundidade que é preenchido com massa epóxi.

Tubulação de cobre
- *Generalidades*
Os tubos de cobre são fabricados sem costura, em barras retas de 5 m e com paredes em três classes de espessura (E, A, I). Os tubos classe E, denominados extraleves, não podem ser embutidos sob a terra.
- *Instruções de soldagem*
    - corte o tubo no esquadro; escarie o furo e retire as rebarbas;
    - use palhinha de aço ou uma escova de fio para limpar a bolsa da conexão e a ponta do tubo;
    - aplique a pasta de solda (fluxo) na ponta do tubo e na bolsa da conexão de modo que a parte a ser soldada fique completamente recoberta pela pasta;
    - aplique a chama de maçarico sobre a conexão para aquecer o tubo e a bolsa da peça até que a solda derreta quando colocada na união do tubo com a conexão;
    - retire a chama e alimente com solda um ou dois pontos da união até observar a solda correr em torno da união; a quantidade correta de solda é aproximadamente igual ao diâmetro da conexão (28 mm de solda para uma conexão de Ø 28 mm);

– remova o excesso de solda com uma pequena escova ou com uma flanela enquanto a solda ainda permite, deixando um filete em volta da união.

Testes de estanqueidade

- *Tubulação de água fria e quente:*
  Utilizando compressor com manômetro, pressurizar durante 6 horas a canalização com carga de 1,5 vez a máxima pressão estática na instalação, que nunca deve ser inferior a 1 kgf/cm² (10 mca).
- *Tubulação de combate a incêndio:*
  Com o uso de compressor e manômetro, pressurizar durante 3 horas a canalização com carga de pressão de trabalho acrescida de 5 kgf/cm2.
- *Tubulação de gás de baixa pressão (gás de rua):*
  Utilizando compressor com manômetro, pressurizar durante 24 horas a canalização com carga 1,5 vez a pressão de trabalho, que nunca pode ser inferior a 0,1 kgf/cm2 (1 mca).
- *Tubulação de gás de alta pressão (GLP):*
  Com o uso de compressor e manômetro, pressurizar durante 24 horas a tubulação com carga de 6 kgf/cm2 (60 mca).
- *Tubulação de esgoto e água pluvial:*
  Utilizando aparelho produtor de fumaça, fazer o teste de estanqueidade da canalização com fumaça. Pode-se substituir esse método por um simples teste com água na pressão atmosférica, vedando-se na ocasião todos os pontos de saída (nesse caso, é comum o uso de câmara de borracha para bola de futebol preenchida com ar, para vedar tubos de até Ø 6").

Ligação de Aparelhos Sanitários

- *Instalação de chuveiros*
  Para os chuveiros abastecidos com água fria e quente (por meio de aquecedores elétricos ou a gás, aquecimento central etc.), utilize os tubos de PVC nos ramais de água fria até o registro de pressão do misturador e o restante deve ser executado com outro material, termorresistente como o cobre. No caso de ligação de chuveiro elétrico (ou de torneira elétrica), sendo o PVC um bom isolante elétrico, ele não serve como terra; então, é necessário ser instalado um fio terra ligado a um eletrodo enterrado, conforme normas técnicas.

- *Caixa sifonada*
  As entradas da caixa sifonada (bolsa Ø 40 mm) a serem usadas têm de ser abertas com o uso de vazador para caixa sifonada ou faca ou canivete, de preferência aquecido. A tubulação de escoamento é ligada à saída da caixa (ponta ou bolsa – Ø 50 mm/Ø 75 mm) por anel de borracha, de preferência, ou utilizando solda plástica. Caso seja necessário aumentar a altura da caixa, usar um prolongador (de diâmetro correspondente) entre a caixa sifonada e o porta-grelha (caixilho).

- *Ralo sifonado*
  A finalidade dos ralos, tanto do sifonado como do seco, é apenas a captação das águas servidas. A campânula existente no ralo sifonado serve apenas para evitar a entrada de sujeira na tubulação. A altura de instalação é regulável pela simples colocação do tubo sanitário com Ø 40 mm.

- *Ralo seco*
  Ligação igual à do ralo sifonado.
- *Ralo quadrado para terraço*
  O ralo seco quadrado para terraço tem uma saída, em ponta, com o diâmetro correspondente ao interno do tubo sanitário de Ø 40 mm.

7.3 Instalações em alvenaria estrutural

7.3.1 Elétrica

Prumadas

As prumadas de instalação elétrica que partem do centro de medição de eletricidade, do DG de telefonia, de TV a cabo, de sinais (internet e outras) devem ser projetadas para serem alojadas em *shafts* (poços) localizados nas áreas comuns da edificação. O fechamento dos *shafts* tem de permitir o acesso para a manutenção das instalações. Para tanto, podem ser usados painéis de gesso acartonado (*drywall*) ou painéis metálicos.

Eletrodutos

Os conduítes precisam ser corrugados flexíveis, sendo que os verticais necessitam passar através dos furos dos blocos estruturais, não sendo permitidos cortes horizontais na alvenaria para interligação de pontos de luz. Os dutos horizontais serão embutidos nas lajes ou nos eventuais contrapisos. Sendo deixados espaços de eletrodutos acima das lajes, os conduítes devem ser passados através dos furos dos blocos à medida em que eles vão sendo assentados, até a altura da colocação das caixas de eletricidade.

Caixas de Eletricidade

As caixas de interruptor e de tomada (4x2 ou 4x4) são embutidas na alvenaria com o uso de serra de disco diamantado para os cortes nos blocos. O posicionamento das caixas de passagem tem de ser previsto em projeto.

7.3.2 Hidráulica

Posicionamento de Prumadas e *Shafts* Internos

A proximidade da cozinha (e área de serviço) com o banheiro é importante para racionalizar a instalação hidráulica, garantindo menor número de prumadas e *shafts* (poços) internos. Estes, se existirem, serão de preferências localizados no box de chuveiro ou na área de serviço.

Tubulação Vertical (de Água, de Incêndio, Sanitária e de Gás)

A canalização de maior diâmetro deve passar por *shafts* externos (especialmente de incêndio) e/ou internos. É possível também executar paredes de vedação (não estruturais) para o embutimento da tubulação; nesse caso, a largura da parede estrutural é limitadora para essa solução. Pode-se ainda instalar a tubulação aparente recobrindo-a com uma carenagem plástica ou requadrada com argamassa armada de tela.

Tubulação Horizontal

A canalização horizontal pode passar no piso (e ser recoberta pelo contrapiso, se existir) ou no teto (e ser encoberta por sanca de gesso). Pode até mesmo ficar aparente, dependendo do padrão da edificação.

7.4 Instalações mecânicas

7.4.1 Elevador de passageiros

7.4.1.1 Caixa dos elevadores

Caixa (às vezes erroneamente chamada de poço) é o recinto formado por paredes verticais, fundo do poço e teto, onde se movimentam o carro (cabina) e o contrapeso. As principais exigências das normas técnicas brasileiras para a caixa são:

- As paredes devem ser construídas de material incombustível formando uma superfície lisa. Se existirem saliências no sentido do movimento da cabina eles têm de ser chanfradas a 60° ou mais com a horizontal.

- Quando houver distância superior a 11 m entre paradas consecutivas, é preciso existir portas de emergência na caixa.
- Não pode haver na caixa equipamento algum além daquele necessário para o funcionamento do elevador.
- Na parte superior da caixa deve existir uma aba com altura de 30 cm, no mínimo, sendo que a sua parte inferior tem de continuar com uma inclinação de 60° com a horizontal.
- É preciso haver iluminação elétrica a cada 7 m ao longo do percurso.

Cuidado especial necessita ser tomado com a prumada da caixa dos elevadores, pois as suas dimensões a serem consideradas serão os menores valores encontrados para as medidas fixadas em todos os andares da construção, a partir de uma linha perpendicular após a desforma do concreto de todos os pisos. Quanto mais alta for a edificação, maior cuidado terá de ser tomado pela construtora, uma vez que a possibilidade de desvios aumenta com a altura. Um desvio de 1,5 cm de cada lado (frente e profundidade da caixa) é aceitável, considerando todo o percurso do elevador, acrescido do espaço livre superior e do espaço livre inferior (profundidade do poço). O espaço livre superior (distância entre o nível da parada extrema superior e o teto da caixa) é normalmente maior que o pé-direito da última parada. Esse espaço varia em função da velocidade do equipamento a ser instalado. As caixas deverão ser totalmente fechadas com paredes não vazadas, sendo permitidas somente as seguintes aberturas:

- portas de pavimento do elevador;
- portas de inspeção e emergência;
- vão para saída de gases e fumaça;
- vão para ventilação;
- vãos, permanente livres, entre caixa e casa de máquinas, necessários à instalação.

Essas exigências não se aplicam a elevadores que atravessam pavimentos não fechados por paredes, como elevadores externos à edificação ou torres panorâmicas. Todavia, para eles, têm de ser previstos fechamento e proteção nos lados abertos contra livre acesso. Essa proteção precisa ser feita com paredes não vazadas e ter uma altura mínima de 1,8 m.

7.4.1.2 Poço dos elevadores

Poço é um recinto situado abaixo da parada extrema inferior, na projeção da caixa. As principais exigências das normas técnicas brasileiras para o poço são:

- precisa existir acesso ao fundo do poço;
- entre os poços de elevadores adjacentes tem de existir uma parede divisória (de alvenaria ou concreto) ou proteção de chapa metálica ou de tela de arame (com abertura da malha inferior a 5 cm) com altura mínima de 2,50 m acima do nível do fundo do poço;
- quando houver porta na parede divisória dos poços de elevadores adjacentes, ela necessita ter contato elétrico (idêntico ao das portas de pavimento) que interrompa o circuito dos dois elevadores;
- em cada poço deve existir um ponto de luz elétrica de forma a assegurar a iluminação mínima de 20 lux no piso do poço, bem como de uma tomada elétrica;
- não pode existir no poço equipamento algum que não faça parte do elevador.

O poço tem de ser impermeável, fechado e aterrado, e nele não pode haver obstáculo algum que dificulte a instalação dos aparelhos do elevador (como sapatas ou vigas que invadam o poço). A profundidade do poço é variável de acordo com o equipamento a ser instalado, sendo ela no mínimo de 1,50 m.

7.4.1.3 Casa de máquinas

A *casa de máquinas* é destinada à instalação das máquinas, painéis de comando e despacho, limitador de velocidade e outros componentes do equipamento. O posicionamento ideal para a casa de máquinas é na parte superior da edificação (ático), sobre a caixa dos elevadores. Quando a casa de máquinas estiver situada em outro local do prédio (por exemplo, na parte inferior do edifício, ao lado do poço), deverá ser obrigatoriamente construída uma *casa de polias* sobre a caixa. As principais exigências das normas técnicas brasileiras para a casa de máquinas são:

- a porta de acesso à casa de máquinas tem de ser de material incombustível e a sua folha precisa abrir para fora e estar provida de fechadura com chave para a sua abertura pelo lado externo e abertura sem o uso de chave pelo lado interno;
- as máquinas, outros dispositivos do elevador e as polias necessitam ser instalados em recinto exclusivo contendo paredes sólidas, piso, teto e porta de acesso com fechadura de segurança;
- o piso deve ser antiderrapante;
- não pode ser usada para outros fins que não sejam instalação dos elevadores;
- não podem conter dutos, cabos ou dispositivos que não seja relacionados com os elevadores;
- o acesso tem de ser utilizável com segurança e sem necessidade de passar em área privativa;
- a entrada precisa ter altura mínima de 2 m e largura mínima de 70 cm;
- a escada de acesso necessita ser construída de materiais incombustíveis e com pisada antiderrapante e ter inclinação máxima de 45°, largura mínima de 70 cm e possuir no final um patamar fronteiriço à porta de entrada com dimensões suficientes para permitir a abertura para fora da porta da casa de máquinas (a escada não pode ser do tipo caracol e muito menos ser tipo marinheiro);
- quando a escada vencer um desnível inferior a 1,20 m, a sua inclinação deve ser de 60°, com degraus de 25 cm de altura e 19 cm de profundidade;
- devem ser providos ganchos instalados no teto para uso do levantamento de equipamento pesado durante a montagem e manutenção dos elevadores;
- ter pé-direito mínimo de 2 m;
- as paredes, piso e teto têm de absorver substancialmente os ruídos gerados pela operação dos elevadores;
- precisa ter ventilação natural e cruzada ou forçada, com abertura correspondente a 1/10 da área do piso;
- necessita ser iluminada com a garantia mínima 200 lux no nível do piso e possuir pelo menos uma tomada elétrica;
- deve dispor de luz de emergência, independente e automática, com autonomia mínima de 1 h;
- a temperatura da casa de máquinas tem de ser mantida entre 5 °C e 40 °C.

Para possibilitar a entrada de equipamentos, em geral é preciso construir um alçapão no piso da casa de máquinas, o qual, quando fechado, tem de ser capaz de suportar uma carga de 1000 N em uma área de 20 cm x 20 cm. Sobre o alçapão e sobre cada máquina é necessário ser instalado um gancho com resistência suficiente para suportar a carga das máquinas durante as operações de montagem e manutenção. O dimensionamento da casa de máquinas varia de edificação para edificação, de acordo com o equipamento a ser instalado. A área da casa de máquinas sempre será maior que o dobro da área da caixa. Seu pé-direito varia também em função da velocidade do elevador, sendo no mínimo 2,35 m.

7.4.1.4 Serviços a serem executados pela obra

A obra deverá executar os seguintes serviços usuais para a instalação dos elevadores (a ser realizada pela fabricante):
- Construção e acabamento da caixa dos elevadores, do respectivo poço e da casa de máquinas atendendo às indicações da fabricante bem como às exigências das normas técnicas brasileiras.
- Execução de pontos de apoio para fixação das guias dos carros e dos contrapesos bem como os serviços de alvenaria necessários para a instalação dos elevadores, de acordo com as indicações da fabricante.
- Fornecimento na casa de máquinas de energia elétrica provisória e suficiente para os trabalhos de montagem dos elevadores e para a posterior ligação de luz e força definitiva.
- Instalação na casa de máquinas de:
    - chave trifásica com fusíveis, para os elevadores;
    - disjuntor bifásico, para alimentação da luz dos elevadores;
    - tomada de terra ligada à chave de força dos elevadores;
    - extintor de incêndio do tipo adequado para instalações elétricas, posicionado junto à porta de acesso, no máximo a 1 m de distância;
    - uma tomada de 600 w para cada grupo de dois elevadores, sendo obrigatório no mínimo duas delas.

• Construção provisoriamente, nos vãos livres da frente da caixa dos elevadores, de um rodapé de madeira com 30 cm de altura e de proteção (guarda-corpo) que poderá ser feita por meio de dois sarrafos de madeira (um a 80 cm e outro a 1,10 m do piso); essa proteção terá de ser mantida também durante toda a fase de montagem.

7.4.1.5 Portas de inspeção e de emergência

Deverão existir somente portas que forem necessárias para segurança dos usuários ou por exigências de manutenção. As portas de inspeção e de emergência terão de vedar toda a abertura, não poderão se abrir para o interior da caixa e precisam atender às mesmas condições de resistência mecânica e ao fogo exigidas para portas de pavimento dos elevadores. O funcionamento dos elevadores somente será possível quando as portas estiverem fechadas. Elas necessitam ser munidas de fecho e contatos elétricos que, quando abertos, impeçam o funcionamento do carro, contatos esses que só sejam acionados pela lingueta do próprio fecho. A chave para esse fecho será diferente de qualquer outra existente na edificação e deve estar em poder de pessoa qualificada. Essa chave poderá ser a mesma que abre as portas de pavimento. Quando houver distância superior a 10 m entre paradas consecutivas, deverão existir portas de emergência na caixa com espaçamento vertical entre soleiras não superior a 10 m. Essa exigência não se aplicará a elevadores contíguos que tiverem, na cabina, porta lateral de emergência.

7.4.1.6 Aberturas para saída de gases e fumaça

As caixas de elevador terão de possuir abertura de ventilação que permita, em caso de incêndio, a saída de fumaça e gases quentes para o ar livre. Na parte superior da caixa de elevador, imediatamente abaixo do teto dela, existirão:

- abertura de ventilação comunicando diretamente para o ar livre;
- uma ligação entre a caixa e o ar livre por dutos não inflamáveis; ou
- aberturas ligando a caixa de elevador com a casa de máquinas (ou casa de polias, se a de máquinas for localizada do lado ou na parte inferior da caixa). Nesse caso, a casa de máquinas ou de polias terá de possuir aberturas para o ar livre.

As aberturas de ventilação precisam atender aos regulamentos sobre proteção ao fogo e sua área será no mínimo igual a 1% da área da seção horizontal da caixa. A seção transversal dos dutos mencionados terá de ser, no mínimo, igual à exigida para as aberturas de ventilação. A caixa não poderá ser utilizada para a ventilação de qualquer outra área.

7.4.1.7 Materiais da caixa

A caixa deverá ter resistência mecânica suficiente para manter alinhadas as guias do elevador e as portas de pavimento com os seus mecanismos de operação e travamento. As caixas de elevador precisam atender aos regulamentos sobre resistência ao fogo e satisfazer aos seguintes requisitos mínimos:

- as paredes terão de ser constituídas de material incombustível;
- seu fechamento deverá, em caso de incêndio, manter sua resistência mecânica pelo período de tempo exigido pelas normas sobre resistência ao fogo.

7.4.1.8 Superfícies internas da caixa

A parede da caixa, do lado das portas de pavimento dos elevadores, terá de formar uma superfície vertical plana e lisa com largura mínima igual à largura livre das portas. As demais paredes, também superfícies lisas e planas. Nessas paredes, se existirem saliências na direção do movimento do elevador, elas deverão ser chanfradas a 60°, ou mais, com a horizontal. Quando a soleira do pavimento formar uma saliência, abaixo dela precisará existir uma aba com face lisa vertical de altura igual à metade da zona de nivelamento mais 5 cm e ter no mínimo 30 cm. A parte inferior da aba continuará com a inclinação mínima de 60° com a horizontal, até encontrar a próxima superfície lisa do andar inferior.

7.4.1.9 Acesso à caixa para fins de emergência

É obrigatória a instalação de dispositivos de abertura das portas de pavimento de todos os andares, para fins de emergência, que deverão satisfazer às seguintes condições:

- A abertura das portas será efetuada somente por meio de chave especialmente projetada para impedir a fácil duplicação. De modo nenhum, poderá ser possível abrir as portas por meio de ferramentas normais.
- O furo para introdução da chave especial precisa ter cobertura removível.
- A chave especial de abertura terá de ser guardada pelo responsável da manutenção e/ou operação dos elevadores, em local de fácil acesso a pessoas qualificadas em caso de emergência, mas não acessível ao público.

7.4.1.10 Poço

O poço deverá ser mantido permanentemente limpo, não sendo nele permitida a guarda de quaisquer materiais. A construção do poço terá de atender aos mesmos requisitos dos da caixa e ser impermeável. Entre os poços de dois elevadores adjacentes, onde não haja parede divisória, é necessário existir proteção de chapa metálica ou tela de arame com abertura de malha inferior a 5 cm, impedindo a comunicação entre os poços. Essa proteção terá altura mínima de 2 m acima do nível do fundo do poço. Em cada poço, existirá um ponto de luz de forma a assegurar a iluminação do seu piso, devendo seu interruptor ser facilmente acionável pela porta de acesso ao poço. Terá de existir também uma tomada de eletricidade. A profundidade do poço não poderá ser menor que aquela necessária para a colocação dos para-choques e todos os outros equipamentos do elevador ali localizados. Nos poços, é preciso haver acesso ao fundo, que poderá ser feito do seguinte modo:

- sendo pela porta de pavimento do elevador, por uma escada fixa incombustível, localizada próximo à porta e fora do caminho das partes móveis do elevador; essa escada ou seu corrimão deverá se estender até 80 cm acima da soleira da porta de acesso;
- sendo por porta especial para esse fim, ela terá de ser munida de fecho e contatos que permitam a sua abertura pelo lado externo, por meio de chave, e pelo lado interno, sem auxílio dessa.

7.4.1.11 Uso exclusivo da caixa

Nenhum outro equipamento, além do necessário para a instalação do elevador, poderá existir na caixa ou no poço.

7.4.1.12 Proteção para os recintos abaixo do poço

Em todos os casos em que houver recintos habitados embaixo do poço ou, embora não sendo eles habitados, sirvam para passagem de pessoas, deverá ser observado que:

- o contrapeso seja munido de freio de segurança;
- os suportes de para-choque dos carros e contrapesos precisam resistir, sem deformação permanente, ao impacto resultante.

7.4.1.13 Instalação elétrica

7.4.1.13.1 Instalação dos condutores elétricos

7.4.1.3.2 - ALIMENTAÇÃO DE FORÇA PARA CASA DE MÁQUINAS Os condutores localizados na caixa e na casa de máquinas, com exceção dos cabos de comando que ligam a fiação à caixa, deverão ser instalados em eletrodutos. Poderá ser usado eletroduto flexível na casa de máquinas e nas caixas de elevador, entre fechos eletromagnéticos, botoeiras e dispositivos semelhantes, desde que não ultrapasse 1,5 m. Em outros locais não sujeitos a danos, as derivações poderão ser igualmente feitas em eletrodutos flexíveis, que terão de terminar em caixas de ligação. Nos locais onde os condutores saírem do piso, não terminando em caixa de ligação, eles precisam projetar-se, pelo menos, 15 cm acima dele. Os alimentadores principais para fornecer energia aos elevadores deverão ser instalados fora da caixa. Somente poderão ser instalados na caixa os fios elétricos, condutos e cabos usados diretamente em conexão com o elevador, bem como os condutores para sinalização, comunicação com a cabina, iluminação e ventilação da cabina e a fiação para os sistemas detectores de incêndio das caixas.

7.4.1.13.2 Alimentação de força para casa de máquinas

A alimentação de força para a casa de máquinas terá de ser provida de uma chave principal para cada elevador, devidamente numerada em correspondência com o número de cada um deles. Essa chave desligará todos os condutores do circuito de alimentação do motor do elevador e ainda:

- ser do tipo multipolar blindada, com fusíveis que tenham curvas características e indicador de interrupção;
- estar colocada à distância máxima de 1 m da porta de acesso ou do patamar superior da casa de máquinas do elevador;
- essa chave não poderá desligar a alimentação de:
  - luz e alarme da cabina
  - luz e tomadas da casa de máquinas
  - luz da caixa.

7.4.1.13.3 Aterramento

O aterramento precisa satisfazer às seguintes condições:

- todos os aparelhos elétricos deverão ter sua carcaça ligada à terra;
- as guias poderão ser utilizadas como um condutor comum à terra;
- em todas as casas de máquinas é necessário existir um ponto de aterramento na chave de força, em que serão ligados todos os equipamentos elétricos da instalação de elevadores.

7.4.1.13.4 Fontes de alimentação

Os elevadores precisam ser alimentados por uma fonte de emergência, não necessariamente exclusiva, satisfazendo aos seguintes requisitos:

- ser independente da linha e ligar a iluminação da cabina automaticamente até 10 segundos depois da falta de alimentação da linha;
- ser capaz de alimentar a iluminação da cabina e os dispositivos de alarme pelo menos durante 1 hora.

7.4.1.14 Folgas

As folgas entre o carro e o lado das portas de pavimento deverão ser, entre a face da soleira do carro e qualquer ponto da parede da frente da caixa, no máximo de 15 cm.

7.4.1.15 Portas de pavimento

7.4.1.15.1 Dimensões

As portas de pavimento precisam ter a altura livre mínima de 2 m e a largura livre mínima de 80 cm; porém, em elevadores de até cinco passageiros, a largura mínima livre poderá ser de 70 cm.

7.4.1.15.2 Iluminação

A iluminação do pavimento nas proximidades das portas dos elevadores terá de ser de no mínimo 50 Lx, para que o usuário, ao abrir a porta do pavimento para entrar no carro, possa constatar a presença dele no caso de falta de iluminação dentro do carro.

7.4.1.15.3 Outros fechos

Não é permitida a colocação de fechadura ou travas nas portas de pavimento, além dos fechos eletromecânicos.

7.4.1.16 Para-choque

É obrigatória a instalação, no fundo dos poços, de um ou mais para-choques, colocados simetricamente em relação ao centro dos carros e contrapesos, e de maneira a não possibilitarem ser atingidos por eles em condições normais.

7.4.1.17 Dispositivos de alarme e comunicação

A fim de obter auxílio externo, os passageiros deverão ter à sua disposição na cabina um dispositivo facilmente identificável e acessível que acione um sinal sonoro. Esse sinal deverá soar simultaneamente na própria cabina e na portaria. Além disso:

- esse dispositivo deverá ser alimentado também pela fonte de emergência;
- outros dispositivos poderão ser acionados, tais como intercomunicador, telefone interno e telefone externo;
- um aparelho de comunicação deverá ser instalado entre a cabina, casa de máquinas e a portaria, se o percurso do elevador exceder 45 m.

7.5 Instalação de ar-condicionado

7.5.1 Generalidades

Condicionamento de ar é o processo de tratamento do ar em espaços fechados e que consiste no controle da temperatura, umidade relativa, movimentação, pressão e qualidade do ar, de modo a obter-se conforto térmico. Esse tratamento consiste em regular a qualidade do ar interior no que diz respeito às suas condições de temperatura, umidade, limpeza e movimentação. Para tanto, um sistema de condicionamento de ar inclui as funções de aquecimento, arrefecimento, umidificação, renovação, filtragem e ventilação do ar. A *climatização* constitui um processo semelhante ao do condicionamento do ar, porém não inclui a função de umidificação. A elaboração de um projeto de ar condicionado deve basear-se nos seguintes critérios: desempenho, capacidade, local ocupado, custos inicial e operacional, flexibilidade, manutenção e durabilidade. Como esses outros fatores são relacionados entre si é preciso analisar com cuidado a maneira como eles poderão afetar uns aos outros. Um sistema de ar condicionado tem de cumprir às seguintes funções:

- *arrefecimento* (no verão);
- *desumidificação* (no verão);
- *aquecimento* (no inverno);
- *umidificação* (no inverno);
- *ventilação* (no verão e no inverno);
- *filtragem* (no verão e no inverno);
- *circulação* (no verão e no inverno).

Essas funções precisam realizar-se automaticamente, sem ruídos, sem vibrações incômodas e com o menor consumo de energia possível. A função de ventilação consiste na entrada de ar novo exterior, com o fim de renovar permanentemente o ar interior. A função de circulação consiste em realizar um certo movimento de ar nas zonas de permanência, para evitar a sua estagnação e ao mesmo tempo impedir que se formem correntes prejudiciais. Um item que deve ser levado em conta é o dos tipos de condicionamento de ar. Basicamente, é um ciclo fechado em que o ar circula continuamente entre a máquina condicionadora (que troca calor com o exterior) e o ambiente, com o ar saindo do condicionador a 15 °C e retornando a 22 °C a 24 °C (que é a temperatura do ambiente refrigerado). Assim, o ar resfriado é insuflado pela pressão de um ventilador (através de grelhas de insuflamentto) e distribuído no ambiente. Porém, o retorno do ar não usa ventilador para conduzi-lo ao condicionador (o que ocorre devido à pressão negativa do ambiente refrigerado), através de furos no entreforro (denominado *plenum*), com grelhas de retorno ou frestas entre o forro e as paredes. Em ambientes menores e em hospitais, o condicionador não recebe o retorno do ar ambiente, este é simplesmente vazado pelas frestas das portas e janelas.

Existe um grande número de alternativas capazes de satisfazer às necessidades de um projeto. A seleção e combinação dessas opções, que serão consideradas pela construtora na elaboração de um projeto, devem basear-se nos seguintes critérios: desempenho, capacidade, local ocupado, custo inicial, custo operacional, flexibilidade, manutenção e durabilidade. Como esses oito fatores são relacionados entre si, o projetista e a construtora precisam analisar, com cuidado, a maneira como eles poderão afetar um ao outro. Outro item que tem de ser levado em conta é o dos tipos de ar-condicionado. No grupo de sistema de expansão direta, fazem parte os modelos em que o resfriamento ocorre diretamente em contato com o ar externo, por meio da serpentina de resfriamento. Aparelhos de janela, *split* (condensador remoto), *self contained*, multi *split*, automotivos, entre outros, são os equipamentos de condicionamento de ar mais comuns desse grupo. No sistema de expansão indireta, o ar é resfriado por um líquido que não seja o gás refrigerante, como água ou etileno glicol. Nesse grupo, os modelos mais frequentes são: *fan coil*, lavador de ar com resfriamento e painel radiante. Existe uma série de fatores que têm de ser levados em consideração na escolha do ar-condicionado. A seleção de um tipo de equipamento depende, principalmente, da capacidade térmica de resfriamento. Os aparelhos de janela e *splits* de pequeno porte são normalmente usados para condicionar residências e pequenos e médios escritórios.

Dentre suas maiores vantagens estão: controle individual por ambiente, o resfriamento (ou aquecimento) pode ser controlado individualmente e por todo o tempo, fácil aquisição do equipamento, operação simplificada e custo inicial baixo. Geralmente, dispensa a necessidade de salas de máquinas, que ocupam áreas úteis. Em contrapartida, têm como desvantagem: a capacidade limitada de resfriamento, alto consumo de energia, controle de umidade inexistente, controle limitado para distribuição de ar, alto nível de ruído (existem sistemas de *splits* de pequeno porte, mais silenciosos) e algumas unidades só podem ser instaladas ao longo de paredes externas. Os equipamentos de médio porte – *self contained* e multi *splits* – e *splits* de grande porte, entre outros, são geralmente usados em instalações com capacidade de refrigeração variando entre 5 TR e 20 TR (toneladas de refrigeração). Os benefícios desse sistema são: simples instalação, as unidades são apresentadas com controles integrados e de fácil acesso para manutenção rotineira. Entre os fatores que determinam as desvantagens estão: pressão estática disponível para rede de dutos limitada, algumas unidades só podem ser instaladas ao longo de paredes externas, quando instaladas próximo aos usuários podem gerar problemas acústicos, necessidade de sala de máquinas (que ocupam áreas úteis). Os equipamentos centrais compõem-se, basicamente, de dois tipos: *chillers* e *fan coils*. Os *chillers* são unidades centrais de resfriamento de líquido. Esse líquido é conduzido por eletrobombas e rede hidráulica para os *fan coils*. Os *fan coils* trocam calor entre a água e o ar por meio de serpentina e ventilador e, a partir daí, o ar condicionado é distribuído por complexas redes de dutos no entreforro ou pelo piso elevado. Além disso, os *fan coils* são muito usados para condicionamento de sistemas de grande porte. Isso se deve, principalmente, à grande versatilidade de tamanho e capacidade. O sistema de *fan coils*, quando explorado ao máximo pelo projetista, proporciona ao usuário condicionamento completo. Inclui como vantagens: maior vida útil, controle de umidade que pode ser acoplado facilmente quando ligado a sistema VAV (volume de ar variável), proporciona controle individual, por ambiente, os ventiladores podem ser selecionados para rede de dutos complexa, manutenção simples e menor consumo de energia no conjunto *fan coils* e *chillers*. As principais desvantagens desses tipos de equipamento são: maior investimento inicial, salas de máquinas que ocupam áreas úteis. O sistema de distribuição de ar é o principal responsável pelo conforto térmico dos usuários, podendo ser feito por uma rede de dutos no entreforro ou sem dutos no entreforro ou no entrepiso (*plenum*). Para esses dois sistemas, a distribuição do ar no ambiente pode ser do tipo VAV ou CV (volume constante). O sistema VAV – de custo inicial elevado – proporciona grande economia de energia e controle individual dos diferentes ambientes. Essa economia e maior conforto são atingidos com a variação do ar insuflado no ambiente. O sistema CV mantém a mesma quantidade de ar nos diferentes ambientes, mesmo com a grande variação de carga térmica dos locais. A temperatura do ar de insuflamento é variada com base no retorno do ar dos diferentes ambientes, que normalmente gera grande desconforto aos usuários, pois a temperatura do ar é a média das temperaturas dos diferentes locais.

7.5.2 Distribuição do ar pelo forro

Como já descrito, esse sistema utiliza rede de dutos no entreforro e distribui o ar por meio de difusores e grelhas. Os dutos, no entreforro, são normalmente isolados, e seu acesso para limpeza é quase impossível. Por razão da complexa rede de dutos, o consumo de energia na distribuição de ar é elevado e seu balanceamento difícil de ser feito e regulado durante a manutenção do sistema.

7.5.3 Distribuição do ar pelo piso

Esse sistema vem sendo usado como solução para os edifícios comerciais, pois a eliminação dos dutos no forro proporciona ao usuário total flexibilidade do sistema de distribuição e maior economia de energia. As vantagens do insuflamento pelo piso elevado em relação à distribuição de ar pelo forro incluem: eficiente estratificação do ar (o ar quente é ascendente), baixa concentração de poluentes na zona ocupada, o *plenum* criado no entrepiso é facilmente acessível para limpeza e combate a bactérias e vírus (já para a rede de dutos, o acesso, sendo quase impossível, pode gerar um prédio doente – *sick building syndrome*), grande flexibilidade em mudanças de leiaute e carga térmica, redução do pé-direito de 15 cm a 30 cm, redução e quase supressão da rede de dutos, eliminação da necessidade de coordenação do forro com engenheiros eletricistas e civis; fácil balanceamento do sistema de distribuição de ar, maior controle sobre o conforto do usuário.

7.5.4 Sistema básico de ar condicionado

7.5.4.1 Generalidades

Ar condicionado é um ciclo fechado em que o ar circula constantemente entre o *condicionador* central e o ambiente. Portanto, existe o insuflamento e o retorno do ar, exceto em alguns usos (hospitais, laboratórios e outros) em que o ar insuflado não retorna, mas é exaurido e descarregado no meio exterior (renovação total e contínua do ar). No entanto, é necessário admitir uma parcela de ar externo para higienização do ambiente (entre 10% e 15%). O ar, normalmente, é insuflado a cerca de 15 °C e conduzido aos ambientes por uma rede de dutos. A distribuição do ar nos ambientes é feita pelas *bocas* (difusores e grelhas). O ar é insuflado na rede de dutos, sob pressão, por meio de ventilador existente no condicionador, e distribuído no ambiente. Porém, para o retorno do ar (a 25 °C em média), não existe ventilador que o reconduza ao condicionador central. O retorno é feito pela sucção do ventilador de insuflamento, que cria, na casa de máquinas do condicionador, pressão negativa (sucção), fazendo com que o ar do ambiente retorne por aberturas existentes na sala do condicionador. O ar externo é captado por uma abertura, que comunica a casa de máquinas com o exterior e, como esta está sob pressão negativa, o ar exterior penetra pela abertura, a qual é provida de veneziana (contra intempéries e pássaros) e, internamente, com *damper* (registro para regular a vazão do ar) e filtros.

7.5.4.2 Terminologia

- *Casa de máquinas do condicionador:* sala com uso específico, que trabalha sob pressão negativa (sucção do ventilador).
- *Plenum de retorno*: espaço formado entre a laje de teto e o forro falso, ou entre a laje de piso e o piso elevado, que, interligado à casa de máquinas, também tem pressão negativa e conduz o ar de retorno do ambiente à casa de máquinas.
- *Aberturas para retorno*: aberturas contínuas (frestas) no forro falso ou no piso elevado ou, então, bocas falsas (não ligadas a dutos) que comunicam o ambiente condicionado com o *plenum*, permitindo que o ar retorne à máquina; normalmente, utilizam-se difusores ou grelhas apenas para dar tratamento estético aos buracos no forro, não tendo elas função de distribuição do ar.
- *Retorno pela sala*: retorno que se faz pelo ambiente de uma sala (pequena) para outra maior que ela, contígua à casa de máquinas; nesse caso, utiliza-se grelha de porta, com aletas indevassáveis (lâminas com seção em "V" invertido, indevassáveis à luz e atenuantes de ruído).

- *Retorno direto (à casa de máquinas)*: grelha que, interligando o ambiente com a casa de máquinas (contígua), permite o retorno do ar por causa da pressão negativa da máquina (condicionador central).
- *Retorno dutado*: retorno por dutos ligando as grelhas e difusores de retorno diretamente com a casa de máquinas (nos casos em que não existe *plenum*, como ambiente coberto por telhado).

7.5.4.3 Casa de máquinas

Devem ter as seguintes características:
- Atenuação acústica: é necessário prever atenuação acústica internamente à casa de máquinas, pois os equipamentos produzem ruído da ordem de 70 dB a 80 dB, barulho esse que não é completamente absorvido pelas suas paredes normais (sem característica fono absorvente).
- Drenagem: como o condicionador retira umidade do ambiente no processo de resfriamento, é preciso prever ralo sifonado em cada casa de máquinas.
- Portas de acesso: têm de ser o mais amplas possível, para dar acesso fácil ao equipamento, e sempre abrir para fora, pois a casa de máquinas trabalha sob pressão negativa e, se as portas abrissem para dentro, o trinco seria forçado constantemente. Além disso, a vedação de frestas para evitar a propagação de ruídos é mais fácil com portas que se abrem para fora, pois vedam-se os montantes com espuma de borracha e as portas são pressionadas contra a borracha de vedação pela ação da pressão negativa.

7.5.4.4 Rede de dutos de distribuição de ar

Rede de dutos é o conjunto de condutos de ar que interligam o condicionador às bocas de ar; têm a função de conduzir o ar resfriado na máquina até os pontos dos ambientes que ele atende. Existem várias opções de material para confecção de dutos, como: chapas de aço galvanizado, placas rígidas de lã de vidro, *fiberglass*, PVC, chapas pretas de aço soldadas e flangeadas e alvenaria. Os diversos tipos de dutos são:

- *De chapas de aço galvanizadas*: produzem dutos de seção retangular, e a confecção usa dobras na chapa para dar vedação ao conjunto. São diversas as formas de sustentação da rede de dutos; o uso mais comum é o de ferro chato ou cantoneira, o que depende da dimensão (peso) do duto.
- *De placas rígidas de lã de vidro*: produzem dutos de seção retangular. Têm aplicação restrita, pois sua resistência mecânica é baixa, e, se não forem construídos adequadamente, podem desprender fibras.
- *De fibras de vidro (fiberglass) ou PVC*: produzem dutos de seção retangular ou circular, utilizados principalmente quando o ar conduzido tem contaminantes corrosivos que atacam a chapa de aço.
- *De chapas pretas de aço soldadas e flangeadas*: produzem dutos de seção retangular, muito utilizados em exaustão de ar com gordura, pois permitem a condução desse ar com estanqueidade (evitando vazamento de gordura), além de facilitar a limpeza da rede internamente.
- *De alvenaria*: dutos somente utilizados para exaustão do ar sem poluentes sólidos, como de sanitários (prumadas em prédio). Devem ter acabamento liso (reboco).
- *Convencional retangular aparente*: duto sem isolamento, instalado em ambiente condicionado; normalmente, esse tipo de montagem é restrito a áreas industriais, pois sua construção é de característica bruta, não dando ao ambiente o aspecto estético desejado. Todas as faces do duto têm de ser vincadas em ponta de diamante, para aumentar a sua resistência.
- *Giroval*: duto de seção oval, confeccionado a partir do achatamento de duto circular; é construído a partir de tiras de chapa, com juntas espiraladas em toda a extensão, o que lhe confere resistência e aspecto estético característico. Geralmente, é fabricado com chapa de aço galvanizada, mas pode também ter sua confecção em chapa de alumínio ou chapa de aço inoxidável. Normalmente, utiliza-se rede de dutos giroval nos prédios sem forro falso, onde o giroval funciona como elemento decorativo.
- *Girotubo* (seção circular): confeccionado também a partir de tiras de chapa, sendo elemento básico para a construção do duto oval. Como normalmente tem dimensões grandes, deve ser usado em ambientes de grande pé-direito.

- *Flexível*: utilizado na saída de ar em *troffer* de luminária; consiste em um colarinho circular, com borboleta e com trava. Faz a ligação entre tronco e difusor. É confeccionado com arame espiralado, com alumínio reforçado, e tem isolamento externo (de manta de lã de vidro com revestimento externo).

7.5.4.5 Isolamento térmico de rede de dutos

Os dutos de chapa galvanizada que não são instalados aparentes (dentro da área condicionada) devem ser isolados termicamente. Os seguintes tipos de isolante são mais utilizados:

- Poliestireno expandido (EPS): são placas com espessura de $1^{1}/_{2}$ ", 1"ou mais, combustíveis, porém autoextinguíveis, colocadas envolvendo o duto e protegidas por cantoneiras corridas e fixadas por fitas plásticas, com selo; em caso de incêndio, produz gases tóxicos.
- Manta de lã de vidro: o material mais utilizado é a manta de lã de vidro colada em papel aluminizado, sendo aplicado em mantas coladas sobre o duto e fixado com fita adesiva e aluminizada; nas juntas transversais, para evitar ondulações no isolamento, usam-se fitas plásticas ou metálicas, transversalmente, com selos; em caso de incêndio, não gera gases tóxicos;
- Placa de lã de vidro (isolante mais denso): tem maior resistência mecânica e acabamento melhor que o da manta.

7.5.4.6 Bocas de ar

São chamadas genericamente bocas de ar os elementos que promovem a distribuição de ar nos ambientes; esses elementos localizam-se no final da rede de dutos. Os tipos de boca de ar podem ser classificados em duas famílias: difusores e grelhas.

7.5.4.6.1 Difusores

São elementos de distribuição de ar que têm os formatos quadrado, redondo ou linear. Como principal característica, possuem palhetas fixas. Essas palhetas têm desenho em anéis concêntricos, e distribuem o ar insuflando-o paralelamente ao forro. São assim:

- *Difusores quadrados*: que podem ser do tipo:
  - de insuflamento: o ar sai por toda a área do difusor;
  - de insuflamento e retorno (misto): o ar é insuflado perifericamente e retorna ao *plenum* pela parte central do difusor. Os difusores quadrados de insuflamento podem ser retangulares e ter aletas fixas e direcionadas para: quatro lados, três lados, dois lados ou um lado, em função das características do ambiente que se deseja condicionar.
- *Difusores circulares*: têm aletas concêntricas circulares e também podem ser de insuflamento ou de retorno e insuflamento. São construídos em perfis de alumínio, geralmente anodizado, podendo ser natural ou pintado
- *Difusores lineares*: são bocas de ar, de desenho contínuo, criados a partir de perfis de alumínio, com miolo central para distribuição do ar. Podem ser de dois tipos básicos:
  - de miolo regulável: difusores onde o direcionamento do ar (para os lados) pode ser feito por palhetas reguláveis.
  - de lâminas fixas: difusores lineares em que não há regulagem das lâminas e a distribuição do ar tem direção definida.

Existe ainda o difusor de luminária (*light troffer*), que é um difusor linear, confeccionado com chapa de aço galvanizado, de desenho (corte transversal) com perfil adequado ao desenho da luminária (fluorescente). Normalmente, é montado a ela acoplado.

7.5.4.6.2 Grelhas

São elementos de distribuição de ar, geralmente por insuflamento lateral (montagem em parede); têm distribuição de ar não tão perfeita como a por difusores. Existem os seguintes tipos de grelha:

- *De insuflamento*:
  - com lâminas reguláveis de simples deflexão e dupla deflexão;
  - com lâminas fixas de simples deflexão e dupla deflexão.
- *De retorno*:
  - com lâminas fixas inclinadas;
  - com lâminas indevassáveis;
  - com dupla moldura (montada em divisória, onde há necessidade de acabamento nos dois lados).
- *Outros*:
  - grelha de piso para insuflamento (utilizada em pisos elevados);
  - grelha contínua.

7.5.4.6.3 Acessórios para bocas de ar

- *damper*: registro de lâminas que regula a vazão em cada difusor, sendo montado no colarinho de insuflamento; tem acesso pelo difusor por meio de chave de fenda.
- Caixa *plenum*: caixa de chapa isolada com a função de reduzir a velocidade do ar no difusor e permitir a conexão do flexível circular com a rede-tronco.
- Captor: aletas montadas entre o colarinho e o duto (no caso de ligação sem caixa *plenum*), que pescam o ar no duto e o conduzem ao difusor.
- Borboleta de regulagem: dispositivo em forma de duas meias-luas, em forma de borboleta, que tem a mesma função do *damper* para difusores circulares.

7.5.4.7 Tomada de ar externo

Deve-se guarnecer a abertura na casa de máquinas para entrada do ar externo com:

- veneziana (com lâminas inclinadas), para evitar a entrada de chuva, bichos e outros;
- *damper*, para regulagem da vazão de ar
- filtro (com montagem em moldura removível pelo lado interno, para limpeza), que pode ser metálico, em tela plástica do tipo recuperável (lavável) ou, em casos mais exigentes de filtragem (hospitais, por exemplo), em manta filtrante descartável.

7.5.4.8 *Damper* de regulagem

Dampers são registros de lâminas pivotantes de desenho convergente ou paralelo, que são acionados por alavanca externa (manual ou motorizada) e permitem regular a vazão de ar pelo fechamento ou abertura das lâminas. Possuem os seguintes componentes:

- carcaça – de chapa de aço ou alumínio, com ligações flangeadas;
- lâminas – de aço ou alumínio, tipo aerodinâmica;
- mancais – de náilon ou bronze, sendo dois para cada lâmina;
- acionamento – alavanca externa ou acionamento por motor ou pistão;
- tomadas de ar externo – compostas de venezianas (grelhas com lâminas inclinadas), *damper* de regulagem com filtro de ar lavável ou descartável;
- dutos de retorno.

7.5.4.9 *Damper* corta-fogo

Trata-se de registro de fechamento *shut-off* do ar, que veda totalmente a passagem de ar, quando acionado em caso de princípio de incêndio, para isolar salas ou impedir a propagação do fogo pelo fornecimento de oxigênio. Possui os seguintes componentes:

- carcaça;
- lâminas;

- acionador;
- mola – faz o fechamento do *damper* quando liberado pelo acionador;
- flange – para ser chumbada na parede;
- porta de acesso – para rearme do *damper*;
- chave fim de curso – para indicar remotamente o fechamento de determinado *damper*.

7.5.5 Sistemas de geração de frio

7.5.5.1 Gases refrigerantes

São gases que têm a propriedade de absorver muito calor quando evaporam e ceder muito calor para se condensarem. São os seguintes os componentes básicos do ciclo:

- evaporador: trocador de calor (serpentina ou radiador, para troca de calor com o ar exterior), em que o gás evapora, retirando calor do ar circulante por meio das aletas;
- condensador: trocador de calor do mesmo tipo que o anterior, que permite a condensação do gás para o estado líquido, com a retirada de calor (resfriamento) pelo ar ou de água;
- compressor: promove a circulação do gás frigorífico entre evaporador e condensador; é o coração do sistema
- válvula de expansão: responsável pela redução e regulagem da pressão no ciclo;
- rede frigorífica: conjunto de tubos que interligam os diversos componentes e permitem ao gás refrigerante fluir em condições adequadas de trabalho.

Os equipamentos de ar condicionado utilizam o ciclo descrito para retirar calor do ambiente (pelo evaporador) e lançar esse calor no exterior (pelo condensador). O resfriamento no condensador é feito:

- a ar: em que o ar externo resfria o condensador, circulando pela serpentina;
- a água: o resfriamento do condensador é feito por água, que nele entra fria e sai mais quente. Existem os seguintes sistemas:

7.5.5.2 Condicionador resfriado a água

É resfriado por um fluido (geralmente água) que entra no condensador em média a 29 °C e sai a 35 °C; essa água circula constantemente e deve ser resfriada (recuperada) antes de voltar para o condensador.

7.5.5.3 Condicionador de *ar self contained*

Os condicionadores de ar *self contained* (autossuficientes) são equipamentos que fazem o condicionamento do ar de conformidade com o ciclo frigorífico já descrito. O ar condicionado circula, por meio do ventilador do evaporador, entre a sala e o evaporador, com o ar entrando em média a 25 °C e saindo do evaporador a 15 °C, sendo insuflado nos ambientes pela rede de dutos. O condensador é resfriado por meio de outro ventilador que promove a circulação de ar captado no exterior, sendo novamente descarregado, já mais quente, no exterior. Os sistemas, em que a troca de calor é feita diretamente entre o gás evaporando e o ar entrando na serpentina, são chamados de expansão direta. Basicamente, os condicionadores *self contained* são centrais que atendem a diversos ambientes por meio de rede de dutos.

7.5.5.3.1 *Self contained* a ar (com condensador remoto)

É uma versão na qual o conjunto condensador-ventilador é instalado fora da unidade *self contained*, em um gabinete remoto interligado por tubos de cobre (gás e líquido) ao evaporador.

7.5.5.3.2 *Self contained* água

O equipamento é basicamente o mesmo que o anterior, porém não há o ventilador do condensador (sendo esse do tipo casca e tubos), além de o resfriamento ser feito por circulação contínua de água.

7.5.5.4 Sistema *split* e aparelho de janela

O sistema *split* de ar condicionado e o aparelho de janela são indicados para áreas não muito grandes, como residências, lojas ou escritórios, sendo que o sistema *split* funciona de forma diferente do sistema equivalente do aparelho de janela, o qual exige um grande furo na parede externa (em geral, de fachada). O aparelho de janela é constituído por um único bloco e fica posicionado com uma parte situada dentro (que é o ambiente a ser refrigerado) e outra fora (onde é feita a troca de calor com o exterior). O sistema *split* é composto de dois aparelhos, um (chamado evaporador) que fica no ambiente interno e outro (de nome condensador) que fica no ambiente externo, os quais são interligados apenas por tubos. Esse tipo de aparelho opera por expansão direta, ou seja, o calor é absorvido pelo ciclo de gás na serpentina evaporadora (no ambiente interno) e transferido para fora do ambiente, na descarga do ventilador da condensadora (que troca calor com o exterior). Como o compressor está do lado de fora, o nível de ruído desse tipo de equipamento é muitíssimo menor que o do aparelho de janela. Uma instalação adequada exige boa ventilação da unidade condensadora e bom caimento para os tubos de drenagem uma vez que a água condensada na unidade evaporadora precisa ser drenada por meio de tubulação específica por gravidade, razão pela qual é preciso garantir que haja um desnível adequado entre a unidade evaporadora e o ponto de descarte do dreno.

As unidades do sistema *split* são semelhantes aos *self contained*, todavia, de menor capacidade. Assim, suas unidades são semelhantes aos *self contained*, todavia, de menor capacidade. Assim, o sistema opera por expansão direta, ou seja, o calor é absorvido pelo ciclo de gás na serpentina da unidade evaporadora (que fica no ambiente interno da edificação) e transferido para o exterior, na descarga do ventilador da unidade condensadora (onde ocorre a troca de calor com o ar externo). Em resumo, o sistema é composto de:

- Evaporador: vertical ou horizontal, instalado em ambiente interno (parede, teto ou piso), sendo silencioso e acionado por controle remoto (pode ter botões de *timer* de 24 horas e com as principais funções como *sleep*, velocidade de ventilação e controle do defletor), tendo boa estética. Existem vários tipos de unidade evaporadora:
    - aparente horizontal, mais comum (*underceling*);
    - aparente vertical (*high wall*);
    - não aparente (*built in*).
- Condensador: instalado remotamente em ambiente externo, abrigando o ruidoso compressor. Uma unidade condensadora pode atender a até seis unidades evaporadoras, zona a zona, de forma independente (sistema multi-*split*).

As unidades evaporadora e condensadora podem estar afastadas em até 75 m de comprimento de tubulação, a qual exige para sua passagem uma abertura na(s) parede(s) de apenas Ø 7,5 cm. O sistema realiza a filtragem do ar ambiente (o filtro remove a micropoeira, partículas de pólen e odores, tem regulagem automática de temperatura e retira a umidade excessiva do ar para o que deve ter dreno). A água condensada no evaporador é drenada por gravidade até o ponto de descarga do dreno. Na impossibilidade de dar caimento ao dreno, pode ser utilizada uma pequena bomba de drenagem. Existem modelos móveis (portáteis) com capacidade de até 12.000 BTU/h. O sistema pode ter a opção de aquecimento.

7.5.5.5 Sistema *self contained* resfriado a água

O sistema que utiliza *self contained* a água faz o resfriamento do condensador utilizando água. Nos centros urbanos, o custo da água inviabiliza sua utilização no *self contained* se for com posterior perda (despejo no esgoto). Assim, será preciso instalar um sistema que:

- recircule a água continuamente;
- reduza a temperatura da água, que sai quente do *self contained* (35 °C) e nele deve reentrar mais fria (29,5 °C).

Os principais equipamentos são:

- Bombas centrífugas: promovem a circulação contínua da água, aumentando sua pressão (de 2 kgf/cm² a 3 kgf/cm²) para vencer a perda de carga em tubos e acessórios (válvulas e curvas), e a perda no equipamento, desnível da torre e condensadores.
- Rede hidráulica: conjunto de tubos, curvas, válvulas e acessórios (juntas flexíveis, manômetros e termômetros) que permite distribuir a água para cada *self contained* e garantir o seu retorno.
- Torre de resfriamento: promove a redução (recuperação) da temperatura da água, que retorna quente (cerca de 35 °C) dos *self contained* e a eles tem de voltar mais fria (em torno de 29,5 °C).

7.5.5.6 Sistema de água gelada

Conhecido também como sistema de expansão indireta, é um sistema de condicionamento de ar em que a troca de calor entre o ar e o fluido refrigerante não é feito diretamente, mas utilizando um líquido intermediário, que é a água gelada. Assim sendo, no caso dos sistemas *self contained*, o resfriamento do ar se faz em contato direto, na serpentina evaporadora, entre o gás evaporado internamente aos tubos e o ar (expansão direta), enquanto que no sistema de água o ar é resfriado pela água a baixa temperatura (no equipamento denominado *chiller*), que circula na serpentina do condicionador, denominado *fancoil*. *Chiller* é um equipamento que possui um ciclo frigorífico e tem os componentes básicos desse ciclo (compressor, evaporador, condensador e válvula de expansão) e produz água a 7,2 °C, que por meio de bomba faz a circulação de água entre o *chiller* e os *fancoils*. O resfriamento do condicionador pode ser feito (como nos *selfs contained* – conhecido como resfriador de água) a ar ou a água. Há a seguinte divisão básica quanto ao tipo *chiller*:

- *Chiller a ar*: resfriado pelo ar atmosférico (condensador a serpentina).
- *Chiller à água*: refrigerado por água (por sistema de torre e bomba de circulação); é o equipamento que retira o calor e é o coração do sistema. Os seus principais componentes são:
  - compressor, que comprime e faz circular o gás refrigerante;
  - condensador, tipo *casca* e *tubos* (sendo tipo serpentina, para *chiller* a ar);
  - evaporador: também tipo *casca* e *tubos* (ao contrário do *self contained* de serpentina), sendo no evaporador a água resfriada (de 12,7 °C para 7,2 °C), indo para o *fancoil*;
  - complementos: válvula de expansão, quadro, estrutura, dispositivos de segurança e outros.
- *Fancoil*: condicionador que faz o resfriamento do ar local. Trata-se de uma unidade (gabinete) similar do *self contained*, porém apenas com ventilador (fan, em inglês) e serpentina (*coil*, em inglês). A rede de dutos a partir dessa unidade e as bocas de ar são iguais às do *self contained*. Tem apenas:
  - ventilador, que faz circular o ar entre o ambiente refrigerado e a serpentina;
  - serpentina, trocador de calor do tipo radiador (com tubos e aletas), em que circula a água, recebendo calor do ar de retorno para resfriá-lo (de 25,5 °C a 15 °C, em média) e, em consequência, aquecendo a água (de 7,2 °C para 12,7 °C), que retorna ao *chiller* para ser novamente resfriada.
- *Torre de resfriamento*: permite a redução da temperatura da água de condensação que resfria o condensador do *chiller*.
- *Bombas*: tem-se:
  - bombas de água gelada: fazem circular a água entre o evaporador do *chiller* e os condicionadores *fancoil*;
  - bombas de água de condensação: fazem circular a água entre a torre de resfriamento e o condensador do *chiller*.
- *Rede hidráulica*: a rede entre o evaporador e o *fancoil* é isolada com poliestireno expandido (EPS) e novamente chapeada com alumínio corrugado, enquanto a rede de condensação não tem isolamento;
- *Tanque de expansão*: tem por função permitir a expansão da água gelada, que aumenta de volume quando resfriada.

Os equipamentos no circuito *chiller* a ar são semelhantes aos do sistema *chiller* a água, porém, com a diferença de que não existem torre de resfriamento e bomba de condensação, já que o resfriamento do *chiller* é feito pelo ar que circula pelos condensadores (serpentinas). Os equipamentos são:

- *Chiller* (a ar): em tese, idêntico ao *chiller* a água, porém, no lugar do condensador (casca e tubos), existe um tipo de serpentina por onde circula o ar exterior, resfriando-o. É composto de:
  – ventiladores: axiais, montados na parte superior, fazem circular o ar entre a tela de entrada e o exterior;
  – gabinete: caixa metálica *formando um condicionador*, em que estão instalados todos os componentes;
  – evaporador: tipo casca e tubos, idêntico ao do *chiller* a água;
- Bombas e circuito de água gelada: idênticos aos do sistema *chiller* a água.

7.5.5.7 Termoacumulação de gelo (*ice bank*)

Nos sistemas comuns de ar condicionado, a carga térmica varia ao longo do dia, chegando ao máximo por volta das 16 horas. Assim, a capacidade do *chiller* é dimensionada por esse pico e, na prática, o sistema funciona abaixo de sua capacidade máxima durante grande parte do tempo. O princípio de funcionamento da termoacumulação de gelo é o armazenamento de grande quantidade de gelo em tanques. Produzido durante a noite, o gelo, no período de pico de carga, é derretido, resultando em água gelada, o que dispensa o *chiller* de ser dimensionado pelo pico. O calor gerado no derretimento do gelo pode ser usado no preaquecimento da água de um sistema de abastecimento predial de água quente, contribuindo para minimizar o consumo de energia. Pode-se então utilizar parte do calor a ser descarregado na atmosfera através de torre de resfriamento para preaquecimento de água.

7.5.5.8 Sistema com acumulação de água gelada

Existem também sistemas que acumulam água gelada em vez de gelo, porém, o volume de água gelada armazenada é cerca de dez vezes maior que o de mesma capacidade em gelo.

7.5.5.9 Sistema de condicionamento de ar por teto radiante

O sistema emprega painéis instalados no teto, formados por placas de forro metálico perfurado, nas quais são acopladas serpentinas de água gelada que irradiam o frio para o ambiente. Funciona com central de água gelada *chiller* e tanque de água gelada. O sistema também é economizador, pois a água é mais eficiente que o ar na troca de calor, exigindo menos energia para resfriar o ambiente. No teto faz-se uma composição das placas metálicas, com e sem serpentina, em que também são incorporadas as luminárias, os difusores e as grelhas de retorno, de acordo com as necessidades do ambiente. O sistema conta com grupos de tubulações que conduzem a água gelada às serpentinas e de tubulações de retorno que retiram a água que absorveu o calor de volta para o resfriamento. Válvulas motorizadas, controladas pela central de automação, abrem e fecham os circuitos para o transporte da água. Neste sistema, o ar ganha calor e sobe naturalmente, por convecção, à área superior, onde é esfriado. Este é um sistema que dispensa a utilização do incômodo insuflamento de ar frio, porém seu custo inicial é um pouco mais alto.

7.6 Piscina

7.6.1 Localização

Deverá ser observado o seguinte ao posicionar uma piscina:
- estar distante de vegetação alta e densa (mínimo de 10 m);
- evitar que ela possa ser atingida por substâncias poluentes que alterem a qualidade da água ou prejudiquem seu tratamento;
- estar protegida de enxurradas e inundações (ação nociva do vento).

7.6.2 Elementos

É necessário haver, obrigatoriamente, os seguintes elementos:

Capítulo 7 – Instalações

- tanque (com revestimento impermeável);
- escadas do tanque;
- divisórias de isolamento da área do tanque (gradis ou similares);
- sistema de recirculação, com tratamento de água;
- lavapés;
- vestiários;
- instalação sanitária;
- equipamento de salvamento.

7.6.3 Tanque de piscina

O tanque precisa ter ao seu redor uma canaleta para captação das águas que dele transbordam, a qual é localizada cerca de 30 cm da borda da piscina. A água então recolhida é conduzida para reservatório de compensação. A área do tanque é considerada como dimensionada para:

- piscina de adultos: 2 m² por banhista;
- piscina infantil: 1 m² por banhista.

Essa base de cálculo serve para dimensionar a instalação sanitária, ou seja, determinar o número de bacias sanitárias, chuveiros, mictórios e lavatórios necessários, e estimar a área do vestiário e o número de armários que têm de existir. As paredes e fundo do tanque precisam: resistir ao empuxo e à pressão de terra (eventual) e da água; ser impermeabilizadas e revestidas com material liso, lavável e resistente (nunca pastilhas de vidro). A declividade máxima do fundo do tanque poderá ser no máximo de 7%, até 1,8 m de profundidade de água, não podendo ter reentrâncias, saliências ou degraus. A profundidade do tanque na parte mais rasa não deve ser superior a 1,2 m. As paredes terão de ser verticais, sem saliências ou reentrâncias. Nos conjuntos aquáticos, é recomendável a existência de tanque raso para recreação infantil, com profundidade variando entre 40 cm e 60 cm, respectivamente, na parte mais rasa e mais profunda. É necessário existir faixa pavimentada com material não escorregadio circundando o tanque (orla), com:

- coeficiente de atrito superior a 0,4;
- caimento de 1% para fora do tanque;
- largura mínima de 60 cm;
- elevação mínima da faixa em relação à área circundante de 3 cm.

Quanto aos recuos, as paredes do tanque precisam ter afastamento mínimo de 1,5 m de qualquer divisa. As escadas deverão:

- ser, no mínimo, em número de dois, do tipo marinheiro, uma na parte rasa e outra na parte profunda;
- ter altura mínima de 1,2 m abaixo da superfície da água ou, então, até o fundo do tanque, quando sua profundidade for menor que essa distância;
- ser proibidas, quando fixas, que avancem para dentro do tanque.

É obrigatória divisória de isolamento da área externa à piscina, necessitando o cercado, como sugestão, ter no mínimo 1,1 m de altura. É também obrigatória a existência de lavapés em todos os pontos de acesso do usuário à área do tanque, com as seguintes características:

- dimensões mínimas: área de 2 m × 2 m por 20 cm de profundidade útil; quando com obstáculos laterais, a largura poderá ser reduzida a 80 cm;
- deverá ter ralo e torneira;
- manter cloro residual de 2,5 mg/L (mínimo).

É obrigatória, dentro da área cercada do tanque (*solário*), a instalação de pelo menos um bebedouro de jato inclinado.

7.6.3.1 Revestimento do tanque

O tanque da piscina deve ter a borda arredondada e pode ser revestido com placas cerâmicas (azulejos especiais e pastilhas), fibra, vinil ou epóxi. No caso de placas, é importante considerar seu grau de absorção de água, que pode ser de até 6%, em regiões de climas temperados e, até 20%, em regiões quentes. A expansão por umidade (EPU) das placas tem de ser menor que 0,6 mm/m. A EPU acima do recomendável reduz a resistência da placa à gretagem. Esta consiste de pequenas fissuras no esmalte da superfície da peça cerâmica. Outras características importantes são: a resistência a manchas (que é relacionado com o grau de limpabilidade das placas e que é recomendável ser classe 4 ou 5) e a resistência ao ataque químico (causado por produtos utilizados no tratamento da água, como cloro e algicidas, sendo que ela deve ser elevada ou média). Quanto à argamassa de assentamento das placas, ela precisa ser apropriada para áreas externas e úmidas. Com relação ao seu rejunte, ele tem de ser limpável, antifungos e pouco permeável, e só pode ser aplicado depois de 72 horas do assentamento das placas.

7.6.4 Sistema de recirculação e tratamento de água

O sistema de recirculação da água compreenderá as seguintes partes principais:

- dispositivos de entrada (retorno);
- ralos ou grelhas de fundo;
- coadeiras automáticas (*skimmer*);
- bocais de aspiração;
- quebra-ondas;
- canalização de água suja a ser tratada;
- pré-filtro;
- dosadores de produtos químicos;
- bombas de recirculação;
- filtros;
- canalização de água filtrada/tratada;
- equipamentos de cloração;
- tanque ou caixa de reposição.

O sistema mencionado acima deverá atender aos seguintes requisitos:

- Quanto ao período de recirculação: conforme a Tabela 7.59.

Tabela 7.59: Tipos de piscina

Tipo de piscina	Taxa de recirculação	Período (h)
Para uso particular (pouca frequência)	2	12
Para uso coletivo restrito	3	8

- A vazão (em litros por segundo) é calculada de acordo com o volume da piscina (em metros cúbicos) e o período de recirculação.
- Quanto aos dispositivos de entrada:
  - o número de bocais, para entrada de água no tanque, precisa ser determinado de acordo com a vazão de serviço necessária ao tanque e à capacidade de vazão de cada bocal;
  - o espaçamento máximo é de 3 m;
  - o tipo será regulável ou dotado de registros, e colocados no mínimo 30 cm abaixo da superfície da água;
  - a distribuição dos bocais no tanque terá de proporcionar entrada homogênea de água.
- Quanto aos ralos ou grelhas de fundo para saída de água:
  - a água será retirada da parte mais profunda por grelhas com dimensão que limitem sua velocidade máxima a 0,8 m/seg;
  - o espaçamento máximo é de 6 m (entre grelhas);

Capítulo 7 – Instalações

- para maior segurança dos banhistas, não será permitida a saída de água da piscina por um único ralo de fundo.
- A tubulação de água suja é constituída da rede que conduz a água ao sistema de tratamento ou, então, que a rejeita; compreende as eventuais canalizações:
    - de sucção principal;
    - de aspiração;
    - de descarga de retrolavagem;
    - de drenagem por gravidade;
    - das coadeiras automáticas;
    - coletiva da água do quebra-ondas etc.
- Os filtros deverão ter área filtrante proporcional ao volume de água a ser tratada. A taxa de filtração máxima para filtros convencionais é de 180 m³/m² por dia.
- Quanto à câmara ou caixa de reposição: nas piscinas com sistema de recirculação, sempre ocorrem perdas de água, razão pela qual é necessário existir uma fonte externa para reposição. A entrada de água da rede pública precisa ser feita por uma caixa ou câmara em condições de evitar conexões ou refluxos perigosos. Essas caixas de reposição geralmente são projetadas com o diâmetro mínimo de 1,5 m.
- O sistema de recirculação terá de atender, ainda, aos seguintes requisitos:
    - contar com dispositivo de medição que permita a verificação da vazão e da taxa de filtração, quando for o caso;
    - dar preferência para instalação em piscinas, aos medidores de vazão instantânea que permitem leitura direta;
    - permitir o esvaziamento do tanque com rejeição da água, assegurando proteção contra contaminação da água limpa;
    - sempre que possível, encaminhar à rede de água pluvial a água retirada da piscina, rede essa geralmente constituída de tubos de grande diâmetro, e nunca à rede coletora de esgotos, pois o grande volume de água da piscina poderia causar estrangulamento a montante e a jusante da rede de esgotos.
- Aspectos relacionados com a qualidade da água:
    - a superfície da água deverá estar livre de matéria flutuante e espuma;
    - a quantidade de cloro residual precisa estar compreendida entre 0,5 mg/L e 0,8 mg/L de cloro disponível;
    - o pH tem de estar compreendido entre 6,7 e 7,9.

7.6.5 Instalações sanitárias

As instalações sanitárias necessitam ter:
- paredes e pisos laváveis;
- paredes revestidas até a altura de 2 m, no mínimo;
- ventilação direta para o exterior;
- sanitários masculinos, nas proporções (quanto ao número de usuários da piscina):
    - chuveiro: 1:40
    - bacia sanitária: 1:60
    - lavatório: 1:60
    - mictório: 1:60
- sanitários femininos, nas proporções:
    - chuveiro: 1:40
    - bacia sanitária: 1:50
    - lavatório: 1:50

7.6.6 Limpeza

Além da limpeza contínua da água com equipamento aspirador e peneira, é necessário periodicamente proceder à limpeza do revestimento das paredes e fundo do tanque. Para facilitar a limpeza das paredes da piscina, eliminando a gordura acumulada, existe no mercado um produto que possui pH neutro, não contém soda cáustica e não faz espuma. A neutralidade do pH é a base de todo o tratamento da água de piscinas: a partir de sua medição é possível verificar as providências corretivas a serem adotadas. O nível de pH deve permanecer entre 7 e 7,4, pois abaixo de 7 torna a água ácida, provocando irritação nos olhos dos usuários e danificando os equipamentos de filtragem. Acima de 7,4, deixa a água alcalina, diminuindo a ação bactericida do cloro.

7.6.7 Sistema de aquecimento de água

A temperatura máxima da água deve ser de 28 °C a 29 °C. A tecnologia usual de aquecimento é chamada de bomba de calor, que utiliza o calor contido no ar atmosférico como fonte principal de energia, o qual, por sua vez, é transmitido para a água da piscina por um ciclo de refrigeração (princípio inverso do da refrigeração de condicionadores de ar), sistema esse alimentado por energia elétrica. O trocador de calor é composto de compressor, ventilador, evaporador, condensador, válvula de alívio (*by pass*), *timer*, painel de controle e outros.

7.7 Sauna

Consiste de um ambiente artificialmente muito aquecido a fim de proporcionar relaxamento ao usuário.

7.7.1 Sauna úmida

A sauna úmida ou *banho turco* é aquela em que se produz vapor para aquecer uma cabina, constituída de:

7.7.1.1 Teto

Precisa ter inclinação de 5% a 10% e, sempre que possível, no sentido da porta. Caso não haja essa possibilidade, poderá ser estudada uma alternativa sem prejuízo funcional.

7.7.1.2 Revestimento das paredes e teto

- Preparo das superfícies: chapiscar as paredes e o teto com argamassa no traço de dois de areia e um de cimento, e deixar curar.
- Aplicação: preparar argamassa com duas partes de vermiculita expandida granulada (isolante térmico) para uma parte de cimento e uma parte de cal hidratada. Terá de ser colocada água até formar uma massa homogênea. Lançar essa argamassa nas paredes e no teto, na espessura aproximada de 2 cm (consumo 4 kg/m²).
- Acabamento: depois disso feito, serão assentados azulejos com argamassa ou cola.

7.7.1.3 Bancos

Para segurança dos usuários, os bancos deverão ser construídos somente em um nível, com altura acabada de 45 cm, podendo a largura ser de 45 cm ou 50 cm. O banco fechado (por baixo) possibilitará a diminuição do volume a ser aquecido.

7.7.1.4 Piso

Necessita ser lavável, não escorregadio. Sua limpeza, bem como a dos azulejos, terá de ser feita com *água de lavadeira* (hipoclorito de sódio) a 10% e, em seguida, com água pura.

7.7.1.5 Porta

Por razões de segurança, precisa abrir para fora; deve ser confeccionada em alumínio ou aço inoxidável e ter visor de vidro transparente, vedação de *neoprene* ou similar e miolo isolante.

7.7.1.6 Instalação hidráulica

É necessário haver um ralo, de preferência sifonado, sempre que possível próximo à porta. Para a alimentação do gerador de vapor, conforme os tipos, tem-se:
- Vapor gerado até 12 kW: deverá ser previsto um tubo com de Ø $1^1/_4$ ", de cobre, sendo certo que no lado externo da sauna, próximo ao gerador, ficará uma ponta de aproximadamente 10 cm sem rosca, e no lado interno, de preferência embaixo do banco, um cotovelo apontado para o piso.
- Vapor gerado a partir de 15 kW: terão de ser seguidas as instruções anteriores, porém sendo o tubo de vapor com Ø $1^1/_2$".

Dispõe de uma ducha que poderá ser dos tipos cascata, circular ou escocesa.

7.7.1.7 Instalação elétrica

Precisam ser executadas: instalação para comando local e/ou a distância; alimentação do gerador de vapor; fiação e colocação dos disjuntores e arandela. O interruptor da arandela deverá sempre ser instalado no lado externo do compartimento da sauna. Para a arandela, que terá de ser blindada e à prova de vapor de água, é necessário instalar uma caixa sextavada 3"× 3", na altura de 1,9 m do piso acabado, no centro de uma das paredes. O aparelho gerador de vapor precisa ser aterrado.

7.7.1.8 Recomendações de uso

- Ligar os dois interruptores geralmente localizados na antecâmara de acesso à sauna.
- Aguardar 15 a 20 minutos para que o equipamento comece a gerar vapor.
- Aproximadamente 30 minutos depois do início da geração de vapor, a sauna estará em condições de uso.
- Caso a temperatura se eleve muito, será necessário desligar um dos interruptores para que a temperatura seja reduzida à metade.
- A sauna não se desligará automaticamente; portanto, ao sair, acionar os interruptores.
- Observações:
  - Estando os dois interruptores ligados, a temperatura média será de 50 °C.
  - O tempo de permanência do usuário na sauna não poderá ultrapassar 20 min. Para quem estiver iniciando o hábito de utilizar sauna, recomenda-se a permanência de, no máximo, 10 minutos na primeira vez e depois o prolongamento desse tempo gradativamente até que o organismo se habitue. Pessoas com problemas circulatórios, hipertensas, hipotensas, idosas e crianças com menos de oito anos de idade não poderão usar a sauna sem aprovação médica.
  - Depois da sauna, é aconselhável uma ducha fria para proporcionar o choque térmico, o que faz com que os poros da pele se fechem. O usuário deverá remover as células mortas com uma bucha. Ele tem de repetir a operação toda vez que utilizar a sauna.
  - Não se pode tomar bebidas alcoólicas durante a sauna, podendo ingeri-las pelo menos 1 hora depois. Beber, se quiser, apenas sucos ou água durante a permanência na sauna.

7.7.2 Sauna seca

A sauna seca é aquela em que o aquecimento da cabina não é feito por meio de vapor: Ela dispõe de:

7.7.2.1 Revestimento das paredes e teto

- Preparo das superfícies: emboço desempenado.
- Acabamento: lambril de madeira de lei, de cor clara.

7.7.2.2 Piso

Precisa ser lavável, não escorregadio, dotado de rodapé. Não é aconselhável a instalação de ralo. A limpeza do piso terá de ser feita com pano embebido em desinfetante.

7.7.2.3 Bancos

Os bancos poderão ser de madeira vazada, do tipo deque, ou de alvenaria revestida de madeira.

7.7.2.4 Porta

Deverá ser de madeira maciça, tipo mexicana, ter visor de vidro transparente e revestimento interno isolante. Precisa abrir-se para o exterior.

7.7.2.5 Instalação elétrica

A geração de calor é feita por um aparelho elétrico. A instalação elétrica terá de ser executada analogamente à da sauna úmida, inclusive quanto aos quadros de comando. A arandela necessita ser blindada, com interruptor do lado externo do compartimento da sauna.

7.7.3 Ducha

É frequente que à permanência de uma pessoa na sauna se siga a um banho de ducha. *Ducha* é um jato de água lançado sobre o corpo de um banhista, com a finalidade terapêutica/recreativa. A ducha pode ser dos tipos cascata, circular ou escocesa. A *ducha cascata* é aquela produzida por um grande crivo de chuveiro, em geral com diâmetro de 15", que despeja água com grande vazão e forte pressão sobre o banhista. A vazão pode atingir até 3,6 m³/h. A ducha circular é constituída por cerca de quatro tubos horizontais curvos com Ø 16 mm, no formato de arco, tendo, em geral, 90 cm de diâmetro, paralelos e equidistantes entre si de 25 cm, dispostos de maneira a constituir um cilindro que envolve o banhista, o qual se posiciona também debaixo de um crivo de chuveiro. Os tubos curvos são providos de furos através dos quais é lançada água no banhista em jatos que podem atingir a pressão de 10 mca e a vazão de 0,8 m³/h de cada tubo. A *ducha escocesa* consiste num tipo de banho propiciado por uma máquina de alta pressão capaz de disparar um forte jato de água sobre o banhista. O jato tem vazão de até 6 m³/h e é alternadamente quente e frio. É usual uma motobomba de 1 cv e o equipamento ser dotado de controlador de pressão e temperatura da água. Os pontos de água fria e de água quente ficam à distância de 15 cm entre si.

Capítulo 8
Alvenaria e outras divisórias

8.1 Generalidades

8.1.1 Terminologia

- *Alvenaria*: conjunto de paredes, muros e obras similares, composto de pedras naturais e/ou blocos ou tijolos artificiais, ligados ou não por argamassa.
- *Gesso*: aglomerante aéreo obtido usualmente pela calcinação moderada da gipsita (sulfato de ácido di-hidratado) resultando em sulfatos de cálcio hemi-hidratados (hemidratos).
- *Cal*: aglomerante cujo constituinte principal é o óxido de cálcio ou, então, o óxido de cálcio em presença natural do óxido de magnésio, hidratados ou não.
- *Cal virgem (também chamada cal viva)*: cal resultante de processos de calcinação, da qual o constituinte principal é o óxido de cálcio ou o óxido de cálcio em associação natural com o óxido de magnésio, capaz de reagir com a água. Em função dos teores dos seus constituintes, pode ser designada de: cálcica (ou alto-cálcio), magnesiana ou dolomítica.
- *Cal extinta*: cal resultante da exposição da cal virgem ao ar ou à água, portanto, apresentando sinais de hidratação e, eventualmente, de recarbonatação. Apresenta proporções variadas de óxidos, hidróxidos e carbonatos de cálcio e magnésio.
- *Cal hidratada*: cal, sob a forma de pó seco, obtida pela hidratação adequada da cal virgem, constituída essencialmente de hidróxido de cálcio ou de uma mistura de hidróxido de cálcio e hidróxido de magnésio ou, ainda, de uma mistura de hidróxido de cálcio, hidróxido de magnésio e óxido de magnésio.
- *Cal hidráulica*: cal, sob e forma de pó seco, obtida pela calcinação a uma temperatura próxima à da fusão de calcário com impurezas silicoaluminosas, formando silicatos, aluminatos e ferritas de cálcio, que lhe conferem um certo grau de hidraulicidade.
- *Anidrita*: sulfato de cálcio não hidratado ($CaSO$), obtido pela calcinação da gipsita ou em rara ocorrência natural.
- *Argamassa*: mistura íntima e homogênea de aglomerante de origem mineral, agregado miúdo, água e, eventualmente, aditivos, em proporções adequadas a uma determinada finalidade, com capacidade de endurecimento e aderência.
- *Argamassa de cal*: argamassa na qual o aglomerante é uma cal.
- *Argamassa de cimento*: argamassa na qual o aglomerante é um cimento, com aplicações em que a resistência mecânica é mais exigida.
- *Argamassa mista*: argamassa na qual os aglomerantes são o cimento e a cal, em proporções adequadas à finalidade a que se destina.
- *Argila*: material de origem natural de granulação muito fina, sedimentar, ou formado *in situ* como produto resultante de alteração de rocha. Termo empregado também para designar a fração granulométrica com

tamanho de grãos inferior a 0,005 mm. Termo utilizado, ainda, para designar solo constituído essencialmente de silicato hidratado de alumínio, como caulim, bentonita, bauxita etc.
- *Cal cálcica*: cal virgem ou hidratada, com teor de óxido de cálcio entre 90% e 100% dos óxidos totais presentes (CaO + MgO).
- *Cal dolomítica*: cal virgem ou hidratada, com teor de óxido de cálcio entre 58% e 64% dos óxidos totais presentes (CaO + MgO).
- *Cal magnesiana*: cal virgem ou hidratada, com teor de óxido de magnésio de no mínimo 20% dos óxidos totais presentes (CaO + MgO).
- *Extinção*: processo químico no qual a hidratação da cal virgem se processa sem obedecer às proporções estequiométricas (dos pesos moleculares) da reação e, por vezes, concomitantemente com reação de recarbonatação, provocado pelo anidrido carbônico do ar.
- *Gipsita*: sulfato de cálcio di-hidratado natural.
- *Pasta de cal*: material resultante de hidratação da cal virgem, contendo de 30% a 45% de água livre. Utilizada, normalmente, na realização de ensaios.
- *Contraverga*: componente estrutural localizado sob os vãos de janela da alvenaria.
- *Escantilhão*: régua de madeira com o comprimento do *pé-direito* do andar (distância do piso ao teto) e graduada com distâncias iguais à altura nominal do componente da alvenaria, mais 1 cm (espessura da junta entre fiadas).
- *Juntas de amarração*: sistema de assentamento dos componentes da alvenaria no qual as juntas verticais são descontínuas.
- *Juntas a prumo*: sistema de assentamento dos componentes da alvenaria no qual as juntas verticais são contínuas.
- *Ligação*: união entre alvenaria e componentes da estrutura (pilares, vigas etc.), obtida pelo emprego de materiais e disposições construtivas particulares.
- *Verga*: componente estrutural, localizado sobre os vãos da alvenaria.

8.1.2 Cal

8.1.2.1 Usos e propriedades da cal

Na construção civil, a cal tem emprego extremamente variável, servindo para argamassas (de assentamento e de revestimento – emboço e reboco – pintura, misturas asfálticas, materiais isolantes, misturas solo-cal, produtos de silicato cálcico, estuques etc. Na construção predial, o principal uso da cal dá-se como aglomerante em argamassas mistas de cimento, cal e areia. As principais propriedades da cal nas argamassas são:

- proporciona economia por ser um aglomerante mais barato que o cimento. Nesse sentido, é importante lembrar que a dosagem das argamassas é feita em volume, enquanto a compra é realizada por peso. Dessa forma, enquanto um saco de cimento pesa 50 kg e tem o volume de aproximadamente 42 L, o mesmo peso de cal, além de ter custo reduzido, tem o volume de cerca de 62 L (tipo III) ou 90 L (tipo I). A Tabela 8.1 ilustra alguns valores comparativos aproximados;
- permite maior capacidade de incorporação de areia;
- tem maior plasticidade;
- apresenta maior capacidade de retenção de água;
- possibilita certo grau de isolação térmica em razão da maior refletibilidade;
- como aglomerante, desenvolve capacidade razoável de resistência à tração e compressão;
- melhora as condições de resistência ao aparecimento de fissuras e trincas;
- apresenta ausência de eflorescências;
- detém pequena capacidade de reconstituição autógena das fissuras;
- tem maior resistência à penetração de água;
- detém propriedades assépticas por desenvolver um meio alcalino;
- é compatível com os diversos sistemas de pintura;

- permite efeito estético e de acabamento muito bons;
- proporciona durabilidade.

Tabela 8.1

Traço da argamassa	Custo percentual em relação à argamassa 1:3 (cimento: areia)	Resistência à compressão aproximada (MPa)	Resistência à tração aproximada (MPa)
1:3 (cimento: areia)	100%	32	-
1:1:6	73%	9	0,8
1:2:9	65%	4	0,3 a 0,4
1:3 (cal:areia)	47%	-	-

8.1.2.2 O processo de fabricação da cal e seu controle

A cal hidratada (blocos de cor branca), conforme mencionado em 8.1.1, é proveniente da reação da *cal viva* (também chamada cal virgem) com a água. A cal virgem (*pedras de cal*) é fabricada a partir da queima (calcinação) do calcário (carbonato de cálcio) ou dolomito (carbonato de cálcio e magnésio), resultando em óxidos de cálcio. A argamassa à base de cal endurece em contato com o ar por causa de sua reação com o gás carbônico, na sequência seguinte: calcário ou dolomita + calcinação = cal virgem; + extinção = cal hidratada; + amassamento = argamassa fresca; + endurecimento = argamassa endurecida. O fluxograma de fabricação da cal hidratada inicia-se na jazida, passando pelas etapas de calcinação da matéria-prima, moagem, hidratação da cal virgem (resultando em hidróxido de cálcio), classificação, moagem e estoque da cal hidratada. Uma indústria de cal hidratada deve ter todas as instalações referentes a cada etapa do processo de produção, conforme o seguinte fluxograma: jazida (extração de calcário), pré-britagem, pilha primária, britagem, brita classificada, fornos de calcinação, moagem primária, estocagem de cal virgem, hidratação, classificação, moagem, estoque de cal hidratada e ensacamento. O controle da qualidade inicia-se na própria jazida, com a escolha apropriada da matéria-prima. Continua em todas as etapas de produção, com especial atenção à granulometria da matéria-prima, antes de sua entrada no forno. Somente a utilização de grãos em uma faixa uniforme resulta em cales de boa qualidade. Grãos muito finos podem ser supercalcinados, enquanto ocorre com pedras maiores não ser completamente calcinadas. Em função do tipo de matéria-prima, como já foi mencionado, podem existir cal calcítica, magnesiana e dolomítica. Todos os tipos, se fabricados com controle adequado, são perfeitamente utilizáveis na construção civil. A sílica, os óxidos de ferro e de alumínio são as impurezas que acompanham os carbonatos e, em maior ou menor grau, participam da composição das rochas calcárias. Além dessas rochas, prestam-se também, como matéria-prima à produção de cal, os depósitos de resíduos esqueletos de animais e conchas marinhas.

8.1.2.3 Especificação da cal

A especificação da cal hidratada para argamassas está prescrita nas normas técnicas, que definem três tipos de cal:
- CH-I: cal hidratada especial (tipo I);
- CH-II: cal hidratada comum (tipo II);
- CH-III: cal hidratada comum com carbonatos (tipo III).

As normas fixam as seguintes condições exigíveis de embalagem, marcação, entrega, características químicas e físicas:

- Embalagem, marcação e entrega:

- a cal pode ser entregue em sacos de papel tipo *kraft* de duas folhas com gramatura mínima de 80 g/m² e com massa líquida de 8 kg, 20 kg, 25 kg ou 40 kg. Os sacos devem ter impressos de forma visível, em cada extremidade, as siglas CH-I, CH-II ou CH-III e, no centro, a denominação normalizada, a massa líquida, o nome e a marca do fabricante, além de informações técnicas, tais como valor máximo da massa unitária e a necessidade de maturação das argamassas ou pastas feitas com a cal.

- Exigências químicas:

- A presença de anidrido carbônico (CO) indica o material que não foi calcinado inicialmente, o que está ligado a um processo de calcinação deficiente. Também pode apontar más condições de armazenamento, uma vez que a cal pode ter se recarbonatado no próprio depósito. As exigências nesse sentido para a cal CH-I e a CH-II são mais rigorosas que para a cal CH-III.
- A presença de óxido não hidratado significa que depois da hidratação da cal virgem ainda existam no produto partículas de óxido de cálcio e de óxido de magnésio que poderão se hidratar. Como isso ocorre com o aumento de volume de praticamente 100%, existe a possibilidade de ocorrência de danos ao revestimento, com prejuízos estéticos e econômicos. Novamente, a cal CH-I tem um limite bem mais rigoroso que a cal CH-III.
- Os óxidos totais na base de não voláteis representam exatamente os elementos que conferem as propriedades aglomerantes à cal, ou seja, o hidróxido de cálcio e o hidróxido de magnésio, que reagirão com o anidrido carbônico do ar, promovendo a recarbonatação. Com relação a essa característica, todos os tipos de cales são semelhantes.

- Exigências físicas:

- A finura da cal afeta diretamente a plasticidade e a retenção de água das pastas e argamassas. Quanto mais acentuada a finura, maiores serão as potencialidades das argamassas em termos de trabalhabilidade. As exigências das normas técnicas são idênticas para todos os tipos de cal
- A falta de estabilidade pode comprometer o desempenho das argamassas a longo prazo, causando sérios prejuízos. Em termos de normalização, o desempenho dos diversos tipos de cal é semelhante.
- A capacidade de retenção de água da cal é importante, uma vez que afeta a capacidade de aderência da argamassa aos elementos de alvenaria. O desempenho da cal CH-I e da CH-II é superior ao da cal CH-III.
- A plasticidade da cal também é de grande relevância, pois mostra a condição de trabalhabilidade da argamassa no estado fresco. Conforme normas técnicas, toda a cal deve ter desempenho semelhante.
- A capacidade de incorporação de areia reflete a quantidade máxima desse material que pode ser misturada com a cal sem prejudicar as condições de trabalho da mistura resultante. Cales com maior capacidade de incorporação de areia resultam mais econômicas. É o que ocorre com a cal CH-I e a CH-II em relação à cal CH-III.

A partir dessas considerações, conclui-se que a cal CH-I e a CH-II têm desempenho superior se comparadas com a CH-III. De fato, no canteiro de obras, a cal CH-I pode chegar a um rendimento até 30% maior que a CH-III. É importante que alguns ensaios rápidos sejam executados na obra, a fim de se verificar as principais propriedades físicas e químicas da cal, seja ela CH-I, CH-II ou CH-III. Ainda que de forma grosseira, as características físicas podem ser avaliadas pelo teste da finura, medindo-se a quantidade de resíduos retidos na peneira de malha 200 (0,075 mm). Para tanto, dispersa-se cerca de 100 g a 150 g de cal hidratada em água. Agita-se por alguns minutos e, depois, passa-se a mistura na peneira 200, com o auxílio de um leve fio de água para movimentar o material pela tela. O resíduo retido na peneira deve ser pequeno, não ultrapassando 15% da massa inicial da amostra. As características químicas da cal podem ser avaliadas pelo ensaio com ácido clorídrico (muriático) a 10% (uma parte de ácido/nove partes de água). Quando a solução é adicionada a uma pequena quantidade de cal de boa qualidade, a diluição ocorre suavemente, com leve borbulhamento. Depois de alguns minutos de agitação da mistura, o fundo do recipiente fica tomado por pequena quantidade de resíduos precipitados, não maior que 12% da quantidade inicial da amostra. Por outro lado, a ocorrência de grande borbulhamento é sinal de que a cal é de má qualidade, com elevado teor de carbonatos não calcinados (*pedra crua*).

8.1.2.4 Recomendações

- Nunca compre cal hidratada apenas pelo critério de menor preço. A construtora pode estar adquirindo cal com teores baixíssimos de aglomerante, até mesmo inferiores a 10%.
- Não aceite na obra cal empedrada.

- Compre sempre cal hidratada que contenha o nome do fabricante, o número da norma (NBR-7175) e o selo da ABPC (Associação Brasileira dos Produtores de Cal) impresso na embalagem. É uma forma de garantia quanto à conformidade do produto.
- Na entrega da cal na obra, os sacos devem ser contados um a um, dispostos no piso em pilhas não entrelaçadas (sem *amarração*).
- Para execução de argamassas, além da especificação e compra correta da cal, utilize somente areia lavada. Defina o traço mais adequado da argamassa de forma a aproveitar ao máximo a potencialidade dos produtos, procurando atender à condição de espessura máxima expressa nas normas técnicas, de 20 mm, uma vez que espessuras maiores dificultam a recarbonatação da cal hidratada.
- Visando a assegurar desempenho adequado, aguarde um período de cura de pelo menos 15 dias para argamassas de assentamento, 12 dias para emboço e 30 dias para reboco. O tempo de cura de 30 dias para reboco é dispensável no caso de pintura à base de cal.
- Lembre-se de que, embora seja semelhante em termos de exigências de normas técnicas, o desempenho da cal CH-I no canteiro de obras é superior ao da CH-III, atingindo um rendimento até 30% maior.
- A cal é, antes de tudo, um aglomerante. Portanto, além de conferir propriedades especiais às argamassas no estado fresco (como plasticidade, retenção de água e outras), também auxilia no estado endurecido, conferindo, por exemplo, resistência, impermeabilidade e durabilidade. Dessa forma, a utilização de produtos ditos substitutos da cal deve ser cuidadosamente estudada para que todas as propriedades conferidas por ela à argamassa sejam plenamente satisfeitas. Atentar para esses aspectos pode evitar sérios prejuízos à obra.
- Procure ministrar treinamento adequado de seu corpo técnico para a plena utilização do cal. Em caso de dúvidas específicas, use também o departamento de assistência técnica dos fabricantes.
- Na aquisição, promova a qualificação do fabricante. Solicite informações sobre atendimento às normas técnicas, política da qualidade, atendimento ao cliente, assistência técnica pós-venda e garantia dos produtos. Informe-se sobre os procedimentos que o fabricante adota em caso de patologia manifestada depois da execução dos serviços.
- Qualifique também o revendedor. Fique atento às práticas de carregamento, transporte, manuseio e descarregamento dos materiais. Verifique o cumprimento de prazos, a disponibilidade de produtos nas quantidades desejadas e as eventuais práticas de reajuste de preço.
- Elabore procedimentos para o recebimento do cal e oriente o pessoal da obra no que diz respeito à conduta de recebimento, à verificação da quantidade do produto e às condições de armazenamento.
- Faça o controle e a verificação dos serviços executados com o material adquirido e acompanhe a obra depois de entregue. Documente as diversas etapas de produção por meio de registros da qualidade. Ao constatar que a cal gerou problemas, verifique sua origem e solicite a assistência técnica do fabricante.
- A cal deve ser armazenada em pilhas de no máximo 20 sacos, no almoxarifado de ensacados do canteiro. O local tem de ser coberto, fechado e ter o piso revestido de tábuas, estrado de madeira ou chapas de compensado. O prazo de estocagem não pode ser superior a seis meses, e o estoque será feito de maneira a garantir que os sacos mais velhos sejam consumidos antes do sacos recém-entregues.
- Do pedido de fornecimento precisam constar, entre outros: tipo de cal (CH-I, CH-II ou CH-III) e a marca do fabricante.

8.1.2.5 Generalidades

Como já foi mencionado, as argamassas têm consistência mais ou menos plástica, e endurecem por recombinação do hidróxido de cálcio com o gás carbônico presente na atmosfera, reconstituindo o carbonato original, cujos cristais ligam de maneira permanente os grãos de agregado utilizado. Esse endurecimento se processa com lentidão e ocorre, evidentemente, de fora para dentro, exigindo certa porosidade que permita, de um lado, a evaporação da água em excesso (para tornar a argamassa trabalhável) e, de outro, a penetração do gás carbônico do ar atmosférico. A carbonatação do hidróxido realiza-se com perdas de volume, razão pela qual o produto está sujeito à retração. Sendo a cal normalmente empregada em mistura com agregado miúdo no preparo de argamassas, a sua adição em proporções convenientes reduz os efeitos da retração. A proporção de pasta de cal na argamassa terá de obedecer a um limite mínimo, abaixo do qual deixa de ser trabalhável. A proporção determina a capacidade de sustentação de areia da pasta de cal. O endurecimento, que depende do ar atmosférico, é muito lento, por razões evidentes: camadas espessas permanecem fracas no seu interior durante longo período de tempo. Além da carbonatação, o endurecimento da cal se dá também pela combinação do hidróxido com a sílica finamente dividida, que se encontra eventualmente na areia que constitui a argamassa.

8.1.3 Execução de alvenaria de tijolos e blocos sem função estrutural

As paredes devem ser moduladas, de modo a facilitar o uso do maior número possível de componentes inteiros. O assentamento dos componentes tem de ser executado com juntas de amarração. Na execução de alvenaria com juntas a prumo, é obrigatória a utilização de armaduras longitudinais, situadas na argamassa de assentamento, distanciadas de cerca de 60 cm na altura. A ligação com pilares de concreto armado pode ser efetuada com o emprego de barras de aço de Ø 5 mm a Ø 10 mm, distanciadas, na altura, de cerca de 60 cm e com comprimento da ordem de 60 cm, engastadas no pilar e na alvenaria. Recomenda-se chapiscar a face da estrutura (lajes, vigas e pilares) que fica em contato com a alvenaria. Aconselha-se não deixar panos soltos de alvenaria por longos períodos nem executá-los com muita altura de uma só vez. A alvenaria apoiada em alicerces será executada no mínimo 24 horas depois da impermeabilização deles. Nesses serviços de impermeabilização, precisam ser tomados todos os cuidados para garantir a estanqueidade da alvenaria. Recomenda-se molhar os componentes antes de seu assentamento. No caso de alvenaria de blocos cerâmicos vazados de vedação, eles não podem ser usados com furos na vertical e na direção transversal ao plano da parede, com exceção em disposições construtivas particulares. A execução da alvenaria deve ser iniciada pelos cantos principais ou pelas ligações com quaisquer outros componentes e elementos da edificação. É necessário utilizar o escantilhão como guia das juntas horizontais. A marcação dos traços no escantilhão (graduação) tem de ser executada por pequenos sulcos feitos com serrote. É necessário galgar as fiadas da elevação na face dos pilares e marcar as posições indicadas no projeto para fixação dos ferros-*cabelo* que, em geral, são posicionados de duas em duas fiadas, a partir da segunda fiada.

Os ferros-cabelo podem ser montados com barras de aço CA 50, com Ø 5 mm, dobradas em forma "U", ou com telas de aço galvanizado de malha quadrada 15 mm × 15 mm e diâmetro dos fios de 1,5 mm. Chumbar os ferros-cabelo nas posições marcadas. No caso de ferros dobrados em "U", deve-se perfurar previamente o pilar com furadeira elétrica e broca de Ø 6 mm, e executar o chumbamento com adesivo à base de resina epóxi. Utilizando telas metálicas galvanizadas, o chumbamento tem de ser feito com pinos de aço de sistema de fixação à pólvora. É preciso utilizar o prumo de pedreiro para o alinhamento vertical da alvenaria (prumada). Depois da elevação dos cantos, deve-se utilizar como guia uma linha esticada entre eles, em cada fiada, para que o prumo e o nivelamento das fiadas, desse modo, fiquem garantidos. Para obras que não exijam estrutura em concreto armado, a alvenaria não pode servir de apoio direto para as lajes; é necessário prever uma cinta de amarração em concreto armado sob a laje e sobre todas as paredes que dela recebam cargas. Para obras com estrutura de concreto armado, a alvenaria tem de ser interrompida abaixo das vigas ou lajes. Esse espaço será preenchido depois de 7 dias, de modo a garantir o perfeito travamento entre a alvenaria e a estrutura (*encunhamento* ou *aperto*). Para obras com mais de um pavimento, o travamento da alvenaria, respeitado o prazo de 7 dias, só pode ser executado depois de a alvenaria do pavimento imediatamente acima ter sido levantada até igual altura, sendo certo que, no caso da alvenaria do último pavimento, o encunhamento só deve ser executado depois de ter sido concluído o telhado ou a isolação térmica da laje de cobertura impermeabilizada. Os vãos de porta e janela têm de atender às medidas e localização previstas no projeto de execução da arquitetura; é preciso ser somadas à medida do projeto, para os vãos das esquadrias, as folgas necessárias para o encaixe do marco (batente) ou contramarco. As folgas existentes entre a alvenaria e a esquadria devem ser preenchidas com argamassa de cimento e areia. Recomenda-se a fixação das esquadrias, de medidas comuns, conforme segue:

- Marco ou contramarco de porta: um ponto de cada montante (*perna*), a cerca de 40 cm do piso, e outro ponto, a cerca de 40 cm da travessa superior. Opcionalmente, pode-se fixar em mais de um ponto de cada perna, à meia altura dos dois pontos obrigatórios acima mencionados.
- Marco de janela: um ponto em cada montante, a cerca de 30 cm do peitoril, e outro ponto a cerca de 30 cm da verga; nas travessas horizontais inferior e superior, um ponto na metade do vão.

Sobre o vão de portas e janelas, deve-se moldar vergas ou colocar vergas pré-moldadas. Igualmente, sob o vão de janelas, é necessário ser moldadas ou colocadas contravergas. As vergas e contravergas precisam exceder a largura do vão pelo menos 20 cm de cada lado e ter altura mínima de 10 cm. Quando os vãos forem relativamente próximos e na mesma altura, aconselha-se uma verga contínua sobre todos eles. Para evitar que vigas com grandes cargas concentradas nos apoios incidam diretamente sobre a parede, é necessário usar coxins de concreto para que haja distribuição da carga. A dimensão do coxim tem de estar de acordo com a dimensão da viga. A argamassa de assentamento deve ser plástica e ter consistência para suportar o peso dos tijolos e mantê-los no alinhamento por ocasião do assentamento. Para evitar perda da plasticidade e consistência da argamassa, ela será preparada em quantidade adequada à sua utilização. Em caso de distâncias longas de transporte, pode-se misturar a seco os materiais da argamassa, adicionando água somente no local do seu emprego. O traço precisa ser escolhido em função das características dos materiais disponíveis na região. Os materiais constituintes da argamassa e seus respectivos armazenamentos, bem como a dosagem, a preparação e sua aplicação, devem estar de acordo com as normas específicas. Para paredes externas não revestidas e/ou paredes em contato com umidade, a argamassa tem também de ser impermeável e insolúvel em água. As juntas de assentamento de argamassa precisam ser no máximo de 1 cm e nunca podem conter vazios. No caso de alvenaria aparente, as juntas necessitam ser frisadas. Quando o vão for maior que 2,4 m, a verga ou contraverga será calculada como viga.

Como peças para fixação de marcos e rodapés de madeira, recomenda-se o uso de tacos de madeira de lei, grapas metálicas, pregos, ou parafusos e buchas plásticas expansíveis. Os parapeitos (guarda-corpos) e paredes baixas (não travadas superiormente) devem ser respaldados com cinta de concreto armado, com altura mínima de 10 cm. Aconselha-se a execução de platibanda também respaldada com cinta de concreto armado, com altura mínima de 10 cm, e coroada com pingadeira ou rufo. Caso seja necessária abertura de rasgos (sulcos) na alvenaria para embutimento das instalações, eles só podem ser iniciados depois da execução do travamento (encunhamento) das paredes. Os sulcos necessários podem ser feitos com disco de corte ou com ponteiro e talhadeira bem afiados. A demarcação tem de ser verificada antes do início do levantamento da alvenaria, e comprovada depois das paredes erguidas, necessitando estar de acordo com as dimensões do projeto. Nessa verificação, podem ser empregados instrumentos com a precisão de trenas e esquadros de obra. Será verificada periodicamente a planeza da parede durante a elevação da alvenaria, e comprovada depois da alvenaria erguida, não podendo apresentar distorção maior que 0,5 cm. Sugere-se executar a verificação com régua de metal, apoiando-a em diversas posições sobre a parede. Deve ser verificado periodicamente o prumo da parede durante o levantamento delas e comprovado depois da alvenaria erguida. Também precisa ser verificado periodicamente o nível das fiadas durante a elevação da alvenaria e comprovado depois da parede erguida. Essa verificação pode ser feita com mangueira plástica transparente que tenha diâmetro maior ou igual a 13 mm.

8.1.4 Demarcação das paredes de vedação

É feita assentando sobre a laje a primeira fiada de tijolos ou blocos, cuidadosamente nivelada, e obedecendo rigorosamente às espessuras, às medidas e aos alinhamentos indicados no projeto, deixando livres os vãos de porta, de janelas que se apoiam no piso, de prumadas de tubulação etc.

8.2 Alvenaria de blocos vazados de concreto simples

8.2.1 Terminologia

- *Bloco vazado de concreto simples*: componente para execução de alvenaria, com ou sem função estrutural, vazado nas faces superior e inferior, cuja área líquida é igual ou inferior a 75% da área bruta.
- *Área bruta*: aquela da seção perpendicular aos eixos dos furos, sem desconto das áreas dos vazios.
- *Área líquida*: área média da seção perpendicular aos eixos dos furos, descontadas ás áreas médias dos vazios;
- *Dimensões nominais*: dimensões especificadas pelo fabricante para a largura (b), altura (h) e comprimento (L).

- *Dimensões reais*: aquelas efetivamente medidas diretamente nos blocos.
- *Família de blocos*: conjunto de componentes de alvenaria que interagem modularmente entre si e com outros elementos construtivos. Os blocos que compõem a família, segundo suas dimensões e formas, são designados como *bloco inteiro, meio bloco, bloco de amarração "L", bloco de amarração "T"* (ambos para encontro de paredes), *bloco tipo canaleta, bloco compensador "A", bloco compensador "B"* (ambos destinados para ajuste de modulação).
- *Blocos modulares*: aqueles com dimensões coordenadas de largura, altura e comprimento, para execução de alvenarias modulares, cujas medidas atendem ao módulo básico M = 100 mm e seus submódulos M/2 e M/4;
- *Classe*: diferenciação dos blocos segundo seu uso (com ou sem função estrutural; com uso em alvenaria acima ou abaixo do solo).

8.2.2 Requisitos gerais

8.2.2.1 – Os blocos devem ser fabricados e curados por processos que assegurem a obtenção de um concreto adequadamente homogêneo e compacto, de modo a atender a todas as exigências das normas técnicas brasileiras. Os lotes de blocos necessitam ser identificados pelo fabricante segundo sua procedência e transportados preferencialmente paletizados ou cubados, para não terem sua qualidade abalada.

8.2.2.2 – Os blocos têm de ter arestas vivas e não podem apresentar trincas, fraturas, superfícies e arestas irregulares, deformações, falta de homogeneidade, desvios dimensionais (desbitolamento) além dos limites tolerados, ou outros defeitos que possam prejudicar o seu assentamento ou afetar a resistência e a durabilidade da construção, não sendo aceito reparo algum que oculte defeitos eventualmente existentes no bloco.

8.2.2.3 – A construtora/compradora precisa indicar no pedido de fornecimento, além do local de entrega do material, a classe do bloco, a resistência característica à compressão, as dimensões e outras condições particulares dos blocos desejados, especificadas no projeto. Para fins de fornecimentos regulares, a unidade de compra é o bloco.

8.2.3 Requisitos específicos

8.2.3.1 – As dimensões nominais dos blocos vazados de concreto, modulares e submodulares, necessitam corresponder às dimensões constantes da Tabela 8.2.

Tabela 8.2: Argamassa

Família			20 × 40	15 × 40	15 × 30	12,5 × 40	12,5 × 25	12,5 × 37,5	10 × 40	10 × 30	7,5 × 40
Medida Nominal (mm)	Largura		190	140			115		90		65
	Altura		190	190	190	190	190	190	190	190	190
	Comprimento	Inteiro	390	390	290	390	240	365	390	290	390
		Meio	190	190	140	190	115	-	190	140	190
		2/3	-	-	-	-	-	240	-	190	-
		1/3	-	-	-	-	-	115	-	90	-
		Amarração "L"	-	340	-	-	-	-	-	-	-
		Amarração "T"	-	540	440	-	365	-	-	290	-
		Compensador A	90	90	-	90	-	-	90	-	90
		Compensador B	40	40	-	40	-	-	40	-	40
		Canaleta inteira	390	390	290	390	240	365	390	290	-
		Meia canaleta	190	190	140	190	115	-	190	140	-
NOTA 1 As tolerâncias permitidas nas dimensões dos blocos indicados nesta tabela são de ± 2,0 mm para a largura e ± 3,0 mm para a altura e para o comprimento.											
NOTA 2 Os componentes das famílias de blocos de concreto têm sua modulação determinada de acordo com as normas técnicas brasileiras.											
NOTA 3 As dimensões das canaletas devem ser definidas mediante acordo entre fornecedor e comprador, em função do projeto.											

8.2.3.2 – A espessura mínima de qualquer parede do bloco vazado deve atender à Tabela 8.3, sendo que a tolerância permitida nas dimensões das paredes é de -1,0 mm para cada valor individual:

Tabela 8.3

Classe	Largura nominal mm	Paredes longitudinais (a) mm	Paredes transversais	
			Paredes (a) mm	Espessura equivalente (b) mm/m
A	190	32	25	188
	140	25	25	188
B	190	32	25	188
	140	25	25	188
C	190	18	18	135
	140	18	18	135
	115	18	18	135
	90	18	18	135
	65	15	15	113

(a) Média das medidas das paredes tomadas no ponto mais estreito.

(b) Soma das espessuras de todas as paredes transversais aos blocos (em milímetros) dividida pelo comprimento nominal do bloco (em metros).

8.2.3.3 – A menor dimensão do furo para as classes A e B, atendidas as demais exigências das normas técnicas brasileiras, tem de obedecer aos seguintes requisitos:

- diâmetro do furo ≥ 70 mm para blocos de 140 mm de largura;
- diâmetro do furo ≥ 110 mm para blocos de 190 mm de largura

É recomendável que os blocos tenham nos cantos dos furos mísulas de acomodação.

8.2.4 Requisitos físico-mecânicos

Os blocos vazados precisam atender aos limites de resistência à compressão, absorção de água e retenção linear por secagem estabelecidos na Tabela 8.4.

Tabela 8.4

Classificação	Classe	Resistência característica à compressão axial (a) MPa	Absorção média % Agregado normal	Agregado leve	Retração %
Com função	A	fbk 8,0	8,0		0,065
	B	4,0 fbk <8,0	9,0		
Com ou sem função estrutural	C	fbk 3,0	10,0		
(a) Resistência característica à compressão axial obtida aos 28 dias.					

8.2.5 Materiais

O concreto é constituído de cimento portland, agregados e água. Será permitido o uso de aditivos, desde que não acarretem efeitos prejudiciais devidamente comprovados por ensaios. Somente cimento que obedeça às especificações brasileiras para cimentos destinados à preparação de concretos e argamassas são considerados. Os agregados podem ser areia e pedra ou escória de alto-forno, cinzas volantes, argila expandida ou outros agregados leves que satisfaçam a especificações próprias a cada um desses materiais. Os blocos deverão ser armazenados cobertos, protegidos de chuva, em pilhas não superiores a 1,5 m de altura. No caso de armazenamento em laje, verificar sua capacidade de resistência para evitar a concentração de carga em áreas localizadas. No pedido de fornecimento, constarão as seguintes informações, além de outras: dimensões nominais do bloco, tipo de bloco (modelo e especificidade, conforme projeto executivo de arquitetura), se o transporte e a descarga estão ou não incluídos no fornecimento.

8.2.6 Condições específicas

A amostra submetida aos ensaios terá de satisfazer aos limites indicados abaixo:
- resistência à compressão (valores mínimos):
  - média: 2,5 MPa
  - individual: 2,0 MPa
- absorção (valores máximos):
  - média: 10%
  - individual: 15%
- os ensaios previstos na alínea acima não serão necessários quando os blocos se destinarem à execução de alvenaria não exposta às intempéries ou umidade;
- peso médio é:
  - do bloco de 9 cm × 19 cm × 39 cm : 10,7 kg
  - do bloco de 14 cm × 19 cm × 39 cm : 13,6 kg
  - do bloco de 19 cm × 19 cm × 39 cm : 17,3 kg

8.2.7 Generalidades

Alguns fabricantes fornecem blocos de concreto tipo aparente, em que uma das superfícies se apresenta totalmente lisa ou com relevos decorativos. Os fabricantes fornecem meio bloco, canaleta e meia canaleta para complementar a montagem das paredes sem necessidade de quebrar blocos inteiros. A utilização básica dos blocos vazados de concreto simples é em alvenaria de vedação, mas predomina ainda o uso da alvenaria armada estrutural. Os blocos são utilizados também para construção de muros de arrimo e de divisa e podem ser assentados com argamassa preparada na obra ou argamassa industrializada. Para paredes de vedação, o traço indicado é 1:0,5:4,5 de cimento, cal e areia. Para paredes estruturais, os traços são determinados pelo calculista, que também indicará a ferragem e o graute a serem colocados em furos de determinados blocos das paredes.

8.3 Alvenaria de tijolos maciços cerâmicos

O tijolo maciço de barro cozido, também chamado tijolo comum, é fabricado com argila, conformado por prensagem, sendo a seguir submetido à secagem e à queima. As medidas padronizadas em milímetros são as indicadas na Tabela 8.5.

Tabela 8.5: Tigela comum

Comprimento	Largura	Altura
190	90	57
190	90	90

A resistência à compressão deverá ser a indicada na Tabela 8.6.

Tabela 8.6: Resistência à compressão

Categoria	MPa
A	1,5
B	2,5
C	4,0

São utilizados basicamente em paredes de vedação ou como paredes portantes em pequenas estruturas. Antes de serem usados, os tijolos têm de ser molhados com a finalidade de evitar que absorvam água da argamassa. Não podem, no entanto, ser encharcados, pois isso acarretará aparecimento de eflorescências. Os tijolos maciços precisam ser assentados com juntas de amarração. Em tempo seco, será procedida a molhagem frequente da alvenaria para impedir a evaporação rápida da água. Recomenda-se evitar qualquer dano à alvenaria, por choques ou batidas violentas, enquanto em processo de secagem. O traço recomendado da argamassa de assentamento é 1:2:8 de cimento, cal e areia.

8.4 Alvenaria de blocos cerâmicos vazados

8.4.1 Terminologia

- Bloco vazado: componente de alvenaria que possui furos prismáticos e/ou cilíndricos perpendiculares às faces que os contêm.
- Dimensão nominal: dimensão especificada para as arestas.
- Dimensão real: dimensão obtida para as arestas do bloco pela média das dimensões de 24 blocos.
- Área bruta: área de qualquer uma das faces do bloco, delimitada pelas arestas do paralelepípedo.
- Área líquida: área bruta de qualquer uma das faces do bloco, diminuída da área dos vazios contidos nessa face.

8.4.2 Condições gerais

O bloco cerâmico é fabricado basicamente com argila, moldado por extrusão e queimado a uma temperatura (em torno de 800 °C) que permita ao produto final atender às condições determinadas nas normas técnicas. O bloco deve trazer a identificação do fabricante, sem que prejudique seu uso. Ele será fornecido em lotes constituídos de blocos de mesmo tipo e qualidade, essencialmente fabricados nas mesmas condições. A unidade de compra é o milheiro. Os blocos são classificados como de vedação ou estruturais. Eles não podem apresentar defeitos sistemáticos, como trincas, quebras, superfícies irregulares, deformações e não uniformidade de cor. Têm ainda de atender às prescrições das normas técnicas quanto à resistência à compressão, planeza das faces, desvio em relação ao esquadro e às dimensões. Os blocos que apresentarem defeitos visuais no ato da descarga precisam ser rejeitados, separando-os do restante do lote (carga do caminhão). Se for constatado que os blocos estão mal queimados (teste de som ou tambor de água), o lote será rejeitado. Quanto às dimensões nominais, o lote será aceito somente se o comprimento, a largura e a altura dos blocos atenderem à especificação da tabela da Seção 8.6.4 a seguir, com a tolerância de ± 3 mm (3 mm para mais ou para menos). Os blocos que forem receber acabamento em gesso, além de atender à variação dimensional média indicada, deverão também seguir a variação individual com limite de 3 mm e ser armazenados em pilhas não superiores a 2 m de altura. É também recomendado que os blocos não fiquem sujeitos a umidade excessiva, inclusive provocada por chuvas. No caso de armazenamento em lajes, é necessário verificar sua capacidade de resistência para evitar sobrecargas. Do pedido de fornecimento constarão, entre outras: dimensões nominais do bloco, tipo de bloco (modelo e especificidade, conforme projeto executivo de arquitetura), aviso esclarecendo se o transporte e a descarga serão feitos pelo fornecedor.

8.4.3 Generalidades

O peso do bloco de vedação de 10 cm × 20 cm × 20 cm é de 2,5 kg. Sua resistência ao fogo é:
- o bloco de vedação de 9 cm de largura resiste a 105 minutos;
- o bloco de vedação de 14 cm de largura resiste a 175 minutos.

Seu isolamento acústico é de 42 dB. Os blocos cerâmicos de vedação são utilizados em paredes de prédios de apartamentos, residências, edifícios para fins comerciais ou outros quaisquer, interna e externamente. Os blocos cerâmicos estruturais são usados principalmente na alvenaria estrutural como paredes portantes, em prédios de até cinco andares. Em alvenaria de vedação, os blocos cerâmicos devem ser assentados, quando não houver controle mais rigoroso quanto ao atendimento às normas técnicas, com argamassa de traço 1:2:9 (cimento, cal e areia, em volume). Entre os tipos de bloco de vedação, os mais comuns são de seis ou oito ou, ainda, nove furos iguais, sendo estes últimos mais recomendados por apresentar três furos x três furos, o que permite a abertura de rasgos, para embutimento de tubulação, na profundidade que atinge apenas uma linha de furos, permanecendo intatas as outras duas, o que facilita manter a estabilidade da parede.

8.4.4 Bloco de vedação

São blocos que não têm a função de suportar outras cargas verticais além da do seu peso próprio e pequenas cargas de ocupação. Podem ser classificados em comuns e especiais. Para todas as dimensões padronizadas (blocos comuns e especiais), o fabricante pode fornecer meio bloco, canaleta e outras peças especiais, nas quantidades especificadas no pedido de fornecimento.

- Blocos de vedação comuns:

São blocos de uso corrente, de classe 10 (conforme indicado adiante em 8.4.10), que apresentam resistência à compressão, na área bruta, de 1 MPa.

- Blocos de vedação especiais:

Os blocos podem ser fabricados em dimensões especiais mediante contrato por escrito entre produtor e construtora, desde que respeitadas as demais especificações contidas nas normas técnicas. No caso específico de blocos de vedação com largura inferior ao valor mínimo de 90 mm, estabelecido na Tabela 8.7, a resistência mínima à compressão fica estipulada em 2,5 MPa e as demais dimensões do bloco (altura e comprimento) não podem ser inferiores aos valores definidos na tabela.

Capítulo 8 – Alvenaria e outras divisórias

Tabela 8.7: Dimensões dos blocos

Tipo comum	Dimensões nominais (mm)		
	Largura (L)	Altura (H)	Comprimento (C)
10×20×20	90	190	190
10×20×25	90	190	240
10×20×30	90	190	290
10×20×40	90	190	390
12,5×20×20	115	190	190
12,5×20×25	115	190	240
12,5×20×30	115	190	290
12,5×20×40	115	190	390
15×20×20	140	190	190
15×20×25	140	190	240
15×20×30	140	190	290
15×20×40	140	190	390
20×20×20	190	190	190
20×20×25	190	190	240
20×20×30	190	190	290
20×20×40	190	190	390
Tipo especiais	**Dimensões nominais (mm)**		
	Largura (L)	Altura (H)	Comprimento
10×10×20	9	90	190
10×15×20	9	140	190
10×15×25	9	140	240
12,5×15×25	115	140	240

8.4.5 Bloco estrutural

São blocos projetados para suportar outras cargas verticais além da do seu peso próprio, compondo o arcabouço estrutural da edificação. Podem ser classificados em comuns e especiais:

- blocos estruturais comuns: são os de uso corrente, classificados conforme sua resistência à compressão (adiante definida em 8.4.10);
- blocos estruturais especiais: podem ser fabricados em formatos e dimensões especiais acordados entre as partes. Nos quesitos não explicitados no acordo, têm de prevalecer as condições das normas técnicas.

8.4.6 Características visuais

Os blocos não podem apresentar defeitos sistemáticos, como: trincas, quebras, superfícies irregulares ou deformações, que impeçam seu emprego na função especificada.

8.4.7 Características geométricas

- *Formas*: os blocos de vedação e estruturais comuns devem ter a forma de um paralelepípedo retângulo. Existem blocos cerâmicos com furos na horizontal (na direção do comprimento C) e blocos com furos na vertical (na direção da altura H).
- *Dimensões reais:* as dimensões reais dos blocos são determinadas empregando régua ou trena metálicas com graduação de 1 mm.
- *Determinação das dimensões:* medir 24 blocos, colocados lado a lado, com uma trena metálica, com aproximação de 2 mm. Se, por alguma razão, for impraticável medir os 24 blocos dispostos em uma fila, a

amostra pode ser dividida em 2 filas de 12 blocos ou 3 filas de 8 blocos, que são medidas separadamente. É necessário posteriormente somar os valores obtidos em qualquer dos casos e dividir esse resultado por 24, para obter a dimensão real média dos blocos.
- *Determinação do desvio em relação ao esquadro:* é preciso medir o desvio em relação ao esquadro entre as faces destinadas ao assentamento e ao revestimento do bloco, empregando um esquadro metálico de (90 ± 0,5)° e uma régua metálica com graduação de 1 mm.
- *Determinação da planeza das faces:* deve-se determinar a planeza das faces destinadas ao revestimento pela flecha na região central de sua diagonal, usando réguas metálicas com graduação de 1 mm.

8.4.8 Tolerâncias de fabricação

As tolerâncias máximas de fabricação para os blocos são as indicadas na Tabela 8.8.

Tabela 8.8: Tolerância de fabricação

Dimensão	Tolerância (mm)
Largura (L)	± 3
Altura (H)	± 3
Comprimento (C)	± 3
Desvio em relação ao esquadro	3
Flecha	3

8.4.9 Espessura das paredes

A espessura das paredes externas do bloco de vedação ou estrutural tem de ser, no mínimo, igual a 7 mm.

8.4.10 Resistência à compressão

A resistência à compressão mínima dos blocos de vedação ou estruturais, relacionada com a área bruta, atenderá aos valores indicados na Tabela 8.9.

Tabela 8.9: Resistência à compressão

Classe	Resistência à compressão na área bruta (MPa)
10	1,0
15	1,5
25	2,5
45	4,5
60	6,0
70	7,0
100	10,0

8.4.11 Absorção de água

A absorção de água não pode ser inferior a 8% nem superior a 25%.

8.4.12 Alvenaria de vedação – procedimento de execução de serviço

8.4.12.1 Documentos de referência

Projetos de arquitetura (plantas baixas, cortes, elevações e detalhes), alvenaria (quando houver), fundação (vigas-baldrame), estrutura, instalações hidráulicas e elétricas, impermeabilização (quando houver, em áreas molhadas) e esquadrias.

8.4.12.2 Materiais e equipamentos

Além daqueles existentes obrigatoriamente no canteiro de obras, quais sejam, dentre outros:

- água limpa;
- cimento portland;
- areia média;
- tábuas de 1"× 12"de primeira qualidade (sem nós);
- EPCs e EPIs (capacete, botas de couro e luvas de borracha);
- colher de pedreiro;
- broxa;
- desempenadeira de madeira;
- desempenadeira dentada;
- rolo para textura acrílica;
- linha de náilon;
- lápis de carpinteiro;
- régua de alumínio de 1"× 2"com 2 m;
- esquadro de alumínio;
- nível de bolha;
- nível de mangueira ou nível a *laser*;
- prumo de face;
- caixote para argamassa;
- vassoura de piaçaba;
- escova de aço;
- cavaletes para andaime;
- carrinho de mão;
- guincho;

mais os seguintes (os que forem necessários, dependendo do tipo de obra):

- blocos cerâmicos vazados;
- tijolos maciços cerâmicos;
- argamassa industrializada para assentamento;
- chapisco industrializado;
- tela de aço zincada fio 1,6 mm malha 15 mm × 15 mm ou similar;
- tela *deployé*;
- aditivo expansor;
- escantilhão;
- gabaritos para vão de porta e de janela;
- padiola;
- argamassadeira ou betoneira;
- andaime fachadeiro ou balancim;
- silo.

8.4.12.3 Método executivo

8.4.12.3.1 Condições para o início

As vigas-baldrame têm de estar impermeabilizadas e niveladas, e o terreno no seu entorno, reaterrado e nivelado. A laje sobre a qual será executada a alvenaria deve estar livre, desimpedida e apta para receber carga. Os eixos de referência locados topograficamente precisam estar claramente demarcados, bem como o nível de referência dos baldrames. As faces dos pilares e vigas que terão ligação com a alvenaria necessitam estar chapiscadas há pelo menos três dias, para melhor aderência entre a estrutura e as paredes. Recomenda-se que o escoramento apoiado na laje superior seja retirado.

8.4.12.3.2 Execução do serviço

- **Demarcação**

  Quando sobre laje, limpar o piso com vassoura de piaçaba, remover os materiais soltos e verificar o nivelamento da laje com nível de mangueira ou nível a *laser*. Caso ocorra desnivelamento superior a 2 cm, se for saliente, ele deverá ser removido ou, se houver depressão, esta terá de ser preenchida um dia antes do assentamento da alvenaria. Depois, marcar cada eixo de referência da estrutura (previamente locados topograficamente), riscando na laje com um barrote afiado de aço ou então assentando uma faixa de argamassa e depois batendo sobre ela uma linha de náilon posicionada sobre o eixo. Em seguida, assentar uma fiada de demarcação utilizando os mesmos tipos de bloco cerâmico e de argamassa a serem usados no restante da parede. Deve-se iniciar pela alvenaria da fachada. Assentar os blocos das duas extremidades da parede locando com base nos eixos de referência. Esticar uma linha unindo os dois blocos por um de seus lados. Assentar entre eles os demais blocos da fiada de demarcação, modulando-os mediante o espaçamento das juntas verticais e utilizando, se necessário, um meio bloco. As juntas verticais precisam ser preenchidas para garantir maior resistência a choques acidentais. Depois, demarcar as paredes internas com base nos eixos de referência, atentando para os vãos de porta (colocando gabaritos para tal) e de prumada de instalações. A espessura da argamassa de assentamento pode variar de 1 cm a 3 cm.

- **Elevação das paredes**

  A argamassa de assentamento é aplicada na parede do bloco por meio de colher de pedreiro ou de desempenadeira de madeira, de modo a formar cordões contínuos nos dois lados do bloco. No encontro da parede com o pilar, o bloco deve ser assentado com a argamassa da junta vertical já sobre ele colocada, precisando ser o bloco fortemente comprimido sobre a estrutura (previamente chapiscada) para melhor ligação entre eles. A espessura das juntas horizontais deve ser de 1 cm a 2 cm. As juntas verticais têm de ser preenchidas com argamassa somente nos casos de: fiada de respaldo da alvenaria; entre blocos em contato com os pilares e os blocos adjacentes; nas interseções de paredes e os blocos adjacentes (no caso de amarração da interseção das paredes com os próprios blocos, o preenchimento das juntas verticais é dispensável); nas paredes apoiadas em lajes em balanço; nas paredes muito esbeltas; nas paredes com o respaldo livre (platibandas, guarda-corpos, muretas entre cozinhas e área de serviço etc.); nas paredes muito recortadas para embutimento de tubulações; nas paredes muito curtas (*espaletas* etc.). É preciso ser feito o assentamento das fiadas com juntas verticais desencontradas (*amarração*), sendo necessário o uso de meios blocos (em fiadas alternadas) nas extremidades das paredes.

  Estas são levantadas (com auxílio de escantilhões para a marcação da cota de nível de cada fiada, por meio de uma linha interligando-os) até atingir a cota de nível das contravergas de vão de janela. Depois da execução da contraverga, tem de ser colocado o gabarito da janela. As fiadas seguintes são assentadas até a cota de nível das vergas de porta e de janela. É necessário deixar um gabarito no vão onde será instalada a caixa de distribuição de luz. As vergas e contravergas podem ser executadas *in loco* com o uso de blocos tipo canaleta (preenchidas de concreto de f_{ck} = 15 MPa, no mínimo, e duas barras de aço Ø 6,3 mm) ou então ser pré-moldadas. O apoio mínimo das contravergas é de 30 cm de cada lado do vão e o das vergas é de 20 cm. No caso de ocorrer vãos distantes de menos de 60 cm, as vergas (e as contravergas) precisam ser contínuas. Poderão ser corrigidos desaprumos e desalinhamentos na conferência de cada fiada executada. Por ocasião da elevação da alvenaria, recomenda-se serem deixados os conduítes verticais atravessando furo do bloco cerâmico vazado (no caso de o modelo do bloco possibilitar), dispensado posterior corte na parede para embutimento deles. É recomendável reforçar a ligação entre a parede e o pilar por meio de tiras com 40 cm de comprimento de tela de aço zincada (fio 1,6 mm e malha 15 mm × 15 mm) ou similar, posicionadas na cota de nível de juntas de assentamento alternadas. A tela tem de ser fixada na estrutura com dois pinos de aço. Onde a alvenaria será atravessada por prumada de tubulação (hidráulica ou elétrica), a parede deverá ser levantada deixando-se um vão livre para a passagem dos tubos, os quais precisam ser envolvidos com tela *deployé* para melhor aderência da argamassa de chumbamento. Além disso, é necessário prever, por ocasião do revestimento, a colocação de tela de aço zincada (com fio Ø 1,6 mm e malha 15 mm × 15 mm) ultrapassando em 30 cm cada lado do vão. O vão entre o final da elevação da parede e a estrutura (viga ou laje) precisa ser preenchido de modo a fixar a alvenaria (*aperto*) pelo encunhamento com tijolos maciços cerâmicos inclinados ou com cunhas pré-moldadas de concreto ou então mediante o preenchimento do vão, com 2 cm a 3,5 cm, com argamassa expansiva. É recomendável, antes da fixação (aperto) da alvenaria de um andar, que estejam concretadas quatro lajes acima e desformados os dois pavimentos superiores. Tela *deployé* é uma chapa metálica fina pré-cortada em linhas paralelas interrompidas e depois distendida.

8.5 Alvenaria de blocos de concreto celular

O bloco de concreto celular é obtido pela combinação de cimento portland, pedra calcária, pó de alumínio, areia de sílica-rica (areia silicosa) e água. No processo de fabricação, o pó de alumínio é responsável por formar bolhas de ar no concreto, causando a diminuição da densidade do bloco. Assim, a peça fica mais leve, mas não perde algumas propriedades de resistência necessárias para o funcionamento da alvenaria. Além disso, a incorporação de ar proporciona maior conforto térmico e acústico comparativamente ao do bloco de concreto comum. A densidade do bloco celular de vedação está em torno de 500 kg/m³ e chega a ser 1/3 daquela dos blocos de concreto comuns. O bloco celular tem boa resistência ao fogo.

No seu assentamento, deve-se preencher a junta entre os blocos e utilizar argamassa adequada para o material. Durante a produção da pasta de concreto celular, a introdução de ar é obtida por meio de reação química dentro da argamassa, durante seu estado plástico, ou então mediante adicionamento de uma espuma estável (semelhante à usada para a extinção de incêndio), ou ainda pela agitação da pasta. O concreto celular autoclavado com cura em vapor à alta pressão gera silicato de cálcio, que é um composto químico estável. Existem diferentes medidas de bloco de concreto celular: as dimensões mais comuns são de 30 cm de altura por 60 cm de comprimento, cuja espessura pode variar, sendo a menor delas 7,5 cm, a segunda opção 10 cm, a terceira 15 cm e a quarta 20 cm. Na obra, eles devem ser armazenados em local coberto, ventilado, limpo e seco, numa superfície nivelada.

8.6 Parede de placas cimentícias

8.6.1 Características de placa cimentícia ou placa de fibrocimento

- Não contém amianto (tecnologia CRFS – cimento reforçado com fios sintéticos);
- resistente à umidade;
- permeável ao vapor e impermeável à água;
- elevada resistência a impactos;
- resistente a cupins e micro-organismos;
- incombustibilidade;
- elevada durabilidade;
- isolamento térmico;
- isolamento acústico;
- resistência ao fogo;

- rapidez e praticidade de montagem;
- uso em ambientes internos (áreas secas e molhadas) e externos (submetidos a intempéries);
- tamanhos: largura 1,20 m; espessuras 6 mm, 8 mm e 10 mm; comprimentos 2 m, 2,40 m e 3 m.

8.6.2 Sistema construtivo

Consiste de placas planas montadas sobre estrutura (em geral de aço) de apoio. Os componentes do sistema de estrutura de aço são:
- placas cimentícias planas;
- perfis estruturais de aço galvanizado;
- elementos de fixação:
    - para ancoragem da estrutura em pisos e paredes de apoio (pregos para fixação com pistola e chumbadores);
    - para fixação entre perfis (parafusos galvanizados autoperfurantes);
    - para fixação das placas nos perfis (parafusos galvanizados e pregos de aço [para madeira]);
- telas e massas para tratamento das juntas;
- instalações elétrica e hidráulica (os perfis-montantes possuem perfurações que facilitam a instalação das tubulações no interior das paredes).

8.6.3 Acabamento de paredes

- Revestimento com cerâmica ou pedra natural:
    - fazer o tratamento de juntas invisíveis;
    - aplicar chapisco rolado em toda a placa;
    - aplicar revestimento de argamassa adequada;
    - aplicar rejunte flexível.
- Textura:
    - fazer tratamento de juntas invisíveis;
    - aplicar chapisco rolado em toda a placa;
    - aplicar textura conforme recomendações do fabricante.
- Pintura lisa:
    - fazer tratamento de juntas invisíveis;
    - aplicar chapisco rolado em toda a placa;
    - massear a placa com massa corrida acrílica;
    - tinta de base acrílica é recomendada.

8.6.4 Fixação de armários e peças suspensas

A fixação nas placas de elementos ou peças suspensas (prateleiras, bancadas etc.) deve ser feito com o auxílio de buchas específicas para materiais vazados, para carga máxima de 15 kg. Para cargas maiores, a fixação deve ser feita somente em perfil-montante.

8.7 Construção seca

Denomina-se construção seca aquela que não utiliza água na sua execução, dispensando o consume de argamassa, cimento etc. Esse sistema construtivo evita a proliferação de fungos, bolor ou mofo em geral e não necessita de tempo de secagem do material usado.

8.7.1 Parede de gesso acartonado (*drywall*)

8.7.1.1 Generalidades

Os painéis de gesso acartonado, utilizados em paredes internas de edifícios, são sistemas compostos de placas produzidas industrialmente e constituídas de um núcleo de gesso natural (gipsita) e aditivos, revestido em ambas as faces com lâminas de cartão duplex. O gesso proporciona a resistência à compressão e o cartão, resistência à tração. As paredes (*drywall*) são estruturadas por montantes de chapa dobrada de aço galvanizado, distanciados ao longo de um plano vertical conforme medida do painel. Essa estrutura é revestida em ambas as faces com painéis de gesso acartonado, sendo o espaço modular entre os montantes preenchido com material que assegura à parede melhor desempenho acústico, térmico e antichamas (em geral manta de lã de vidro ou de lã de rocha). Os painéis partem da concepção de industrialização integral do sistema de vedação, embutindo as instalações elétricas e hidráulicas, em uma característica de componentes terminados, que exigem apenas e tão somente operações de montagem no canteiro de obras, o que dispensa a utilização de água, areia, tijolos, cal, cimento e mão de obra artesanal. Quando utilizados em paredes molháveis, os painéis recebem um tratamento químico no seu revestimento e agregação de produtos químicos à base de silicone à mistura do gesso. O tratamento das juntas entre os painéis é feito por meio de preenchimento com massa plástica especial (aplicada com espátula), recoberto por fita de papel também especial. A montagem dos painéis é feita mediante: a demarcação e colocação das guias; o assentamento dos montantes metálicos; o corte dos painéis e sua fixação nos montantes (com parafusos autoperfurantes e autoatarrachantes, zincados ou fosfatizados, aplicados com parafusadeira elétrica) em uma das faces da parede; o preenchimento dos vãos com manta de lã de vidro (ou similar); o assentamento dos painéis na outra face da parede, e, por fim, o tratamento das juntas entre os painéis (que é feito utilizando massa e fita especiais e que contribui para o bom desempenho da edificação: resistência mecânica, isolamento acústico e proteção ao fogo). O acabamento das paredes pode ser executado em pintura látex ou com revestimento de papel de parede, laminado melamínico, azulejos etc.

O sistema é fornecido com todos os acessórios, como perfis, cantoneiras, apoios, parafusos, massa de rejunte e fita adesiva. Também são fornecidas as ferramentas adequadas à montagem dos painéis, como tesourão, alicate aplicador, alavanca de manobra de painel, faca retrátil e outras. A massa serve para a colagem das fitas e para o acabamento das juntas. As fitas apresentam uma ranhura central que facilita a dobra para juntas de canto e possuem uma microperfuração que evita a formação de bolhas e melhora a aderência da massa. Os painéis de gesso acartonado apresentam uma série de características de utilização e implicam mudança drástica de técnica construtiva. Os principais aspectos que caracterizam essa nova tecnologia são:

- versatilidade para diferentes formas geométricas das paredes;
- capacidade de atendimento de diferentes necessidades em termos de desempenho acústico a partir de tipos específicos de painéis;
- possibilidade de redução de cargas na estrutura e nas fundações e de redução das seções estruturais com ganhos de áreas úteis;
- capacidade de obtenção de soluções racionalizadas para os demais subsistemas-instalações (com acesso para manutenção);
- elevação da produtividade: pela continuidade de trabalho proporcionada: pelas operações de montagem, com elementos de grandes dimensões em relação aos blocos; pela repetição de operações resultante da modulação; pela eliminação de perda de materiais e de tempo não produtivo de mão de obra;
- incremento da velocidade de execução da obra, com a eliminação de etapas de trabalho e liberação para a fase de acabamento em curto espaço de tempo;
- possibilidade de obtenção de ganhos diversos pela redução dos prazos de obra – custos financeiros, velocidade de vendas etc.

Além da alta resistência ao fogo que naturalmente o gesso possui, as chapas resistentes ao fogo (RF), identificadas pela coloração rosa, contêm retardantes de chama na sua fórmula, sendo indicadas para o uso em áreas especiais, como escadas enclausuradas e saídas de emergência. Há ainda outro tipo especial de placas, de coloração verde, resistentes à umidade, que são placas de gesso acartonado especiais que recebem tratamento à base de silicone na superfície do papel-cartão e também no miolo de gesso. Esse tratamento atribui às placas, além da resistência à umidade, também a vapores e à proliferação de fungos, porém não oferece resistência à água, não sendo indicadas para usos externos, saunas úmidas e locais onde a umidade e o vapor possam transpassar pelo revestimento superficial final e atingir as placas.

8.7.1.2 Vantagens

- *Leveza*
  O baixo peso das paredes de gesso acartonado permite a redução no dimensionamento das fundações e da estrutura nas construções. A parede de 14 cm pesa em torno de 42 kg/m².
- *Ganho de área útil*
  Com espessura menor que a das paredes convencionais, as de gesso acartonado trazem ganho considerável de área útil.
- *Estética*
  Com superfícies lisas e sem juntas aparentes, as paredes de gesso acartonado podem ser planas ou curvas e ainda receber qualquer tipo de acabamento: pintura, papel de parede, azulejo, mármore ou laminado melamínico.
- *Resistência mecânica*
  As paredes de gesso acartonado são adaptáveis a qualquer tipo de estrutura: madeira, alvenaria, concreto ou aço e podem alcançar qualquer altura de pé-direito. Suportam a fixação de qualquer tipo de objeto.
- *Isolação térmica*
  O espaço interno das paredes de gesso acartonado permite a colocação de lã mineral, reforçando a isolação térmica.
- *Isolação acústica*
  O desempenho acústico das paredes de gesso acartonado atende às mais exigentes especificações, podendo ser melhorado acrescentando mais placas ou lã mineral no seu interior.
- *Resistência ao fogo*
  Graças às características das placas de gesso acartonado (20% do seu peso é de água), suas paredes têm excelente resistência ao fogo, podendo ser melhorada com o uso de placas especiais refratárias.
- *Facilidade na instalação*
  Os sistemas de parede de gesso acartonado são práticos na sua montagem e facilitam também as instalações hidráulicas e elétricas.
- *Garantia* Os produtos e sistemas de gesso acartonado são garantidos pelo fabricante mediante controles da qualidade, internos e ensaios realizados em laboratórios.

8.7.1.3 Execução de parede comum

- *Demarcação e aplicação das guias*
  Demarcar no piso a espessura da parede, destacando a localização dos vãos de porta. Fixar as guias no piso e no teto a cada 60 cm, no máximo, com pistola e pino de aço, parafuso e bucha, prego de aço ou cola. Na junção das paredes em "T" ou em "L", deixar entre as guias um intervalo para a passagem das placas de fechamento de uma das paredes.
- *Colocação dos montantes*
  Fixar os montantes de partida nas paredes laterais, a cada 60 cm, no máximo. Os montantes cortados na altura são encaixados nas guias. O espaçamento entre os montantes deve ser 60 cm ou 40 cm, respeitados os valores-limite indicados pelo fabricante. Quando os montantes são duplos, têm de ser solidarizados entre si a cada 40 cm com parafusos especiais. Com determinados tipos de montante, é possível reconstituir um tubo retangular por encaixe dos montantes e obter assim a resistência de um montante duplo (pelo recobrimento de um montante simples). Essa disposição permite também reforçar os montantes que receberão os batentes de esquadria. Ela facilita também a ação telescópica dos montantes no caso de altura das paredes maior que o comprimento dos montantes disponíveis.
- *Instalações elétricas, hidráulicas e reforços*

Havendo necessidade da passagem de instalações elétricas e hidráulicas, ou execução de reforços para posterior fixação de peças (bancadas, lavatórios ou armários), ela será executada antes do fechamento com as placas, pois a operação fica mais fácil de ser executada. Os montantes têm aberturas para passagem de tubulação. A fim de eliminar os fenômenos de vibração e corrosão da tubulação de cobre, precisam ser aplicadas forrações nessa tubulação, evitando seu contato com os montantes.

- *Colocação de placas*
É necessário proceder como segue:
  - Cortar as placas na altura do pé-direito, menos 1 cm.
  - Fazer as aberturas para caixas elétricas e outras instalações.
  - As placas são montadas encostadas no teto para facilitar o tratamento posterior da junta. A folga necessária para montagem é deixada na parte baixa.
  - As placas são dispostas de modo que as juntas de um lado da estrutura sejam alternadas com as juntas do outro lado. No caso de paredes com placas duplas, as juntas da segunda camada são desencontradas com as da primeira. A junção entre as placas se faz sempre sobre um montante.
  - Parafusar as placas com espaçamento entre parafusos de 30 cm, no máximo, e disposto no mínimo a 1 cm da borda da placa. Quando os montantes são duplos, parafusá-los alternadamente sobre cada montante.
  - Para melhorar o desempenho acústico da parede, é preciso colocar mantas ou painéis de lã mineral antes de assentar a placa da outra face da parede.

- *Fixação de batentes*
Deve-se proceder como segue:
  - Os montantes laterais que receberão os batentes têm de estar bem fixados nas guias superior e inferior.
  - Recomenda-se a colocação de tacos de madeira dentro dos montantes laterais com dimensões adequadas à largura dos montantes usados, como reforço onde parafusar os batentes.
  - Os batentes serão fixados aos montantes laterais no mínimo em três pontos.
  - Os batentes podem ser de madeira ou metálicos, que abraçam a parede ou com guarnição de sobrepor.
  - A travessa da bandeira da porta é feita com uma guia previamente cortada e dobrada, que é fixada aos montantes laterais com dois parafusos cada. Em função da largura da porta, prever um ou mais montantes intermediários para estruturar a bandeira.

- *Arremate de Topo de Parede ou Acabamento em Aberturas*
Pode ser executado:
  - com acabamento em madeira;
  - com acabamento em placa de gesso acartonado.

- *Junção de Paredes*
Pode ser executada, conforme o caso:
  - em "L" com placas simples;
  - em "L" com placas duplas;
  - em "T" com placas duplas;
  - canto em ângulo.

- *Locais úmidos*
Para as áreas úmidas de banheiros, cozinhas e áreas de serviço, recomenda-se a proteção da base da parede e o uso de placas especiais, também indicadas para as paredes de boxe de chuveiro.

8.7.1.4 Execução de parede técnica

Elas são constituídas de placas normais ou especiais, parafusadas sobre uma dupla estrutura em chapa dobrada de aço galvanizado:

- Os procedimentos de demarcação e fixação das guias são semelhantes aos das paredes normais, levando em consideração apenas o espaçamento correto entre as duas guias inferiores, que pode variar de acordo com a necessidade da espessura da parede.
- Os montantes são encaixados nas guias, dois a dois, espaçados a cada 60 cm ou 40 cm, conforme exigência quanto à resistência mecânica, e solidarizados entre si por tiras de placas parafusadas.
- Em razão da estrutura dupla, essas paredes podem assumir larguras variadas, permitindo o embutimento de tubulações de qualquer diâmetro ou especiais.
- Podem atingir grandes alturas, pois ambas as estruturas são solidarizadas entre si com recortes de placas.
- Seu desempenho acústico pode ser excepcional com o seu preenchimento com mantas isolantes de lã mineral.
- Suportes especiais ou reforços na estrutura permitem a fixação de peças sanitárias e bancadas pesadas.
- Bancada técnica com instalações sanitárias: geralmente, associada a uma parede existente (de alvenaria ou de gesso acartonado), permite a passagem de tubulação de grande diâmetro e fixação de caixas de descarga de embutir. Constituída de placas normais ou especiais, parafusadas sobre uma estrutura em chapa dobrada de aço galvanizado.

8.7.1.5 Trabalho com as placas

Manuseio As placas são transportadas sempre na posição vertical, uma a uma, ou, quando vêm cintadas, duas a duas. *Estocagem* As pilhas de placas devem ser estocadas em lugar abrigado, seco e em base plana. Colocar as placas sempre sobre apoios, com largura mínima de 10 cm e espaçados de 40 cm. Nessas condições, pode-se compor cinco pilhas de placas (5 m). *Corte de placas*

- – Corte com estilete e régua:
    * corte o cartão com um estilete com a ajuda de uma régua;
    * vire a placa e corte o outro cartão (do lado oposto da placa);
    * dê um golpe seco sobre a tira da placa.
  – Corte com serrote: marque e corte com serrote próprio para gesso.
- *Corte circular para passagem de tubulação* Para cortes circulares de pequeno diâmetro, utilizar serras-copo.
- *Corte de perfis*
  Os perfis de chapa dobrada de aço galvanizado são cortados com tesoura própria para chapa metálica.
- Fixação das placas Utilizar máquina elétrica portátil de parafusar e parafusos autoatarrachantes apropriados. Para que a cabeça do parafuso não fique reentrante nem saliente, ajuste adequadamente o dispositivo de regulagem da máquina. O tamanho do parafuso tem de corresponder à espessura da placa aumentado de 1 cm, nos casos de estrutura metálica, e de 2 cm, no caso de estrutura de madeira.

8.7.1.6 Tratamento de juntas

As juntas entre placas são partes integrantes da obra. As juntas tratadas com fita e massa apropriadas são consistentes para assegurar, durante o tempo, a continuidade mecânica entre as placas (como uma solda), como uma superfície única, sem fissuras. Elas contribuem também para o bom desempenho da obra: proteção ao fogo, isolação acústica, resistência mecânica etc. As massas apropriadas servem para a colagem das fitas e para o acabamento das juntas. Elas se apresentam sob a forma de pó a ser misturado com água ou pré-misturada, pronta para uso. As em pó podem ser de pega lenta ou de pega rápida. Aplicada pela manhã, pode ser repassada à tarde (mínimo 4 horas depois). É também usada para pequenas restaurações. As massas de pega lenta e as prontas para uso podem ser repassadas após 12 a 48 horas. A fita apropriada é indispensável para a junta. Particularmente resistente, ela não se deforma na montagem. Uma ranhura central facilita a dobra para junta de canto. Suas características a tornam o melhor produto para execução de juntas entre placas. Está disponível em rolos de 23 ou de 150 m. Para obter uma junta perfeita, verificar o bom estado da superfície a tratar, assegurando principalmente que a cabeça dos parafusos esteja faceando corretamente a placa. Todo elemento que possa trazer má aderência da massa precisa ser eliminado.

- *Verificações e recomendações iniciais*
  Nos encontros com parede de outra natureza, assegure-se de que a superfície esteja em perfeito estado,

seca e sem pó. As juntas devem ser tratadas antes da aplicação da massa de pintura. Em caso contrário, será necessário raspar essa massa ao longo da junta. Todos os retoques têm de ser previamente feitos com produtos apropriados (massa adesiva ou massa rápida). É necessário seguir totalmente as recomendações constantes de cada embalagem. Em particular:

- *Fixação das placas*
    - utilizar água e recipientes próprios;
    - usar obrigatoriamente a fita apropriada;
    - não tratar as juntas quando a temperatura for inferior a 5 °C.
- *Execução das juntas*
    - Juntas em lugares comuns:
        * Massear generosamente o rebaixo entre as placas (primeira camada de colagem da fita).
        * Aplicar a fita apropriada centrada no eixo da junta.
        * Comprimir a fita sem exagero, a fim de evitar a saída total da massa. Uma falha de massa pode causar colagem defeituosa da fita e uma bolha.
        * Recobrir com massa a fita (segunda camada de colagem), passando ao mesmo tempo a massa sobre a cabeça dos parafusos.
        * Depois da secagem da primeira camada, recobrir a junta com a segunda camada de acabamento, mais larga 2 cm a 5 cm que o rebaixo. Essa camada precisa ficar com a aparência de trabalho acabado. Passar uma segunda camada sobre a cabeça dos parafusos. Se for necessário, depois da secagem, aplicar uma nova camada de acabamento, mais larga sempre de cada lado da precedente.
    - Juntas entre bordas cortadas ou bordas de topo:
    As camadas de acabamento devem ser mais largas.

    - Intersecção de juntas:
    Não remontar as fitas, a fim de evitar maior espessura.

    - Ângulo interno:
    A massa é aplicada sobre cada lado do ângulo, como na junta plana. Dobre a fita antes de aplicá-la. Comprima e recubra a fita com massa, trabalhando de cada lado do ângulo. As camadas de acabamento podem ser feitas com espátula de canto.

    - Ângulo externo:
    Os ângulos externos são protegidos por fitas armadas ou cantoneiras metálicas de chapa galvanizada perfurada. A massa é aplicada sobre cada lado do ângulo. As fitas ou cantoneiras são aplicadas, comprimidas e depois recobertas de massa.

8.7.1.7 Fixações e reforços

Para assegurar fixação sólida nos sistemas de parede de gesso acartonado, é necessário utilizar buchas específicas que distribuam as cargas (como a ação de um guarda-chuva), melhorando o seu desempenho. Os parafusos são de Ø 4 mm × 40 mm ou Ø 4 mm × 53 mm de comprimento.

- *Como pendurar na parede*
- Até 5 kg: Utilizar os ganchos ou pregos, colocados a 45° em relação ao plano da placa. Escolher o tamanho do gancho de acordo com o peso do objeto a ser pendurado.
- Até 30 kg: Usar buchas metálicas de expansão ou basculantes. Multiplicar os pontos de ancoragem, respeitando o espaço mínimo de 40 cm entre cada bucha.
- Mais de 30 kg: Para fixar cargas mais pesadas que 30 kg, como bancadas, lavatórios e armários, devem ser previstos reforços, que serão incorporados à estrutura da parede:

- a) Fixar na estrutura da parede reforços verticais de madeira em número adequado, antes do fechamento com placas. Observar os eixos dos reforços.
- b) Quando a parede já estiver montada, cortar a placa de um lado da parede, abrindo uma janela de tamanho adequado ao trabalho. Fixar reforços de madeira ou metal na estrutura da parede (os reforços têm de ser compatíveis com a carga do objeto a ser pendurado).
- c) Reconstruir a parede, recolocando de preferência o mesmo pedaço de placa (ou então um novo), parafusando a cada 20 cm sobre a estrutura da parede e o reforço. As juntas sempre se localizarão no alinhamento da estrutura.
- d) Para fixações pontuais em que os reforços não foram previstos na montagem:
    * recorte uma janela pequena;
    * confeccione uma peça de madeira (taco) ou metálica (guia ou montante);
    * encaixe a peça dentro da abertura da parede, gire-a e parafuse-a em quatro pontos;
    * recoloque o mesmo pedaço de placa retirado, parafusado ou colado, e faça o tratamento da junta.

8.7.1.8 Ferramentas

As principais ferramentas básicas para montagem dos sistemas de parede de gesso acartonado são:

- trena; (proibido o uso de metro dobrável de madeira);
- cordão para demarcação;
- prumo de face;
- faca retrátil (para corte da placa);
- cordão de náilon (para alinhamento);
- serrote de ponta (para corte da placa);
- serrote comum (para corte da placa);
- dispositivo para tirar nível (dois tubos em material transparente, graduado para tirar nível);
- tesoura (para corte dos perfilados metálicos);
- nível magnético (vertical e horizontal);
- plaina (para desbaste das bordas da placa);
- serra-copo (para furos circulares, adaptável à furadeira elétrica);
- levantador de placa (para levantar a placa vertical e ajustá-la contra o teto);
- espátula (específica para aplicação e recobrimento da fita na junta: 10 cm e 15 cm);
- espátula larga (para acabamento da junta: 20 cm e 25 cm);
- espátula de ângulo (para tratamento de junta de ângulo interno);
- desempenadeira (de lâmina curva, para acabamento de junta normal: 28 cm);
- agitador de massa (para mexer as massas em pó, adaptável à furadeira);
- parafusadeira (com alta rotação: 4000 RPM, regulagem de profundidade, ponta magnética, variação de velocidade e inversão de rotação).

8.7.2 Sistema construtivo *light steel framing*

O sistema construtivo *light steel framing* (LSF), também designado sistema autoportante de *construção a seco* com aço, é constituído por perfis formados a frio (PFF) de chapa fina (leve) de aço galvanizado (por processo mecânico chamado *perfilagem*), os quais são utilizados para a composição de painéis estruturais, vigas, tesouras de telhado, fachadas e demais componentes estruturais de uma edificação, em contraste com as estruturas pesadas de aço (com perfis "I", "H", "T", "L", "U" etc.) de uma edificação. Por ser um sistema industrializado, possibilita uma construção a seco com grande rapidez. Os elementos de chapa perfilada são unidos entre si, passando a funcionar solidariamente para dar forma e suporte à estrutura. Na montagem é importante o cuidado que se deve ter com o alinhamento e o paralelismo dos *montantes* (elementos verticais). Os perfis *montantes* possuem perfurações, conforme projeto, que facilitam a instalação das tubulações no interior das paredes, sendo que tubulações hidráulicas de grande porte devem ser apoiadas sobre perfis adicionais de suporte. *Frame* é o esqueleto estrutural constituído

Capítulo 8 – Alvenaria e outras divisórias 539

por componentes leves e *framing* é o processo pelo qual se unem e se vinculam esses elementos. O LSF tem uma concepção racional, na qual os PFF de tipo em "U" ou enrijecido "Ue" são utilizados como montantes (equidistantes entre si de 40 cm ou 60 cm) para a composição de painéis assim reticulados destinados a paredes com função estrutural das edificações. Denominam-se *bloqueadores* os perfis utilizados horizontalmente no travamento lateral dos montantes. Os painéis para revestimento de estrutura LSF utilizam um método que combina uma alta capacidade isolante termoacústica com uma aparência atraente, por meio do emprego de variadas soluções construtivas, entre elas: subsistema com gesso acartonado (*dry wall*) para paredes internas e, para as externas, placas cimentícias (de fibrocimento) ou chapa de madeira compensada ou de PVC ou ainda de placa OSB (*oriented strand board*) com barreira hidrófuga de material não tecido e tela de poliéster, aplicadas sobre a chapa OSB, ou seja, painel de tiras de madeira orientadas, que é um material composto por pequenas lascas de madeira orientadas em camadas cruzadas seguindo uma determinada direção, o que lhe conferem alta resistência e rigidez (a OSB compete com a chapa de madeira compensada). No sistema LSF, os PFF são fabricados a partir de bobinas de aço de alta resistência e revestido com zinco ou liga zinco-alumínio, pelo processo contínuo de imersão a quente. As placas de fibrocimento (cimentícias), sempre que a água ou umidade (fachadas, subsolos, platibandas, banheiros, cozinhas, áreas de serviço etc.) possam atingir a face interna, precisam obrigatoriamente receber, antes da instalação, tratamento impermeabilizante na face interna, à base de selante acrílico. Em qualquer condição de uso de placas de fibrocimento, é necessário prever uma junta de dilatação a cada 6 m ou cinco placas, a qual terá de ser tratada como junta aparente e tem por finalidade absorver a movimentação natural do sistema. O sistema construtivo LSF pode incorporar no seu interior mantas isolantes térmica, acústicas e outras, com lã de rocha, fibras de poliéster, poliestireno expandido ou poliuretano, não sendo recomendado o uso de lã de vidro (que pode ser considerada cancerígena ao operário que a manuseie). A instalação de esquadrias em paredes de LSF é executada da mesma maneira que a tradicional, sendo elas fixadas diretamente na estrutura, sem necessidade de contramarcos.

8.7.3 Sistema construtivo *wood framing*

O sistema construtivo *wood framing* é um método que utiliza peças leves de madeira contraventadas com placas estruturais. Somente as fundações são do tipo convencional. É largamente usado na construção de casas nos Estados Unidos.

8.7.4 Ligação entre estrutura e paredes de vedação

8.7.4.1 Generalidades

Um dos problemas mais sérios que se apresentam para as paredes de vedação é a deflexão de vigas e lajes. Nesse sentido, muito poderá ser feito, retardando ao máximo a montagem das paredes. Para que as deflexões dos andares superiores não sejam transmitidas aos andares inferiores, a elevação das paredes deverá ser feita do topo para a base do prédio; quando isso for impossível, o travamento (encunhamento) das paredes deverá ser efetuado *a posteriori* (no mínimo, depois de decorridas duas semanas do assentamento dos tijolos). Um problema que se tem verificado particularmente crítico é o do destacamento entre paredes e pilares; a prática construtiva considerou que essa ligação tem de ser feita com o emprego de argamassa, tomando o cuidado de chapiscar previamente o pilar e de nele chumbar alguns ferros de espera.

O destacamento entre pilares e paredes poderá ser recuperado mediante a inserção de material flexível (massa plástica ou outro) no encontro parede/pilar. Nas paredes revestidas, no caso de destacamento provocado por retração da alvenaria, poder-se-á empregar tela metálica leve, como tela para estuque (também chamada tela preta ou tela *deployé*, que é vendida nas larguras de 60 cm ou 1 m; é confeccionada de chapa preta de aço, recortada longitudinalmente e depois estirada, de modo a dar grande aderência às argamassas; é esmaltada para diminuir a oxidação), embutida na nova argamassa a ser aplicada e traspassando a junta (*fissura*) aproximadamente 20 cm para cada lado. A platibanda, em função da forma geralmente alongada, tende a comportar-se como muro de divisa; normalmente, surgirão fissuras verticais regularmente espaçadas, caso não tenham sido convenientemente projetadas juntas ao longo da platibanda. A movimentação térmica diferencial entre a platibanda e o corpo do edifício poderá resultar ainda no destacamento da platibanda e na formação de fissuras inclinadas nas extremidades desse corpo.

8.7.4.2 Tela soldada galvanizada para alvenaria

8.7.4.2.1 Generalidades

São telas soldadas produzidas com fio Ø 1,65 mm e malha 15 mm × 15 mm, galvanizadas, o que proporciona maior proteção contra corrosão. São fabricadas com largura de 6,0 cm/7,5 cm/10,5 cm/12,0 cm.

Tabela 8.10: Dimensões da tela

Largura do bloco (cm)	Largura × comprimento (cm × cm)
7	6,00 × 50,0
9	7,5 × 50,0
12	10,5 × 50,0
14	12,0 × 50,0
19	2 telas 7,5 × 50,0

Aplicações
- Ligação da estrutura com a alvenaria.
- Amarração entre alvenarias.

Principais Características
- Evitar fissuras que podem ocorrer nas ligações entre estrutura e alvenaria.
- Facilitar o trabalho de amarração da alvenaria.

Sua utilização dispensa a tradicional amarração entre blocos, aumentando, consequentemente, a produtividade e a qualidade dos serviços.

Procedimentos para Aplicação

8.7.4.2.2 Ligação da estrutura com alvenaria

Preparação da estrutura
- A estrutura deve estar limpa, sem outros materiais ou desmoldantes.
- A superfície da estrutura deve ser chapiscada com argamassa de cimento e areia ou realizada aplicação de argamassa de assentamento.
- Fixação da Tela na Estrutura
    - As telas deverão ser fixadas na estrutura utilizando finca-pinos. Cravar os pinos de aço zincado com arruela.
    - Para evitar acidentes, as telas têm de ser deixadas paralelas à estrutura até o assentamento da fiada da alvenaria.
- Assentamento da Alvenaria
    - Em seguida ao posicionamento da tela sobre o bloco, aplicar argamassa de assentamento sobre a tela e o bloco, envolvendo-a o máximo possível.
- Observação: É muito importante promover a máxima aderência entre a estrutura, a tela e os blocos, preenchendo completamente com argamassa a junta vertical entre a estrutura e a alvenaria.

8.7.4.2.3 Ligação entre duas paredes com tela

- Aplicar argamassa em todas as bordas dos blocos de forma a promover boa aderência entre a tela e a alvenaria.
- Posicionar a tela de modo que ela fique ancorada, ao máximo, em ambas as paredes.

8.8 Recorte de paredes e de revestimento cerâmico

Recomenda-se:
- Realizar os recortes em local aberto, com o vento favorável ao trabalhador.
- Priorizar cortes em via úmida, para evitar a propagação da poeira.
- Utilizar o riscador para recortes de revestimento cerâmico e equipamento para aspiração de poeira quando em locais fechados.
- Realizar a operação de recorte das peças com serra-mármore ou riscador, apoiada na bancada, visando minimizar a adoção de postura inadequada do trabalhador e risco de acidentes.

8.9 Fissuras em alvenaria

A alvenaria, em função principalmente da natureza de seus componentes (materiais pétreos), tem bom desempenho quando submetida a esforços de compressão, o que não acontece quanto às solicitações de tração, flexão e cisalhamento. Os esforços de tração e de cisalhamento são assim responsáveis por quase todos os casos de fissuração da alvenaria quer sejam estruturais ou só de vedação. Outra causa da fissuração é a heterogeneidade resultante do uso conjugado de materiais diversos (componentes dos blocos e sua argamassa de assentamento), com propriedades diferenciadas (resistência mecânica, módulo de deformação longitudinal e outras). Além dessas causas, influenciam o desempenho mecânico das paredes diversos outros fatores, como:

- geometria, rugosidade superficial e porosidade do componente de alvenaria;
- índice de retração, poder de aderência e poder de retenção de água da argamassa de assentamento;
- esbeltez, presença eventual de armadura (alvenaria armada) e disposição das paredes de contraventamento;
- amarrações (ligações das paredes com os pilares), cintamentos, disposição e dimensão dos vãos de porta e janela (quando estes não estão protegidos por verga e contraverga);
- enfraquecimentos causados pela abertura de rasgos para embutimento de tubulações, rigidez dos elementos das fundações, geometria da edificação e outros.

Como prevenção de fissuras na alvenaria pode-se destacar:

- Recalques das fundações: projetar se conveniente juntas de dilatação na estrutura.
- Deformações da estrutura: as flechas das vigas devem ser limitadas ou precisam ser previstos detalhes construtivos apropriados; recomenda-se o máximo retardamento entre a elevação da parede e seu encunhamento.
- Projeto das alvenarias: indicação de disposição de juntas de assentamento e de amarrações; vergas e contravergas nos vãos de janela e porta.
- Movimentações higroscópicas acentuadas: têm de ser evitados:
  - incidência de chuva nos blocos estocados;
  - incidência de chuva nas paredes de fachada recém-levantadas: uma boa prática é a mais breve aplicação do chapisco externo;
  - emprego de blocos de concreto não totalmente curados;
  - uso de blocos de concreto com elevada retração.
- Ligação da alvenaria das paredes com os pilares: mediante ferros de espera neles colocados antes da sua concretagem ou então ferros posteriormente colados (com resina epóxi) em furos abertos com broca de vídea 8 mm; recomenda-se o uso de dois ferros 6 mm a cada 40 cm a 50 cm, sendo o transpasse cerca de 50 cm. É também aconselhável chapiscar a face do pilar de encosto da alvenaria.
- Encunhamento da parede: deve-se assentar tijolos comuns (maciços, de barro cozido) inclinados empregando argamassa relativamente fraca em cimento.
- Alvenaria do último pavimento: são em geral solicitadas pelas movimentações térmicas da laje de cobertura, razão pela qual diversos cuidados poderão ser tomados:
  - adoção de armaduras nas últimas fiadas;
  - colocação de reforços mais eficientes nos vértices dos vãos da janela;

- isolação térmica da laje de cobertura;
- emprego de apoio deslizante (feltro betumado, teflon e outros) entre a alvenaria e o concreto.

Capítulo 9
Cobertura

9.1 Cobertura com estrutura de madeira

9.1.1 Terminologia

- *Cobertura*: parte superior da edificação que a protege das intempéries.
- *Ripas*: peças de madeira colocadas horizontalmente e pregadas sobre os caibros, atuando como apoio das telhas cerâmicas.
- *Caibros*: peças de madeira dispostas com a inclinação da cobertura de telhas cerâmicas e apoiadas sobre as terças, atuando por sua vez como suporte das ripas.
- *Terças*: peças de madeira colocadas horizontalmente e apoiadas sobre tesouras, sobre pontaletes ou ainda sobre paredes, funcionando como sustentação dos caibros em telhados cerâmicos ou diretamente de telhas de fibrocimento, aço, alumínio ou plástico (translúcidos).
- *Frechal*: viga de madeira colocada no respaldo de paredes, com a função de distribuir as cargas concentradas provenientes de tesouras, de vigas principais ou de outras peças de madeira da estrutura; costuma-se chamar também de frechal a terça da extremidade inferior do telhado.
- *Terça de cumeeira*: terça posicionada na parte mais alta do telhado.
- *Pontaletes*: peças de madeira dispostas verticalmente, constituindo pilaretes apoiados na laje de cobertura, sobre os quais se apoiam as vigas principais ou as terças.
- *Trama*: conjunto constituído pelas ripas, caibros e terças, que servem de apoio ao material de cobertura.
- *Tesoura*: treliça de madeira que serve de apoio para a trama. As barras da tesoura recebem designações próprias, quais sejam, *empena* ou banzo superior (com a inclinação da cobertura), *linha, tirante* ou banzo inferior (horizontal), montante (vertical, não central), montante principal ou *pendural* (vertical central), *diagonal* ou escora (inclinada interna).
- *Chapuz*: calço de madeira, geralmente de forma triangular, que serve de apoio lateral para a terça.
- *Mão-francesa*: peça disposta de forma inclinada, com a finalidade de travar (contraventar) a estrutura.
- *Água*: superfície plana e inclinada do telhado.
- *Beiral*: projeção do telhado para fora do alinhamento da parede da fachada.
- *Cumeeira*: aresta horizontal delimitada pelo encontro entre duas águas (painéis do telhado), geralmente localizada na parte mais alta do telhado.
- *Espigão*: aresta inclinada delimitada pelo encontro entre duas águas que formam um ângulo saliente, sendo consequentemente um divisor de águas.
- *Rincão*: aresta inclinada delimitada pelo encontro entre duas águas que formam um ângulo reentrante, sendo consequentemente um captador de águas (também chamado de *água-furtada*).
- *Rufo*: peça complementar de arremate entre o telhado e uma parede.
- *Fiada*: sequência de telhas na direção horizontal.
- *Platibanda*: prolongamento da parede da fachada acima da laje de cobertura.

9.1.2 Componentes da estrutura de madeira

A estrutura de madeira é composta por uma armação principal e outra secundária (*trama*). A estrutura principal poderá ser constituída por tesouras ou por pontaletes e vigas principais, sendo que a trama é composta de terças, caibros e ripas.

9.1.3 Materiais

9.1.3.1 Generalidades

Não poderão ser empregadas, na estrutura, peças de madeira serrada que apresentem defeitos sistemáticos, por exemplo, se:

- sofreram esmagamento ou outros danos que possam comprometer a resistência da estrutura;
- apresentarem alto teor de umidade (madeira *verde*);
- mostrarem defeitos como nós soltos, nós que abranjam grande parte da seção transversal da peça, rachas, fendas ou falhas exageradas, arqueamento, encurvamento ou encanoamento acentuado etc.;
- não se ajustarem perfeitamente nas ligações;
- apresentarem desvios dimensionais (*desbitolamento*);
- mostrarem sinais de deterioração, por ataque de fungos, cupins ou outros insetos.

As espécies de madeira, do tipo folhoso, a serem empregadas, deverão ser naturalmente resistentes ao apodrecimento e ao ataque de insetos, e de preferência ser previamente tratadas. As vigas de madeira empregadas como suportes para caixas-d'água terão de receber pintura impermeabilizante. A argamassa a ser empregada no emboçamento das telhas de cerâmica e das peças complementares (cumeeira, espigão, arremates e eventualmente rincão) precisa ter boa capacidade de retenção de água, ser impermeável, não ser muito rígida, ser insolúvel em água e apresentar boa aderência ao material cerâmico. Consideram-se como adequadas as argamassas de traço 1:2:9 ou 1:3:12 (cimento: cal: areia, em volume) ou quaisquer outras argamassas com propriedades equivalentes. Não poderão ser empregadas argamassas de cimento e areia, isto é, argamassas extremamente rígidas, sem cal. Os defeitos acima relacionados devem ser conferidos visualmente em 100% do lote. O estoque tem de ser tabicado por bitola e tipo de madeira, em local coberto e apropriado para evitar a ação da água. Do pedido de fornecimento precisam constar, entre outros, a espécie da madeira, o tipo e as bitolas da peça e o comprimento mínimo ou exato de peças avulsas.

9.1.3.2 Espécies de madeira para estrutura de cobertura

As espécies usuais são (ver a Seção 11.1.1 – "Madeira na Construção Civil"):

- *Canafístula* (guarucaia, ibirapitá): madeira pesada; cerne vermelho, com tons de bege-rosado, do claro ao escuro; textura média; superfície lustrosa; cheiro e gosto indistintos.
- *Cambará* (quarubarana, candeia, cedrinho, cedrilho): madeira de peso médio; cerne vermelho, róseo-acastanhado; textura grossa; superfície pouco lustrosa; cheiro e gosto indistintos.
- *Cupiúba* (peroba-do-norte): madeira pesada; cerne castanho, às vezes avermelhado; textura média; superfície sem brilho, medianamente áspera; cheiro intenso e desagradável quando a madeira está verde; gosto indistinto.
- *Peroba-rosa*: madeira pesada; cerne vermelho, com tons do róseo-amarelado ao amarelo-queimado-rosado e vermelho-rosado, manchas e veios escuros; textura fina; superfície sem brilho e lisa; cheiro imperceptível e gosto ligeiramente amargo.
- *Peroba-branca* (ipê-peroba, peroba-de-campos, peroba-clara): madeira de peso médio; cerne vermelho, com tons do bege-rosado ao bege-amarelado; textura média; superfície lustrosa e medianamente lisa; cheiro e gosto indistintos.
- *Maçaranduba* (paraju): madeira pesada; cerne vermelho, com tons de vermelho-chocolate, às vezes levemente arroxeados; textura média; superfície pouco lustrosa; cheiro imperceptível e gosto ligeiramente adstringente.

- *Angelim-vermelho* (angelim-pedra verdadeiro, faveira-grande): madeira pesada; cerne vermelho, com tons de castanho a rosado, às vezes com manchas castanho-escuro; textura média; superfície sem brilho e lisa; cheiro característico na madeira verde e gosto imperceptível.
- *Angico-preto* (angico, angico-rajado, guarapiraca): madeira pesada; cerne vermelho, variando do castanho avermelhado quando recém-cortado ao vermelho-queimado, com abundantes veios ou manchas arroxeadas; textura média, áspera; gosto ligeiramente adstringente e cheio indistinto.
- *Jatobá* (jataí, jataúba): madeira pesada; cerne vermelho, com tons do castanho-claro rosado ao castanho avermelhado; textura média; superfície pouco lustrosa e ligeiramente áspera; cheiro e gosto imperceptíveis.

9.1.3.3 Parafusos

Eles podem ser de ferro fundido pretos ou galvanizados. Podem ser com porca (parafusos *franceses*) ou de fenda, com cabeça chata ou cabeça redonda. Os parafusos de fenda para madeira têm a ponta cônica (*de rosca soberba*), sendo que, para metal, têm o mesmo diâmetro em toda a extensão. Existem parafusos e ganchos galvanizados apropriados para as telhas de fibrocimento, que são fabricados com 10 mm, 11 mm e 20 mm.

Tabela 9.1: Madeiras

Madeira	p15 (kg/cm)	MRf (MPa)	ME (MPa)	fc (MPa)	fs (MPa)	Fixação mecânica
Canafístula	870	102,8	12240	58,2	12,6	boa
Cambará	590	73,9	9550	34,4	7,5	boa
Cupiúba	870	98,6	13960	51,8	12,4	boa
Peroba-rosa	790	89,9	9430	42,4	12,1	boa
Peroba-branca	730	99,0	10530	45,9	11,9	boa
Maçaranduba	1000	119,3	15060	61,0	13,5	regular
Angelim-vermelho	1090	101,7	14350	66,5		boa
Jatobá	960	134,2	15130	68,3	17,8	boa
Angico-preto	1050	156,6	16680	71,3	19,8	regular

Em que: p15 = peso específico aparente a 15% de umidade;
MRf = módulo de ruptura à flexão;
ME = módulo de elasticidade à flexão;
fc = resistência à compressão paralela às fibras;
fs = resistência ao cisalhamento.

9.1.4 Estrutura pontaletada

A estrutura pontaletada é usada quando o último andar da edificação é coberto por laje, a qual servirá de apoio para a estrutura pontaletada da cobertura, em substituição às tesouras usuais. As vigas principais da estrutura, a terça de cumeeira e as demais terças são apoiadas sobre pontaletes (e estes apoiados sobre a laje), os quais têm altura variável conforme a inclinação do telhado, devendo elas ser contraventadas (para neutralizar o efeito do vento) com mãos-francesas e/ou diagonais. As mãos-francesas e/ ou as diagonais têm de ser colocadas dos dois lados dos pontaletes, sendo recomendável que a estrutura seja contraventada em duas direções ortogonais, isto é, na direção do alinhamento dos pontaletes e na direção perpendicular àquela. Recomenda-se que o apoio da peça de madeira (cumeeira, terça ou viga principal) sobre o pontalete seja feito por encaixe; pode-se empregar, ainda, talas laterais de madeira, fitas ou chapas de aço. Os pontaletes não podem se apoiar diretamente sobre a laje de cobertura, e sim sobre sapatas de base, constituídas por pedaços de viga de madeira. Da mesma forma, as vigas principais precisam se apoiar sobre coxins, cintas de amarração ou frechais, e não diretamente sobre as paredes. As terças podem ser apoiadas nos oitões de alvenaria, desde que sejam adotados reforços na região do apoio. Eventualmente, as vigas de madeira da estrutura podem ser apoiadas em pilares de alvenaria devidamente amarrados. Concluindo, o emprego da estrutura pontaletada resulta na redução substancial do consume de madeira, comparativamente à alternativa das tesouras usuais.

9.1.5 Dimensionamento da madeira de tesoura

A seção das peças de madeira usuais são:
- *ripas*: na bitola 1,5 cm × 5 cm, com espaçamento médio de 35 cm (em função do comprimento da telha cerâmica);
- *caibros*: nas bitolas de 5 cm × 6 cm e 5 cm × 7 cm, com espaçamento máximo de 50 cm;
- *terças*: nas bitolas de 6 cm × 12 cm e 6 cm × 16 cm.

As ripas são fornecidas por dúzia e sem comprimento padronizado, uma vez que poderão ser emendadas. Porém, o seu preço é especificado para o comprimento ideal de 4,4 m. Assim sendo, a uma dúzia de ripas corresponde 52,8 m. Em cobertura de telhas de fibrocimento, utilizam-se terças de peroba de 6 cm × 12 cm, para vãos entre as tesouras de até 2,5 m, e de 6 cm × 16 cm, para vãos até 3,5 m.

9.1.6 Disposições construtivas de tesouras

As terças deverão ser posicionadas de maneira a transmitir as cargas diretamente sobre os nós das tesouras (os eixos geométricos das peças necessitam concorrer no mesmo ponto) ou sobre os pontaletes das estruturas pontaletadas. O madeiramento terá de ser montado de modo que o alinhamento das peças seja rigoroso, formando painéis planos de telhado, sem concavidades nem convexidades. As emendas de terças serão feitas sobre os apoios ou deles afastadas aproximadamente um quarto do vão, com chanfros a 45° no sentido do diagrama de momentos fletores, ou seja, os esforços na emenda deverão ser de compressão e nunca de tração; recomenda-se que as emendas sejam feitas com *talas* (ou *cobre-juntas*) de madeira, posicionadas nas duas faces laterais da terça. O madeiramento terá de ser protegido por imunizante. A estrutura principal da cobertura, isto é, as tesouras, os pontaletes e/ou as vigas principais, precisam ser ancoradas ao corpo da edificação. Poderão ser empregados vários tipos de ancoragem:
- amarração com ferro de construção: dois ramos (um de cada lado da viga de madeira) dobrados e torcidos;
- amarração com ferro de construção: dois ramos (um de cada lado da viga de madeira) dobrados e pregados;
- amarração com chapa metálica: uma haste parafusada ou pregada (na lateral da viga de madeira).

Quanto ao escoamento da água pluvial, em nenhum caso serão adotadas calhas com diâmetro inferior a 10 cm, condutores verticais com diâmetro interno inferior a 7 cm e águas-furtadas com largura inferior a 15 cm. As calhas, sendo de concreto, precisam ter largura mínima de 40 cm, devem ser empregadas grelhas hemisféricas no encontro da calha com os condutores e necessitam ser previstos desvios nos tubos de ventilação para evitar que estes atravessem as telhas.

9.1.7 Estrutura de madeira de telhado – procedimento de execução de serviço

9.1.7.1 Documentos de referência

Projetos de arquitetura e de telhado (estrutura, cobertura de telhas e calhas).

9.1.7.2 Materiais e equipamentos

Além daqueles existentes obrigatoriamente no canteiro de obras, quais sejam, entre outros:
- EPCs e EPIs (capacete, botas de couro e cinto trava-quedas tipo paraquedista);
- trenas de aço de 5 m e 30 m;
- lápis de carpinteiro;
- martelo;

- serrote;
- linha de náilon;
- nível de bolha de 30 cm;
- mangueira de nível ou aparelho de nível a *laser*;
- guincho ou grua;

mais os seguintes (os que forem necessários para a obra):

- madeira serrada de espécie e dimensões apropriadas;
- imunizante à base de pentaclorofenol ou similar;
- pregos;
- parafusos e ferragem;
- cunhas de madeira dura;
- esquadro metálico de carpinteiro;
- tinta a óleo;
- pincelote;
- bancada de carpinteiro;
- serra circular elétrica portátil.

9.1.7.3 Método executivo

9.1.7.3.1 Condições para o início

A laje a ser coberta deve estar desobstruída e limpa. A caixa-d'água (se houver), o barrilete e as calhas têm de estar instalados. A alvenaria (que existir) de platibanda, de oitão e de pilarete (de apoio de terça) precisa estar concluída. A madeira a ser utilizada na estrutura necessita ser tratada com imunizante à base de pentaclorofenol ou similar (contra cupins, brocas e outros insetos destrutivos) e ter resistência mínima apropriada à compressão paralela às fibras. Essa madeira tem de estar seca e isenta de rachaduras, nós, empenamento e outros defeitos.

9.1.7.3.2 Execução do serviço

- **Disposições construtivas**

  As terças devem ser posicionadas de maneira a transmitir as cargas diretamente sobre os nós das tesouras (estruturais) ou sobre os pontaletes (das estruturas pontaletadas). O madeiramento tem de ser montado de modo que o alinhamento das peças seja rigoroso, formando painéis planos de telhado, sem concavidades nem convexidades. As emendas de terças precisam ser feitas sobre os apoios ou deles afastadas aproximadamente um quarto do vão, com chanfros a 45° no sentido do diagrama de momentos fletores, ou seja, os esforços na emenda devem ser de compressão e nunca de tração. Recomenda-se que as emendas sejam feitas com talas (ou cobrejuntas) de madeira, posicionadas nas duas faces laterais da terça. A estrutura principal da cobertura, isto é, as tesouras, os pontaletes e/ou vigas principais, precisa ser ancorada ao corpo da edificação. Os entalhes e os cortes das emendas, as ligações e as articulações devem apresentar superfície plana e com angulação apropriada, de modo que o ajuste das peças seja o mais exato possível, sem folgas, frestas ou falhas.

- **Estrutura com tesouras**

  Recomenda-se a montagem de *kits* contendo o madeiramento necessário para a cobertura de cada ala ou bloco da edificação, os quais precisam ser devidamente identificados (lado, posição etc.) com o uso de um lápis de carpinteiro ou tinta. Depois da montagem e do posicionamento das tesouras, inicia-se a complementação da estrutura pela colocação das terças laterais da laje de cobertura (junto das calhas). É importante manter o alinhamento dessas terças em relação à alvenaria da lateral da edificação e também o alinhamento entre as duas terças de extremidade, o que significa que essas duas terças de extremidade têm de correr paralelas. Em seguida, os topos dessas terças necessitam ser nivelados com mangueira de nível ou nível a *laser*, fazendo-se os ajustes com o uso de cunhas, se necessário, e depois fixando-se as duas terças das laterais da edificação. Depois, é preciso posicionar e nivelar as terças de cumeeira. Em seguida, define-se a cota de nível da terça, colocando-se cunhas caso a altura do apoio seja inferior à determinada em projeto. As terças de cumeeira devem estar paralelas e centralizadas em relação às terças das extremidades laterais.

Uma vez fixadas as terças das laterais do edifício e as de cumeeira, é preciso iniciar o posicionamento e a fixação das terças intermediárias (quando houver). Recomenda-se esticar uma linha de náilon entre o topo da terça da lateral e o topo da terça de cumeeira e, em seguida, posicionar a(s) terça(s) intermediária(s), encostando o topo desta(s) na linha, podendo utilizar-se de cunhas de madeira para ajustes. A(s) terça(s) intermediária(s) também têm de estar paralela(s) e centralizada(s) em relação às terças de extremidade lateral e as de cumeeira. Durante a fixação das terças, atentar para o comprimento do beiral (quando houver) em todos os lados da edificação, definido no projeto. Em geral, esses comprimentos são de 50 cm a 60 cm. Quando a cobertura for de telhas cerâmicas, os caibros necessitarão ser posicionados, sobre as terças (paralelos à fachada da edificação), iniciando pela extremidade, podendo-se utilizar uma ripa de madeira como gabarito. O espaçamento entre os caibros deve ser inferior a 0,50 m ou conforme definido em projeto.

Caso ocorra a necessidade de emendas dos caibros, estas precisam ser feitas sobre as terças conforme a espessura deles, ou melhor, caso a espessura seja maior ou igual a 5 cm, pode ser feita a emenda de topo; caso contrário, tem de ser feita a emenda com traspasse de lado a lado. Recomenda-se que os arremates das extremidades dos caibros, na parte superior (cumeeira), sejam feitos antes da fixação destes, enquanto na extremidade inferior sugere-se que sejam executados somente depois da fixação de todos os caibros, atentando para o comprimento do eventual beiral, conforme projeto. O alinhamento destes arremates pode ser dado por meio de uma linha de náilon. Antes da fixação das ripas, é necessário identificar a galga (distância entre os apoios) das telhas. Um método prático é a montagem de uma fiada de telhas para depois determinar o comprimento médio que será utilizado como galga. Posteriormente à definição da galga, é preciso confeccionar guias para o ripamento. Colocam-se as ripas a partir dos beirais ou calhas no sentido das cumeeiras, com o auxílio da guia, cuidando para o alinhamento delas durante a colocação. As emendas de ripas devem ser feitas de topo, sempre sobre os caibros. O apoio inferior da primeira fiada de telhas (junto da calha) pode ser constituído por duas ripas sobrepostas ou por uma testeira, de forma a compensar a espessura da telha de apoio ali inexistente e assim garantir a planeza do telhado. Analogamente, precisam ser pregadas ripas duplas na última fiada (junto da cumeeira).

- **Estrutura pontaletada**

  As vigas principais da estrutura, a terça de cumeeira e as demais terças são apoiadas sobre pontaletes (e estes apoiados sobre a laje), devendo ser contraventadas com mãos-francesas e/ou diagonais. As mãos-francesas e/ou as diagonais têm de ser colocadas dos dois lados dos pontaletes, sendo recomendável que a estrutura seja contraventada em duas direções ortogonais, isto é, na direção do alinhamento dos pontaletes e na direção perpendicular a ela. Recomenda-se que o apoio da peça de madeira (cumeeira, terça ou viga principal) sobre o pontalete seja feito por encaixe; pode-se empregar, ainda, talas laterais de madeira, fitas ou chapas de aço. Os pontaletes não podem se apoiar diretamente sobre a laje de cobertura, e sim sobre sapatas de base, constituídas por pedaços de viga de madeira. Da mesma forma, as vigas principais precisam apoiar-se sobre coxins, cintas de amarração ou frechais, e não diretamente sobre as paredes. As terças podem ser apoiadas nos oitões de alvenaria, desde que sejam adotados reforços na região do apoio. Eventualmente, as vigas de madeira da estrutura podem ser apoiadas em pilaretes de alvenaria devidamente amarrados.

9.1.8 Telha ondulada de crfs (cimento reforçado com fios sintéticos)

9.1.8.1 Generalidades

Trata-se de produto fabricado com mistura homogênea de cimento portland, agregados naturais e celulose, reforçada com fios sintéticos de polipropileno. Suas dimensões padronizadas são:
- espessura (e): 5 mm, 6 mm e 8 mm;
- comprimento: 1,22 m/1,53 m/1,83 m/2,13 m/2,44 m/3,05 m/3,66 m;
- largura: 1,10 m (útil: 0,885 m ou 1,05 m, conforme recobrimento);

Capítulo 9 – Cobertura

- vão livre máximo: 1,69 m (e = 5 mm ou e = 6 mm) e 1,99 m (e = 8mm);
- recobrimento lateral: 1/4 de onda (para inclinação i ≥ 15°) e 1 1/4 de onda (para 5° ≤ i < 10°); em que 5° corresponde a 9% e 10° correspondente a 17,6% de inclinação.

Terá de ser prevista no projeto, sempre que possível, ventilação do ático, para o qual o fabricante fornece as peças acessórias necessárias (telhas para claraboia, domos para ventilação e placas para ventilação cumeeiras). São necessários dois apoios para telhas de 5 mm e 6 mm com comprimento máximo de 1,83 mm, sendo que para as de 8 mm, o comprimento é de 2,13 m. Para cumprimentos maiores é preciso um apoio intermediário (totalizando três).

9.1.8.2 Peças de fixação

- *Ganchos chatos para chapas*: com a utilização de ganchos, não há necessidade de perfuração das chapas; eles deverão ser colocados nas partes baixas das ondas e fixados nas terças por meio de dois pregos.
- *Parafusos para chapas*: para fixação das chapas com parafusos, elas precisam ser perfuradas unicamente com brocas. Os furos para passagem dos parafusos terão de ser feitos na parte alta das ondas, para evitar a infiltração de água. Com o mesmo objetivo, usar massa de vedação em cada parafuso e não apertá-lo em demasia, a fim de evitar a ruptura da chapa; bastará o esforço necessário para que a arruela (anexa ao parafuso) se ajuste à chapa.
- *Ganchos especiais sem rosca*: quando as terças de madeira forem substituídas por vigotas de concreto pré-moldado ou de ferro, será necessária a encomenda, ao distribuidor das chapas, de ganchos especiais com medidas adequadas.
- *Ganchos especiais com rosca*: para melhorar a fixação, ganchos especiais poderão ser fornecidos com rosca e acompanhados de porca e arruela.
- *Massa de vedação*: sempre que as chapas forem fixadas por acessórios que a perfurem (parafusos ou ganchos com rosca), será necessário aplicar uma porção de massa de vedação entre a chapa e a arruela, completando assim o preenchimento do furo. Essa massa será também fornecida pelo distribuidor de chapas.

9.1.8.3 Peças de concordância e arremate

São as peças que recobrem as telhas nos pontos em que duas águas se encontram, como cumeeiras, espigões etc. As usuais são:

- *Cumeeira universal*: poderá ser utilizada quando os painéis dos telhados (águas) tenham inclinação entre 10° e 30°, já que é semiflexível, adaptando-se ao ângulo necessário dentro daqueles limites. O comprimento total da peça é de 95 cm e o comprimento útil, de 88 cm.
- *Cumeeira normal*: essa peça difere da anterior porque é fabricada especialmente para cada ângulo de inclinação dos painéis de telhado. É fornecida para inclinações dos painéis desde 5° até 30°, variando de 5° em 5°.
- *Cumeeira articulada em duas peças*: poderá ser usada para inclinação desde 10° até 45°.
- *Cumeeira tipo shed*: é fabricada para as inclinações de 70°, 75°, 80° e 90°. Seu comprimento total é de 1 m; o comprimento útil, de 88 cm; a largura da aba ondulada (que ficará sobre as chapas) é de 25 cm, e a largura da aba lisa (vertical), de 30 cm.
- *Rufo*: é utilizado no encontro de um painel de telhado (parte superior) com uma parede (vertical). Note-se que, para evitar a infiltração de água pluvial entre a parede e o rufo de fibrocimento, é necessário colocar um pequeno rufo em chapa galvanizada.
- *Espigão universal*: para arrematar o encontro de duas águas em forma de espigão (divisor de águas inclinado), emprega-se a peça espigão universal. Seu comprimento total é de 1,85 m e o comprimento útil de 1,8 m.
- *Espigão de início*.
- *Cumeeira com ventilação tipo lanternim*: terminal para beiral, chapa com claraboia, chapa com tubo para ventilação (constam de catálogo dos fabricantes os detalhes necessários à sua aplicação).

9.1.8.4 Cobertura com telhas onduladas CRFS: procedimentos de execução de serviço

9.1.8.4.1 Documentos de referência

Projetos executivo de arquitetura e estrutural do telhado.

9.1.8.4.2 Materiais e equipamentos

Além daqueles existentes obrigatoriamente no canteiro de obras, quais sejam, entre outros:

- EPCs e EPIs (capacete, botas de couro, luvas de borracha e máscara respiradoura contra poeira);
- serrote para madeira dura;
- serra elétrica com disco esmeril apropriado;
- linha de náilon;
- lápis de carpinteiro;
- arco de pua;
- torquês;
- trenas metálicas de 5 m e 30 m;
- régua de alumínio de $1^1/_2$"x 3"com 3 m;
- mangueira de nível;
- nível de bolha com 30 cm;
- escada;
- carrinho de mão;
- guincho ou grua;

mais os seguintes:

- telhas de CRFS (cimento reforçado com fios sintéticos) e peças de concordância e arremate;
- acessórios de fixação (ganchos, parafusos e massa de vedação).

9.1.8.4.3 Método executivo

- Condições para o início

A estrutura de madeira do telhado deve estar concluída, inclusive as terças, obedecendo à distância de apoio das telhas, e as calhas (e águas-furtadas, se houver) assentadas. Quanto ao escoamento da água pluvial, em nenhum caso serão aceitas calhas com diâmetro inferior a 10 cm, condutores verticais com diâmetro interno inferior a 7 cm e águas-furtadas com largura inferior a 15 cm. As calhas, sendo de concreto, precisam ter largura mínima de 40 cm. Devem ser empregadas grelhas hemisféricas no encontro da calha com os condutores e necessitam ser previstos desvios nos tubos de ventilação para evitar que estes atravessem as telhas. Os caimentos mínimos do telhado são de 10° (aproximadamente 17,6%), sendo recomendável 15° (aproximadamente 27%). As telhas precisam apresentar a superfície das faces regular e uniforme, bem como obedecer às especificações de dimensões, resistência à flexão, impermeabilidade e absorção de água. A observação de trincas, quebras, superfícies das faces irregulares, arestas interrompidas por quebras, caroços, remendos e deformações será feita visualmente, inspecionando todo o material entregue por caminhão. Para a verificação da largura e do comprimento da telha, é necessário tomar uma medida no centro da peça com trena metálica com precisão de 1 mm, considerando a tolerância de ± 10 mm. A conferência da espessura exige medições em seis pontos, com auxílio de paquímetro com precisão de 0,05 mm, sendo três pontos em cada borda ondulada. A espessura a ser considerada é a média aritmética dos seis valores encontrados. A Tabela 9.2 apresenta as tolerâncias para as diferentes espessuras de telha ondulada, bem como o vão livre máximo.

Tolerâncias dimensionais: espessura ± 10%, mas não superior a ± 0,6 mm; comprimento ± 10 mm; largura +10 mm ou −5 mm.

O número de apoios por telha varia em conformidade com a Tabela 9.3

É preciso fazer a verificação do esquadro da telha bem como da sua impermeabilidade. As telhas devem ser ser armazenadas em pilhas de até 35 peças, apoiadas em três pontaletes paralelos, sendo um no centro e os outros a 10 cm de cada borda. No caso de armazenamento sobre laje, verificar sua capacidade de resistência de modo

Tabela 9.2: Tolerâncias

Espessura	Vão livre máximo
5 mm	1,69 m
6 mm	1,69 m
8 mm	1,99 m

Tabela 9.3: Número de apoios

Número de apoios por telha							
Espessura da Telha (mm)	0,91	1,22	1,53	1,83	2,13	2,44	3,05	3,66
5	2	2	2	2	3	3	-	-
6	2	2	2	2	3	3	3*	3*
8	2	2	2	2	3	3	3*	3*

* Estas telhas necessitam de fixação também nos apoios intermediários.

a descartar qualquer risco de sobrecarga. Do pedido de fornecimento constará, entre outros, o tipo da telha, suas dimensões, inclusive espessura.

- Execução do serviço

Em virtude da necessidade de superposição das telhas em cada canto de encontro de quatro chapas, a espessura total resultante seria demasiadamente elevada. Para evitar tal problema, deverão ser cortados os cantos (chanfrados) de duas das quatro chapas. Dessa forma, com exceção de uma chapa, todas as outras terão cantos cortados, sendo certo que as telhas laterais do telhado terão apenas um canto serrado (enquanto as internas terão dois cantos cortados). O corte das chapas será feito pela hipotenusa do triângulo retângulo cujos catetos são os recobrimentos lateral e longitudinal adotados. Na primeira fiada, as chapas precisam ser fixadas com um parafuso por chapa (colocado na crista da segunda onda), necessitando a última chapa ser fixada com dois parafusos (na crista da segunda e da quinta ondas). Nas chapas das fiadas intermediárias, terão de ser aplicados dois ganchos chatos na cava da primeira e da quarta onda. As cumeeiras deverão ser fixadas com um parafuso de cada lado, sendo a última delas com dois parafusos de cada lado. O caimento mínimo a ser empregado é de 10°, ou seja, 17,6% (abaixo desse limite, estar-se-á arriscando infiltração de água pela junção das telhas). Nesse caso, a superposição das chapas tem de ser aumentada. Assim sendo:

- para telhados com menos de 15° de inclinação, é necessário usar o recobrimento longitudinal de 20 cm;
- para caimentos maiores de 15°, pode-se-á usar recobrimento longitudinal de 14 cm.

O espaçamento máximo entre terças é de 1,69 m. Por essa razão, a chapa mais econômica é a com comprimento de 1,83 m, já que para as telhas maiores se torna indispensável a colocação de terça intermediária (no caso de telhas de 6 mm). Quanto aos beirais, os comprimentos das chapas, máximo e mínimo, em balanço são:

- beirais sem calha: máximo de 40 cm e mínimo de 25 cm;
- beirais com calha: máximo 25 cm e mínimo 10 cm.

O balanço máximo é motivado pelo risco de a chapa arquear ou partir com pequenos choques. O balanço mínimo é para assegurar a proteção ao madeiramento. O apoio mínimo das chapas precisa ser de 5 cm; por isso, as terças horizontais deverão ser colocadas com a seção inclinada, acompanhando o caimento do telhado. Assim sendo, as faces das terças em contato com as telhas necessitam situar-se em um mesmo plano. A montagem das telhas terá de ser iniciada a partir do beiral para a cumeeira. Águas opostas da cobertura deverão ser cobertas simultaneamente, usando a cumeeira como gabarito de montagem. Assim, será mantido o alinhamento das ondulações na linha de cumeeira bem como o equilíbrio no carregamento da estrutura. Precisam ser seguidas as seguintes recomendações:

- não se pode pisar diretamente sobre as telhas; usar tábuas apoiadas em três terças; em coberturas muito inclinadas, amarrar as tábuas;
- utilizar ferramentas manuais (serrote para madeira dura, arco de pua, torquês etc.); usando serras elétricas munidas de disco esmeril apropriado, recomendar as de baixa rotação para evitar a dispersão do pó fino (nesse caso, usar máscara);

- procurar sempre realizar o trabalho ao ar livre.

O recobrimento lateral é de 1/4 ou 1¹/4 onda (telhas de 6 mm) e 1/4 onda (telhas de 8 mm). O recobrimento mínimo longitudinal é de 14 cm. As telhas com comprimento superior a 1,83 m (de 6 mm) e 2,13 m (de 8 mm) exigirão terça intermediária de apoio. A fixação das chapas será feita com ganchos, parafusos e grampos de ferro zincado, com a utilização de conjunto de arruelas elásticas de vedação, massa de vedação e cordões de vedação (fornecidos pelo fabricante). Cumeeiras (cinco modelos), rufos, espigões (dois modelos) e outras peças de arremate também são fornecidas pelo fabricante. Apoiadas em estrutura de madeira, metálica ou de concreto, as telhas deverão ser fixadas com acessórios apropriados, fornecidos pelo fabricante.

9.1.9 Telha cerâmica

A fabricação das telhas cerâmicas é feita quase que pelo mesmo processo empregado para os tijolos comuns. O barro, porém, deve ser mais fino e homogêneo, nem muito gordo nem muito magro, a fim de ser mais impermeável sem grande deformação no cozimento. A moldagem varia; pode ser feita por extrusão seguida da prensagem, ou diretamente por prensagem. As prensas são geralmente rotativas, como a prensa-revólver; essa é uma prensa com mesa rotativa. A massa é colocada no molde, seguindo-se um giro da mesa e, então, a massa é comprimida; mais outro giro e a telha é retirada. Há um fluxo contínuo. A secagem tem de ser mais lenta que para os tijolos, para diminuir a deformação. O cozimento é feito nos mesmos tipos de forno. Em princípio, há dois tipos de telha: as planas e as curvas. As telhas planas são do tipo marselha, também conhecidas por telhas francesas, e as telhas de escamas, pouco encontradas. As telhas francesas são planas, com encaixes laterais e nas extremidades, e com agarradeiras para fixação às ripas do madeiramento. Pesam aproximadamente 2 kg, e são necessárias 15 peças por metro quadrado de cobertura. Para a inclinação usual de 30°, isso corresponde a 22 telhas por metro quadrado de projeção. As normas técnicas dividem as telhas de barro tipo marselha em duas classificações, conforme sua resistência a uma carga aplicada sobre o centro da peça, estando ela sobre três apoios:

- 1ª categoria: resistência mínima de 85 kg;
- 2ª categoria: resistência mínima de 70 kg.

Assim sendo, uma telha cerâmica, mesmo de 2ª qualidade, precisa resistir bem ao peso de um homem médio, estando apoiada nas extremidades; esse é um processo para verificar a qualidade no momento do recebimento. A espessura média, tanto para essas como para outras telhas, é de 1 cm a 3 cm. As telhas de escamas, pouco usadas, são feitas para emprego em mansardas e telhados de ponto elevado, quando então as telhas francesas escorregariam sob o efeito do vento. São simples placas planas com dois furos, pelos quais se passa arame para prendê-las às ripas. As telhas do tipo capa e canal, também chamadas romanas ou coloniais, podem ser simples ou com encaixes e de cumeeira. As coloniais simples, sem encaixe, pesam 1,8 kg por unidade. As coloniais de encaixe são de diversos desenhos e tamanhos. Geralmente têm boa aparência. Variam muito também no sistema de fixação. As telhas de cumeeira são usadas nas cumeeiras e nos espigões e são do tipo capa, mas com encaixes e desenho de arremate. Não se pode confundir umas com as outras no uso. As telhas devem ser fabricadas com maior cuidado que os tijolos, apresentar menores deformações, ser mais compactas, mais leves e tão impermeáveis quanto possível.

O controle expedito da impermeabilidade (estanqueidade à água) é feito moldando sobre ela um anel de argamassa, no interior do qual se deposita água até 5 cm de altura. Uma boa telha, em 24 horas, não deixa infiltrar umidade; esta só aparecerá depois de 48 horas, e sem gotejamento. Normalmente, exige-se que a absorção não seja superior a 18%, mas convém registrar que as telhas têm a sua impermeabilidade aumentada com o tempo. Isso se deve ao fato de que os poros se obturam com o limo e a poeira depositada. A superfície das telhas tem de ser lisa, para deixar a água escorrer facilmente e para diminuir a proliferação de musgo. É importante que não tenham sais solúveis na sua massa. Para cada pano de telhado (*água*), será utilizado material do mesmo fabricante. No recebimento das telhas no canteiro, não poderão ser aceitos defeitos sistemáticos, como quebras, rebarbas, esfoliações, trincas, empenamento, desvios geométricos em geral e não uniformidade de cor. As telhas têm de ser estanques à água e ter absorção de água limitada a 20%. A verificação dos defeitos será feita visualmente durante o descarregamento das peças. As dimensões usuais das telhas cerâmicas mais comum bem como as respectivas tolerâncias estão apresentadas na Tabela 8.14.

Capítulo 9 – Cobertura

Tabela 9.4: Telhas cerâmicas

	Dimensão Telha francesa	Telha: Canal	Capa	Tolerância
Comprimento total	400 mm	460 mm	460 mm	± 9 mm
Largura total	240 mm	140 mm (anterior) 180 mm (posterior)	120 mm (anterior) 160 mm (posterior)	± 2%
Espessura	14 mm	13 mm		± 2 mm
Distância entre ripas (galga)	400 mm	400 mm		± 8 mm
Inclinação do telhado	32% a 40%	25% a 35%		

O comprimento, a largura e a galga das peças serão conferidos por trena metálica com precisão de 1 mm. A espessura precisa ser verificada com paquímetro com precisão de 0,05 mm. A avaliação da queima pode ser feita pelo som provocado pelo choque de uma pequena barra metálica contra a telha. Um som forte e vibrante indica queima benfeita, enquanto um som abafado (*chocho*) indica queima insuficiente. É necessário rejeitar as telhas que apresentarem defeitos visuais no ato da descarga. As telhas têm de ser estocadas na posição vertical, em até três fiadas sobrepostas. No caso de armazenamento em laje, verificar sua capacidade de resistência para evitar sobrecarga. Do pedido de fornecimento devem constar, entre outros, o tipo de telha e aviso esclarecendo se o transporte e a descarga serão feitos pelo fornecedor.

9.1.9.1 Cobertura com telhas cerâmicas: procedimento de execução de serviço

9.1.9.1.1 Documentos de referência

Projetos de arquitetura e estrutural do telhado.

9.1.9.1.2 Materiais e equipamentos

- EPCs e EPIs (capacete, botas de couro e luvas de borracha);
- colher de pedreiro;
- linha de náilon;
- lápis de carpinteiro;
- torquês;
- trenas metálicas de 5 m e 30 m;
- régua de alumínio de $1^1/_2$"× 3"com 3 m;
- mangueira de nível;
- nível de bolha com 30 cm;
- lata de 20 L para argamassa;
- escada;
- carrinho de mão;
- guincho ou grua;

mais os seguintes:

- telhas cerâmicas (de preferência com furo para amarração);
- arame de cobre;
- argamassa industrializada para assentamento.

9.1.9.1.3 Método executivo

a) CONDIÇÕES PARA O INÍCIO

A estrutura de madeira do telhado deve estar concluída, inclusive ripamento, obedecendo à galga das telhas (galga é o espaço delimitado pelo tipo de telha para a distância entre ripas) e as calhas (e águas-furtadas, se houver) assentadas. Pedaços de arame têm de estar passados no furo específico das telhas e devidamente amarrados. Quanto ao escoamento da água pluvial, em nenhum caso serão aceitas calhas com diâmetro inferior a 10 cm, condutores verticais com diâmetro interno inferior a 7 cm e águas-furtadas com largura inferior a 15 cm. As calhas, sendo de concreto, precisam ter largura mínima de 40 cm. Devem ser empregadas grelhas hemisféricas no encontro da calha com os condutores e necessitam ser previstos desvios nos tubos de ventilação para evitar que estes atravessem as telhas. Os caimentos mínimos do telhado dependem do tipo telha de cerâmica e da extensão do pano, conforme recomendações da Tabela

Tabela 9.5: Inclinações

Comprimento do pano do telhado	Inclinação mínima Tipo romana e portuguesa	Tipo paulista	Tipo colonial
até 3 m	30%	20%	16%
de 3 m a 4 m	32%	22%	18%
de 4 m a 5 m	34%	24%	20%
de 5 m a 6 m	36%	26%	22%
de 6 m a 7 m	38%	28%	24%
de 7 m a 8 m	40%	30%	24%

b) EXECUÇÃO DO SERVIÇO

Durante a execução do telhamento, é necessário dispor pilhas de telhas sobre a trama, nos cruzamentos dos caibros com as ripas, evitando que o montador caminhe com telhas na mão sobre parte já coberta. É preciso iniciar a colocação da primeira fiada sempre pelos cantos e tendo como referência a ripa (dupla) e/ou tabeira do madeiramento. O alinhamento inclinado pode ser obtido por meio de uma régua de alumínio, que deverá ser utilizada como guia. É recomendável que as telhas sejam amarradas nas ripas, para prevenir o deslocamento e mesmo até o destelhamento por causa da ação do vento. Durante a colocação, é recomendável que as telhas sejam posicionadas simultaneamente em todas as águas do telhado, para que o seu peso seja distribuído uniformemente sobre a estrutura de madeira. É necessário executar o emboçamento, com argamassa industrializada para assentamento, das peças complementares (cumeeiras, espigão, arremates etc.). Recomenda-se utilizar uma linha de náilon esticada para obter um alinhamento perfeito das telhas da cumeeira. Para os arremates de beirais laterais, pode ser utilizado um sarrafo pregado à tabeira para facilitar o assentamento e melhorar o alinhamento, o qual deverá ser retirado depois da amarração das telhas de arremate das extremidades. Depois do cobrimento com telhas, têm de ser colocados os rufos.

9.1.10 Telha ondulada de poliéster

Trata-se de chapa ondulada de poliéster reforçado com filamentos de vidro, apresentada em diversos perfis adaptáveis a telhas de outros materiais, como as de fibrocimento. Suas dimensões são:

- espessura: $(1 \pm 0,2)$ mm;
- comprimento: de 1,22 m a 12,0 m;
- largura: de 0,506 m a 1,10 m.

O peso varia de 1,4 kg/m² a 1,8 kg/m². São incolores, translúcidas, flexíveis, resistentes a gases industriais, óleos, gasolina e agentes químicos. Sua utilização básica é em coberturas, alternando-se muitas vezes com telhas de outros materiais, com o objetivo de aumentar a luminosidade (iluminação zenital) do ambiente que está sendo coberto. São fixadas sobre estruturas metálicas ou de madeira. São elementos de fixação: pregos, parafusos e ganchos com rosca, sempre colocados na crista da onda das chapas. Alguns fabricantes fornecem calços adaptáveis ao perfil da chapa para auxiliar sua fixação. A colocação se inicia do beiral para a cumeeira, no sentido oposto ao dos ventos dominantes na região.

9.1.11 Telha de alumínio

Graças ao seu baixo peso específico, o alumínio usado na fabricação de telhas proporciona muitas vantagens, como reduzir o peso próprio da cobertura, sendo elas muito empregadas em edificações não residenciais. O alumínio é um material que tem elevada resistência à corrosão atmosférica, o que garante às telhas uma longa vida útil, as quais não requerem manutenção. Elas, em acabamento natural ou pintado em cores claras, têm alto poder de reflexão dos raios solares incidentes, reduzindo a temperatura interna das construções. As ligas de alumínio apresentam grande resistência mecânica, o que possibilita o uso de chapas muito finas na confecção de telhas, tornando-as leves, econômicas e seguras. Tal propriedade permite adotar maior distância entre as terças de apoio, com economia de estrutura e fixadores. As telhas de alumínio são fornecidas sob encomenda, com qualquer comprimento até 12 m. Isso reduz as sobreposições longitudinais, com economia de material, fixadores e elementos de vedação. As telhas são encontradas com perfis ondulados ou trapezoidais, com espessuras diversas (conforme condições de vento) e com várias ligas e acabamentos (lisos ou lavrados, envernizados ou pintados em diversas cores). Para telhados em forma de arco, recomenda-se o uso da telha ondulada, cujo formato se adapta bem à curvatura. Para coberturas com panos (lados do telhado) planos (duas águas, *sheds*, espaciais), emprega-se a telha trapezoidal, cujo formato é mais resistente.

Na construção de uma cobertura, no caso de estruturas planas, é necessário definir o ângulo de inclinação das telhas (caimento), que é calculado em função da intensidade pluviométrica local e do comprimento de pano. Recomenda-se que a declividade não seja inferior a 10% (ou 6°) para panos até 12 m em regiões com intensidade pluviométrica de até 150 mm/h. Para telhados de baixa declividade, deve-se trabalhar com recobrimento lateral de duas ondas, usar fita de vedação entre as telhas e proceder à costura das telhas com parafusos autoperfurantes a cada 50 cm. Ao empregar mais de uma telha na direção do comprimento, é preciso realizar uma sobreposição longitudinal de 15 cm a 20 cm, dependendo da inclinação, utilizando sempre fita ou massa de vedação. É necessário fazer a emenda obrigatoriamente sobre uma terça de apoio, usando-se um ou dois fixadores a mais nesse trecho. Para melhorar a estanqueidade do telhado, deve-se usar os seguintes materiais especiais de vedação:

- massa de vedação: material de calafetação, pastoso, aderente, isento de óleo, impermeável e não endurecedor;
- fita de vedação: espuma de poliéster embebida em betume asfáltico ou PVC expandido e com uma face auto adesiva;
- fechamento de onda (no final do telhado) – espuma de poliéster embebida em betume ou polietileno expandido, com o mesmo formato do perfil da telha.

Entre as chapas, nas sobreposições de elementos lisos (como rufos, contrarrufos, cumeeiras lisas, arremates), é preciso empregar dois ou três cordões de massa de vedação, para evitar a infiltração por capilaridade da água. O mais utilizado sistema de fixação das telhas de alumínio consiste em ganchos aplicados na onda alta. Os ganchos são fabricados a partir de vergalhões redondos de alumínio com diâmetro de 8 mm, com uma das extremidades rosqueadas, na qual se aplica uma porca sextavada do mesmo material e uma arruela plana com guarnição de neoprene. A parte inferior do gancho é curvada, de acordo com dimensões e natureza da terça. Entre esta e a telha coloca-se um calço de alumínio ou PVC, para possibilitar um bom aperto da porca sem deformar a chapa de alumínio. O número de fixadores depende do perfil da telha e sua largura, podendo variar de três a cinco fixadores por telha por terça. No beiral, na cumeeira e nas emendas longitudinais das telhas utilizam-se um ou dois fixadores a mais.

Para evitar a abertura entre as telhas na sobreposição lateral, usam-se parafusos autoperfurantes de aço galvanizado com arruela e guarnição de neoprene, aplicados a cada 50 cm. Entre as telhas, para garantia de estanqueidade, aplica-se uma fita de vedação com face autoadesiva. Para evitar a corrosão galvânica entre a telha de alumínio e a terça de aço, a contato deve ser isolado com uma demão de pintura betuminosa ou aplicação de fita de espuma de poliéster embebida em betume. Em estrutura de madeira, utiliza-se parafuso de alumínio de rosca soberba, cabeça sextavada, com arruela de alumínio e guarnição de neoprene, passante pela onda alta. Para arrematar e fechar a parte mais alta de um telhado de duas águas, em- prega-se a cumeeira-perfil ou lisa (de alumínio) com fechamento de onda. A cumeeira lisa também é empregada para fechar os espigões de telhado de quatro águas, ou usada invertida para vedar e drenar águas-furtadas. A cumeeira *shed* (de alumínio) é utilizada para fechar a parte alta do telhado que confronta com caixilho vertical da construção do *shed* metálico.

Para evitar o refluxo da água nos beirais (das telhas) sobre as calhas, emprega-se uma pingadeira estampada ou lisa (de alumínio). O rufo de topo é utilizado no encontro de um telhado com uma parede vertical ou platibanda. Quando a telha corre paralela à parede vertical, emprega-se o contrarrufo (ou rufo lateral), de alumínio. No acabamento superior das platibandas, utiliza-se o rufo-chapéu feito de chapa lisa dobrada (de alumínio). Em diversas indústrias, só o isolamento térmico por reflexão da telha de alumínio é insuficiente. Nesses casos, empregam-se os sistemas termoisolantes compostos por duas telhas de chapa de alumínio, com um miolo isolante de poliuretano, lã de vidro ou lã de rocha. Os sistemas com lã de vidro ou lã de rocha, além do isolamento térmico, também são isolantes acústicos porque agem por difusão e absorção das ondas sonoras, eliminando ruídos externos como os de chuva. Os sanduíches de telhas de alumínio com miolo isolante são leves, econômicos, de fácil aplicação e praticamente dispensam a manutenção ao longo do tempo. No caso dos sanduíches com mantas de lã, os acessórios e arremates devem ser muito eficientes para evitar que estas se molhem, o que anularia o isolamento térmico. A telha utilizada no sistema sanduíche é, em geral, a trapezoidal, sendo a espessura de chapa mais empregada a de 0,5 mm, a espessura do poliuretano de 30 mm e a da manta de 50 mm. As telhas-sanduíches com miolo de poliuretano apresentam grande resistência mecânica à flexão. O alumínio é um material de excelente resistência à corrosão, porém, o contato com ferro e aço deve ser evitado. Uma técnica é proceder à zincagem a fogo da peça de aço, uma vez que o zinco isola eletroliticamente o aço do alumínio, ou pode-se utilizar uma junta inibidora: feltro asfáltico, lençol de neoprene ou fita de PVC expandido, entre as duas superfícies. As telhas têm de ser montadas de baixo para cima. Elas não podem ser pisadas diretamente, somente utilizando-se pranchas de madeira apoiadas em pelo menos três terças *shed* (do inglês: telhado em dente de serra).

9.1.12 Telha metálica termoisolante

As telhas metálicas termoisolantes servem para reduzir as trocas térmicas, condicionar temperaturas internas e até reduzir o consumo de energia elétrica com sistemas de ar condicionado em diferentes tipos de edificação. São compostas por duas chapas metálicas separadas por material isolante – por isso são também conhecidas como telhas-sanduíche. A capacidade de isolamento térmico varia conforme a espessura e a densidade do material, e não unicamente com o tipo de isolante empregado. O material isolante pode ser de espuma rígida de poliuretano, polisocianurato ou poliestireno, além das mantas em lã de rocha, lã de vidro e lã de PET. Alguns isolantes são mais eficientes do que os outros, mas aumentar a espessura dos materiais menos eficientes faz com que o sistema obtenha o mesmo efeito de isolamento térmico. O formato das telhas pode variar. As chapas de aço ou de alumínio têm formato ondulado ou trapezoidal e o acabamento interno delas, tanto superior quanto inferior, pode ser pintado.

Quando a camada interna for composta por chapas de alumínio ou por filmes de PVC, o uso de forros é dispensável. Há modelos também em que a estrutura interna é formada por uma chapa lisa nervurada – conhecida como telha-forro. As telhas termoisolantes são vendidas por metro quadrado e chegam na obra na medida certa para a instalação. Entretanto, o comprimento geralmente fica limitado a 12 m por uma questão de logística. Já a largura das chapas varia conforme o fabricante. As telhas em poliuretano, polisocianurato ou poliestireno são entregues na obra prontas para a montagem. No caso das de lãs de rocha, de vidro ou de PET, as chapas metálicas chegam separadamente e as mantas isolantes, em rolos. A instalação das telhas que vão desmontadas à obra é feita por etapas: primeiro, monta-se a camada de telha sobre a estrutura do telhado. Depois, são instalados espaçadores metálicos que garantem o vão para a manta isolante e que servem de apoio à telha superior. Em seguida, as mantas de lã são desenroladas sobre a telha inferior e, para finalizar, uma última camada de telha é aplicada. Esses sistemas demandam arremates de borda precisos para que a manta isolante não fique exposta. Depois de montadas sobre a estrutura do telhado, a fixação das telhas, que é feita por sobreposição, segue a mesma linha de montagem dos sistemas termoisolantes já prontos. Elas devem ser fixadas no canal ou na onda alta da telha, dependendo da orientação de cada fabricante. A sobreposição tem de ser bem apertada, garantindo esquanqueidade, e é feita com parafusos específicos para esse tipo de sistema. Todos os componentes necessários para essas instalações, como parafusos e espaçadores, são disponibilizados pelo fornecedor.

9.1.13 Telha zipada

São telhas de aço galvanizado, alumínio, aço inoxidável ou cobre fabricadas a partir de bobinas, naturais ou pré-pintadas, perfiladas no canteiro de obras. Seus variados perfis são relativamente altos (de 10 cm a 40 cm), proporcionando maior espaçamento entre os apoios (terças). Assim, o sistema possibilita a execução de estruturas com até 25 m de vão livre entre as terças. As telhas são contínuas com até 70 m de comprimento, o que implica a eliminação de superposição longitudinal. Elas são confeccionadas in loco, sem sobreposição também transversal, uma vez que são unidas transversalmente pelo processo de uma "costura" mecânica chamada zipagem. A zipadora, equipamento elétrico específico para a emenda longitudinal das telhas, faz a junção de uma telha à outra ao ser deslocada ao longo delas, enrolando as bordas sobrepostas dos painéis. O telhamento é contínuo, sem furos, emendas ou sobreposições. A zipagem dispensa o uso de parafusos, necessitando apenas de clipes deslizantes ocultos para prender as peças à estrutura de apoio e se movem para absorver as dilatações e contrações do telhado causadas pela variação da temperatura. Também não há necessidade de vedantes e selantes, que demandariam manutenção periódica. Seu caimento é de no mínimo 2,5%. O sistema pode ser executado com telhas simples ou com isolamento termoacústico. No caso de telhas simples, é necessário executar a isolação. A mais comum é um sistema tipo sanduíche, composto por uma base da telha simples trapezoidal, espaçadores metálicos, manta isolante de lã de rocha e por último as próprias telhas zipadas. A cobertura pode ser plana ou curva e pode ser montada sobre qualquer tipo de estrutura, nova ou existente. As calhas intermediárias são dispensáveis, o que elimina o uso de rede de águas pluviais no interior da edificação.

9.1.14 Domo

Trata-se de peça em forma de abóboda, encontrada em *fiberglass* (resina de poliéster e fibras de vidro), em policarbonato ou em acrílico, dotada de fixadores para serem acoplados à base de apoio existente. A forma pode ser redonda, quadrada, retangular ou, ainda, apresentar-se em forma modular como complemento às telhas de cobertura ou aos pré-fabricados de concreto. As dimensões padronizadas variam de 60 cm a 2,45 m. Quanto à transparência, pode ser incolor transparente, translúcido ou leitoso. Sua utilização básica é em coberturas onde haja necessidade de se introduzir aclaramento (iluminação zenital) e ventilação naturais pela cobertura. É muito empregado em instalações industriais, comerciais e esportivas, bem como em ambientes confinados, como banheiros e corredores de circulação. Sua base pode ser mureta de alvenaria, de concreto ou as próprias telhas da cobertura (caso em que os domos venham a se compor com as telhas). Sua fixação é feita por grapas de alumínio reguláveis ou por ferragem própria fornecida pelo fabricante, presa com parafusos autoatarraxantes. Para conservação, recomenda-se limpeza periódica de seis em seis meses, com água e sabão neutro, a fim de se manter a translucidez da peça.

Capítulo 10
Tratamento

10.1 Impermeabilização

10.1.1 Terminologia

- *Água de percolação:* água que atua sobre superfícies, não exercendo pressão hidrostática superior a 1 kPa.
- *Água sob pressão:* água, confinada ou não, exercendo pressão hidrostática superior 1 kPa.
- *Alcatrão*: produto semissólido ou líquido, resultante da destilação de materiais orgânicos (hulha, linhito, turfa e madeira).
- *Argamassa impermeável:* sistema de impermeabilização, aplicado em superfície de alvenaria ou concreto, constituído de areia, cimento, aditivo impermeabilizante e água, formando uma argamassa que, endurecida, apresenta propriedades impermeabilizantes.
- *Armadura*: elemento flexível, de forma plana, destinado a absorver esforços, conferindo resistência mecânica aos sistemas de impermeabilização.
- *Asfalto*: material sólido ou semissólido, de cor entre preta e pardo-escura, que ocorre na natureza ou é obtido pela destilação de petróleo, que se funde gradualmente pelo calor, e no qual os constituintes são os betumes.
- *Asfalto elastomérico*: asfalto modificado com elastômeros, aplicado a quente em membranas moldadas no local para impermeabilização.
- *Asfalto modificado:* asfalto devidamente processado, de modo a se obter determinadas propriedades.
- *Asfalto oxidado*: produto obtido pela passagem de uma corrente de ar por uma massa de asfalto destilado de petróleo, em temperatura adequada.
- *Asfalto plastomérico*: asfalto modificado com plastômeros, aplicado a quente em membranas moldadas no local para impermeabilização.
- *Betume*: mistura de hidrocarbonetos de consistência sólida ou líquida, de origem natural ou pirogênica, completamente solúvel em bissulfato de carbono, frequentemente acompanhado de seus derivados não metálicos.
- *Camada-berço*: camada destinada a servir de apoio e proteção da impermeabilização.
- *Camada de amortecimento*: camada destinada a amortecer os esforços dinâmicos atuantes sobre o sistema de impermeabilização.
- *Carga*: material inerte, constituído por partículas em forma de pó e que, uma vez adicionado aos materiais de impermeabilização, confere-lhes determinadas propriedades.
- *Cartão*: material de origem natural, destinado à fabricação de feltro betumado.
- *Concreto impermeável*: sistema de impermeabilização constituído por agregados (com determinada distribuição granulométrica), cimento e água (com ou sem adição de aditivos), com cuidados no lançamento, adensamento e cura.
- *Elastômero*: polímeros naturais ou sintéticos que se caracterizam por apresentar módulo de elasticidade inicial e deformação permanente baixos.

- *Emenda*: processo pelo qual se obtém a continuidade da manta ou da armadura, preservando as características da impermeabilização.
- *Emulsão asfáltica*: dispersão de asfalto em água, obtida com o auxílio de agente emulsificador.
- *Emulsão asfáltica com carga*: emulsão asfáltica em que se adicionam cargas minerais, não higroscópicas e insolúveis em água.
- *Envelope*: processo pelo qual a impermeabilização é executada sobre material poroso, isolando-o dos segmentos adjacentes. Esse procedimento construtivo do sistema possibilita a identificação da origem de eventuais vazamentos, já que cada envelope (painel isolado) não permite a percolação de água por toda a área.
- *Estanqueidade*: propriedade, conferida pela impermeabilização, de impedir a passagem de fluidos.
- *Estruturante*: o mesmo que armadura. Elemento flexível, de forma plana, destinado a absorver esforços, conferindo resistência mecânica aos sistemas de impermeabilização.
- *Feltro*: material usado como armadura ou proteção, constituído pela interligação de fibras ou fios de origem natural ou sintética, obtido por processo mecânico adequado, porém sem fiação ou tecelagem.
- *Feltro betumado*: cartão ou feltro saturado ou apenas impregnado com materiais betuminosos.
- *Fibra*: estrutura alongada de origem natural ou sintética que, agrupada unidirecionalmente, apresenta resistência à tração.
- *Impermeabilização*: proteção das construções contra a infiltração de água. A impermeabilização é parte integrante do projeto.
- *Impermeabilização com asfalto quente moldado in loco*: membrana aplicada com asfalto quente, tendo armadura em número e gramatura compatíveis a cada uso. Quando frio, forma uma camada reforçada e homogênea.
- *Imprimação*: também denominada por *primer* ou pintura primária. É a pintura aplicada à superfície a ser impermeabilizada, com a finalidade de favorecer a aderência do material constituinte do sistema de impermeabilização.
- *Infiltração*: penetração (indesejável) de água nas construções.
- *Junta*: espaço deixado entre as estruturas de modo a permitir a sua livre movimentação.
- *Ligante*: produto utilizado na ligação de diferentes camadas de um sistema de impermeabilização realizada com material pré-fabricado.
- *Mástique*: material de consistência pastosa, com cargas adicionais a si, adquirindo, o produto final, consistência adequada para ser aplicado em calafetações rígidas, plásticas ou elásticas.
- *Manta*: material impermeável, industrializado, obtido por calandragem, extensão ou outros processos, com características definidas.
- *Meada*: fios de algodão tratados, destinados à confecção de esfregadores ou brochas. Denominados também de espalhadores de asfalto.
- *Membrana*: produto ou conjunto impermeabilizante, moldado no local, com ou sem armadura.
- *Membrana asfáltica*: membrana composta de diversas camadas de armadura, coladas entre si com asfaltos tipo I, II ou III. As camadas de armadura só servirão para suporte das camadas asfálticas e para resistir às forças de tração e cisalhamento, enquanto o efeito impermeabilizante básico será dado pelo asfalto.
- *Membranas de polímeros*: membranas cujo produto impermeável básico é um polímero.
- *Pintura de proteção*: pintura que é aplicada à superfície impermeabilizada, aumentando a resistência desta ao intemperismo.
- *Pintura betuminosa*: pintura com produto asfáltico, no estado líquido, capaz de formar uma película, depois da aplicação com trincha ou pistola.
- *Pintura primária*: também denominada por imprimação ou *primer*. É a pintura aplicada à superfície a ser impermeabilizada, com a finalidade de favorecer a aderência do material constituinte do sistema de impermeabilização.
- *Primer*: também denominado por imprimação ou pintura primária. É a pintura aplicada à superfície a ser impermeabilizada, com a finalidade de favorecer a aderência do material constituinte do sistema de impermeabilização.

- *Polímeros*: substância constituída de moléculas caracterizadas pela repetição de um ou diversos tipos de monômeros (desconsiderando os extremos de cadeias, os pontos entre cadeias e outras pequenas irregularidades).
- *Proteção*: camada sobreposta à impermeabilização, com a finalidade de protegê-la da ação dos agentes atmosféricos e/ou mecânicos.
- *Reforço*: o mesmo que armadura. Elemento flexível, de forma plana, destinado a absorver esforços, conferindo resistência mecânica aos sistemas de impermeabilização.
- *Sistema de impermeabilização*: conjunto de materiais que, uma vez aplicados, conferem impermeabilidade às construções.
- *Solução asfáltica*: solução de asfalto em solventes orgânicos.
- *Solução asfáltica com carga*: solução asfáltica onde se adicionou carga mineral não higroscópica e insolúvel em água.
- *Superposição*: sobreposição das extremidades da manta ou armadura para efeito de execução das emendas.
- *Tecido*: fibras de origem natural ou sintética que sofreram um processo de fiação e tecelagem.
- *Véu de fibras de vidro*: material utilizado como armadura, obtido pela aglutinação de fibras longas de vidro de diâmetro uniforme e distribuídas multidirecionalmente.
- *Véu de poliéster não tecido*: armadura utilizada para moldagem de membranas asfálticas, podendo ser utilizada em várias gramaturas.
- *Vulcanização*: processo de cura que visa conferir propriedades intrínsecas aos elastômeros.

10.1.2 Condições gerais de execução

A executante da impermeabilização deve receber uma série de documentos técnicos necessários para o desenvolvimento dos serviços, como indicado nas normas técnicas, conforme descrito a seguir:

- memorial descritivo e justificativo;
- desenhos e detalhes específicos;
- especificações dos materiais a serem empregados e dos serviços a serem realizados;
- planilha de quantidade de serviços a serem feitos;
- indicação da forma de medição dos serviços a serem realizados.

As áreas já impermeabilizadas precisam ser mantidas e utilizadas de acordo com o projeto, e eventuais modificações aprovadas pelos projetista e executante, sob pena de cessar sua responsabilidade. A executante das obras de impermeabilização tem de obedecer rigorosamente ao projeto, principalmente aos detalhes e às especificações. As cavidades ou ninhos existentes na superfície serão preenchidos com argamassa de cimento e areia no traço volumétrico 1:3, com ou sem aditivos. As trincas e fissuras têm de ser tratadas de forma compatível com o sistema de impermeabilização a ser empregado. As superfícies devem estar adequadamente secas, de acordo com a necessidade do sistema de impermeabilização a ser empregado, cabendo a decisão à executante. O substrato a ser impermeabilizado não pode apresentar cantos e arestas vivos, os quais têm de ser arredondados com raio compatível com o sistema de impermeabilização a ser empregado. As superfícies precisam estar limpas de poeira, óleo ou graxa, isentas de restos de fôrma, pontas de ferro, partículas soltas etc. Toda superfície a ser impermeabilizada e que requeira escoamento de água tem caimento mínimo de 1% no sentido dos ralos. A superfície deve ser isenta de protuberâncias e com resistência e textura compatíveis com o sistema de impermeabilização a ser empregado.

Caso não sejam atendidos os dois requisitos acima, será necessário executar uma regularização, com argamassa de cimento e areia no traço volumétrico 1:3, granulometria de areia de 0 mm a 3 mm, sem adição de aditivos impermeabilizantes; a camada de regularização precisa estar perfeitamente aderida ao substrato. Têm de ser cuidadosamente executados os detalhes, como juntas, ralos, rodapés, passagem de tubulação, emendas, ancoragem etc. Caso o sistema de impermeabilização a necessite, deve ser providenciada, durante sua execução, proteção adequada contra a ação das intempéries. É imprescindível proibir o trânsito de pessoal, material e equipamento, estranhos ao processo de impermeabilização, durante a sua execução. Precisam ser observadas as normas de segurança quanto ao fogo, no caso das impermeabilizações que utilizem materiais asfálticos a quente, da mesma forma quando usados processos moldados no local, com solventes; cuidados especiais terão de ser tomados em ambientes fechados, no tocante ao fogo, explosão e intoxicação, a que os trabalhadores estiverem sujeitos, necessitando ser prevista ventilação forçada. Depois da execução da impermeabilização, recomenda-se que seja efetuado um teste com lâmina de água, com duração mínima de 72 horas, para verificação da aplicação do sistema empregado. Caso seja necessário interromper os serviços de impermeabilização, será preciso seguir os critérios do sistema para a posterior continuidade deles. Os serviços de impermeabilização deverão ser executados exclusivamente por pessoal habilitado.

10.1.3 Escolha do sistema

10.1.3.1 Generalidades

O mercado oferece diversos sistemas que têm aplicações bastante definidas. Para cada tipo de área, apresenta os principais sistemas a serem utilizados. Sua escolha deverá ser determinada em função da dimensão da obra, forma da estrutura, interferências existentes na área, custo, vida útil etc. Considera-se vida útil de uma impermeabilização como sendo o período decorrido desde o término dos serviços de impermeabilização até o momento em que os componentes do sistema atinjam o ponto de fadiga que comprometa o seu pleno desempenho desejável, necessitando, posteriormente, de manutenção ou reparação. Basicamente, existem os seguintes sistemas:

- membranas flexíveis moldadas *in loco*: emulsões asfálticas; soluções asfálticas; emulsões acrílicas; asfaltos oxidados + estrutura; asfaltos modificados + estrutura + elastômeros em solução (neoprene/ Hypalon);
- mantas flexíveis pré-fabricadas: mantas asfálticas; mantas elastoméricas (Butil/EPDM); mantas poliméricas (PVC);
- membranas rígidas moldadas *in loco*: cristalização; argamassa rígida.

10.1.3.2 Classificação dos sistemas de impermeabilização e aplicações

Quadro 10.1: Classificação dos sistemas

Rígido	Aplicações
Argamassas e concretos com aditivos – acrílicos, SBS (estireno butadieno estireno) e hidrofogantes (como sílica ativa, etereatos e ácidos graxos), microcimentos e silicatos (cristalizantes)	Tratamento do concreto e revestimentos, regularizações com argamassa. Reservatórios enterrados, cortinas.
Flexível	**Aplicações**
Membranas elastométricas – poliuretano, poliureia, butil, EPDM (etileno propileno dieno monômero), neoprene, membranas plastoméricas termoplásticas (PVC, acrílicos), membranas asfálticas (soluções, emulsões), mantas asfálticas, elastométricas e plastométricas. Membranas plastométricas termofixas de epóxi-uretano (epóxi-flexibilizado).	Lajes e calhas externas, lajes internas, estruturas em geral (conforme o caso, utilizados em cúpulas, rufos, cortinas, reservatórios enterrados e elevados, castelos de água, ETEs (estações de tratamento de esgoto), ETAs (estações de tratamento de água) etc. Lajes internas, reservatórios enterrados e elevados, castelos de água, ETEs, ETAs, cortinas.

- No caso de aplicações em reservatórios, castelo de água, ETEs, ETA, devem ser analisados critérios como inocuidade, contaminação química, resistência química, facilidade de aplicação e de manutenção, aderência ao substrato, absorção de água, resistência a raios ultravioletas (UV), entre outros. Nota: cada estrutura a ser impermeabilizada tem de ser analisada na sua especificidade para a escolha do sistema de impermeabilização ideal.

Quadro 10.2: Características dos sistemas

Sistemas: Composição/Ação	Principais aplicações
Cristalizante: Composto de cimentos especiais, aditivos minerais, resinas e água. O produto tem diferentes tempos de pega, conforme o tipo de aplicação. Penetra nos capilares do concreto saturado, que em contato com a água forma cristais sólidos e insolúveis, preenchendo os poros do concreto e constituindo uma barreira impermeável	Baldrames, reservatórios e piscinas enterradas, estações de tratamento de água e de esgoto, lajes de piso apoiadas no solo
Hidrofugante: também conhecido como hidrófugo, atribui às argamassas propriedades repelentes à água. O traço e o número de camadas variam em função da área a ser impermeabilizada. Este sistema muda o ângulo de molhagem superficial do concreto, pois há uma repulsão das moléculas de água	Reservatórios enterrados, poços de elevador, baldrames, fachadas, pisos em contato com a umidade do solo
Epóxi: Produto obtido a partir de resinas epóxi, poliaminas, poliamidas com ou sem adição de alcatrão, para a impermeabilização e proteção anticorrosiva de áreas sujeitas a ataque químico	Subsolos e pequenos arremates
Manta asfáltica: Impermeabilização pré-fabricada flexível, composta por um estruturante central recoberto em ambas as faces por um composto asfáltico, com diferentes acabamentos superficiais, conforme a finalidade e forma de aplicação. Versátil, o sistema pode ser empregado na grande maioria das obras. Requer mão de obra especializada	Lajes em geral (banheiros, cozinhas, áreas de serviço) e lajes de cobertura, terraços e varandas, jardineiras, estacionamentos, piscinas, tanques e reservatórios elevados, canais de irrigação e barragens
Moldado a quente – membrana asfáltica: Impermeabilização moldada *in loco*, obtida pela aplicação de sucessivas demãos de asfalto quente, intercalando um ou mais estruturantes. É um sistema confiável e muito utilizado, mas requer cuidados e mão de obra especializada	Áreas frias (cozinhas, banheiros, áreas de serviço), lajes de cobertura, terraços, floreiras, muros de arrimo, tanques, piscinas, reservatórios
Emulsão asfáltica: Sistema flexível moldado in loco resultante da aplicação de sucessivas demãos de asfalto disperso em meio aquoso, intercalado por um ou mais estruturantes. É de fácil aplicação e dispensa mão de obra especializada	Baldrames, pequenas lajes, banheiros, cozinhas, áreas de serviço, floreiras
Solução asfáltica: Semelhante à emulsão, porém composta por asfalto modificado com polímeros elastoméricos e disperso em meio solvente. Forma uma membrana com grande poder elástico	Baldrames, pequenas lajes, banheiros, cozinhas, áreas de serviço floreiras
Acrílico: Tipo moldado *in loco* e flexível, composto por resina acrílica normalmente à base de água, aplicada em diversas demãos e intercalada por estruturante. Resiste aos raios UV e não requer proteção mecânica	Lajes, marquises, coberturas inclinadas, abóbadas, sheds, calhas de concreto e calhetões pré-fabricados
Elastômero: Impermeabilização moldada in loco composta por polímeros elastoméricos dispersos em solventes, aplicada em sucessivas demãos intercaladas por um ou mais estruturantes, resultando numa membrana com excepcional elasticidade, alongamento e memória de retorno	Lajes externas e cúpulas, estruturas em geral, reservatórios, ETAs, ETEs, proteção superficial de taludes

Quadro 10.2: Características dos sistemas (continuação)	
Geomembrana: Manta pré-fabricada à base de diferentes polímeros (PEAD, PVC, EVA etc.) e utilizada em áreas onde haja a necessidade de maior resistência química aos raios UV	Estações de tratamento de efluentes, lagoas de rejeitos industriais, aterros sanitários, canais de irrigação, tanques de piscicultura

10.1.3.3 Características dos sistemas de impermeabilização e principais aplicações

10.1.3.4 Pontos fortes e Pontos fracos de cada sistema

Quadro 10.3: Pontos fortes e pontos fracos		
Material	**Pontos fortes**	**Pontos fracos**
Cristalizante	Fácil aplicação, baixo custo e atóxico; trabalha bem com pressões negativas	Por ser um produto rígido, só pode ser aplicado em áreas não sujeitas à fissuração
Hidrofugante	Baixo custo, fácil aplicação	Diminui a resistência das argamassas e concretos. Se o produto contiver cloretos, pode corroer as tubulações galvanizadas. Não suporta trincas
Epóxi	Alta resistência química, baixa permeabilidade	Alto custo
Manta asfáltica	Sistema flexível e pré-fabricado (maior controle da qualidade). É rápido de ser instalado e muito resistente	Não recomendado para impermeabilização de áreas onde a atuação do fluido ou umidade é contrária à face de aplicação da manta
Moldado a quente: membrana asfáltica	O sistema forma uma membrana monolítica muito resistente, tem baixa permeabilidade e pode ter grande durabilidade	Requer mão de obra especializada e fiscalização. Tem baixa produtividade e não suporta pressões negativas. A durabilidade depende do asfalto empregado
Emulsão e solução asfáltica	Sistema sem emendas, de fácil aplicação, é atóxico e aplicado a frio	Utilizado quase que exclusivamente em pinturas de ligação. Sua espessura não é constante e o sistema não trabalha com pressões negativas. Elevado tempo de cura
Acrílico	Baixo custo, fácil aplicação e excelente resistência aos raios UV	Grande absorção de água. Produto indicado somente em áreas com caimentos maiores que 2%, sem proteção mecânica. Não resiste à pressão hidrostática
Elastômero	Elasticidade, alto alongamento e rápida secagem	Cheiro forte. Aplicação recomendada para áreas ventiladas
Geomembrana	Alta resistência química	Aplicação somente com equipamento específico. Rolos de grandes dimensões dificultam a execução
Solução asfáltica com polímeros	O sistema forma uma membrana monolítica	Não suporta pressões negativas. Elevado tempo de cura

Alguns esquemas de sistema utilizado para impermeabilização são descritos a seguir por camada de aplicação.

10.1.3.5 Manta elastomérica (EPDM) e manta butílica

Concreto (base): 1ª) regularização (cimento e areia, traço 1:3 em volume); 2ª) imprimação (*primer*); consumo: 0,3 kg/m²; 3ª) berço amortecedor (consumo: 2,5 kg/m²); 4ª) emulsão adesiva (consumo: 0,5 kg/m²); 5ª) manta EPDM ou butílica (consumo: 1,1 m²/m²); 6ª) fita de caldeação na emenda das mantas (consumo: 2 m/m²); 7ª) adesivo nas duas faces da fita de caldeação (consumo: 0,2 L/m²); 8ª) proteção mecânica (de acordo com o tráfego).

10.1.3.6 Manta asfáltica (aplicação com asfalto quente)

Concreto (base): 1ª) regularização (cimento e areia, traço 1:3 em volume); 2ª) *primer* (consumo: 0,6 L/m²); 3ª) asfalto oxidado (consumo: 3 kg/m²); 4ª) manta asfáltica (consumo: 1,17 m²/m²); 5ª) proteção mecânica.

10.1.3.7 Emulsão asfáltica estruturada

Concreto (base): 1ª) regularização; 2ª) *primer* (consumo: 1 L/m²); 3ª) emulsão asfáltica; 4ª) véu de fibra de vidro; 5ª) emulsão asfáltica; 6ª) véu de fibra de vidro; 7ª) emulsão asfáltica; 8ª) véu de fibra de vidro; 9ª) emulsão asfáltica (consumo: em lajes: 7 kg/m²; em áreas frias: 4 kg/m²); 10ª) proteção mecânica.

10.1.3.8 Elastômeros em solução

Concreto (base): 1ª) regularização; 2ª) *primer*; 3ª) neoprene (policloropreno); 4ª) véu de poliéster; 5ª) neoprene (consumo: 1,6 L/m²); 6ª) Hypalon (polietileno clorosulfonado); consumo: 0,6 L/m².

10.1.4 Quantidade média de materiais consumidos nos principais sistemas

10.1.4.1 Impermeabilização de áreas frias

10.1.4.1.1 Sistema moldado *in loco*

- Membrana de asfalto frio, com um véu de poliéster 75 g: *primer* 0,5 kg/m², emulsão asfáltica 4 kg/m², véu de poliéster 1,15 m²/m².
- Membrana de asfalto frio, com dois véus de poliéster 75 g: *primer* 0,5 kg/m², emulsão asfáltica 7 kg/m², véu de poliéster 2,3 m²/m².
- Membrana de asfalto frio, com um véu de fibra de vidro: *primer* 0,5 kg/m², emulsão asfáltica 4 kg/m², véu de fibra de vidro 1,15 m²/m².
- Membrana de asfalto frio, com dois véus de fibra de vidro: *primer* 0,5 kg/m², emulsão asfáltica 7 kg/m², véu de fibra de vidro 2,3 m²/m².
- Membrana de asfalto quente modificado com um véu de poliéster: *primer* 0,35 kg/m², asfalto quente 5,5 kg/m², poliéster de 110 g/m²: 1,15 m²/m².
- Membrana de asfalto quente modificado, com um véu de fibra de vidro: *primer* 0,35 kg/m², asfalto quente 3 kg/m², véu de fibra de vidro 1,15 m²/m².
- Membrana de poliuretano com asfalto, aplicada a frio: poliuretano com asfalto 1 kg/m².

10.1.4.2 Impermeabilização de lajes

10.1.4.2.1 Sistema moldado *in loco* (para posterior recebimento de proteção mecânica)

- Membrana de asfalto quente modificado, com dois véus de poliéster: *primer* 0,35 kg/m², asfalto quente 7,5 kg/m², poliéster de 110 g/m²: 2,3 m²/m².
- Membrana de asfalto quente modificado, com dois véus de fibra de vidro: *primer* 0,35 kg/m², asfalto quente 5 kg/m², véu de fibra de vidro 2,3 m²/m².
- Membrana de asfalto quente modificado, com três véus de fibra de vidro: *primer* 0,35 kg/m², asfalto quente 6,5 kg/m², véu de fibra de vidro 3,45 m²/m².
- Membrana de asfalto quente modificado, com três feltros asfálticos 15 Lb: *primer* 0,35 kg/m², asfalto quente 7 kg/m², feltro asfáltico 15 Lb: 3,45 m²/m².
- Membrana de poliuretano com asfalto, aplicada a frio: poliuretano com asfalto 1,8 kg/m².

10.1.4.2.2 Sistema pré-fabricado (para posterior recebimento de proteção)

- Manta de asfalto modificado, aplicada com Asfalto a Quente: *primer* 0,35 kg/m², asfalto quente 3 kg/m², manta 1,15 m²/m².
- Manta asfáltica APP de 3 mm aplicada a maçarico: *primer* 0,35 kg/m², manta 1,15 m²/m².
- Manta asfáltica APP de 4 mm, aplicada a maçarico: *primer* 0,35 kg/m², manta 1,15 m²/m².
- Manta asfáltica de 3 mm com estruturante de polietileno, aplicada a maçarico: *primer* 0,35 kg/m², manta 1,15 m²/m².
- Manta asfáltica de 4 mm com estruturante de polietileno, aplicada a maçarico: *primer* 0,35 kg/m², manta 1,15 m²/m².
- Manta asfáltica SBS de 3 mm, aplicada a maçarico: *primer* 0,35 kg/m², manta 1,15 m²/m².
- Manta asfáltica SBS de 4 mm, aplicada a maçarico: *primer* 0,35 kg/m², manta 1,15 m²/m².
- Manta butílica de 0,8 mm: *primer* 0,8 kg/m², berço amortecedor 3 kg/m², manta 1,1 m²/m², fita de caldeação 2 m/m², cola 0,15 kg/m².
- Manta EPDM de 0,8 mm: *primer* 0,8 kg/m², berço amortecedor 3 kg/m², manta 1,1 m²/m², fita de caldeação 2 m/m², cola 0,15 kg/m².
- Manta EPDM de 1 mm: *primer* 0,8 kg/m², berço amortecedor 3 kg/m², manta 1,1 m²/m², fita de caldeação 2 m/m², cola 0,15 kg/m².
- Manta EPDM de 1 mm com berço aderente: berço autoadesivo 1 kg/m², manta 1,1 m²/m², fita de caldeação 2 m/m², cola 0,15 kg/m².

10.1.4.2.3 Sistema pré-fabricado para lajes expostas e telhados (sem necessidade de proteção)

- Manta asfáltica, autoprotegida com alumínio, de 3 mm: manta 1,15 m²/m² (não necessita de *primer*).
- Manta asfáltica, autoprotegida com alumínio, de 4 mm: manta 1,15 m²/m² (não necessita de *primer*).
- Manta asfáltica, autoprotegida com agregado mineral, de 4 mm: *primer* 0,35 kg/m², manta 1,15 m²/m².

10.1.4.2.4 Sistema moldado *in loco* para lajes expostas (sem necessidade de proteção)

- Membrana moldada no local com poliuretano, aplicada a frio: poliuretano com asfalto 1,8 kg/m².
- Membrana de neoprene e Hypalon, moldada no local: neoprene *primer* 0,5 kg/m², neoprene 1,6 kg/m², Hypalon 0,6 kg/m².
- Membrana acrílica moldada no local: cristalizante 1 kg/m², acrílico 1,8 kg/m².

10.1.4.3 Impermeabilização de reservatórios e piscinas

10.1.4.3.1 Sistema moldado *in loco* para estruturas elevadas

- Cristalização (com aditivo PVA): cristalizante 3 kg/m², aditivo PVA 0,3 kg/m².
- Cristalização (com aditivo acrílico): cristalizante 3 kg/m², aditivo acrílico 0,3 kg/m².
- Argamassa polimérica: argamassa 3 kg/m².
- Membrana de poliuretano moldada no local, aplicada a frio: poliuretano 1,8 kg/m².

10.1.4.3.2 Sistema pré-fabricado para estruturas elevadas

- Manta asfáltica de 3 mm com estruturante de polietileno, aplicada a maçarico: *primer* 0,35 kg/m², manta 1,15 m²/m².
- Manta asfáltica APP de 3 mm, aplicada a maçarico: *primer* 0,35 kg/m², manta 1,15 m²/m².
- Manta asfáltica SBS de 3 mm, aplicada a maçarico: *primer* 0,35 kg/m², manta 1,15 m²/m².

10.1.4.3.3 Sistema moldado *in loco*, para estruturas enterradas, sem lençol freático (pressão positiva)

- Cristalização com aditivo PVA: cristalizante 3 kg/m², aditivo PVA 0,3 kg/m².
- Cristalização com aditivo acrílico: cristalizante 3 kg/m², aditivo acrílico 0,3 kg/m².
- Argamassa polimérica: argamassa 3 kg/m².

10.1.4.3.4 Sistema moldado *in loco*, para estruturas enterradas, com lençol freático e pressão negativa

- Cristalização: cristalizante 1,5 kg/m², selante 0,7 kg/m² (não computando o excedente de cimento rápido no tamponamento).

10.1.4.3.5 Sistema moldado *in loco*, para estruturas enterradas, com lençol freático e pressão positiva

- Manta asfáltica de 4 mm, com estruturante de polietileno, aplicada a maçarico: *primer* 0,35 kg/m², manta 1,15 m²/m².
- Manta asfáltica APP de 4 mm, aplicada a maçarico: *primer* 0,35 kg/m², manta 1,15 m²/m².
- Manta asfáltica SBS de 4 mm, aplicada a maçarico: *primer* 0,35 kg/m², manta 1,15 m²/m².

10.1.4.4 Impermeabilização com umidade de solo

10.1.4.4.1 Sistema moldado *in loco* para umidade de solo

- Cristalização (com aditivo PVA): cristalizante 2 kg/m², aditivo PVA 0,2 kg/m².
- Cristalização (com aditivo acrílico): cristalizante 2 kg/m², aditivo acrílico 0,2 kg/m².
- Argamassa polimérica: argamassa 2 kg/m².

10.1.4.5 Piso de acabamento

10.1.4.5.1 Piso de acabamento em poliuretano (impermeável, flexível, aplicado a frio, para trânsito de veículos leves)

- Membrana/piso moldado *in loco*, de poliuretano, na cor, aplicada a frio: poliuretano 1,8 kg/m².

10.1.5 Resiliência dos materiais

As estruturas estão sujeitas às variações de temperatura do ambiente, o que provoca esforços de tração e de compressão sobre elas. A temperatura sofre ciclos de variação do dia para a noite e do verão para o inverno. A temperatura alcançada em uma laje de cobertura é função da cor do revestimento, do tipo e espessura da camada isolante, e de outras condições, como: intensidade do vento, inclinação da laje etc. Estando a impermeabilização solidária à estrutura, conclui-se que aquela deva acompanhar a movimentação desta, bem como resistir às tensões de tração e de compressão atuantes. Como geralmente a estrutura está submetida ora a esforços de tração ora de compressão, dependendo da temperatura atuante sobre ela, os materiais da impermeabilização também serão submetidos a ciclos de expansão e retração. Chama-se, então, de resiliência de um material a capacidade que ele tem de retornar às suas dimensões iniciais uma vez cessada a causa que provocou a deformação, seja ela de origem térmica seja de origem mecânica, e depois de vários ciclos de repetição do fenômeno em questão. Consideram-se, para efeito de comparação dos diversos sistemas, os valores de alongamento à tração que estão especificados nas normas técnicas, para os materiais ou sistemas em avaliação, conforme a Tabela 10.1.

Tabela 10.1: Resiliência dos materiais

Materiais	Alongamento	Deformação permanente (%)	Conceito médio
Argamassas rígidas com hidrófugos	0	100	0
Asfalto	350	100	7
Feltro + asfalto, no conjunto	2 a 6	5	1
Emulsões hidroasfálticas	5	100	7
Mantas butílicas	350	1	20
Mantas de PVC	250	259	
Elastômeros sintéticos em solução neoprene	300	11	12
Elastômeros sintéticos em solução Hypalon	220	15	8
Elastômeros sintéticos combinados	300	7	7

10.1.6 Longevidade dos sistemas de impermeabilização

Esse é o mais subjetivo dos enfoques a serem considerados para avaliação dos sistemas de impermeabilização, por depender da localização de sua aplicação. Para tempo de vida útil de impermeabilização menor que 25 anos, atribuem-se números de conceito proporcionalmente menores. Na presente conceituação, não se levam em conta eventuais deficiências executivas, por serem passíveis de ocorrer em todos os sistemas, mas tão somente a longevidade associada a cada sistema de impermeabilização, em função do tipo de obra e da existência ou não de proteção mecânica e térmica. Conceitua-se, então, longevidade pela experiência em impermeabilização, colhida na vivência prática de obras ao longo dos anos. Os valores Tabela 10.2 estão considerados para os sistemas de impermeabilização normalizados pela ABNT e instalados com aqueles valores mínimos e estão expressos pela experiência notória no tempo de sua utilização. Usando nas impermeabilizações asfaltos modificados, enriquecidos com elastômeros sintéticos compatíveis às altas temperaturas de adição (mistura), a vida útil e o conceito serão aumentados em torno de 25%.

Tabela 10.2: Índices de longevidade

Considerado para coberturas planas, porém, variável para cada local de aplicação		
Materiais	Vida útil (anos)	Conceito
Argamassas rígidas	0 a 25	0 a 20
Feltro asfáltico + asfaltos (esses valores são aplicáveis para regiões com umidade relativa do ar entre 40% e 80%)	4 a 25	3,2 a 20
Idem, com umidade relativa do ar abaixo de 40%	1 a 2	0,8 a 1,6
Emulsões hidroasfálticas	4 a 10	3,2 a 8
Mantas butílicas	25 a 50	20 a 20
Manta de PVC + asfalto	3 a 10	2,4 a 8
Elastômeros sintéticos em solução de neoprene + Hypalon	4 a 7	3,2 a 5,6
Elastômeros sintéticos em solução combinados (dependendo do local aplicado)	5 a 10	4 a 8

10.1.7 Argamassa rígida impermeável

10.1.7.1 Generalidades

Trata-se, o produto impermeabilizante, de emulsão pastosa para impermeabilizar argamassa por hidrofugação do sistema capilar. Seguem as informações:

[noitemsep]Preparo: a estrutura a ser impermeabilizada com argamassa rígida deve estar corretamente dimensionada, de forma a não apresentar fissuras ou trincas. As superfícies a serem revestidas terão de ser convenientemente ásperas, lavadas, isentas de partículas soltas e materiais estranhos, como pontas de ferro e pedaços de madeira provenientes das formas. As superfícies lisas precisam ser picotadas. Os cantos terão de ser arredondados (formando *meia-cana*). Materiais: é necessário usar sempre cimento novo, sem pelotas. A areia precisa ser lavada, isenta de impurezas orgânicas e peneirada (com peneira de malha 0 mm a 3 mm). É necessário observar baixo fator água-cimento. Modo de usar: a pasta impermeabilizante terá de ser retirada da embalagem e diretamente dissolvida na água de amassamento, na proporção indicada pelo fabricante, possibilitando que ela fique posteriormente misturada de modo uniforme com a argamassa de cimento e areia. Revestimentos impermeáveis: os trabalhos deverão ser precedidos em 24 horas pela aplicação de chapisco (argamassa de cimento e areia no traço 1:2 a 1:3 em volume). Os revestimentos impermeáveis terão de ser aplicados em duas ou três camadas de aproximadamente 1 cm de espessura, perfazendo um total de 2 cm a 3 cm. A aplicação da argamassa será feita com desempenadeira ou colher de pedreiro, comprimindo-a fortemente contra o substrato. Um lançamento (projeção, *chapada*) com colher poderá ser aplicado sobre a anterior, logo depois de ter iniciado seu endurecimento (*puxado*). Excedendo 6 horas, será necessário intercalar um chapisco para que haja boa aderência. É preciso evitar ao máximo as emendas e nunca deixá-las coincidir entre si nas várias camadas. A última *chapada* deverá ser desempenada e nunca ser *queimada* (polvilhada com cimento e, em seguida, alisada), nem mesmo só alisada com desempenadeira de aço ou colher de pedreiro. A cura, úmida, precisa ser resguardada por 3 dias no mínimo. O posicionamento do revestimento impermeável terá de ser do lado da pressão de água. A continuidade do revestimento deverá ser resguardada em toda a superfície em contato com a água. Embalagens: saco de 1 L; latas de: 1 L, 10 L e 18 L; galão; tambor de 200 L. Consumo: conforme a Tabela 10.3.

Tabela 10.3: Consumos

Serviços	Traços (em vol.)	Consumo
Revestimento de subsolos	cimento: areia 1:2,5	2 kg pasta por saco cimento ou 220 g/m² por centímetro
Revestimento impermeável de caixas-d'água, piscinas, alicerces	cimento: areia 1:3	2 kg pasta por saco cimento ou 185 g/m² por centímetro
Revestimentos em geral	cimento: areia 1:4	140 g/m² por centímetro
Emboço	cimento: cal: areia 1:2:10 1:2:8	2 kg pasta/50 kg aglomerado ou 160 g/m² por centímetro
Concreto impermeável	consumo mínimo 350 kg/m3	1% pasta imp./peso cimento 0,2% plastificante/peso de cimento

10.1.7.2 Argamassa rígida impermeável em reservatório de água e muro de arrimo

Em revestimento de caixas-d'água protegidas do sol, é necessário obedecer à ordem de serviço indicada a seguir:
- Traço de argamassa: cimento-areia 1:3, dissolvendo na água de amassamento 2 kg de pasta impermeabilizante hidrófuga por saco de cimento.

- Preparo: é preciso limpar as superfícies e chapiscá-las (espessura aproximada de 3 mm) sem impermeabilizante; colocar todos os canos, roscados (de saída de água), e apertar as flanges internas e externas. A extremidade dos canos terá de sobressair 3 cm da flange interna.
- Impermeabilização:
    - 1º dia: a argamassa deverá ser *chapada*, com 1 cm de espessura, nas paredes e cantos em *meia-cana*, comprimindo-a contra o substrato. Assim que essa argamassa tiver sua cura iniciada, aplicar um chapisco de traço 1:3, sem impermeabilizante; depois, uma segunda *chapada*, também com 1 cm de espessura, no piso, comprimindo-a em seguida contra o substrato e, posteriormente, jogando areia, polvilhada, formando uma camada fina;
    - 2º dia: repetir as operações;
    - 3º dia: repetir as operações, porém sem aplicar chapisco e sem jogar areia. É necessário desempenar a superfície final com desempenadeira de madeira, para deixá-la com acabamento áspero;
- acabamento: aplicar três demãos de tinta betuminosa específica, com broxa, depois do revestimento da caixa estar completamente seco. A primeira demão, de penetração, terá de ser aplicada escassamente. Depois da secagem, pelo mínimo de 24 horas, aplicar as duas demãos de cobertura, fartamente, também com o intervalo mínimo de 24 horas. Forma-se, assim, uma película elástica, de boa resistência química e conveniente dureza.

Revestimentos impermeáveis em muros de arrimo devem ser levantados sempre 60 cm acima do nível do solo ou de manchas de umidade e tem de ser usada argamassa de cimento no traço 1:3, com adição de 2 kg de pasta impermeabilizante hidrófuga por saco de cimento.

10.1.7.3 Argamassa rígida impermeável em baldrame – procedimento de execução de serviço

10.1.7.3.1 Documentos de referência

Projeto de arquitetura e de impermeabilização (quando houver).

10.1.7.3.2 Materiais e equipamentos

Além daqueles existentes obrigatoriamente no canteiro de obras, quais sejam, entre outros:
- EPCs e EPIs (capacete, botas de couro e luvas de borracha);
- água limpa;
- cimento portland CP-II;
- areia média lavada;
- pá;
- desempenadeira de madeira;
- colher de pedreiro;
- nível de mangueira;
- régua de alumínio de 1"× 2"com 2 m ou . 1¹/₂ "× 3"com 3 m;
- carrinho de mão;
- betoneira ou argamassadeira móvel de eixo horizontal;

mais os seguintes (os que forem necessários, dependendo do tipo de obra):
- pasta impermeabilizante com aditivo hidrófugo para argamassa rígida;
- emulsão asfática para pintura impermeabilizante;
- broxa;
- equipamento de pressurização de água.

10.1.7.3.3 Método executivo

Capítulo 10 – Tratamento

Condições para o início dos serviços

As vigas-baldrames devem estar desformadas e seu entorno reaterrado e nivelado 10 cm abaixo do respaldo delas. As áreas de banheiro e cozinha não precisam estar reaterradas (onde serão instalados os ramais de esgoto).

Execução dos serviços

O respaldo dos baldrames tem de ser lavado com água sob pressão para remoção da terra eventualmente existente por causa do reaterro do terreno circundante. Se o respaldo dos baldrames estiver parcial ou totalmente abaixo da cota de nível de implantação da edificação, essa diferença precisará ser preenchida com alvenaria de embasamento. Se houver desnível (acidental) do respaldo dos baldrames superior a 2 cm, essa diferença necessitará ser preenchida com concreto estrutural (nunca com argamassa de cimento e areia). O respaldo das vigas-baldrames e da alvenaria de embasamento tem de ser chapiscado com cimento e areia no traço 1:3, sem impermeabilizante (com espessura aproximada de 3 mm), mediante projeção enérgica. Depois de no mínimo 24 horas, deve ser revestido com argamassa de cimento e areia, com espessura mínima de 1,5 cm no traço 1:3 (em volume) com aditivo impermeabilizante hidrófugo (na dosagem recomendada pelo fabricante). Se a largura dos baldrames for igual à da alvenaria do andar térreo, eles, juntamente com a alvenaria de embasamento, têm de receber lateralmente, pelo menos 15 cm abaixo do nível do respaldo dos baldrames, revestimento impermeabilizante. Nunca se deve queimar nem mesmo alisar a superfície com desempenadeira de aço ou colher de pedreiro. Sobre o revestimento impermeabilizante pode ser aplicada pintura de uma demão de tinta betuminosa (emulsão asfáltica). Todos os tijolos, até a terceira fiada acima do nível do solo, têm de ser assentados com argamassa impermeável.

10.1.7.4 Em paredes internas de subsolo

Em recintos com pouca ventilação, nunca usar cal no emboço (argamassa grossa), para tornar o revestimento pouco permeável. O reboco (argamassa fina de acabamento), aplicado na espessura de 2 mm, poderá conter cal, mas precisa possuir impermeabilizante. A argamassa grossa com impermeabilizante terá de secar no mínimo um mês para que ele possa exercer plenamente a sua função. É necessário evitar a secagem rápida dos revestimentos.

10.1.7.5 Material impermeabilizante em concreto impermeável

Para obtenção de concretos impermeáveis, usar traços com consumo de cimento superior a 300 kg/m³. O traço indicado é o de 350 kg/m³, obedecendo ao fator água-cimento (A/C) inferior a 0,5. Poderá ser reduzido o fator A/C com o uso de plastificante, hidrofugando o sistema capilar restante com pasta impermeabilizante (1% sobre o peso do cimento). É preciso adensar o concreto com o máximo cuidado, observando o cobrimento da ferragem (2,5 cm no mínimo). Dessa forma, obter-se-á concreto com baixa absorção de água e grande resistência à corrosão.

10.1.8 Aditivo impermeabilizante

São aditivos de ação físico-química, constituídos por sais orgânicos em forma líquida, pastosa ou em pó, que, misturados à argamassa ou ao concreto, reagem com a cal livre do cimento, formando sais calcários insolúveis. O aditivo pode ser de pega normal, rápida ou muito rápida. Seguem outros dados:
- Cor: branca (pastosa), amarelada (líquida) e acinzentada (pó).
- Propriedades:
  – em forma de emulsão pastosa: impermeabiliza concretos e argamassas por hidrofugação do sistema capilar; não impede a *respiração* dos materiais;
  – em forma líquida: provoca forte aceleração no enrijecimento do cimento portland e impermeabilidade aos líquidos; a aceleração ocorre de acordo com o consumo;
  – em forma de pó: provoca forte aceleração no enrijecimento do cimento portland (aproximadamente 15 segundos) e impermeabilidade aos líquidos.

- Utilização básica:
  - em forma de emulsão pastosa: para revestimentos impermeáveis em reservatórios de água; para revestimentos externos expostos ao tempo; para revestimentos impermeáveis em pisos e paredes em contato com a umidade do solo; para assentamento de tijolos em alicerces; para concreto impermeável
  - em forma de líquido: para estancamento de água sob pressão; para revestimento impermeável de superfícies molhadas; para concretagem em presença de água; em chumbamentos urgentes com penetração de água;
  - em forma de pó: proporciona maior rendimento no estancamento de água sob grande pressão.
- Aplicação:
  - emulsão pastosa: dissolvida na água de amassamento e misturada uniformemente;
  - em forma líquida: aplicada misturada com água; deverá ser usado cimento novo, isento de poeira;
  - em forma de pó: em estancamento, é aplicado adicionado à água, agindo de forma idêntica ao aditivo em forma líquida;
- Cuidados: as estruturas a serem impermeabilizadas com argamassa precisam ser adequadamente dimensionadas de forma a não apresentarem trincas. As superfícies a serem revestidas terão de ser convenientemente ásperas, isentas de partículas soltas e materiais estranhos, como pontas de ferro e pedaços de madeira provenientes das formas. As superfícies lisas deverão ser picotadas e lavadas. Os cantos terão de ser arredondados.

10.1.9 Manta asfáltica

Manta asfáltica é um produto impermeável, pré-fabricado, obtido por calandragem, extensão ou outros processos que têm o asfalto como principal componente. As mantas asfálticas devem:

- apresentar compatibilidade entre seus materiais constituintes: armadura e acabamento nas mantas asfálticas autoprotegidas;
- suportar os esforços para os quais se destinam, mantendo-se estanques;
- apresentar superfície plana com espessura uniforme, de bordas paralelas, não serrilhadas;
- ser impermeáveis, resistentes à umidade e sem alteração de volume em contato com a água;
- resistir ao envelhecimento, ataque de micro-organismos, álcalis e ácidos dissolvidos nas águas pluviais;
- apresentar armadura que não se destaque, descole ou delamine ao longo do tempo.

As normas técnicas classificam as mantas asfálticas em tipos I, II, III e IV, de acordo com a resistência à tração e o alongamento, e em A, B e C, conforme a flexibilidade a baixa temperatura. Os critérios de escolha em função do uso são indicados no Quadro 10.4.

Tabela 10.4: Tipos de manta

Tipo de manta	Utilização
I II	Baldrame, banheiro, cozinha, área de serviço, viga-calha exposta, viga-calha protegida, laje exposta com trânsito eventual, muro de arrimo e cortina, telhado, terraço, sacada e floreira
III	Viga-calha exposta, viga-calha protegida, laje exposta com trânsito eventual, laje térrea ou de cobertura, muro de arrimo e cortina, reservatório, tanque e telhado
IV	Laje térrea ou de cobertura, reservatório e tanque

10.1.9.1 Impermeabilização com manta asfáltica – procedimento de execução de serviço

10.1.9.1.1 Documentos de referência

Projeto de impermeabilização (se houver), que deve trazer:

- materiais impermeabilizantes;
- memorial descritivo;
- plantas com detalhes específicos;
- especificação e localização dos materiais a serem utilizados;
- planilha quantitativa de serviços e materiais aplicados;
- posicionamento da camada de impermeabilização na configuração do sistema;
- previsão de acabamentos e terminações que permitam a manutenção;
- espessura total do sistema de impermeabilização, inclusive a regularização;
- alturas e espessuras dos eventuais rebaixos para a execução de rodapés;
- desníveis necessários em laje;
- lista com pontos críticos dos demais projetos que possam comprometer o sistema de impermeabilização, bem como justificativas e alterações propostas;
- classificação dos tipos de impermeabilização (rígida ou flexível);
- análise e definição do tipo de substrato;
- análise do ambiente e nível de exposição (variação de temperatura, agressividade do ambiente, ataque químico, intensidade de tráfego etc.);
- movimentação da estrutura e possíveis acomodações do terreno.

10.1.9.1.2 Materiais e equipamentos

Além daqueles existentes obrigatoriamente no canteiro de obras, quais sejam, entre outros:

- EPCs e EPIs (capacete, botas de couro e luvas de raspa);
- água limpa;
- cimento portland CP-II;
- areia média lavada;
- pá;
- enxada;
- desempenadeira de madeira;
- colher de pedreiro;
- nível de mangueira;
- régua de alumínio de 1"x 2"com 2 m ou $1^{1}/_{2}$ "x 3"com 3 m;
- carrinho de mão;
- betoneira ou argamassadeira de eixo horizontal;
- guincho;

mais os seguintes (os que forem necessários, dependendo do tipo de obra):

- aditivo adesivo acrílico;
- *primer*;
- manta asfáltica (em rolos protegidos);
- filme de separação;
- material isolante térmico;
- tela plástica ou galvanizada;
- equipamento de pressurização de água.

10.1.9.1.3 Método executivo

- Condição para início dos serviços

As superfícies devem estar limpas, lisas, secas e isentas de poeira, graxas, óleos, além de estarem livres de qualquer irregularidade. As trincas e fissuras precisam ser tratadas de forma compatível com o sistema de impermeabilização. Recomenda-se levar em conta as dimensões da área e o tipo de estrutura, o que irá definir qual o tipo de manta asfáltica mais adequado para o local. O caimento tem de ser no sentido dos ralos. Em áreas verticais ou inclinadas, é necessário utilizar tela plástica ou galvanizada. Além disso, também aconselha-se que:

- seja verificado se a aplicadora a ser contratada oferece tratamento adequado aos operários responsáveis pela execução;
- os rodapés possuam rebaixo para permitir a subida das camadas de impermeabilização;
- seja regularizada a superfície a receber a manta asfáltica (inclusive rodapés) com uma camada de argamassa;
- sejam verificados e preparados os ralos;
- a regularização aplicada sobre a laje deve apresentar declividade para os pontos de coleta de água, com cantos e arestas arredondados;
- antes da aplicação da manta, é necessário aguardar a secagem da imprimação;
- seja verificada a aderência entre a manta e o substrato, evitando bolhas ou outros problemas que venham a comprometer o desempenho do sistema; as mantas precisam estar totalmente aderidas à superfície da regularização, especialmente entre as emendas;
- seja colocada uma camada de separação entre a manta e a proteção mecânica, para evitar atrito e eventuais danos à manta;
- na execução, sejam respeitadas as juntas de dilatação existentes na estrutura ou na superfície a ser impermeabilizada.

- Execução dos Serviços

- Regularização da superfície : A superfície (laje, cobertura, calha de concreto etc.) deve estar limpa e com as mestras preparadas. A regularização da superfície é feita com argamassa de cimento e areia, no traço 1:3 em volume, com a adição de aproximadamente 10% de adesivo acrílico na água de amassamento. O caimento tem de ser pelo menos de 1% nas áreas externas e 0,5% nas áreas internas. A superfície necessita ser molhada previamente com água e adesivo acrílico.
- Imprimação: Depois da execução e secagem da camada de regularização da superfície, é preciso fazer a imprimação da área utilizando *primer* fornecido pelo fabricante da manta asfáltica, com consumo aproximado de 0,5 L/m2.
- Aplicação de manta aderida com asfalto: Depois da secagem do *primer*, deve-se fixar a manta asfáltica aderida com asfalto oxidado a quente (3 kg/m2). Nas emendas, as mantas têm de ser sobrepostas em 10 cm.
- Aplicação de manta asfáltica aderida a maçarico: Depois da secagem do *primer*, a manta é colada com o uso de maçarico. As emendas necessitam ter sobreposição de 10 cm. No caso de aplicação de manta dupla, esta precisa ser aplicada no mesmo sentido, com emendas defasadas.
- Teste de lâmina de água: Depois da conclusão da impermeabilização, é necessário realizar o teste de lâmina de água, por um período mínimo de 72 horas, para verificação da estanqueidade à água da impermeabilização.
- Camada separadora: Sobre a impermeabilização é colocada uma camada separadora composta por papel *kraft*, filme de polietileno ou outro material equivalente.
- Trânsito normal: Para o caso de trânsito normal, é executada uma camada de argamassa de cimento e areia, no traço 1:4, em volume. Deve ser prevista a execução de juntas longitudinais e transversais na argamassa, formando quadros de no máximo 1,50 m × 1,50 m.
- Trânsito pesado: É necessário executar uma camada de concreto, com espessura mínima de 7 cm, estruturada com tela soldada. Tem de ser prevista a execução de juntas intermediárias, em quadros com dimensões máximas de 4 m × 4 m, e de juntas de dilatação nas bordas perimetrais.

10.1.10 Proteção da impermeabilização

10.1.10.1 Proteção para solicitação pesada ou leve

São proteções para resistir ao trânsito de veículos ou de pessoas. Precisam atender aos seguintes requisitos:

- Resistência mecânica ao tráfego previsto, sem se desagregar.
- Possuir juntas de retração térmica, preenchidas com mástiques plásticos ou elásticos, principalmente nos encontros dos paramentos verticais, para evitar o puncionamento da impermeabilização.

- Quando confeccionadas com argamassa de cimento e areia, deverão ter traço forte (1:4 a 1:5), com espessura mínima de 4 cm, formando quadros com medidas entre 50 cm × 50 cm e 2 m × 2 m, dependendo da variação térmica, com juntas de 1 cm a 1,5 cm preenchidas com mástique.
- Quando aplicadas sobre a camada de isolação térmica ou em situações sujeitas a maiores esforços, é preciso incorporar armadura metálica
- Nas áreas verticais (rodapés e outras), as proteções precisam ser armadas com tela metálica (galvanizada, de preferência) e ainda fixada com adesivo e/ou pinos, dependendo da solicitação, para evitar seu desprendimento. A ancoragem da proteção terá de ser feita pelo menos 10 cm acima do término da impermeabilização.
- Ter caimento mínimo de 1% no sentido dos pontos de escoamento de água.

10.1.10.2 Proteção contra raízes

Deverão ser de argamassa de cimento e areia em traço rico, para impedir a perfuração da impermeabilização por raízes de planta.

10.1.10.3 Proteção térmica

A proteção objetiva evitar oscilações térmicas bruscas, reduzir a influência da temperatura em deformações da construção, melhorar o conforto térmico na edificação e, quando aplicada sobre a impermeabilização, aumentar sua vida útil. Precisa atender aos seguintes requisitos:

- ser estável, resistente às cargas atuantes, indeteriorável e não sofrer movimentação ou desagregação que possa transmitir algum dano à impermeabilização;
- para aplicação sobre a impermeabilização, ser de baixa absorção de água, para manter suas propriedades de isotermia;
- compatibilidade físico-química com o sistema impermeabilizante.

10.1.11 Junta de vedação de silicone

Trata-se, o material, de borracha de silicone monocomponente, tendo como matéria-prima silício e cloro, e, como principais características, a colagem, vedação e selagem de materiais de construção como cerâmica, metal, vidro, plástico, madeira, concreto, gesso e outros. As características principais são:

- autovulcanização à temperatura ambiente, em contato com a umidade do ar, sem adição de catalisador;
- manutenção da flexibilidade e demais características entre as temperaturas de -60 °C até +170 °C, ainda que exposto às intempéries.

É fabricado nas cores: incolor, cinza-claro, preta e alumínio. O tempo de vulcanização é de 24 horas. Depois da vulcanização, o produto apresenta as seguintes características:

- resistência à ruptura: 27 kgf/cm^2;
- alongamento na ruptura: 600%.

Não é atacado pela água, detergente, soda cáustica, ácidos, amoníaco, gasolina ou álcool. É aplicado em juntas de vedação, em, entre outros:

- instalação de sistemas de ar condicionado;
- caixilhos de alumínio, madeira ou PVC, fixados em concreto ou blocos;
- boxe de chuveiro;
- tubulação e conexões elétricas.

O produto deverá ser aplicado em superfícies limpas, isentas de pó, umidade, ferrugem, rebarbas e resíduos em geral. A embalagem é dotada de bico adaptável, que é cortado no início da aplicação e, após o uso, tem de ser bem fechado para posterior utilização. É apresentado, em geral, em cartuchos com 300 mL e bisnagas com 85 g. Pode ser estocado por até seis meses, na embalagem original, fechado, em temperatura inferior a 25 °C.

10.1.12 Interferências estruturais no processo de impermeabilização

10.1.12.1 Junta

As juntas de dilatação constituem um problema sério na maioria das obras, mas, quando devidamente projetadas, elas não proporcionam transtornos. O maior problema das juntas é o modo como se proporciona nelas estanqueidade perfeita sem modificar o comportamento estrutural. Quanto aos aspectos estruturais, as juntas precisam obedecer a algumas regras para serem locadas e, quanto à impermeabilização, também obedecer a certos princípios. A seguir, alguns pontos a serem notados:

- A existência de juntas na mudança de planos (horizontal com vertical), ou seja, encontro de laje com parede, dificulta seriamente o serviço de impermeabilização, comprometendo a estanqueidade. Melhor seria que essas juntas fossem afastadas no mínimo 30 cm da parede (plano vertical).
- Na estrutura, as juntas têm de estar com as bordas sempre no mesmo plano. Bordas em planos diferentes geram inconvenientes na aplicação do sistema impermeabilizante. Problema na proteção mecânica é o mais típico.
- Outra região comprometedora estruturalmente é a das juntas entre pilares. Nos pilares adjacentes, nem sempre é possível observar o vazamento que esteja ocorrendo entre eles. Dada essa dificuldade, algumas vezes, quando é descoberto o vazamento, os pilares já estão comprometidos estruturalmente.
- No caso de consoles e elementos de apoio estrutural, também é preciso tomar cuidado. Nesse caso, existe um agravante a mais: a parte superior desses elementos (banzo superior) estará tracionada, resultando em possibilidade de o concreto nessa região apresentar microfissuras. E, se houver água, ela entrará em contato direto com a armadura e, com o tempo, contribuirá para o processo de sua corrosão.

Uma prática usual para o bom posicionamento de junta no projeto estrutural, favorecendo assim os critérios de impermeabilização, é fazer com que ela seja um divisor de águas, de maneira que sempre esteja localizada na parte mais alta do plano horizontal a ser impermeabilizado. A junta deverá ter a espessura (abertura) que permita o *trabalho* do sistema impermeabilizante. Para os sistemas flexíveis, essa espessura geralmente é por volta de 2 cm. É muito importante lembrar que sobre as juntas não se pode utilizar sistemas impermeabilizantes rígidos. Um cuidado a se tomar é que, se existe uma junta na estrutura, ela terá de ser propagada (mantida) na regularização, na impermeabilização, na proteção mecânica e no acabamento final do piso.

10.1.12.2 Soleira em área fria

As lajes de um pavimento geralmente são concretadas no mesmo plano horizontal, independentemente da existência de regiões situadas na parte interna ou na parte externa (onde receberão incidência direta ou indireta de chuvas). Esse processo construtivo gera dificuldade para aplicação do sistema impermeabilizante, prejudicando assim a execução do caimento necessário. Em alguns casos, o desnível entre as áreas interna e externa é obtido pela execução de enchimentos, que possuem índices elevados de vazios. Isso causa problema quando ocorre falha na impermeabilização da área externa, pois a água geralmente percola para a região interna e fica retida nos vazios do enchimento; assim, por mais que se recupere a impermeabilização na região externa, o problema permanece na parte interna. A umidade retida no piso interno empena revestimentos de madeira ou mancha e descola carpetes e ladrilhos. Para diminuir o risco, é necessário, na fase do projeto estrutural, fazer opção pelo desnível na concretagem da laje, entre as áreas externa e interna, e assim o problema poderá ser reduzido. A impermeabilização deverá adentrar no mínimo 20 cm, a contar da soleira, na parte interna, e ter sua borda inclinada para cima. O nível da face superior do piso acabado terá de estar abaixo do nível da borda da impermeabilização que avança sob o revestimento do piso interno. No caso de não haver possibilidade de se criar um desnível entre as partes externa e interna, é preciso executar a soleira saliente, criando um ressalto (*tropeço*), sobre a qual se assentará o caixilho. As recomendações acima descritas deverão também ser seguidas nessa situação.

10.1.12.3 Caixão perdido

Há, em alguns projetos arquitetônicos, necessidade de se construir lajes com caixões perdidos. Na maioria dos casos, eles são executados de modo fechado e oco e, depois, impermeabilizados na sua parte superior. Como o ar fica confinado nos vazios, esses caixões apresentam saturação de umidade residual no seu interior e, como não está impermeabilizado na sua parte inferior, a umidade passa a ser confundida com possíveis vazamentos no sistema impermeabilizante. A solução ideal é a de utilizar caixões perdidos sem vazios, por exemplo, de poliestireno expandido (EPS).

10.1.12.4 Engaste no plano vertical (rodapé)

Nas paredes e pilares de concreto aparente, em áreas impermeabilizadas expostas a chuvas, terá de ser previsto um rebaixo junto do piso para embutimento do rodapé da impermeabilização. Esse detalhe, se previsto no projeto estrutural, reduzirá os problemas de descolamento da manta impermeabilizante e a consequente infiltração de umidade pela sua parte posterior. A impermeabilização do piso subirá sem emenda, nas paredes, até a altura ideal de 30 cm acima do piso acabado. O encontro da regularização do piso com a do rodapé deverá ser arredondado (*meia-cana*). Nas áreas externas, a argamassa de proteção mecânica do rodapé terá de ser armada com tela galvanizada. Nos boxes de chuveiro, o rodapé subirá até 1 m acima do piso acabado. Os topos da impermeabilização e da tela serão fixados firmemente à parede.

10.1.12.5 Arranque

Os arranques para fixação de postes, luminárias, brinquedos, elementos de quadras esportivas, antenas e pilaretes de travamento de muretas de alvenaria precisam estar previstos no projeto estrutural e executados antes da impermeabilização da laje.

10.1.12.6 Ralo

A parte superior do ralo terá de facear a superfície de regularização do piso e nunca facear o piso acabado. A camada impermeabilizante aplicada sobre a regularização deverá penetrar alguns centímetros no ralo. O caixilho da grelha terá, assim, de ser fixado no material de acabamento do piso, ficando, consequentemente, afastado alguns centímetros acima do ralo.

10.1.12.7 Tubulação que atravessa a impermeabilização

A regularização do piso será arrematada junto da tubulação em forma de cordão (*meia-cana*). A impermeabilização terá de subir na parede da tubulação até a altura de 30 cm acima do piso acabado (*colarinho*). O topo da impermeabilização deverá ser firmemente fixado à tubulação por meio de fita adesiva.

10.1.13 Importantes fatores a considerar

10.1.13.1 Preparação da superfície

- Altura dos encaixes;
- traço da argamassa;
- caimento executado (mínimo de 1%);
- detalhes: arredondamento dos cantos e posicionamento dos ralos.

10.1.13.2 Proteção mecânica

Exceto nas obras nas quais se exija, por motivos técnicos ou estéticos, que a impermeabilização seja exposta, nas demais é executada uma proteção mecânica para impedir a danificação do material impermeabilizante: pela ação do tráfego (normal, eventual ou pesado) e pela incidência de radiações solares diretas (que provocam a evaporação dos componentes voláteis dos materiais diretamente responsáveis pela sua elasticidade).

10.1.13.3 Isolamento térmico

A utilização de um isolante térmico não só melhora o conforto térmico do ambiente, como também aumenta a vida útil da impermeabilização, especialmente pela redução dos diferenciais de temperatura sobre a estrutura, com a consequente diminuição das tensões provocadas sobre a camada impermeabilizante pela movimentação da estrutura, e ainda gera economia de consumo de energia no condicionamento de ar do ambiente.

10.1.13.4 Principais pontos a serem observados

Algumas providências importantes a serem tomadas, quando da elaboração de uma análise de impermeabilização executada, são as seguintes:
- verificação da existência ou não de um projeto de impermeabilização;
- análise do sistema de impermeabilização utilizado na área;
- determinação do consumo de materiais utilizados;
- verificação dos detalhes executados na área, como: arremate nos ralos, encaixes, altura dos encaixes, arremate em soleiras e batentes, altura de arremate com relação a áreas ajardinadas, arremate em tubulação, altura de caixas de passagem, posicionamento dos conduítes etc.;
- análise do tipo de espécies vegetais plantadas na área;
- verificação das descidas de águas pluviais;
- verificação se o sistema, o projeto e a execução dos serviços atendem às normas vigentes.

10.2 Falhas relacionadas com a umidade

10.2.1 Generalidades

Dentre as manifestações mais comuns referentes aos problemas de umidade em edificações, encontram-se manchas de umidade, corrosão, bolor (ou mofo), algas, liquens, eflorescências, descolamento de revestimentos, friabilidade da argamassa por dissolução de compostos com propriedades cimentíceas, fissuras e mudança de coloração dos revestimentos. Há uma série de mecanismos que podem gerar umidade nos materiais de construção, sendo os mais importantes os relacionados com a absorção de água:
- capilar;
- de infiltração ou de fluxo superficial;
- higroscópica;
- por condensação capilar;
- por condensação.

Nos fenômenos de absorção capilar e por infiltração ou fluxo superficial de água, a umidade atinge os materiais de construção na forma líquida e, nos demais casos, a umidade é absorvida na fase gasosa.

10.2.2 Absorção capilar de água

Os materiais de construção absorvem água na forma capilar quando estão em contato direto com a umidade. Isso ocorre geralmente nas fachadas e em regiões que se encontram em contato com o terreno (úmido) e sem impermeabilização. A água é conduzida, por canais capilares existentes no material, pela tensão superficial. Caso a água seja absorvida permanentemente pelo material de construção em região em contato direto com o terreno, e não seja eliminada por ventilação, será transportada gradualmente para cima, pela capilaridade. Esse é o mecanismo típico de umidade ascendente. O método mais eficaz de combater umidade ascendente em paredes é por meio de impermeabilização horizontal eficaz (de difícil execução se a obra já estiver concluída).

10.2.3 Água de infiltração ou de fluxo superficial

Se o local que está em contato com o terreno não tiver recebido impermeabilização vertical eficaz, ocorrerá absorção de água (da terra úmida) pelo material de construção absorvente (pelos seus poros), que poderá se intensificar caso a umidade seja submetida a certa pressão, como no caso de fluxo de água em piso com desnível. Nessa hipótese, deverá ser adotada impermeabilização vertical e, se necessário, drenagem.

10.2.4 Formação de água de condensação

Em determinada temperatura, o ar não pode conter mais que certa quantidade de vapor de água inferior ou igual a um valor máximo, denominado *peso de vapor saturante*. Caso o peso de vapor seja inferior ao máximo, o ar estará úmido, porém não saturado. Esse estado é caracterizado pelo *grau higrométrico*, igual à relação entre o peso de vapor contido no ar e o peso de vapor saturante. A diferença entre o peso de vapor saturante e o peso de vapor contido no ar representa o *poder dessecante do ar*. O poder dessecante do ar e, consequentemente, a velocidade de evaporação são mais elevados quando o ar é mais quente e seco; esse último indica que o grau higrométrico é menor. Caso a massa de ar apresente redução da temperatura sem modificação do peso de vapor, será gerada maior umidade (*grau higrotérmico*). A 17 °C resulta grau higrotérmico de 100%, ou seja, *ar saturado*. Para temperatura inferior, o peso de vapor não poderá exceder o peso de vapor saturante, o que fará o vapor de água condensar-se. A temperatura de 17 °C denomina-se *ponto de orvalho*. É necessário levar em consideração que a temperatura do ar e a temperatura das paredes de um edifício podem ser muito distintas. Efetivamente, pode ocorrer que a temperatura do ar seja de 20 °C, e a das paredes exteriores seja de 15 a 16 °C. Nos cantos do edifício, pode-se chegar até a temperaturas mais baixas, da ordem dos 12 °C. Caso a umidade do ar seja de 60% a 70%, nos setores com temperatura de 12 °C obrigatoriamente ocorrerá condensação de água, em razão da umidade relativa do ar ser mais elevada por causa da redução da temperatura.

10.2.5 Absorção higroscópica de água e condensação capilar

Em ambos os mecanismos, a água é absorvida na forma gasosa. Na condensação capilar, a pressão de vapor de saturação da água diminui, ou seja, ocorre umidade de condensação abaixo do ponto de orvalho. Quanto menores forem os poros do material de construção, mais alta será a quantidade de umidade produzida por condensação capilar. Além das dimensões dos poros, o mecanismo depende principalmente da umidade relativa do ar. Quanto maior for a umidade relativa, maiores serão os vazios dos poros do material de construção que poderão ser ocupados pela condensação capilar. Um ambiente com umidade relativa do ar em torno de 70% produz, nos materiais de construção, certa quantidade de umidade por condensação capilar, cujo valor se denomina *umidade de equilíbrio*. Normalmente, nos materiais não são encontrados teores de umidade menores que a umidade de equilíbrio. Caso o material de construção contenha sais, a umidade de equilíbrio pode variar consideravelmente. O mecanismo de absorção higroscópica da umidade é desencadeado do ar, do grau e do tipo de salinização; a água pode ser absorvida na forma higroscópica durante o tempo necessário até alcançar a umidade de saturação. Naturalmente, a absorção higroscópica da umidade desempenha papel especial nas partes da edificação que se apresentam salinizadas por umidade ascendente.

Os locais subterrâneos e o térreo são os mais atingidos por esse fenômeno. Faz-se necessário conhecer exatamente os mecanismos individuais de umedecimento, ou seja, as causas das anomalias, para poder eliminá-los eficazmente. Para o diagnóstico das anomalias, é preciso verificar especialmente o grau de umidade e a existência de sais. Não só os dados químicos e físicos devem ser levados em consideração na restauração ou tratamento da anomalia; também é de fundamental importância avaliar as condições do contorno. É necessário avaliar especialmente a influência de água subterrânea, de fluxos superficiais de ladeiras e de águas provenientes de infiltrações. Também não se pode esquecer de avaliar e eliminar defeitos de construção, como caimentos, prumadas e ralos (para águas pluviais e/ou de lavagem), que muitas vezes podem ser deficientes, ou estarem rompidos ou entupidos.

10.2.6 Mofo em edificação

10.2.6.1 Generalidades

O mofo ou emboloramento é uma alteração observável macroscopicamente na superfície (manchas) de diferentes materiais, sendo uma consequência do desenvolvimento de micro-organismos pertencentes ao grupo dos fungos. O desenvolvimento de bolor nas edificações está associado à existência de água, e decorre de:

- Infiltração: água exterior, que nos seus vários estados (líquido e gasoso) penetra nos edifícios pelos elementos constituintes das fachadas, ou também água que penetra pelas paredes internas de áreas molháveis (cozinhas, banheiros etc.). De maneira geral, em paredes externas, a infiltração de água poderá ocorrer capilarmente por fissuras ou trincas existentes na alvenaria, no revestimento e/ou pintura, ou de falhas no rejuntamento dos tijolos da alvenaria, na junta, caixilho/parede etc. No caso de coberturas em laje de concreto armado não adequadamente impermeabilizadas ou não protegidas termicamente, é frequente a ocorrência de fissuras ou trincas que permitem a infiltração de água, favorecendo o desenvolvimento de bolor. A infiltração de água em paredes de áreas molháveis ocorre por causa de falhas em pintura impermeabilizante, em rejuntamento de azulejos, notadamente na parte baixa das paredes do boxe de chuveiro, ou no encontro parede-piso.
- Condensação do vapor de água: vapor gerado no interior das edificações e não removido pela ventilação. Nas edificações em geral, as superfícies interiores dos compartimentos tendem a apresentar temperaturas mais baixas que a do ambiente, especialmente nos períodos de inverno. Nessas condições, considerando a produção de vapor nos ambientes (banho, cozimento, respiração etc.), facilmente são geradas situações em que ocorre o fenômeno da *condensação superficial* sobre as paredes, tetos e pisos. Nos casos em que a ventilação dos ambientes seja precária, a película de água que se depositar em superfícies dos ambientes poderá causar condições propícias ao aparecimento e desenvolvimento do bolor. Paralelamente à precariedade da ventilação, outras variáveis poderão contribuir para tal situação se agravar, como a presença de superfícies frias. O resfriamento das paredes externas e lajes de cobertura costuma ocorrer, particularmente, em razão de sua baixa resistência térmica.
- Umidade de obra: remanescente da fase de construção da edificação, que se mantém por certo período e tende a desaparecer gradualmente. A água utilizada na obra, como um dos constituintes de argamassas e concretos ou simplesmente umedecendo componentes como tijolos, azulejos etc., faz com que os materiais e componentes da construção fiquem com teor de umidade superior à umidade higroscópica natural deles. Além disso, durante a fase de obra, os materiais e componentes não protegidos são submetidos à ação de água pluvial. O teor de umidade adquirido pela edificação durante a construção depende do sistema construtivo e de materiais utilizados, bem como do período e da velocidade de execução da obra.
- Umidade proveniente do solo: água que por capilaridade percola pelos elementos em contato com o solo (fundações de parede, pavimentos etc).
- Umidade proveniente de vazamentos: originada, principalmente, de falhas em canalização hidráulico-sanitária.

10.2.6.2 Tratamento de área afetada

A limpeza de áreas com desenvolvimento de bolor deverá, de preferência, ser feita no início da infecção, quando se notar ligeira alteração na cor da superfície de paredes e/ou tetos. As áreas afetadas poderão ser tratadas das maneiras descritas a seguir, dependendo da intensidade do desenvolvimento bem como do nível de deterioração que porventura tenha ocorrido no revestimento (pintura, papel de parede etc):

- De maneira geral, a superfície de paredes e/ou tetos terá de ser limpa com escova de piaçaba, por exemplo, e nela aplicada a solução indicada a seguir, até a completa remoção das manchas de bolor:
    - 80 g de fosfato trissódico;
    - 30 g de detergente;
    - 90 mL de hipoclorito de sódio;
    - 2700 mL de água.

Capítulo 10 – Tratamento

A superfície será enxaguada com água limpa e seca, com pano limpo, e precisa ser evitado o contato dessa solução com a pele, olhos e inclusive com componentes metálicos existentes nas áreas tratadas.
- No caso de superfícies muito infectadas, recomenda-se a remoção do revestimento (pintura, papel de parede etc.) e a lavagem com a solução descrita acima e/ou empregando solução com fungicida apropriado. Depois da limpeza, é necessário aguardar a total secagem da superfície antes da execução do revestimento. No caso de repintura, é preciso empregar tinta resistente ao desenvolvimento de bolor. No caso de revestimento com papel de parede, recomenda-se que a cola a ser empregada possua fungicida apropriado.

10.3 Proteção térmica e acústica

10.3.1 Isolamento térmico

Pode-se conceituar *transmissão de calor* como sendo a energia transferida entre dois sistemas com diferentes temperaturas, onde o fluxo de calor sempre se dá do sistema mais quente para o mais frio. *Condutibilidade térmica* é a resistência que um determinado sistema ou material tem de deixar passar o fluxo de calor por ele. O fluxo pode ser transmitido de três maneiras:

- *Condução*: quando o calor é transmitido de molécula a molécula (em um mesmo corpo).
- *Convecção*: quando o fluxo de calor é transmitido de um meio para outro mediante um fluido (por exemplo, o ar).
- *Irradiação*: quando um sistema é aquecido e passa a transmitir esse calor (por exemplo, telhados e lajes de cobertura).

A função do isolante térmico é aumentar a resistividade de uma superfície ao fluxo de calor, ou seja, retardar ao máximo a passagem desse calor para dentro de um ambiente menos quente. Pode-se classificar os materiais, segundo a sua condutibilidade térmica, em dois grupos:

- Condutores: metais, concreto, mantas asfálticas etc.
- Isolantes: cortiça, lã de vidro, lã de rocha, espuma extrudada de poliestireno, espuma de poliestireno expandido (EPS), argila expandida, vermiculita expandida, concreto celular etc.

As lajes de cobertura, salvo algumas exceções, são as superfícies de uma edificação que recebem a maior incidência de irradiação solar. A isolação térmica, nesse caso, contribui para:

- Estabilidade da estrutura: em se tratando de cobertura, ela sofrerá menos trabalho por causa da redução da dilatação, evitando trincas e fissuras.
- Conforto do ambiente: o ambiente tratado termicamente proporciona bem-estar pessoal; os usuários sentem-se menos confortáveis com o calor, apresentando consequentemente maior grau de irritabilidade e nível mais baixo de produtividade no trabalho. Dois fatores determinam o conforto térmico: redução da temperatura interna e redução da umidade relativa do ar. Isso é conseguido por: ventilação, ar condicionado e isolamento térmico.
- Redução do consumo de energia: o isolamento térmico é um dos fatores que determinam o conforto térmico e é indispensável quando se utilizam condicionadores de ar. Deve-se, por ocasião do projeto, definir o dimensionamento dos aparelhos de ar condicionado em função do isolamento térmico, ou seja, serão previstos aparelhos de menor capacidade e consumo energético quando a edificação receber tratamento térmico. É necessário adotar critérios para especificar o isolante térmico em uma obra e definir as situações em que esse isolante vai estar submetido bem como o sistema de impermeabilização. Para isso, deve-se observar as seguintes características:
    - baixo coeficiente de condutibilidade térmica;
    - resistência específica às condições de utilização;
    - baixa taxa de absorção de água (líquida e vapor);
    - elevada resistência mecânica;
    - retardante de chama;

– facilidade de aplicação (como um todo);
– longa vida útil.

10.3.2 Poliestireno expandido (EPS)

Trata-se de isolante térmico obtido por processo especial de expansão do estireno polimerizado em uma ou várias fases, resultando em um corpo poroso, de estrutura celular fechada, em que aproximadamente 98% do seu volume é constituído de ar e 2% de poliestireno. É produzido em várias formas: placas de diversas espessuras, blocos maciços ou vazados, *meia-cana*, segmentos, perfis, recipientes granulados etc. Sua massa específica aparente é de 10 kg/m³ a 15 kg/m³. Sua resistência à compressão é de 0,53 kgf/cm² a 0,70 kgf/cm². Sua condutibilidade térmica é de 0,036 kcal/mh °C a 0,042 kcal/mh °C. Sua cor é branca. A absorção máxima de água é de 2% a 4%. É muito leve, inodoro, imputrescível: não mofa, não absorve água, porém o vapor pode se acumular nos interstícios dos grãos. Não é atacado pela água, por soda e potassa cáusticas, pela água oxigenada, por soluções de sabão, por ácidos clorídrico, sulfúrico e carbônico, diluídos ou concentrados (dependendo do ácido), pela água do mar, pela cal, pelo cimento, pelo gesso anidrita, por areia, pelos álcoois em geral, por gases liquefeitos inorgânicos, por betumes frios e massas betuminosas aquosas, por óleos de silicone e outros. O material se contrai rapidamente ou se dissolve em contato com éteres, esteres, acetonas, hidrocarbonetos halogenados, benzina isenta de aromáticos, óleo diesel, compostos de hidrocarbonetos aromáticos e gases liquefeitos orgânicos. A estrutura do material é suscetível às radiações ultravioleta (do sol). Sua utilização básica é em proteção e isolação térmica de lajes, telhados, paredes e dutos bem como em pisos flutuantes, placas-sanduíche, moldes para concreto decorativo, juntas de dilatação, caixões perdidos (em forma de blocos) para lajes e ainda em concretos leves, onde o poliestireno (em forma de pérolas) substitui a pedra britada. Quando sob a forma de placas, pode ser colado com adesivo especial ou que não possua solvente, podendo ser pregado, encaixado ou preso com arame. As placas podem ser cortadas, serradas ou fresadas de forma simples com cortador de arame aquecido, lâmina, bisturi ou cinzel afiados, nas formas e dimensões desejadas.

Capítulo 11

Esquadria

11.1 Generalidades

Esquadria é a designação genérica usada para se referir a qualquer tipo de porta, janela, guarda-corpo etc. confeccionada com madeira, ferro, alumínio, PVC etc. destinada ao fechamento de um vão em uma edificação.

11.1.1 Madeira na construção civil

A madeira é usada na construção civil de *forma temporária* (nas fôrmas, nos escoramentos, nos andaimes e na instalação do canteiro de obras) e de *forma permanente* (nas esquadrias, nas estruturas de cobertura, nos pisos e nos forros). A madeira apresenta as vantagens de ser cortada em dimensões adequadas, ter baixo custo, ser material natural de fácil obtenção e renovável, ter boa resistência mecânica (à compressão, à tração e à flexão), enorme diversidade de espécies etc. Porém apresenta as desvantagens de ter combustabilidade, deterioração, heterogeneidade na sua estrutura, variação dimensional conforme umidade etc. As chamadas *madeira de lei* são aquelas que por sua qualidade têm durabilidade maior que as demais, principalmente quanto ao ataque de insetos e umidade, comparativamente com as *madeiras brancas*, que são menos resistentes. As madeiras para exteriores ficam expostas ao calor, umidade e ataque de cupins e de fungos apodrecedores, razão pela qual se recomenda o uso daquelas com características mais resistentes, que são as que apresentam alta massa específica e, consequentemente, maior resistência mecânica e maior durabilidade (porém não dispensam tratamento para sua proteção). As madeiras para interiores apresentam o fator estético como relevante, sendo alguma delas consideradas como decorativas (com cor, desenhos e linhas). A *construção civil pesada interna* engloba as peças de madeira serrada na forma de vigas, caibros, ripas, sarrafos, pontaletes, pranchas e tábuas utilizadas em estruturas de cobertura. A *construção civil leve interna* abrange peças de madeira serrada e beneficiada, como esquadrias, soalhos, forros, lambris, painéis etc. Dentre as espécies brasileiras mais utilizadas na construção civil, podemos citar: amendoim, angelim, angico-preto, aroeira, cabriúva, canafístula, cedrinho, cedro, cerejeira, cumaru, eucalipto, freijó, garapa, imbuia, ipê, itaúba, jacarandá, jacareúba, jatobá, jequitibá, louro, maçaranduba, mogno, pau-marfim, peroba-rosa, pinho-do-paraná, pinus, sucupira, teca e outras. Destaca-se a seguir a descrição e aplicabilidade de algumas dessas espécies:

- *Amendoim*: madeira de cor palha-vermelhada, moderadamente durável, aspecto rústico, com textura média, de fácil trabalhabilidade, com acabamento satisfatório se envernizada, de secagem moderada, de colagem fácil. Usos: barris, tonéis, móveis finos, tacos de soalho, lambris, cabos de ferramenta, degraus de escada etc.
- *Angelim*: também chamada angelim-pedra, é madeira de cor castanho-avermelhada clara ou escura, fácil de trabalhar, acabamento de regular a bom na plaina, torno e broca, variando de durável a muito durável, textura grossa. Usos: peças de decoração para interiores e exteriores, degraus de escada, pisos, vigas, caibros, ripas, estacas, tacos de soalho, vigamentos, portas, venezianas, caixilhos, forros, lambris, lâminas decorativas, cabos de ferramenta, móveis etc.

- *Aroeira*: madeira de cor bege-rosada ou pardo-avermelhada, muito pesada, sendo uma das mais duráveis e mais resistentes contra ataque de cupins e de fungos de apodrecimento; é difícil de ser trabalhada. Usos: em obras expostas a umidade, em tesouras, vigas, caibros, ripas, caixilhos, (batentes, folhas de porta, janelas, venezianas), lambris, forros, guarnições, rodapés, cordões, tábuas e tacos para soalho, parquetes, lâminas decorativas, cabos de ferramenta, mourões de cerca, postes, estacas etc.
- *Cabriúva ou cabreúva:* madeira de cor castanho-avermelhada, cheiro perceptível agradável, densidade alta, dura ao corte, textura média, tem alta resistência a fungos apodrecedores, é difícil de ser trabalhada porém apresenta bom acabamento. Usos: postes, vigas, caibros, esquadrias (portas, venezianas, janelas, batentes), revestimento decorativo, tacos e tábuas de soalho, parquetes, cabos de ferramenta, degraus de escada, móveis decorativos etc.
- *Cedrinho*: também chamado *cambará*, é madeira de cor castanho-avermelhada, que apresenta retratibilidade linear e volumétrica baixa e propriedades mecânicas entre baixa e média; é fácil de aplainar, serrar e lixar, de secagem ao ar fácil e sem ocorrência significativa de defeitos. Usos: venezianas, portas, caixilhos, rodapés, cordões, guarnições, lambris, molduras, forros, compensados, móveis estândar etc. e, como planta, em cercas vivas.
- *Cedro*: madeira de cor bege-rosada, superfície lustrosa, densidade baixa, durabilidade moderada ao ataque de fungos apodrecedores, textura média a grossa, fácil de ser trabalhada (aplainada, serrada, furada, lixada, pregada, colada e torneada) e de secagem do ar rápida e com pouca ocorrência de defeitos. Usos: portas, venezianas e caixilhos em geral, lambris, painéis, guarnições, molduras, forros, chapas compensadas etc., e como árvores em paisagismo.
- *Cerejeira*: madeira de cor bege-amarelada ou bege-rosada, durabilidade baixa em condições favoráveis ao ataque de fungos de apodrecedores e cupins, compacta, fácil de ser trabalhada em função da sua maleabilidade, apresenta ótima aparência, retratibilidade baixa e resistência mecânica variando entre baixa e média. Usos: esquadrias (revestimento de portas), forros, lambris, painéis muito decorativos, tonéis, móveis de luxo etc.
- *Cumaru*: madeira nobre de cor castanho-claro-amarelada, brilho moderado, densidade alta, textura fina a média, dura ao corte que limita o uso de plaina e lixa, é difícil de ser perfurada e de complexa colagem, aceita polimento, pintura, verniz e lustração; apresenta alta resistência ao ataque de fungos apodrecedores e cupins; a secagem ao ar é relativamente fácil. Usos: postes, mourões de cerca, estacas, vigas, caibros, batentes, forros, lambris, tábuas e tacos de soalho, parquetes, degraus de escada, partes decorativas de móveis etc.
- *Eucalipto*: madeira de cor castanho-rosado-clara, pouco brilho, densidade baixa, textura fina a média, com moderada durabilidade ao ataque de fungos apodrecedores e cupins, apresenta boas características de aplainamento, lixamento, furação e acabamento; é de secagem difícil. Usos: postes, mourões de cerca, vigas, caibros, tacos de soalho, cabos de ferramenta, de *forma temporária* (pontaletes e andaimes), móveis estândar etc.
- *Freijó*: madeira de cor castanho-claro-amarelada, superfície lustrosa, densidade baixa, textura média, durabilidade moderada ao ataque de fungos apodrecedores e baixa resistência ao de cupins, fácil de serrar, aplainar e colar, apresenta superfície de acabamento lisa; a secagem ao ar é boa com pouca ocorrência de defeitos. Usos: portas, venezianas, caixilhos, molduras, guarnições, forros, lambris, painéis, ripas, caibros, rodapés, tábuas, compensados, marcenaria, móveis finos etc.
- *Garapa*: também chamada *garapeira*, é madeira de cor variando de bege-amarelada a castanho-amarelada, fácil de ser trabalhada, tem densidade média, dura ao corte, textura média; apresenta resistência moderada ao ataque de fungos apodrecedores e alta resistência ao de cupins; recebe bom acabamento. Usos: estruturas externas, postes, estacas, mourões de cerca, vigas, caibros, ripas, tábuas, tacos e tábuas para soalho, parquetes, rodapés, caixilhos (batentes, marcos de janela, venezianas), forros, guarnições, cordões, móveis finos etc.
- *Imbuia*: também chamada *canela-imbuia*, é madeira de cor variando de pardo-claro-amarelada a pardo-acastanhada, geralmente com veios escuros, com uniformidade de superfície, textura média, dura ao corte, raramente atacada por cupins, resistente ao ataque de fungos apodrecedores, densidade média, fácil de ser trabalhada, proporcionando bom acabamento, fácil de pregar, de secagem ao ar variando de média a difícil.

Usos: vigas, caibros, esquadrias (batentes, folhas de porta, venezianas, caixilhos em geral), painéis decorativos, forros, lambris, tábuas e tacos de soalho, parquetes, móveis finos etc.

- *Ipê*: madeira de coloração variando de parda a castanho, com superfície pouco lustrosa, textura fina e uniforme, muito pesada, dura, resistente ao ataque de fungos apodrecedores e cupins e ao envelhecimento, moderadamente difícil de ser trabalhada principalmente com ferramentas manuais; o aplainamento é regular, é fácil de lixar e excelente para pregar e parafusar; a secagem ao ar é média a rápida, apresentando pequenos problemas de rachaduras e empenamentos. Usos: vigas, caibros, esquadrias (batentes, folhas de porta, janelas), degraus de escada, tábuas e tacos de soalho, parquetes, deques, pergulados, cabos de ferramenta, partes decorativas de móveis, guarnições, rodapés, forros, lambris etc.
- *Itaúba*: madeira de cor amarelo-esverdeada quando recém-serrada, tornando-se castanho-esverdeado-escura, de densidade alta, textura média, apresenta alta resistência aos efeitos do tempo e ao ataque de fungos apodrecedores e de cupins, de baixa retratibilidade em relação à densidade, resistência mecânica alta a média, durabilidade alta, moderadamente difícil de ser trabalhada tanto com ferramentas manuais como com máquina, secagem ao ar lenta e difícil. Usos: tacos e tábuas de soalho, deques, degraus de escada, pergulados, postes, pilares, carpintaria, vigas, caibros, tesouras, tábuas, esquadrias (batentes, marcos de janela), móveis estândar etc.
- *Jacarandá*: também chamada *jacarandá-da-baía*, é madeira nobre de coloração marrom-escura com listras pretas, compacta, dura, lisa, de textura fina, com brilho, de difícil trabalhabilidade, porém apresenta bom acabamento, sendo durável e resistente ao ataque de fungos apodrecedores; oferece excelente aplainamento, torneamento e lixamento; é muito valiosa e de bela aparência. Usos: lambris muito decorativos, lâminas decorativas, móveis de luxo etc., e como árvore em paisagismo.
- *Jatobá*: madeira de coloração variando do castanho-amarelado ao castanho-avermelhado, de densidade alta, dura ao corte, superfície pouco lustrosa, muito resistente ao ataque de fungos apodrecedores e de cupins, moderadamente fácil de trabalhar (pode ser aplainada, colada, parafusada e pregada sem problemas); a secagem ao ar apresenta poucas deformações; aceita pintura, verniz e lustração. Usos: estacas, postes, tesouras, vigas, caibros, esquadrias (batentes, folhas de porta, janelas), guarnições, rodapés, painéis, forros, lambris, tábuas e tacos de soalho, parquetes, degraus de escada, laminados, móveis finos, cabos de ferramenta etc.
- *Louro*: também chamada *louro-vermelho*, é madeira de cor castanho-rosada, escurecendo com o tempo, densidade média, textura grossa, superfície irregularmente lustrosa, moderadamente resistente ao ataque de fungos apodrecedores e cupins; é fácil de ser trabalhada, tanto com ferramentas manuais como com máquinas, aceita bem pregos e parafusos, é fácil de serrar, aplainar, laminar, faquear, tornear, colar, parafusar e pregar; a secagem ao ar livre é lenta com tendência a empenamento e rachaduras. Usos: esquadrias (batentes, portas e janelas), painéis, forros, lambris, chapas compensadas, móveis decorativos etc.
- *Maraçanduba*: madeira de cor vermelho-clara, tornando-se vermelho-escura com o tempo, sem brilho, densidade alta, textura fina, moderadamente difícil de cortar e aplainar, porém é fácil de tornear, aparelhar e colar, tende a rachar se pregada ou parafusada sem furação prévia; recebe bom acabamento, pintura e verniz; resistente ao ataque de fungos apodrecedores e cupins subterrâneos; secagem ao ar é difícil, apresentando rachaduras, empenamentos e severo endurecimento superficial. Usos: estacas, tesouras, vigas, caibros, tacos de soalho, parquetes, deques, partes decorativas de móveis (puxadores, entalhes) etc.
- *Mogno*: também chamada *acaju*, é madeira nobre, fácil de ser trabalhada, com superfície lisa, de secagem relativamente fácil, tem média densidade e cor castanho-claro-avermelhada, brilho acentuado, macia ao corte, ótima para ser manuseada com máquinas, moderadamente resistente a fungos apodrecedores e cupins. Usos: esquadrias (portas e janelas), lambris decorativos, forros, rodapés, cordões, guarnições, chapas compensadas, lâminas decorativas, soalhos, móveis finos etc.
- *Pau-marfim*: madeira de cor branco-palha-amarelada, escurecendo para amarelo-pálido uniforme; apresenta superfície lisa, medianamente lustrosa, textura fina; a durabilidade é baixa para apodrecimento e ataque de organismos, devendo ser descascada, serrada e estaleirada logo após o corte; contudo, a baixa resistência pode ser amenizada, pois ela é permeável aos tratamentos preservantes, em autoclave; trata-se de madeira flexível, que pode ser trabalhada sem dificuldade. Usos: portas; tacos para soalho, molduras, guarnições

internas, laminados decorativos, carpintaria e marcenaria em geral, móveis finos etc., e como árvore em paisagismo.
- *Peroba-rosa*: madeira de cor rósea quando recém-cortada, passando a amarelo-rosada com o tempo, sem brilho, moderadamente dura ao corte, com resistência mecânica e trabalhabilidade médias, textura fina, densidade média, moderada resistência ao cupins e baixa a moderada resistência aos fungos apodrecedores. Usos: decoração, interiores, esquadrias (batentes, janelas, venezianas e portas), cabos de ferramenta, tesouras, vigas, caibros, ripas, tábuas e tacos para soalho, parquetes, móveis rústicos etc.
- *Pinho-do-paraná*: nome científico *araucária*, é madeira de cor branco-amarelada frequentemente com manchas largas róseo-avermelhadas, brilho moderado, cheiro pouco acentuado característico de resina, densidade baixa, macia ao corte, textura fina, baixa densidade, macia ao corte, tem baixa resistência ao ataque de fungos de apodrecimento e ao de cupins, apresenta alta permeabilidade às soluções preservantes, é fácil de ser trabalhada com ferramentas manuais e máquinas, fácil de colar, desdobrar e aplainar, difícil de secar ao ar por apresentar tendências à torção e rachaduras. Usos: ripas e partes secundárias de estruturas, rodapés, cordões, forros, lambris, de forma temporária (pontaletes, andaimes e fôrmas para concreto), chapas compensadas, lâminas decorativas, móveis estândar etc.
- *Pinus*: nome científico *pinus-eliote*, é madeira de cor branco-amarelada, brilho moderado, textura fina, suceptível ao ataque de fungos apodrecedores e cupins, fácil de ser trabalhada e tratada, de densidade baixa, macia ao corte (fácil de desdobrar, plainar, lixar, tornear, furar, fixar e colar) e permite bom acabamento; é de fácil secagem ao ar. Usos: em esquadrias (portas e venezianas) e caixilhos em geral, lambris, painéis, cordões, rodapés, guarnições, forros de chapas de compensado, de forma temporária (fôrmas para concreto, pontaletes e andaimes), móveis estândar etc.
- *Teca*: madeira de cor castanho-amarelada passando a castanho-escura com listras escurecidas, densidade média, textura grossa, apresenta alta resistência ao ataque de fungos apodrecedores e cupins, tem alta durabilidade quando sujeita a intempéries, de fácil aplainamento, torneamento, furação, lixamento e colagem; a secagem ao ar é lenta, com ocorrência de pouquíssimos defeitos, praticamente não empena, tem boa resistência à compressão, tração e flexão. Usos: esquadrias (portas e janelas), interno decorativo (lambris, painéis, forros), tacos e tábuas de soalho, mobiliário de alta qualidade (móveis finos e decorativos) etc.

11.1.2 Carpintaria

Carpintaria é o trabalho artesanal com madeira no estado bruto com a função de beneficiá-la (serrá-la, furá-la, aparelhá-la etc.) para o uso das peças resultantes na construção civil, confecção de móveis e outros. *Bancada de carpinteiro* é uma espécie de móvel maciço pesado sobre o qual o carpinteiro pode fixar peças de madeira a fim de trabalhá-las em melhores condições. Dentre as ferramentas manuais usadas nos serviços de carpintaria, destacam-se:
- *Serra*: instrumento de cortar madeira e outros materiais por fricção continuada (vaivém), constituída essencialmente por lâmina de aço fina e chata com borda longitudinal recoberta por dentes afiados.
- *Serrote*: serra manual portátil, operada com uma só mão, composta de lâmina de aço larga serrilhada (com dentes afiados e travados) e presa a um cabo de madeira por uma de suas extremidades.
- *Serra de arco*: ferramenta manual composta de um arco metálico e uma lâmina de serra de folha estreita que pode ser reposta quando o desgaste chegar ao limite e que serve para cortar madeiras pouco espessas, podendo seguir desenhos irregulares e sinuosos.
- *Plaina*: ferramenta manual usada para aplainar, desbastar, facear e alisar madeiras, constituída por um corpo de madeira ou metal com uma base plana que tem uma lâmina de aço disposta em ângulo em relação à base.
- *Enxó*: instrumento que consiste em uma chapa de aço cortante e um cabo curvo usado para desbastar peças grossas de madeira.
- *Formão*: instrumento de corte manual que possui numa extremidade uma lâmina de aço afiada e a outra embutida em um cabo roliço de madeira reforçado nos extremos com anéis de aço, de modo a proteger a zona de impactos desferidos por um martelo, usado em serviços de talha.

- *Martelo*: ferramenta provida de uma cabeça de ferro presa a um cabo de madeira, usada para cravar pregos ou golpear objetos.
- *Sargento*: espécie de prensa manual usada para manter juntas de modo rígido duas peças, ou para firmar uma tábua à bancada, impedindo movimento ou separação das partes durante um trabalho.
- *Torquês*: instrumento de ferro constituído por duas peças articuladas que, em conjunto, funcionam como tenaz ou alicate, próprio para agarrar, segurar ou arrancar objetos encravados (pregos, grampos etc.).
- *Furadeira*: ferramenta usada para perfurar madeira, que consta de um punho, de uma haste de ferro dobrada em forma de manivela em torno desse punho, e uma *verruma* de aço (haste helicoidal chamada broca, que é posta em rotação para penetrar na madeira, deixando um furo redondo).
- *Chave de fenda*: ferramenta constituída por uma haste cilíndrica de ferro com cabo de acrílico ou plástico rígido e com ponta livre estreita, achatada e de duplo chanfro, que se introduz no sulco (fenda) da cabeça de um parafuso para girá-lo, apertando-o ou afrouxando-o.
- *Chave de fenda tipo phillips*: aquela que tem duas fendas cruzadas; bifurcada.
- *Pé-de-cabra*: alavanca de aço redondo que possui uma das extremidades bifurcada no formato de pé de cabra, usada para arrancar pregos, abrir caixas de madeira etc.
- *Grampo*: dispositivo de prensa para apertar ou suster de modo rígido peças nas quais se trabalha impedindo sua movimentação, composto de uma haste de ferro dobrada, com rosca em uma das extremidades.
- *Nível de bolha*: instrumento para indicar ou medir inclinações em planos, constituído de um pequeno tubo feito de acrílico, com dois traços de aferição em seus dois lados contando uma certa quantidade de líquido viscoso no seu interior e aprisionando uma bolha de ar, tubo esse que é fixo numa estrutura de metal ou madeira aparelhada.
- *Trena*: fita métrica de aço flexível, graduada com marcações lineares, usada para medir comprimentos e que se retrai como bobina para armazenamento.

Dentre as máquinas utilizadas em carpintaria, destacam-se:
- *Serra circular portátil*: lâmina de corte feita de aço, extremamente delgada e chata, na forma de disco liso (sem serrilhas, como o serrote) ou com serrilhado de pequenas dimensões (microsserrilhas), usada para cortar, talhar ou raspar madeira, composta de um motor elétrico que faz o disco girar.
- *Serra circular de bancada*: máquina composta de mesa fixa (que permite a passagem de um disco de serra), disco de serra, eixo, transmissor de força, motor elétrico, ou cutelo divisor (elemento metálico rígido, de espessura pouco menor que a do disco, disposto verticalmente, acompanhando a curvatura da parte posterior, não atenuante, do disco) e coifa protetora (cobertura do disco que oferece proteção contra o contato acidental das mãos do operador com a serra em movimento e também contra a projeção de partículas).
- *Serra de fita*: máquina constituída de uma fita de serra que se movimenta continuamente pela rotação de polias e volante, acionada por motor elétrico numa bancada, podendo realizar qualquer tipo de corte reto ou irregular, como círculos ou ondulações, bem como de madeira muito espessa. Note-se que a carcaça da serra circular de bancada como da serra de fita deve ser aterrada.
- *Furadeira elétrica portátil*: máquina composta de um cabeçote (chamado *fuso*) que põe em rotação uma ferramenta (denominada *broca* e um motor elétrico). A broca é uma haste de aço muito duro composto de canais helicoidais que termina num gume de corte, deixando um furo redondo na madeira.
- *Furadeira de bancada*: máquina composta de uma base de fixação da madeira a ser trabalhada e de uma mesa de coordenadas de deslocamento e inclinação da peça a ser furada em três eixos, sendo acionada por um motor elétrico.
- *Parafusadeira elétrica*: máquina portátil similar à furadeira elétrica portátil destinada a apertar ou retirar parafusos da madeira. Pode possuir um dispositivo para evitar que o parafuso seja colocado só parcialmente (causando folga) ou que fique apertado demais.
- *Tupia*: espécie de torno cônico formado por um eixo vertical que gira com velocidade e em cuja parte superior podem ser adaptadas ferramentas diversas, usado para fresar furos oblongos, ranhuras, arestas e chanfros, criando modelos, desenhos, padrões, letras etc.

- *Fresa*: ferramenta que consiste de um cortador de diversos gumes girando em movimento contínuo, usada para desbastar uma peça bruta de madeira, transformando-a em peça acabada (com a forma e dimensões desejadas).

11.1.3 Janela

11.1.3.1 Terminologia

- *Exigências do usuário*: qualidades ou características que devem ser atendidas pela janela, de forma a satisfazer com segurança às necessidades do usuário quando de sua utilização.
- *Ensaios de desempenho*: comprovação em laboratório do atendimento, ou não, pela janela em relação a um critério estabelecido.
- *Método de ensaio*: procedimentos que têm de ser adotados para a execução do ensaio de desempenho.

11.1.3.2 Condições específicas

Os materiais e acessórios utilizados nos caixilhos de janela precisam estar de acordo com as normas a eles pertinentes. Cabe ao responsável pelo projeto das janelas atender às exigências do usuário, selecionando e recomendando a janela adequada ao local de uso. Os ensaios devem ser comprovados mediante a apresentação de certificados com os respectivos resultados, ou a expressa declaração do fabricante. Caso se exijam ensaios comprobatórios, eles têm de ser objeto de negociação entre fabricante e construtora. As condições principais são:

- *Estanqueidade ao ar*: características da janela em proteger os ambientes interiores da edificação das infiltrações de ar que possam causar prejuízo ao conforto dos usuários e/ou gastos adicionais de energia para a climatização do ambiente, tanto no calor como no frio. O projetista precisa tomar as cautelas necessárias para a escolha da janela apropriada ao local de uso, de acordo com critério estabelecido nas normas técnicas.
- *Estanqueidade à água*: característica da janela em proteger o ambiente interior da edificação das infiltrações de água provenientes de chuva, acompanhada ou não de vento. O projetista, quando da escolha da janela, deve levar em consideração o estabelecido nas normas técnicas.
- *Resistência a cargas uniformemente distribuídas*: característica da janela em suportar pressões de vento estabelecidas nas normas técnicas e que têm de ser compatibilizadas pelo projetista, segundo o seu local de uso.
- *Resistência a operações de manuseio*: característica da janela em suportar os esforços provenientes de operações de manuseio prescrita nas normas técnicas. O projetista precisa atender às exigências da especificação.
- *Comportamento acústico*: característica da janela em atenuar, quando fechada, os sons provenientes de ambientes externos. O projetista encontrará a compatibilização entre o caixilho escolhido e as condições de uso, de acordo com as normas técnicas.
- *Inspeção*: é feita no local de fabricação, onde se confere se as características da janela estão de acordo com a especificação à luz das exigências definidas pelo projetista.

11.1.3.3 Condições gerais

A janela deve ser fornecida com todos os acessórios originais necessários ao seu funcionamento perfeito e os demais componentes, que têm de manter todas as características do protótipo ensaiado. Os acessórios serão de materiais compatíveis com aquele utilizado na fabricação da janela, com desempenho comprovado mediante os ensaios específicos. Os acessórios não podem sofrer alterações químicas, físicas ou mecânicas que prejudiquem o seu desempenho durante a sua vida útil, sendo esta determinada pela construtora. Os perfis precisam ser adequados à fabricação das janelas e atender às exigências de normas específicas. Os perfis e os processos construtivos utilizados não podem apresentar defeitos que comprometam a resistência e/ou o desempenho da janela. Todos os componentes da janela devem receber um tratamento adequado, destinado a garantir o desempenho do conjunto em condições normais de utilização previstas nas normas técnicas. Os vidros têm de ser trabalhados e colocados sempre de acordo com as normas técnicas. No caso de uso de algum outro material no lugar do vidro, esse material precisa ser trabalhado e colocado sempre de acordo com a melhor técnica disponível e/ou especificações existentes, devendo conferir também ao caixilho o atendimento ao aqui exposto. A amostragem de lotes para a inspeção da produção fica a critério das partes, que pode se reportar às normas técnicas.

11.1.3.4 Atenuação sonora

O caixilho, de acordo com o seu tipo, as condições de uso, do ambiente e as ações sonoras externas, tem de causar atenuação sonora. As condições de tolerância ao ruído podem ser estabelecidas como segue:

- *Tolerância alta*: pode ser admitida nos casos em que a expectativa dos usuários aos ruídos externos é alta. Exemplo: estações rodoviárias, ginásios de esporte, redações de jornal, lojas de varejo, ambientes públicos de alta demanda etc.
- *Tolerância média*: pode ser admitida nos casos em que a expectativa dos usuários aos ruídos no ambiente é moderada. Exemplo: restaurantes, escritórios multifuncionais, salas de espera etc.
- *Tolerância baixa*: pode ser admitida nos casos em que a expectativa dos usuários aos ruídos é baixa. Exemplo: dormitórios, salas de estar, salas de aula, escritórios privativos, salas de reunião, igrejas etc.
- *Tolerância nula*: pode ser admitida nos casos em que a expectativa dos usuários aos ruídos é nula. Exemplo: estúdios de gravação, bibliotecas, auditórios para música sinfônica etc.

As condições de exposição da edificação a ruído externo podem ser estabelecidas como segue:

- *Naturais ocasionais*: exposição exclusiva a ruídos ocasionais da natureza. Exemplo: animais de campo, insetos, aves, farfalhar das folhas, chuva branda etc.
- *Incipientes*: exposição a ruídos com nível de intensidade baixo, inferior a 45 dB, com espectro amplo, sem frequências discretas, e com baixo conteúdo de informações. Exemplo: ruído de rodovia a grande distância.
- *Moderadas*: exposição a ruídos com nível de intensidade moderado, entre 45 dB e 65 dB, com predominância de espectros amplos, sem frequências discretas, e com baixo conteúdo de informação. Exemplo: trânsito de veículos leves, burburinho urbano etc.
- *Acentuadas*: exposição a ruídos com nível de intensidade alto, entre 65 dB e 85 dB, com predominância de espectros amplos, com eventual ocorrência de frequências discretas e moderado conteúdo de informações. Exemplo: ruído nas laterais de vias com trânsito intenso de veículos pesados, proximidade de ferrovias etc.
- *Críticas*: exposição a ruídos com nível de intensidade muito alto, superior a 85 dB, com predominância de espectros restritos, e/ou riscos em frequências discretas, e/ou com elevado conteúdo de informações, e/ou com sua ocorrência em uma sucessão rápida. Exemplo: vizinhança de aeroportos, indústrias ruidosas, laterais de ferrovias etc.

11.1.3.5 Diversos

Janela é um conjunto composto por batente (marco) e folhas, que controlam o fechamento de um vão à iluminação e à ventilação. Classificam-se as janelas nos seguintes tipos:

- *de correr*: uma ou mais folhas móveis por translação horizontal no seu plano;
- *de guilhotina*: uma ou mais folhas móveis por translação vertical no seu plano;
- *de abrir*: uma ou duas folhas giratórias de eixo vertical ao longo de uma extremidade da folha;
- *pivotante*: folha móvel por rotação em torno de um eixo vertical, não situado nas bordas da folha;
- *basculante*: uma ou mais folhas móveis por rotação em torno de um eixo horizontal qualquer, não situado nas bordas da folha;
- *projetante e de tombar*: folha móvel por projeção para o exterior ou o interior do ambiente. Poderão ser fabricadas em madeira, PVC, ferro ou alumínio.

11.1.4 Porta

Conjunto funcional formado por batente (ou marco), alisar (eventual, também denominado *guarnição*) e folha (na qual são fixadas as ferragens). O *batente* é o elemento fixo que guarnece o vão da parede em que se prende a folha de porta, e que tem um rebaixo contra o qual a folha de porta se fecha. O *marco* pode ser confeccionado com madeira ou com chapa dobrada de aço galvanizado. A *folha* é a parte móvel da porta (que se abre e se fecha). O *alisar* (ou guarnição) é a peça fixada ao batente e destinada a emoldurá-lo (para arremate junto da parede). O *sentido* de abertura da folha é *à direita* ou *à esquerda* de quem olha a porta do lado em que não aparecem as dobradiças (ou seja, do lado oposto ao qual a folha se abre).

11.1.4.1 Batente de madeira

Os batentes não devem apresentar defeitos visuais sistemáticos, como desvios dimensionais além dos limites tolerados, rebaixos das *ombreiras* (partes verticais) e da *travessa* (parte horizontal) desnivelados, rachaduras, nós, bolsas de resina, encurvamento superior a 3 mm, arqueamento superior a 5 mm, lascamento de cantos ou alteração da espécie da madeira especificada. Além disso, no ato da entrega, a umidade da madeira não poderá na média ser superior a 18%. As espécies de madeira mais utilizadas na confecção de batentes são: peroba-rosa, cedro, ipê, imbuia, mogno, angelim, cabriúva e jatobá. A verificação das dimensões tem de ser feita com trena metálica com precisão de 1 mm, conforme a Tabela 11.1, onde L é a largura do batente; g é a espessura do lado sem o rebaixo; f é a espessura do rebaixo; e r é a largura do rebaixo:

Tabela 11.1

	Dimensões nominais mínimas	Tolerância
g	35 mm	± 2 mm
r	37 mm ou 47 mm	- 0; + 2 mm
L	conforme a espessura da parede	± 2 mm
f	12,5 mm	± 1 mm

O estoque precisa ser tabicado em local coberto e ventilado, evitando a ação da água. Do pedido de fornecimento constarão, entre outras, a espécie da madeira e as dimensões das peças.

11.1.4.2 Folha de porta de madeira

As folhas de porta não podem apresentar defeitos sistemáticos relativos a dimensões, formato das folhas (esquadro e planeza) e aspecto superficial (presença de nós, bolsas de resina, manchas, irregularidades de superfície etc.). Nas portas que terão acabamento encerado ou envernizado, observar o número máximo de duas emendas por folha. Elas devem dispor de reforço para fixação da fechadura e dobradiças. A espessura, a largura e a altura das folhas de porta têm de ser conferidas com trena metálica com precisão de 1 mm, tomando as medidas no meio dos vãos e aceitando os limites de tolerância da tabela a seguir:

Tabela 11.2

Dimensão nominal	Tolerância
Espessura = 3,5 cm ou 4,5 cm	± 1 mm
Largura = vão de luz + 2 cm	± 3 mm
Altura = 211 cm	± 5 mm

As portas serão submetidas a ensaios de impacto de corpo mole e de fechamento brusco, conforme normas técnicas. O estoque das folhas de porta precisa ser feito na posição horizontal em pilhas de até 1,5 m de altura, sobre piso nivelado, deitando a primeira folha sobre uma chapa de compensado de 12 mm também nivelada, que deve estar apoiada sobre quatro caibros paralelos e equidistantes. É necessário tomar especial cuidado com portas que receberão acabamento encerado ou envernizado para que não sofram arranhadura alguma ou lascamento de cantos durante o empilhamento ou o assentamento. O local tem de ser coberto e ventilado e ainda apropriado para evitar ação da água. Do pedido de fornecimento constarão, entre outros, espécie da madeira, tipo e dimensões das portas. As folhas de porta podem ser de madeira maciça (geralmente as externas) ou constituídas de quadro de madeira maciça, miolo vazado e chapadas nas duas faces com uma capa que lhes dá o aspecto final. Essa capa pode ser destinada a receber pintura ou pode estar acabada, revestida com folhado de madeira nobre ou com laminado decorativo de alta pressão (LDAP). As larguras padronizadas de folha são: 62 cm, 72 cm, 82 cm ou 92 cm, a altura padronizada de 2,11 m e a espessura de folha interna de 35 mm.

11.1.5 Porta corta-fogo

11.1.5.1 Terminologia

- *Porta corta-fogo*: conjunto de folha(s) de porta, batente (caixão ou marco), núcleo de isolação térmica e os seus acessórios, que atende às características adiante expostas, em especial o disposto à resistência ao fogo, impedindo ou retardando a propagação do fogo, calor e gases de um ambiente para outro.
- *Resistência mecânica ao fogo*: característica de manter a estabilidade estrutural sob a ação do fogo.
- *Isolação térmica*: característica de resistência em relação à transmissão do calor.
- Estanqueidade:
    - *vedação às chamas*: característica de impedir a passagem de chamas;
    - *vedação aos gases*: característica de impedir a passagem de gases.
- *Resistência ao fogo:* característica de atender à resistência mecânica ao fogo, isolação térmica e estanqueidade.
- *Barra antipânico*: fecho que, ao ser empurrado para a frente, destrava a folha de porta corta-fogo, sendo constituído de uma barra horizontal móvel colocada na altura e em substituição à maçaneta.

11.1.5.2 Classificação

As portas corta-fogo para saída de emergência são classificadas em quatro tipos, segundo o seu tempo de resistência ao fogo no ensaio a que são submetidas, de acordo com as normas técnicas:

- *Classe P-30*: é a porta corta-fogo cujo tempo de resistência mínimo ao fogo é de 30 minutos.
- *Classe P-60*: é aquela cujo tempo de resistência mínimo é de 60 minutos.
- *Classe P-90*: é aquela cujo tempo de resistência é de 90 minutos.
- *Classe P-120*: é aquela cujo tempo de resistência é de 120 minutos. Não são admitidas classificações intermediárias.

11.1.5.3 Condições gerais

- *Função*: É utilizada para impedir e/ou dificultar a propagação de fogo de um ambiente para outro, atenuando a transmissão de calor.
- *Identificação*: Cada porta recebe uma identificação indelével e permanente, por gravação ou por plaqueta metálica, com os seguintes dados mínimos:
    - EB-920;
    - nome do fabricante;
    - classificação conforme o disposto em 11.1.4.2;
    - número de ordem da fabricação;
    - mês e ano da fabricação.

  A identificação é feita no terço superior da testeira de aplicação das dobradiças.
- *Unidade de compra*: A unidade de compra é o conjunto porta-batente com os acessórios obrigatórios.

11.1.5.4 Detalhes construtivos

- *Dimensões*: As portas de abrir são fabricadas para as dimensões de vão livre indicadas na Tabela 11.3.

Tabela 11.3: Vão livre

Vão livre	Largura (cm)	Altura (m)
mínimo	70	1,9
máximo	240	2,5

Os vãos de largura superior a 1,2 m têm duas folhas. As larguras padronizadas são 80 cm, 90 cm e 100 cm; a altura padronizada é 2,1 m; a espessura usual é 4,7 cm.

- *Materiais empregados na fabricação*: Os materiais empregados na fabricação de conjunto porta-batente, bem como dos acessórios, devem atender às exigências mínimas aqui constantes. Todos os componentes metálicos ferrosos têm de receber tratamento antioxidante. O isolante térmico é usualmente a vermiculita expandida.
- *Folha de porta*: É obrigatório o traspasse entre a folha de porta e o batente, em faixa contínua, para obter as características de vedação às chamas e aos gases. É obrigatório o uso de mata-junta sempre que são utilizadas duas folhas, para obter as mesmas características de vedação às chamas e aos gases. Além das folhas de abrir mencionadas, existem portas especiais de correr ou do tipo guilhotina.
- *Batente*: Os batentes de porta corta-fogo são constituídos de chapa de aço de espessura mínima de 1,2 mm (nº 18). São admitidos batentes confeccionados com perfis laminados de aço com espessura mínima de 3 mm. São também admitidos batentes de madeira maciça com densidade mínima de 700 kg/m³ e com até 17% de umidade em peso. Para a fixação de dobradiças e dispositivos de fechamento automático, os batentes de chapa dobrada são reforçados com chapa de aço com espessura mínima de 3 mm e área de apoio excedendo em 50% a da respectiva peça. São dispensados dessa exigência:

    – batentes confeccionados com perfis laminados ou com madeira maciça;
    – batentes nos quais as peças acessórias são fixadas por solda contínua ao longo de seu contorno.

- Acessórios: São considerados acessórios obrigatórios das portas corta-fogo de uma folha os seguintes componentes:

    – dobradiças, em número mínimo de três;
    – maçanetas de alavanca;
    – fechadura, de lingueta, sem tranca;
    – dispositivo de fechamento automático da folha, que pode ser adaptado às dobradiças.

Excetuam-se da obrigatoriedade dos dois últimos itens acima as portas P-30 destinadas à entrada de unidades autônomas. A fechadura das portas é do tipo trinco, a ser instalada no local já previsto. A maçaneta de alavanca tem de atender aos seguintes requisitos:

– alavanca em repouso na posição horizontal;
– acionamento por rotação para baixo; plano de rotação paralelo ao plano da folha de porta;
– empunhadura da alavanca com o mínimo 10 cm de comprimento;
– alavanca com uma única extremidade livre;
– afastamento da maçaneta à face da porta maior ou igual a 4 cm no trecho da empunhadura;
– distância da empunhadura ao batente de no mínimo 6 cm.

Toda folha de porta com peso superior a 100 kg tem dispositivo de fechamento automático com sistema de amortecimento de impacto. São considerados acessórios obrigatórios das portas corta-fogo de duas folhas os seguintes componentes:

– dobradiças, em número mínimo de três por folha;
– fechadura provida de barra antipânico nas duas folhas;
– dispositivo de fechamento automático, em ambas as folhas;
– dispositivo selecionador de fechamento.

No caso de necessidade de instalação de duas folhas, exclusivamente para permitir passagem ocasional de objetos de grandes dimensões, a folha destinada ao escoamento de pessoas tem os acessórios obrigatórios da porta de folha única, mantendo as características da porta de duas folhas em face das demais condições aqui descritas. A outra folha, que só poderá ser aberta pelo tempo estritamente necessário à passagem dos objetos, tem como acessórios obrigatórios: dobradiças e fecho superior e inferior; obedece também às demais condições da porta de duas folhas. As dobradiças, fechaduras e maçanetas são de aço. As fechaduras podem ter componentes com ligas metálicas com ponto de fusão superior a 700 °C, resistindo até o final do ensaio.

- *Painéis e bandeiras:* É admitida a colocação de painéis e bandeiras. As dimensões da bandeira são no máximo de 1 m de altura e largura igual à da porta. A bandeira obedecerá às mesmas disposições construtivas da folha de porta, sendo ensaiada juntamente com ela. A bandeira, circundada por batente igual ao da porta, é fixada a ele por buchas de expansão de aço, parafusos de aço, rebites de aço ou solda de aço. Os painéis laterais ou superiores à porta obedecem às exigências da parede ou divisória de vedação, conforme a recomendação de utilização no final mencionada.

11.1.5.5 Instalação

- *Batente*: O marco de chapa, ao ser instalado, é completamente preenchido com argamassa de cimento e areia, ou com concreto de cimento, areia e pedrisco, não deixando falhas ou bolhas na operação, e também é fixado com grapas na altura das dobradiças. O batente de perfil laminado de aço é instalado somente em pórtico de concreto ou alvenaria de blocos estruturais, e sua fixação é feita com buchas de expansão e parafusos metálicos ou com grapas, na altura das dobradiças.
- *Folha*: As folhas são instaladas na obra na sua fase de acabamento. A folga entre a folha e a soleira é no máximo de 1 cm.
- *Dispositivo sobreposto de fechamento*: O dispositivo de fechamento, quando sobreposto, somente será instalado na entrega final da obra.

11.1.5.6 Armazenamento

As folhas de porta são armazenadas na obra em locais secos, isentos de umidade, obedecendo às instruções do fabricante.

11.1.5.7 Funcionamento

As portas para saída de emergência permanecem sempre fechadas, porém destrancadas. Em casos especiais, as portas poderão ser trancadas, todavia devem sempre abrir no sentido da evasão, sem o uso de chaves ou ferramentas. Nos casos particulares em que a porta ficar aberta, ela será equipada com dispositivo de trava, acionado por um dos seguintes sistemas:

- sistema de detecção automático de incêndio;
- sistema de alarme de incêndio.

11.1.5.8 Recomendações de utilização

- *Seleção de classe:*
    - P-30:
        – fechamento de abertura em parede de resistência ao fogo por 1 hora;
        – proteção em unidades autônomas.
    - P-60:
        – fechamento de abertura em parede de resistência ao fogo por 2 horas;
        – fechamento de aberturas de escadas enclausuradas com antecâmaras.
    - P-90:
        – fechamento de abertura em parede de resistência ao fogo por 3 horas;

– fechamento de abertura de escada enclausurada sem antecâmara.
- P-120:
    – fechamento de abertura em parede de resistência ao fogo por 4 horas;
    – proteção de área de refúgio.

Revestimentos: A porta instalada poderá receber acabamento decorativo, se este atender às seguintes exigências:

- não ocasione, a temperaturas até 200 °C, concentração letal de gases no respectivo ambiente;
- não prejudique as condições de resistência mecânica ao fogo, de isolação térmica, de vedação às chamas e gases.

O acima disposto aplica-se também à pintura e aos produtos utilizados na fixação do acabamento.

11.1.6 Esquadria de madeira

Só serão admitidas na obra as peças bem aparelhadas, rigorosamente planas e lixadas, com arestas vivas (caso não seja especificado diferente), apresentando superfícies completamente lisas. Serão recusadas todas as peças que apresentarem sinais de empenamento, descolamento e rachadura, lascas, desuniformidade da madeira quanto à qualidade e espessura, e outros defeitos. A fabricação das folhas de porta poderá ser dos tipos:

- lisa: constituída de um núcleo e capeada nas duas faces;
- almofadada: confeccionada com madeira maciça, com duplo rebaixo;
- calha ou mexicana: feita com sarrafos do tipo macho-e-fêmea, presos por meio de travessas respectivamente sobrepostas ou embutidas, tarugadas ou parafusadas.

As folhas deverão movimentar-se perfeitamente, sem folgas demasiadas. A porta de entrada das moradias, bem como a das cozinhas, precisa ter largura livre não inferior a 80 cm. As sambladuras (junções com entalhe) serão do tipo *mechas* e *encaixe*, com emprego de cunha de dilatação para garantia de maior rigidez da união. O núcleo de portas e elementos afins será, dentre outros, dos seguintes tipos:

- Núcleo semioco, de colmeia de papel *kraft*. Terá de ser utilizado em portas não sujeitas à umidade.
- Núcleo de raspas de madeira selecionada, aglutinadas com cola sintética à base de ureia-formol, secas em estufa. Deverá ser usado em portas não sujeitas a molhaduras constantes.
- Núcleo de sarrafos, compensados, aglutinados com cola à prova de água. Poderá de ser utilizado em portas instaladas em locais sujeitos a molhaduras constantes.
- Núcleo de lâminas, compensadas. Será aplicado em portas e elementos afins instalados em locais não sujeitos a molhaduras constantes.

O enquadramento do núcleo das portas será constituído por peças-montantes e travessas. Os montantes de enquadramento do núcleo, em madeira maciça, terão largura que permita, de um lado, o embutimento das fechaduras e, do outro, a fixação dos parafusos das dobradiças.

11.1.6.1 Colocação de batente e porta – procedimento de execução de serviço

11.1.6.2 Documentos de referência

Projetos de arquitetura, de esquadrias e de alvenaria, quando houver.

11.1.6.3 Materiais e equipamentos

Além daqueles existentes obrigatoriamente no canteiro de obras, quais sejam, entre outros:

- EPCs e EPIs (capacete, botas de couro e luvas de borracha);
- água limpa;
- cimento portland CP-II;
- areia média lavada;
- colher de pedreiro de 8";

Capítulo 11 – Esquadria

- linha de náilon;
- lápis de carpinteiro;
- trenas de aço de 5 m e 30 m;
- Régua de alumínio de 1"× 2"com 2 m ou $1^{1}/_{2}$"× 3"com 3 m;
- mangueira de nível;
- nível de bolha com 35 cm;
- prumo de face de cordel;
- talhadeira de 12";
- marreta de 1 kg;
- martelo tipo unha;
- serrote;
- jogo de chaves de fenda;
- furadeira elétrica portátil com brocas;
- guincho;

mais os seguintes (os que forem necessários à obra):

- batentes (metálicos ou de madeira);
- guarnições (se for o caso);
- cavilhas de madeira (se for o caso);
- folhas de porta de madeira;
- jogos de três dobradiças;
- conjuntos de fechadura com maçanetas;
- sarrafos de madeira;
- cunhas de madeira dura;
- cola branca para madeira;
- formão;
- esquadro de carpinteiro;
- plaina;
- graminho (galga);
- pregos;
- parafusos de marceneiro;
- parafusos com buchas de náilon;
- grapas;
- espuma de poliuretano em *spray*, com pistola aplicadora;
- estilete.

11.1.6.4 Método executivo

11.1.6.4.1 Condições para o início dos serviços

A alvenaria deve estar concluída, com vãos prontos para o recebimento dos batentes (faces planas e aprumadas e vão com 10 mm a 15 mm de folga de cada lado, medido da face externa do batente, para o encaixe do batente montado). Este pode ser fixado por grapas ou por parafusos com bucha de náilon. Em se tratando de fixação do batente por parafusos em blocos cerâmicos vazados, os que estiverem posicionados na altura em que será parafusado o batente têm de estar preenchidos com argamassa. No caso de fixação com espuma de poliuretano, os blocos precisam estar chapiscados. Os níveis finais do piso acabado necessitam estar definidos. Os batentes de madeira, quando for o caso, devem estar montados no esquadro, travados com sarrafos e com os furos abertos para os parafusos de sua fixação.

11.1.6.4.2 Execução do serviço

Posicionar o batente no prumo, deixando os pés das ombreiras no nível da base do vão em bruto e mantendo a folga (que existir entre o batente e o vão) igualmente espaçada para ambos os lados. Posicionar, no caso de batente de madeira, uma régua de alumínio entre mestras ou taliscas da parede do vão e alinhar o batente com elas. Verificar o prumo e o nível das ombreiras, utilizando um prumo de face e nível de bolha. Qualquer diferença tem de ser ajustada por cunhas de madeira. Fixar as ombreiras com cunhas de madeira pressionadas contra as faces da alvenaria do vão, para travar o conjunto, afastadas cerca de 10 cm dos pontos de fixação (por parafusos ou espuma). No caso de batente fixado com parafusos, assentá-lo na alvenaria utilizando furadeira, broca, parafusos e buchas e, no caso de batente de madeira, colar, depois da fixação, as cavilhas nos furos de parafuso de fixação com cola branca, cortando-as rentes à face do batente com utilização de formão. Logo em seguida à fixação, preencher o vão entre o batente e a parede (*chumbar*) com argamassa de areia e cimento. No caso de batente ou conjunto *porta pronta* fixados com espuma de poliuretano, é preciso aplicar a espuma em uma faixa de 25 cm, em três pontos de cada ombreira, sendo um próximo ao pé, outro ao centro e o terceiro junto da travessa.

Transcorridas 24 horas, retirar o excedente de espuma endurecida com um estilete. Encostar (sobrepor) a folha de porta no batente para nela riscar as tiras que necessitam ser serradas. O ajuste deve ser feito deixando-se uma folga de 3 mm em relação ao rebaixo do batente ou de 8 mm em relação ao nível final do piso acabado. Os cortes, se necessários, têm de ser feitos com plaina e formão. Marcar as posições das dobradiças e da fechadura na de folha de porta, abrir o rebaixo para embutimento da fechadura com uma broca de aço e um formão, devendo estar a porta provisoriamente reforçada na região de trabalho, isto é, ali prensada por dois sarrafos com grampos. Marcar, com auxílio do graminho, a profundidade do rebaixo para o embutimento da dobradiça. Cortar a espessura necessária com o formão. Em seguida, parafusar as dobradiças na folha de porta. Posicionar a folha de porta corretamente no vão, parafusando as dobradiças no batente de madeira. Colocar a fechadura e/ou trinco. Abrir os furos no batente de madeira para o encaixe da lingueta (e o trinco, quando for o caso), utilizando furadeira e formão. Serrar à meia-esquadria as guarnições (no caso de batente de madeira) e fixá-las com pregos sem cabeça.

11.2 Esquadria de ferro

11.2.1 Generalidades

A instalação das peças de serralheria deverá ser feita com o rigor necessário ao perfeito funcionamento de todos os seus componentes, com alinhamento, nível e prumo exatos, e com os cuidados necessários para que não sofram tipo algum de avaria ou torção quando parafusadas aos elementos de fixação. Todos os perfis laminados (*cantoneiras*) e chapas dobradas a serem utilizados nos serviços de serralheria terão de apresentar dimensões compatíveis com o vão e com a função da esquadria, de modo a constituírem peças suficientemente rígidas, não sendo permitida a execução de emendas intermediárias para a obtenção de perfis com maior comprimento. As grades, gradis, portões e demais peças de grandes dimensões precisam ser dotadas das travessas, mãos-francesas e tirantes que se fizerem necessários para garantir perfeita rigidez e estabilidade ao conjunto. As folgas perimetrais das partes móveis terão de ser mínimas, apenas o suficiente para que as peças não trabalhem sob atrito, e absolutamente uniformes em todo o conjunto. As ferragens a serem utilizadas deverão apresentar padrão de qualidade idêntico ao das especificadas para esquadrias de madeira, inclusive dobradiças. A fixação de esquadrias em alvenaria será feita com grapas de ferro chato bipartido tipo *cauda de andorinha* ou com parafusos apropriados, fixados com buchas plásticas expansíveis.

As grapas serão solidamente chumbadas com argamassa de cimento e areia no traço 1:3, distantes entre si não mais que 60 cm e em número mínimo de duas unidades por montante. A fixação em concreto terá de ser feita, como mencionado, com parafusos apropriados, fixados com buchas plásticas expansíveis. Eventuais vãos formados entre os montantes contíguos de duas peças de caixilharia justapostas e entre os montantes perimetrais do conjunto e o concreto ou a alvenaria aparentes deverão ser integralmente calafetados com massa plástica à base de silicone, assegurando total estanqueidade ao conjunto contra a infiltração de água pluvial. Os serviços de serralheria em ferro poderão ser executados com perfis laminados, de espessura nunca inferior a 1/8", ou com perfis de chapa nº

14 dobrada a frio. As janelas, portas, quadros fixos, etc., quando especificados em ferro laminado, terão de ser executados com perfis de dimensões compatíveis com os seguintes parâmetros mínimos:

- caixilhos basculantes com a maior dimensão igual ou inferior a 1,2 m: perfis "T" e "L" de 3/4"nos quadros fixos, e perfis "L" de 5/8"nas básculas, mata-juntas e pingadeiras
- caixilhos basculantes com a maior dimensão superior a 1,2 m: perfis "T" e "L" de 1"nos quadros fixos, e perfis "L" de 3/4"nas básculas, mata-juntas e pingadeiras;
- caixilhos fixos, com ou sem ventilação permanente: perfis "T" e "L" de 3/4 "em todos os quadros;
- caixilhos de correr: perfis "T" e "L" de 1¼"nos quadros fixos e móveis, perfis "L" de 7/8"em eventuais básculas superiores, perfis "L" e barras chatas de 5/8"nas mata-juntas e pingadeiras, e perfis de chapa nº 14 nos montantes horizontais de proteção e suporte das guias e roldanas;
- portas e alçapões, de abrir ou de correr: perfis "T" e "L" de $1^{1}/4$ "na estrutura da folha, barras chatas de $1^{1}/4$"em eventuais travessas de reforço interno e chapa nº 14 nas almofadas internas e externas;
- telas de proteção: perfis "L" de 1"nos quadros e tela de arame nº 12 com malha de 1/2".

Nas esquadrias com folhas de correr, as guias deverão obrigatoriamente ser executadas em latão e, no montante horizontal de suporte das folhas, o fechamento interno, desmontável, para permitir a lubrificação e manutenção geral das roldanas. Os caixilhos de ferro laminado necessitarão ter seus requadros externos executados com perfil "T" e complementados com perfil "L", formando conjunto tipo *cadeirinha*, como proteção contra infiltração de águas pluviais ao longo de seu perímetro. Todas as partes móveis terão de ser dotadas de mata-juntas adequadas, pingadeira (externa) e batedeira interna nas direções horizontal e vertical, respectivamente, instaladas de modo a garantir perfeita estanqueidade do conjunto, evitando toda e qualquer infiltração de água pluvial. A travessa horizontal inferior precisa ser dotada de furos para o exterior, para possibilitar a drenagem da água pluvial nela recolhida. Os quadros terão de ser perfeitamente esquadrejados, com os ângulos soldados, bem esmerilhados ou limados, permanecendo sem rebarbas e saliências de solda. Os furos dos rebites e parafusos serão escariados e as rebarbas devidamente limadas e removidas. As ligações serão feitas por parafusos, rebites ou solda por pontos. Neste último caso, os pontos de ligação serão espaçados de 8 cm, no máximo, havendo sempre ponto de amarração nas extremidades. Todas as peças desmontáveis, inclusive ferragem (fechadura, dobradiças etc.), serão fixadas com parafusos de latão (cromado ou niquelado, quando fixarem peças com esse acabamento), sendo vedado o uso de parafusos passíveis de corrosão. As peças de serralheria serão entregues na obra protegidas contra oxidação, dentro das seguintes condições:

- a superfície metálica será limpa e livre da ferrugem, quer por processos mecânicos, quer por processos químicos;
- a superfície levará uma demão de tinta composta de zarcão de óleo e óxido vermelho de chumbo e óleo de linhaça recozido ou outra tinta antioxidante. Não poderá ser aceita a pintura de cor vermelha escura (com tinta denominada *zarcão de serralheiro*), sem a propriedade antioxidante.

A ferragem necessária à fixação, à colocação, à movimentação ou ao fechamento das peças de serralheria será fornecida pelo serralheiro e por ele colocada. Os montantes das escadas tipo *marinheiro* deverão ultrapassar o piso superior de no mínimo 90 cm. Quando tiverem mais de 6 m de altura, as escadas-marinheiro terão de ser providas de gaiolas protetoras. Essas escadas precisam ser seguramente fixadas no topo e na base e, quando com altura superior a 5 m, a cada 3 m por apoios intermediários. A distância mínima entre os montantes dessas escadas é de 30 cm. Modernamente, caixilhos são fabricados a partir de chapas perfiladas, de aço e zincadas, sem utilização de soldas. A estrutura dos caixilhos é fabricada a partir das chapas zincadas por imersão a quente (*galvanização a fogo*), em espessuras compatíveis com dimensões e modelo do caixilho. As chapas são perfiladas, usinadas e rebarbadas em máquinas adequadas, conforme as especificações do projeto. Dessa maneira, somente depois de completadas todas as operações de usinagem (dobramento, corte, furação, etc.) inicia-se a limpeza das peças e a pintura por deposição eletrostática de pó, com tinta epóxi e/ou poliéster, formando uma camada de no mínimo 60 micrômetros nas faces expostas.

Depois da pintura das peças, inicia-se a montagem propriamente dita: todas as ligações entre perfis ocorrem mediante elementos de fixação, produzidos com materiais compatíveis, a fim de proporcionar a perfeita união entre as peças e a manutenção da proteção anticorrosiva dos perfis, venezianas e demais componentes. Nessa tecnologia moderna de fabricação, nunca é utilizada solda durante a montagem ou confecção das esquadrias. Essa técnica de confecção garante, em todos os pontos dos caixilhos, a proteção anticorrosiva, podendo ser especificada para qualquer região, mesmo de atmosfera altamente agressiva. Os caixilhos são fornecidos completos (fechos, guias, rodízios) e, nesse sistema, inclusive com todos os vidros (alojados aos perfis com gaxetas adequadas, de forma a garantir a estanqueidade do conjunto). São entregues em embalagens individuais de segurança, prontos para ser instalados no vão acabado, por parafusos e buchas, dispensando o uso de andaimes e contribuindo assim para a racionalização e redução dos custos da obra.

11.2.2 Colocação de esquadria de ferro – procedimento de execução de serviço

11.2.2.1 Documentos de referência

Projetos de arquitetura, de esquadrias, de fachadas e de alvenaria (quando houver), especificações técnicas do fabricante de caixilhos (se existir).

11.2.2.2 Materiais e equipamentos

Além daqueles existentes obrigatoriamente no canteiro de obras, quais sejam, entre outros:
- EPCs e EPIs (capacete, botas de couro e luvas de borracha);
- água limpa;
- cimento portland CP-II;
- areia média lavada;
- colher de pedreiro;
- desempenadeira de madeira;
- linha de náilon;
- lápis de carpinteiro;
- trena de aço de 30 m;
- régua de alumínio de 1"× 2"com 2 m ou $1^{1}/_{2}$"× 3"com 3 m;
- mangueira de nível ou aparelho de nível a *laser*;
- nível de bolha com 35 cm;
- prumo de face de cordel;
- talhadeira de 12";
- marreta de 1 kg;
- martelo de pedreiro;
- furadeira elétrica portátil com brocas;
- guincho;

mais os seguintes:
- esquadrias de ferro (portas e janelas, marcos e folhas);
- sarrafos de madeira;
- cunhas de madeira dura;
- esquadro de alumínio;
- parafusos com buchas de náilon;
- grapas.

11.2.2.3 Método executivo

11.2.2.3.1 Condições para o início dos serviços

A alvenaria necessita estar concluída e fixada (encunhada ou com a laje nela apoiada já concretada), precisando os vãos estar com folga para a colocação dos marcos (cerca de 2 cm junto das faces do vão). Próximo aos vãos de janela, devem estar indicados os pontos de nível em relação ao piso acabado. No caso de fixação por parafusos e buchas, os blocos vazados da alvenaria que estiverem posicionados na altura em que serão parafusados, os marcos têm de estar preenchidos com argamassa. Sendo a fixação por grapas (chumbadores de penetração na alvenaria), os furos ou cortes para sua fixação precisam estar executados na lateral dos vãos. Estando as esquadrias já com sua pintura final, suas folhas, quando de correr, devem ter sido retiradas.

11.2.2.3.2 Execução do serviço

- *Fixação da esquadria*: Ajustar o marco considerando as folgas necessárias para a execução do acabamento final do revestimento. Proceder ao ajuste de nível, utilizando a referência marcada junto do vão. Internamente, posicionar uma régua de alumínio entre as taliscas da parede de ambos os lados do vão e por ela alinhar o marco. No caso de fachada, fazer o ajuste do marco, deslocando-o lateralmente até obter o seu alinhamento com o arame de prumo da fachada. A conferência tem de ser feita com um esquadro de alumínio. Fixar o marco no vão, utilizando cunhas de madeira, com cuidado para não vergar as ombreiras (partes verticais) e as travessas (partes horizontais). No caso de esquadrias compridas, colocar provisoriamente um sarrafo vertical no meio do marco para evitar qualquer envergamento da travessa superior e, no caso de esquadrias altas, colocar provisoriamente um sarrafo horizontal. Fixar as grapas no marco e, depois da conferência, chumbá-las, molhando as superfícies e preenchendo as cavidades com argamassa de cimento e areia no traço 1:3, devidamente socada. No caso de marcos fixados por parafusos nas laterais, na verga e na contraverga (se for o caso), utilizar furadeira elétrica e buchas de náilon com respectivos parafusos. Depois de pelo menos 24 horas, retirar os elementos auxiliares de fixação (cunhas etc.) e completar o chumbamento, preenchendo a totalidade dos espaços restantes, entre a esquadria e o vão, com argamassa de cimento e areia, com cuidado para não vergar as ombreiras e travessas, retirando os excessos desta e dando o acabamento final desejado com uma desempenadeira de madeira. Devem ser instaladas as folhas de correr somente depois do término do revestimento interno e de fachada. As peças de arremate interno têm de ser colocadas antes da última demão de pintura.
- *Fixação dos vidros*: Os vidros podem ser fixados por baguetes, guarnições de neoprene ou com massa de vidraceiro (menos recomendável). A folga entre vidro e baguete deve ser preenchida com massa plástica.

11.3 Esquadria de alumínio

11.3.1 Evolução dos produtos

O setor de esquadrias de alumínio passou por uma inovação com a introdução de produtos que permitem grande flexibilidade de projeto de arquitetura, como a fachada de vidro estrutural, as coberturas *sky-light* e em tecido tensionado, e os painéis metálicos para revestimento de fachadas. A tecnologia empregada nesses pro- dutos requer projetos específicos e bem detalhados, sendo certo que a capacitação para produção e instalação já foi incorporada pelos fornecedores.O setor de esquadrias de alumínio passou por uma inovação com a introdução de produtos que permitem grande flexibilidade de projeto de arquitetura, como a fachada de vidro estrutural, as coberturas *sky-light* e em tecido tensionado, e os painéis modulares estruturados (fechamentos unitizados) para revestimento de fachadas. A tecnologia empregada nesses produtos requer projetos específicos e bem detalhados, sendo certo que a capacitação para produção e instalação já foi incorporada pelos fornecedores.

11.3.2 Generalidades

Importantes razões justificam o uso de esquadrias de alumínio anodizado:
- *Economia*: dispensam lixamento, pintura, conservação periódica e outros custos (as esquadrias padronizadas, de baixo custo, possibilitam que um material nobre como o alumínio seja utilizável em obras populares).
- *Leveza*: as ligas metálicas de alumínio são resistentes e de baixo peso específico, proporcionando que a esquadria confeccionada com alumínio seja 2,9 vezes mais leve que a com aço. As esquadrias feitas com

alumínio são fáceis de assentar, transportáveis a baixo custo e aliviam a carga permanente da edificação (o que possibilita economia na sua estrutura).
- *Durabilidade*: as esquadrias de alumínio anodizado são imunes à ação do tempo, tendo durabilidade quase ilimitada. Essa propriedade é particularmente importante nas regiões litorâneas, nas regiões industriais e grandes centros urbanos, onde o ar atmosférico é mais agressivo.
- *Perfeição de acabamento*: a maleabilidade do alumínio permite que todos os detalhes que valorizam a obra possam ser executados com perfeição. O alumínio também é indeformável, de modo que as esquadrias não ficam sujeitas a rachaduras, empenamentos e variações de volume.
- *Estética*: o alumínio permite a produção de perfis com formas capazes de assegurar excelentes efeitos visuais.

Na execução das esquadrias, observar as recomendações comuns às esquadrias de ferro, o que será resumido a seguir. A justaposição da folha com as guarnições deverá ser estanque à água de chuva, sem ter frestas que permitam a passagem de corrente de ar. Entre as folhas e as guarnições, serão deixadas folgas mínimas necessárias ao perfeito funcionamento das partes móveis. As bordas das folhas móveis terão de justapor-se perfeitamente entre si e com as guarnições, pelo sistema de mata-juntas. O caixilho precisa ter dispositivo que permita a drenagem de água que porventura possa penetrar no interior dos perfis. A ferragem necessária à movimentação, à colocação e à fixação ou ao fechamento da esquadria será fornecida pelo serralheiro e por ele colocada. As juntas entre o alumínio e a alvenaria, concreto, peitoris e soleiras, assim como entre os montantes e folhas fixas das esquadrias compostas, terão de ser calafetadas (*tomadas*) com mástique (massa vedante, elástica ou plástica permanente), que deverá preencher totalmente os interstícios.

11.3.3 Especificação de esquadrias de alumínio

Os requisitos de desempenho das esquadrias de alumínio são fixados, em geral, segundo normas técnicas, independentemente do tipo de material de que são compostos os caixilhos. Há também algumas normas específicas para esquadrias e aquelas relativas a acessórios, como fechos, *borboletas* etc., que precisam ser observadas. Com relação à especificação, os seguintes aspectos devem ser considerados:
- A estanqueidade ao ar (resistência à penetração do ar) é importante do ponto de vista do conforto térmico e acústico. Porém, em caso de utilização de sistemas de condicionamento de ar, o não atendimento às condições das normas técnicas representa perda significativa de energia.
- A estanqueidade à água está intimamente relacionada com a durabilidade da edificação. O não atendimento às condições das normas técnicas leva frequentemente a custos de manutenção que afetam pisos e paredes.
- Danos às esquadrias com necessidade de substituição são frequentes, em casos de não atendimento às condições das normas técnicas que dizem respeito à resistência ao vento.
- A camada de anodização tem de ser especificada em função das condições de exposição. Por exemplo: regiões litorâneas e sujeitas à grande concentração de poluentes no ar devem ter proteção anódica adequada, conforme previsto nas normas técnicas.

11.3.4 Qualificação de fornecedores

O grande número de fabricantes de esquadrias de alumínio torna a qualificação de fornecedores uma tarefa complexa para a construtora, tendo em vista as dificuldades em se obter dos projetistas um detalhamento de projeto que permita a contratação de serviços com critérios técnicos e econômicos bem definidos. Fabricantes que se encontram em um estágio tecnológico adiantado oferecem o serviço de projeto das esquadrias com estudo de soluções técnicas e economicamente vantajosas para a obra. Partindo das especificações dos projetistas, esses fabricantes têm melhores condições de otimizar o projeto e o uso dos perfis, por meio de sistemas informatizados, assegurando o cumprimento das normas técnicas nas fases de projeto, produção e instalação. Assim, a qualificação dos fornecedores precisa partir dos seguintes cuidados:
- verifique em que estágio tecnológico o fornecedor se encontra: informatização de projeto, automação dos processos, origem dos perfis;

- solicite demonstração de obras anteriores: fotos, referências com projetistas e construtoras;
- avalie os serviços de instalação com outros clientes;
- verifique se o fornecedor está participando das ações institucionais do setor pela melhoria da qualidade: gestão, treinamento, Selo de Qualidade Afeal (Associação Nacional de Fabricantes de Esquadrias de Alumínio), certificação ISO 9000;
- solicite modelo de projetos elaborados pelo fornecedor e analise a especificação e o detalhamento;
- estude conjuntamente com o projetista as necessidades da obra em questão e, se preciso, solicite informações e orientação à Afeal;
- verifique as condições de assistência técnica oferecidas: especificação, instalação, pós-venda;
- veja as condições de entrega: embalagem, transporte;
- estabeleça suas condições de cronograma da obra e assegure-se de seu cumprimento em contrato;
- avalie as condições de atendimento administrativo do fornecedor: emissão de faturas, notas fiscais etc.;
- analise a situação econômico-financeira do fornecedor, especialmente por terem de ser efetuados pagamentos antecipados.

É importante estabelecer critérios de qualificação globais, não restritos às condições do preço inicial. Isso porque o comprometimento de outros fatores de desempenho pode anular efeitos esperados em termos de custo final.

11.3.5 Questionamentos e discussão

Deverão ser levantadas questões abrangendo os seguintes aspectos:

- baixa incidência de padronização em esquadrias: decorre da expectativa de *personalização* dos projetos;
- o preço dos produtos varia conforme o preço do alumínio, com um reajuste baseado em índices pouco transparentes aos clientes: deriva do baixo poder de barganha dos fabricantes de esquadrias com as empresas extrusoras;
- confiança que a construtora pode ter nas linhas de perfis lançadas recentemente, mais leves que as tradicionais: integral, pois não há comprometimento de desempenho;
- nível de detalhamento necessário para a empresa fornecedora desenvolver o projeto de esquadrias: elevações, corte vertical, corte horizontal, descrição dos materiais de acabamento das paredes;
- desempenho dos caixilhos sem contramarcos: o contramarco funciona como uma proteção à anodização ou pintura eletrostática. A parede sem contramarco, preparada com encaixes, é mais suscetível à entrada de água. Algumas esquadrias fornecidas para aplicação sem contramarcos apresentam proteção extra.

11.3.6 Recomendações

- Estabeleça com o projetista de arquitetura critérios de especificação das esquadrias.
- Estude com o projetista critérios de racionalização dos vãos de maneira sistêmica, considerando a coordenação modular de forma integral e a repetição possível, para obter ganhos de produtividade na execução de todas as etapas.
- Estabeleça critérios de projeto das esquadrias que se incorporem à tecnologia da construtora, procurando consolidar aspectos que representem integração com as demais partes: conforto ambiental, coordenação modular etc.
- Defina procedimentos de especificação das esquadrias de alumínio a serem contemplados em projeto: nível de detalhamento, forma de apresentação, padrão de acabamento etc.
- Estabeleça critérios de seleção de fornecedores, considerando não somente o preço inicial, mas também a capacitação tecnológica, experiência anterior, referências de outros clientes, condições de fornecimento (como embalagem e transporte), prazos de entrega, qualidade da instalação, situação financeira etc.
- Forneça ao fabricante de esquadrias os elementos gráficos detalhados para o projeto: elevações, cortes vertical e horizontal, e especificação dos materiais de acabamento das paredes com respectivas espessuras.

- Promova o treinamento dos envolvidos na especificação e compra: engenheiros, encarregados de suprimentos etc.
- Exija garantia formal da qualidade em todas as fases (projeto, produção e instalação), como o *selo da qualidade*, incluindo os ensaios prescritos pelas normas técnicas.
- Acompanhe os ensaios exigidos para a garantia da qualidade, analisando-os detalhadamente com o fornecedor e esclarecendo dúvidas com técnicos especializados (consultores, departamento técnico da Afeal etc.).
- Assegure o planejamento rigoroso da obra, a fim de que os prazos para instalação das esquadrias sejam cumpridos nas melhores condições. Isso contribuirá para uma produtividade elevada, com liberação das frentes de trabalho, perfeita execução dos serviços que precedem tecnicamente a colocação das esquadrias (assegure as especificações de acabamento das paredes fornecidas ao fabricante de esquadrias), limpeza do canteiro de obras, orientação e entrosamento entre as equipes que trabalham simultaneamente nos locais de instalação das esquadrias, sequência de assentamento e ritmo de execução predefinidos.
- Estabeleça, a partir da experiência da construtora e com o auxílio de técnicos especializados, procedimentos padronizados para recebimento dos materiais e serviços de instalação. Em seguida, treine os profissionais responsáveis pelo recebimento conforme os critérios acordados.
- Assegure as condições recomendadas pelo fornecedor para armazenamento e transporte das peças no interior do canteiro de obras.
- Garanta as condições contratuais necessárias para que o projetista acompanhe *in loco* a qualidade da instalação das esquadrias, por amostragem, de modo a ajudar a caracterizar o atendimento às condições especificadas, no projeto, quanto ao produto.
- Defina com o fornecedor todas as informações necessárias para operação e manutenção adequadas das esquadrias, colocando-as em linguagem acessível no Manual do Usuário.
- Ao entregar o Manual do Usuário, demonstre o correto funcionamento das esquadrias com uma inspeção local conjunta com o usuário.
- Acompanhe a obra depois da entrega, e verifique o desempenho das esquadrias de alumínio. Notifique e acione o fornecedor caso seja constatado qualquer problema com o material em uso, compartilhando a responsabilidade e, sobretudo, buscando a melhor solução para o usuário.

11.3.7 Tipologia e escolha da esquadria

A classificação que diferencia os vários perfis das séries comerciais em uso é indicada pela posição das guarnições de vedação (estanqueidade de ar-água), conforme os seguintes grupos:
- perfis com guarnições nas abas de encosto – batente;
- perfis com guarnições em posição central ou com *câmara de descompressão*.

Nos perfis do primeiro grupo, a estanqueidade ar-água é confiada a duas guarnições inseridas em apropriadas canaletas situadas nas aletas (abas) dos perfis. Nessa concepção de perfis, a estanqueidade ar-água depende: da pressão de contato que a folha exerce contra o marco, da elasticidade das guarnições e do paralelismo de planeza das abas de encosto. A pressão externa do ar, quando maior que a pressão interna (dependendo da construção da esquadria), influi positiva ou negativamente, facilitando ou não a obtenção de contato estanque entre folha e marco. Sendo certa a possibilidade de infiltração de ar na câmara interna dos perfis, ocorrerá consequentemente a formação de pressão média (na câmara) superior à interna, porém inferior à externa. Essa diferença de pressão é que, em caso de chuva, se encarregará de transportar a água para o interior dos perfis, por sucção, superando a primeira barreira de vedação. Da mesma forma, a água, uma vez acumulada no interior da janela, poderá escorrer pelas juntas dos perfis ou acumular-se de tal maneira que, ultrapassando a altura das abas do perfil da travessa horizontal inferior, poderá transbordar para o interior do ambiente, superando também a segunda barreira de vedação. A solução para evitar esse inconveniente é prever apropriadas aberturas para a drenagem da água, cuidando para que elas sejam dimensionadas em tamanho suficiente para anular a diferença de pressão, que é a principal causa da sucção de água para o interior das esquadrias (o que provoca a infiltração de água). No sistema de guarnição central, considera-se, para melhorar a estanqueidade, o princípio dinâmico do ar. Por essa razão, inexistindo a guarnição externa de encosto e estando disponível uma câmara relativamente grande, o ar externo sob pressão penetra na câmara, onde, encontrando espaço (que deverá ser o maior possível), perde velocidade, transformando sua pressão dinâmica em pressão estática.

Nesse processo, a água, que é transportada pelo ar, flui pelos furos de dreno, enquanto a pressão do ar na superfície frontal da guarnição central provoca o aumento da sua aderência contra a aba de encosto prevista no perfil da folha. Ulterior vantagem desse sistema deriva do fato de que eventuais defeitos (dentro da tolerância de fabricação) de montagem, que poderão contribuir com o posicionamento impreciso dos perfis da folha (e, portanto, do plano de encosto), poderão ser recuperados pela guarnição central, que, por ser solicitada pela pressão do ar, se manterá em contato constante com o perfil. Naturalmente, nesse sistema precisam ser bem projetados os furos de dreno. A guarnição central terá de ser absolutamente contínua, com suas emendas coladas ou soldadas, e fabricadas com material de primeira qualidade, bastante elástico, como EPDM ou borracha de silicone. Uma vez que na câmara interna a pressão necessita ser igual à do ambiente interno, muitas linhas de fabricação não usam guarnição interna, senão para evitar a batida de metal contra metal. O princípio da câmara de descompressão é o conceito mais atual em desenho de perfis para esquadrias, sendo já de uso comum em todas as linhas de porta e janela do tipo batente, ou seja, de encosto por compressão (maximar, projetável, de tombar, de ribalta, pivotante, basculante e porta de eixo vertical).

11.3.8 Proteção superficial do alumínio

11.3.8.1 Anodização

A maioria dos metais, quando expostos ao meio ambiente, sofre um processo de oxidação. Esse processo, vulgarmente denominado de *corrosão*, que pode atingir diversos graus de severidade, transforma a superfície do metal, modificando o seu aspecto e as suas propriedades mecânicas. A anodização é um excelente meio de proteger o alumínio, mas, para obter resultados satisfatórios, deverão ser utilizadas ligas de alumínio que tenham sido produzidas por controles rigorosos e que, consequentemente, assegurem um tratamento superficial eficaz. A camada anódica formada eletroliticamente sobre a superfície do alumínio, denominada anodização, assegura uma proteção eficiente desse metal contra as intempéries, conferindo-lhe paralelamente aspecto uniforme e mais estético. A espessura da camada anódica é função da agressividade da atmosfera da região. Assim sendo, a escolha da classe de espessura terá de obedecer aos seguintes critérios:

- *Classe de 25 micrômetros*: para combinação de atmosferas marítima e industrial severa.
- *Classe de 15 micrômetros*: para atmosfera marítima ou industrial bastante severa ou, ainda, atmosfera de regiões medianamente industriais (urbanas) não muito próximas do mar.
- *Classe de 10 micrômetros*: para atmosfera de região rural, praticamente sem poluição industrial ou marítima, ou atmosfera urbana moderada longe do mar.
- *Classe de 8 micrômetros*: para atmosfera rural, em clima seco e quente, ou ambientes interiores ligeiramente úmidos.

A camada anódica mínima para fins arquitetônicos deve ser de 11 micrômetros, levando em conta que a maioria das cidades brasileiras apresenta agressividade de meio ambiente considerada média. O processo de anodização é constituído por uma sucessão de estágios básicos, comuns a todos os tipos de anodização, sendo certo que cada fase adquire uma característica própria que define o tipo de acabamento, quais sejam:

- *Enganchamento*: consiste em fixar os perfis de alumínio em gancheiras, também de alumínio, de tal modo que as áreas de contato não fiquem posicionadas em pontos críticos da superfície a ser tratada. O contato perfil-gancheira deve ser bem firme para não permitir deslocamentos durante a movimentação da carga entre os vários tanques ou pela agitação do ar utilizado em alguns tanques da linha de produção. Esse contato tem de ser feito de tal maneira que permita uma boa passagem de corrente elétrica.
- *Desengraxe*: é executado para limpar as peças de alumínio removendo gorduras, óleos e outros resíduos aderentes ao metal, usando uma solução aquosa levemente alcalina, a qual serve também para remover filmes de óxidos da superfície, junto com esses contaminantes.

- *Fosqueamento*: pode ser considerado como limpeza da peça em processamento. Porém o tratamento com solução alcalina (no teor de 5% a 10% de hidróxido de sódio) aditivada com inibidores de ataque resulta em um acabamento superficial acetinado nos perfis (que se presta para fins arquitetônicos).
- *Neutralização*: é feita para remover as partículas ou hidróxidos presentes na superfície do alumínio, após o ataque e a lavagem.
- acabamento superficial:
  - *anodização*: processo eletrolítico de tratamento do alumínio, mediante o qual se forma uma camada de óxido na superfície do metal, ficando parte integrante dele, devendo ser de maior ou menor espessura, de acordo com a agressividade do meio ambiente;
  - *coloração eletrolítica*: processo de coloração da camada anódica do alumínio pelo qual se executa a eletrodeposição, no interior dos poros, de camada de óxido de sais metálicos, com variedade de cores, de grande estabilidade à radiação solar, o que torna o processo indicado no tratamento de elementos a serem instalados em exteriores, em razão de sua alta resistência às intempéries;
  - *coloração decorativa*: processo de coloração da camada anódica do alumínio à base de sais orgânicos, tendo como principal característica a aparência, o que o torna indicado no tratamento de elementos a instalar em interiores, consequentemente, não expostos à radiação solar;
  - *selagem*: processo de colmatação química da camada anódica do alumínio, por meio do qual se impermeabilizam os poros da camada de óxido, de forma a neutralizar qualquer processo de absorção de agentes externos agressivos, como poeiras de carvão, de cloretos, de sódio e outras;
  - *alumínio anodizado natural fosco*: é aquele em que a camada anódica é translúcida e incolor, tendo acabamento acetinado;
  - *alumínio anodizado natural polido*: é aquele em que a camada anódica é translúcida e incolor, tendo acabamento brilhante;
  - *alumínio anodizado natural escovado*: é aquele em que a camada anódica é translúcida e incolor, tendo acabamento acetinado, e no qual a sua superfície, antes da anodização, recebeu um tratamento mecânico de lixamento destinado a eliminar as nervuras provenientes da extrusão e outros defeitos superficiais.
- *Lavagem*: após todas as etapas, é necessário promover a lavagem intermediária, que irá remover das peças as impurezas da fase anterior.
- *Desmontagem*: etapa final da produção em que o material é retirado do gancheiro.
- *Embalagem*: finalmente, o alumínio é levado para uma bancada de secagem, na qual passará por um controle visual da qualidade, para depois ser embalado.

11.3.8.2 Pintura por deposição eletrostática de pó

A pintura eletrostática a pó promove um revestimento num metal (alumínio, ferro e outros) com uma película de polímero termoendurecível colorido de pó de poliéster ou outros tipos de tinta em pó. O sistema de pintura eletrostática por deposição de pó exige que a peça metálica passe por um pré-tratamento antes de ser pintada, para alimentação de resíduos, como óleo, graxa, sujeira e exidação, processo esse análogo ao da anodização (Seção 11.3.8.1). Após esse pré-tratamento, a peça é levada por uma correia transportadora para uma cabina de pintura e depois para uma estufa convectiva, em que é feita a polimerização da peça a uma temperatura que varia entre 120 °C e 260 °C, por período de 15 min a 30 min. Assim sendo, a pintura por deposição eletrostática de pó é feita em cabina de pintura, utilizando pistola de ar comprimido de baixa pressão, tendo na sua ponta dois eletrodos ligados a uma fonte de alta-tensão (até 90.000 V), de modo que a tinta na forma de pó, quando passa por uma corrente elétrica, recebe uma carga positiva. Pelo princípio de atração eletromagnética, o pó é altamente energizado positivamente, passando a ser atraído pela peça metálica que é ligada à terra, portanto com sinal oposto. Esse processo dá ao produto a segurança de uma cobertura uniforme e de alta qualidade, mesmo nas reentrâncias e cavidades de difícil acesso, cobrindo toda a superfície com uma camada que pode variar entre 40 m e 10 m. Após a saída da estufa e estando a peça parcialmente resfriada, a pintura é avaliada no setor de controle da qualidade e por fim a peça é embalada.

11.3.9 Guarnição

Nas esquadrias de alumínio em geral, encontram utilização três tipos de guarnição:

- *Guarnições para vidros*: colocadas entre o perfil de alumínio e o vidro, asseguram a hermeticidade ao ar e à água; mantêm o vidro isolado do metal, impedindo dessa forma a transmissão de ruídos e vibrações; preenchem o espaço vazio entre alumínio e vidro, possibilitando a utilização de diferentes espessuras de vidros nas cavidades-padrão de perfis de alumínio.
- *Guarnições de encosto*: aplicadas entre o quadro fixo e o quadro móvel (folha), asseguram a hermeticidade ao ar e à água, proporcionando ainda atenuação acústica; essas guarnições corrigem e melhoram os acoplamentos que os perfis, pelas próprias características construtivas e dos mesmos materiais, não poderiam garantir.
- *Guarnições de estanqueidade*: aplicadas entre quadros fixos e concreto, são inseridas para evitar passagem do ar e da água, e cobrir ou vedar espaços (de tolerâncias de fabricação) entre esquadrias e o contramarco e o vão de concreto.

Em muitos perfis de alumínio (marcos), são previstos alojamentos para guarnições que, graças ao desenho e à elasticidade, garantem boa isolação. Pela função à qual se destinam, as guarnições devem apresentar algumas características indispensáveis, quais sejam:

- boa elasticidade, para retornar às dimensões originais depois de comprimidas (*memória*);
- boa resistência ao envelhecimento, em presença de normais agentes atmosféricos ou de impurezas existentes no ar;
- boa resistência à água;
- boa resistência ao frio e ao calor, sem importantes variações da elasticidade e sem dilatações ou contrações indesejáveis que prejudiquem as características de isolação.

As guarnições podem ser constituídas por um único perfil flexível ou por duas partes (uma flexível e uma rígida), firmemente unidos por solda na própria extrusão (coextrudados). Esse último tipo de guarnição, além de limitar (pela formulação dos compostos) o alongamento e a contração térmica, permite também a instalação facilitada nos apropriados canais dos perfis. Para melhorar a estanqueidade das guarnições, é recomendável que as junções sejam seladas ou coladas com mástique de borracha de silicone, garantindo dessa forma a continuidade da vedação perimetral. É conveniente, em certas aplicações, utilizar mástique na base das guarnições, para impedir o deslizamento indesejável delas. Seguem alguns tipos dos principais materiais utilizados na fabricação de guarnições para esquadrias:

- *Borracha natural (polimetilbutadieno)*: é muito boa sua elasticidade, pela propriedade de retomar sua dimensão depois de submetida a deformações; ao contrário, sua durabilidade é limitada quando não protegida da ação de agentes atmosféricos.
- *NBR (nitrílica)*: apresenta excelente resistência a óleos e hidrocarbonetos, e oferece boa resistência à abrasão.
- *SBR (estireno butadieno)*: tem características semelhantes às da borracha natural (encontra boa aceitação no mercado, pelo preço favorável); apresenta características bem inferiores ao EPDM, mas, sendo difícil sua diferenciação visual, será necessário exigir certificado de análise.
- *EPDM (etileno propileno)*: possui boas qualidades de memória depois de deformações; sua grande característica é a resistência ao envelhecimento; tem boa estabilidade das cores; no mercado, é comercializado somente na cor preta.
- *Policloropreno (neoprene)*: é dotado de excelente resistência ao envelhecimento sob ação de agentes atmosféricos, e muito boa resistência a hidrocarbonetos e óleos; é muito indicado para guarnições que exijam boas características mecânicas, bem como resistência ao tempo; sua resistência à chama também é ótima.
- *Borracha de silicone (dimetilpolisiloxano)*: apresenta excepcional resistência ao envelhecimento, mesmo quando exposta por vários anos ao intemperismo; tem ótima resistência a ácidos, álcalis, hidrocarbonetos e óleos; é retardante de chama na própria formulação; é muito indicada para fabricação de guarnições que exijam ótimas características mecânicas e resistência ao tempo; permite a produção com dupla dureza e ainda variação de cores (semelhantes aos perfis ou vidros onde for utilizada).

- *Felpa de polipropileno*: tem boa resistência ao envelhecimento sob ação de agentes atmosféricos; é constituída por fios de polipropileno em base rígida de polipropileno, que facilita sua colocação e não deforma com a temperatura; é especialmente indicada para janelas de correr, pelo seu baixo coeficiente de atrito; oferece baixa resistência à chama; possibilita cores compatíveis com a anodização.
- *PCV (policloruro de vinil)*: apresenta boas propriedades mecânicas, lento envelhecimento, boas possibilidades de coloração; tem baixas características de elasticidade, endurece com o frio e deforma com o calor.

11.3.10 Instalação de vidros

O vidro é um componente fundamental nas esquadrias. É importante, na sua instalação, respeitar algumas regras básicas para o bom funcionamento e a boa estanqueidade da janela. O vidro aplicado em uma folha de abrir (porta ou janela) deve ser instalado de maneira a contribuir na manutenção do seu esquadro. Não pode ser colocado como uma simples lâmina apoiada na travessa inferior, gravando, com o próprio peso, a ligação nos cantos da folha. Para obter instalação satisfatória, utilizam-se, entre o quadro e a lâmina de vidro, calços apropriados de forma e dureza variadas. Dessa maneira, evita-se o contato direto entre o alumínio e o vidro, que pode causar quebras deste bem como a transmissão às lâminas de vidro de vibrações que a esquadria recebe da alvenaria, com indesejados efeitos acústicos, e ainda evita a formação de pontes térmicas que, no caso de vidros com função isolante, resultam na diminuição da eficiência de isolamento. Mesmo na direção transversal, o vidro tem de ser posicionado de maneira que não tenha contato com as superfícies metálicas que o contêm (perfil e baguete). Nos casos em que a calafetação do vidro é efetuada por guarnições, elas mantêm o vidro no centro do canal, isolando-o do alumínio. Quando a calafetação é feita com a utilização de mástiques ou *massa de vidraceiro*, torna-se necessário o uso de calços para o correto posicionamento do vidro; com isso, evitam-se as tensões, bem como a possibilidade de surgimento de trincas por tensões no próprio material calafetador. Essas trincas permitem a infiltração de água. O risco de penetração de água, por ocasião da instalação do vidro por guarnições, é menor quando elas, especialmente a externa, possuem boa elasticidade e desenho racional, de forma a manter sempre razoável pressão contra o vidro, mesmo quando ele, sob a ação do vento, tenha tendência a deslocar-se para o interior. Os calços têm a função de manter a lâmina de vidro em determinada posição com relação à cavidade de alojamento previsto nos perfis que compõem a folha. Por esse motivo, eles têm características diferentes em função da posição ou da função a ser desempenhada. São assim:

- *Calços de apoio*: têm a função de sustentar o peso do vidro; são colocados entre a extremidade inferior da lâmina de vidro e o fundo do canal do perfil; o comprimento deles é função da dureza do material e do peso do vidro; são empregados nos casos de instalação do vidro com guarnição ou com massa e calafetador.
- *Cunhas*: a função desse tipo de calço é distribuir o esforço que o quadro da folha deve suportar para sustentar o vidro em pontos definidos, evitando também que, com os movimentos de abertura e fechamento da folha, o vidro se desloque; por esse motivo, os calços ideais têm de ser construídos em duas partes, uma das quais em cunha, para permitir a sua introdução no ponto desejado, podendo facilmente exercitar a pressão ideal; também, esses calços precisam ser utilizados quando o vidro for instalado com guarnição ou com massa e calafetador.
- *Calços de segurança (periféricos)*: são utilizados nas posições em que se teme que o vidro possa entrar em contato com o quadro de alumínio com o decorrer do tempo, ou por causa da movimentação da folha (janelas reversíveis) ou, ainda, pela possibilidade de cedimento do perfil do quadro. Por esse motivo, esses calços não devem ser instalados com pressão, porque nesse caso poderiam interferir e anular a função dos outros calços de apoio e das próprias cunhas; precisam, para isso não ocorrer, ter medida ligeiramente inferior à folga. Também, esses calços têm de ser utilizados quando do uso de guarnição, ou massa e calafetador, para instalação do vidro.
- *Calços laterais*: são necessários somente quando a instalação do vidro for efetuada apenas com massa de vidraceiro ou mástiques de qualquer natureza.

11.3.11 Fixação da esquadria em parede

O contramarco (quadro fixo) será instalado com suas travessas horizontais (superior e inferior) bem niveladas e, da mesma forma, os montantes verticais precisam ser fixados perfeitamente aprumados. Os cantos deverão ser de 90° (*em esquadro*). Com referência ao número e à posição dos pontos de ancoragem, é necessário lembrar que, quando a folha móvel é solicitada pela pressão do vento, ela transmite esse esforço para o interior (ou vice-versa, no caso de sucção), tendendo a deslocar-se do marco (quadro fixo). Os elementos que impedem esse movimento são: dobradiças ou eixos, rodas, patins, braços e os acessórios de fechamento (fechos, alavancas, fechaduras, hastes das cremonas etc.). Nesse sentido, é aconselhável prever sempre a fixação em correspondência aos vários acessórios de movimento e fechamento da janela, distribuindo de maneira uniforme as fixações ao longo das laterais, a uma distância nunca superior a 80 cm, entre si, partindo de 20 cm dos cantos.

11.3.12 Proteção e conservação de superfície do alumínio anodizado

Por causa da propriedade anfótera (que reage ora como base, ora como ácido) do óxido de alumínio formado durante a anodização, é necessário evitar o seu contato com produtos alcalinos, como argamassas, cimento e resíduos aquosos desses materiais, além de produtos ácidos, como ácido clorídrico (*muriático*). A fim de evitar esse contato, as peças anodizadas devem ser protegidas temporariamente com produtos adequados, que são removidos depois de eliminadas as causas que poderiam vir a danificar a anodização. Para limpeza normal, poderá ser utilizado detergente neutro com esponja macia, álcool diluído ou sabão neutro diluído em água morna. É preciso evitar o uso de sabão em pó em razão de sua composição química além do que os grânulos, quando não bem diluídos, poderão resultar abrasivos, atacando a superfície anodizada. Para limpeza mais profunda, ou no caso de esquadrias expostas por muito tempo sem manutenção alguma, a limpeza poderá ser feita utilizando gasolina sem aditivos ou querosene puro. Nesse caso, sendo esses produtos bem voláteis, permanece sobre a superfície tratada uma sutil camada oleosa que contribui para a proteção, facilitando a sucessiva manutenção. Antes de efetuar a limpeza com produto líquido, é aconselhável remover o pó com pincel macio ou pano, em especial nos cantos, nas cavidades etc. Para todas as operações, é recomendável a utilização de panos macios, sem exercitar pressão exagerada. A limpeza por esfregamento tem de ser efetuada na direção longitudinal dos perfis e, no caso de superfícies escovadas, na direção do escovamento. Para manutenção extraordinária, isto é, para limpeza profunda, existem no mercado produtos com várias formulações.

11.3.13 Procedimentos básicos para identificar uma janela de qualidade

- Verificar se as folhas da janela possuem gaxetas – peças de vedação em borracha – ou escovas fixadas ao longo de todo perímetro das folhas.
- Pressionar a janela fechada, de dentro para fora. A pressão não deve provocar abertura alguma entre as gaxetas. Para que a janela seja totalmente estanque é indispensável que todas as gaxetas permaneçam comprimidas quando as folhas estiverem fechadas. Com isso, evita-se a perda de calor de dentro para fora e também a entrada de ruído.
- Tanto nas janelas de correr como nas *maximar* é possível avaliar, com mais certeza, se as gaxetas estão com compressão ideal: basta colocar uma folha de papel (de preferência, celofane) entre as folhas de abrir e a fixa. Depois, é só fechar e puxar o papel. Se ele não sair, a vedação é boa.
- A segurança das esquadrias depende, fundamentalmente, da qualidade e da fixação dos seus componentes – trincos, braços de articulação, fechadura. É importante, nesse caso, verificar se o trinco está firme e se ele fecha sem sofrer ou causar deformações. De modo geral, verifique se as peças estão perfeitamente parafusadas.
- Ainda dentro do item segurança, a folha tem de abrir e fechar suavemente, deslizando pelo trilho. Se acontecer de a folha se desprender é porque há folga excessiva em relação ao vão. Nesse caso, o risco de queda é real, especialmente no momento da limpeza do vidro, quando a folha poderá ser deslocada de posição.

- Para que a esquadria tenha bom desempenho de estanqueidade à água, é fundamental que não haja indícios de seu empoçamento nos trilhos. Na face externa da guia inferior, é obrigatória a existência de pequenos rasgos ou furos que permitem o escoamento da água de chuva e da usada na limpeza dos vidros.
- Verificar se os parafusos estão íntegros, sem pontos de ferrugem. Até agora, as janelas de alumínio adotam parafusos de aço zincado, mas a nova norma técnica passará a exigir o emprego de aço inoxidável, eliminando qualquer possibilidade de ferrugem.
- O acabamento superficial das esquadrias de alumínio pode ser em pintura ou anodização. São 25 possibilidades de tons de pintura, desde o branco e as cores-pastel até as cromáticas, como o azul e o verde. A anodização pode ser feita em quatro tons de bronze ou quatro tons de cobre, sempre até o preto, além do ouro e prata (cor natural do alumínio). As anodizadas envernizadas com poliéster ganham aparência perolizada. O importante é que a pintura seja homogênea, sem riscos nem amassamentos.
- Há pelo menos três caminhos para a aquisição de janelas de alumínio: nas lojas de material de construção que comercializam esquadrias padronizadas, de preços mais acessíveis e de padrão popular; as projetadas e fabricadas sob encomenda pelas serralherias; as nacionais e/ou importadas, de alto padrão e preços mais elevados, em lojas de produtos de arquitetura de interiores.
- As janelas termoacústicas são fabricadas sob encomenda e projeto prévio. Têm preço cerca de 50% superior ao das comuns, em função das necessidades de corte térmico e acústico. Oferecem isolamento acústico de até 42 dB – a comum fica em torno de 15 dB –, dependendo do projeto. Podem ser instalados em conjunto com outras preexistentes, sem criar alterações na fachada.

11.3.14 Instalação de esquadria de alumínio – procedimento de execução de serviço

11.3.14.1 Documentos de referência

Projeto executivo de arquitetura (com o posicionamento das esquadrias), planta das esquadrias (com quantificação) e projeto das esquadrias.

11.3.14.2 Materiais e equipamentos

Além daqueles existentes obrigatoriamente no canteiro de obras, quais sejam, entre outros:
- EPCs e EPIs (capacete, botas de couro e cinto de segurança para trabalhos externos);
- trenas metálicas de 5 m e 30 m;
- esquadro metálico;
- régua de alumínio de 1"x 2"com 2 m;
- linha de náilon;
- prumo de face;
- marreta de 0,5 kg;
- argamassa de cimento e areia traço 1:3 em volume;
- caixa plástica para acondicionar argamassa;
- alicate;
- martelo;
- arame recozido nº 18;
- torquês;
- cunhas de madeira;
- colher de pedreiro;
- andaime fachadeiro ou balancim (andaime suspenso mecânico);
- guincho;

mais os seguintes:
- gabaritos;

Capítulo 11 – Esquadria

- furadeira elétrica;
- broca de vídea Ø 6 mm;
- máquina de solda;
- eletrodos;
- esquadrias de alumínio (inclusive contramarcos).

11.3.14.3 Método executivo

11.3.14.3.1 Medição do vão

a) Condições para início dos serviços:
- definição dos tipos de esquadria;
- definição dos tipos de revestimento/acabamento da alvenaria;
- definição do fechamento da esquadria (faceamento interno, central ou externo);
- prumada, nível e taliscas fixadas e executados para cada vão;
- região de execução do serviço limpa e em condições de segurança.

b) Execução dos serviços:
- medir o vão na horizontal (superior, centro e inferior), na vertical (esquerda, centro e direita) e as diagonais (para verificação do esquadro);
- conferir folga para o chumbamento;
- verificar a linha de prumo, o nível e as taliscas (se estão fixas na posição correta);
- conferir a a existência de interferência da alvenaria que possa prejudicar a instalação da esquadria ou do arremate;
- executar esse procedimento em quantidade de vãos suficiente para uma amostragem segura a fim de unificar as dimensões;
- obter a aprovação das dimensões pelo engenheiro da obra.

11.3.14.3.2 Chumbamento do contramarco

a) Condição para início dos serviços:
- faceamento da esquadria definido (faceamento interno, central ou externo);
- prumada, nível e taliscas de revestimento fixadas e executados para cada vão;
- tipos, dimensões e quantidades de contramarcos conferidos e distribuídos nos locais de uso;
- sequência de instalação definida pelo engenheiro da obra;
- região de execução do serviço limpa e em condições de segurança.

b) Execução dos serviços:
- colocar as grapas no contramarco (100 mm das extremidades e passo de 450 mm a 500 mm);
- prender as réguas ou gabaritos no contramarco;
- furar a viga, as laterais e a verga para fixar as barras de aço nos locais correspondentes às grapas do contramarco;
- posicionar o contramarco no vão e "estroncar" com sarrafos e as cunhas de madeira (verificar a posição interna/externa e superior/inferior);
- conferir o prumo, o nível e a profundidade em relação à talisca;
- conferir o esquadro do contramarco pelas dimensões das diagonais (tolerância ± 2mm);
- soldar as grapas;
- chumbar o contramarco logo após soldar as grapas (não permitir empenamentos e torções);
- verificar se o chumbamento preencheu por completo o corpo do contramarco e se não houve deslocamento de prumo, nível e esquadro;
- orientar para que, na requadração, sejam seguidas as referências corretas para o revestimento da alvenaria e não afunile o vão.

11.3.14.3.3 Revisão final

a) Condições para execução dos serviços:
- esquadrias e ambiente limpos, com todos os trabalhos concluídos;
- cronograma e sequência de revisão planejados pelo engenheiro da obra.

b) Execução dos serviços:
- verificar a vedação da interface do contramarco e alvenaria;
- verificar a vedação entre o contramarco e a esquadria;
- conferir o esquadro do marco da esquadria (medindo as diagonais, tolerância de ± 2 mm;
- conferir as guarnições de vedação e mástiques conforme o projeto de esquadrias;
- verificar fechamento das folhas (ajustar roldanas, fechos, fechaduras e dobradiças);
- verificar as travas de segurança;
- conferir as gaxetas de vidro (ajustar cantos e encontros);
- instalar os arremates, ajustando as meia-esquadrias de forma que não fiquem frestas ou arestas saltadas;
- obter o aceite do engenheiro da obra.

11.3.15 Painéis modulares estruturados (fachada unitizada)

Fachada unitizada é um sistema que utiliza painéis modulares estruturados com perfis de alumínio e fechados com vidro. Os painéis são de grande tamanho e confeccionados com medidas exatas para serem fixados de uma laje a outra da edificação. Esses módulos são montados em uma fábrica (com o vidro devidamente colado na esquadria com silicone estrutural) e entregues na obra prontos para a sua instalação. A montagem em indústria confere melhoria da qualidade em relação ao modo de fazê-la no canteiro de obras. Esse sistema supera o de *cortina de vidro* (sistema *stick*), no qual há uma malha estrutural formada por colunas e travessas visíveis internamente (sobre essa estrutura são colocados os quadros de alumínio e em seguida os vidros, sendo utilizado um quadro para cada vidro). Assim, a fachada unitizada já pode ser instalada no primeiro pavimento quando a obra está na quinta laje. Isso porque os módulos são encaixados um no outro, pois têm uma coluna desmembrada no sistema macho-fêmea, e a edificação tem sua fachada sendo executada de baixo para cima. Assim, com a fachada sendo realizada ao mesmo tempo que a estrutura, é possível dar andamento às instalações elétrica, hidráulica e de ar condicionado e dar acabamento nos andares inferiores. No sistema de fachada unitizada, os andaimes suspensos (balancis) são desnecessários, uma vez que toda a montagem dos painéis modulares estruturados é feita pelo lado interno da construção, no apoio da laje. Em resumo, esse sistema proporciona melhor qualidade, maior velocidade de execução e maior produtividade na obra, o que resulta na redução do custo da construção.

11.4 Esquadrias de PVC

PVC (*polyvinyl chloride*), ou policloreto de vinila, é um plástico obtido pela combinação de etileno e cloro, com o acréscimo de determinados aditivos. A esquadria é confeccionada com perfis de PVC que utilizam perfis de aço no seu interior, para garantir maior estabilidade dimensional e resistência à deformação. As esquadrias de PVC possuem seus cantos soldados com o próprio material por temperatura, constituindo assim um monobloco. Os perfis de PVC são utilizados na fabricação, entre outros, de portas, guarda-corpos e janelas, sendo que estas podem ter persianas de correr ou de enrolar nelas integradas. As janelas de PVC oferecem ótimo conforto térmico e acústico, baixa manutenção, facilidade de limpeza (precisa apenas de água e sabão), alta vedação (propiciada pelo uso de juntas de borracha sintética), boa durabilidade e resistência ao ataque de ácidos básicos, sais, álcoois, gorduras e petróleo, razão pela qual são indicadas para zonas com atmosfera mais agressiva, como as zonas industriais e as litorâneas (maresia). Por conter cloro, o PVC é dificilmente inflamável, sendo que esse material não se altera com os efeitos do tempo (pode chegar aos 50 anos de uso em perfeitas condições). As esquadrias de PVC apresentam opções variadas de acabamentos e cores (branca, preta, prata, bronze e acabamento *madeirado* – carvalho e nogueira), sendo que as brancas não amarelam com o tempo nem perdem o brilho.

Capítulo 12

Revestimento

12.1 Generalidades

É necessário iniciar o preparo do substrato (base) removendo desmoldantes aderidos (com escova e/ou jato de água, se possível quente), eflorescências, óleos e outras sujeiras, como também retirando pregos, arames, pedaços de madeira e outros materiais estranhos. Todos os dutos e redes de gás, água e esgoto deverão ser ensaiados sob a pressão recomendada para cada caso antes de iniciados os serviços de revestimento, procedendo-se da mesma forma em relação aos aparelhos e válvulas embutidos. Todas as superfícies destinadas a receber revestimento de argamassa de areia serão chapiscadas com argamassa de cimento e areia, com aditivo adesivo. O revestimento de argamassa de areia será constituído por camada única de argamassa industrializada ou pelas seguintes camadas contínuas, superpostas e uniformes:

- emboço (*massa grossa*), aplicado sobre a superfície chapiscada;
- reboco (*massa fina*), aplicado sobre o emboço.

A alvenaria deve estar concluída e fixada (*encunhada*) e os peitoris, marcos (batentes) e contramarcos têm de estar chumbados. As superfícies das paredes e dos tetos precisam ser limpas e abundantemente molhadas antes do início da operação. Os revestimentos somente poderão ser iniciados depois da completa pega da argamassa de assentamento da alvenaria e do preenchimento dos vazios provenientes dos rasgos para embutimento da canalização nas paredes, quebras acidentais de parte de blocos, depressões localizadas (de pequenas dimensões), furos e outros defeitos. O fechamento dos vãos destinados ao embutimento da tubulação de prumadas terá de ser feito com o emprego de tela *deployé* ou galvanizada tipo galinheiro. Toda argamassa que apresentar vestígios de endurecimento deverá ser rejeitada para aplicação. É preciso ser previamente executadas faixas-mestras, de forma a garantir o desempeno perfeito do emboço (aprumado e plano). A espessura do revestimento de argamassa tem de ser, de acordo com as normas técnicas:

- nas paredes internas: $5 \text{ mm} \leq e \leq 20 \text{ mm}$;
- nas paredes externas: $20 \text{ mm} \leq e \leq 30 \text{ mm}$;
- nos tetos: $e \leq 20 \text{ mm}$.

12.2 Areia para argamassa de revestimento

A areia não pode conter impurezas, matéria orgânica, torrões de argila ou minerais friáveis (que se desagregam facilmente com o simples manuseio). Além disso, a fração de grãos com diâmetro de até 0,2 mm deve representar entre 10% e 25% (em massa) e a quantidade de material fino de granulometria inferior a 0,075 mm (peneira nº 200) não pode ultrapassar 5% (em massa). A dimensão máxima característica da areia tem de ser de:

- 5 mm para chapisco;
- 3 mm para emboço;

- 1 mm para reboco.

No recebimento do material na obra, é necessário verificar visualmente seu aspecto geral quanto à granulometria, cor, cheiro, existência de impurezas, matéria orgânica, torrões de argila ou qualquer outro tipo de impureza, lembrando que a cor enegrecida e o cheiro forte caracterizam a presença de matéria orgânica em abundância. A aferição do volume de areia do caminhão é feita pela *cubicagem* (com trena metálica) da largura interna da carroceria, do comprimento interno da carroceria e a média das alturas da carga tomadas no centro da carroceria e próximo dos quatro cantos (medições com um vergalhão de aço a ser enterrado na carga, nos cinco pontos citados da carroceria). Para avaliar as impurezas da areia, é necessário colocar em um frasco de vidro transparente (bem limpo) uma porção de areia, adicionar em seguida água bem limpa e, depois, agitá-lo vigorosamente na direção horizontal. Deixar em repouso por 20 minutos. Se a água que sobrenadar ao depósito for clara, provavelmente a areia ensaiada terá baixos teores de impureza orgânica ou de natureza argilosa. Caso a água fique muito turva, é provável que a areia seja de má qualidade, sendo preciso repetir o ensaio com outra amostra. O lote (a carga do caminhão) será aceito ou rejeitado pela inspeção visual, conforme critérios definidos pela construtora, considerando a destinação do material. O local de armazenamento da areia deve estar limpo e ser em forma de baia cercada em três laterais. Areias com granulometrias diferentes têm de ser estocadas em baias separadas. Do pedido de fornecimento precisa constar, entre outros, o tipo da areia (grossa lavada, média ou fina); e aviso esclarecendo que o material será cubicado na obra e pago apenas o volume real medido.

12.3 Chapisco

12.3.1 Generalidades

O substrato precisa ser abundantemente molhado antes de receber o chapisco, para que não ocorra absorção, principalmente pelos blocos, da água necessária à cura da argamassa do chapisco. Esta deve ser preferencialmente industrializada, pois dá melhor aderência do que a preparada na obra. Neste caso, o chapisco precisa ser feito com argamassa fluida de cimento e areia no traço 1:3 em volume, à qual é adicionado aditivo adesivo (aplicado sobre a alvenaria e a estrutura). A argamassa tem de ser projetada energicamente, de baixo para cima, contra a alvenaria a ser revestida, e aplicada com desempenadeira dentada sobre a estrutura de concreto. O revestimento em chapisco se fará tanto nas superfícies verticais ou horizontais de concreto como também nas superfícies verticais de alvenaria, para posterior revestimento (emboço ou massa única). A espessura máxima do chapisco será de 5 mm.

12.3.2 Aditivo adesivo para chapisco

Trata-se de resina sintética compatível com o cimento, da qual se pode descrever:
- Características: emulsão adesiva e viscosa, geralmente, de cor branca.
- Propriedades: proporciona grande aderência da argamassa sobre os mais diversos substratos. Empresta grande elasticidade e, por conseguinte, grande resistência ao desgaste mecânico e aos choques. Oferece resistência às soluções fracas de ácidos e álcalis e à prova de óleo e água. Evita a retração da argamassa de cimento. Sua ação adesiva só surtirá efeito quando for misturado à argamassa de cimento (sem cal). Não poderá ser utilizado o aditivo puro como pintura.
- Modo de usar: o aditivo é adicionado à água de amassamento na proporção indicada pelo fabricante. Superfícies muito lisas, por causa da utilização de fôrmas plastificadas, resinadas novas ou com excesso de desmoldante, terão de ser lavadas, escovadas ou até mesmo apicoadas, a fim de garantir a aderência do chapisco.
- Preparo: todas as superfícies deverão estar limpas, isentas de partes soltas. Estas terão de ser removidas com ponteiro, se necessário. É preciso lixar os ferros acidentalmente aparentes e remover as eventuais crostas de ferrugem. A base necessita ser molhada com água limpa, de acordo com sua capacidade de absorção.
- Traço: a argamassa adesiva é preparada com:
  - uma parte de cimento portland (nunca cimento de alto-forno);

- duas partes de areia média;
- solução do aditivo em água, no traço 1:1.
- Consumo: aditivo 0,3 L/m².
- Embalagens: latas de 1 L e 18 L, balde com 20 L, galão, barricas de 40 L ou 50 L, tambores de 100 L e 200 L.

12.4 Trabalhabilidade da argamassa

Argamassa com boa trabalhabilidade é aquela que:
- deixa penetrar facilmente a colher de pedreiro, porém sem ser fluida;
- mantém-se coesa ao ser transportada, mas não adere à colher de pedreiro ao ser lançada;
- distribui-se facilmente e preenche todas as reentrâncias do substrato (base);
- não endurece rapidamente quando aplicada.

12.5 Emboço

O emboço somente poderá ser aplicado depois da pega completa do chapisco. É constituído por uma camada de argamassa, nos traços a serem escolhidos, de acordo com as seguintes finalidades:
- emboço externo: traço 1:1:4 de cimento, cal em pasta e areia grossa, em volume;
- emboço interno: traço 1:1:6 de cimento, cal em pasta e areia grossa, em volume.

A areia deverá ser de rio, lavada, não sendo recomendada areia de cava. Nunca poderá ser utilizada areia salitrada. A aplicação terá de ser feita sobre superfície previamente umedecida. A espessura não poderá exceder 2 cm. Deverá resultar em superfície áspera, a fim de possibilitar e facilitar a aderência do reboco. A sequência dos serviços de *destorcimento* das paredes é a seguinte:
- aplicação de argamassa, em pequena porção, nos locais convenientes à execução das *faixas-mestras*;
- fixação nesses locais de taliscas de madeira (tacos com cerca de 1 cm de espessura), para dar o plano vertical das faixas-mestras, alinhando-as pela face dos batentes ou por pontos mais salientes da parede, por meio de linhas ou réguas de alumínio;
- execução de faixas-mestras verticais, espaçadas de 2 m, com 15 cm a 20 cm de largura;
- aplicação da argamassa inicialmente no teto;
- desempeno da argamassa por meio de régua de alumínio, tendo ela de ser, nas paredes, apoiada nas faixas-mestras.

A argamassa precisa ser preparada mecanicamente. A mistura deverá ser contínua a partir do momento em que todos os componentes, inclusive a água, tiverem sido lançados na betoneira. Quando a quantidade de argamassa que será utilizada for insuficiente para justificar o preparo mecânico, poderá ser feito o amassamento manual. Nesse caso, terão de ser misturados, a seco, o agregado com os aglomerantes, revolvendo os materiais com enxada até que a mescla adquira coloração uniforme. A mistura será então disposta em forma de vulcão (coroa), adicionando no centro, gradualmente, a água necessária. O amassamento prosseguirá com cuidado, para evitar perda de água ou segregação dos materiais, até ser obtida argamassa homogênea, de aspecto uniforme e consistência plástica apropriada. A argamassa contendo cimento deverá ser aplicada dentro de $2^1/_2$ horas a contar do primeiro contato do cimento com a água.

12.6 Argamassa industrializada para assentamento e revestimento

12.6.1 Generalidades

As principais propriedades exigíveis para a argamassa industrializada (para revestimento único e assentamento) cumprir adequadamente suas funções são as seguintes: trabalhabilidade, capacidade de aderência, capacidade de absorção de deformações, restrição ao aparecimento de fissuras, resistência mecânica e durabilidade. As demais propriedades (resistência superficial, resistência à compressão, capacidade de retenção de água, teor de ar incorporado e durabilidade) também precisam ser verificadas ao longo do processo de seleção do fornecedor. Do pedido de fornecimento constará, entre outros, o nome do fabricante da argamassa.

- Apresentação: argamassa pronta para uso, fabricada com cimento portland, calcário, areia e, eventualmente, aditivos, utilizada para assentamento e para revestimento interno e externo, podendo ela substituir em uma única camada o emboço e o reboco. Utilizada em todos os tipos de alvenaria, com espessura mínima de 1,5 cm.
- Fornecimento: em sacos ou a granel (em silos).
- Rendimento: 1 saco de 40 kg para aproximadamente 1 m² de revestimento com espessura de 2,5 cm.
- Características técnicas:
  - cor: acinzentada;
  - peso específico: 1,6 kg/dm³;
  - aderência: maior que 2 kg/cm²;
  - retratação: 0,004% a 0,08% em 14 dias;
  - retenção de água: 40% a 90%.
- Embalagem: sacos de papel *kraft* com 40 kg, com destaque em carimbos da fórmula indicada.
- Preparo manual (é recomendável o preparo mecânico, com argamassadeira):
  - molhe a masseira onde vai ser misturada manualmente a argamassa;
  - adicione cerca de 8 L de água limpa para cada saco de 40 kg (ou outra indicada pelo fabricante);
  - misture bem, até conseguir argamassa homogênea e pastosa;
  - deixe a argamassa em repouso por 10 minutos; remisture-a novamente, sem adicionar água.
- Aplicação: em superfície limpa e firme (depois do embutimento da tubulação hidráulica e elétrica), isenta de materiais estranhos. Aplique sobre base chapiscada, umedecida, em *chapadas* com colher ou desempenadeira de madeira, até a espessura especificada. Depois do início da cura (*puxamento*), sarrafear com régua de madeira ou alumínio, cobrindo todas as falhas. Como acabamento, utilize desempenadeira de madeira e/ou esponja densa.
- Cuidados:
  - obedecer à dosagem de água. O excesso ou a falta altera a resistência da argamassa;
  - revestimento com espessura superior a 2,5 cm deve ser executado em duas camadas.
- Armazenamento: a argamassa industrializada ensacada será armazenada em pilhas de até 15 sacos, durante até 60 dias da data de fabricação, no almoxarifado de ensacados do canteiro de obras. O local precisa ser fechado, coberto e com piso revestido com estrado de madeira. A estocagem tem de ser feita de maneira a garantir que os sacos mais velhos sejam utilizados antes dos recém-chegados.
- Vantagens:
  - estocagem e preparo no próprio local;
  - menor custo total por metro quadrado de revestimento;
  - não contém cal em sua composição, evitando hidratação posterior;
  - eliminação de entulho;
  - serve como base para laminados, tintas epóxi e poliuretano;
  - se lixada, poderá dispensar o uso de massa corrida;
  - menores retratação e expansão.

- Patologias: eflorescência, fissuras, bolor, vesículas e descolamento com empolamento (em placas ou com pulverulência).

12.6.2 Revestimento interno de argamassa única – procedimento de execução de serviço

12.6.2.1 Documentos de referência

Projetos de arquitetura, de esquadrias (janelas e portas), de instalações elétricas e hidráulicas e, se houver, de impermeabilização e memorial descritivo.

12.6.2.2 Materiais e equipamentos

Além daqueles existentes obrigatoriamente no canteiro de obras, quais sejam, entre outros:
- água limpa;
- cimento portland;
- areia média;
- tábuas de 1"× 12"de primeira qualidade (sem nós);
- EPCs e EPIs (capacete, botas de couro e luvas de borracha);
- colher de pedreiro;
- broxa;
- desempenadeira de madeira;
- desempenadeira feltrada (ou espuma densa);
- desempenadeira dentada;
- rolo para textura acrílica;
- lápis de carpinteiro;
- régua de alumínio de 1"× 2"com 2 m;
- esquadro de alumínio;
- nível de mangueira ou aparelho nível a *laser*;
- prumo de face de cordel;
- caixote para argamassa;
- vassoura de piaçaba;
- escova de aço;
- cavaletes para andaime;
- carrinho de mão;
- guincho;

mais os seguintes (os que forem necessários, dependendo do tipo de obra):
- aditivo adesivo para chapisco;
- argamassa industrializada para revestimento;
- taliscas de material cerâmico;
- tela de aço zincada fio 1,6 mm malha 15 mm × 15 mm ou similar;
- chapisco industrializado;
- equipamento de água pressurizada;
- cantoneiras de alumínio para cantos vivos;
- desempenadeiras de canto e de quina;
- padiola;
- argamassadeira ou betoneira;
- silo.

12.6.2.2.1 Condições para o início dos serviços

A alvenaria deve estar concluída e fixada (encunhada) há pelo menos 15 dias e os peitoris, marcos e contramarcos precisam estar chumbados. As instalações hidráulicas embutidas na alvenaria têm de estar preferencialmente testadas.

12.6.2.2.2 Execução dos serviços

Preparo do substrato (base): Recomenda-se iniciar o preparo da base removendo sujeira ou incrustações, como óleos, desmoldantes e eflorescências, com vassoura de piaçaba, escova de aço ou equipamento de água pressurizada como também pregos, arames, pedaços de madeira e outros materiais estranhos. É preciso preencher os vazios provenientes de rasgos, quebra parcial de blocos (por acidente), depressões localizadas (de pequenas dimensões) e outros defeitos com argamassa de mesmo traço da que será utilizada no revestimento. Em caso de rasgos maiores para embutimento de instalações, é necessário colocar tela de aço zincada fio 1,65 mm malha 15 mm × 15 mm ou similar.

Chapisco: Inicialmente, deve-se chapiscar a superfície a ser revestida e aguardar o tempo mínimo para a cura do chapisco (em geral três dias) antes de iniciar a segunda demão do revestimento. O chapisco é feito com a argamassa fluida de cimento e areia, no traço 1:3 (em volume), com aditivo adesivo (que é adicionado à água de amassamento, na proporção indicada pelo fabricante). A argamassa tem de ser projetada energicamente, de baixo para cima, contra o substrato. O revestimento em chapisco se faz tanto nas superfícies verticais da estrutura de concreto como também nas de alvenaria. A espessura máxima do chapisco é de 0,5 cm. A aplicação deve ser feita sobre o substrato previamente molhado com broxa, o suficiente para que não ocorra a absorção de água necessária à cura da argamassa. Nas superfícies de concreto, poderá ser aplicado chapisco rolado (com argamassa específica) ou com desempenadeira dentada (com chapisco industrializado).

Revestimento de argamassa única: Recomenda-se utilizar argamassa industrializada (pronta para uso), que é fabricada com cimento portland, calcário e aditivos (não contém cal), preparada em estado seco e homogêneo, necessitando adicionar apenas água na quantidade adequada. A espessura do revestimento deve ser entre 1,5 cm e 2,5 cm. Acima de 2,5 cm, a aplicação tem de ser feita em duas camadas. A argamassa com boa trabalhabilidade é aquela que: mantém-se coesa ao ser transportada, mas não adere à colher de pedreiro ao ser projetada; deixa penetrar a colher de pedreiro, porém, sem ser fluida; distribui-se facilmente e preenche todas as reentrâncias do substrato (base); não endurece rapidamente quando aplicada. Inicialmente, é preciso identificar os pontos de maior e menor espessura utilizando esquadro e prumo. Depois, assentar, com a mesma argamassa a ser utilizada no revestimento, as taliscas de cerâmica, de preferência nos pontos de menor espessura. Transferir o plano definido por essas taliscas para o restante do ambiente, assentando então as demais.

O taliscamento do teto deve ser feito com auxílio de nível de mangueira ou nível a *laser*, considerando uma espessura mínima do revestimento de 5 mm no ponto crítico da laje. Posicionar e chumbar as cantoneiras metálicas para acabamento dos cantos vivos em argamassa (dispensável, por economia, em conjuntos habitacionais de interesse social). Executar as mestras entre as taliscas verticais e aplicar a argamassa de revestimento em chapadas ou com desempenadeira de madeira, espalhando-a até a espessura necessária e comprimindo-a fortemente com a colher de pedreiro. Aguardar o *puxamento* (momento em que, pressionando os dedos, estes não conseguem penetrar na argamassa, permanecendo limpos) para então sarrafear a argamassa com régua de alumínio apoiada sobre as mestras, de baixo para cima, recobrindo todas as falhas. Como acabamento, é preciso utilizar desempenadeira de madeira e/ou feltrada (ou espuma densa). Em se tratando de argamassa única, a textura acabada é a do reboco. Para melhorar o acabamento dos cantos, utilizar desempenadeiras de canto interno e de quina. O revestimento de argamassa pode ser de camada única (argamassa única) ou de duas camadas (emboço e reboco). A argamassa pode ser preparada no canteiro ou industrializada. No primeiro caso, é necessário determinar racionalmente o traço da argamassa (e testá-lo no canteiro antes do seu emprego) para que não seja adotado traço definido empiricamente. Para o preparo manual da argamassa, recomenda-se:

- molhar o masseiro onde será virada a argamassa

- adicionar cerca de 8 L de água limpa para cada saco de 40 kg de massa industrializada (ou outra proporção, atendendo às recomendações do fabricante); é importante obedecer à dosagem de água pois o seu excesso ou a sua insuficiência altera a resistência da argamassa;
- misturar bem até conseguir uma argamassa homogênea e pastosa;
- deixar a argamassa em repouso por 10 minutos;
- remisturar a argamassa sem adicionar água.

É aconselhável elaborar um projeto de revestimento definindo: tipo de revestimento (argamassa única ou emboço e reboco), tipo de argamassa (preparada na obra ou industrializada), técnica de execução etc. Podem ser usados os seguintes tipos de acabamento superficial da argamassa:

- *grosso*:
  – para revestimentos em que a espessura global seja maior que 5 cm (com cerâmica, por exemplo);
  – superfície de acabamento regular e compacta (não muito lisa);
  – desempeno leve, somente com madeira.
- *fino*:
  – acabamento de base para pintura aplicada diretamente sobre a argamassa;
  – textura final homogênea, lisa e sem imperfeições visíveis;
  – desempeno com madeira, seguido de desempeno com aço ou acamurçado, dependendo da textura desejada.
- *feltrado (ou acamurçado)*:
  – acabamento de base para massa corrida acrílica e posterior pintura;
  – textura final homogênea, lisa e compacta;
  – a superfície não admite fissuras;
  – desempeno com madeira, seguido de desempeno com feltro ou espuma (densidade de 26 ou 28).

Quando for utilizada camada de reboco, é recomendável riscar com lápis todos os encontros de paredes entre si e com os tetos, de maneira a conferir o nivelamento e o prumo dos cantos internos. A argamassa fina deve ser aplicada com desempenadeira de madeira, debaixo para cima, perfazendo uma espessura não superior a 5 mm. Recomenda-se que seja feito, no início da aplicação, o teste no revestimento de resistência de aderência à tração por meio de ensaio de arrancamento, no qual, pelas normas técnicas brasileiras, o limite de resistência de aderência à tração deve ser no mínimo 0,3 MPa. Os equipamentos comumente utilizados para cada tipo de argamassa são:

- para argamassa preparada no canteiro de obras: betoneira ou argamassadeira, padiolas (ou carrinhos de mão com caçamba especialmente construída com medidas apropriadas), peneiras (para segregar materiais estranhos);
- para argamassa industrializada ensacada (argamassadeira e depósitos de água);
- para argamassa industrializada fornecida a granel, armazenada em silos (equipamento de mistura).

12.6.3 Revestimento externo de argamassa única – procedimento de execução de serviço

12.6.3.1 Documentos de referência

Projetos de arquitetura (elevações), de esquadrias (janelas e portas externas) e memorial descritivo.

12.6.3.2 Materiais e equipamentos

Além daqueles existentes obrigatoriamente no canteiro de obras, quais sejam, entre outros:

- EPCs e EPIs (capacete, botas de couro, luvas de borracha e cinto tipo paraquedista trava-queda);
- água limpa;
- cimento portland CP-II;
- areia média lavada;

- argamassa industrializada para revestimento externo;
- tábuas de 1"× 12"de primeira qualidade (sem nós);
- colher de pedreiro;
- broxa;
- desempenadeira de madeira;
- desempenadeira feltrada (ou espuma densa);
- desempenadeira dentada de aço de 8"× 8";
- rolo para textura acrílica;
- trenas metálicas de 5 m e 30 m;
- régua de alumínio de 1"× 2"com 2 m ou de 1½"× 3"com 3 m;
- esquadro de alumínio;
- nível de mangueira ou aparelho de nível a *laser*;
- nível de bolha de 30 cm;
- prumo de face de cordel;
- caixote para argamassa;
- vassoura de piaçaba;
- escova de aço;
- carrinho de mão;
- guincho;

mais os seguintes (os que forem necessários, dependendo do tipo de obra):

- aditivo adesivo para chapisco;
- argamassa industrializada para revestimento;
- taliscas de material cerâmico;
- tela de aço zincada fio 1,6 mm malha 15 mm × 15 mm ou similar;
- chapisco industrializado;
- equipamento de água pressurizada;
- frisador;
- desempenadeiras de canto e de quina;
- padiola;
- argamassadeira móvel de eixo horizontal ou betoneira;
- andaime fachadeiro ou balancim (andaime suspenso mecânico);
- silo.

12.6.3.3 Método executivo

12.6.3.3.1 Condições para o início dos serviços

A alvenaria deve estar concluída e fixada (encunhada) há pelo menos 15 dias e os peitoris, marcos e contra-marcos precisam estar chumbados. As eventuais instalações elétricas e hidráulicas na alvenaria da fachada têm de estar testadas.

12.6.3.3.2 Execução dos serviços

- Preparo do substrato (base): Recomenda-se iniciar o preparo da base removendo sujeira ou incrustações, como óleos, desmoldantes e eflorescências, com vassoura de piaçaba, escova de aço ou equipamento de água pressurizada como também retirando pregos, arames, pedaços de madeira e outros materiais estranhos. É preciso preencher os vazios provenientes de rasgos, quebra parcial de blocos (por acidente), depressões localizadas (de pequenas dimensões) e outros defeitos com argamassa de mesmo traço da que será utilizada no revestimento. Em caso de rasgos para embutimento de instalações, é necessário colocar tela de aço zincada fio 1,65 mm malha 15 mm × 15 mm ou similar.

- Chapisco: Inicialmente, é necessário chapiscar a superfície a ser revestida e aguardar o tempo mínimo para a cura do chapisco (em geral, três dias) antes de iniciar a segunda demão do revestimento. O chapisco é feito com a argamassa fluida de cimento e areia, no traço 1:3 (em volume), com aditivo adesivo (que é adicionado à água de amassamento, na proporção indicada pelo fabricante). A argamassa tem de ser projetada energicamente, de baixo para cima, contra o substrato. O revestimento em chapisco se faz tanto nas superfícies verticais da estrutura de concreto como também nas de alvenaria. A espessura máxima do chapisco é de 0,5 cm. A aplicação deve ser feita sobre o substrato previamente molhado com broxa, o suficiente para que não ocorra a absorção de água necessária à cura da argamassa. Nas superfícies de concreto, pode ser aplicado chapisco rolado (com argamassa específica) ou com desempenadeira dentada (com chapisco industrializado).
- Revestimento de argamassa: É aconselhável montar os andaimes sem apoiá-los nas paredes (afastados cerca de 20 cm delas) ou usar balancins (andaimes suspensos). Recomenda-se utilizar argamassa industrializada (pronta para uso), que é fabricada com cimento portland, calcário e aditivos (não contém cal), preparada em estado seco e homogêneo, necessitando para uso adicionar apenas água na quantidade requerida. A espessura do revestimento deve ser entre 2 cm e 3 cm. Acima de 2,5 cm, a aplicação tem de ser feita em duas camadas. A argamassa com boa trabalhabilidade é aquela que mantém-se coesa ao ser transportada, mas não adere à colher de pedreiro ao ser projetada; deixa penetrar a colher de pedreiro, porém sem ser fluida; distribui facilmente e preenche todas as reentrâncias do substrato (base); e não endurece rapidamente quando aplicada. Inicialmente, é preciso locar e fixar na platibanda arames aprumados e apropriadamente afastados de fachada. Em seguida, analisar o alinhamento dos arames e depois os pontos de maior e menor espessura, medindo a distância entre os arames e a fachada. Não deixar de posicionar arames junto das quinas e das janelas (afastados cerca de 10 cm a 15 cm).

Em seguida, assentar, com a mesma argamassa a ser utilizada no revestimento, as taliscas de cerâmica, de preferência nos pontos de menor espessura, em função de uma distância fixa em relação aos arames de fachada, para posição do revestimento aprumado. Executar as faixas-mestras entre taliscas na vertical e aplicar a argamassa de revestimento em chapadas ou com desempenadeira de madeira, espalhando-a até a espessura necessária e comprimindo-a fortemente com colher de pedreiro. Aguardar o *puxamento* (momento em que, pressionando os dedos, estes não conseguem penetrar na argamassa, permanecendo limpos) para, então, sarrafear a argamassa com régua de alumínio apoiada sobre as mestras, de baixo para cima, recobrindo todas as falhas. Como acabamento, é preciso utilizar desempenadeira de madeira e/ou feltrada (ou espuma densa). Em se tratando de argamassa única, a textura acabada é a do reboco. Para melhor acabamento dos cantos, utilizar desempenadeiras de canto interno e de quina. É importante elaborar o mapeamento da fachada por meio da medição do afastamento dos arames do plano dela em pontos específicos (nas vigas e na alvenaria a meia distância entre elas). O revestimento de argamassa pode ser de camada única (argamassa única) ou de duas camadas (emboço e reboco). A argamassa pode ser preparada no canteiro ou industrializada. No primeiro caso, é necessário determinar racionalmente o traço da argamassa (e testá-lo no canteiro antes do seu emprego) para não ser adotado traço definido empiricamente. Para o preparo manual da argamassa, recomenda-se:

- molhar o masseiro onde será virada a argamassa
- adicionar cerca de 8 L de água limpa para cada saco de 40 kg de massa industrializada (ou outra proporção, atendendo às recomendações do fabricante); é importante obedecer à dosagem de água, pois o seu excesso ou a sua insuficiência altera a resistência da argamassa;
- misturar bem até conseguir uma argamassa homogênea e pastosa;
- deixar a argamassa em repouso por 10 minutos;
- remisturar a argamassa sem adicionar água.

As juntas de trabalho (*juntas de dilatação*) têm de ser executadas logo depois do desempeno da superfície. Deve-se fazer a marcação das juntas com auxílio de nível de mangueira e, em seguida, realizar o risco do revestimento com um frisador. É importante obedecer à dosagem de água. O seu excesso ou a sua falta altera a resistência da argamassa. É recomendável elaborar um projeto de revestimento que defina: tipo de revestimento (argamassa única ou emboço e reboco), tipo de argamassa (preparada na obra ou industrializada), espessura da camada, detalhes construtivos (reforços com tela metálica, juntas de dilatação, peitoris, pingadeiras e cantos externos e internos), técnica de execução etc. É indispensável dar total atenção aos seguintes detalhes construtivos:

- *Reforços com tela de aço zincada*: a ser obrigatoriamente feitos nos encontros da alvenaria com a estrutura (excluindo-se os casos de alvenaria estrutural). Devem ser realizados no pavimento sobre pilotis e nos dois ou três últimos andares do prédio. A tela tem de ser chumbada no substrato (alvenaria e estrutura com pinos, grampos etc. É recomendável o uso, sob a tela, de fita de polietileno com largura de 7,5 cm recobrindo o encontro da alvenaria com a estrutura). Utilizar tela metálica onde o revestimento tiver espessura superior a 3 cm.
- *Juntas de trabalho (juntas de dilatação)*: as juntas horizontais devem estar na divisa de cada andar e as verticais a cada 6 m para panos maiores que 24 m². Recomenda-se o posicionamento das juntas: nos encontros da alvenaria com concreto; no encontro do revestimento de argamassa com o de outro tipo; no nível dos peitoris e das vergas de janela; superpondo às juntas de dilatação (juntas de trabalho) da base (substrato); acompanhando as juntas de dilatação estruturais. A profundidade da junta em argamassa a receber acabamento pintado tem de ser a metade da espessura do revestimento, sendo pelo menos de 1,5 cm, porém garantindo o mínimo de 1 cm de revestimento no fundo da junta. A sua largura pode ser de 1,5 cm a 2 cm. É necessário realizar a junta imediatamente depois do término da execução do painel de revestimento (argamassa única ou emboço). Recomenda-se utilizar como guia uma régua dupla (com afastamento entre si igual à largura da junta) e como riscador da junta um frisador. Este deve ser pressionado contra a argamassa fresca, elevando-se ligeiramente a sua parte de trás e comprimindo o revestimento com a da frente.
- *Peitoris não metálicos*: devem ser assentados com caimento para fora, de cerca de 7%, salientes no mínimo 2,5 cm da fachada e embutidos na alvenaria cerca de 2,5 cm de cada lado. Podem ser confeccionados com pedra natural (preferencialmente granito) ou pré-moldados de concreto (nesse caso, deve ter um canal na face inferior formando uma pingadeira).
- *Pingadeiras*: são saliências de no mínimo 2 cm do plano da fachada, com caimento para fora de cerca de 45°, para interromper o corrimento da água pluvial sobre a fachada. Podem ser confeccionadas com a própria argamassa, com peças cerâmicas ou com pedra natural e só devem ser executadas depois de concluído o revestimento. Precisam ter a face de baixo nivelada com uma junta de trabalho horizontal.
- *Cantos externos (quinas) e internos*: o revestimento de uma fachada tem de ser interrompido a cerca de 5 cm das quinas existentes. Ao revestir a fachada adjacente, é preciso completar simultaneamente o revestimento remanescente da faixa de 5 cm da fachada do outro lado do canto externo. O acabamento da quina e do canto interno será feito com desempenadeiras metálicas com lâminas dobradas a 90° (ou com outro ângulo, se diferente desse na fachada). As quinas de janela devem receber o mesmo tratamento.

Podem ser dados os seguintes tipos de acabamento superficial da argamassa:

- *grosso*:
    - para revestimentos em que a espessura global seja maior que 5 cm (com cerâmica, por exemplo);
    - superfície de acabamento regular e compacta (não muito lisa);
    - desempeno leve, com madeira.
- *fino*:
    - acabamento de base para pintura aplicada diretamente sobre a argamassa;
    - textura final homogênea, lisa e sem imperfeições visíveis;
    - desempeno com madeira, seguido de desempeno com aço ou acamurçado, dependendo da textura desejada;.
- *feltrado* (ou *acamurçado*):
    - acabamento de base para massa corrida acrílica e posterior pintura;
    - textura final homogênea, lisa e compacta;
    - superfície sem fissuras;
    - desempeno com madeira, seguido de desempeno com feltro ou espuma (densidade de 26 ou 28).

Capítulo 12 – Revestimento

Recomenda-se que sejam feitos, no início da aplicação, os seguintes testes no revestimento:
- de resistência de aderência à tração por meio de ensaio de arrancamento, no qual o limite de resistência de aderência à tração deve ser no mínimo 0,3 MPa;
- de permeabilidade, utilizando-se como equipamento uma câmara aspersora de água sob pressão (ensaio de cachimbo) na face revestida da fachada, que até 8 horas não pode produzir umidade no lado interno da alvenaria.

Os equipamentos comumente utilizados para cada tipo de argamassa são:
- para aquela preparada no canteiro de obras: betoneira ou argamassadeira de eixo horizontal, padiolas (ou carrinhos de mão com caçamba especialmente construída com medidas apropriadas), peneiras (para retirar materiais estranhos);
- para argamassa industrializada ensacada (argamassadeira móvel de eixo horizontal e depósitos de água);
- para argamassa industrializada fornecida a granel, armazenada em silos (equipamento de mistura).

12.7 Reboco

12.7.1 Generalidades

O reboco só poderá ser aplicado 24 horas depois da pega completa do emboço e do assentamento dos peitoris e marcos. Deverão ser previstas proteções metálicas (*cantoneiras invisíveis*) adequadas às arestas e aos cantos vivos das superfícies revestidas. Nos locais expostos à ação direta e intensa do sol ou do vento, o reboco terá de ser protegido de forma a impedir que a sua secagem se processe demasiadamente rápida. O reboco precisa apresentar aspecto uniforme, com superfície plana, não sendo tolerado empeno algum.

12.7.2 Argamassa fina industrializada para interiores

Trata-se de material industrializado para reboco, à base de cal hidratada e areia classificada, fornecida de modo a necessitar apenas a adição de água para a sua aplicação. As principais propriedades exigíveis para a argamassa industrializada para revestimento fino cumprir adequadamente suas funções são as seguintes: trabalhabilidade, capacidade de aderência, capacidade de absorver deformações, restrição ao aparecimento de fissuras, resistência mecânica e durabilidade. As demais propriedades (resistência superficial, resistência à com- pressão, capacidade de retenção de água, teor de ar incorporado e durabilidade) também devem ser verificadas ao longo do processo de seleção do fornecedor. Do pedido de fornecimento constará, entre outros, o nome do fabricante da argamassa.

- Base: emboço sarrafeado, *destorcido* e rústico.
- Preparo: é preciso misturar oito volumes de argamassa fina pré-fabricada para cada três volumes de água limpa, até a obtenção de mistura homogênea.
- Aplicação:
    - a superfície da base precisa ser firme e absolutamente limpa de poeira, detritos, gorduras, tintas ou qualquer matéria que possa impedir a completa aderência da argamassa fina;
    - é necessário molhar abundantemente a base, antes do início da aplicação;
    - nos tetos, onde o emboço tenha sido aplicado passados mais de 5 dias, recomenda-se molhar muito bem a sua superfície, na véspera e na ocasião da aplicação, pois esse procedimento permitirá ao pedreiro trabalhar com a argamassa fina úmida por um período maior, facilitando a execução e proporcionando bom acabamento do revestimento;
    - é necessário aplicar a argamassa fina com desempenadeira comum de madeira, na espessura de 3 mm a 5 mm;
    - o acabamento, feito com a argamassa fina ainda úmida, deverá ser executado primeiramente com desempenadeira de madeira e, a seguir, com desempenadeira de espuma de borracha.

- Observação: a pintura com tintas PVA ou acrílicas, que impedem ou retardam a carbonatação do reboco e não permitem a penetração da umidade necessária à recristalização do carbonato de cálcio, só poderá ser aplicada depois da completa carbonatação do reboco.
- Consumo: 1,8 kg/m² por milímetro de espessura.
- Cor: branco-areia.
- Embalagem: sacos com 20 kg e 50 kg.
- Armazenamento: a argamassa industrializada será armazenada em pilhas de até 15 sacos, durante até um ano da data de fabricação, no almoxarifado de ensacados do canteiro da obras. O local terá de ser coberto, fechado e com piso revestido com estrado de madeira. A estocagem precisa ser feita de maneira a garantir que os sacos mais velhos sejam utilizados antes dos sacos recém-entregues.

12.7.3 Argamassa fina industrializada para fachadas

Trata-se de material para reboco hidrófugo, impermeabilizado, que protege as fachadas das construções contra a penetração de água de chuva. A argamassa é composta de areia classificada, cal hidratada, cimento portland e aditivo impermeabilizante que dá qualidades hidrófugas ao material. Sua cor é clara, quase branca. Somente 30 dias depois da sua aplicação, a argamassa fina poderá ser pintada com tinta PVA ou acrílica.

- Base:
  - emboço sarrafeado e escarificado (rústico), com traço uniforme em toda a área a ser revestida. Esse emboço não deverá ter remendos ou buracos de andaimes, os quais terão de ser tapados e corrigidos pelo menos no dia anterior ao da aplicação da argamassa fina. O recomendável é montar os andaimes não apoiados nas paredes (afastados cerca de 20 cm delas) ou usar balancins (andaimes suspensos);
  - emboço de base precisa estar convenientemente firme e limpo, isento de pó, graxa ou qualquer matéria que impeça a boa aderência da argamassa fina.
- Preparo: é necessário misturar oito volumes de argamassa fina pré-fabricada com três volumes de água limpa e bater intensamente o material até obter argamassa homogênea. É recomendável preparar apenas a quantidade suficiente para ser utilizada em um período máximo de 3 horas.
- Aplicação:
  - primeiramente, molhar bem o emboço;
  - em seguida, estender a argamassa fina na espessura de 3 mm a 5 mm, com desempenadeira de madeira;
  - desempenar, em seguida, cobrindo todas as falhas e, finalmente, dar o acabamento acamurçado, com desempenadeira de espuma de borracha (bem macia);
  - nas emendas, entre uma aplicação e a seguinte, a argamassa fina deverá ser recortada em linha reta. A base logo abaixo ao corte terá de ser limpa, para que não fique impregnada com material impermeável que possa dificultar a aderência da nova aplicação;
  - na continuação do revestimento, é preciso evitar que o material novo remonte sobre a camada anteriormente aplicada.
- Observação: a argamassa para exteriores do tipo comum não poderá ser utilizada como base para massa corrida acrílica.
- Consumo: 1,6 kg/m² por milímetro de espessura.
- Cor: branca, com tendência para o bege.
- Embalagem: sacos com 50 kg.
- Estocagem: a argamassa poderá ser estocada por 45 dias, a partir da data do fornecimento, desde que seja conservada em local seco e arejado.

12.7.4 Reboco rústico

O reboco rústico é executado com argamassa no traço 1:4 de cimento e areia, adicionando corante, quando especificado. É aplicado com a mesma técnica do chapisco. A aplicação, para obter uniformidade no acabamento, poderá ser feita projetando a argamassa por uma peneira.

12.7.5 Vesículas

As vesículas surgem geralmente no reboco e são causadas por uma série de fatores, como a existência de pedras de cal não completamente extintas, matéria orgânica contida nos agregados, torrões de argila dispersos na argamassa, ou outras impurezas, como mica, pirita e torrões ferruginosos. As vesículas decorrentes dos problemas apresentados pela cal hidratada surgem em pequenos pontos localizados do revestimento, incham progressivamente e acabam destacando a pintura (deixando o reboco aparente). O fenômeno acontece depois da aplicação do revestimento e em um prazo de três meses. Isso ocorre quando o óxido de cálcio livre presente na cal se hidrata e, em razão da existência de grãos maiores na cal, não ocorre a possibilidade de a argamassa absorver a expansão. Resumindo, se houver óxido de cálcio livre na forma de grãos grossos, sua expansão não poderá ser absorvida pelos vazios da argamassa, ocorrendo a formação de vesículas. Outro problema é ficar debilitada a união entre a pasta de cimento e o agregado, ocorrendo inibição da pega, pela inclusão na areia de matéria orgânica (como húmus, partículas de madeira, carvão e outros produtos vegetais e animais de distintas procedências). Torrões de argila dispersos na argamassa manifestam aumento de volume quando úmidos e por secagem voltam à dimensão inicial; a argamassa junto do torrão se dilata e se contrai em função do grau de umidade, desagregando-se gradativamente e originando o aparecimento de vesículas. Certos materiais contendo compostos de ferro podem provocar variações de volume por oxidação, com consequente destruição da argamassa. Em muitas obras, por má disposição do local de estocagem da areia, ocorre contaminação por pontas de arame recozido e serragem, contribuindo posteriormente para a formação de vesículas.

12.7.6 Encobrimento de trinca

Para ocultar trincas na alvenaria, recomenda-se o que segue:
- abrir a trinca no formato de "V" com ferramenta específica, de forma a resultar um rasgo de cerca de 8 mm de profundidade por 10 cm de largura; remover depois o acabamento da alvenaria numa faixa de 10 cm de cada lado do rasgo; retirar em seguida todo o pó da área;
- aplicar uma demão farta de fundo preparador de paredes, diluído com aguarrás na proporção de 1:1; depois, aguardar no mínimo 4 horas;
- preencher a trinca com o produto específico Selatrinca, fazendo o trabalho auxiliado por uma espátula, para que o produto fique melhor compactado; aguardar 48 horas; após o que reaplicar o produto, aguardando mais 24 horas para aplicar mais uma demão de Selatrinca; esperar mais 24 horas para iniciar a próxima etapa;
- dar uma demão de tinta impermeabilizante acrílica, diluída com 10% de água, aplicada sobre a tinta bem como sobre as faixas laterais, deixando-a secar por 4 horas;
- estenda uma tela de poliéster específica, com 20 cm de largura, ao longo da trinca; para fixá-la, aplicar mais uma demão de tinta impermeabilizante acrílica;
- dar o acabamento, verificando anteriormente se a superfície precisa ser tratada; fazer então os acertos necessários com massa corrida ou massa acrílica e finalmente pintar com látex acrílico ou látex PVA ou então Selavinil Látex.

12.8 Projeção mecânica de argamassa

O sistema convencional de revestimento de argamassa utiliza a aplicação e o transporte manual do material e se caracteriza por alta variabilidade, baixa produtividade, alto índice de perdas e problemas da qualidade do serviço. O emprego de projetores mecânicos de argamassa resulta na melhoria da aplicação do revestimento. Podem ser usados dois tipos de equipamento: o projetor com recipiente acoplado e a bomba de argamassa. No primeiro caso, é utilizado um equipamento mais simples, que consiste em um pequeno recipiente (canequinha) abastecido pelo operário no estoque de argamassa fresca, sendo necessário parar a produção para recarregá-lo (a argamassa é projetada em forma de *spray* através de orifícios). Esse sistema é menos sofisticado que o que usa bomba de argamassa. Nesse segundo caso, utiliza-se um misturador de argamassa disposto de forma que o material saia do misturador diretamente para a bomba de argamassa. A argamassa fresca é então conduzida da bomba continuamente, sob pressão do tanque, por meio de um magote até a pistola, pela qual é projetada sob ar comprimido. Esse equipamento exige argamassa específica (bombeável e projetável), sendo a bomba de argamassa e a argamassadeira usualmente alugadas. Já a argamassa empregada na canequinha de projeção pode ser a industrializada comum (ou mesmo até produzida em obra), sendo que esse sistema pode utilizar balancins, enquanto o de bomba de argamassa, pela maior produtividade na etapa de aplicação do material, necessita de andaime fachadeiro. Com relação aos custos, o menor consumo de argamassa no sistema mecanizado, obtido com a redução nas perdas desse material ao longo do processo, é um fator que estimula o uso das bombas de projeção. O maior custo com equipamentos pode ser compensado pelo menor consumo de argamassa nesse sistema em relação ao manual. Já o processo manual possui altas perdas de material, pela maior dependência em relação à mão de obra. Por outro lado, os sistemas mecanizados analisados geram ganhos em qualidade do produto final. Os panos de fachada executados com esse sistema apresentam poucas falhas em relação ao sistema manual.

12.9 Aderência da argamassa

É preciso que sejam feitos ensaios de arrancamento, em conformidade com as normas técnicas. O substrato, além de estar limpo, deve apresentar rugosidade (por meio de chapisco prévio) de tal modo que a argamassa nela penetre dando a necessária aderência. As causas para a baixa aderência da argamassa à base são:

- retenção de água na argamassa com base impermeável (caso das superfícies de concreto);
- trabalhabilidade inadequada da argamassa;
- excesso de água na argamassa;
- impurezas no substrato (em geral, desmoldante).

12.10 Pasta de gesso

12.10.1 Generalidades

A construção civil dispõe de três aglomerantes inorgânicos: o cimento, a cal e o gesso, cada qual com finalidades bem definidas, qualificadas pelas suas propriedades particulares. Gesso é o termo genérico de uma família de aglomerantes simples, constituídos basicamente de sulfatos, mais ou menos hidratados e anidros, de cálcio. O processo industrial do gesso consiste na desidratação por calcinação da gipsita natural, moagem do produto e seleção em frações granulométricas. O gesso misturado com água começa a endurecer em razão da formação de uma malha imbricada (em escamas), de finos cristais de sulfato hidratado. Depois do início da pega, o gesso, tal como os outros materiais aglomerantes, continua a endurecer, ganhando resistência, em um processo que pode durar semanas. A velocidade de endurecimento da massa de gesso depende dos seguintes fatores:

- temperatura e tempo de calcinação;
- finura;
- quantidade de água de amassamento;
- presença de impurezas ou aditivos.

A calcinação realizada em temperaturas mais elevadas ou durante tempo mais longo conduz à produção de material de pega mais lenta, porém de maior resistência. Gessos de elevada finura dão pega mais rápida e atingem maiores resistências, em razão do aumento da superfície específica, disponível para a hidratação. A quantidade de água de amassamento influencia negativamente o fenômeno da pega e do endurecimento, quer por insuficiência, quer por excesso. A quantidade ótima se aproxima da quantidade teórica de água necessária à hidratação (18,6%). O gesso para revestimento não poderá conter menos de 60% de gesso calcinado. É fornecido sob a forma de pó branco, de elevada finura, cuja densidade aparente varia de 0,7 a 1,0. A pega do gesso é acompanhada de elevação de temperatura, por ser a hidratação uma reação exotérmica. O tempo de pega é:

- início: de 3min45s a 16min40s;

Capítulo 12 – Revestimento

- fim: de 5min25s a 24min45s.
- *Propriedades*: endurecimento rápido, bom isolante térmico e acústico, plasticidade da pasta fresca e lisura da superfície endurecida. As pastas de gesso, depois de endurecidas, atingem resistência à tração entre 7 kg/cm² e 35 kg/cm² e à compressão entre 50 kg/cm² e 150 kg/cm². As argamassas com proporção exagerada de areia alcançam resistência à tração e compressão muito mais reduzida. As pastas e argamassas de gesso aderem muito bem ao tijolo e aderem mal às superfícies de madeira. Pode-se executar gesso armado como se faz argamassa armada de cimento, porém a armadura deve ser de ferro galvanizado. As pastas endurecidas de gesso gozam de excelentes propriedades de isolamento térmico e isolamento acústico. O gesso é material que confere aos revestimentos com ele realizados considerável resistência ao fogo;
- *Preparação*:
    - dosagem: aproximadamente 30 L de água para 40 kg de gesso;
    - povilhamento: povilhe o pó de gesso uniformemente em toda a superfície de água até a saturação;
    - mistura: misture levemente cerca de 70% da pasta entre 30 s e 1 min até obter a consistência adequada
    - deixe a pasta repousar por cerca de 10 min; nunca a remisture.
- *Utilização básica*: aplicado diretamente como revestimento em paredes internas executadas com blocos. Dispensa chapisco, emboço ou reboco. A superfície que receberá o gesso tem de estar bem plana, sem saliências ou desalinhamentos de argamassa de assentamento ou outros. As caixas de luz deverão ter sido assentadas 2 mm salientes da face das paredes de blocos.
- *Aplicação*: o gesso é usado especialmente em revestimentos. Deve-se molhar a base de aplicação quando necessário. O material presta-se admiravelmente a esse tipo de serviço, quer utilizado simplesmente como pasta obtida pelo amassamento do gesso com água, quer em mistura com areia, sob a forma de argamassa. O revestimento de gesso em pasta ou em argamassa, tal como acontece com o revestimento feito com argamassas de cal e areia, é feito tanto em uma única camada quanto em duas, uniformizando a aplicação (suprimindo as irregularidades) com desempenadeira de PVC. Pode-se proceder ao alisamento final da superfície do revestimento com desempenadeira de aço ou, quando o material já adquiriu dureza suficiente, com raspagem e/ou lixamento. O material não se presta, normalmente, para aplicações exteriores por se deteriorar em consequência da solubilização na água. O pó é misturado à água e aplicado rapidamente, antes que a pasta homogeneizada endureça. A espessura média do revestimento em gesso é de até 5 mm. Mais espessa, torna-se antieconômica e tende a trincar. A superfície inferior das lajes bem como os pilares de concreto, antes da aplicação direta da pasta de gesso, terá de receber chapisco rolado ou uma demão de pintura com solução de aditivo adesivo (emulsão branca viscosa de resina sintética) e água, no traço 1:2 até 1:4, tingida com cimento comum (para possibilitar a identificação das áreas já pintadas), a fim de garantir a aderência da pasta de gesso à superfície lisa (sem chapisco) do concreto. O rendimento é de até 15 m² por trabalhador por dia e o consumo de gesso em pó, na aplicação sobre alvenaria de blocos de concreto, é de 5 kg/m². É fornecido em sacos de 50 kg a 60 kg, com o nome de *gesso estuque*.

12.10.2 Revestimento com pasta de gesso – procedimento de execução de serviço

12.10.2.1 Documentos de referência

Projetos de arquitetura, de esquadrias (portas e janelas), de instalações hidráulicas e elétricas e memorial descritivo.

12.10.2.2 Materiais e equipamentos

Além daqueles existentes obrigatoriamente no canteiro de obras, quais sejam, entre outros:
- EPCs EPIs (capacete, botas de couro e luvas de borracha);
- máscara de proteção (para o uso durante o polvilhamento em recintos fechados);
- água limpa;
- cimento portland CP-II;

- areia grossa lavada;
- tábuas de 1"× 12"de primeira qualidade (sem nós);
- colher de pedreiro;
- broxa;
- desempenadeira de madeira;
- desempenadeira de aço;
- rolo tipo lã de carneiro;
- lápis de carpinteiro;
- régua de alumínio de 1"× 2"com 2 m;
- esquadro de alumínio;
- prumo de face de cordel;
- caixote limpo para argamassa;
- vassoura de piaçaba;
- escova de aço;
- cavaletes para andaimes;
- carrinho de mão;
- guincho;

mais os seguintes (os que forem necessários dependendo do tipo de obra):

- aditivo adesivo para chapisco;
- argamassa industrializada para revestimento;
- taliscas de material cerâmico;
- gesso em pó de pega lenta (gesso estuque);
- equipamento portátil de água pressurizada;
- desempenadeira de PVC;
- masseira.

12.10.2.3 Método executivo

12.10.2.3.1 Condições para o início dos serviços

O substrato de concreto ou revestimento à base de cimento necessitam estar concluídos há no mínimo um mês. As superfícies têm de estar isentas de contaminantes e sujeiras. A alvenaria deve estar concluída e fixada (encunhada) há pelo menos 15 dias e os peitoris, marcos e/ou contramarcos precisam estar chumbados. O prumo e planeza das paredes e os esquadros das paredes e tetos precisam estar conferidos. As instalações hidráulicas embutidas na alvenaria têm de estar preferencialmente testadas. Não podem existir pontos de umidade. As superfícies da estrutura de concreto não devem estar chapiscadas, porém é necessário nelas ter sido aplicada, com rolo tipo lã de carneiro, uma fina camada de mistura de cimento, areia grossa lavada e aditivo adesivo para chapisco (para tornar as superfícies aderentes ao gesso). As esquadrias metálicas já com pintura final precisam ser protegidas com vaselina líquida.

12.10.2.3.2 Execução do serviço

- Preparo do substrato (base): Recomenda-se iniciar o preparo da base removendo sujeira ou incrustações, como óleos, demoldantes e eflorescências, com vassoura de piaçaba, escova de aço ou equipamento portátil de água pressurizada, como também retirando pregos, arames, pedaços de madeira e outros materiais estranhos. As tubulações hidráulica e elétrica e caixas de derivação devem estar chumbadas. Estas têm de estar protegidas com bucha de papel amassado. É preciso preencher os vazios provenientes de rasgos, quebra parcial de blocos (por acidente), depressões localizadas (acima de 1 cm) e outros defeitos com argamassa industrializada para revestimento. Em caso de rasgos maiores para embutimento de instalações, é necessário colocar tela de aço zincada fio 1,65 mm malha 15 mm × 15 mm ou similar.

- Revestimento desempenado: A preparação da pasta deve ser feita da seguinte maneira: para cada saco de 40 kg de gesso, adicionar 36 L a 40 L de água. Têm de ser usados recipientes e água limpos. Polvilhar o gesso em pó sobre a água, distribuindo-o em toda a extensão. Depois do período de *embebição* (cerca de 15 minutos), a pasta estará pronta para a homogeneização. O tempo de pega é de 30 a 35 minutos. Nunca remisturar a pasta. O trabalho tem de começar pelo teto. Em seguida, cada plano de parede é revestido na sua metade superior. A pasta de gesso é colocada sobre a desempenadeira de PVC com ajuda da colher de pedreiro. É necessário pressionar e deslizar a desempenadeira sobre a superfície, para que ocorra a aderência inicial da pasta, em faixas determinadas pela largura da desempenadeira. O deslizamento deve ser realizado de baixo para cima nas paredes, e em movimento de vai e vem no teto.

  Para regularizar a espessura da camada, é preciso mudar a direção da desempenadeira, girando-a até 90°, enquanto é feita a aplicação da pasta. Cada faixa tem de ser iniciada com uma pequena superposição sobre a faixa anterior, sendo que a espessura da camada precisa estar entre 1 a 3 mm. Deve-se aplicar a pasta em até quatro camadas. Em seguida ao endurecimento do revestimento, aplicar, com colher de pedreiro e desempenadeira de aço, a pasta (que já está em início de pega no caixote) nos vazios e imperfeições da superfície, a fim de eliminar ondulações e rebarbas. Realizar o acabamento da superfície com a aplicação de uma camada de 1 a 10 mm de espessura de pasta fluida, utilizando desempenadeira de aço e aplicando certa pressão. Se previstas, colocar cantoneiras de alumínio nos cantos vivos das paredes (para a proteção contra choques acidentais) e, em seguida, executar o revestimento como descrito. Limpar a área de trabalho. Aguardar de uma a duas semanas a secagem do revestimento para iniciar os serviços de pintura.

- Revestimento sarrafeado: O revestimento sarrafeado resulta em planeza da superfície muito mais rigorosa do que o revestimento desempenado. O procedimento de execução de ambos é semelhante, com a diferença de que no primeiro caso é necessário executar inicialmente faixas mestras de argamassa industrializada entre as taliscas. Deve-se aplicar posteriormente pasta de gesso entre as mestras. Depois de concluído o espalhamento dela e antes de a pega estar muito avançada, é necessário fazer o sarrafeamento com régua de alumínio, cortando os excessos de pasta. Em seguida ao endurecimento do revestimento, aplicar a pasta nos vazios e imperfeições na superfície, a fim de eliminar ondulações e rebarbas. Realizar o acabamento da superfície com a aplicação de uma camada de 1 a 10 mm de espessura de pasta fluida, tudo como descrito no item acima.

12.11 Placas cerâmicas para revestimento

12.11.1 Terminologia

- *Revestimento cerâmico*: conjunto formado pelas placas cerâmicas, pela argamassa de assentamento e pelo rejunte.
- *Placas cerâmicas para revestimento*: material composto de argila e outras matérias-primas inorgânicas, geralmente usadas para revestir pisos e paredes, sendo conformadas por extrusão ou por prensagem, podendo também ser conformadas por outros processos; assim sendo, as placas são secadas e queimadas à temperatura de sinterização; elas podem ser esmaltadas ou não esmaltadas, em correspondência aos símbolos GL (*glazed*) ou UGL (*unglazed*); as placas são incombustíveis e não são afetadas pela luz.
- *Esmalte*: cobertura vitrificada impermeável.
- *Extrudado*: processo de fabricação de placas cerâmicas para revestimento cujo corpo foi conformado no estado plástico em uma extrusora (ou maromba) para em seguida ser cortada.
- *Prensado*: processo de fabricação de placas cerâmicas para revestimento cujo corpo foi conformado em prensa, a partir de uma mistura finamente moída.
- *Polimento*: acabamento mecânico aplicado sobre a superfície de um revestimento não esmaltado, resultando em uma superfície lisa, com ou sem brilho, não constituído por esmalte.
- *Dimensão nominal*: aquela usada para descrever o formato da placa.

- *Dimensão real individual de cada placa*: dimensão média dos quatro lados de uma placa cerâmica quadrada, ou de dois lados adjacentes de uma placa retangular.
- *Módulo*: dimensão da placa acrescida da largura da junta.
- *Retitude lateral*: desvio medido no meio do lado, no plano da placa.
- *Ortogonalidade*: desvio no esquadro da placa, afetando a regularidade dos ângulos, ou seja, o esquadro da placa.
- *Empeno*: desvio de um vértice com relação ao plano definido pelos outros tipos vértices.
- *Muratura*: relevo do lado avesso da placa, destinado a melhorar a aderência; pode ser constituído por saliências (caso normal para pisos e paredes interiores) ou por reentrâncias (com a forma de *rabo de andorinha*, especifico para usos especiais, tal como fachadas).
- *Metamerismo de cor*: diferença de tonalidade percebida pelo olho humano ao variar a cor da fonte luminosa.
- *Gretamento*: fissura capilar limitada à camada esmaltada de revestimento.
- *Expansão por umidade*: aumento das dimensões após processo de absorção da água.
- *Dilatação térmica*: aumento das dimensões após processo de aquecimento.
- *Resistência à abrasão superficial*: desgaste da superfície avaliado em geral visualmente.

12.11.2 Azulejo

Azulejos são placas de louça cerâmica, de corpo poroso, vidradas em uma das faces, na qual recebe corante(s). A face posterior (*tardoz*) não é vidrada e apresenta saliências para aumentar a capacidade de aderência da argamassa de assentamento. A espessura média é de 5,4 mm. São fabricados em grande variedade de cores, brilhantes e acetinadas, e em diversos padrões lisos e decorados. Os azulejos precisam ser escolhidos (classificados) na obra quanto a sua: qualidade (defeitos na superfície ou cantos, diferenças de tonalidade etc.), ao seu empeno e dimensões (devendo para tanto ser providenciada, no canteiro de obras, a confecção de gabarito para aferição de bitola dos azulejos a serem aplicados).

12.11.3 Assentamento

Aplica-se a paredes constituídas por concreto moldado no local, por painéis pré-moldados de concreto e por alvenarias de tijolos maciços cerâmicos, blocos cerâmicos e blocos vazados de concreto simples.

12.11.3.1 Terminologia

- *Camada de regularização*: camada intermediária aplicada sobre a superfície da parede com a finalidade de eliminar irregularidades existentes.
- *Junta*: fresta regular entre dois componentes distintos.
- *Junta de assentamento*: fresta regular entre dois azulejos adjacentes.
- *Junta de movimentação* (comumente, chamada de *junta de dilatação*): junta intermediária, normalmente mais larga que as juntas de assentamento, projetada para aliviar tensões provocadas pela movimentação da parede e/ou do próprio revestimento.

12.11.3.2 Materiais

- *Azulejo*: Os azulejos têm de satisfazer às seguintes condições:
    - estar conforme com as normas técnicas;
    - a codificação (número e/ou nome comercial do modelo) do material estar de acordo com a que foi solicitada;
    - os códigos de tonalidade indicados nas embalagens de fabricação ser idênticos para uso no mesmo ambiente;
    - estar em conformidade com as dimensões de fabricação indicadas nas embalagens;
    - estar conforme com a classe indicada nas embalagens.

- *Agregado miúdo*: O agregado precisa satisfazer às seguintes condições:
  a) estar conforme com as normas técnicas;
  b) o diâmetro máximo, característico do agregado miúdo, ser:
    - menor ou igual a 4,8 mm para chapisco;
    - menor ou igual a 2,4 mm para emboço e argamassa de assentamento.
- *Água de amassamento*: Pode-se empregar água potável retirada de poço ou fornecida pela rede de abastecimento público; águas não potáveis atenderão ao disposto nas normas técnicas.
- *Adesivos*: Pode-se empregar adesivos, desde que satisfaçam o disposto no item "Aderência", adiante descrito.
- *Material de preenchimento de juntas de movimentação*: No preenchimento das juntas de movimentação devem ser empregados materiais altamente deformáveis, como borrachas alveolares, espuma de poliuretano, manta de algodão para calafate, cortiça, aglomerado de madeira (com massa específica aparente da ordem de 0,25 g/cm³) etc.
- *Selantes*: Na vedação das juntas de movimentação têm de ser utilizados selantes à base de poliuretano, polissulfeto, silicone etc.; em caso de dúvida sobre a qualidade do selante, sua adequação precisa ser comprovada por laboratório idôneo.
- *Acessórios*
  - cantoneiras: arremates para cantos externos e para cantos internos;
  - faixas, inserts e borders: faixas com dimensões variadas usadas em paredes ou como rodapés ou rodatetos;
  - listelos ou filetes: faixas estreitas decorativas para se compor com os azulejos;
  - tozetos: pequenos quadrados que fazem composição com as peças cerâmicas.
- *Tiras pré-formadas*: As tiras pré-formadas eventualmente empregadas em juntas de movimentação devem ser confeccionadas com materiais resilientes, como PVC, elastômeros etc.; em caso de dúvida sobre a qualidade das tiras pré-formadas, sua adequação tem de ser comprovada por laboratório idôneo.
- *Armazenagem de materiais*
  - Azulejos: precisam ser estocados em local nivelado e firme, ao abrigo das intempéries para que as embalagens originais sejam preservadas; as caixas, contendo geralmente de 1 a 2 m² de azulejos, comporão pilhas com altura máxima de 2 m, de preferência estocados em grupos, cada um deles caracterizado pelas dimensões de fabricação, código de tonalidade e classe, e só retirados das embalagens originais por ocasião da imersão em água ou imediatamente antes de serem assentados (quando se recomenda a utilização do azulejo seco).
  - Aglomerantes: o cimento e a cal têm de ser armazenados em locais suficientemente protegidos da ação das intempéries e da umidade do solo, e ficar afastados de paredes ou tetos dos depósitos. Não se recomenda a formação de pilhas com mais de 15 sacos de cimento quando o período de armazenamento for de até 15 dias, e com mais de 10 sacos quando o período de armazenamento for superior a 15 dias.
  - Areia: deve ser estocada em local limpo, de fácil drenagem e sem possibilidade de contaminação por materiais estranhos que venham a prejudicar sua qualidade; na armazenagem, é necessário evitar a mistura de areias com diferentes granulometrias.
  - Adesivos: adesivos, com e sem cimento, têm de ser armazenados em suas embalagens originais, hermeticamente fechadas, em locais secos e frescos, ao abrigo das intempéries. Devem ser seguidas as instruções do fabricante quanto ao período máximo de armazenamento.

12.11.3.3 Superfície de aplicação

É preciso ser convenientemente preparada para o recebimento da camada de assentamento ou da camada de regularização; de maneira geral, a superfície a ser revestida não pode apresentar áreas muito lisas ou muito úmidas, pulverulência, eflorescência, bolor ou impregnações com substância gordurosa. Os serviços de revestimento somente serão iniciados se:

- as canalizações de água e esgoto estiverem adequadamente embutidas (se for o caso) e ensaiadas quanto à estanqueidade;
- os elementos e caixas de passagem e de derivações de instalações elétricas e/ou telefônicas estiverem adequadamente embutidas.
- *Limpeza*: A remoção de sujeira, pó e materiais soltos pode ser efetuada por escovação ou lavagem com água. Quando necessário, deve ser empregada raspagem com espátula ou escova de fios de aço. Para remoção de substâncias gordurosas, pode-se escovar a base com solução de soda cáustica (30 g de NaOH para cada litro de água) ou solução de ácido muriático (concentração de 5% a 10%), seguindo-se lavagem abundante com água limpa. Para remoção de eflorescência, a superfície necessita ser escovada e, posteriormente, limpa com solução de ácido muriático (concentração de 5% a 10%), seguindo-se escovação e lavagem abundante com água limpa. Para remoção de bolor, pode-se escovar a superfície com uma solução de fosfato trissódico (30 g de Na_3PO_4 para cada litro de água) ou com solução de hipoclorito de sódio (4% a 6% de cloro ativo); em seguida, lavagem abundante com água limpa.
- *Preparo da superfície*: As superfícies lisas, pouco absorventes ou com absorção heterogênea de água, têm de ser preparadas previamente ao assentamento de azulejos com argamassa tradicional ou à execução de camada de regularização, mediante a aplicação uniforme de chapisco. As superfícies de concreto podem, se necessário, ser picotadas. O desvio de prumo das paredes não deve exceder H/600, sendo H a altura total considerada. Caso contrário, executar camada de regularização sobre a superfície preparada de acordo com o acima especificado e previamente umedecida, conforme procedimento descrito a seguir. A camada de regularização tem de ser feita com a máxima antecedência possível, com vistas a atenuar o efeito da retração da argamassa sobre o revestimento de azulejos, empregando argamassa mista de cimento, cal e areia com traços, em volume, que podem variar de 1:1:6 a 1:2:9, no caso de utilização de cal hidratada, e 1:0,5:6 a 1:1,5:9, quando do emprego de pasta de cal extinta em obra. No caso de aplicar argamassa com traço distinto ao acima citado, recomenda-se:
    - a relação entre o volume de agregado e o volume de cimento não pode ser superior a 9;
    - as relações (r) entre o volume de agregado e o volume de aglomerantes devem ser:
        * $2,5 \leq r < 3,0$ no caso de argamassa de cimento e cal hidratada;
        * $3,5 \leq r < 4,0$ no caso de argamassa de cimento e pasta de cal.

Nos locais previstos para execução de juntas de movimentação, precisam ser colocados, por ocasião da execução da camada de regularização, elementos removíveis (ripas de madeira, por exemplo) ou elementos que permanecem no local atuando como material de enchimento. Na execução da camada de regularização, inicialmente têm de ser assentadas taliscas (tacos de madeira com aproximadamente 1 cm de espessura) com a argamassa de regularização de modo a obter o prumo desejado; a partir das taliscas externas, e com o auxílio de uma linha bem esticada, devem ser assentadas taliscas intermediárias com distanciamento máximo de 2 m. A espessura da camada de regularização precisa, de preferência, ser igual ou menor que 1,5 cm para evitar o aumento das tensões de retração. Havendo necessidade de regularização com maior espessura, ela tem de ser executada em duas ou mais camadas, obedecendo ao seguinte:

- o acabamento da superfície da camada executada precisa ser adequadamente áspero; se necessário, a superfície será escarificada;
- a argamassa deve estar adequadamente endurecida e a superfície, umedecida antes da execução da camada subsequente.

Estando as taliscas assentadas, é necessário lançar entre elas a argamassa de regularização disposta em faixas verticais, de modo a constituírem as *guias* ou *mestras*; a argamassa precisa ser bem compactada contra a superfície da parede e lançada em excesso, sendo em seguida sarrafeada com uma régua de alumínio, que deve ser deslocada sobre duas taliscas consecutivas em movimentos de vai e vem. Executadas as guias, é necessário continuar lançando entre elas a argamassa de regularização, sempre em excesso e sempre procurando obter o máximo de adensamento da argamassa; o aprumo final da camada de regularização é obtido com o deslocamento da régua sobre duas mestras consecutivas. O acabamento da superfície da camada de regularização tem de ser áspero.

12.11.3.4 Revestimento

- *Dispositivo de assentamento*: Quanto à forma de aplicação, os azulejos podem ser assentados em diagonal, com juntas a prumo ou em amarração.
- *Juntas de assentamento*: No assentamento dos azulejos, é preciso manter entre eles juntas com largura suficiente para que haja perfeita infiltração da pasta de rejuntamento e para que o revestimento de azulejo tenha relativo poder de acomodação às movimentações da parede e/ou da própria argamassa de assentamento. De acordo com as dimensões dos azulejos, devem ser mantidas as juntas de assentamento mínimas constantes na Tabela 12.1.

Tabela 12.1: Juntas de assentamento

Dimensões dos azulejos de (cm)	Largura mínima das juntas de assentamento (mm)	
	parede interna	parede externa
11 × 11	1	2
11 × 22	2	3
15 × 15	1,5	3
15 × 20	2	3
20 × 20	2	4
20 × 25	2,5	4

- *Juntas de movimentação*

As juntas de movimentação (comumente chamadas de *juntas de dilatação*), longitudinais e/ou transversais, têm de ser executadas nos seguintes casos:

- em paredes internas com área igual ou maior que 32 m², ou sempre que a extensão do lado for maior que 8 m;
- em paredes externas com área igual ou maior que 24 m², ou sempre que a extensão do lado for maior que 6 m.

As juntas de movimentação precisam aprofundar-se até a superfície da alvenaria; a junta tem de ser preenchida com material deformável, sendo em seguida vedada com selante flexível. A largura da junta deve ser dimensionada em função das movimentações previstas para a parede e da deformabilidade admissível do selante; como regra prática, e na inexistência de um dimensionamento mais preciso, pode-se adotar para as juntas os valores indicados na Tabela 12.2.

Tabela 12.2: Juntas de movimentação

Dimensão do painel limitada pela(s) junta(s) (m)	Paredes internas		Paredes externas	
	Largura da junta (mm)	Altura do selante (mm)	Largura da junta (mm)	Altura do selante (mm)
3	(m)	8	10	8
4	10	8	12	8
5	12	8	15	10
6	12	8	15	10
7	15	10	-	-
8	15	10	-	-

Para as distâncias intermediárias, adotar os valores correspondentes ao limite imediatamente superior.

As juntas de movimentação podem ainda ser executadas com tiras pré-formadas, constituídas por materiais resilientes; essas tiras devem ser colocadas durante o assentamento dos azulejos e ter configuração adequada para absorver as movimentações do revestimento de azulejo e propiciar estanqueidade à junta.

- *Planeza*
  Na verificação da planeza do revestimento de azulejo, é necessário considerar as irregularidades graduais e as irregularidades abruptas. As graduais não podem superar 3 mm em relação a uma régua com 2 m de comprimento; as abruptas, 1 mm em relação a uma régua com 20 cm de comprimento. Essa exigência é válida tanto para os ressaltos entre azulejos contíguos como para a planeza entre partes do revestimento de azulejo contíguas a uma junta de movimentação.
- *Alinhamento das juntas de assentamento*
  Não pode haver afastamento superior a 2 mm entre as bordas de azulejos planejadamente alinhados e a borda de uma régua com 2 m de comprimento, faceada com os azulejos extremos.
- *Aderência*
  O revestimento de azulejo deve aderir adequadamente à parede; para tanto, tem de satisfazer as seguintes condições:
- quando o azulejo for submetido a pequenos impactos com instrumento rijo, não contundente, não pode produzir som cavo (*chocho*);
- sempre que a fiscalização julgar necessário, consideradas seis determinações de resistência de aderência efetuadas nas condições descritas nas normas técnicas, depois da cura do material utilizado no assentamento (28 dias, caso possua cimento), pelo menos quatro valores têm de ser iguais ou superiores a 0,3 MPa (3 kgf/cm²).

Proteção do revestimento ao calor
Os azulejos, depois do assentamento, precisam ser protegidos de insolação direta ou de qualquer outra fonte de calor, durante 72 horas.

12.11.3.5 Processo de assentamento com argamassa de cimento portland e cal

Por esse processo, o cimento portland comum é utilizado como adesivo.
 - Etapas dos serviços:
- chapisco sobre o substrato, deixando-o curar até atingir sua resistência mecânica;
- imersão (prévia) das peças em água, tomando o cuidado de, antes do assentamento, deixar escorrer o excesso de água;
- preparação da argamassa de assentamento, misturando uma parte de cimento, 1/2 parte de cal hidratada e cinco partes de areia úmida, em volume, podendo variar tais proporções até uma parte de cimento, uma parte de cal hidratada e sete partes de areia úmida;
- umedecimento do chapisco, abundantemente;
- colocação da argamassa de assentamento no tardoz úmido das peças;
- posicionamento do azulejo na parede, seguido de leves pancadas com o cabo de madeira da colher de pedreiro, cuidadosamente (a fim de não danificar o esmalte);
- formação de juntas de 1 a 3 mm, conforme o tamanho das peças;
- rejuntamento com pasta de cimento branco, depois de aguardar o maior tempo possível para a cura e retração da argamassa de assentamento. A pasta de cimento branco deverá ter adição de alvaiade ou de corante, e todo seu excesso ser removido logo em seguida à execução do rejuntamento. Depois de 7 dias de cura, a retração da argamassa é de cerca de 80% da que ocorre aos 28 dias. O mercado oferece argamassa pré-fabricada para rejuntamento, com corante e impermeabilizante.

 Amassamento
A argamassa tem de ser adequadamente homogeneizada por meio de amassamento manual ou mecânico, conforme adiante descrito. Recomenda-se misturar inicialmente a cal hidratada, ou a pasta de cal virgem extinta na obra, com areia e água em excesso, deixando a mistura em repouso durante pelo menos 72 horas, antes do seu uso; a adição do cimento será feita na ocasião da aplicação da argamassa. O amassamento manual da argamassa, a ser empregado excepcionalmente em pequenos volumes, tem de ser realizado sobre um estrado ou superfície plana, impermeável e isento de contaminação com terra ou qualquer outro tipo de impureza. Misturar a argamassa seca

de cal e areia, previamente preparada, com cimento, de maneira a obter coloração uniforme; em seguida, adicionar aos poucos a água necessária, prosseguindo a mistura até a obtenção de argamassa de aspecto uniforme. Não é permitido preparar de uma só vez um volume de argamassa superior ao correspondente a 100 kg de cimento. O amassamento mecânico precisa ser efetuado conforme descrito a seguir:

a) a colocação dos materiais na betoneira tem de ser feita na seguinte sequência:

- lançar parte da água e todo volume de argamassa de cal e areia, preparada previamente, pondo a betoneira em funcionamento;
- lançar todo volume de cimento;
- lançar o restante da água.

b) o amassamento mecânico deve durar, sem interrupção, o tempo necessário para permitir a perfeita homogeneização da mistura, sendo certo que o tempo de amassamento aumenta com o volume da *massada*, precisando ser tanto maior quanto mais seca for a argamassa; em nenhum caso, o tempo de amassamento, depois de terem sido colocados todos os materiais na betoneira, tem de ser inferior a 3 minutos.

Tempo de validade da argamassa

A argamassa não pode ser aplicada sempre que, depois da preparação, decorrer intervalo de tempo superior ao prazo de início de pega do cimento empregado, período esse que é da ordem de 2h30min. A argamassa pode ser remisturada nos caixões junto dos azulejistas, sempre que isso se fizer necessário para restabelecer sua trabalhabilidade inicial; esse procedimento só pode ser efetuado dentro do prazo de início de pega do cimento, empregando a mínima quantidade de água possível.

Preparação dos azulejos

Antes do assentamento, os azulejos devem ser imersos em água limpa, utilizando um recipiente não metálico, por um período compreendido entre 15 minutos e 2 horas; depois da imersão, os azulejos têm de ser encostados em uma superfície vertical, de modo a permitir o escorrimento da água em excesso. Os azulejos destinados ao arremate do revestimento serão cortados mediante emprego de ferramenta com cortante de metal duro ou diamante; não podem ser aceitos azulejos com cortes irregulares nas arestas, como aqueles produzidos por torquês. Admite-se a utilização dessa ferramenta para execução de pequenos cortes nos cantos dos azulejos. As perfurações devem ser feitas, de preferência, com o uso de ferramentas adequadas. Os azulejos cortados ou perfurados não poderão apresentar emendas.

Assentamento dos azulejos

O assentamento dos azulejos tem de ser realizado de baixo para cima, uma fiada de cada vez, conforme a seguir descrito. Nas extremidades da borda inferior da parede, tomando como referência a cota prevista para o revestimento do piso, serão assentados dois azulejos, conforme descrito abaixo, apoiados sobre calços adequadamente nivelados, utilizando, por exemplo, nível de bolha:

- umedecer a superfície da parede ou da camada de regularização;
- colocar uma porção de argamassa de assentamento sobre o tardoz (face não vidrada) do azulejo, de modo que toda a superfície fique em contato com a argamassa;
- remover com colher de pedreiro parte da argamassa existente nas bordas do azulejo, tomando cuidado para não danificar o vidrado;
- colocar a borda inferior do azulejo em contato com a parede. Em seguida, o azulejo deve ser pressionado uniformemente contra a parede, de modo que o excesso da argamassa saia pelas bordas do azulejo. A espessura da camada de assentamento tem de ser inferior a 15 mm;
- se houver necessidade de ajustar o nível do azulejo, admite-se dar pequenas batidas sobre ele com ferramenta não contundente, por exemplo, de madeira ou borracha;
- as juntas e as bordas do azulejo serão limpas com pano úmido;
- entre os dois azulejos assentados pode ser esticada uma linha para servir como guia para o posicionamento dos demais azulejos dessa fiada. Admite-se o emprego de régua de alumínio para nivelamento da fiada, em substituição à linha esticada, disposta sobre os azulejos-guia.

Para garantir o prumo das fiadas verticais, é necessário colocar, utilizando o mesmo procedimento acima indicado, um azulejo-guia em cada extremidade superior da parede, devidamente aprumado e nivelado. Em seguida, devem ser assentados os azulejos no espaço compreendido entre os azulejos-guia, uma fiada de cada vez, tomando como referência a linha esticada ou uma régua, empregando o procedimento já descrito. As juntas de assentamento e de movimentação, se for o caso, têm de ser executadas conforme anteriormente previsto.

Rejuntamento dos azulejos

O rejuntamento dos azulejos deve ser iniciado depois de 3 dias, pelo menos, de seu assentamento, verificando-se previamente, por meio de percussão com instrumento não contundente, se não existe nenhum azulejo apresentando som cavo; em caso afirmativo, precisam eles ser removidos e imediatamente reassentados. O rejuntamento tem de ser executado conforme a seguir descrito: preparar pasta de cimento branco e alvaiade, na proporção 3:1 em volume, caso se deseje rejuntamento na cor branca; umedecer as juntas de assentamento dos azulejos; aplicar a pasta de cimento branco e alvaiade em excesso com auxílio de rodo e/ou espátula; o excedente da pasta tem de ser removido com pano úmido, assim que iniciar o endurecimento, a fim de evitar a aderência da pasta à superfície do azulejo. Pode ser utilizada, também, argamassa industrializada para rejuntamento.

12.11.3.6 Processo de assentamento com produtos industrializados

12.11.3.6.1 Argamassa industrializada colante

Trata-se de pó inodoro cor cinza composto de cimento portland, areia de granulometria controlada e adesivos solúveis. A argamassa industrializada colante (pré-dosada), utilizada para assentamento de azulejos ou outros tipos de placa cerâmica, deve atender ao tempo de abertura mínimo (no espalhamento) em função do local de uso: são necessários no mínimo 15 minutos para fachadas e 20 minutos para ambientes internos. Esses limites são importantes, porque indicam o período de que o assentador dispõe para aplicar o azulejo, contando a partir do momento em que a argamassa é espalhada na parede. O armazenamento do material tem de seguir as orientações do fabricante. Inexistindo tais orientações, a estocagem será feita em pilhas de 20 sacos no máximo, em local fechado, apropriado para evitar a ação de água ou umidade, com piso revestido com estrado de madeira. Do pedido de fornecimento tem de constar, entre outros, a marca da argamassa adquirida. O consumo de argamassa é de 3 a 5 kg/m². Ela é embalada em sacos de 5, 15, 20 e 30 kg.

12.11.3.6.2 Revestimento de parede com azulejos – procedimento de execução de serviço

a) Documento de referência

Projetos de arquitetura, de esquadrias (quando houver), de instalações elétricas e hidráulicas, de impermeabilização (se necessário) e memorial descritivo.

b) Materiais e equipamentos

Além daqueles existentes obrigatoriamente no canteiro de obras, quais sejam, entre outros:

- EPCs e EPIs (capacete, botas de couro e luvas de borracha);
- água limpa;
- tábuas de 1"× 12"de primeira qualidade (sem nós);
- colher de pedreiro;
- linha de náilon;
- lápis de carpinteiro;
- desempenadeira dentada de aço;
- trenas metálicas de 5 m e de 30 m;
- régua de alumínio de 1"× 2"com 2 m ou $1^{1}/_{2}$ "× 3"com 3 m;
- nível de mangueira ou aparelho de nível a *laser*;
- prumo de face de cordel;
- caixote para argamassa;
- escova de piaçaba;
- pano, estopa ou esponja;
- carrinho de mão;
- guincho;

mais os seguintes:

- azulejos;
- argamassa industrializada colante;
- argamassa industrializada para rejunte;
- cantoneiras de alumínio para cantos vivos;
- espaçadores plásticos em "+";
- detergente líquido neutro;
- rodo de borracha sem cabo;
- pedaço de fio de cobre encapado ou pedaço de madeira para frisar junta;
- aparelho de corte manual ou serra elétrica portátil com disco adiamantado.

c) Método executivo

Condições para o início dos serviços

A base (substrato) deve estar acabada, revestida com argamassa (emboço) há pelo menos 10 dias, aprumada e limpa, e os contramarcos de janelas e batentes de portas precisam estar chumbados ou com sua referência definida. Os azulejos precisam estar limpos e ser aplicados a seco, sem imersão prévia em água (devem estar estocados à sombra, em local ventilado).

Execução dos serviços

Iniciar o preparo da base removendo a sujeira eventualmente impregnada. Preparar a argamassa de assentamento adicionando água à argamassa industrializada colante na proporção indicada pelo fabricante até obter-se consistência pastosa. A mistura assim feita necessita ser deixada em repouso durante 15 minutos, em seguida deve ser remisturada. O emprego da argamassa já preparada só pode ocorrer no máximo até 2 horas depois do seu preparo, sendo proibida a adição de mais água. A fiada mestra tem de ser definida a cerca de uma fiada de altura do piso, considerando a altura das peças, paginação e espessura das juntas, de modo a evitar necessidade de quebra e arremate nas extremidades superiores. Uma vez definida a altura da fiada mestra de uma parede, é necessário transportar esse ponto para outra extremidade dela, utilizando uma mangueira de nível ou nível a *laser*. Esticar uma linha de náilon entre esses dois pontos para marcar o nível da primeira fiada. Caso julgar necessário, pode-se fixar uma régua de alumínio para ser utilizada como guia ou simplesmente efetuar um risco no substrato. Definida a linha da primeira fiada, iniciar o assentamento das peças (secas) acima dela e, posteriormente à execução do revestimento do piso, colocar a fiada inferior. Em seguida, demarcar uma linha vertical (aprumada) para definir a primeira faixa vertical de peças. Depois, assentar os azulejos dessa primeira faixa vertical, que servirá de gabarito. Espalhar a argamassa colante com o lado liso de uma desempenadeira dentada em uma camada uniforme de 3 a 4 mm de uma área não muito extensa (recomenda-se 1 m²), para não prejudicar as características de aderência da massa com os azulejos. Passar o lado dentado da desempenadeira, formando cordões que possibilitarão o perfeito posicionamento dos azulejos, especialmente quanto à planeza do pano.

Aplicar a peça cerâmica, empregando uma leve pressão e seguindo o alinhamento da fiada inferior, mantendo a espessura da junta constante com o emprego de espaçadores plásticos em "+". Para azulejos de 15 cm × 15 cm, recomendam-se juntas com espessura de 1,5 mm e, para peças de 15 cm × 20 cm ou 20 cm × 20 cm, juntas de 2 mm. Com esses cordões ainda frescos, bater com o cabo da colher de pedreiro nas peças uma a uma. A espessura final da camada entre o azulejo e o emboço será de 1 mm a 2 mm. As peças devem ser cortadas e perfuradas (para passagem de instalações) com equipamentos específicos, antes da aplicação da argamassa colante. Também prever a instalação de cantoneiras de alumínio nas quinas. Sempre executar os cortes e arremates das peças na primeira fiada (inferior) junto do piso. Acabado o serviço de assentamento, é necessário aguardar um período de no mínimo 24 horas para o rejuntamento. Para a sua execução, é preciso providenciar a limpeza e umedecimento das juntas, a menos que o fabricante não recomende. Espalhar a pasta de rejuntamento com um rodo de borracha e frisar as juntas com um pedaço de madeira (pinho de preferência) ou um fio de cobre encapado, para acabamento liso e uniforme. Aguardar cerca de 15 minutos e efetuar uma limpeza com pano, esponja ou estopa úmidos. Aguardar aproximadamente mais 15 minutos e efetuar mais uma limpeza com um pano seco. Para limpeza final do revestimento, lavar com água e detergente líquido neutro. Em piscinas, as recomendações são as seguintes: certifique-se de que as paredes e fundo estejam totalmente impermeabilizados, testados e secos; use revestimento de regularização com baixa absorção de água; utilize argamassa colante especial; observe rigorosamente a espessura mínima das juntas especificada pelo fabricante de azulejo; deixe as juntas abertas por 4 dias; aplique argamassa de rejunte lavável e impermeável; encha a piscina de água depois de 3 dias da aplicação do rejunte.

12.11.3.7 Inspeção

- Princípios da inspeção:

A execução do revestimento será inspecionada nas suas diferentes fases, verificando o disposto anteriormente, com especial atenção ao seguinte:

- recebimento dos materiais (cimento, cal, areia, argamassa industrializada colante, azulejos, argamassa industrializada para rejunte etc.) e verificação do cumprimento às normas técnicas;
- limpeza da superfície a ser revestida, prumo, limpeza e preparo da superfície;
- nivelamento do teto, para a sua perfeita concordância;
- dosagem da mistura e tempo de validade das argamassas;
- execução do revestimento, verificação da dimensão das juntas;
- alinhamento das juntas, nivelamento e prumo do revestimento de azulejo;
- rejuntamento e limpeza.

12.12 Movimentação térmica e por retração em argamassa de revestimento

As fissuras em argamassas de revestimento, provocadas por movimentação térmica das paredes, dependerão sobretudo do módulo de deformação do revestimento, sendo sempre desejável que sua capacidade de deformação supere com razoável folga a capacidade de deformação da parede propriamente dita. As fissuras induzidas por movimentação térmica no corpo do revestimento em geral são regularmente distribuídas e com aberturas bastante reduzidas (espécie de gretagem). As fissuras desenvolvidas em argamassa de revestimento manifestam-se por solicitações higrotérmicas e, sobretudo, por retratação da argamassa. A incidência dessas fissuras será tanto maior quanto maiores forem a resistência à tração e o módulo de deformação da argamassa. Portanto, as argamassas de revestimento deverão trazer na sua constituição teores consideráveis de cal, sendo comum o emprego dos traços 1:1:6, 1:2:9, 1:2,5:10 e 1:3:12 (cimento, cal e areia, em volume). Além da dosagem adequada, a qualidade dos materiais é preponderante para a obtenção de boa argamassa de revestimento. Areia com elevado teor de finos, impurezas orgânicas ou aglomerados argilosos favorecerá o surgimento de fissuras de retração da argamassa, além de provocar outras patologias. Ainda, a cal hidratada poderá conter teor bastante elevado de material inerte adulterante, ou seja, finos inertes que induzirão retrações acentuadas em argamassas, mesmo que bem dosadas.

12.13 Pastilha

12.13.1 Generalidades

As pastilhas são mosaicos que têm, normalmente, 2,55 cm × 2,55 cm e espessura variando entre 4 e 5 mm. São vendidas coladas à folha de papel *kraft*, para facilitar a colocação. Esse papel deverá ser retirado posteriormente por lavagem com água levemente cáustica. Há pastilhas de porcelana, de faiança, vidradas bem como pastilhas de vidro.

- Utilização básica: revestimentos internos ou externos de paredes e pisos, mesmo curvos ou não regulares.
- Base para aplicação: emboço sarrafeado, com acabamento rústico (se necessário, a superfície deverá ser escarificada) de argamassa rica em cimento portland comum, isenta de impermeabilizantes, devidamente curado (para evitar tensões de retração da argamassa sobre o revestimento);

- Aplicação: sobre a base umedecida, espalhar uma camada de 2 mm de argamassa de cimento, pasta de cal e areia fina, no traço 1:3:9, em volume, que será sarrafeada e desempenada, cobrindo uma área tal que possa ser revestida com pastilhas antes do início do seu endurecimento. É necessário observar com rigor o ângulo reto dos cantos. Ao mesmo tempo, sobre cada placa, na face sem papel, estender uma fina camada de pasta de cimento branco (sem caulim), no traço 3:2, com água necessária para conseguir a plasticidade de colagem. Em seguida, segurar a placa (retangular) pelos cantos da lateral (superior) mais estreita, com os dedos polegar e indicador de cada mão. Depois, encostá-la na parede onde a argamassa fina está fresca e, com ligeira pressão, afastar os dedos. Com a palma das mãos, pressionar a placa. Finalmente, proceder ao batimento com um pedaço de madeira e, com a ponta da colher de pedreiro, fazer dois cortes verticais no papel, ao longo das juntas, para possibilitar a expulsão do ar que possa ficar entre a argamassa e o papel. Terá de ser mantido entre duas placas um espaçamento regular e observada perfeita linearidade nas aplicações e encontros dos diversos panos de pastilha, assim como não serão toleradas reentrâncias ou abaulamentos superiores a 10 mm, em faixa de 5 m. O papel deverá ser retirado com solução de soda cáustica e água, na proporção de 1:8, aplicada com broxa. Depois, as pastilhas precisam ser lavadas com água em abundância, com auxílio de pano ou estopa; ser rejuntadas no dia seguinte com cimento branco e caulim ou corante, no traço 1:1, e, finalmente, ser limpas, no início da pega do rejuntamento, com estopa seca e solução a 10% de ácido muriático. A execução do emboço precisa estar concluída no mínimo 10 dias antes do assentamento do mosaico e não apresentar fissuras, partes ocas ou soltas. Se o assentamento for feito em piso, não permitir trânsito sobre o mosaico durante os primeiros 3 dias. Até 10 dias depois da colocação, usar tábuas sobre o piso para distribuir o peso.

A superfície com o mosaico aplicado deve ser mantida úmida, durante 7 a 10 dias, especialmente em áreas expostas ao sol (pisos externos, fundo de piscinas, paredes voltadas para o oeste) e lugares muito quentes. Assentamento de grandes dimensões tem de ser interrompido por juntas de movimentação (de dilatação) longitudinais e/ou transversais. Em áreas externas, recomendam-se juntas, de 12 mm, em área igual ou maior a 24 m² ou sempre que a extensão do lado for maior que 4 m; em áreas internas, de 15 mm, em área igual ou maior a 32 m² ou sempre que a extensão do lado for maior que 7 m. As juntas de movimentação devem ser preenchidas com material deformável, sendo em seguida vedadas com selante flexível. Aconselha-se consulta ao departamento técnico do fabricante de selante para informações mais detalhadas. Nunca usar pastilhas de vidro em pisos e piscinas. Estocar as caixas contendo as placas de mosaico em lugar seco, protegido do sol e separado do piso.

12.13.2 Argamassa industrializada para assentamento

Trata-se de argamassa adesiva mineral, em pó, para assentamento de pastilhas com maior eficiência. A utilização da argamassa pré-fabricada dispensa a base de argamassa fina normalmente exigida. Com a argamassa pré-fabricada, a pastilha é aplicada diretamente sobre o emboço, aumentando a resistência e o rendimento da mão de obra e diminuindo o consumo de material. Fabricada com aditivos especiais, é bem dosada, mecanicamente misturada e, portanto, com traço uniforme. A argamassa pré-fabricada permite melhor acabamento e elimina o risco de desprendimento das pastilhas.

- Base para aplicação: emboço cuidadosamente sarrafeado e destorcido. Deverá estar firme e limpa, isenta de pó, graxa ou qualquer matéria que impeça a boa aderência da argamassa pré-fabricada.
- Preparo:
    - para assentamento: é necessário misturar sete volumes de argamassa pré-fabricada com dois volumes de água limpa e amassar bem até obter argamassa homogênea e pastosa.
    - para rejuntamento: é preciso misturar dois volumes de argamassa pré-fabricada com um volume de água limpa e bater bem até obter-se nata homogênea.
    - a argamassa pré-fabricada, depois de preparada, deverá ser utilizada no prazo máximo de 3 horas.
- Aplicação:
    - o *tardoz* (verso) das pastilhas, a ser assentado sobre a argamassa, tem de estar limpo e isento de materiais estranhos que impeçam a boa aderência;

- molhar o emboço com água limpa, de acordo com sua capacidade de absorção, de modo a não saturá-lo com água;
- estender a argamassa pré-fabricada, na espessura de aproximadamente 3 mm a 4 mm, com o lado liso de uma desempenadeira de aço dentada;
- a seguir, sobre o material aplicado, passar o lado dentado da desempenadeira, comprimindo-a contra a base, formando sulcos e cordões paralelos (que terão cerca de 6 mm de altura por 4 mm de largura, com 5 mm de intervalo entre eles), para garantir o bom assentamento das pastilhas;
- é necessário ser aplicado, de cada vez, apenas o material suficiente para o assentamento de três a quatro placas de pastilhas. O clima influencia diretamente o tempo de secagem da argamassa.

- No caso de pastilhas de porcelana, é preciso:
  - assentar as placas de pastilha na parede, diretamente sobre a argamassa ranhurada;
  - bater, com uma desempenadeira apropriada, sobre as placas de pastilha aplicadas, para obter sua total aderência;
  - depois de 1 hora, proceder à retirada do papel, aplicando, com broxa, solução de um volume de soda cáustica para 8 volumes de água limpa, molhando todo o papel *kraft*;
  - limpar bem as pastilhas com a solução de soda cáustica, retirando todos os resquícios de cola e papel e lavar com água em abundância;
  - fazer o rejuntamento com nata da própria argamassa pré-fabricada;
  - limpar bem com estopa ou pano, removendo a sobra de nata sobre as pastilhas;

- No caso de pastilhas de faiança, é necessário:
  - deitar a placa de pastilhas com a superfície externa voltada para baixo (de modo que o seu tardoz fique voltado para cima);
  - umedecer ligeiramente, com o auxílio de uma broxa, a face das pastilhas que será fixada na parede (tardoz);
  - fazer o rejuntamento com nata da própria argamassa pré-fabricada, aplicando-a com colher de pedreiro em toda a superfície à vista, juntas e tardoz, das pastilhas;
  - assentar a placa (já rejuntada) na parede sobre a argamassa ranhurada;
  - a seguir, proceder da mesma forma que no assentamento das pastilhas de porcelana;
  - como o preenchimento das juntas é feito antes da remoção do papel, depois de retirá-lo serão necessários pequenos retoques no rejuntamento;

- Consumo: 5 kg/m² a 6 kg/m².
- Cor: branca.
- Embalagem: sacos com 25 kg.
- Estocagem: a argamassa pré-fabricada para assentamento de pastilhas poderá ser estocada por seis meses, a partir da data de fornecimento, desde que seja conservada em local seco e arejado.

12.14 Laminado decorativo de alta pressão (LDAP)

12.14.1 Generalidades

O laminado decorativo de alta pressão (LDAP) é uma chapa para revestimento de substratos rígidos, composta de camadas de material fibroso, celulósico (papel, por exemplo), impregnadas com resinas termoestáveis, amínicas (melamínicas) e fenólicas, montadas, prensadas sob condições de calor e alta pressão, em que as camadas de superfície, em um ou ambos os lados, são decorativas. As propriedades finais do produto, onde o LDAP assume as funções de revestimento decorativo ou re- vestimento funcional-decorativo, são acentuadamente influenciadas: pelo substrato, pelo adesivo, pela qualidade da mão de obra, ou pelo conjunto desses fatores. Assim como a madeira natural, o LDAP tem também direções longitudinal e transversal de fibras, sendo o seu comportamento similar àquela em termos de estabilidade dimensional. A umidade influencia na alteração dimensional do LDAP à razão aproximada de 2:1 (transversal: longitudinal). Se a umidade diminui, a chapa se contrai; se aquela aumenta esta se expande. No Tabela 12.3 encontram-se listados 14 tipos de LDAP, com suas respectivas espessuras de fabricação.

Tabela 12.3: Laminado

Tipo	Sigla	Esp. mín. (mm)
LDAP *standard*	STD	0,8
LDAP *post-forming*	PF	0,8
LDAP *heavy duty*	HD	1,0
LDAP *high wear*	HW	1,6
LDAP estrutural (*thick stock*)*	TS	2,0
LDAP *flame proof* 1	FP 1	0,8
LDAP fogo retardante	FR	0,8
LDAP vertical uso geral	VGS	0,8
LDAP vertical uso especial	VLS	0,8
LDAP antiestático	ANT	0,8
LDAP antiestático – fogo retardante	ANT-FR	0,8
LDAP dissipador	DISS	0,8
LDAP condutivo	COND	0,8
Laminado fenólico (*backer sheet*)**	LF	0,8

* Laminado com as duas faces decorativas, autoportante.
** Laminado sem face decorativa, usado como protetor de umidade e contrabalanço.

Observadas as condições adequadas de aplicação, o LDAP possui:

- resistência ao desgaste;
- resistência a manchas e a produtos químicos domésticos não abrasivos;
- resistência a altas temperaturas;
- resistência à água fervente;
- resistência a impactos;
- estabilidade de cores (resistência à luz de xenônio);
- estabilidade dimensional (uniformidade das medidas);
- fácil lavabilidade.

Sendo fácil de lavar, o LDAP não favorece a formação e permanência de colônias de fungos, ácaros, germes e nichos de insetos na sua superfície, o que o torna asséptico e não alergênico.

12.14.2 LDAP na indústria moveleira

12.14.2.1 Generalidades

Dentro dessa modalidade de indústria, são considerados: armários e prateleiras, portas e bancadas de trabalho. Para instalações comerciais, os laminados mais recomendados são os STD, PF, HD, TS, ANT, DISS, VGS, VLS, LF, HW, FR, FP 1, ANT-FR, COND.

12.14.2.2 Substratos Indicados

São recomendados: madeiras aglomerada, compensada, maciça, *medium density fiberboard* (MDF), chapa dura (*hounde board*) e também superfícies metálicas, todas de qualidade normalizada, com grau de rigidez necessário para suportar a colagem do laminado, com superfícies devidamente lixadas e isentas de poeira, graxa, cera e outros contamináveis, como cavacos ou partículas estranhas que possam intervir negativamente na adesão. Qualquer dos substratos contemplados deverá ser adequadamente manuseado e estocado, de modo a conservar a melhor planeza. O substrato terá de estar seco e isento de umidade por infiltração.

12.14.2.3 Adesivos indicados

Os tipos listados a seguir são os mais frequentemente usados e indicados para colagem do LDAP aos diversos substratos: o termoendurecível ureia-formaldeído; a *cola branca* ou acetato de polivinila (PVAc); o adesivo de *contato* à base de borracha sintética (policloropreno) e o *hot-melt*. Qualquer que seja o adesivo, é extremamente importante obedecer com rigor às instruções do fabricante. Algumas recomendações para evitar os seguintes problemas nas operações de colagem:

- *Superfícies de colagem impropriamente tratadas ou sujas*: as superfícies necessitarão ser limpas, secas e livres de óleos ou outros contamináveis, como poeira, restos de tinta, etc. O filme adesivo precisa ter o mais íntimo contato com a superfície sobre o qual se encontra aplicado.
- *Adesivo inadequadamente homogeneizado*: o adesivo terá de ser sempre muito bem agitado, especialmente quando se encontra acondicionado em grandes embalagens.
- *Quantidade insuficiente de adesivo em uma ou em ambas as superfícies a serem coladas*: no momento da colagem, o filme do adesivo aplicado (da maioria dos adesivos de contato) exibe uma aparência semibrilhante sobre a superfície dos materiais a serem colados. É o intervalo de tempo ou lapso de *tack*, quando a quase totalidade dos solventes já se evaporou e a cola não adere mais aos dedos quando tocada. Normalmente, os substratos deverão receber maior quantidade de adesivo que o laminado.
- *Colagem de superfícies abaixo de 21 °C*: a menos que outras recomendações sejam dadas pelo fabricante do adesivo, a temperatura da área de colagem, para todos os materiais, não poderá se encontrar abaixo de 21 °C.
- *Colagem sem pressão adequada:* a fim de assegurar o necessário e íntimo contato para colagem eficiente, terá de ser aplicada sobre toda a área a maior pressão possível, desde que ela não afete o conjunto em colagem. A adequada pressão provocará leve fluxo de adesivo na periferia do substrato ou da peça em colagem. Quando excessiva, a pressão poderá ocasionar o fenômeno da *fotografia* de imperfeições do substrato.
- *Cola hot-melt*: trata-se de cola termoplástica, de grande eficiência, para colagem de tiras de laminados finos ou de fitas de borda, quando adequadas técnicas de uso, em equipamentos especiais, são praticadas.

12.14.2.4 Ferramentas de trabalho

São utilizadas:

- *Serra de fita*: recomendada para cortes retos, em curva ou circulares, em que possam ser tolerados pequenos desvios ou estilhaçamentos (picotamentos) das bordas do LDAP, devendo o acabamento final ser feito por tupia ou lixamento;
- *Serra circular (serra de disco)*: a fim de evitar vibrações que causem imperfeições no corte, o material terá de ser adequadamente apoiado no ponto de contato com a serra.
- *Tupia e fresa*: é importante manter sua rotação uniforme. Para acabamentos de bordas especiais, serão usados equipamentos com velocidade na ordem de 10.000 RPM a 14.000 RPM. Em qualquer situação, a ferramenta precisará estar muito bem afiada.
- *Lixadeira*: máquinas de lixar manuais, portáteis e com lixa tipo cinta poderão ser usadas para arremate de bordas, antes de o laminado ser aplicado. Recomenda-se tomar, porém, o necessário cuidado para direcionar o lixamento para fora, ou quase paralelo à face decorativa.
- *Furadeira*: máquinas de furar, com velocidade na ordem de 10.000 RPM, com brocas dotadas de ponta de carbureto de tungstênio, apresentam excelente desempenho. É recomendável que todo material a ser perfurado esteja apoiado sobre base de madeira ou similar, para evitar o estilhaçamento da borda do furo na saída da broca. Para furos com Ø 3 cm ou mais, é recomendada a utilização de *serra de copo*. Furos com grandes diâmetros deverão ser abertos com o recurso de gabaritos. Quando for necessário abrir janelas no laminado para instalação de tomadas elétricas, passagens de dutos etc., em forma quadrada, retangular, em

"L" ou em outras formas geométricas, apresentando cantos internos vivos, é necessário proceder do seguinte modo:
- puncionar os cantos das *janelas* e perfurá-los com furadeira;
- apoiar uma régua sobre o LDAP ligando os centros dos furos entre si;
- passar o riscador até cortar totalmente a chapa, usando a régua como guia.

Problemas típicos – causas e prevenção

Alguns dos problemas com a composição laminado/substrato poderão ser decorrentes de fatores como: condicionamento inadequado dos materiais; colagem malfeita; erro de projeto; ou da combinação dos três. Os problemas típicos são:

- *Rachaduras, trincas ou fissuras em cantos internos*: poderão ser causadas pela retração/expansão dos componentes. Adequado condicionamento ajuda a eliminar ou minimizar o problema. Bordas mal-acabadas ou cantos internos não arredondados são também fontes geradoras daqueles fenômenos.
- *Rachaduras no centro da chapa*: poderão ser provocadas por grumos de cola ou pela flexão do substrato, quando ele apresenta uma grande área sem apoio algum. Grandes vãos requerem uma estrutura firme, estável e especial atenção à uniformidade da linha de cola e pressão de colagem. Igualmente, precisa ser evitada a presença de corpos estranhos entre o laminado e o substrato.
- *Ocorrência de bolhas ou afastamento do laminado do substrato*: poderá ser provocada pela insuficiência de adesivo na linha de cola, impróprio acondicionamento, falta de pressão ou secagem incorreta. Algumas vezes, esse problema será corrigido pela reaplicação de calor e pressão.
- *Afastamento indesejável de juntas*: poderá ser também decorrente de condicionamento inadequado ou de má colagem. Nesse caso, é importante deixar um pequeno intervalo (junta) entre as peças, a fim de permitir que o laminado se dilate livremente.
- *Separação do laminado do substrato*: é provocada, na maioria das vezes, pela quantidade insuficiente de cola. Nessas circunstâncias, é preciso rever o processo de colagem, com especial atenção para a linha de cola e o tempo de *tack* (no caso de cola de contato). A uniformidade da pressão, a limpeza das superfícies que estão sendo coladas e as demais precauções listadas na Seção 12.14.2.3 ("Adesivos indicados") deverão ser seguidas.
Se as bordas apresentarem problemas de descolagem, uma porção extra de adesivo poderá ser aplicada para reconstituição da colagem da área. Os adesivos de contato poderão, na maioria das vezes, ser reativados pelo calor, e as peças novamente coladas com adequada pressão.
- *Formação de bolhas em pequena área acompanhada de amarelecimento/escurecimento da chapa*: poderá ser causada pela exposição contínua a uma fonte de calor. Dispositivos elétricos, como ferros de passar, lâmpadas acesas etc., não deverão entrar em contato direto ou permanecer nas proximidades da superfície do LDAP. Aquecimentos repetidos farão com que laminado e adesivo reajam e, por fim, se deteriorem depois de contínua exposição a temperaturas acima de 65 °C.
- *Empeno e torção*: são fenômenos geralmente provocados pela construção desbalanceada do conjunto ou linhas de cola desiguais (substrato revestido nas duas faces). LDAP-LF (contrabalanço) com igual espessura nominal, aplicado e alinhado com a mesma direção das fibras do laminado da face, geralmente soluciona o problema. As linhas de cola têm de estar balanceadas, isto é, quantidades iguais de cola (em gramas por metro quadrado) em ambas as faces do substrato e no fundo do laminado.
- *Manchas ou ataque da superfície decorativa*: o LDAP poderá ter sua superfície agredida por certos agentes químicos, como ácidos e bases fortes, encontrados no mercado como produtos de limpeza para pias, fogões, fornos, azulejos, banheiros, aço inox, cerâmicas e similares. O LDAP precisa ser protegido contra esses produtos. Contatos acidentais deverão ser imediatamente seguidos por uma rigorosa lavagem com água. Quanto mais longo o tempo de contato, maior será a agressão ou descoloração. Assim, agentes químicos contendo água oxigenada, ácido clorídrico, ácido sulfúrico, ácido nítrico, ácido fosfórico, sulfato de sódio, permanganato de potássio, nitrato de prata, por exemplo, não poderão permanecer em contato prolongado com a superfície do LDAP.
- *Rachaduras, trincas ou fissuras*: a ocorrência de fissuras, ligadas ao tensionamento das chapas, poderá ser totalmente evitada se adotadas as seguintes precauções:

- armazenamento das chapas e adesivos no local da aplicação, com 48 horas de antecedência como mínimo;
- execução dos furos redondos utilizando broca com diâmetro mínimo de 1/8"para furos pequenos e *serra de copo* ou gabarito para furos maiores;
- execução de todos os recortes internos na chapa com a forma arredondada, evitando quinas e ângulos vivos;
- caso seja necessário traspassar a chapa com parafuso, a abertura terá de ser maior que o corpo do parafuso e o furo, ter diâmetro no mínimo 0,5 mm maior que o diâmetro do parafuso.

12.14.3 LDAP em construção predial

12.14.3.1 Aplicação em portas e divisórias

- São utilizados os tipos: STD, PF, HD, HW, TS, FR e FP1.
- Substratos indicados:
  - para utilização convencional, são indicados: madeiras aglomerada, compensada, maciça, MDF, chapa dura e também superfícies metálicas;
  - para portas *corta-fogo*: substratos inorgânicos;
  - para divisórias em instalações com normas de segurança: substratos inorgânicos;
  - o substrato precisa estar seco e isento de umidade por infiltração.
- Adesivos indicados:
  - para utilização convencional: borracha sintética (policloropreno) e PVAc, indicados para trabalho com LDAP-PF; ureia-formaldeído e *hot-melt*;
  - fogo retardante: adesivos especiais com propriedades retardantes do fogo.

12.14.3.2 Aplicação sobre parede de alvenaria

- Tipos utilizados: STD, HD, HW, TS, FR e FP1
- Condições básicas do substrato: a base indicada para aplicação do LDAP é formada por argamassa forte de cimento e areia no traço 1:3, perfeitamente desempenada, plana e com acabamento acamurçado. Em hipótese alguma poderá ser utilizada cal. A argamassa terá de estar bem curada (mais de 20 d) e isenta de umidade por infiltração. Embora a base para aplicação do LDAP seja preparada pelo pedreiro, o aplicador deverá aprová-la ou não, pois ele será o responsável pelo serviço
- Adesivo indicado: borracha sintética (policloropreno). Manter as latas do adesivo bem fechadas sem- pre que não estiverem sendo usadas, e proibir fumar ou acender fósforo ou isqueiro, bem como ligar interruptores, ventiladores ou aquecedores nos locais de armazenagem e aplicação
- Instruções de aplicação:
  - remover a poeira da parede;
  - fazer a *queimação*: misturar o adesivo (e o diluente, quando necessário) até completa homogeneização. Espalhar sobre a parede com uma espátula lisa ou de dentes finos, o que permitirá a penetração do adesivo nos poros do cimentado;
  - aguardar até que o solvente se evapore completamente (aproximadamente 12 horas);
  - aplicar o adesivo;
  - somente executar essa operação depois de verificado se os eventuais recortes a serem executados nas chapas se encontram bem-feitos e se elas se ajustarão perfeitamente segundo o projeto;
  - homogeneizar completamente o adesivo;
  - segurar a lata do adesivo na parte superior da parede e deixar escorrer uma pequena porção dele;
  - utilizar uma espátula dentada para espalhar uniformemente o adesivo sobre a superfície, passando a ferramenta em várias direções e por toda a superfície, deixando sulcos no adesivo;
  - aguardar o tempo de secagem: o adesivo estará no ponto correto de aderência quando não grudar nos dedos (obedecer às normas de segurança do fabricante da cola, contidas na embalagem);

Capítulo 12 – Revestimento

- enquanto é aguardada a secagem do adesivo aplicado na parede, aplicar uma camada no verso da chapa, utilizando a mesma espátula dentada;
- colagem da chapa: ajustar uma das laterais da chapa na posição definitiva; colocar o restante da chapa na posição correta; com as mãos, pressionar toda a chapa contra a base, partindo do centro para as extremidades, para evitar a formação de bolhas de ar; para o assentamento final da chapa, utilizar martelo de borracha; nesse caso, não bater diretamente sobre a chapa, mas usar um pedaço de madeira (20 cm × 15 cm × 3 cm, aproximadamente), devidamente protegido com um pedaço de carpete ou tecido similar;
- deixar, entre as chapas, um intervalo (junta) para acomodação do laminado: nas laterais de 2 mm de largura e nos topos de 1 mm;
- chapas de LDAP, adesivo e diluente deverão ser estocados no ambiente onde elas serão aplicadas, por um período mínimo de 48 horas, para a devida aclimatação e estabilização;
- para *janelas* de instalação de interruptores, tomadas de embutir e outras áreas vazadas, efetuar todos os recortes internos na chapa de LDAP com cantos arredondados, sem rebarbas, fendas ou trincas;

- Instruções para corte do LDAP: para corte manual do LDAP, é utilizada a ferramenta conhecida como riscador:
    - a peça a ser cortada terá de estar apoiada em uma superfície plana e estável, e com a face decorativa voltada para cima. A fim de proteger a ponta de vídea do riscador, é recomendável apoiar a peça sobre uma superfície de madeira ou pedaço sem utilidade do próprio LDAP;
    - marcar com lápis a linha de corte sobre a face decorativa da chapa;
    - apoiar uma régua sobre a linha e passar o riscador levemente sobre ela; passar essa ferramenta várias vezes para aprofundar o risco, até atingir metade da espessura da chapa; evitar que o riscador resvale, pois isso inutilizará a face decorativa;
    - vergar as duas partes da chapa no sentido do lado decorativo, até que ela se parta sobre o sulco aberto; vergar a chapa suavemente, para evitar que se estilhace.

12.14.4 Embalagem e armazenamento

As chapas de LDAP podem ser entregues em rolos, engradados ou *pallets*. As chapas recebidas em rolos precisam ser desenroladas com cuidado, mantendo-se a folha protetora de papel existente entre elas, até o momento do uso. As chapas têm de ser armazenadas de duas formas:

- na horizontal;
- na vertical (lado maior paralelo ao piso).

O engradado deverá ser aberto no topo, por onde as chapas serão retiradas somente à medida que forem sendo usadas. O engradado será mantido na posição vertical, com o lado maior devidamente apoiado no piso. Os *pallets* precisam ser armazenados horizontalmente. O empilhamento terá de ser limitado a dois *pallets*, devidamente alinhados, mantendo-se entre eles uma superfície rígida e plana, com resistência suficiente para evitar danos nas chapas de LDAP do *pallet* inferior. A armazenagem será feita em local coberto, protegido contra intempéries, evitando-se áreas molhadas e luz direta do sol ou outras fontes geradoras de calor.

12.14.5 Manuseio

- De engradados: a ser feito por quatro pessoas:
    - segurar o engradado nos cantos;
    - elevar à altura dos quadris.
- De chapas aos pares: a ser realizado por dois trabalhadores:
    - colocar as chapas com as faces decorativas uma contra a outra;
    - manter o papel protetor;
    - segurar as chapas pelo seu topo, mantendo-as ligeiramente vergadas na direção transversal.
- De chapa individual: a ser feita por uma só pessoa:
    - com uma das mãos, segurá-la pela borda lateral, mantendo-a à altura do quadril;

- com a outra mão, segurar a outra borda lateral acima da cabeça;
- mantê-la ligeiramente vergada e com a face decorativa junto do corpo.

12.15 Painel de alumínio composto (ACM)

O material de ACM (*aluminium composite material*) é formado por um composto de duas chapas de alumínio pintado, de até 0,5 mm de espessura, com o núcleo de plástico polietileno, unidos por um processo de pressão controlada (sem perigo de delaminação), totalizando a espessura 3 mm. O processo de pintura utilizado é *coil coating*. Há dois tipos de material de pintura: PVDF (mais resistente às intempéries) ou poliéster. O painel de ACM apresenta as seguintes vantagens: planicidade; rigidez; durabilidade; alta resistência ao impacto; grande variedade de cores e acabamentos; possibilidade de ser dobrado ou curvado; facilidade de instalação e manuseio; atenuação térmica e acústica (proporcionada pelo núcleo de polietileno); facilidade de limpeza e manutenção; utilização em retrofits. Os painéis têm um filme protetor, o qual deve ser removido no prazo máximo de 60 d de exposição ao sol. A instalação dos painéis de ACM é feita sobre uma subestrutura de alumínio fixada na fachada. É preciso cuidado com o prumo e o nível da subestrutura. Caso ela esteja desalinhada, a superfície apresentará variações, razão pela qual o serviço deve ser executado com mão de obra especializada. A montagem dos painéis é realizada da seguinte maneira:

- *Conformação das placas*: o primeiro passo é executar o corte dos painéis na oficina, os quais chegam à obra em forma de chapas planas. As abas precisam ter no mínimo 25 mm, nas quais serão presas as cantoneiras, que devem ser instaladas com espaçamento que varia de acordo com a dimensão dos painéis. Além disso, é necessário fazer a junção das abas com perfis em "L".
- *Estrutura de fixação*: a subestrutura de alumínio é a que garante a fixação das chapas na fachada. Primeiramente, são instaladas as colunas, que devem ser engastadas na estrutura da edificação por meio de insertes parafusados com o tipo parabolts. Depois, são montadas as travessas horizontais, fixadas nas colunas mediante um suporte específico. O espaçamento entre as colunas e as travessas é função das dimensões do painel de ACM.
- *Prumo e nível*: é importante que a subestrutura esteja aprumada e nivelada
- Instalação dos painéis: antes de fixar o painel na subestrutura, é preciso remover parcialmente o filme protetor na região das abas. Em seguida, é realizada a fixação do painel na subestrutura por meio das cantoneiras
- *Juntas*: por último, é feita a vedação das juntas com silicone. Elas devem ter entre 10 mm e 12 mm. Além disso, é recomendado o uso de *tarucel* (limitador de profundidade) entre as placas, para evitar a ruptura do silicone. O tarucel funciona como corpo de apoio para as juntas na colocação das chapas, formando uma superfície de trabalho firme, além de evitar a fuga de material durante a aplicação do selante. Assim sendo, o tarucel permite o correto dimensionamento das juntas, uma vez que garante a obtenção de uma profundidade uniforme e um adequado fator de forma, ou seja, da relação entre largura e altura.

Com relação à limpeza:

- Frequência: a frequência da limpeza depende das condições ambientais do local, do consequente acúmulo de sujeira e seu tipo, que é muito influenciado pela poluição. Em edifícios comerciais, recomenda-se que a cada uma ou duas limpezas exteriores dos vidros se realize uma limpeza dos painéis ACM. Nesses casos, deve-se cuidar para que, ao limpar os vidros, a sujeira realmente seja removida, e não apenas deslocada dos vidros para os painéis
- Cuidados gerais: recomenda-se que os produtos de limpeza sejam testados sempre numa área pequena pouco visível, para verificar se a superfície é afetada, antes de realizar a aplicação em grandes áreas. As superfícies termolacadas dos painéis devem ser limpas manualmente ou usando um dispositivo adequado de limpeza, de cima para baixo. Não use equipamentos, materiais ou produtos abrasivos ou cortantes, como esponjas ou escovas duras, escovas ou palhas de aço, lixas, espátulas, facas etc, que irão, mecanicamente, riscar ou lixar a superfície termolacada. Não limpe superfícies quentes (temperatura da superfície superior a 40 °C), pois o processo de secagem rápida dos produtos de limpeza pode resultar em manchas. Procure executar a limpeza no lado sombreado do edifício ou em dia fresco ou nublado.

- Produtos de limpeza: há uma variedade de procedimentos disponíveis para remoção de depósitos de superfície:
  - *Soluções Detergentes Quentes ou Frias*: Uma solução 5% em água dos detergentes comerciais e industriais comumente usados não terá efeito danoso algum na superfície do ACM. A aplicação dessas soluções deve ser seguida por um adequado enxágue com água em abundância. Use pano, esponjas ou escovas de cerdas macias para a aplicação.
  - *Solventes*: Apresentamos, a seguir, solventes que podem ser usados para remover depósitos não solúveis em água (piche, graxa, óleo, tinta, pichações etc) em ordem crescente de risco de afetar o painel ACM: solventes de álcool; solventes oleosos; solventes clorados; acetonas; éteres; *thinner*; substâncias químicas. Removedor de tinta nunca deve ser usado.
    * *Remoção de limo e bolor*: Remova limo e bolor com solução básica a seguir:
      · 1/3 copo de detergente em pó (Omo, por exemplo)
      · 2/3 copo de fosfato trissódico
      · 1/4 de alvejante, hipoclorito de sódio a 5% (água sanitária, por exemplo).
- *Considerações sobre selantes*: Os selantes usados nas juntas dos painéis, como silicones, poliuretanos e outros, mancham o acabamento termolacado dos painéis ACM, alterando seu brilho devido aos solventes e produtos químicos presentes em suas formulações. O melhor procedimento é evitar que selantes atinjam a superfície à vista do ACM e mantê-los restritos às juntas. O filme plástico de proteção dos painéis ACM tem também esta finalidade. A aplicação de fitas adesivas para execução de máscaras de proteção deve ser testada, pois seus adesivos podem manchar a pintura ou deixar resíduos de difícil remoção. Se algum selante atingir a superfície, deverá ser removido prontamente, antes de curar, com um solvente do tipo álcool ou aguarraz. Pode ser que solventes usados na limpeza dos painéis prejudiquem as vedações feitas com os selantes; portanto, este possível efeito deve ser considerado. Teste antes numa pequena área.
- *Painéis danificados*: Acidentes, vandalismo ou procedimentos de limpeza inadequados podem danificar os painéis de ACM ou mesmo sua subestrutura por meio de riscos, abrasão, manchas, mossas, deformações etc. Eventualmente, a melhor solução é a substituição do painel danificado por um novo. Nesse caso, procure contatar a mesma empresa que instalou os painéis originalmente, para que a influência de um terceiro não venha a criar problemas adicionais.
- *Retoques de pintura*: É possível efetuar retoques no acabamento termolacado dos painéis ACM que tenham sofrido pequenos danos como riscos, manchas etc. É necessário entender que, assim como na repintura de carros, pequenas diferenças entre o retoque e a pintura original podem ficar perceptíveis
- *Remoções de pichações*: É possível remover pichações (*graffiti*) aplicados nos painéis ACM.

12.16 Forro

12.16.1 Generalidades

Os tipos de forro arquitetônico mais comumente usados, quanto às características de sua fixação, são três: forros colados, forros tarugados e forros suspensos.

- Os forros colados são uma forma de proteção ou revestimento das faces internas dos planos de cobertura. Sua finalidade pode estar ligada a exigências de conforto ambiental (isolamento térmico ou absorção acústica) ou a intenções puramente estéticas. Os chamados forros colados tanto podem ser realmente colados por meio de adesivos especialmente desenvolvidos (sobretudo quando se trata de lajes de concreto) quanto podem ser pregados ou parafusados à estrutura principal (o que é comum nas coberturas de telhado).
- Os forros tarugados em madeira, PVC, gesso e estuque exigem a execução de uma grelha portante em madeira ou aço, fixada às paredes ou à estrutura do edifício. Além da sustentação, essa grelha serve para limitar os vãos, a serem recobertos, às dimensões compatíveis com cada material empregado no recobrimento. As réguas de madeira são pregadas ao madeiramento, enquanto as de PVC podem ser rebitadas (em tarugamento metálico) ou pregadas (em tarugamento de madeira). Os forros em placas de gesso podem ser fixados com

grampos metálicos inclusos, enquanto os de estuque (constituídos de argamassa de areia, gesso e cal, moldada in loco) se apoiam sobre uma tela de arame trançado ou chapa de aço recortada e estirada (*deployé*), que é previamente pregada no tarugamento.

- A principal característica que distingue os forros suspensos modulados dos antigos forros colados e tarugados é o seu sistema de fixação baseado em uma estrutura portante flexível e polivalente: tirantes metálicos reguláveis fixados à cobertura do ambiente, suspendendo uma grelha de perfis metálicos em que são presos os painéis de fechamento. A primeira consequência desse sistema de fixação é que resulta relativa independência entre a estrutura do edifício e a estrutura do próprio plano do forro. Outra característica fundamental, que decorre do recurso ao sistema *lay in*, é a mobilidade. Quase todos os forros suspensos podem ter os seus painéis de fechamento removidos e substituídos, sem prejuízo da estrutura portante, facilitando o acesso ao sobreforro. Dessa maneira, esse espaço situado entre o forro e o plano de cobertura, também conhecido como *plenum*, pode ser mais bem aproveitado como caminhamento de dutos, cabos e canalização, reduzindo o custo das instalações e facilitando sua manutenção. Essas duas propriedades só não são válidas para os forros lisos de gesso (não modulados), que, mesmo construídos a partir de placas suspensas, acabam funcionando como os superados forros de estuque, formando uma superfície monolítica arrematada diretamente sobre as paredes periféricas. Os forros suspensos modulados possuem três componentes principais: fixador, porta-painel e painel. Os dois primeiros compõem a estrutura de sustentação, enquanto o terceiro responde pelo resultado estético e funcional do forro. A esses três componentes básicos, uma série de acessórios e arremates pode ser acrescentada conforme cada caso. Os fixadores são quase sempre tirantes de aço dotados de dispositivos para regulagem de nível. Os porta-painéis são invariavelmente metálicos, podendo ser constituídos simplesmente de perfilados de aço ou alumínio extrudado, ou de perfis associados a outras peças metálicas ou plásticas, destinadas a facilitar a colocação/remoção dos painéis. Estes, que são a face visível do forro, podem ser confeccionados com os mais variados materiais e apresentar os mais diversos desenhos e configurações: placas e bandejas, réguas (forros lineares), colmeias, lâminas verticais e outras. O material constitutivo dos painéis permite uma outra tipologia dos forros, assim resumida:
  - gesso: em placas lisas, perfuradas ou estriadas, com porta-painéis aparentes ou oclusos;
  - fibras vegetais: em placas prensadas de fibras de pinus ou eucalipto, pré-pintadas, lisas ou decoradas, perfuradas ou não, com porta-painéis aparentes ou oclusos;
  - fibras minerais: em placas prensadas de lã de vidro ou aglomerado de vermiculita expandida, com os mesmos acabamentos do tipo anterior;
  - resinas sintéticas: principalmente o PVC e o acrílico, apresentadas em réguas ou placas opacas ou translúcidas, estas últimas resultando nos chamados forros luminosos, quando associadas à retroiluminação;
  - madeira: em placas, réguas ou colmeias, ficam entre a industrialização e o artesanato;
  - metal: principalmente, alumínio e aço, apresentam-se nas mais variadas configurações e acabamentos.

12.16.2 Forro suspenso de placas de gesso (não acartonado) – generalidades

O gesso é um material que apresenta movimentações higroscópicas (quando absorve ou perde umidade) acentuadas e, ainda, resistência à tração e ao cisalhamento relativamente baixas. Assim sendo, os forros constituídos por placas de gesso não poderão ser encunhados nas paredes laterais, sendo necessário prever folgas, em todo o contorno do forro, capazes de absorver as movimentações do gesso ou da própria estrutura. Nos forros muito longos, prever também juntas de movimentação (*dilatação*) intermediárias, espaçadas entre si de no máximo 5 ou 6 m, devidamente arrematadas por mata-juntas (normalmente perfis de alumínio, com seção em "T" ou "L"). Nos ambientes fechados, as placas poderão ser suspensas por arames galvanizados, a serem chumbados no centro das placas para a sua sustentação. Por sua vez, os arames deverão ser fixados nas lajes por pino de aço, cravado a revólver.

Nos ambientes abertos (térreo sob pilotis, por exemplo), as placas têm de ser estruturadas (armadas com sisal ou nervuradas na face superior) e suspensas por pendurais rígidos, que suportam perfis horizontais de alumínio, onde se apoiam as placas, sendo necessário sempre ser deixadas juntas de dilatação perimetrais. As placas são fabricadas com textura lisa, perfurada, ranhurada e outras, podendo ser bisotadas ou lisas (para emendas não aparentes). As placas de gesso para forros não podem apresentar defeitos sistemáticos, como desvios dimensionais (largura, comprimento e espessura), desvios no esquadro, trincas, rachaduras, empenamento e ondulações da superfície, encaixes danificados ou defeitos visuais sistemáticos. A conferência de ondulações e empenamento é feita com régua de alumínio, encostando-a na superfície da placa de gesso a ficar aparente, em suas duas diagonais, devendo ser aceitos empenamento ou ondulações no máximo de 1 mm. O estoque tem de ser feito em área coberta, fechada e apropriada para evitar a ação da água. As placas precisam ser armazenadas justapostas, na posição vertical e com o encaixe tipo fêmea voltado para baixo. As fiadas necessitam estar apoiadas sobre dois pontaletes, evitando o contato com o solo, e nunca sobrepondo duas fiadas.

12.16.3 Forro suspenso de placas de gesso – procedimento de execução de serviço

12.16.3.1 Documentos de referência

Projeto de arquitetura, de instalações hidráulicas e de ar condicionado e de forro (se houver).

12.16.3.2 Materiais e equipamentos

Além daqueles existentes obrigatoriamente no canteiro de obras, quais sejam, entre outros:
- EPCs EPIs (capacete, botas de couro e luvas de borracha);
- água limpa;
- tábuas de 1"× 12"de primeira qualidade (sem nós);
- espátula;
- desempenadeira de aço;
- arame galvanizado nº 18 e/ou perfis de alumínio;
- régua de alumínio de 1"× 2 "com 2 m ou 1½"× 3 com 3 m;
- mangueira de nível;
- sarrafo de madeira de 1"× 4"com 2 m;
- martelo;
- serrote;
- cavaletes para andaimes;
- carrinho de mão;
- guincho;

mais os seguintes (os que forem necessários dependendo do tipo de obra):
- placas de gesso macho e fêmea estruturadas e não estruturadas;
- estopa de sisal;
- gesso em pó de pega lenta (gesso *estuque*);
- pregos de aço;
- desempenadeira de PVC;
- linha de algodão e pó xadrez ou aparelho próprio para marcação com linha;
- masseira;
- pinos de aço Ø 1/4"para cravação a revólver;
- revólver para cravação de pinos de aço.

12.16.3.3 Método executivo

12.16.3.3.1 Condições para o início dos serviços

As instalações hidráulicas e os sistemas de impermeabilização do andar superior devem estar concluídos (inclusive fixação definitiva da tubulação) e testados. Os eletrodutos precisam estar fixados e os serviços de ar condicionado concluídos. As paredes necessitam estar com o revestimento final executado (curado e seco) estendido até pelo menos 10 cm acima da cota de nível do forro de gesso. O fundo de lajes de concreto bem como as tubulações devem estar limpos (livres de pedaços compensados de madeira, arames etc.).

12.16.3.3.2 Generalidades

Os forros são constituídos por placas de gesso, de 60 cm × 60 cm, niveladas, alinhadas e encaixadas umas às outras e não podem ser encunhados nas paredes laterais, sendo necessário prever folgas, em todo o contorno do forro, capazes de neutralizar as movimentações de gesso ou da própria estrutura. Nos forros muito longos, é necessário prever também juntas de movimentação (dilatação) intermediárias, espaçadas entre si de no máximo de 5 ou 6 m, devidamente arrematadas por mata-juntas (normalmente, perfis de alumínio, com seção em "T" ou "L" ou, então, uma tira especial de gesso recobrindo por cima a junta e fixada em apenas um dos lados). Nos ambientes fechados, as placas podem ser suspensas por arames galvanizados, fixados no centro delas para a sua sustentação. Por sua vez, os arames devem ser presos nas lajes por meio de pino de aço Ø 1/4", cravado a revólver. Nos ambientes abertos (térreo sob pilotis, por exemplo), as placas têm de ser estruturadas (armadas com sisal ou nervuradas na face não visível) e suspensas por pendurais rígidos, os quais suportam perfis horizontais de alumínio, onde se apoiam as placas, sendo necessário sempre deixar juntas de dilatação perimetrais.

12.16.3.3.3 Execução dos serviços

Devem ser demarcados nas paredes, em todo o seu perímetro, os pontos de nível (de acordo com a altura prevista no projeto) e cravados os pinos de aço Ø 1/4"no fundo das lajes por meio de revólver, aplicando no mínimo um tiro por placa. O nível tem de ser transferido para outros pontos do ambiente com o emprego, para marcação, de uma linha de algodão embebida em pó xadrez ou utilizando demarcador próprio para isso. Recomenda-se instalar as placas rejuntando-as por cima com pasta de gesso e fios de sisal. Essas placas são sustentadas (em nível) por tirantes de arame galvanizado nº 18 (ou perfil de alumínio), fixados superiormente no pino de aço e inferiormente atados aos grampos existentes na face superior (anverso) da placa. Estes arames ou perfis têm de ser fixados sempre no prumo; quando não for possível, utilizar mais um tirante na diagonal oposta, de modo a não criar esforços horizontais nas placas. Os eventuais furos de fixação do arame ou perfil na placa devem ser tampados e reforçados também com estopa de sisal embebida em pasta de gesso. O nivelamento do forro necessita ser constantemente conferido com régua de alumínio. As peças ou placas de gesso são cortadas somente com serrote e, junto das bordas dos ambientes, as placas podem ser provisoriamente apoiadas em pregos de aço fixados na parede, até a conclusão da fixação do forro. Esta junta pode eventualmente ser vedada, por cima, com estopa de sisal embebida em pasta de gesso. Todas as juntas de placa devem ser preenchidas na face inferior com pasta de gesso e alisadas por meio de raspagem com desempenadeira de aço. A fiação de pontos de luz deve ser estendida até abaixo do forro e posicionada nos locais corretos do ambiente, conforme projeto de instalações elétricas. Os recortes para instalação de luminárias só podem ser feitos pelo gesseiro com a orientação do encarregado de eletricidade.

12.16.4 Forro de gesso acartonado (*drywall*)

O sistema é constituído de placas de gesso acartonado (*drywall*) parafusadas sob perfilados de aço galvanizado longitudinais, espaçados a cada 60 cm, suspensos por presilha regulável a cada 1,20 m e interligadas por tirantes até os pontos de fixação na cobertura. As placas de gesso acartonado são produzidas industrialmente com um núcleo de gipsita natural revestido com duas lâminas de cartão dúplex (o gesso proporciona resistência à compressão e o cartão, resistência à tração). Para a fixação das placas nos perfilados são utilizados parafusos autoperfurantes e autoatarrachantes, zincados ou fosfatizados, aplicados com parafusadeira elétrica. A movimentação normal da estrutura é absorvida pelos sistemas de perfis e juntas, não apresentando fissuras no conjunto. A junta da emenda das placas é preenchida com massa específica e recoberta por fita apropriada, assegurando a continuidade mecânica entre as placas e garantindo uma superfície única e sem emendas visíveis. O procedimento para a montagem é o seguinte:

- Marcação do nível do forro: riscar o nível o forro nas paredes de contorno do ambiente. No encontro do forro com a parede, fixar a cada 60 cm uma cantoneira própria para apoio da borda da placa ou um perfil especial para a realização de tabica.
- Marcação das tirantes: marcar o espaçamento dos tirantes qualquer que seja o suporte, de modo a ter em uma direção 60 cm no máximo de distância entre os perfis e na direção perpendicular, 1,20 m no máximo de distância entre os pontos de fixação no mesmo perfil.
- Fixação dos tirantes: pode ser em laje de concreto ou em estrutura metálica ou de madeira.
- Parafusamento das placas:
    - as placas são aplicadas sob os perfis, com sua dimensão menor na direção deles. As juntas devem ser desencontradas;
    - o início do parafusamento tem de ser feito pelo canto da placa encostada na parede ou nas placas já instaladas, evitando-se comprimi-las no final da parafusagem;
    - o espaçamento dos parafusos é no máximo de 30 cm e a 1 cm da borda da placa. Tratamento de juntas: contribuem para o bom desempenho da edificação, como resistência mecânica, isolamento acústico e proteção ao fogo;
    - utiliza massa específica que serve para a colagem das fitas e para o acabamento das juntas;
    - fitas especiais, que se prestam para o tratamento de juntas, são particularmente resistentes e não se deformam na montagem. Possuem uma ranhura central (que facilita a dobra para a junta de centro) e apresentam microperfurações (que evitam a formação de bolhas e melhoram a aderência da massa).

12.16.5 Forro suspenso de réguas metálicas

Seu acabamento é executado com réguas de alumínio ou aço, obtidas pela perfilação de chapas, com padrões e dimensões variados. Sua modulação é de:

- 100/10, ou seja, dez réguas por módulo de 1,00 m;
- 125/7, ou seja, sete réguas por módulo de 1,25 m;
- 200/10, ou seja, dez réguas por módulo de 2,00 m.

Seu comprimento varia de 1.274 a 4.000 mm. Suas cores são bege, branca, bronze, ocre, preta ou prata, pintadas com tinta epóxi. Seus padrões são liso ou texturizado, podendo a régua ser perfurada ou não. A estrutura de sustentação das réguas é constituída de um sistema com seção em "T" invertido, em aço, composto de perfil principal e de travessas.

- *Base para aplicação*: laje de concreto ou estrutura de telhado.
- *Aplicação*: a estrutura de sustentação, em aço ou alumínio, é composta por pendurais (reguláveis aos desníveis da base), cantoneiras e perfis de vedação (em PVC rígido), fornecidos pelo fabricante. Poderá receber manta de lã de vidro, revestida de material incombustível, sobre o forro, adquirindo então características de isolante termoacústico. Oferece a vantagem de as réguas poderem ser retiradas a qualquer momento (para manutenção das instalações, por exemplo), por serem simplesmente encaixadas na estrutura de sustentação;
- *Peças complementares*: luminárias de uma ou duas lâmpadas fluorescentes, de partida rápida, com difusores em acrílico, em aletas ou em formatos especiais (sob encomenda).
- *Manutenção*: limpeza da face aparente com água e sabão ou detergente doméstico, ou somente álcool.

Capítulo 13
Piso e pavimentação

13.1 Contrapiso

13.1.1 Definição

Contrapiso é uma camada de argamassa (de concreto ou de areia e cimento) aplicada sobre uma base no piso, como o solo (lastro de concreto) ou uma laje estrutural (areia e cimento). Tem como finalidade regularizar o piso em nível ou eventualmente nele dar caimento, servindo geralmente de substrato para posterior acabamento (revestimentos diversos)

13.1.2 Contrapiso de concreto impermeável – procedimento de execução de serviço

13.1.2.1 Documentos de referência

Projetos de estrutura, arquitetura, instalações elétricas e hidráulicas e de impermeabilização (quando houver).

13.1.2.2 Materiais e equipamentos

- Pedra britada nº 2;
- argamassa de concreto;
- aditivo impermeabilizante para concreto;
- mangueira de nível ou aparelho de nível a *laser*;
- estaca de madeira;
- enxada;
- soquete de madeira com até 8 kg;
- régua de alumínio.

13.1.2.3 Método executivo

13.1.2.3.1 Condições para o início dos serviços

O solo deve estar limpo (inclusive livre de vegetação), nivelado e compactado com soquete de madeira com até 8 kg. A tubulação de eletricidade e de hidráulica do piso precisa estar executada.

13.1.2.3.2 Execução dos serviços

A transferência de nível tem de ser feita por meio de um nível de mangueira ou nível *laser* a partir do nível de referência, segundo o projeto de arquitetura. Devem ser cravadas estacas para nivelamento do piso. É preciso executar lastro nivelado de brita nº 2 com 5 cm de espessura, devidamente apiloado com soquete de madeira com até 8 kg. Se a compactação do solo não for adequada, recomenda-se colocar uma armadura no contrapiso. Têm de ser executadas faixas mestras de concreto unindo as estacas em uma direção. Sobre a base molhada, é necessário espalhar a camada de concreto, no traço 1:3:6, em volume, de cimento areia e brita nº 1 e nº 2, com aditivo impermeabilizante. O espalhamento deve ser uniforme e em quantidade tal que, depois do adensamento com vibrador (ou, excepcionalmente, com soquete), reste pouca argamassa a ser removida, facilitando os trabalhos de acabamento. É preciso dar acabamento pelo sarrafeamento do concreto utilizando régua de alumínio apoiada em duas mestras paralelas.

13.2 Piso cerâmico

13.2.1 Terminologia

- *Piso cerâmico*: placa extrudada ou prensada destinada ao revestimento de pisos, fabricada com argila e outras matérias-primas inorgânicas, com a face exposta vidrada ou não, e com determinadas propriedades físicas e características próprias compatíveis com sua finalidade.
- *Piso cerâmico não vidrado*: placa cerâmica cujo corpo apresenta composição, cor, textura e características determinadas pelas matérias-primas e processos de fabricação utilizados, com valores médios de absorção de água de acordo com os parâmetros a seguir:
    - de baixa absorção: aquele cujo corpo apresenta absorção de água até 4%;
    - de média absorção: aquele que apresenta absorção de água entre 4% e 15%;
    - de alta absorção: o que apresenta absorção entre 15% e 20%.
- *Porcelanato*: piso cerâmico não vidrado composto por pigmentos minerais misturados à argila durante o processo de prensagem. Quando queimados, os ladrilhos apresentam aspecto de pedra natural, em que camadas de pigmentação permeiam a base de argila. Possibilitam o acabamento polido (com brilho) e não polido (sem brilho). O porcelanato tem baixíssima absorção de água (0,05%), que indica sua baixa porosidade e sua elevada resistência.
- *Piso cerâmico vidrado*: produto que possui uma camada de vidro impermeável, composta de materiais cerâmicos fundidos sobre toda a face exposta, e cujo corpo apresenta composição, cor, textura e características determinadas pelas matérias-primas e processos de fabricação utilizados, com valores médios de absorção de água de acordo com os parâmetros a seguir:
    - impermeável: aquele cujo corpo apresenta absorção de água até 0,5%;
    - de baixa absorção: aquele que apresenta absorção de água entre 0,5% e 3%;
    - de média absorção: o que apresenta absorção entre 3% e 6%;
    - de alta absorção: o que apresenta absorção acima de 6%.
- *Piso cerâmico decorado*: produto que obedece às definições dos dois itens acima e apresenta desenhos ou motivos na face exposta.
- *Piso cerâmico antiderrapante*: produto que obedece às definições de um dos três itens acima e cuja face exposta possui características não escorregadias, em razão da presença de partículas abrasivas, saliências, sulcos ou aspereza natural.
- *Peça de acabamento*: produto que obedece à definição de piso cerâmico, com formato e dimensões várias, com a finalidade de assegurar o acabamento estético e funcional de um revestimento cerâmico.
- *Dimensões nominais*: dimensões de referência dos pisos cerâmicos individuais, dadas em centímetros, conforme normas técnicas.
- *Dimensões de fabricação*: dimensões dos pisos cerâmicos individuais fixadas pelo fabricante e que têm de estar em conformidade com as dimensões nominais.

- *Dimensões reais*: dimensões efetivas das peças individuais de um lote.
- *Espessura de fabricação*: espessura do piso cerâmico indicada pelo fabricante no catálogo e/ou na embalagem.
- *Limites de tolerância das dimensões reais*: valores extremos a que podem chegar as dimensões das peças individuais, em relação às suas dimensões de fabricação.
- *Face exposta*: superfície de uso do piso cerâmico, destinada a ficar aparente depois de seu assentamento.
- *Tardoz ou face de assentamento*: superfície de aderência do piso cerâmico, destinada ao seu assentamento.

13.2.2 Generalidades

Os revestimentos cerâmicos devem seguir as prescrições das normas técnicas, as quais classificam as placas cerâmicas em função do grau de absorção de água, fixando limites de características dimensionais, físicas, químicas e mecânicas para cada classe de absorção. A absorção da água está relacionada com todas as demais características e, normalmente, quanto menor o grau de absorção, melhor será a qualidade da placa. Para efeito de especificação, a Tabela 13.1 apresenta em linhas gerais os usos recomendados em função do grau de absorção do revestimento cerâmico:

Tabela 13.1: Grau de absorção de água

Grupo	Grau de absorção	Uso recomendado
I	0% a 3%	Pisos, paredes, piscinas e saunas
IIa	3% a 6%	Pisos, paredes e piscinas
IIb	6% a 10%	Pisos e paredes
III	<10%	Paredes

A resistência à abrasão representa a resistência ao desgate superficial causado pelo movimento de pessoas e objetos. No caso de cerâmicas não esmaltadas, a abrasão é medida pelo volume de material removido da superfície da peça quando ela é submetida à ação de um disco rotativo de material abrasivo específico. Em produtos esmaltados, a abrasão é medida por um método que prevê a utilização de um abrasímetro que provoca desgate por meio de esferas de aço e material abrasivo. O resultado é usado como base para a classificação em grupos conforme Tabela 13.2.

Tabela 13.2: Abrasão

Abrasão	Desgaste depois	Resistência	Tipo de ambiente
Grupo 0	100 ciclos		Desaconselhável para pisos
PEI 1	150 ciclos	Baixa	Banheiros, dormitórios
PEI 2	600 ciclos	Média	Ambientes sem portas para o exterior
PEI 3	1.500 ciclos	Média alta	Cozinhas, corredores e *halls* residenciais, sacadas e quintais
PEI 4	12.000 ciclos	Alta	Áreas comerciais, hotéis, *showrooms*, salões de vendas
PEI 5	>12.000 ciclos	Altíssima	Áreas públicas ou de grande circulação: *shopping centers*, aeroportos etc.

Ao receber o material no canteiro, é necessário verificar se a embalagem contém, entre outras, as seguintes identificações: marca do fabricante; identificação se de 1ª qualidade; tipo do revestimento cerâmico; tamanho nominal (N) e tamanho de fabricação (W), modular ou não; natureza da superfície: esmaltada (GL) ou não esmaltada (UGL); classe de abrasão (PEI – *Porcelain Enamel Institute*) para pisos esmaltados; tonalidade do produto; espessura recomendada para juntas. No armazenamento dos ladrilhos cerâmicos prensados, as caixas devem ser empilhadas cuidadosamente até a altura máxima de 1,5 m, em pilhas entrelaçadas para garantir sua estabilidade. O estoque tem de ser separado por tipo de peça, calibre e tonalidade, em local coberto e fechado. No caso de armazenamento em laje, verificar sua capacidade de resistência para evitar sobrecarga. Do pedido de fornecimento precisam constar, entre outros, o tipo de cerâmica (referência do fabricante, classe de absorção de água, dimensões, grupo de abrasão, classe de resistência química e classe de resistência contra manchas). Os ladrilhos cerâmicos prensados têm, na face de assentamento, rugosidade e saliências para melhorar a fixação, uma vez que suas superfícies, sendo muito lisas (quase vitrificadas), não aderem convenientemente ao material de assentamento. Geralmente, têm 5 mm a 7 mm de espessura.

Os ladrilhos de *grês* cerâmico, também chamados de *litocerâmica*, são ladrilhos que se apresentam com massa quase vitrificada, mais compactos que a cerâmica vermelha, menos brancos que a faiança. Também são feitos com argila de *grês*. Como o material é de qualidade superior, nesse tipo de ladrilho, geralmente, é feita esmaltação na face aparente, de maneira semelhante às louças. No assentamento dos ladrilhos cerâmicos, previamente molhados (imersos em água por 40 minutos), comprimidos com o cabo da colher de pedreiro e mantidos constantemente limpos. As juntas serão preenchidas (*tomadas*), depois de 72 horas do assentamento, com pasta de cimento, com adição de corante se for especificado, as quais não poderão ser superiores a 5 mm nem inferiores a 1 mm.

Por uma série de motivos, os pisos cerâmicos poderão destacar-se da base: argamassa de assentamento muito rígida ou camada insuficiente de cola, ausência de juntas entre as peças adjacentes, retração acentuada da base de assentamento (quando a camada for muito espessa), ladrilhos assentados demasiadamente secos, dilatação higroscópica dos ladrilhos (quando a cerâmica for porosa) etc. Os problemas poderão também surgir por dilatações térmicas do piso e por deflexões acentuadas da laje. Quando existirem juntas de dilatação no contrapiso, elas precisam ser rigorosamente reproduzidas no revestimento cerâmico. No sentido de prevenir a ocorrência de problemas, recomendam-se diversas medidas:

- emprego de argamassa não muito rígida, sugerindo os traços 1:4 (cimento e areia) ou 1:0,25:5 (cimento, cal e areia), em volume, quando preparada na obra ou, preferencialmente, o uso de argamassa industrializada colante;
- o assentamento de porcelanato deve ser executado com argamassa específica;
- assentamento com observação de folga entre as peças, variando essas juntas de 1 mm a 5 mm em função do tamanho dos ladrilhos e da localização do piso (interno ou externo ao edifício);
- dessolidarização do piso cerâmico de paredes laterais.

A argamassa colante pré-fabricada para assentamento de ladrilhos cerâmicos é a mesma utilizada para azulejos. Seu uso dispensa a imersão prévia dos ladrilhos em água. Existem argamassas de rejuntamento industrializadas, prontas para uso, fabricadas com resinas acrílicas, e coloridas. Qualquer processo de rejuntamento tem de utilizar um rodo de borracha. As ferramentas necessárias para o assentamento do ladrilho são: máquina cortadora de cerâmica, máquina perfuradora, espaçadores plásticos, desempenadeira dentada 8"× 8", esquadro, torquês, rodo de borracha e demais ferramentas de pedreiro (colher, martelo, régua, linha de náilon, nível de bolha, nível de mangueira, lápis de carpinteiro, metro dobrável de madeira e outras). Quanto ao desenho da colocação, os mais comuns são em *escama de peixe*, em *tabuleiro de dama* ou em *alinhamento*.

Nos pisos, o afloramento de manchas ocorre principalmente por efeito da capilaridade, nos rejuntamentos, que permitem a entrada de água, atingindo a base. O aparecimento de manchas pode se dar também por problemas relacionados com a produção do revestimento. Ocorrem também: a eflorescência da cerâmica (aparecimento de substâncias brancas, poeirentas, quimicamente neutras e sem cheiro, contidas no interior dos tijolos queimados à baixa temperatura) e a exsudação do cimento (líquidos pegajosos alcalinos, oriundos dos álcalis solúveis do cimento, com cheiro, removíveis com ácido). A carbonatação é o processo de desaparição do cheiro alcalino, típico das obras. A carbonatação insolubiliza álcalis e, portanto, evita exsudações. A recomendação é deixar *arejar* (carbonatar) por quatro semanas. Nos contrapisos sobre o terreno:

- o solo precisa estar compactado;
- é necessário ser colocada uma camada de pedrisco para drenagem de água subterrânea;
- o contrapiso tem de ser impermeabilizado, arejado e seco.

13.2.3 Assentamento de piso cerâmico – procedimento de execução de serviço

13.2.3.1 Documentos de referência

Projeto de arquitetura, de impermeabilização (se houver) e de revestimento cerâmico (se existir) e memorial descritivo.

13.2.3.2 Materiais e equipamentos

Além daqueles existentes obrigatoriamente no canteiro de obras, quais sejam, entre outros:

- água limpa;
- EPCs e EPIs (capacete, botas de couro e luvas de borracha);
- colher de pedreiro;
- linha de náilon;
- lápis de carpinteiro;
- desempenadeira dentada de aço;
- trena metálica;
- régua de alumínio de 1"× 12"com 2 m;
- nível de mangueira;
- nível de bolha;
- caixote para argamassa;
- escova de piaçaba;
- vassoura de piaçaba;
- panos, estopa ou esponja;
- lixa;
- carrinho de mão;
- guincho;

mais os seguintes:

- peças cerâmicas para piso;
- argamassa industrializada colante para assentamento de placas cerâmicas;
- argamassa industrializada para rejunte;
- material selante ou calafetador para juntas de trabalho;
- espaçadores plásticos em "+";
- riscador manual provido de broca de vídea;
- rodo de borracha;
- martelo de borracha e bloco de madeira com cerca de 12 cm × 20 cm × 6 cm;
- pedaço de ferro redondo recurvado ou pedaço de madeira para frisar junta;
- serra elétrica portátil com disco adiamantado ou máquina de corte.

13.2.3.3 Método executivo

13.2.3.3.1 Condições para o início dos serviços

O contrapiso regularizado deve estar concluído há pelo menos 14 dias e a impermeabilização precisa estar executada e testada e ter proteção mecânica. Os batentes têm de estar instalados e conferidos, com folga prevista para o assentamento da cerâmica.

13.2.3.3.2 Execução dos serviços

Preparar a superfície removendo a poeira, partículas soltas, graxa e outros resíduos por meio de escovas e vassouras. Marcar os níveis do piso final nas paredes, com o auxílio de mangueira de nível e trena metálica. Quando se tratar de piso em nível, esticar linha de náilon nas duas direções do piso, demarcando a primeira fiada a ser assentada, a qual servirá de referência para as demais fiadas. No caso de piso com caimento para ralo, esticar linhas dos cantos de parede ou boxe de chuveiro na direção do centro do ralo. Nesse caso, haverá necessidade de corte das peças cerâmicas no encontro dos planos criados pelos caimentos. Os cortes das peças precisam ser executados antes da aplicação da argamassa colante, devendo ser feitos por meio de serra elétrica com disco adiamantado e/ou riscador manual provido de broca de vídea ou máquina de corte. Espalhar uma camada de cerca de 3 mm a 4 mm de argamassa colante, comprimindo-a contra o substrato com o lado liso da desempenadeira de aço, sobre cerca de 2 m². Passar, em seguida, o lado dentado, formando cordões que possibilitam o nivelamento do piso. Assentar as peças cerâmicas secas, peça por peça, sequencialmente, ajustando-se o posicionamento das placas com o auxílio de espaçadores plásticos em "+". Verificar constantemente o caimento com auxílio de um nível de bolha. A colocação de pisos cerâmicos justapostos, ou seja, com juntas secas, não será admitida. Quando não especificado de forma diversa, as juntas serão corridas e rigorosamente alinhadas e suas espessuras serão de:

- para peças de 7,5 cm × 15,0 cm a espessura da junta será de 2 mm;
- para peças de 15,0 cm × 15,0 cm a espessura da junta será de 2 mm;
- para peças de 15,0 cm × 20,0 cm a espessura da junta será de 2 mm;
- para peças de 15,0 cm × 30,0 cm a espessura da junta será de 3 mm;
- para peças de 20,0 cm × 20,0 cm a espessura da junta será de 2 mm;
- para peças de 20,0 cm × 30,0 cm a espessura da junta será de 3 mm a 5 mm;
- para peças de 30,0 cm × 30,0 cm a espessura da junta será de 3 mm a 5 mm;
- para peças de 40,0 cm × 40,0 cm a espessura da junta será de 5 mm a 10 mm.

As principais funções das juntas são:

- impedir a ocorrência de tensões entre uma peça e as adjacentes;
- absorver deformações do substrato;
- melhorar a adesão da peça ao substrato;
- facilitar o alinhamento e compensar a variação das medidas das placas cerâmicas;
- facilitar a substituição eventual de peça.

Além das juntas entre as peças, deverão ser previstas juntas de expansão/contração. Estas, a cada 5 m a 10 m, terão no mínimo 3 mm de espessura e sua profundidade terá de alcançar a laje ou o lastro de concreto. As juntas de expansão/contração serão sempre necessárias nos encontros com paredes, outros pisos, pilares etc. Elas receberão, como material de enchimento, calafetadores ou selantes que mantenham elasticidade permanente. Depois de terem sido distribuídas sobre a área a pavimentar, as cerâmicas serão batidas com auxílio de bloco de madeira apropriada de cerca de 12 cm × 20 cm × 6 cm e de martelo de borracha. As peças cerâmicas de maiores dimensões, de 15 cm × 30 cm ou 20 cm × 20 cm ou mais, serão batidas uma a uma, com a finalidade de garantir a sua perfeita aderência. Se ao bater a peça cerâmica com o martelo de borracha apresentar um som oco (o que indica placa mal assentada), remova a peça e coloque-a novamente. Após um período mínimo de 72 horas do assentamento, iniciar o rejuntamento das peças, procedendo da seguinte maneira: limpar as juntas com uma vassoura ou escova de piaçaba de modo a eliminar toda a sujeira, como poeira e restos de argamassa colante, e, em seguida, umedecê-las. Espalhar a argamassa de rejunte com um rodo de borracha e depois frisar as juntas com uma ponta de madeira ou ferro redondo recurvado. Aguardar cerca de 15 minutos e limpar o excesso com um pano úmido. Depois, aguardar aproximadamente mais 15 minutos e limpar novamente com um pano seco.

13.3 Ladrilho hidráulico

Os ladrilhos hidráulicos são fabricados com cimento e areia, isentos de cal, prensados, perfeitamente planos, com arestas vivas, cores firmes e uniformes, desempenados e isentos de umidade. Apresentam acabamento liso, para uso em áreas cobertas, e com relevo, para áreas descobertas. São resistentes ao desgaste e à abrasão. Suas cores são a do cimento ou com pigmentação de uma, duas ou três cores. Suas dimensões são comumente de 20 cm × 20 cm ou 15 cm × 15 cm e a espessura de 2 cm. Deverão ser assentados sobre uma camada de argamassa convencional com espessura mínima de 2 cm, tendo como base concreto plano e áspero. Adicionar água à argamassa (pré-fabricada ou não) de alta adesividade, na proporção de três a quatro partes desta para uma parte de água. Depois da mistura, de consistência pastosa, ela ficará em repouso durante 15 minutos, sendo em seguida novamente misturada, operação que antecederá a sua utilização. O tempo máximo de sua utilização, depois da adição de água, é de 2 horas. A aplicação da argamassa será feita com desempenadeira dentada de aço. Para estender a argamassa, utiliza-se o lado liso (de maior dimensão da desempenadeira) até obter uma camada com 4 mm de espessura. Em seguida, com um dos lados dentados (os de menor dimensão), formam-se os cordões que possibilitam o nivelamento dos ladrilhos, recolhendo o excesso de argamassa. Sobre os cordões, ainda frescos, serão aplicados os ladrilhos, batendo um a um, como no processo normal. As juntas, preenchidas com pasta elástica, não poderão ser de largura superior a 1,5 mm. Áreas com dimensão superior a 5 m, em qualquer direção, levarão junta de dilatação. Tratando-se de pavimentação em locais desabrigados do sol, a junta deverá ser executada também no contrapiso.

13.4 Granilite

Também chamado de *marmorite*. Trata-se de piso rígido e geralmente polido, com juntas de dilatação, moldado *in loco*, à base de cimento com agregado de mármore triturado e areia. A pavimentação em lençóis de granilite será executada por empresa especializada, que fornecerá os oficiais, as máquinas e as ferramentas bem como a granilha de mármore e as juntas plásticas. Não existem cores-padrão; elas variam de acordo com a granilha e o corante que são colocados na sua composição. As cores básicas são palha, preta, cinza (quando não é utilizado cimento branco) e branca. Ao ser o granilite fundido sobre base de concreto, serão obedecidas as seguintes prescrições quanto às superfícies que irão receber esse revestimento:

- limpeza de poeira e de quaisquer detritos;
- molhadura para reduzir a absorção de água da argamassa de contrapiso;
- execução de camada de argamassa de cimento e areia no traço 1:3 em volume, na espessura adequada às irregularidades do piso a revestir e necessárias para a formação de caimentos para os ralos, dando-lhe sempre acabamento áspero;
- no caso de ter sido adicionado impermeabilizante tipo hidrofugante (emulsão pastosa de cor branca) na argamassa do contrapiso, deverá ser aplicada, sobre essa superfície, uma camada de chapisco com argamassa de cimento e areia no traço 1:4, misturada com aditivo adesivo;
- capeamento (*fundição*), na espessura de 12 mm a 15 mm de argamassa de cimento comum e/ou branco, mármore triturado (granilha) na granulometria especificada e areia, no traço 1:2,5, em volume, adicionada ou não de corante, comprimida com rolo de 30 kg a 50 kg, excedendo a argamassa de 1 mm a 2 mm do nível definitivo;
- as juntas poderão ser de perfis extrudados de PVC (ocasionalmente, de latão), com espessura não inferior a 1 mm e altura de até 2,5 cm, e terão de ser assentadas de maneira alinhada e nivelada sobre a base, formando painéis com dimensões convenientes, nunca menores que 1 m, porém limitando-se à área de 1,6 m²;
- o revestimento precisa ser submetido à cura durante o período de 6 dias, no mínimo; será proibida a passagem sobre o piso, mesmo apoiada sobre tábuas, nas 24 horas seguintes à sua fundição;
- o primeiro polimento deverá ser feito à máquina com emprego de água e abrasivos de granulação nº 40, 80 e 160, aplicados progressivamente;
- depois do primeiro polimento, as superfícies serão estucadas com mistura de cimento branco e corante na tonalidade idêntica à do capeamento;
- o polimento do piso junto dos rodapés será realizado a seco, com máquina elétrica portátil;
- o polimento final será feito à máquina, com emprego de água e abrasivo de grãos mais finos (nº 220 e 3 F);
- o polimento dos rodapés, ressaltos e peitoris deverá ser executado com máquina portátil e/ou manualmente;
- imediatamente depois do polimento, é preciso aplicar uma camada protetora de cera branca comum.

A textura do piso de granilite, além de polida, poderá ser simplesmente lisa ou mesmo sem polir ou, ainda, antiderrapante. O granilite tem elevada resistência à abrasão, é impermeável, não é absorvente e é imune à ação de óleos e maioria dos componentes orgânicos. A conservação é feita com água e sabão, seguida de cera.

13.5 Piso cimentado

13.5.1 Regularização de piso em área seca – procedimento de execução de serviço

13.5.1.1 Documentos de referência

Projetos executivo de arquitetura (com indicação dos níveis), de instalações elétricas e hidráulicas e de contrapiso (quando houver ou for elaborado na obra).

13.5.1.2 Materiais e equipamentos

Além daqueles existentes obrigatoriamente no canteiro de obras, quais sejam, entre outros:
- EPCs e EPIs (capacete, botas e luvas de borracha);
- água limpa;
- cimento portland CP-II;
- areia média lavada;
- colher de pedreiro 9";
- pá;
- enxada;
- ponteiro ou picão;
- marreta de 1 kg;
- mangueira de nível ou aparelho de nível a *laser*;
- régua de alumínio de 1"x 2"com 2 m;
- trena metálica de 5 m;
- desempenadeira de madeira;
- desempenadeira de aço;
- vassoura de piaçaba ou vassourão tipo prefeitura;
- carrinho de mão;
- guincho;

mais os seguintes:
- aditivo adesivo para cimento;
- taliscas de material cerâmico;
- broxa;
- peneira;
- soquete de madeira com 8 kg e base de 30 cm × 30 cm;
- argamassadeira móvel de eixo horizontal.

13.5.1.3 Método executivo

13.5.1.3.1 Condições para o início dos serviços

A alvenaria deve estar concluída e as instalações elétricas e hidráulicas do piso têm de estar executadas e testadas. A base (laje estrutural ou lastro de concreto) precisa estar limpa e livre de restos de argamassa, gesso ou qualquer outro material aderido.

Capítulo 13 – Piso e pavimentação

13.5.1.3.2 Execução dos serviços

A transferência de nível necessita ser feita por um nível de mangueira ou nível a *laser*, a partir do nível de referência, segundo o projeto de arquitetura ou de contrapiso, quando houver. Assentar as taliscas na base de concreto, de preferência 2 dias antes da execução do contrapiso em nível, distantes de 1,50 m a 1,80 m, com tolerância de ± 5 cm. Em relação aos encontros com parede, o distanciamento será de apenas 30 cm. Conferir o nível das taliscas. Depois da colocação das taliscas, limpar a superfície e executar a preparação da base, passando com a vassoura de piaçaba uma fina camada de nata de cimento, com aditivo adesivo, sobre a superfície molhada, a fim de criar uma ligação entre a base de concreto e a argamassa *farofa* que será aplicada logo em seguida (nunca ultrapassar 20 minutos). Preparar previamente a argamassa *farofa* composta de cimento portland e areia média lavada (se necessário, peneirada), no traço 1:3 a 1:6, com pouca adição de água. Lançar a argamassa para a execução de faixas-mestras entre as taliscas. Imediatamente, preencher os intervalos entre as mestras, espalhando a argamassa com enxada e compactando a *farofa* com soquete de madeira. A espessura máxima da camada de argamassa é de 5 cm. Acima disso, depois da compactação, deve ser completado o enchimento com intervalo máximo de 1 hora entre as camadas.

Depois de compactar a argamassa, é necessário providenciar o seu sarrafeamento com movimentos de vai e vem, apoiando a régua de alumínio nas mestras e *cortando* as sobras, até que a superfície alcance o nível dessas mestras. Requadrar as caixas e vãos. Para o acabamento final, se necessário polvilhar cimento e alisar a superfície com uma desempenadeira de madeira ou de aço, em função do revestimento final:

- desempenadeira de aço: sem revestimento ou com revestimento de carpete, vinil ou madeira;
- desempenadeira de madeira: com revestimento cerâmico (usando argamassa colante).

13.5.2 Regularização impermeável de piso – procedimento de execução de serviço

13.5.2.1 Documentos de referência

Projetos de estrutura, arquitetura, instalações elétricas e hidráulicas, contrapiso (quando houver ou for elaborado na obra) e impermeabilização (quando houver).

13.5.2.2 Materiais e equipamentos

Além daqueles existentes obrigatoriamente no canteiro de obras, quais sejam, entre outros:

- EPCs e EPIs (capacete, botas de couro e luvas de borracha);
- água limpa;
- cimento portland CP-II;
- areia média lavada;
- colher de pedreiro;
- pá;
- desempenadeira de madeira;
- desempenadeira lisa de aço;
- pé de cabra;
- lápis de carpinteiro;
- régua de alumínio de 1"× 2"com 2 m ou de 1½"× 3"com 3 m;
- nível de mangueira ou aparelho de nível a *laser*;
- enxada;
- caixote para argamassa;
- vassoura de piaçaba ou vassourão;
- carrinho de mão;
- guincho;

mais os seguintes (os que forem necessários, dependendo do tipo de obra):
- aditivo impermeabilizante para argamassa rígida;
- taliscas de material cerâmico;
- equipamento de água pressurizada;
- padiola;
- argamassadeira móvel de eixo horizontal ou betoneira.

13.5.2.3 Método executivo

13.5.2.3.1 Condições para o início dos serviços

A alvenaria deve estar concluída e as instalações elétricas e hidráulicas do piso (em especial, os ralos, colunas e prumadas) têm de estar executadas e testadas. A base (substrato) precisa estar limpa e livre de restos de argamassa, gesso, terra, poeira ou qualquer outro material aderido. As partes lisas devem ser apicoadas, lavadas com jato de água sob pressão, varridas com vassoura de cerdas duras e deixadas umedecidas.

13.5.2.3.2 Execução dos serviços

A transferência de nível necessita ser feita por meio de um nível de mangueira ou nível a *laser* a partir do nível de referência, segundo o projeto de contrapiso, quando houver. Assentar as taliscas na base (substrato), de preferência 2 dias antes da execução do contrapiso e prever um caimento não inferior a 0,5% (0,5 cm a cada metro) nas áreas molhadas, no sentido dos ralos. O cimentado deve ter espessura de cerca de 2 cm, a qual não pode ser, em ponto algum, inferior a 1 cm. Depois do assentamento das taliscas, limpar a superfície e executar a preparação da base, polvilhando cimento na superfície molhada (a fim de criar uma fina camada de ligação entre a base de concreto e a argamassa impermeabilizante que será aplicada); essa nata de cimento pode ser espalhada com uma vassoura. Preparar argamassa impermeabilizante com cimento portland, areia média lavada e aditivo impermeabilizante (seguindo instruções do fabricante do produto). Lançar sobre a nata ainda fresca a argamassa impermeabilizante, pressionada com colher de pedreiro, para a execução de faixas mestras entre as taliscas. Em seguida, preencher os intervalos entre as mestras, espalhando a argamassa com enxada. Depois de compactar a argamassa, é necessário providenciar o seu sarrafeamento com movimentos de vai e vem, apoiando uma régua de alumínio nas mestras e removendo as sobras, até que a superfície alcance o nível das mestras. Para o acabamento final, é preciso polvilhar cimento e alisar a superfície com uma desempenadeira de madeira ou de aço, em função do acabamento áspero ou liso (sem revestimento ou com revestimento de vinil – desempenadeira de aço; e com revestimento cerâmico usando argamassa colante, mármore ou granilite – desempenadeira de madeira). No caso de acabamento final sem revestimento (somente cimentado), a areia deverá ser previamente peneirada. Para boa cura do cimentado, o piso precisa ser mantido úmido durante 96 horas, sem trânsito algum sobre ele.

13.5.3 Piso de concreto moldado *in loco* – procedimento de execução de serviço

13.5.3.1 Documentos de referência

Projetos de arquitetura (térreo e implantação, se houver) e de paisagismo (quando existir).

13.5.3.2 Materiais e equipamentos

Além daqueles existentes obrigatoriamente no canteiro de obras, quais sejam, entre outros:
- EPCs e EPIs (capacete, botas de couro e de borracha com cano longo e luvas de borracha);
- água limpa;
- cimento portland CP-II;
- areia média lavada; pedra britada nº 2 ou brita corrida;

- concreto com britas 1 e 2 e *slump* 5 ± 1;
- sarrafos de madeira;
- piquetes de madeira;
- colher de pedreiro;
- desempenadeira de madeira;
- régua de alumínio de 1 1¹/₂ "× 3"com 3 m;
- desempenadeira de aço;
- pá;
- enxada;
- mangueira de nível ou aparelho de nível a *laser*;
- gerica (desnecessária para concretagem com bombeamento);
- carrinho de mão;

mais os seguintes (os que forem necessários, dependendo do tipo de obra):

- desempenadeira de espuma;
- peneira;
- caixote para argamassa;
- soquete de concreto com cerca de 8 kg;
- vibrador de mangote de imersão;
- vibrador de placa ou régua vibratória;
- serra motorizada portátil com disco diamantado;
- acabadora mecânica de superfícies (*helicóptero*).

13.5.3.3 Método executivo

13.5.3.3.1 Condições para o início dos serviços

O solo deve estar limpo (inclusive livre de vegetação), plano e compactado com soquete de concreto com cerca de 8 kg. As fôrmas laterais têm de estar totalmente executadas, com os alinhamentos e caimentos obedecendo ao projeto de arquitetura e/ou paisagismo. As fôrmas de sarrafos são fixadas ao solo com piquetes, formando quadros de tal forma que resultem juntas *secas* retilíneas. Os quadros não podem ter dimensões maiores que 2,5 m. As fôrmas precisam ser executadas com caimento no sentido dos locais previstos para escoamento das águas pluviais, sendo sua inclinação não inferior a 0,5% (em áreas descobertas).

13.5.3.3.2 Execução dos serviços

- Acabamento superficial manual: É preciso executar lastro plano de brita corrida ou pedra britada nº 2, com 5 cm de espessura, apropriadamente apiloado com soquete de concreto com cerca de 8 kg. Sobre a base molhada, é necessário espalhar a camada de concreto, com f_{ck} = 13,5 MPa a f_{ck} = 22,5 MPa (em função da carga), *slump* 5 ± 1 e britas nº 1 e nº 2. O espalhamento deve ser uniforme e em quantidade tal que, depois do adensamento com vibrador ou régua vibratória (ou excepcionalmente com soquete em obras de menor responsabilidade), reste pouca argamassa a ser removida, facilitando os trabalhos de acabamento não sendo usada régua vibratória, é preciso dar acabamento pelo sarrafeamento do concreto utilizando régua de alumínio apoiada em duas fôrmas paralelas (ou placas já concretadas), que servem como guia, seguido do desempeno e moderado alisamento. É necessário adicionar, por pega do concreto, submetendo a superfície a novo alisamento com desempenadeira de madeira (para acabamento áspero) ou desempenadeira de aço (para acabamento liso). A sequência de concretagem é a seguinte:
    - concretar alternadamente os quadros da fôrma, como em um tabuleiro de xadrez (*concretagem em xadrez*);
    - 2 dias depois da concretagem, remover as fôrmas;

- utilizar as laterais das placas já concretadas como fôrma para as demais; antes da segunda etapa de concretagem, isolar uma placa da outra, aplicando uma pintura de cal (ou tinta látex) na lateral da placa já executada;
- as fôrmas de madeira serão reaproveitadas.

Quando não for possível fazer no mesmo dia a concretagem da base e o acabamento final da superfície, de concreto, a base precisará ser limpa e lavada para receber a aplicação posterior de argamassa, no traço 1:3, de cimento e areia peneirada (com água), no dia imediatamente seguinte. Nesse segundo caso, a argamassa terá de ser espalhada e batida levemente de forma a provocar o afloramento de água na superfície, tornando-a brilhante. Em seguida, se fará polvilhamento de cimento puro, dando acabamento conforme as seguintes indicações, tornando-se brilhante.

- liso, obtido por leve pressão de desempenadeira de aço;
- áspero, obtido com desempenadeira de madeira.

Os cimentados necessitam ser divididos em painéis, coincidindo com as juntas da base (substrato) de concreto, e sua espessura nunca poderá ser inferior a 1 cm. É necessário que a cura do concreto ocorra com sua superfície continuamente molhada durante 3 dias. Para tanto, sua superfície acabada deve ser recoberta com manta geotêxtil, sacos de aniagem ou mesmo uma camada de areia de cerca de 3 cm.

- Acabamento superficial mecânico: É recomendável que a espessura da placa seja de 12 cm quando tiver de suportar passagem eventual de veículo. É necessário executar lastro plano de brita corrida ou pedra britada nº 2, com 5 cm de espessura, apropriadamente apiloado com soquete de concreto com cerca de 8 kg. Deve-se colocar uma armadura de arame de aço Ø 4,2 mm em malha de 8 cm nas duas direções principais ou tela soldada. A sobreposição da malha nas emendas tem de ser de 21 cm. É aconselhável usar concreto do tipo bombeável com britas 1 e 2, f_{ck} = 22,5 MPa (para trânsito eventual de veículo; para cargas menores, o f_{ck} pode ser reduzido) e *slump* 8 ± 1. Durante a concretagem, é preciso suspender manualmente a armadura de modo a garantir seu cobrimento de 3 cm a 5 cm na face inferior da placa. O desempeno tem de ser realizado com régua de alumínio com comprimento suficiente para apoiar-se nas fôrmas de borda, que servem de guia. O acabamento será rústico, dado com acabadora mecânica (helicóptero), seguido de aplicação de esponja ou vassoura. As juntas de dilatação são executadas por corte na superfície do concreto com serra motorizada com disco diamantado, no dia seguinte ao lançamento do concreto, corte esse com profundidade de aproximadamente 4 cm, formando quadros com dimensões máximas de 2,5 m. É necessário que a cura do concreto ocorra com sua superfície continuamente molhada durante 3 dias.

13.5.4 Pavimento armado

As recomendações para execução são as seguintes:

- a armadura (de preferência tela soldada) deverá, obrigatoriamente, estar posicionada a 1/3 da face superior da placa, com recobrimento mínimo de 5 cm;
- quando o solo for pouco confiável, utilizar armadura dupla; nesse caso, é indicado o uso de uma tela adicional, posicionada a 3 cm da face inferior da placa;
- caso não seja possível usar concreto usinado, o traço indicado para o concreto, caso não seja usinado, é de uma parte de cimento, duas partes de areia, $1^{1}/_{2}$ parte de brita nº 1 e $1^{1}/_{2}$ parte de brita nº 2, em volume.

13.6 Peça pré-moldada de concreto simples

Os blocos maciços, confeccionados industrialmente em concreto vibroprensado, sem armadura, não poderão ter deformações nem fendas, e apresentar arestas vivas. As dimensões e a disposição das peças obedecerão aos desenhos e detalhes, não devendo ter área superior a 0,30 m² e espessura inferior a 4 cm. No caso de assentamento direto sobre o solo, este tem de ser convenientemente drenado e apiloado. As peças precisam ser assentadas sobre uma camada de 5 cm de areia (mesmo de cava) ou pó de pedra. Podem possuir sistema de articulação vertical que possibilita a distribuição dos esforços que atuam sobre o pavimento. Podem também não ser encaixadas, sendo assentadas isoladamente. Nesse caso, o afastamento entre as peças não deverá ser inferior a 1 cm, sendo certo que o rejuntamento poderá ser feito com asfalto, pedrisco ou areia. Quando vazadas ou convenientemente afastadas, poderá ser plantada grama dentro ou entre elas. Para adequação ao trânsito, são geralmente confeccionadas com três espessuras, denominadas:

- leve: de 5 cm a 6,5 cm;
- média: de 8 cm;
- pesada: de 10 cm.

A limitação da área será feita com guias de concreto, que impedirão que as peças se desloquem.

13.7 Rochas ornamentais para revestimento

13.7.1 Generalidades

– Definição: *Rocha* para revestimento é o material natural, submetido a diferentes tipos de beneficiamento, que é utilizado no acabamento de superfícies como pisos, paredes e fachadas. *Rocha ornamental* é o material rochoso, beneficiado e utilizado com a função estética.

– Produto As rochas ornamentais podem ser caracterizadas como:

- *rochas silicáticas* (granitos e similares);
- *rochas carbonáticas* (mármores, travertinos e calcários: limestone etc.);
- *rochas silicosas* (quartzitos, *sílex, arenitos* e similares);
- *rochas silicoargilosas foliadas* (ardósias);
- *rochas ultramáficas* (serpentinitos, pedra-sabão e pedra-talco).

– Noções importantes para especificação:

- Ações de uso (desgaste superficial – abrasão): Mármores, travertinos, calcários, serpentinitos, pedra-sabão e pedra-talco são menos resistentes à abrasão; os granitos e similares, os quartzitos, *sílex* e similares são mais resistentes; e as ardósias têm resistência intermediária entre granitos e mármores.
- Ações de produtos químicos: Mármores, travertinos, calcários, serpentinitos, pedras-sabão e pedras-talco são quimicamente mais reativos que os granitos e similares, os quartzitos, *sílex* e similares; as ardósias têm resistência intermediária entre granitos e mármores no caso de ataque químico.
- Ação de umidade: Os granitos e quartzitos podem ficar manchados por causa da umidade residual e ao excesso de água e oleosidade nas argamassas de fixação e rejunte.
- Uso externo ou interno: Granitos, quartzitos, *sílex* e ardósias são indicados para revestimentos externos, pisos em geral e áreas de serviço. Mármores, travertinos, calcários, serpentinitos, pedras-sabão e pedras-talco são recomendados para interiores, embora haja restrição aos pisos de alto tráfego, às áreas de serviço e às pias de cozinha.
- Problema no emprego de dois tipos de rochas com resistência superficial diferente no mesmo elemento construtivo: O uso de dois tipos de rocha com resistência à abrasão diferente em pisos não é aconselhado, pois em locais com alto tráfego de pedestres ocorrerá desgaste diferenciado ao longo do tempo. Também é recomendado não utilizar mármore em degraus de escada com grande volume de tráfego, pois haverá desgaste e *embaciamento* no centro dos degraus.
- Tipo de acabamento superficial – interno (liso etc.) – externo (apicoado, flameado, escovado e levigado): Os acabamentos rugosos para pisos externos são indicados para locais com tráfego de pedestres, porém tais acabamentos aumentam a superfície da face tratada e causam microfissurações, o que aumenta a absorção de líquidos e impregnação de sujeira. No caso de pisos lisos em áreas externas, recomenda-se aumentar a abertura das juntas e diminuir a dimensão das placas. Apicoado é desbastado a picão (instrumento com que lavra). Flameado é queimado superficialmente com maçarico, deixando a superfície áspera. Escovado é acabado a superfície polida ou levigada que resulta um acabamento anticato. Levigado é desengrossado com um rebolo abrasivo resultando uma superfície planar não escorregadia.

13.7.2 Placa de pedra natural

A pavimentação com pedra natural deverá ser executada por empresa especializada, que fornecerá as pedras, os colocadores e suas ferramentas. Não será permitida a execução de pisos de pedra natural com peças que apresentem espessura inferior a 3 cm, exceto quando se tratar de lajes provenientes de rochas de alta dureza e resistência, como o granito, que poderão ser aparelhadas com espessura de até 2 cm, e para peças individuais cuja superfície tenha área menor ou igual a 0,20 m². As peças de granito, mármore, arenito etc., aparelhadas na forma de laje com espessura de 2 a 4 cm, terão de ser assentadas sobre lastro de concreto, com argamassa de cimento e areia no traço 1:4, em volume, segundo os mesmos métodos e critérios estabelecidos para o assentamento de pisos cerâmicos.

13.7.3 Mosaico português

Na pavimentação, também chamada de *pedra portuguesa*, a ser executada por empresa especializada, a base, não sendo laje de concreto armado, será constituída por uma camada de 6 cm de concreto de resistência não inferior ao de traço 1:3:5 de cimento, areia e pedra britada, em volume, lançada sobre o solo previamente molhado e bem apiloado. As pedras empregadas poderão ser basalto preto e calcário branco ou vermelho, que serão entregues no canteiro de obras em blocos (*pedras de mão*), a serem quebrados manualmente no formato aproximado de cubos com altura mínima de 4 cm, os quais serão assentados sobre colchão, na espessura de 3 cm, formado da mistura seca de cimento e areia, no traço 1:6. As pedras, depois do assentamento (que obedecerá às disposições indicadas em desenho de paisagismo), deverão ser molhadas e fortemente apiloadas com soquete de madeira. Pedra de mão é a pedra bruta, partida com marrão em pedaços que podem ser manuseados.

13.8 Piso de madeira

13.8.1 Generalidades

O pavimento de madeira pode ser executado na forma de tacos, de tábuas ou de parquete e sua colocação deve obedecer às seguintes diretrizes:
- Verificar se a madeira apresenta manchas de umidade e/ou fungos, brocas ou cupins, empenamento ou outros defeitos visuais na madeira.
- No caso de uso de adesivos, é necessário verificar a temperatura ideal para cura. Caso sejam utilizados parafusos, pregos ou grampos, recomenda-se verificar se eles atendem às especificações e não apresentam pontos de oxidação.
- Observar se no local de instalação há umidade ou formação de fungos em razão de falhas na impermeabilização.
- Verificar se o concreto está curado no mínimo há 60 d; isso evita troca de umidade entre o concreto e a madeira. No caso de não se ter a informação do tempo de cura, a umidade pode ser verificada com medidor específico ou com um teste prático (por exemplo, colocando-se um trecho de lona plástica fixada e vedada nas laterais; após 24 h, a lona é retirada e, se houver presença de gotas de água ou mancha de umidade no concreto, recomenda-se aguardar mais tempo para a secagem da base);
- No caso de marcos de porta nos ambientes e sem presença de soleiras, as extremidades em contato com a base de instalação são cortadas com a espessura do piso de madeira. Nesse caso, não são utilizados cordões ou rodapés; caso contrário, tais peças poderão ser utilizadas.
- Conferir o alinhamento das paredes (para evitar rodapés desalinhados), se elas estão secas e protegidas do efeito da umidade. Recomenda-se que os pisos de madeira tenham um afastamento de 10 mm das paredes, como junta de movimentação. Essas juntas são depois recobertas pelo rodapé e/ou cordão.

13.8.2 Soalho de tacos

13.8.2.1 Generalidades

Tacos são pequenas peças maciças de madeira dura, de tamanhos variados, e são acoplados e colados. Eles possuem dimensões padronizadas e são assentados manualmente, um a um. O taco precisa ter encaixe tipo macho-fêmea. Ele não pode apresentar empenamento, rachadura, apodrecimento, presença de casca da árvore, bordas quebradas, galeria de insetos e manchas, e deve estar seco. Os tacos de madeira têm boa resistência e durabilidade e são fabricados de ipê, perobinha, cumaru, jatobá, amêndola, sucupira, tauari, bambu e outros. Sua fixação é feita com cola branca à base de poliuretano ou à base de PVA. Quando for assentado em pavimento térreo, é indispensável a execução de impermeabilização sob a base de concreto. A colocação dos tacos deve ser feita sobre um contrapiso cimentado nivelado e desempenado, preparado com argamassa de cimento e areia, no traço 1:3, em volume. A paginação do piso de tacos pode ser em *espinha de peixe*, em *tabuleiro de damas*, em diagonal (com juntas aleatórias), alinhadas com matajunta ao meio etc.

13.8.2.2 Assentamento de tacos de soalho – procedimento de execução de serviços

13.8.2.2.1 Documentos de referência

Projeto de arquitetura e de soalho de tacos (se existir) e memorial descritivo.

13.8.2.2.2 Materiais e equipamentos

Além daqueles existentes obrigatoriamente no canteiro de obras, quais sejam, entre outros:

- EPCs e EPIs (capacete, botas de couro e luvas de borracha);
- linha de náilon;
- lápis de carpinteiro;
- desempenadeira dentada de aço;
- trenas metálicas de 5 m e 30 m;
- nível de mangueira;
- escova de piaçaba;
- vassoura de piaçaba;
- carrinho de mão;
- guincho;

mais os seguintes:

- tacos de madeira dura, secos em estufa, sem piche com pedrisco;
- cola PVA, para tacos;
- martelo de borracha ou bloco de madeira com cerca de 12 cm × 20 cm × 6 cm;
- serra elétrica portátil com disco para madeira;
- rodo de borracha.

13.8.2.2.3 Métodos executivos

a) Condições para o início dos serviços O contrapiso regularizado deve estar nivelado, seco, não *queimado* e concluído há pelo menos 14 dias, no caso de a base não ser laje de *contrapiso zero*. Não podem ser toleradas diferenças de nível superiores a 1 cm em 5 m. Os batentes têm de estar instalados e conferidos, assim como eventuais caixas de derivação para tomada de piso. Os vidros dos caixilhos precisam estar colocados.

b) Execução dos serviços Realizar uma seleção das partidas dos tacos, uniformes quanto às dimensões e tonalidade da madeira, para serem assentados em ambientes diferentes. Preparar a superfície removendo a poeira, partículas soltas, graxa e outros resíduos por meio de escovas e vassouras. Marcar os níveis do piso final nas paredes, com o auxílio de mangueira de nível e trena metálica. Esticar linha de náilon nas duas direções principais do piso, demarcando a primeira fiada a ser assentada, a qual servirá de referência para as demais fiadas. Os cortes de taco precisam ser executados antes da aplicação da cola (branca) à base de PVA, devendo ser feitos por meio de serra elétrica com disco para madeira. Despejar a cola em pequenas quantidades e espalhar uma camada dela comprimindo-a contra o substrato, com o lado liso da desempenadeira de aço, sobre cerca de 1 m². Passar em seguida o lado dentado, formando cordões que possibilitam o nivelamento do piso. Colocar os tacos, sequencialmente, acertando o assentamento deles justapostos, ou seja, com juntas *secas*. Quando não especificado de forma diversa, os tacos podem ser colocados na disposição de *espinha de peixe, tabuleiro de damas* ou em linha. O serviço deve ser iniciado em um dos cantos opostos à porta do compartimento, de modo a permitir ao taqueiro o recuo e a conclusão do assentamento na saída. Além das juntas entre as peças, têm de ser previstas juntas de expansão/contração. Estas, a cada 5 m a 10 m, têm cerca de 5 mm de espessura e sua profundidade precisa alcançar a laje ou o lastro de concreto.

As juntas de expansão/contração são sempre necessárias nos encontros com paredes, outros pisos, pilares etc. Elas recebem, como material de enchimento, calafetadores que mantenham elasticidade permanente. A junta ao longo das paredes e pilares pode ser simplesmente recoberta por rodapé e ter até 1 cm de espessura. Depois de terem sido distribuídos sobre a área a pavimentar, os tacos são batidos com auxílio de bloco de madeira apropriada de cerca de 12 cm × 20 cm × 6 cm ou de martelo de borracha. Aguardar um período mínimo de 48 horas do assentamento para permitir o trânsito sobre o piso ainda que colocando tábuas para a passagem. Esperar no mínimo 96 horas para lixar mecanicamente os tacos cuja superfície tem de estar umedecida. A serragem que ficar na junta entre os tacos não necessita ser retirada, pois auxiliará no rejunte deles (calafate). A calafetação é feita com mistura da cola de assentamento e do pó da serragem, com a utilização de um rodo, e realizada entre a primeira raspagem (com lixa grossa, nº 16) e a segunda (com lixa média, nº 40). Por percussão, nenhum taco poderá produzir som cavo (*chocho*). O acabamento final com verniz sintético (à base de ureia e formol ou à base de água) deve ser executado, depois da terceira raspagem (com lixa, fina nº 80), por empresa especializada. Uma faixa de cerca de 15 cm, junto do rodapé, somente pode ser raspada com lixadeira portátil. Proteger sempre o soalho dos raios solares e resguardar para que sobre ele não caiam ácidos ou materiais gordurosos (óleo ou graxa).

13.8.3 Cola (branca) de emulsão para fixação de tacos

Trata-se de adesivo plástico à base de PVA (acetato de polivinila) ou poliuretano, apresentado em forma de líquido viscoso branco. Ele molda um filme elástico, mas de grande dureza, entre a madeira e o cimentado. Seu endurecimento é rápido, permitindo a raspagem do soalho depois de 96 horas. Graças à sua plasticidade, proporciona fácil aplicação. Resiste aos movimentos impostos pelas resinas duras de acabamento, durante a secagem residual da madeira dos tacos (que deverão ser previamente secos em estufa). A cola branca é própria também para parquete (tacos de tamanho reduzido e formatos diversos, assentados em grupos colados em papel, à semelhança das pastilhas, compondo desenhos geométricos variados) de pouca espessura e para madeiras claras. Sendo um adesivo bastante consistente, contém pouca água, o que diminui o problema de empenamento dos tacos ou parquetes. No caso de aplicação de parquetes, o papel de sua superfície será retirado, depois da fixação do soalho, por esfregação com pano úmido (nunca jogando água sobre o piso assentado). Quanto à armazenagem, deverá ser abrigada do sol e do calor e poderá ser guardada, nas suas embalagens originais, até seis meses. Com relação ao consumo, é de 1,2 a 1,5 kg/m².

13.8.4 Raspagem e calafetação com aplicação de resina

13.8.4.1 Generalidades

Após 15 d do assentamento do soalho de madeira, é feita sua raspagem, a calafetagem e a aplicação de resina a fim de tornar a superfície mais nivelada e a textura mais lisa. Tal prazo pode ser reduzido; entretanto, recomenda-se aguardar no mínimo 7 d por causa da movimentação de acomodamento da madeira, após assentamento e o processo de colagem.

13.8.4.2 Raspagem

É feita a raspagem preliminar de desengrosso, com máquina apropriada utilizando lixa grana 16, de toda a superfície do soalho. Em seguida, é feita a raspagem mais fina, com lixa grana 36. A raspagem de acabamento final é feita com lixa grana 50, que produzirá o pó fino que será utilizado na massa de calafetagem. A raspagem é feita a seco, não sendo recomendado o uso de água ou óleo para facilitação do processo. Nos cantos de piso e emendas de rodapé, a raspagem é feita com lixadeira portátil de beiral.

13.8.4.3 Calafetação

A massa de calafetagem é feita com pó de madeira, cola branca e verniz ou resina para madeira ou com massa especial de calafate. A massa é aplicada em todo o piso com a utilização de um rodo de borracha rígida, que tampa os buracos de prego, as falhas de cavilhamento, o rejunte das peças, as frestas no rodapé etc. Pode ser usada também massa acrílica, pigmentada, cuja aplicação é feita com espátula ou desempenadeira metálica. Recomenda-se lixar logo que se observe a secagem. O rejuntamento estreito em soalhos (de até 2 mm) é geralmente feito com uma demão aplicada com espátula. O rejuntamento mais largo é feito em mais demãos, de forma a obter-se o nivelamento da superfície. Pode ocorrer a fissuração da massa de rejunte se ocorrer movimentação do soalho.

Aplicação de resina ou verniz

a) Primeira demão (base): Permite a aderência das demais ao piso pré-raspado. O *primer* específico ou a resina dessa demão é diluída para facilitar a sua penetração nos veios da madeira. Sua aplicação é feita em toda a extensão do piso com rodo de borracha rígida. Após a secagem, é feito um lixamento manual ou com máquina com lixa grana 80, preparando assim a superfície para a segunda demão.

b) Segunda demão: Trata-se da primeira demão sobre o *primer* ou a segunda demão sobre a resina diluída. É a aplicação da resina ou verniz menos diluída. Essa demão é feita com rolo de lã de carneiro rebaixado ou com escova de pelo apropriada. O ambiente deve estar livre de pó, com vedação debaixo das portas e das frestas das janelas para evitar a entrada de pó e de ar frio que prejudica a catalização da resina ou verniz. Após a secagem, recomenda-se um novo lixamento com lixa grana 100 ou grana 200 (para receber a última demão de acabamento). Esse lixamento pode ser feito manualmente ou com máquina leve (por exemplo, com enceradeira industrial adaptada para essa finalidade).

c) Demão final: Com o ambiente limpo e protegido, aplica-se a resina pura (apenas com o catalisador) com rolo de lã ou escova de pelo. A aplicação é realizada contra a luz, para possibilitar que o aplicador repasse possíveis falhas de preenchimento, formando uma película mais uniforme.

13.8.5 Soalho de parquete

Parquete é um mosaico geométrico de peças maciças de madeira dura usado em pisos com um efeito decorativo. As peças são justapostas entre si, formando uma placa com 1,8 cm de espessura e medidas em geral 24 cm × 24 cm. A madeira deve estar seca em estufa. As mais comumente usadas são ipê, jatobá, cumaru e sucupira. As configurações de parquete são inteiramente angulares e geométricas: quadradas (*tabuleiro de damas*), triângulos e losangos, sendo as mais usuais em dama e em *espinha de peixe*. O contrapiso para receber o assentamento tem de ser cimento desempenado e nivelado, feito com argamassa de cimento e areia no traço de 1:3, em volume. Em pisos térreos, há necessidade de impermeabilização e/ou adição de um impermeabilizante à argamassa. O parquete é assentado com cola branca à base de PVC ou poliuretano. A placa de parquete tem suas peças presas a uma camada de papel, a qual é colada no contrapiso com o papel voltado para cima. Este é então removido depois de umedecido para dissolver a cola do papel. No assentamento, é preciso deixar um afastamento de 1 cm das paredes, a fim de permitir a movimentação normal da madeira. A fresta é depois recoberta pelo rodapé.

13.9 Soalho de tábuas

Trata-se de *tábuas corridas* (também chamadas *frisos*) de madeira dura, justapostas por encaixe longitudinal tipo *macho* e *fêmea*, com sulcos longitudinais na face inferior (a fim de evitar o encanoamento das peças). As tábuas deverão estar retificadas à máquina, apresentando superfície aplainada e lixada, e ter bitola uniforme. Toda a madeira terá de estar seca em estufa. As dimensões usuais são:

- largura: de 10 cm a 20 cm;
- comprimento: de 2,5 m a 5,5 m;
- espessura: 18 mm.
- Base para aplicação: superfície plana e sólida (laje ou contrapiso de concreto impermeável).
- Aplicação: serão utilizados *barrotes* (varas de madeira dura) para a fixação das tábuas, assentados perfeitamente em nível e espaçados de cerca de 35 cm, tendo eles seção trapezoidal de 5 cm na base maior, 3 cm na base menor e no mínimo 2,5 cm de altura, os quais se fixam à argamassa do contrapiso (a qual poderá conter vermiculita expandida, para isolamento acústico).
- Assentamento: o soalho de tábuas será fixado com pregos espiralados sem cabeça 17 × 21, cravados obliquamente e rebatidos com *repuxado* fino, de modo a torná-los não visíveis. Aplicam-se também pregos obliquamente nos machos para obter uma perfeita fixação. Antes da sua fixação com pregos, as tábuas precisam ser perfuradas com brocas mais finas, evitando assim rachaduras; após calafetar os pregos, eles se tornarão praticamente invisíveis. Durante o assentamento, as tábuas precisam ser fortemente apertadas umas às outras, tendo o cuidado de não danificar suas arestas vivas.
- Cuidados: a aplicação do soalho tem de ser feita pelo menos 15 dias depois do término da base. É necessário concluir a pintura do forro e colocar os vidros antes da fixação do soalho. No lixamento, que será feito somente depois de 10 dias do assentamento, recomenda-se não utilizar água ou óleo. Em pisos térreos, antes da execução do contrapiso, deverá ser feita a impermeabilização do concreto, para evitar que a umidade do solo venha a danificar a cola ou o piso ou, ainda, enferrujar os pregos de fixação. Para a conservação do piso, terá de ser usada apenas cera, resina dura específica ou verniz de boa qualidade.
- Armazenamento: as tábuas serão empilhadas (*tabicadas*), com espaçadores de maneira uniforme para evitar deformações (empenamento), em local seco (evitando água ou umidade).

13.10 Carpete (*tuft*) e forração (agulhado)

A forração têxtil *agulhada* é confeccionada em mantas compostas por uma camada de fibras de náilon e polipropileno, fixadas a um suporte constituído de feltro de poliéster ou de fibras sintéticas, sendo a ligação do conjunto reforçada por impregnação de resinas orgânicas, compactadas por agulhamento de ambos os lados. Por meio de diferentes tipos de prancha de agulha e como consequência do tipo de agulhado aplicado na manta, elas podem ou não ter relevo. Os agulhados horizontais têm aspecto liso e os agulhados verticais, o aspecto de veludo ou de buclê (em anéis). Os carpetes (*tufts*) têm fios presos em base de tecido sintético, sendo mais aveludados e mais macios que os agulhados. Na superfície, apresentam os mais variados aspectos; podem ter fios em formato de buclê ou cortados, e variar quanto à combinação, altura e espécie de fios utilizados. Na sua fabricação, os fios de náilon e polipropileno são bobinados e colocados em grandes gaiolas que alimentam as máquinas de buclagem. Nessas máquinas, estão as telas de base onde os fios são introduzidos por agulhas. De acordo com a regulagem da máquina, pode-se obter o *tuft* em buclê ou aveludado. O aveludado passa por um processo de navalhagem, que permite o nivelamento da altura dos tufos (em inglês, *tufts*) e a regularização da superfície. Tanto os *tufts* aveludados como os em buclê seguem então para a resinagem. Nessa fase, são aplicados os produtos químicos que fixam os fios na base do carpete. Na fabricação de agulhados, inicialmente, grupos de fibras de cores diferentes vão sendo misturadas por cardas (pentes). Para obter cor final homogênea, são feitas várias passagens, adicionando solução de amaciante e antiestático. Pela tubulação, as fibras chegam à linha de produção. É feita então a cardagem (penteamento das fibras), que vão sendo separadas e dispostas paralelamente. Depois disso, as fibras, com aparência de véus, são depositadas em camadas, formando uma manta. Essa manta entra em uma pré-agulhadeira, onde é ligeiramente compactada. Passa a seguir a uma segunda agulhadeira e para o agulhamento final. Assim, são obtidos os agulhados planos. Os agulhados verticais sofrem mais um processamento, a buclagem, um agulhamento especial que dá novo aspecto à superfície. Na fase de acabamento, os agulhados são também impregnados com resinas, que penetram até certa profundidade de sua espessura sem interferir na sua superfície, dando um toque têxtil. Os tipos de agulhado mais comuns encontrados no mercado estão indicados na Tabela 13.3.

Tabela 13.3: Peso têxtil

Espessura (mm)	Definição	Peso (g/m²)
3,5 ± 0,5	plano	250
3,5 ± 0,5	plano	300
4,5 ± 0,5	plano	430
4,0 a 5,0	vertical veludo	360
4,5 a 5,5	vertical buclê	500
5,0 a 6,0	vertical veludo	500
9,0 ± 1,0	vertical em carreiras	800

Nos trabalhos de aplicação de carpetes (como também de laminados decorativos de alta pressão e ladrilhos vinílicos semiflexíveis), fixados por cola, serviços esses que utilizam solventes inflamáveis ou tóxicos, as seguintes precauções são indispensáveis:

- o local de aplicação deverá ser suficientemente ventilado;
- é proibido fumar no local de aplicação;
- a fiação provisória de iluminação (cabos e rabichos) não poderá apresentar trechos desencapados ou conexões por pressão;
- a cola e os solventes depositados no local de aplicação terão de ser mantidos em recipientes tampados e sua quantidade não deverá ultrapassar a necessidade do consumo diário.

As dimensões das mantas são:

- largura: 2 m, 3 m ou, sob encomenda, 4 m;
- comprimento: 24 m, 60 m ou 80 m, dependendo da espessura;
- espessura: 3,5 mm a 10 mm.
- Propriedades: antiestático, antimofo, antitraça, com características de isolante acústico, confortável, decorativo (grande variedades de cores), prático e versátil.
- Base para aplicação: firme, isenta de umidade e nivelada (cimentado, preferencialmente; soalho raspado; cerâmica não vitrificada e outras).
- Aplicação: sobre laje de concreto, terá de ser executado cimentado, no traço 1:3 de cimento e areia, em volume, normalizado com argamassa regularizadora (mistura de 1 parte de cimento, 1 parte de PVA e 8 partes de água).
- Colocação: as mantas deverão ser estendidas na direção da entrada da luz do dia no compartimento ou na direção da porta principal. Terão de ser coladas com adesivo de contato à base de *neoprene*, distribuído com desempenadeira dentada, sobrepondo 10 cm nas emendas e subindo levemente sobre as paredes e soleiras (para possibilitar o corte *in loco*, mais preciso, das emendas e arremates).
- O Quadro 13.1 indica os defeitos de colocação.
- Contraindicação: não poderá ser empregado em ambientes de pouca ventilação e sujeitos à umidade.
- Primeira manutenção de *tufts*:
    - nas primeiras semanas de uso, é normal que os carpetes tipo *tuft* percam fios. Nesse caso, remova a penugem solta, varrendo-a levemente com vassoura de piaçaba;
    - nunca puxe um fio solto; se a superfície do carpete for aveludada, corte-o na altura do veludo; se for do tipo buclê, reintroduza-o na base com uma agulha;
- Manutenção regular de *tufts*:

Quadro 13.1: Defeitos de colocação

Defeitos	Motivos	Forma correta de uso
Emendas tortas	Corte à mão livre	Usar régua metálica
Recorte de canto com abertura	Corte à mão livre	Usar régua metálica ou cortador de canto
Descolagem	Falta de cola	Aplicar cola com desempenadeira dentada Respeitar o consumo de cola (250 g/m² a 300 g/m²)
	Tempo de secagem	Proceder à colagem dentro do tempo certo (15 min a 20 min)
	Cola não indicada	Utilizar colas aprovadas
Diferença de tonalidade	Inversão no sentido das mantas	Obedecer ao mesmo sentido de distribuição das mantas Verificar as setas no verso do carpete
Emendas abertas	Corte imediato	Cortar no final da colocação e, quando a obra permitir, no dia seguinte
	Falta de cola	Cortar e, em seguida, aplicar cola; aguardar o tempo de colagem e executar a emenda
Emendas em excesso com diferença de tonalidade	Aproveitamento indiscriminado de sobras	Aproveitar as sobras com moderação, evitando colocação de partidas diferentes e inversão de manta
Vazamento de cola	Excesso de cola	Aplicar com desempenadeira dentada
	Piso irregular	Preparar piso com argamassa regularizadora
	Tempo de secagem	Proceder à colagem dentro do tempo certo (de 15 min a 20 min)

- quanto mais usado for o carpete, mais frequente precisa ser a sua manutenção;
- para limpeza eficiente do *tuft*, varra o carpete no sentido dos pelos deitados e também em sentido oposto, utilizando vassoura rígida, sempre de fibras naturais;
- na limpeza diária, para retirar a poeira e outras partículas da superfície, use *vassoura mágica* ou aspirador de pó.

- Manutenção regular de agulhados:
  - a limpeza dos agulhados deve ser feita no mínimo três vezes por semana, com o bico liso de aspirador de pó de boa potência;
  - jamais utilizar vassouras de cerdas rígidas.
- Lavagem periódica: a lavagem do carpete tem de ser feita com xampu especial, depois de ter sido passado aspirador de pó. Misture o xampu com água, na proporção indicada, e aplique-o com pano branco e limpo, em toda a área do cômodo, esfregando sem encharcar. Passe uma escova em um único sentido enquanto o carpete estiver úmido. Areje o ambiente e ajude a secagem com pano branco e limpo. Depois de seco, passe novamente o aspirador;
- Alguns cuidados para evitar danos ao carpete:
  - use capacho nas entradas para impedir o contato do carpete com a lama;
  - nunca arraste móveis sobre o carpete; eles podem deixar marcas;
  - disfarce as queimaduras feitas com pontas de cigarro: corte as pontas queimadas e passe uma escova em várias direções, misturando as fibras;
  - evite que a cera utilizada em outro cômodo seja transferida para o carpete, pela sola dos sapatos que transitam pelo ambiente;

Capítulo 13 – Piso e pavimentação

— quando molhado, enxugue o carpete rapidamente para que a umidade não atinja o avesso da manta. Isso, além de prejudicar sua durabilidade, pode causar mau cheiro;
- Como tirar manchas: para eliminar manchas do carpete, remova imediatamente o excesso, sem esfregar.

Depois, limpe o local com pano absorvente branco e limpo, partindo sempre da área externa para a área interna das manchas. Retire ao máximo o produto derramado. Siga a receita da Tabela 13.4, testando-a, antes, em área do carpete pouco visível no ambiente, para verificar se não há mudança na cor da manta.

Tabela 13.4: Como tirar manchas

Mancha	A	B	C	D	E	F	G	H	I	J	K	L	M
Ácidos							1º		2º				
Açúcar	1º								2º				
Balas, doces						1º	2º		3º				
Batom		2º					1º		3º				
Sorvetes, frutas	2º						1º		3º				
Café	3º						2º		4º		1º		
Ceras e polidores		1º		1º			2º		3º				
Cerveja	1º								2º				
Chá	2º		1º						3º				
Chicletes	2º			1º					3º				
Chocolate						1º			2º				
Colas							2º	1º	3º				
Cosméticos							2º	1º	3º				
Gelatina							2º	1º	3º				
Graxa de sapato	2º					1º			3º				
Lama	2º					1º			3º				
Leite					1º				2º	3º			
Licor									2º			1º	
Manteiga				1º					2º				
Óleos e Gorduras		1º					2º		3º				
Ovos							2º	1º	3º				
Perfumes								1º	2º				
Refrigerante									1º				
Sangue								1º	2º				
Tintas, piches													
Esmaltes**				1º			2º		3º				
Urina								1º	2º				
Vinho									1º				
Vômito		1º					2º		3º				
Whisky, coquetéis									2º				1º

onde:
A = Água morna
G = Receita doméstica*
B = Álcool
H = Tira-manchas
C = Amoníaco diluído
I = Enxugar com pano branco e limpo
D = Benzina
J = Repetir a operação

* Receita doméstica: misturar uma colher (das de sopa) de sabão em pó e uma colher (das de sopa) de vinagre branco em um litro de água morna, até homogeneizar bem a mistura. Para tapetes desenhados, usar a receita doméstica em primeiro lugar, seguido de limpeza com benzina, sempre com um pano branco e limpo. Executar a limpeza, individualizando sempre que possível as áreas de cada cor.
** Manter a mancha umedecida com óleo até retirar todo o excesso.

13.11 Placa vinílica semiflexível

A placa vinílica semiflexível é fabricada à base de PVC, homogeneizado com plastificante, estabilizante, pigmentos e cargas minerais. A placa pode ser monocromática ou ter o aspecto marmorizado ou mesclado, com superfície lisa, suave ao tato. A placa monocromática é uniformemente colorida e a marmorizada ou mesclada apresenta colorido aleatório. As placas vinílicas podem ter a espessura de 1,6 mm, 2,0 mm e 3,2 mm e devem ser planas e com formato definido (em geral, quadrado de 30 cm por 30 cm ou 60 cm por 60 cm) podendo também ser fornecida em rolos. O piso vinílico é assim de baixa espessura, leve e de grande durabilidade. Seguem outros dados:

- Propriedades: isolante acústico e de eletricidade estática: autoextinguível sob a ação do fogo; não acumula sujeira e bactérias nas suas juntas; resistente a agentes químicos.
- Base para aplicação: laje de concreto nivelada com argamassa de cimento e areia no traço 1:3 em volume, lisa, desempenada e isenta de umidade. Essa base tem de ser regularizada com massa preparada com uma parte de monômero vinílico dissolvida em oito partes de água, acrescentando o cimento necessário à obtenção de pasta trabalhável, a ser estendida sobre a superfície com desempenadeira dentada de aço, onde a placa vinílica será assentada.
- Secagem: imediata.
- Conservação: serão utilizados cera e detergente recomendados pelo fabricante.

13.12 Placa de borracha sintética

Trata-se de placa produzida por processos industriais à base de borracha sintética. São fabricadas em dois tipos:

- Placas com garras: para áreas internas e externas, de tráfego intenso de pedestres e veículos.
- Placas lisas: para áreas internas de tráfego normal de pedestres.

As dimensões são:

- Placas com garras: 50 cm × 50 cm, com espessura de 15,0 mm ou 8,5 mm.
- Placas lisas: 50 cm × 50 cm ou 60 cm × 60 cm, com espessura de 4,5 mm.

As placas com garras são assentadas com argamassa de cimento e areia. As placas lisas são aplicadas com adesivo. A forma da superfície das placas pode ser pastilhada, canelada ou frisada. A cor pode ser preta, vermelha, verde, cinza, azul, creme ou marrom. Suas propriedades são antiderrapante, amortecedora de ruídos e boa resistência ao cigarro aceso. Não é afetada por detergentes comuns, álcalis ou ácidos suaves. São fornecidas peças especiais para degraus, rodapés e testeiras. Seguem outros dados:

- Utilização básica: em pisos sujeitos a movimento intenso de pessoas, em rampas, escadas, em locais onde os pisos precisam ter marcantes características não escorregadias. Não pode ser aplicada em áreas sujeitas à umidade e à lavagem frequente. Não é recomendada para utilização em salas de cirurgia de hospitais, cozinhas industriais ou comerciais.
- Base para aplicação: contrapiso executado com argamassa de cimento e areia no traço 1:3, em volume, perfeitamente curado, desempenado, nivelado ou com os caimentos exigidos em projeto.
- Aplicação: o assentamento das placas com garras será feito sobre a superfície limpa, molhada, onde será espalhada, com uma desempenadeira dentada, uma nata pastosa composta de cimento, adesivo à base de PVA e água. Imediatamente depois, as placas deverão ser assentadas, tomando o cuidado de preencher as suas concavidades com argamassa de cimento e areia, no traço 1:2. Depois de 72 horas, o piso poderá ser utilizado normalmente. O assentamento das placas lisas fixadas com adesivo terá de ser feito aplicando uma camada fina e uniforme de adesivo na face inferior das placas e, ao mesmo tempo, empregando uma camada de adesivo no contrapiso. Esperar 20 minutos e assentar as placas no contrapiso. Utilizar, de preferência, o adesivo fornecido pelo fabricante das placas.
- Cuidados: as placas coloridas serão aplicadas somente em ambientes internos.

13.13 Piso melamínico de alta pressão (PMAP) ou piso laminado melamínico

13.13.1 Generalidades

Pisos melamínicos de alta pressão (PMAP) são chapas para revestimento de substratos rígidos, compostas de tela fibrosa, celulósica, impregnada com resinas termoestáveis amínicas e fenólicas, premoldada em fôrmas, montada, prensada por meio de calor e alta pressão, em que à camada de superfície são adicionadas texturas e diversos padrões de acabamento, lisos coloridos ou com simulações de madeiras, mármores e outros, sendo constituída de elementos que conferem ao material elevado índice de resistência ao desgaste. São apresentados na forma de chapas retangulares, placas quadradas ou réguas de larguras e comprimentos diversos, com espessura nominal mínima de 1,3 mm. São produzidos em diferentes versões, específicas para cada aplicação e uso. É um material de fácil manutenção e hipoalergênico. O Quadro 13.2 relaciona os tipos com seus principais campos de aplicação:

Quadro 13.2: Campos de aplicação

Tipo	Principais campos de aplicação
Convencional	Recomendado para ambientes internos residenciais e ambientes comerciais de tráfego equivalente ao de áreas residenciais
Fogo retardante	Os mesmos que o anterior, com a propriedade adicional de retardamento de chama
Reforçado ou de alta resistência	Recomendado para ambientes internos em áreas comerciais, hospitais e escolas com tráfego mais intenso que os ambientes residenciais
Reforçado/fogo retardante	Os mesmos que o anterior, porém com a propriedade adicional de retardamento da chama

13.13.2 Substrato indicado

PMAP pode ser aplicado sobre:
- base de cimento e areia, no traço 1:3, em volume;
- placas para pisos elevados acessíveis, constituídas de chapas de aço-carbono ou de madeira aglomerada de alta densidade.

O substrato deve estar seco e isento de umidade por infiltração. Sobre qualquer dos substratos citados, é extremamente importante que eles se encontrem adequadamente nivelados, limpos, sem possibilidade de desagregação do contrapiso. Quanto mais denso for o substrato, mais resistente será o piso acabado.

13.13.3 Adesivo indicado

Para qualquer dos substratos utilizados, o adesivo tem de ser cola de contato, à base de borracha sintética (policloropreno). Apresenta a qualidade de não ter cheiro, podendo o piso ser utilizado logo após à colagem.

13.13.4 Fatores importantes para boa colagem

Algumas recomendações para evitar problemas nas operações de colagem são:
- Superfícies de colagem impropriamente tratadas ou sujas.
- Adesivo inadequadamente homogeneizado.

- Quantidade insuficiente de adesivo em uma ou em ambas as superfícies a serem coladas: no momento da colagem, o filme do adesivo aplicado (da maioria dos adesivos de contato) exibe aparência semibrilhante sobre a superfície dos materiais a serem colados. É a faixa ou lapso de *tack* (colagem), em que a quase totalidade dos solventes já evaporou e a cola não adere mais aos dedos quando tocada. Normalmente, os substratos precisam receber maior quantidade de adesivo que o laminado.
- Colagem de superfícies abaixo de 21 °C.
- Colagem sem pressão adequada.
- Manutenção das latas do adesivo bem fechadas sempre que não estiverem sendo usadas e proibição de fumar ou acender fósforo ou isqueiro, bem como de ligar interruptor, ventilador ou aquecedor nos locais de armazenagem e aplicação.

13.13.5 Aplicação sobre base de cimento e areia

A base indicada para aplicação do PMAP deve ser executada com argamassa de cimento e areia, no traço 1:3, em volume, perfeitamente desempenada, plana e com acabamento acamurçado. Em hipótese alguma pode ser utilizada cal. A argamassa precisa estar bem curada (maior ou igual a 20 dias) e isenta de umidade por infiltração. Embora a base para aplicação do PMAP seja preparada por pedreiro, o aplicador terá de aprová-la, pois ele será o responsável pelo serviço.

13.13.6 Instruções de aplicação

- Remover a poeira do piso, isto é, da base.
- Fazer a *queimação*: remisturar o adesivo (e o diluente, quando necessário) até a completa homogeneização. Espalhar sobre a base com uma espátula lisa ou de dentes finos, o que permitirá a penetração do adesivo nos poros do cimentado.
- Aguardar até que o solvente se evapore completamente: aproximadamente 12 horas.
- Aplicar o adesivo.
- Somente executar essa operação depois de verificado se os eventuais recortes a serem feitos nas chapas se encontram bem executados e se elas se ajustarão perfeitamente segundo o projeto;
- Homogeneizar completamente o adesivo.
- Utilizar uma espátula dentada para espalhar uniformemente o adesivo sobre a base, passando a ferramenta em todos os sentidos e deixando sulcos no adesivo.
- Consumo recomendado de adesivo, incluindo a queimação: 1,0 kg/m² a 1,5 kg/m².
- A lâmina da espátula não pode ser de metal para evitar faíscas (confeccionar a espátula com o próprio laminado).
- Aguardar o tempo de secagem: o adesivo estará no ponto correto de aderência quando não grudar nos dedos (obedecer às normas de segurança do fabricante de cola contidas na embalagem).
- Enquanto é aguardada a secagem do adesivo aplicado na base, espalhar uma camada no verso do PMAP, utilizando a mesma espátula dentada.
- Colagem do PMAP:
    - ajustar uma de suas laterais na posição definitiva;
    - colocar o restante do PMAP na posição correta;
    - com as mãos, pressionar o PMAP contra a base, partindo do centro para as extremidades, para evitar a retenção de bolhas de ar;
    - para o assentamento final da chapa, das placas ou das réguas de PMAP, utilizar martelo de borracha; nesse caso, não bater diretamente sobre a peça, mas usar um pedaço de madeira (com cerca de 20 cm × 15 cm × 3 cm), devidamente protegido com carpete ou tecido similar;
    - deixar, entre as peças e também em relação às paredes, um afastamento (*folga*) para acomodação do laminado, correspondente à sua espessura.

- PMAP, adesivo e diluente devem ser estocados no ambiente onde serão instalados, por um período mínimo de 48 horas, para a devida aclimatação e estabilização.
- Caso haja necessidade de recorrer a algum tipo de perfuração, máquinas de furar, com velocidade na ordem de 10.000 RPM, com broca dotada de ponta de carbureto de tungstênio, apresentam excelente desempenho. É recomendável que todo material a ser perfurado, em peças individuais ou em blocos, seja apoiado sobre uma base de madeira ou similar, para evitar o estilhaçamento da borda do furo na saída da broca. Para furos com diâmetro de cerca de 3 cm, é recomendada a utilização de *serra de copo*. Furos com diâmetro maior têm de ser abertos com o recurso de gabaritos. Quando for necessário abrir *janelas* no laminado para instalação de tomadas elétricas, passagem de dutos etc., em forma quadrada, retangular, em "L" ou em outras formas geométricas, apresentando cantos vivos, é necessário proceder do seguinte modo:
    – puncionar os cantos da janela e perfurá-los com furadeira;
    – apoiar uma régua sobre o PMAP ligando o centro dos furos entre si;
    – passar o riscador até cortar totalmente a chapa, usando a régua como guia;
    – por funcionar como uma *mola*, essa alternativa de canto alivia com muita eficiência as tensões que provocam as fissuras;
    – dar acabamento final com lixa em todo o recorte.

A vantagem da aplicação do piso laminado é que ele pode ser utilizado logo após a sua instalação.

13.13.7 Instruções para corte do PMAP

Para corte manual do PMAP, é utilizado o dispositivo conhecido como riscador. Assim sendo:

- A peça a ser cortada precisa estar apoiada em uma superfície plana e estável, e com a face decorativa voltada para cima. A fim de proteger a ponta de vídea do riscador, é recomendável apoiar a peça sobre uma superfície de madeira ou pedaço sem utilidade do próprio PMAP.
- Marcar com lápis, sobre a face decorativa da chapa, a linha de corte.
- Apoiar uma régua sobre a linha e passar o riscador levemente sobre ela; passar essa ferramenta várias vezes para aprofundar o risco, atingindo metade da espessura da chapa.
- Vergar as duas partes da chapa no sentido da face decorativa, até que ela se parta sobre o sulco aberto.
- Evite que o riscador resvale, pois isso inutilizará a parte decorativa.
- Vergue a chapa suavemente, para evitar que se estilhace.

13.13.8 Características

Observadas as condições adequadas de aplicação, o PMAP possui:

- resistência ao desgaste;
- resistência a manchas e a produtos químicos domésticos não abrasivos;
- resistência à alta temperatura;
- resistência à água fervente;
- resistência a impactos;
- estabilidade de cores (resistência à luz de xenônio);
- estabilidade dimensional;
- facilidade de limpeza.

13.14 Eflorescência em revestimento de piso de área impermeabilizada

É comum observar o aparecimento de eflorescência sobre o rejuntamento de revestimento de piso em áreas que receberam (ou não) impermeabilização. Normalmente, são manchas esbranquiçadas que se sobressaem ao revestimento do piso e a ele aderem, causando sensível prejuízo estético. Tais ocorrências não são exclusivas de pisos cerâmicos em superfícies horizontais. Elas também ocorrem em superfícies verticais de edificação que receberam revestimento em placas de mármore ou granito, principalmente. Muito embora tais manchas sejam facilmente retiradas mediante solução diluída de ácido muriático (desde que o revestimento e o impermeabilizante permitam tal ação), a eflorescência não depende, absolutamente, da percentagem de caimento do substrato impermeabilizado. Na realidade, ela aparece por causa de um processo meramente químico. O cimento comum, reagindo com a água, resulta em uma base medianamente solúvel, denominada hidróxido de cálcio, na proporção de até 30%, dependendo da composição química do cimento. Como a camada de proteção mecânica e as argamassas de assentamento e de rejuntamento de piso contêm cimento, e essas camadas constituem um meio poroso, em sua composição encontra-se o hidróxido de cálcio livre. Em razão de dimensão dos poros, os íons solubilizados da base migram pelo interior da matriz porosa, fazendo com que eles venham a se depositar no rejuntamento do piso, ocasionando o contato com o ar atmosférico, que, por sua vez, contém anidrido carbônico, ávido pelo hidróxido de cálcio. Dá-se, então, a reação entre essas duas substâncias, resultando em carbonato de cálcio, sal insolúvel de coloração branca, responsável pela eflorescência. Para que ela não ocorra, é necessário que se impeça a reação de formação do sal insolúvel. Isso só se torna possível com a fixação do hidróxido no interior da matriz porosa, ou seja, com a sua transformação em sal insolúvel antes que ele atinja a atmosfera. Em outras palavras, é necessário que haja adição de alguma substância ao cimento (da argamassa de proteção mecânica e de assentamento) e, assim que se forme o hidróxido, ele seja consumido por ela, por uma reação química complementar de formação de um sal insolúvel. Uma das substâncias utilizadas com esse fim é a pozolana. Ela tem a capacidade de fixar o hidróxido na matriz porosa, na forma de silicatos. O cimento pozolânico, CP-IV, já vem preparado com a adição de pozolanas. Uma solução alternativa para esse problema se encontra na utilização de determinados cimentos tipo CP-III, contendo conveniente teor de escória de alto-forno. A escória age de maneira análoga à pozolana no que tange à fixação do hidróxido de cálcio no interior da proteção mecânica. No caso de aplicação de pedras decorativas, tanto em substratos verticais quanto em horizontais, convém salientar que a utilização de cal hidratada na argamassa de assentamento agrava sensivelmente a possibilidade de ocorrência de eflorescência. Recomenda-se, nesses casos, que se utilizem plastificantes específicos nas argamassas de cimento e areia, de modo a substituir a cal hidratada e conseguir a trabalhabilidade requerida para tal tarefa. Argamassas pré-fabricadas para assentamento e rejuntamento de revestimento, contendo cimento pozolânico e que utilizam aditivo plastificante, já são disponíveis no mercado.

13.15 Piso elevado

Trata-se de um piso elevado da laje (de 5 cm a 90 cm), utilizado em edifícios de serviços (escritórios), criando um espaço (entrepiso) para a instalação de cabos elétricos, de telefonia e de dados bem como dutos de ar condicionado e tubulação de água gelada para refrigeração, possibilitando a flexibilização do leiaute (instalações) dos ambientes de trabalho. Pode ser confeccionado em placas constituídas por duas chapas de aço (a superior lisa e a inferior estampada) com um miolo de concreto celular leve, revestido de carpete (em placas), laminado melamínico, placas vinílicas, madeira, porcelanato, borracha plurigoma, granito ou outros acabamentos. O miolo de concreto celular tem a função de tornar a placa metálica mais rígida. Os pisos são modulados com placas removíveis (para manutenção), em geral de 60 × 60 cm, apoiadas em pedestais reguláveis de aço, que possibilitam o nivelamento milimétrico do piso (para compensar as irregularidades do concreto da laje). Para montagem de pisos com altura superior a 60 cm ou pisos que suportem cargas elevadas, utilizam-se longarinas fabricadas de tubo de aço que são fixadas na parte superior dos pedestais, como um contraventamento. Outra opção são os pisos fabricados com policarbonato, em placas de 50 × 50 cm, revestidas com quaisquer dos materiais acima citados. Este sistema não possui pedestais reguláveis para ajustar a altura, o que, consequentemente, requer a regularização da laje antes da sua instalação. Há também a opção do piso monolítico, utilizável somente em áreas que não exijam constantes mudanças do leiaute.

Ele é moldado *in loco*, usando fôrmas de PVC preenchidas com massa mineral autonivelante, o que dá à superfície a aparência e a estabilidade de uma laje de concreto convencional. Os pisos elevados devem suportar as mesmas cargas que as lajes onde estão apoiados e podem precisar de reforço em áreas sujeitas a grandes cargas concentradas, como cofres. Existem acessórios fornecidos pelo fabricante, como tomada de eletricidade, caixas de passagem, placa de insuflamento de ar condicionado (circular ou em grelhas). Na manutenção as placas lisas de piso elevado só podem ser sacadas ou recolocadas na modulação mediante o uso de um ou dois sacaplacas especiais (ventosas) que agem por sucção, evitando assim danos como quebra do PVC (proteção do revestimento da placa). Não deve ser utilizada chave de fenda ou lâmina de aço para remoção ou ressentamento de uma modulação do piso. Na limpeza diária de piso melamínicos, vinílicos ou similares, recomenda-se:

- Use vassoura de pelo ou aspirador de pó.
- Evite deixar cair/acumular poeira entre a placa de piso e a longarina, pois isso irá certamente provocar ruídos e/ou rangidos.
- Utilize um pano macio e úmido para limpar a sujeira comum.
- Nunca jogue água no piso, só use pano úmido.
- Nunca passe produtos abrasivos ou corrosivos como lã de aço, sapóleo, pedra-pomes, soda cáustica, ácido muriático, água sanitária, removedor etc.
- Nunca use vernizes no piso elevado.
- Utilize cera de polimento para retirar riscos de rodízio de cadeiras e solados de borracha somente em caso de extrema necessidade.
- O enceramento inicial em revestimentos vinílicos é muito importante, pois protege contra riscos e sujeira, criando uma camada protetora e facilitando a sua limpeza diária com vassoura de pelo.
- Em alguns casos, aplique enceramento em revestimento melamínicos, obtendo bons resultados.
- Evite andar com resíduos de areia ou terra ou limalhas de aço nos sapatos, pois eles funcionam como abrasivos.
- Só use ocasionalmente solventes orgânicos (como querosene, aguaraz, varsol) quando houver necessidade de remoção de restos de tinta, laca, verniz, cola, traços de canetas esferográficas, lápis de cor, batom etc.
- Depois da aplicação desses solventes orgânicos, os eventuais sombreamentos das superfícies podem ser removidos com pano úmido.
- Para remoção de marcas de vela, restos de cera e parafina, utilize meios mecânicos, como lâminas de cobre ou de alumínio, estiletes de madeira ou de PVC, com o cuidado de não arranhar a superfície.
- Visto que os diluentes acima descritos penetram pela linha de cola, evitar que esses materiais se infiltrem entre o PVC e a placa do revestimento, ocasionando seu descolamento.
- Nunca utilize, na limpeza do piso elevado, derivados de petróleo, gasolina, tíner etc.

13.16 Piso externo

13.16.1 Piso intertravado de blocos de concreto

O pavimento intertravado de blocos modulares de concreto é executado com peças maciças pré-moldadas de concreto produzidas industrialmente por meio de processos mecânicos. As peças modulares são confeccionadas com cimento portland, agregados e água, com ou sem aditivos e/ou pigmentos, as quais, se devidamente assentadas e compactadas, formam uma pavimentação intertravada. Pode-se assim definir intertravamento de piso como sendo a capacidade que as peças têm de resistir e transmitir às peças vizinhas e ao solo os esforços oriundos do tráfego de veículos ou pessoas, sejam eles forças verticais ou horizontais ou de torção/rotação. A pavimentação deve ser feita sobre uma base plana, constituída de uma camada de brita 1 socada e recoberta por uma sub-base de cerca de 20 cm de areia. O preparo inadequado da base é a principal causa de patologias nos pisos intertravados. É importante ressaltar que a sub-base tem de apoiar-se num terreno adequadamente compactado. O assentamento das peças modulares, seja manual, seja mecânico, tem como princípio básico o intertravamento, que é a justaposição das peças modulares que se encaixam entre si, recobrindo a superfície a ser pavimentada. Para que o piso tenha um bom desempenho, as juntas entre as peças precisam ser totalmente preenchidas com areia seca e limpa. Antes da liberação da pavimentação do tráfego, verificar se todas as juntas estão completamente preenchidas com areia, se a superfície do pavimento está plana, se ela atende aos caimentos para drenagem superficial e se há alguma peça que precisa ser substituída. É necessário repetir a operação de selagem com areia caso seja necessário. A areia de selagem proporciona a transferência de esforços entre as peças de concreto, permitindo que elas trabalhem solidariamente e suportem assim as cargas solicitantes. A pavimentação com blocos intertravados tem característica drenante, ou seja, permite a infiltração de água através das juntas. No perímetro da área pavimentada com piso intertravado, a contenção lateral é muito importante, pois ela tem de conter o empuxo *para fora* produzido no pavimento, evitando dessa maneira o deslocamento das peças, a abertura das juntas e, consequentemente, a perda do intertravamento e, ainda, a fuga da areia do assentamento das peças de concreto. A versatilidade da aplicação das peças é uma vantagem, uma vez que o piso pode ser assentado em função da espessura das peças, em áreas de trânsito leve ou em locais de tráfego de veículos pesados – porém sobre esse pavimento não pode transitar caminhões com mais de quatro eixos (de 25 ton de carga máxima). Outra vantagem é que a substituição das peças avariadas pode ser feita de forma fácil pelo fato de o intertravamento não ser fixado com argamassa.

Capítulo 14
Rodapé, soleira e peitoril

14.1 Rodapé de madeira

Deverão ser da mesma madeira do piso e ter espessura de 1,5 cm. Sua colocação será feita depois do assentamento do soalho de tacos, parquetes ou tábuas. São fornecidos em varas de comprimentos diversos. A sequência dos serviços é:

- lixamento, com máquina manual, do piso junto das paredes;
- corte das varas obedecendo aos comprimentos dos locais, evitando emendas das peças (que terão de ser executadas em *meia-esquadria: a 45°*);
- fixação na parede com parafusos e buchas plásticas expansíveis, ou pregos sem cabeça.

14.2 Peitoril pré-moldado de concreto

Recomenda-se o uso de peitoris pré-moldados de concreto nas janelas do tipo padronizado, para melhor acabamento e proteção contra infiltração de água de chuva pela junção da esquadria com a alvenaria sobre a qual se apoiam. É necessário sempre prever pingadeira e rebaixo, observando o balanço externo e, de cada lado, o comprimento 5 cm superior ao do vão acabado, no mínimo. A junta exterior entre o peitoril e o caixilho da janela precisa ser vedada com mástique. A confecção dos peitoris será feita no canteiro de obras. A sequência dos trabalhos é:

- tomada das medidas exatas dos vãos (largura e espessura);
- escolha do local para a concretagem, em série, das peças (que será feita na posição horizontal, porém, invertida);
- montagem do tablado (observando o rebaixo a ser formado no peitoril) e das faces laterais da fôrma para os diversos tamanhos de peitoril;
- armação da ferragem com o aproveitamento de pontas do aço para concreto (mesmo com diâmetros variados);
- concretagem das peças, empregando brita nº 1, e riscando em seguida a bunha (sulco) da pingadeira com a ponta de colher de pedreiro;
- remoção das faces laterais da forma e das peças moldadas, depois de 8 dias;
- limpeza do tablado e remontagem das formas laterais, para fabricação de nova série de peitoris;
- assentamento da peça rigorosamente em nível, observando que a parte rebaixada deverá estar com caimento para fora e estar em balanço cerca de 4 cm, o que constituirá a pingadeira (mesmo depois do revestimento externo da parede).

14.3 Soleira

Quando uma porta interligar ambientes com diferentes revestimentos de piso, o encontro dos dois materiais ocorrerá exatamente sob a folha de porta fechada. Quando um dos pisos for lavável e o outro não, precisa ser deixado, exatamente sob a folha de porta fechada, um desnível de cerca de 1/2 cm, sendo certo que o piso lavável será o mais baixo. No caso de soleira de porta para o exterior, o desnível terá de ser de cerca de 2 cm.

Capítulo 15
Ferragem para esquadria

15.1 Terminologia

- *Fecho*: dispositivo em que uma peça metálica pode ser movimentada diretamente para manter fechados painéis (folhas de porta ou de janela), que, quando necessário, podem ser abertos.
- *Fechadura*: fecho composto por um mecanismo e acionado por maçaneta, puxador, chave ou tranqueta.
- *Fechadura de embutir*: instalada internamente na folha de porta, em encaixe próprio, aberto na espessura desta.
- *Fechadura de sobrepor*: tipo de fechadura para ser instalada sobreposta à folha de porta, em encaixe próprio.
- *Dobradiça*: dispositivo de fixação da folha ao marco (batente), que permite que a folha se movimente em torno de um eixo.
- *Caixa (ou corpo)*: peça que aloja o mecanismo interno da fechadura; porém, para fechaduras de sobrepor, sua função também é fixar a fechadura na porta e posicionar o trinco e a lingueta.
- *Tampa*: peça, oposta à caixa, que serve para fechar o mecanismo interno da fechadura.
- *Mecanismo interno*: conjunto de peças compreendidas entre a caixa e a tampa, que possui como função principal transmitir os movimentos internos da fechadura.
- *Lingueta*: peça acionada pelo mecanismo interno da fechadura, que se movimenta por ação de chave ou tranqueta, servindo para trancar a porta.
- *Trinco*: peça do mecanismo da fechadura, acionada por mola, cuja função é manter a porta fechada, e para sua retração faz-se necessário acionar a maçaneta ou puxador; porém, para alguns padrões, seu acionamento também pode ser efetuado pelo cilindro.
- *Cubo*: peça do mecanismo interno da fechadura, que recebe a ação da maçaneta, transmitindo-a ao trinco.
- *Guia da chave*: peça solidária à tampa, cuja função é guiar a chave interna até a fechadura através da espessura da porta.
- *Puxador*: peça acoplada ao trinco, cuja função é retraí-lo por movimento manual.
- *Chapa-testa*: peça solidária à caixa, cuja função é fixar a fechadura na porta e posicionar o trinco e a lingueta.
- *Falsa testa*: peça a ser sobreposta à chapa-testa, cuja função é arrematar e finalizar o acabamento da fechadura.
- *Contratesta/contracaixa*: peça fixada no marco (batente), portal ou outra folha da porta, com o objetivo de alojar a lingueta e o trinco quando a porta estiver trancada.
- *Maçaneta*: peça que transmite o esforço externo para acionar o trinco, pelo cubo, servindo também para puxar ou empurrar a porta.
- *Espelho*: peça que possui alojamentos para maçaneta, cilindro ou chave interna, ou chave de emergência e tranqueta, dando melhor acabamento e segurança ao conjunto fechadura montado na folha da porta.
- *Roseta*: peça que possui alojamento apenas para maçaneta, dando melhor acabamento e segurança ao conjunto fechadura montado na folha da porta.

- *Entrada* (de *chave*, de *cilindro* ou de *tranqueta*): peça que possui alojamento apenas para cilindro ou para chave interna ou para chave de emergência e tranqueta, dando melhor acabamento e segurança ao conjunto fechadura montado na folha da porta.
- *Obturador*: peça retrátil acoplada à entrada da fechadura auxiliar, que serve para manter a privacidade do usuário.
- *Guarnição*: peça externa do conjunto fechadura, fixada na folha da porta, sendo composta de maçanetas e espelhos, ou de maçanetas com rosetas e entradas, e respectivos parafusos de fixação.
- *Conjunto fechadura de embutir*: conjunto constituído pela fechadura propriamente dita, contratesta, chaves, guarnição e respectivos parafusos de fixação.
- *Conjunto fechadura de sobrepor*: conjunto constituído pela fechadura propriamente dita, contracaixa, chaves, respectivos parafusos de fixação e entrada ou guarnição.
- *Ferro da maçaneta*: peça formando conjunto de seção quadrada solidária a uma das maçanetas, que atravessa a porta e a fechadura pelo cubo, para receber a outra maçaneta.
- *Conjunto cilindro*: conjunto acoplado à fechadura, que, por ação da chave, transmite movimento à lingueta, trancando ou liberando a porta.
- *Cilindro*: peça responsável pelo alojamento de todos os demais componentes do sistema de segurança do conjunto cilindro, na versão monobloco (quando formado por um corpo único) ou bipartido (quando formado por dois corpos), sendo um externo e outro interno.
- *Canhão*: peça pertencente ao cilindro que recebe a chave e, solidária com ela, gira para acionar os elementos de funcionamento da fechadura.
- *Chave*: peça para ser introduzida no cilindro, liberando-o quando tiver o mesmo segredo, possibilitando que o cilindro transmita o movimento à lingueta.
- *Pino-segredo*: peça do mecanismo interno do cilindro que possibilita a ação da chave, em função de seus dentes.
- *Contrapino*: peça do mecanismo interno do cilindro que, pela ação da mola-segredo, posiciona o pino-segredo.
- *Mola-segredo*: peça do mecanismo interno do cilindro que atua sobre os contrapinos.
- *Pino para mestragem*: peça do mecanismo interno do cilindro que é utilizada para variação de segredo com utilização da chave-mestra.
- *Alavanca de acionamento*: peça do mecanismo do cilindro que, fixada ao canhão, permite transmitir o movimento da chave ao mecanismo interno da fechadura.
- *Chave interna*: peça para ser introduzida na fechadura tipo interno, liberando-a quando tiver o mesmo segredo, possibilitando que ela transmita o movimento à lingueta, trancando ou destrancando a porta.
- *Cubinho*: peça do mecanismo interno da fechadura tipo banheiro que, recebendo a ação da tranqueta ou chave de emergência, transmite o movimento à lingueta, trancando ou liberando a porta.
- *Tranqueta*: peça pertencente à guarnição que, ao girar, transmite o movimento do cubinho à lingueta.
- *Chave de emergência*: peça utilizada em situações de emergência que, ao girar, transmite o movimento do cubinho à lingueta, permitindo a liberação da porta pelo lado externo.
- *Identificação*: gravação no conjunto fechadura que identifica o fabricante, número da norma técnica, data e país de origem.
- *Mestragem*: determinado grupo de cilindros, todos com segredos diferentes, que, além de movimentados individualmente por suas chaves próprias, são também movimentados por uma chave especial denominada mestra.
- *Chave-mestra*: chave capaz de acionar diversos segredos diferentes de um determinado grupo de cilindros.

15.2 Generalidades

Na compra de ferragem, deve-se atentar para: a segurança desejada, a qualidade do material, a espessura da folha da esquadria e o sentido da abertura da porta. Ao se especificar uma fechadura de embutir, é necessário cuidar para que sua espessura seja, no mínimo, 1 cm menor que a espessura da porta, e para que as dobradiças não tenham maior largura que a da folha da esquadria. Em alguns casos, as ferragens têm lado de localização. As ferragens precisam apresentar algumas qualidades, como boa resistência mecânica, ao desgaste e à oxidação, e facilidade de manuseio. São geralmente confeccionadas de ferro e, parcial e preferencialmente, de latão.

15.3 Fecho

Há dois tipos básicos de fecho: os de girar e os de correr. Entre os de girar estão os ganchos, as carrancas (que servem para prender as folhas, de janela ou porta-balcão, de abrir para fora), os fixadores de porta, as borboletas para janela de guilhotina etc. Entre os de correr, existem as tranquetas de fio chato ou de fio redondo, os cremonas de sobrepor ou de embutir, o fecho de unha e o chamado fecho paulista (utilizado em janelas de correr). Todos esses fechos podem ser movimentados diretamente, sem dispositivo especial.

15.4 Fechadura

As fechaduras têm, como partes essenciais, o trinco e/ou a lingueta. O trinco mantém a porta apenas fechada; é um fecho simples. A lingueta mantém a porta fechada e travada (*trancada*). Há dois tipos básicos de fechaduras:

- *Fechadura de cilindro*: apresenta maior segurança; um sistema de pinos mantém o cilindro imóvel quando a chave não está na posição devida; ao mover-se, o cilindro libera ou movimenta a lingueta. Há três tipos de cilindro: de encaixe, de roscar e monobloco (esse último mais seguro).
- *Fechadura de gorges*: nesse tipo, as chaves têm ranhuras longitudinais que fazem movimentar pinos (gorges) para soltar a lingueta.

As maçanetas podem ser de alavanca ou de bola. As fechaduras podem ser de uma ou duas voltas de chave, dando estas últimas maior segurança. Elas podem ser de diversos tipos, entre outros, de chave central, em fecho paulista, em fecho *blim-blim* etc. A altura da maçaneta (ou peça equivalente) da fechadura das portas, em relação ao nível do piso acabado, deve ser de 1,05 m. O assentamento das ferragens será executado com particular esmero. Os encaixes para dobradiças, fechaduras de embutir, chapa-testas etc. terão a forma exata das ferragens, não sendo toleradas folgas que exijam emendas, taliscas de madeira etc.

15.5 Dobradiça

As dobradiças são de tipos variados: comum, pivô (colocado nos vértices da abertura), invisível, tipo piano, de braço longo ou de portão, palmela etc. As dobradiças comuns são compradas por suas medidas em polegadas, abertas, sendo a primeira medida sua altura e a segunda a largura.

15.6 Puxador

Entre os puxadores, é enorme a variedade: comum ou de alça, de concha (embutido ou de sobrepor), de botão, acionado por botão na chapa testa (para porta de correr) etc.

Capítulo 16

Vidro

16.1 Glossário de vidros planos

- *Float* (ou cristal): vidro plano transparente, incolor ou colorido, com espessura uniforme e massa homogênea, o que lhe confere excepcionais qualidades ópticas.
- *Impresso*: no processo de fabricação recebe a impressão de um desenho ou padrão, tornando-o translúcido (deixa passar a luz mas não permite a visão). A impressão fica em altorrelevo. É fabricado em vários padrões, inclusive como antirreflexo, adequado para quadros e painéis.
- *Refletivo*: float que recebe uma camada de óxidos metálicos com a finalidade de aumentar a reflexão dos raios solares, reduzindo a absorção do calor. Como proporciona conforto térmico, é indicado para locais com grande incidência de raios solares, como fachadas de prédios e coberturas.
- *Serigrafado*: recebe uma pintura pelo processo serigráfico e passa por aquecimento para a fixação da tinta no vidro. Existem vários desenhos e padrões disponíveis.
- *Acetinado*: vidro comum submetido a tratamento com ácidos, que alteram suas características estéticas, tornando-o geralmente translúcido.
- *Blindado*: em geral, conjunto de camada de vidros e outros materiais, como polímeros, para resistir a impactos de projéteis.
- *Insulado* (ou duplo): constituído por duas ou mais chapas de vidro intercaladas por um perfil metálico, que cria uma câmara de ar. Possibilita redução na transmissão de energia (calor) e isolamento acústico (principalmente quando associado a vidros laminados).
- *Espelho*: produzido a partir da deposição de metais, principalmente prata, sobre uma face do vidro. Em seguida, o metal é protegido por camadas de tinta. Normalmente, é utilizado o vidro *float*, mas o processo também pode ser aplicado ao vidro impresso, para uso em decoração.
- *Vidros de segurança*: produzidos a partir do *float* ou impresso, com o objetivo de minimizar riscos em caso de quebra acidental. Os vidros de segurança são definidos como aqueles que, quando fraturados, produzem fragmentos menos suscetíveis de causar ferimentos graves.

16.2 Generalidades

Os vidros planos para edificações são classificados em recozidos (também chamados de comuns), temperados, laminados e aramados, podendo também ser classificados como lisos, impressos (também chamados fantasia) ou *float* e, ainda, como incolores ou coloridos e também classificados em transparentes ou não. Definem-se assim como:

- *Vidro recozido*: vidro comum, tratado de forma a liberar suas tensões internas após a saída do forno.
- *Vidro temperado*: vidro com maior resistência mecânica e ao choque térmico que o vidro recozido, tratado de forma a, quando fraturado, fragmentar-se totalmente em pequenos pedaços arredondados menos cortantes.

Esse tipo de vidro não pode ser recortado, perfurado ou trabalhado depois de receber o tratamento. Trata-se de um vidro *float* ou impresso que recebe um tratamentro térmico (é aquecido e rapidamente resfriado).
- *Vidro laminado*: composto por duas ou mais chapas de vidro firmemente unidas por película(s) de polivinil butiral (PVB), por meio de processo que utiliza pressão e calor, de forma que, quando quebrado, mantém os estilhaços aderidos à película. Existe um processo artesanal de produzir vidro laminado, que constitui de uma resina líquida (polímero acrílico ou de poliéster que é unida ao vidro por cura química por meio de exposição a raios ultravioletas, formando um outro tipo de vidro laminado. Porém, esse processo é lento, com o alto índice de rejeição de peças.Vidro
- *Vidro liso ou estirado*: vidro transparente que apresenta leve distorção de imagens, ocasionada por características do processo de fabricação.
- *Vidro float*: vidro transparente fabricado por processo de flutuação, permitindo visão sem distorção de imagens.

Tais vidros não devem apresentar defeitos, como ondulações, manchas, bolhas, riscos, lascas, incrustações na superfície ou no interior da chapa, irisação (defeito que provoca decomposição da luz branca nas cores fundamentais), superfícies irregulares, não uniformidade de cor, deformações ou dimensões incompatíveis. Em se tratando de vidros de segurança laminados, são conhecidos alguns defeitos típicos que requerem atenção na conferência. São eles:

- *Defasagem*: escorregamento relativo entre as chapas de vidro constituintes do vidro laminado.
- *Descolamento*: falta de aderência entre as chapas de vidro e a película de material aderente.
- *Manchas de óleo*: mancha causada pela penetração de substâncias oleosas pelas bordas do vidro laminado.
- *Embranquecimento*: região da chapa de vidro com aparência leitosa.
- *Mancha da película aderente*: qualquer área restrita que apresenta diferença de coloração em relação ao restante da chapa de vidro laminado.
- *Impressão digital*: marca deixada, durante o manuseio, entre as chapas do vidro laminado.
- *Inclusão*: toda substância estranha entre as chapas do vidro.
- *Linha*: defeito na película do material aderente, resultando, depois da fabricação do vidro laminado, em aspecto de fio.
- *Risco da película aderente*: qualquer área restrita que apresenta diferença de coloração em relação ao restante da chapa de vidro laminado.

A espessura de uma chapa de vidro tem de ser medida com um paquímetro, com precisão de 0,05 mm, junto da borda, em uma única medição. A largura e o comprimento serão medidos com uma trena metálica com precisão de 1 mm. As chapas, quando transportadas ou armazenadas em cavaletes, devem formar pilhas de no máximo 20 cm e ser apoiadas com inclinação de 6% a 8% em relação à vertical. Para pilhas de vidros laminados, o número de chapas não pode ultrapassar 20 unidades. O armazenamento dos vidros tem de ser feito em local adequado, ao abrigo de poeira, de umidade que possa provocar condensações e de contatos que venham deteriorar as superfícies das chapas. Depois de assentadas as placas transparentes, não é indicada a marcação (temporária) dos vidros (de maneira bem visível para evitar acidentes), com tinta à base de cal, que constitui um produto agressivo, podendo produzir marcas permanentes no vidro. Recomenda-se a utilização de tinta látex (PVA), de fácil limpeza e não agressiva. Do pedido de fornecimento, constarão, entre outros, o tipo de vidro, o acabamento das bordas (lapidado ou esmerilhado); medidas (largura, comprimento, espessura) que precisam ser confirmadas na obra pelo fornecedor; cor desejada. As placas de vidro deverão, sempre, ficar assentadas em leitos elásticos quer de gachetas especiais (de *neoprene*, em geral), quer de elastômeros. A fixação das placas de vidro será sempre efetuada com emprego de baguetes ou com perfis de *neoprene*. Não será tolerado o assentamento de vidros, nas esquadrias de madeira ou metal, apenas com massa. Os vidros lisos transparentes serão assentados de modo a ficar com as ondulações na direção horizontal. As bordas de corte serão esmerilhadas, sendo terminantemente proibido o emprego de vidro que apresente arestas estilhaçadas. Como exemplos de aplicação, a porta de correr de varanda deve ter vidro de segurança e um guarda-corpo tem de ter vidro laminado ou aramado para evitar que o objeto que o tenha impactado seja projetado para fora.

16.3 Tipos e aplicação

A aplicação na posição vertical é recomendada para qualquer tipo de vidro. Quanto à colocação horizontal, recomenda-se o disposto no Quadro 16.1.

Quadro 16.1: Tipos de vidro

Tipo de vidro	Aplicação horizontal	
Recozido (comum)	não	
Temperado (de segurança)	sim	
Laminado (de segurança)	sim	(*)
Laminado antibalas (de segurança)	sim	
Laramado (de segurança)	sim	
Termoabsorvente	sim	
Composto	sim	(**)
Termorrefletor	sim	(**)
Quanto à forma		
Chapa plana	sim	
Chapa curva	sim	
Chapa perfilada	não	
Quanto à transparência		
Transparente	sim	(**)
Translúcido	sim	(**)
Opaco	sim	(**)
Quanto ao acabamento das superfícies		
Float	sim	(**)
Impresso	sim	(**)
Fosco	sim	(**)
Espelhado	sim	(**)
Refletivo	sim	(**)
Gravado	não	
Quanto à coloração		
Colorido	sim	(**)
Incolor	sim	(**)
Quanto à colocação		
Em caixilhos	sim	(**)
Autoportantes	não	
Mista	não	

(*) Em determinadas aplicações.
(**) Laminado, quando de segurança.

16.4 Vidro plano comum impresso (fantasia)

São fornecidos em 12 tipos de desenho, com espessura de 4 mm; apenas o tipo pontilhado é fornecido também nas espessuras de 8 mm e 10 mm. Sua colocação exige cuidados, podendo excepcionalmente ser executada com massa de vidraceiro, quando se tratar de placas de pequenas dimensões. Quanto à furação, esse tipo de vidro aceita recortes ou furos para a sua fixação, sendo necessário tomar as devidas cautelas para evitar o enfraquecimento da peça.

16.5 Vidro plano temperado

A resistência mecânica do vidro temperado é aproximadamente seis vezes maior que a do vidro comum de mesma espessura e poderá ser utilizado sem o auxílio de caixilhos. Suas dimensões máximas para uso em relação à espessura são indicadas na Tabela 16.1.

Tabela 16.1: Vidro temperado

Espessura (mm)	Em caixilho Comprimento (cm)	Largura (cm)	Autoportante Comprimento (cm)	Largura (cm)
6	170	95	80	95
8	250	150	220	130
10	290	190	290	190

Sua aplicação pode ser feita:

- em caixilhos: assentado com massa plástica ou selante, em esquadrias de ferro, alumínio, madeira ou plástico;
- autoportantes: colocados com ferragens especiais, como dobradiças, fechaduras, puxadores, trincos, sistemas corrediços etc.

Na colocação, os vãos deverão ser rigorosamente medidos antes do corte das lâminas de vidro, que serão entregues pelo fornecedor já nas dimensões predeterminadas, não admitindo recortes, furos ou qualquer outro beneficiamento na obra.

16.6 Vidro plano aramado

Trata-se de vidro plano, liso, translúcido, com uma malha metálica quadrada de 1/2"inserida no vidro em fusão durante o processo de fabricação, tendo como principal característica a resistência que oferece ao fogo, sendo considerado um material antichama. Sua espessura é de 7 mm e é utilizado basicamente em vãos de esquadria e painel, internos ou externos, em que é exigido vidro de segurança e com resistência ao fogo. É utilizado também em forros e coberturas (para iluminação zenital), em parapeitos, divisórias etc. Sendo base para sua aplicação caixilho metálico, deverá ser colocado com massa elástica. Em rebaixos fechados, o vidro será preso com baguetes e apoiado em calços de *neoprene*, elastômero ou eventualmente de plástico rígido. Os calços serão colocados no bordo inferior ou nos bordos laterais. Os vãos precisam ser rigorosamente medidos antes da encomenda dos vidros, pois as chapas não aceitam recortes ou furos executados na obra, sendo entregue pelo fabricante o material pronto para colocação.

16.7 Vidro laminado

Vidro laminado é um sanduíche formado por duas ou mais camadas de vidro, intercaladas por uma ou mais películas de polivinil butiral (PVB) e unidas por um processo de pressão e calor. O resultado é um material vítreo resistente, de excelente desempenho, que mantém a transparência original do vidro. O vidro laminado pode ser produzido, em vez de PVB, com uma resina líquida (polímero acrílico ou poliéster) unida ao vidro por cura química ou por meio de exposição a raios ultravioletas, sendo este um processo de fabricação artesanal. Pelas normas técnicas, o envidraçamento de guarda-corpos, parapeitos, sacadas e vidraças não verticais sobre passagem deve ser protegido com telas metálicas ou executado com vidros de segurança laminados ou aramados. O mesmo se aplica a casos de utilização em claraboias ou telhados. Ainda, para pavimentos acima do piso térreo, as chapas de vidro voltadas para o exterior, quando colocadas até a 1,1 m acima do respectivo piso, também precisam ser de segurança, laminadas. Resumindo, a utilização do vidro laminado é obrigatória em locais que ofereçam risco de acidente, por ser o único tipo de vidro que não se quebra ao ser impactado. Assim, além da segurança pessoal, o vidro laminado também proporciona segurança patrimonial, uma vez que, dependendo de sua configuração, é possível reduzir riscos de roubo e vandalismo. No processo de montagem do vidro laminado, é fundamental seguir as normas técnicas específicas para o material. Além disso, é importante ter atenção e tomar alguns cuidados, observando as precauções necessárias:

- O vidro laminado tem de ser aplicado sempre em caixilhos.
- No momento de encomendar o vidro ao fabricante, não se pode esquecer de solicitar que as bordas sejam lapidadas, para eliminar as microfissuras.
- O vidraceiro deve medir o vidro em função do caixilho, levando em consideração a folga lateral de 4,5 mm e a folga periférica de 6 mm (lembrar que, com o sol, o vidro pode sofrer dilatação e, se não houver folgas, pode ocorrer rachaduras).
- O rebaixo do caixilho (sulco para encaixar a chapa de vidro) precisa permitir que o vidro fique embutido, de acordo com o cálculo da dimensão da chapa mais a folga.
- Antes de instalar o vidro laminado, é necessário verificar se a medida está dentro daquilo que foi solicitado.
- O caixilho tem de estar extremamente limpo (sem traços de argamassa, pó ou resíduos oleosos etc.).
- É preciso aplicar os respectivos calços no caixilho. Esses calços (*neoprene*, EPDM ou polietileno) devem estar na posição apropriada de acordo com o tipo de caixilho.
- A vedação será feita com silicone.
- É necessário lembrar que o silicone não pode ficar em contato com *neoprene* ou EPDM, pois é incompatível a esses produtos.

16.8 Bloco de vidro

Trata-se de peça formada por parede dupla de vidro, com uma camada de ar rarefeito entre elas. Conforme a textura das faces, é possível obter efeitos visuais diversos entre dois ambientes, desde a transparência até a translucidez. Suas dimensões e peso mais comuns são indicadas na Tabela 16.2.

Tabela 16.2: Blocos de vidro

Largura (cm)	Altura (cm)	Espessura (cm)	Peso (kg/peça)
19	19	08	2,5
24	24	08	4,1
20	20	06	2,0
20	20	10	2,7

É fabricado em diversos modelos, sendo os mais comuns com faces:

- internas e externas lisas;
- externas lisas e internas em relevo ondulado;
- externas lisas e internas em relevo canelado cruzado;
- externas em textura xadrez;
- externas em textura boreal.

É aplicado como elemento de vedação fixo, quando o ambiente projetado requer translucidez e claridade, sem que esse ambiente seja devassado. A base para aplicação deve ser superfície nivelada e acabada. Na aplicação, conferir o nível e o prumo da primeira peça colocada. Assentar os blocos à distância de 1 cm da alvenaria e colocar na junta de cada bloco separadores plásticos. A argamassa para colocação dos blocos tem a seguinte composição:

- uma parte de cimento comum;
- três partes de areia média;
- quatro partes de cal hidratada.

Nas juntas entre blocos, é necessário ser colocada uma barra corrida de arame de aço para concreto, para solidarização do painel de vidro e para possibilitar sua amarração às laterais do vão. O rejuntamento das peças tem de ser feito com cimento branco. Tomar o cuidado de limpar as peças antes de a argamassa secar. Depois da argamassa endurecida, retirar os separadores.

16.9 Vitrocerâmica

É um material cerâmico com importantes propriedades termomecânicas, sendo produzido por técnicas vidreiras e constituído por microcristais, sem poros entre eles, dispersos em uma fase vítrea (trata-se de uma combinação de silício, alumínio, lítio e óxidos. É obtido submetendo o vidro comum a temperaturas elevadas (de 500 °C a 1000 °C), tratamento esse que provoca a sua cristalização. Os materiais vitrocerâmicos possuem maior resistência que os vidros comuns (não sendo porém totalmente inquebráveis), baixa condutividade elétrica e quase nenhuma dilatação térmica. Apresentam baixa condutividade térmica e resistência a choque térmico, sendo por essas razões utilizados em tampo de fogões elétricos de bancada (*cooktop*): mesa vitrocerâmica.

Capítulo 17
Pintura

17.1 Terminologia

- *Abrasão*: desgaste provocado pelo atrito. Em tintas, resistência à abrasão significa a propriedade de o acabamento manter sua estrutura e aspecto originais, quando submetida a esfregamento ou atrito.
- *Absorção*: ato ou efeito de reter em si.
- *Adsorção*: incorporação de uma substância à superfície de outra.
- *Acabamento*: etapa final do sistema de pintura, ao qual se atribuem os efeitos decorativos, como a cor desejada, grau de brilho, textura e outras propriedades. É também responsável pela resistência às intempéries, ataques químicos e danos mecânicos.
- *Adesão/aderência*: ato de estar intimamente ligado, inerente tanto ao sistema tinta/substrato, como ao sistema de pintura em que diversas demãos de diferentes tintas devem estar completamente ligadas.
- *Aditivos*: compostos que, adicionados às tintas, conferem a elas características ou propriedades específicas, tais como antisedimentação, secagem, plastificação etc.
- *Agentes de cura/catalisador*: substância adicionada a outra, resultando uma reação química irreversível, concedendo ao produto final características especiais, como a resistência a agentes químicos, dureza, etc.
- *Alquídica*: resina sintética, usualmente feita com anidroftálico, glicerol e acidos gordos de óleos vegetais. Não deve ser aplicada diretamente em superfícies alcalinas, a não ser que antes seja aplicado um *primer* alcalinoresistente ou um protetor penetrante.
- *Anticorrosivo*: característica do produto de proteger contra a corrosão os substratos de ferro ou ligas ferrosas.
- *Calcinação*: depósito pulverulento de coloração esbranquiçada formado na superfície do filme, causado pela degradação do veículo.
- *Cargas/pigmento estendedor*: materiais inorgânicos, naturais ou sintéticos, de baixa opacidade, sem propriedades colorísticas, e que conferem às tintas certas propriedades, como de enchimento, textura, controle de brilho, dureza, resistência à abrasão e outras.
- *Cobertura*: propriedade da tinta de encobrir o substrato no qual foi aplicado.
- *Cor*: impressão produzida no órgão visual por raios da luz branca decomposta. Fisicamente, é a propriedade de os corpos absorverem e refletirem a luz em determinados comprimentos de onda, normalmente atribuídos aos pigmentos, cuja resultante são as cores dentro do espectro visível.
- *Corante*: substância natural ou sintética solúvel no veículo utilizado para dar cor, e que não concede cobertura.
- *Corrosão*: fenômeno resultante da exposição do substrato aos agentes atmosféricos, como: umidade, radiação ultravioleta, temperatura, agentes químicos e biológicos etc.
- *Craqueamento*: defeito na película seca, sob a forma de fendas ou fissuras, com ou sem exposição do substrato.
- *Degradação*: processo de alteração das características originais, como a de deteriorar.
- *Demão*: cada uma das camadas de produto aplicada sobre um substrato.

- *Desempenho (performance)*: conjunto de características que demonstram o grau de qualidade de um produto ou sistema.
- *Diluente*: líquido volátil compatível com o produto, cuja finalidade é ajustar a viscosidade ou a consistência de fornecimento e uso, podendo também ser utilizado para limpeza do equipamento de aplicação.
- *Durabilidade*: capacidade de um produto manter suas propriedades ao longo do tempo, sob condições normais de uso.
- *Eflorescência*: depósito de coloração esbranquiçada de sais minerais, proveniente do substrato, que aparece na superfície dos acabamentos.
- *Empolamento*: formação de bolhas na superfície do acabamento provenientes de líquidos ou gases.
- *Emulsão*: sistema de dois líquidos imiscíveis, um dos quais está disperso no outro na forma de pequenas gotas.
- *Esmalte*: líquido, usualmente um polímero em solução, que forma uma pintura de proteção quando aplicada sobre uma superfície. A pintura formada pode ser uma película ou um plástico ou então pode ser formado pela oxidação de um óleo secativo (devido ao oxigênio do ar).
- *Epóxi*: resina plástica termofixa que endurece quando a ela se mistura um agente catalizador ou "endurecedor". As resinas epóxi mais comuns são produtos de uma reação entre epicloridrina e bisfenol-a.
- *Filme*: película de produto aplicado e seco.
- *Fissura*: defeito estrutural da película caracterizado pela descontinuidade alongada.
- *Flexibilidade*: capacidade de um filme ou película ser maleável, elástico.
- *Fundo*: primeira(s) demão(s) de uma tinta sobre o substrato, que funciona como uma ponte entre o substrato e a tinta de acabamento. A tinta de fundo tanto pode ser chamada de *primer* como de *selador*.
- *Fungicida*: substância química que inibe o desenvolvimento de fungos (microrganismos que mancham as superfícies das tintas e causam a degradação da película).
- *Glicerina*: substância orgânica que se une a ácidos graxos (oleosos) para formar as gorduras.
- *Intemperismo*: conjunto de processos provocados por agentes atmosféricos e biológicos cuja ação gera a destruição física e a degradação química dos materiais.
- *Laca*: esmalte ou verniz que seca pela evaporação do solvente, ficando um filme como pintura de proteção. É uma tinta orgânica usada para proteção e embelezamento da madeira. As lacas celulósicas são as mais importantes. Podem ser transparentes ou coloridas, contêm ester de celulose e também podem conter ou não outras resinas sintéticas.
- *Látex (tinta à base de)*: produto à base de emulsão aquosa de polímeros sintéticos.
- *Lavabilidade*: capacidade da película de um produto de resistir à lavagem.
- *Não voláteis*: todos os materiais na composição do produto que não evaporam. Também conhecidos como sólidos de uma tinta.
- *Óleo de linhaça*: óleo secativo produzido pela espremedura da semente do linho, usado em tintas, vernizes e laca. É excelente agente hidratante.
- *Óleos secativos*: óleos que possuem a propriedade de formar um filme, quando expostos ao ar.
- *Pigmentos*: substâncias sólidas, insolúveis, orgânicas ou inorgânicas, que dão ao filme seco as propriedades de cor, cobertura e resistência aos agentes químicos e à corrosão.
- *Pintura*: revestimento protetor e decorativo de uma superfície com substância líquida específica.
- *Plastificantes*: substâncias que, quando adicionadas a um produto, conferem a ele propriedades de formar filmes mais flexíveis.
- *Polimerização*: processo em que duas ou mais moléculas de uma ou mais substâncias se ligam para formar uma estrutura múltipla das unidades iniciais.
- *Polímero*: produto resultante da polimerização.
- *Ponto de orvalho*: temperatura na qual ocorre a condensação. Nenhuma pintura poderá ser aplicada em uma superfície na qual a temperatura seja pelo menos 15 °C acima desse ponto.
- *Resinas*: substâncias que conferem propriedades específicas à película de um produto, como impermeabilidade, resistência a agentes químicos e ao intemperismo, brilho, dureza, aderência, flexibilidade etc. Cada resina tem uma ou mais propriedades específicas, e é a sua natureza que vai definir a base da tinta.

Capítulo 17 – Pintura

- *Resinas naturais*: substâncias orgânicas, sólidas, originadas da secreção de certas plantas, insetos ou fósseis, de propriedades inflamáveis e termoplásticas, solúveis em solventes orgânicos apropriados, que, quando evaporados, formam filmes.
- *Resinas sintéticas*: substâncias conforme acima descrito, porém obtidas por polimerização.
- *Secantes*: compostos organometálicos que aceleram a secagem de óleos secativos.
- *Solventes*: líquidos voláteis que permitem dissolver a resina, possibilitando a obtenção do veículo.
- *Solução*: mistura homogênea e límpida de duas ou mais substâncias.
- *Substrato*: toda ou qualquer superfície à qual é aplicado o sistema de pintura.
- *Tintas*: produtos compostos de veículo, pigmentos, aditivos e solventes, que, quando aplicados sobre um substrato, se convertem em película sólida, dada a evaporação do solvente e/ou reação química, com a finalidade decorativa, de proteção e outras.
- *Tintas à base de dispersão*: tintas contendo como veículo uma dispersão aquosa estável de resinas sintéticas, polimerizadas por emulsão, que também são conhecidas como tintas plásticas ou látex.
- *Tintas à base de emulsão*: tintas cujo veículo (óleo, verniz ou resina sintética) é emulsionado em água, por agitação.
- *Tíner*: mistura de solventes e diluentes cuja função básica é igual à do diluente.
- *Veículo*: fração líquida da tinta, constituída basicamente por resina e solvente, cuja finalidade é se converter em película sólida (filme). A natureza da resina do veículo é que vai definir a base do produto (à base de...).
- *Verniz*: veículo sem pigmentos, que, quando seco, forma um filme transparente.
- *Voláteis*: todos os materiais da composição do produto que evaporam.

17.2 Generalidades

As superfícies rebocadas (a receberem pintura) deverão ser examinadas e corrigidas de todos e quaisquer defeitos de revestimento, antes do início dos serviços de pintura. Todas as superfícies a pintar serão cuidadosamente limpas, isentas de poeira, gorduras e outras impurezas. As superfícies poderão receber pintura somente quando estiverem completamente secas. A principal causa da curta durabilidade da película de tinta é a má qualidade da primeira demão, de fundo (*primer*), ou a negligência em providenciar boa base para a tinta. Nas paredes com reboco, têm de ser aplicadas as seguintes demãos:

- *Selador*: composição líquida que visa reduzir e uniformizar a absorção inútil e excessiva da superfície.
- *Emassado*: para fechar fissuras e pequenos buracos que ficarem na superfície e que só aparecem depois da primeira demão de selador.
- *Aparelhamento* (da base): para mudar as condições da superfície, alisando-a ou dando-lhe uma textura especial;
- a segunda demão e as subsequentes só poderão ser aplicadas quando a anterior estiver inteiramente seca, sendo observado, em geral, o intervalo mínimo de 24 horas entre as diferentes aplicações. Após o emassamento, esse intervalo será de 48 horas. Serão dadas tantas demãos quantas forem necessárias, até que sejam obtidas a coloração uniforme desejada e a tonalidade equivalente, partindo dos tons mais claros para os tons mais escuros.

Ferragens, vidros, acessórios, luminárias, dutos diversos etc., já colocados, precisam ser removidos antes da pintura e recolocados no final ou, então, adequadamente protegidos contra danos e manchas de tinta. Deverão ser evitados escorrimentos ou respingos de tinta nas superfícies não destinadas à pintura, como concreto ou tijolos aparentes, lambris, que serão lustrados ou encerados, e outros. Quando aconselhável, essas partes serão protegidas com papel, fita-crepe ou outro qualquer processo adequado, principalmente, nos casos de pintura efetuada com pistola. Os respingos que não puderem ser evitados terão de ser removidos com emprego de solventes adequados, enquanto a tinta estiver fresca. Nas esquadrias de ferro, depois da limpeza da peça, serão aplicadas as seguintes demãos:

- fundo antióxido de ancoragem (zarcão ou cromato de zinco);
- selador;

- emassado;
- fundo mate (sem brilho).

As superfícies metálicas e outros materiais cobertos por *primer* durante a fabricação serão limpos para remoção de sujeira, partículas finas, concreto, argamassa, corrosão, etc., acumulados durante ou após sua instalação. As superfícies de ferro (a pintar) que apresentarem pontos descobertos ou pontos enferrujados deverão ser limpas com escova ou palha de aço e retocadas com o mesmo *primer* anticorrosivo utilizado, antes da aplicação da segunda camada de fundo na obra. Os trabalhos de pintura externa ou em locais mal abrigados não poderão ser executados em dias de chuva. O armazenamento do material tem de ser feito sempre em local bem ventilado e que não interfira com outras atividades da construção. Todos os panos, trapos oleosos, estopas e outros elementos que possam ocasionar fogo precisam ser mantidos em recipientes de metal e removidos da construção diariamente. A aplicação de tinta a pincel é um método relativamente lento. Entretanto, apresenta vantagens quando se quer obter melhor contato da tinta com superfícies muito irregulares ou rugosas. Para que a tinta possa ser considerada boa para ser aplicada a pincel, ela obedecerá aos seguintes requisitos:

- espalhar-se com pequeno esforço (não poderá ser excessivamente viscosa ou *espessa*);
- permanecer fluida o tempo suficiente para que as marcas do pincel desapareçam e a tinta não escorra (nas superfícies verticais).

17.3 Pintura a látex (PVA)

A tinta látex tem sua composição à base de copolímeros de PVA (acetato de polivinila) emulsionados em água, pigmentada, de secagem ao ar. Seguem os dados:

- *Tempo de secagem*: de 1/2 a 2 horas (ao toque); de 3 a 6 horas (entre demãos); de 24 horas (de secagem final para ambientes internos); de 72 horas (de secagem final para ambientes externos).
- *Rendimento por demão*: de 30 m²/galão a 45 m²/galão, sobre reboco; de 40 m²/galão a 55 m²/galão, sobre massa corrida ou acrílica.
- *Número de demãos*: duas a três.
- *Cores*: as mais diversas. É possível também adquirir a tinta na cor branca e misturá-la com corantes diversos, também fornecidos (em bisnagas) pelo fabricante.
- *Ferramentas*: rolo de lã de carneiro, trincha e pincel. Os acessórios e ferramentas, imediatamente depois do uso, deverão ser limpos com solvente recomendado pelo fabricante.
- *Utilização básica*: superfícies de quaisquer inclinações, internas ou externas, onde se quer resistência aos raios solares, às intempéries e que estejam sujeitas à limpeza frequente. Poderá ser aplicada sobre reboco de tempo de cura recente, pois sua microporosidade permite a exsudação por osmose, de eventual umidade das paredes (respiração da película), sem empolamento nem afetação do acabamento. Não se poderá utilizar diretamente sobre superfícies metálicas.
- *Base para aplicação*: terá de ser lixada e seca, livre de gordura, fungos, restos de pintura velha e solta, pó ou outro corpo estranho. Em superfícies muito absorventes ou pulverulentas, como tijolos de barro, reboco muito poroso, mole e arenoso, aplicar uma ou duas demãos de selador. Em seguida, será aplicada tinta PVA com rolo, pincel ou trincha, diluída em 20% de água. A primeira demão servirá como seladora em superfícies pouco porosas. Duas ou três demãos serão suficientes. Espaçar as aplicações de 3 a 6 horas, no mínimo. A segunda demão será aplicada pura.
- *Generalidades*: quando uma película da tinta é aplicada, a água se evapora e as partículas de resina se juntam, mais ou menos completamente, para formar a película útil. As tintas emulsionáveis são fáceis de aplicar, não têm odor, não são inflamáveis e suas películas secas são fáceis de limpar. Os pigmentos poderão ser empregados até o máximo de uma bisnaga de 112 cm³ para um galão de tinta látex. Eventuais manchas de óleo, graxa ou mofo precisam ser removidas com detergente à base de amônia e água a 5%, ou com solvente específico. As tintas serão rigorosamente agitadas dentro das latas e periodicamente revolvidas antes de usadas, evitando a sedimentação dos pigmentos e componentes mais densos. Quando for indicado revestimento com massa corrida, o trabalho será executado conforme as seguintes indicações:

- duas demãos de massa corrida (lixa fina entre uma e outra demão) aplicadas com desempenadeira de aço ou espátula;
- intervalo mínimo de 6 horas entre as demãos;
- lixamento da última demão;
- pintura com tinta látex, em duas demãos, das superfícies já tratadas com massa corrida.
- *Embalagem*: um quarto de galão (0,9 L); galão (3,6 L); lata de 18 L.
- *Orientação*:
  - pintar primeiramente as superfícies exteriores e depois as interiores;
  - pintar o prédio de cima para baixo;
  - evitar condensação de vapor de água nas paredes durante a pintura de superfícies internas;
  - em tempo muito quente, umedecer levemente as paredes de reboco novo.

17.4 Pintura a esmalte

17.4.1 Generalidades

Os esmaltes são obtidos adicionando pigmentos aos vernizes ou às lacas, resultando daí uma tinta caracterizada pela capacidade de formar um filme excepcionalmente liso. O esmalte sintético é fabricado à base de resinas alquídicas obtidas pela reação de poliésteres e óleos secativos. Seu tempo de secagem é de 4 a 6 h para o toque, e 24 h para secagem completa. O rendimento é de 20 a 50 m²/galão, por demão. Poderá ser utilizada em superfícies de qualquer inclinação, internas ou externas, e deverá ser aplicada em base seca, livre de gorduras, fungos, ferrugem, restos de pintura velha solta e pó. É preciso aplicar a primeira demão de selador (*primer*) de acordo com o tipo de base (madeira ou ferro), em uma ou duas camadas, espaçadas de 18 a 24 h, conforme o caso. Em seguida, o esmalte sintético será aplicado com pincel, rolo, revólver ou por imersão, diluído com solvente, se necessário, em função do tipo de base. Serão suficientes duas a três demãos. A proporção básica para diluição é de 20% para a primeira demão e de 5% a 10% para a segunda demão. A tinta terá de ser remisturada com frequência, com espátula ou régua de madeira, durante a utilização. Na sua aplicação, deve-se proceder conforme o caso:

17.4.2 Esmalte sobre superfície de madeira

Limpeza preliminar pelo lixamento a seco com lixa nº 1 e remoção do pó da lixa. Em seguida, uma demão de aparelhamento, aplicada com trincha, de acabamento fosco. Depois, uma demão de massa corrida, aplicada com espátula ou desempenadeira metálica, bem calcada em todas as fendas, depressões e orifícios de pregos ou parafusos. Em seguida, lixamento a seco com lixa nº 1 ou nº 1,5 e subsequente limpeza com pano seco. Depois, segunda demão leve de massa corrida, corrigindo defeitos remanescentes. Em seguida, lixamento a seco com lixa nº 00 e subsequente limpeza com pano seco. Finalmente, duas demãos de acabamento com esmalte sintético, sendo a primeira fosca. A massa corrida sintética só poderá ser usada em interiores ou exteriores abrigados, à sombra, distante de intempéries.

17.4.3 Esmalte sobre superfície metálica

Caso a pintura de fundo (dada nas esquadrias pelo serralheiro, na oficina, antes da colocação da peça) esteja danificada ou manchada, retocar toda a área afetada, bem como todas as áreas sem pintura e os pontos de solda, utilizando a mesma tinta empregada pelo serralheiro. Efetuar, em seguida, sobre as superfícies de ferro, a remoção de eventuais pontos de ferrugem, quer seja por processo mecânico (aplicação de escova de aço seguida de lixamento, e remoção do pó com estopa umedecida em benzina), quer seja por processo químico (lavagem com ácido clorídrico diluído, água de cal etc.). Posteriormente, deverá ser aplicada uma demão de tinta zarcão verdadeira ou de cromato de zinco. Não constituindo a demão de fundo anticorrosivo, por si só, proteção suficiente para os elementos metálicos, será vedado deixá-los expostos ao tempo por longo período sem completar a pintura de acabamento. Terá de ser feito um repasse com massa onde necessário para regularizar a superfície, antes da aplicação das demãos de acabamento. A espessura do filme, por demão de tinta esmalte, será de no mínimo 30 micrômetros.

17.5 Pintura a óleo

As tintas a óleo são constituídas de:

- *Veículos*: são óleos secativos, isto é, quando expostos ao ar em finas camadas, formam uma película útil (sólida, relativamente flexível e resistente, aderente à superfície, aglutinante do pigmento etc.). O veículo das tintas poderá conter uma resina alquídica, à qual os óleos secativos se incorporam quimicamente (tinta fosca de base alquídica, para interiores). As principais vantagens dessa adição são: melhor adesividade da película resultante, melhor flexibilidade e secagem mais rápida.
- *Solventes*: a função essencial desses componentes é baixar a viscosidade do veículo de maneira a facilitar a aplicação da tinta em cada caso particular. É conveniente também estocar as tintas na forma de misturas de alta viscosidade e diluí-las no momento da aplicação. A vantagem desse procedimento é que ele contribui para evitar a sedimentação de pigmentos em camada endurecida, apresentada por algumas tintas. Além disso, os solventes desempenham um papel importante e não muito bem explicável na formação da película; se mal escolhidos, darão margem a uma série de defeitos na película durante ou logo depois da aplicação. O solvente mais usado em tintas a óleo é a aguarrás. Usa-se também gasolina sem aditivos.
- *Secantes*: são catalisadores da absorção química de oxigênio e, portanto, do *processo de secagem*. As quantidades usadas variam de 0,05 a 0,2%. Quantidade excessiva de secante ocasiona películas duras e quebradiças.
- *Pigmentos*: consistem em pequenas partículas cristalinas que são insolúveis nos demais componentes da tinta (óleo, solventes etc.) e têm por finalidade principal dar cor e opacidade à película útil. Muitos pigmentos são substâncias inorgânicas, como cromato de chumbo, óxido de titânio, alvaiade de chumbo, óxido de zinco, óxido de ferro e zarcão.

Recomenda-se somente empregar tintas preparadas industrialmente. Para obtenção das tonalidades especificadas, admite-se a mistura na obra, atendidas as recomendações e prescrições do fabricante. A tinta deverá ser frequentemente revolvida dentro do recipiente. É necessário, em qualquer caso, ser observadas as seguintes determinações específicas, no caso de pintura a óleo sobre ferro:

- Limpeza a seco.
- Emassamento necessário à correção das superfícies.
- Duas demãos de tinta de acabamento.
- No caso de a pintura aplicada pelo serralheiro se apresentar danificada, tomar as seguintes medidas:
    - limpeza da superfície por meios químicos ou mecânicos;
    - aplicação de uma demão de água e cal;
    - aplicação de uma ou duas demãos de tinta anticorrosiva.

17.6 Pintura à base de cal

Tintas para caiação são muito econômicas. Seu componente principal é a cal extinta, produzida a partir de rochas calcárias e dolomíticas, que apresentam baixo teor de óxidos de ferro e de alumínio, o que determina o índice de alvura na pintura. As tintas coloridas poderão ser obtidas por incorporação de pigmentos ou corantes resistentes ou estáveis em relação a cal. A máxima quantidade de pigmentos não poderá ir além de 10%. Para aumentar a aderência e a durabilidade da película, é recomendável aplicar, como fundo, cola de caseína, de peixe, de carpinteiro ou outras. A caiação exige duas demãos, aplicadas com broxa ou, excepcionalmente, com pincel, porém, nunca com rolo, especialmente em tetos, sendo a primeira dada com cerca da metade da quantidade de cal extinta da demão final, com adição de *fixador* (óleo de linhaça ou de cozinha). Para tetos, é útil a adição de gesso. As tintas à base de cal extinta e gesso já se encontram preparadas no comércio. Exigem somente a adição de duas partes de água a uma parte do pó, ou na proporção indicada pelo fabricante, e um certo tempo de repouso antes de serem aplicadas. O consumo é de cerca de 0,6 L/m², para duas demãos. A pulverulência da caiação é baixa, garantindo uma camada de cobertura homogênea, lisa e firme. O poder de cobertura é elevado. A aderência da caiação é boa quando aplicada sobre argamassa, concreto ou blocos de concreto. A facilidade de aplicação é elevada, variando com a viscosidade da suspensão da cal e com as características da superfície a ser caiada (lisa ou rugosa, seca ou úmida). A sequência mais recomendável dos serviços de caiação é a seguinte:

- limpeza e lixamento das paredes e tetos com vassoura, escova ou lixa de calafate;
- vedação de fendas e falhas, eventualmente verificadas no revestimento, com argamassa no traço 1:1:6 de cimento, cal e areia, em volume, quando as falhas forem grandes, ou idêntica à do reboco, quando pequenas;
- umedecimento das superfícies a pintar, jogando sobre elas água limpa;
- aplicação, por meio de broxa, como primeira demão, da cola, evitando escorrimento;
- aplicação, com intervalos de 48 horas, de segunda e terceira demãos cruzadas de caiação, adicionada do óleo, em direções perpendiculares.

Sua utilização básica é em paredes externas ou internas. É adequada para as internas de ambientes com pouca ventilação, como banheiros, cozinhas e garagens, pois permite a *transpiração* de paredes, dificultando o aparecimento de manchas de mofo sobre as superfícies pintadas.

17.7 Pintura lavável multicolorida com pigmentos

Trata-se de tinta à base de resina alquídica e celulósica, com pigmentos. É apresentada em várias cores. Sua aplicação pode ser sobre a superfície de paredes (de escadas e demais áreas de uso comum), previamente lixada e perfeitamente limpa, livre de pó, gordura, umidade, bolor ou outras impurezas. Deve-se aplicar uma demão de tinta látex, na cor mais próxima possível à cor principal da tinta multicolorida. Agitar vigorosamente o galão fechado durante 2 minutos, para que as partículas se misturem. Ao abrir o galão, mexer a tinta em movimentos suaves, com a utilização de espátula. Diluir a tinta multicolorida, se necessário, com até 10% de redutor específico ou água. A tinta precisa ser aplicada com pistola com caneca de pressão ou tanque de pressão, utilizando a pressão de pulverização de 20 a 30 Lb/pol². A tinta multicolorida não poderá ser aplicada sobre pintura com tinta à base de pó solúvel em água. Uma demão será o suficiente. Caso contrário, terá de ser aplicada a segunda demão, cruzada, depois de no mínimo 3 a 5 horas. O tempo de secagem ao toque é de 3 horas, e o de secagem total é de 3 dias. O rendimento é de aproximadamente 10 m²/galão a 12 m²/galão, por demão. A tinta multicolorida não poderá ser usada depois de seis meses da data de sua fabricação. O pintor precisa proteger-se com máscara respiratória, óculos e luvas. Durante a aplicação e a secagem, há necessidade de ser mantida boa ventilação do ambiente. Para limpeza do equipamento, serão utilizados água e solvente especificado pelo fabricante.

17.8 Pintura com hidrofugante

Trata-se de solução à base de cristais de silicone, incolor, para tratamento de superfícies, com a finalidade de torná-las repelentes à água. Sua aplicação não modifica a cor nem a aparência (brilho ou textura) das superfícies tratadas e evita a formação de manchas por causa da umidade. Não é afetada pelo sol. As superfícies a serem pintadas com hidrofugante (tijolos à vista, concreto aparente e reboco) deverão receber os estucamento e lixamento necessários antes de sua aplicação. Esta (que não poderá ser feita em dias chuvosos) tem de ser em duas demãos fartas, com a utilização de rolo de lã de carneiro, pistola ou pincel. A primeira precisa ser aplicada até a saturação, e a segunda, de 6 a 24 horas depois. O produto não poderá ser diluído. O tempo de secagem é de 30 minutos a 2 horas. O rendimento em substrato com porosidade grande (tijolos maciços cerâmicos ou blocos vazados de concreto simples) é de 3 m³/L a 7 m²/L e em base com porosidade média (concreto aparente, reboco, blocos silicocalcários ou tijolos maciços cerâmicos) é de 7 m³/L a 13 m²/L.

17.9 Pintura com verniz

Os vernizes são soluções de gomas ou resinas, naturais ou sintéticas, em um veículo (óleo secativo, solvente volátil), soluções essas que são convertidas em uma película útil, transparente ou translúcida, depois da aplicação em camadas finas. As propriedades do verniz dependem da natureza da resina e do óleo no qual ela se dissolve. É necessário empregar sempre o tipo de verniz adequado para cada caso particular. Verniz que possua alta resistência à água poderá ser muito quebradiço para ser utilizado em soalhos. Verniz utilizado para interiores poderá ser inadequado para uso externo. Os elementos de madeira, para receber verniz, deverão sofrer lixamento preliminar com lixa nº 80 e, em seguida, com lixa nº 120. É preciso aplicar então uma farta demão de imunizante pentaclorofenol, deixando secar e endurecer as resinas durante 24 horas. Depois desse período, remover o excesso de pentaclorofenol, passando um pano seco sobre a madeira e aplicando uma demão de verniz selador fosco, que terá de secar pelo período determinado pelo fabricante. Deve-se tapar os furos de prego e outras imperfeições na superfície da madeira com massa de pintor, aplicada com espátula e proceder ao lixamento com lixa nº 120, seguido de limpeza com pano seco. O acabamento será dado em duas demãos, a primeira com corante para igualar a cor, se for o caso, e com retoques onde necessários, antes da última demão.

17.10 Pintura de madeira com verniz poliuretânico

Trata-se de verniz incolor para madeira, à base de resinas poliuretânicas e aditivos que filtram os raios solares, protegendo a superfície. Deverá ser aplicado com pincel, rolo de espuma de borracha ou pistola. É necessário preparar a superfície, lixando-a, eliminando poeira, manchas, gordura, serragem ou mofo. O produto é fabricado com acabamento brilhante (mais durável para exteriores) e fosco. Deverão ser aplicadas três a quatro demãos para obter resultado satisfatório. O rendimento é 35 m²/galão a 40 m²/galão, por demão, sendo o intervalo entre as demãos de 18 h a 24 h. Para diluição, usa-se aguarrás ou diluente indicado pelo fabricante. O tempo de secagem completa é de 18 a 24 horas. A utilização básica é em envernizamento de superfícies de madeira em geral, tanto em exteriores como interiores.

17.11 Pintura com tinta epóxi

As pinturas com tinta epóxi em paredes obedecerão às instruções do respectivo fabricante e mais às seguintes:
- lixamento da superfície rebocada para remoção de partículas soltas;
- cuidadosa remoção do pó, preferivelmente com jato de ar, seguida da aplicação de uma demão de *primer*;
- aplicação de duas demãos de massa corrida à base de epóxi, com desempenadeira de aço ou espátula
- lixamento e remoção do pó;
- aplicação de duas demãos de tinta epóxi bicomponente (misturada na obra), com equipamento do tipo *airless spray* de alta pressão, formando um filme de 140 micrômetros.

17.12 Pintura por deposição eletrostática de pó

17.13 Cores da tubulação aparente

Após os testes, a canalização aparente, usualmente existente em edificações residenciais, comerciais e principalmente industriais, deverá ser pintada nas seguintes cores fundamentais:
- vermelha: quando de água para uso exclusivo de combate a incêndio;
- verde: quando de água fria;
- cinza-escura: quando eletroduto;
- amarela: quando de gás combustível;

- preta: quando de esgoto;
- marrom: quando de águas pluviais.

17.14 Repintura

17.14.1 Substratos metálicos

Um fator importante para a obtenção do tempo máximo de vida de pinturas aplicadas sobre superfície metálica é a sua manutenção periódica sob a forma de retoque de áreas que se mostrem gastas, danificadas ou oxidadas (enferrujadas). Os pontos defeituosos podem ser limpos com palha de aço, sendo feita a aplicação de tinta de fundo antioxidante no local, seguida de repintura, sem dificuldade e com pequeno custo. Quando a pintura também tiver boa aderência, desempenhando também função protetora, mas com algumas áreas localizadas apresentando problemas, a proteção poderá ser prolongada, executando apenas uma leve preparação da superfície e aplicação de uma demão de tinta de repintura. Nesse caso, as pequenas áreas danificadas devem ser escovadas com palha de aço e sobre elas é aplicada a tinta redutora de fundo. A superfície total a ser pintada tem de estar seca e limpa, isenta de sujeira, poeira, óleo, graxa, eflorescência e partículas soltas. A superfície preparada pode então receber uma demão de repintura, preferencialmente do mesmo tipo que a anterior, para assegurar melhor compatibilidade entre as duas camadas de pintura. Se as falhas estiverem distribuídas genericamente sobre a superfície, evidenciadas por pontos de ferrugem, descascamento, bolhas e vesículas, ou mesmo por exposição do substrato, torna-se necessária a remoção completa da pintura velha até a superfície do metal, para que a repintura tenha bom resultado. A remoção da pintura velha e a limpeza da superfície podem ser executadas por jateamento de areia até que o substrato esteja na condição denominada *metal branco*.

17.14.2 Substrato à base de cimento (alvenaria revestida ou concreto)

17.14.2.1 Repintura com tinta látex (à base de PVA) ou acrílica

Nas superfícies que se apresentam em boas condições, isto é, livres de pulverulência, bolhas, vesículas ou descascamento, a preparação, antes da repintura com tinta látex, envolve apenas lavagem completa com água limpa. Já naquelas com sujeira, óleo, graxa, pulverulência e materiais soltos, a limpeza precisa ser efetuada conforme indicado nesta seção. Superfícies que apresentam pulverulência elevada, principalmente de pintura antiga à base de cimento ou de cal, não podem ser satisfatoriamente repintadas. A película de látex sobre esse tipo de base não apresenta boa aderência. Portanto, aconselha-se o jateamento com areia antes da preparação, de acordo com a Seção 17.13.2. Já quando levemente pulverulentas, podem ser preparadas conforme indicado na Seção 17.13.2, seguida de aplicação de líquido preparador, que é uma tinta de baixa viscosidade, à base de resina fenólica com óleo de sementes de tungue ou de soja, ou mesmo de linhaça, dissolvida em solvente orgânico, com pequenos teores de pigmentos e cargas. Em superfícies muito deterioradas, a pintura deve ser totalmente removida; os princípios de limpeza e preparo são semelhantes aos da pintura sobre superfícies não pintadas. Esse tipo de problema ocorre comumente em casos de eflorescência ou descoloração por causa do excesso de umidade existente no substrato (de concreto ou alvenaria). Quando a umidade é proveniente do interior da parede, ela tem de ser eliminada antes da pintura, por uma drenagem mais eficiente ou de impermeabilização local.

17.14.2.1.1 Repintura com tinta à base de óleo ou resina alquídica

Esse tipo de pintura é menos resistente à umidade e à alcalinidade do que a tinta látex. Entretanto, é mais impermeável e requer menos mão de obra no preparo da superfície para aplicação. As áreas levemente pulverulentas, mas firmemente aderentes, requerem apenas escovamento e remoção da pulverulência, mesmo quando pintadas inicialmente com tinta à base de cimento. Outros contaminantes existentes na superfície precisam ser removidos conforme indicado a seguir na Seção 17.13.2. A existência de bolhas e descolamentos evidencia problemas de umidade. A aplicação desse tipo de tinta deve ser sempre realizada sobre superfície bem seca. Nas áreas onde a pintura estiver deteriorada, escamando ou descolando, ela tem de ser completamente removida por jateamento de areia, raspagem com espátula ou com escova de fios de aço.

17.14.2.1.2 Repintura com tinta à base de cimento ou cal

Alvenaria pintada com esse tipo de tinta, e que não apresenta problema além do desgaste natural, pode receber repintura sem preparo da base. Em casos de pulverulência ou poeira, ela precisa ser limpa com escova de fios duros (por exemplo, de piaçaba). Entretanto, se a tinta velha estiver escamando, em deterioração, ela deverá ser totalmente removida por jateamento ou com escova com fios de aço, conforme indicado na Seção 17.13.2. As tintas à base de cimento não apresentam aderência sobre película de pintura de base orgânica; dessa forma, essa película deve ser removida por jateamento com areia antes da repintura. Em casos de caiação, se necessário, a superfície pode ser tratada com solução de ácido muriático diluído, seguida de lavagem com água em abundância e completa secagem antes da repintura.

17.14.3 Substrato de madeira pintada com esmalte ou verniz

A repintura com esmalte ou verniz pode ser realizada facilmente quando a superfície não se apresentar deteriorada. Nesse estágio, ela requer apenas uma leve preparação, isto é, escovamento e lavagem do pó ou sujeira. Por outro lado, se a pintura apresentar grandes áreas deterioradas, ela deverá ser totalmente removida, por removedores de pintura, raspagem e lixamento, conforme adiante mencionado na Seção 17.13.2. Quando a partícula se apresentar gasta e fina, com início de aparecimento da base e da desagregação da pintura, é a época mais própria para a repintura. Se a pulverulência é leve, o escovamento é suficiente, e se intensa e com sujeira, é necessária lavagem com detergente e jato de água e, por último, lixamento. Se a deterioração apresentar-se em pontos localizados, a película precisa ser raspada, escovada e lixada, até o aparecimento do substrato, seguida de aplicação de tinta de fundo. Na limpeza de superfície, há casos em que é necessária a utilização de removedores de tinta. Eles geralmente contêm solventes voláteis tóxicos, requerendo, na sua utilização, boa ventilação do ambiente. No caso de a superfície apresentar-se com contaminantes gordurosos, é necessário realizar a limpeza conforme a Seção 17.13.2, e, se a pintura for brilhante, a superfície tem de ser deixada levemente áspera por meio de lixa ou palha de aço, a fim de aumentar a aderência da pintura nova. Como já ressaltado, em qualquer repintura, deve ser evitada uma espessura grande, pela aplicação de muitas demãos ou repintura com frequência. O problema é maior no caso de pintura sobre madeira.

17.15 Princípios gerais para a execução de pintura

17.15.1 Limpeza

De maneira geral, a remoção de sujeira, pó e materiais soltos pode ser efetuada por escovação, lavagem com água ou aplicação de jato de água. Quando necessário, empregar raspagem com espátula, escova de fios de aço ou jato de areia. Os processos de limpeza a seco têm de ser seguidos por lavagem com água ou aplicação de ar comprimido, para a remoção da poeira remanescente na superfície. No caso de eflorescência, a limpeza será efetuada por escovação da superfície seca, utilizando escova de cerdas macias. A remoção de eflorescência em grandes áreas será realizada por jateamento de areia; não sendo possível, utilizar escova de fios de aço. Em caso de grande quantidade de eflorescência, executar a limpeza da superfície com solução de ácido muriático de 5% a 10%. A utilização dessa solução deve ser repetida até que toda eflorescência seja removida. Para essa aplicação, a superfície tem de ser umedecida previamente com água, e a solução ácida aplicada em seguida, mantendo-a durante 5 minutos. Em seguida, a superfície precisa ser limpa com escova de fios duros e enxaguada com água em abundância. No caso de utilização de tinta látex, depois da limpeza com solução ácida, a superfície tem de ser neutralizada com solução de fosfato trissódico, enxaguando-a em seguida com água em abundância. Ocorrendo manchas de óleo desmoldante, graxa e outros contaminantes gordurosos, a remoção pode ser efetuada por limpeza com solução ácida ou alcalina, de fosfato trissódico (30 g de Na_3PO_4 em 1 L de água) ou soda cáustica, e, em alguns casos, até por processos mecânicos. A remoção também pode ser efetuada aplicando solventes à base de hidrocarbonetos. Na limpeza com solução alcalina, a superfície deve ser lavada com água em abundância. Esse procedimento será utilizado no caso de uso de tintas látex à base de resinas acrílicas ou estireno-butadieno; no entanto, em caso de emprego de tintas a óleo ou alquídicas, ele precisa ser evitado. A remoção de sujeira pode ser efetuada por água, ou por lavagem com solução de fosfato trissódico, e, a seguir, enxaguada com água, evitando molhar excessivamente a base. Em caso de manchas de bolor, a remoção pode ser efetuada por meio de escova de fios duros, com solução de fosfato trissódico ou com solução de hipoclorito de sódio (4% a 6% de cloro ativo), e, em seguida, lavada com água em abundância.

17.15.2 Condições ambientais durante a aplicação

A pintura externa não pode ser executada quando da ocorrência de chuva, condensação de vapor de água na superfície da base e em casos de ocorrência de ventos fortes com transporte de partículas em suspensão no ar (poeira). A pintura interna pode ser feita mesmo em condições climáticas que impeçam a execução da pintura externa, desde que não ocorra condensação de vapor de água na superfície da base. A pintura interna deve ser realizada em condições climáticas que permitam que as portas e janelas fiquem abertas.

17.15.3 Pintura interna – procedimento de execução de serviço

17.15.3.1 Documentos de referência

Projeto de arquitetura, memorial descritivo e manuais técnicos dos fabricantes de tinta (quando houver).

17.15.3.2 Materiais e equipamentos

Além daqueles existentes obrigatoriamente no canteiro de obras, quais sejam, entre outros:
- PCs e EPIs (capacete, botas de couro, luvas de borracha e máscara respiradora contra poeira);
- água limpa;
- desempenadeira lisa de aço;
- escova de piaçaba;
- estopa;
- carrinho de mão;
- guincho;

mais os seguintes (os que forem necessários para a obra):
- espátula;
- folha de lixa para paredes;
- folha de lixa para madeira;
- folha de lixa para ferro;
- espanador ou escova de cerdas macias;
- rolo de lã de carneiro (de pelo baixo) com cabo;
- rolo de espuma (de poliéster) com cabo;
- trinchas (largas e chatas) de 2" e 4";
- pincéis (redondos e ovais);
- bandeja plástica;
- régua mexedora;
- escada de pintor de cinco degraus;
- aguarrás;
- líquido selador (fundo) à base de resina PVA ou fundo preparador de paredes à base de água;
- líquido selador (fundo) à base de resina para madeira;
- tinta zarcão ou Fundo à base de óxido de ferro;
- massa corrida de PVA;

- gesso estuque (em pó);
- massa a óleo;
- tinta látex PVA;
- corante em bisnaga;
- esmalte sintético brilhante, acetinado ou fosco;
- tinta a óleo (brilhante) ou alquídica (fosca);
- verniz (brilhante ou fosco) ou verniz poliuretânico (brilhante ou fosco);
- diluente à base de aguarrás.

17.15.3.3 Método executivo

17.15.3.3.1 Condições para o início dos serviços

Os revestimentos internos de paredes e tetos devem estar concluídos com uma antecedência mínima de 30 dias (se feitos com argamassa à base de cal), de 15 dias (se com argamassa industrializada, sem cal) ou de 10 dias (se com pasta de gesso). Os revestimentos de piso também têm de estar concluídos, com exceção da colocação de carpetes têxteis ou de madeira. Todos os batentes, portas e caixilhos precisam estar instalados e acabados, com ferragens e vidros colocados. A totalidade das instalações elétricas e hidráulicas necessita estar concluída e testada, com aparelhos sanitários e interruptores/tomadas colocados (porém, sem os respectivos espelhos). A superfície deve estar firme (coesa), limpa, seca, sem poeira, gordura, eflorescências ou mofo (bolor) e isenta de contaminantes e sujeira em geral. Madeiras têm de estar secas (não pintar sobre madeira verde). Proteger os pisos ou esquadrias com lona e fita crepe, respectivamente.

17.15.3.3.2 Execução dos serviços

Preparação da superfície
Paredes e tetos revestidos de argamassa:
- É necessário eliminar toda espécie de brilho e eflorescência, utilizando lixa de grana apropriada e, se necessário, espátula.
- Partes soltas ou mal aderidas precisam ser removidas, raspando ou escovando o substrato e, depois, retirando o pó com escova de cerdas macias ou espanador.
- Manchas de graxa ou gordura tem de ser eliminadas com solução de água e detergente (nunca solvente) na proporção de 1:1; em seguida, enxaguar abundantemente e aguardar a secagem.
- Partes mofadas devem ser removidas, esfregando a superfície com solução de água e água sanitária, na proporção de 1:1. Depois, enxaguar intensamente e esperar a secagem.
- Imperfeições profundas no substrato necessitam ser corrigidas com a mesma argamassa usada no revestimento.
- Fissuras e imperfeições rasas na superfície serão corrigidas com massa corrida PVA, em camadas finas, utilizando desempenadeira lisa de aço e espátula; nesse caso, antes da aplicação da massa, as partes localizadas precisam ser previamente tratadas com líquido selador à base de PVA; depois do emassamento, tem de ser aguardado um período de cura de cerca de 4 horas ou de secagem do gesso para dar continuidade ao serviço.

Paredes e tetos revestidos de pasta de gesso:
- A superfície necessita ser lixada, com eliminação das imperfeições.
- O pó deve ser removido, escovando ou espanando o substrato.
- Imperfeições profundas na superfície precisam ser corrigidas com pasta de gesso, usando desempenadeira lisa de aço.
- Fissuras e imperfeições rasas no substrato têm de ser corrigidas com massa corrida PVA em camadas finas, utilizando desempenadeira lisa de aço e espátula; nesse caso, antes da aplicação da massa, as partes localizadas serão previamente tratadas com líquido selador à base de PVA; depois do emassamento, é necessário aguardar um período de cura de cerca de 4 horas para dar continuidade ao serviço.

Superfícies de madeira:

- Sujeira e depósitos superficiais como resina da própria madeira e sais provenientes de tratamento preservante devem ser removidos com escova ou espátula.
- Manchas de graxa ou gordura têm de ser eliminadas com estopa embebida em aguarrás.
- A superfície necessita ser lixada na direção das fibras da madeira, para eliminação das farpas.
- O pó deve ser removido, escovando o substrato e limpando com estopa levemente umedecida com água; aguardar a secagem da superfície.
- Pequenas rachaduras precisam ser preenchidas com massa a óleo e as imperfeições tratadas com lixa.

Superfícies de ferro:

- Pontos de ferrugem e carepas (lascas) de laminação têm de ser completamente eliminados, por meio de lixamento manual ou mecânico; é necessário aplicar, logo após, tinta de fundo anticorrosiva.
- Manchas de graxa ou óleo precisam ser removidas com estopa embebida em aguarrás.
- O pó deve ser retirado escovando o substrato.

Acabamento

Paredes e tetos: Se for desejado acabamento liso, de massa corrida, nos revestimentos de argamassa, será necessário aplicar duas demãos, em camadas finas e com intervalo mínimo de 1 hora, de massa corrida de PVA com desempenadeira lisa de aço, lixando a superfície para corrigir as imperfeições e removendo o pó com escova ou espanador. Inicialmente, deve ser aplicada, com rolo de lã de carneiro (com a utilização bandeja plástica), uma demão de líquido selador à base de resina PVA, diluído em água na proporção de 1:1, ou fundo preparador de paredes à base de água. Preparar a tinta conforme recomendação do fabricante. Depois da abertura da lata, a tinta necessita ser convenientemente homogeneizada com uma régua mexedora, mediante agitação manual. Caso não seja conseguida a homogeneização, o material tem de ser rejeitado. Em seguida, adicionar água na proporção de 20% a 30%. Pode-se adequar a cor utilizando bisnagas de corante (agitá-las antes de usar e adicionar o corante aos poucos, mexendo a tinta até atingir a tonalidade desejada). Depois de 4 horas, aplicar duas ou três demãos de tinta PVA de acordo com o seu poder de cobertura, respeitando o intervalo mínimo de 4 horas entre as demãos. A quantidade de tinta aplicada em cada demão precisa ser a menor possível e espalhada ao máximo. Cada demão deve ser dada com espessura uniforme, sem deixar escorrimentos, poros e outras falhas. Depois, efetuar o recorte nos cantos e a requadração de portas e janelas com trincha. É necessário lavar com água as trinchas e rolos depois do seu uso.

Madeira: Se for desejado acabamento liso, de massa corrida, será necessário aplicar uma ou duas demãos, em camadas finas e com intervalo mínimo de 10 horas, de massa a óleo com espátula ou desempenadeira lisa de aço, lixando a superfície para corrigir as imperfeições e removendo o pó com escova. Aplicar selador e esperar a secagem por 18 horas no mínimo; lixar e limpar a superfície. Se, depois da aplicação do selador, a superfície apresentar imperfeições, aplicar camadas finas de massa à base de óleo, esperar secar por 20 horas e lixar. Aplicar mais uma camada de selador, aguardar a secagem por 18 horas, no mínimo; lixar e limpar a superfície. Preparar a tinta a óleo, o esmalte sintético ou o verniz conforme as recomendações do fabricante. Aplicar duas ou três demãos de pintura com trincha de cerdas macias ou rolo de espuma. Usar a pintura adequada ao tipo de madeira (resinosa ou não resinosa). Aguardar 12 horas, para secagem, entre as demãos. Em pintura de soalhos, é preciso evitar o trânsito direto durante os 10 primeiros dias depois da secagem, protegendo a superfície com panos, papelões ou sobras de tapete. Não permitir, no período de secagem da pintura, a execução de atividades que levantem poeira e possam prejudicar a pintura. É necessário lavar com aguarrás as trinchas e rolos depois do seu uso.

Ferro: Em metais ferrosos e aço, aplicar uma ou duas demãos de fundo anticorrosivo (tinta zarcão ou fundo à base de óxido de ferro). Deixar secar por 24 horas, lixar e limpar com pano umedecido em água. Não é necessária a aplicação do fundo quando for utilizada tinta com propriedade anticorrosiva. Preparar a tinta conforme as recomendações do fabricante. Aplicar duas ou três demãos de pintura com trincha de cerdas macias ou rolo de espuma. Aguardar 12 horas para secagem, entre as demãos. Em superfícies de alumínio e de ferro galvanizado ou zincado, é necessário lixar o substrato com lixa grana 200, para que ocorra perfeita aderência do acabamento sobre a superfície. Aplicar uma demão de fundo branco para galvanizados e esperar secar. Aplicar duas ou três demãos de pintura. Não permitir a execução de atividades que levantem poeira e possam prejudicar a pintura durante a secagem. É necessário lavar com aguarrás as trinchas e rolos depois do seu uso.

17.15.4 Pintura externa – procedimento de execução de serviço

17.15.4.1 Documentos de referência

Projeto de arquitetura, memorial descritivo e manuais técnicos dos fabricantes de tinta (quando houver).

17.15.4.2 Materiais e equipamentos

Além daqueles existentes obrigatoriamente no canteiro de obras, quais sejam, entre outros:

- EPCs e EPIs (capacete, botas de couro, luvas de borracha e máscara respiradora contra poeira e cinto trava-quedas tipo paraquedista);
- água limpa;
- desempenadeira lisa de aço;
- escova de piaçaba;
- estopa;
- carrinho de mão;
- guincho;

mais os seguintes (os que forem necessários para a obra):

- espátula;
- folhas de lixa nº 100;
- folhas de lixa nº 40;
- rolo de lã de carneiro (de pelo baixo) com cabo;
- trinchas (chatas) de 2"e 4";
- lata vazia de 18 L com alça;
- régua mexedora;
- líquido selador (fundo) à base acrílica;
- tinta látex acrílica semibrilho ou fosca (aveludada), dentro do prazo de validade;
- massa acrílica;
- cadeira suspensa.

17.15.4.3 Método executivo

17.15.4.3.1 Condições para o início dos serviços

Os revestimentos externos devem estar concluídos com uma antecedência mínima de 30 dias (se a argamassa for à base de cal) ou 15 dias (se a argamassa for pré-fabricada, sem cal como componente). Todos os contramarcos ou marcos dos caixilhos (portas e janelas) têm de estar instalados. A superfície deve estar firme (coesa), limpa, seca, sem poeira, gordura, eflorescências ou mofo (bolor).

17.15.4.3.2 Execução dos serviços

Preparação da superfície
- É necessário eliminar toda espécie de brilho e eflorescência, utilizando lixa de grana apropriada e, se necessário, com espátula.
- Partes soltas ou mal aderidas precisam ser removidas, raspando ou escovando o substrato e, em seguida, retirando o pó com escova.
- Manchas de graxa ou gordura têm de ser eliminadas com solução de água e detergente (nunca solvente); em seguida, enxaguar abundantemente e aguardar a secagem.

- Partes mofadas devem ser removidas, esfregando a superfície com solução de água e água sanitária, na proporção de 1:1. Depois, enxaguar intensamente e esperar a secagem.
- Imperfeições profundas no substrato necessitam ser corrigidas com a mesma argamassa usada no revestimento.
- Imperfeições rasas na superfície serão corrigidas com massa acrílica em camadas finas, utilizando desempenadeira lisa de aço e espátula; nesse caso, antes da aplicação da massa, as partes localizadas precisam ser previamente tratadas com líquido selador acrílico; depois do emassamento, tem de ser aguardado um período de cura de cerca de 4 h para dar continuidade ao serviço.

Acabamento

Inicialmente, deve ser aplicada com rolo (com a utilização de lata de 18 L com alça) uma demão de líquido selador acrílico, diluído em 10% de água. Preparar a tinta conforme recomendação do fabricante. Depois da abertura da lata, a tinta necessita ser convenientemente homogeneizada com uma régua mexedora, mediante agitação manual. Caso não seja conseguida a homogeneização, o material tem de ser rejeitado. Não pode ser feita mistura ou diluição da tinta com o intuito de adequar a cor. Em seguida, aplicar duas ou três demãos de tinta acrílica de acordo com o seu poder de cobertura, respeitando o intervalo mínimo de 4 horas entre as demãos. A quantidade de tinta aplicada em cada demão precisa ser a menor possível e espalhada ao máximo. Cada demão deve ser dada com espessura uniforme, sem deixar escorrimentos, poros e outras falhas. Posteriormente, efetuar o recorte nos cantos e a requadração de janelas com trincha. No caso de acabamento texturizado, aplicar, com rolo de espuma rígida, entre as demãos de líquido selador e a primeira demão de tinta, uma demão de látex textura acrílica, preparada conforme recomendação do fabricante. Não é permitida pintura em dias chuvosos. É necessário lavar com água as trinchas e rolos depois do seu uso.

17.16 Critérios de medição

São os seguintes, para os diversos tipo de pintura:

- Caiação interna ou externa, e pintura externa com líquido hidrofugante: medição pelas áreas pintadas, não descontando vãos de até 4 m² e não computando também filetes, molduras e espaletas; nos vãos superiores a 4 m², será descontado apenas o que exceder esse valor: em metros quadrados.
- Pintura a látex aplicada sem massa corrida: medição segundo o mesmo critério estabelecido acima, porém, com 2 m² para limite de vão: em metros quadrados.
- Pintura a látex ou óleo, aplicada sobre massa corrida, e pintura epóxi: medição pela área efetivamente pintada, computando o desenvolvimento de todas as espaletas: em metros quadrados.
- Pintura a óleo, esmalte ou grafite, em estrutura metálica ou de madeira: medição pela área de projeção vertical em plano horizontal da estrutura: em metros quadrados.
- Pintura a óleo, esmalte, verniz ou cera, em esquadrias de madeira e outras peças de marcenaria, segundo os seguintes critérios:
    – portas, portões e portinholas de gabinete sob banca: havendo batente, medição pela área obtida a partir do vão-luz e multiplicada por 3; não havendo batente, multiplicada por 2: em metros quadrados;
    – cercas e gradis: medição pela área de elevação do conjunto (vazios considerados como cheios), computando uma vez cada face: em metros quadrados;
    – portas de armário embutido: medição pela área de elevação multiplicada por 2,5, descontado o ressalto ou rodapé, no encontro do armário com o piso: em metros quadrados;
    – janelas com batentes: medição pela área obtida a partir do vão-luz, multiplicando por 3 se não houver persiana de enrolar ou veneziana, e por 5 se houver alguma delas: em metros quadrados;
    – lambris e forros: medição pela área efetivamente pintada quando a superfície for lisa, ou multiplicada por 1,5 quando houver reentrâncias constantes com dimensão igual ou superior a 1 cm: em metros quadrados;
    – rodapés, baguetes ou molduras isoladas: medição pela dimensão linear das peças pintadas: em metros.

- Pintura a óleo, esmalte ou grafite, sobre esquadrias metálicas e outras peças de serralheria, segundo os seguintes critérios:
    - portas vazadas, caixilhos, gradis etc. (inclusive com chapas de vedação até 15% da área do vão): medição pela área do vão-luz, considerando uma só face: em metros quadrados;
    - portas chapeadas, onduladas ou articuladas, grades articuladas de enrolar e portas pantográficas: medição pela área do vão-luz, multiplicada por 2,5: em metros quadrados.

Capítulo 18

Aparelhos

18.1 Aparelhos sanitários

18.1.1 Generalidades

Deverão ser obedecidas as seguintes especificações para instalação dos aparelhos sanitários:

- nivelamento e fixação com parafusos de metal não ferroso, com buchas plásticas expansíveis, em furos previamente abertos na parede ou piso acabados;
- ligação de água (*rabicho*) em tubos flexíveis com Ø 1/2", de latão corrugado ou plástico, por meio de conexões apropriadas;
- as canoplas nunca poderão ser cortadas.

Quanto às peças de louça que estiverem parcial ou totalmente embutidas, recomenda-se que tenham a sua borda superior coincidindo com as juntas horizontais dos azulejos. As posições relativas das diferentes peças têm de estar de acordo com as recomendações a seguir, caso não estejam definidas no projeto arquitetônico:

- cabide de louça de embutir: na 10ª fiada dos azulejos, a contar do piso acabado;
- cabide metálico: a 1,5 m do nível do piso;
- crivo do chuveiro: a 2,2 m, no mínimo, do nível do piso;
- espelho de lavatório: devidamente centrado, tomando como referência o eixo da válvula de escoamento do lavatório, necessitando ficar a base do espelho a 1,4 m do nível do piso;
- lavatório: sua borda superior terá de ficar a 82 cm do nível do piso;
- banca de pia: a 1,1 m do nível do piso;
- mictório de parede: sua borda inferior ficará, no máximo, a 55 cm do nível do piso;
- porta-papel: precisa ficar localizado à direita, se possível, do vaso sanitário e ficar instalado na 4ª fiada dos azulejos, a contar do piso;
- porta-toalha de bastão: na 8ª fiada dos azulejos, a contar do piso;
- saboneteira de pia: na 2ª fiada dos azulejos, a contar da banca;
- saboneteira de bidê: na 5ª fiada dos azulejos, a contar do piso;
- saboneteira de chuveiro: na 9ª fiada dos azulejos, a contar do piso;
- torneira para lavagem: a 45 cm do piso;
- filtro de vela: a 2,1 m do nível do piso.; nota: considera-se azulejo medindo 15 cm × 15 cm.

18.1.2 Conjunto de louça sanitária

A bacia sanitária será fixada no piso acabado por meio de dois parafusos com buchas plásticas expansíveis, em furos previamente abertos, e ligada ao esgoto por anel de vedação de Ø 4". Quando a bacia não tiver caixa de descarga acoplada, a ligação com a entrada de água será de tubo com Ø $1^1/_2$ ", *spud* e canopla. O bidê terá de ser fixado ao piso com parafusos e buchas plásticas expansíveis e o lavatório simples, por dois parafusos aplicados à parede também com buchas plásticas expansíveis. A saída de esgoto do lavatório e do tanque poderá ser por sifão ajustável ou ligado diretamente a um ralo sifonado (no caso de lavatório com coluna). Os metais deverão ser montados na louça antes da sua colocação.

18.1.3 Caixa de descarga acoplada à bacia

- Consumo de água: de 12 L a 14 L por descarga.
- Tempo de enchimento da caixa: 60 s.
- Dimensões:
  - altura total: de 83 cm a 87 cm;
  - largura: de 36 cm a 37 cm;
  - altura do vaso: 40 cm.
- Diâmetro de entrada de água: 1/2".
- Cores: diversas.

A válvula de entrada funciona sob baixa e alta pressão. A recarga é silenciosa. A caixa elimina golpe de aríete. A solicitação de vazão é pouca, independente da posição da coluna de água. As peças para arremate são fornecidas pelo fabricante. Na maioria dos modelos, o ponto de esgoto (centro) fica a 30 cm da parede acabada. O ponto de água fica a 25 cm de altura sobre o piso acabado e a 15 cm do lado esquerdo do eixo da bacia.

18.1.4 Válvula fluxível de descarga

- Altura da coluna de água:
  - mínima: 2 mca;
  - máxima: 40 mca.
- Vazão mínima de água: 2 L/s.
- Bitola da válvula: $1^{1}/_{2}$" ou $1^{1}/_{4}$".

A tubulação de água que alimenta a válvula deverá vir diretamente do reservatório de água superior. A válvula será colocada a 1,2 m de altura do piso na mesma vertical da entrada de água da bacia, evitando ligação de outros aparelhos na tubulação de alimentação quando a coluna de água for superior a 10 m. Em colunas de água até 6 m, utilizar válvula com Ø $1^{1}/_{2}$". Em colunas de água de mais de 6 m, usar válvula com Ø $1^{1}/_{4}$". Existem modelos que trabalham com uma só bitola para qualquer tipo de pressão e modelos com ou sem registro integrado ao corpo da válvula.

18.1.5 Tanque de lavar roupa

- Dimensões padronizadas:
  - largura do tanque: de 51 cm a 77 cm;
  - profundidade do tanque: de 33 cm a 61 cm;
  - profundidade da cuba: 24 cm a 34 cm;
  - altura do plano de trabalho: 80 cm a 84 cm.
- Capacidade: de 11 L a 13 L.

A cuba será parafusada, com o auxílio de buchas plásticas expansíveis, na parede de alvenaria; a coluna será parafusada no piso e encaixada na face inferior da cuba.

18.1.6 Banheira com hidromassagem

18.1.6.1 Generalidades

O casco da banheira é fabricado com *fiberglass*, moldado em uma única peça. Deverá ser instalado de modo a ficar totalmente apoiado pela sua base (fundo) e nunca suspenso pelas suas abas de borda. O lado da bomba de água precisa ter fácil acesso para permitir a manutenção do equipamento (motobomba, filtro e aquecedor). Existem modelos de banheira com parede lateral (*saia*) do mesmo material do casco, removível para dar acesso ao motor. Existem modelos com painel eletrônico de comando para controle de diversas funções (liga/desliga hidromassagem; liga/desliga filtragem; liga/desliga injeção de bolhas de ar; seleção de temperatura da água até 40 °C; ajuste do tempo de funcionamento etc.).

18.1.6.2 Instruções de uso

Recomendações:
- Remover todos os resíduos da construção ou da mudança do morador, e limpar bem a banheira.
- Abrir os dois registros de água (fria e quente) e encher a banheira até o nível de 3 cm a 5 cm abaixo da bica (pela qual é despejada a água). Para que isso ocorra, certificar-se de que a válvula de escoamento esteja fechada (puxador abaixado). Os diversos dispositivos de hidroterapia que comandam a direção e a intensidade do jato de água terão de ficar totalmente submersos e sem obstrução.
- Os dois registros comandam a vazão da água fria e quente e, consequentemente, a temperatura da água.
- Para acionar a bomba hidráulica, bastará ligar o interruptor, que estará localizado de preferência defronte a quem esteja deitado na banheira.
- Nunca acionar a bomba de recirculação estando a banheira vazia, pois a bomba sem água certamente se queimará.
- Para ser desativado o sistema, desligar primeiramente o interruptor da bomba e, em seguida, esvaziar a banheira, levantando o puxador da válvula de escoamento.
- O controle da direção e intensidade do jato será feito por dispositivos de hidroterapia:
  - Direção do jato de água: será controlada pela peça móvel com formato de estrela, localizada no interior dos dispositivos de hidroterapia, chamada de controlador de fluxo. Orientar o controlador de fluxo na direção em que se deseja o jato de água. O esforço necessário para a orientação do controlador de fluxo depende do aperto dos dois parafusos existentes no dispositivo de hidroterapia. Para facilitar ou segurar o giro do controlador de fluxo, ajustá-lo cuidadosamente.
  - Intensidade do jato de água: também é regulada pelo controlador de fluxo; girando-o no sentido levógiro (horário), diminui-se a vazão da água; girando-o no sentido destrógiro, aumenta-se a intensidade do jato.
- Limpeza: para a manutenção normal, usar um produto de limpeza neutro. Nunca utilizar palha de aço, esponja, abrasivos ou produtos de limpeza muito fortes. A aplicação periódica de cera de automóvel dará lustre e protegerá o revestimento. Para reparar sulcos profundos ou danos mais sérios, consultar um revendedor autorizado.
- Observação: como normalmente existem dois dispositivos de sucção localizados abaixo do extravasor (*ladrão*), manter sua grade livre de cabelos, pois a obstrução dela (mesmo parcial) reduz a ação da hidroterapia. Para a remoção dos cabelos, com a banheira vazia e a bomba desligada, retirar a grade puxando-a pela tampa de proteção. Para recolocá-la no seu devido lugar, encaixá-la sob pressão no dispositivo de sucção.

18.1.7 Tanque de pressurização de água

O lugar ideal para a instalação do tanque de pressurização de água deverá ser:
- seco e ventilado;
- provido de um ralo;
- afastado de dormitórios, *hall* de escadas, poços de elevador, corredores e outros locais que possam conduzir ou ser afetados pelo ruído muito intenso do equipamento;

- com espaço suficiente para manutenção ou desmontagem.

Os principais componentes são:

- Conjunto motobomba: conjunto monobloco com vedação mecânica, lubrificada pela própria água. Antes de funcionar pela primeira vez ou quando ficar muito tempo parada, verificar se o eixo está livre, podendo ser girado com a mão. Nunca ligar a bomba sem água, para não danificar o selo mecânico.
- Injetor de ar: sua função é manter a quantidade necessária de ar no interior do tanque.
- Pressostato: é o dispositivo de controle automático da pressão no tanque. Já vem regulado pelo fabricante para operar na faixa de 20 PSI /40 PSI (14 mca /28 mca).
- Manômetro: com escala de 0 a 60 PSI. É o instrumento que indica as pressões do dispositivo liga/desliga.
- Visor de nível: indica a quantidade de ar e água contida no tanque. Caso se observe que não existe mais ar no tanque, renovar a almofada de ar, obedecendo às seguintes instruções:
    - desligar a parte elétrica;
    - fechar os registros de entrada e saída do tanque de pressão;
    - abrir o registro do dreno;
    - deixar drenar totalmente a água. Para facilitar a drenagem, é recomendável abrir o pequeno registro do visor de nível;
    - esgotado totalmente o tanque, inverter as operações e ligar a parte elétrica.
    - Acionamento inicial do sistema: revisar toda a instalação antes de dar partida ao equipamento. Antes de acionar as chaves elétricas, tomar as seguintes providências:
        * verificar se o registro do dreno está fechado;
        * abrir as duas torneiras do registro do visor de nível e verificar se as porcas que prendem o tubo de vidro estão convenientemente apertadas. Será necessário muito cuidado ao apertar essas porcas, porque o esforço exagerado poderá quebrar o tubo de vidro;
        * fechar o pequeno registro do visor de nível, situado na torneira inferior;
        * verificar se existe água no reservatório;
        * abrir os registros entre a caixa-d'água e o tanque e fechar o registro de saída de água sob pressão. Acionar o equipamento e aguardar a parada da bomba quando ela atingir a pressão regulada. Ao abrir o registro de saída, o aparelho estará pronto para o uso.

18.1.8 Triturador de lixo

18.1.8.1 Generalidades

O aparelho mede cerca de 46 cm de altura e será instalado sob a cuba de pia da cozinha mais próxima do fogão, devendo ser a ela ligado por uma válvula de escoamento com $\emptyset\ 3^{1}/2$"(em torno do furo de $\emptyset\ 3^{1}/2$"na cuba, precisa haver um rebaixo de $\emptyset\ 4^{1}/2$"), sendo seu ponto de saída do esgoto localizado 30 cm abaixo do fundo da cuba (cuja profundidade recomendável é de 15 cm). A potência do motor é de 1/3 HP e a tensão monofásica poderá ser de 110 V ou 220 V. O painel de controle terá de ser instalado no máximo 30 cm acima da banca da pia, sendo composto de chave liga/desliga, lâmpada indicadora de que o aparelho está em funcionamento e botão da proteção térmica.

18.1.8.2 Instruções de uso

- Como usar a tampa do bocal do triturador:
    - para que a água flua normalmente pelo triturador não será necessária a retirada da tampa, bastando recolocá-la na posição, levemente, sem pressioná-la; dessa forma, a tampa servirá como proteção da boca;
    - para usá-la como vedação, pressioná-la firmemente para baixo;
    - para retirar a tampa, incliná-la levemente e puxá-la para cima.
- Ligação inicial: para ligar pela primeira vez, apertar o botão (em geral, vermelho) normalmente situado na parte inferior do aparelho triturador.

- Modo de usar:
  - remover a tampa do bocal da pia;
  - abrir a torneira de água fria;
  - ligar o interruptor, localizado acima da banca e próximo da pia, para acionar o triturador;
  - despejar gradativamente os detritos biodegradáveis juntamente com água corrente;
  - no sinal da operação, deixar o triturador ligado, com água corrente, durante aproximadamente 30 s, para sua limpeza;
  - desligar o interruptor;
  - fechar a torneira;
  - recolocar a tampa levemente, sem pressioná-la, para que ela sirva somente como protetora da boca.
- Observação: periodicamente, encher a cuba da pia com água, ligar o triturador e retirar a tampa, deixando a água fluir normalmente. Essa operação possibilitará a limpeza não só do triturador como também da canalização de esgoto.
- Obstrução e sobrecarga (travamento do sistema): o triturador está equipado com um protetor térmico que desliga o aparelho automaticamente sempre que ocorrer travamento, ou sobrecarga provocada pela introdução de objetos estranhos (talher, tampinha de garrafa etc.) ou ao acúmulo demasiado de resíduos e indevidamente comprimidos. Quando isso ocorrer, o aparelho se desligará automaticamente. Proceder então da seguinte maneira:
  - desligar o interruptor que aciona o triturador;
  - fechar a torneira de água corrente;
  - introduzir o destravador verticalmente no bocal da cuba até alcançar o disco giratório. Girar o destravador no sentido horário até encontrar resistência e forçá-lo até que o disco gire livremente;
  - retirar o que causou o problema;
  - esperar 3 a 5 minutos para que o motor esfrie;
  - apertar o botão (vermelho) situado geralmente na parte inferior do aparelho triturador e tornar a utilizá-lo normalmente.
- Não poderão ser introduzidos no triturador: metais (tampinhas de garrafa, talheres, pregos etc.), vidros, plásticos, borrachas, materiais cerâmicos ou tecidos, pois nem o triturador nem a rede de esgoto foram concebidos para receber o despejo desses materiais.
- Conexão com a máquina de lavar louça: o triturador é provido de uma entrada especial por onde poderá ser acoplado o esgoto da máquina de lavar louça. Assim, os resíduos de alimentos procedentes da lavadora escoam para o triturador, onde são moídos e impulsionados diretamente para o esgoto.

18.1.9 Metais sanitários

18.1.9.1 Registro de pressão

Os registros de pressão para instalação hidráulica predial, também chamados *válvulas de prato*, são dispositivos de manobra, colocados na rede, para possibilitar a interrupção do fluxo de água. Deverão possuir os elementos abaixo:
- corpo (geralmente fundido, de liga de latão);
- cabeça ou castelo, haste, premer-gaxeta e porca da canopla;
- canopla (de chapa de latão);
- volante (de latão, de plástico etc, giratório).

A utilização dos registros de pressão está prevista para lavatórios, chuveiros e bidês, nas instalações de água fria e quente. Sua aplicação nas habitações obedece, normalmente, ao diâmetro nominal de 1/2" ou 3/4". São mais estanques que os registros de gaveta, mas provocam muito maior perda de carga na rede.

18.1.9.2 Registro de gaveta

O registro de gaveta é uma válvula de manobra, contendo essencialmente um septo que se introduz entre dois encostos de latão, vedando a passagem do fluxo de água. Precisa ter os elementos abaixo:

- corpo (de latão ou bronze, até Ø 1¹/₂"; acima de Ø 1¹/₂", de aço);
- cabeça ou castelo, cunha, porca de canopla;
- haste e premer-gaxeta (vergalhão de latão);
- canopla (dispensada quando o acabamento da superfície do registro for amarelo);
- volante.

Sua identificação comercial é dada pelo diâmetro nominal, que poderá variar de 1/2"a 4". O acabamento da sua superfície poderá ser amarelo, niquelado ou cromado.

18.1.9.3 Torneira

As torneiras comuns funcionam de modo semelhante ao dos registros de pressão. Terão os elementos seguintes:

- corpo (de latão ou plástico);
- cabeça ou castelo (parte elevada do corpo fundido), haste ou guia (vertical) e premer-gaxeta;
- volante.

Prevê-se a utilização de torneiras em lavatórios, pias de cozinha, tanques de lavar roupa, jardins etc. Seu acabamento superficial poderá ser amarelo, niquelado ou cromado. A torneira do *tipo alavanca* é uma variante em que a válvula fica solidária com a cabeça. Quando se move a alavanca (lateral), a torneira desce, abrindo passagem para a água. Outro tipo de torneira é a de *macho*, em que há um corpo central com uma passagem transversal. Quando há coincidência dessa passagem com a canalização, a água escorre. Ao girar o volante, fecha-se a passagem. Dentro desses esquemas, há muitos outros tipos de torneira: as isoladas, as misturadoras, as de acionar por célula fotoelétrica ou com o cotovelo do usuário ou ainda com o pé etc. É preciso também lembrar que há torneiras com entrada de água horizontal (torneiras de parede) e com entrada de água vertical (torneiras de lavatório e de banca).

18.1.9.4 Chuveiro

Os chuveiros empregados em instalação hidráulica predial têm dois elementos:

- braço (de ferro maleável galvanizado ou de latão);
- crivo.

18.1.9.5 Chuveiro elétrico

Os chuveiros elétricos deverão constituir-se de peças rígidas, compostas de dois elementos, a saber:

- braço (de ferro galvanizado ou de cobre, nunca de PVC);
- crivo (de latão ou plástico).

Precisam atender aos seguintes requisitos mínimos para o seu adequado desempenho:

- ser equipados com chave elétrica, devidamente protegida contra curto-circuito, isolada de qualquer contato com a água;
- permitir o uso alternativo de água quente ou fria;
- pressão adequada de serviço;
- preservação dos padrões de segurança;
- adequado funcionamento hidráulico.

Capítulo 18 – Aparelhos

18.1.9.6 Válvula de escoamento

Compõe-se de um conjunto de peças destinadas ao esgotamento da água servida, acoplado a aparelhos sanitários e cubas. É fabricada de latão fundido, PVC cromado ou branco. As válvulas terão de possuir diâmetro nominal de 1", $1^1/_4$ "ou $1^1/_2$", conforme a sua utilização, e atender aos seguintes requisitos mínimos:

- proteção interna contra substâncias que causem entupimento na tubulação;
- funcionamento hidráulico conveniente;
- preservação dos padrões de higiene.

As válvulas são utilizadas na saída da água servida dos lavatórios, bidês, banheiras, pisos-box, pias de cozinha e tanques de lavar roupa.

18.1.9.7 Sifão

Compõe-se de um conjunto de peças estabelecendo a ligação entre a válvula de escoamento de um aparelho sanitário e o ramal de esgoto a ele correspondente. Os sifões têm por objetivos impedir a passagem dos gases originários do interior da tubulação e permitir a retirada de detritos acumulados com o uso dos aparelhos. Nesse sentido, poderão ser dotados de peça roscada, removível, denominada *copo*. São fabricados de latão fundido, chapa de latão ou PVC. Os sifões deverão ter diâmetro nominal de 1", $1^1/_4$"e $1^1/_2$ ", de acordo com o ajuste à válvula respectiva, e atender aos seguintes requisitos mínimos:

- adequado funcionamento hidráulico;
- preservação dos padrões de higiene.

Os sifões são utilizados nos lavatórios, pias de cozinha e tanques de lavar roupa.

18.1.9.8 Ducha de crivo para bidê

Compõe-se de um conjunto de peças hidráulicas destinadas à higiene pessoal. São fabricadas geralmente de metal. As duchas de crivo para bidê precisam atender aos seguintes requisitos mínimos:

- fabricação de forma a que seu acoplamento e ajuste ao bidê e ao tubo hidráulico não permita vazamento;
- pressão apropriada ao serviço;
- adequado funcionamento hidráulico;
- preservação dos padrões de higiene.

18.1.9.9 Misturador de lavatório ou pia

Compõe-se de um conjunto de peças destinado a substituir as funções de duas torneiras individuais, quando instaladas em lavatórios e pias, com o objetivo de misturar e dosar água quente e fria. São fabricados geralmente de metal. O misturador atenderá aos seguintes requisitos mínimos:

- fabricação de forma a que o seu acoplamento e ajuste ao lavatório ou pia e ao tubo hidráulico não permita vazamento;
- pressão adequada de serviço;
- funcionamento hidráulico conveniente;
- preservação dos padrões de higiene e segurança.

Os misturadores de pia podem ser de parede (alimentação horizontal) ou de banca (alimentação vertical).

18.1.10 Banca de pia de aço inoxidável

Conjunto formado por banca e cuba, sendo as duas peças estampadas em aço inoxidável ou soldadas com uma junta no lugar da união das peças. A superfície da banca apresenta-se lisa ou canelada (para melhor escoamento da água). As pias são produzidas com uma ou duas cubas e o conjunto possui um frontão (espelho) que arremata a banca junto da parede. As dimensões mais comuns são:

- Banca:
    - largura: 60 cm a 65 cm.
- Cuba:
    - comprimento: 34 cm a 56 cm;
    - largura: 34 cm a 40 cm;
    - profundidade: 13,5 cm a 25 cm.
- Frontão:
    - altura mínima: 6 cm.

O aço inoxidável é resistente à oxidação, tanto a frio como a quente; é resistente à corrosão por ácidos, bases e agentes químicos. As bancas de pia são fornecidas com base de concreto (de preferência armado) ou a base pode ser concretada na própria obra. Para evitar riscagem, as bancas são fornecidas com uma proteção de filme plástico, que só deve ser retirada quando se iniciar a utilização da peça. Pode ser prevista a instalação de misturador na própria banca. Quanto à composição do aço inoxidável, há diversas ligas para a obtenção de maior resistência à corrosão. Para as bancas, adota-se principalmente o uso de liga de aço e cromo (18%). Se desejar maior dureza, acrescentar níquel (8%). Aço inoxidável de superior qualidade é a liga composta de 9% de níquel, 18% de cromo e menos de 0,15% de carbono.

18.1.11 Colocação de bancada, louça e metal sanitário – procedimento de execução de serviço

18.1.11.1 Documentos de referência

Projetos de arquitetura e de instalações hidráulicas, memoriais descritivos, especificações técnicas dos fabricantes de louças e metais sanitários.

18.1.11.2 Materiais e equipamentos

Além daqueles existentes obrigatoriamente no canteiro de obras, quais sejam, entre outros:
- EPCs e EPIs (capacete, botas de couro e luvas de borracha);
- água limpa;
- linha de náilon;
- lápis de carpinteiro;
- trena de aço de 5 m;
- régua de alumínio de 1"× 2"com 2 m;
- mangueira de nível;
- nível de bolha com 35 cm;
- prumo de face de cordel;
- espátula;
- carrinho de mão;
- guincho;

mais os seguintes (os que forem necessários para a obra):
- banca de pia ou de lavatório;
- peças sanitárias (de louça, aço inox ou *fiberglass*);
- metais sanitários;
- acessórios (válvulas de escoamento, sifões, tubos de ligação, anéis vedantes, suportes, parafusos com bucha ou autotarrachantes, arruelas e porcas);
- mãos-francesas;
- cimento portland branco ou argamassa de rejunte;
- massa plástica;
- massa de vedação;

Capítulo 18 – Aparelhos

- chave inglesa;
- jogo de chaves de fenda;
- furadeira elétrica portátil de impacto;
- brocas de vídea;
- plástico bolha.

18.1.11.3 Método executivo

18.1.11.3.1 Condições para o início dos serviços

Os serviços de revestimento interno (tetos, paredes e pisos) e instalações hidráulicas devem estar concluídos. As proteções dos pontos de água e de esgoto (plugues, papel amassado etc.) têm de ser removidas.

18.1.11.3.2 Execução dos serviços

- Fixação dos metais sanitários: Colocar as válvulas de escoamento de cima para baixo nos furos da peça sanitária, para garantir o exato posicionamento delas. Instalar os tubos de ligação entre as válvulas, fixando-os com porcas; em seguida, remover o conjunto montado. No caso de lavatório, tanque e banheira, colocar a massa de vedação na bica e, em seguida, assentar a válvula de escoamento no furo central do aparelho sanitário, roscando-a por baixo do aparelho. No caso de bidê, é necessário instalar o tubo da ducha no furo da válvula central e fixar a válvula de escoamento com massa de vedação. Instalar o conjunto montado nos furos, por baixo da peça. Colocar e apertar as porcas, atentando para o não esquecimento das guarnições. Apertar as porcas das ligações. Montar os acabamentos. Recomenda-se usar luva de borracha para manusear os metais, a fim de não danificar o acabamento das peças metálicas.
- Colocação de cubas de embutir: Colar a cuba na banca com reforço de grampos de aço, aplicando massa plástica com auxílio de uma espátula. Não transportar o conjunto antes da secagem completa (ver embalagem).
- Colocação de banca de pia e de lavatório: mão-francesa, para apoio da banca, é fixada por parafusos e buchas ou grapas. Para tanto, é necessário conhecer o percurso da tubulação na parede a ser perfurada, para evitar danos à canalização. As mãos-francesas devem ser instaladas entre as extremidades da banca e a cuba, uma de cada lado. Para banca com mais de 2 m de comprimento, recomenda-se fixar pelo menos três mãos-francesas. É preciso alinhar e nivelar as mãos-francesas pelo topo ou superfície de apoio, esticando uma linha de náilon. Nunca alinhar e nivelar pela posição dos furos. O prumo da mão-francesa pode ser obtido por meio de prumo de face ou nível de bolha. Fixadas as mãos-francesas, proceder à instalação da banca. Para isso, marcar a área de contato da banca e frontão na parede e, caso esta esteja com revestimento cerâmico, será preciso removê-lo. É necessário o embutimento da banca de cerca de 2 cm na parede, para melhorar o apoio. Aplicar a massa plástica nos pontos de apoio da mão-francesa. Apoiar a banca sobre as mãos-francesas, na posição definitiva, tendo o cuidado de mantê-la nivelada. Instalada e ajustada a banca, aplicar a massa plástica nas faces de contato do frontão e, em seguida, fixá-lo. Retirar todo excesso de massa com ajuda de um pano, usando álcool se necessário.
- Colocação de cuba de sobrepor: Verificar se a banca está preparada com o recorte adequado, centralizado com o ponto de esgoto. Encaixar a peça na banca e aplicar massa de vedação sob as bordas. Efetuar as ligações de água e esgoto. Preencher as juntas com argamassa de rejunte ou cimento branco.
- Colocação de lavatório e tanque: Colocar a peça na posição final (altura de 80 cm ou conforme projeto), nivelando-a com o nível de bolha. Marcar na parede os pontos de fixação utilizando lápis de carpinteiro. Em seguida, retirar a peça. Caso a peça possua coluna, para se executar a marcação deve-se posicionar o conjunto completo: peça e coluna. Atenção: não nivelar as marcações feitas na parede, pois a furação da louça nem sempre está nivelada. Fazer as perfurações utilizando furadeira de impacto com broca de vídea. Colocar as buchas e os parafusos. Posicionar a louça nivelando-a com nível de bolha e proceder à colocação e ao aperto das arruelas e porcas. Quando os lavatórios apresentarem coluna suspensa, proceder à fixação

da coluna pelo mesmo processo descrito acima, depois da fixação do lavatório. Efetuar as ligações de água e esgoto. Preencher as juntas com argamassa de rejunte, ou cimento branco.

- Colocação de bacia sanitária sem caixa acoplada: Instalar a bolsa cônica plástica ou anel de vedação na saída de esgoto e colocar a bacia em sua posição final. Marcar no piso os pontos de fixação dela utilizando lápis de carpinteiro e, em seguida, retirar a louça. Fazer as perfurações no piso utilizando furadeira de impacto com broca de vídea. Colocar as buchas e os parafusos. Passar a massa de vedação por baixo e por cima da bolsa plástica ou utilizar anel de vedação e ajustá-la no tubo de esgoto. Assentar a bacia, ajustando ao mesmo tempo na parede o tubo de ligação de água. Montar as arruelas e porcas, apertando até a perfeita fixação e conferindo o nivelamento com um nível de bolha. Preencher as juntas com argamassa de rejunte ou cimento branco.

- Colocação de bacia com caixa acoplada: Fixe a bacia conforme item 3.2.6. Para instalar a caixa-d'água, coloque-a de boca para baixo e acople a arruela de borracha de forma a encaixá-la na porca da válvula de saída. Ponha a caixa-d'água na sua posição correta e encaixe-a no rebaixo da bacia, atentando para que os furos da caixa e da bacia estejam alinhados. Coloque as arruelas de borracha nos parafusos e os insira pelos furos existentes dentro da caixa e em seguida pelos furos da bacia. Depois, fixe os parafusos com uma arruela e porca. Aperte alternadamente as porcas por baixo da bacia de forma a conseguir um equilíbrio dela com a caixa. Ligue a linha de abastecimento de água à caixa e a válvula do tubo de água. Em seguida, confira se os componentes da caixa estão funcionando apropriadamente, incluindo o nível de enchimento e o conjunto de alavanca/botão de disparo/ cabo de descarga. Ligue o abastecimento de água. Posicione a porca de acoplamento no tubo flexível de abastecimento. O acoplamento deve se ajustar perfeitamente contra o conector. Remova a porca da válvula de acoplamento e o anel de compressão da válvula de interrupção e posicione-a no extremo do tubo flexível de abastecimento. Insira a extremidade do tubo de abastecimento na válvula de interrupção, com o emprego de uma chave inglesa.

- Colocação de bidê: Pôr a louça na posição final, nivelando-a com o nível de bolha. Marcar no piso os pontos de fixação utilizando lápis de carpinteiro. Em seguida, retirar a peça. Fazer as perfurações utilizando furadeira de impacto com broca de vídea. Colocar as buchas e os parafusos. Posicionar o bidê, nivelando-o com nível de bolha, e efetuar a ligação de esgoto conjuntamente. Proceder à colocação e ao aperto das arruelas e porcas. Executar a ligação de água. Preencher as juntas com argamassa de rejunte ou cimento branco.

- Colocação de mictório: Soldar um pedaço de tubo ao terminal do ponto de esgoto (ficando 20 mm para fora da parede acabada) e acoplar o e*spud*e na saída de esgoto da louça. Colocá-la nivelada na posição final. Marcar no piso os pontos de fixação, utilizando lápis de carpinteiro. Em seguida, retirá-la. Atenção: não nivelar as marcações feitas na parede, pois a furação da louça nem sempre está nivelada. Fazer as perfurações utilizando furadeira de impacto com broca de vídea. Colocar as buchas e os parafusos. Posicionar o mictório, ajustando-o à tubulação do esgoto por meio de conexão *spud*. Em seguida, proceder à colocação e ao aperto das arruelas e porcas. Efetuar a ligação de esgoto (com sifão de PVC) e de água. Preencher as junta com argamassa de rejunte ou cimento branco.

18.2 Aparelhos elétricos e a gás

18.2.1 Aparelho de iluminação (luminária)

Nas instalações embutidas em lajes de concreto armado ou paredes de alvenaria, o aparelho de iluminação poderá ser fixado às orelhas das caixas de derivação, desde que não se exerça sobre cada orelha esforço de tração maior que 10 kg.

18.2.2 Aquecedor elétrico de acumulação de água (*boiler*)

Trata-se de conjunto formado por um tambor interno (que armazena a água) de chapa de cobre submetida a um processo especial de desoxidação ou (não recomendável) de aço com superfície interna vitrificada, revestido com material isolante granulado mineral, altamente compactado, ou injeção de poliuretano. A proteção externa constitui-se de um tambor de chapa de aço-carbono pintada interna e externamente. O termostato é regulável e automático, de alta sensibilidade. A resistência é tubular, de imersão direta, com fio níquel-cromo, fixada mediante sistema de rosca de Ø 1¼"de cobre; ou, então, a resistência é montada em elementos de porcelana refratária, tubo de proteção de cobre de Ø 2", funcionando a seco (que poderá ser trocada sem necessidade de esvaziar o aparelho). No equipamento de alta pressão, deverá ser instalado um tubo de respiro no ponto mais alto. Seguem outros dados:

- Peças: válvula de segurança (alta pressão), uniões e luvas de cobre (todas fornecidas pelo fabricante).
- Capacidade: 50 L a 500 L.
- Tensão de serviço: 110 V ou 220 V.
- Temperatura de uso: 40 °C, 50 °C e 70 °C (nunca poderá atingir 87,5 °C, quando então um dispositivo de segurança interrompe o circuito elétrico).

Poderá ser instalado vertical ou horizontalmente (dependendo do modelo), apoiado em pisos, lajes-prateleira, paredes ou forros. Deverá ser alimentado por uma rede de água independente da rede de alimentação das válvulas de descarga, para evitar golpes de aríete. A rede de água quente, em tubos de cobre, terá de ser termicamente isolada, e inclinada no sentido fluxo. A chave disjuntora precisa ser mantida sempre ligada, podendo ser desligada em caso de viagem. Ao ser religada a chave, haverá demora de cerca de 2 horas para obtenção de água quente. A tubulação de alimentação (de água fria) e a de distribuição (de água quente) do aquecedor necessitam ser de material resistente à temperatura máxima admissível da água. Não podem ser usados tubos marrons de PVC. É recomendável tubo de cobre. Os aquecedores ocupam um espaço que em geral é dentro de um armário embutido.

18.2.3 Aquecedor elétrico de passagem de água

Os aquecedores elétricos de passagem, também chamados *instantâneos*, são os mais comuns e referem-se a chuveiros elétricos e torneiras elétricas. Existe também aquecedor elétrico de passagem que se constitui de um aparelho de embutir instalado sob a bancada da pia, para o uso nesse caso de torneira comum. Como é instalado diretamente no ponto de uso, esse aparelho dispensa tubulação de água quente (a não ser no pequeno trecho entre ele e a torneira). O consumo de energia elétrica durante a sua utilização é alto (cerca de 10 kW), o que exige um circuito elétrico de 220 V adequado. Sua instalação é fácil e seu custo baixo. Ele é muito menor que o aquecedor de acumulação. Ocorre que, nos dias mais frios, é necessário reduzir o fluxo de água, o que torna o banho desconfortável. O aquecimento se dá pela passagem de uma corrente elétrica em uma resistência elétrica de arame condutor, processo conhecido como *aquecimento Joule*. O arame é em geral fabricado com um fio de liga de níquel (80%) e cromo (20%). Essa liga suporta temperaturas muito altas (até 1.000 °C), é resistivo (condição necessária para gerar calor), muito resistente a impactos e é inoxidável. Há aquecedores que podem alimentar até três pontos de consumo simultâneo.

18.2.4 Aquecedor a gás de passagem de água

Os aquecedores a gás de passagem são aparelhos pequenos comparativamente aos aquecedores a gás de acumulação e aquecem imediatamente a água que passa por sua alimentação. Eles precisam de acesso a uma área externa para a descarga de sua *chaminé*, sendo que o ambiente em que é instalado deve ter ventilação permanente. Eles não podem ser instalados em banheiros por questões de segurança, devido a vazamento de gás. Em geral, eles são dotados de um dispositivo que corta o fornecimento de gás no caso de falha na chama e também contam com um sensor que interrompe o funcionamento do aparelho caso ocorra queima seca (falta de água) ou quando a temperatura de saída da água exceder 80 °C. A *chama-piloto* foi extinta em quase todos os modelos; no lugar dela entra o acionamento eletrônico toda vez que a torneira é aberta. Alguns tipos de aparelhos são dotados de sensores que bloqueiam a passagem de gás em caso de aumento demasiado de temperatura da água ou de falta de oxigênio no ambiente. Eles podem alimentar até três pontos de consumo simultâneo e devem ser instalados a uma distância mínima do piso de 1,20 m. Existem modelos dos mais simples, mecânicos, até tipos mais modernos, eletrônicos com controle digital. São encontrados disponíveis na versão para GLP (gás liquefeito de petróleo) e para GN (gás natural).

18.2.5 Aquecedor a gás de acumulação de água

Os aquecedores a gás de acumulação, também conhecidos como *boilers* a gás, são um conjunto formado por um tambor vertical interno (que armazena a água) de chapa de cobre submetidas a um processo especial de desoxidação ou (não recomendável) de chapa de aço com a superfície interna vitrificada, revestido com material isolante térmico granulado mineral, altamente compactado, ou injeção de poliuretano. A proteção externa constitui-se de um tambor vertical de chapa de aço-carbono pintada interna e externamente. Eles precisam de acesso a uma área externa para descarga de sua chaminé, sendo que o ambiente em que são instalados devem ter ventilação permanente. Eles não podem ser instalados em banheiros por questões de segurança devido a vazamento de gás. O princípio de seu funcionamento é o mesmo dos aquecedores a gás de passagem. Eles podem alimentar até cinco pontos de consumo simultâneo e possuem até 330 L de capacidade. São encontrados disponíveis na versão para GLP (gás liquefeito de petróleo) e GN (gás natural). Há um termostato que acende a chama sempre que a temperatura da água atingir um nível abaixo do piso programado. O aparelho possui também um dispositivo que interrompe a passagem de gás no caso de falha na chama. Ele é dotado ainda de uma válvula de segurança que alivia a pressão interna do reservatório sempre que esta ultrapassar o limite programado. Os maiores tambores existentes no mercado medem 40 cm de diâmetro por 1,50 m de altura.

18.2.6 Aquecedor solar de acumulação de água

Os aquecedores solares exigem grande área para exposição à insolação das placas de aquecimento, as quais são superfícies percorridas por filetes de água que são aquecidas pela radiação solar (por essa razão, eles são instalados na cobertura das edificações). Assim sendo, para aquecer a água com energia solar são utilizados *coletores solares*, que são um dispositivo dotado de tubos interligados em paralelo por um armazenador térmico de cobre ou aço inoxidável apoiados em uma chapa absorvedora de alumínio ou cobre e tubo para condução do calor, geralmente de PVC. Aqueles tubos podem ter o formato de serpentina ou simplesmente serem paralelos (interligados entre si), constituindo uma grade absorvedora de calor. Os coletores solares têm em geral a cor preta fosca para maior absorção do calor solar e são protegidos por uma cobertura transparente de vidro isolado ou *pyrex*. Dentro dos tubos circula um fluido, que normalmente é glicol ou água misturada com anticongelante (para evitar o congelamento quando a temperatura externa for inferior a 0 °C. Tanto a água com anticoagulante como glical têm elevada capacidade térmica. Atente-se para o funcionamento do sistema: a radiação solar atravessa a placa de vidro (que é transparente à radiação visível), indo aquecer os tubos coletores e a placa coletora (situada sob os tubos), emitindo uma radiação residual menos energética, a infravermelha. Como o vidro isolado ou *pyrex* são opacos à radiação infravermelha, ele irá impedir a fuga do calor para o exterior, garantindo a eficácia do sistema (*efeito estufa*). Finalmente, a água aquecida será conduzida a um reservatório (*boiler*) instalado em nível superior ao dos coletores

18.2.7 Luminárias e lâmpadas

18.2.7.1 Terminologia

18.2.7.1.1 Fontes de luz

- *Fonte* (de luz) *primária*: superfície ou objeto que emite luz, produzida por uma conversão de energia.
- *Fonte* (de luz) *secundária*: superfície ou objeto que não emite luz por si só, mas recebe esta e a restitui, ao menos parcialmente, por reflexão ou transmissão.
- *Lâmpada*: fonte (de luz) primária, confeccionada para emitir radiação eletromagnética óptica, em geral visível (além da ultravioleta e infravermelha).

- *Lâmpada incandescente*: lâmpada na qual a emissão de luz é produzida por elemento aquecido até a incandescência, pela passagem de corrente elétrica.
- *Lâmpada com filamento de carbono*: lâmpada incandescente cujo elemento luminoso é um filamento de carbono.
- *Lâmpada com filamento metálico*: lâmpada incandescente cujo elemento luminoso é um filamento metálico.
- *Lâmpada com filamento de tungstênio*: lâmpada incandescente cujo elemento luminoso é um filamento de tungstênio.
- *Lâmpada a vácuo*: lâmpada incandescente cujo elemento luminoso funciona em um bulbo sob vácuo.
- *Lâmpada a gás*: lâmpada incandescente cujo elemento luminoso funciona em um bulbo que contém um gás inerte.
- *Lâmpada halógena*: lâmpada incandescente a gás com filamento de tungstênio, que contém uma certa proporção de halogênios ou de halogênios compostos. A *lâmpada a iodo* pertence a esse tipo.
- *Descarga elétrica* (em um gás): passagem de corrente elétrica por gás ou vapor, pela produção e movimentação de portadores de carga, sob a ação de um campo elétrico. Esse fenômeno produz uma radiação eletromagnética que representa uma parte essencial em todas as aplicações desse fenômeno na iluminação.
- *Queda* (de tensão) *catódica*: diferença de potencial em razão da presença de carga espacial na vizinha do catodo.
- *Descarga em arco*: descarga elétrica caracterizada por queda catódica relativamente pequena em comparação com a de uma descarga luminescente.
- *Lâmpada a descarga*: lâmpada na qual a luz é emitida, direta ou indiretamente, por descargas elétricas em um gás, em um vapor metálico ou em uma mistura de diversos gases e vapores. Conforme a luz seja emitida, principalmente por um gás ou vapor metálico, a lâmpada é denominada *lâmpada a descarga em gás* (por exemplo, lâmpada a xênon, a néon, a hélio, a nitrogênio, a dióxido de carbono) ou *lâmpada a vapor metálico* (como as lâmpadas a vapor de mercúrio e a vapor sódio).
- *Lâmpada a descarga de alta intensidade*: lâmpada a descarga na qual o arco que emite a luz é estabilizado por efeito térmico de seu bulbo, no qual a potência superficial é maior que 3 W.cm². Sigla: lâmpada HID (*high-intensity discharge lamp*). Nesse tipo, estão incluídas as lâmpadas a vapor de mercúrio a alta pressão, as lâmpadas a vapor metálico e halogenetos, e as lâmpadas a vapor de sódio a alta pressão.
- *Lâmpada a vapor de mercúrio a alta pressão*: lâmpada a descarga de alta intensidade na qual a maior parte da luz é emitida, direta ou indiretamente, pela radiação de vapor de mercúrio, cuja pressão parcial, durante o funcionamento, é maior que 100 kPa. Esse termo compreende lâmpadas de bulbo claro ou revestido por uma camada de substância luminescente, e lâmpadas de luz mista.
- *Lâmpada a descarga a vapor de mercúrio com revestimento fluorescente*: lâmpada a vapor de mercúrio a alta pressão na qual a luz é emitida em parte pelo vapor de mercúrio e em parte por uma camada de substância luminescente excitada pela radiação ultravioleta da descarga.
- *Lâmpada de luz mista*: lâmpada que associa, no mesmo bulbo, uma lâmpada a vapor de mercúrio e um filamento incandescente, ligados em série. O bulbo pode ser difusor ou recoberto por substância luminescente.
- *Lâmpada a vapor de mercúrio a baixa pressão*: lâmpada a vapor de mercúrio, com ou sem revestimento de uma camada luminescente, na qual a pressão parcial do vapor, durante o funcionamento, é menor que 100 Pa.
- *Lâmpada a vapor de sódio a alta pressão*: lâmpada a descarga de alta intensidade na qual a luz é emitida principalmente pela radiação de vapor de sódio, cuja pressão parcial, durante o funcionamento, é da ordem de 10 kPa. O bulbo pode ser claro ou difusor.
- *Lâmpada a vapor de sódio a baixa pressão*: lâmpada a descarga na qual a luz é emitida pela radiação de vapor de sódio, cuja pressão parcial, durante o funcionamento, fica situada entre 0,1 Pa e 1,5 Pa.
- *Lâmpada a vapor metálico e halogenetos*: lâmpada a descarga de alta intensidade na qual a maior parte da luz é emitida pela radiação de uma mistura de vapor metálico com produtos da dissociação de halogenetos. Esse termo compreende lâmpadas de bulbo claro ou revestido por uma camada luminescente.

- *Lâmpada fluorescente*: lâmpada a descarga do tipo vapor de mercúrio a baixa pressão, na qual a maior parte da luz é emitida por uma ou mais camadas de substâncias fluorescentes, excitadas pela radiação ultravioleta da descarga.
- *Lâmpada de catodo frio*: lâmpada a descarga na qual a luz é emitida pela coluna positiva de uma descarga luminescente. Esse tipo de lâmpada é geralmente alimentado por dispositivo que fornece tensão suficiente para o acendimento, sem meios especiais.
- *Lâmpada de catodo quente*: lâmpada a descarga na qual a luz é emitida pela coluna positiva de uma descarga em arco. Esse tipo de lâmpada necessita geralmente de um dispositivo ou circuito especial para o acendimento.
- *Lâmpada de acendimento a frio*: lâmpada a descarga projetada para acender sem preaquecimento dos seus eletrodos.
- *Lâmpada de acendimento a quente*: lâmpada de catodo quente que exige preaquecimento dos seus eletrodos para o acendimento.
- *Lâmpada fluorescente com* starter: lâmpada fluorescente projetada para funcionar em um circuito que exige um starter para o preaquecimento dos seus eletrodos.
- *Lâmpada fluorescente sem* starter: lâmpada fluorescente de acendimento a frio ou a quente, dotada de dispositivo auxiliar que permite o seu acendimento imediatamente depois da aplicação da tensão, sem a intervenção de um starter.
- *Lâmpada a arco*: lâmpada na qual a luz é emitida por descarga em arco e/ou por seus eletrodos. Os eletrodos podem ser de carvão (funcionando no ar) ou metálicos.
- *Lâmpada a arco curto*: lâmpada a arco, geralmente a muito alta pressão, na qual a distância entre os eletrodos é da ordem de 1 a 10 mm. Certas lâmpadas a vapor de mercúrio ou a xênon são incluídas nesse tipo.
- *Lâmpada a arco longo*: lâmpada a arco, geralmente a alta pressão, na qual a distância entre os eletrodos é relativamente grande, e o arco ocupa todo o espaço em que se produz a descarga, no qual é estabilizado.
- *Lâmpada pré-foco*: lâmpada incandescente na qual o elemento luminoso é ajustado precisamente em uma posição especificada, relativamente a dispositivos de focalização solidários com a base da lâmpada.
- *Lâmpada a arco de carbono*: lâmpada a arco com eletrodos de carbono, que não contém qualquer outra substância.
- *Lâmpada a arco de chama*: lâmpada a arco que funciona com valores elevados de densidade de corrente, e na qual os eletrodos de carbono contêm outras substâncias que, volatilizadas pelo arco, contribuem para a emissão de luz, de tal modo que a concentração espectral é modificada, ou a eficiência luminosa é melhorada.
- *Lâmpada a arco de tungstênio*: lâmpada a arco com eletrodos de tungstênio, na qual a luz é emitida principalmente pela incandescência dos eletrodos.
- *Lâmpada a vapor de mercúrio a extra-alta pressão*: lâmpada a vapor de mercúrio na qual, durante o funcionamento, a pressão parcial do vapor atinge valor igual ou maior que 1 MPa.
- *Lâmpada a vapor de mercúrio de cor corrigida*: lâmpada a vapor de mercúrio à alta pressão na qual a luz é emitida parcialmente pelo vapor de mercúrio e parcialmente por uma camada de material fluorescente, excitado pela radiação ultravioleta da descarga.
- *Lâmpada com filamento reforçado*: lâmpada incandescente fabricada para resistir a choques mecânicos e vibrações.
- *Lâmpada de painel*: lâmpada de pequenas dimensões destinada à iluminação local de um painel de instrumentos.
- *Lâmpada de sinalização*: lâmpada projetada para utilização em sinalização óptica ou como sinal em equipamentos.
- *Lâmpada de vigia*: lâmpada projetada para produzir baixa iluminância.
- *Lâmpada decorativa*: lâmpada incandescente destinada a produzir efeitos decorativos, tendo formas e/ou cores diversas.
- *Lâmpada fluorescente para baixas temperaturas*: lâmpada fluorescente projetada para acendimento e funcionamento em temperatura do ambiente abaixo de 5 °C.

Capítulo 18 – Aparelhos

- *Lâmpada miniatura*: lâmpada pequena, em geral de comprimento não maior que 30 mm e diâmetro do bulbo menor que 18 mm.
- *Lâmpada série:* lâmpada incandescente projetada para utilização em série com outras lâmpadas do mesmo tipo.
- *Lâmpada tubular*: lâmpada de descarga cujo bulbo tem forma de tubo, com eixo retilíneo ou curvilíneo.
- *Lâmpada vela*: lâmpada decorativa com o bulbo em forma da chama de uma vela de cera.
- *Lâmpada refletora*: lâmpada incandescente ou a descarga na qual uma parte do bulbo, de forma apropriada, é revestida por substância refletora, de modo a dirigir a luz emitida.
- *Lâmpada de vidro prensado*: lâmpada refletora cujo bulbo é formado por duas partes de vidro soldadas entre si, sendo a parte do fundo (junto da base) metalizada e constituindo o refletor, sendo a outra uma calota que constitui o sistema óptico.
- *Lâmpada de facho controlado*: lâmpada de vidro prensado que é projetada para emitir um facho de luz com características estreitamente definidas.
- *Lâmpada projetora*: lâmpada na qual o elemento luminoso é disposto de modo que a lâmpada possa ser utilizada com um sistema óptico, para projetar luz nas direções desejadas. Esse termo inclui vários tipos de lâmpada, como lâmpadas para iluminação por projeção, lâmpadas *spot*, lâmpadas para estúdio etc.
- *Lâmpada para projeção de imagens*: lâmpada na qual o elemento luminoso é de forma relativamente concentrada e disposto de tal maneira que a lâmpada possa ser utilizada com um sistema óptico, para projetar imagens fixas ou animadas sobre uma tela.
- *Lâmpada para fotografia*: lâmpada incandescente geralmente do tipo refletora, com temperatura de cor especialmente elevada, e destinada a iluminar objetos a serem fotografados.
- *Lâmpada foto-flash*: lâmpada que produz, por combustão dentro do bulbo, uma única emissão luminosa de grande intensidade e duração muito curta, para iluminar objetos a serem fotografados.
- *Lâmpada de flash (eletrônico)*: lâmpada de descarga, associada com dispositivo eletrônico para fins de sincronização, que produz emissão luminosa de grande intensidade e duração muito curta, e que pode ser repetida quando necessário. Esse tipo de lâmpada pode ser utilizado para iluminar objetos a serem fotografados, para observação estroboscópica ou para sinalização.
- *Lâmpada luz do dia*: lâmpada que emite luz com uma distribuição espectral de energia aproximada à de uma luz do sol especificada.
- *Lâmpada de luz negra/Lâmpada de vidro wood*: lâmpada projetada para emitir radiação ultravioleta-A, com muito pouca radiação visível. Esse tipo de lâmpada é geralmente a vapor de mercúrio ou fluorescente.
- *Lâmpada com fita de tungstênio*: lâmpada incandescente cujo elemento luminoso é uma fita de tungstênio.
- *Lâmpada eletroluminescente*: lâmpada que emite luz por eletroluminescência.
- *Lâmpada infravermelha:* lâmpada que emite radiação especialmente na região infravermelha do espectro, sendo a radiação visível sem interesse direto.
- *Lâmpada ultravioleta*: lâmpada que emite radiação especialmente na região ultravioleta do espectro, sendo a radiação visível sem interesse direto. Existem vários tipos de tais lâmpadas, para finalidades fotobiológicas, fotoquímicas ou biomédicas.
- *Lâmpada germicida*: lâmpada a vapor de mercúrio de baixa pressão cujo bulbo transmite a radiação ultravioleta-C, que tem propriedades bactericidas.
- *Característica nominal*: conjunto dos valores nominais e das condições de funcionamento que servem para caracterizar e denominar uma lâmpada.
- *Fluxo luminoso nominal (de um tipo de lâmpada)*: valor do fluxo luminoso inicial de um dado tipo de lâmpada, declarado pelo fabricante, com a lâmpada funcionando em condições especificadas.
- *Potência nominal (de um tipo de lâmpada)*: valor da potência de um dado tipo de lâmpada, declarado pelo fabricante, com a lâmpada funcionando em condições especificadas. Unidade: watt. A potência nominal é geralmente marcada na própria lâmpada.
- *Vida (de uma lâmpada)*: tempo durante o qual a lâmpada funciona até se tornar inútil, ou ser considerada inútil de acordo com critérios especificados. A vida de uma lâmpada é geralmente expressa em horas.

- *Tensão de acendimento*: tensão entre eletrodos necessária para iniciar a descarga em uma lâmpada de descarga.
- *Tensão de funcionamento*: tensão entre eletrodos durante o funcionamento de uma lâmpada de descarga, em condições estáveis (valor eficaz no caso de corrente alternada).
- *Tempo de acendimento*: tempo necessário para que uma *lâmpada de descarga* estabeleça uma descarga em arco eletricamente estável, com a lâmpada funcionando em condições especificadas, sendo o tempo medido a partir do instante em que o circuito é energizado.
- *Vida nominal (de um tipo de lâmpada)*: vida declarada pelo fabricante, determinada por ensaios de vida em lâmpadas do mesmo tipo, de acordo com as normas técnicas.

18.2.7.1.2 Componentes de lâmpadas e dispositivos auxiliares

- *Elemento luminoso:* parte da lâmpada que emite a luz.
- *Filamento*: condutor em forma de fio, geralmente de tungstênio, que é aquecido até a incandescência pela passagem de corrente elétrica.
- *Filamento reto*: filamento retilíneo e não espiralado, ou que é disposto em trechos retilíneos não espiralados.
- *Filamento espiralado (simples)*: filamento enrolado em forma de hélice.
- *Filamento duplamente espiralado*: filamento constituído por filamento espiralado simples que, por sua vez, é enrolado segundo uma hélice maior.
- *Bulbo*: invólucro selado, transparente ou translúcido, que encerra o elemento luminoso de uma lâmpada.
- *Bulbo claro*: bulbo transparente à radiação visível.
- *Bulbo fosco*: bulbo cuja superfície é tornada difusora, pelo despolimento da superfície interna ou externa.
- *Bulbo opalino*: bulbo feito de material que difunde a luz em toda ou em parte de sua espessura.
- *Bulbo opalizado*: bulbo revestido interna ou externamente por camada fina de material difusor.
- *Bulbo refletor*: bulbo no qual parte de sua superfície interna ou externa é revestida por uma camada refletora, que dirige a luz segundo direções preferenciais. Tais superfícies podem ser transparentes a certas radiações, em particular à radiação infravermelha.
- *Bulbo esmaltado*: bulbo revestido por camada de material translúcido.
- *Bulbo colorido*: bulbo feito de vidro colorido em toda a sua massa, ou de vidro claro revestido interna ou externamente por camada colorida, que pode ser transparente ou difusora.
- *Bulbo de vidro duro*: bulbo feito de vidro que tem alta temperatura de amolecimento, resistente a choques térmicos.
- *Base*: parte de uma lâmpada que assegura a ligação ao circuito de alimentação por meio de um porta-lâmpada ou de um conector de lâmpada e, na maioria dos casos, serve também para prendê-la no porta-lâmpada. A base de uma lâmpada e o correspondente porta-lâmpada são geralmente identificados por uma ou mais letras, seguidas por um número que indica aproximadamente a dimensão principal (geralmente, o diâmetro) da base, em milímetros.
- *Base roscada*: base de lâmpada que tem uma cápsula roscada (rosca Edison), que se atarraxa no porta-lâmpada. É designada internacionalmente pela letra E.
- *Base-baioneta*: base de lâmpada com pinos salientes na cápsula, que se encaixam em ranhuras correspondentes no porta-lâmpada. É designada internacionalmente pela letra B.
- *Base cilíndrica*: base de lâmpada que tem uma cápsula cilíndrica lisa. É designada internacionalmente pela letra S.
- *Base de pinos*: lâmpada dotada de um ou mais pinos para fixação e posicionamento da lâmpada no porta-lâmpada. É designada internacionalmente pela letra F (pino único) ou G (dois ou mais pinos).
- *Base pré-focos*: base de lâmpada que, quando da fabricação desta, permite colocar o elemento luminoso em uma posição determinada em relação a marcas de referência na base, assegurando assim uma centragem reprodutível quando a lâmpada é assentada em um porta-lâmpada apropriado. É designada internacionalmente pela letra P.

- *Pino-baioneta*: pequena peça metálica saliente da cápsula da base de uma lâmpada, em particular de uma base-baioneta, destinada a se encaixar em uma ranhura do porta-lâmpada para fixar a lâmpada.
- *Contato central*: peça metálica isolada da cápsula da base de uma lâmpada, que constitui um dos contatos pelos quais a lâmpada é ligada à fonte de alimentação.
- *Pino de fixação e contato*: peça metálica, geralmente de forma cilíndrica, fixada na extremidade da base de uma lâmpada e destinada a se adaptar no furo correspondente do porta-lâmpada, para fixar a lâmpada e/ou estabelecer contato elétrico.
- *Porta-lâmpada*: dispositivo de forma complementar à da base de uma lâmpada, para fixá-la em posição e ligá-la ao circuito de alimentação.
- *Conector de lâmpada*: dispositivo que contém contatos elétricos convenientemente isolados e ligados a condutores flexíveis, que asseguram a ligação da lâmpada ao circuito externo, mas não sua fixação mecânica.
- *Eletrodo principal*: eletrodo de uma lâmpada de descarga que é percorrido pela corrente de descarga, depois que esta se estabilizou.
- *Eletrodo de partida*: eletrodo auxiliar de uma lâmpada a descarga destinado a iniciar a descarga na lâmpada.
- *Tubo de descarga*: invólucro que confina o arco de uma lâmpada de descarga.
- *Material emissivo*: material depositado em um eletrodo metálico para facilitar a emissão de elétrons.
- *Fita de acendimento*: fita condutora estreita colocada longitudinalmente sobre a superfície interna ou externa de uma lâmpada de descarga tubular, destinada a melhorar as condições de acendimento da lâmpada. Essa fita pode ser ligada a uma ou a ambas as cápsulas da base da lâmpada, ou possivelmente a um eletrodo.
- *Dispositivo de acendimento*: dispositivo que assegura, por si só ou em combinação com outros componentes do circuito, as condições elétricas necessárias ao acendimento de uma lâmpada de descarga.
- *Starter*: dispositivo de acendimento, em geral para lâmpadas fluorescentes, que assegura o preaquecimento necessário dos eletrodos, e que, em combinação com a impedância em série do reator, provoca um surto na tensão aplicada à lâmpada.
- *Ignitor*: dispositivo que, por si só ou em combinação com outros elementos, gera pulsos de tensão destinados ao acendimento de uma lâmpada de descarga, sem pré-aquecer os eletrodos.
- *Reator*: dispositivo ligado entre a fonte de alimentação e uma ou mais lâmpadas a descarga, e que é destinado principalmente a limitar a corrente nas lâmpadas ao valor desejado. O reator pode incorporar também um transformador da tensão de alimentação, elementos para melhorar o fator de potência e, por si só ou em combinação com um dispositivo de acendimento, assegurar as condições necessárias para o acendimento de uma ou mais lâmpadas.
- *Dispositivo de acendimento a semicondutores*: conjunto que compreende dispositivos semicondutores e elementos de estabilização para a operação de uma ou mais lâmpadas de descarga em corrente alternada, alimentadas por uma fonte de corrente contínua ou alternada.
- *Dimer*: dispositivo eletromecânico que permite variar o fluxo luminoso emitido pelas lâmpadas de uma instalação de iluminação (do inglês, *dimmer*).

18.2.7.1.3 Luminárias e seus componentes

- *Luminária*: aparelho que distribui, filtra ou modifica a luz emitida por uma ou mais lâmpadas, e que contém, exclusive elas próprias, todas as partes necessárias para fixar e proteger as lâmpadas, e, quando necessário, os circuitos auxiliares e os meios de ligação ao circuito de alimentação.
- *Luminária simétrica*: luminária que tem uma distribuição simétrica da intensidade luminosa. A simetria pode ser referida a um eixo ou a um plano.
- *Luminária assimétrica*: luminária que tem uma distribuição assimétrica da intensidade luminosa.
- *Luminária de facho aberto*: luminária que distribui a luz dentro de um cone com ângulo sólido relativamente grande. Em contraste com essas luminárias, poderiam ser mencionadas as luminárias de facho fechado, mas estas se referem praticamente apenas a projetores.
- *Luminária comum*: luminária que não tem proteção especial contra a penetração de poeira ou umidade.

- *Luminária protegida*: luminária dotada de proteção especial contra a penetração de poeira, umidade ou água. Consideram-se, entre outros, os seguintes tipos de luminária protegida:
    - luminária à prova de chuva;
    - luminária à prova de jato de água;
    - luminária à prova de poeira;
    - luminária estanque à imersão;
    - luminária estanque à poeira.
- *Luminária à prova de explosão*: luminária com invólucro à prova de explosão, construída conforme as normas técnicas, e que é apta para utilização em áreas com risco de formação de misturas explosivas (áreas classificadas). O tipo de proteção à prova de explosão é somente uma das possibilidades de adequar uma luminária à utilização em áreas classificadas.
- *Luminária ajustável*: luminária cuja parte principal pode ser orientada ou deslocada por meio de dispositivos adequados. Uma luminária ajustável pode ser fixa ou portátil.
- *Luminária portátil*: luminária que pode ser transportada facilmente de um lugar para outro, mesmo quando ligada à fonte de alimentação.
- *Luminária pendente*: luminária dotada de meios que permitem que ela seja suspensa do teto, ou de um suporte fixado em uma parede.
- *Luminária com suspensão regulável*: luminária pendente cuja altura em relação ao piso pode ser regulada, por meio de um dispositivo de suspensão apropriado.
- *Luminária de embutir*: luminária confeccionada para ser embutida, total ou parcialmente, em uma superfície de montagem.
- *Canaleta luminosa*: luminária de embutir, de comprimento substancialmente maior do que a largura, que é instalada com sua abertura rente à superfície do teto.
- *Arandela/aplique*: luminária adequada para ser fixada em uma parede.
- *Caixa luminosa*: luminária em forma de caixa ou cúpula, que é embutida no teto.
- *Spot*: pequena luminária que concentra a luz, emitindo-a em uma direção preferencial.
- *Plafom*: luminária protegida, de construção compacta, que é fixada diretamente em uma superfície vertical ou horizontal.
- *Cornija*: sistema de iluminação com as lâmpadas instaladas atrás de um painel opaco, paralelo à parede e fixado no teto, dirigindo a luz sobre a parede.
- *Cornija de janela*: sistema de iluminação com as lâmpadas instaladas atrás de um painel opaco, paralelo à parede e colocado na parte superior de uma janela.
- *Sanca*: sistema de iluminação com as lâmpadas instaladas atrás de um anteparo opaco, dirigindo a luz sobre o teto e eventualmente sobre a parte superior da parede.
- *Luminária de pé*: luminária portátil de altura relativamente grande, adequada para ser apoiada no piso.
- *Luminária de mesa*: luminária portátil de altura relativamente pequena, adequada para ser colocada sobre uma mesa ou outra peça de mobília.
- *Luminária de mão*: luminária portátil com empunhadura e um cordão flexível, sendo alimentada por uma tomada de corrente elétrica.
- *Lanterna*: luminária portátil alimentada por uma fonte integrante, em geral pilha(s) seca(s), acumulador ou eventualmente um gerador de acionamento manual.
- *Guirlanda*: conjunto de lâmpadas ligadas em série ou em paralelo, ao longo de um cordão flexível de alimentação.
- *Projetor*: luminária na qual a luz é concentrada, por reflexão ou refração, de modo a obter uma grande intensidade luminosa em um cone com ângulo sólido limitado.
- *Projetor de facho paralelo*: projetor de alta intensidade luminosa, com abertura em geral maior que 20 cm, e que emite um facho de luz aproximadamente paralelo.
- *Projetor tipo* spot: projetor cuja abertura é geralmente menor que 20 cm e que emite um feixe de luz concentrado, com divergência geralmente não maior do que 0,35 rad (20°).

- *Projetor para (iluminação de) grandes áreas*: projetor destinado à iluminação de grandes áreas não cobertas, e que é geralmente orientável em qualquer direção (em inglês, *floodlight*).
- *Limitação (de uma luminária)*: técnica utilizada para limitar a visão direta de lâmpadas e outras superfícies de alta luminância, a fim de reduzir o ofuscamento. Em iluminação pública, distinguem-se as luminárias com distribuição limitada, semilimitada e não limitada.
- *Refrator*: dispositivo destinado a modificar a distribuição espacial do fluxo luminoso emitido por uma fonte de luz, por meio do fenômeno de refração.
- *Refletor*: dispositivo destinado a modificar a distribuição espacial do fluxo luminoso emitido por uma fonte de luz, essencialmente por meio do fenômeno de reflexão.
- *Difusor*: dispositivo destinado a modificar a distribuição espacial do fluxo luminoso emitido por uma fonte de luz, essencialmente por meio do fenômeno de difusão.
- *Concha*: difusor, refrator ou refletor em forma de prato, que é colocado por baixo de uma lâmpada.
- *Globo*: invólucro de material transparente ou difusor, que protege a lâmpada, dirige a luz ou modifica a cor desta.
- *Quebra-luz/abajur*: anteparo de material opaco ou difusor que impede a visão direta da lâmpada de uma luminária.
- *Louvre*: difusor composto de elementos translúcidos ou opacos, disposto geometricamente de modo a impedir a visão direta das lâmpadas segundo um determinado ângulo.
- *Vidro protetor*: parte transparente ou translúcida de uma luminária aberta ou fechada, que protege as lâmpadas contra poeira, ou as torna inacessíveis ao toque, ou evita contato com líquidos, vapores ou gases.
- *Grade de proteção*: parte de uma luminária em forma de grade, que protege o vidro protetor contra choques mecânicos.
- *Projetor-refletor*: projetor com um refletor simples e que em alguns tipos pode ajustar a divergência do facho por um movimento relativo da lâmpada e do refletor.
- *Projetor com lente*: projetor com lente simples e que em alguns tipos pode ajustar a divergência do facho por um movimento relativo da lâmpada e da lente.
- *Luminária à prova de jato de água*: luminária confeccionada de maneira tal que um jato de água que a atinja diretamente a partir de qualquer direção não prejudique o seu funcionamento normal.
- *Luminária à prova de poeira*: luminária construída de maneira tal que, quando instalada em uma atmosfera saturada de poeira de natureza e granulação especificadas, aquela não possa penetrar em quantidade capaz de prejudicar o funcionamento normal da luminária.
- *Luminária de teto*: luminária de construção adequada para ser fixada no teto de um compartimento.
- *Luminária estanque à imersão*: luminária construída de modo a impedir a penetração de água, quando imersa a uma profundidade especificada e em condições também especificadas.
- *Luminária estanque à poeira*: luminária confeccionada de modo a impedir a penetração de poeira, de natureza e granulação especificadas, quando instalada em atmosfera saturada dessa poeira, em condições especificadas.
- *Luminária difusora*: luminária com dimensões suficientemente grandes para emitir luz difusa, com limites de sombra indefinidos.
- *Porta-lâmpada à prova de chuva*: porta-lâmpada projetado para utilização ao ar livre e em ambientes úmidos.
- *Rosca Edison*: rosca cilíndrica direita (de uma base de lâmpada), cujo perfil é uma curva contínua formada por sucessão de arcos de círculo de raios iguais e concavidades alternativamente opostas, cujos centros estão situados em duas retas paralelas ao eixo do cilindro.
- *Teto luminoso*: sistema de iluminação constituído de grandes superfícies contínuas de material translúcido, com as lâmpadas instaladas por cima delas.
- *Vidro composto*: vidro constituído de pelo menos duas camadas, geralmente uma transparente e outra opalina, opalescente ou colorida.
- *Vidro facetado*: vidro que apresenta a superfície facetada ou irregular.
- *Vidro fosco*: vidro cuja superfície foi despolida mecanicamente ou por tratamento químico.

- *Vidro opalino*: vidro altamente difusor com aparência branca ou leitosa, no qual a difusão se verifica dentro do vidro.
- *Vidro opalescente*: vidro polido, incompletamente difusor, que apresenta transmissão regular apreciável e difusão relativamente alta.
- *Vidro translúcido*: vidro fracamente difusor, através do qual os objetos não são vistos distintamente.

18.2.7.2 Fibra óptica

Fibra óptica é um filamento flexível e transparente confeccionado a partir de vidro (sílica) ou plástico extrudido e que se presta, entre outros, como condutor de luz de elevado rendimento (pouca perda de intensidade). A fibra óptica tem diâmetro de alguns micrômetros, ligeiramente superior ao de um fio de cabelo humano. A transmissão de luz através da fibra óptica segue um princípio único, independentemente do material usado ou da aplicação: é lançada luz (onda) numa extremidade da fibra e, pelas características ópticas do meio (fibra), essa luz a percorre por meio de reflexões sucessivas. Os fios de fibra óptica levam um recobrimento de plástico para a sua proteção. A fibra óptica pode transmitir de forma contínua sinais de luz por milhares de quilômetros. O *cabo de fibra óptica* é constituído por fios únicos de vidro extremamente puros, juntados em feixe, que podem ser de duas, quatro ou oito fibras.

18.2.7.3 Lâmpada incandescente

Lâmpada incandescente é aquela que gera luz a partir de um filamento espiralado aquecido pela passagem de corrente elétrica. A lâmpada é constituída de um invólucro de vidro (ampola ou bulbo), na qual existe vácuo ou é preenchida de gás inerte, tendo uma base em geral com rosca tipo Edison, sendo que o filamento é normalmente de tungstênio, que é um metal que mais se adapta às elevadas temperaturas que se verificam no interior da lâmpada. A base tem a função de permitir a fixação mecânica da lâmpada ao suporte (soquete) e completar a ligação elétrica ao circuito de iluminação. Assim sendo, a lâmpada incandescente converte energia elétrica em luminosa, por meio da passagem de corrente elétrica pelo filamento. O bulbo pode ter o formato de pera, bolinha, vela lisa, vela retorcida, balão e outros e se apresentar em cores variadas (amarelas, azuis, laranjadas, verdes e vermelhas) e, ainda, ser transparente ou opalino (leitoso). Existem lâmpadas incandescentes para as tensões de 110 V/127 V e de 220 V/230 V e de potências 40 W, 60 W, 100 W, 150 W e 200 W e podem ser usadas com *dimmer*. Sua vida útil é de cerca de 1.000 horas. As lâmpadas incandescentes comuns deixaram de ser comercializadas por apresentarem baixíssimo rendimento elétrico.

18.2.7.4 Lâmpada incandescente refletora

Lâmpadas incandescentes refletoras são aquelas que têm refletor incorporado, sendo usadas para iluminação dirigida. A ampola (ou bulbo) de vidro prensado é constituída por duas partes: o componente refletor parabólico (revestido na sua face interna com pó de alumínio – espelhamento) e o vidro refrator frontal (que é fosqueado). As lâmpadas refletoras podem ser incandescentes, halógenas, de vapor mércurio e outros tipos. Elas são fonte de luz de alto rendimento luminoso e de dimensões relativamente reduzidas. Permitem a obtenção de um fluxo luminoso constante de alta intensidade e distribuição precisa por causa do formato do bulbo e do espelhamento metalizado de parte (oposta ao vidro refrator) de sua superfície interna. Existem lâmpadas refletoras de diversas cores: azul, amarela, vermelha e verde. Assim, há lâmpadas refletoras espelhadas no topo do bulbo dirigindo o fluxo luminoso no sentido da sua base, o que permite a obtenção de um facho de luz indireto. Existem também lâmpadas refletoras halógenas e de led. As lâmpadas incandescentes refletoras podem ser usadas em ambientes internos e externos (neste, requer o emprego de luminárias adequadas). Trabalham com tensões de 110 V/120 V ou 220 V/230 V e são encontradas com potências de 40 W, 60 W, 100 W, 150 W e 200 W. Têm vida útil nominal de cerca de 1.000 horas.

18.2.7.5 Lâmpada fluorescente tubular comum

A lâmpada fluorescente tubular comum é uma lâmpada retilínea de descarga, na qual a luz é produzida pela ionização de vapor de mercúrio que produz uma radiação ultravioleta, a qual ativa o revestimento de pós fluorescentes aplicados sobre a superfície interna do tubo de vidro. Ambas extremidades dele são fechadas por base de pinos, cada uma com dois terminais de contato. No interior do tubo, ligados aos terminais, existem dois eletrodos de espirais de tungstênio revestidos com uma substância emissora. Assim, o revestimento interno fluorescente transforma a radiação ultravioleta em luz visível. A composição do pó fluorescente determina a intensidade e a cor da luz emitida. Para o funcionamento da lâmpada, existem dois equipamentos auxiliares: o *starter* (ignitor, que só funciona no ato da ignição da lâmpada, ficando o resto do tempo desligado), e o reator (transformador de alta tensão). As lâmpadas comuns podem usar reator convencional (mais *starter*) ou o de *partida rápida* (especial, com reaquecimento dos eletrodos). Estas últimas possuem o dispositivo para acendimento integrado na própria lâmpada, dispensando assim o acessório auxiliar para partida (*starter*). As vantagens dessas lâmpadas fluorescentes em relação às incandescentes são:

- grande eficiência luminosa (por emitir mais energia eletromagnética em forma de luz do que de calor – o fluxo luminoso é até quatro vezes maior que o de uma lâmpada incandescente);
- longa vida (nominal de 10.000 horas);
- luz difusa e confortável (a luminância é menor que a de uma vela acesa);
- tonalidades diversas (apropriadas para cada uso);
- economia de energia (o consumo é cerca de 80% de uma lâmpada incandescente de mesmo fluxo luminoso);
- baixa temperatura de funcionamento (muitíssimo menor que a da lâmpada incandescente).

As lâmpadas fluorescentes comuns são encontradas no mercado em três tonalidades: branco-*neutro*, branco-*quente* (amarelada) e branco-*luz-do-dia* (esta com uma composição especial de pós fluorescentes trifósforo. As lâmpadas fluorescentes comuns são encontradas em geral com potências nominais de 16 W, 18 W, 20 W, 32 W, 36 W, 40 W, 58 W, 110 W, e comprimentos de 60 cm e 120 cm. A lâmpada fluorescente não pode ser descartada em lixo comum nem em aterros sanitários, porque possui mercúrio e fósforo na sua composição (é classificada como contaminante químico). Ela deve ser destinada a empresas de reciclagem.

18.2.7.6 Lâmpada de vapor de mercúrio

Lâmpada de vapor de mercúrio de alta pressão é um tipo de lâmpada de descarga na qual a luz é produzida pela passagem de uma corrente elétrica através de vapor de mercúrio. A lâmpada possui um tubo de descarga de quartzo, encapsulado por um bulbo ovoide, recoberto internamente por uma camada fluorescente de fosfato de ítrio vanadato, ou seja, ela é construída com em dois invólucros, um interno (tubo de descarga ou arco), feito de quartzo, e um externo, feito de vidro (que tem várias funções: proteger o tubo de descarga do meio externo e de variações de temperatura; prevenir a oxidação das partes internas, pois contém um gás inerte; prover a superfície interna para aplicação de um pó fluorescente). Assim, a descarga em alta pressão no vapor de mercúrio produz radiação visível e ultravioleta invisível, sendo esta última convertida em luz pelo pó fluorescente (aumentando assim a eficiência luminosa). Como toda a lâmpada de descarga em alta pressão, ela só volta a acender depois de decorridos de três a dez minutos de resfriamento (pois a tensão necessária para o reacendimento estando a lâmpada quente é maior que a tensão na rede). A lâmpada de vapor de mercúrio exige o uso de um reator para limitar e estabilizar a corrente que circula pela lâmpada, sendo que a vida nominal dela é de 12.000 horas. A lâmpada de vapor de mercúrio emite luz na cor branca-azulada e tem baixa eficiência. A tensão em que trabalha a lâmpada de vapor de mercúrio é de 220 V/230 V, e é encontrada nas potências de 80 W, 125 W; 250 W, 400 W, 1000 W.

18.2.7.7 Lâmpada de luz mista

A lâmpada de luz mista é uma lâmpada de descarga composta de um tubo de vapor de mercúrio conectado em série com um filamento incandescente de tungstênio, ambos encapsulados por um bulbo ovoide recoberto internamente com uma camada de fosfato de ítrio vanadato. O filamento funciona como fonte de luz cor *quente* e como limitador de corrente (no lugar de um reator), podendo assim ser ligada diretamente à corrente elétrica, na tensão de 220

V/230 V. A luz então produzida é uma mistura das radiações azuladas provindas do filamento incandescente e de radiações vermelhas de um eventual revestimento fluorescente na parte interna do bulbo exterior. Sua eficiência luminosa é tipicamente a metade da de vapor de mercúrio (devido à baixa eficiência do filamento), porém tem custo menor. Assim, a lâmpada de luz mista não necessita de equipamento auxiliar (como *starter* e reator) para o seu funcionamento. Elas podem ser alojadas em luminárias próprias para as incandescentes, têm uma vida longa (nominal de 10.000 horas) e são adequadas para o uso em ambientes internos e externos. A lâmpada de luz mista nada mais é do que uma combinação de lâmpada de vapor de mercúrio com lâmpada incandescente, sendo o tubo de descarga de mercúrio ligado em série com um filamento incandescente. São encontradas com as potências de 160 W, 250 W e 500 W. Assim como a lâmpada de vapor de mercúrio, a lâmpada de luz mista só volta a reacender depois de decorrido de três a dez minutos de resfriamento. É recomendada para o uso em áreas pequenas, mas que necessitam de muita luz, podendo ser usadas em refletores.

18.2.7.8 Lâmpada de vapor metálico

A lâmpada de multivapores metálicos é uma lâmpada de descarga constituída de um pequeno tubo de quartzo no qual geralmente são instalados nas extremidades dois elétrodos principais e um elétrodo auxiliar que são ligados em série a uma resistência de valor elevado. Dentro do bulbo é colocado uma mistura de metais juntamente com algumas gotas de mercúrio, sendo inserido também um gás inerte. Assim, a lâmpada de vapor metálico opera segundo os mesmos princípios de todas as lâmpadas de descarga de alta pressão, sendo a radiação proporcionada por iodetos de índio, tálio e sódio, em adição ao mercúrio. A proporção dos compostos no tubo de descarga resulta em algumas linhas de radiação que, combinadas, permitem uma reprodução de cores de muito boa qualidade. A lâmpada é fabricada em duas formas: uma tubular, que é clara, e outra ovoide, que possui um recobrimento na superfície interna do bulbo que aumenta a superfície de emissão de luz (diminuindo consequentemente sua luminância). Comparativamente a outros tipos de lâmpada, a de vapor metálico é muito mais eficiente e durável e gera menos calor do que as lâmpadas de vapor de sódio e de mercúrio e ainda supera em brilho e intensidade a lâmpada florescente, possibilitando melhor direcionar a luz. As lâmpadas de vapor metálico são adequadas para o uso em áreas internas e externas e trabalham com a tensão de 220 V/230 V. Elas apresentam uma elevada eficiência luminosa e têm uma vida útil de 24.000 horas. Por questão de segurança, a lâmpada de vapor metálico deve ser usada em luminárias fechadas devido à alta pressão da lâmpada e às altíssimas temperaturas internas de trabalho. Elas são encontradas com as potências 150 W, 250 W, 400 W, 500 W, 1000 W, 2000 W.

18.2.7.9 Lâmpada a vapor de sódio

Lâmpada de sódio é uma lâmpada de descarga em meio gasoso que utiliza um plasma de vapor de sódio para emitir luz. O tubo de descarga é de óxido de alumínio sinterizado encapsulado por um bulbo de vidro, em geral recoberto internamente por uma camada de pó difusor. O sistema auxiliar de ignição integrado à lâmpada (que dispensa o uso de *starters*) permite que ela funcione com reator para lâmpada de vapor de mercúrio. A geometria e as características elétricas da lâmpada de vapor de sódio possibilitam sua utilização nos mesmos sistemas ópticos designados para lâmpadas de vapor de mercúrio de 250 W e 400 W, aumentando os níveis de iluminação com a simples troca da lâmpada. A lâmpada de vapor de sódio emite uma luz de cor branca dourada quase perfeitamente monocrática, o que faz a lâmpada ser das mais eficazes quando avaliada do ponto de vista fotóptico. Seu tempo de reignição é de 30 minutos. As lâmpadas de vapor de sódio podem ser:

- *De baixa pressão*: consiste de um invólucro de vidro transparente (capaz de manter um vácuo interno) revestido interiormente por uma fina camada de material transparente para a luz visível (em geral óxido de índio-estanho), mas refletor de infravermelhos. Esse invólucro permite manter a atmosfera extremamente rarefeita necessária à formação do plasma de vapor de sódio e possibilita a saída de luz visível, mantendo a radiação infravermelha no seu interior. As lâmpadas de vapor de sódio de baixa pressão são comercializadas com potências que vão dos 10 W até 180 W.

- *De alta pressão*: são menores e contêm elementos químicos adicionais, nomeadamente mercúrio. Em consequência, produz uma luminosidade rosada quando acendidas, evoluindo gradualmente para uma luz suave de cor alaranjada quando aquece. Alguns modelos de lâmpadas que usam essa tecnologia produzem no arranque uma luz azulada, resultante da emissão do mercúrio antes de o sódio estar suficientemente aquecido e ionizado para formar um plasma.

As lâmpadas de vapor de sódio trabalham com a tensão de 220 V/230 V e são encontradas com as potências de 10 W, 50 W, 70 W, 150 W, 210 W, 350 W, 400 W, 1000 W. Elas são utilizadas em vias públicas, estacionamentos, áreas industriais internas e externas, depósitos, fachadas etc. Têm vida nominal de 15.000 horas. Apresentam-se no formato tubular (com bulbo claro) e no formato ovoide (com bulbo opalizado).

18.2.7.10 Lâmpada halógena

Lâmpada halógena ou de halogênio é um tipo de lâmpada incandescente constituída por um tubo de quartzo dentro da qual se encontra um filamento de tungstênio contido em um gás inerte e com partículas de um elemento halógeno como o iodo ou o bromo. Quando esse filamento é acendido, os átomos de tungstênio se desprendem e se comunicam com os átomos de iodo ou bromo em suspensão dentro do bulbo. É assim produzido o iodeto ou brometo de tungstênio com a propriedade de gerar um ciclo regenerativo, fazendo com que as partículas de tungstênio, que se desprenderam do filamento, a ele retornem por meio de correntes de convecção. Atenta-se ao fato de que halogênio é qualquer elemento pertencente ao grupo 17 da Tabela Periódica (flúor, cloro, bromo, iodo e astatínio). As características acima descritas proporcionam uma série de vantagens:

- vida mais longa da lâmpada (variando de 2.000 a 4.000 horas);
- ausência de enegrecimento do bulbo;
- alta eficiência luminosa;
- excelente brilho e reprodução de cores;
- reduzidas dimensões;
- luz instantânea, sem tempo de aquecimento.

As lâmpadas halógenas trabalham com a tensão de 220V/230V e dispensa o uso de dispositivos auxiliares (reatores, *starters* etc.). São produzidas em uma variedade de formatos e tamanhos. Existem dois tipos de lâmpadas de halogênio:

- *Lâmpada HA*: por causa das características do cristal de quartzo, material da construção do seu bulbo, essa lâmpada não poderá ser tocada com as mãos. Na eventualidade da necessidade de tocá-la antes do funcionamento, ela deve ser limpa com pano embebido em álcool (segundo instruções da própria embalagem). São fabricadas com as potências: 300 W, 500 W, 1000 W e 2000 W.
- *Lâmpada HAD*: é uma lâmpada idêntica à HA, possuindo, entretanto, um bulbo suplementar externo, o que oferece as três vantagens seguintes:
    - pode ser tocada (no bulbo externo);
    - utiliza base roscada;
    - proporciona perfeito contato elétrico e mecânico.

Porém, são encontradas apenas com as potências de 500 W e 1000W. A comercialização de lâmpadas halôgenas está sendo gradualmente interrompida na Europa desde o ano de 2016.

18.2.7.11 Lâmpada dicroica

Lâmpada dicroica é constituída por uma lâmpada hológena com bulbo de quartzo, no centro de um refletor elipsoidal dicroico, tendo uma base de dois pinos. O refletor é coberto por um revestimento de material dicroico. Esse refletor, composto por um espelho multifacetado, possui uma característica especial que reflete a luz visível emitida pelo filamento de tungstênio e transmite aproximadamente 65% da radiação infravermelha e ultravioleta para sua parte posterior, proporcionando assim um facho mais frio de luz. O posicionamento exato do bulbo de quartzo (por uma cuidadosa pré-focalização do filamento), combinado com o espelho multifacetado, proporciona um facho de luz bem delimitado e de abertura controlada. Assim, em virtude das características especiais do refletor dicroico, somente uma pequena parte da radiação infravermelha é refletida junto com a radiação visível, havendo, portanto, no facho de luz considerável diminuição do calor, sendo grande parte das radiações infravermelhas e ultravioletas irradiadas para trás e para os lados da lâmpada. A tensão nominal das lâmpadas dicroicas é de 12 V, sendo necessária, portanto, a utilização de um reator adequado. Sua potência mais encontrada é de 50 W, sendo menos frequentes as de 20 W e outras. Sua base é de dois pinos. Por ser uma lâmpada de tipo hológena, graças ao processo de regeneração do filamento, tem uma vida útil mais longa e dimensões reduzidas e emite uma luz branca e intensa. Ela não altera as cores dos objetos iluminados (ressalte-se que a lâmpada dicroica é apenas um complemento à iluminação geral de um ambiente).

18.2.7.12 Lâmpada fluorescente compacta

Lâmpada fluorescente compacta é uma lâmpada de descarga de vapor de mercúrio a baixa pressão constituída de uma base provida de *starter*, capacitor e reator eletrônico integrados e de dois ou mais tubos de descarga curvados no formato de "U", interligados, sendo que a superfície interna dos tubos é recoberta com pó fosforescente e ainda a lâmpada possui uma base roscada tipo Edison (convencional) ou uma base especial de dois pinos. Assim, a lâmpada não necessita de acessórios externos para o seu funcionamento. Alguns modelos têm uma ampola exterior (em geral esférica) englobando os tubos de descarga (modificando então a sua aparência). As lâmpadas fluorescentes compactas têm uma vida nominal de 10.000 horas e são encontrada com potências que variam de 5 W a 25 W e uma larga gama de cores, sendo as mais comuns branco-*neutro* (amarelado), branco-*quente* e branco-*luz-do-dia*. Um importante uso da lâmpada fluorescente compacta é em iluminação de emergência. Uma característica dessa lâmpada reside no fato de demorar algum tempo até produzir luminosidade máxima. Ela não pode ser descartada no lixo comum, porque possui metais pesados contaminantes na sua composição, como o mercúrio. Deve ser encaminhada para empresas especializadas na sua reciclagem, ao final da utilização.

18.2.7.13 Lâmpada led (*light emitting diode*)

Led é um diodo (diodo é um dispositivo semicondutor usado na retificação da corrente elétrica) que, quando energizado, emite luz visível, razão pela qual é chamado *light emitting diode* (diodo emissor de luz). O processo de emissão de luz pela aplicação de uma fonte de energia elétrica é chamado *eletroluminescência*. Então, quando uma corrente elétrica percorre o diodo, ele é capaz de emitir luz. A luz assim emitida não é monocromática, mas consiste de uma banda espectral colorida relativamente estreita. A lâmpada led não emite raios infravermelhos e ultravioletas, o que não a faz desbotar os materiais sensíveis a luz, como quadros, tecidos coloridos, papéis de parede etc. Ela é econômica (consome muito menos energia em comparação com a lâmpada incandescente). *Grosso modo*, 1 W de lâmpada led equivale a 1,5 W de lâmpada fluorescente ou 2 W de lâmpada dicroica ou 6 W de lâmpada incandescente. A vida útil nominal da lâmpada led é de 25.000 horas ou mais. Ela quase não distorce as cores do ambiente. As lâmpadas led são encontradas nas tensões de 12 V, 110 V/127 V, 220 V/230 V e bivolt. Os leds são utilizados em microeletrônica (como sinalizador de avisos) ou, de variados tamanhos maiores, em relógios digitais, em substituição das lâmpadas comuns de bulbo, em aparelhos diversos, em faróis automotivos, em semáforos, em postes de iluminação. Existem leds de diversas cores, como a branca (*fria*), amarelada (*quente*), azulada, neutra, cristal (transparente) e coloridas propriamente ditas. Os leds brancos são emissores de luz azul em lâmpadas revestidas internamente com uma camada de fósforo (à semelhança das lâmpadas fluorescentes) que absorve a luz azul, liberando a luz branca. Os leds infravermelhos em geral funcionam com menos de 1,5 V; os vermelhos, com 1,7 V; os amarelos, com 1,7 V a 2,0 V; os verdes, entre 2,0 V e 3,0 V; enquanto os azuis, violetas e ultravioletas precisam de mais de 3,0 V. Os tipos mais comuns de lâmpadas led são os de filamento de tungstênio, de filamento de carbono, dicroica etc. As formas mais encontradas são de bulbo (clássica), tubular, refletora, de globo, de vela, spot, de fita (em geral, de 5m) e outras. Relativamente às potências, existem lâmpadas led de 3 W, 4 W, 5 W, sucessivamente a cada 1 W a mais, até 13 W e mais altas de 15 W, 16 W, 18 W, 20 W, 24 W e outras. Há leds constituindo luminárias de embutir (*slim*) e de sobrepor, plafons redondo e quadrado etc. A equivalência da lâmpada led em relação à incandescente é de cerca de quatro a seis vezes. Exemplificando, uma led de 6 W equivale à incandescente de 25 W. As lâmpadas led podem ser fabricadas para soquetes de rosca Edison tradicional ou ter base especial de dois pinos. São produzidas também lâmpadas led tipo PAR (*parabolic aluminized reflector*), que é idêntica em princípio ao da lâmpada *sealed beem* de faróis de automóvel. A desvantagem da lâmpada de led é seu preço alto, uma vez que sua fabricação implica, entre outros, o uso de semicondutores.

18.2.7.14 Lâmpada de néon

Lâmpada de néon (neônio) é uma lâmpada de descarga de baixa pressão em gás que contém sobretudo néon (99,5%). O termo é por vezes usado para dispositivos semelhantes que contêm outros gases nobres, geralmente para produzir cores diferentes. A lâmpada é constituída de um tubo de variados formatos, a qual é submetida a uma baixa corrente elétrica emitindo uma luz vermelha-alaranjada, sendo certo que diferentes gases produzem diferentes cores. A lâmpada de néon normalmente precisa de um transformador de corrente elétrica para funcionar, o que causa o inconveniente de ruído por ele emitido. Pelas suas características, ela é usada como iluminação decorativa, principalmente a comercial.

Capítulo 19

Jardim

19.1 Definição

O jardim é uma área de composição paisagística de um projeto arquitetônico, na qual se cultivam plantas ornamentais.

19.2 Preparo da terra

19.2.1 Em canteiro no solo

A terra em terreno natural deverá ser lavrada em profundidade de 40 cm a 50 cm, medida antes do revolvimento, e a ela terá de ser incorporado estrume curtido ou composto fertilizante na quantidade aproximada de 40 L/m³. É necessário retirar todo o entulho e outros restos de materiais, bem como eliminados os torrões, e afofar a terra.

19.2.2 Em canteiro sobre laje

As lajes precisam estar sua superfície impermeabilizada com escoamentos dirigidos para os ralos ou drenos previstos. Sobre uma camada de argila expandida (que atua com dreno), recoberta de manta geotêxtil, será colocada uma camada de terra lavrada (vulgarmente chamada terra vegetal) e incorporada com adubação (e isenta de entulho, sementes daninhas e tocos).

19.3 Plantio

19.3.1 Generalidades

A época mais adequada para o plantio de mudas com folhagem permanente é o início da estação chuvosa. As mudas empregadas com torrão poderão ser plantadas em qualquer época do ano, desde que sejam regadas periodicamente. Os dias de céu encoberto, com tendência à chuva, são os melhores para o plantio de mudas de toda espécie. No caso de mudas plantadas com torrão, a poda poderá ser omitida. É importante observar a exata manutenção do nível original de enterramento. Cada muda deverá ser plantada de maneira a ficar assentada com suas raízes dentro da terra até a mesma altura em que se encontrava. As covas de árvores precisam ter área de pelo menos 60 cm × 60 cm e profundidade de 60 cm. Para os arbustos e trepadeiras, as covas de 50 cm × 50 cm × 50 cm poderão ser consideradas suficientes e as herbáceas perenes terão de contar com covas de 30 cm × 30 cm × 30 cm. Por ocasião do recebimento das mudas na obra, recomenda-se rega forte, antes de ser o torrão colocado na cova, facilitando a liga entre o solo e o torrão; depois do plantio, proceder à nova rega. Esta deverá continuar duas vezes ao dia em tempo seco até notar a pega das mudas. Raramente, poder-se-á aceitar um período de estiagem com falta de rega superior a uma semana. No caso da maioria das herbáceas, a falta de rega em período de estiagem não ultrapassará 3 dias. Somente as árvores e arbustos poderão ser deixados sem rega por períodos mais longos. O plantio mais simples de grama é aquele em que ela é fornecida na forma de tapete (em rolos) ou em placas.

19.3.2 Rega

Recomenda-se como rega ideal, em um período de estiagem, de um jardim comum em seguida à sua plantação, levando-se em consideração que gramados e forrageiras possuem o seu sistema radicular a uma profundidade que varia de 5 cm a 20 cm, camada essa que seca muito rapidamente. Além do mais, os arbustos, as arvoretas, as árvores e as palmeiras têm suas raízes mais profundas, onde a água da rega deve chegar. Assim sendo, seguem as orientações:

- Rega abundante e diária, garantindo um mínimo de 20 litros por metro quadrado.
- Esta rega diária tem de ser feita durante os períodos de menor insolação, preferencialmente pela manhã, quando as plantas estão dedicadas à absorção de água e nutrientes (à tarde, com o aumento da temperatura, normalmente o processo é mais de transpiração do que de absorção);
- Pode-se também orientar aos funcionários responsáveis pelas regras que molhem os canteiros quando estiverem sombreados, ou seja, aqueles que recebem insolação pela manhã seriam regados na parte da tarde e vice-versa; no entanto, isso faz com que essa pessoa precise ser muito atenta para não esquecer de regar canteiro algum.
- Nos gramados e forrações a rega necessita ser uniforme, cobrindo igualmente toda a área.
- Nas arvoretas, palmeiras, arbustos a rega deve ser cuidadosa também, desde a ponta da folhas até a base do caule junto ao solo, garantindo que a água que escorra pela planta seja suficiente para manter também o solo úmido na profundidade proporcional ao tamanho da planta.
- Nos dias em que a umidade do ar cair a níveis muito baixos – dias muito secos – o ideal seria, por volta das 16 horas, dar uma refrescada nas folhagens em geral.
- É importante ressaltar que garoas ou chuvas leves, típicas nessa época, molham o solo apenas superficialmente, não sendo suficientes para a hidratação das plantas.
- Lembrar-se ainda de que, sob marquises e coberturas em geral, as chuvas e o orvalho noturno não atingem o jardim, ficando essas plantas ainda mais desidratadas. Finalizando, esclarece-se que algumas espécies, independente de regas ou falta delas, mas devido ao seu ciclo natural, sofrem alterações sazonais, que incluem amarelamento e troca de folhas, interrupção do crescimento (como no caso dos gramados, por exemplo, que têm reduzidas sua necessidade de cortes) e outras.

19.3.3 Gramado

O gramado é constituído também por herbáceas que desenvolvem raízes superficiais, penetrando apenas até 30 cm na terra. Terão de ser tomadas as seguintes providências para o plantio de grama:

- perfeito revolvimento e afofamento da terra até 30 cm de profundidade;
- é necessário ser incorporado, nesse ato, estrume de curral, curtido, na proporção de 6 kg/m³, bem esmiuçado e distribuído;
- precisam ser eliminadas pedras, tocos, torrões duros, entulho e outros materiais estranhos.

Caso o plantio não ocorra em estação chuvosa, aplicar regas diárias ao anoitecer. No rebrotamento das mudas, arrancar imediatamente, à mão, com ajuda de sacho (pequena enxada que dispõe de uma peça pontiaguda ou bifurcada na parte superior do olho), as ervas daninhas com a raiz. O primeiro corte do gramado e algumas ceifas subsequentes deverão ser feitos com tesoura grande. Antes da ceifa, proceder à revisão cuidadosa de todo o gramado, para extrair, com suas raízes, toda a erva estranha que brotar. As espécies de grama mais comuns são batatais, esmeralda, são-carlos, bermudas, inglesa ou santo-agostinho, japonesa ou coreana, missioneira ou carpete, preta, amendoim e outras.

19.3.3.1 Grama batatais

A grama-batatais tem folhas grandes na forma de lança, firmes e pouco pilosas, com coloração verde-clara. Pode ser cultivada em solos mais pobres mas não é indicada para situações de sombra ou meia-sombra, devendo ficar a pleno sol. Tem de ser aparada sempre que alcançar 3 cm a 5 cm de altura ou então quando florescer. Devido à sua resistência e rusticidade, é indicada para campos de futebol e parques.

19.3.3.2 Grama-esmeralda

A grama-esmeralda tem folhas estreitas, miúdas e pontiagudas, de coloração verde-intensa. É rústica sendo resistente ao pisoteio, mas não é indicada para locais de tráfego intenso nem para áreas sombreadas. Ela deve ser aparada sempre que alcançar 2 cm. É a espécie mais comercializada no país.

19.3.3.3 Grama-são-carlos

A grama-são-carlos tem folhas largas, lisas, sem pelos e de coloração verde-vibrante sob pleno sol e um pouco mais escura à sombra. Sua altura chega alcançar 15 cm. Desenvolve bem sob sol pleno e à meia-sombra, porém não tolera sombra total. Seu ciclo de vida é perene.

19.3.3.4 Grama-inglesa ou santo-agostinho

A grama-santo-agostinho tem folhas lisas e sem pelos, com coloração verde-escura. É favorável à umidade e não costuma ter grandes problemas com pragas. Possui boa resistência ao sol pleno e à sombra, podendo crescer em áreas semissombreadas (sob árvores, arbustos e cobertas), mas não em áreas de interior de edificação. É tolerante à salinidade, sendo indicada para terrenos em regiões litorâneas.

19.3.3.5 Grama-preta

A grama-preta tem folhas finas e alongadas de 20 cm a 40 cm de comprimento, com coloração verde-escura. Não precisa ser aparada e se desenvolve muito bem tanto sob sol pleno quanto à meia-sombra. Ela cresce muito rapidamente e não exige muitos cuidados, contudo não suporta ser pisoteada. É usada em paisagismo em lugares sombrios.

19.3.3.6 Grama-coreana ou japonesa

A grama-japonesa tem folhas muito finas, miúdas e pontiagudas. Ela deve ser cultivada a pleno sol, em solos férteis, com adubações semestrais e irrigação regular. Precisa ser aparada sempre que alcançar 2 cm e não tolera pisoteios ou secas. Forma gramados extremamente densos e macios, quando bem cuidados. É própria para campos de golfe.

19.3.3.7 Grama-bermudas

A grama-bermudas tem folhas finas com ótima coloração verde, quando bem conduzida. Possui alto índice de crescimento, produzindo um gramado com boa recuperação aos danos causados pelo uso. Sua altura de poda é de 2 cm a 3 cm . Seu uso é recomendado para campos de futebol, quadra de tênis e *greens* de campo de golfe.

19.3.3.8 Grama-missioneira ou carpete

A grama-carpete tem folhas largas, sendo resistente a pisoteio, pragas e geadas. Possui média tolerância ao sombreamento e não tem tolerância à seca. Tem de ser sempre bem aparada, irrigada e fertilizada. É uma planta perene de verão e tem altura de 3 cm a 5 cm. É indicada para jardins, campos de futebol e de golfe.

19.3.3.9 Grama-amendoim

A grama-amendoim tem coloração verde-escura, bastante decorativa. É rústica, porém não resiste ao pisoteio, não tolera geadas e dispensa podas periódicas. Possui rápido rebrotamento. Suporta secas e necessita ser cultivada em solo fértil a pleno sol ou à meia-sombra. É usada para revestir taludes íngremes e como planta ornamental.

Capítulo 20

Limpeza

A limpeza pós-obra deve ser executada por empresa especializada, com mão de obra treinada usando produtos adequados.

20.1 De ladrilhos cerâmicos

Após varrição completa do piso, as manchas e respingos de tinta terão de ser retiradas com espátula, palha de aço fina, esponja umedecida e/ou removedor. Em seguida, será feita a lavagem do piso com água e sabão (pastoso ou líquido) e/ou *thinner*, aguarrás ou outros produtos específicos recomendados pelo fabricante dos ladrilhos, sendo o piso esfregado com escova de piaçava. Somente é tolerado o emprego de ácido clorídrico (muriático), na proporção de uma parte de ácido para seis partes de água, se o material cerâmico, depois de lavado, não ficar completamente limpo, sendo certo que, imediatamente após a aplicação de soluções químicas no piso, ele deve ser lavado com o uso abundante de água limpa. Dentre os produtos específicos para limpeza de piso cerâmicos, podem ser citadas as denominações comerciais: removedor de cimento; removedor de respingos de tinta; removedor de manchas de ferrugem; limpador extraforte para pisos etc.

20.2 De mármore, granito e granilite

Após varrição com vassoura de pelo, serão removidas do piso as manchas e respingos de tinta com palha de aço muito fina ou esponja macia umedecida. Depois, com o uso de removedor adequado (benzina, gasolina sem aditivos, *thinner*, aguarrás etc.) deve-se retirar a cera de proteção. Logo em seguida, a superfície será lavada com água e sabão, secada, encerada com duas demãos de cera branca comum e lustrada com enceradeira elétrica até ser atingido o brilho total. Existem produtos específicos para a limpeza de pisos de mármore e granito, com a denominação comercial de detergente desincrustante; detergente limpador; removedor de colas, tintas e manchas e outros.

20.3 De ladrilhos vinílicos

Após varrição com vassoura de pelo, os pisos vinílicos serão limpos exclusivamente com esponja macia ou pano molhado, empregando sabão ou detergente neutros, se necessário. Nunca se pode usar ácidos, detergentes ou removedores de espécie alguma. A aplicação de cera (e posterior lustração com enceradeira) só se dará com a utilização de produtos específicos para tal fim, de acordo com as recomendações do fabricante. Existem produtos próprios para limpeza de vinil, com a denominação comercial de limpa laminado/vinil etc.

20.4 De cimentado liso ou áspero

Após varrição com vassoura de piaçava, a superfície deverá ser escovada com água e sabão e, posteriormente, lavadas com jato de água. Nunca se pode usar ácido, mesmo que muito diluído na água, na limpeza do piso. Existem produtos específicos para a limpeza de cimentados, com a denominação comercial de limpador pós-obra, limpador desincrustante não ácido e outros.

20.5 De azulejos

Após a limpeza das superfícies com estopa seca, é necessário remover os respingos de tinta com esponja, palha de aço fina e/ou removedor adequados (*thinner*, aguarrás e outros). Em seguida, as paredes serão lavadas com água e sabão ou pasta removedora (desconcentrada), aplicada com estopa macia umedecida. Há no mercado produtos específicos para limpeza de azulejos, com o nome comercial de limpador pós-obra; limpa fácil pós-obra etc.

20.6 De laminado decorativo de alta pressão

Após varrição com vassoura de pelo, têm de ser retirados os respingos de tinta látex (PVA) apenas com água, umedecendo levemente um pano de limpeza. Em seguida, é preciso retirar as marcas de cola, utilizando solvente removedor de esmalte, sendo que respingos de tinta esmalte podem ser removidos com detergente e álcool. Após limpar toda a superfície usando pano úmido macio, de algodão ou de microfibra e, se necessário, detergente neutro ou amoníaco (diluído na proporção de três colheres por litro de água). Nunca utilizar produtos abrasivos como palha de aço, saponáceo, esponja abrasiva e pedras-pomes, nem objetos pontiagudos. Para remover manchas de óleo, aplicar um pouco de detergente puro sobre elas e deixá-lo agir por alguns minutos. Nunca aplicar hipoclorito de sódio puro. Por fim, não aplicar ceras, aguarrás, *thinner*, varsol ou querosene, pois engorduram a superfície, dificultando a limpeza futura.

20.7 De piso melamínico de alta pressão

Após varrição com vassoura de pelo, devem ser retirados os resíduos de adesivo com um pano ou esponja macios e limpos com eles embebidos com pouca quantidade de diluente do adesivo. Visto que o diluente, como qualquer solvente, agride a linha de cola, tem de se atentar para que esse produto não se infiltre nas juntas deixadas entre as placas, chapas ou réguas. Em seguida, é preciso aplicar sabão neutro ou um produto de limpeza específico à base de amoníaco e sem cloro e, por último, removê-lo com um pano macio de algodão ou de microfibra ou então flanela. Nunca utilizar produtos abrasivos, como palhas de aço, saponáceo, pedras-pomes e esponjas abrasivas, nem objetos pontiagudos. O PMAP (piso melamínico de alta pressão) dispensa o uso de cera. Finalmente, não aplicar ceras, aguarrás, *thinner*, querosene ou varsol, pois engorduram a superfície, dificultando a limpeza futura.

20.8 De ferragem e metais sanitários

Os metais sanitários e ferragem cromados serão limpos com o emprego de água, pano de algodão macio e sabão neutro, nunca com polidores de metal, sendo lustrados no final com flanela seca. Nunca usar material abrasivo, como palha de aço, esponja, saponáceo ou pedra-pomes nem ácidos, que podem arranhar as superfícies cromadas e tirar seu brilho. Encontram-se no mercado produtos específicos para limpeza de metais cromados. Pode-se, na manutenção da limpeza, utilizar limão, vinagre branco ou bicarbonato de sódio diluído em água (produtos caseiros).

20.9 De esquadrias de alumínio anodizado

A limpeza de esquadrias de alumínio anodizado deve inicialmente ser feita com álcool diluído ou sabão neutro dissolvido em água, preferencialmente morna, tendo de ser evitado o uso de sabão em pó, detergentes abrasivos, vaselina, solventes e produtos ácidos ou alcalinos (sua aplicação poderá manchar a anodização). Nunca utilizar detergentes com saponáceo, cloro, acetona, éter e esponjas de aço de toda a espécie. Para limpeza mais profunda, usar gasolina sem aditivos ou querosene puro com um pano macio de algodão, procedida da remoção do pó com pincel de cerdas macias, especialmente para os cantos, seguida de lavagem com água, a fim de não ressacar as borrachas e plásticos (fazendo com que percam a função de vedação). A limpeza dos trilhos (guias) inferiores das janelas e portas de correr precisa ser efetuada cuidadosamente, para evitar o comprometimento futuro do desempenho das suas roldanas. Para uma limpeza extraordinária, recorrer a produtos adequados existentes no mercado com diversas fórmulas.

20.10 De esquadrias metálicas com pintura eletrostática de poliéster em pó

A limpeza de esquadrias metálicas com pintura eletrostática com poliéster em pó deve ser feita com água e sabão neutro e nunca com detergente, água sanitária, álcool, *thinner*, removedor, solventes e similares, aplicada com pano de algodão macio. Não se pode usar palha de aço, esponja, saponáceo ou pedra-pomes, que riscam e danificam a pintura.

20.11 De vidro

A remoção das manchas e respingos de tinta deve ser feita com removedor adequado e palha de aço fina ou lâmina de barbear, tomando as precauções necessárias para não danificar as partes pintadas dos caixilhos. A limpeza também poderá ser executada com a aplicação de uma camada fina de gesso e a remoção de querosene dissolvido em água. Por fim, o vidro será lavado com água e secado com um rodo manual. No mercado existem produtos específicos para limpeza de vidro.

20.12 De louças sanitárias

A lavagem dos aparelhos sanitários e das peças de louça (saboneteiras, papeleiras etc.) será efetuada com água e sabão usando palha de aço muita fina, não sendo permitido o emprego de água com soluções ácidas. O polimento posterior da louça poderá ser feito com pasta removedora não ácida. Existem no mercado produtos específicos para limpeza de louça sanitária.

20.13 De pedra decorativa

Após varrição completa, a pedra deve ser limpa com espátula seguida de escova de aço com água. Depois, tem de ser lavada com solução de ácido muriático e água, na proporção de 1:4, aplicada com broxa. Imediatamente após, será novamente lavada com água em abundância. A remoção de manchas é feita conforme Tabela 20.13.

Capítulo 21
Responsabilidade sobre a edificação

21.1 Arremates finais

A inspeção minuciosa de toda a construção deverá ser efetuada pelo engenheiro da obra, acompanhado do mestre-geral, para constatar e relacionar os arremates e retoques finais que se fizerem necessários. Em consequência dessa verificação, terão de ser executados todos os serviços de revisão levantados, como retomada de juntas de azulejos, de pisos de pedra e outras, substituição de vidros quebrados, retoques de pintura, limpeza de ralos, regulagem de válvulas de descarga, ajuste no funcionamento das ferragens das esquadrias etc.

21.2 Testes de funcionamento

Serão procedidos testes para verificação de todas as esquadrias, instalações, aparelhos, equipamentos e impermeabilizações da edificação, para evitar reclamações futuras.

21.3 Código de Defesa do Consumidor

O Código de Defesa do Consumidor determina que a construtora responde pela reparação dos danos causados ao adquirente do imóvel por defeitos decorrentes da obra. O direito de reclamar pelos vícios aparentes ou de fácil constatação caduca em 90 dias. Inicia-se a contagem do prazo decadencial a partir da entrega efetiva do imóvel. Tratando-se de vício oculto, o prazo decadencial inicia-se no momento em que ficar evidenciado o defeito. Prescreve em cinco anos a pretensão à reparação pelos danos causados por defeitos decorrentes da construção, bem como por informações insuficientes ou inadequadas sobre sua utilização. A construtora só não será responsabilizada quando provar:

- que não executou o serviço que apresentou vício;
- que o defeito inexiste;
- a culpa exclusiva do adquirente ou de terceiro.

Não sendo o vício sanado no prazo máximo de 30 dias, pode o adquirente exigir, alternativamente e à sua escolha:

- a permuta do imóvel por outro da mesma edificação e valor, em perfeitas condições de uso;
- a restituição imediata da quantia paga, monetariamente atualizada, sem prejuízo de eventuais perdas e danos;
- abatimento proporcional no preço.

21.4 Incorporação imobiliária – terminologia

- *AD CORPUS*: por inteiro (referindo-se à venda em que se estipula um preço global, sem medida), considerando-se as eventuais medidas constantes no instrumento de venda e compra como meramente enunciativas.
- *AD MENSURAM*: por medida (referindo-se à venda cujo preço é estipulado por unidade de medida, desconsiderando-se eventuais medidas do todo constantes no instrumento de venda e compra), considerando-se por medida certa (o perímetro descrito e a resultante área do imóvel devem corresponder às medidas determinadas no instrumento de venda e compra).
- INCORPORADOR: pessoa física ou jurídica, comerciante ou não, que, embora não efetuando a construção, compromisse ou efetive a venda de frações ideais do terreno, objetivando a vinculação de tais frações a unidades autônomas, em edificações a serem construídas ou em construção sob o regime condominial, ou que meramente aceite propostas para efetivação de tais transações, coordenando e levando a termo a incorporação imobiliária e responsabilizando-se, conforme o caso, pela entrega, em certo prazo e preço e determinadas condições, das obras concluídas.
- PÉ-DIREITO: distância entre o piso de um andar e o teto desse mesmo andar.
- *RETROFIT*: remodelação ou atualização do edifício ou de sistemas, por meio da incorporação de novas tecnologias e conceitos, normalmente visando à valorização do imóvel, mudança de uso, aumento da vida útil e eficiência operacional e energética.
- USUÁRIO: proprietário, titular de direitos ou pessoa que ocupa a edificação habitacional ou não.
- VIDA ÚTIL: período de tempo em que um edifício e/ou seus sistemas se prestam às atividades para as quais foram projetados e construídos, com atendimento dos níveis de desempenho previstos, considerando a periodicidade e a correta execução dos processos de manutenção especificados no respectivo manual de uso, operação e manutenção.
- UNIDADE AUTÔNOMA: parte da edificação vinculada a uma fração ideal de terreno e coisas comuns, sujeita às limitações da lei, constituída de dependências e instalações de uso privativo e de parcela das dependências e instalações de uso comum da edificação, destinadas a uso residencial ou não, assinalada por designação especial numérica ou alfabética, para efeitos de identificação e discriminação.
- ÁREA REAL DO PAVIMENTO: área da superfície limitada pelo perímetro externo da edificação no nível do piso do pavimento correspondente, excluídas *as áreas não edificadas* (vazios, dutos, *shafts*). No caso de pavimento em pilotis, esta área é igual à do pavimento imediatamente acima, acrescida das áreas cobertas, externas à projeção deste e das áreas descobertas que tenham recebido tratamento destinado a aproveitá-las para outros fins que não apenas o de ventilação e iluminação.
- ÁREA REAL PRIVATIVA DA UNIDADE AUTÔNOMA: área da superfície limitada pela linha que contorna as dependências privativas, cobertas ou descobertas, da unidade autônoma, excluídas as áreas não edificadas, passando pelas projeções:
    - das faces externas das paredes externas da edificação e das partes que separam as dependências privativas da unidade autônoma, das dependências de uso comum; e
    - dos eixos das paredes que separam as dependências privativas da unidade autônoma considerada, das dependências privativas de unidades autônomas contíguas.
- ÁREA REAL DE USO COMUM: área da superfície limitada pela linha que contorna a dependência de uso comum, coberta ou descoberta, excluídas as áreas não edificadas, passando pelas projeções:
    - das faces externas das paredes externas da edificação; e
    - das faces internas, em relação à área de uso comum, das paredes que a separam das unidades autônomas.
- ÁREA COBERTA: área da superfície limitada pela linha que contorna a dependência coberta, excluídas as áreas não edificadas, passando pelas projeções:
    - das faces externas das paredes externas da edificação;
    - das faces externas, em relação à área coberta considerada, das paredes que a separam de dependências de uso comum, no caso de ser ela própria de uso privativo;
    - das faces externas, em relação à área coberta considerada, no caso de ser ela própria de uso comum;

- dos eixos das paredes divisórias de dependências contíguas, se forem ambas de uso comum ou ambas de uso privativo; e
- de projeções de arestas externas de elemento de cobertura quando não for limitada por parede.
- ÁREA DESCOBERTA: área da superfície limitada pela linha que contorna a dependência descoberta, passando pelas projeções, excluída as áreas não edificadas:
  - das faces externas das paredes externas da edificação;
  - das faces internas, em relação à área considerada, das paredes que a separam de quaisquer dependências cobertas; e
  - dos eixos das paredes divisórias de áreas contíguas, quando ambas forem de uso privativo ou de uso comum.
- ÁREA EQUIVALENTE:
  - *conceituação*: área virtual cujo custo de construção é equivalente ao custo da respectiva área real, utilizada quando este custo é diferente do *custo unitário básico* (CUB) da construção, adotado como referência (pode ser, conforme o caso, maior ou menor que a área real correspondente);
  - *coeficientes para cálculo das áreas equivalentes às áreas de custo padrão*: é recomendável que os coeficientes de equivalência de custo, para cada dependência em que forem empregados, sejam calculados na forma indicada em coeficientes médios a seguir descritos:
  - *orientações*:
    * * cada dependência deve ser considerada em três dimensões, tendo seu custo real efetivo orçado ou estimado com os mesmos critérios utilizados no orçamento-padrão, ou seja: i- com os acabamentos efetivamente empregados nessa dependência; e ii- com o seguinte critério de delimitação de perímetro da área dessa dependência: incluir as paredes externas não confrontantes com outra área construída e incluir também a metade da espessura da parede confrontante com as outras áreas construídas;
    * * o custo unitário equivalente dessa dependência é obtido pela divisão do custo orçado ou estimado conforme (*) acima, dividido pela respectiva área definida em (* ii) acima. Como este custo é simplificado por definição, podem ser consideradas neste cálculo as eventuais repercussões indiretas de custo (nas fundações, estrutura etc.);
    * o coeficiente para cálculo da equivalência de área é o resultado da divisão do custo unitário dessa área dividido pelo último custo unitário básico (CUB) de mesmo padrão divulgado;
  - *coeficientes médios:* na falta destas demonstrações, podem ser utilizados os seguintes coeficientes médios que foram utilizados no cálculo de equivalência de áreas dos projetos-padrão: área privativa (unidade autônoma padrão): 1,00 área privativa (salas com acabamento): 1,00 garagem (subsolos): 0,50 a 0,75 área privativa (salas sem acabamento): 0,75 a 0,90 área de loja sem acabamento: 0,40 a 0,60 varandas: 0,75 a 1,00 terraços ou áreas descobertas sobre laje: 0,30 a 0,60 estacionamento sobre terreno: 0,05 a 0,10 área de projeção do terreno sem benfeitorias: 0,00 área de serviço em residência unifamiliar de padrão baixo (aberta): 0,50 barrilete: 0,50 a 0,75 reservatório de água: 0,50 a 0,75 casa de máquinas: 0,50 a 0,75 piscina: 0,50 a 0,75 jardins sobre terreno, calçadas, quintais etc.: 0,10 a 0,30.
- NUA PROPRIEDADE: propriedade em relação à qual o proprietário não tem pleno uso, gozo e disposição, ou seja, propriedade cujo usufruto o proprietário não pode ter porque pertence a um usufrutuário.
- USUFRUTO: direito conferido a alguém, durante certo tempo, de gozar ou fruir de um bem cuja propriedade pertence a outrem.
- HIPOTECA: oferecimento de um bem imóvel como garantia na tomada de um empréstimo pecuniário.
- PECUNIÁRIO: relativo a dinheiro; que consiste ou é representado em dinheiro.
- ESCRITURA: documento de um ato jurídico comumente lavrado por tabelião.
- TABELIÃO: oficial público a quem incumbe a função de preparar ou autenticar documentos, escrituras públicas ou registros; notário.
- CARTÓRIO: órgão de serviços notariais, de natureza privada, por delegação de autoridade pública e com atribuições definidas em lei; ofício.
- NOTÁRIO: tabelião (indivíduo responsável pela elaboração de documentos públicos).

- INCORPORAÇÃO IMOBILIÁRIA: conjunto de atividades pelas quais uma pessoa física ou jurídica constrói uma edificação e aliena suas unidades autônomas, total ou parcialmente (as quais em seu conjunto constituem um *condomínio*).
- AFETAÇÃO: ônus que recai sobre um imóvel para garantir uma obrigação; no regime de afetação, o bem que está sendo incorporado é afastado do patrimônio do incorporador (assim sendo, as dívidas do incorporador não poderão atingir a incorporação imobiliária).
- FRAÇÃO IDEAL: fração expressa de forma decimal ou ordinária, que representa a parte ideal do terreno e coisas de uso comum atribuídas à unidade autônoma, sendo parte inseparável desta.
- COTA PROPORCIONAL DE DESPESAS DE CONDOMÍNIO: cota proporcional que corresponde às despesas ordinárias e extraordinárias no condomínio, atribuídas à unidade autônoma, calculada conforme previsto na convenção de condomínio.
- OFÍCIO: cartório.
- NORMA TÉCNICA BRASILEIRA: documento, elaborado pela ABNT (Associação Brasileira de Normas Técnicas), que estabelece diretrizes e restrições à elaboração de uma atividade ou produto técnico.
- ISO (*International Organization for Standartization*): entidade internacional responsável pelo diálogo entre as várias entidades nacionais de normatização; no Brasil, o órgão oficial para emissão de normas técnicas é a ABNT.
- ASSOCIAÇÃO BRASILEIRA DE NORMAS TÉCNICAS (ABNT): entidade privada sem fins lucrativos e de utilidade pública responsável pela normatização (ou normalização) técnica no brasil, fornecendo contribuições ao desenvolvimento tecnológico do país.
- CRONOGRAMA: representação gráfica das diversas atividades de uma obra distribuídas ao longo do tempo, destacando o início e sequência e eventualmente valores de cada uma delas (*gráfico de Gantt* é a representação gráfica das atividades por meio de barras).
- POSTURAS: compêndio de leis, normas e regulamentos de um município.
- GARANTIA: documento que assegura a integridade de uma construção e/ou a sua boa qualidade ou durabilidade e que obriga o construtor e/ou incorporador a consertar os defeitos existentes assim como o prestador de serviço a refazê-lo, se insatisfatório. A contagem dos prazos de garantia inicia-se, a partir da expedição do *Certificado (ou Auto) de Conclusão* da obra ou *Habite-se* ou ainda de outro documento legal que ateste o término da construção.
- DESPERDÍCIO: qualquer custo (que consome recursos) que não agrega valor à construção.
- REQUISITO: condição para se alcançar determinado fim.
- QUALIDADE: grau no qual um conjunto de características inerentes ao produto ou serviço satisfaz a requisitos; grau positivo ou negativo de excelência
- EFICÁCIA: extensão na qual as atividades planejadas são realizadas e os resultados planejados, alcançados; virtude ou poder de uma atividade produzir determinado efeito.
- EFICIÊNCIA: relação entre o resultado alcançado e os recursos usados; virtude ou característica de algo ou alguém ser competente, produtivo de conseguir o melhor rendimento com o mínimo dispêndio.
- MEMORIAL DESCRITIVO: documento que descreve detalhadamente todas as fases e materiais utilizados numa construção.
- POLÍTICA DA QUALIDADE: intenções e diretrizes globais de uma organização, relativas à qualidade, formalmente expressa pela *alta direção* (pessoa ou grupo de pessoas que dirige e controla uma organização no seu mais alto nível).

21.5 Manual do proprietário/usuário e das áreas comuns

21.5.1 Introdução

O manual de uso e manutenção deverá ser entregue pela construtora e/ou incorporadora a cada um dos adquirentes de imóvel novo por ela construído, depois de vistoria da obra a ser feita pelo comprador. O manual terá de ser entregue por ocasião de transmissão da posse do imóvel (*entrega das chaves*).

21.5.2 Modelo de Manual

MANUAL DO PROPRIETÁRIO (nome do empreendimento)

Apresentação

Sr. Proprietário, A partir de agora, V. Sa. tem o privilégio de participar de mais um empreendimento da Construtora, podendo desfrutar de todas as vantagens de ser um condômino do Edifício. O condomínio possui uma área de lazer completa, com salão de festas; piscina; salão de ginástica; playground. Este "Manual do Usuário" foi elaborado para ajudá-lo na correta utilização e manutenção do seu imóvel, na certeza de assegurar a sua qualidade. Ele contém informações, como características construtivas, conformação dos ambientes, cuidados necessários durante as operações de limpeza e conservação, além de algumas recomendações sobre segurança e economia. A elaboração deste Manual faz parte do Programa de Gestão da Qualidade implantado na Construtora, o qual busca o aperfeiçoamento contínuo de seus processos e produtos, visando, acima de tudo, a total satisfação de seus clientes. Nesse Programa, a Construtora tem atuado desde a fase de projeto do empreendimento até a sua utilização, adotando princípios de racionalização de processos, critérios de avaliação de fornecedores e do nível de satisfação dos usuários dos apartamentos. A leitura atenta e integral deste Manual é imprescindível, tanto para o proprietário como para todos os usuários do imóvel. É importante que, no caso de venda ou locação, uma cópia seja entregue ao novo condômino, para que o imóvel seja sempre utilizado da forma mais correta. Finalmente, a Construtora coloca-se à disposição dos condôminos para eventuais esclarecimentos que se fizerem necessários não apenas sobre os assuntos arrolados neste Manual, como também sobre questões não abordadas aqui.

(assinatura da construtora)

Sumário

1. Responsabilidades do proprietário 801
2. Descrição da edificação 802
2.1. Projeto 802
2.2. Especificações Técnicas 802
3. Fornecedores de Materiais 803
4. Operação e uso da edificação 803
4.1. Ligação às Redes de Abastecimento 803
4.2. Colocação de Acessórios em Paredes e Pisos 803
4.3. Colocação e Transporte de Móveis 803
4.4. Estrutura. 803
4.5. Instalação Hidráulica 803
4.6. Instalação Elétrica 803
4.7. Telefone, Interfone e Antena de TV 803
4.8. Instalação de Gás 763
4.9 Aquecimento da Água 75

4.10 Elevadores 75
4.11 Garagens e Depósitos Privativos 76
4.12 Portões 76
4.13 Utilização dos Equipamentos Coletivos do Condomínio 76
4.14 Iluminação das Áreas Comuns 77
4.15 Iluminação de Emergência 77
4.16 Sistema de Prevenção e Combate a Incêndio 77
4.17 Informações Úteis 78
    4.17.1 Segurança 78
    4.17.2 Empregados do condomínio 79
    4.17.3 O lixo 79
    4.17.4 Instalação de redes de proteção em janelas e terraços 79
5 Manutenção e conservação da unidade 79
5.1 Aço Inoxidável 79
5.2 Aquecedores de Passagem a Gás 80
5.3 Paredes e Pisos Cerâmicos 80
5.4 Carpetes 80
5.5 Esquadrias de Alumínio 82
5.6 Forros de Gesso 83
5.7 Impermeabilizações e Vedações 83
5.8 Instalações Elétricas 83
5.9 Louças e Instalações Sanitárias 84
5.10 Metais Sanitários 85
5.11 Pintura 86
5.12 Piscina 86
5.13 Soalho de Madeira 86
5.14 Portas de Madeira 87
5.15 Revestimentos em Mármore e Granito 87
5.16 Vidros 88
6. Responsabilidade da construtora e garantia 88

1. Responsabilidades do proprietário

É no momento da vistoria realizada para o recebimento das chaves que se iniciam as responsabilidades do proprietário, relacionadas à manutenção das condições de estabilidade, segurança e salubridade do apartamento. Para manter tais condições em um nível normal, este Manual traz uma série de recomendações importantes para o uso adequado do imóvel. É imprescindível que o proprietário repasse as informações contidas neste Manual aos demais usuários do apartamento. A conservação das partes comuns do edifício também faz parte das responsabilidades dos moradores. O Regulamento Interno do condomínio discrimina atividades necessárias para essa manutenção, assim como as orientações para rateio de seus custos.

O locatário perante o condomínio

Com relação ao condomínio, o inquilino ou locatário, assim como seus funcionários, são obrigados a ter conhecimento e cumprir a Convenção de Condomínio e o Regulamento Interno da edificação, devendo tal obrigação constar expressamente dos contratos de locação, sob todos os aspectos. No que tange à utilização da edificação, o inquilino responde solidariamente com o proprietário pelos prejuízos que causar ao condomínio.

Além disso, é muito importante a participação individual de cada morador na conservação e uso adequado, não danificando parte alguma das áreas comuns ou equipamentos coletivos. As normas estabelecidas na Convenção de Condomínio e no Regulamento Interno devem ser cumpridas por todos os moradores do edifício, independentemente de serem os proprietários ou apenas os usuários do apartamento. Fazem parte, ainda, das obrigações de cada um dos usuários do edifício a aplicação e o fomento das regras de boa vizinhança.

2. Descrição da edificação

2.1 Projeto

As Figuras 1 e 2, apresentadas a seguir, mostram a planta do apartamento-tipo e a do apartamento de cobertura, com as dimensões reais, a fim de auxiliar na escolha e colocação do mobiliário. É importante lembrar que o Síndico possui uma cópia do projeto completo do empreendimento, para ser consultado em caso de necessidade. O projeto legal do empreendimento encontra-se registrado e arquivado sob o nº X no Xº Ofício de Registro de Imóveis desta cidade, matrícula nº X.

(reproduzir planta, em escala reduzida, com cotas)
Figura 1 – Planta de arquitetura do apartamento-tipo

(reproduzir planta, em escala reduzida, com cotas)
Figura 2 – Planta de arquitetura do apartamento dúplex – pavimento inferior

(reproduzir planta, em escala reduzida, com cotas)
Figura 3 – Planta de arquitetura do apartamento dúplex – pavimento superior

2.2 Especificações Técnicas

O sistema construtivo adotado para a construção do edifício consiste basicamente em estrutura de concreto armado convencional e alvenaria de vedação em blocos cerâmicos vazados. É importante lembrar que todos os materiais utilizados na construção do edifício são de primeira qualidade, adquiridos de fornecedores tradicionais do mercado. Além disso, alguns materiais foram submetidos a ensaios tecnológicos atendendo às especificações das Normas Técnicas Brasileiras. As tabelas apresentadas a seguir resumem os principais materiais e componentes utilizados nos apartamentos-padrão, segundo cada ambiente.

Tabela 2.1: Equipamentos

Equipamentos e instalações	
Tomadas e	(marca) (modelo)
Tubulação de água fria	PVC marrom (marca)
Tubulação de água quente	cobre (marca)
Tubulação de gás	cobre (marca)
Elevadores	Cabinas c/ paredes e porta de aço inoxidável, piso de granito, (marca)
Porta corta-fogo	P-90 (marca)
Iluminação de emergência	Sistema (marca)
Portões	de ferro com acionamento automático (marca)
Equipamentos de piscina	(marca)
Bombas de recalque	(marca)

Tabela 2.2: Revestimento

	Sala e Dormitórios	Banheiros Sociais	Área de Serviço e WC e Cozinha	Terraços
Revestimento de Paredes	Pintura látex PVA (marca) cor até 1 m	Revestimento de porcelanato (marca)	Revestimento de azulejos (marca)	Pintura texturizada (marca) acrílica
Revestimento de Piso	Na sala – taco (35 cm × 7 cm) de ipê. Rodapé com 7 cm de ipê. Nos dormitórios: cimentado com previsão para posterior colocação de carpete	Cerâmica antiderrapante de altura (marca) Porcelanato sem brilho (marca)	Cerâmica antiderrapante (marca) Porcelanato sem brilho (marca)	Porcelanato sem brilho (marca) Rodapé da mesma cerâmica, com 7 cm de altura
Revestimento de tetos	Pintura látex PVA (marca), cor branca	Rebaixado em gesso, com pintura antimofo (marca) cor branca	Pintura látex PVA (marca), cor branca	Pintura acrílica (marca)
Esquadrias e Guarda-corpo	Alumínio pintado, tipo "de correr" (marca). Nos dormitórios, providos de venezianas de enrolar	Alumínio pintado (marca)	Alumínio pintado, tipo *maxim-air* (marca)	Guarda-corpo de alumínio, pintado (marca)
Portas	De madeira revestida de resina melamínica cor branca (marca)	De madeira revestida de resina melamínica cor branca (marca)		
Ferragens	De cilindro (marca)	De tranqueta (marca)	De cilindro (marca)	
Vidros	Cristal liso incolor 4 mm incolor 4 mm	Impresso pontilhado cristal liso incolor 4 mm		
Tomadas/ Interrup.		(marca) (modelo)		
Aparelhos Sanitários		Lavatório, bacia com caixa acoplada de louça branca (marca) (modelo)	Tanque de louça branca (marca) cuba de pia de aço inox (marca)	
Bancada		Banca de mármore	Banca de granito	
Metais Sanitários		(marca) cromado (modelo)	(marca) cromado (modelo)	
Impermeabilização		(tipo)	Área de serviço: (tipo)	(tipo)

3. Fornecedores de Materiais

A seguir, estão listados os principais fornecedores de materiais que participaram da construção deste empreendimento.

Aço Inox - Cubas Fabricante/Fornecedor Endereço: Telefone:	Pressurização da Rede de Água e de Ar das Escadas Fornecedor Endereço: Telefone:	Metais Sanitários Fornecedor Endereço: Telefone:
Soalho de Tacos de Madeira Fabricante/Fornecedor Endereço: Telefone:	Ferragens Fabricante/Fornecedor Endereço: Telefone:	Tintas Fornecedor Endereço: Telefone:
Equipamentos para Piscina Fabricante Endereço: Telefone:	Forro de Gesso Acartonado Fornecedor Endereço: Telefone:	Portas Corta-Fogo Fabricante/Fornecedor Endereço: Telefone:
Bombas de Água Fabricante Endereço: Telefone:	Granitos e Mármores Fabricante/Fornecedor Endereço: Telefone:	Portas e Batentes Fabricante/Fornecedor Endereço: Telefone:
Elevadores Fabricante/Fornecedor Endereço: Telefone:	Gerador Fornecedor Endereço: Telefone:	Automatização de Fabricante/Fornecedor Endereço: Telefone:
Equipamentos de Proteção contra Incêndio Fabricante/Fornecedor Endereço: Telefone:	Iluminação de Emergência Fabricante/Fornecedor Endereço: Telefone:	Revestimento Fornecedores Endereço: Telefone:
Serralheria de Ferro Fabricante/Fornecedor Endereço: Telefone:	Impermeabilização Fornecedor Endereço: Telefone:	Fios e Cabos Elétricos Fornecedor Endereço: Telefone:
Esquadrias de Alumínio Fabricante/Fornecedor Endereço: Telefone:	Louças Sanitárias Fornecedor Endereço: Telefone:	

4. Operação e uso da edificação

4.1 Ligação às Redes de Abastecimento

Para solicitar ligação de energia elétrica a seu apartamento basta teclar para o serviço telefônico da ENEL, número 0(800) 7272120, informando nome completo e CPF do usuário e endereço completo do imóvel. A ligação do gás de rua em cada unidade deve ser pedida à COMGÁS pelo telefone 0(800) 110197, informando o nome da pessoa da qual será debitada a conta e o número do telefone. *Atenção: somente será efetuada a ligação se os equipamentos a serem instalados (fogão e aquecedor) estiverem fora das embalagens.* No caso de solicitação de transferência de uma linha telefônica, basta teclar para a concessionária: que atende a seu imóvel (Vivo, Net,

Embratel etc)..

4.2 Colocação de Acessórios em Paredes e Pisos

Para a fixação de acessórios (espelhos, quadros, armários, cortinas e outros) que necessitem perfuração de paredes ou pisos de seu apartamento, é importante tomar os seguintes cuidados:

- Na fixação de objetos nas paredes, verificar se o local escolhido não é passagem de tubulação hidráulica e elétrica, conforme plantas anexas.
- Para melhor fiação, recomenda-se o uso de parafusos com buchas, por serem considerados ideais para paredes com alvenaria de blocos cerâmicos vazados. Deve-se evitar o uso de pregos, para que não danifiquem o acabamento.
- Ao executar gabinete sob as bancadas de banheiros e cozinha, instruir os marceneiros contratados para não baterem ou retirarem os sifões e ligações flexíveis, evitando vazamento.
- Nunca permitir perfuração da parede próxima ao quadro de luz e nos alinhamentos de e tomadas, para evitar acidentes com os fios elétricos.
- Evitar perfurar os pisos dos banheiros para evitar danos na impermeabilização.

4.3 Colocação e Transporte de Móveis

A data e horário da mudança têm de ser programados com o Síndico ou a administradora. Para a decoração do seu apartamento, observar os seguintes aspectos:

- As dimensões dos móveis e/ou equipamentos precisam ser compatíveis com as dimensões dos ambientes (ver Figuras 1 e 2).
- As dimensões dos móveis e/ou equipamentos têm de ser compatíveis com as dimensões do elevador de serviço (largura = 1,16 m, profundidade = 1,36 m; altura = 2,25 m) e com o vão da porta da cabina (0,80 m × 2,10 m).
- As dimensões dos móveis e/ou equipamentos necessitam ser compatíveis com o vão das portas de acesso ao apartamento (0,80 m × 2,10 m) assim como os de acesso aos demais ambientes (cozinha e dormitórios: 0,70 m × 2,10 m; banheiros: 0,60 m × 2,10 m).

4.4 Estrutura

No caso de uma eventual reforma ou alteração no seu apartamento, certifique-se de que não seja danificada parte alguma da estrutura (pilares e vigas).

4.5 Instalação Hidráulica

O abastecimento de água do apartamento é controlado por registros. Em caso de emergência ou quando houver necessidade de realização de algum reparo na rede, o registro correspondente ao ponto específico deve ser fechado. A tabela a seguir discrimina a função e o local de cada registro. Recomenda-se também fechar os registros em caso de ausência prolongada do imóvel. Na área de serviço, foram previstos pontos de abastecimento de água para máquina de lavar roupa (ao lado do tanque) e, na cozinha, para máquina de lavar louça (sob a pia). As plantas anexas indicam as paredes por onde passam as tubulações, a fim de orientar para o caso de perfuração ou manutenção. ***Atenção: os dois lados da parede devem ser verificados.*** As tubulações principais do edifício, como colunas de água, esgoto, ventilação e águas pluviais, além das conexões destas tubulações com ramais de distribuição, estão embutidas na alvenaria. No caso de necessidade de alguma manutenção, é fundamental que somente profissionais especializados realizem os serviços sob a orientação e responsabilidade do condomínio.

Tabela 4.1: Localização dos registros

Ambiente	Localização	Função
Banheiros da suíte	Dentro do boxe do chuveiro, na parte alta	Controla pontos de água fria / Controla pontos de água quente
Banheiro social	Dentro do boxe do chuveiro, na parte alta	Controla pontos de água fria / Controla pontos de água quente
Área de serviço	Sobre o tanque	Controla pontos de água fria da cozinha
	Sobre a máquina de lavar roupa	Controla todos os pontos de água do apartamento
WC empregada	Sobre a bacia	Controla todos os pontos de água

4.6 Instalação Elétrica

Na área de serviço do apartamento, encontra-se o quadro de distribuição de luz que controla toda a energia elétrica da unidade. Este é constituído de vários circuitos, protegidos por disjuntores que se desligam automaticamente no caso de sobrecarga ou curto-circuito. Cada disjuntor atende a pontos específicos indicados no próprio quadro. Nesse quadro há também uma chave geral (DR) que protege todos os circuitos de uma só vez. Em caso de incêndio, desligar a chave geral. Sempre que houver necessidade de manutenção nas instalações elétricas é necessário desligar o disjuntor correspondente ao circuito. As plantas anexas apresentam a distribuição das instalações elétricas, telefônicas e de TV do apartamento. Quando são instalados armários cobrindo as tomadas, é comum os marceneiros recortarem a madeira e reinstalarem as tomadas no próprio corpo do armário. Nesses casos, é preciso que o isolamento seja perfeito e que o fio utilizado seja compatível com a instalação original.

Ao adquirir o aparelho, é importante atentar para esse dado, pois, caso o chuveiro requeira uma carga maior, certamente haverá sobrecarga e as instalações terão que ser redimensionadas. Em destaque, apresentam-se os principais problemas que podem ocorrer eventualmente nas instalações elétricas do seu imóvel e as suas respectivas ações corretivas.

4.7 Telefone, Interfone e Antena de Televisão

Foram previstos pontos de telefone no seu apartamento, sendo um em cada dormitório, um na cozinha e outro na sala. Todo o cabeamento e enfiação estão executados, bastando solicitar à concessionária a linha e a instalação do aparelho. Para instalar o aparelho basta conectá-lo em qualquer ponto. Existe a possibilidade de comunicação entre os apartamentos do edifício e as áreas comuns por intermédio de interfone localizado na cozinha. Para utilizá-lo, basta tirar o fone do gancho e aguardar a resposta da central localizada na guarita do edifício. Os apartamentos possuem previsão para antena coletiva de TV aberta e para TV a cabo, com pontos na sala de estar e dormitórios.

4.8 Instalação de Gás

Na cozinha, junto ao tampo da pia, encontra-se instalado o ponto de gás para o fogão e na área de serviço o ponto para o aquecedor de água de passagem. A região deste edifício possui rede de distribuição da COMGÁS e toda a tubulação, abrigos de medidores, abrigo de válvula reguladora de pressão e outros dispositivos exigidos já foram executados pela Construtora, vistoriados e aprovados pela COMGÁS. É importante lembrar que o fogão deve ser compatível com este sistema. Caso não seja, é necessário solicitar sua adaptação a uma assistência técnica autorizada do fabricante do equipamento. Este sistema de fornecimento (Gás Natural canalizado de rua) é sempre contínuo e não existe a troca ou armazenamento de bujões. Orientar o marceneiro para fazer o armário próximo ao fogão, de forma que o registro de gás fique com fácil acesso.

4.9 Aquecimento da Água

Problema na Instalação Elétrica	Ação corretiva
Parte da instalação não funciona	Verificar no quadro de distribuição se a chave daquele circuito não está desligada. Em caso afirmativo, religá-la e, se esta voltar a desarmar, solicitar a assistência de técnico habilitado, pois duas possibilidades ocorrem: - A chave está com defeito e será necessária a sua substituição por uma nova. Existe algum curto-circuito na instalação e será necessário o reparo desse circuito. Eventualmente, pode ocorrer a falta de uma fase no fornecimento de energia, o que faz com que determinada parte da instalação não funcione. Nesses casos, somente a Enel terá condições de resolver o problema, após solicitação do consumidor.
Superaquecimento no quadro de luz	Verificar se existem conexões frouxas e reapertá-las. Verificar se existe alguma chave com aquecimento acima do normal, que pode ser provocado por mau contato interno à chave, devendo esta ser substituída. Os chuveiros e aquecedores elétricos para torneiras, quando funcionam com pouca saída de água, tendem a aquecer a instalação provocando sobrecarga. Estes aparelhos devem ter sempre resistência blindada para evitar fugas de corrente e, consequentemente, choques elétricos.
As chaves do quadro de luz estão desarmando com frequência	Podem existir maus contatos elétricos (conexões frouxas) que são sempre fonte de calor, o que afeta a capacidade das chaves. Nesse caso, um simples reaperto nas conexões resolverá o problema. Outra possibilidade é de que o circuito esteja sobrecarregado com instalação de novos aparelhos cujas características de potência são superiores às previstas no projeto. Tal fato precisa ser rigorosamente evitado
A chave geral do quadro está desarmando	Pode existir falta de isolação da fiação, provocando aparecimento de corrente para terra. Nesse caso, tem de ser identificado qual o circuito com falha, procedendo-se ao desligamento de todos os disjuntores até que se descubra qual o circuito com problema, procedendo-se então ao reparo da isolação com falha. Pode existir defeito de isolação de algum equipamento eletrodoméstico; para descobrir qual o aparelho com defeito proceda da maneira descrita anteriormente e repare a isolação do equipamento.

Choques elétricos em torneiras e chuveiros	Ao perceber qualquer sensação de choque elétrico, proceder da seguinte forma: -Desligar a chave de proteção desse circuito, desativando, assim, o aparelho elétrico. Verificar se o fio terra do aparelho não teve a sua seção interrompida. - Verificar se o isolamento dos fios de alimentação não foi danificado e estão fazendo contato superficial com alguma parte metálica da instalação hidráulica. Caso nenhum dos itens tenha ocorrido, o problema possivelmente estará no isolamento interno do próprio aparelho. Nesse caso, mandar repará-lo ou substituí-lo por outro de mesmas características elétricas.

O aquecimento da água dos banheiros é feito através de um aquecedor a gás de passagem. Esse equipamento está localizado na área de serviço e tem de ser utilizado conforme manual fornecido pelo fabricante. Recomenda-se desligar a chama-piloto do aquecedor sempre que não houver utilização constante ou em caso de ausência prolongada. No banheiro de empregada, foi previsto ponto para instalação de chuveiro elétrico. Na torneira da pia da cozinha pode ser instalado um aquecedor de passagem elétrico, porém, com resistência blindada.

4.10 Elevadores

Cada Torre do edifício com mais de sete pavimentos é dotada de dois elevadores, no mínimo, sendo um destinado à utilização social e um para serviço. Assim, todo e qualquer transporte de móveis e/ou de grandes embalagens necessita ser efetuado pelo elevador de serviço, que atende aos quatro apartamentos de cada andar. Os elevadores têm garantia de fábrica por um período de 12 meses a partir da entrega deles efetivada conforme o Contrato de Assistência formalizado com o fabricante. Tal garantia prevê a substituição de peças e equipamentos que apresentarem falhas de fabricação ou montagem, excluídas as ocorrências por abuso, uso inadequado e negligência. Os elevadores estão equipados com:

- operação com energia elétrica de emergência para conduzir a cabina até o térreo;
- no caso de falta da energia elétrica fornecida pela Eletropaulo, o elevador de serviço passará a funcionar alimentado pelo gerador do prédio;
- estacionamento automático em pavimento pré-selecionado;
- dispositivo especial para Serviço de Bombeiros.

Recomenda-se que a manutenção (obrigatória por lei) seja realizada pelo próprio fabricante, para manter a validade da garantia. Constantes problemas que impeçam o funcionamento dos elevadores podem ser evitados a partir da sua adequada utilização, atentando-se para algumas medidas práticas, apresentadas no quadro a seguir.

4.11 Garagens e Depósitos Privativos

A atribuição dos depósitos privativos e das vagas na garagem será estabelecida por sorteio, com exclusão das vagas autônomas.

4.12 Portões

Os portões de acesso de automóveis aos subsolos possuem comando elétrico tipo botoeira, localizado na portaria do edifício. A fechadura elétrica do portão de pedestres também tem o seu acionamento controlado pela guarita.

4.13 Utilização dos Equipamentos Coletivos do Condomínio

As regras para utilização do salão de festas, salão de ginástica, piscina e áreas de lazer devem ser estabelecidas no Regulamento Interno elaborado pelo próprio condomínio. Para uso adequado da piscina é aconselhável:

- não usar óleos e cremes no corpo antes de entrar na água;
- que pessoas portadoras de lesões na pele e doenças infectocontagiosas não possam frequentar a piscina.

4.14 Iluminação das Áreas Comuns

A iluminação dos *halls* de elevador é acionada por um sensor de presença, sendo a luz ligada e desligada automaticamente. Esse sistema visa a economia de energia elétrica, evitando que as lâmpadas fiquem constantemente acesas. Pelo mesmo motivo, a iluminação das escadas é acionada por botões, controlada por minuteria.

4.15 Iluminação de Emergência

Para o caso de interrupção do fornecimento de energia elétrica no edifício, estão instaladas luminárias com lâmpadas incandescentes nas escadas, nos *halls* e nos subsolos que funcionam alimentadas pelo gerador.

4.16 Sistema de Prevenção e Combate a Incêndio

Neste edifício, os *halls* de serviço possuem extintores, rede de hidrantes e são bloqueados por portas corta-fogo. Os extintores de incêndio servem para um primeiro combate a pequenos incêndios. Para tanto, é importante ler atentamente, especialmente no que diz respeito à classe de incêndio para a qual é indicado e como utilizá-lo. A tabela a seguir esclarece alguns pontos.

Tabela 4.2: Classes de incêndio

Classe de Incêndio	Tipo de Incêndio	Extintor Recomendado
A	Materiais sólidos, fibras têxteis, madeira papel etc.	Água pressurizada
B	Líquidos inflamáveis e derivados de petróleo	Gás carbônico, pó químico seco
C	Material elétrico, motores, transformadores etc.	Gás carbônico, pó químico seco
D	Gases inflamáveis sob pressão	Gás carbônico, pó químico seco

O extintor e o local de sua colocação não podem ser alterados, pois foram determinados pelo Corpo de Bombeiros. Incêndios de maior intensidade podem ser combatidos com o uso de hidrantes, desde que não provocados por líquidos inflamáveis e/ou equipamentos elétricos. As caixas de hidrante possuem mangueiras que permitem combater o fogo com segurança, em qualquer ponto do pavimento. As portas corta-fogo têm a finalidade de impedir a propagação do fogo e proteger as escadas durante a fuga em caso de incêndio, sendo importante que se mantenham sempre fechadas para que o sistema de molas não seja danificado e impeça o perfeito funcionamento em caso de necessidade. O acesso a essas portas nunca pode estar obstruído.

4.17 Informações Úteis

4.17.1 Segurança

- Não utilizar aparelho sanitário algum (bacia, caixa acoplada, tanque, lavatório) como ponto de apoio, pois pode quebrar-se e provocar um acidente.

- Não se pendurar nas janelas para limpeza dos vidros; utilizar utensílios com cabo alongado especiais para esse fim.
- No caso de ausências prolongadas, é aconselhável fechar o registro de gás e os registros de água (se possível).
- Nunca testar ou procurar vazamentos no equipamento a gás utilizando fósforos ou qualquer outro tipo de chama ou faísca. Recomenda-se para esse fim o uso de espuma de sabão. Em caso de dúvida, fechar imediatamente o registro e solicitar auxílio de empresa especializada. Abrir as janelas e procurar não acender fósforos, não usar objetos que produzam faíscas, nem acionar os .
- Apesar de os riscos de incêndio em edifícios residenciais serem pequenos, eles podem ser provocados por descuidos como esquecer ferros de passar roupa ligados, panelas superaquecidas, curtos-circuitos ou mesmo cigarros mal apagados.

4.17.2 Empregados do condomínio

As ordens aos funcionários do condomínio devem ser dadas apenas pelo Síndico. Se algum condômino tiver alguma restrição ou reclamação a fazer, tem de tratar diretamente com o Síndico. Jamais reclamar de forma direta com o empregado. É importante lembrar que o funcionário do condomínio não é empregado particular do morador (durante a jornada de trabalho).

4.17.3 O lixo

O lixo precisa ser depositado em local e horário estabelecidos pelo Regulamento Interno do edifício, devidamente envolvido em sacos plásticos de pequeno volume, fechados ou embrulhados em pequenos pacotes, para facilitar posterior remoção.

4.17.4 Instalação de redes de proteção em janelas e terraços

Há duas situações para instalação de redes de proteção nas janelas e terraços do apartamento:
- aprovar em assembleia a colocação padronizada de rede nos terraços;
- na janela, o condômino interessado só pode instalá-la pelo lado interno, de modo a não ferir a estética da fachada.

5. Manutenção e conservação da unidade

Com o intuito de manter o padrão da qualidade dos imóveis da Construtora por um período prolongado de tempo, é importante que o usuário utilize de forma correta e promova a manutenção preventiva de seu apartamento. Assim, haverá menor desgaste de materiais e peças, evitando-se a danificação e o envelhecimento precoce das partes do Edifício. A seguir, estão descritos alguns cuidados nas operações de limpeza e manutenção de vários acabamentos de seu imóvel.

5.1 Aço Inoxidável

- Usar apenas água e sabão neutro para retirar gordura das cubas de aço inox e nunca usar materiais abrasivos, como palha de aço, sapólio etc.
- Após a lavagem, passar pano com álcool para devolver brilho natural ao aço inox.
- Para renovar o lustro, aconselha-se o uso de polidor ou pó de gesso.
- Evitar o acúmulo de louça dentro da cuba, pois o excesso de peso pode ocasionar o abalo de sua fixação na bancada.

5.2 Aquecedores de Passagem a Gás

- Os aquecedores a gás de passagem de água necessitam de manutenção preventiva, a fim de mantê-los regulados e em perfeito funcionamento. Recomenda-se que essa manutenção seja realizada anualmente ou, pelo menos, a cada dois anos.
- É importante manter o aquecedor sempre limpo, isento de poeira.

5.3 Paredes e Pisos Cerâmicos

Tabela 5.1: Limpeza

MANCHA	A	B	C	D	E	F	G	H	I	J	K	L	M	N*	O	P	Q
Açúcar	1º														2º		
Batom														1º	3º		2º
Café					1º	2º									3º		
Cera	1º														2º		
Cerveja	1º			2º											3º		
Chá	1º														3º		
Chiclete		1º												2º	3º		
Bala e Doces							1º								3º		
Esmalte				2º					1º						3º		
Furta e Ácido														1º	2º		
Gordura/Óleo				2º											3º		1º
Graxa de sapato						2º						1º			3º		
Lama														1º	3º		2º
Látex							1º								3º		
Leite								1º							2º	3º	
Licor		1º		2º											3º		
Manteiga		1º					1º							2º	3º		
Ovo															3º		
Polidor										1º				2º	3º		
Refrigerante														1º	2º		
Sangue														1º	2º		
Sorvete							1º								2º	3º	
Tinta/Verniz (óleo)											1º	2º			3º	4º	
Urina														1º	2º		
Vinho														1º	2º		
Vômito															2º	3º	
Whisky/Coquetel				1º	2º										3º		

[A] Água Morna [B] Benzina [C] Removedor [D] Vinagre branco [E] Água e sabão [F] Gelo [G] Detergente [H] Glicerina [I] Amoníaco diluído [J] Acetona – deixar secar [K] Aguarrás [L] *Thinner* [M] Solvente (limpeza a seco) [N] Solução [O] Enxugar com tecido absorvente [P] Repetir a operação [Q] Álcool

*Solução - 1 colher de sabão em pó e 1 colher de vinagre em 1 litro de água morna (agitar até formar espuma)

- Caso seja necessária a lavagem do carpete, recomenda-se a contratação de empresas que possuam mão de obra e equipamento especializados.
- Evitar excesso de água ou exposição prolongada ao sol, que podem causar manchas.

- Na tabela da página anterior estão descritas as ações para as manchas mais comuns (observar a sequência das operações).

5.5 Esquadrias de Alumínio

- Não apoiar escadas ou outros objetos na superfície das esquadrias e evitar pancada sobre elas.
- As janelas devem correr suavemente, não podendo ser forçadas.
- As guias (corrediças) têm de ser limpas periodicamente e lubrificadas com pequena quantidade de vaselina líquida.
- Não forçar os trincos.
- Seguir as instruções do fabricante, para aumentar a durabilidade das esquadrias:
  - a) limpá-las periodicamente com uma janela ou pano macio seco, para remoção de poeira;
  - b) nos cantos de difícil acesso, usar pincel de pêlos macios;
  - c) para remover fuligem, limpar com água quente e secar com pano macio;
  - d) lavar com água e sabão ou detergente diluído com água. Enxugar para remover detritos de pássaro ou sujeiras acumuladas por períodos mais longos. Uma pequena quantidade de álcool (de 5% a 10% de álcool) na água será de grande auxílio;
  - e) para remover respingos de tinta a óleo ou graxa, passar um solvente tipo Varsol ou querosene (não usar *thinner*);
  - f) caso ocorram respingos de cimento, gesso, ácido ou tinta, remover imediatamente com um pano úmido e, logo após, passar uma flanela seca;
  - g) não utilizar tipo algum de palha de aço;
  - h) não remover, em caso algum, as borrachas de vedação para evitar infiltrações indesejáveis.

5.6 Forros de Gesso

- Nos forros de gesso, não se deve permitir impactos, pois podem quebrar-se.
- Não fixar ganchos ou suportes para pendurar varais, vasos ou qualquer outro objeto, pois esse forros não estão dimensionados para suportar tal peso.
- Os forros de gesso nunca podem ser molhados, pois o contato com a água faz com que o gesso se desagregue.
- Para evitar o aparecimento de bolor (mofo) nos tetos de banheiros e cozinhas, causado pela umidade do banho ou preparo das refeições, mantenha as janelas abertas durante e após seu uso. Para remover tais manchas no caso de seu aparecimento, utilizar água sanitária em pano umedecido com água.
- Recomenda-se que os forros dos banheiros sejam repintados anualmente, de preferência com tinta antimofo.

5.7 Impermeabilizações e Vedações

- Pelas características técnicas específicas das impermeabilizações feitas no prédio, recomendam-se cuidados especiais por ocasião de alterações que possam influir nas condições de permeabilidade das superfícies tratadas (banheiros, área de serviço e terraços), como substituição de pisos, colocação de divisórias de box de chuveiro, de batedores de portas nos pisos etc.

5.8 Instalações Elétricas

A manutenção preventiva das instalações elétricas é bastante simples e só pode ser executada com os circuitos desenergizados (chaves desligadas):
- Quadro de distribuição de circuitos (uma vez por ano):
  - reapertar todas as conexões;

- reparar pontos de fio que apresentarem sinal de superaquecimento;
- substituir chaves com problemas para religação;
- rever estados de isolamento das emendas de fio.
• Tomadas, e pontos de luz (a cada dois anos):
- reapertar todas as conexões;
- verificar estado dos contatos elétricos e substituir as peças que apresentarem desgaste.
• Chuveiros e aquecedores elétricos (duas vezes por ano):
- reapertar todas as conexões elétricas;
- verificar estado do aterramento das carcaças de chuveiro e aquecedor. Caso o aparelho fique desligado por mais de 60 dias, ele tem de ser drenado e limpo antes de ser novamente usado.

5.9 Louças e Instalações Sanitárias

• A limpeza das louças sanitárias precisa ser efetuada somente com água, sabão e desinfetante, evitando o uso de pós abrasivos (sapólio) e esponjas de aço que podem danificar as peças e os rejuntes.
• Para evitar entupimentos, não jogar nos vasos sanitários: absorventes higiênicos, fraldas descartáveis, plásticos, algodão, cotonetes, preservativos, grampos ou outros objetos.
• Não jogar gordura ou resíduos sólidos nas válvulas de escoamento ("ralos") das pias ou lavatórios. Manter a pia da cozinha sempre protegida com a grelha que acompanha o "ralo" da cuba de inox.
• Fazer a limpeza de todos os "ralos" e sifões de pias e lavatórios periodicamente, sendo conveniente que esse serviço seja executado por um profissional especializado.
• Jogar água nos ralos e sifões quando estes estiverem muito tempo sem uso, para evitar o retorno do mau cheiro da rede de esgoto, principalmente no verão.
• Evitar o uso excessivo de detergente nas máquinas de lavar roupa e louça, pois os resíduos deste depositam-se na tubulação, causando futuros entupimentos.
• Semestralmente, tem de ser feita a revisão de rejuntamento das peças sanitárias.

5.10 Metais Sanitários

• É necessário proceder à limpeza dos metais sanitários ou ferragens apenas com pano úmido, pois qualquer produto químico pode acarretar remoção da película protetora, ocasionando a sua oxidação.
• Nunca utilizar esponja de aço ou similares.
• Durante o manuseio de torneiras e registros, não se pode forçá-los, pois isso pode danificar as suas vedações internas e provocar vazamentos.
• Não utilizar torneiras ou registros como apoio ou cabide.
• Evitar batidas nos tubos flexíveis que alimentam os lavatórios e as caixas acopladas dos vasos sanitários.

5.11 Pintura

• Nunca usar álcool sobre tinta látex PVA.
• Com o tempo, a pintura escurece um pouco, devido à exposição constante à luz natural e à poluição. Não faça retoques em pontos isolados; em caso de necessidade, pinte toda a parede ou o cômodo.
• Aconselha-se que sejam passadas duas demãos de esmalte sintético nas esquadrias de ferro (portões, grelhas etc.) a cada 12 meses para sua boa conservação.
• Não esfregar as paredes.
• Utilizar para limpeza apenas um pano umedecido e sabão neutro.

5.12 Piscina

Para que a piscina se mantenha em bom estado, é necessária a utilização de equipamentos próprios, como bombas, filtros e telas. Tais equipamentos contam com garantia de seus fabricantes e devem ser amplamente utilizados segundo algumas recomendações básicas que constam dos manuais. Entretanto, alguns cuidados são necessários para manter a limpeza da água:

- Diariamente: ligar o filtro durante três horas, passar a peneira na água e adicionar cloro para combater germes e manter a água esterilizada (utilizar os produtos químicos adequados).
- Usar um aspirador específico todos os dias, durante o verão, quando a piscina é mais utilizada. Durante o inverno, basta repetir essa operação uma vez por semana.
- Limpar os azulejos semanalmente para tirar a sujeira acumulada.

5.13 Soalho de Madeira

- Os pisos de madeira precisam ser protegidos do sol, que pode causar o seu empenamento. A instalação de cortinas nas janelas é a melhor forma de protegê-los.
- Quando revestidos com acabamentos sintéticos, do tipo "bona", não podem ser limpos com produtos ácidos ou abrasivos, que danificam a superfície. Utilizar apenas panos umedecidos e produtos específicos.
- A cada 90 dias, o piso pode ser tratado com cera apropriada, tomando-se o devido cuidado para que o chão não se torne muito escorregadio.

5.14 Portas de Madeira

- As portas só podem ser limpas com pano seco de flanela.
- Procurar manter as portas sempre fechadas para evitar que empenem com o tempo e, principalmente, com o sol.
- Não molhar constantemente a parte inferior das portas para evitar sua desagregação.
- Cuidado especial deve ser tomado com relação às batidas de portas. Além de causar trincas na madeira e na pintura, elas poderão danificar o revestimento das paredes ou estragar as fechaduras.
- Para evitar emperramentos de dobradiças e parafusos, verificar que estes estejam sempre firmes e que nenhum objeto se interponha sob as portas.
- Lubrificar periodicamente as dobradiças com uma pequena quantidade de óleo de máquina de costura ou grafite.
- As portas e ferragens não estão dimensionadas para receber aparelhos de ginástica ou equipamentos que causem esforços adicionais.
- Nas fechaduras e ferragens, não aplique produtos abrasivos; basta uma flanela para limpeza.

5.15 Revestimentos em Mármore e Granito

- Utilizar apenas sabão em pó neutro ou pequena quantidade de detergente diluído em água, esfregando a superfície da pedra.
- Nunca utilizar produtos cáusticos ou agressivos, pois podem danificar a pedra.
- Remover imediatamente as manchas que possam penetrar na pedra, tornando a limpeza impossível.
- Os pisos de granito não podem ser lavados com muita frequência para evitar danos em seu rejuntamento.
- Passar cera incolor líquida ou em pasta, a cada seis meses.

5.16 Vidros

- Para execução da limpeza, é necessário utilizar apenas pano umedecido com álcool ou produtos destinados a esse fim.

- É preciso ter cuidado no momento da limpeza para não danificar as esquadrias de alumínio.

6. Responsabilidade da construtora e garantia

No quadro abaixo, estão apresentados os dados de todos que participaram da construção e/ou venda do empreendimento. A CONSTRUTORA é responsável pelo imóvel, segundo as prescrições do Código de Proteção e Defesa do Consumidor. Quanto aos vícios aparentes, essa responsabilidade tem o prazo de 90 dias a contar da assinatura do "Termo de Recebimento do Imóvel". Essa garantia cobre falhas ou defeitos em serviços de revestimentos internos e externos, no funcionamento de esquadrias e ferragens e no funcionamento das instalações hidraulicossanitárias, elétricas e de gás. A Construtora não se responsabiliza por danos causados pelo uso inadequado do imóvel ou por reformas e alterações feitas no projeto original, mesmo que ainda esteja vigente o prazo de garantia contratualmente estipulado. De acordo com o Código Civil, a responsabilidade da Construtora com relação aos vícios ou defeitos redibitórios, isto é, ocultos, é de seis meses, e de cinco anos no que se refere à solidez e segurança da construção. No caso de necessidade de solicitação de serviços de Assistência Técnica em seu imóvel, é necessário formalizar o pedido por meio de carta, aos cuidados do Serviço de Atendimento ao Cliente da Construtora. Caso os serviços sejam considerados de responsabilidade da Construtora, ela compromete-se a repará-los.

Tabela 6: Responsabilidade

RESPONSÁVEIS	EMPRESA	DADOS
Propriedade do Terreno, Construção e Incorporação	Construtora e/ou Incorporadora (nome)	Endereço: Telefone:
Vendas	Corretora (nome)	Endereço: Telefone:
Projeto de Arquitetura e Paisagismo	Arquitetos (nome)	Endereço: Telefone:
Projeto de Estrutura	Calculista (nome)	Endereço: Telefone:
Projeto de Instalações Elétricas e Hidráulicas	Projetista (nome)	Endereço: Telefone:
Projeto de Ar Condicionado	Projetista (nome)	Endereço: Telefone:

MANUAL DAS ÁREAS COMUNS
(nome do empreendimento)

1. Introdução

Prezado Adquirente,

Este Manual das Áreas de Uso Comum foi elaborado com a finalidade de transmitir as informações referentes às áreas comuns, estabelecendo as condições de garantia, por meio do Termo de Garantia-Aquisição, e orientar, de forma genérica, sobre o uso, a conservação e a manutenção preventiva. Este instrumento também visa auxiliar o Síndico/Conselho Consultivo na elaboração do Programa de Manutenção Preventiva.

1.1. Termo de Garantia

Ao assinar o contrato de venda e compra do imóvel, ser-lhe-á entregue o Termo de Garantia-Aquisição e o Manual do Usuário, contendo as informações disponíveis na ocasião, com relação aos Prazos de Garantia e Manutenções Preventivas necessárias de itens de serviços e materiais, relativas à unidade autônoma e às áreas comuns. O Termo de Garantia Definitivo, no qual serão considerados todos os materiais e os sistemas construtivos efetivamente empregados e no qual constarão os prazos de garantia a partir da conclusão do imóvel (Certificado de Conclusão da obra ou documento similar), ser-lhe-á entregue no ato do recebimento do seu apartamento. Os prazos constantes do Termo de Garantia-Aquisição e do Termo de Garantia Definitivo foram estabelecidos em conformidade com as regras legais vigentes e em vista do estágio atual de tecnologia de cada um dos componentes e/ou serviços empregados na construção. Assim sendo, os prazos referidos em tais documentos correspondem a prazos totais de garantia.

1.2. Termo de Vistoria das Áreas Comuns – Vistoria Inicial

Quando concluída a obra, será efetuada a vistoria das áreas de uso comum pelo Síndico e/ou seu representante, utilizando-se o Termo de Vistoria das Áreas Comuns, verificando se as especificações constantes no Memorial Descritivo foram atendidas e se há vícios aparentes de construção. Essa vistoria também é considerada como a inspeção inicial do empreendimento. Caso se verifiquem vícios durante a vistoria, poderão ser recebidas as áreas comuns do empreendimento, ressalvando-se que os vícios serão objeto de reparo pela Construtora e Incorporadora.

1.3. Manual das Áreas Comuns

Tem como objetivo especificar a correta utilização e a manutenção das áreas de uso comum de acordo com os sistemas construtivos e materiais empregados, evitar danos decorrentes do mau uso, esclarecer quanto aos riscos de perda da garantia pela falta de conservação e manutenção preventiva adequadas, bem como orientar a elaboração do Programa de Manutenção Preventiva do empreendimento.

1.4. Programa de Manutenção Preventiva

Um imóvel é planejado e construído para atender seus usuários por muitos anos. Isso exige que se tenha em conta a manutenção do imóvel e de seus vários componentes, pois estes, conforme sua natureza, possuem características diferenciadas e exigem diferentes tipos, prazos e formas de manutenção. Essa manutenção, no entanto, não pode ser realizada de modo improvisado e casual. Ela deve ser entendida como um serviço técnico e feita por empresas especializadas e por profissionais treinados adequadamente. Para que a manutenção preventiva obtenha os resultados esperados de conservação e até de criar condições para o prolongamento da vida útil do apartamento, é necessária, após o recebimento do imóvel, a implantação de um Programa de Manutenção Preventiva, no qual as atividades e recursos são planejados e executados de acordo com as especificações de cada empreendimento. Os critérios para elaboração do Programa de Manutenção Preventiva precisam ser baseados na norma técnica NBR 5674 – Manutenção de Edificações e nas informações contidas no Manual do Usuário e no Manual das Áreas Comuns. Constitui condição de garantia do imóvel a correta manutenção preventiva da unidade autônoma e das áreas comuns do Condomínio. Nos Termos da NBR 5674, da Associação Brasileira de Normas Técnicas, do Manual do Usuário e do Manual das Áreas Comuns, o proprietário é responsável pela manutenção preventiva de sua unidade e corresponsável pela realização e custeio da manutenção preventiva das áreas de uso comum. Após a entrega, a empresa construtora e incorporadora poderão efetuar vistorias nas unidades autônomas selecionadas por amostragem e nas áreas comuns, a fim de verificar a efetiva realização destas manutenções e o uso correto do imóvel, bem como avaliar os sistemas quanto ao desempenho dos materiais e funcionamento, de acordo com o estabelecido no Manual do Usuário e Manual das Áreas Comuns, obrigando-se o proprietário e o condomínio, em consequência, a permitir o acesso do profissional em suas dependências e nas áreas comuns, para proceder à Vistoria Técnica, sob pena de perda de garantia.

1.5. Solicitação de assistência técnica

A construtora e incorporadora se obriga a prestar, dentro dos prazos de garantia estabelecidos, o serviço de assistência técnica, reparando, sem ônus, os defeitos verificados, na forma prevista no Manual das Áreas Comuns. Caberá ao Síndico ou seu representante solicitar formalmente a visita de representante da construtora e incorporadora, sempre que os defeitos se enquadrarem dentre aqueles integrantes da garantia. Constatando-se, na visita de avaliação dos serviços solicitados, que esses serviços não estão enquadrados nas condições da garantia, será cobrada uma taxa de visita e não caberá à construtora e incorporadora a execução dos serviços.

1.6. Terminologia

Com a finalidade de facilitar o entendimento deste Manual, esclarece-se o significado da terminologia utilizada:
1.6.1 *Prazo de Garantia* – Período em que a construtora e incorporadora respondem pela adequação do produto ao seu desempenho, dentro do uso que normalmente dele se espera em relação a vícios que tenham sido constatados nesse intervalo de tempo.
Observação: como mencionado no item 1.1, os prazos constantes do Termo de Garantia-Aquisição e do Termo de Garantia definitivo correspondem a prazos totais de garantia.
1.6.2 *Vida Útil* – Período de tempo que decorre desde a data do término da construção até a data em que se verifica uma situação de depreciação e decadência de suas características funcionais, de segurança, de higiene ou conforto, tornando economicamente inviáveis os encargos de manutenção.
1.6.3 *Vícios Aparentes* – São aqueles de fácil constatação, detectados quando da vistoria para recebimento do imóvel.
1.6.4 *Vícios Ocultos* – São aqueles não constatáveis no momento da entrega do imóvel e que podem surgir durante a sua utilização regular.
1.6.5 *Solidez da Construção, Segurança e Utilização de Materiais e Solo* – São itens relacionados à solidez da edificação e que possam comprometer a segurança, nele incluídos peças e componentes da estrutura do edifício, tais como lajes, pilares, vigas, estrutura de fundação, contenções e arrimos.
1.6.6 *Certificado de Conclusão da Obra* – Documento público expedido pela Prefeitura do Município de São Paulo, confirmando a conclusão da obra em conformidade com o projeto aprovado.
1.6.7 *Manutenção* – Conjunto de atividades a serem executadas para conservar ou recuperar a capacidade funcional da edificação para atender às necessidades e à segurança de seus usuários de acordo com os padrões aceitáveis de uso, de modo a preservar sua utilidade e funcionalidade. A manutenção deve ser feita tanto nas unidades autônomas quanto nas áreas comuns.
1.6.8 *Manutenção Preventiva* – Nos termos da NBR 5674, compreende a Manutenção Rotineira, que é caracterizada pela realização de serviços constantes que possam ser feitos pela equipe de Manutenção Local, e a Manutenção Planejada, cuja execução é organizada antecipadamente, tendo por referência solicitações dos usuários, estimativas de durabilidade esperada dos componentes da edificação em uso ou relatórios de vistorias técnicas (inspeções) periódicas sobre o estado da construção.

1.6.9 *Manutenção Não Planejada* – Nos termos da NBR 5674, caracteriza-se pelos serviços não previstos na manutenção preventiva, incluindo a manutenção de emergência, caracterizada por serviços que exigem intervenção imediata para permitir a continuidade do uso da edificação e evitar graves riscos ou prejuízos pessoais e patrimoniais aos seus usuários ou proprietários.

1.6.10 *Equipe de Manutenção Local* – É constituída pelo pessoal permanente disponível no empreendimento, usualmente supervisionada por um zelador. Essa equipe deve ser adequadamente treinada para a execução da manutenção rotineira.

1.6.11 *Código do Consumidor* – É a Lei 8078/90, de 11 de setembro de 1990, que institui o Código de Proteção e Defesa do Consumidor, melhor definindo os direitos e obrigações de consumidores e fornecedores, como empresas construtoras e/ou incorporadoras.

1.6.12 *Código Civil Brasileiro* – É a Lei 10406, de 10 de janeiro de 2002, que regulamenta a legislação aplicável às relações civis em geral, dispondo, entre outros assuntos, sobre o condomínio em edificações. Nele são estabelecidas as diretrizes para elaboração da Convenção de Condomínio e ali estão também contemplados os aspectos de responsabilidades, uso e administração das edificações.

1.6.13 *NBR 5674 da ABNT* – É a Norma Brasileira nº 5674 da Associação Brasileira de Normas Técnicas, que regulamenta, define e obriga a manutenção de edificações.

6.1.14. *Lei 4591, de 16 de dezembro de 1964* – É a lei que dispõe sobre as incorporações imobiliárias e, naquilo que não é regrado pelo Código Civil, sobre o condomínio em edificações.

1.7. Responsabilidades relacionadas à manutenção da edificação

A Convenção de Condomínio elaborada de acordo com as diretrizes da Lei 4591 estipula as responsabilidades, direitos e deveres dos proprietários, usuários, síndico, assembleia e Conselho Consultivo. O Regulamento Interno, que é aprovado em Assembleia Geral, complementa as regras de utilização do edifício. Lembre-se da importância dos envolvidos em praticar os atos que lhes atribuírem a lei do condomínio, a convenção e o regulamento interno. Estão relacionadas abaixo algumas responsabilidades referentes à manutenção das edificações, diretamente referidas à NBR 5674.

1.7.1. Incorporadora e/ou Construtora

- Fornecer os documentos relacionados no item III deste manual.
- Entregar o Termo de Garantia, Manual do Usuário e Manual das Áreas Comuns contendo as informações específicas do edifício.
- Realizar os serviços de assistência técnica dentro do prazo e condições de garantia.
- Prestar esclarecimentos técnicos sobre materiais e métodos construtivos utilizados e equipamentos instalados e entregues ao edifício.

1.7.2. Síndico

- Elaborar, implantar e acompanhar o Programa de Manutenção Preventiva.
- Supervisionar as atividades de manutenção, conservação e limpeza das áreas comuns e equipamentos coletivos do condomínio.
- Administrar os recursos para a realização da manutenção.
- Aprovar os recursos para a execução da manutenção.
- Manter o Arquivo do Síndico sempre completo e em condições de consulta, assim como repassá-lo ao seu sucessor.
- Registrar as manutenções realizadas.
- Coletar e arquivar os documentos relacionados às atividades de manutenção (notas fiscais, contratos, certificados etc.).

- Contratar e treinar funcionários para a execução das manutenções.
- Contratar empresas especializadas para realizar as manutenções.
- Fazer cumprir as normas de Segurança do Trabalho.

1.7.3. Conselho Consultivo

- Acompanhar a realização do Programa de Manutenção Preventiva.
- Aprovar os recursos para a execução da manutenção.

1.7.4. Proprietário (Adquirente)/Usuário

- Realizar a manutenção em seu imóvel observando o estabelecido no Manual do Usuário.
- Fazer cumprir e prover os recursos para o Programa de Manutenção Preventiva das Áreas Comuns.

1.7.5. Administradora

- Assumir as responsabilidades do Síndico conforme condições de contrato entre o Condomínio e a Administradora.
- Dar suporte técnico para a elaboração e implantação do Programa de Manutenção Preventiva.

1.7.6. Zelador

- Fazer cumprir os regulamentos do edifício e as determinações do Síndico e da Administradora.
- Monitorar os serviços executados pela equipe de manutenção e pelas empresas terceirizadas.
- Registrar as manutenções realizadas.
- Comunicar imediatamente ao Síndico e/ou Administradora qualquer defeito ou problema nas bombas, elevadores, encanamentos, instalações elétricas, enfim, todo e qualquer detalhe funcional do edifício.
- Auxiliar o Síndico ou Administradora para coletar e arquivar os documentos relacionados às atividades de manutenção (notas fiscais, contratos, garantias, certificados etc.).
- Fazer cumprir as normas de segurança do trabalho.

1.7.7. Equipe de Manutenção Local

- Executar os serviços de manutenção de acordo com o Programa de Manutenção Preventiva.
- Cumprir as normas de segurança do trabalho.

1.7.8. Empresa Especializada

- Realizar os serviços de acordo com as normas técnicas, projetos e orientações do Manual do Usuário e do Manual das Áreas Comuns.
- Fornecer documentos que comprovem a realização dos serviços de manutenção, tais como contratos, notas fiscais, garantias, certificados etc.
- Utilizar materiais e produtos de primeira qualidade na execução dos serviços, mantendo as condições originais.
- Utilizar peças originais na manutenção dos equipamentos.

2. Termo de Garantia – Aquisição

Capítulo 21 – Responsabilidade sobre a edificação

Os prazos de garantia de materiais, equipamentos e serviços dos sistemas estão relacionados a seguir, com validade a partir da data do Certificado de Conclusão da Obra (Habite-se).

Tabela 2.1

Sistema	Da entrega	No ato pelo fabricante (*)	Especificado	6 Meses	1 ano	2 anos	3 anos	5 anos
Equipamentos Industrializados	Instalações de interfone		Desempenho do equipamento		Problemas com a instalação			
	Circuito fechado de TV		Desempenho do equipamento		Problemas com a instalação			
	Elevadores		Desempenho do equipamento		Problemas com a instalação			
	Motobomba/filtro (recirculadores de água)		Desempenho do equipamento		Problemas com a instalação			
	Automação de portões		Desempenho do equipamento		Problemas com a instalação			
	Sistema de proteção contra descargas atmosféricas		Desempenho do equipamento		Problemas com a instalação			
	Sistema de combate a incêndio		Desempenho do equipamento		Problemas com a instalação			
	Portas corta-fogo	Regulagem de dobradiças e maçanetas	Desempenho de dobradiças e molas					Problemas com a integridade do material (portas e batentes)
	Pressurização das escadas		Desempenho do equipamento		Problemas com a instalação			
	Grupo gerador		Desempenho do equipamento		Problemas com a instalação			
	Iluminação de emergência		Desempenho do equipamento		Problemas com a instalação			
Instalações Elétricas: Tomadas/ Interruptores/ Disjuntores	Material	Espelhos danificados ou mal colocados	Desempenho do material e isolamento térmico					
	Serviços				Problemas com a instalação			
Instalações Elétricas: Fios, Cabos e Tubulação	Material		Desempenho do material e isolamento térmico					
	Serviços				Problemas com a instalação			

Tabela 2.1: (continuação)

Instalações Hidráulicas: Colunas de Água Fria, Colunas de Água Quente e Tubos de Queda de esgoto	Material		Desempenho do material				
	Serviços						Danos causados pela movimentação ou acomodação da estrutura
Instalações Hidráulicas: Coletores	Material		Desempenho do material				
	Serviços						
Instalações Hidráulicas: Ramais	Material		Desempenho do material				
	Serviços			Problemas com a instalação embutidas e vedação			
Instalações Hidráulicas: Louças/Caixa de Descarga / Bancadas	Material	Quebrados, trincados, riscados, manchados ou entupidos	Desempenho do material				
	Serviços			Problemas com a instalação			
Instalações Hidráulicas – Metais Sanitários/ Sifões/ Flexíveis/ Válvulas/Ralos	Material	Quebrados, trincados, riscados, manchados	Desempenho do material ou entupidos				
	Serviços			Problemas com a vedação			
Instalação de Gás	Material		Desempenho do material				
	Serviços			Problemas na vedação das junções			
Impermeabilização Sistema de Imperme							
Esquadrias de madeira		Lascadas, trincadas ou manchadas		Empenamento ou descolamento			
Esquadrias de Serralheria	Ferro	Amassadas, riscadas ou manchadas		Má fixação, oxidação ou mau desempenho do material			
Esquadrias de alumínio	Borrachas, escovas, articulações, fechos e roldanas			Problemas com a instalação ou desempenho do material			

Capítulo 21 – Responsabilidade sobre a edificação

Tabela 2.1: (continuação)

Esquadrias de alumínio	Perfis de alumínio	Amassados, riscados ou manchados					Problemas com a integridade do material
	Partes móveis			Problemas de vedação e funcionamento			
Revestimentos de parede/ piso/teto	Paredes internas e tetos			Fissuras perceptíveis a uma distância superior a um metro			
	Paredes externas/fachada				Infiltração decorrente do mau desempenho do revestimento da fachada (ex.: fissuras que possam vir a causar infiltrações)		
	Argamassa/gesso liso componentes de gesso acartonado (drywall)					Má aderência do revestimento e dos componentes do sistema	
	Azulejos / cerâmica	Quebrados, trincados, riscados, manchados ou com tonalidade diferente		Falhas no caimento ou nivelamento inadequado nos pisos			Soltos, gretados ou desgaste excessivo, que não por mau uso
	Pedras naturais (mármore, granito e pedra decorativa)		Quebradas, trincadas, riscadas ou falhas no polimento (quando especificado)	Falhas no caimento ou nivelamento inadequado nos pisos			Soltas ou desgaste excessivo que não por mau uso
	Rejuntamento	Falhas ou manchas		Falhas na aderência			
	Pisos de madeira - tacos de soalho	Lascados, trincados, riscados, manchados ou mal fixados				Empenamento, trincas na madeira e destacamento	
	Piso cimentado/piso acabado em concreto		Superfícies irregulares	Falhas no caimento ou nivelamento inadequado nos pisos		Destacamento	
Forros	Gesso	Quebrados, trincados ou manchados		Acomodação dos elementos estruturais e de vedação			
Pintura (Interna/ Externa)		Sujeira ou mau acabamento		Empolamento descascamento, esfarelamento, alteração de cor ou deterioração de acabamento			

Tabela 2.1: (continuação)

Vidros		Quebrados, trincados ou riscados			Má fixação		
Jardins		Vegetação seca ou com mato		Vegetação			
Playground		Equipamentos quebrados	Desempenho dos equipamentos				
Piscina	Revestimentos quebrados	Desempenho dos equipamentos trincados riscados, manchados ou com tonalidades diferentes			Problemas com a instalação	Revestimentos soltos, gretados ou desgaste excessivo, que não por mau uso	
Solidez / Segurança da Edificação							Problemas em peças estruturais (lajes, vigas, pilares, estrutura de fundação, de contenções e arrimos) e em vedações (paredes de alvenaria) que possam comprometer a solidez e a segurança da edificação

(*) Prazo especificado pelo Fabricante - Entende-se por desempenho de equipamentos e materiais sua capacidade em atender aos requisitos
especificados em projeto, sendo o prazo de garantia o constante dos contratos ou manuais específicos
de cada material ou equipamento entregue, ou 6 meses (o que for maior).
NOTA 1: Nesta tabela constam os principais itens das unidades autônomas e das áreas de uso comum.
NOTA 2: No caso de cessão ou transferência da unidade, os prazos de garantia aqui estipulados permanecerão válidos, a contar da data original.

Disposições Gerais

- A Construtora e/ou Incorporadora se obrigam a fornecer a todos os adquirentes de unidades autônomas o Manual do Usuário e ao síndico o Manual das Áreas Comuns, bem como o esclarecimento sobre o seu uso e prazos de garantia e sobre manutenções a serem feitas.
- A Construtora e Incorporadora se obrigam prestar, dentro dos prazos de garantia, o serviço de Assistência Técnica, reparando, sem ônus, os vícios ocultos dos serviços, conforme constante no Termo de Garantia.
- A Construtora e/ou Incorporadora se obrigam a prestar o Serviço de Atendimento ao Cliente para orientações e esclarecimentos de dúvidas referentes à manutenção preventiva e à garantia.
- O proprietário ou usuário se obriga a efetuar a manutenção preventiva do imóvel, conforme as orientações constantes neste Termo e no Manual do Usuário, sob pena de perda da garantia.
- O proprietário é responsável pela manutenção preventiva de sua unidade e é corresponsável pela Manutenção Preventiva do conjunto da edificação, conforme estabelecido nas Normas Técnicas Brasileiras, no Manual do Usuário e no Manual das Áreas Comuns, obrigando-se a permitir o acesso do profissional destacado pela Construtora e/ou Incorporadora para proceder às vistorias técnicas necessárias, sob pena de perda da garantia.

- O síndico é responsável pela elaboração e execução do Programa de Manutenção Preventiva de acordo com a NBR 5674 – Manutenção de Edificações – Procedimentos.
- No caso de revenda, o proprietário se obriga a transmitir as orientações sobre o adequado uso, manutenção e garantia do seu imóvel, ao novo condômino, entregando os documentos e manuais correspondentes.
- No caso de mudança do Síndico, ou responsável pelo gerenciamento do edifício, este se obriga a transmitir informações sobre o adequado uso, manutenção e garantia das áreas comuns, ao seu substituto, entregando os documentos e manuais correspondentes.
- Constatando-se, na visita de avaliação dos serviços solicitados, que eles não estão enquadrados nas condições da garantia, será cobrada uma taxa de visita e não caberá à Construtora e/ou Incorporadora a execução dos serviços.

Perda de Garantia

- Se, durante o prazo de vigência da garantia, não for observado o que dispõem o presente Termo, o Manual do Usuário e a NBR 5674 – Manutenção de Edificações – Procedimentos, no que diz respeito à manutenção preventiva correta, para imóveis habitados ou não.
- Se, nos termos do artigo 393 do Código Civil, ocorrer qualquer caso fortuito ou de força maior que impossibilite a manutenção da garantia concedida.
- Se for executada reforma ou descaracterização dos sistemas na unidade autônoma ou nas áreas comuns, com fornecimento de materiais e serviços pelos próprios usuários.
- Se houver danos por mau uso ou não forem respeitados os limites admissíveis de sobrecarga nas instalações e estrutura.
- Se os proprietários não permitirem o acesso do profissional, destacado pela Construtora e/ou Incorporadora, nas dependências de sua unidade e nas áreas comuns, para proceder à vistoria técnica ou serviços de assistência técnica.
- Se forem identificadas irregularidades na vistoria técnica e as devidas providências sugeridas não forem tomadas por parte do proprietário ou do condomínio.
- Se não for elaborado e executado o Programa de Manutenção Preventiva de acordo com a NBR 5674 – Manutenção de Edificações – Procedimentos. OBS.: Demais fatores que possam acarretar a perda da garantia estão descritos nas orientações de uso e manutenção do imóvel para os sistemas específicos.

3. Documentos do Condomínio

Seguem relacionados os principais documentos que devem fazer parte da documentação do condômino, sendo que alguns deles são entregues pela Construtora e Incorporadora e os demais têm de ser providenciados pelo Síndico e/ou Administradora.

Tabela 3.1: Documentos do condomínio

TIPO/DOCUMENTO	RESPONSÁVEL PELO FORNECIMENTO INICIAL	RESPONSÁVEL PELA RENOVAÇÃO	PERIODICIDADE DA RENOVAÇÃO
Manual do Usuário	Construtora e/ou incorporadora	Não há	Não há
Manual das Áreas Comuns	Construtora e/ou incorporadora	Não há	Não há
Certificado de Garantia dos Equipamentos Instalados nas Áreas de Uso Comum	Construtora e/ou incorporadora	Síndico e/ou administradora	A cada nova aquisição/manutenção
Notas Fiscais dos Equipamentos (cópia)	Construtora e/ou incorporadora	Síndico e/ou administradora	A cada nova aquisição/manutenção
Manuais Técnicos de Uso, Operação e Manutenção dos Equipamentos Instalados	Construtora e/ou incorporadora	Síndico e/ou administradora	A cada nova aquisição/manutenção
Certificado de Conclusão da Obra	Construtora e/ou incorporadora	Não há	Não há
Alvará de Aprovação e Execução de Edificação	Construtora e/ou incorporadora	Não há	Não há
Alvará de Funcionamento de Elevadores	Construtora e/ou incorporadora	Não há	Não há
Auto de Vistoria do Corpo de Bombeiros (AVCB)	Construtora e/ou incorporadora	Síndico e/ou administradora	No primeiro ano e depois a cada 3 anos
Projetos Legais Aprovado pela Prefeitura	Construtora e/ou incorporadora	Não há	Não há
Proteção contra incêndio Aprovada pelo Corpo de Bombeiros	Construtora e/ou incorporadora	Não há	Não há
Projetos Executivos Arquitetura	Construtora e/ou incorporadora	Construtora e/ou incorporadora	Não há
Estrutura (de fôrmas)	Construtora e/ou incorporadora	Construtora e/ou incorporadora	Não há
Instalações elétricas	Construtora e/ou incorporadora	Construtora e/ou incorporadora	Não há
Instalações hidráulicas	Construtora e/ou incorporadora	Construtora e/ou incorporadora	Não há
SPDA – Sistema de Proteção de Descarga Atmosférica	Construtora e/ou incorporadora	Construtora e/ou incorporadora	Não há
Elevadores (opcional)	Construtora e/ou incorporadora	Construtora e/ou incorporadora	Não há
Paisagismo	Construtora e/ou incorporadora	Construtora e/ou incorporadora	Não há

Tabela 3.1: Documentos do condomínio (continuação)			
Livros de Atas de Assembleias/Presenças	Síndico e/ou administradora	Não há	Não há
Livro do Conselho Consultivo	Síndico e/ou administradora	Não há	Não há
Inscrição do Edifício na Receita Federal – CNPJ	Síndico e/ou administradora	Síndico e/ou administradora	A cada alteração do síndico
Inscrição do Condomínio no ISS	Síndico e/ou administradora	Não há	Não há
Inscrição do Condomínio no Sindicato dos Empregados	Síndico e/ou administradora	Não há	Não há
FICAM – Ficha de Inscrição do Cadastro de Manutenção do Sistema de Segurança contra Incêndio das Edificações	Síndico e /ou administradora	Síndico e/ou administradora	A cada ano
Apólice de Seguro de Incêndio ou outro Sinistro que Cause Destruição (obrigatório) e Outros Opcionais	Síndico e/ou administradora	Síndico e/ou administradora	A cada ano
Procurações (síndico, proprietários etc.)	Síndico e/ou administradora	Síndico e/ou administradora	A cada alteração
Documentos de Registro de Funcionários do Condomínio de acordo com a CLT	Síndico e/ou administradora	Síndico e/ou administradora	A cada alteração de funcionário
Cópia dos documentos de registro dos funcionários terceirizados	Empresa terceirizada	Empresa terceirizada	A cada alteração de funcionário
Programa de Prevenção de Riscos Ambientais (PPRA)	Síndico e/ou administradora	Síndico e/ou administradora	A cada ano
Programa de Controle Médico de Saúde Ocupacional (PCMSO)	Síndico e/ou administradora	Síndico e/ou administradora	A cada ano
Atestado de Brigada de Incêndio	Síndico e/ou administradora	Síndico e/ou administradora	A cada ano
Relatório de Inspeção Anual dos Elevadores (RIA)	Síndico e/ou Administradora	Síndico e/ou administradora	A cada ano
Contrato de Manutenção de Elevadores	Síndico e/ou administradora	Síndico e/ou administradora	Validade do contrato
Contrato de Manutenção de Bombas (eventual)	Síndico e/ou administradora	Síndico e/ou administradora	A cada ano
Certificado de Teste Hidrostático de Extintores	Síndico e/ou administradora	Síndico e/ou administradora	A cada 5 anos
Livro de Ocorrências de Central de Alarmes	Síndico e/ou administradora	Síndico e/ou administradora	A cada ocorrência
Certificado de Desratização e Desinsetização	Síndico e/ou administradora	Síndico e/ou administradora	A cada 6 meses

Observações
1. O síndico é responsável pelo arquivo dos documentos, garantindo a sua entrega a quem o substituir, mediante protocolo discriminando item a item.
2. O síndico é responsável pela guarda dos documentos legais e fiscais, durante dez anos, e dos documentos referentes a pessoal por período de 30 anos.
3. Os documentos devem ser guardados de forma a evitar extravios, danos e deterioração.
4. Os documentos podem ser entregues e/ou manuseados em meio físico ou eletrônico.
5. Os documentos entregues pela Construtora e/ou Incorporadora poderão ser originais, em cópias simples ou autenticadas, conforme documento específico.
6. As providências para renovação dos documentos são de responsabilidade do Síndico e/ou Administradora.

4. Uso e manutenção do imóvel

Para que você possa utilizar o seu imóvel de forma correta, estendendo ao máximo a sua vida útil, descrevemos de forma genérica os principais sistemas que o compõem, contendo as informações e orientações a seguir:
- Descrição construtiva do sistema.
- Orientação quanto aos cuidados de uso.
- Procedimentos de manutenção preventiva.
- Prazos de garantia.
- Fatores que acarretam a perda da garantia.

ELEVADORES Descrição do Sistema
- O elevador é um conjunto de equipamentos com acionamento eletromecânico destinado a realizar transporte vertical de passageiros entre os pavimentos de uma edificação.

Componentes do Sistema
- Cabina, guias, cabos de aço, contrapeso, motores, polias de tração, dispositivos eletromecânicos e eletrônicos, portas, batentes, soleiras, sinalizadores e botoeiras dos andares, mola, caixa, poço e casa de máquinas.

Fornecedores
- Os dados serão fornecidos no Manual das Áreas Comuns, quando da entrega do empreendimento.

Prazo de Garantia
- Desempenho do equipamento – Especificado pelo fabricante.
- Problemas com a instalação – 1 ano.

Cuidados de Uso
- Efetuar limpeza dos painéis da cabina sem utilizar materiais abrasivos como palha de aço, sapólio etc.
- Não utilizar água para a limpeza das portas e cabinas. Deverá ser utilizada flanela macia ou estopa, umedecida com produto não abrasivo, adequado para o tipo de acabamento da cabina.
- Acionar o botão apenas uma vez.
- Observar eventual degrau formado entre o piso do pavimento e o piso da cabina.
- Não ultrapassar o número máximo de passageiros permitidos e/ou a carga máxima, que estão indicados em uma placa no interior da cabina.
- Não permitir que crianças brinquem ou trafeguem sozinhas nos elevadores.
- Jamais utilizar os elevadores em caso de incêndio.
- Em caso de falta de energia ou parada repentina do elevador, solicitar auxílio externo por intermédio do interfone ou alarme, sem tentar sair sozinho da cabina.
- Jamais tentar retirar passageiros da cabina quando o elevador parar entre pavimentos, pois há grande risco de ocorrerem sérios acidentes. Chamar sempre a empresa de manutenção contratada ou o Corpo de Bombeiros.
- Nunca entrar no elevador com a luz da cabina apagada.
- Não retirar a comunicação visual de segurança fixada nos batentes dos elevadores
- Não pular ou fazer movimentos bruscos dentro da cabina.
- Colocar acolchoado de proteção na cabina para o transporte de cargas volumosas, especialmente durante mudanças.
- Em casos de existência de ruídos e vibrações anormais, comunicá-los ao zelador/gerente predial ou responsável.
- Não utilizar indevidamente o alarme e o interfone, pois são equipamentos de segurança.
- Não deixar escorrer água para dentro da caixa/poço do elevador.
- Não obstruir a ventilação da casa de máquinas, nem utilizá-la como depósito.
- Não deixar acumular água no poço do elevador.

Manutenção Preventiva

Capítulo 21 – Responsabilidade sobre a edificação

- Fazer contrato de manutenção com empresa especializada (obrigatório). Recomenda-se que este seja feito com o fabricante.
- Seguir os termos das leis municipais pertinentes.
- Somente utilizar peças originais.

Perdas de Garantia
- Pane no sistema eletroeletrônico, motores e fiação, causada por sobrecarga de tensão ou queda de raios.
- Falta de manutenção com empresa especializada.
- Uso de peças não originais.
- Utilização em desacordo com a capacidade e objetivo do equipamento.
- Se não forem tomados os cuidados de uso ou não forem feitas as manutenções preventivas necessárias.

AUTOMATIZAÇÃO DE PORTÕES

Descrição do Sistema
- Compreende o conjunto das folhas dos portões, colunas de sustentação, ferragens e suportes adequadamente desenvolvidos para receber as automatizações, motores elétricos, fechaduras elétricas, mecanismo e controles relacionados com a operação dos portões.

Componentes do Sistema
- Portões de ferro, motores, mecanismo, chaves de fim de curso, fechadura elétrica, conjunto porteiro eletrônico botoeiras, fonte de alimentação.

Fornecedores
- Os dados fornecidos no Manual das Áreas Comuns, quando da entrega do empreendimento.

Prazos de Garantia
- Equipamentos industrializados de automação de portões:
- Mau desempenho do equipamento – Especificado pelo fabricante
- Problemas com a instalação – 1 ano.

Cuidados de Uso
- Todas as partes móveis, tais como mecanismo, roldanas, cabos de aço, correntes, dobradiças etc. devem ser mantidas limpas, isentas de ferrugem, lubrificadas ou engraxadas.
- Manter as chaves de fim de curso bem reguladas, evitando batidas no fechamento.
- Os comandos de operação têm de ser executados evitando a inversão instantânea no sentido de operação do portão.
- Não inverter as fases que alimentam o equipamento, o que provoca o não funcionamento do sistema de fim de curso, causando sérios danos ao equipamento.
- Contratar empresa especializada para promover as regulagens e lubrificações.

Manutenção Preventiva
- Contratar empresa especializada para executar mensalmente a manutenção do sistema.

Perda de Garantia
- Danos causados por colisões.
- Se não forem tomados os cuidados de uso ou não forem feitas as manutenções preventivas necessárias.

SISTEMA DE PROTEÇÃO CONTRA DESCARGAS ATMOSFÉRICAS – SPDA (PARA-RAIO)
Descrição do Sistema

- Sistema completo destinado a proteger o edifício contra efeitos das descargas atmosféricas.

Componentes do Sistema
- O SPDA é formado por:
    - **Sistema externo** Composto por subsistema de captor, subsistema de descida, subsistema de aterramento. O captor, normalmente fixado na parte mais alta da edificação, é constituído de hastes, cabos, condutores em malhas e elementos naturais. O subsistema de descida é embutido na estrutura. O subsistema de aterramento irá conduzir e dispersar a corrente de descarga atmosférica na terra.

    - **Sistema interno** É obtido por meio da equalização potencial e constitui a medida mais eficaz para reduzir os riscos de incêndio, explosão e choques elétricos dentro do volume a proteger. Mais objetivamente, interliga-se o SPDA à armadura de aço da estrutura e às massas dentro do volume a proteger. Deve ser lembrado que o para-raio não impede a ocorrência das descargas atmosféricas. O sistema instalado conforme norma não pode assegurar a proteção absoluta de uma estrutura, de pessoas e bens. Entretanto, reduz significativamente os riscos de danos devidos às descargas atmosféricas.

Fornecedores
- Os dados serão fornecidos no Manual das Áreas Comuns, quando da entrega do empreendimento.

Prazos de Garantia
- Desempenho do equipamento – Especificado pelo fabricante. com a instalação – 1 ano.

Cuidados de Uso
- Todas as acessões acrescentadas à estrutura posteriormente à instalação original, tais como antenas e coberturas, precisam ser conectadas ao sistema ou então este tem de ser ampliado mediante consulta a profissional habilitado.
- Jamais se aproximar dos elementos que compõem o sistema e das áreas onde eles estão instalados em momentos que antecedem chuvas ou nos períodos em que elas estiverem ocorrendo.
- O sistema SPDA não tem a finalidade de proteger aparelhos elétricos e eletrônicos; recomenda-se o uso de dispositivos DPS (Dispositivos de Proteção contra Surtos), dimensionados para cada equipamento.

Manutenção Preventiva
- Devem ser feitas inspeções no sistema da seguinte forma: a) Inspeção visual do sistema precisa ser efetuada anualmente (registrando-se esta inspeção).
  b) Inspeções completas conforme normas técnicas têm de ser efetuadas periodicamente em intervalos de 5 anos.
  c) Quando for constatado que o SPDA foi atingido por uma descarga atmosférica.

- As inspeções precisam ser feitas por profissional habilitado, que deve: Verificar se todos os componentes estão em bom estado. Conexões e fixações deverão estar firmes e livres de corrosão. Verificar se o valor da resistência de aterramento continua compatível com as condições do subsistema de aterramento e com a resistividade do solo.
  Observação: Documentação técnica
  É necessário ser mantido no local ou em poder dos responsáveis pela manutenção do SPDA atestado de medição com registro de valores medidos de resistência de aterramento a ser utilizado nas inspeções, qualquer modificação ou reparos no SPDA e em novos projetos, se houver.

Perda de Garantia
- Caso sejam realizadas mudanças em suas características originais.
- Caso não sejam feitas as inspeções.

- Se não forem tomados os cuidados de uso ou não forem feitas as manutenções preventivas necessárias.

PORTAS CORTA-FOGO
Descrição do Sistema
- São elementos normalmente utilizados para fechamento de aberturas em paredes resistentes ao fogo, as quais isolam a escada enclausurada, antecâmaras, saídas de emergência, casa de máquinas etc. São utilizadas para proteger as rotas de fuga em caso de emergência de incêndio.
- São dotadas de ferragem especial (dobradiças em aço, maçanetas de alavanca). As portas são dotadas de fechamento automático, dispositivo incorporado às dobradiças.

Fornecedores
- Os dados serão fornecidos no Manual das Áreas Comuns, quando da entrega do empreendimento.

Prazos de Garantia
- Regulagem de dobradiças e maçanetas – **No ato da entrega**
- Desempenho de dobradiças e molas – **Especificado pelo fabricante.**
- Problemas de integridade do material (portas e batentes) – **5 anos.**

Cuidados de Uso
- As portas corta-fogo devem permanecer sempre fechadas, com auxílio do dispositivo de fechamento automático.
- Uma vez aberta a porta, para fechá-la basta soltá-la, não sendo recomendado empurrá-la para seu fechamento.
- É terminantemente proibida a utilização de calço ou outro obstáculo que impeça o livre fechamento da porta, o que pode danificá-la.
- É vedada a utilização de pregos, parafusos e aberturas de orifícios na folha de porta, o que pode alterar suas características gerais, comprometendo seu desempenho ao fogo.
- Quando for efetuada a repintura das portas, é necessário tomar o cuidado de não pintar a placa de identificação do fabricante e do selo da ABNT.

Manutenção Preventiva
- O conjunto porta corta-fogo e o piso ao redor não podem ser lavados com água ou qualquer produto químico. A limpeza das superfícies pintadas tem de ser feita com pano umedecido em água e em seguida utilizado um pano seco para a sua remoção, de forma que a superfície fique seca e a poeira removida.
- No piso ao redor da porta não devem ser utilizados produtos químicos, como água sanitária, removedores e produtos ácidos, que são agressivos à pintura e, consequentemente, ao aço que compõe o conjunto porta corta-fogo.
- Aplicar óleo lubrificante nas dobradiças e maçanetas a cada 3 meses para garantir o seu funcionamento.
- Anualmente, fazer a regulagem das portas com empresa especializada.
- Realizar mensalmente inspeções visuais do fechamento das portas.

Perda de Garantia
- Caso sejam realizadas mudanças em suas características originais.
- Deformações oriundas de golpes que venham a danificar trincos, folhas de porta e batentes, ocasionando o não fechamento como previsto.
- Se não forem tomados os cuidados de uso ou não for feita a manutenção preventiva necessária.

SISTEMA DE PRESSURIZAÇÃO DE ESCADA
Descrição do Sistema
- Trata-se de um sistema de ventilação mecânica para pressurização da caixa de escada do edifício, com o objetivo único de evitar a infiltração de fumaça, na eventualidade de incêndio. O ar é insuflado na caixa de

escada por meio de grelhas distribuídas nos pavimentos superiores. Os ventiladores são alimentados por fonte de suprimento de energia normal e alternativa separadas.

Componentes do Sistema
- Ventiladores centrífugos, dutos de ar, bocas de ar, *dampers*, grelhas, quadro elétrico e painel de comando.

Fornecedores
- Os dados são fornecidos no Manual das Áreas Comuns, quando da entrega do empreendimento.

Prazos de Garantia
- Desempenho do equipamento – Especificado pelo fabricante.
- Problemas com a instalação – 1 ano.

Cuidados de Uso
- Seguir as instruções do fabricante do equipamento.
- Não obstruir as entradas e saídas de ventilação e dutos de ar.
- Manter a área de acesso à porta da sala de pressurização devidamente trancada e não armazenar em seu interior objetos estranhos ao sistema, visando cuidar dos equipamentos e reduzir riscos de acidentes.
- Todas as portas corta-fogo deverão estar reguladas.
- Manter o local isolado para garantir o acesso exclusivo de pessoas tecnicamente habilitadas e operar ou proceder à manutenção dos equipamentos.
- Opcionalmente, poderá ser acionado um dos ventiladores na rotação mais baixa, sem que haja emergência de incêndio, para se ter renovação forçada de ar na caixa de escada. Nesse caso, o acionamento será manual no painel. A operação poderá ser automática, por intermédio de temporizador (opcional).
- A pressurização somente deve ser acionada em caso de incêndio.

Manutenção Preventiva
- É necessário fazer a manutenção mensal preventiva dos ventiladores e do gerador que compõem os sistemas de pressurização da escada e da iluminação de emergência, a fim de garantir o seu perfeito funcionamento. A manutenção tem de ser feita por profissionais ou empresas especializadas. Essa manutenção precisa ser relatada em livro específico, a fim de ser apresentada quando forem feitas as renovações periódicas de vistoria do Corpo de Bombeiros.

Perda de Garantia
- Se não forem tomados os cuidados de uso ou não for feita a manutenção preventiva necessária.

GRUPO GERADOR
Descrição do Sistema
- Sistema destinado a gerar energia elétrica para alimentar temporariamente os equipamentos para os quais foi dimensionado, no caso da falta de energia elétrica da concessionária.

Componentes do Sistema
- Motor à explosão, reservatório de combustível, gerador, de eletricidade, quadro de comando e quadro de transferência.

Fornecedores
- Os dados serão fornecidos no Manual das Áreas Comuns, quando da entrega do empreendimento.

Prazos de Garantia
- Desempenho do equipamento – Especificado pelo fabricante.

- Problemas com a instalação – 1 ano.

Cuidados de Uso
- Manter contrato de manutenção com empresa especializada.
- Seguir as instruções do fornecedor do equipamento.
- Não obstruir as entradas e saídas de ventilação e tubulações.
- Manter o local isolado e garantir o acesso exclusivo de pessoas tecnicamente habilitadas a operar ou a proceder à manutenção dos equipamentos.
- Não utilizar o compartimento como depósito e, principalmente, não armazenar produtos combustíveis que poderão gerar risco de incêndio.
- Não permitir que o equipamento fique sem combustível durante sua operação.

Manutenção Preventiva
- Realizar manutenção por empresa especializada, seguindo a tabela de manutenção sugerida pelo fabricante.
- Fazer teste de funcionamento do sistema, no mínimo a cada 15 dias, durante 15 minutos.

Perda de Garantia
- Se não forem tomados os cuidados de uso ou não for feita a manutenção preventiva necessária.

ILUMINAÇÃO DE EMERGÊNCIA

Descrição do Sistema
- É o sistema destinado a alimentar temporariamente a iluminação artificial da edificação específica prevista no projeto (*halls*, escadas, subsolos e outros) no caso de interrupção do fornecimento de energia elétrica da concessionária.

Componentes do Sistema
- O sistema que alimenta pontos de iluminação de emergência é composto de motor, gerador e luminárias com lâmpadas.

Fornecedores
- Os dados são fornecidos no Manual das Áreas Comuns, quando da entrega do empreendimento.

Prazos de Garantia
- Desempenho do equipamento – Especificado pelo fabricante.
- Problemas com a instalação – 1 ano.

Cuidados de Uso
- Manter o equipamento permanentemente ligado, para que o sistema de iluminação de emergência seja acionado no caso de interrupção da energia elétrica.
- Trocar as lâmpadas das luminárias com a mesma potência e tensão (voltagem), quando necessário.
- Não utilizar o local onde estão instalados os equipamentos como depósito e, principalmente, não armazenar produtos combustíveis que poderão gerar risco de incêndio.

Manutenção Preventiva
- Verificar se os fusíveis estão bem fixados ou queimados a cada 2 meses.
- Efetuar as manutenções previstas no sistema de grupo gerador.
- Fazer teste de funcionamento do sistema no mínimo a cada 30 dias, por 15 minutos.

Perda de Garantia
- Se for feita qualquer mudança no sistema de instalação que altere suas características originais.

- Se não forem tomados os cuidados de uso ou não forem feitas as manutenções preventivas necessárias.

INSTALAÇÕES ELÉTRICAS
Descrição do Sistema
- É o sistema destinado a distribuir a energia elétrica de forma segura e controlada na edificação, conforme o projeto específico elaborado dentro das normas técnicas brasileiras (ABNT) e da concessionária (Enel).

Componentes do Sistema
- Conjunto de tubulações (eletrodutos) e suas conexões, cabos e fios, quadros, caixas de passagem, chaves, disjuntores, barramento, isoladores, aterramentos, postes, acabamentos com acessórios (tomadas, interruptores etc.).

Fornecedores
- Os dados serão fornecidos no Manual das Áreas Comuns, quando da entrega do empreendimento.

Prazos de Garantia
- Desempenho dos materiais e isolamento térmico – Especificado pelo fabricante.
- Problemas com a instalação – 1 ano.

Cuidados de Uso
- O edifício possui vários quadros de distribuição de circuitos (força e/ou luz), situados no térreo, subsolos, casa de máquinas, barrilete, *halls* dos andares etc., onde estão colocados: um disjuntor geral e vários disjuntores secundários que protegem os diversos circuitos de eventual sobrecarga elétrica. Esses quadros são rigorosamente projetados e executados dentro das normas de segurança, não podendo ter suas chaves/ disjuntores alterados por outros diferentes das especificações. No quadro de distribuição existe um esquema identificando todos os circuitos e suas respectivas tensões (voltagens). Para evitar acidentes, não é recomendável abrir furos na parede perto do quadro de distribuição.
- Também no quadro de distribuição está instalado o interruptor DR (diferencial residual). O DR funciona como um sensor que mede as correntes que entram e saem no circuito elétrico. Com uma eventual fuga de corrente, como no caso de choque elétrico, o DR automaticamente se desliga. Sua função principal é proteger as pessoas que utilizam a energia elétrica. Para sua segurança e para que não ocorram desligamentos não desejados do DR, utilizar somente equipamentos que possuam resistência blindada.
- Em caso de sobrecarga momentânea, o disjuntor do circuito atingido se desligará automaticamente. Nesse caso, bastará religá-lo e tudo voltará ao normal. Caso ele volte a se desligar, é sinal de que há sobrecarga contínua ou que está ocorrendo um curto-circuito em algum aparelho ou no próprio circuito. Nesse caso, é preciso solicitar os serviços de um profissional habilitado, não se devendo aceitar conselhos de leigos ou curiosos. Sempre que for fazer manutenção, limpeza, reaperto nas instalações elétricas ou mesmo uma simples troca de lâmpadas, desligue o disjuntor correspondente ao circuito ou, na dúvida, o disjuntor geral diferencial.
- Ao adquirir aparelhos elétricos, verifique se o local escolhido para a sua colocação é provido de instalação elétrica adequada para o seu funcionamento nas condições especificadas pelos fabricantes.
- Utilizar proteção individual (ex. estabilizadores, filtros de linha etc.) para equipamentos mais sensíveis (como computadores, home theater, central de telefone etc.).
- As instalações de equipamentos, luminárias ou similares precisarão ser executadas por técnico habilitado, observando-se em especial o aterramento, tensão (voltagem), bitola e qualidade dos fios, isolamentos, tomadas e plugs a serem empregados.
- É sempre importante verificar se a carga do aparelho a ser instalado não sobrecarregará a capacidade de carga elétrica da tomada e a instalação. Nunca utilize "benjamins" (dispositivos com que se ligam vários aparelhos a uma só tomada) ou extensões com várias tomadas, pois elas provocam sobrecargas.
- Em caso de incêndio, desligue o disjuntor geral do quadro de distribuição.

- Encontram-se instalados nos *halls* interruptores com sensores de presença que servem para manter acesas as lâmpadas por um intervalo de tempo predeterminado e que permitem sensível economia de energia ao condomínio.
- Só instalar lâmpadas compatíveis com a tensão do projeto (no caso dos circuitos de 110 volts, utilizar preferencialmente lâmpadas de 127 volts, a fim de prolongar a vida útil delas).
- Evitar contato dos componentes dos sistemas com água.
- Evitar sobrecarregar os circuitos elétricos para além das cargas previstas no projeto.
- Não ligar aparelhos de voltagem diferente da das tomadas.
- Nunca ligar aparelhos diretamente nos quadros de luz.
- Os cabos alimentadores (cabos que saem dos painéis de medição e vão até os diversos quadros elétricos) não poderão ser "sangrados" para derivação do suprimento de energia.
- Em caso de pane ou qualquer ocorrência na subestação, deverá ser contatada imediatamente a concessionária.
- Só permitir o acesso às dependências do centro de medição de energia a profissionais habilitados ou agentes credenciados da companhia concessionária de energia elétrica.
- Permitir somente que profissionais habilitados tenham acesso às instalações e equipamentos. Isso evitará curtos-circuitos, choques elétricos etc.
- Não utilizar o local do centro de medição como depósito, principalmente não armazenar produtos combustíveis que poderão gerar risco de incêndio.
- Não pendurar objetos nas instalações (tubulações) aparentes.
- Efetuar limpeza nas partes externas das instalações elétricas (espelho, tampas de quadros etc.) somente com pano seco.

INFORMAÇÕES ADICIONAIS
- A iluminação indireta feita com lâmpadas fluorescentes tende a manchar a superfície (forro de gesso) da qual estiver muito próxima. Portanto, são necessárias limpezas ou pinturas constantes nesse local.
- Luminárias utilizadas em áreas descobertas ou externas onde existe umidade excessiva podem ter seu tempo de vida diminuído, necessitando de manutenções frequentes, também com troca de lâmpadas.
- Em áreas comuns, onde as lâmpadas ficam permanentemente acesas, é necessário observar a vida útil delas que é dada pelo fabricante, pois pode ser necessária uma troca frequente devido ao uso contínuo que extingue rapidamente sua durabilidade.

Manutenção Preventiva
- A manutenção preventiva das instalações elétricas tem de ser executada com os circuitos desenergizados (disjuntores desligados).
- Sempre que for executada manutenção nas instalações, como troca de lâmpadas ou limpeza e reapertos dos componentes, desligar os disjuntores correspondentes.
- Rever o estado de isolamento das emendas dos fios.
- Reapertar a cada ano todas as conexões dos Quadros de Distribuição.
- Testar a cada 6 meses o disjuntor tipo DR, apertando o botão localizado no próprio disjuntor. Ao apertar o botão, a energia será cortada. Caso isso não ocorra, trocar o DR.
- Verificar o estado dos contatos elétricos, substituindo peças que apresentem desgaste, quando necessário (tomadas, interruptores e pontos de luz).

Sugestões de Manutenção
São apresentados a seguir os principais problemas que podem ocorrer eventualmente nas instalações elétricas do imóvel e suas respectivas ações corretivas:
- **Parte da instalação não funciona:** verificar no quadro de distribuição se a chave daquele circuito não está desligada. Em caso afirmativo, religá-la e, se esta voltar a desarmar, solicitar a assistência de técnico habilitado, pois duas possibilidades ocorrem:
- A chave está com defeito e é necessária a sua substituição por uma nova.

- Existe algum curto-circuito na instalação e é necessário reparo desse circuito.

Eventualmente, pode ocorrer a "falta de uma fase" no fornecimento de energia, o que faz com que determinada parte da instalação não funcione. Nesse caso, somente a concessionária terá condições de resolver o problema, após solicitação do consumidor.

Superaquecimento no quadro de força e/ou luz: verificar se existem conexões frouxas e reapertá-las, e se existe alguma chave com aquecimento acima do normal, que pode ser provocado por mau contato interno à chave ou sobrecarga, devendo a chave ser substituída por profissional habilitado.

As chaves do Quadro de Luz estão desarmando com frequência: pode existir maus contatos elétricos (conexões frouxas), que são sempre fonte de calor, o que afeta a capacidade das chaves. Nesse caso, um simples reaperto nas conexões resolverá o problema. Outra possibilidade é a de que o circuito esteja sobrecarregado com a instalação de novas cargas, cujas características de potência são superiores às previstas no projeto. Tal fato tem de ser rigorosamente evitado.

A chave geral do quadro está desarmando: pode existir falha da isolação da fiação, provocando aparecimento de corrente para a terra. Nesse caso, deve ser identificado qual o circuito com falha, procedendo ao desligamento de todos os disjuntores até que se descubra o circuito com problema, procedendo-se então ao reparo do aparelho com falha. Pode existir defeito de isolação de algum equipamento ou aparelho; para descobrir qual está com defeito, proceder da maneira descrita anteriormente e reparar a isolação do equipamento ou aparelho.

Choques elétricos: ao perceber qualquer sensação de choque elétrico, agir da seguinte forma:
- Desligar a chave de proteção desse circuito.
- Verificar se o isolamento dos fios de alimentação não foi danificado e se os fios estão tendo contato superficial com alguma parte metálica.
- Caso isso não tenha ocorrido, o problema possivelmente está no isolamento interno do próprio equipamento. Nesse caso, repará-lo ou substituí-lo por outro de mesmas características elétricas.

Perda de Garantia
- Se for feita qualquer mudança no sistema de instalação que altere suas características originais.
- Se for evidenciada a substituição de disjuntores por outros de capacidade diferente, especialmente de maior amperagem.
- Se for evidenciado o uso de eletrodomésticos em mau estado, chuveiros ou aquecedores elétricos sem blindagem, desarmando os disjuntores.
- Se for evidenciada sobrecarga nos circuitos devido à ligação de vários equipamentos no mesmo circuito.
- Se for verificada a não utilização de proteção individual para equipamentos sensíveis.
- Se não forem tomados os cuidados de uso ou não forem feitas as manutenções preventivas necessárias.

INSTALAÇÕES HIDRÁULICAS
Descrição do Sistema
- É o conjunto de tubulações e equipamentos, aparentes ou embutidos nas paredes, destinados ao transporte, disposição e/ou controle de fluxo de fluidos (fluidos com sólidos em suspensão, água ou gases) em uma edificação, conforme projeto específico elaborado de acordo com as normas técnicas brasileiras da ABNT.

ÁGUA FRIA
- *Origem*: o sistema de instalações de água fria se origina no ponto de abastecimento da empresa concessionária dos serviços públicos de fornecimento de água potável (Sabesp).
- *Medição individual de consumo*: passando pelo hidrômetro instalado no cavalete, localizado no *halls* do elevador de serviço, pelo qual é medido o consumo do apartamento.

- *Reservação inferior*: do hidrômetro geral no cavalete da entrada segue para um reservatório inferior ou diretamente para pontos de abastecimento, como torneiras de lavagem, no térreo e subsolo, torneiras de jardim, piscina e outros.
- *Bombas de recalque*: do reservatório inferior, a água é recalcada para o reservatório superior. O bombeamento é controlado por um sistema eletromecânico.
- *Distribuição*: do reservatório superior, as tubulações saem formando o barrilete. Após o barrilete, as tubulações alimentam os andares inferiores, as quais se denominam "prumadas de água fria". Nos andares, as prumadas sofrem derivações dotadas de registros de manobra. Passam então a ter os ramais de distribuição de água, que alimentam os diversos pontos de consumo, tais como vasos sanitários, chuveiros, pia etc.
- *Sistema de redução de pressão*: são instaladas válvulas redutoras de pressão no ponto em que a pressão da coluna de água é superior a 40 metros da coluna de água (mca).
- *Subsistemas de apoio*: a) Sistema de extravasor (ladrão), que no caso de falha do sistema de controle do nível máximo dos reservatórios conduz o fluxo de transbordo para o sistema de águas pluviais.
b) Sistema de aviso, que conduz uma parte do fluxo de transbordo para um local onde esse fluxo possa ser visível.
c) Sistema de limpeza das caixas, que é utilizado para o esvaziamento das caixas para limpeza ou manutenção, conduzindo a água para o sistema de águas pluviais;
- *Identificação*: estas tubulações podem ser identificadas com a cor verde.

SISTEMA DE COMBATE A INCÊNDIO
- *Origem do volume de reservação*: fica na caixa-d'água superior, entre o fundo da caixa-d'água e as tomadas das demais prumadas, que ficam mais acima, garantindo assim uma "reserva de incêndio", para que o sistema de incêndio nunca fique sem água.
- *Distribuição*: através das tubulações das prumadas de incêndio, é alimentado o sistema de hidrantes, no qual podem existir conjuntos motobomba. Esses equipamentos são acionados automática ou manualmente, por meio de botoeiras. O sistema termina em um registro, que fica dentro de uma caixa embutida no passeio público.
- *Identificação*: quando aparentes, essas tubulações precisam estar pintadas na cor vermelha.

ÁGUA QUENTE
- *Origem*: o sistema de instalações de água quente se origina em algum equipamento de aquecimento da água (aquecedores de passagem a gás ou elétricos), que são abastecidos pelo sistema de água fria.
- *Distribuição*: sua distribuição é feita da mesma forma que a da água fria. Essas tubulações (embutidas ou não) recebem uma proteção térmica para minimizar a perda de calor.

ESGOTO
- *Origem*: as instalações de esgoto se originam nos pontos que recebem os dejetos dos lavatórios, vasos sanitários, tanques, pias, ralos secos ou sifonados etc. e seguem para os ramais de coleta.
- *Coleta*: dos ramais de coleta, seguem para as "prumadas coletoras principais de esgoto" através dos andares até os coletores que as levarão até a rede pública de esgotos.
- *Identificação:* quando aparentes, podem ser identificadas pela cor marrom.

ÁGUAS PLUVIAIS
- *Origem*: as instalações de águas pluviais se originam nos ramais de tubulação destinados a coletar as águas de chuva, como ralos de jardim e de lajes de cobertura, canaletas etc., e seguem para os ramais de coleta.
- *Coleta*: os ramais conduzem a água da chuva até as tubulações das prumadas de águas pluviais, que as conduzem através dos andares, chegando até as tubulações dos coletores que conduzirão as águas da chuva até a sarjeta da via pública.

- *Identificação*: quando aparentes, podem ser identificadas pela cor marrom.

RALOS
- Todos os ralos possuem grelhas de proteção para evitar que detritos maiores caiam em seu interior, ocasionando entupimento.
- Ralos sifonados e sifões têm *fecho hídrico*, que consiste numa pequena cortina de água, que evita o retorno do mau cheiro vindo da rede de esgoto.

REGISTROS
- *Registros de pressão (água fria e quente)*: válvulas de pequeno porte, instaladas em sub-ramais ou em pontos de utilização, destinadas à regulagem da vazão de água ou seu fechamento.
- *Registros de gaveta (água fria e quente)*: válvulas de fecho para a instalação hidráulica predial, destinadas à interrupção eventual de passagem de água para reparos na rede ou ramal.

Componentes do Sistema

1. SISTEMA DE ÁGUA FRIA:
- Tubulações, registros (válvulas)
- Hidrômetros nos cavaletes
- Reservatórios
- Bombas de recalque
- Sistema redutor de pressão

2. SISTEMA DE COMBATE A INCÊNDIO:
- Tubulações, registros (válvulas)
- Bombas de pressurização
- Hidrantes

3. INSTALAÇÕES DE ÁGUA QUENTE:
- Tubulações, registros (válvulas)
- Aquecedores de passagem

4. INSTALAÇÕES DE ESGOTO:
- Ralos
- Tubulações
- Caixas de passagem/inspeção

5. INSTALAÇÕES DE ÁGUAS PLUVIAIS E DRENAGEM:

Ralos e canaletas
- Tubulações
- Caixa de passagem/inspeção

Fornecedores
- Os dados serão fornecidos no Manual das Áreas Comuns, quando da entrega do empreendimento.

- Prazos de Garantia
- Materiais
- Tubos/conexões

Louças/caixas de descarga Torneiras/registros/sifões/flexíveis/válvulas de escoamento
- - O prazo de garantia é definido segundo os padrões estabelecidos **pelos fabricantes.**

Serviços
Colunas de água fria e ramais de distribuição de água fria e água quente, tubos de queda e ramais secundários de esgoto e colunas de água pluvial
- Danos causados devido à movimentação ou acomodação da estrutura – 5 anos.

Coletores
- Problemas com a instalação – 1 ano. Ramais
- Problemas com as instalações embutidas e vedação – 1 ano.

Louças/caixas de descarga
- Instalação e funcionamento – 1 ano.

Torneiras/registros/sifões/flexíveis/válvulas de escoamento
- Funcionamento e vedação – 1 ano.

Equipamentos Bombas
- Desempenho do equipamento – Especificado pelo fabricante.
- Problemas com a instalação – 1 ano.

Situações não cobertas pela garantia
- Peças que apresentem desgaste natural pelo uso regular, tais como vedantes, gaxetas, anéis de vedação, guarnições, cunhas, mecanismos de vedação.

Cuidados de Uso
- Não lançar elementos nas bacias sanitárias e ralos que possam entupi-los. Jogue-os diretamente no lixo.
- Nunca jogue gordura ou resíduo sólido nas válvulas de escoamento (ralos) das pias e dos lavatórios. Jogue-os diretamente no lixo.
- Não deixe de usar a grelha de proteção que acompanha a cuba das pias de cozinha.
- Nunca suba ou se apoie nas louças ou bancadas, pois podem ser soltas ou quebradas, causando ferimentos graves. Cuidados especiais com crianças.
- Nas máquinas de lavar e tanques, é necessário dar preferência ao uso de sabão biodegradável, para evitar o retorno de espuma pelo ralo.
- Não utilize, para eventual desobstrução do esgoto, hastes, ácidos ou similares.
- Nos banheiros, cozinhas e áreas de serviço sem utilização por longos períodos pode ocorrer mau cheiro, em função da insuficiência de água nos ralos e sifões. Para eliminar este problema, basta adicionar uma pequena quantidade de óleo de cozinha para a formação de uma película evitando assim a evaporação.
- Ao fechar, não apertar em demasia os registros, torneiras, misturadores.
- Ao instalar filtros, torneira etc. NÃO os atarraxe com excesso de força, pois pode ser danificada a saída da tubulação, provocando vazamentos.
- NÃO permitir sobrecarga de louças e outros utensílios sobre a bancada.
- NÃO devem ser retirados elementos de apoio (mão-francesa, coluna do tanque etc.), podendo sua falta ocasionar quebra da peça ou bancada.
- A falta de uso prolongado dos mecanismos de descarga pode acarretar danos, como ressecamento de alguns componentes e acúmulo de sujeira, causando vazamentos ou mau funcionamento. Caso esses problemas sejam detectados, NÃO mexer nas peças e acionar a assistência técnica do fabricante.
- Limpe os metais sanitários, ralos das pias e lavatórios, louças e cubas de aço inox em pia com água e sabão neutro e pano macio, NUNCA com esponja ou palha de aço ou produtos abrasivos.

- O sistema de aviso e/ou ladrão não podem ter as suas tubulações obstruídas.
- Não efetuar alterações na regulagem das válvulas redutoras de pressão.
- O sistema de combate a incêndio não pode ser modificado e o volume de reservação ser alterado.
- NÃO utilize a mangueira do hidrante para qualquer finalidade que não seja a de combate a incêndio.

Manutenção Preventiva

- Durante longos períodos de ausência na utilização das áreas molhadas, é necessário sempre manter os registros fechados. As bombas devem funcionar em rodízio, ou seja, alternar a cada 15 dias a chave no painel elétrico, fazendo com que haja alternância no funcionamento delas (quando o quadro elétrico não realizar a reversão automática).
- A bomba de incêndio, pelo menos a cada 60 dias, tem de ser ligada (para tanto, pode-se acionar o dreno da tubulação). Precisam ser observadas as orientações da Companhia de Seguros do edifício ou do projeto de instalações específico.
- Os registros dos subsolos e cobertura (barrilete) devem ser completamente abertos e fechados a cada 6 meses, como teste, para evitar surpresas em caso de necessidade.
- É preciso efetuar limpeza dos reservatórios por empresa especializada, no mínimo a cada 6 meses, ou quando ocorrer indícios de contaminação ou problemas no fornecimento de água potável da rede pública, exigindo-se o atestado de potabilidade.
- Na ocasião da limpeza dos reservatórios superiores, isolar as tubulações das válvulas redutoras de pressão.
- As tubulações que não são constantemente usadas (ladrão) devem ser acionadas a cada 6 meses, de forma a evitar entupimentos, devido a incrustações, sujeira etc.
- As caixas de esgoto e águas pluviais têm de ser limpas a cada 90 dias (ou quando for detectada alguma obstrução) e também precisa ser feita a eventual manutenção de seu revestimento impermeável.
- Limpar os filtros e efetuar revisão nas válvulas redutoras de pressão conforme orientações do fabricante.
- Efetuar manutenção preventiva nas bombas de recalque a cada 6 meses.
- Verificar a cada 6 meses os ralos e sifões das louças, tanques, lavatórios e pias.
- Verificar a cada mês, ou semanalmente em épocas de chuvas intensas, os ralos e grelhas das águas pluviais. Verificar anualmente as tubulações de captação de água do jardim para detectar a presença de raízes que possam danificar ou entupir as tubulações.
- Substituir anualmente os vedantes ("courinhos") das torneiras, misturadores e registros de pressão para garantir a vedação e evitar vazamentos.
- Limpar e verificar a regulagem dos mecanismos de descarga periodicamente.
- Verificar o diafragma da torre de entrada e a comporta do mecanismo da caixa acoplada de descarga a cada 3 anos.
- Verificar a cada 3 anos as gaxetas, anéis *o'ring* e a estanqueidade dos registros de gaveta, evitando vazamentos.

Sugestões de Manutenção

- Em caso de necessidade, troque o acabamento dos registros pelo mesmo modelo ou por outro do mesmo fabricante, evitando assim a substituição da base.
- Caso os tubos flexíveis (rabichos, que conectam as instalações hidráulicas às louças) sejam danificadas causando vazamentos, substitua-os tomando o cuidado de fechar o registro geral de água antes da troca. A seguir, procedimentos a serem adotados para corrigir alguns problemas:

Como desentupir a pia

Com o uso de luvas de borracha, um desentupidor tipo ventosa e uma chave inglesa, siga os seguintes passos:
- Encha a pia de água.
- Coloque o desentupidor a vácuo sobre o ralo, pressionando-o para baixo e para cima.
- Observe se ele está totalmente submerso.
- Quando a água começar a descer, continue a movimentar o desentupidor, deixando a torneira aberta.
- Se a água não descer, tente com a mão ou com auxílio de uma chave inglesa desatarrachar o copo do sifão. Nele ficam depositados os resíduos, geralmente responsáveis pelo entupimento. Mas não esqueça de colocar um balde embaixo do sifão, pois a água pode cair no piso.

- Com um arame de aço, tente desobstruir o ralo da pia, de baixo para cima. Algumas vezes, os resíduos se localizam nesse trecho do encanamento; daí a necessidade de usar o arame.
- Recoloque o copo que você retirou do sifão. Não convém colocar produtos à base de soda cáustica dentro da tubulação de esgoto.
- Depois do serviço pronto, abra a torneira e deixe correr água em abundância, para limpar bem a tubulação de esgoto.

Como consertar a torneira que está vazando
- Retire a tampa/botão (quando houver) da cruzeta com a mão.
- Utilizando uma chave de fenda, desenrosque o parafuso que prende a cruzeta.
- Com o auxílio de um alicate de bico, desenrosque a porca que prende a canopla, para poder ter acesso ao mecanismo de vedação.
- Com o auxílio de um alicate de bico, desenrosque o mecanismo de vedação do corpo e o substitua por um novo.

Como desentupir o chuveiro
- Desenrosque a capa protetora do crivo.
- Retire a proteção metálica (quando houver).
- Retire o plástico ou borracha preta.
- Como auxílio de uma escova de dentes, limpe o crivo, desobstruindo os orifícios onde podem ter-se acumulado detritos.

Como regular a caixa de descarga acoplada à bacia sanitária

Regulagem
- Com cuidado, abra e retire a tampa da caixa acoplada.
- Com ajuda de um alicate, rosqueie a boia, deixando-a mais firme para que, quando a caixa estiver cheia, não permita que a água transborde pelo ladrão.

Substituição
- Com cuidado, abra e retire a tampa da caixa acoplada.
- Desenrosque a boia.
- Leve-a a um depósito de materiais de construção para que sirva de modelo para a compra de uma nova.
- Com a nova boia em mãos, encaixe-a e rosqueie-a exatamente no local em que a antiga foi retirada.

Perda da Garantia
- Danos sofridos pelas partes integrantes das instalações em consequência de quedas acidentais, maus-tratos, manuseio inadequado, instalação incorreta e erros de especificação.
- Danos causados por impacto ou perfuração em tubulações (aparentes, embutidas ou requadradas).
- Instalação ou uso incorreto dos equipamentos.
- Danos causados aos acabamentos por limpeza inadequada (produtos químicos, solventes, abrasivos do tipo saponáceo, palha de aço, esponja dupla face).
- Manobras indevidas, com relação a registros, válvulas e bombas.
- Se for constatado entupimento por quaisquer objetos jogados nos vasos sanitários e ralos, tais como: absorventes higiênicos, folhas de papel que não seja higiênico, cotonetes, cabelos em excesso etc.).
- Se for constatada a falta de troca dos vedantes ("courinhos") das torneiras.
- Se for constatada a retirada dos elementos de apoio (mão-francesa, coluna do tanque etc.), provocando a queda ou quebra da peça ou bancada.
- Se for constatado o uso de produtos abrasivos e/ou limpeza inadequada nos metais sanitários.

- Se forem constatadas, nos sistemas hidráulicos, pressões (desregulagem da válvula redutora de pressão) e temperaturas (aquecedores etc.) discordantes das estabelecidas em projeto.
- Equipamentos que forem reparados por pessoas não autorizadas pelo serviço de Assistência Técnica.
- Aplicação de peças não originais ou inadequadas ou, ainda, adaptação de peças adicionais sem autorização prévia do fabricante.
- Equipamentos instalados em locais onde a água é considerada não potável ou contenha impurezas e substâncias estranhas que ocasionem o mau funcionamento do produto.
- Objetos estranhos no interior do equipamento ou nas tubulações que prejudiquem ou impossibilitem o seu funcionamento.
- Se não forem tomados os cuidados de uso ou não forem feitas as manutenções preventivas necessárias.

INSTALAÇÃO DE GÁS COMBUSTÍVEL
Descrição do Sistema
- É o conjunto de tubulações e equipamentos (aquecedores de água) aparentes ou embutidos, destinados ao transporte, disposição e/ou controle de fluxo de gás em uma edificação.
- **Origem**: o sistema de instalações de gás é abastecido pela companhia concessionária do serviço público (gás natural): Comgás.
- **Medição de consumo**: o consumo é registrado em medidores individuais agrupados em um abrigo localizado no andar térreo da edificação.
- **Identificação**: quando aparentes, as tubulações são identificadas pela cor amarela.

Componentes do Sistema
- Instalações de gás natural.
- Tubulações, registro e válvulas.
- Medidores de vazão.

Fornecedores
- Os dados serão fornecidos no Manual das Áreas Comuns, quando da entrega do empreendimento.

Prazos de Garantia
- Material – **Especificado pelo fabricante.**
- Vedação das juntas – **1 ano.**

Cuidados de Uso
- Sempre que não houver utilização constante ou em caso de ausência prolongada do imóvel, mantenha os registros e as torneiras fechados.
- Nunca teste ou procure vazamentos num equipamento, tubulação ou medidor de gás utilizando fósforo ou qualquer outro material inflamável. É recomendável o uso de espuma de sabão.
- **Os ambientes onde se situam os aparelhos a gás e os medidores devem permanecer ventilados para evitar o acúmulo de gás, que pode provocar explosão. Portanto, nunca bloqueie a ventilação desses ambientes.**
- Não utilizar o local dos medidores como depósito, principalmente não armazenar produtos combustíveis que poderão gerar risco de incêndio.
- Não pendurar objetos nas instalações (tubulações) aparentes.
- Em caso de vazamentos de gás que não possam ser eliminados com o fechamento de um registro ou torneira, chame a companhia concessionária.
- Leia com atenção os manuais que acompanham os equipamentos a gás.
- Verificar o prazo de validade da mangueira de ligação da tubulação ao aparelho eletrodoméstico e trocá-la quando necessário;

- Para execução de qualquer serviço de manutenção ou instalação de equipamentos a gás, sirva-se de empresas especializadas ou profissionais habilitados pela concessionária e utilize materiais (flexíveis, conexões, etc.) adequados.

Manutenção Preventiva
- Para os equipamentos, de acordo com as recomendações dos fabricantes.

Perda de Garantia
- Se for verificada a instalação inadequada de equipamentos (diferente da especificada em projeto; por exemplo, instalar o sistema de acumulação no lugar do sistema de passagem e vice-versa).
- Se for verificado que a pressão utilizada está fora da especificada em projeto.
- Se não forem tomados os cuidados de uso ou não forem feitas manutenções preventivas necessárias.

IMPERMEABILIZAÇÃO

Descrição do Sistema
- É o tratamento dado em partes e/ou componentes da construção para garantir estanqueidade e impedir a infiltração de água.

Componentes do Sistema
- São vários os tipos de materiais empregados nas impermeabilizações, tais como asfálticos (mantas e moldada a quente in loco) e argamassa rígida hidrófuga, argamassa polimérica, resina termoplástica.

Fornecedores
- Os dados serão fornecidos no Manual das Áreas Comuns, quando da entrega do empreendimento.

Prazos de Garantia
- Sistema de impermeabilização – **5 anos.**

Cuidados de Uso
- Utilizar "lavagem a seco" para o piso dos subsolos. As lavagens com mangueira devem ser evitadas. Caso seja utilizada, sempre conduzir com rodo a água para o ralo, uma vez que as lajes são em nível.
- Sobre áreas impermeabilizadas, evitar plantas com raízes agressivas e profundas, que possam danificar a impermeabilização ou obstruir drenos de escoamento.
- Manter o nível de terra no mínimo 10 cm abaixo da borda da impermeabilização, para evitar infiltrações indesejáveis.
- Não permitir a fixação de antenas, postes de iluminação ou outros equipamentos sobre lajes impermeabilizadas com utilização de buchas, parafusos ou chumbadores. Sugere-se o uso de base de concreto sobre a camada de proteção da impermeabilização, sem removê-la ou danificá-la. Não fixar pregos, parafusos e buchas nem chumbadores nos revestimentos das platibandas, rufos, muros e paredes impermeabilizadas.
- Para qualquer tipo de instalação de equipamentos sobre superfície impermeabilizada, é necessário solicitar a presença de uma empresa especializada em impermeabilização.
- Manter os ralos sempre limpos nas áreas descobertas.
- Lavar os reservatórios com produto de limpeza e materiais adequados, mantendo a caixa vazia somente o tempo necessário para limpeza. Não utilizar máquinas de alta pressão, produtos que contenham ácidos nem ferramentas como espátula, escova de aço ou qualquer tipo de material pontiagudo. É recomendável que essa lavagem seja feita por empresa especializada.
- Tomar os devidos cuidados com o uso de ferramentas como picaretas, enxadões etc. nos serviços de replantio e manutenção dos jardins, de modo a evitar danos na camada de proteção mecânica existente.
- Não permitir que se introduzam objetos de espécie alguma nas juntas de dilatação. Manutenção Preventiva

- Inspecionar anualmente o rejuntamento dos pisos, paredes, soleiras, ralos e peças sanitárias, pois através das falhas neles poderá ocorrer infiltração de água.
- Caso haja danos na impermeabilização, não executar os reparos com materiais e sistemas diferentes do aplicado originalmente, pois a incompatibilidade entre eles pode comprometer o bom desempenho do sistema.
- No caso de defeitos na impermeabilização e de infiltração de água, não tente você mesmo resolver o problema; contrate empresa especializada.
- Inspecionar anualmente a camada drenante do jardim, verificando se não há obstrução na tubulação e entupimento dos ralos.

Perda de Garantia
- Reparo e/ou manutenção executados por empresas não especializadas.
- Danos na manta devidos à instalação de equipamentos ou reformas em geral.
- Produtos e equipamentos inadequados para limpeza dos reservatórios.
- Se não forem tomados os cuidados de uso ou não forem feitas as manutenções preventivas necessárias.

ESQUADRIAS DE MADEIRA

Descrição do Sistema Compreende o conjunto de portas de madeira com a finalidade de acessar as diversas áreas internas.

Características das esquadrias Portas internas
- Propiciam privacidade e conforto acústico quando mantidas fechadas.

Fornecedores
- Os dados serão fornecidos no Manual das Áreas Comuns, quando da entrega do empreendimento.

Prazos de Garantia
- Lascadas, trincadas, riscadas ou manchadas – **no ato da entrega.**
- Empenamento, descolamento, trincas na madeira – **1 ano**.

Cuidados de Uso
- Não arrastar objetos através dos vãos de porta maiores que o previsto, pois podem danificar seriamente as esquadrias;
- Providenciar batedores de portas a fim de não prejudicar as folhas, paredes e maçanetas;
- Manter as portas permanentemente fechadas, evitando assim seu empenamento ou danos devidos a rajadas de vento;
- A limpeza das esquadrias como um todo deve ser feita com um pano seco. Antes, é necessário ter o cuidado de retirar o excesso de pó com um espanador ou escova. Não usar, em hipótese alguma, detergentes contendo saponáceos, esponjas de aço de espécie alguma ou qualquer outro material abrasivo.

Manutenção Preventiva
- Nas partes de esquadrias pintadas (de ferro), proceder a uma repintura a cada três anos. É importante o uso correto da tinta especificada no manual.

Perda da Garantia
- Se for feita qualquer mudança na esquadria, na sua forma de instalação, na modificação de seu acabamento, que altere suas características originais. for feito corte do encabeçamento (reforço da folha) da porta.
- Se não forem tomados os cuidados de uso ou não for feita a manutenção preventiva necessária.

ESQUADRIAS DE FERRO – SERRALHERIA

Capítulo 21 – Responsabilidade sobre a edificação

Descrição do Sistema Compreendem o conjunto de portas, portões e serralheria em geral com as seguintes finalidades, entre outras:
- Acessar áreas externas ou internas.
- Proteger o interior do imóvel. A serralheria também abrange corrimãos, guarda-corpos, gradis, alçapões, escadas-marinheiro, divisórias de tela.

Fornecedores
- Os dados serão fornecidos no Manual das Áreas Comuns quando da entrega do empreendimento.

Prazos de Garantia
- Amassadas, riscadas ou manchadas – **No ato da entrega.**
- Má fixação, oxidação ou mau desempenho do material – **1 ano**.

Cuidados de Uso
- Os trincos não devem ser forçados.
- A limpeza das esquadrias como um todo precisa ser feita com solução de água e detergente neutro, com auxílio de esponja macia.
- **NÃO** usar em hipótese alguma fórmulas de detergentes com saponáceos, esponjas de aço de todo tipo ou qualquer outro material abrasivo.
- **NÃO** usar produtos ácidos ou alcalinos. Sua aplicação poderá causar manchas na pintura.
- **NÃO** utilize objetos cortantes ou perfurantes para auxiliar na limpeza dos *cantinhos* de difícil acesso. Essa operação poderá ser feita com auxílio de um pincel.
- Reaperte delicadamente com a chave de fenda todos os parafusos dos fechos, fechaduras, puxadores, fixadores e roldanas, sempre que necessário.

Manutenção Preventiva
- Repintar as áreas e elementos, após o tratamento devido dos pontos de oxidação, com as mesmas especificações da pintura original, a cada ano.

Perda de Garantia
- Se forem instalados, apoiados ou fixados quaisquer objetos, diretamente na estrutura das esquadrias ou que nelas possam interferir.
- Se for feita qualquer mudança na esquadria, na sua forma de instalação, na modificação de seu acabamento, que altere suas características originais.
- Se houver danos por colisões.
- Se não forem tomados os cuidados de uso ou não o for feita a manutenção preventiva necessária.

ESQUADRIAS DE ALUMÍNIO
Descrição do Sistema Compreende o conjunto de portas e janelas de alumínio com a seguinte finalidade:
- Permitir a iluminação do ambiente pelo melhor aproveitamento da luz natural.
- Possibilitar o contato visual com o exterior.
- Acessar áreas externas e/ou internas.
- Possibilitar a troca de ar e a ventilação natural.
- Proteger o interior do apartamento e seus ocupantes das intempéries exteriores. As esquadrias também abrangem guarda-corpo de terraços, os brises das áreas de máquinas de ar condicionado e outros elementos arquitetônicos.

Características de algumas das esquadrias

Janelas e portas de correr/deslizantes

- Não interferem nas áreas externas ou internas, possibilitando, no caso de janelas, o uso de telas, persianas ou cortinas.
- Oferecem a possibilidade de regulagem da abertura das folhas, propiciando maior conforto na aeração do ambiente.
- No caso de janelas com veneziana aerada de enrolar, facilita ao usuário dosar a ventilação ou claridade ao seu gosto, mantendo tal posição inalterada sob a ação dos ventos.

Janelas *maxim-air*
- A folha dessa janela abre deslizando sua parte inferior para fora, ao mesmo tempo que sua parte superior desliza para baixo.

Fornecedores
- Os dados serão fornecidos no Manual das Áreas Comuns, quando da entrega do empreendimento.

Prazos de Garantia
- Borrachas, escovas, articulações, fechos e roldanas – **2 anos.**
- Acabamento dos perfis de alumínio e fixadores – **5 anos.**
- Vedação e funcionamento das partes móveis – **1 ano.** Cuidados de Uso
- As janelas *maxim-air* podem ser mantidas abertas, com pequena angulação, em caso de chuvas moderadas. Entretanto, em caso de rajadas de vento, os caixilhos podem ser danificados se estiverem abertos. Portanto, fique atento para travar as janelas nessas situações.
- As janelas devem correr suavemente, não podendo ser forçadas.
- Os trincos não precisam ser forçados. Se necessário, aplicar suave pressão ao manuseá-los.

Cuidados por ocasião da pintura de paredes e limpeza das fachadas.
- Antes de executar qualquer tipo de repintura, proteger as esquadrias com fitas adesivas.
- Remover a fita adesiva imediatamente após o uso, uma vez que sua cola contém ácidos ou produtos agressivos que, em contato prolongado com as esquadrias, poderão danificá-las.
- Caso haja contato da tinta com a esquadria, limpá-la imediatamente com pano seco e, em seguida, com pano umedecido em solução de água e detergente neutro.

Manutenção Preventiva
Limpeza das esquadrias

- A limpeza das esquadrias como um todo, inclusive guarnições de borrachas e escovas, deve ser feita com solução de água e detergente neutro a 5%, com auxílio de esponja macia, nos períodos de, no mínimo, a cada 12 meses.
- As janelas e portas de correr exigem que seus trilhos inferiores sejam frequentemente limpos, evitando-se o acúmulo de poeira, que com o passar do tempo vai-se compactando pela ação de abrir e fechar, transformando-se em crostas de difícil remoção, comprometendo assim o desempenho das roldanas e exigindo a sua troca precoce.
- É necessário manter os drenos (orifícios) dos trilhos inferiores sempre bem limpos e desobstruídos, principalmente na época de chuvas mais intensas, pois esta é a causa principal do *borbulhamento* e vazamento de água para o interior do ambiente.
- **NÃO** use em hipótese alguma detergentes contendo saponáceos, esponjas de aço de espécie alguma ou qualquer outro material abrasivo.
- **NÃO** utilize produtos ácidos ou alcalinos. Sua aplicação poderá causar manchas na pintura, tornando o acabamento opaco.

- **NÃO** use objetos cortantes ou perfurantes para auxiliar na limpeza dos cantinhos de difícil acesso. Essa operação poderá ser feita com o uso de pincel de cerdas macias embebidas na solução de água e detergente neutro a 5%.
- **NÃO** utilize vaselina, removedor, *thinner* ou qualquer outro produto derivado de petróleo, pois além de ressecar plásticos ou borrachas, fazendo com que percam sua função de vedação, possuem componentes que vão atrair partículas de poeira que agirão como abrasivo, reduzindo em muito a vida do acabamento superficial do alumínio.
- **NÃO** use jato de água de alta pressão para lavagem das fachadas. A força do jato pode arrancar as partes calafetadas com silicone ou qualquer outro material protetor contra infiltração.
- **NÃO** remova as borrachas ou massas de vedação.
- Caso ocorram respingos de cimento, gesso, ácido ou tinta, remova-os imediatamente com um pano umedecido na mesma solução de água e detergente neutro a 5% e, logo após, passe uma flanela seca.
- Todas as articulações e roldanas trabalham sobre a camada de náilon autolubrificante, razão pela qual dispensam qualquer tipo de graxa ou óleo. Esses produtos não devem ser aplicados às esquadrias, pois em sua composição pode haver ácidos ou componentes não compatíveis com os materiais usados na fabricação delas.
- As esquadrias modernas são fabricadas com acessórios articuláveis (braços, fechos e dobradiças) e deslizantes (roldanas e rolamentos) de náilon, que não exigem tipo algum de lubrificação, uma vez que suas partes móveis, eixos e pinos são envolvidos por uma camada desse material especial, autolubrificante, de grande resistência ao atrito e às intempéries.
- Reapertar delicadamente com chave de fenda todos os parafusos aparentes dos fechos, fechaduras ou puxadores e roldanas responsáveis pela folga do caixilho de correr junto do trilho, sempre que necessário.
- Verificar nas janelas *maxim-air* a necessidade de regular o freio. Para isso, abrir a janela até um ponto intermediário (30°), no qual ela deve permanecer parada e oferecer certa resistência a qualquer movimento espontâneo. Se necessário, a regulagem tem de ser feita somente por pessoa especializada, para não colocar em risco a segurança do usuário e de terceiros.
- Verificar a vedação e a fixação dos vidros a cada ano.

Perda de Garantia
- Se forem instaladas cortinas ou quaisquer aparelhos, tais como persianas internas, diretamente na estrutura das esquadrias, ou que nelas interferirem.
- Se for feita qualquer mudança na esquadria, na sua forma de instalação, na modificação de seu acabamento (especialmente pintura), que altere suas características originais.
- Se não forem tomados os cuidados de uso ou não for feita a manutenção preventiva necessária.

ESTRUTURA/PAREDES

Descrição do Sistema
Estrutura
A estrutura do edifício é constituída por um conjunto de elementos (pilares, vigas, lajes, escadas, muros de arrimo e outros) que visam garantir a estabilidade e a segurança da construção, tendo sido realizada de concreto armado convencional. Foi projetada e executada atendendo às Normas Técnicas Brasileiras, e durante sua realização teve seus materiais componentes submetidos a controle tecnológico, garantindo assim a conformidade com o projeto.

Paredes
As paredes têm como finalidade a vedação vertical da edificação. Em seus elementos podem estar embutidas as tubulações hidráulicas, elétricas e de gás. As paredes foram feitas de alvenaria de blocos cerâmicos vazados, excetuando as divisórias dos depósitos privativos, feitas de tela metálica (que não suportam engaste de prateleiras. Obs.: Os materiais utilizados na estrutura, alvenaria e revestimento das paredes são de naturezas diversas, possuindo diferentes coeficientes de elasticidade, de resistência e dilatação térmica. Assim sendo, diante de

variações bruscas da temperatura ambiente, da acomodação natural da estrutura causada pela ocupação gradativa do edifício, bem como quando submetidos a cargas específicas, tendem a se comportar de forma diferente, o que poderá eventualmente acarretar o aparecimento de fissuras (pequenas rupturas) localizadas no revestimento das paredes, fato este que **NÃO** compromete de forma alguma a segurança da edificação. No caso de paredes internas, são consideradas aceitáveis e normais as fissuras não perceptíveis à distância de pelo menos 1 metro. Com relação às paredes externas, as eventuais fissuras que surgirem e não provoquem infiltração de água de chuva para o interior da edificação serão aceitáveis e normais.

Fornecedores Os dados serão fornecidos no Manual das Áreas Comuns, quando da entrega do empreendimento.

Prazos de Garantia
Estrutura
- Defeitos que comprometam a solidez ou segurança da edificação – **5 anos.**

Paredes internas
- Fissuras perceptíveis a uma distância superior a 1 metro – **1 ano.**

Paredes externas/Fachada
- Fissuras que possam vir a gerar infiltrações – **3 anos.**
    Nota: As fissuras que não causem infiltração são consideradas normais, aceitáveis e deverão ser tratadas pelo condomínio, quando do processo de manutenção periódica da edificação.

Cuidados de Uso
- **NÃO** retirar total ou parcialmente elemento estrutural algum, pois pode abalar a solidez e a segurança da edificação.
- **NÃO** sobrecarregar as estrutura e paredes além dos limites normais de utilização previstos no projeto, pois essa sobrecarga pode gerar fissuras ou até comprometer os elementos estruturais e de vedação.
- Antes de perfurar as paredes, consulte os projetos e seus detalhamentos contidos no Manual do Usuário e/ou Manual das Áreas Comuns, evitando deste modo a perfuração acidental de tubulações de água, energia elétrica ou gás, nelas embutidas.
- Antes de perfurar paredes, certifique-se também de que no local escolhido não existe pilar ou viga. Nesta situação, siga as instruções do Manual do Usuário e/ou Manual das Áreas Comuns.
- Para melhor fixação de peças ou acessórios, use apenas parafusos com buchas de náilon.

Manutenção Preventiva
- Procure manter os ambientes bem ventilados. Nos períodos de inverno ou de chuva, pode ocorrer o surgimento de mofo (bolor) nas paredes decorrentes de condensação de água por deficiência de ventilação, principalmente em ambientes fechados (armários, atrás de cortinas e forros de banheiro).
- Limpe o mofo com pano umedecido em água sanitária dissolvida em água.
- Tanto as áreas internas (unidades privativas e áreas comuns) como a fachada da edificação devem ser repintadas a cada 3 anos, evitando assim o envelhecimento, a perda de brilho, o descascamento e infiltrações (através das paredes externas).
    Nota: Toda vez que for realizada uma repintura, tem de ser feito um tratamento das fissuras, evitando assim infiltrações futuras de água através das paredes externas.

Perda de Garantia
- Se qualquer um dos elementos estruturais for retirado (exemplo: pilares, vigas, lajes etc. conforme Memorial Descritivo do empreendimento).
- Se forem alterados quaisquer elementos de vedação com relação ao projeto original.
- Se forem identificadas sobrecargas na estrutura e paredes além dos limites normais de utilização previstos.

- No caso de NÃO ser realizada a repintura da fachada a cada 3 anos, conforme previsto na Manutenção Preventiva.
- Se não forem tomados os cuidados de uso ou não for feita a manutenção preventiva necessária.

REVESTIMENTO DE PAREDES E TETOS EM ARGAMASSA OU GESSO E FORRO DE GESSO
Descrição do Sistema

Revestimento em argamassa/gesso
- São revestimentos utilizados para regularizar a superfície dos elementos de vedação/estruturais, servindo de base para receber outros acabamentos ou pintura. Auxiliam na proteção dos elementos de vedação e estruturais contra a ação direta de agentes agressivos.

Forro de gesso
- Acabamento utilizado como elementos decorativo ou servindo para ocultar tubulações, peças estruturais etc.

Fornecedores
- Os dados serão fornecidos no Manual das Áreas Comuns, quando da entrega da unidade.

Prazos de Garantia
- **Paredes Internas e Tetos**
    - Fissuras perceptíveis a uma distância superior a 1 metro – **1 ano.**
- **Paredes Externas**
    - Infiltração decorrente do mau desempenho do revestimento externo da fachada (ex: fissuras que possam vir a causar infiltrações) – **3 anos.**
- Forros
    - Quebrados, trincados ou manchados – **No ato da entrega.**
    - Fissuras por acomodação dos elementos estruturais e de vedação – **1 ano.**

Cuidados de Uso
- Para melhor fixação de objetos nas paredes e tetos, utilizar parafusos com buchas apropriadas ao revestimento.
- Evitar o uso de pregos para não danificar o acabamento.
- No caso de forro de gesso, não fixar suportes para pendurar vasos, varais ou qualquer outro objeto, pois os forros não estão dimensionados para suportar peso.
- Evitar o choque causado por batida de portas.
- Não lavar as paredes e tetos com água e produtos abrasivos.
- Nunca molhar o forro de gesso, pois o contato com a água faz com que o gesso se desagregue.
- Evitar impactos no forro que possam danificá-lo.
- Manter os ambientes bem ventilados, evitando o aparecimento de bolor nos tetos de banheiros e cozinhas. Poderá ocorrer o surgimento de mofo nas paredes, principalmente em ambientes fechados (armários, atrás de cortinas etc.). Limpe o mofo em pintura com o uso de água sanitária dissolvida em água (utilizar esponja ou pano levemente umedecidos).

Manutenção Preventiva
- Repintar os forros dos banheiros anualmente com tinta antimofo.
- Repintar paredes e tetos das áreas secas a cada 3 anos.

Perda de Garantia
- Quebras ou trincas por impacto.
- Contato contínuo das paredes e tetos com água ou vapor.

- Se não forem tomados os cuidados de uso ou não for feita a manutenção preventiva necessária.

REVESTIMENTO CERÂMICO

Descrição do Sistema Placa cerâmica
- Utilizada em revestimento de paredes e pisos, visa dar acabamento em áreas úmidas como cozinhas, banheiros e áreas de serviço, protegendo esses ambientes e aumentando o desempenho contra umidade e infiltração de água. Facilita também a limpeza e torna o ambiente mais higiênico, além de possuir uma função decorativa. Pode ser classificada por vários critérios, entre eles o desgaste da superfície (PEI), dureza e outros.

Fornecedores
- Os dados serão fornecidos no Manual das Áreas Comuns, quando da entrega do empreendimento.

Prazos de Garantia
- Peças quebradas, trincadas, riscadas, manchadas ou com tonalidades diferentes – **No ato da entrega.**
- Peças soltas, quebradas ou com desgaste excessivo, que não por mau uso – **2 anos.**

Cuidados de Uso
- Antes de perfurar qualquer peça, é necessário consultar o Manual do Usuário/Manual das Áreas Comuns (croqui de localização) e os projetos de instalações para evitar perfurações em tubulações e camadas impermeabilizadas.
- Para fixação de móveis ou acessórios, utilizar somente parafusos com buchas de náilon, evitando impactos nos revestimentos que possam causar fissuras.
- Usar sabão neutro para lavagem. Não utilizar produtos químicos corrosivos tais como cloro líquido, soda cáustica ou ácido muriático. O uso de produtos ácidos e alcalinos pode causar problemas de ataque químico às placas cerâmicas.
- Na limpeza, tomar cuidado com o encontro de paredes e tetos em gesso.
- Não utilizar bomba de pressurização de água na lavagem, bem como vassouras de piaçava ou escovas com cerdas duras, pois podem danificar o rejuntamento.
- Evitar bater com peças pontiagudas, que podem causar lascamento nas placas cerâmicas.
- Cuidado com transporte de eletrodomésticos, móveis e materiais pesados. Não arrastá-los sobre o piso, a fim de evitar riscos, desgastes e/ou lascamentos.
- Não usar objetos cortantes ou perfurantes para auxiliar na limpeza dos cantos de difícil acesso, devendo ser utilizada escova apropriada.
- Não raspar com espátulas metálicas. Usar, quando necessário, espátula de PVC.
- Não utilizar palhas ou esponjas de aço na limpeza.
- Na área da cozinha, limpar com produto desengordurante regularmente, mas não usar removedores do tipo "limpa forno".

Manutenção Preventiva
- Em áreas muito úmidas como banheiros, deixar sempre o ambiente ventilado para evitar aparecimento de fungo ou bolor nos rejuntes.
- Verificar e completar o rejuntamento a cada ano ou quando aparecer alguma falha.
- Verificar se existem peças soltas ou trincadas e reassentá-las imediatamente com argamassa colante.

Perda de Garantia
- Manchas por utilização de produtos ácidos e/ou alcalinos.
- Quebra ou lascamento por impacto ou pela não observância dos cuidados durante o uso.
- Riscos causados por transporte de materiais ou objetos pontiagudos.

- Se não forem tomados os cuidados de uso ou não for feita a manutenção preventiva necessária.

REVESTIMENTO DE PEDRAS NATURAIS
(MÁRMORE, GRANITO, PEDRA DECORATIVA/MOSAICO E OUTROS)

Descrição do Sistema
- Utilizadas em revestimento de pisos, interna e externamente, além de ser elemento decorativo resistem à presença de umidade. São usadas também em bancadas de pia e lavatório.
- As pedras são extraídas de jazidas naturais e podem ou não receber polimento. Características como a dureza dependem do tipo de cada pedra. As diferenças de tonalidade e desenho também são características desses tipos de revestimento.

Fornecedores
- Os dados serão fornecidos no Manual das Áreas Comuns, quando da entrega do empreendimento.

Prazos de Garantia
- Peças quebradas, trincadas, riscadas ou falhas no polimento (quando especificado) – **No ato da entrega.**
- Peças soltas ou desgaste excessivo que não por mau uso – **2 anos.**

Cuidados de Uso
- Antes de perfurar qualquer peça, é necessário consultar o Manual das Áreas Comuns (croqui de localização) e os projetos de instalações, para evitar perfurações em tubulações e camadas impermeabilizadas.
- Não utilizar máquina de alta pressão para a limpeza na edificação. Usar enceradeira industrial com escova apropriada para a superfície polida a ser limpa.
- Utilizar sabão neutro próprio para lavagem de pedras. Não utilizar produtos corrosivos que contenham em sua composição produtos químicos, tais como cloro líquido, soda cáustica ou ácido muriático. Para a retirada de manchas deve ser contratada empresa especializada em revestimento/limpeza de pedras.
- Nos procedimentos de limpeza diária de materiais polidos, sempre procurar remover primeiro o pó ou partículas sólidas com um pano macio ou escova de pêlo nas bancadas de pia e lavatório. Nos pisos, remover com vassoura de pêlo o pó, sempre sem aplicar pressão excessiva para evitar riscos e desgastes precoces devidos ao atrito, e em seguida aplicar um pano umedecido (sempre bem torcido, sem excesso de água) com água ou solução diluída de detergente neutro para pedras, seguida de aplicação de um pano macio de algodão, para secar a superfície. Evitar a lavagem de pedras para que não surjam manchas e eflorescências e, quando necessário, utilizar detergente específico.
- Nunca tentar remover manchas com produtos genéricos de limpeza ou com soluções caseiras. Sempre que houver algum problema, procurar consultar empresas especializadas, pois muitas vezes a aplicação de produtos inadequados em manchas pode, além de danificar a pedra, tornar as manchas permanentes.
- No caso de pedras naturais utilizadas em ambientes externos, em dias de chuva poderá ocorrer acúmulo localizado de água, em função das características das pedras utilizadas. Se necessário, remover a água com auxílio de rodo.
- Sempre que possível, usar capachos ou tapetes nas entradas, para evitar partículas sólidas (abrasivas) sobre o piso.
- Utilizar protetores de feltro ou de borracha nos pés dos móveis.
- Evitar bater com peças pontiagudas.
- Cuidado no transporte de eletrodomésticos, móveis e materiais pesados. Não arrastá-los sobre o piso.
- Não deixar cair sobre a superfície graxa, óleo, massa de vidro e tinta.
- Não colocar vasos de planta diretamente sobre o revestimento, pois podem causar manchas.
- Para a recolocação de peças, atentar para o uso correto do cimentado colante para cada tipo de pedra (ex.: para mármores e granitos claros: cimento-cola branco etc.).
- Em caso de reforma, cuidado para não danificar a camada impermeabilizante, quando houver.

- A calafetação em volta das peças de metal e louças (ex.: válvula de escoamento em lavatório) deve ser feita com mástique ou massa de calafate; não utilizar massa de vidro para evitar manchas.
- No caso de fixação das pedras com elementos metálicos (mãos-francesas etc.), não remover suporte algum e, no caso de substituição, contatar uma empresa especializada.

Manutenção Preventiva
- Inspecionar e completar o rejuntamento a cada ano ou quando aparecer alguma falha.
- Em áreas muito úmidas, como banheiros, deixar sempre o ambiente ventilado para evitar aparecimento de mofo (bolor) e sempre usar produtos de limpeza específicos para pedras, que evitam proliferação destes agentes (fungos).
- Sempre que produtos causadores de manchas (café, refrigerantes, alimentos etc) caírem sobre a superfície, procurar limpá-los com um pano absorvente ou papel-toalha;
- No caso de peças polidas (ex.: pisos, bancadas de granito etc.), é recomendável enceramento mensal com produto específico para proteger a pedra de agentes abrasivos. Nas áreas de circulação intensa, o enceramento deve acontecer semanalmente ou até diariamente.

Perda de Garantia
- Manchas e perda do polimento por utilização inadequada de produtos químicos.
- Quebra por impacto.
- Riscos causados por transporte de materiais ou objetos.
- Lavagem com máquinas de alta pressão.
- Se não forem tomados os cuidados de uso ou não for feita a manutenção preventiva necessária.

REJUNTES

Descrição do Sistema
- Tratamento dado às juntas de assentamento das placas cerâmicas e pedras naturais para garantir a estanqueidade e o acabamento final dos revestimentos de piso e parede e dificultar a penetração de água.
- Os rejuntes também têm a função de absorver pequenas deformações; por isso, existe um tipo específico de rejuntamento para cada ambiente e tipo de revestimento.
- São utilizados no preenchimento das juntas de revestimento cerâmico em pisos e paredes.

Fornecedores
- Os dados serão fornecidos no Manual das Áreas Comuns, quando da entrega do empreendimento.

Prazos de Garantia
- Falhas ou manchas – **No ato da entrega.**
- Falhas na aderência – **1 ano.**

Cuidados de Uso
- Evitar o uso de detergentes, ácidos ou soda cáustica, bem como escovas e produtos concentrados de amoníaco que atacam não só o rejunte, mas também o esmalte das peças cerâmicas.
- Não utilizar máquina de alta pressão para limpeza da edificação.
- A limpeza e a lavagem dos revestimentos poderão ser feitas com sabão em pó neutro, utilizando pano úmido ou esponjas macias.

Manutenção Preventiva
- Inspecionar e completar o rejuntamento convencional (em placas cerâmicas) a cada ano. Isto é importante para evitar o surgimento de manchas de carbonatação (esbranquiçadas, nas juntas).
- Anualmente, deve ser feita a revisão do rejuntamento, principalmente na área do box de chuveiro.

- Para refazer o rejuntamento, utilizar materiais apropriados e mão de obra especializada.

Perda de Garantia
- Se forem utilizados ácidos ou outros produtos agressivos, ou ainda se for realizada lavagem do revestimento com água em alta pressão.
- Se não forem tomados os cuidados de uso ou não for feita a manutenção preventiva necessária.

SOALHOS DE TACOS

Descrição do Sistema
- Revestimentos com peças de madeira maciça utilizados para acabamento em pisos, proporcionando conforto e beleza.
- Por se tratar de material não inerte, a madeira pode trabalhar em função da variação de umidade do ambiente, o que pode ocasionar fissuras nas juntas de calafetação entre as peças.
- A madeira, por ser um material natural, apresenta diferenças de tonalidade em suas peças.

Fornecedores
- Os dados serão fornecidos no Manual das Áreas Comuns, quando da entrega do empreendimento.

Prazos de Garantia
- Lascados, trincados, riscados, manchados ou mal fixados – **No ato da entrega.**
- Empenamento, trincas na madeira e destacamento – **1 ano.**

Cuidados de Uso
- Não deixar a luz do sol bater diretamente sobre o piso, pois pode criar rachaduras, trincas ou causar outros prejuízos, às vezes irreparáveis.
- Nas áreas de piso onde a luminosidade natural não incide, como aquelas que ficam sob os tapetes, com o passar do tempo a madeira pode ficar com coloração diferente. Deixar que a área fique exposta à luz natural durante algumas semanas, até que o piso retome a tonalidade original.
- Nunca molhar o piso de madeira com água corrente ou pano encharcado.
- Ao derrubar algum tipo de líquido no piso, limpar imediatamente com um pano seco para evitar manchas.
- Não arrastar móveis ou objetos sobre a superfície.
- Utilizar protetores de feltro ou borracha nos pés dos móveis.
- Evitar a queda de objetos pontiagudos. Alguns tipos de saltos de sapato também podem danificar o piso.
- Utilizar capacho nas portas de entrada para evitar que os sapatos tragam grãos de poeira que possam vir a riscar o piso.
- Antes da aplicação de acabamento final, não deixar cair sobre a superfície graxa ou óleo.
- Aplicar o acabamento final tipo cera, verniz ou resina de poliuretano, utilizando os serviços de empresas especializadas.

Manutenção Preventiva
- Recomenda-se raspar, calafetar e aplicar acabamento no terceiro ano de uso e, posteriormente, de acordo com a necessidade.

Perda de Garantia
- Se o piso for exposto à luz do sol, ação da água, graxa ou óleo.
- Se não for aplicado o acabamento de forma adequada.
- Se for utilizado no acabamento produto para clareamento.
- Se não forem tomados os cuidados de uso ou não for feita a manutenção preventiva necessária.

PISOS CIMENTADOS/PISOS ACABADOS EM CONCRETO

Descrição do Sistema
- São superfícies especialmente preparadas, destinadas a dar acabamento final a pisos ou servir de base para assentamento de revestimentos como carpete, piso laminado e outros.

Componentes do Sistema
- Concreto, areia, cimento e aditivos químicos.

Fornecedores
- Os dados serão fornecidos no Manual das Áreas Comuns, quando da entrega do empreendimento.

Prazo de Garantia
- Superfícies irregulares – **No ato da entrega.**
- Falhas no caimento e nivelamento – **6 meses.**
- Destacamento – **2 anos.**

Cuidados de Uso
- Não usar máquina de alta pressão para a limpeza na edificação. Utilizar enceradeira industrial com escova apropriada para a superfície a ser limpa.
- Não deixar cair óleo, graxa, solventes e produtos químicos (ácidos etc.).
- Em caso de danos, principalmente em garagens, proceder à imediata recuperação do piso cimentado sob risco de aumento gradual da área danificada.
- No caso de demolição parcial do piso, atentar para não provocar deformações, destacamentos, depressões, saliências, fissuras ou outras imperfeições, tanto no piso remanescente como no trecho novo.
- Quando especificado para receber um determinado tipo de revestimento, este deve ser assentado o mais rápido possível, para evitar danos.
- Evitar bater com peças pontiagudas.
- Cuidado no transporte de eletrodomésticos, móveis e materiais pesados. Não arrastá-los sobre o piso.
- Não utilizar objetos cortantes ou perfurantes para auxiliar na limpeza dos cantos de difícil acesso.
- Na limpeza, não raspar com espátulas metálicas. Utilizar, quando necessário, espátula de PVC.
- Promover o uso adequado e evitar sobrecargas, conforme definido nos projetos/memorial.

Manutenção Preventiva
- Verificar a integridade física do piso cimentado, quando utilizado em garagens, recompondo-o quando necessário.
- Verificar anualmente as juntas de dilatação. Quando necessário, reaplicar o mástique, nunca usando argamassa ou silicone.

Perda da Garantia
- Se não forem utilizados para a finalidade estipulada.
- Se forem realizadas mudanças que alterem suas características originais.
- Se não forem tomados os cuidados de uso ou não for feita a manutenção preventiva necessária.

PINTURA (INTERNA E EXTERNA)

Descrição do Sistema
- Tem por finalidade o acabamento final da edificação, proporcionando: uniformidade de superfície proteção de elementos estruturais, reboco, gesso, esquadrias etc. conforto e estética, pela utilização de cores.

Fornecedores
- Os dados serão fornecidos no Manual das Áreas Comuns, quando da entrega do empreendimento.

Prazos de Garantia
- Sujeira, manchas ou mau acabamento – **No ato da entrega.**
- Empolamento, descascamento, esfarelamento, alteração de cor ou deterioração de acabamento – **1 ano.**

Cuidados de Uso
- Evitar atrito nas superfícies pintadas, pois a abrasão pode remover a tinta, deixando manchas.
- Evitar pancadas que marquem ou trinquem a superfície.
- Evitar contato de produtos químicos de limpeza, principalmente ácidos.
- Em caso de necessidade de limpeza, jamais utilizar esponjas ásperas, buchas, palha de aço, lixas e máquinas com jato de alta pressão.
- Evitar o contato com pontas de lápis ou caneta.
- Não utilizar álcool para limpeza de áreas pintadas.
- Nas áreas internas com pintura, evitar a exposição prolongada ao sol, utilizando cortinas nas janelas.
- Limpeza em paredes e tetos: para remoção de poeira, manchas ou sujeira, utilizar espanadores, flanelas secas ou levemente umedecidas com água e sabão neutro. Deve-se tomar o cuidado de não exercer pressão demais na superfície.
- Em caso de manchas de gordura, limpar com água e sabão neutro imediatamente.

Manutenção Preventiva
- Em caso de necessidade de retoque, é necessário repintar todo o pano da parede (de quina a quina), para evitar diferenças de tonalidade entre a pintura velha e a nova numa mesma parede.
- Repintar as áreas e os elementos com as mesmas especificações da pintura original.
- Tanto as áreas internas (unidades privativas e áreas comuns) como as áreas externas (fachadas, muros etc.) têm de ser pintadas a cada 3 anos, evitando assim o envelhecimento, a perda de brilho, o descascamento e que eventuais fissuras possam causar infiltrações.

Perda da Garantia
- Se não forem tomados os cuidados de uso ou não for feita a manutenção preventiva necessária.

VIDROS

Descrição do Sistema
- São utilizados basicamente em vãos de esquadrias. Têm como finalidade a proteção dos ambientes das intempéries, permitindo a passagem de luz;.
- Os vidros para edificações podem ser: plano; incolor ou não; comum, temperado ou laminado; liso ou impresso (fantasia).

Componentes do Sistema
- Vidro, neoprene e baguetes.

Fornecedores
- Os dados serão fornecidos no Manual das Áreas Comuns, quando da entrega do empreendimento.

Prazo de Garantia
- Quebrados, trincados, manchados, ondulados ou riscados – **No ato da entrega.**
- Má fixação – **1 ano.**

Cuidados de Uso
- Os vidros possuem espessura compatível com a resistência necessária para o seu uso normal. Por essa razão, deve-se evitar qualquer tipo de batida ou pancada na sua superfície ou nos caixilhos.
- Não abrir janelas ou portas empurrando pelo vidro. Utilizar os puxadores e fechos.
- Para sua limpeza, usar apenas água e sabão, álcool ou produtos especiais para esta finalidade.
- Não utilizar materiais abrasivos, como palha de aço ou escovas de cerdas duras.
- No caso de troca, substituir por vidro de mesmas características (textura, espessura, tamanho etc.).
- Não deixar infiltrar água na caixa de molas das portas de vidro temperado. No caso de limpeza dos pisos, proteger as caixas para que nelas não haja infiltrações.
- Promover o uso adequado e evitar esforços desnecessários.

Manutenção Preventiva
- Em casos de quebra ou trinca, trocar imediatamente a peça para evitar acidentes.
- Solicitar a cada ano, a empresa especializada em vidros temperados, a inspeção do funcionamento do sistema de molas e dobradiças e verificar a necessidade de lubrificação.
- Verificar o desempenho das vedações e fixação dos vidros a cada ano.

Perda da Garantia
- Se não forem utilizados para a finalidade estipulada.
- Se forem realizadas mudanças que alterem suas características originais.
- Se não forem tomados os cuidados de uso ou não for feita a manutenção preventiva necessária.

JARDINS

Descrição do Sistema
- Áreas destinadas ao cultivo de plantas ornamentais.

Componentes do Sistema
- Drenagem, terra, fertilizante e espécies vegetais.

Fornecedores
- Os dados serão fornecidos no Manual das Áreas Comuns, quando da entrega do empreendimento.

Prazos de Garantia
- Vegetação – **6 (seis) meses.**

Cuidados de Uso
- O projeto de paisagismo é estudado quanto ao porte, volume, textura e cores de cada espécie vegetal a ser usada. Portanto, nenhuma troca de vegetação deverá ser feita sem consulta ao projetista.
- Não se troca o solo de um jardim, seja ele sobre laje ou não, e sim incorpora-se matéria orgânica no mínimo duas vezes ao ano e deve ser adubado regularmente, sendo que para cada tipo de vegetação há uma época e um tipo de fertilizante apropriado.
- Não plantar espécies vegetais cujas raízes possam danificar a camada drenante e a impermeabilização e se infiltrar nas tubulações.
- Evite trânsito sobre os jardins.
- Ao regar, não usar jato forte de água diretamente nas plantas. Utilizar bico aspersor.
- Tomar os devidos cuidados com o uso de ferramentas, tais como picaretas, enxadões etc., nos serviços de plantio e manutenção, de modo a evitar danos à impermeabilização existente.

Manutenção Preventiva

- Contratar empresa especializada ou jardineiro qualificado para proceder à manutenção mensal.
- Regar diariamente no verão, e em dias alternados no inverno (preferencialmente no início da manhã ou no final da tarde), molhando inclusive as folhas.
- Eliminar ervas daninhas e pragas e substituir espécies mortas ou doentes a cada 2 meses.
- Cortar a grama aproximadamente 8 vezes ao ano, ou sempre que a altura atingir 5 cm.
- Executar a manutenção do paisagismo a cada 2 meses, para evitar problemas de drenagem e não permitir que as raízes das plantas infiltrem sob os pisos.
- Verificar anualmente as tubulações de captação de água do jardim para detectar a presença de raízes que possam destruir ou entupir as tubulações.

Perda de Garantia
- Se não forem tomados os cuidados de uso ou não forem feitas as manutenções preventivas necessárias.

PISCINA

Descrição do Sistema
- Reservatório de água, dotado de sistema de tratamento, destinado ao esporte e ao lazer.

Componentes do Sistema
- Piscina (em concreto revestido), equipamentos (filtro, bomba, eventual aquecedor).

Fornecedores
- Os dados serão fornecidos no Manual das Áreas Comuns, quando da entrega do empreendimento.

Prazos de Garantia
- Desempenho dos equipamentos – **Especificado pelo fabricante.**
- Revestimentos:
    - quebrados, trincados, riscados, manchados ou com tonalidade diferente – **No ato da entrega.**
    - soltos, gretados ou com desgaste excessivo, que não por mau uso – **2 anos.**
- Problemas com a instalação – **1 ano.**

Cuidados de Uso
- Manter a piscina sempre cheia de água, conservando o nível desta no mínimo 10 cm abaixo da borda da piscina.
- Não utilizar a piscina com óleo no corpo (protetor solar), pois pode ficar impregnado nas paredes e bordas.
- Ligar o filtro todos os dias, variando em função do uso e relação filtro/volume de água da piscina.
- Lavar o filtro pelo menos uma vez a cada 7 dias.
- Verificar o pré-filtro sempre que realizar a retrolavagem.
- Verificar o pH da água, mantendo-o ideal (entre 7,2 e 7,6) e o nível de cloro em 1,0 PPM para evitar fungos e bactérias.
- O uso inadequado de produtos químicos pode causar danos à saúde dos usuários, manchas no revestimento, no rejuntamento e danificar tubulações e equipamentos.

Manutenção Preventiva
- Passar a peneira na água diariamente.
- Aspirar o fundo da piscina diariamente durante o verão e durante o inverno apenas semanalmente.
- Limpar a cada 10 dias as bordas da piscina com produtos específicos (limpa-bordas), removendo vestígios oleosos.
- Controlar o pH da água uma vez por semana.

- Adicionar uma vez por semana algicida, conforme a recomendação do fabricante, para evitar a formação de algas.
- Verificar anualmente o estado do rejuntamento, se há azulejos soltos ou trincados e proceder à manutenção.

Perda da Garantia
- Uso inadequado de produtos químicos;
- Senão forem tomados os cuidados de uso ou não for feita a manutenção preventiva necessária.

Piscina - Problemas e soluções

A tabela a seguir tem a finalidade de servir de guia para detectar possíveis causas de problemas apresentados na água e o método necessário para suas correções.

NOTA: Em uma piscina bem tratada, não é preciso trocar a água, basta fazer sua reposição. OBS.: pH (potencial hidrogênico) é um índice que indica a acidez, neutralidade ou alcalinidade de um meio qualquer. Quanto mais baixo for o valor do pH, mais ácido é o meio.

5. Programa de Manutenção Preventiva

O programa consiste na determinação das atividades essenciais de manutenção, sua periodicidade, os responsáveis pela execução e os recursos necessários. A responsabilidade pela elaboração desse programa é do síndico, que poderá eventualmente contratar uma empresa ou profissional especializado para auxiliá-lo na elaboração de seu gerenciamento. O programa de Manutenção Preventiva vem atender também ao artigo 1.348, inciso V, do Código Civil, que define a competência do síndico em diligenciar a conservação e a guarda das partes comuns e zelar pela prestação dos serviços que interessem aos condôminos. Lembre-se da importância da contratação de empresas especializadas e profissionais qualificados e o treinamento adequado da equipe de manutenção para a execução dos serviços. Recomenda-se também a utilização de materiais de boa qualidade, preferencialmente seguindo as especificações daqueles utilizados na construção. No caso de peças de reposição de equipamentos, usar peças originais.

5.1 Modelo de Programa de Manutenção Preventiva (tabelas)

(Ver modelo a seguir)
5.1 Planejamento da manutenção preventiva

Todos os serviços de manutenção devem ser definidos em períodos de curto, médio e longo prazos, atendendo aos prazos do Programa de Manutenção Preventiva e de maneira a:
- coordenar os serviços de manutenção para reduzir a necessidade de sucessivas intervenções;
- minimizar a interferência dos serviços de manutenção no uso da edificação e a interferência dos usuários sobre a execução dos serviços de manutenção;
- otimizar o aproveitamento de recursos humanos, financeiros e equipamentos.

O Planejamento da Manutenção tem de abranger também uma previsão orçamentária para a execução dos serviços do programa e também precisa incluir a reserva de recursos destinada à realização de serviços de manutenção não planejada e reposição de equipamentos ou sistemas depois do término de sua vida útil. É necessário lembrar que, para alguns serviços específicos, por exemplo, limpeza de fachada, o consumo de água e energia é maior, e, portanto, as contas de seu consumo poderão sofrer acréscimo neste período.

5.2 Registro da realização da manutenção

São considerados registros as notas fiscais, contratos, laudos, certificados, termos de garantia e demais comprovantes da realização dos serviços ou da capacidade das empresas ou profissionais para sua execução. Os registros dos serviços de manutenção feitos devem ser organizados de forma a comprovar a realização das manutenções, auxiliar no controle dos prazos e condições de garantias, formalizar e regularizar os documentos obrigatórios (tais como renovação de licenças etc.). Para facilitar a organização e a coleta dos dados, sugere-se a utilização do Livro de Registro de Manutenção, no qual estarão indicados os serviços de manutenção preventiva, corretiva, alterações e reformas realizadas no condomínio.

Modelo de Livro de Registro de Manutenção

Sistema	Atividade	Data de realização	Responsável	Custos	Observação

5.3 Verificação do Programa de Manutenção

Verificações do Programa de Manutenção ou Inspeções são avaliações periódicas do estado de uma edificação e suas partes constituintes e são realizadas para orientar as atividades de manutenção. São fundamentais para a Gestão de um Programa de Manutenção Preventiva e obrigatórias, conforme preconiza a NBR 5674. A definição da periodicidade das verificações e sua forma de execução fazem parte da elaboração do Programa de Manutenção Preventiva de uma edificação, que deve ser feito logo depois do certificado de conclusão da obra. As informações contidas no Manual do Usuário e no Manual das Áreas Comuns fornecido pela Construtora e/ou Incorporadora e o programa de Manutenção Preventiva elaborado auxiliam no processo de execução das listas de conferência padronizadas (*checklist*) a serem utilizadas, considerando:

- um roteiro lógico de inspeção da edificação;
- os componentes e equipamentos mais importantes da construção;
- as formas de manifestação esperadas do desgaste natural da edificação;
- as solicitações e reclamações dos usuários.

Os relatórios das verificações avaliam eventuais perdas de desempenho e classificam os serviços de manutenção conforme o grau de urgência nas seguintes categorias:

- serviços de urgência para imediata atenção;
- serviços a serem incluídos em um programa de manutenção.

A elaboração de planilhas (*check list*) de verificações tem de seguir o modelo feito especialmente para a edificação, com suas características e grau de complexidade. Sugere-se a seguir um modelo para facilitar ao Síndico a realização periódica de vistorias/inspeções. As verificações periódicas permitem que os responsáveis pela Administração da edificação percebam rapidamente pequenas alterações de desempenho de materiais e equipamentos, viabilizando seu reparo com maior rapidez e menor custo, sem contar a melhoria na qualidade de vida e segurança dos moradores e na valorização do empreendimento.

6. Operação do condomínio

Foram elaboradas algumas sugestões com a finalidade de orientar o Síndico na implantação e operação do condomínio.

6.1 O condomínio e o meio ambiente

É importante que o condomínio esteja atento para os aspectos ambientais e promova a conscientização dos moradores e funcionários para que colaborem em ações que tragam benefícios, tais como:

Uso Racional da Água

- Analise mensalmente as contas para verificar o consumo de água e inspecione o funcionamento dos medidores ou existência de vazamentos. Em caso de oscilações, chamar a concessionária para vistoria (esta prática também pode ser adotada para o gás).
- Oriente os moradores e a equipe de manutenção local a verificar mensalmente a existência de perdas de água (torneiras pingando, bacias escorrendo etc.).
- Oriente os moradores e a equipe de manutenção local no uso adequado da água, evitando o desperdício – por exemplo, ao limpar as calçadas, não utilizar a água para *varrer* o piso.

Uso Racional da Energia

- Procure estabelecer o uso adequado de energia, desligando quando possível pontos de iluminação e equipamentos; apenas lembre-se de não atingir aqueles que permitam o funcionamento do edifício (ex.: bombas, alarme, etc.).
- Para evitar fuga de corrente elétrica, realize as manutenções sugeridas, tais como rever estado de isolamento das emendas de fios, reapertar as conexões do Quadro de Distribuição e as conexões de tomadas, interruptores e pontos de luz, verificar o estado dos contatos elétricos substituindo peças que apresentem desgaste.
- Instale equipamentos e eletrodomésticos que possuam selo de "conservação de energia", pois estes consomem menos eletricidade.

Coleta Seletiva

- Procure implantar um programa de coleta seletiva no edifício e destine os materiais coletados a instituições que possam reciclá-los ou reutilizá-los.

6.2 Segurança patrimonial

- Estabeleça critérios de acesso para visitantes, fornecedores, representantes de órgãos oficiais e das concessionárias.
- Contrate seguro contra incêndio e de responsabilidade civil contra terceiros (obrigatórios), abrangendo todas as unidades, partes e objetos comuns.
- Garanta a utilização adequada dos ambientes para os fins a que foram destinados, evitando utilizá-los para o armazenamento de materiais inflamáveis e outros não autorizados.
- Garanta a utilização adequada dos equipamentos para os fins a que foram projetados.

6.3 Segurança do trabalho

A Norma Regulamentadora nº 18 (NR-18), referente às Condições e Meio Ambiente do Trabalho na Indústria da Construção, também deve ser considerada pelo condomínio com relação aos riscos a que os funcionários, próprios e de empresas especializadas, estão expostos ao exercer suas atividades. No caso de acidentes de trabalho, o Síndico é responsabilizado; portanto, são de extrema importância os cuidados com a segurança do trabalho. O Manual Prático de Segurança do Trabalho em Construção e Condomínio elaborado pelo Sindicato orienta como tratar da segurança em condomínios. É obrigatória no condomínio a realização do PPRA (Programa de Prevenção de Riscos Ambientais), conforme determina a NR-9, Norma Regulamentadora do Ministério do Trabalho. Tal norma visa minimizar os eventuais riscos nos locais de trabalho, bem como o Programa de Controle Médico de Saúde Ocupacional (PCMSO), previsto na NR-7.

6.4 Pedido de ligações

O edifício já é entregue com as ligações definitivas de água, esgoto, luz e força, gás e telefone. Providencie nas concessionárias os pedidos de ligações locais individuais de telefone, luz e gás, pois elas demandam um certo tempo para ser executadas.

Relação de telefones das concessionárias

LUZ (ENEL): 0800 7272120
GÁS (COMGÁS): 0800 110197
TELEFONE (CONCESSIONÁRIA): a depender da concessionária contratada

6.5 Modificações e reformas

Reformas

Caso sejam executadas reformas nas áreas comuns, é importante que se tomem os seguintes cuidados:

- O edifício foi construído a partir de projetos elaborados por empresas especializadas, obedecendo à Legislação Brasileira de Normas Técnicas. A Construtora e/ou Incorporadora não assumem responsabilidade sobre mudanças (reformas) e esses procedimentos acarretam perda da garantia.
- Alterações das características originais podem afetar o seu desempenho estrutural, térmico, acústico, dos sistemas do edifício etc. e, portanto, devem ser feitas sob orientação de profissionais/empresas especializadas para tal fim. As alterações nas áreas comuns, incluindo a de elementos na fachada, só podem ser feitas depois da aprovação em Assembleia de Condôminos conforme especificado na Convenção de Condomínio.
- Consulte sempre pessoal técnico para avaliar as implicações nas condições de estabilidade, segurança, salubridade e conforto, decorrentes de modificações efetuadas.

Decoração

- No momento da decoração, verifique as dimensões dos ambientes e espaços no local, para que transtornos sejam evitados no que diz respeito à aquisição de mobília e/ou equipamentos com dimensões inadequadas. Atente também para a disposição das janelas, pontos de luz, das tomadas e interruptores.
- A colocação de telas e grades em janelas ou envidraçamento de terraço precisa respeitar critérios estabelecidos na Convenção do Condomínio e no Regulamento Interno do Condomínio.
- Não encoste o fundo dos armários nas paredes externas para evitar a umidade proveniente da condensação, sendo aconselhável a colocação de um isolante como chapa de isopor, entre o fundo do armário e a parede.
- Nos armários, nos locais sujeitos à umidade (sob as pias), utilize sempre revestimento impermeável (tipo fórmica).
- Para fixação de acessórios (quadros, armários, cortinas, saboneteiras, papeleiras, suportes) que necessitem de perfuração nas paredes, é importante tomar os seguintes cuidados:
    - observe se o local escolhido não é passagem de tubulações hidráulicas, conforme detalhado nos Projetos de Instalações Hidráulicas;
    - evite perfuração na parede próxima ao quadro de distribuição e nos alinhamentos verticais de interruptores e tomadas, para evitar acidentes com os fios elétricos;
    - para perfuração em geral, utilize de preferência furadeira e parafusos com buchas de náilon. Atente para o tipo de revestimento, bem como sua espessura tanto para parede quanto para teto e piso;
    - na instalação de armários sob as bancadas de lavatório e pia, é necessário tomar muito cuidado para que os sifões e ligações flexíveis não sofram impactos, pois as junções podem ser danificadas, provocando vazamentos.

6.6 Serviços de mudança e transporte

Por ocasião da mudança dos apartamentos, é aconselhável que se faça um planejamento, respeitando-se o Regulamento Interno do Condomínio e prevendo a forma de transporte dos móveis e outros objetos, levando-se em consideração as dimensões e a capacidade dos elevadores, escadas, rampas e vãos livres das portas.

6.7. Aquisição e instalação de equipamentos

- Ao adquirir equipamento elétrico, verifique primeiramente a compatibilidade da sua tensão (voltagem) e potência, que deverá ser no máximo igual à tensão (voltagem) e potência dimensionada em projeto para cada circuito.
- Na instalação de luminárias, solicite ao profissional habilitado que esteja atento à total isolação dos fios.
- Para sua orientação, o consumo de energia de seus equipamentos é calculado da seguinte forma: POTÊNCIA × QUANTIDADE DE HORAS UTILIZADAS POR MÊS = CONSUMO kWh POR MÊS.

6.8 Recomendações

São recomendações básicas para situações que requerem providências rápidas e imediatas, visando à segurança pessoal e patrimonial dos condôminos e usuários:

Incêndio

Princípio de incêndio:

- no caso de princípio de incêndio, ligar para o Corpo de Bombeiros, acionar o alarme de incêndio (automaticamente, os membros da brigada de incêndio têm de entrar em ação), dirigir-se às rotas de fuga;
- desligar o gás;
- desligar as chaves ou disjuntores gerais de energia.

Em situações extremas

- Em locais onde haja fumaça, manter-se próximo ao piso para respirar melhor. Usar, se possível, um pano molhado junto do nariz;
- sempre que passar por uma porta, fechá-la sem trancar;
- sempre descer, nunca subir as escadas;
- se não for possível sair, esperar por socorro, mantendo os olhos fechados e ficando no chão;
- uma vez que tenha conseguido escapar, não retorne;
- antes de abrir qualquer porta, toque-a com as costas da mão. Se estiver quente, não abra;
- mantenha-se vestido, molhe suas vestes;
- não tente salvar objetos, primeiro tente salvar-se;
- ajude e acalme as pessoas em pânico;
- fogo nas roupas: não corra; se possível, envolva-se num tapete, coberta ou tecido qualquer e role no chão.

Não procure combater o incêndio, a menos que você saiba manusear o equipamento de combate ao fogo.

Tabela 6.1				
TIPO DE INCÊNDIO	**MANGUEIRA DE ÁGUA**	**ÁGUA PRESSURIZADA**	**EXTINTORES**	
^	^	^	**GÁS CARBÔNICO**	**PÓ QUÍMICO SECO**
Em madeira, papel, pano, borracha	Ótimo	Ótimo	Pouco eficiente	Sem eficiência
Gasolina, óleo, tintas, graxas, gases etc.	Contraindicado: espalha o fogo	Contraindicado: espalha o fogo	Bom	Ótimo
Em equipamentos	Contraindicado: espalha o fogo	Contraindicado: espalha o fogo	Ótimo	Bom: pode causar danos elétricos em equipamentos delicados
Em metais e produtos químicos	Contraindicado: não apaga e aumenta o fogo	Contraindicado: não apaga e aumenta o fogo	Contraindicado: não apaga e aumenta o fogo	Bom

VAZAMENTOS EM TUBULAÇÃO DE GÁS

Caso se verifique vazamento de gás de algum aparelho, como fogão ou aquecedor, fechar imediatamente os respectivos registros. Manter os ambientes ventilados, abrindo as janelas e portas. Não utilizar equipamento elétrico algum ou acionar qualquer interruptor. Caso perdure o vazamento, solicitar ao zelador o fechamento da rede de abastecimento. Acionar imediatamente a concessionária COMGÁS ou fornecedor dos equipamentos ou Corpo de Bombeiros.

VAZAMENTO EM TUBULAÇÃO HIDRÁULICA

No caso de algum vazamento em tubulação de água quente ou água fria, a primeira providência a ser tomada é o fechamento dos registros correspondentes. Caso perdure o vazamento, fechar o ramal abastecedor do seu apartamento. Quando necessário, avisar a equipe de manutenção local e acionar imediatamente uma empresa especializada ou profissional habilitado.

ENTUPIMENTO EM TUBULAÇÃO DE ESGOTO E ÁGUA PLUVIAL

No caso de obstrução na rede de coleta de esgoto e na de água pluvial, avisar a equipe de manutenção local e acionar imediatamente, caso necessário, uma empresa especializada em desentupimento.

CURTO-CIRCUITO EM INSTALAÇÕES ELÉTRICAS

No caso de algum curto-circuito, os disjuntores (do quadro de comando) desligam-se automaticamente, desconectando também as partes afetadas pela anormalidade. Para corrigir, basta voltar o disjuntor correspondente à sua posição original, tendo antes procurado verificar a causa do seu desligamento, chamando imediatamente a firma responsável pela manutenção das instalações do condomínio, por intermédio do zelador/gerente predial e/ou administradora. No caso de curto-circuito em equipamentos ou aparelhos, procurar desarmar manualmente o disjuntor correspondente ou a chave geral.

PARADA SÚBITA DE ELEVADORES

Se eventualmente alguém ficar preso no elevador, acionar o botão de alarme ou interfone. O funcionário do Condomínio lhe prestará socorro e chamará a empresa responsável pela conservação do elevador ou Corpo de Bombeiros. Caso o condomínio tenha optado pela manutenção com o próprio fabricante, o telefone de emergência da empresa................ é .... Para identificação, informar o endereço do condomínio e/ou elevador que está com problema. No caso de falta de energia, os elevadores descerão gradativamente até o pavimento térreo alimentado pelo gerador. Aguarde a abertura das portas e saia observando se há degrau entre a cabina e o pavimento. Não permita que nenhum funcionário do edifício abra a porta do elevador em caso de pane; aguarde a manutenção chegar. Este procedimento evita acidentes graves.

Tabela 6.2: Modelo de programa de manutenção preventiva

Sistema	Subsistema	Atividade	Periodicidade	Responsável	Documentos	Custo (R$)	Mês 1	Mês 2	Mês x em diante
A CADA SEMANA									
Equipamentos industrializados	Grupo gerador	Verificar nível de óleo, entradas e saídas de ventilação desobstruídas, local isolado	1 vez por semana e sempre depois do uso do equipamento	Equipe de manutenção local	Livro de Registro de Manutenção		. .	. .	.
A CADA 15 DIAS									
Instalações hidráulicas/ louças/ metais/ bombas		Bombas de água: alternar a chave no painel elétrico para utilizá-las em sistema de rodízio	A cada 15 dias	Equipe de manutenção local	Livro de Registro		. .	. .	.
Equipamentos industrializados	Iluminação de emergência	Efetuar teste de funcionamento do sistema por 15 min	A cada 15 dias	Equipe de manutenção local	Livro de Registro de Manutenção		. .	. .	.
Equipamentos industrializados	Grupo gerador	Fazer teste de funcionamento do sistema por quinze minutos	A cada 15 dias	Equipe de manutenção local	Livro de Registro de Manutenção		. .	. .	.

Tabela 6.2: Modelo de programa de manutenção preventiva (continuação)

A CADA MÊS

Jardim		Manutenção geral	A cada mês	Empresa especializada	Livro de Registro de Manutenção/ contrato com empresa especializada		.	.
Equipamentos industrializados	Grupo gerador	Efetuar a manutenção preventiva	A cada mês	Empresa especializada	Livro de Registro de Manutenção/ contrato e relatório da empresa especializada		.	.
Equipamentos industrializados	Pressurização da escada	Efetuar a manutenção preventiva	A cada mês	Empresa especializada	Livro de Registro de Manutenção/ contrato e relatório da empresa especializada		.	.
Equipamentos industrializados	Iluminação de emergência	Efetuar teste de funcionamento do sistema por mais de uma hora	A cada mês	Equipe de manutenção local	Livro de Registro de Manutenção			
Equipamentos industrializados	Automação de portões	Manutenção geral dos sistemas	A cada mês	Empresa especializada	Livro de Registro de Manutenção/ contrato e relatório da empresa especializada		.	.
Revestimentos de parede/ piso e teto	Pedras naturais (mármore e outros)	Enceramento de peças polidas (ex: pisos, bancada de lavatório etc.)	A cada mês e nas áreas de alto tráfego, semanal ou diariamente	Equipe de manutenção local	Livro de Registro de Manutenção		.	.
Instalações hidráulicas	Louças/ metais/ Bombas	Limpeza dos ralos e grelhas das águas pluviais	A cada mês ou diariamente em época de chuvas intensas	Equipe de manutenção local	Livro de Registro de Manutenção		.	.

Tabela 6.2: Modelo de programa de manutenção preventiva (continuação)

A CADA 2 MESES

Instalações hidráulicas/ louças/ metais/ bombas		Bomba de incêndio: testar seu funcionamento	A cada 2 meses	Equipe de manutenção local	Livro de Registro de Manutenção			.	.
Equipamentos industrializados	Iluminação de emergência	Verificar fusíveis	A cada 2 meses	Equipe de manutenção local	Livro de Registro de Manutenção			.	.
Jardim		Verificar vegetação	A cada 2 meses	Equipe de manutenção local e/ou empresa especializada				.	.

A CADA 3 MESES

Equipamentos industrializados	Porta corta-fogo	Aplicar óleo lubrificante nas dobradiças e maçanetas	A cada 3 meses	Equipe de manutenção local	Livro de Registro de Manutenção				.
Esquadrias de alumínio		Limpeza dos orifícios dos trilhos inferiores	A cada 3 meses	Equipe de manutenção local	Livro de Registro de Manutenção contrato e relatório da empresa especializada				.
Instalações hidráulicas/ louças/ metais/ bombas		Verificar as caixas de esgoto e águas pluviais	A cada 3 meses ou quando for detectada alguma obstrução	Equipe de manutenção local	Livro de Registro de Manutenção				.

A CADA 6 MESES

Equipamentos industrializados	Interfone	Vistoria nos sistemas instalados	A cada 6 meses	Empresa especializada	Livro de Registro de Manutenção				.
Instalações hidráulicas/ louças/ metais/ bombas		Acionar as tubulações que não são constantemente usadas (ladrão)	A cada 6 meses	Equipe de manutenção local	Livro de Registro de Manutenção				.
Desratização e desinsetização		Aplicação de produtos químicos	A cada 6 meses		Livro de Registro de Manutenção contrato e certificado da empresa especializada				.

Tabela 6.2: Modelo de programa de manutenção preventiva (continuação)

Instalações hidráulicas/ louças/ metais/ bombas		Limpar e verificar regulagem do mecanismo das descargas	A cada 6 meses	Equipe de manutenção local	Livro de Registro de Manutenção			.
Instalações hidráulicas/ louças/ metais/ bombas		Manutenção de bombas de recalque – água potável	A cada 6 meses	Empresa especializada	Livro de Registro de Manutenção/ contrato e certificado da empresa especializada			.
Sistema de combate a incêndio e seus componentes industrializados (bombas, válvula de fluxo)		Manutenção constante a fim de garantir a operacionalidade do sistema e componentes	A cada 6 meses	Empresa especializada	Livro de Registro de Manutenção/ contrato e certificado da empresa especializada			.
A CADA 6 MESES								
Instalações hidráulicas/ louças/ metais/ bombas		Testar abertura e fechamento dos registros dos subsolos e cobertura (barriletes)	A cada 6 meses	Equipe de manutenção local	Livro de Registro de Manutenção			.
Instalações elétricas	Quadros de distribuição de circuitos	Testar os disjuntores	A cada 6 meses	Equipe de manutenção local	Livro de Registro de Manutenção			.
Playground		Verificar integridade dos brinquedos, encaixes e aperto dos parafusos	A cada 6 meses	Equipe de manutenção local e/ou empresa especializada				.
Instalações hidráulicas/ louças/ metais/ bombas		Verificar ralos e sifões das louças, tanques e pias	A cada 6 meses	Equipe de manutenção local	Livro de Registro de Manutenção			.
Instalações hidráulicas/ louças/ metais/ bombas		Limpeza dos reservatórios (inferiores e superiores)	A cada 6 meses ou quando ocorrerem indícios de contaminação ou problemas no fornecimento de água potável da rede pública	Empresa especializada	Livro de Registro de Manutenção/ contrato, certificado e atestado de potabilidade de água emitido por empresa especializada			.

Tabela 6.2: Modelo de programa de manutenção preventiva (continuação)

A CADA ANO

Sistema	Subsistema	Atividade	Periodicidade	Responsável	Documentos	Custo (R$)	Mês 1	Mês 2	Mês x em diante
Equipamentos industrializados	Portas corta-fogo	Efetuar a regulagem das portas	A cada ano	Empresa especializada	Livro de Registro de Manutenção/ contrato e relatório da empresa especializada		.	.	.
Equipamentos industrializados	Sistema de proteção contra descargas atmosféricas	Inspeção visual	A cada ano	Empresa especializada	Livro de Registro de Manutenção/ contrato e laudo da empresa especializada		.	.	.
Impermeabilização		Inspecionar a camada drenante do jardim, verificando se não há obstrução na tubulação (entupimento dos ralos)	A cada ano	Equipe de manutenção local	Livro de Registro de Manutenção		.	.	.
Impermeabilização		Inspecionar e refazer onde necessários os rejuntamentos dos pisos, paredes, soleiras, ralos e peças sanitárias	A cada ano	Equipe de manutenção local	Livro de Registro de Manutenção		.	.	.
Revestimentos de paredes/ pisos e tetos		Lavagem da fachada, muros, áreas externas	A cada ano	Empresa especializada	Livro de Registro de Manutenção/ contrato com empresa especializada		.	.	.

Tabela 6.2: Modelo de programa de manutenção preventiva (continuação)

Instalações hidráulicas/ louças/ metais/ bombas		Limpar o crivo dos chuveiros	A cada ano	Equipe de manutenção local	Livro de Registro de Manutenção	.	.	.
Esquadrias de alumínio		Limpeza geral das esquadrias	A cada ano	Equipe de manutenção local	Livro de Registro de Manutenção/ contrato e relatório da empresa especializada	.	.	.
Equipamentos industrializados	Sistema de segurança	Manutenção recomendada pelo fabricante	A cada ano	Empresa especializada	Livro de Registro de Manutenção/ contrato e relatório da empresa especializada	.	.	.
Esquadrias de alumínio		Reapertar parafusos aparentes dos fechos	A cada ano	Equipe de manutenção local	Livro de Registro de Manutenção/ contrato e relatório de empresa especializada	.	.	.
Instalações elétricas	Quadro de distribuição de circuitos	Reapertar todas as conexões	A cada ano	Equipe de manutenção local	Livro de Registro de Manutenção	.	.	.
Equipamentos de incêndio		Recarga de Extintores	A cada ano		Livro de Registro de Manutenção/ contrato e certificado empresa especializada	.	.	.
Esquadrias de alumínio		Regulagem do freio	A cada ano	Empresa especializada	Livro de Registro de Manutenção/ contrato e relatório da empresa especializada	.	.	.
Esquadrias de ferro/ serralheria		Repintar as esquadrias/ serralheria	A cada ano	Empresa Especializada	Livro de Registro de Manutenção	.	.	.

Tabela 6.2: Modelo de programa de manutenção preventiva (continuação)

Revestimentos de parede/piso e teto (inclusive forros)	Paredes e tetos internos revestidos de argamassa/ gesso liso/ou executado com componentes de gesso acartonado (drywall)	Repintar os forros dos banheiros/ terraços	A cada ano	Empresa especializada	Livro de Registro de Manutenção/ contrato e relatório da empresa especializada	.	.	.
Instalações hidráulicas/ louças/ metais/ bombas		Trocar os vedantes (courinhos) das torneiras, misturadores de lavatório e de pia e registros de pressão	A cada ano	Equipe de manutenção local	Livro de Registro de Manutenção	.	.	.
Revestimentos de parede/ piso e teto	Paredes externas/ fachada	Verificar calafetação de rufos, fixação de para-raios e antenas	A cada ano	Equipe de manutenção local	Livro de Registro de Manutenção	.	.	.
Revestimentos de parede/piso e teto	Piso cimentado, piso acabado em concreto	Verificar as juntas de dilatação e preencher em mástique quando necessário	A cada ano	Equipe de manutenção local	Livro de Registro de Manutenção	.	.	.
Instalações hidráulicas/ louças/ metais/ bombas		Verificar as tubulações de captação de água do jardim para detectar a presença de raízes que possam destruir ou entupir as tubulações	A cada ano	Equipe de manutenção local	Livro de Registro de Manutenção	.	.	.

Capítulo 21 – Responsabilidade sobre a edificação

Tabela 6.2: Modelo de programa de manutenção preventiva (continuação)

Vidros		Verificar o desempenho da vedação e fixação nos caixilhos	A cada ano	Equipe de manutenção local	Livro de Registro de Manutenção	.	.	.
Instalações hidráulicas/ louças/ metais/ bombas		Verificar anéis o'ring dos registros de pressão, misturador de lavatório e de pia	A cada ano	Equipe de manutenção local	Livro de Registro de Manutenção	.	.	.
Vidros temperados		Inspecionar o funcionamento do sistema de molas e dobradiças especificado pelo fabricante; verificar a necessidade lubrificação	A cada ano	Empresa especializada	Livro de Registro de Manutenção contrato com empresa especializada	.	.	.
Revestimentos de parede/ piso e teto	Rejuntamento e tratamento de juntas	Verificar e completar o rejuntamento nas juntas de dilatação (juntas de trabalho) com mástique	A cada ano ou quando aparecer alguma falha	Empresa especializada	Livro de Registro de Manutenção contrato com empresa especializada	.	.	.
A CADA 2 ANOS								
Instalações elétricas	Tomadas, interruptores e pontos de luz	Reapertar conexões e verificar estado dos contatos elétricos, substituindo as peças que apresentarem desgaste	A cada 2 anos	Equipe de manutenção local	Livro de Registro de Manutenção		.	.
A CADA 3 ANOS								
Revestimentos de parede/piso e teto	Paredes externas/fachada	Efetuar lavagem da fachada e muros	A cada 3 anos	Empresa especializada	Livro de Registro de Manutenção contrato com empresa especializada			.

Tabela 6.2: Modelo de programa de manutenção preventiva (continuação)

Esquadrias de madeira		Envernizar / pintar as esquadrias	A cada 3 anos	Empresa especializada	Livro de Registro de Manutenção			.
Equipamentos de incêndio		Teste das mangueiras	A cada 3 anos		Livro de Registro de Manutenção/ contrato e Certificado da empresa especializada			.
Instalações hidráulicas/ louças/ metais/ bombas		Verificar gaxeta, anéis o'ring e estanqueidade dos registros de gaveta e dos registros globo	A cada 3 anos	Equipe de manutenção local	Livro de Registro de Manutenção			.
Revestimento de parede/piso e teto (inclusive forro)	Paredes e tetos internos revestidos de argamassa/ gesso liso ou executado com componentes de gesso acartonado (drywall)	Repintar as áreas internas (unidades privativas e áreas comuns)	A cada 3 anos	Empresa especializada	Livro de Registro de Manutenção/ contrato com empresa especializada			.
Revestimento de parede/piso e teto(inclusive forro)	Paredes externas/fachada	Repintar as áreas externas e as fachadas da edificação (unidades privativas e áreas comuns)	A cada 3 anos	Empresa especializada	Livro de Registro de Manutenção/ contrato com empresa especializada			.
Revestimento de parede/piso e teto	Soalho de tacos	Raspar, calafetar e aplicar acabamento nos pisos	No terceiro ano de uso e, posteriormente, de acordo com a necessidade	Empresa especializada	Livro de Registro de Manutenção/ contrato com empresa especializada			.

Tabela 6.2: Modelo de programa de manutenção preventiva (continuação)

A CADA 5 ANOS

Equipamentos de incêndio		Teste hidrostático dos extintores	A cada 5 anos	Equipe de manutenção local	Livro de Registro de Manutenção/ contrato e certificado da empresa especializada
Equipamentos industrializados	Sistemas de proteção contra descargas atmosféricas	Inspeção periódica de acordo com a norma	A cada 5 anos	Empresa especializada	Livro de Registro de Manutenção/ contrato e certificado da empresa especializada

PERIODICIDADE VARIÁVEL

Instalações hidráulicas louças/ metais/ bombas		Limpar os filtros e efetuar revisão nas válvulas redutoras de pressão, conforme orientações do fabricante	Especificada pelo fabricante	Equipe de manutenção local e/ou empresa especializada	Livro de Registro de Manutenção/ contrato e relatório da empresa especializada
Equipamentos industrializados	Sistema de combate a incêndio	Manutenção recomendada pelo fabricante	Especificada pelo fabricante	Empresa especializada	Livro de Registro de Manutenção/ contrato e relatório da empresa especializada
Equipamentos industrializados	Grupo gerador	Manutenção recomendada pelo fabricante	Especificada pelo fabricante	Empresa especializada	Livro de Registro de Manutenção/ contrato e certificado da empresa especializada
Equipamentos industrializados	Iluminação de emergência	Manutenção recomendada pelo fabricante	Especificada pelo fabricante	Empresa especializada	Livro de Registro de Manutenção/ contrato e relatório da empresa especializada

Tabela 6.2: Modelo de programa de manutenção preventiva (continuação)

Piscina		Manutenção recomendada pelo fabricante	Especificada pelo fabricante	Empresa especializada	Livro de Registro de Manutenção/ contrato com empresa especializada			
Equipamentos industrializados	Elevadores	Manutenção recomendada pelo fabricante e atendimento às leis municipais pertinentes	Especificada pelo fabricante	Empresa especializada	Livro de Registro de Manutenção/ contrato e relatório da empresa			
Equipamentos industrializados	Instalações de interfone	Vistoria no sistema instalado	Especificada pelo fabricante	Empresa especializada	Livro de Registro de Manutenção/ contrato e relatório da empresa especializada			
PERIODICIDADE VARIÁVEL								
Verificação do programa de manutenção		Avaliar o estado de conservação do edifício e verificar a realização do programa de manutenção	Estabelecido no planejamento da manutenção preventiva	Empresa/ profissional Habilitado	Checklist preventiva			
Equipamentos industrializados	Sistema de proteção contra descargas atmosféricas	Medição ôhmica do sistema	Nas inspeções ou atendendo à legislação municipal	Empresa especializada	Livro de Registro de Manutenção/ contrato e laudo da empresa			

Observações: 1. O modelo acima é uma sugestão de sistematização das atividades de manutenção que devem ser realizadas e que são citadas no Manual do Usuário e das Áreas Comuns; descreve alguns sistemas e sugestões e serve como orientação para a elaboração do Programa de Manutenção Preventiva.
2. Na elaboração do Programa de Manutenção Preventiva, precisam ser descritos os itens indicados como "Manutenção do Fabricante" conforme manuais específicos. 3. O sistema de manutenção tem de possuir uma estrutura de documentação e registro de informações permanentemente atualizada. Para isto, sugere-se o uso de um Livro de Registro de Manutenção, no qual devem ser registrados, além das manutenções do programa, as eventuais manutenções corretivas, bem como as alterações e reformas realizadas no edifício. Precisam ser guardados também os documentos decorrentes dos serviços executados (certificados, laudos, ARTs, termos de garantia, contratos etc.). Estes registros têm de ser apresentados quando da realização da Inspeção Predial. 4. Para a execução dos serviços, devem ser contratadas empresas especializadas ou profissionais treinados adequadamente, quando forem realizados pela equipe de manutenção local.

21.6 Prazos de garantia de edifícios habitacionais de até cinco pavimentos

A competente norma técnica brasileira estabelece os requisitos e critérios de desempenho que se aplicam ao edifício habitacional de até cinco pavimentos, determinando os seguintes prazos de garantia:

Capítulo 21 – Responsabilidade sobre a edificação

Sistemas, elementos componentes e instalações	Prazos de garantia mínimos			
	1 ano	2 anos	3 anos	5 anos
Fundações, estrutura principal, estruturas periféricas, contenções e arrimos				Segurança e estabilidade global Estabilidade das fundações e contenções
Paredes de vedação, estruturas auxiliares, estrutura das escadas internas ou externas, guarda-corpos, muros de divisa e telhados				Segurança e Integridade
Equipamentos industrializados (aquecedores de passagem ou acumulação, motobombas, filtros, interfone, automação de portões, elevadores e outros) Sistema de dados e voz, telefonia, vídeo e televisão	Instalação Equipamentos			
Sistemas de proteção contra descargas atmosféricas, de combate a incêndio, de pressurização das escadas, de iluminação de emergência e de segurança patrimonial	Instalação Equipamentos			
Portas corta-fogo		Dobradiças e molas		Integridade de portas e batentes
Instalações Elétricas: Tomadas/ interruptores/ disjuntores/ fios/ cabos/ eletrodutos/ caixas quadros	Equipamentos		Instalação	
Instalações hidráulicas e de gás: colunas de água fria, colunas de água quente, tubos de queda de esgoto e colunas de gás				Integridade e vedação
Instalações hidráulicas e de gás: coletores/ramais/louças/caixas de descarga/bancadas/metais sanitários/ligações flexíveis/ válvulas/ registros/ ralos/ tanques	Equipamentos		Instalação	
Impermeabilização				Estanqueidade
Esquadrias de madeira		Empenamento Descolamento Fixação		
Esquadrias de aço		Fixação Oxidação		

Tabela 21.1: Garantias (continuação)				
Esquadrias de alumínio e de PVC	Partes móveis (inclusive recolhedores de palhetas, motores e conjuntos elétricos de acionamento)	Borrachas, escovas, articulações, fechos e roldanas		Perfis de alumínio, fixadores e revestimentos em painel de alumínio
Fechaduras e ferragens em geral	Funcionamento Acabamento			
Revestimentos de paredes, pisos e tetos internos e externos em argamassa/ gesso liso/componentes de gesso acartonado		Fissuras	Estanqueidade de fachadas e pisos molháveis	Má aderência do revestimento e dos componentes do sistema
Revestimentos de paredes, pisos e tetos com azulejo/ cerâmica/ pastilhas		Revestimentos soltos, gretados e desgaste excessivo	Estanqueidade de fachadas e pisos molháveis	
Revestimentos de paredes, pisos e tetos com pedras naturais (mármore, granito e outros)		Revestimentos soltos, gretados e desgaste excessivo	Estanqueidade de fachadas e pisos molháveis	
Pisos de madeira: tacos, soalhos e deques	Empenamento, trincas na madeira e destacamento			
Piso cimentado, piso acabado em concreto e contrapiso		Destacamentos, fissuras e desgaste excessivo	Estanqueidade de pisos molháveis	
Revestimentos especiais (fórmica, plásticos, têxteis, pisos elevados e materiais compostos de alumínio)		Aderência		
Forros de gesso	Fissuras por acomodação dos elementos estruturais e de vedação			
Forros de madeira		Empenamento, trincas na madeira e destacamento		

21.7 Manutenção da edificação

21.7.1 Terminologia

- Manutenção: procedimento técnico-administrativo (em benefício do proprietário e/ou usuários), que tem por finalidade levar a efeito as medidas necessárias à conservação de um imóvel e à permanência das suas instalações e equipamentos, de modo a mantê-lo em condições funcionais normais, como as que resultaram da sua construção, em observância ao que foi projetado, e durante a sua vida útil.
- Administração do imóvel: serviço prestado por pessoa física ou jurídica, legalmente habilitada, a quem é confiado o planejamento físico e financeiro da gestão de edificação e a organização, programação, coordenação e controle de tal serviço, a curto, médio e longo prazo, em observância a princípios legais, normas e funções, objetivando a eficiência da sua manutenção. Pode ser exercida no regime de administração contratada, mediante remuneração fixa ou percentual sobre o custo, inclusive encargos e ônus legais.
- Edificação: construção resultante de projeto específico, de utilização definida, dotada de instalações e equipamentos.
- Edificação de pequeno porte: aquela que não ultrapassa quatro pavimentos nem 750 m² de área construída e que não comporta instalações e/ou equipamentos mecânicos de grande complexidade de operação.
- Conservação: ato ou efeito de se resguardar de danos, decadência, prejuízo e outros riscos, mediante verificação atenta, do uso e condições de permanência das características técnicas e funcionais da edificação e das suas instalações e equipamentos.
- Vida útil da edificação: período de tempo que decorre desde a data do término da construção até a data em que se verifica uma situação de depreciação e decadência das suas características funcionais, de segurança, de higiene ou de conforto, tornando economicamente inviáveis os encargos de manutenção.
- Uso normal: aquele que não altera, para além das tolerâncias admissíveis, a utilização e as características dos componentes e espaços da construção, tais como constam da discriminação técnica do projeto, estabelecida de acordo com as normas brasileiras, regulamentos, código de obras e edificações e demais legislações aplicáveis (Código Civil e Lei nº 4.591/64).
- Projeto aprovado (projeto legal): projeto básico aprovado pela autoridade local competente, que serviu de base à contratação da execução da obra e se encontra registrado em Cartório de Registro de Imóveis ou Serviços de Patrimônio da União, Estaduais ou Municipais, de acordo com a legislação em vigor.
- Projeto executivo: projeto que reúne os elementos necessários e suficientes à execução completa da obra.
- Projeto conforme o construído (*as built*): definição qualitativa e quantitativa de todos os serviços executados, resultantes do projeto executivo, com as alterações e modificações havidas durante a execução da obra.
- Plano de trabalho: discriminação pormenorizada das etapas ou fases dos serviços de manutenção, elaborada segundo determinada metodologia, coordenando as atividades para a execução desses serviços.
- Programação: vinculação do plano de trabalho ao tempo necessário à sua execução.
- Fiscalização administrativa: atividade de acompanhamento efetivo e sistemático da gestão administrativa do imóvel, de forma a assegurar a execução do programado para a sua manutenção, sem prejuízo dos aspectos funcionais e técnicos.
- Fiscalização técnica: atividade de acompanhamento efetivo e sistemático de todos os trabalhos técnicos de manutenção, de modo a assegurar o cumprimento da programação ou de eventuais obras, de acordo com os desenhos, discriminações técnicas e demais condições do projeto e do contrato de execução.

21.7.2 Elementos necessários à administração do imóvel

Para o desempenho dos serviços técnico-administrativos de manutenção da edificação, a administração do imóvel deve dispor de:

21.7.2.1 Documentos legalmente autenticados

- Cópia dos documentos arquivados no Cartório de Registro de Imóveis, objeto da incorporação, conforme Lei Federal nº 4.591, particularmente:
    - projeto aprovado pela prefeitura;
    - certificado de conclusão da obra (*habite-se*);
    - convenção de condomínio;
    - especificação de condomínio (memorial da administração e características dos componentes da construção – partes de uso comum e unidades autônomas);
    - projeto de proteção e combate a incêndio aprovado pelo Corpo de Bombeiros, acompanhado do certificado de vistoria.
- Projetos executivos, que serviram de base à realização da obra, devendo ser de preferência os projetos conforme o construído (*as built*) e, em especial, as plantas baixas e cortes (de arquitetura), plantas de formas (da estrutura), plantas das instalações (elétricas, hidráulicas e, se houver, de ar condicionado, de segurança e outros), projeto da plantação e outros.
- Termo de recebimento da obra, acompanhado de:
    - manual do proprietário (relatório de recomendações e instruções de utilização e uso da edificação, das instalações e dos equipamentos, compreendendo as condições de segurança e manutenção, incluindo eventuais catálogos e relação de fabricantes e instaladores);
    - termos de garantia, das instalações e dos equipamentos;
- Cópia das apólices de seguros de incêndio, de responsabilidade civil contra terceiros e de outros sinistros, das partes de uso comum e/ou das partes privativas (unidades autônomas).
- Comprovantes do pagamento de impostos e taxas municipais.
- Contratos de manutenção já eventualmente assinados (dos elevadores, bombas de água, equipamento da piscina, automação de portões, jardins e outros).

21.7.2.2 Outros elementos

Molho das chaves – em duplicado e com identificação – de todas as portas das áreas de uso comum da edificação (compartimentos, armários e caixas de instalações); identificação dos circuitos dos quadros de eletricidade e tomadas de 220 V; instruções sobre os equipamentos da piscina, de segurança, de ar condicionado, do salão de festas, da sauna e outros.

21.7.3 Âmbito da manutenção da edificação

A administração do imóvel, a quem compete organizar a manutenção da edificação que lhe for confiada, deve ter em conta na programação e planejamento físico-financeiro, além dos serviços administrativos de caráter socioeconômico, os seguintes domínios de ordem técnica:

- Manutenção das características funcionais: são aquelas que se relacionam com a manutenção das características técnicas, quanto aos aspectos quantitativos e qualitativos de espaço e de acabamento, dos compartimentos e acessos, comuns e/ou dos privativos das unidades autônomas, bem como da envolvente da edificação (paredes exteriores e coberturas), dos espaços exteriores e das instalações e equipamentos, que completam o seu funcionamento, de modo a permitir a normal utilização pelos seus ocupantes.
- Manutenção das características de segurança: são as que dizem respeito à manutenção das características técnicas de resistência e estabilidade da estrutura da edificação e demais componentes da construção, inclusive a sua resistência ao fogo, bem como as características técnicas dos dispositivos de funcionamento das instalações e equipamentos que, diante das condições meteorológicas, ocorrências geofísicas, risco de incêndio ou outras de uso anormal, possam causar perigo para a saúde ou à integridade física dos ocupantes e/ou de terceiros. Desse modo, não podem ser permitidas quaisquer alterações de tais características, bem como das funcionais, inclusive quanto às cargas permanentes e sobrecargas acidentais, previstas no projeto executivo em conformidade com a destinação e uso da edificação.

Capítulo 21 – Responsabilidade sobre a edificação 823

- Manutenção das características de higiene: são as que se relacionam com a manutenção da limpeza e asseio das superfícies aparentes da edificação (fachadas, paredes internas, tetos, pisos, portas e janelas, e seus componentes integrados), interiores e exteriores, mobiliário e utensílios, das partes comuns, e dos dispositivos das instalações e dos equipamentos de saneamento predial, que, por qualquer forma de uso anormal, possam prejudicar o aspecto e funcionamento delas ou a saúde dos ocupantes e/ou de terceiros.
- Manutenção das características de conforto: são as relativas à manutenção das características de comodidade e bem-estar dos ocupantes, proporcionadas pela disposição de elementos construtivos, de isolamentos térmicos e/ou acústicos, ou por eventuais instalações e/ou equipamentos de ventilação, de refrigeração e/ou de aquecimento do ambiente e outros. Inclui-se, nesse domínio, a não alteração ou modificação de quaisquer características funcionais, de higiene e/ou de segurança da edificação, especificadas no projeto executivo e executadas com vistas à acessibilidade, circulação, salubridade e visualização dos ocupantes.
- Alterações das características das edificações: quaisquer das características iniciais, que venham a se impor por necessidade de uso ou destinação funcional, estão fora do âmbito da manutenção da edificação, conforme no final especificado. Obras eventuais podem ser realizadas, de acordo com o adiante especificado. Em qualquer dos casos, deve ser revisto o projeto inicialmente aprovado e sujeito à nova aprovação e licenciamento da autoridade local competente.

21.7.4 Setores de atividades dos serviços de manutenção

Para que sejam mantidas as características iniciais do imóvel, eficiente manutenção da edificação, impõem-se como indispensáveis à criação, organização, gestão e controle dos seguintes setores de atividades da administração do imóvel:

- Serviços administrativos: os serviços administrativos obedecem a princípios de ordem econômica, social e financeira, e têm de compreender, além de outros convencionados pelo regimento interno do condomínio:
  - um serviço de secretaria (expediente, contabilidade e tesouraria);
  - um serviço de suprimentos: contratação e supervisão de pessoal e de aquisição e estocagem de material;
  - um serviço de programação, planejamento físico-financeiro e de fiscalização administrativa;
  - um serviço de portaria (distribuição de correio, manobra dos equipamentos, vigilância e outros). Eventualmente:
  - um serviço de relações públicas e outros;
  - um serviço de dinamização sociocultural, sociorrecreativo, de lazer etc.
- Serviços de manutenção permanente: são os serviços relativos aos compartimentos, instalações e equipamentos das partes comuns, que não exigem grande especialização técnica, podendo ser orientados por profissional habilitado ou funcionário especializado, na dependência direta dos serviços administrativos e que precisam ser programados a curto prazo (diário, semanal e/ou mensal), como:
  - vigilância e guarda, incluindo riscos de incêndio, vazamento de gás, reservatórios e poços de água, depósitos de combustíveis e outros;
  - limpeza, lavagem, enceramento, jardinagem, desinfecção e outros;
  - remoção de resíduos sólidos.

  As anomalias verificadas pelos serviços de manutenção permanente devem ser apresentadas em relatórios, em duplicado, encaminhados à administração e aos serviços técnicos de manutenção periódica.
- Serviços técnicos de manutenção periódica: são os serviços que abrangem os domínios já referidos e que têm de ser dirigidos por profissional técnico, legalmente habilitado, ao qual compete a programação a médio prazo (mensal, anual e/ou quinzenal), a elaboração dos respectivos cronogramas físico e físico-financeiro e seu controle, bem como a fiscalização técnica dos seguintes trabalhos:
  - inspeção, limpeza e/ou desobstrução de:
    * coberturas, claraboias, terraços, ralos etc.:
    * calhas, tubos de queda, sifões, bueiros, valetas, poços de visita, fossas sépticas e de outros dispositivos de escoamento e drenagem;
    * poços e reservatórios de água (incluindo condições de potabilidade);

* pisos, rodapés, paredes, tetos, superfícies de fachadas e seus componentes;
- replantio do jardins;
- desinfecção sanitária;
- inspeção, testes, conservação, preservação, lubrificação, ajustes, pequenos reparos, recuperação, conserto e/ou substituição de:
    * defeitos de estrutura (incluindo inspeção de alvenaria e fundações) e juntas de dilatação;
    * pintura em geral;
    * revestimento de pisos, rodapés, lambris, paredes e tetos;
    * isolamentos térmicos e acústicos;
    * portões, portas, janelas, venezianas, persianas, cortinas, dispositivos de operação, vidros e espelhos
    * instalações hidráulicas, sanitárias, de água pluvial, elétricas, telefônicas, de rádio, de televisão, de gás combustível, de para-raios, de segurança e seus dispositivos de operação e equipamentos;
    * instalações de alarme, iluminação de emergência, prevenção, defesa e combate a incêndios e/ou risco de roubo, seus dispositivos de operação, acessórios e equipamentos;
    * equipamentos, instalações e dispositivos de operação de elevadores e outros meios mecânicos de transporte vertical;
    * instalações de ventilação, aquecimento, refrigeração, seus dispositivos de operação e equipamentos;
    * equipamentos e mecanismos de operação de resíduos sólidos;
    * máquinas e motores em geral;
- os serviços de inspeção e os trabalhos ou obras de pequena monta podem ser executados pela equipe de pessoal dos serviços de manutenção permanente ou com recurso de contratação de prestação de serviços e/ou obras de caráter eventual ou periódico, sob a orientação e fiscalização do profissional responsável pelos serviços técnicos de manutenção periódica;
- os trabalhos restantes e/ou obras acima descritos devem ser dirigidos e fiscalizados pelo profissional responsável pelos serviços técnicos de manutenção periódica e são normalmente executados com contratação de pessoa física ou jurídica legalmente habilitada nas matérias pertinentes.
• Serviços técnicos de obras eventuais: esses serviços dizem respeito à execução de eventuais trabalhos de: demolição, alteração ou transformação e/ou reparo, de obras e/ou de instalações e de equipamentos, que venham a se impor como indispensáveis na manutenção da edificação, não previstos na sua programação e planejamento, quanto aos domínios já referidos. Esses serviços podem ser dirigidos pelo profissional técnico responsável pelos trabalhos de manutenção permanente ou ser objeto de contratação de pessoa física ou jurídica legalmente habilitada, em regime de prestação de serviços, por período determinado, a quem compete:
    - análise de informações e do programa preliminar, elaborada pelos trabalhos de manutenção permanente, em função das obras a realizar;
    - elaboração do programa-base, depois de consulta aos autores do projeto inicial da edificação e do projeto conforme o construído (*as built*);
    - elaboração do estudo preliminar, anteprojeto, projeto básico e projeto executivo ou seu acompanhamento junto de projetista(s), quando contratado(s) pela administração;
    - apoio à administração no licenciamento e na concorrência ou coleta de preços e elaboração de relatório de apreciação de propostas com vistas à adjudicação e contratação dos serviços;
    - fiscalização técnica da execução das obras e/ou instalações;
    - recebimento das obras e/ou instalações.
• Edifício de pequeno porte: os edifícios de pequeno porte podem, todavia, não comportar economicamente todos os serviços acima referidos, exigindo, porém, que a sua manutenção compreenda, pelo menos, os trabalhos de secretaria, contabilidade, tesouraria, suprimentos (pessoal e material), planejamento, portaria, vigilância, limpeza, jardinagem, desinfecção e remoção de resíduos sólidos.

21.7.5 Atividades não concernentes à manutenção da edificação

As obras de grandes alterações, ampliação, grandes reparos, e/ou reconstrução, parcial ou total, que ocorrem esporadicamente por necessidades funcionais ou por acidentes ou, ainda, por decadência, para além do período considerado no planejamento da vida útil do imóvel, não são aqui abrangidas. Quando ocorrerem tais situações, elas terão de ser consideradas como revisão parcial ou total do projeto inicial, dando lugar a novos projetos e a obras novas, devendo, entretanto, ser objetivada a sua necessidade pela administração, mediante relato circunstanciado, e a aprovação por parte do condomínio, em concordância com a legislação em vigor, cuja tramitação transcende o domínio da manutenção da edificação.

21.7.6 Gestão da manutenção da edificação

Para eficiente gestão da manutenção, a administração precisa proceder ao levantamento das necessidades impostas pela destinação e uso da edificação a seu cargo, tendo em conta a documentação e prescrições anteriormente mencionadas, visando:

- à discriminação do quadro de pessoal necessário aos serviços administrativos e técnicos;
- à discriminação orçamentária;
- à determinação e obtenção dos meios financeiros indispensáveis.

A administração deve elaborar:

- Programação do planejamento físico-financeiro: tem de se basear na programação e no planejamento financeiro, a curto e médio prazos.
- Previsão orçamentária: precisa levar em conta:
  – encargos de administração:
    * taxa de prestação dos serviços de administração;
    * fundo de reserva legal;
    * seguros (incêndio, pessoal, elevadores, vidros, responsabilidade civil contra terceiros etc.);
    * contribuições (social, Cofins etc.), impostos (IPTU, ISS etc) e taxas;
    * consumos de luz, força, gás e água;
    * salários, encargos sociais (INSS, FGTS, PIS, IR, contribuição sindical e confederativa etc.) e encargos trabalhistas (13º salário, férias etc.);
    * eventuais;
  – encargos de manutenção:
    * apropriação de preços por contratação com empresas especializadas em relação à totalidade ou a alguns dos itens anteriormente discriminados ou;
    * determinação, em valor percentual, do custo de construção atualizado, de cada um daqueles itens.

Os orçamentos de atividades dos serviços de manutenção da edificação devem considerar a apropriação dos custos e a análise dos balanços de anos anteriores, para eventuais ajustamentos.

21.7.7 Reforma em edificações

Toda reforma em edificação deverá atender à norma técnica NBR 16280 da ABNT. Assim sendo:

21.7.7.1 Diretrizes para gestão da obra

Os serviços de reforma precisam atender a um plano formal de diretrizes, que contemple:

- a) preservação dos sistemas de segurança existentes na edificação;
- b) apresentação de toda e qualquer modificação que altere ou possa comprometer a segurança da edificação (ou do seu entorno) à análise da incorporadora/construtora e do projetista, dentro do prazo decadencial (legal);
- c) meios que protejam os usuários da edificação de eventuais danos ou prejuízos decorrentes da execução dos serviços de reforma e sua vizinhança;

- d) descrição dos processos de forma clara e objetiva;
- e) quando aplicável, o registro e a aprovação pelos órgãos competentes e pelo condomínio;
- f) definição dos responsáveis e suas atribuições em todas as fases da obra;
- g) garantia de que a reforma não prejudica a continuidade dos diferentes tipos de manutenção da edificação após a obra.

21.7.7.2 Requisitos para execução da obra

21.7.7.2.1 Generalidades

O plano de reforma deve ser elaborado por profissional habilitado para apresentar a descrição de impactos nos sistemas, subsistemas, equipamentos e afins da edificação, que encaminha o plano ao responsável legal da edificação em comunicado formal para análise antes do início da obra de reforma. O plano deve atender às seguintes condições:

- a) atendimento às legislação vigente e normas técnicas pertinentes para realização das obras;
- b) estudo que garanta a segurança da edificação e dos usuários, durante e após a execução da reforma;
- c) autorização para circulação, nas dependências da edificação, dos insumos e funcionários que realizarão as obras nos horários de trabalho permitidos;
- d) apresentação de projetos, plantas, memoriais executivos e referências técnicas, quando aplicáveis;
- e) escopo dos serviços a serem realizados;
- f) identificação de atividades que causem ruídos, com previsão dos níveis de emissão sonora máxima durante o andamento da obra;
- g) cronograma da reforma;
- h) dados das empresas, profissionais e trabalhadores envolvidos na realização da reforma;
- i) a responsabilidade técnica pelo projeto, pela execução e pela supervisão das obras, quando aplicável, tem de ser documentada de forma legal e apresentada para a nomeação do respectivo interveniente;
- j) planejamento do descarte de resíduos (especialmente entulho, gesso, papel, madeira e plástico), em atendimento à legislação vigente;
- k) estabelecimento do local de armazenamento dos materiais a serem empregados e resíduos a serem gerados;
- l) implicações sobre o manual de uso das áreas comuns da edificação, conforme NBR 14037, e na gestão da manutenção, conforme NBR 5674, quando aplicável.

21.7.7.2.2 Áreas privativas

As adequações técnicas ou reformas em áreas privativas da edificação que possam afetar a estrutura, as vedações ou quaisquer sistemas da unidade ou da edificação precisam atender aos requisitos de 21.10.7.2 e ser comprovadamente documentadas e comunicadas ao responsável legal da edificação antes do seu início. Caso não seja autorizado pelo responsável legal o trânsito nas áreas comuns do edifício de materiais e trabalhadores que atuarão na obra, é necessário ser apresentada justificativa técnica ou legal ao solicitante.

21.7.7.3 Incumbências do proprietário da unidade autônoma

a) Antes do início da obra: Encaminhar ao responsável legal da edificação o plano de reforma e a documentação necessária que comprovem o atendimento à legislação vigente, normas técnicas e regulamentos para a execução de reformas

b) Durante as obras: Diligenciar para que as obras sejam realizadas dentro dos preceitos de segurança e para que atenda a todos os regulamentos.

c) Após as obras: Atualizar o conteúdo do manual de uso das áreas comuns do edifício e o manual do proprietário, nos pontos em que as reformas interfiram conforme os termos da NBR 14037. No caso de inexistência deste manual da edificação reformada, as intervenções que compõem a reforma precisam ter o manual de uso, operação e manutenção elaborado conforme a citada norma.

21.7.7.4 Requisitos para a documentação da obra

21.7.7.4.1 Registros

É necessário ser mantidos registros legíveis e disponíveis para prover evidências da realização das obras segundo os planos de reforma aprovados. Os registros devem conter no mínimo:

- a) identificação da obra de reforma e data de execução;
- b) forma de arquivamento dos registros e garantia da sua integridade pelo prazo legal;
- c) documentação fornecida em atendimento a 21.10.7.2.1.

21.7.7.4.2 Arquivo

Toda a documentação das obras de reforma tem de ser arquivada como parte integrante do manual de uso das áreas comuns da edificação, ficando sob a guarda do responsável legal.

Capítulo 22

Anexos

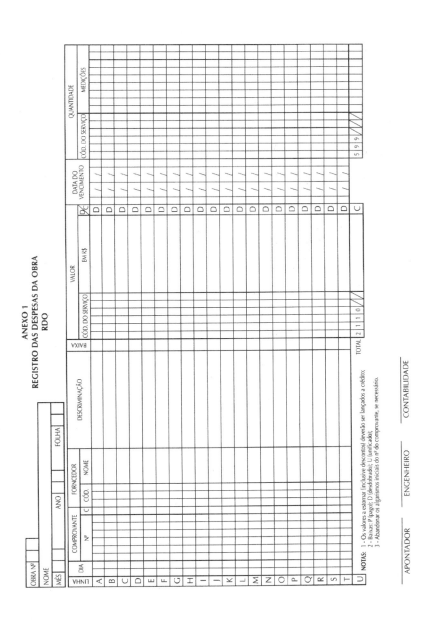

ANEXO 2
CARTÃO DE PONTO

NOME DA EMPRESA			
REGISTRO	DC	CAT	
NOME		CARGO	

		CÓD.			
RESUMO DAS HORAS	SALÁRIO	CÓD. 03			
	HORAS EXTRAS 50%	CÓD. 45			
	DESCANSO SEMANAL REM.	CÓD. 04			
	FALTAS LEGAIS	CÓD. 40			
	ADICIONAL NOTURNO	CÓD. 31			
		CÓD.			
		CÓD.			
		CÓD.			

DIA	MANHÃ		TARDE		NÚMERO DE HORAS		
	ENTRADA	SAÍDA	ENTRADA	SAÍDA	NORMAIS	EXTRAS	NÃO TRAB.
SEG.							
TER.							
QUA.							
QUI.							
SEX.							
SAB.							
DOM.							

SEMa.	MÊS	ANO	APROPRIAÇÃO	ENGº.

HOR. DE TRAB.	ENTRADA 07 h	INTERVALO P/ REFEIÇÃO 11 h às 12 h	SAÍDA seg. a quin. 17 h sexta 16 h

Capítulo 22 – Anexos

ANEXO 3
BOLETIM DIÁRIO

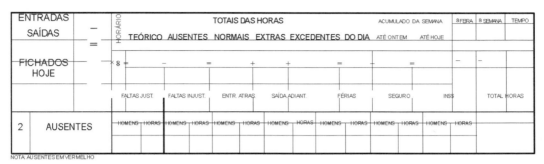

Capítulo 23
Referências bibliográficas

ALONSO, URBANO RODRIGUEZ
"Estacas Hélice Contínua Monitoradas" (artigo sobre Fundação da Revista Engenharia do Instituto de Engenharia de São Paulo – IE)

ALUCCI, MARCIA PEINADO FLAUZINO, WANDERLEY DIAS e MILANO, SIDNEY
"Bolor em Edifícios: Causas e Recomendações" (artigo sobre Tecnologia de Edificações produzido pelo Instituto de Pesquisas Tecnológicas do Estado de São Paulo – IPT)

AQUECEDORES CUMULUS S.A. INDÚSTRIA E COMÉRCIO
Aquecedor de Água Elétrico e Tanque Hidropneumático (Catálogos Técnicos)

ARAÚJO, MARCO ANTONIO C. DA SILVA
"Isolamento Térmico" (artigo da revista Impermeabilizar)

ARGAMASSAS QUARTZOLIT LTDA.
Manual Técnico: Nossos Produtos e suas Aplicações

ASSOCIAÇÃO NACIONAL DE FABRICANTES DE ESQUADRIAS DE ALUMÍNIO (AFEAL)
Manual de Orientação Técnica de Esquadrias de Alumínio (1985)

ASSOCIAÇÃO BRASILEIRA DA CONSTRUÇÃO INDUSTRIALIZADA (ABCI)
Manual Técnico de Alvenaria (PW Gráficos e Editores Associados Ltda.)

ASSOCIAÇÃO BRASILEIRA DA INDÚSTRIA PRODUTORA DE LAMINADOS DE ALTA RESISTÊNCIA – ABRIPLA
Pisos Melamínicos de Alta Pressão – PMAP (Manual do Consumidor) *Laminados Decorativos de Alta Pressão – LDAP* (Manual do Consumidor)

ASSOCIAÇÃO BRASILEIRA DAS EMPRESAS DE SERVIÇOS DE CONCRETAGEM – ABESC
Manual do Concreto Dosado em Central (2000)

ASSOCIAÇÃO BRASILEIRA DE ALUMÍNIO – ABAL
Telhas de Alumínio (Manual Técnico)

ASSOCIAÇÃO BRASILEIRA DE PRODUTORES DE MADEIRA
Normatização do Mercado Consumidor de Madeira (1980)

AURÉLIO BUARQUE DE HOLLANDA FERREIRA
Pequeno Dicionário Brasileiro da Língua Portuguesa (Editora Civilização Brasileira S.A., 1969)

BAÍA, LUCIANA LEONE MACIEL e SABBATINI, FERNANDO HENRIQUE
Projeto e Execução de Revestimento de Argamassa (O Nome da Rosa Editora Ltda., 2001)

BANCO NACIONAL DA HABITAÇÃO (BNH)
Caderno de Encargos (Rio de Janeiro, 1984)

BARRETO, PAULO E. Q. M.
"Dimensionamento de Quadros de Distribuição" (artigos da revista Engenharia do Instituto de Engenharia de São Paulo – IE)

BAUER, LUIZ ALFREDO FALCÃO
Materiais de Construção 1 (Livros Técnicos e Científicos Editora Ltda., 1994)
Materiais de Construção 2 (Livros Técnicos e Científicos Editora Ltda., 1994)
Estruturas de Concreto – Patologia (Centro Tecnológico Falcão Bauer – São Paulo, 1991 – Boletim no 36)

BELGO BEKAERT ARAMES S.A.
Catálogo de Telas Soldadas Galvanizadas para Alvenaria Belgofix

BELLEI, ILDONY HÉLIO
"Produtos de Aço para Uso Estrutural" (artigo da Associação Brasileira dos Construtores de Estruturas Metálicas – ABCEM), elaborado em colaboração com **Barreto, Airton da Fonseca Hryeniewicz, Antônio e Guimarães, Márcio Mattoso**

BENTO, JOSÉ MANUEL L. A.
Manual Prático de Ar Condicionado (Editora Pini, 2014)

BETON – KALENDER
Manual Teorico-Practico del Hormigon (Libreria El Ateneo Editorial)

BOTELHO, MANOEL HENRIQUE CAMPOS
Demolição de Estruturas (Boletim do Sindicato da Indústria da Construção Civil do Estado de São Paulo – SindusCon-SP)
Os Construtores e o FCK do Concreto (Boletim do Sindicato da Indústria da Construção Civil do *Estado de São Paulo – SindusCon-SP)*
Política de Almoxarifado de Obra (Boletim do Sindicato da Indústria da Construção Civil do Estado de São Paulo – SindusCon-SP)

BRASFOND FUNDAÇÕES ESPECIAIS S.A.
Estacas Escavada de Grande Diâmetro e Barrete; Parede-Diafragma (Catálogo Técnico)

BRASILIT S.A
Catálogo Geral

CALDAS BRANCO, ABILIO DE AZEVEDO
Calculador – Tabela para Resolução de Traços de Concreto

CÂMARA BRASILEIRA DA INDÚSTRIA DA CONSTRUÇÃO (CBIC)
Código de Ética da Construção (1992)

CAMARGO, MARIA INÊS
"Qualidade: Boas e Más Notícias" (artigo da revista Construção São Paulo)

CAMARGO, TERESINHA A. M. B. HELLMEISTER DE
A Reengenharia nas Empresas de Projetos de Grande Porte (trabalho em colaboração com a classe – Instituto de Engenharia de São Paulo)

CASADO LORDSLEEM JÚNIOR, ALBERTO
Execução e Inspeção de Alvenaria Racionalizada (O Nome da Rosa Editora Ltda., 2001)

CEMENT AND CONCRETE ASSOCIATION
O Homem no Trabalho (adaptação às normas e condições brasileiras por L.A. Falcão Bauer; edição do SENAI-DF, 1976)

CENTRO DE TECNOLOGIA DA CONSTRUÇÃO (DR-SENAI/DF)
O Homem no Trabalho

CIMPOR ARGAMASSA
Catálogo de Procedimentos de Execução de Serviço de Revestimento de Paredes Internas, Paredes Internas com Projeção, Fachadas, Fachadas com Projeção e Contrapiso

CINCOTTO, MARIA ALBA e AGOPYAN, VAHAN
"O Gesso como Material de Construção – Composição Química" (artigo do Instituto de Pesquisas Tecnológicas do Estado de São Paulo – IPT)

Capítulo 23 – Referências bibliográficas

COMPANHIA DE GÁS DE SÃO PAULO (COMGÁS)
Normas Técnicas para Utilização de Gás Combustível nos Edifícios e Construções em Geral (Decreto Municipal nº 12706/76)

COMPANHIA ESTADUAL DE HABITAÇÃO E OBRAS PÚBLICAS DE SERGIPE (CEHOP)
Especificações – Obras Civis

COMPANHIA METALÚRGICA BARBARÁ
Instalações Prediais de Água e Esgoto (Catálogo Técnico)

COMPANHIA METROPOLITANA DE HABITAÇÃO DE SÃO PAULO (COHAB/SP)
Normas Gerais de Execução – Apartamento (1993)

COMUNIDADE DA CONSTRUÇÃO
Sistemas à Base de Cimento – Estruturas de Concreto

CONCRELIX ENGENHARIA DE CONCRETO
Concreto a Toda Prova (Manual)

CONSELHO FEDERAL DE ENGENHARIA, ARQUITETURA E AGRONOMIA (CONFEA)
"Desperdícios: Ele Está Onde Você Nem Imagina" (artigo do jornal do CONFEA)

CONSOLIDAÇÃO DAS LEIS DO TRABALHO (CLT)
Segurança e Medicina do Trabalho (Lei 6514/77 e Normas Regulamentadoras – Portaria 3214/78 do Ministério do Trabalho)

CONSTRUÇÃO – SÃO PAULO (revista semanal do Editora Pini Ltda.)
"Taxas de Leis Sociais e Riscos do Trabalho" (quadro da Pini Sistemas)

CORPO DE BOMBEIROS – ESTADO DE SÃO PAULO
Especificações para Instalação de Proteção contra Incêndios (Decreto nº 38.069/93)

COTRIM, ADEMARO
Especificação Técnica de Produtos e Materiais Elétricos para o Setor de Instalações Elétricas (Target Engenharia e Consultoria)

CORSINI, RODNEI
"Registro Oficial" (artigo da revista *Guia da Construção*, nº 132 – Editora Pini)

CTE (CENTRO DE TECNOLOGIA DE EDIFICAÇÕES)
Programa Evolutivo de Garantia da Qualidade para Empresas Construtoras segundo o PBQP-H e a ISO 9001/versão 2000 (Série de Seminários realizados em 2001 e 2002 no SindusCon-SP)

CUMULUS
Manual de Uso e Instalação de Aquecedores Elétricos de Acumulação

ELETRICIDADE DE SÃO PAULO S.A. (ELETROPAULO)
Fornecimento de Energia Elétrica em Tensão Secundária de Distribuição – Instruções Gerais (1995)

ELEVADORES ATLAS SCHINDER
Manual de Transporte Vertical em Edifícios

ELEVADORES DE OBRAS
Delegacia Regional do Trabalho/MG (2000)

ELUMA CONEXÕES S.A.
Tubos e Conexões de Cobre (Catálogo) *Manual Prático sobre Aplicações de Tubos e Conexões de Cobre*

ENGEVIL CONSTRUTORA E COMÉRCIO
Sauna Seca e Sauna Úmida (Memoriais Descritivos)

ETERNIT S.A.
Telhas e Caixas-d'Água de Fibrocimento (Catálogos) – Manual do Montador

EUCATEX S.A. INDÚSTRIA E COMÉRCIO
Portas e Batentes Eucatex (Catálogo)

FAKIANI, NELSON
Desperdícios na Construção (estudo – São Paulo, 1993)

FERREIRA, VICENTE
Tabelas Técnicas para Engenharia Civil (Instituto Superior Técnico – Lisboa)

FIORITO, ANTONIO J. S. I.
"Cimento Portland Comum como Adesivo no Método Convencional" (artigo da revista *Construção São Paulo*)

FORMOSO, CARLOS TORRES
"Pesquisa Avalia Perdas em Cinco Canteiros de Obras" (artigo da revista *Obra: Planejamento Construção*, do SindusCon-SP)

FORTILIT SISTEMAS EM PLÁSTICOS
Tubos e Conexões de PVC (Manual Técnico do Instalador e Catálogo de Materiais)

FUNDIÇÃO TUPY S.A.
Conexões de Ferro Maleável (Catálogo)

GENERAL ELETRIC
Interruptor Diferencial Residual – DR (Catálogo)

GIAMMUSSO, SALVADOR E.
"Agregados para Concreto" (artigo da revista *Construção São Paulo*)
"Aditivos para Concreto" (artigo da revista *Construção São Paulo*)

GLASURIT DO BRASIL
Manual de Pintura Suvinil (Catálogo Técnico)

GUIA TELECOM
Como Escolher seu Sistema Telefônico (1993)

GUSMÃO, LUIS HENRIQUE PUCCINNELLI e MONTEIRO, NABOR ALVES
Instalações Elétricas em Canteiros de Obras (Fundacentro e SindusCon-SP, 1989)

GYPSUM CONSTRUCTION GUIDE
Technical Literature (National Gypsum Company – USA)

HACHICH, WALDEMAR FALCONI, FREDERICO F. SAES, JOSÉ LUIZ FROTA, RÉGIS G. Q. CARVALHO, CELSO S. e NIYAMA, SUSSUMU

Fundações – Teoria e Prática (Editora Pini, 1998)

HELENE, PAULO R. L. e SOUZA, ROBERTO DE
"Controle de Qualidade na Indústria da Construção Civil" (artigo do Instituto de Pesquisas Tecnológicas do Estado de São Paulo – IPT)

HERVÉ NETO, EGYDIO
"Estruturas Pré-fabricadas de Concreto, uma Opção de Qualidade" (artigo da revista *Qualidade na Construção*, do Sinduscon-SP)

HOUAISS, ANTÔNIO
Dicionário Houaiss da Língua Portuguesa (Editora Objetiva)

HUNTER DOUGLAS DO BRASIL LTDA.
Os Forros na Arquitetura Moderna Brasileira (folheto bimestral Ideias de Arquitetura)

IIZUKA, MARSON TOSHIYO
Instalação de Esquadrias de Alumínio: Prática e Inovação (Trabalho de Mestrado)

INSTITUTO BRASILEIRO DE IMPERMEABILIZAÇÃO (IBI)
"As Interferências Estruturais no Processo de Impermeabilização Elaboração de Projeto de Impermeabilização Eflorescências em Piso de

Capítulo 23 – Referências bibliográficas

Áreas Impermeabilizadas" (artigo do jornal *Impermeabilizar*, editado pela Palanca Editora Técnica Ltda.)

INSTITUTO DE ENGENHARIA DE SÃO PAULO
Código de Ética do Associado – Capítulo I – Diretrizes de Conduta Profissional
Norma Técnica para Elaboração de Orçamento de Obras de Construção Civil (2011)
Diretrizes Técnicas de Consultória Técnica em Edificações (07/07/2015)

INSTITUTO DE PESQUISAS TECNOLÓGICAS DO ESTADO DE SÃO PAULO S.A. (IPT)
Cobertura com Estrutura de Madeira e Telhados com Telhas Cerâmicas (Sindicato da Indústria da Construção Civil do Estado de São Paulo – SindusCon-SP, 1988)

INSTITUTO NACIONAL DE METROLOGIA, NORMALIZAÇÃO E QUALIDADE INDUSTRIAL (INMETRO)
Quadro Geral de Unidades de Medida (Resolução nº 12/88 do Conselho Nacional de Metrologia, Normalização e Qualidade Industrial – CONMETRO)

ITU SAUNAS INDÚSTRIA E COMÉRCIO LTDA.
Sauna Úmida e Duchas (Memorial Descritivo)

LEME, RENATO ARMANDO SILVA
Métodos Atuais de Estabilização de Taludes (1993)

L'HERMITE, ROBERT
Ao Pé do Muro (Société de Diffusion des Techniques du Batiment et des Travaux Publics, Paris – tradução pelo SENAI-DF)

LLOYD'S REGISTER QUALITY ASSURANCE
Boletim Técnico, LRQA Brasil SP, 01/12/2008

LOPES, JOSÉ TARCÍSIO DOUBEK
"Depreciação de Edificações" (artigo técnico da revista do IBAPE/SP – Instituto Brasileiro de Avaliações e Perícias de Engenharia, de São Paulo)

MAC SISTEMA BRASILEIRO DE PROTENSÃO
Metodologia de Concreto Protendido – Sistema de Pós-tensão (Manual Técnico)

MANNESMANN COMERCIAL S.A.
Tubos de Aço sem Costura (catálogo)

MASSONI, RUI e BARROS JR., OSMAR
"As Espécies mais Indicadas para Coberturas" (revista *Obra: Planejamento Construção*, do SINDUSCON-SP)

MESEGUER, ALVARO GARCIA
Controle e Garantia da Qualidade na Construção (SindusCon-SP, Projeto, PW) Tradução de **CARMONA FILHO, ANTONIO; HELENE, PAULO ROBERTO DO LAGO e BAUER, ROBERTO JOSÉ FALCÃO**

MILLS ESTRUTURAS E SERVIÇOS DE ENGENHARIA
Manual de Utilização – Sistema Trepante (edição jun/2013)

MINISTÉRIO DAS CIDADES
Sistema de Avaliação da Conformidade de Empresas de Serviços e Obras de Construção Civil – SiAC:2012

MINISTÉRIO DO TRABALHO E EMPREGO
Segurança e Saúde no Trabalho: NR-18 – Condições e Meio Ambiente do Trabalho na Indústria da Construção (Portaria nº 4, de 04/07/95)

MEDIDAS DE PROTEÇÃO CONTRA QUEDAS DE ALTURA:
NR-18 – Recomendações Técnicas de Procedimentos (1999)

MOLITERNO, ANTONIO
Caderno de Projetos de Telhados em Estruturas de Madeira (Editora Edgard Blucher Ltda., 1983)

MORGADO, JOSÉ MIGUEL
"Preços Médios de Materiais de Impermeabilização" (artigo da revista *Impermeabilizar*, publicado pela Palanca Editora Técnica Ltda.)

NAKAMURA, JULIANA
Fôrmas Deslizantes – Infraestrutura Urbana – Projetos, Custos e Construção (edição 8 set/214)

OSRAM DO BRASIL – CIA. DE LÂMPADAS ELÉTRICAS
Lâmpadas e Bases (Catálogo Geral) *Energia, Um Bem Estratégico* (1992)

OTTO BAUMGART INDÚSTRIA E COMÉRCIO S.A.
Impermeabilizantes, Aditivos e Outros Produtos (Manual Técnico)

PASSERINI, JOSÉ CARLOS
Curso Prático de Instalações Prediais (Instituto de Engenharia – S. Paulo, 1973)

PEZZOLO, VIRGÍNIA C.ALMEIDA, CARLA DIAS CARDOSO DE e MONTESSANTI JÚNIOR, EUSTÊNIO
"Impermeabilização: Projeto, Fiscalização e Patologia" (artigo da revista *Engenharia* do Instituto de Engenharia de São Paulo – IE)

PHILIPS ILUMINAÇÃO
Lâmpadas e Reatores; e Luminárias Externas (catálogos)

PINI, EDITORA
"Construção Passo a Passo" (coletânea de artigos técnicos da revista *Equipe de Obra* – Anuário Construção 2013)

PIRONDI, ZENO
Manual Prático da Impermeabilização e de Isolação Térmica (Editora Pini Ltda., 1988)

PLACO DO BRASIL
Sistemas Placostil (Manual Técnico)

PREFEITURA DO MUNICÍPIO DE SÃO PAULO
Código de Obras e Edificações (Lei nº 11.228/92 regulamentada pelo Decreto nº 32.329/92)
Caderno de Encargos (Secretaria de Serviços e Obras, 1983)

PROCOBRE – INSTITUTO BRASILEIRO DO COBRE
Manual de Aterramento Elétrico

RODHIA S.A. – DIVISÃO QUÍMICA
Rhodopás na Construção (Catálogo Técnico)

RIPPER, ERNESTO
Como Evitar Erros na Construção (Editora Pini Ltda., 1986)

RUDLOFF
Concreto Protendido (Catálogo Técnico)

SABBAG, PAULO YAZIGI
"Modelos Organizacionais para Gerenciamento de Empreendimentos" e "Por que Planejar?" (artigos da revista *Engenharia*, do Instituto de Engenharia de São Paulo)

SABBATINI, FERNANDO HENRIQUE
O Processo Construtivo de Edifícios de Alvenaria Estrutural Silicocalcária (Dissertação de Mestrado na Escola Politécnica da Universidade de São Paulo, 1984)

SAFLEX NA ARQUITETURA
Boletim Informativo sobre Vidro Laminado (DEZ 95)

SAINT-GOBAIN QUARTZOLIT
O Guia Weber (Catálogo Técnico)

SAMPAIO, JOSÉ CARLOS DE ARRUDA
Manual de Aplicação da NR-18 (SindusCon-SP)

SCHMID, MANFRED THEODOR
"Lajes Planas Protendidas" (artigo da revista *Engenharia* do Instituto de Engenharia de São Paulo – IE)

SECRETARIA DO ESTADO DA SAÚDE – SÃO PAULO
Manual Técnico de Piscinas (Centro de Vigilância Sanitária, 1987)

SELL, LEWIS L.
English-Portuguese Comprehensive Technical Dictionary (McGraw-Hill do Brasil)

SERRANA S.A. DE MINERAÇÃO
Argamassa Única (Folheto Técnico)

SERVIÇO SOCIAL DA INDÚSTRIA (SESI)
Manual de Segurança e Saúde no Trabalho – Indústria da Construção Civil – Edificações, 2008 *Manual de Segurança e Saúde no Trabalho* – Indústria da Construção Civil – Edificações – Dicas de Segurança no Canteiro de Obras

SERVIÇO BRASILEIRO DE APOIO ÀS MICRO E PEQUENAS
EMPRESAS DO ESTADO DE SÃO PAULO (SEBRAE/SP) "Projeto Qualidade Total" (artigo do jornal *Folha de S.Paulo*)

SIEMENS
Fusíveis e Seccionadores Fusíveis (catálogo)

SINDICATO DA INDÚSTRIA DA CONSTRUÇÃO CIVIL DO ESTADO DE SÃO PAULO (SINDUSCON/SP)
Aço para Concreto Estrutural (Relatório – Comissão da Qualidade de Insumos, 1996)
Cal (Relatório – Comissão da Qualidade de Insumos, 1995)
Esquadrias de Alumínio (Relatório – Comissão da Qualidade de Insumos, 1995)
Guia para Criação e Produção do Manual do Proprietário – Orientação, Roteiro e Texto Básico (1991)
Práticas de Construção (Política de Almoxarifado de Obra – Boletim, 1987)
Prevenção de Acidentes do Trabalho para *Componentes da Cipa na Indústria da Construção Civil* (em colaboração com o SENAI-SP, 1987)
Tendências Tecnológicas na Produção e Aplicação de Concreto Estrutural (Seminário de Tecnologia, 1996)
Elevadores de Obras (Fórum Permanente de Segurança do Trabalho, 1996)
Tendências Tecnológicas em Sistema de Vedação Vertical (Seminário de Tecnologia, 1996)
Cimento (Relatório – Comissão da Qualidade de Insumos, 1995)
Serviços de Concretagem (Relatório – Comissão da Qualidade de Insumos, 1995)
Norma Regulamentadora nº 18 (NR-18) – Manual de Aplicação (Editora Pini: 1998) – José Carlos de Arruda Sampaio

SINDICATO DA INDÚSTRIA DA CONSTRUÇÃO PESADA DO ESTADO DE SÃO PAULO (SINICESP)
Manual de Encargos Sociais (Gráfica Editora Ltda.)

SINDICATO DE EMPRESAS DE COMPRA, VENDA, LOCAÇÃO E ADMINISTRAÇÃO DE IMÓVEIS RESIDENCIAIS E COMERCIAIS DE SÃO PAULO (SECOVI/SP)
Manual do Proprietário/Usuário e Manual das Áreas Comuns (publicação em conjunto com o SindusCon– SP em junho de 2003).

SOMMER MULTIPISO REVESTIMENTOS LTDA.
Manual de Carpetes

SOUZA, ROBERTO DE e MEKBEKIAN, GERALDO
Qualidade na Aquisição de Materiais e Execução de Obras (SindusCon-SP, SEBRAE-SP, CTE – Centro Tecnológico de Edificações).

SOUZA, ROBERTO DE MEKBEKIAN, GERALDO SILVA, MARIA ANGÉLICA COVELO LEITÃO, ANA CRISTINA MUNIA TAVARES e SANTOS, MARCIA MENEZES DOS
Sistema de Gestão da Qualidade para Empresas Construtoras (SindusCon-SP, SEBRAE-SP, CTE – Centro Tecnológico de Edificações)

SOUZA, UBIRACI ESPINELI LEMES DE PALIARI, JOSÉ CARLOS e AGOPYAN, VAHAN
"O Custo do Desperdício de Materiais nos Canteiros de Obras" (artigo da revista *Qualidade na Construção*, do SindusCon-SP)

SPRINGER CARRIER
Condicionadores de Ar Linha Split (Catálogo Técnico)

TACLA, ARIEL MONTEIRO, ELISABETE e PERRONE, SONIA
Housing: Technical Vocabulary(Banco Nacional da Habitação – BNH)

TACLA, ZAKE
O Livro da Arte de Construir (Unipress Editorial Ltda. 1984)

TÉCHNE, REVISTA
"Investigação Prévia de Solos" (artigo publicado na edição nº 83 em fev. 2004)
"Gabiões – Contenção por Gravidade" (artigo publicado na edição nº 94 em jan. 2005) "Impermeabilização" (artigo publicado na edição nº 81 em dez. 2003)

TELECOMUNICAÇÕES DE SÃO PAULO S.A. (TELESP)
Manual de Redes Telefônicas Internas: Tubulação Telefônica em Prédios – Projeto (1985)
Instalações Telefônicas em Residências: Tubulação, Fiação e Tomadas – Instruções Gerais (1986)

THOMAZ, ERCIO
Trincas em Edifícios: Causas, Prevenção e Recuperação (Editora Pini Ltda., coedição Instituto de Pesquisas Tecnológicas do Estado de São Paulo e Escola Politécnica da Universidade de São Paulo, 1989) "Fissuras em Alvenaria: Causas, Prevenção e Recuperação" (artigo da revista Técne de nº 36 e 37, de 1998)

THOMAZ, ERCIO MITIDIERI FILHO, CLÁUDIO VICENTE HEHL, WALTER CAIAFFA HACHICH, VERA DA CONCEIÇÃO FERNANDES VALERIOTE, GILSON CANTON e YOSHIDA, JULIO OSAMU
Cobertura com Estrutura de Madeira e Telhados com Telhas Cerâmicas (Manual de Execução. Divisão de Edificações do IPT/SP e SindusCon-SP – 1988).

THOMAZ, ERCIO HEHL, WALTER CAIAFFA MATTOS, DÉBORAH MARTINEZ DE e VALERIOTE, GILSON CANTON
Paredes de Vedação em Blocos Cerâmicos (Manual de Execução – Divisão de Edificações do IPT/SP e SindusCon-SP – 1998).

TINTAS RENNER S.A.
Manual Prático para Aplicação de Tintas

TUBOS E CONEXÕES TIGRE
Catálogo Geral

TUPY PVC
Instalações Hidrossanitárias (Catálogo Técnico)
Tubos e Conexões de PVC (Catálogo)

URQUHART, LEONARD CHURCH O'ROURKE, CHARLES EDWARD e WINTER, GEORGE
Design of Concrete Structures (McGraw-Hill Book Company, Inc.)

VARALLA, RUY
Planejamento e Controle de Obras (O Nome da Rosa Editora Ltda., 2003)

VARGAS, MILTON
Fundações (Manual do Engenheiro – Editora Globo, 1955)

VIDOR, ELISABETH
Especifique: Materiais de Construção (Menasce Comunicações, 1992)

VIDROTIL INDÚSTRIA E COMÉRCIO LTDA.
Recomendações para Colocação de Mosaico Vidroso (Folheto Técnico)

VITAL, ESCRITÓRIO TÉCNICO JOÃO CARLOS (CENTRO NACIONAL DE PESQUISAS HABITACIONAIS – CENPHA)
Manual para Construção – Edifícios de Concreto Armado (Artes Gráficas Gomes de Souza S.A., 1969)

YÁZIGI, EDUARDO
A Estratégia do Desejo: Ensaio Político e Cultural sobre a Ideia de Plano no Brasil (São Paulo, 1995)

YÁZIGI, INSTITUTO DE IDIOMAS
Yázigi Dictionary for High Schools (Oxford University Press)

Capítulo 23 – Referências bibliográficas

ASSOCIAÇÃO BRASILEIRA DE NORMAS TÉCNICAS (ABNT)

NBR	01367	Áreas de Vivência em Canteiros de Obras – Procedimento
NBR	05030	Tubo de Cobre sem Costura Recozido Brilhante, para Usos Gerais – Requisitos
NBR	05410	Instalações Elétricas de Baixa Tensão
NBR	05413	Iluminâncias de Interiores – Procedimento
NBR	05419	Proteção de Estruturas contra Descargas Atmosféricas – Procedimento
NBR	05426	Planos de Amostragem e Procedimentos na Inspeção por Atributos – Procedimento
NBR	05444	Símbolos Gráficos para Instalações Elétricas Prediais – Simbologia
NBR	05461	Iluminação – Terminologia
NBR	05471	Condutores Elétricos – Terminologia
NBR	05473	Eletrotécnica e Eletrônica – Instalações de Baixa Tensão – Terminologia
NBR	05474	Eletrotécnica e Eletrônica – Instalações de Baixa Tensão – Terminologia
NBR	05590	Tubos de Aço-Carbono com ou sem Solda Longitudinal, Pretos ou Galvanizados – Especificação
NBR	05624	Eletroduto Rígido de Aço-Carbono, com Costura, com Revestimento Protetor e Rosca – ABNT 8133
NBR	05626	Instalação Predial de Água Fria
NBR	05645	Tubo Cerâmico para Canalizações – Especificação
NBR	05648	Tubos e Conexões de PVC-U com Junta Soldável para Sistemas Prediais de Água Fria – Requisitos
NBR	05665	Cálculo de Tráfego nos Elevadores – Procedimento
NBR	05671	Participação dos Intervenientes em Serviços e Obras de Engenharia e/ou Arquitetura – Procedimentos
NBR	05674	Manutenção de Edificações – Procedimento
NBR	05676	Avaliação de Imóveis Urbanos – Procedimento
NBR	05680	Dimensões de Tubos de PVC Rígido – Padronização
NBR	05681	Controle Tecnológico da Execução de Aterros em Obras de Edificações – Procedimento
NBR	05682	Contratação, Execução e Supervisão de Demolições – Procedimento
NBR	05688	Tubos e Conexões de PVC-U para Sistemas Prediais de Água Pluvial, Esgoto Sanitário e Ventilação – Requisitos
NBR	05732	Cimento Portland Comum – Especificação
NBR	05733	Cimento Portland de Alta Resistência Inicial – Especificação
NBR	05735	Cimento Portland de Alto Forno – Especificação
NBR	05736	Cimento Portland Pozolânico – Especificação
NBR	05738	Concreto – Procedimento para Montagem e Cura de Corpos de Prova
NBR	06118	Projeto de Estruturas de Concreto – Procedimento
NBR	06120	Cargas para o Cálculo de Estruturas de Edificações – Procedimento
NBR	06122	Projeto e Execução de Fundações – Procedimento
NBR	06125	Chuveiros Automáticos para Extinção de Incêndio – Método de Ensaio
NBR	06135	Chuveiros Automáticos para Extinção de Incêndio – Especificação
NBR	06136	Bloco Vazado de Concreto Simples para Alvenaria Estrutural – Especificações
NBR	06150	Eletroduto de PVC Rígido – Especificação
NBR	06471	Cal Virgem e Cal Hidratada – Retirada e Preparação de Amostra
NBR	06484	Solo – Sondagens de Simples Reconhecimento com SPT – Método de Ensaio
NBR	06489	Prova de Carga Direta sobre Terreno de Fundação – Procedimento
NBR	06491	Reconhecimento e Amostragem para Fins de Caracterização de Pedregulho e Areia – Procedimento
NBR	06492	Representação de Projetos de Arquitetura – Procedimento
NBR	06493	Emprego de Cores para Identificação de Tubulações – Procedimento
NBR	06494	Segurança nos Andaimes – Procedimento
NBR	06502	Rochas e Solos – Terminologia
NBR	06627	Pregos Comuns e Arestas de Aço para Madeiras – Especificação
NBR	06675	Instalação de Condicionadores de Ar de Uso Doméstico (Tipo Monobloco ou Modular) – Procedimento
NBR	06689	Requisitos Gerais para Condutos de Instalações Elétricas Prediais – Especificação
NBR	07171	Bloco Cerâmico para Alvenaria – Especificação
NBR	07173	Blocos Vazados de Concreto Simples para Alvenaria Sem Função Estrutural – Especificação
NBR	07175	Cal Hidratada para Argamassas – Requisitos
NBR	07190	Projeto de Estruturas de Madeira
NBR	07191	Execução de Desenhos para Obras de Concreto Simples ou Armado – Procedimento
NBR	07195	Cores para Segurança
NBR	07196	Telhas de Fibrocimento – Execução de Coberturas e Fechamentos Laterais – Procedimento

NBR	07198	Projeto e Execução de Instalações Prediais de Água Quente – Procedimento
NBR	07199	Projeto, Execução e Aplicações de Vidros na Construção Civil – Procedimento
NBR	07200	Execução de Revestimento de Paredes e Tetos de Argamassas Inorgânicas – Procedimento
NBR	07203	Madeira Serrada e Beneficiada – Padronização
NBR	07206	Placas de Mármore Natural para Revestimento de Pisos – Padronização
NBR	07211	Agregados para Concreto – Especificação
NBR	07212	Execução de Concreto Dosado em Central – Procedimento
NBR	07215	Cimento Portland – Determinação da Resistência à Compressão
NBR	07217	Determinação da Composição Granulométrica – Método de Ensaio
NBR	07229	Projeto, Construção e Operação de Sistemas de Tanques Sépticos – Procedimento
NBR	07367	Projeto e Assentamento de Tubulações de PVC Rígido para Sistemas de Esgoto Sanitário
NBR	07374	Placa Vinílica Semiflexível para Revestimentos de Pisos e Paredes – Requisitos
NBR	07417	Tubo Extra Leve de Cobre, sem Costura, para Condução de Água e Outros Fluidos – Especificação
NBR	07480	Aço Destinado a Armaduras para Estruturas de Concreto Armado – Especificação
NBR	07481	Tela de Aço Soldada – Armadura para Concreto – Especificação
NBR	07678	Segurança na Execução de Obras e Serviços de Construção – Procedimento
NBR	07680-1	Concreto – Extração, Preparo, Ensaio e Análise de Testemunhos de Estruturas de Concreto – Parte 1: Resistência à Compressão
NBR	07680-2	Concreto – Extração, Preparo, Ensaio e Análise de Testemunhos de Estruturas de Concreto – Parte – Resistência à Tração na Flexão
NBR	07808	Símbolos Gráficos para Projetos de Estruturas – Simbologia
NBR	08036	Programação de Sondagens de Simples Reconhecimento dos Solos para Fundações de Edifícios – Procedimento
NBR	08044	Projeto Geotécnico – Procedimento
NBR	08056	Tubo Coletor de Fibrocimento para Esgoto Sanitário – Especificação
NBR	08083	Materiais e Sistemas Utilizados em Impermeabilização – Terminologia
NBR	08160	Sistemas Prediais de Esgoto Sanitário – Projeto e Execução
NBR	08130	Aquecedor de Água a Gás Tipo Instantâneo – Requisitos e Métodos de Ensaio
NBR	08133	Rosca para Tubos onde a Vedação Não é Feita pela Rosca – Designação, Dimensões e Tolerâncias
NBR	08214	Assentamento de Azulejos – Procedimento
NBR	08545	Execução de Alvenaria sem Função Estrutural de Tijolos e Blocos Cerâmicos – Procedimento
NBR	08798	Execução e Controle de Obras em Alvenaria Estrutural de Blocos Vazados de Concreto – Procedimento
NBR	08800	Projeto de Estruturas de Aço e de Estruturas Mistas de Aço e Concreto de Edifícios
NBR	08826	Materiais Refratários – Terminologia
NBR	08890	Tubo de Concreto de Seção Circular para Águas Pluviais e Esgotos Sanitários – Requisitos e Métodos de Ensaio
NBR	08896	Símbolos Gráficos para Sistemas Componentes Hidráulicos e Pneumáticos – Símbolos Básicos e Funcionais – Simbologia
NBR	08953	Concreto para Fins Estruturais – Classificação por Grupos de Resistência – Classificação
NBR	09061	Segurança de Escavação a Céu Aberto – Procedimento
NBR	09062	Projeto e Execução de Estruturas de Concreto Pré-Moldado
NBR	09077	Saídas de Emergência em Edifícios – Procedimento
NBR	09117	Condutores Flexíveis ou Não, Isolados com Policloreto de Vinila (PVC/EB), para 105°C e tensões até 750V, Usados em Ligações Internas de Aparelhos Elétricos
NBR	09284	Equipamento Urbano – Classificação
NBR	09311	Cabos Elétricos Isolados – Classificação e Designação
NBR	09441	Execução de Sistemas de Detecção e Alarme de Incêndio – Procedimento
NBR	09457	Ladrilho Hidráulico – Especificação
NBR	09487	Classificação de Madeira Serrada de Folhosas – Procedimento
NBR	09574	Execução de Impermeabilização – Procedimento
NBR	09575	Impermeabilização – Seleção e Projeto
NBR	09607	Prova de Carga em Estruturas de Concreto Armado e Protendido – Procedimento
NBR	09651	Tubo e Conexão de Ferro Fundido para Esgoto – Especificação
NBR	09781	Peças de Concreto para Pavimentação – Especificação e Métodos de Ensaio
NBR	09814	Execução de Rede Coletora de Esgotos Sanitários – Procedimento
NBR	09816	Piscina – Terminologia
NBR	09817	Execução de Piso com Revestimento Cerâmico – Procedimento
NBR	09818	Projeto e Execução de Piscina (Tanque e Área Circundante) – Procedimento
NBR	09886	Cabo Telefônico Interno – CCI – Especificação
NBR	09952	Manta Asfáltica para Impermeabilização – Requisitos e Métodos de Ensaio

Capítulo 23 – Referências bibliográficas

NBR	10024	Chapa Dura de Fibra de Madeira – Requisitos e Métodos de Ensaio
NBR	10152	Acústica – Níveis de Pressão Sonora em Ambientes Internos a Edificações – Procedimento
NBR	10237	Materiais Refratários – Classificação
NBR	10354	Reservatórios de Poliéster Reforçado com Fibra de Vidro – Terminologia
NBR	10514	Redes de Aço com Malha Hexagonal de Dupla Torção, para Confecção de Gabiões – Especificação
NBR	10540	Aquecedor de Água a Gás Tipo Acumulação – Terminologia
NBR	10542	Aquecedores de Água a Gás Tipo Acumulação – Ensaios
NBR	10647	Desenho Técnico – Terminologia
NBR	10821-1	Esquadrias para Edificações – Parte 1 – Esquadrias Externas e Internas – Terminologia
NBR	10821-2	Esquadrias para Edificações – Parte 2 – Esquadrias Externas – Requisitos e Classificação
NBR	10821-3	Esquadrias para Edificações – Parte 3 – Esquadrias Externas e Internas – Métodos de Ensaio
NBR	10829	Caixilho para Edificação – Janela – Medição da Atenuação Acústica – Método de Ensaio
NBR	10831	Projeto e Utilização de Caixilhos para Edificações de Uso Residencial e Comercial – Janelas – Procedimento
NBR	10844	Instalações Prediais de Águas Pluviais – Procedimento
NBR	10897	Proteção Contra Incêndio por Chuveiro Automático – Procedimento
NBR	10898	Sistema de Iluminação de Emergência – Procedimento
NBR	11172	Aglomerantes de Origem Mineral – Terminologia
NBR	11238	Segurança e Higiene de Piscinas – Procedimento
NBR	11578	Cimento Portland Composto – Especificação
NBR	11682	Estabilidade de Encostas – Procedimento
NBR	11700	Madeira Serrada de Coníferas Provenientes de Reflorestamento, para Uso Geral – Classificação
NBR	11702	Tintas para Edificações Não Industriais – Classificação
NBR	11706	Vidros na Construção Civil – Especificação
NBR	11742	Porta Corta-Fogo para Saída de Emergência – Especificação
NBR	11768	Aditivos Químicos para Concreto de Cimento Portland – Requisitos
NBR	11785	Barra Antipânico – Requisitos
NBR	11802	Pisos Elevados – Especificação
NBR	11836	Detectores Automáticos de Fumaça para Proteção contra Incêndio – Especificação
NBR	12131	Estacas – Prova de Carga Estática – Método de Ensaio
NBR	12179	Tratamento Acústico em Recintos Fechados – Procedimento
NBR	12219	Elaboração de Caderno de Encargos para Execução de Edificações – Procedimentos
NBR	12255	Execução e Utilização de Passeios Públicos – Procedimento
NBR	12483	Chuveiros Elétricos – Requisitos Gerais
NBR	12498	Madeira Serrada de Coníferas Provenientes de Reflorestamento, para Uso Geral – Dimensões e Lotes – Padronização
NBR	12544	Pisos Elevados – Terminologia
NBR	12553	Geossintéticos – Terminologia
NBR	12554	Tintas para Edificações Não Industriais – Terminologia
NBR	12609	Tratamento de Superfície do Alumínio e suas Ligas – Anodização para Fins Arquitetônicos – Padronização
NBR	12655	Concreto de Cimento Portland – Preparo, Controle, Recebimento e Aceitação – Procedimento
NBR	12693	Sistemas de Proteção por Extintores de Incêndio – Procedimento
NBR	12721	Avaliação de Custos de Construção para Incorporação Imobiliária e Outras Disposições para Condomínios Edilícios – Projeto
NBR	12722	Discriminação de Serviços para Construção de Edifícios – Procedimento
NBR	12775	Placas Lisas de Gesso para Forro – Determinação das Dimensões e Propriedades Físicas – Método de Ensaio
NBR	12779	Mangueiras de Incêndio – Inspeção, Manutenção e Cuidados
NBR	12904	Válvula de Descarga – Especificação
NBR	12927	Fechaduras – Terminologia
NBR	12962	Inspeção, Manutenção e Recarga em Extintores de Incêndio – Procedimento
NBR	13049	Fechadura de Sobrepor Interna Só com Lingueta – Especificação
NBR	13050	Fechadura de Sobrepor Interna com Trinco e Lingueta – Especificação
NBR	13057	Eletroduto Rígido de Aço-Carbono, com Costura, Zincado Eletroliticamente e com Rosca – NBR 8133 – Especificação
NBR	13103	Adequação de Ambientes Residenciais para Instalação de Aparelhos que Utilizam Gás Combustível
NBR	13129	Cálculo da Carga de Vento em Guindaste – Procedimento
NBR	13206	Tubos de Cobre Leve, Médio, Pesado, sem Costura, para Condução de Água e Outros Fluidos – Especificação
NBR	13207	Gesso para Construção Civil – Especificação
NBR	13245	Execução de Pinturas em Edificações Não Industriais – Procedimento

NBR	13281	Argamassa Industrializada para Assentamento de Paredes e Revestimento de Paredes e Tetos – Requisitos
NBR	13485	Manutenção de Terceiro Nível (Vistoria) em Extintores de Incêndio – Procedimento
NBR	13531	Elaboração de Projetos de Edificações – Atividades Técnicas – Procedimento
NBR	13714	Sistemas de Hidrantes e de Mangotinhos para Combate a Incêndio
NBR	13756	Esquadrias de Alumínio – Guarnição Elastomérica em EPDM para Vedação – Especificação
NBR	13816	Placas Cerâmicas para Revestimento – Terminologia
NBR	13818	Placas Cerâmicas para Revestimento – Especificação e Métodos de Ensaio
NBR	13932	Instalações Internas de Gás Liquefeito de Petróleo (GLP) – Projeto e Execução
NBR	13933	Instalações Internas de Gás Natural (GN) – Projeto e Execução
NBR	13971	Sistemas de Refrigeração, Condicionamento de Ar e Ventilação – Manutenção Programada
NBR	14081	Argamassa Colante Industrializada para Assentamento de Placas Cerâmicas Requisitos
NBR	14232	Alumínio e Suas Ligas – Tratamento de Superfície – Anodização para Bens de Consumo – Requisitos
NBR	14136	Plugues e Tomadas para Uso Doméstico e Análogo até 220A/250V em Corrente Alternada – Padronização
NBR	14162	Aparelhos Sanitários – Sifão – Requisitos e Métodos de Ensaio
NBR	14280	Cadastro de Acidentes do Trabalho – Procedimento
NBR	14712	Elevadores Elétricos e Hidráulicos – Elevadores de Carga, Monta-Cargas e Elevadores de Maca – Requisitos de Segurança para Construção e Instalação
NBR	14715-1	Chapas de Gesso para Drywall – Parte 1: Requisitos
NBR	14715-2	Chapas de Gesso para Drywall – Parte 2: Métodos de Ensaio
NBR	14570	Instalações Internas para Uso Alternativo dos Gases GN e GLP – Projeto e Execução
NBR	14679	Sistemas de Condicionamento de Ar e Ventilação – Execução de Serviços de Higienização
NBR	14897	Cabos e Cordões Flexíveis Isolados com Policloreto de Vinila (PVC), para Aplicações Especiais em Cordões Conectores de Aparelhos Eletrodomésticos, em Tensões de até 500 V
NBR	14913	Fechadura de Embutir – Requisitos, Classificação e Métodos de Ensaio
NBR	14931	Execução de Estruturas de Concreto – Procedimento
NBR	14974	Bloco Silicocalcário para Alvenaria – Parte 1: Requisitos, Dimensões e Métodos de Ensaio
NBR	15097-1	Aparelhos Sanitários de Material Cerâmico – Requisitos e Métodos de Ensaio
NBR	15097-2	Aparelhos Sanitários de Material Cerâmico – Procedimento para Instalação
NBR	15270-1	Componentes Cerâmicos – Parte 1: Blocos Cerâmicos para Alvenaria de Vedação – Terminologia e Requisitos
NBR	15270-2	Componentes Cerâmicos – Parte 2: Blocos Cerâmicos para Alvenaria Estrutural – Terminologia e Requisitos
NBR	15310	Componentes Cerâmicos – Telhas – Terminologia, Requisitos e Métodos de Ensaio
NBR	15423	Válvulas de Escoamento – Requisitos e Métodos de Ensaio
NBR	15465	Sistemas de Eletrodutos Plásticos para Instalações Elétricas de Baixa Tensão – Requisitos de Desempenho
NBR	15491	Caixa de Descarga para Limpeza de Bacias Sanitárias – Requisitos e Métodos de Ensaio
NBR	15526	Redes de Distribuição Interna para Gases Combustíveis em Instalações Residenciais e Comerciais – Projeto e Execução
NBR	15569	Sistema de Aquecimento Solar de Água em Circuito Direto – Projeto e Instalação
NBR	15575-1	Edifícios Habitacionais – Desempenho – Requisitos Gerais
NBR	15575-2	Edifícios Habitacionais – Desempenho – Requisitos para os Sistemas Estruturais
NBR	15575-3	Edifícios Habitacionais – Desempenho – Requisitos para os Sistemas de Pisos
NBR	15575-4	Edifícios Habitacionais – Desempenho – Requisitos para os Sistemas de Vedações Verticais Internas e Externas
NBR	15575-5	Edifícios Habitacionais – Desempenho – Requisitos para os Sistemas Coberturas
NBR	15575-6	Edifícios Habitacionais – Desempenho – Requisitos para os Sistemas Hidrossanitários
NBR	15704-1	Registro – Requisitos e Métodos de Ensaio – Parte 1 – Registros de Pressão
NBR	15704-2	Registro – Requisitos e Métodos de Ensaio – Parte 2 – Registro com Mecanismos de Vedação Não Compressivos
NBR	15705	Instalações Hidráulicas Prediais – Registro de Gaveta – Requisitos e Métodos de Ensaio
NBR	15799	Pisos de Madeira com ou sem Acabamento – Padronização e Classificação
NBR	15857	Válvula de Descarga para Limpeza de Bacias Sanitárias – Requisitos e Métodos de Ensaio
NBR	15873	Coordenação Modular para Edificações
NBR	15930-1	Porta de Madeira de Edificações – Parte 1: Terminologia e Simbologia
NBR	15930-2	Porta de Madeira de Edificações – Parte 2: Requisitos
NBR	15961	Alvenaria Estrutural de Blocos de Concreto – Procedimento
NBR	16401-1	Instalações de Ar Condicionado – Sistemas Centrais e Unitários – Parte 1: Projeto das Instalações
NBR	16401-2	Instalações de Ar Condicionado – Sistemas Centrais e Unitários – Parte 2: Parâmetros de Conforto Térmico

Capítulo 23 – Referências bibliográficas

NBR	16401-3	Instalações de Ar Condicionado – Sistemas Centrais e Unitários – Parte 3: Qualidade do Ar Interior NBR IEC 60050-826:1997 – Vocabulário Eletrotécnico Internacional – Capítulo 826: Instalações Elétricas em Edificações
NBR-IEC	60669-2-1	Interruptores para Instalações Elétricas Fixas Domésticas e Análogas – Parte 2-1: Requisitos – Particulares Interruptores Eletrônicos
NBR-IEC	60669-2-2	Interruptores para Instalações Elétricas Fixas Domésticas e Análogas – Parte 2-2: Requisitos Particulares – Interruptores de Comando à Distância (Telerruptores)
NBR-IEC	60670-1	Caixas e Invólucros para Acessórios Elétricos para Instalações Fixas Domésticas e Análogas – Parte 1: Requisitos Gerais
NBR-IEC	60671-1	Caixas e Invólucros para Acessórios Elétricos para Instalações Elétricas Fixas Domésticas e Análogas – Parte 1 – Requisitos Gerais
NBR-ISO	1096	Madeira Compensada – Classificação
NBR-ISO	2074	Madeira Compensada – Vocabulário
NBR-ISO	2426-1	Madeira Compensada – Classificação pela Aparência Superficial – Parte 1: Geral
NBR-ISO	2426-2	Madeira Compensada – Classificação pela Aparência Superficial – Parte 2: Folhosas
NBR-ISO	2426-3	Madeira Compensada – Classificação pela Aparência Superficial – Parte 3: Coníferas
NBR-ISO	9001	Sistemas de Gestão da Qualidade – Requisitos
NBR-ISO	9004	Sistemas de Gestão da Qualidade – Diretrizes para Melhoria e Desempenho
NBR-ISO	10209-2	Documentação Técnica de Produto – Vocabulário – Parte 2: Termos Relativos aos Métodos de Projeção
NBR-ISO	10318	Geossintéticos – Termos e Definições
NBR-ISO	12466-2	Madeira Compensada – Qualidade de Colagem – Parte 2: Requisitos
NBR-NM	33	Concreto – Amostragem de Concreto Fresco
NBR-NM	35	Agregados Leves para Concreto Estrutural – Especificação
NBR-NM	67	Concreto – Determinação da Consistência pelo Abatimento do Tronco de Cone
NBR-NM	207	Elevadores Elétricos de Passageiros – Requisitos de Segurança para Construção e Instalação
NBR-NM	247-3	Cabos Isolados com Policloreto de Vinila (PVC) para Tensões Nominais até 450/750 V, Inclusive – Parte 3: Condutores Isolados (sem Cobertura) para Instalações Fixas (IEC 60227-3, MOD).
NBR-NM	293	Terminologia de Vidros Planos e dos Componentes Acessórios à sua Aplicação
NBR-NM	9000	Normas de Gestão da Qualidade e Garantia da Qualidade – Parte 1: Diretrizes para Seleção e Uso
NBR-NM	287-2	Cabos Isolados com Compostos Elastoméricos Termofixos, para Tensões Nominais até 450/750V, inclusive – Parte 2: Métodos de Ensaios (IEC 60245-2-MOD)
NBR-NM	60669-1	Interruptores para Instalações Elétricas Fixas Domésticas e Análogas – Parte1: Requisitos gerais
NBR-NM	60884-1	Plugues e Tomadas para Uso Doméstico e Análogo – Parte 1: Requisitos Gerais (IEC 60884-1:2006 MOD)
NBR-MB	3468	Gesso Para Construção – Determinação das Propriedades Físicas do Pó– Método de Ensaio
NBR-MB	3469	Gesso para Construção – Determinação das Propriedades Físicas da Pasta – Método de Ensaio